中文版 AutoCAD 室内装潢设计经典 228 例

（2022 版）

麓山文化　编著

机械工业出版社

本书通过 10 个室内装潢工程、28 小时高清教学视频、150 多张室内设计图纸、228 个室内设计实例深入讲解了使用 AutoCAD 2022 进行家装和公装设计的方法和技巧。

全书共 6 篇 19 章。第 1 篇为基础篇，讲解了室内绘图模板设置和常用家具平面图和立面图的绘制方法，读者可以在了解相关家具结构、尺寸的同时，快速掌握 AutoCAD 绘图和编辑命令；第 2 篇为家装篇，分别讲解了现代风格小户型、简欧风格两居室、现代风格三居室、错层和中式风格别墅共 5 套室内设计图纸的绘制方法；第 3 篇为公装篇，分别讲解了办公室、酒店客房、KTV、餐厅和服装专卖店的室内设计方法；第 4 篇为电气和详图篇，讲解了住宅电气图、冷热水管走向图、剖面图和大样图的绘制；第 5 篇为天正建筑篇，讲解了室内施工图纸的绘制；第 6 篇为三维和打印输出篇，主要介绍使用 AutoCAD 2022 增强的三维功能进行家具建模的方法，以及室内装潢施工图打印与输出的方法。

本书基本涵盖了室内设计中经常遇到的设计元素、空间类型和装饰风格，是一本室内设计专业的实例教程。不仅可作为职业院校相关专业的教材，也是室内设计爱好者首选的自学读物。

图书在版编目（CIP）数据

中文版 AutoCAD 室内装潢设计经典 228 例：2022 版/麓山文化编著. —北京：机械工业出版社，2021.11（2025.2重印）

ISBN 978-7-111-69206-5

Ⅰ. ①中… Ⅱ. ①麓… Ⅲ. ①室内装饰设计－计算机辅助设计－AutoCAD 软件 Ⅳ. ①TU238-39

中国版本图书馆 CIP 数据核字(2021)第 193678 号

机械工业出版社（北京市百万庄大街 22 号　邮政编码 100037）
策划编辑：曲彩云　　　责任编辑：曲彩云
责任校对：刘秀华　　　责任印制：常天培
固安县铭成印刷有限公司印刷
2025 年 2月第 1 版第 2 次印刷
184mm×260mm ・29.5 印张 ・ 729 千字
标准书号：ISBN 978-7-111-69206-5
定价：99.00 元

电话服务　　　　　　　　网络服务
客服电话：010-88361066　　机 工 官 网：www.cmpbook.com
　　　　　010-88379833　　机 工 官 博：weibo.com/cmp1952
　　　　　010-68326294　　金 书 网：www.golden-book.com
封底无防伪标均为盗版　　机工教育服务网：www.cmpedu.com

前言

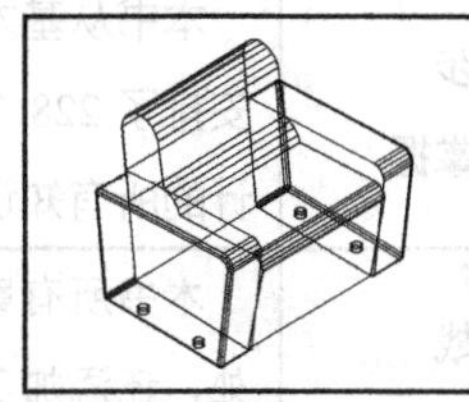
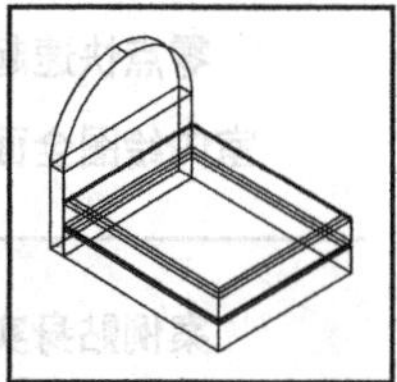

1. 软件简介

AutoCAD 是美国 Autodesk 公司开发的专门用于计算机绘图和设计工作的软件。自 20 世纪 80 年代 Autodesk 公司推出 AutoCAD R1.0 以来，由于其具有简便易学、精确高效等优点，一直深受广大工程设计人员的青睐。迄今为止，AutoCAD 历经了十余次的扩充与完善，已经在航空航天、造船、建筑、机械、电子、化工、美工、轻纺等很多领域得到了广泛的应用。

AutoCAD 2022 是 Autodesk 公司在 2021 年推出的产品，软件界面发生了较大的变化，全新的深色主题界面结合了传统的深色模型空间，可最大程度地降低绘图区域和周围工具之间的对比。同时在选择、绘图和编辑方面增加了很多新的功能。

2. 本书内容

本书是一本 AutoCAD 2022 的室内设计实例教程，通过将软件功能融入实际应用，使读者在学习软件操作的同时，还能够掌握室内设计的精髓和积累行业工作经验，做到艺术与技术并重，为用而学，学以致用。

全书共 19 章，第 1 章讲述了创建室内绘图模板的方法；第 2 章介绍了绘制室内装潢施工图常用图形的方法；第 3 章和第 4 章讲解了常用家具平面图和立面图的绘制方法；第 5 章～第 9 章通过几个完整的家居设计实例，讲解了绘制各种户型家装施工图的方法；第 10 章～第 14 章，通过完整的公共空间实例，讲解了绘制各种公共空间施工图的方法；第 15 章讲解电气设计和冷、热水管走向图的绘制方法；第 16 章利用各种不同实例讲解了室内装潢中剖面图和大样图的绘制方法；第 17 章介绍天正建筑软件绘制室内施工图的方法；第 18 章介绍了常见家具三维建模的方法；第 19 章介绍了施工图打印与输出的方法和技巧。

本书内容丰富，知识全面，既有技术性理论讲解，又有实践性操作步骤，通过对不同风格、不同性质、不同户型的室内空间进行讲解，力求使学习者全面掌握使用 AutoCAD 进行室内设计的方法。

本书不仅适合作为职业院校相关专业的教材，也是室内设计爱好者首选的自学读物。

3. 本书配套资源

本书物超所值，随书附赠以下资源（扫描“资源下载”二维码即可获得下载方式）：

配套教学视频：配备了全书 228 个实例、28 小时的高清教学视频。读者可以先像看电影一样轻松愉悦地通过教学视频学习本书内容，然后对照书本加以实践和练习，以提高学习效率。

本书实例的文件和完成素材：书中所有实例均提供了源文件和素材，读者可以使用 AutoCAD 2022 打开或访问。

资源下载

4. 本书特点

零点快速起步 室内绘图全面掌握	本书从基本的家具图形绘制讲起，由浅入深，结合 AutoCAD 软件特点精心安排了 228 个实例，涉及室内设计绘图的方方面面，帮助读者全面掌握室内设计的所有知识
案例贴身实战 技巧原理细心解说	本书所有案例都包含相应工具和功能的使用方法和技巧。在一些重点和要点处，还添加了大量的提示和技巧讲解，帮助读者理解和加深认识，以达到举一反三、灵活运用的目的
10 大空间类型 行业应用全面接触	本书涉及的室内设计空间类型包括现代风格小户型、简欧风格两居室、现代风格三居室、错层、中式风格别墅和办公室、酒店客房、餐厅、服装等常见室内空间类型，读者可以从中积累相关经验，以快速适应灵活多变的行业要求
228 个制作实例 绘图技能快速提升	本书的每个案例经过编者精挑细选，具有典型性和实用性，具有重要的参考价值，读者可以边做边学，从室内设计新手快速成长为设计高手
高清视频讲解 学习效率轻松翻倍	本书配套资源收录全书 228 个实例长达 28 小时的高清语音教学视频，可以在家享受专家课堂式的讲解，成倍提高学习兴趣和效率
QQ 在线答疑 学习交流零距离	本书提供免费在线 QQ 答疑群（368426081），读者在学习中碰到的任何问题随时可以在群里提问，以得到及时、准确的解答，并可以与同行进行亲密的交流，以了解到更多的相关后期处理知识，学习毫无后顾之忧

由于编者水平有限，书中错误、疏漏之处在所难免。在感谢您选择本书的同时，也希望您能够把对本书的意见和建议告诉我们。

作 者 邮 箱：lushanbook@qq.com
读者 QQ 群：368426081

编　者

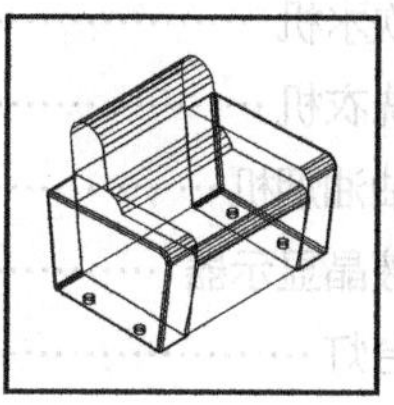

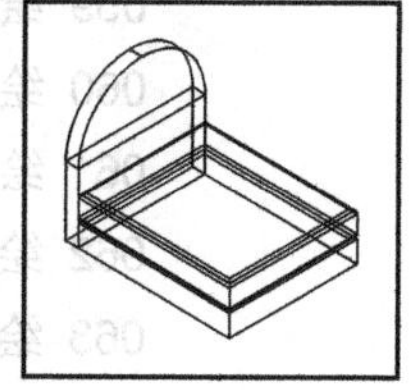

目录

第 2 篇 家装篇

第 3 篇 公装篇

第 4 篇 电气和详图篇

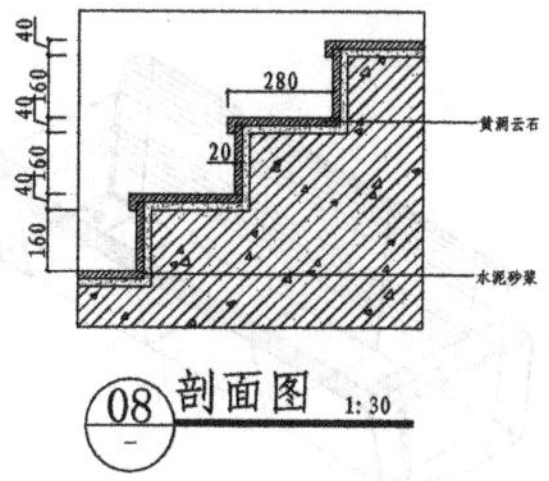
08
剖面图 1:30

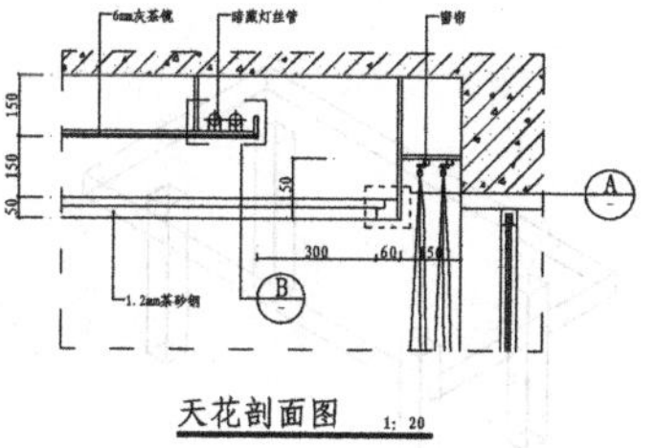
天花剖面图 1:20

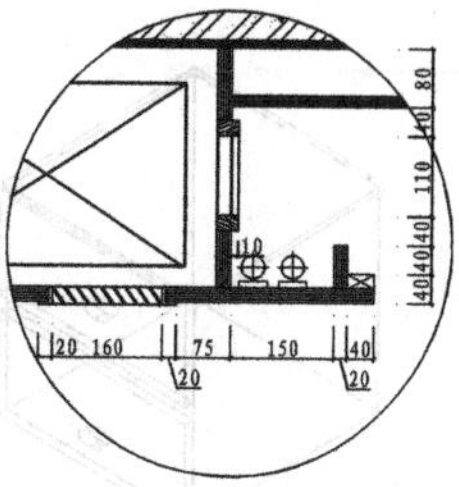

第 5 篇 天正建筑篇

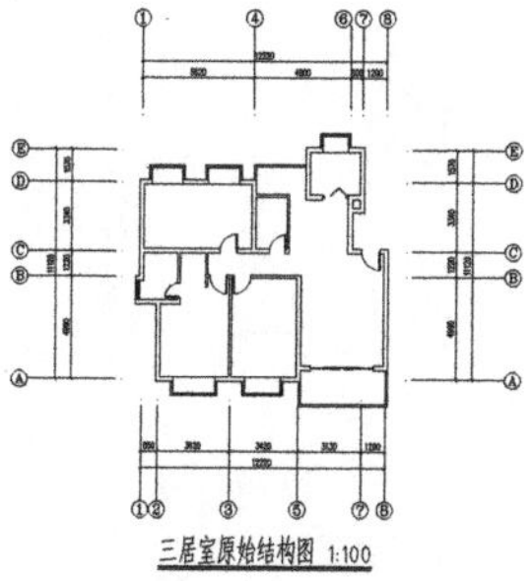
三居室原始结构图 1:100

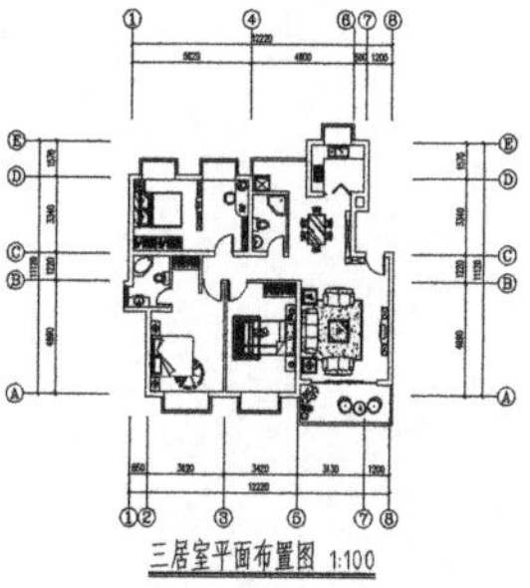
三居室平面布置图 1:100

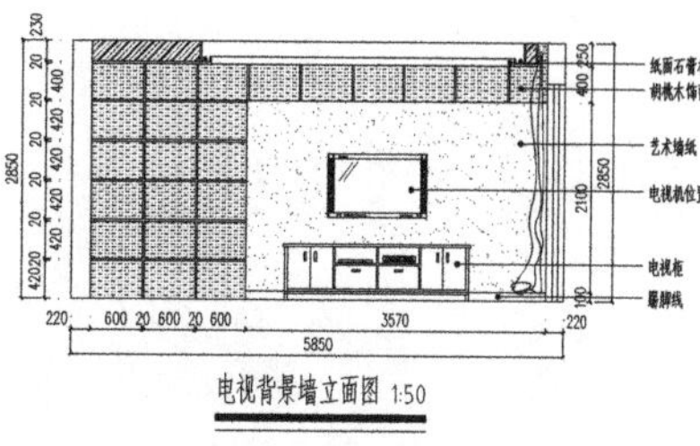
电视背景墙立面图 1:50

第 6 篇　三维和打印输出篇

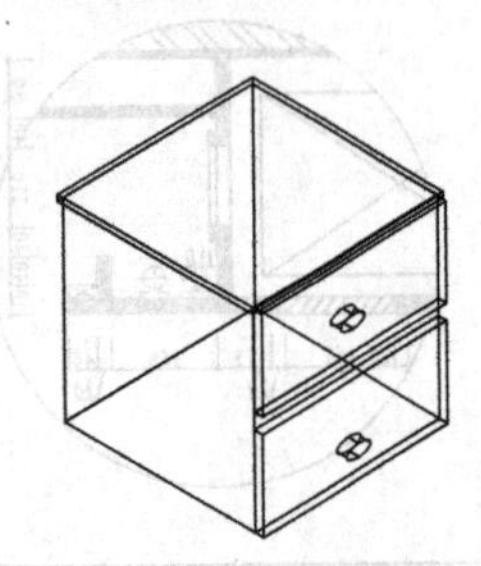

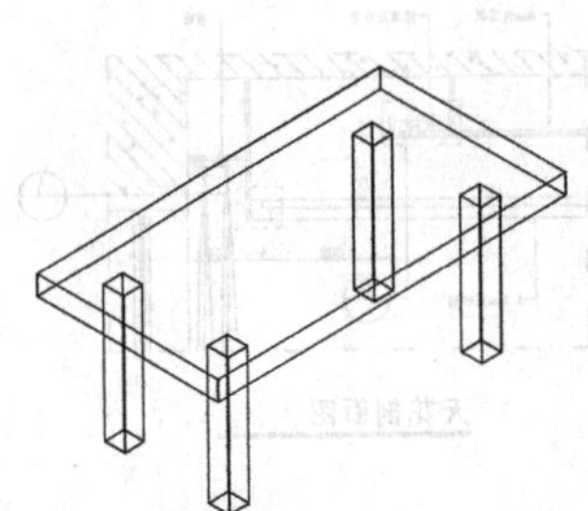

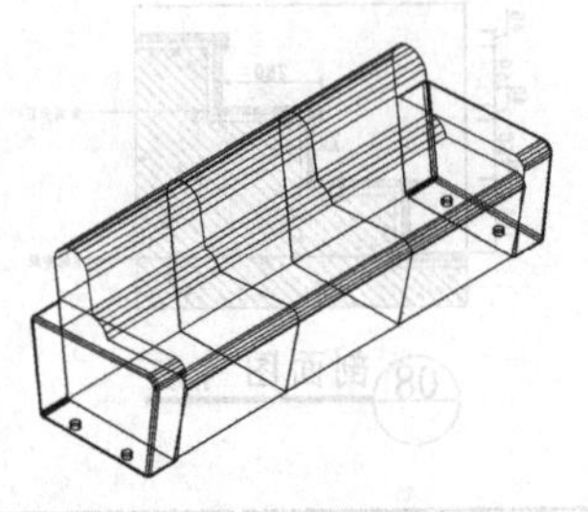

第1章 创建室内绘图模板

一个室内装潢施工图样板需要设置的内容包括：图形界限、图形单位、文字样式、尺寸标注样式、引线样式、打印样式和图层等。

创建了样板文件后，在绘制施工图时，就可以将该文件作为模板创建图形文件。新创建的图形自动包含了样板文件中的样式和图形，从而加快了绘图速度，提高了工作效率。

001 新建样板文件

视频文件：MP4\第 1 章\001.MP4

为了避免每绘制一张施工图都要重复设置或绘制某些内容，一个简单的方法是预先将图形界限、图形单位、文字样式、尺寸标注样式、引线样式、打印样式和图层这些相同部分一次性设置或绘制好，然后将其保存为样板文件。

01 启动 AutoCAD 2022，系统自动创建一个新的图形文件。

02 单击“快速访问”工具栏中的“另存为”按钮，打开“图形另存为”对话框。在“文件类型”下拉列表中，选择“AutoCAD 图形样板（*.dwt）”文件类型，然后选择文件保存位置并输入文件名，如图1-1 所示。

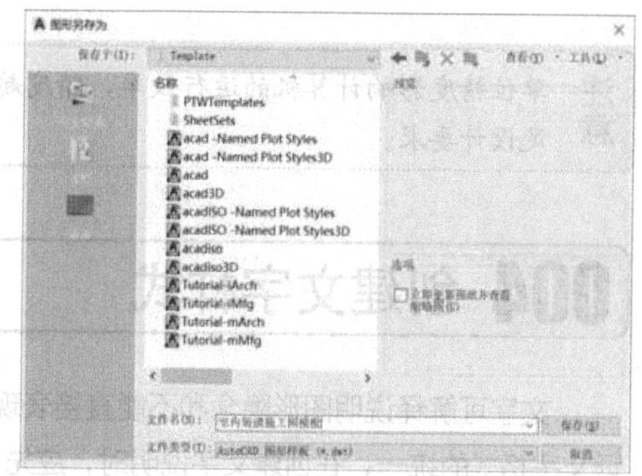

图 1-1 “图形另存为”对话框

03 单击“保存”按钮，关闭“图形另存为”对话框，在随后弹出的“样板选项”对话框中输入有关该样板文件的说明，在“测量单位”下拉列表框中选择“公制”。完成后单击“确定”按钮，样板说明保存至样板文件中。

提示 在调用样板文件创建新图形时，可以查看到样板的说明内容。

002 设置图形界限

视频文件：MP4\第 1 章\002.MP4

绘图界限是在绘图空间中假想的一个绘图区域，用可见栅格进行标示。图形界限相当于图纸的大小，一般根据国家标准关于图幅尺寸的规定设置。当打开图形界限边界检验功能时，一旦绘制的图形超出了绘图界限，系统将发出提示，并不允许绘制超出图形界限范围的点。

01 按 F7 快捷键在绘图窗口显示图形栅格，在命令行中输入“LIMITS”命令，按空格键或者 Enter 键默认坐标原点为图形界限的左下角点。

02 输入右上角点坐标（42000，29700）并按 Enter 键。

03 在命令行中输入“Z”，按 Enter 键，再输入“A”，按 Enter 键，即可显示图形界限范围内的全部图形。

> **提示** A3 图纸的大小为 420mm×297mm，由于室内装潢施工图一般使用 1：100 的比例打印输出，所以通常设置图形界限范围为 42000 × 29700。

003 设置图形单位

视频文件：MP4\第 1 章\003.MP4

室内装潢施工图通常采用“毫米”作为基本单位，即一个图形单位为 1mm，并且采用 1：1 的比例，按照实际尺寸绘图，在打印时再根据需要设置打印输出比例。

01 在命令行中输入“UNITS”命令，打开“图形单位”对话框，如图 1-2 所示，“长度”选项组用于设置长度类型和精度，这里设置“类型”为“小数”，“精度”为“0.00”。

02 “角度”选项组用于设置角度的类型和精度。这里取消“顺时针”复选框勾选，设置角度“类型”为“十进制度数”，精度为“0.00”。

03 在“插入时的缩放单位”选项组中选择“用于缩放插入内容的单位”为“毫米”，这样当调用非毫米单位的图形时，图形能够自动根据单位比例进行缩放。最后单击“确定”按钮，关闭对话框，完成单位设置。

> **注意** 单位精度影响计算机的运行效率，精度越高运行越慢，绘制室内装潢施工图，设置精度为 0 足以满足设计要求。

004 创建文字样式

视频文件：MP4\第 1 章\004.MP4

文字可解释说明图形隐含和不能直接表现的含义或功能，所以对图形使用文字说明是必要的。为了保证文字格式的统一，在创建文字说明时，应先创建文字样式。

01 在命令窗口中输入“STYLE”并按 Enter 键，打开“文字样式”对话框，如图 1-3 所示。默认情况下，“样式”列表中只有唯一的 Standard 样式，在用户未创建新样式之前，所有输入的文字均调用该样式。

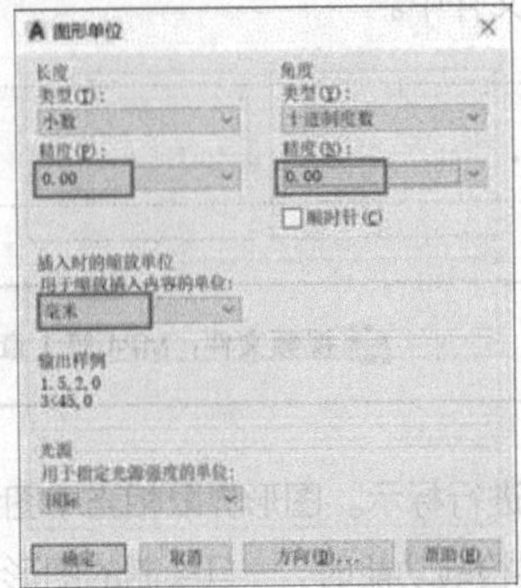

图 1-2 “图形单位”对话框

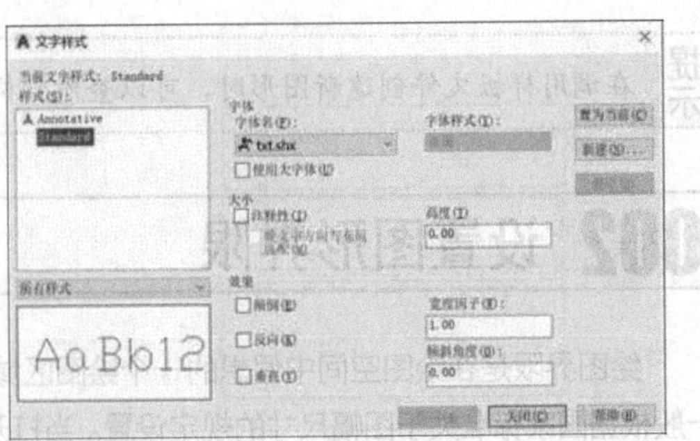

图 1-3 “文字样式”对话框

02 单击“新建”按钮，弹出“新建文字样式”对话框，在对话框中输入样式的名称，这里的名称设置为“仿宋”，如图 1-4 所示。单击“确定”按钮，返回“文字样式”对话框。

03 在“字体名”下拉列表框中选择“仿宋”字体，设置“图纸文字高度”为 1.5，在“效果”选项组中设置文字的“宽度因子”为 1；“倾斜角度”为 0，在“大小”选项组中勾选“注释性”选项，如图 1-5 所示，设置后单击“应用”按钮应用当前设置，单击“关闭”按钮，关闭对话框，完成“仿宋”文字样式的创建。

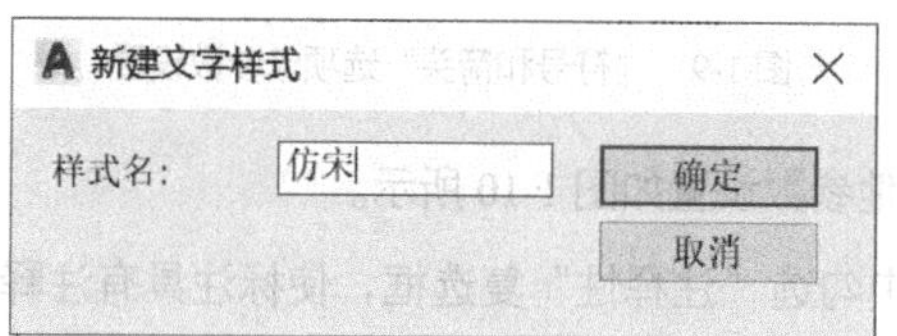

图 1-4　“新建文字样式”对话框

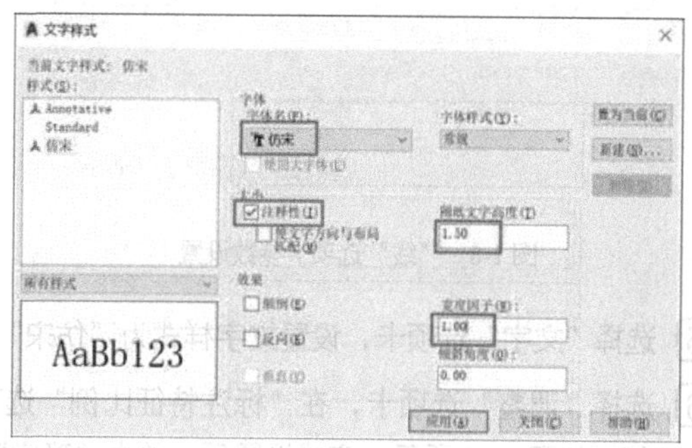

图 1-5　设置文字样式参数

005 创建尺寸标注样式

视频文件：MP4\第 1 章\005.MP4

一个完整的尺寸标注由尺寸线、尺寸界线、尺寸文本和尺寸箭头四个部分组成。本例将创建一个名称为“室内标注”的标注样式，本书所有图形标注将使用该样式，以保证格式统一。

01 在命令行中输入“DIMSTYLE”并按 Enter 键，打开“标注样式管理器”对话框，如图 1-6 所示。

02 单击“新建”按钮，在打开的“创建新标注样式”对话框中输入新样式的名称“室内标注样式”，如图 1-7 所示。

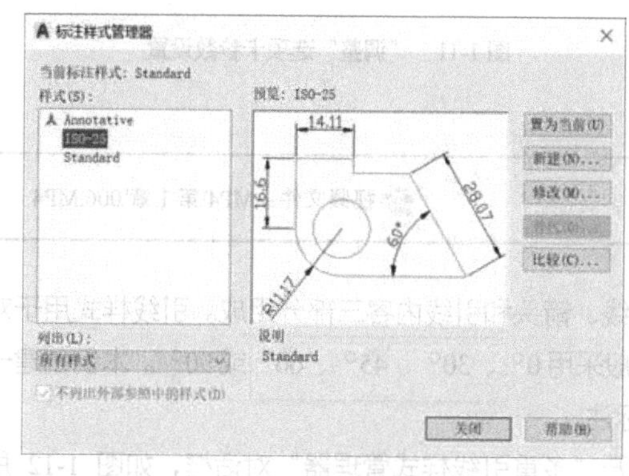

图 1-6　“标注样式管理器”对话框

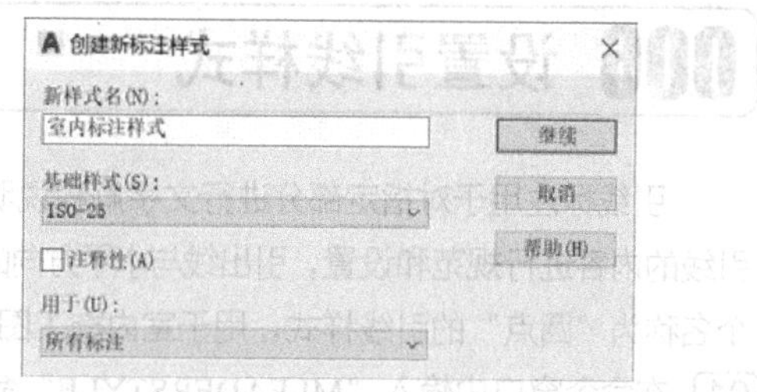

图 1-7　创建新标注样式

03 单击“继续”按钮，系统弹出“新建标注样式：室内标注样式”对话框，选择“线”选项卡，分别对尺寸线和尺寸界线等参数进行调整，如图 1-8 所示。

04 选择“符号和箭头”选项卡，对箭头类型、大小进行设置，如图 1-9 所示。

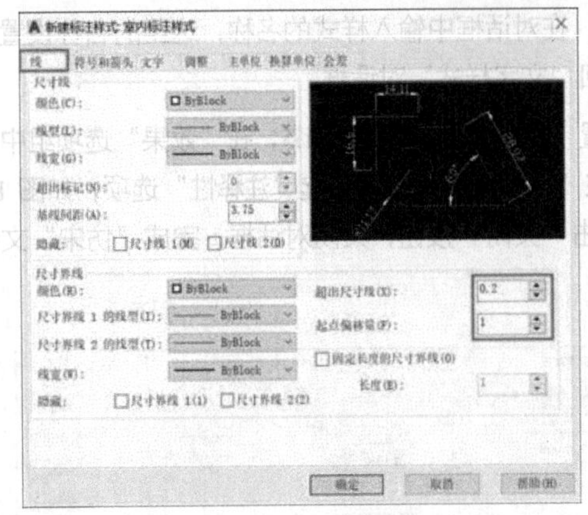

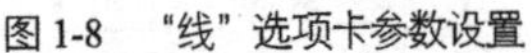

图 1-8　“线”选项卡参数设置

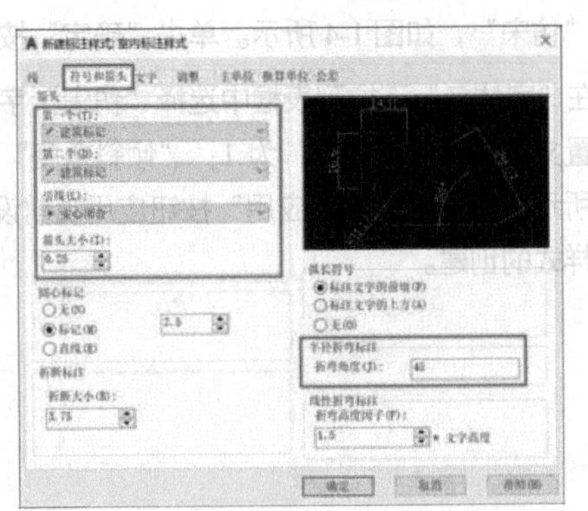

图 1-9　“符号和箭头”选项卡参数设置

05 选择“文字”选项卡，设置文字样式为“仿宋”，其他参数设置如图 1-10 所示。

06 选择“调整”选项卡，在“标注特征比例”选项组中勾选“注释性”复选框，使标注具有注释性功能，如图 1-11 所示，完成设置后，单击“确定”按钮，返回“标注样式管理器”对话框，单击“置为当前”按钮，然后关闭对话框，完成“室内标注样式”标注样式的创建。

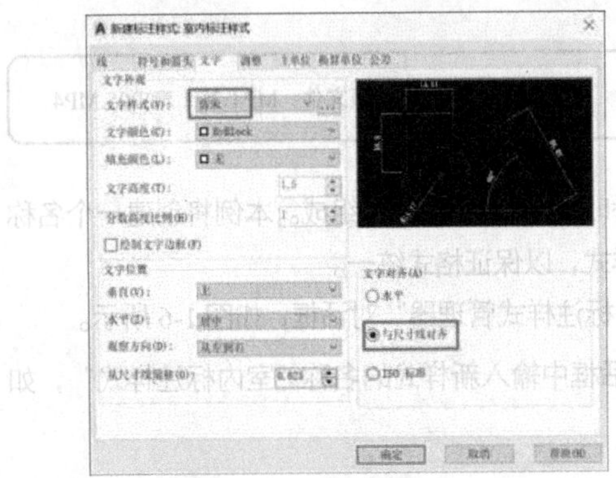

图 1-10　“文字”选项卡参数设置

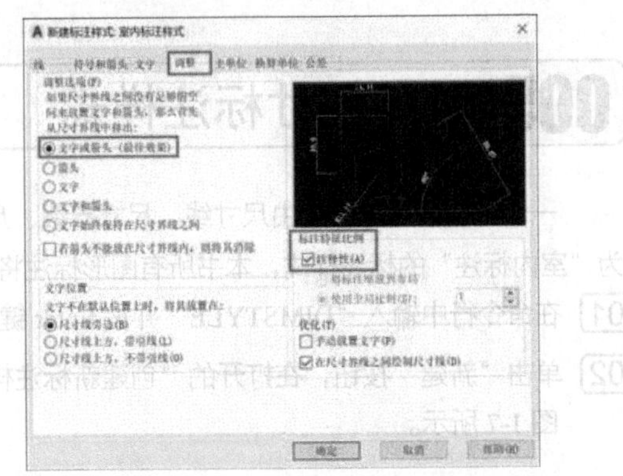

图 1-11　“调整”选项卡参数设置

006 设置引线样式

视频文件：MP4\第 1 章\006.MP4

引线标注用于对指定部分进行文字解释说明，由引线、箭头和引线内容三部分组成。引线样式用于对引线的内容进行规范和设置，引出线与水平方向的夹角一般采用 0°、30°、45°、60° 或 90°。本例创建一个名称为“圆点”的引线样式，用于室内施工图的引线标注。

01 在命令窗口中输入“MLEADERSTYLE”命令，打开“多重引线样式管理器”对话框，如图 1-12 所示。

02 单击“新建”按钮，打开“创建新多重引线样式”对话框，设置新样式名称为“圆点”，并勾选“注释性”复选框，如图 1-13 所示。

03 单击“继续”按钮，系统弹出“修改多重引线样式：圆点”对话框，选择“引线格式”选项卡，设置箭头符号为“点”，大小为 0.25，其他参数设置如图 1-14 所示。

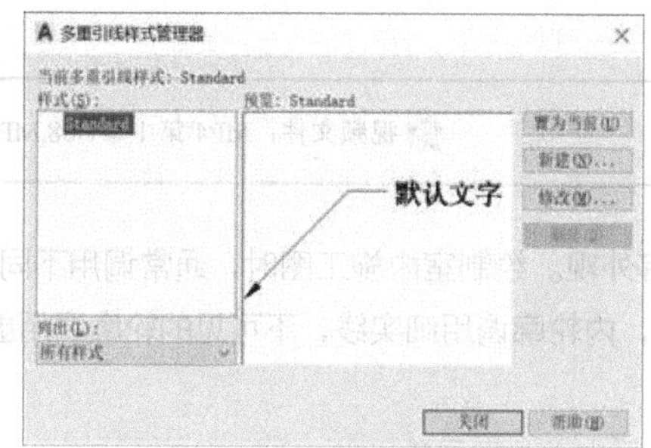

图 1-12　“多重引线样式管理器”对话框

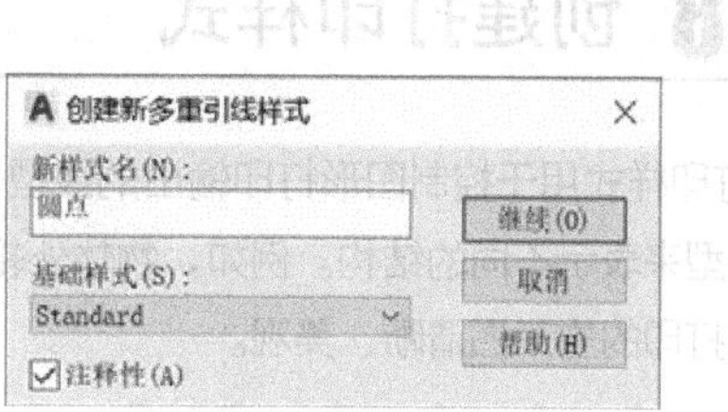

图 1-13　新建引线样式

04 选择“引线结构”选项卡，参数设置如图 1-15 所示。

05 选择“内容”选项卡，设置文字样式为“仿宋”，其他参数设置如图 1-16 所示。设置完参数后，单击“确定”按钮，返回“多重引线样式管理器”对话框，“圆点”引线样式创建完成。

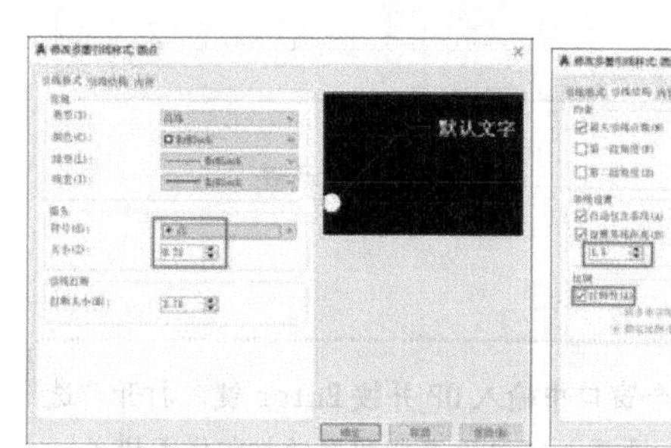

图 1-14　“引线格式”选项卡

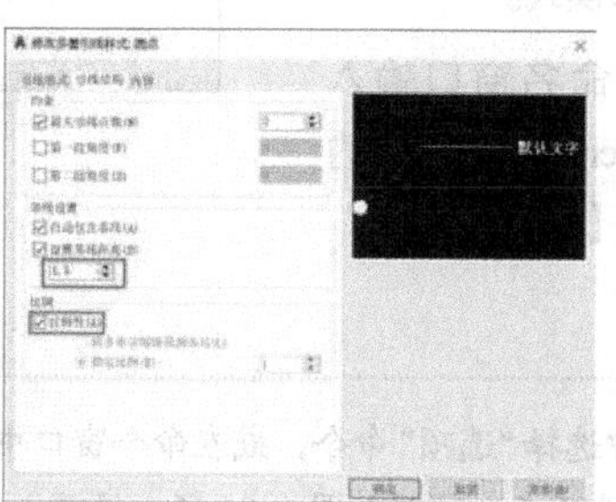

图 1-15　“引线结构”选项卡

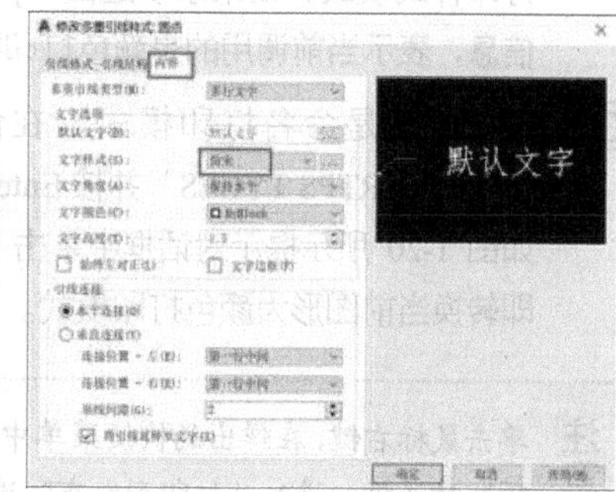

图 1-16　“内容”选项卡

007 加载线型

视频文件：MP4\第 1 章\007.MP4

线型是沿图形显示的线、点和间隔组成的图样。在绘制对象时，将对象设置为不同的线型，可以方便对象间的相互区分，使整个图面能够清晰、准确、美观。本实例以加载 ISO03W100 线型为例介绍线型的加载方法。

01 在命令窗口中输入“LINETYPE”并按 Enter 键，打开如图 1-17 所示“线型管理器”对话框。

02 单击“加载”按钮，打开如图 1-18 所示“加载或重载线型”对话框，选择线型 ACAD_ISO03W100，单击“确定”按钮，线型 ISO03W100 即被加载至“线型管理器”对话框中，单击“线型管理器”对话框中的“显示细节”按钮，可以显示出线型的详细信息，如图 1-19 所示。

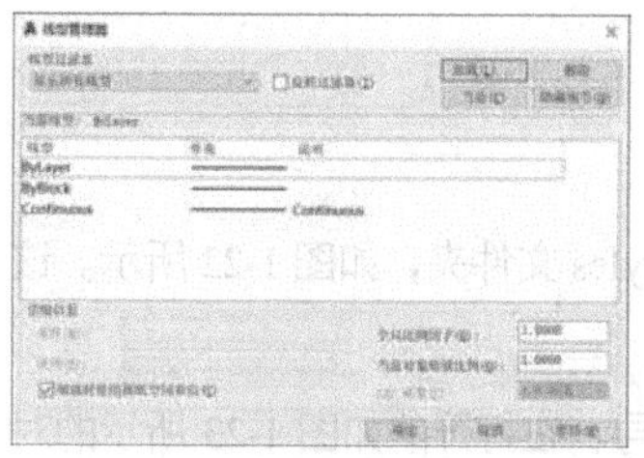

图 1-17　“线型管理器”对话框

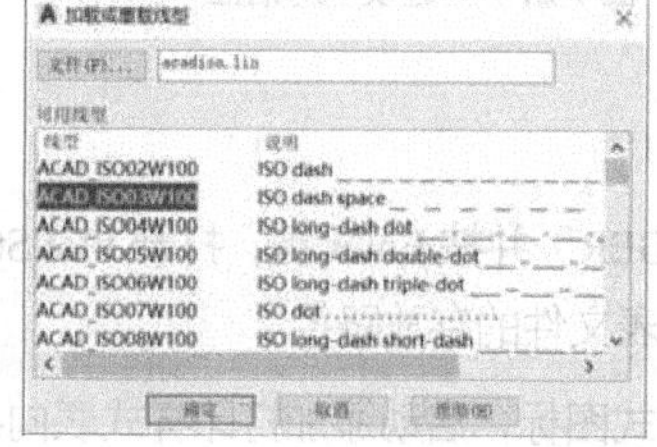

图 1-18　“加载或重载线型”对话框

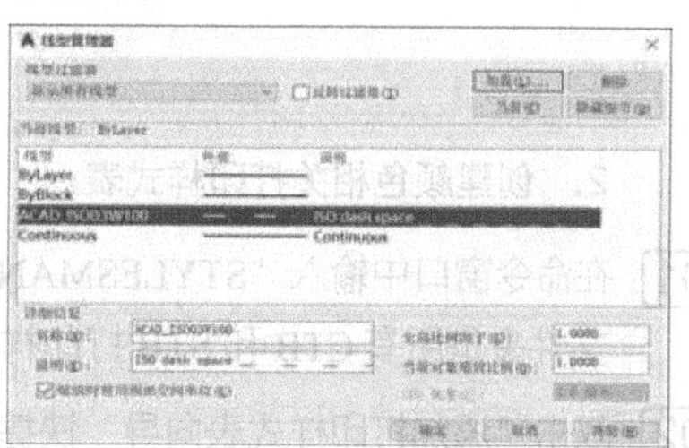

图 1-19　显示线型细节

008 创建打印样式

视频文件：MP4\第 1 章\008.MP4

打印样式用于控制图形打印输出的线型、线宽、颜色等外观。绘制室内施工图时，通常调用不同的线宽和线型来表示不同的结构。例如，物体外轮廓调用中实线，内轮廓调用细实线，不可见的轮廓调用虚线，从而使打印的施工图清晰、美观。

1. 激活颜色相关打印样式

01 在转换打印样式模式之前，首先应判断当前图形调用的打印样式模式。在命令窗口中输入“PSTYLE MODE”并按 Enter 键，如果系统返回“pstylemode = 0”信息，表示当前调用的是命名打印样式模式，如果系统返回“pstylemode = 1”信息，表示当前调用的是颜色打印模式。

02 如果当前是命名打印模式，在命名窗口输入“CONVERTPS TYLES”并按 Enter 键，在打开的如图 1-20 所示提示对话框中单击【确定】按钮，即转换当前图形为颜色打印模式。

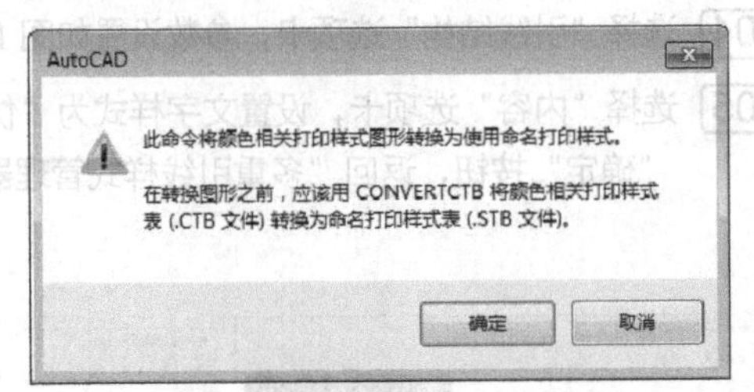

图 1-20 提示对话框

> **注意** 单击鼠标右键，在弹出的快捷菜单中选择“选项”命令，或在命令窗口中输入 OP 并按 Enter 键，打开“选项”对话框，进入“打印和发布”选项卡，按照如图 1-21 所示设置，可以设置新图形的打印样式模式。

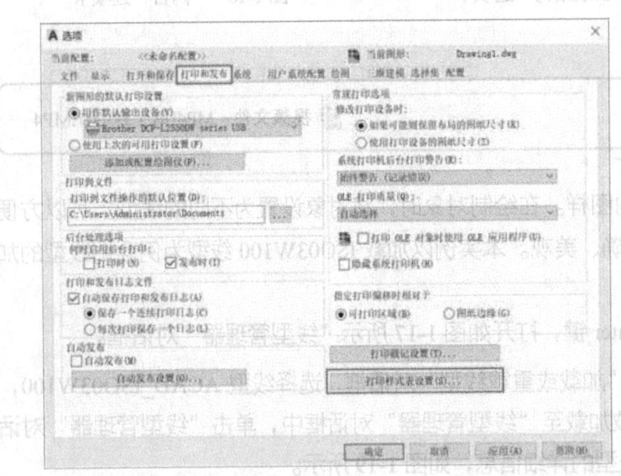
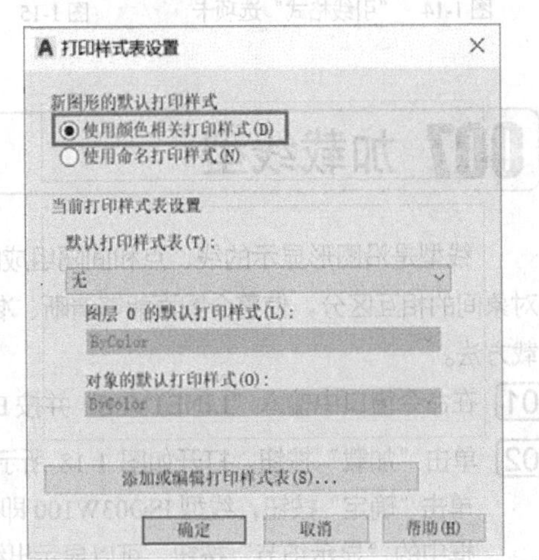

图 1-21 “选项”对话框

2. 创建颜色相关打印样式表

01 在命令窗口中输入“STYLESMANAGER”并按 Enter 键，打开 Plot Styles 文件夹，如图 1-22 所示。该文件夹是所有 CTB 和 STB 打印样式表文件的存放路径。

02 双击“添加打印样式表向导”快捷方式图标，启动添加打印样式表向导，在打开的如图 1-23 所示的对话框中单击“下一步”按钮。

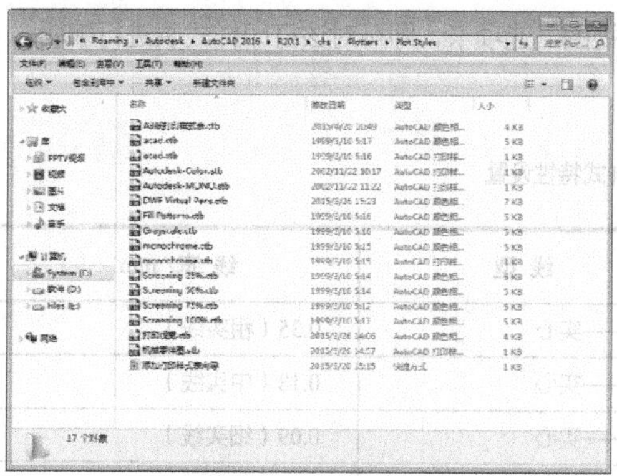

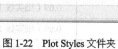

图 1-22　Plot Styles 文件夹

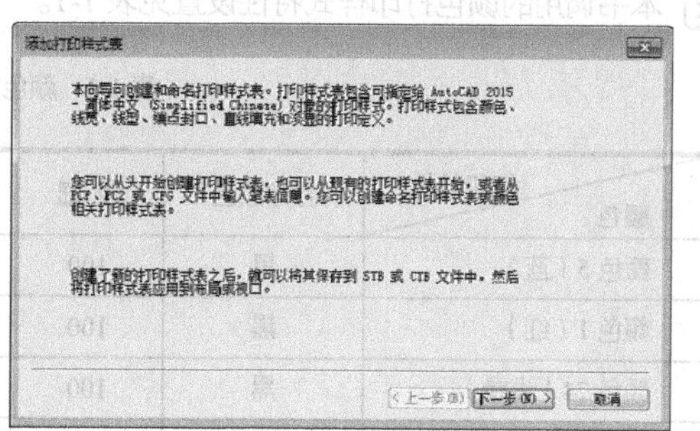

图 1-23　添加打印样式表

03 在打开的如图 1-24 所示“添加打印样式表-开始”对话框中选择“创建新打印样式表”单选项，单击“下一步”按钮。

04 在打开的如图 1-25 所示“ 添加打印样式表-选择打印样式表”对话框中选择“颜色相关打印样式表”单选项，单击“下一步”按钮。

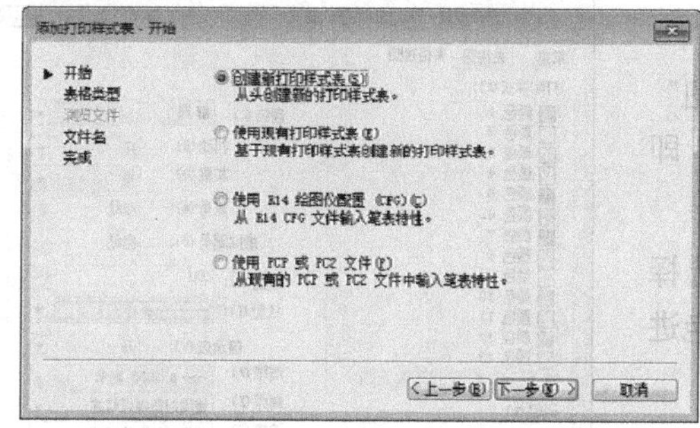

图 1-24　添加打印样式表向导－开始

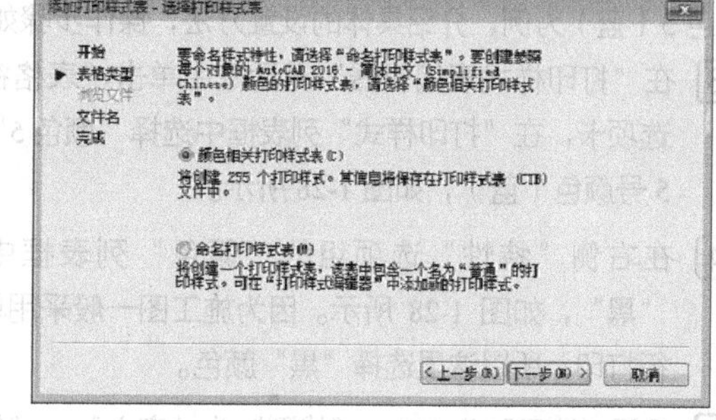

图 1-25　添加打印样式表－选择打印样式表

05 在打开的如图 1-26 所示对话框“ 添加打印样式表-文件名”文本框中输入打印样式表的名称，单击“下一步”按钮。

06 在打开的如图 1-27 所示对话框中单击“完成”按钮，关闭添加打印样式表向导，打印样式创建完毕。

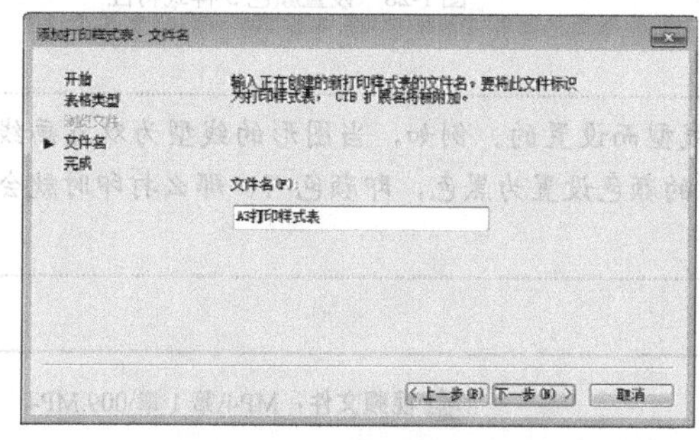

图 1-26　添加打印样式表－输入文件名

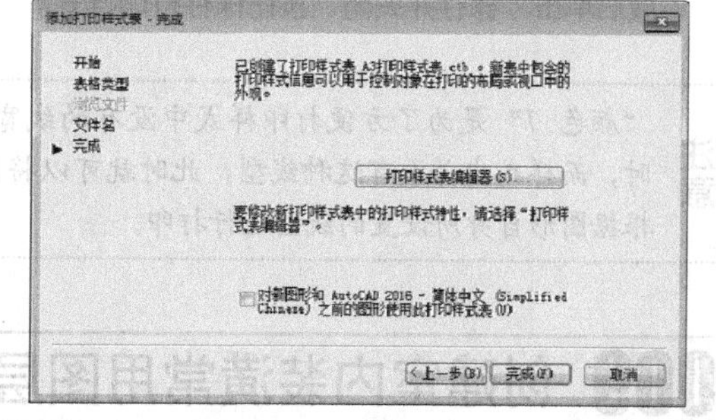

图 1-27　添加打印样式表－完成

3. 编辑打印样式表

01 创建完成的“A3 纸打印样式表”会立即显示在 Plot Styles 文件夹中，双击该打印样式表，打开“打印样式表编辑器”对话框，在该对话框中单击“表格视图”选项卡，即可对该打印样式表进行编辑。

02 本书调用的颜色打印样式特性设置见表 1-1。

表 1-1　颜色打印样式特性设置

打印特性 / 颜色	打印颜色	淡 显	线 型	线 宽/ mm
颜色 5（蓝）	黑	100	——实心	0.35（粗实线）
颜色 1（红）	黑	100	——实心	0.18（中实线）
颜色 74（浅绿）	黑	100	——实心	0.09（细实线）
颜色 8（灰）	黑	100	——实心	0.09（细实线）
颜色 2（黄）	黑	100	— — 画	0.35（粗虚线）
颜色 4（青）	黑	100	— — 画	0.18（中虚线）
颜色 9（灰白）	黑	100	—·—· 长画 短画	0.09（细点画线）
颜色 7（黑）	黑	100	调用对象线型	调用对象线宽

表 1-1 中的特性设置，共包含了 8 种颜色样式，这里以颜色 5（蓝）为例，介绍具体的设置方法，操作步骤如下：

03 在“打印样式表编辑器”对话框中单击“表格视图”选项卡，在“打印样式”列表框中选择“颜色 5”，即 5 号颜色（蓝），如图 1-28 所示。

04 在右侧“特性”选项组的“颜色”列表框中选择“黑”，如图 1-28 所示。因为施工图一般采用单色进行打印，所以这里选择“黑”颜色。

05 设置“淡显”为 100，“线型”为“实心”，“线宽”为 0.35 毫米，其他参数为默认值，如图 1-28 所示。至此，“颜色 5”样式设置完成。在绘图时，如果将图形的颜色设置为蓝时，在打印时将得到颜色为黑色，线宽为 0.35 毫米，线型为“实心”的图形打印效果。

06 使用相同方法，根据表 1-1 所示设置其他颜色样式，完成后单击“保存并关闭”按钮保存打印样式。

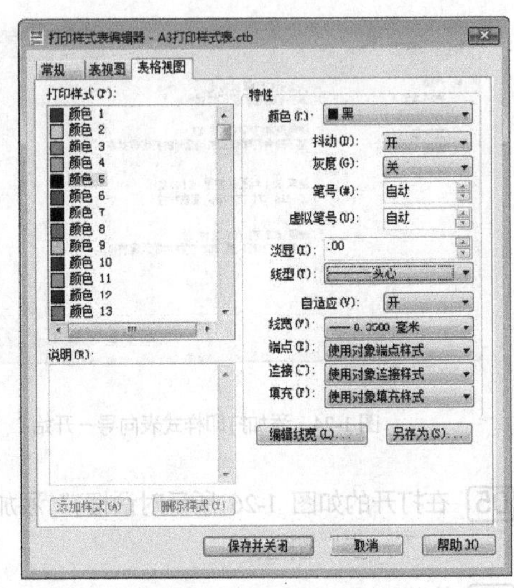

图 1-28　设置颜色 5 样式特性

> **注意**　“颜色 7”是为了方便打印样式中没有的线宽或线型而设置的。例如，当图形的线型为双点画线时，而样式中并没有这种线型，此时就可以将图形的颜色设置为黑色，即颜色 7，那么打印时就会根据图形自身所设置的线型进行打印。

009 创建室内装潢常用图层

视频文件：MP4\第 1 章\009.MP4

AutoCAD 中绘制任何对象都是在图层上进行的，为了更方便编辑、修改图形对象，用户可以自行创建更多的图层，把图形对象细化到不同的图层上，以后在修改其中图层上的内容时，其他图层上的图形对象不受任何影响。

01 本实例以创建轴线图层为例，介绍图层的创建与设置方法。其他图层的创建方法完成相同。

02 在命令窗口中输入“LAYER”/“LA”并按 Enter 键，打开如图 1-29 所示“图层特性管理”对话框。

03 单击对话框中的新建图层按钮 ，创建一个新的图层，在“名称”框中输入新图层名称“ZX_轴线”，如图 1-30 所示。

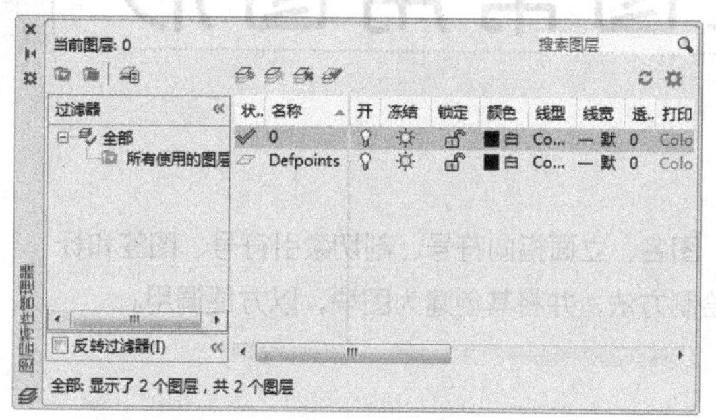

图 1-29 “图层特性管理器”对话框

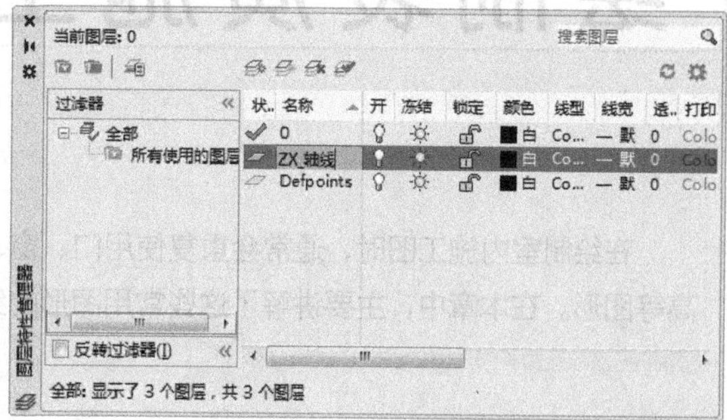

图 1-30 创建轴线图层

> **注意** 为了避免外来图层（如从其他文件中复制的图块或图形）与当前图像中的图层掺杂在一起而产生混乱，每个图层名称前面使用了字母（中文图层名的缩写）与数字的组合。同时也可以保证新增的图层能够与其相似的图层排列在一起，从而方便查找。

04 设置图层颜色。为了区分不同图层上的图线，增加图形不同部分的对比性，可以在“图层特性管理器”对话框中单击相应图层“颜色”标签下的颜色色块，打开“选择颜色”对话框，如图 1-31 所示。在该对话框中选择需要的颜色。

05 “ZX_轴线”图层其他特性保持默认值，图层创建完成，调用相同的方法创建其他图层，如图 1-32 所示。

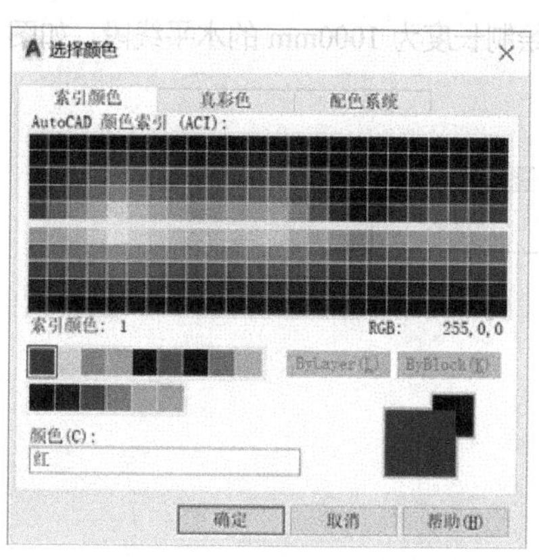

图 1-31 “选择颜色”对话框

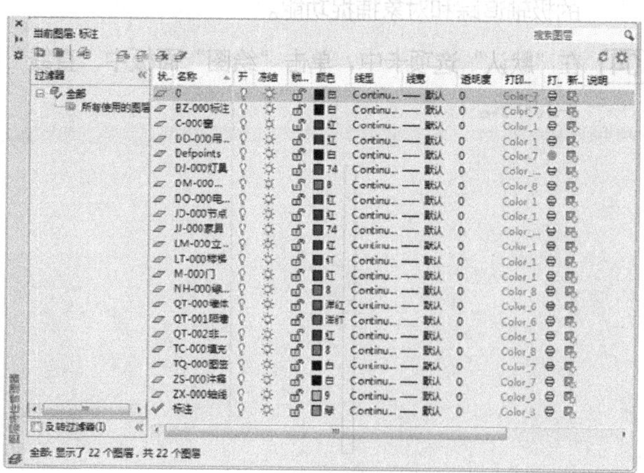

图 1-32 创建其他图层

第 2 章 绘制装潢施工图常用图形

在绘制室内施工图时，通常会重复使用门、窗、图名、立面指向符号、剖切索引符号、图签和标高等图形。在本章中，主要讲解了这些常用图形的绘制方法，并将其创建为图块，以方便调用。

010 绘制单开门

视频文件：MP4\第 2 章\010.MP4

本例通过绘制一个宽 1000mm 的门作为门的基本图形，主要学习“圆”“直线”“修剪”和“矩形”等命令的操作方法和技巧。

01 确定当前未选择任何对象，在“默认”选项卡中，单击“图层”面板中的“图层”按钮，选择“M_门”图层作为当前图层。

02 在“默认”选项卡中，单击“绘图”面板中的“矩形”按钮，绘制 40mm×1000mm 的长方形，如图 2-1 所示。

03 分别单击状态栏中的“极轴追踪”按钮和“对象捕捉”按钮，使其呈激活状态，开启 AutoCAD 的极轴追踪和对象捕捉功能。

04 在“默认”选项卡中，单击“绘图”面板中“直线”按钮，绘制长度为 1000mm 的水平线段，如图 2-2 所示。

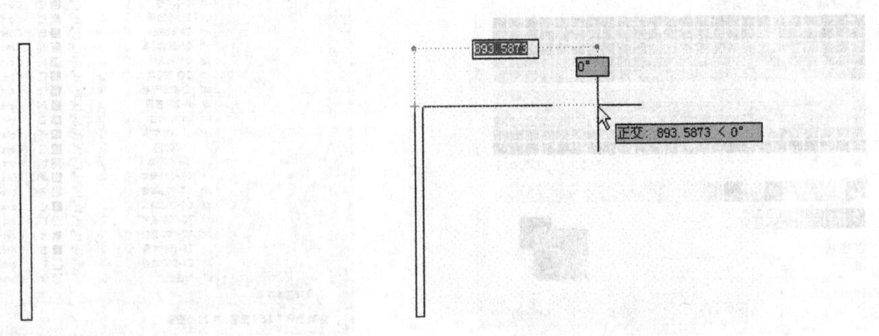

图 2-1 绘制长方形

图 2-2 绘制直线

05 在“默认”选项卡中，单击“绘图”面板中“圆”按钮，以长方形左上角端点为圆心绘制半径为 1000mm 的圆，如图 2-3 所示。

06 在“默认”选项卡中，单击“修改”面板中“修剪”按钮，修剪圆多余部分，然后删除前面绘制的线段，得到门图形如图 2-4 所示。

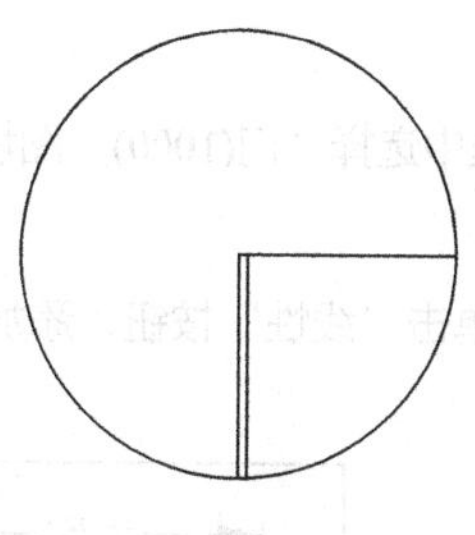

图 2-3　绘制圆

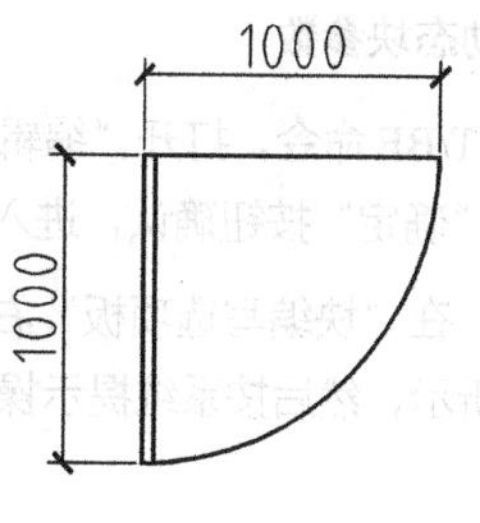

图 2-4　修剪圆

提示　以后如果没有特别说明，极轴追踪和对象捕捉功能均默认为开启状态。

011 创建门图块

视频文件：MP4\第 2 章\011.MP4

门的图形绘制完成后，即可调用 BLOCK 命令将其定义为图块，并可创建成动态图块，以方便调整门的大小和方向，本实例先创建门图块。

01 在命令行中输入“B”并按 Enter 键，打开“块定义”对话框，如图 2-5 所示。

02 在“块定义”对话框中的“名称”文本框中输入图块的名称“门(1000)”。在“对象”参数栏中单击 (选择对象)按钮，在图形窗口中选择门图形，按 Enter 键返回“块定义”对话框。

03 在“基点”参数栏中单击 (拾取点)按钮，捕捉并单击长方形左上角的端点作为图块的插入点，如图 2-6 所示。在“块单位”下拉列表中选择“毫米”为单位。

04 单击“确定”按钮，关闭对话框，完成门图块的创建。

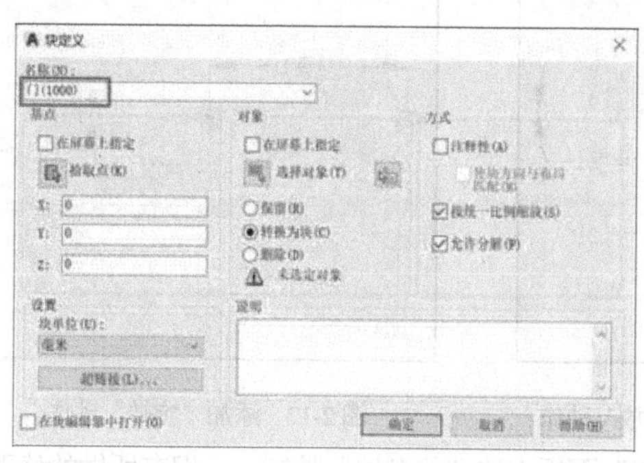

图 2-5　“块定义”对话框

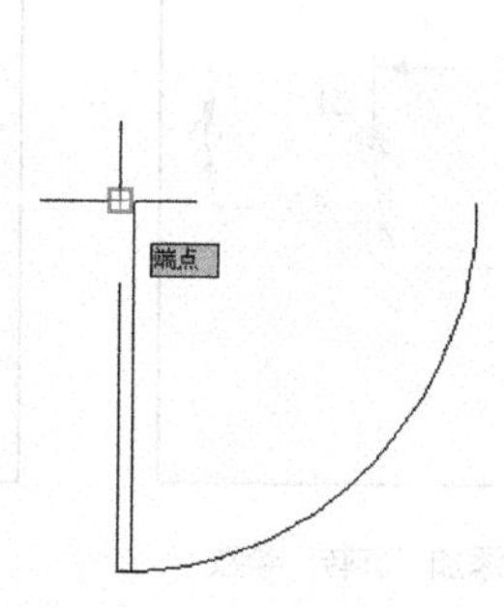

图 2-6　指定图块插入点

012 创建门动态块

视频文件：MP4\第 2 章\012.MP4

本实例介绍将前面创建的“门(1000)”图块创建成动态块，创建动态块使用 BEDIT 命令。将图块转换为动态图块后，可直接通过移动动态夹点来调整图块大小、角度，避免了频繁的参数输入和命令调用(如缩放、旋转等)，使图块的调整操作变得轻松自如。

1. 添加动态块参数

01 调用 BEDIT/BE 命令，打开“编辑块定义”对话框，在该对话框中选择“门(1000)”图块，如图 2-7 所示，单击“确定”按钮确认，进入块编辑器。

02 添加参数。在“块编写选项板”右侧单击“参数”选项卡，再单击“线性”按钮，添加“线性”参数如图 2-8 所示，然后按系统提示操作，结果如图 2-9 所示。

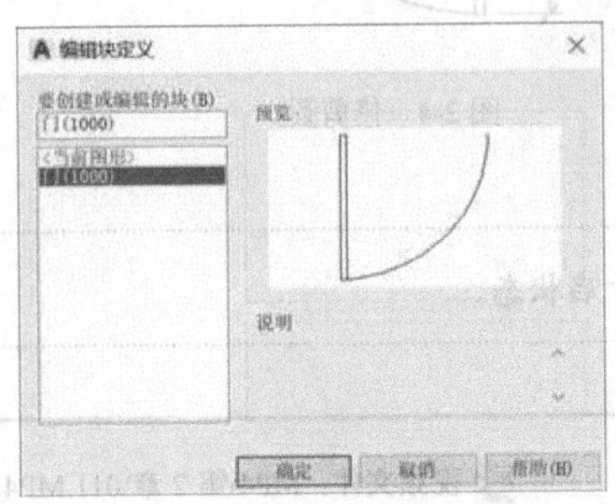
图 2-7 “编辑块定义”对话框

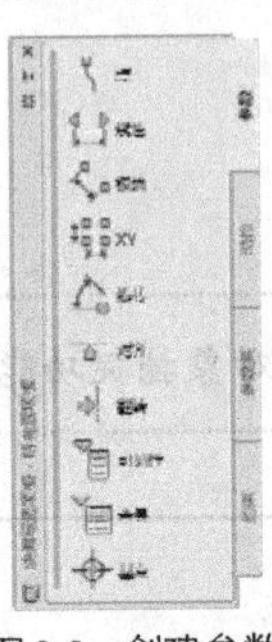
图 2-8 创建参数

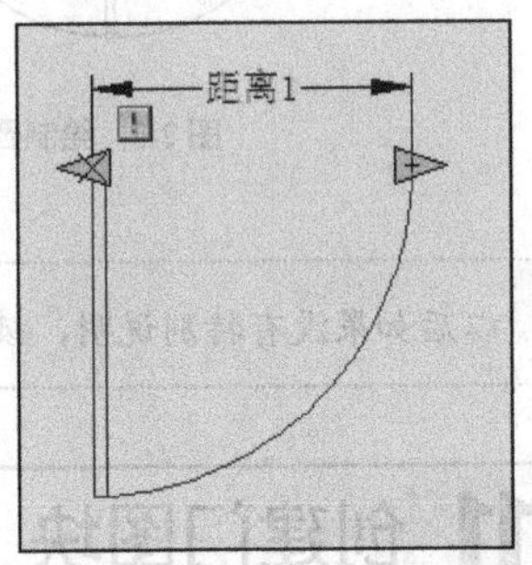

图 2-9 添加“线性”参数

提示 在进入块编辑状态后，窗口背景会显示为淡黄色，同时窗口上显示出相应的选项板和工具栏。

03 在“参数”选项卡中，单击“旋转”按钮，添加“旋转”参数，结果如图 2-10 所示。

2. 添加动作

01 在“块编写选项板”中，选择“动作”选项卡，然后单击“缩放”按钮，添加“缩放”动作，结果如图 2-11 所示。

02 在“动作”选项卡中，单击“旋转”按钮，添加“旋转“动作，结果如图 2-12 所示。

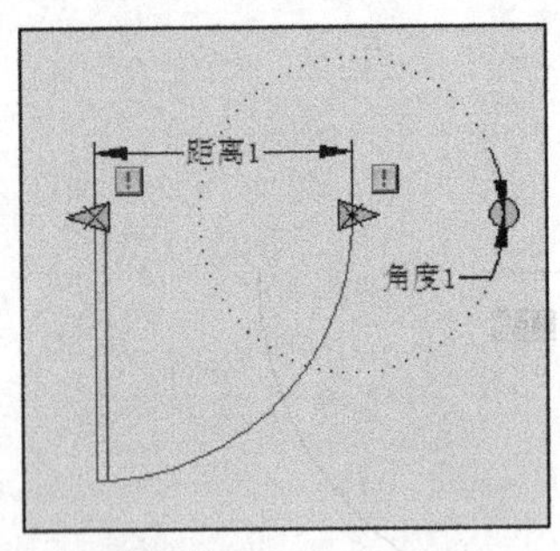

图 2-10 添加“旋转”参数

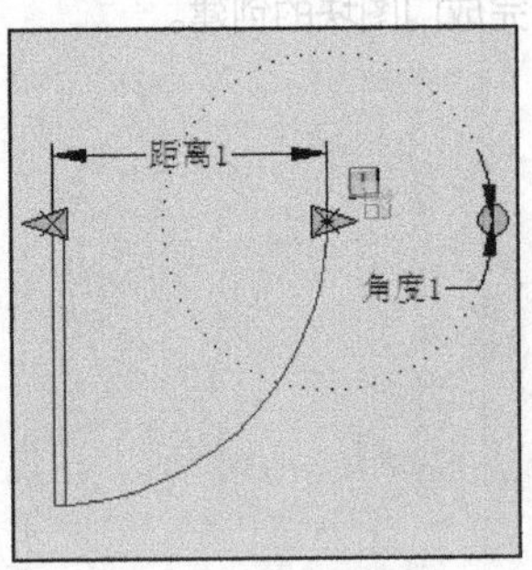

图 2-11 添加“缩放”动作

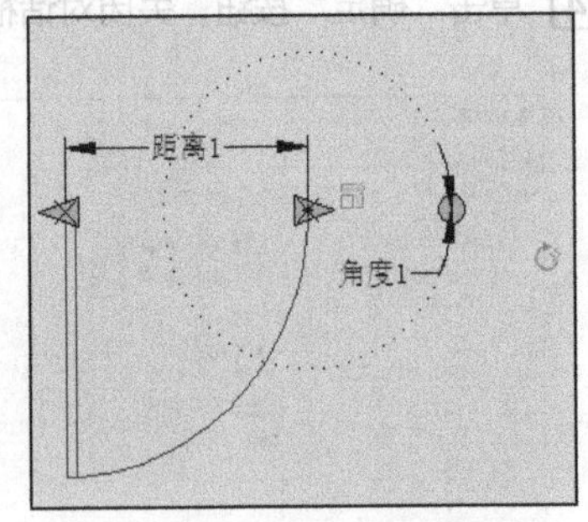

图 2-12 添加“旋转”动作

03 在“块编辑器”选项卡中(见图 2-13)，单击“打开/保存”面板中的“保存块”按钮，保存所做的修改，单

击“关闭块编辑器”按钮，关闭块编辑器，返回到绘图窗口，“门(1000)”动态块创建完成。

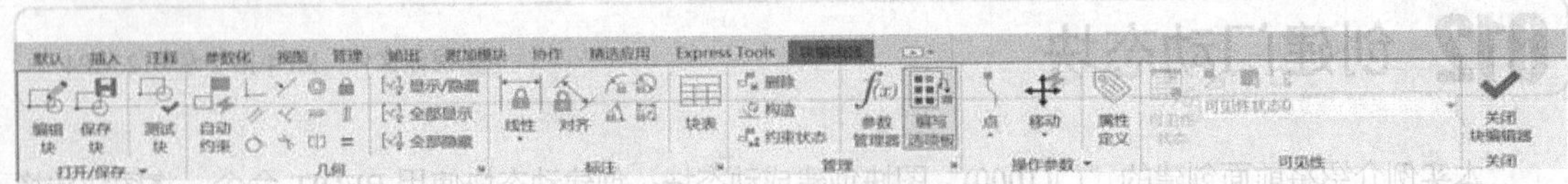
图 2-13 "块编辑器"选项卡

013 绘制子母门

视频文件：MP4\第 2 章\013.MP4

子母门是一种特殊的双门扇对开门，由一个宽度较小的门扇（子门）与一个宽度较大的门扇（母门）构成。一般在门洞宽度较大时，为了门整体的美观，门扇设计成一大一小的子母形式，如图 2-14 所示。子母门比普通门宽，由于宽度大于 1000mm 的单扇门使用不方便，便可以用子母门，平时打开一扇大的，需要进大的家具或设备的时候就可以全部打开。

01 调用 RECTANG/REC 矩形命令，绘制一个尺寸为 28mm×700mm 的矩形，如图 1-15 所示。

02 调用 LINE/L 直线命令，绘制一条长度为 700mm 的水平线段，如图 2-16 所示。

03 调用 CIRCLE/C 圆命令，绘制半径为 700mm 的圆，如图 2-17 所示。

图 2-14　子母门

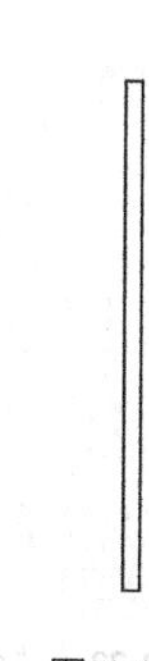
图 2-15 绘制矩形

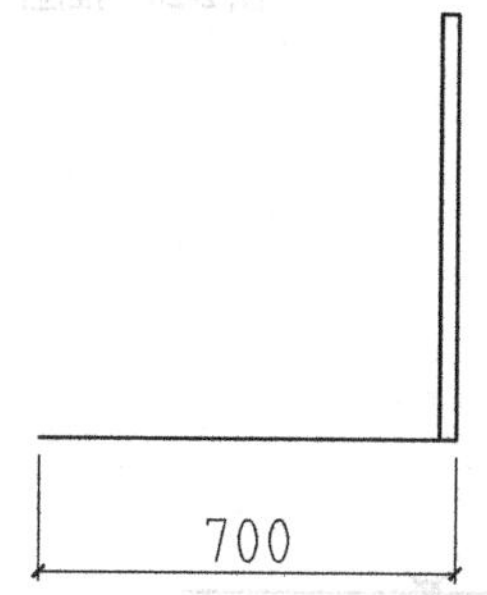

图 2-16　绘制线段

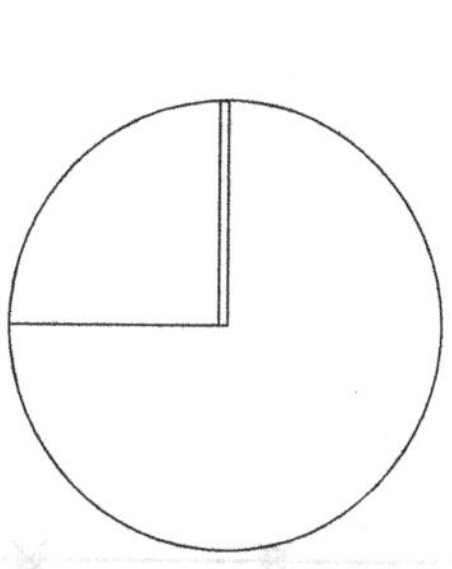
图 2-17　绘制圆

04 调用 TRIM/TR 修剪命令，对圆进行修剪，并删除前面绘制的线段，得到单开门图形，如图 2-18 所示。

05 使用同样的方法绘制另一侧的门，得到子母门图形，如图 2-19 所示。

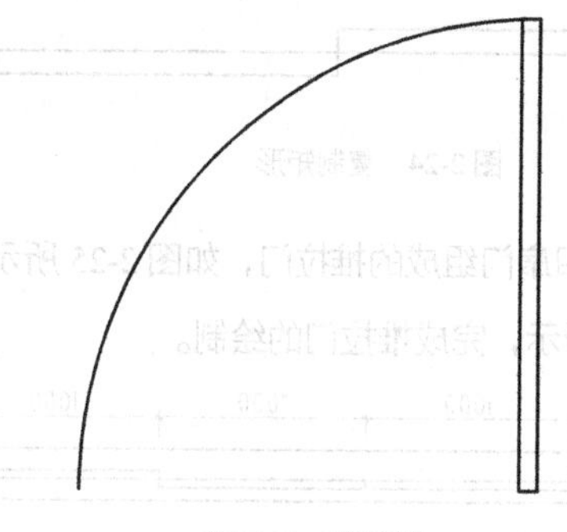
图 2-18　修剪圆

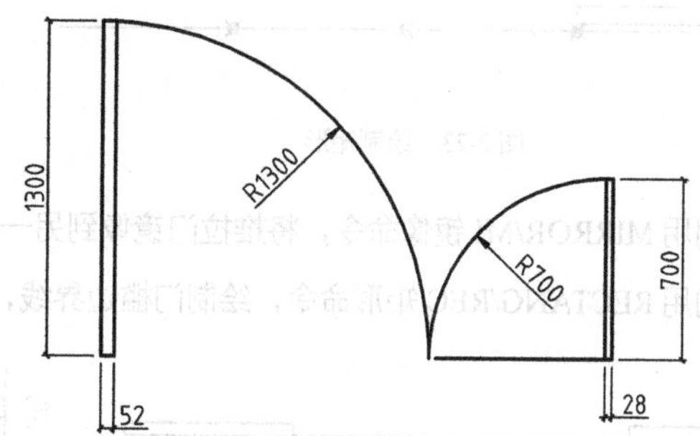

图 2-19　绘制另一侧的门

014 绘制推拉门

视频文件：MP4\第 2 章\014.MP4

推拉门（见）会让居室显得更轻盈，其中的分割、遮掩等都是那么简单但又不失变化，不论是卫生间，还是不规则的储物间，只要换上推拉门，再狭小的空间都不会被浪费，折叠式的推拉门甚至还能 100%开启，不占一分空间。本例通过绘制推拉门，来学习“定数等分”和“镜像”等命令的操作方法和技巧。

01 调用 LINE/L 直线命令，绘制一条 4000mm 长的水平辅助线。

02 调用 DIVIDE/DIV 定数等分命令，将辅助线分为四等份，如图 2-21 所示。

提示 如果看不到等分点，只需在“默认”选项卡中，单击“实用工具”面板中的“点样式”按钮 点样式...，在打开的“点样式”对话框中选择一种特殊的点样式即可，如图 2-22 所示。

图 2-20 推拉门

图 2-21 等分辅助线

图 2-22 “点样式”对话框

03 调用 RECTANG/REC 矩形命令，绘制矩形推拉门，如图 2-23 所示。

04 删除辅助线和等分点，调用 COPY/CO 复制命令复制刚才绘制的矩形，使它们的位置如图 2-24 所示。

图 2-23 绘制矩形

图 2-24 复制矩形

05 调用 MIRROR/MI 镜像命令，将推拉门镜像到另一侧，得到由四扇门组成的推拉门，如图 2-25 所示。

06 调用 RECTANG/REC 矩形命令，绘制门槛边界线，如图 2-26 所示，完成推拉门的绘制。

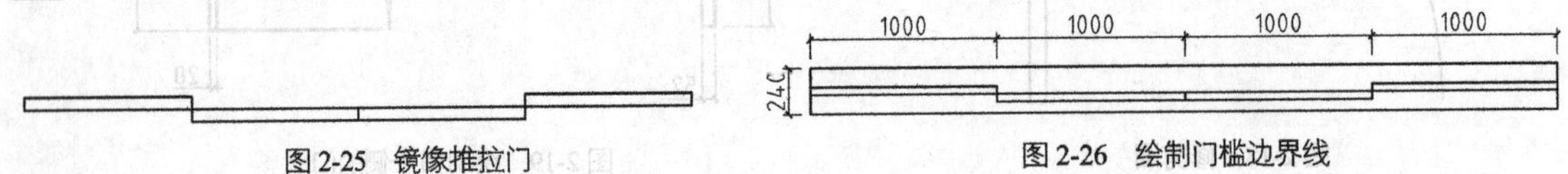

图 2-25 镜像推拉门

图 2-26 绘制门槛边界线

015 绘制旋转门

视频文件：MP4\第 2 章\015.MP4

旋转门一般由玻璃制成，通常用于公司、医院、饭店、百货公司、商场、政府部门、办公大楼等人流较多、出入频繁的建筑物。本例通过绘制旋转门，来学习“偏移”和“多段线”命令的操作方法和技巧。

01 调用 CIRCLE/C 圆命令，绘制半径为 2090mm 的圆，如图 2-27 所示。

02 调用 OFFSET/O 偏移命令，将圆依次向内偏移（mm）20、55、5、5、55、20、1716 和 186，如图 2-28 所示。

03 调用 POINT/PO 点命令，在最小的圆顶端位置绘制单点，如图 2-29 所示。

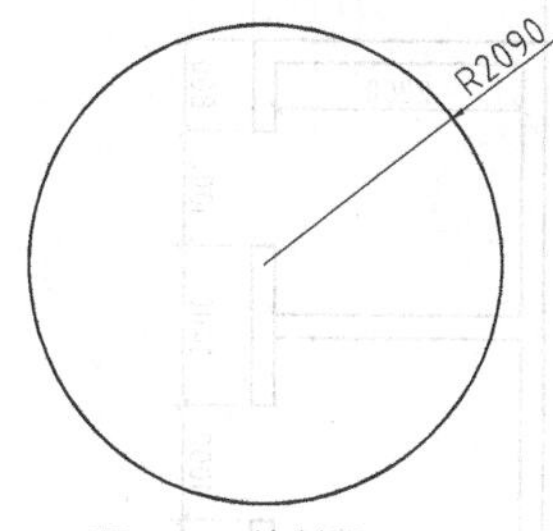

图 2-27　绘制圆

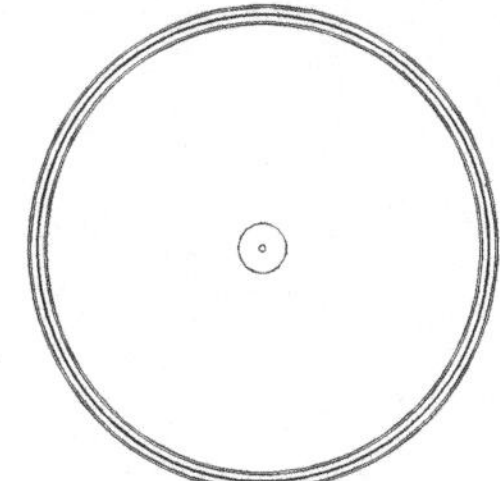

图 2-28　偏移圆

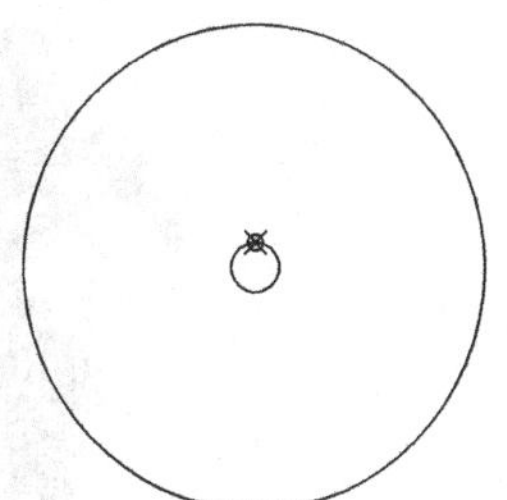

图 2-29　绘制点

04 调用 ARRAY/AR 阵列命令，对点进行环形阵列，阵列效果如图 2-30 所示。

05 调用 LINE/L 直线命令，以圆心为起点，分别过环形阵列点绘制线段，然后删除等分点，如图 2-31 所示。

06 调用 OFFSET/O 偏移命令，将线段向两侧偏移 25mm，并对线段进行调整，然后删除中间的线段，如图 2-32 所示。

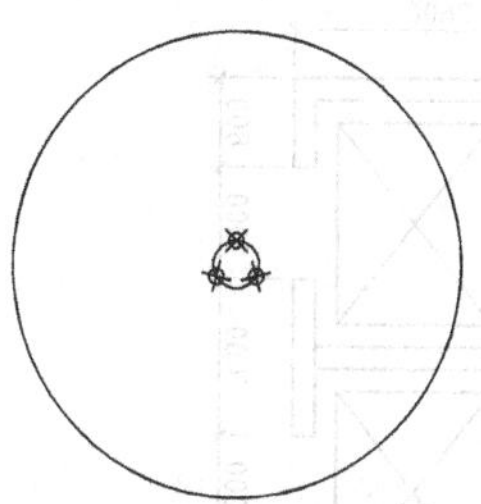

图 2-30　阵列结果

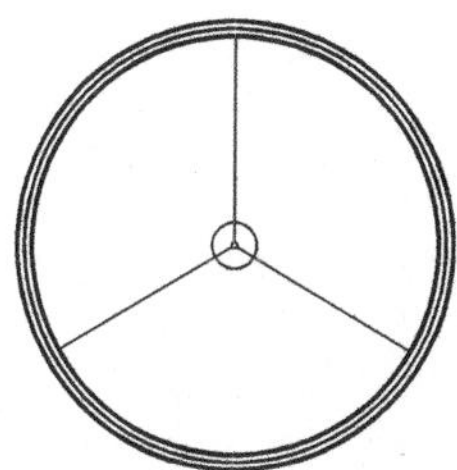

图 2-31　绘制线段

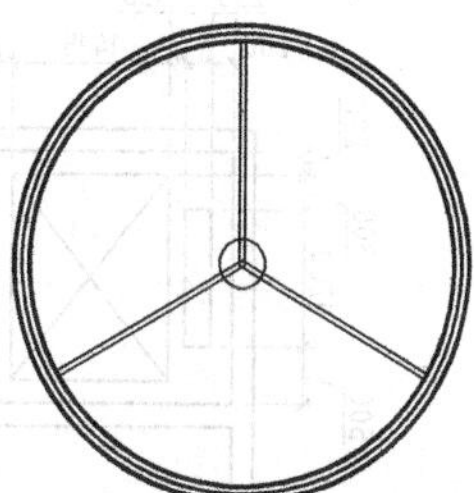

图 2-32　偏移线段

07 调用 LINE/L 直线命令，绘制一条线段通过圆的直径，如图 2-33 所示。

08 调用夹点编辑命令，对线段进行复制和旋转，如图 2-34 所示。

09 调用 PLINE/PL 多段线命令、OFFSET/O 偏移命令、TRIM/TR 修剪命令和 MIRROR/MI 镜像命令，绘制玻璃衔接处，如图 2-35 所示，完成旋转门的绘制。

图 2-33　绘制线段

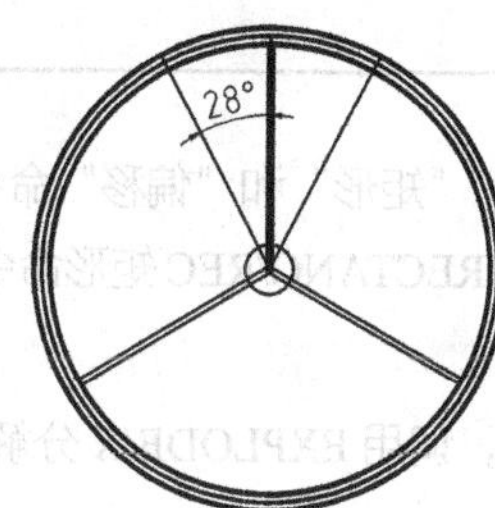

图 2-34　旋转线段

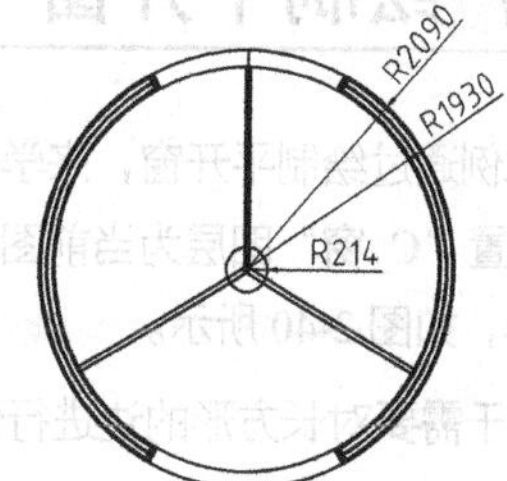

图 2-35　绘制玻璃衔接处

016 绘制电梯井

视频文件：MP4\第 2 章\016.MP4

电梯井是安装电梯的井道，如图 2-36 所示。井道的尺寸是按照电梯选型来确定的，井壁上安装电梯轨道和配重轨道，预留的门洞安装电梯门，井道顶部有电梯机房。电梯井用于多层建筑乘人或载运货物。本例通过绘制电梯井，来学习“移动”“镜像”和“多段线”命令的操作方法和技巧。

01 调用 PLINE/PL 多段线命令和 RECTANG/REC 矩形命令，绘制墙体，如图 2-37 所示。

02 调用 RECTANG/REC 矩形命令、LINE/L 直线命令、MOVE/M 移动命令、绘制电梯及平衡块，如图 2-38 所示。

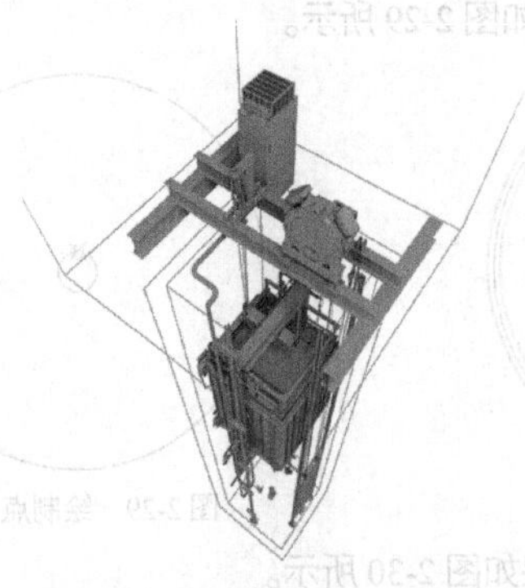

图 2-36　电梯井

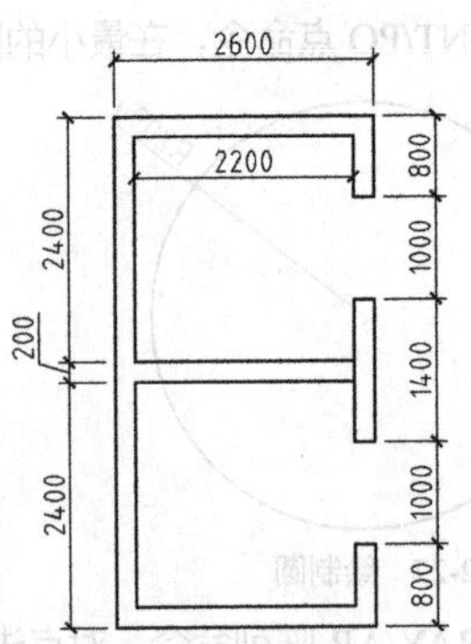

图 2-37　绘制墙体

03 调用 MIRROR/MI 镜像命令，将绘制的图形镜像到下面，得到双座电梯，如图 2-39 所示，完成电梯井的绘制。

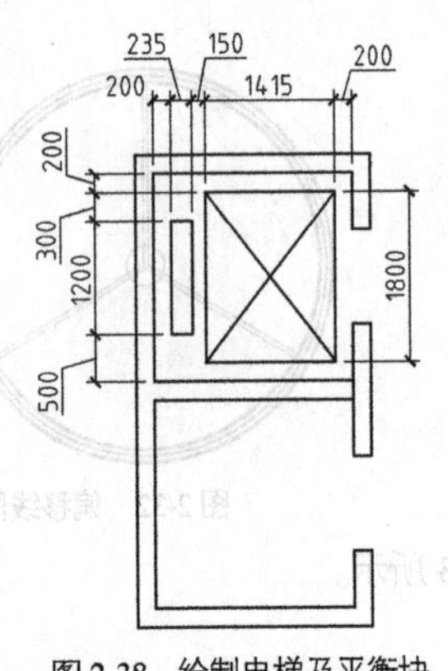

图 2-38　绘制电梯及平衡块

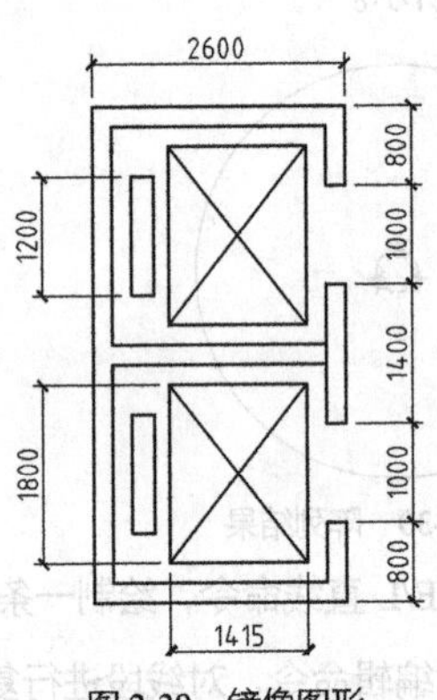

图 2-39　镜像图形

017 绘制平开窗

视频文件：MP4\第 2 章\017.MP4

本例通过绘制平开窗，来学习“分解”“矩形”和“偏移”命令的操作方法和技巧。

01 设置“C_窗”图层为当前图层，调用 RECTANG/REC 矩形命令，绘制尺寸为 1000mm×240mm 的长方形，如图 2-40 所示。

02 由于需要对长方形的边进行偏移操作，调用 EXPLODE/X 分解命令，使长方形四条边独立出来。

03 调用 OFFSET/O 偏移命令，偏移分解后的长方形，得到窗图形，如图 2-41 所示。

图 2-40　绘制的长方形

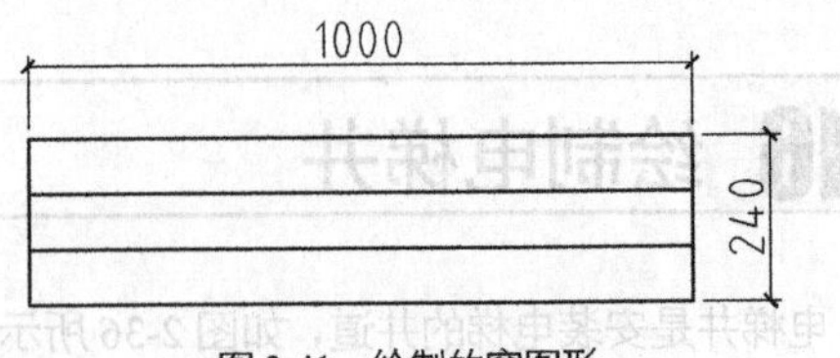

图 2-41　绘制的窗图形

018 创建窗图块

视频文件：MP4\第 2 章\018.MP4

本实例创建窗图块，是为了在后面更方便插入窗图形。

01 调用 BLOCK/B 创建块命令，打开“块定义”对话框。

02 在“块定义”对话框中输入图块的名称，并取消“按统一比例缩放”复选框的勾选，如图 2-42 所示。

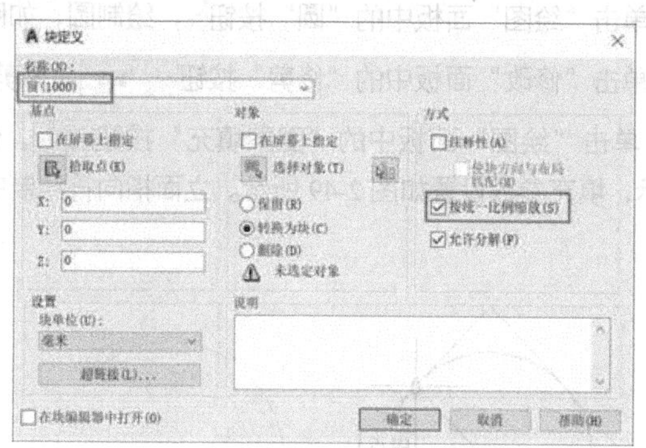

图 2-42　创建“窗(1000)”图块

提示 通常外墙的宽度为 240mm，所以在创建窗图块时取消“按统一比例缩放”复选框，以免在插入窗图块时改变窗的宽度。

019 绘制飘窗

视频文件：MP4\第 2 章\019.MP4

飘窗一般呈矩形或梯形向室外凸起，三面都装有玻璃，窗台的高度比起一般的窗户较低。大块采光玻璃和宽敞的窗台，使人们有了更广阔的视野。这样的设计既有利于进行大面积的玻璃采光，又保留了宽敞的窗台，使得室内空间在视觉上得以延伸，如图 2-43 所示。本实例绘制飘窗图形，介绍具有特殊结构的窗图形的绘制方法。

01 打开配套素材中的“第 02 章\飘窗.dwg”文件，设置“C_窗”图层为当前图层。

02 调用 PLINE/PL 多段线命令，绘制如图 2-44 所示多段线。

03 调用 OFFSET/O 偏移命令，将多段线向外偏移 3 次，偏移距离为 80mm，得到飘窗。

图 2-43　飘窗

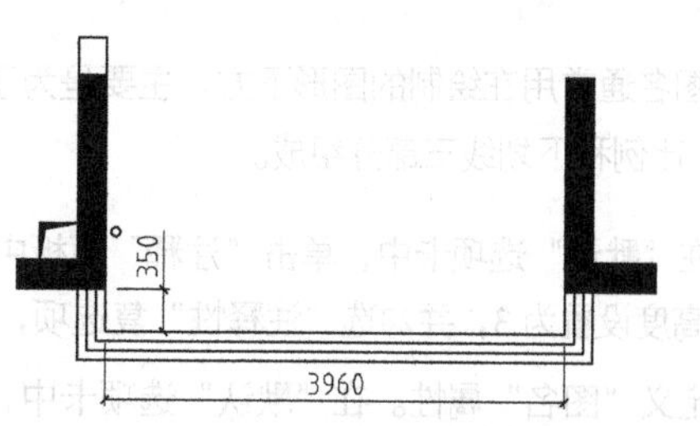

图 2-44　绘制多段线

020 绘制立面指向符

视频文件：MP4\第 2 章\020.MP4

立面指向符是室内装修施工图中特有的一种标识符号，主要用于立面图编号。当某个垂直界面需要绘制立面图时，在该垂直界面所对应的平面图中就要使用立面指向符，以方便确认该垂直界面的立面图编号。

立面指向符由等腰直角三角形、圆和字母组成，其中字母为立面图的编号，黑色的箭头指向立面的方向。

01 在“默认”选项卡中，单击“绘图”面板中的“多段线”按钮，绘制等腰直角三角形，如图 2-45 所示。

02 在“默认”选项卡中，单击“绘图”面板中的“圆”按钮，绘制圆，如图 2-46 所示。

03 在“默认”选项卡中，单击“修改”面板中的“修剪”按钮，修剪线段，如图 2-47 所示。

04 在“默认”选项卡中，单击“绘图”面板中的“图案填充”按钮，选择 SOLID 图案填充图形，结果如图 2-48 所示，填充参数设置如图 2-49 所示。立面指向符绘制完成。

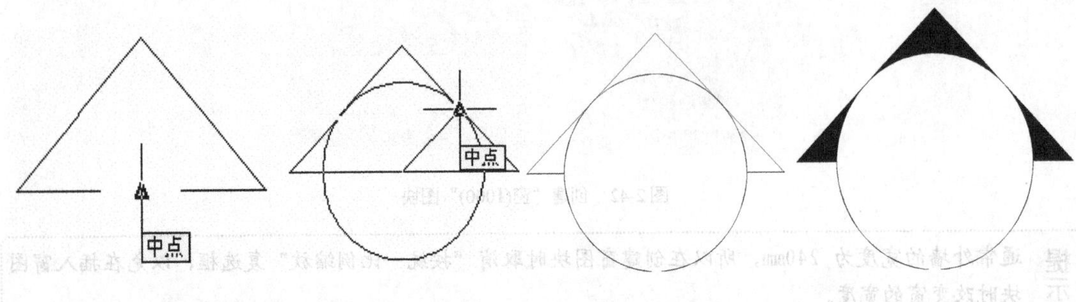

图 2-45　绘制等腰直角三角形　　图 2-46　绘制圆　　图 2-47　修剪线段　　图 2-48　填充图案

05 如图 2-50 a 所示为单向内视符号，图 2-50 b 所示为双向内视符号，图 2-50 c 所示为四向内视符号(按顺时针方向进行编号)。

06 在“默认”选项卡中，单击“块”面板中的“创建”按钮，创建“立面指向符”图块。

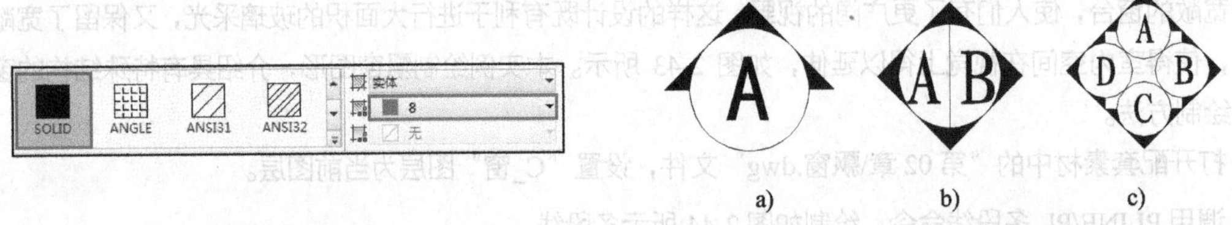

图 2-49　填充参数设置　　图 2-50　立面指向符

021 绘制图名

视频文件：MP4\第 2 章\021.MP4

图名通常用在绘制的图形下方，主要是为了说明图形的名称以及绘制图形时所用的比例。图名由图形名称、比例和下划线三部分组成。

01 在“默认”选项卡中，单击“注释”面板中的“文字样式”按钮，创建“仿宋 2”文字样式，文字高度设置为 3，并勾选“注释性”复选项，其他参数设置如所示。

02 定义“图名”属性。在“默认”选项卡中，单击“块”面板中的“定义属性”按钮，打开“属性定义”对话框，在“属性”参数栏中设置“标记”为“图名”，设置“提示”为“请输入图名”，设置“默认”为“图名”，如所示。

03 在“文字设置”参数栏中设置“文字样式”为“仿宋 2”，勾选“注释性”复选框，如图 2-52 所示。

04 单击“确定”按钮确认，在窗口内拾取一点确定属性位置，如图 2-53 所示。

05 使用相同方法，创建“比例”属性，其参数设置如图 2-54 所示，文字样式设置为“仿宋”。

06 在“默认”选项卡中，单击“修改”面板中的“移动”按钮，将“图名”与“比例”文字移动到同一水平线上。

07 在“默认”选项卡中，单击“绘图”面板中的“多段线”按钮，在文字下方绘制宽度为 0.2mm 和 0.02mm 的多段线，图名图形绘制完成，如图 2-55 所示。

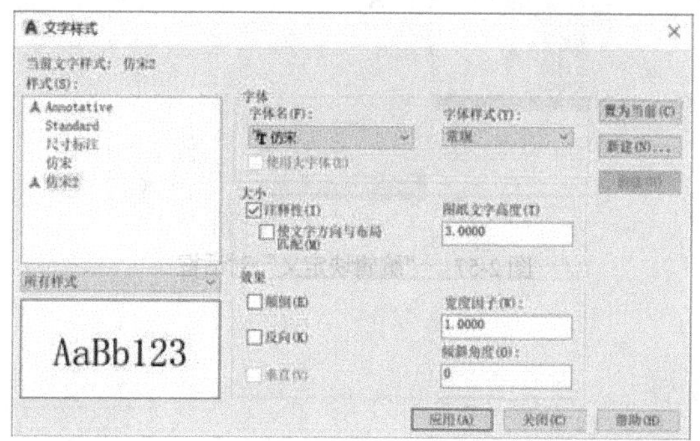

图 2-51　创建文字样式

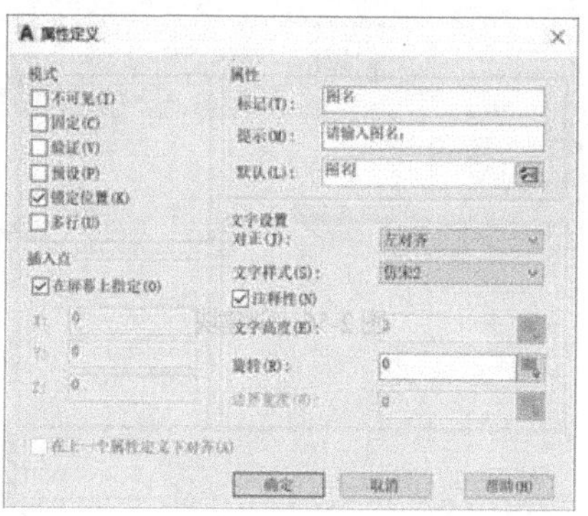

图 2-52　定义属性

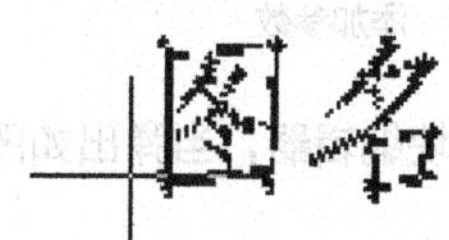

图 2-53　指定属性位置

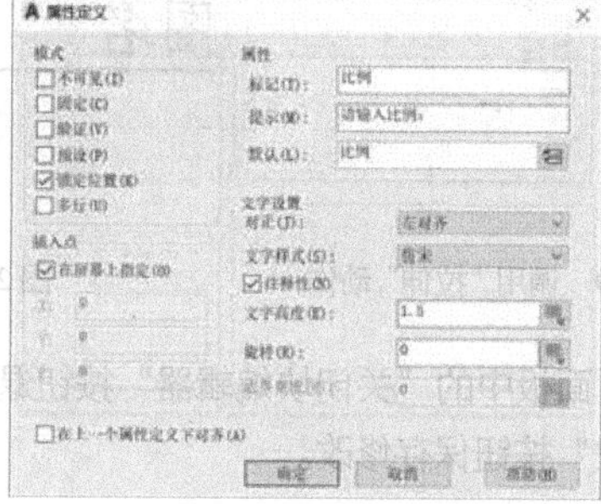

图 2-54　定义属性

图名
比例

图 2-55　图名

022 创建图名动态块

视频文件：MP4\第 2 章\022.MP4

本实例将绘制的图名创建为动态块，以后在插入该块可以动态调整图名的长度，并方便输入比例数值。

01 选择“图名”和“比例”文字及下画线，调用 BLOCK/B 创建块命令，打开“块定义”对话框。

02 在“块定义”对话框中设置块“名称”为“图名”。单击“拾取点”按钮，在图形中拾取下画线左端点作为块的基点，勾选“注释性”复选框，使图块随当前注释比例变化，其他参数设置如所示。

03 单击“确定”按钮，完成块定义。下面将“图名”块定义为动态块，使其具有动态修改宽度的功能，这主要是考虑到图名的长度不是固定的。

04 调用 BEDIT/BE 编辑块命令，打开“编辑块定义”对话框，选择“图名”图块，如所示。单击“确定”按钮，进入“块编辑器”。

05 选择“参数”选项卡，单击“线性”按钮，以下画线左、右端点为起始点和端点添加线性参数，如图 2-58 所示。

06 选择“动作”选项卡中“拉伸”选项，创建拉伸动作，如图 2-59 所示，结果如图 2-60 所示。

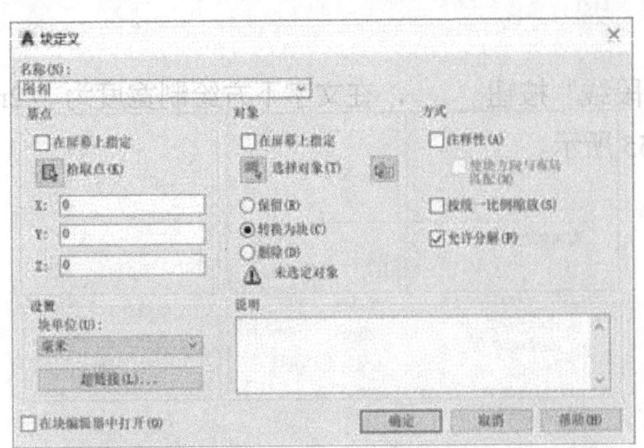

图 2-56　创建块

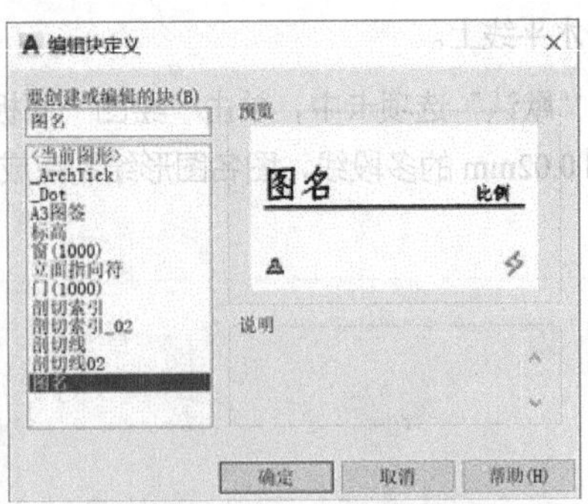

图 2-57　“编辑块定义”对话框

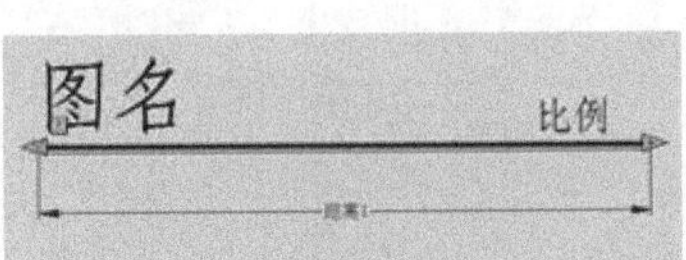

图 2-58　添加线性参数

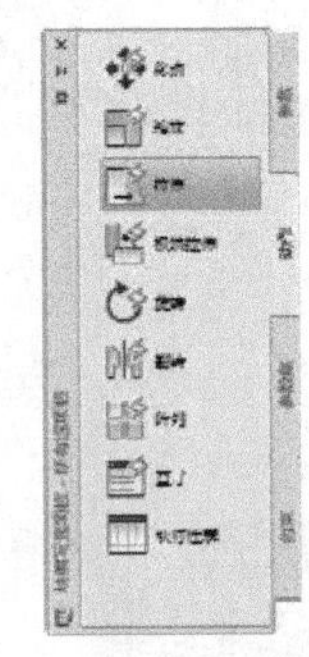

图 2-59　调用“拉伸”动作

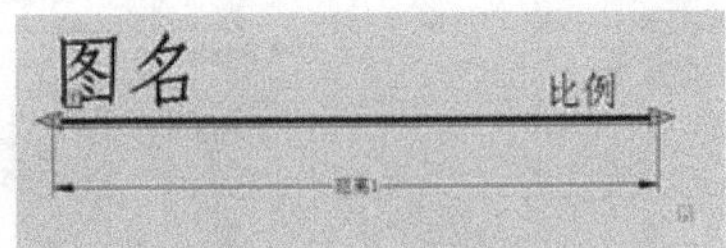

图 2-60　添加参数

07 在“块编辑器”选项卡中，单击“关闭”面板中的“关闭块编辑器”按钮退出块编辑器，当弹出如图2-61所示提示对话框时，单击“保存更改”按钮保存修改。

08 此时“图名”图块就具有了动态改变宽度的功能，如图2-62所示。

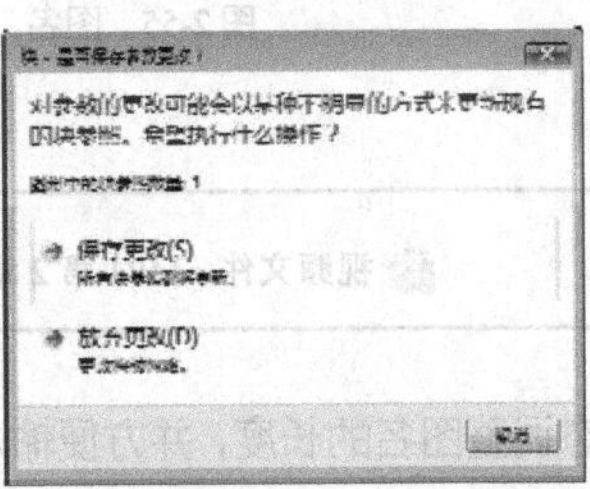

图 2-61　提示对话框

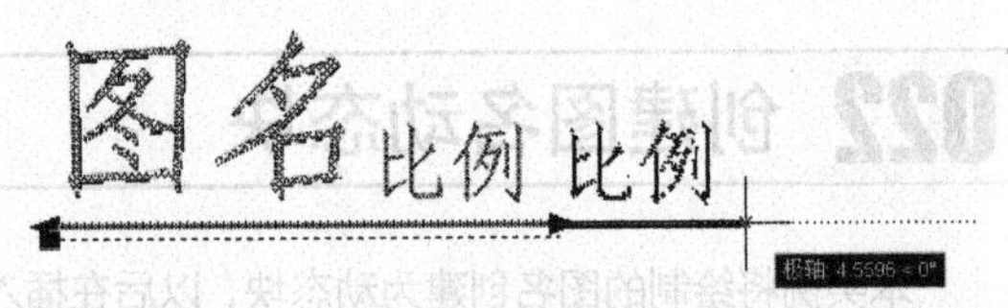

图 2-62　动态块效果

023 绘制标高

视频文件：MP4\第2章\023.MP4

标高用于表示顶面造型及地面装修完成面的高度，绘制标高图形主要使用了“多段线”“直线”和“文字属性”命令。

1. 绘制标高图形

01 在“默认”选项卡中，单击“绘图”面板中的“矩形”按钮，绘制一个如图2-63所示大小的矩形。

02 在“默认”选项卡中，单击“修改”面板中的“分解”按钮，分解矩形。

03 在“默认”选项卡中，单击“绘图”面板中的“直线”按钮，捕捉矩形的第一个角点，将其与矩形的中点连接，再连接第二个角点，效果如图 2-64 所示。

04 删除多余的线段，只留下一个三角形，利用三角形的边画一条直线，如图 2-65 所示，标高符号绘制完成。

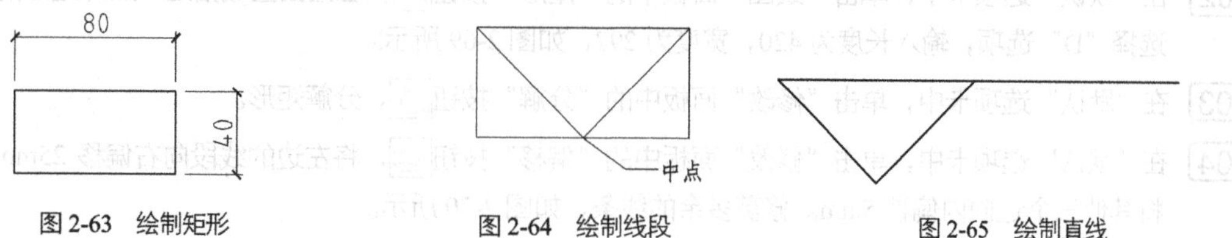

图 2-63　绘制矩形　　图 2-64　绘制线段　　图 2-65　绘制直线

2. 标高定义属性

01 在“默认”选项卡中，单击“块”面板中的“定义属性”按钮，打开“属性定义”对话框，在“属性”参数栏中设置“标记”为“0.000”，设置“提示”为“请输入标高值”，设置“默认”为 0.000。

02 在“文字设置”参数栏中设置“文字样式”为“仿宋 2”，勾选“注释性”复选框，如图 2-66 所示。

03 单击“确定”按钮确认，将文字放置在前面绘制的图形上，如图 2-67 所示。

3. 创建标高图块

01 选择图形和文字，在命令行中输入 BLOCK/B 创建块命令后按 Enter 键，打开“块定义”对话框，输入块的名称，如图 2-68 所示。

02 在“对象”参数栏中单击“选择对象”按钮，在图形窗口中选择标高图形，按 Enter 键返回“块定义”对话框。

03 在“基点”参数栏中单击“拾取点”按钮，捕捉并单击三角形左上角的端点作为图块的插入点。

04 单击“确定”按钮，关闭对话框，完成标高图块的创建。

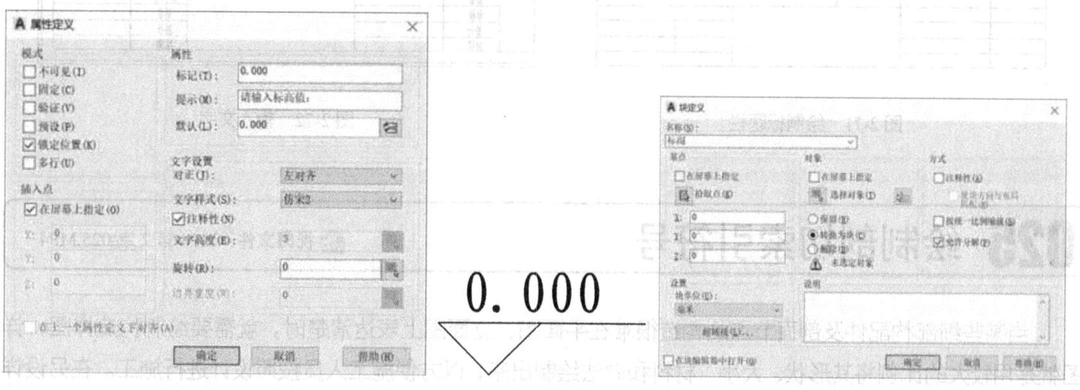

图 2-66　定义属性　　图 2-67　指定属性位置　　图 2-68　“块定义”对话框

024 绘制 A3 图框

视频文件：MP4\第 2 章\024.MP4

在图纸输出打印时，经常需要使用图框，将绘制好的图框创建成块，可以方便绘图时调用。

1. **绘制图框**

01 新建“TK_图框”图层，设置颜色为“白色”，将其置为当前图层。

02 在“默认”选项卡中，单击“绘图”面板中的“矩形”按钮，在绘图区域指定一点为矩形的端点，选择“D”选项，输入长度为420，宽度为297，如图2-69所示。

03 在“默认”选项卡中，单击“修改”面板中的“分解”按钮，分解矩形。

04 在“默认”选项卡中，单击“修改”面板中的“偏移”按钮，将左边的线段向右偏移25mm，分别将其他三个边向内偏移5mm。修剪多余的线条，如图2-70所示。

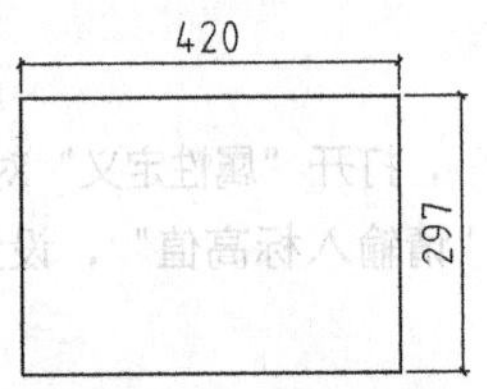

图2-69 绘制矩形

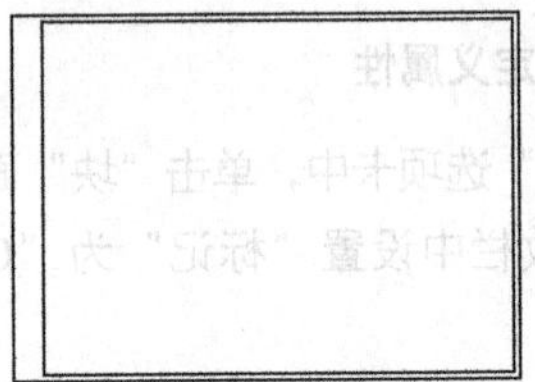

图2-70 偏移线段

05 调用RECTANG/REC矩形命令、LINE/L直线命令、OFFSET/O偏移命令和TRIM/TR修剪命令，绘制标题栏，如图2-71所示。

2. **输入文字**

01 调用MTEXT/MT多行文字命令，在标题框中输入文字。

02 调用BLOCK/B创建块命令，将图框创建成块，如图2-72所示。

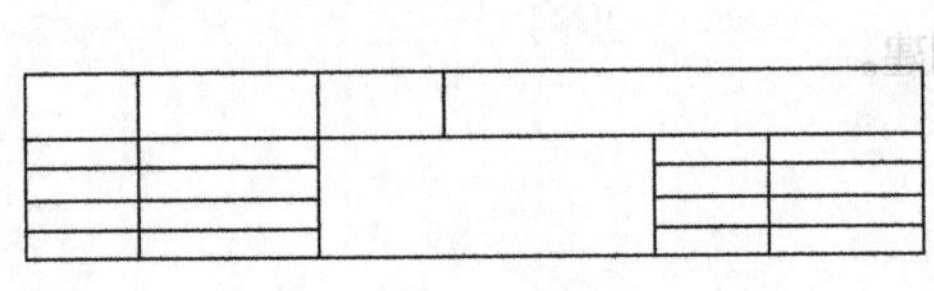

图2-71 绘制标题栏

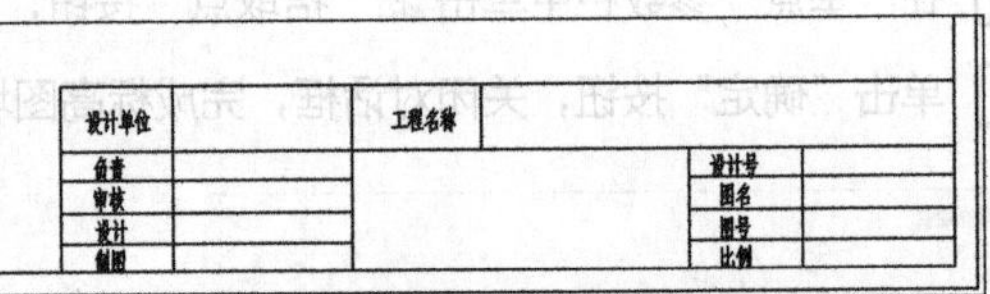

图2-72 输入文字

025 绘制剖切索引符号

视频文件：MP4\第2章\025.MP4

当某些细部构配件及剖面节点的构造很难在平面图、立面图上表达清楚时，就需要绘制构造详图，详图就是用较大的比例将其形状、大小、材料和做法绘制出来，以方便施工人员按照设计进行施工。在另设详图表示的部位，需要标注一个索引符号，以表明该详图的位置。

A0、A1、A2图幅索引符号的圆直径为12mm，A3、A4图幅索引符号的圆直径为10mm。需要注意的是，室内施工图打印输出比例一般为1：100，所以在绘制剖切符号时要放大一百倍，如图2-73所示。剖切符号圆内上面的内容表示详图号，下面的内容表示详图所在图的图号。

1. **绘制详图符号**

01 在“默认”选项卡中，单击“绘图”面板中的“圆”按钮，绘制一个半径为100mm的圆，如图2-74所示。

02 在“默认”选项卡中，单击“绘图”面板中的“直线”按钮，绘制一条穿过圆心的直线，如图 2-75 所示。

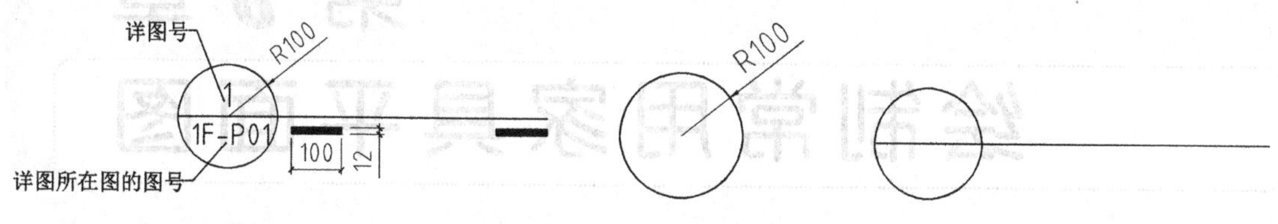

图 2-73　剖切符号　　图 2-74　绘制圆　　图 2-75　绘制直线

03 在“默认”选项卡中，单击“绘图”面板中的“多段线”按钮，在直线的下方绘制多段线，线段的长度为 100mm，宽度为 12mm，效果如图 2-76 所示，详图符号绘制完成。

2. **属性定义**

01 定义“详图号”属性。在“默认”选项卡中，单击“块”面板中的“定义属性”按钮，打开“属性定义”对话框，在“属性”参数栏中设置“标记”为“1”，设置“提示”为“请输入详图号：”，设置“默认”为“1”。

02 在“文字设置”参数栏中设置“文字样式”为“仿宋 2”，勾选“注释性”复选框，如图 2-77 所示。

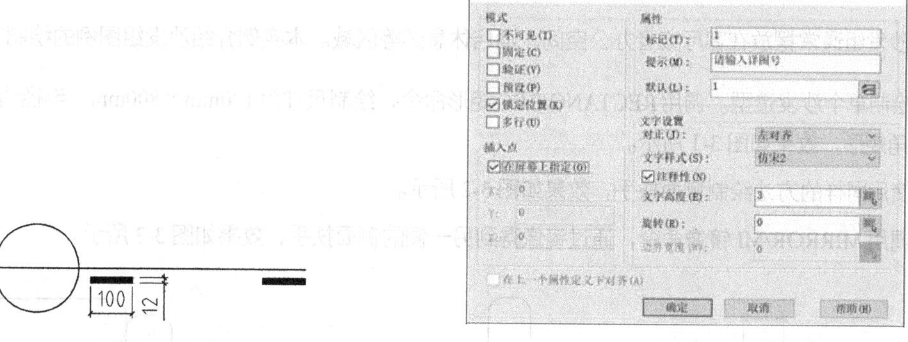

图 2-76　绘制多段线　　图 2-77　“属性定义”对话框

03 单击“确定”按钮确认，将属性位置确定在前面绘制的详图符号的上半圆内，如图 2-78 所示。

04 使用相同的方法，创建“详图所在图的图号”属性。

05 创建剖切索引符号图块。调用 BLOCK/B 创建块命令，创建剖切索引符号图块，如图 2-79 所示。

图 2-78　确定属性位置　　图 2-79　创建图块

第 3 章 绘制常用家具平面图

在绘制室内施工图过程中，常常需要绘制家具、洁具和厨具等各种设施，以便能更真实地表达设计效果。本章将详细讲解在室内装饰设计中一些常见的家具及电器设施平面图例的绘制方法，如沙发组、餐桌和椅子、梳妆台及椅子、钢琴、床及床头柜、洗衣机、浴缸、淋浴房、洗脸盆、坐便器、便池、煤气灶和地花等。读者在绘制的过程中，可以充分了解一些常用家具和电器的结构和尺寸，为后面的学习打下坚实的基础。

026 绘制沙发组

视频文件：MP4\第 3 章\026.MP4

沙发组通常摆放在客厅或者办公空间、酒店休息区等区域。本实例介绍沙发组图例的绘制方法。

01 绘制单个沙发造型。调用 RECTANG/REC 矩形命令，绘制尺寸为 170mm×800mm，半径为 55mm 的圆角矩形，效果如图 3-1 所示。

02 使用同样的方法绘制侧面扶手，效果如图 3-2 所示。

03 调用 MIRROR/MI 镜像命令，通过镜像得到另一侧的侧面扶手，效果如图 3-3 所示。

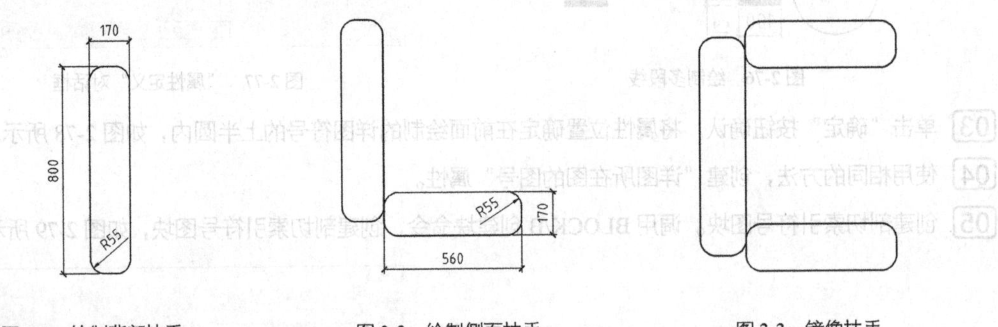

图 3-1 绘制背部扶手　　图 3-2 绘制侧面扶手　　图 3-3 镜像扶手

04 调用 RECTANG/REC 矩形命令和 FILLET/F 圆角命令，绘制沙发的坐垫，效果如图 3-4 所示。

05 使用同样的方法绘制三人座的沙发造型，效果如图 3-5 所示。

06 调用 MIRROR/MI 镜像命令，对单个沙发进行镜像得到另一侧沙发造型，效果如图 3-6 所示。

07 绘制茶几。调用 ELLIPSE/EL 椭圆命令，绘制如图 3-7 所示椭圆。

08 调用 HATCH/H 图案填充命令，在椭圆内填充 AR-RROOF 图案，表示玻璃，填充效果如图 3-8 所示。

09 调用 OFFSET/O 偏移命令，将椭圆向外偏移 30mm，效果如图 3-9 所示。

10 绘制地毯。调用 RECTANG/REC 矩形命令，绘制尺寸为 2230mm×1385mm，半径为 300mm 的圆角矩形，并调用 TRIM 修剪命令进行修剪，效果如图 3-10 所示。

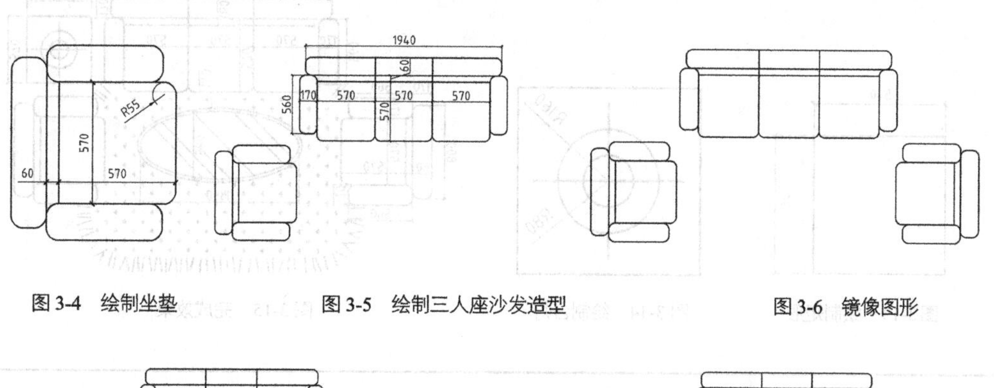

图 3-4　绘制坐垫　　图 3-5　绘制三人座沙发造型　　图 3-6　镜像图形

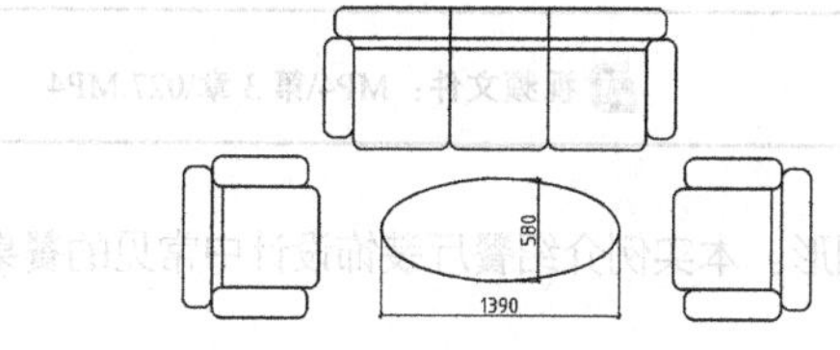

图 3-7　绘制椭圆

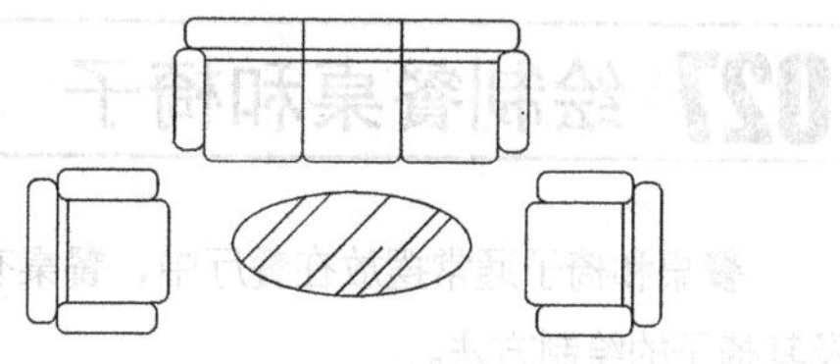

图 3-8　填充图案

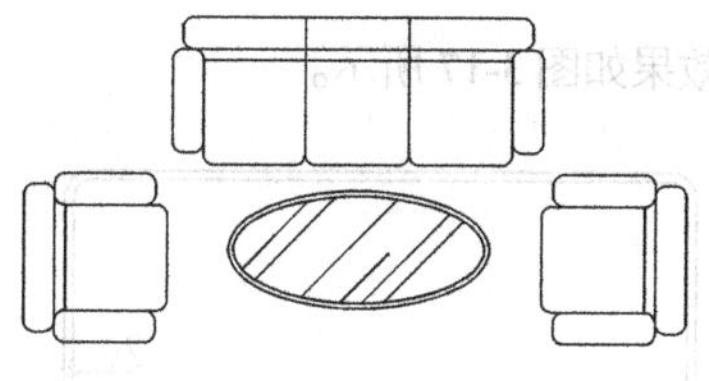

图 3-9　偏移椭圆

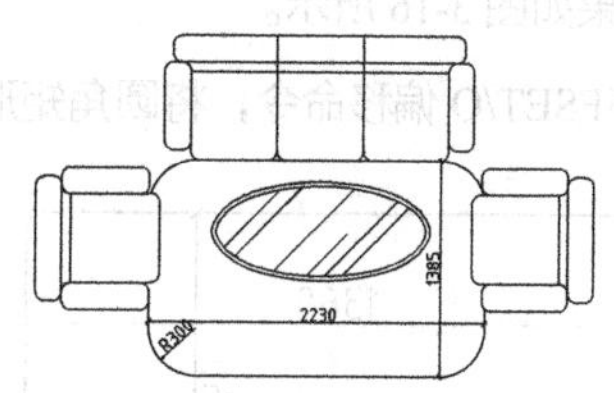

图 3-10　绘制圆角矩形

11 调用 HATCH/H 图案填充命令，在圆角矩形内填充 GRASS 图案，填充后删除圆角矩形，效果如图 3-11 所示。

12 调用 LINE/L 直线命令、COPY/CO 复制命令和 ROTATE/RO 旋转命令，绘制地毯的边沿，效果如图 3-12 所示。

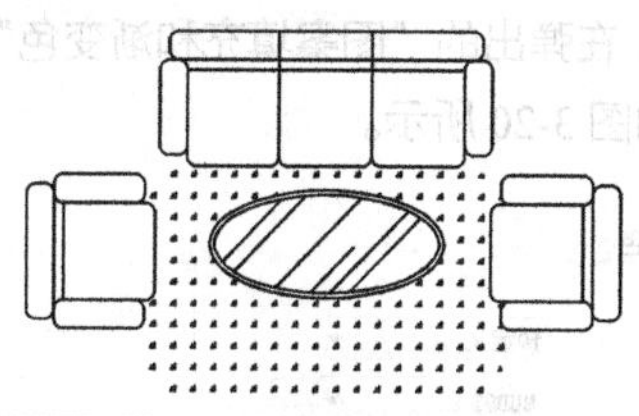

图 3-11　填充地毯

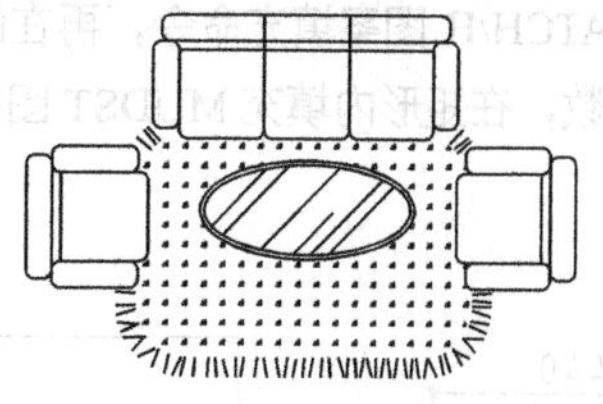

图 3-12　绘制地毯边沿

13 调用 RECTANG/REC 矩形命令，绘制一个边长为 570mm 的矩形，效果如图 3-13 所示。

14 调用 CIRCLE/C 圆命令、OFFSET/O 偏移命令和 LINE/L 直线命令，绘制台灯，效果如图 3-14 所示，完成沙发组的绘制，如图 3-15 所示。

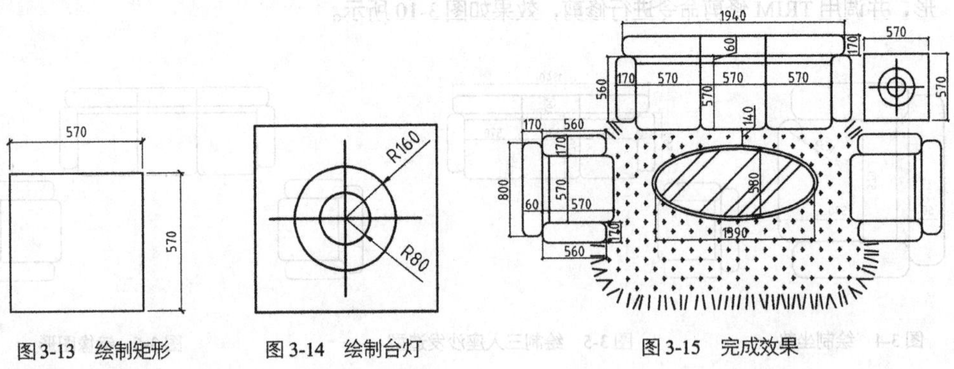

图 3-13　绘制矩形　　图 3-14　绘制台灯　　图 3-15　完成效果

027 绘制餐桌和椅子

视频文件：MP4\第 3 章\027.MP4

餐桌和椅子通常摆放在餐厅中，餐桌有方形、长方形和圆形。本实例介绍餐厅装饰设计中常见的餐桌及其椅子的绘制方法。

01 绘制餐桌。调用 RECTANG/REC 矩形命令，绘制尺寸为 1360mm×760mm，半径为 40mm 的圆角矩形，效果如图 3-16 所示。

02 调用 OFFSET/O 偏移命令，将圆角矩形向外偏移 20mm，效果如图 3-17 所示。

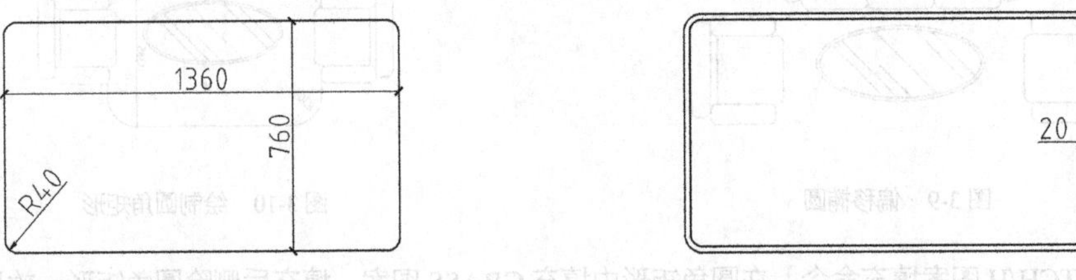

图 3-16　绘制圆角矩形　　图 3-17　偏移矩形

03 绘制椅子。调用 RECTANG/REC 矩形命令，绘制尺寸为 440mm×420mm 的矩形，如图 3-18 所示。

04 调用 FILLET/F 圆角命令，对矩形的下方进行圆角，圆角半径为 30mm，如图 3-19 所示。

05 调用 HATCH/H 图案填充命令，再在命令行中输入 T 命令，在弹出的“图案填充和渐变色”对话框中设置参数，在矩形内填充 MUDST 图案，填充参数和效果如图 3-20 所示。

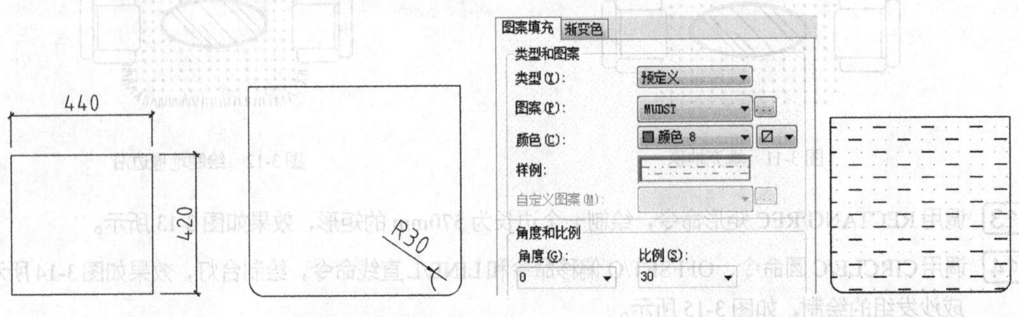

图 3-18　绘制矩形　　图 3-19　圆角矩形　　图 3-20　填充参数和效果

06 调用 RECTANG/REC 矩形命令，绘制尺寸为 484mm×43mm 的矩形，并移动到相应的位置，如图 3-21

所示。

07 调用 PLINE/PL 多段线命令，绘制多段线连接两个矩形，效果如图 3-22 所示。

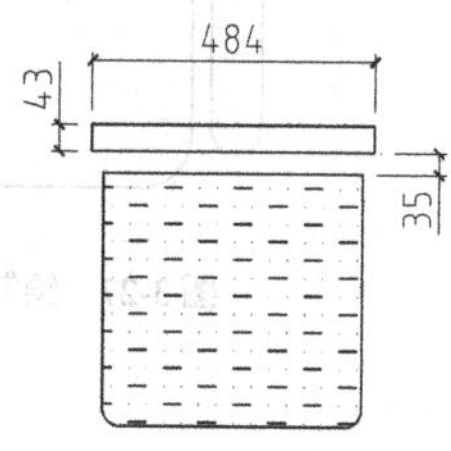

图 3-21　绘制矩形

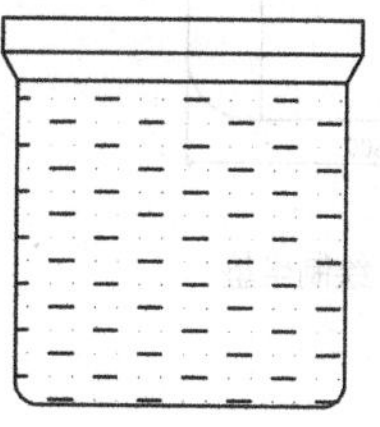

图 3-22　绘制多段线

08 调用 MOVE/M 移动命令，将椅子移动到餐桌的上方，效果如图 3-23 所示。

09 调用 COPY/C 复制命令、MIRROR/MI 镜像命令和 ROTATE/RO 旋转命令，得到其他椅子图形，效果如图 3-24 所示，完成餐桌和椅子的绘制。

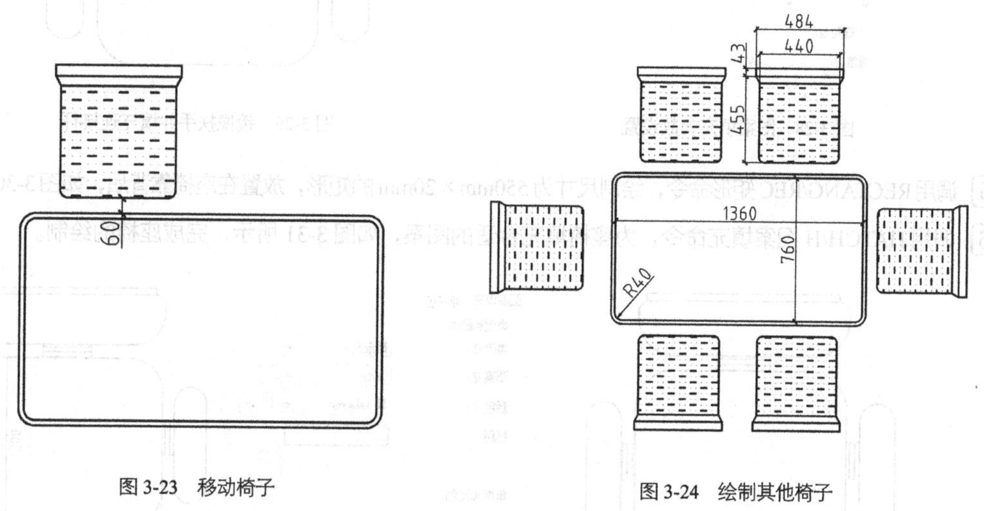

图 3-23　移动椅子

图 3-24　绘制其他椅子

028 绘制旋转座椅

视频文件：MP4\第 3 章\028.MP4

旋转座椅通常摆放在书房、办公室、柜台前面等，本实例介绍旋转座椅的绘制方法。

01 绘制旋转座椅坐垫。调用 RECTANG/REC 矩形命令，绘制尺寸为 600mm×500mm 的矩形，圆角半径为 100mm，如图 3-25 所示。

02 继续调用 RECTANG/REC 矩形命令，绘制尺寸为 600mm×150mm 的矩形。并调用 FILLET/F 圆角命令，半径为 100mm 和 30mm，并放置在适当的位置，如图 3-26 所示。

03 继续调用 RECTANG/REC 矩形命令，绘制尺寸为 350mm×100mm 的矩形，并调用 FILLET/F 圆角命令，半径为 50mm，如图 3-27 所示。

04 调用 MIRROR/MI 镜像命令，将扶手进行镜像，并调用 LINE/L 直线命令绘制座椅之间的连接杆。并调用 HATCH/H 图案填充，再在命令行中输入 T 命令，在弹出的【图案填充和渐变色】对话框中设置参数，具体参数设置如图 3-28 所示，其效果如图 3-29 所示。

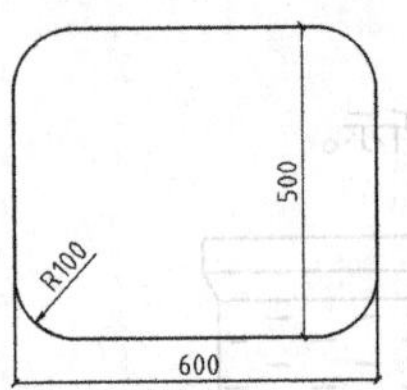

图 3-25　绘制坐垫

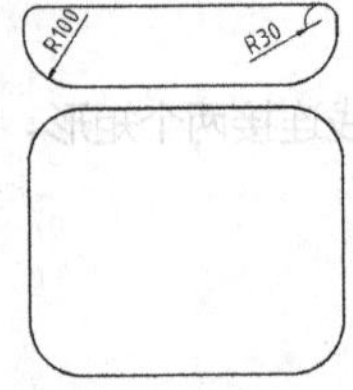

图 3-26　绘制靠背

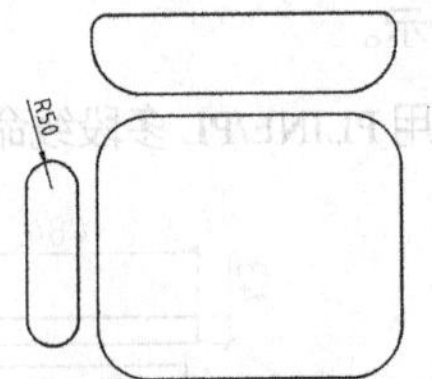

图 3-27　绘制扶手

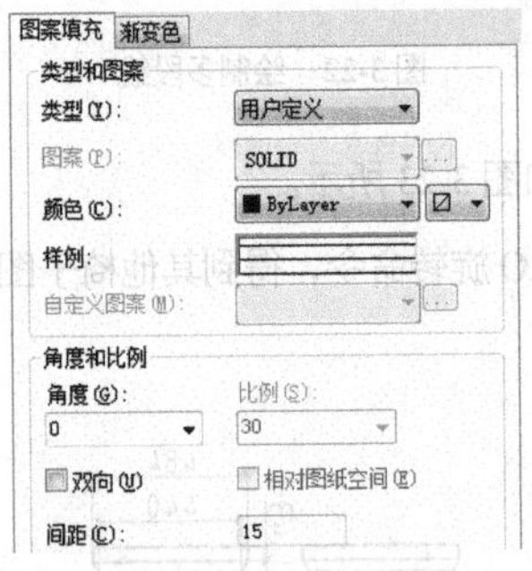

图 3-28　图案填充参数设置

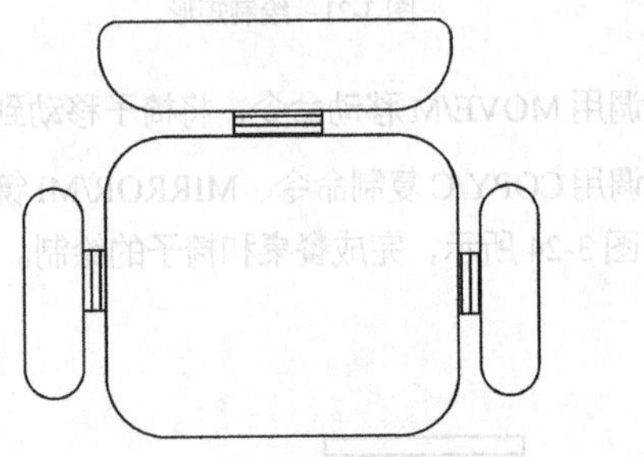
图 3-29　镜像扶手并填充连接杆

05 调用 RECTANG/REC 矩形命令，绘制尺寸为 550mm×20mm 的矩形，放置在座椅靠背后，如图 3-30 所示。

06 调用 HATCH/H 图案填充命令，为座椅填充合适的图案，如图 3-31 所示，完成座椅的绘制。

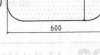

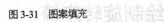

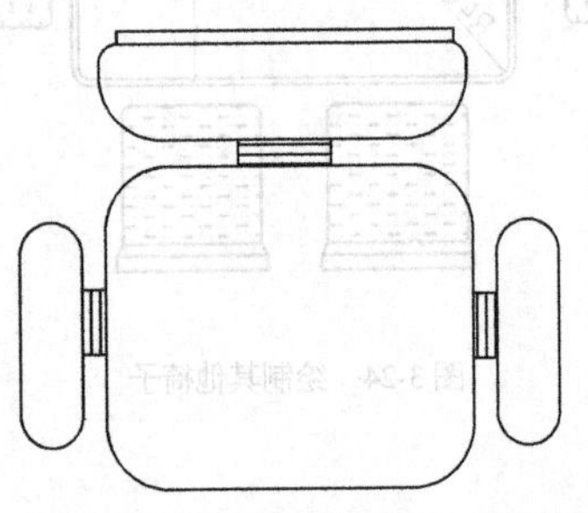
图 3-30　绘制靠背后的构建

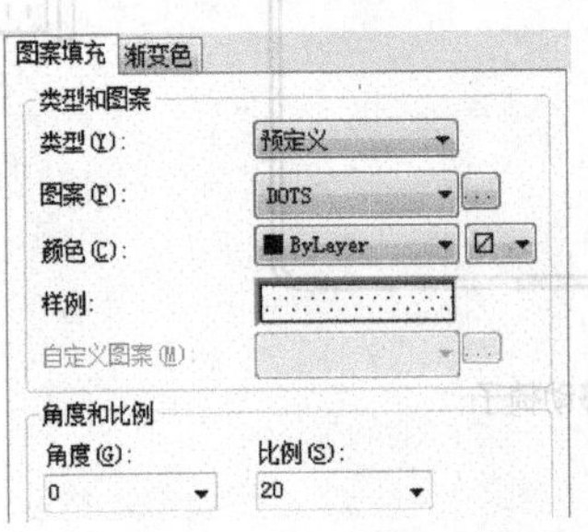

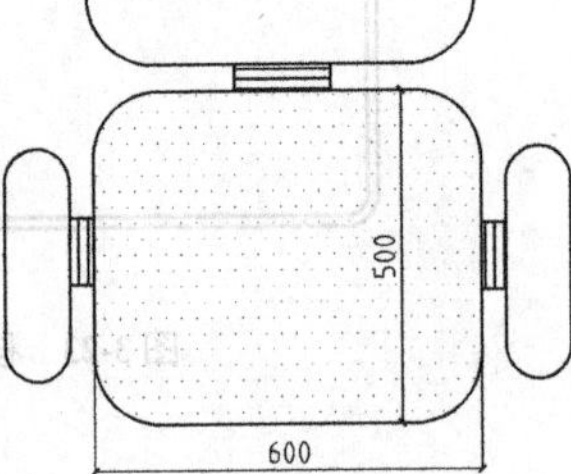

图 3-31　图案填充

029 绘制梳妆台及椅子

视频文件：MP4\第 3 章\029.MP4

梳妆台通常摆放在卧室中，作为卧室化妆区的主要家具。本实例介绍梳妆台及椅子的绘制方法。

01 绘制梳妆台。调用 RECTANG/REC 矩形命令，绘制尺寸为 1000mm×400mm 的矩形，如图 3-32 所示。

02 继续调用 RECTANG/REC 矩形命令，绘制尺寸为 800mm×15mm 的矩形表示镜子，并移动至相应的位置，如图 3-33 所示。

03 绘制椅子。调用 CIRCLE/C 圆命令，绘制一个半径为 200mm 的圆，如图 3-34 所示。

04 调用 OFFSET/O 偏移命令，将圆向外偏移 55mm，如图 3-35 所示。

05 调用 LINE/L 直线命令，绘制线段连接两个圆，如图 3-36 所示。

06 调用TRIM/TR修剪命令，对圆和线段进行修剪，得到椅子的靠背，如图3-37所示，完成梳妆台和椅子的绘制。

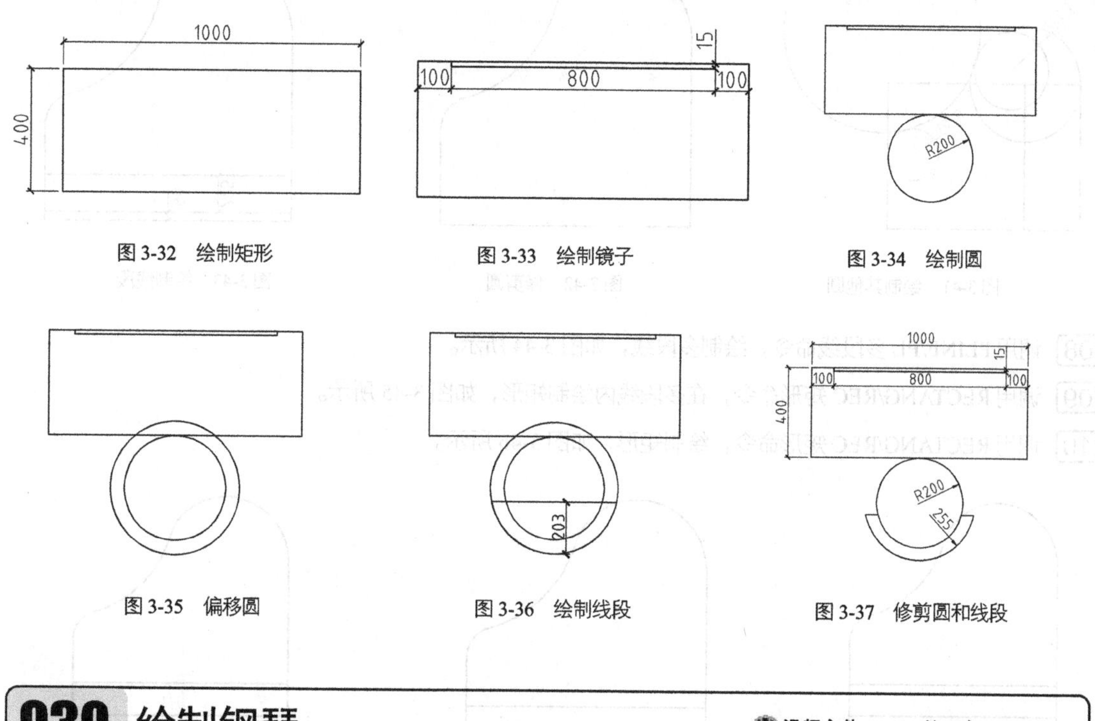

图3-32　绘制矩形　　图3-33　绘制镜子　　图3-34　绘制圆

图3-35　偏移圆　　图3-36　绘制线段　　图3-37　修剪圆和线段

030 绘制钢琴

视频文件：MP4\第3章\030.MP4

家装装修中，如空间较大可独立设置琴房，将钢琴放置在琴房中，如没有单独设置琴房，可将钢琴放置在休闲区。本实例介绍钢琴的绘制方法。

01 调用RECTANG/REC矩形命令，绘制尺寸为1560mm×1130mm的矩形，如图3-38所示。

02 调用EXPLODE/X分解命令，对矩形进行分解。

03 调用OFFSET/O偏移命令，绘制辅助线，如图3-39所示。

04 调用CIRCLE/C圆命令，以辅助线的交点为圆心，绘制半径为450mm的圆，然后删除辅助线，如图3-40所示。

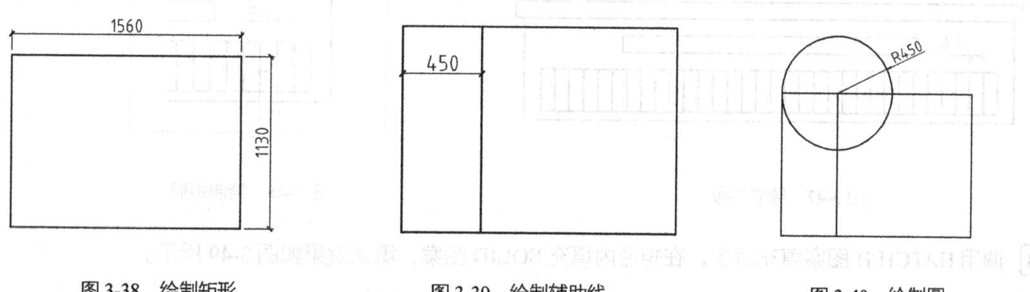

图3-38　绘制矩形　　图3-39　绘制辅助线　　图3-40　绘制圆

05 使用同样的方法，绘制其他同类型的圆，结果如图3-41所示。

06 调用TRIM/TR修剪命令，对圆进行修剪，效果如图3-42所示。

07 调用LINE/L直线命令和OFFSET/O偏移命令，绘制如图3-43所示线段。

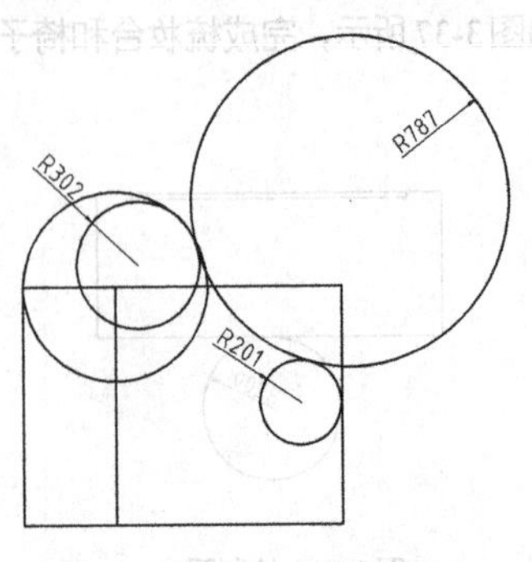

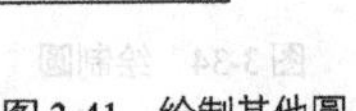
图 3-41　绘制其他圆

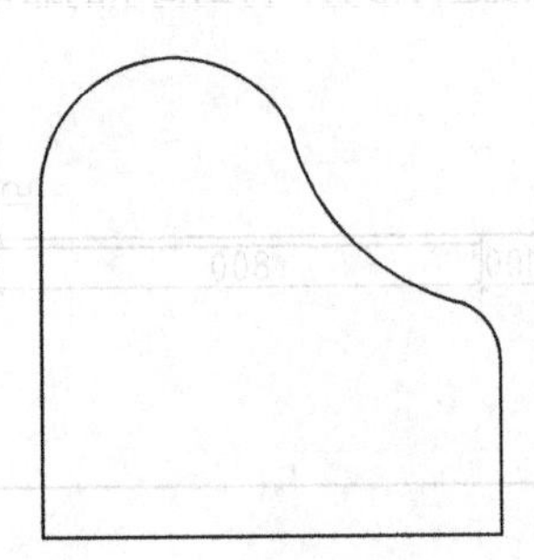
图 3-42　修剪圆

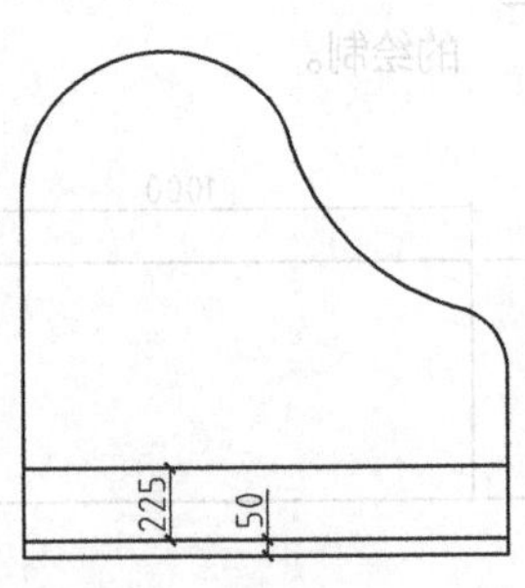

图 3-43　绘制线段

08 调用 PLINE/PL 多段线命令，绘制多段线，如图 3-44 所示。

09 调用 RECTANG/REC 矩形命令，在多段线内绘制矩形，如图 3-45 所示。

10 调用 RECTANG/REC 矩形命令，绘制矩形，如图 3-46 所示。

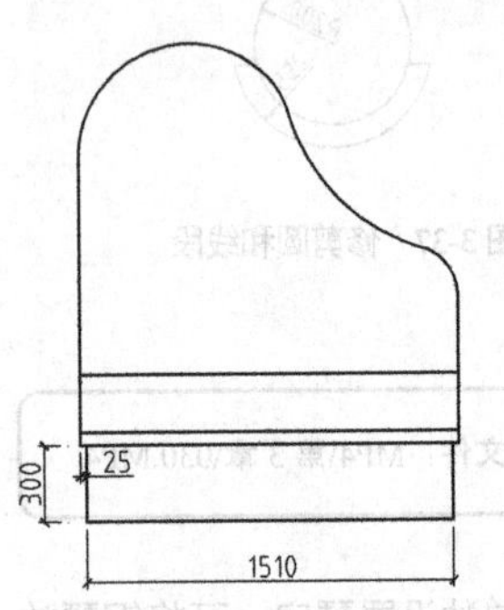

图 3-44　绘制多段线

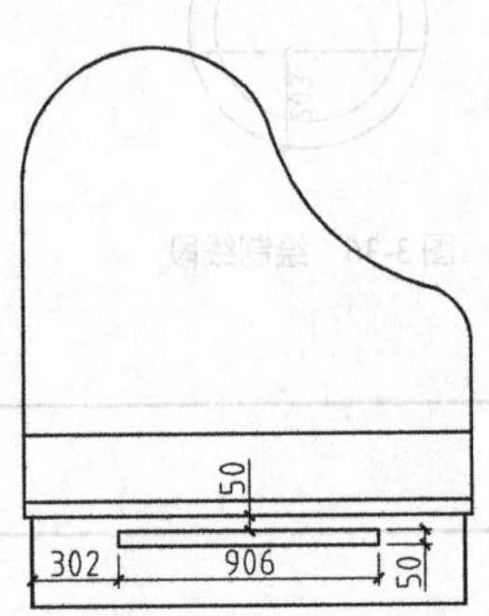

图 3-45　绘制矩形

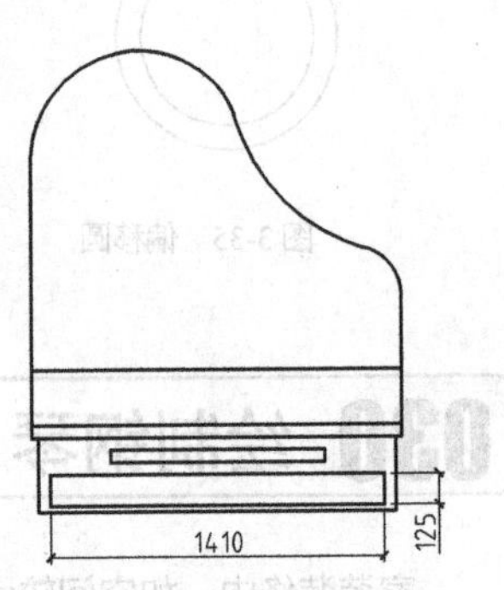

图 3-46　绘制矩形

11 调用 LINE/L 直线命令和 OFFSET/O 偏移命令，绘制线段，如图 3-47 所示。

12 调用 RECTANG/REC 矩形命令，绘制矩形，如图 3-48 所示。

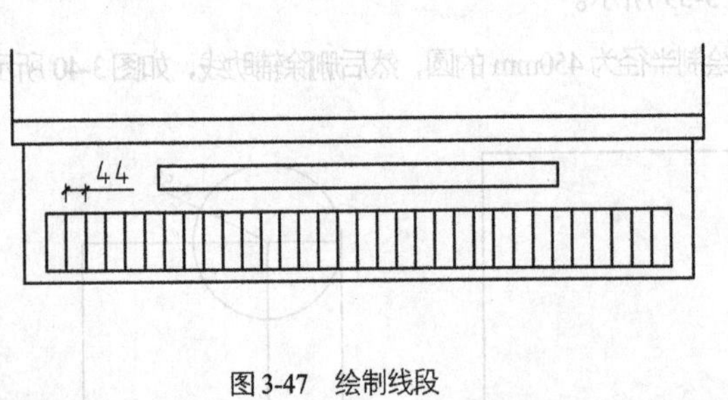

图 3-47　绘制线段

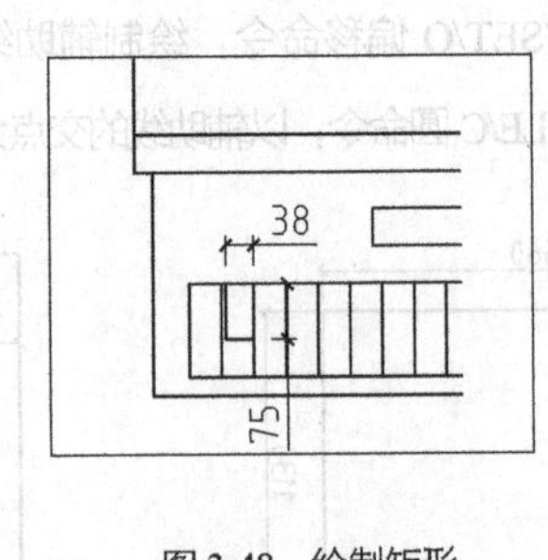

图 3-48　绘制矩形

13 调用 HATCH/H 图案填充命令，在矩形内填充 SOLID 图案，填充效果如图 3-49 所示。

14 调用 COPY/CO 复制命令，对图形进行复制，效果如图 3-50 所示。

15 调用 RECTANG/REC 矩形命令，绘制尺寸为 905mm×450mm 的矩形表示凳子，如如图 3-51 所示，完成钢琴的绘制。

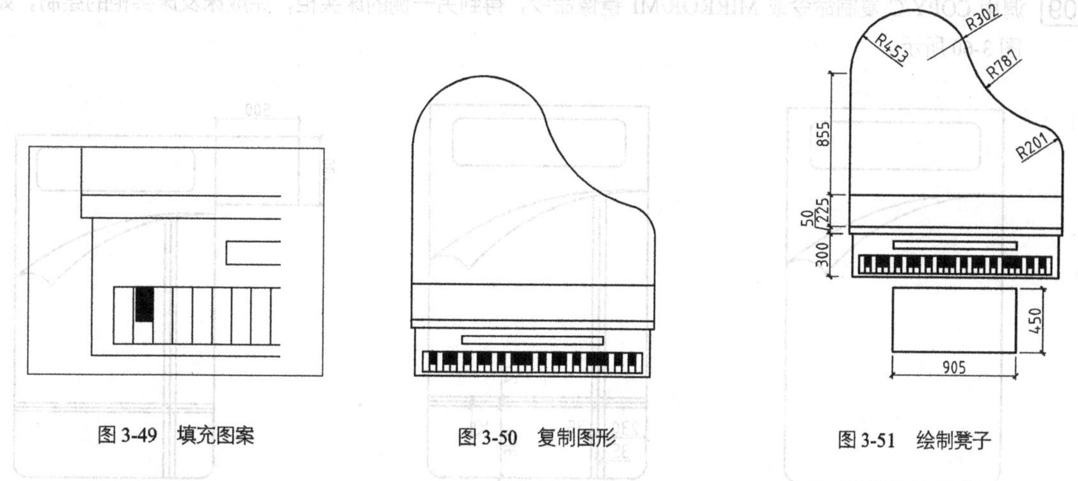

图 3-49　填充图案　　图 3-50　复制图形　　图 3-51　绘制凳子

031 绘制床及床头柜

视频文件：MP4\第 3 章\031.MP4

床作为卧室主要家具之一，其宽度有 1.2m、1.5m、2m 等几种规格。本实例介绍床及床头柜的绘制方法。

01 调用 RECTANG/REC 矩形命令，绘制尺寸为 1200mm×2000mm 的矩形，如图 3-52 所示。

02 调用 FILLET/F 圆角命令，对矩形的下方进行圆角，圆角半径为 75mm，如图 3-53 所示。

03 调用 RECTANG/REC 矩形命令，绘制尺寸为 945mm×250mm，半径为 70mm 的圆角矩形表示枕头，并移动到相应的位置，如图 3-54 所示。

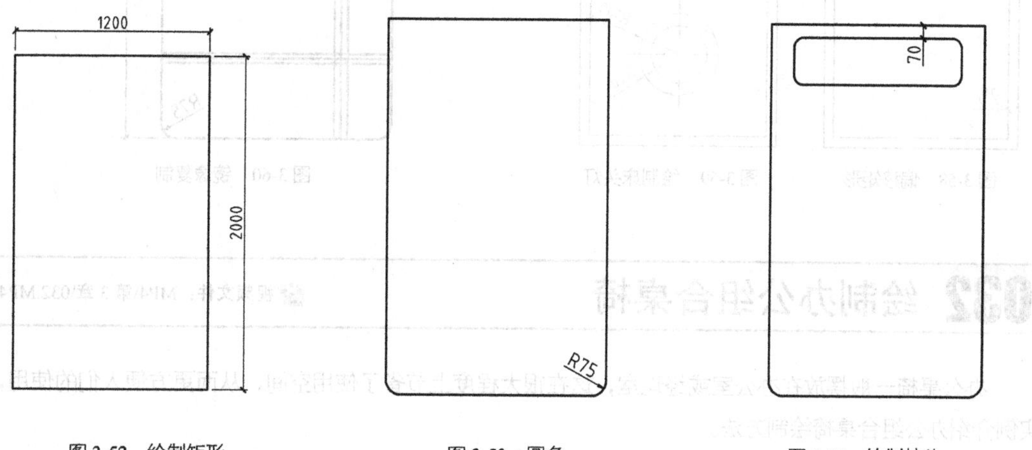

图 3-52　绘制矩形　　图 3-53　圆角　　图 3-54　绘制枕头

04 调用 ARC/A 圆弧命令，绘制床上被子造型，如图 3-55 所示。

05 调用 LINE/L 直线命令和 OFFSET/O 偏移命令，细化被子造型，如图 3-56 所示。

06 绘制床头柜。调用 RECTANG/REC 矩形命令，绘制尺寸为 500mm×400mm 的矩形表示床头柜，如图 3-57 所示。

07 调用 OFFSET/O 偏移命令，将矩形向内偏移 25mm，如图 3-58 所示。

08 调用 CIRCLE/C 圆命令、OFFSET/O 偏移命令和 LINE/L 直线命令，绘制床头灯，如图 3-59 所示。

09 调用 COPY/C 复制命令或 MIRROR/MI 镜像命令，得到另一侧的床头柜，完成床及床头柜的绘制，如图 3-60 所示。

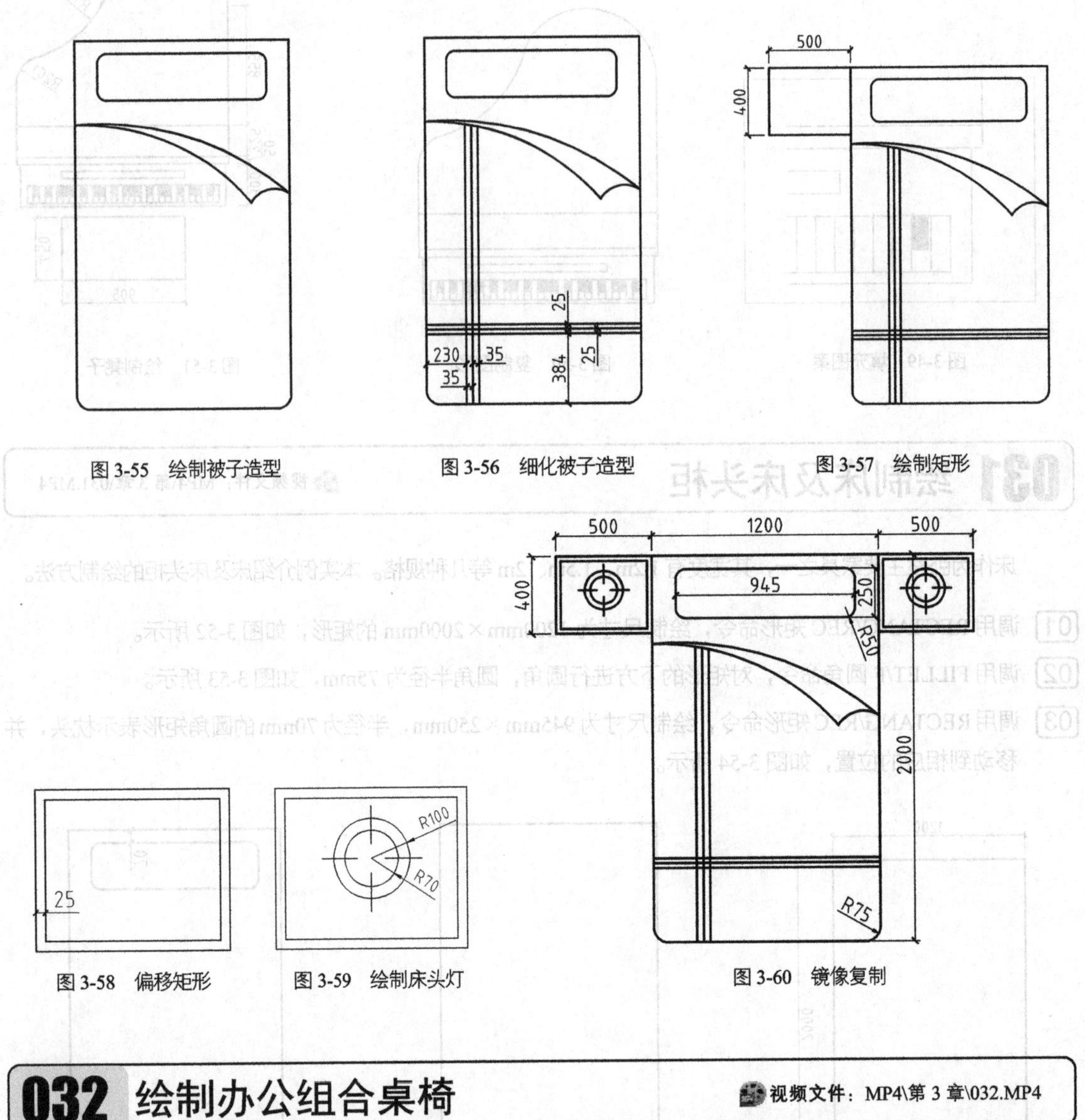

图 3-55 绘制被子造型

图 3-56 细化被子造型

图 3-57 绘制矩形

图 3-58 偏移矩形

图 3-59 绘制床头灯

图 3-60 镜像复制

032 绘制办公组合桌椅

视频文件：MP4\第 3 章\032.MP4

办公桌椅一般摆放在办公室或经理室，这在很大程度上节省了使用空间，从而更方便人们的使用，本实例介绍办公组合桌椅绘制方法。

01 调用 RECTANG/REC 矩形命令，绘制尺寸为 1770mm×650mm 和 630mm×370mm 的两个矩形，如图 3-61 所示的摆放位置。

02 调用 OFFSET/O 偏移命令，将图形向内偏移 20mm，如图 3-62 所示。

03 调用 RECTANG/REC 矩形命令，绘制尺寸为 410mm×380mm 的矩形，并调用 FILLET/F 圆角命令，圆角半径为 55mm，移动至合适的位置，如图 3-63 所示。

04 调用 RECTANG/REC 矩形命令，绘制尺寸为 310mm×100mm 的矩形，并调用 FILLET/F 圆角命令，圆角半径为 40mm，然后将其摆放在合适的位置，如图 3-64 所示。

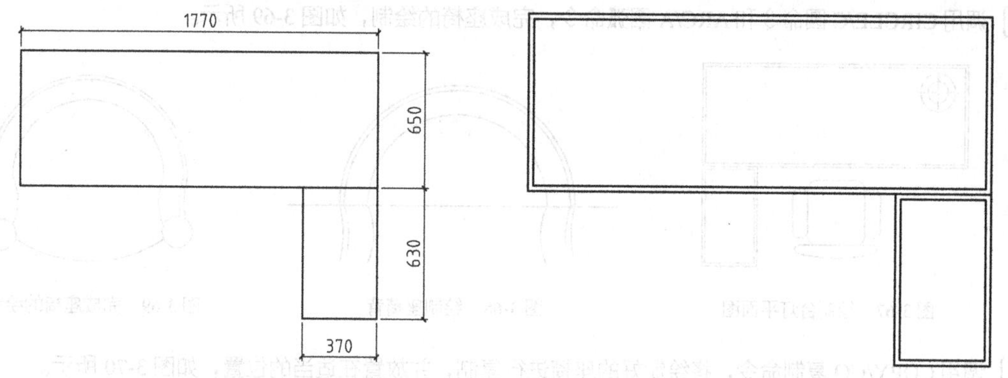

图 3-61 绘制办公桌桌面

图 3-62 偏移图形

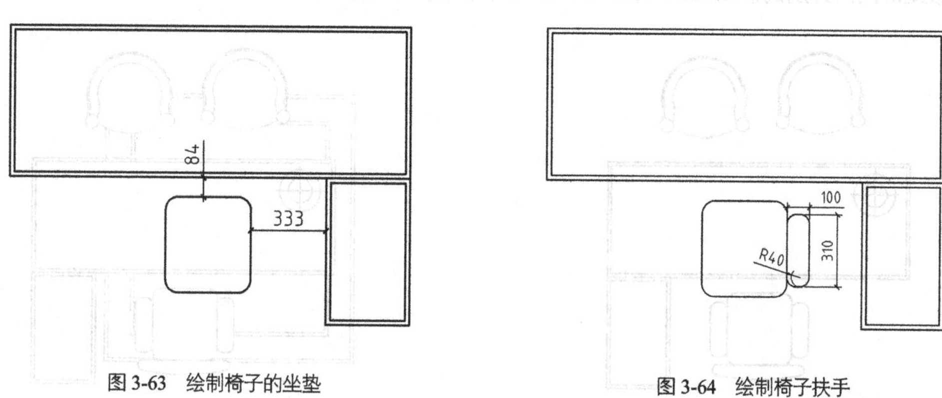

图 3-63 绘制椅子的坐垫

图 3-64 绘制椅子扶手

05 调用 MIRROR/MI 镜像命令，将扶手进行镜像，并分别调用 LINE/L 直线命令和 ARC/A 圆弧命令，绘制座椅靠背，如图 3-65 所示。

06 调用 CIRCLE/C 圆命令，绘制一个半径为 70mm 的圆，并调用 OFFSET/O 偏移命令，将该圆向外偏移 50mm，如图 3-66 所示。

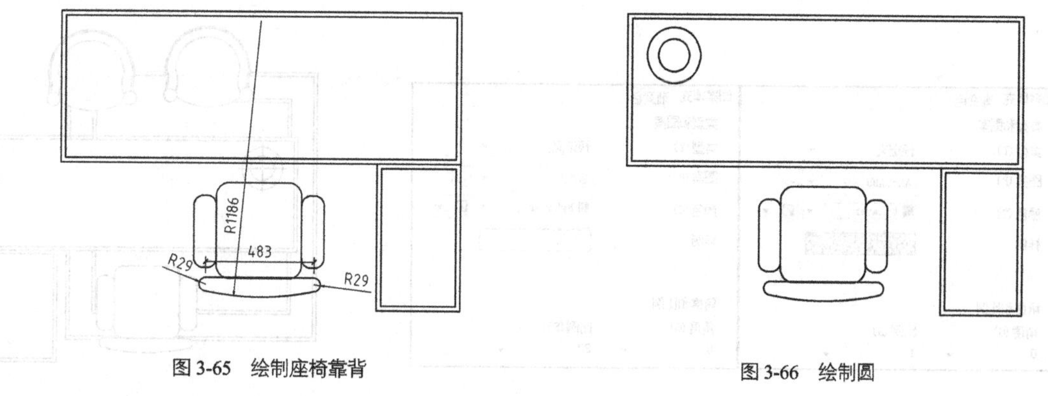

图 3-65 绘制座椅靠背

图 3-66 绘制圆

07 调用 LINE/L 直线命令，绘制台灯平面示意图，如图 3-67 所示。

08 调用 CIRCLE/C 圆命令，绘制半径分别为 190mm、240mm、250mm 的同心圆。并调用 LINE/L 直线命令，绘制圆的直径。然后调用 TRIM/TR 修剪命令，对其进行修剪。最后调用 ARC/A 圆弧命令，绘制座椅背,如图 3-68 所示。

09 调用 CIRCLE/C 圆命令和 ARC/A 圆弧命令，完成座椅的绘制，如图 3-69 所示。

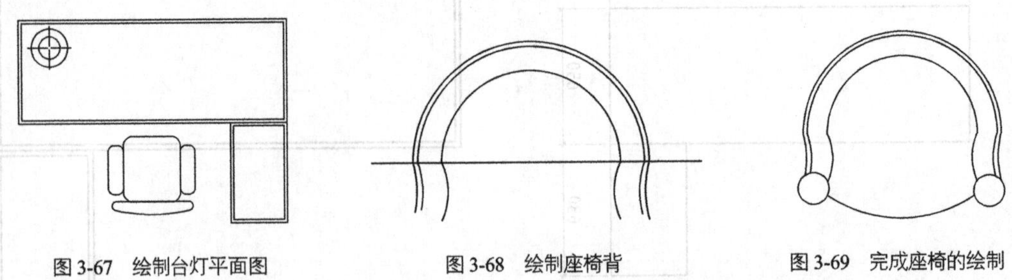

图 3-67 绘制台灯平面图　　图 3-68 绘制座椅背　　图 3-69 完成座椅的绘制

10 调用 COPY/CO 复制命令，将绘制好的座椅进行复制，并放置在适当的位置，如图 3-70 所示。

11 调用 RECTANG/REC 矩形命令，绘制尺寸为 1460mm×1520mm 的矩形，并调用 OFFSET/O 偏移命令，将该矩形向内分别偏移 20mm、150mm、20mm，如图 3-71 所示。

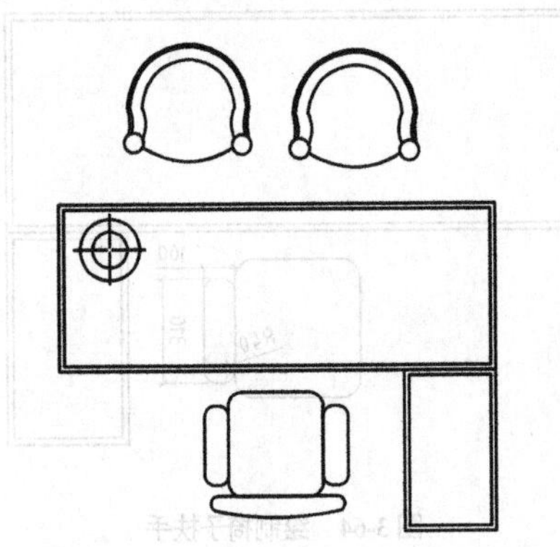

图 3-70 复制坐椅

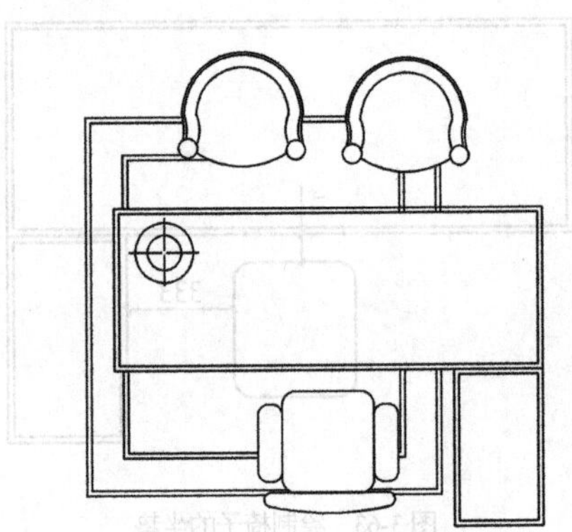

图 3-71 绘制地毯

12 调用 HATCH/H 图案填充命令，再在命令行中输入 T 命令，在弹出的“图案填充和渐变色”对话框中设置参数，对地毯和坐椅进行图案填充，图案填充设置如图 3-72 所示，最后效果如图 3-73 所示。

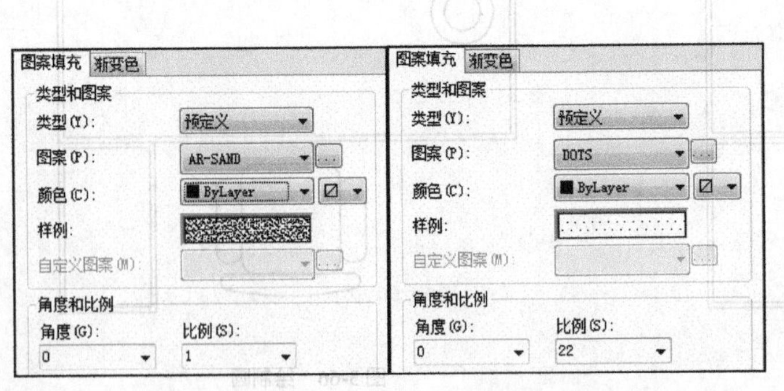

图 3-72 地毯和坐椅的图案填充设置

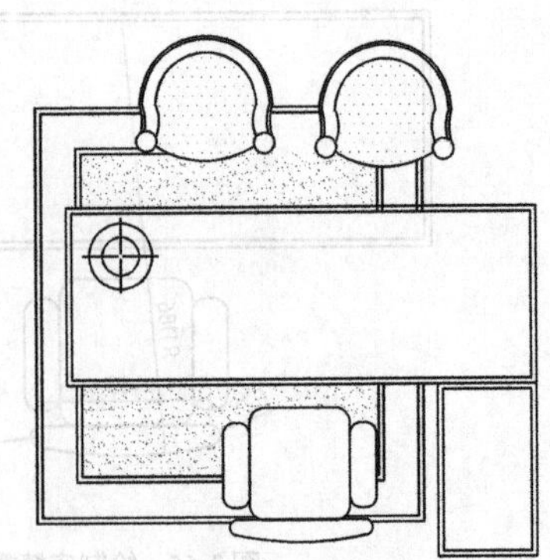

图 3-73 完成办公组合桌椅

033 绘制洗衣机

视频文件：MP4\第3章\033.MP4

洗衣机通常摆放在生活阳台或厕所中，以方便排水，本实例介绍洗衣机的绘制方法。

01 调用 RECTANG/REC 矩形命令，绘制尺寸为 550mm×595mm 的矩形，如图 3-74 所示。

02 调用 FILLET/F 圆角命令对矩形进行圆角，圆角半径分别为 40mm 和 10mm，如图 3-75 所示。

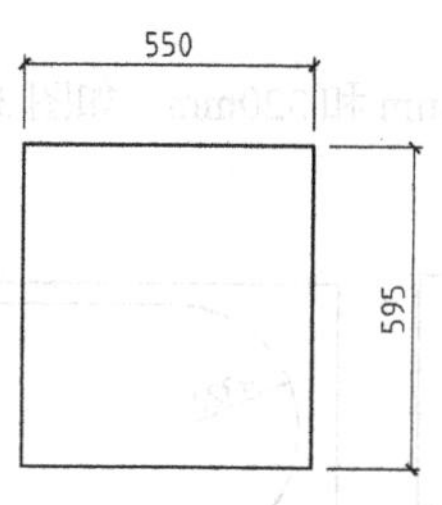

图 3-74　绘制矩形

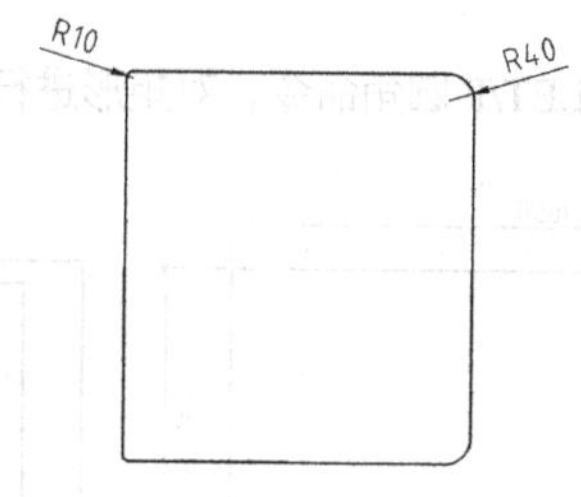

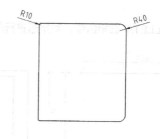

图 3-75　圆角

03 调用 LINE/L 直线命令，绘制矩形内的线段，如图 3-76 所示。

04 调用 CIRCLE/C 圆命令，绘制洗衣机中的圆形造型，如图 3-77 所示。

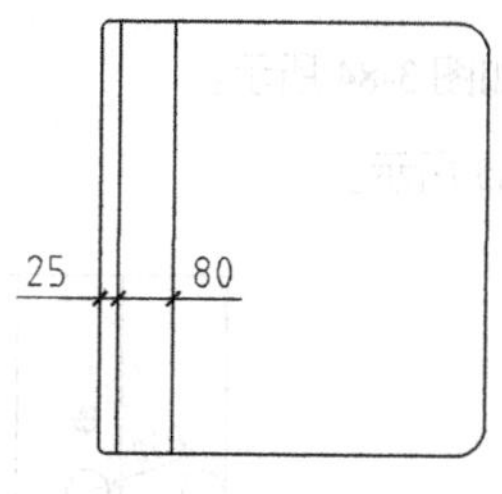

图 3-76　绘制线段

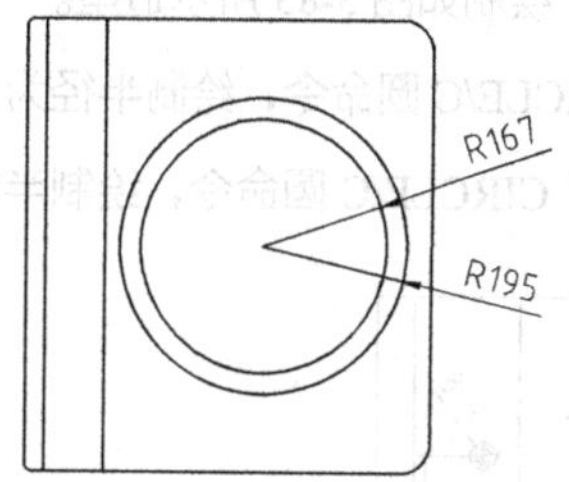

图 3-77　绘制圆形

05 调用 HATCH/H 图案填充命令，再在命令行中输入 T 命令，在弹出的“图案填充和渐变色”对话框中设置参数，在圆内填充 AR-RROOF 图案，填充参数和效果如图 3-78 所示。

06 调用 ELLIPSE/EL 椭圆命令、TRIM/TR 修剪命令和 COPY/CO 复制命令，绘制洗衣机开关按钮造型，如图 3-79 所示。

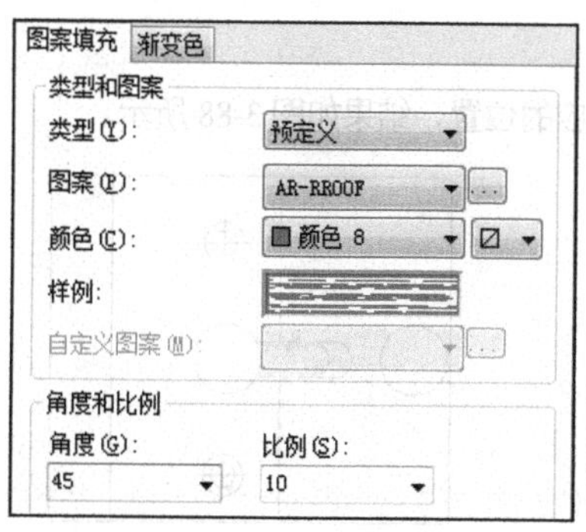

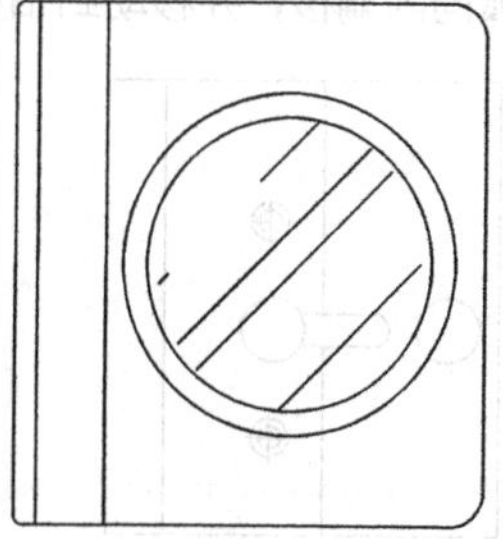

图 3-78　填充参数和效果

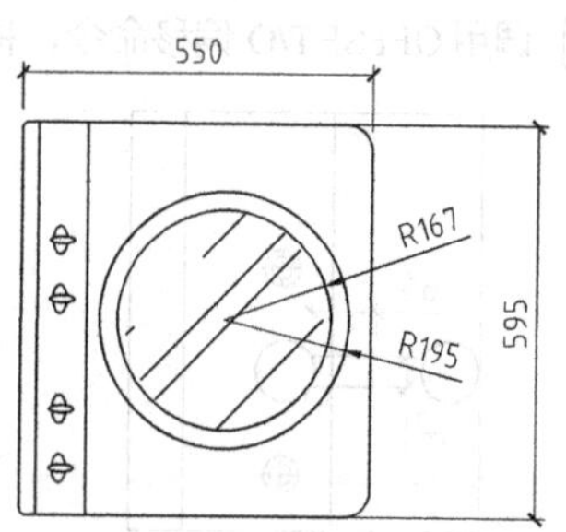

图 3-79　绘制按钮造型

034 绘制浴缸

视频文件：MP4\第 3 章\034.MP4

作为卫生洁具，浴缸供沐浴之用，通常布置在主卫内，本实例介绍浴缸的绘制方法。

01 调用 RECTANG/REC 矩形命令，绘制尺寸为 1650mm×750mm 的矩形，如图 3-80 所示。

02 调用 RECTANG/REC 矩形命令，绘制尺寸为 1400mm×640mm 的矩形，并移动到相应的位置，如图 3-81 所示。

03 调用 FILLET/F 圆角命令，对矩形进行圆角，圆角半径分别为 30mm 和 320mm，如图 3-82 所示。

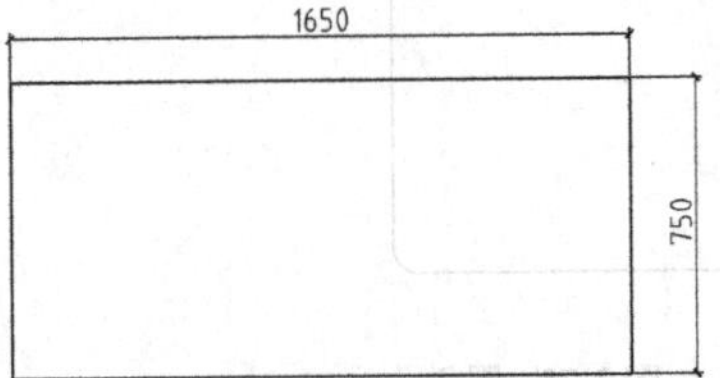

图 3-80 绘制矩形

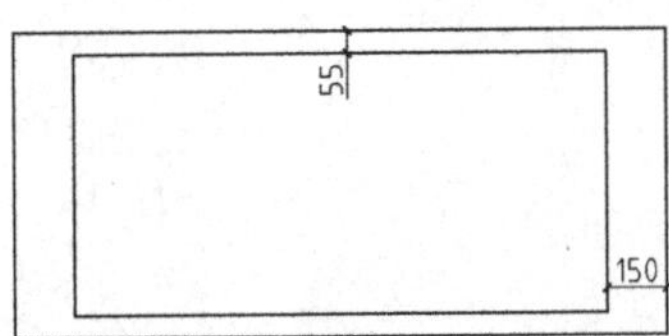

图 3-81 绘制矩形

图 3-82 圆角

04 绘制冷、热进水管。调用 CIRCLE/C 圆命令、OFFSET/O 偏移命令、LINE/L 直线命令和 COPY/CO 复制命令，绘制如图 3-83 所示造型。

05 调用 CIRCLE/C 圆命令，绘制半径为 30mm 的圆表示出水口，如图 3-84 所示。

06 继续调用 CIRCLE/C 圆命令，绘制半径为 30mm 的圆，如图 3-85 所示。

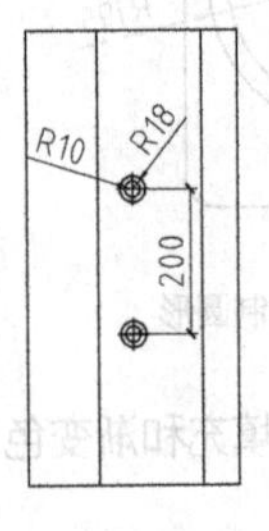

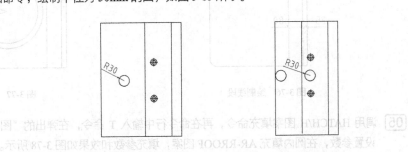

图 3-83 绘制进水管

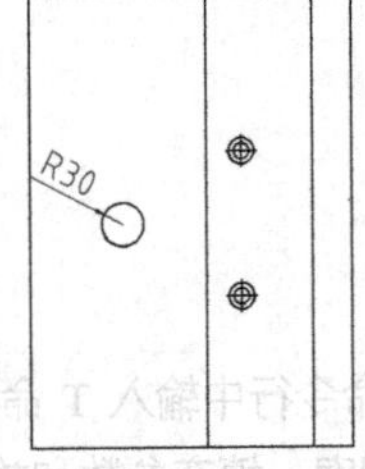

图 3-84 绘制出水口

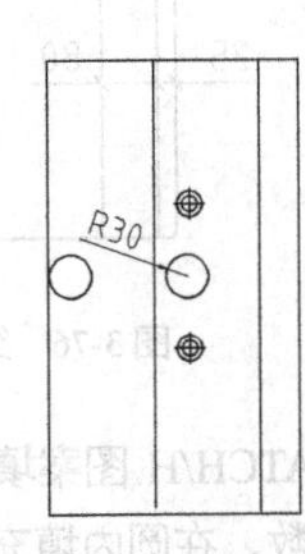

图 3-85 绘制圆

07 调用 LINE/L 直线命令，绘制线段，并对线段相交的位置进行修剪，如图 3-86 所示。

08 调用 ARC/A 圆弧命令，绘制圆弧，如图 3-87 所示。

09 调用 OFFSET/O 偏移命令，将线段和圆弧向内偏移，并移动到相应的位置，结果如图 3-88 所示。

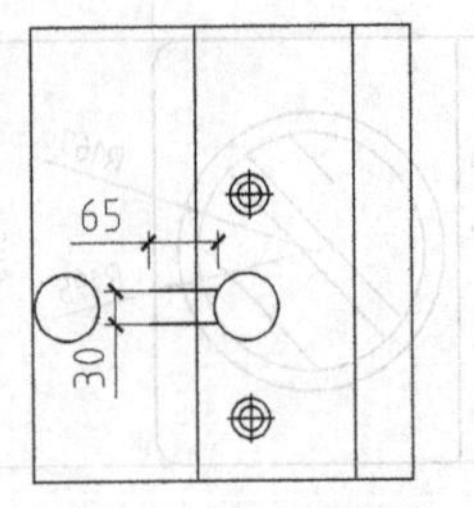

图 3-86 绘制线段

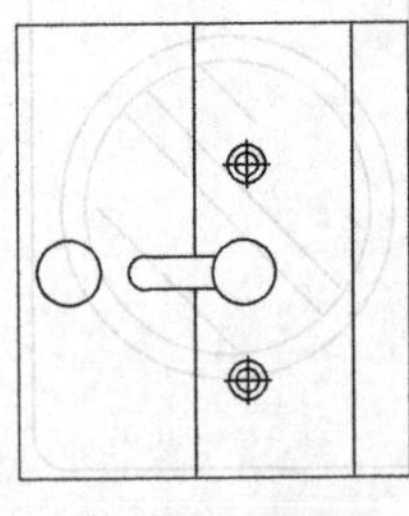

图 3-87 绘制圆弧

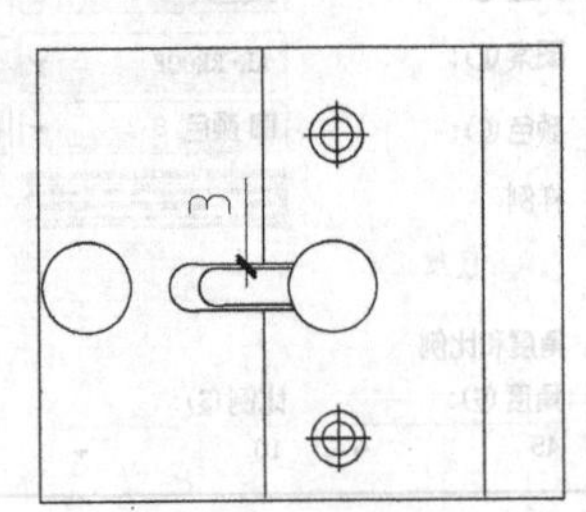

图 3-88 偏移圆和线段

10 用夹点功能，调整线段的长度和角度如图 3-89 所示，得到水龙头造型。

11 调用 TRIM/TR 修剪命令，对圆进行修剪，如图 3-90 所示。浴缸图形绘制完成如图 3-91 所示。

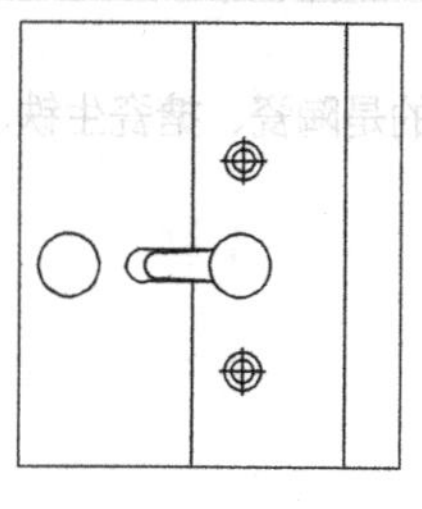
图 3-89　调整线段

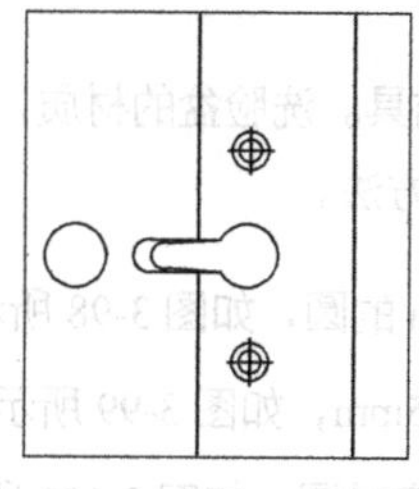
图 3-90　修剪圆

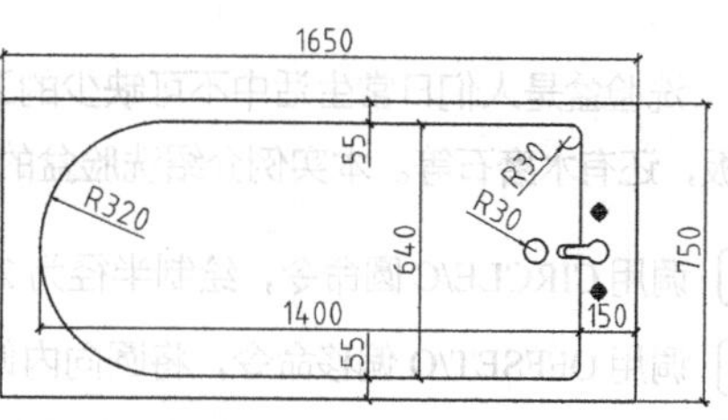

图 3-91　完成效果

035 绘制淋浴房

视频文件：MP4\第 3 章\035.MP4

淋浴房有整体淋浴房和简易淋浴房，其门的结构有移门和折叠门，本实例讲解淋浴房的绘制方法。

01 PLINE/PL 多段线命令，绘制淋浴房的轮廓，如图 3-92 所示。

02 调用 EXPLODE/X 分解/命令分解多段线。

03 调用 OFFSET/O 偏移命令，将多段线向内偏移 40mm，并使用夹点功能进行调整，效果如图 3-93 所示。

04 调用 CIRCLE/C 圆命令，绘制半径为 55mm 的圆表示出水口，并移动到相应的位置，如图 3-94 所示。

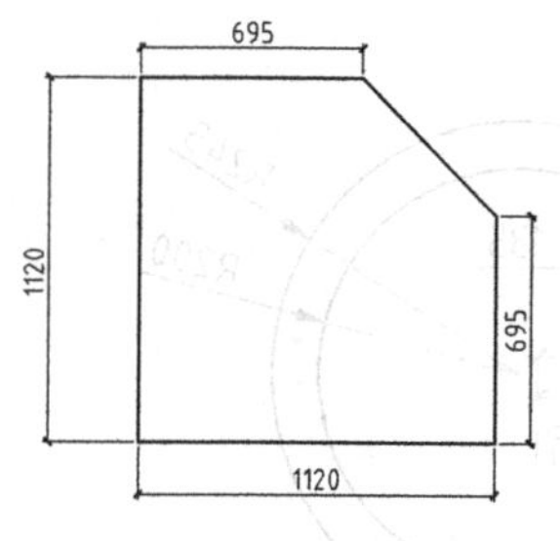

图 3-92　绘制多段线

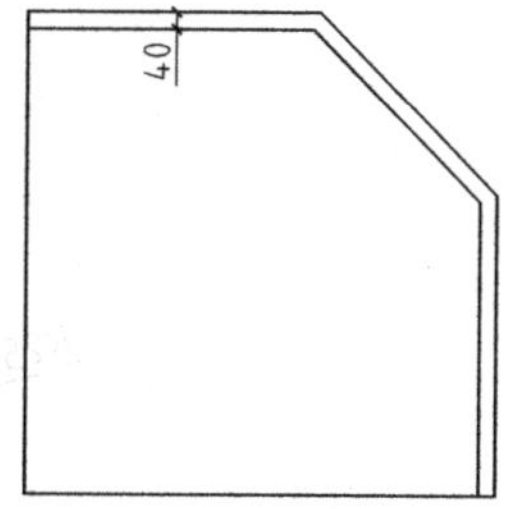

图 3-93　偏移多段线

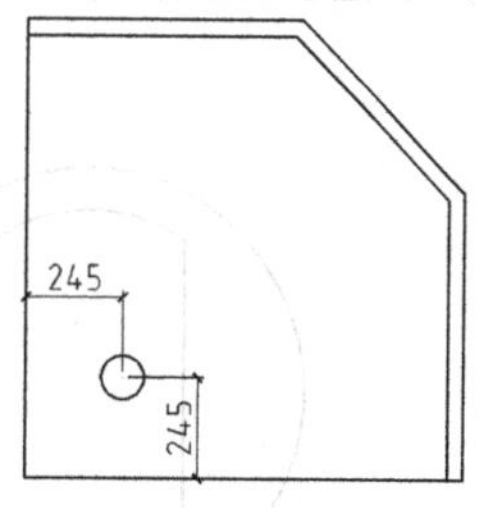

图 3-94　绘制圆

05 调用 DIVIDE/DIV 定数等分命令，将圆分成三等份，如图 3-95 所示。

06 调用 LINE/L 直线命令，以等分点为起点绘制线段，然后删除等分点，效果如图 3-96 所示。

07 调用 LINE/L 直线命令和 PLINE/PL 多段线命令，绘制淋浴头，效果如图 3-97 所示，完成淋浴房的绘制。

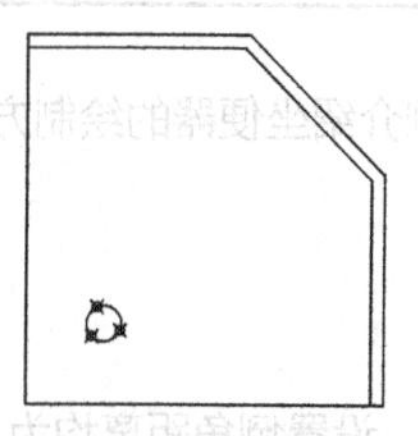
图 3-95　等分圆

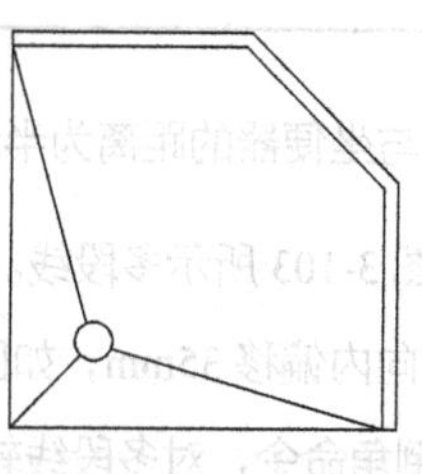
图 3-96　绘制线段

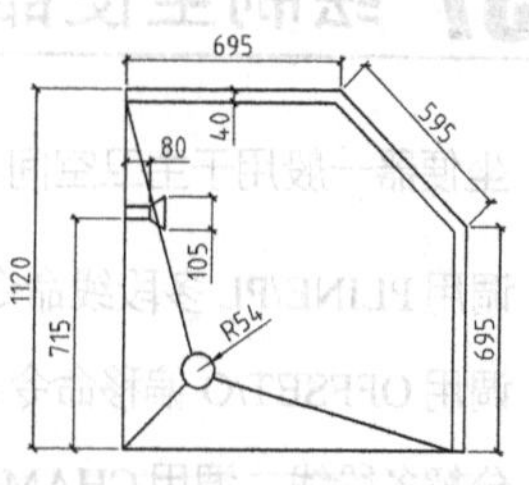

图 3-97　绘制淋浴头

036 绘制洗脸盆

视频文件：MP4\第 3 章\036.MP4

洗脸盆是人们日常生活中不可缺少的卫生洁具。洗脸盆的材质，使用最多的是陶瓷、搪瓷生铁、搪瓷钢板，还有水磨石等。本实例介绍洗脸盆的绘制方法。

01 调用 CIRCLE/C 圆命令，绘制半径为 245mm 的圆，如图 3-98 所示。

02 调用 OFFSET/O 偏移命令，将圆向内偏移 45mm，如图 3-99 所示。

03 调用 LINE/L 直线命令，绘制一条垂直线段穿过圆，如图 3-100 所示。

图 3-98 绘制圆　　图 3-99 偏移圆　　图 3-100 绘制线段

04 调用 TRIM/TR 修剪命令，对圆和线段进行修剪，如图 3-101 所示。

05 调用 RECTANG/REC 矩形命令和 CIRCLE/C 圆命令，绘制洗脸盆的出水嘴和开关，完成洗脸盆的绘制，如图 3-102 所示。

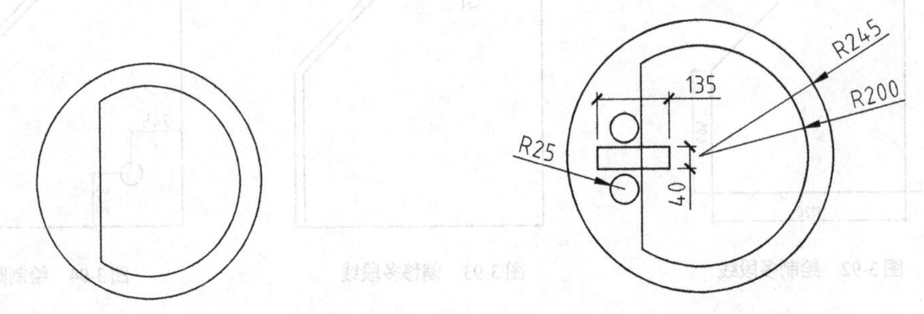

图 3-101 修剪圆和线段　　图 3-102 绘制出水嘴和开关

037 绘制坐便器

视频文件：MP4\第 3 章\037.MP4

坐便器一般用于主卫空间，其下水口与坐便器的距离为半米以内。本实例介绍坐便器的绘制方法。

01 调用 PLINE/PL 多段线命令，绘制如图 3-103 所示多段线。

02 调用 OFFSET/O 偏移命令，将多段线向内偏移 35mm，如图 3-104 所示。

03 分解多段线，调用 CHAMFER/CHA 倒角命令，对多段线转角处进行调整，设置倒角距离均为 23mm，效果如图 3-105 所示。

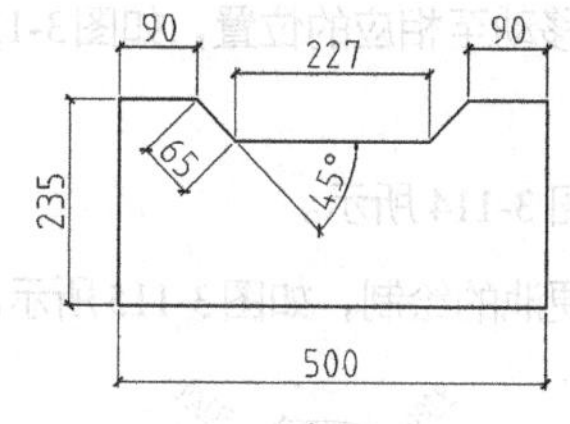

图 3-103 绘制多段线

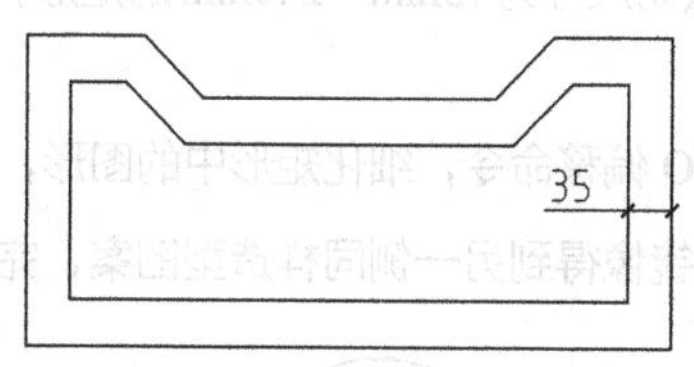

图 3-104 偏移多段线

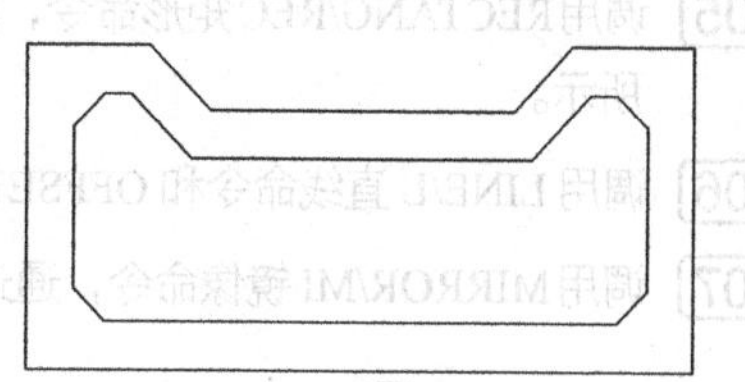

图 3-105 绘制倒角

04 调用 ELLIPSE/EL 椭圆命令，绘制如图 3-106 所示椭圆。

05 调用 ARC/A 圆弧命令和 MIRROR/MI 镜像命令，绘制椭圆两侧的图形，效果如 图 3-107 所示。

06 调用 RECTANG/REC 矩形命令、CIRCLE/C 圆命令、FILLET/F 圆角命令和 MOVE/M 移动命令，绘制坐便器上其他图形，并对图形相交的位置进行修剪，效果如图 3-108 所示，完成坐便器的绘制。

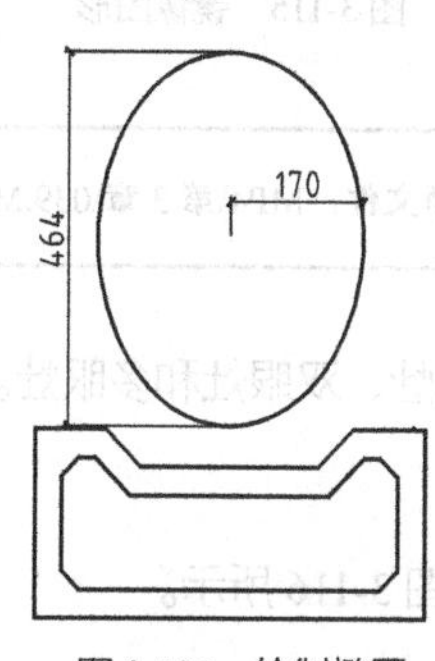

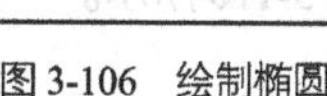

图 3-106 绘制椭圆

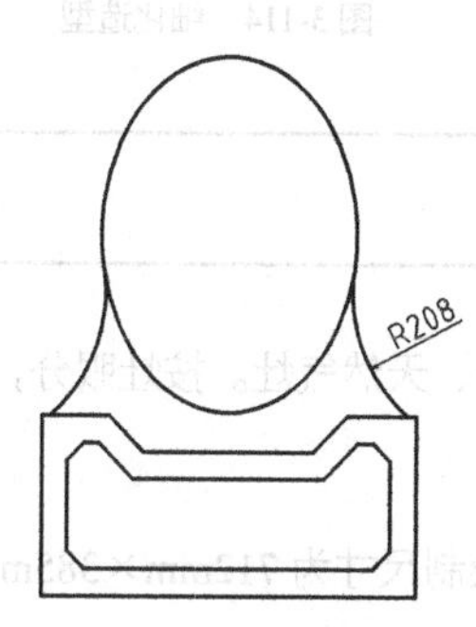

图 3-107 绘制椭圆两侧图形

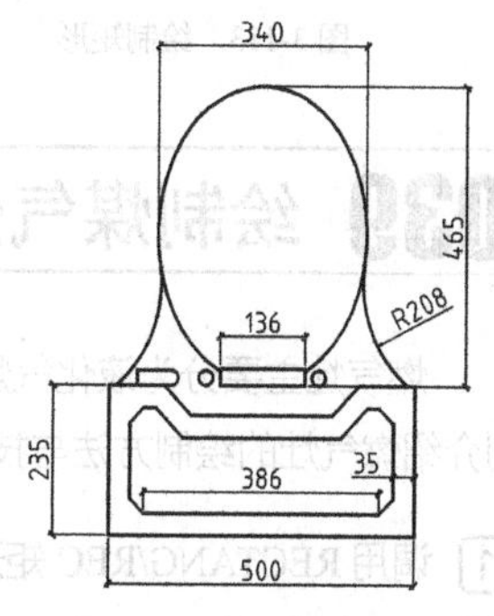

图 3-108 绘制其他图形

038 绘制便池

视频文件：MP4\第 3 章\038.MP4

便池是客卫必不可少的卫生洁具，本实例介绍便池的绘制方法，要注意掌握其相关尺寸。

01 调用 RECTANG/REC 矩形命令，绘制尺寸为 240mm×425mm 的矩形，如图 3-109 所示。

02 调用 OFFSET/O 偏移命令，将矩形向内偏移 20mm，如图 3-110 所示。

03 调用 FILLET/F 圆角命令，对矩形进行圆角，圆角半径为 100mm 和 120mm，如图 3-111 所示。

04 调用CIRCLE/C圆命令，在圆角矩形中绘制一个半径为16mm的圆，移动至合适的位置，如图3-112 所示。

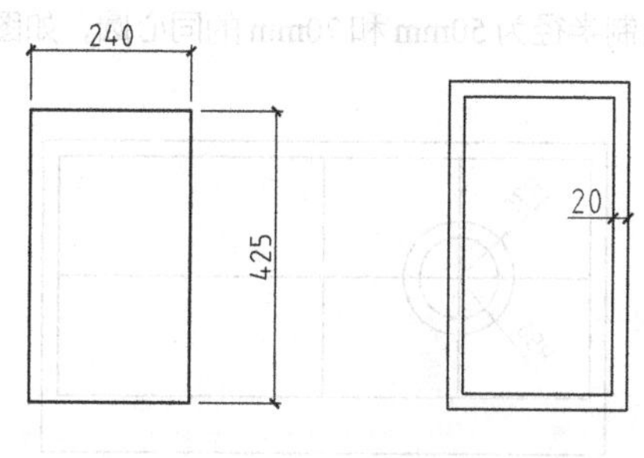

图 3-109 绘制矩形　图 3-110 偏移矩形

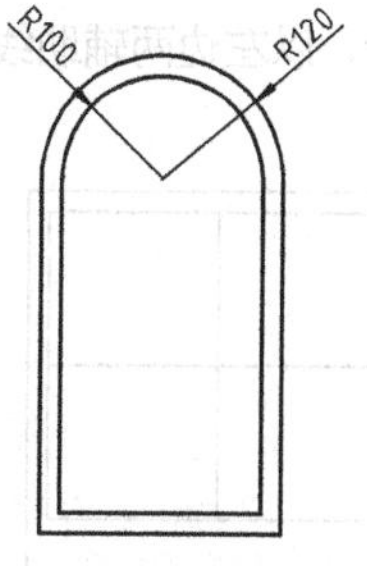

图 3-111 圆角矩形

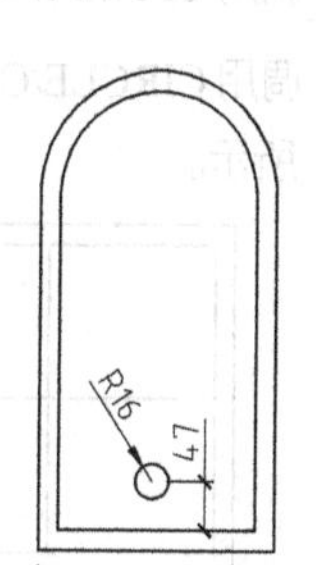

图 3-112 绘制圆

05 调用 RECTANG/REC 矩形命令，绘制尺寸为 75mm×240mm 的矩形，并移动至相应的位置，如图 3-113 所示。

06 调用 LINE/L 直线命令和 OFFSET/O 偏移命令，细化矩形中的图形，如图 3-114 所示。

07 调用 MIRROR/MI 镜像命令，通过镜像得到另一侧同样造型图案，完成便池的绘制，如图 3-115 所示。

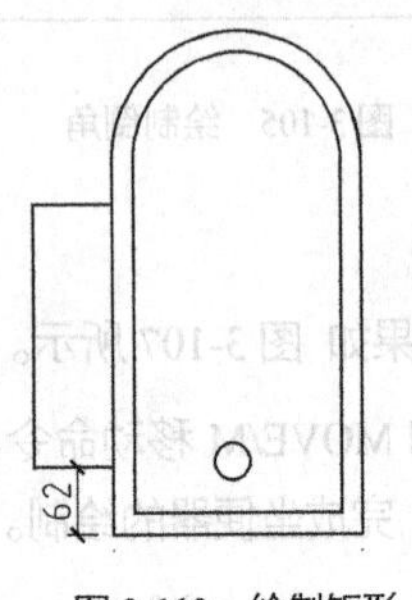

图 3-113 绘制矩形

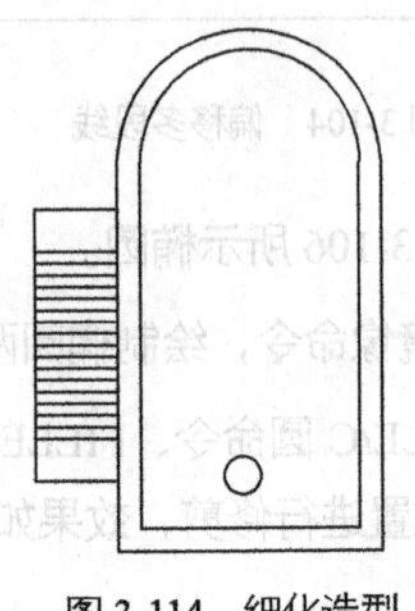
图 3-114 细化造型

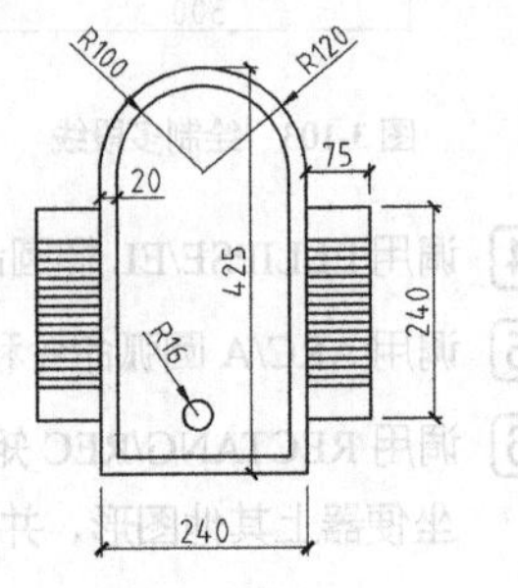

图 3-115 镜像图形

039 绘制煤气灶

视频文件：MP4\第 3 章\039.MP4

燃气灶主要分为液化气灶、煤气灶、天然气灶。按灶眼分，又可分为单眼灶、双眼灶和多眼灶。本实例介绍燃气灶的绘制方法与技巧。

01 调用 RECTANG/REC 矩形命令，绘制尺寸为 712mm×385mm 的矩形，如图 3-116 所示。

02 调用 EXPLODE/X 分解命令分解矩形。

03 调用 OFFSET/O 偏移命令，将分解后的线段向内偏移，并使用夹点功能进行调整，效果如图 3-117 所示。

04 调用 LINE/L 直线命令，捕捉矩形的中心点，以中心点为起点绘制垂直和水平辅助线，如图 3-118 所示。

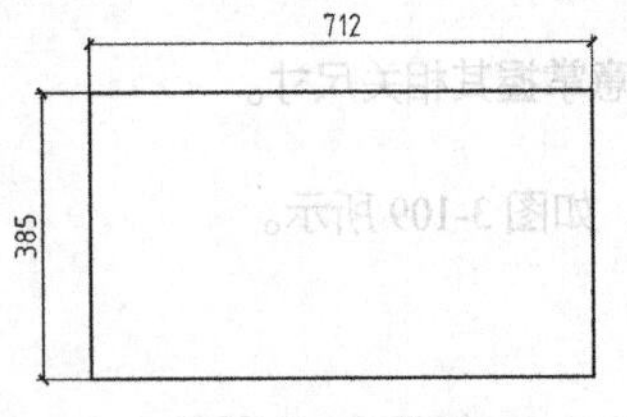

图 3-116 绘制矩形

图 3-117 偏移线段

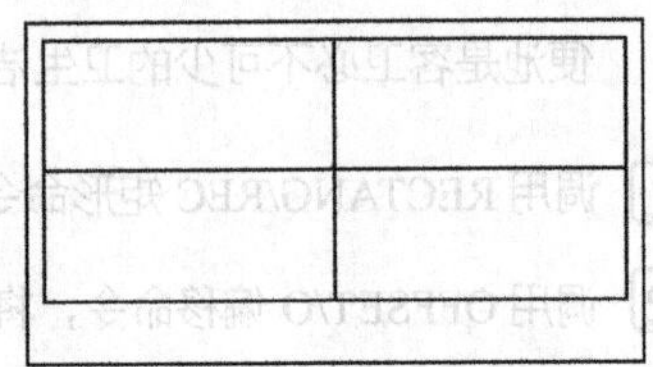
图 3-118 绘制辅助线

05 调用 OFFSET/O 偏移命令，偏移辅助线，偏移距离为 170mm，如图 3-119 所示。

06 调用 CIRCLE/C 圆命令，以左边两辅助线交点为圆心绘制半径为 50mm 和 70mm 的同心圆，如图 3-120 所示。

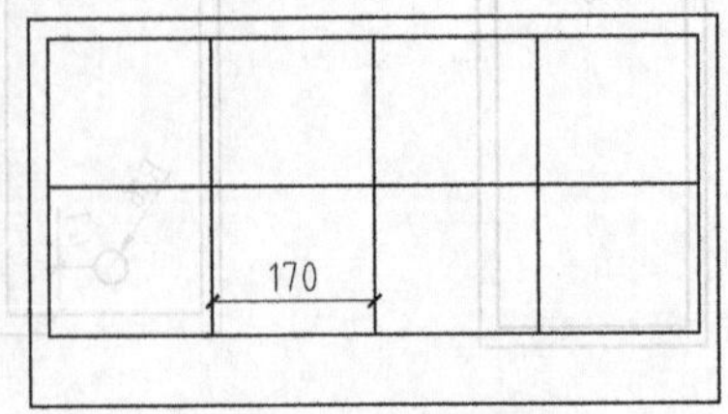

图 3-119 偏移辅助线

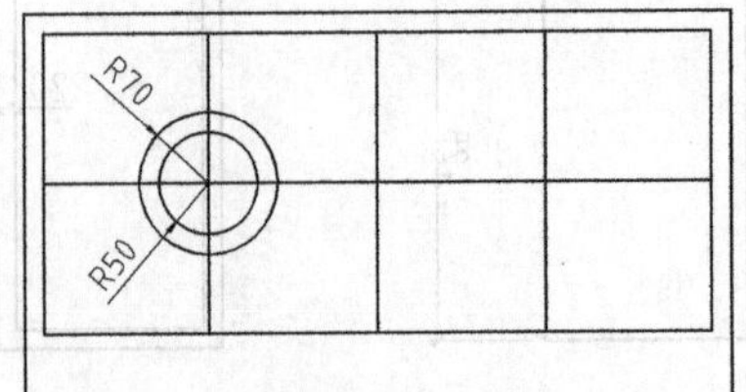

图 3-120 绘制圆

07 调用 RECTANG/REC 矩形命令，绘制尺寸为 42mm×8mm 的小矩形，并将矩形移动到相应的位置，如

图 3-121 所示。

08 调用 ARRAY/AR 阵列命令，对矩形进行阵列，阵列结果如图 3-122 所示。

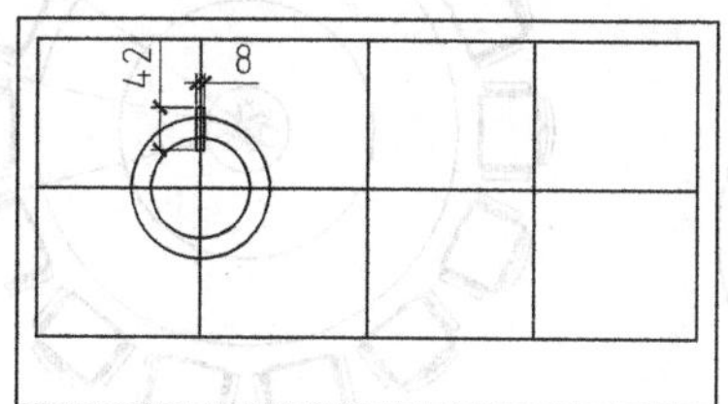

图 3-121　绘制矩形

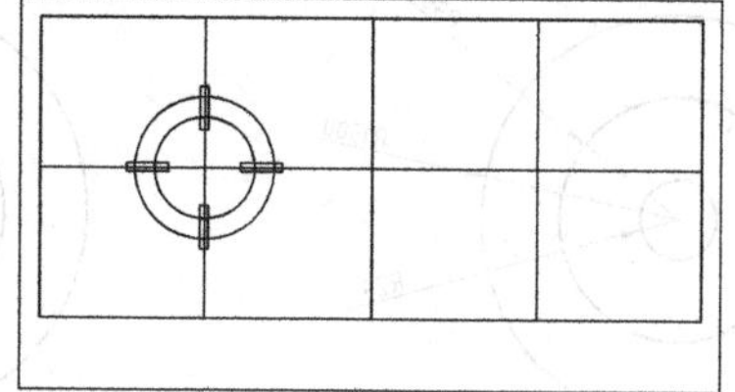

图 3-122　阵列结果

09 分解阵列图形，调用 TRIM/TR 修剪命令，对矩形与圆相交的位置进行修剪，效果如图 3-123 所示。

10 调用 COPY/CO 复制命令，将绘制的图形复制到右边，同样以两辅助线的交点为圆心，结果如图 3-124 所示。

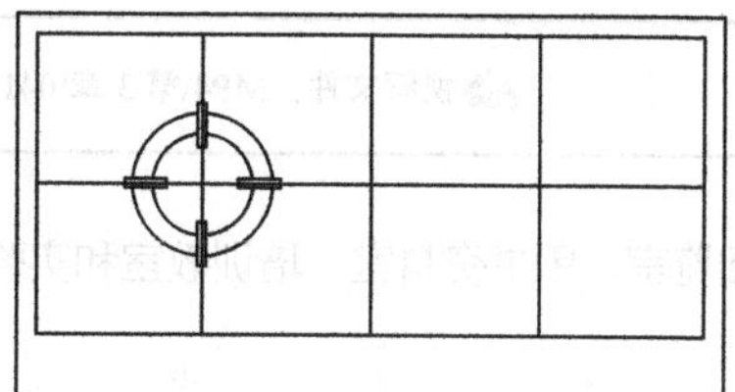

图 3-123　修剪图形

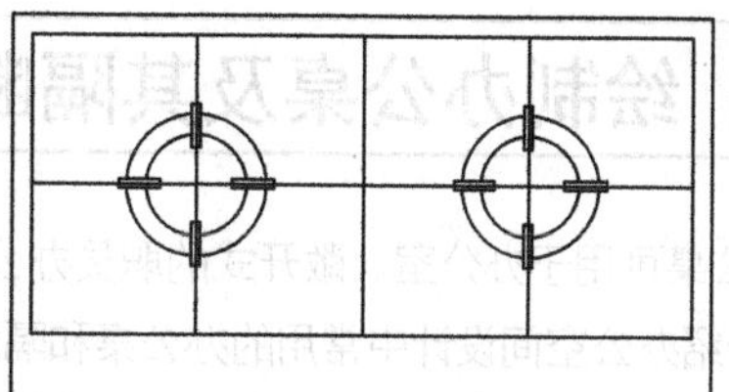

图 3-124　复制图形

11 使用同样的方法绘制出燃气灶上方的图形，如图 3-125 所示。

12 调用 CIRCLE/C 圆命令、COPY/CO 复制命令、TRIM/TR 修剪命令、RECTANG/REC 矩形命令和 MOVE/M 移动命令，绘制煤气灶开关按钮，删除所有的辅助线，效果如图 3-126 所示，完成煤气灶的绘制。

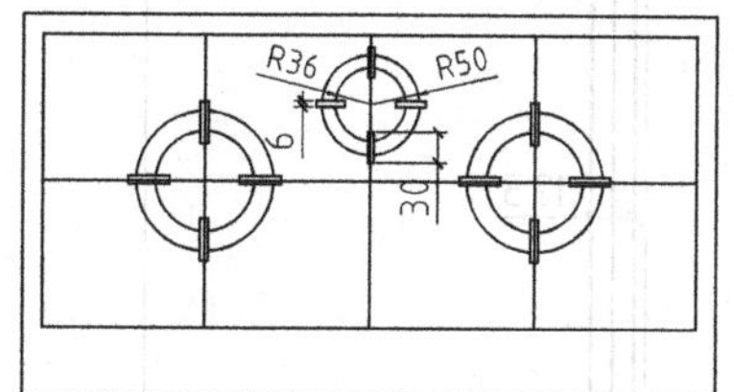

图 3-125　绘制图形

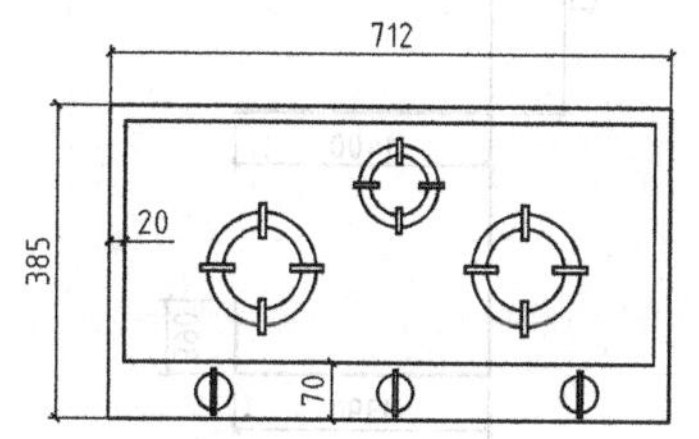

图 3-126　绘制开关按钮

040 绘制会议桌

视频文件：MP4\第 3 章\040.MP4

会议桌通常用于办公空间的会议室内，其类型有方形、长方形和圆形等。本实例介绍会议桌的绘制方法。

01 调用 CIRCLE/C 圆命令，绘制半径分别为 295mm、900mm 和 1500mm 的同心圆，如图 3-127 所示。

02 按 Ctrl+O 快捷键，打开配套素材提供的“第 03 章\家具图例.dwg”文件，选择其中植物和办公椅图块，将其复制至会议桌区域，如图 3-128 所示。

03 调用 ARRAY/AR 阵列命令，对办公椅进行环形阵列，阵列结果如图 3-129 所示。完成会议桌的绘制。

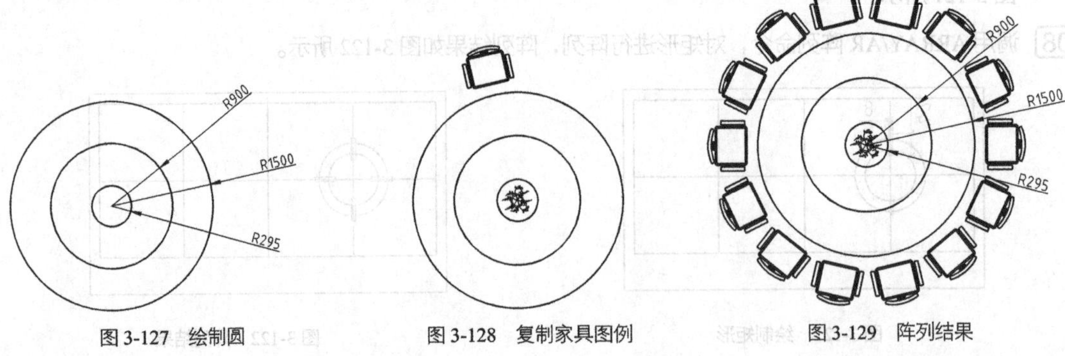

图 3-127　绘制圆　　图 3-128　复制家具图例　　图 3-129　阵列结果

> **提示**　AutoCAD 2022 中有三种阵列类型，包括矩形阵列、环形阵列和路径阵列。关联阵列是指项目包含在单个阵列对象中，可以方便地编辑阵列对象的特性。

041 绘制办公桌及其隔断

视频文件：MP4\第 3 章\041.MP4

办公桌可用于办公室、敞开式的职员办公室、会议室、阅览室、图书资料室、培训教室和实验室等。本实例介绍办公空间设计中常用的办公桌和隔断绘制方法。

01 调用 PLINE/PL 多段线命令，绘制隔断外轮廓，如图 3-130 所示。

02 调用 MLINE/ML 多线命令，设置多线比例分别为 9 和 17.5，效果如图 3-131 所示。

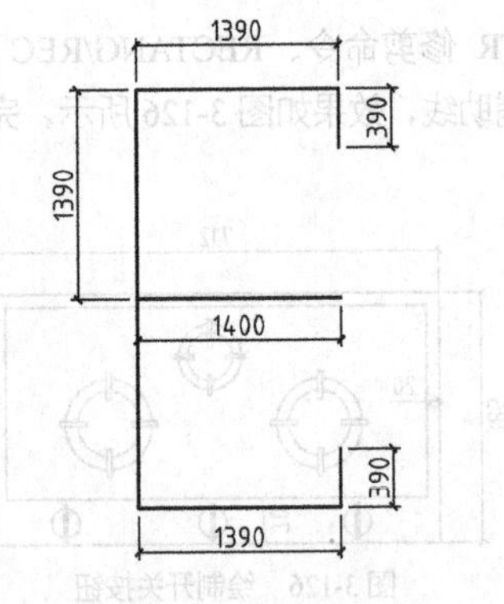

图 3-130　绘制多段线

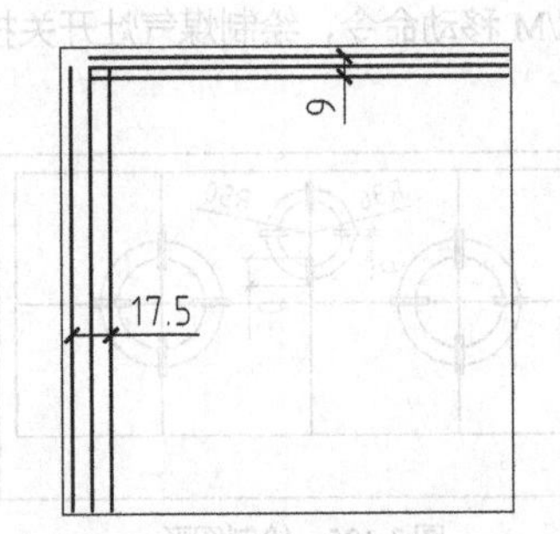

图 3-131　绘制多线

03 调用 EXPLODE/X 分解命令分解多线。

04 调用 TRIM/TR 修剪命令和 CHAMFER/CHA 倒角命令，对多线进行修剪，然后删除中间的线段。

05 调用 LINE/L 直线命令，绘制线段封闭隔断，如图 3-132 所示。

06 调用 OFFSET/O 偏移命令，偏移隔断的内轮廓线，偏移距离分别为 680mm 和 380mm，得到办公桌和柜子的宽度，如图 3-133 所示。

07 调用 TRIM/TR 修剪命令，修剪多余的线段，效果如图 3-134 所示。

08 打开配套素材提供的“第 03 章\家具图例.dwg”文件，选择其中计算机和办公椅图块，将其复制至办公桌区域，调用 MIRROR/MI 镜像命令得到另一侧相同的图形，如图 3-135 所示，完成办公桌及其隔断的绘制。

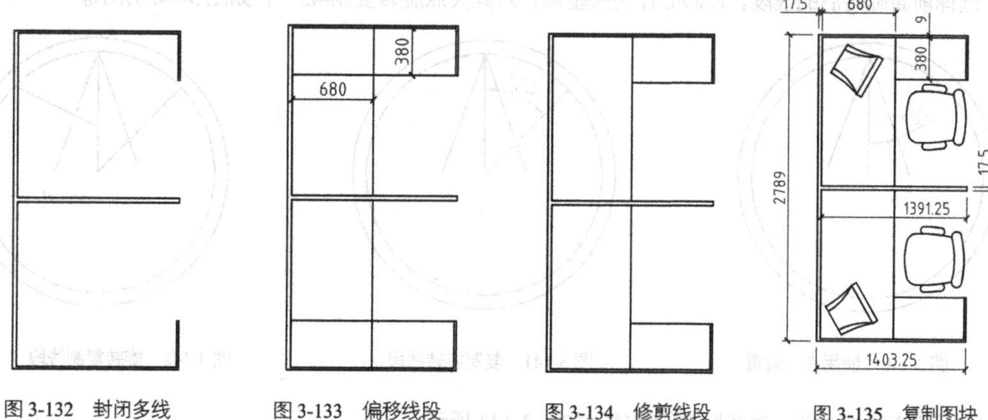

图 3-132 封闭多线　　图 3-133 偏移线段　　图 3-134 修剪线段　　图 3-135 复制图块

042 绘制地花

视频文件：MP4\第 3 章\042.MP4

地花是一种地面材料的拼接，室内装潢图中的地花图形示意地面装饰材料及拼接方法，常用于别墅的客厅、餐厅等地面装修，如图 3-136 所示。本实例介绍地花的绘制方法。

图 3-136 大理石地花

01 调用 CIRCLE/C 圆命令，绘制一个半径为 975mm 的圆，如图 3-137 所示。

02 调用 OFFSET/O 偏移命令，将圆向外偏移 110mm，如图 3-138 所示。

03 调用 LINE/L 直线命令，绘制线段，如图 3-139 所示。

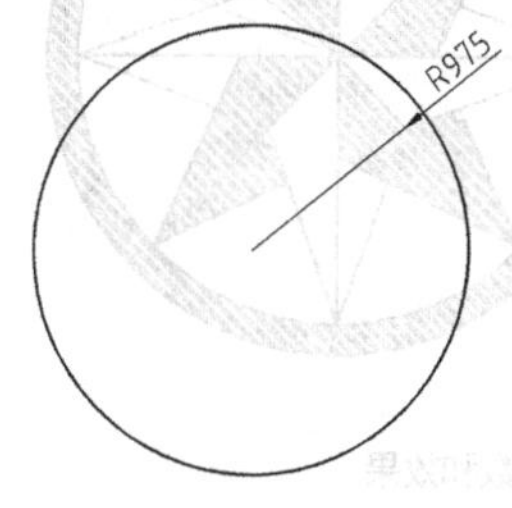

图 3-137 绘制圆

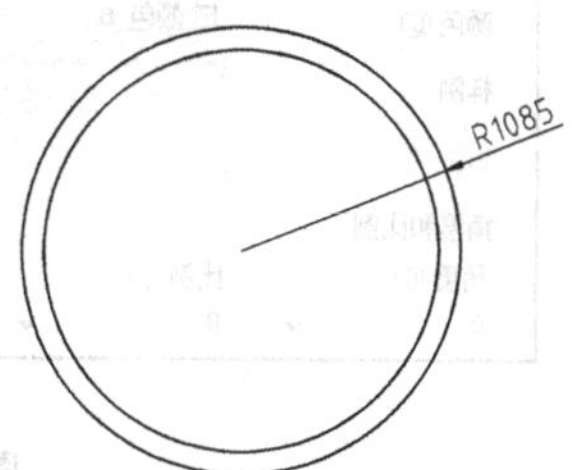

图 3-138 偏移圆

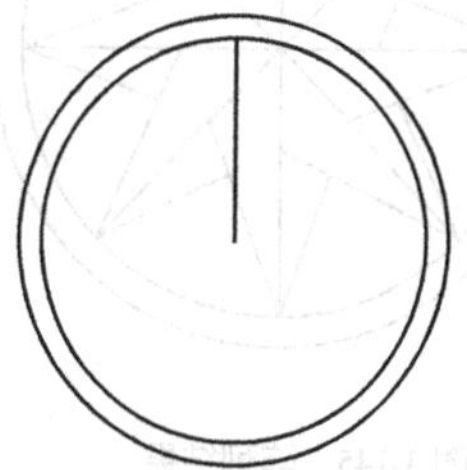

图 3-139 绘制线段

04 以半径上侧的点为基点，对其进行夹点编辑，选择“旋转”选项，结果如图 3-140 所示。

05 以半径下侧的点作为夹点，将半径线绕夹点旋转 45°，并对其进行复制，如图 3-141 所示。

06 选择前面旋转后的线段，以圆心作为夹基点，对其夹点旋转复制-45°，如图 3-142 所示。

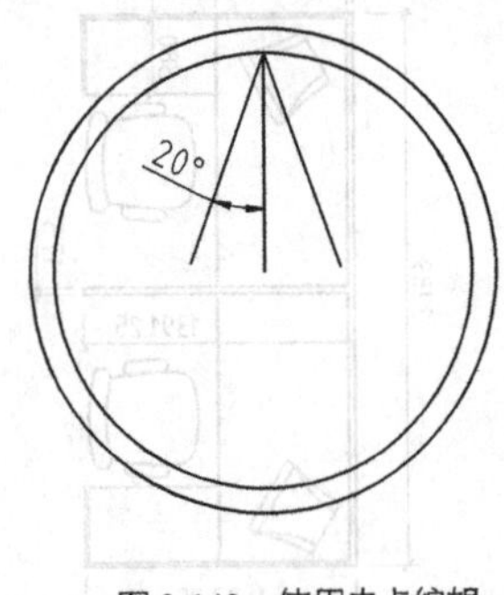

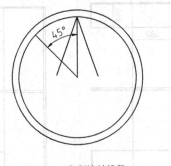

图 3-140 使用夹点编辑

图 3-141 复制旋转线段

图 3-142 旋转复制线段

07 使用夹点拉伸功能，对线段进行编辑，如图 3-143 所示。

08 删除多余的线段，如图 3-144 所示。

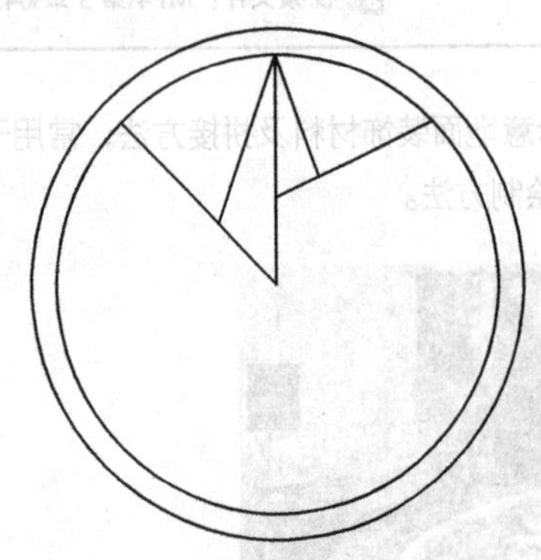

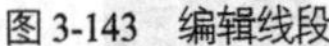

图 3-143 编辑线段

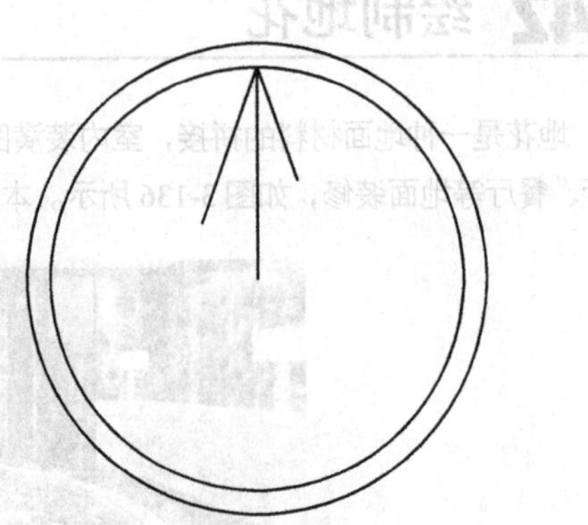

图 3-144 删除线段

09 调用 ARRAY/AR 阵列命令，对编辑出的花格单元进行环形阵列，阵列份数为 8，结果如图 3-145 所示。

10 调用 HATCH/H 图案填充命令，再在命令行中输入 T 命令，在弹出的“图案填充和渐变色”对话框中设置参数，对地花填充 STEEL 图案，填充参数和效果如图 3-146 所示，完成地花的绘制。

图 3-145 阵列结果

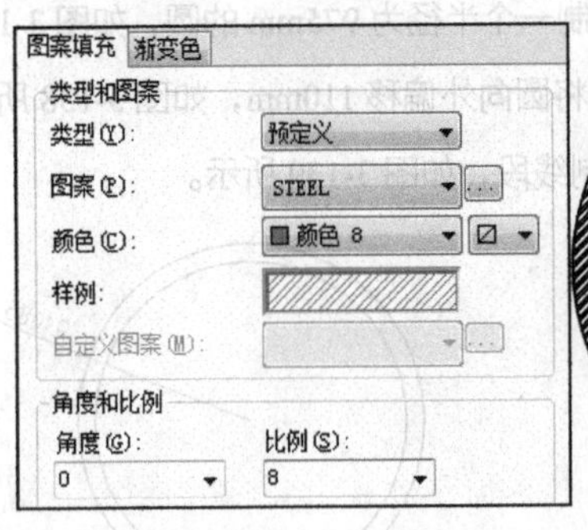

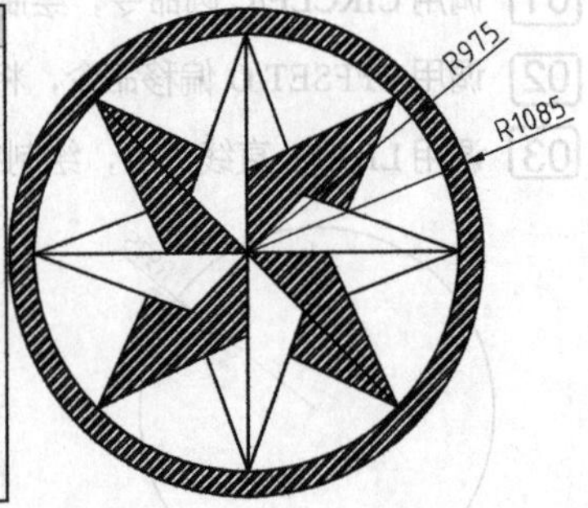

图 3-146 填充参数和效果

第 4 章 绘制常用家具立面图

家具是室内设计中非常重要的组成部分，能反映空间布局以及整个装潢风格。本章通过介绍各种风格家具立面图例的绘制方法，使读者可以熟练运用这些家具进行室内设计。

043 绘制液晶电视

视频文件：MP4\第 4 章\043.MP4

液晶电视通常安装在客厅或卧室内，其特点是轻薄时尚，本实例介绍液晶电视图例的绘制方法。

01 调用 RECTANG/REC 矩形命令，绘制尺寸为 1320mm×740mm 的矩形，如图 4-1 所示。

02 调用 LINE/L 直线命令，在矩形内绘制线段，如图 4-2 所示。

03 调用 RECTANG/REC 矩形命令，绘制尺寸为 1060mm×610mm 的矩形，移动到相应的位置，如图 4-3 所示。

图 4-1 绘制矩形

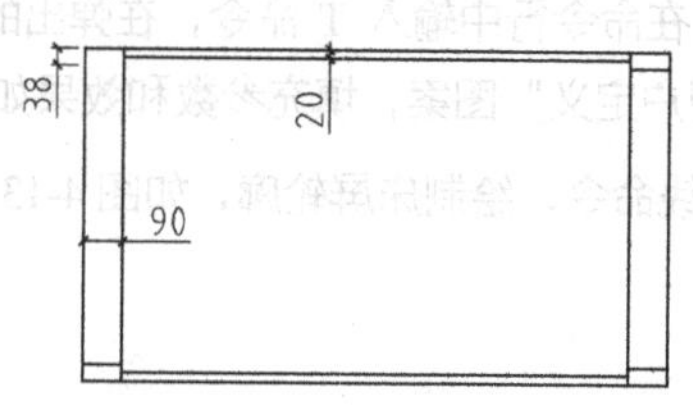

图 4-2 绘制线段

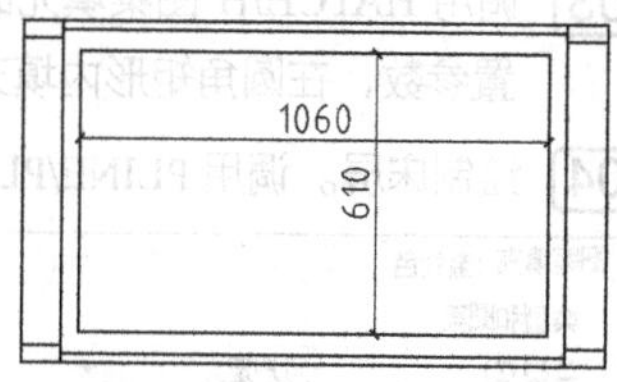

图 4-3 绘制矩形

04 调用 OFFSET/O 偏移命令，将矩形向内偏移 5mm，如图 4-4 所示。

05 调用 LINE/L 直线命令，绘制线段连接矩形的交角处，如图 4-5 所示。

06 调用 LINE/L 直线命令和 OFFSET/O 偏移命令，在矩形内绘制线段，如图 4-6 所示。

图 4-4 偏移矩形

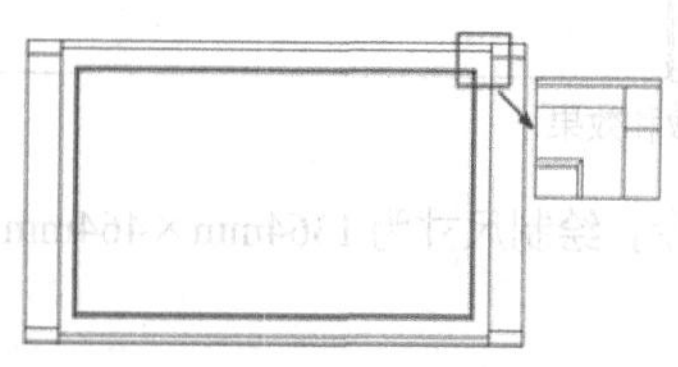

图 4-5 绘制线段

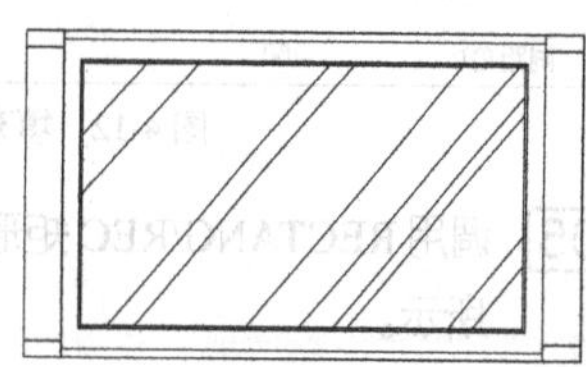

图 4-6 绘制线段

07 调用 HATCH/H 图案填充命令，对线段内填充 AR-SAND 图案，再删除前面绘制的线段，如图 4-7 所示。

08 继续调用 HATCH/H 图案填充命令，对矩形的两侧填充 ANSI38 图案，表示电视音箱，如图 4-8 所示。

09 调用 MTEXT/MT 多行文字命令，输入电视品牌名称文字，完成液晶电视的绘制，如图 4-9 所示。

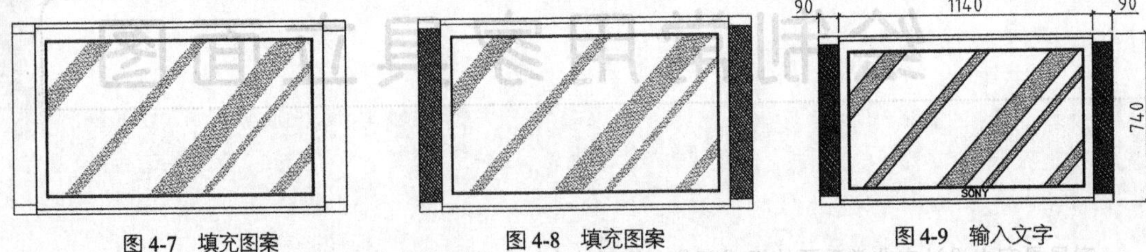

图 4-7 填充图案　　图 4-8 填充图案　　图 4-9 输入文字

044 绘制床及床头柜

视频文件：MP4\第 4 章\044.MP4

本实例介绍床及床头柜立面的绘制方法，包括床头板和两侧的床头柜。

01 调用 RECTANG/REC 矩形命令，绘制尺寸为 1500mm×250mm 的矩形，如图 4-10 所示。

02 绘制床垫。继续调用 RECTANG/REC 矩形命令，绘制尺寸为 1500mm×200mm、圆角半径为 60mm 的圆角矩形，如图 4-11 所示。

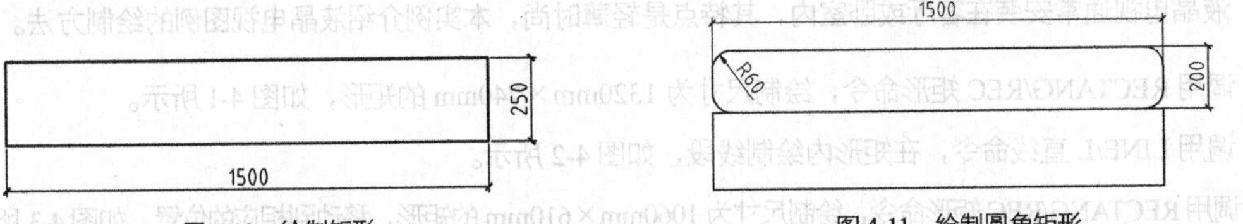

图 4-10 绘制矩形　　图 4-11 绘制圆角矩形

03 调用 HATCH/H 图案填充命令，在命令行中输入 T 命令，在弹出的【图案填充和渐变色】对话框中设置参数，在圆角矩形内填充“用户定义”图案，填充参数和效果如图 4-12 所示。

04 绘制床屏。调用 PLINE/PL 多段线命令，绘制床屏轮廓，如图 4-13 所示。

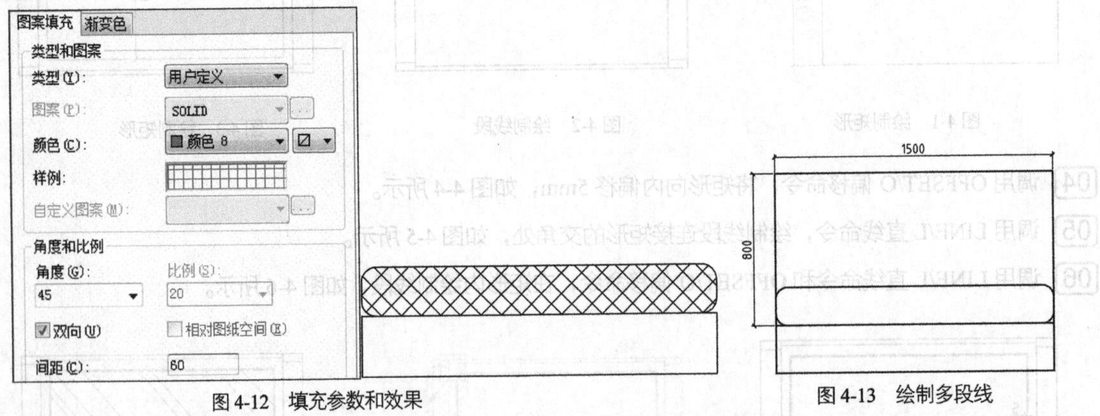

图 4-12 填充参数和效果　　图 4-13 绘制多段线

05 调用 RECTANG/REC 矩形命令，绘制尺寸为 1364mm×464mm 的矩形，并移动到多段线内，如图 4-14 所示。

06 调用 OFFSET/O 偏移命令，将矩形向内偏移 12mm，如图 4-15 所示。

07 调用 LINE/L 直线命令、OFFSET/O 偏移命令、RECTANG/REC 矩形命令和 COPY/CO 复制命令，细化

床屏造型，如图 4-16 所示。

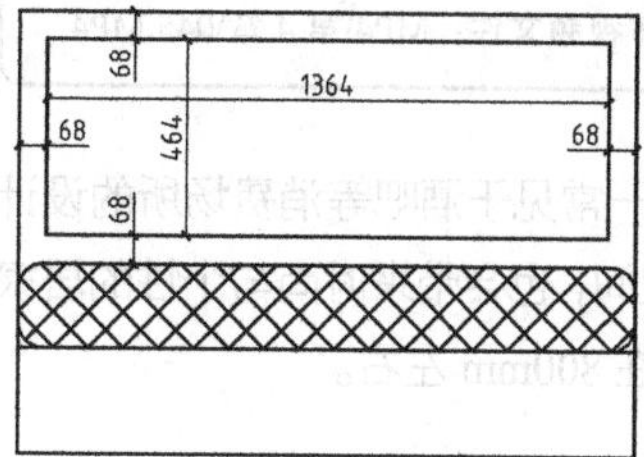

图 4-14 绘制矩形

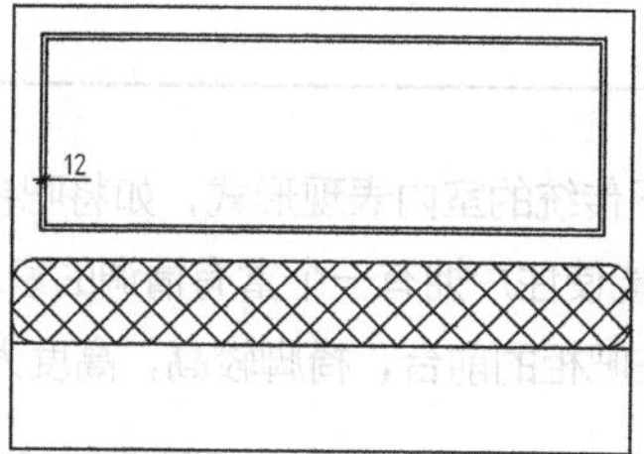

图 4-15 偏移矩形

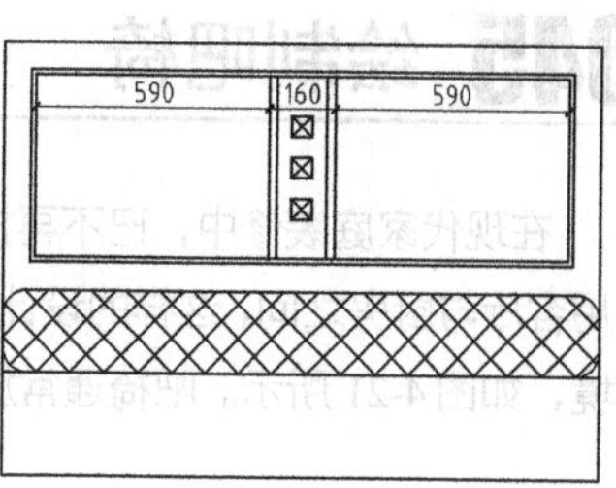

图 4-16 细化床屏造型

08 调用 HATCH/H 图案填充命令，在命令行中输入 T 命令，在弹出的【图案填充和渐变色】对话框中设置参数，在矩形内填充 LINE 图案，填充参数和效果如图 4-17 所示。

09 调用 RECTANG/REC 矩形命令、LINE/L 直线命令和 OFFSET/O 偏移命令，绘制床屏上方造型，如图 4-18 所示。

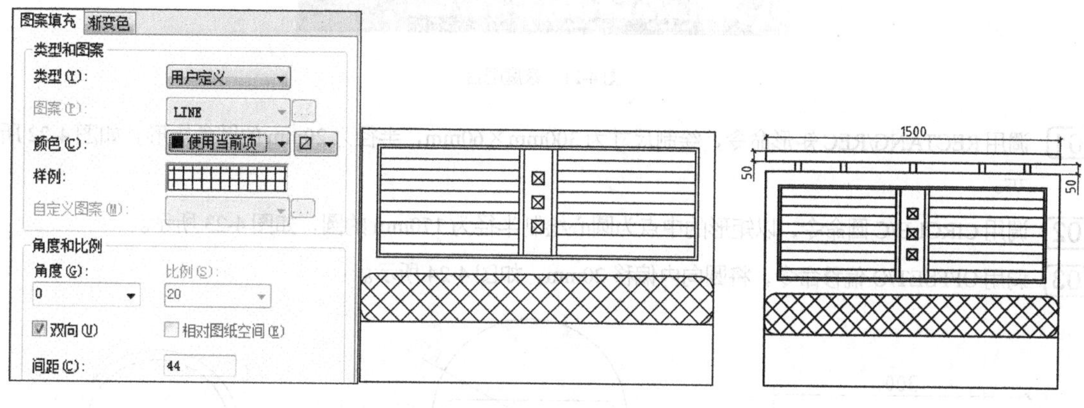

图 4-17 填充参数和效果

图 4-18 绘制床屏上方造型

10 绘制床头柜。调用 RECTANG/REC 矩形命令和 LINE/L 直线命令，绘制床头柜，如图 4-19 所示。

11 调用 COPY/CO 复制命令，将床头柜复制到床的另一侧，如图 4-20 所示。床与床头柜立面图绘制完成。

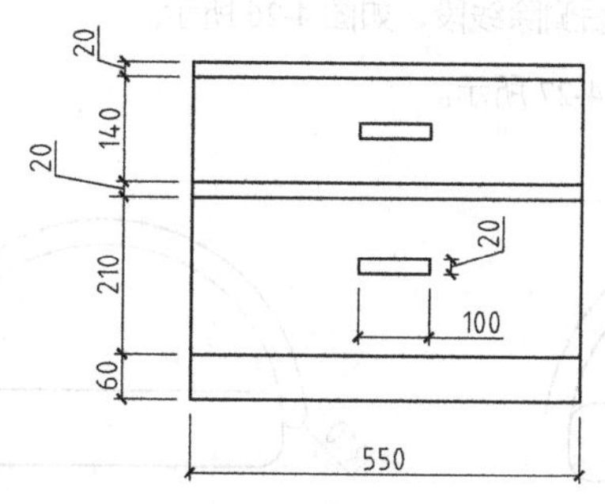

图 4-19 绘制床头柜

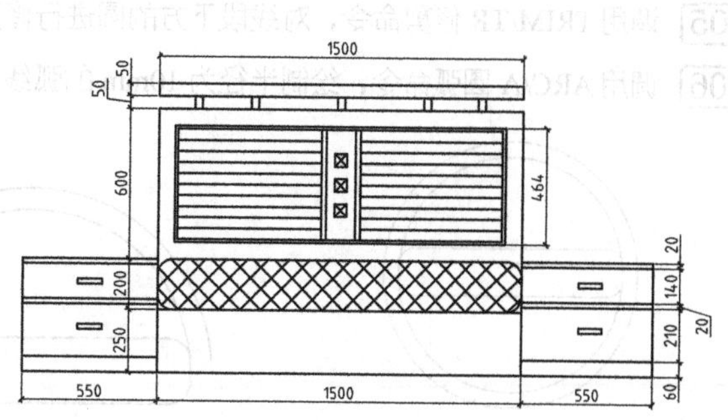

图 4-20 复制床头柜

045 绘制吧椅

视频文件：MP4\第 4 章\045.MP4

在现代家庭装修中，已不再拘泥于传统的室内表现形式，如将吧台这一常见于酒吧等消费场所的设计应用客厅与厨房之间，这样的设计不仅能使住户拥有一个富有情调的家居空间，也会带来时尚与个性的居家环境，如图 4-21 所示。吧椅通常放置在吧柜的前台，椅脚较高，高度大约在 800mm 左右。

图 4-21　家庭吧台

01 调用 RECTANG/REC 矩形命令，绘制尺寸为 300mm×60mm，半径为 20mm 的圆角矩形，如图 4-22 所示。

02 调用 CIRCLE/C 圆命令，以矩形的中点为圆心绘制半径为 170mm 的圆，如图 4-23 所示。

03 调用 OFFSET/O 偏移命令，将圆向内偏移 20mm，如图 4-24 所示。

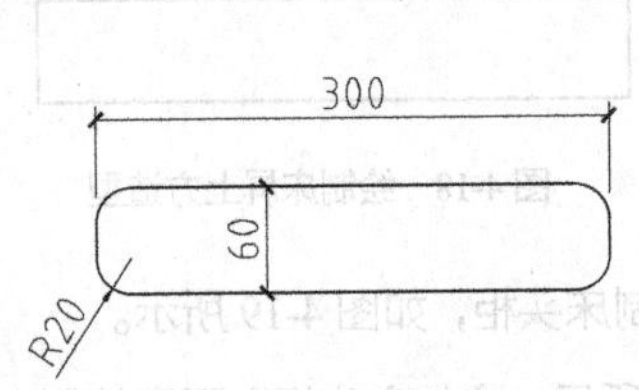

图 4-22　绘制圆角矩形

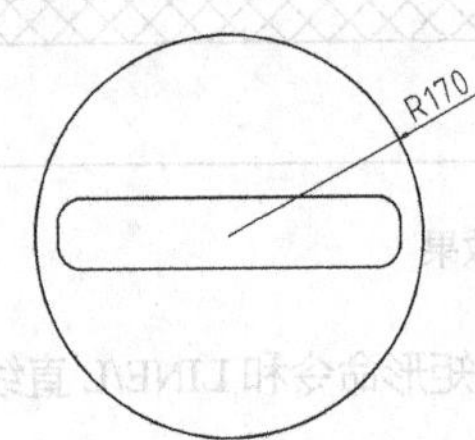

图 4-23　绘制圆

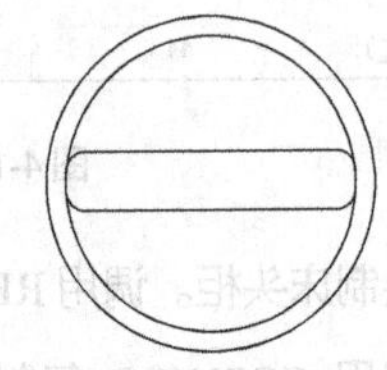

图 4-24　偏移圆

04 调用 LINE/L 直线命令，绘制线段，如图 4-25 所示。

05 调用 TRIM/TR 修剪命令，对线段下方的圆进行修剪，然后删除线段，如图 4-26 所示。

06 调用 ARC/A 圆弧命令，绘制半径为 10mm 的弧线，如图 4-27 所示。

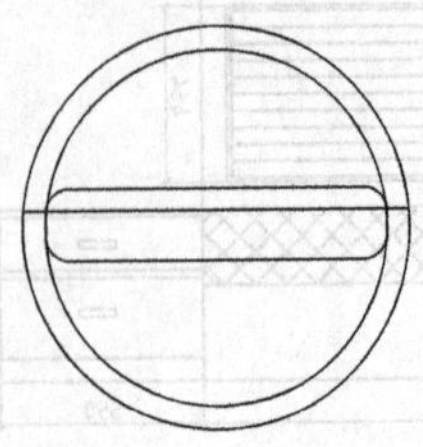

图 4-25　绘制线段

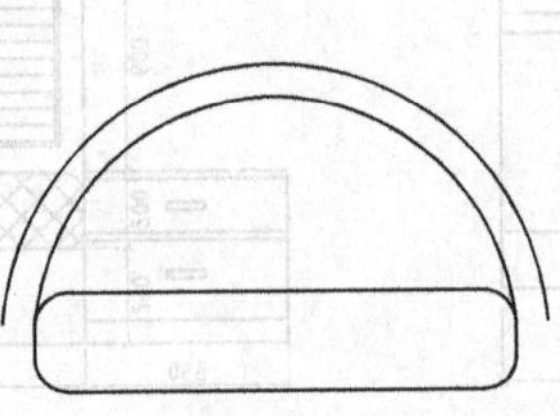

图 4-26　修剪圆

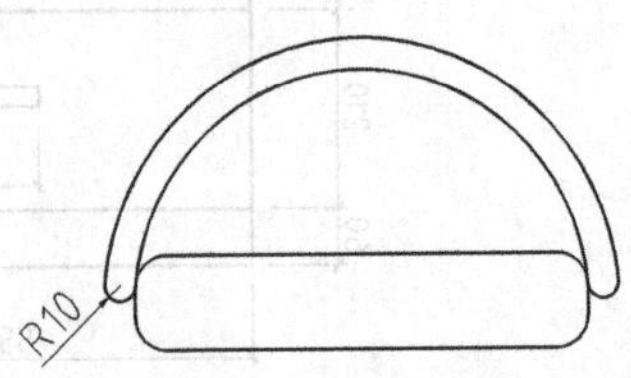

图 4-27　绘制弧线

07 调用 RECTANG/REC 矩形命令，绘制尺寸为 40mm×610mm 的矩形，如图 4-28 所示。

08 继续调用 RECTANG/REC 矩形命令，绘制尺寸为 246mm×25mm，圆角半径为 8mm 的圆角矩形，并移动到相应的位置，如图 4-29 所示。

09 调用 TRIM/TR 修剪命令，对圆角矩形进行修剪，如图 4-30 所示。

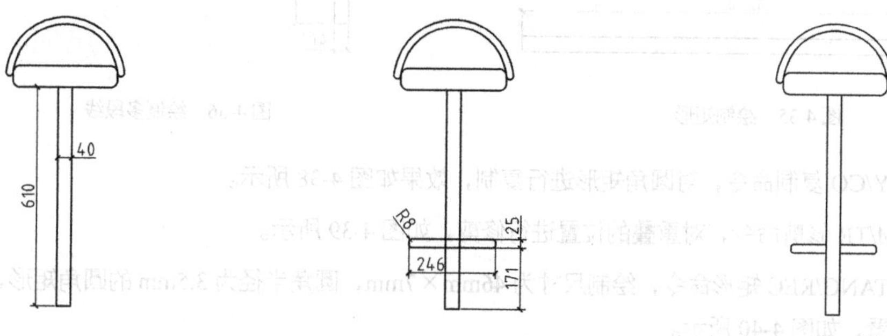

图 4-28 绘制矩形　　图 4-29 绘制圆角矩形　　图 4-30 修剪圆角矩形

10 调用 RECTANG/REC 矩形命令，绘制尺寸为 340mm×20mm 的矩形，移动到相应位置，如图 4-31 所示。

11 调用 FILLET/F 圆角命令，对矩形进行圆角，圆角半径为 20mm，如图 4-32 所示。

12 调用 ARC/A 圆弧命令，绘制圆弧，并对其进行镜像，结果如图 4-33 所示，完成吧椅的绘制如图 4-34 所示。

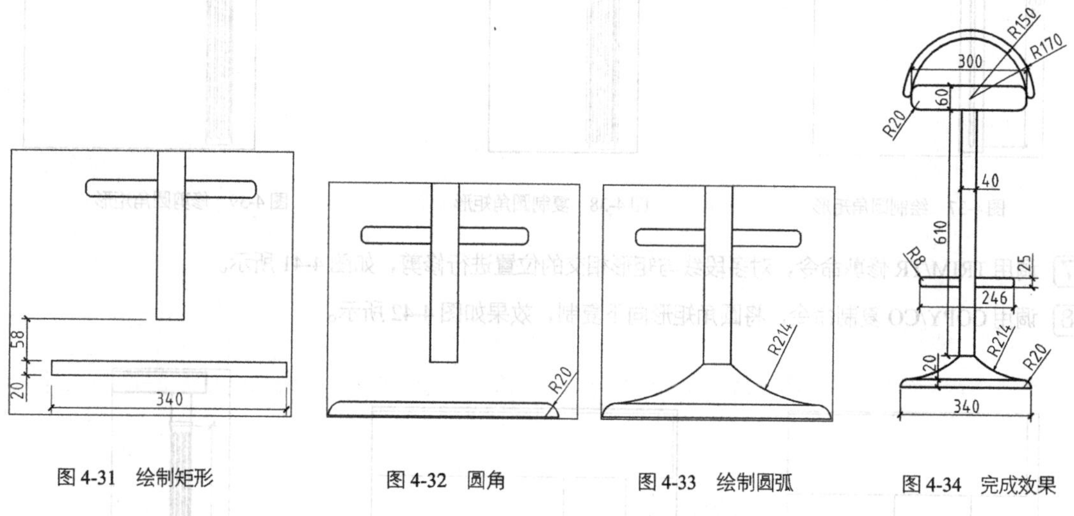

图 4-31 绘制矩形　　图 4-32 圆角　　图 4-33 绘制圆弧　　图 4-34 完成效果

046 绘制矮柜

视频文件：MP4\第 4 章\046.MP4

矮柜可用来储藏物品或在柜上放置一些陈设品，本实例介绍矮柜的绘制方法。

01 调用 RECTANG/REC 矩形命令，绘制矮柜的面板，如图 4-35 所示。

02 调用 PLINE/PL 多段线命令，绘制多段线，如图 4-36 所示。

03 调用 RECTANG/REC 矩形命令，绘制尺寸为 7mm×457mm，圆角半径为 3.5mm 的圆角矩形作为柜脚表面装饰，如图 4-37 所示。

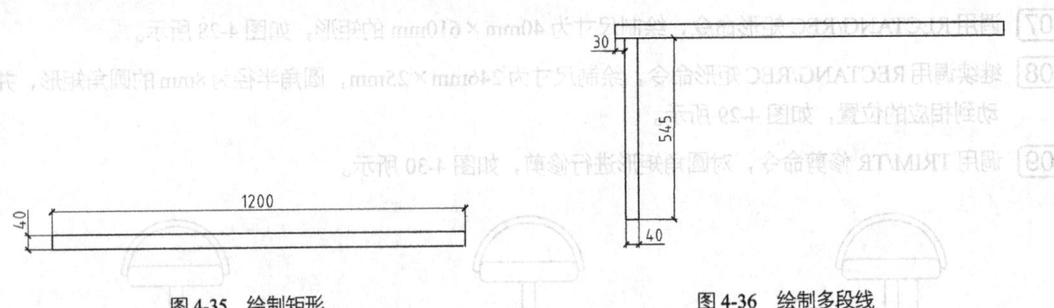

图 4-35　绘制矩形　　图 4-36　绘制多段线

04 调用 COPY/CO 复制命令，对圆角矩形进行复制，效果如图 4-38 所示。

05 调用 TRIM/TR 修剪命令，对重叠的位置进行修剪，如图 4-39 所示。

06 调用 RECTANG/REC 矩形命令，绘制尺寸为 46mm × 7mm，圆角半径为 3.5mm 的圆角矩形，并移动到相应的位置，如图 4-40 所示。

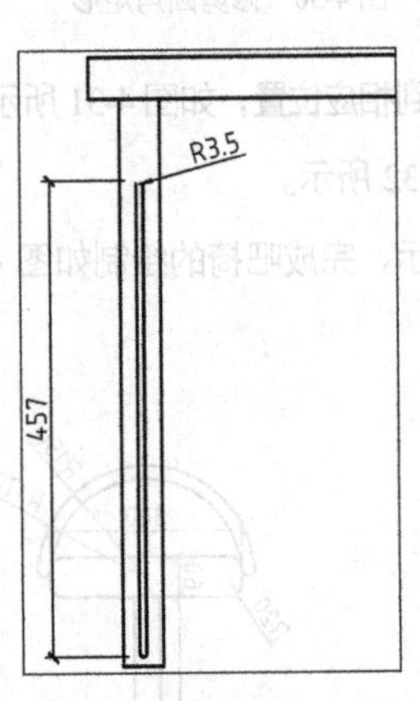

图 4-37　绘制圆角矩形

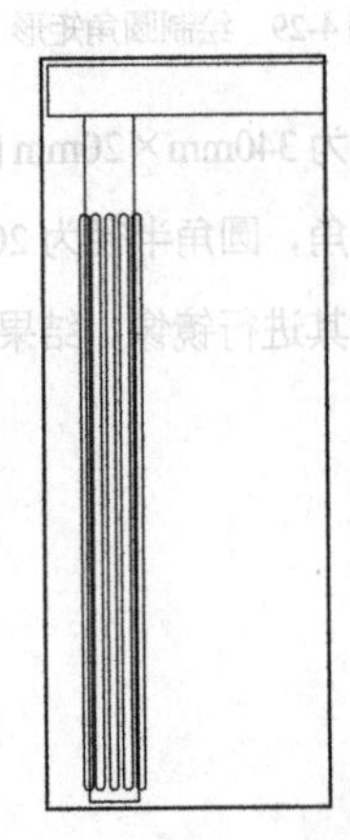

图 4-38　复制圆角矩形

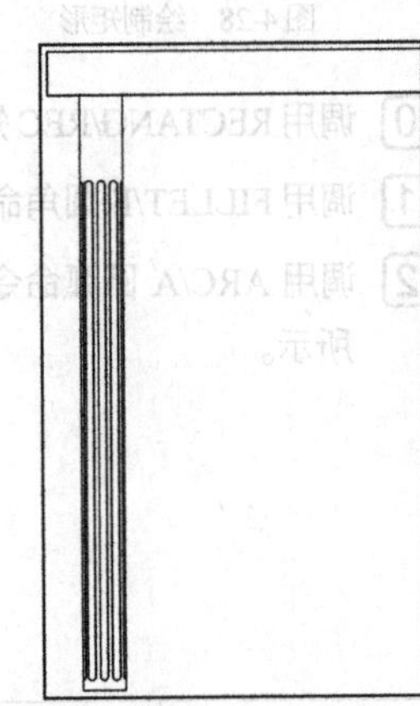

图 4-39　修剪圆角矩形

07 调用 TRIM/TR 修剪命令，对多段线与矩形相交的位置进行修剪，如图 4-41 所示。

08 调用 COPY/CO 复制命令，将圆角矩形向下复制，效果如图 4-42 所示。

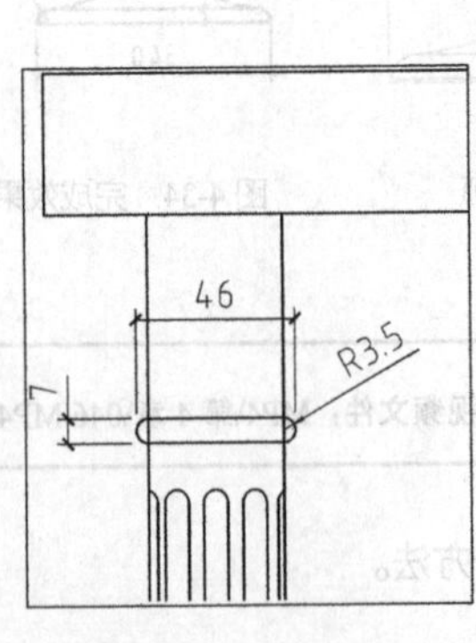

图 4-40　绘制圆角矩形

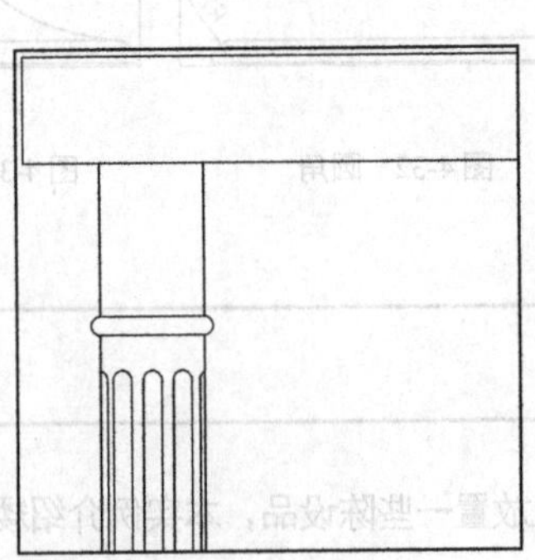

图 4-41　修剪多段线

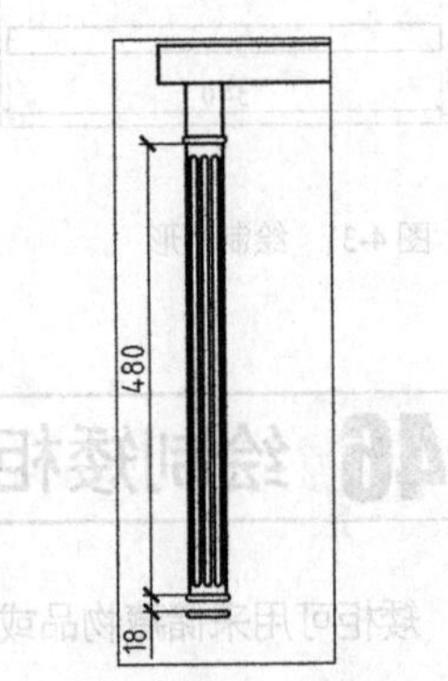

图 4-42　复制圆角矩形

09 调用 ARC/A 圆弧命令，绘制如图 4-43 所示圆弧。

10 调用 RECTANG/REC 矩形命令，绘制尺寸为 25mm × 5mm，圆角半径为 2.5mm 的圆角矩形，并移动到相应的位置，如图 4-44 所示。

11 调用 PLINE/PL 多段线命令，绘制线段连接两个圆角矩形，如图 4-45 所示。

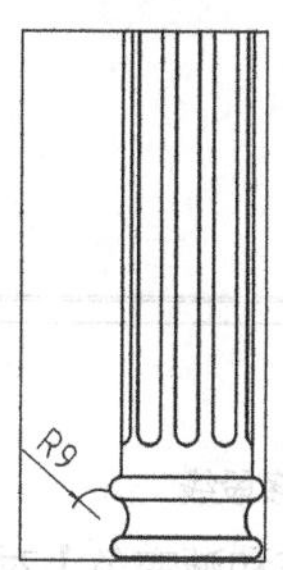

图 4-43　绘制圆弧

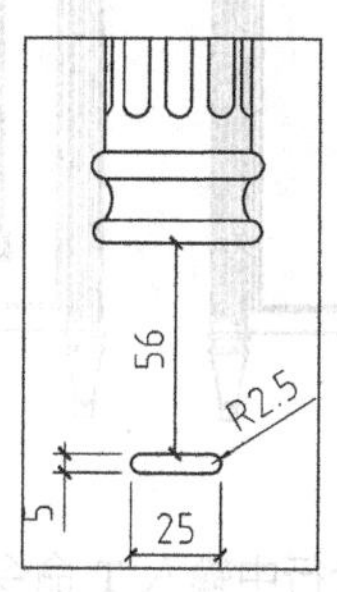

图 4-44　绘制圆角矩形

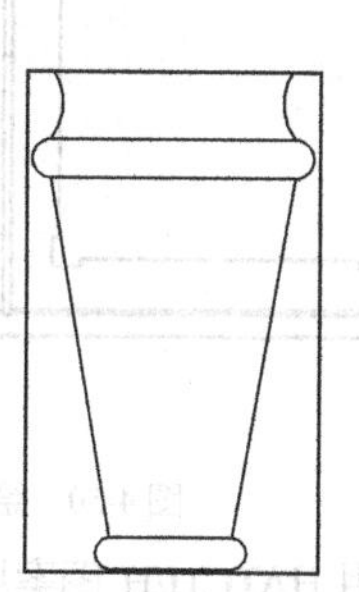

图 4-45　绘制多段线

12 继续调用 PLINE/PL 多段线命令，绘制多段线，如图 4-46 所示。

13 调用 COPY/CO 复制命令，将支柱结构复制到右侧，如图 4-47 所示。

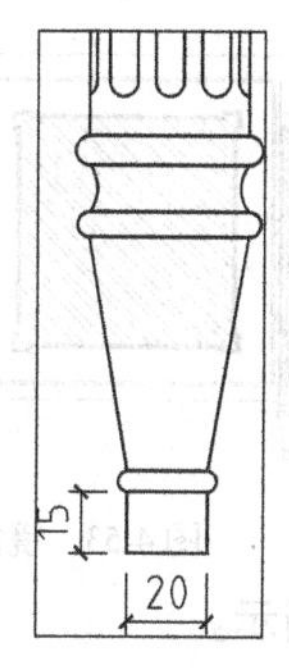

图 4-46　绘制多段线

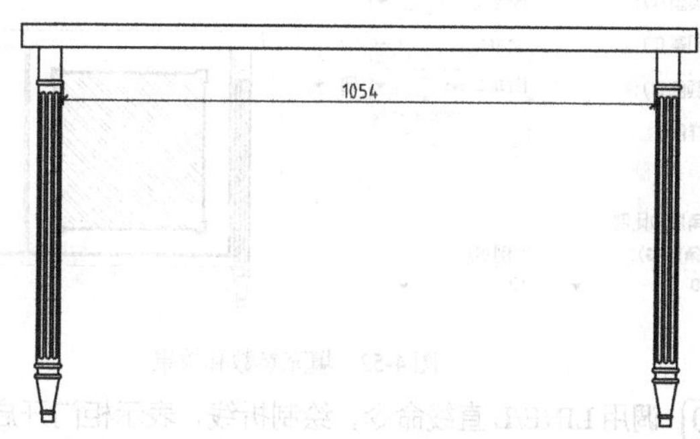

图 4-47　复制支柱结构

14 调用 LINE/L 直线命令，划分矮柜，如图 4-48 所示。

15 调用 OFFSET/O 偏移命令和 CHAMFER/CHA 倒角命令，将前面绘制的线段向内偏移，并进行倒角，如图 4-49 所示。

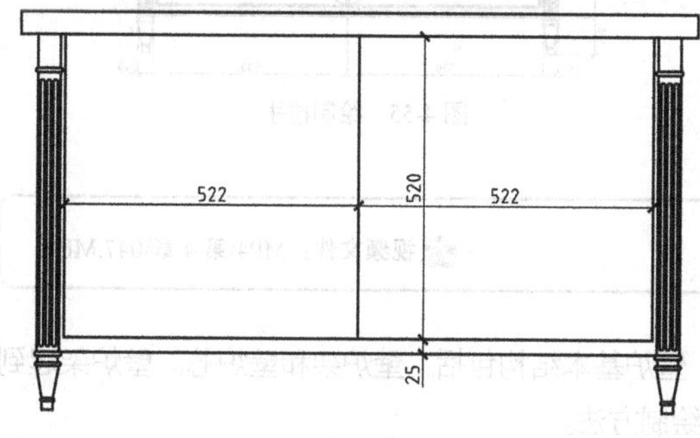

图 4-48　划分矮柜

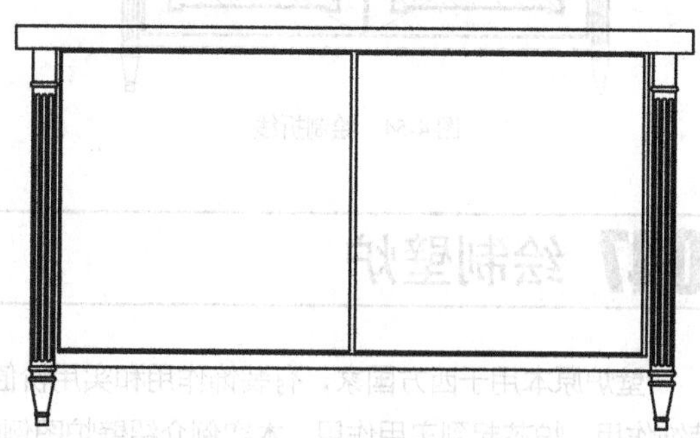

图 4-49　偏移和倒角线段

16 调用 PLINE/PL 多段线命令，绘制矮柜面板的轮廓，如图 4-50 所示。

17 调用 OFFSET/O 偏移命令，将多段线向内偏移两次，偏移距离为 3mm，如图 4-51 所示。

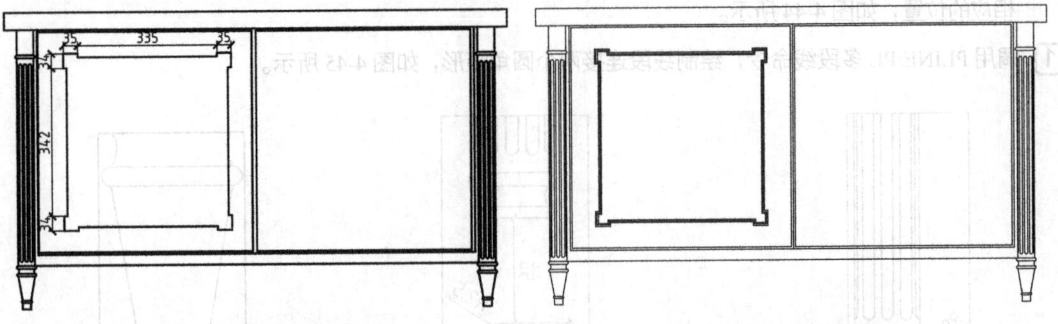

图 4-50　绘制矮柜面板　　图 4-51　偏移多段线

18 调用 HATCH/H 图案填充命令，在命令行中输入 T 命令，在弹出的【图案填充和渐变色】对话框中设置参数，在多段线内填充 STEEL 图案，填充参数和效果如图 4-52 所示。

19 调用 MIRROR/MI 镜像命令，对面板进行镜像，如图 4-53 所示。

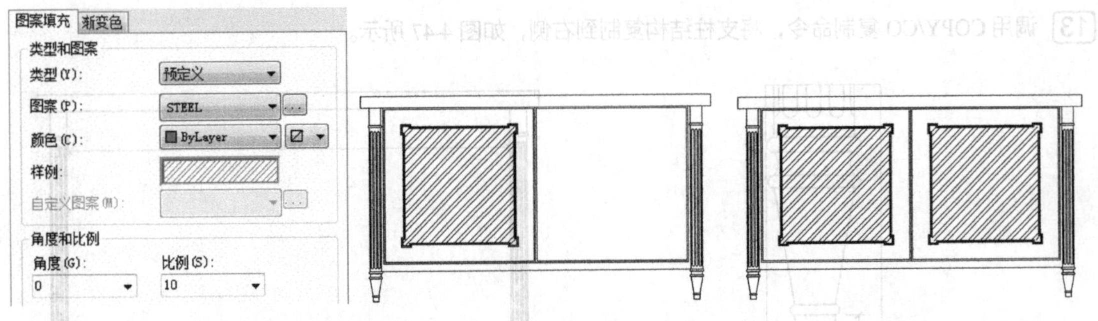

图 4-52　填充参数和效果　　图 4-53　镜像面板

20 调用 LINE/L 直线命令，绘制折线，表示柜门开启方向，如图 4-54 所示。

21 调用 CIRCLE/C 圆命令，绘制半径为 10mm 的圆表示拉手，完成矮柜的绘制，如图 4-55 所示。

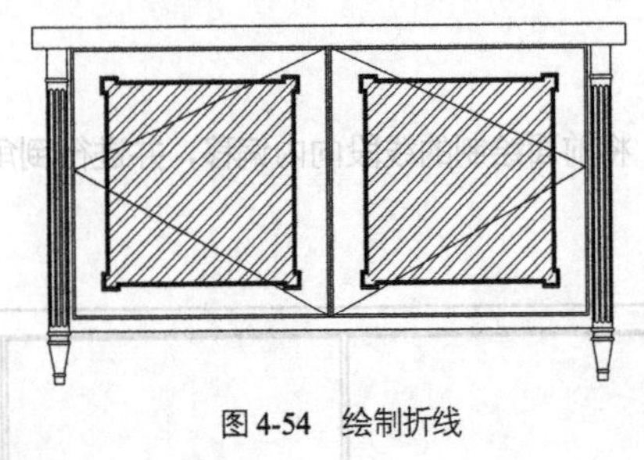

图 4-54　绘制折线

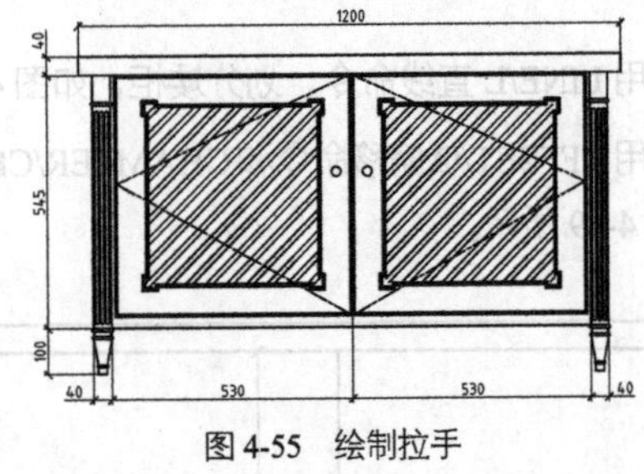

图 4-55　绘制拉手

047 绘制壁炉

视频文件：MP4\第 4 章\047.MP4

壁炉原本用于西方国家，有装饰作用和实用价值。壁炉基本结构包括：壁炉架和壁炉芯。壁炉架起到装饰作用，炉芯起到实用作用。本实例介绍壁炉图例的绘制方法。

01 调用 RECTANG/REC 矩形命令，绘制尺寸为 1400×1000 的矩形，如图 4-56 所示。

02 调用 PLINE/PL 多段线命令，在矩形中绘制多段线，如图 4-57 所示。

03 调用 RECTANG/REC 矩形命令，在多段线内绘制尺寸为 640×160 的矩形，并移动到相应的位置，如图 4-58 所示。

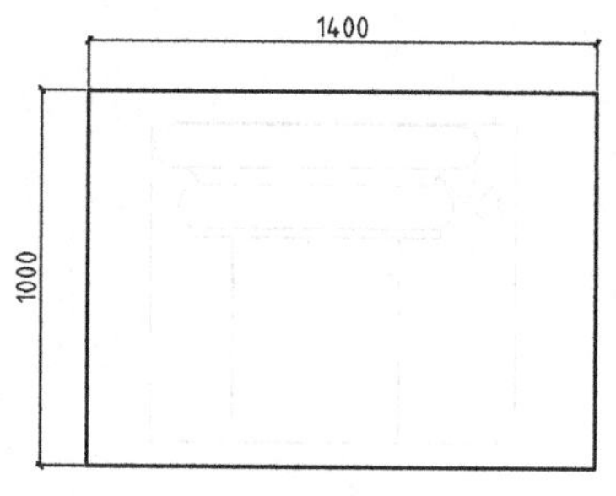

图 4-56　绘制矩形

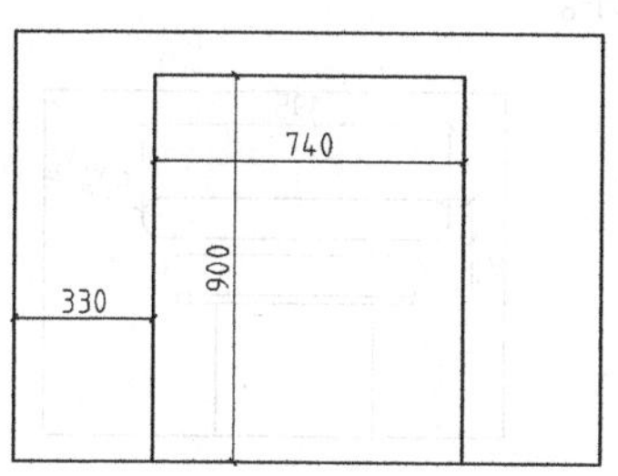

图 4-57　绘制多段线

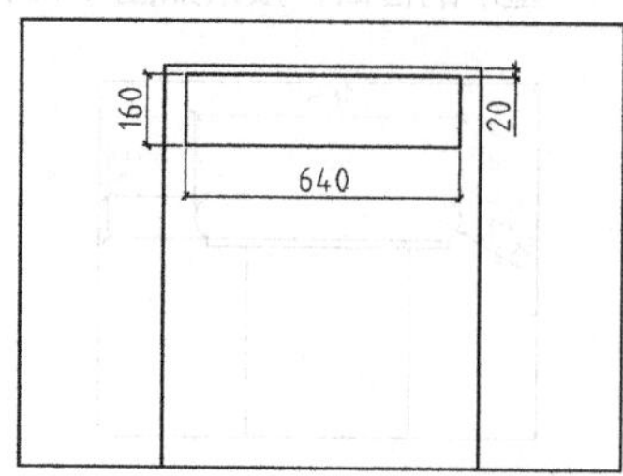

图 4-58　绘制矩形

04 调用 OFFSET/O 偏移命令，将矩形向内偏移 10mm 和 5mm，如图 4-59 所示。

05 调用 LINE/L 直线命令，绘制线段连接矩形的交角处，如图 4-60 所示。

06 调用 LINE/L 直线命令，绘制如图 4-61 所示水平线段。

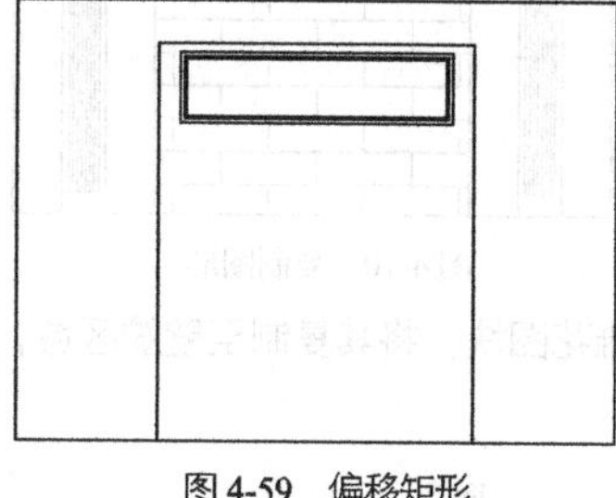

图 4-59　偏移矩形

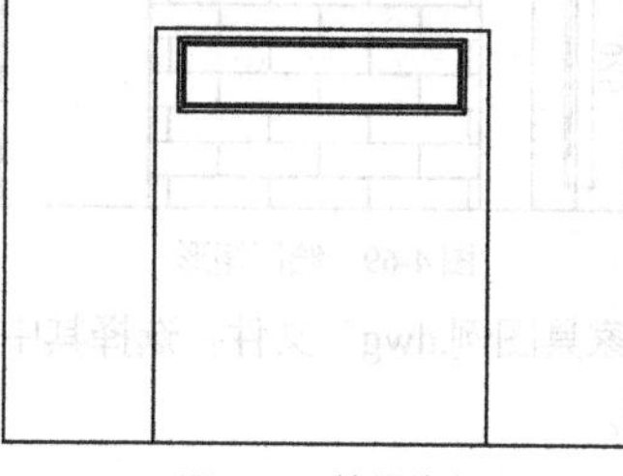

图 4-60　绘制线段

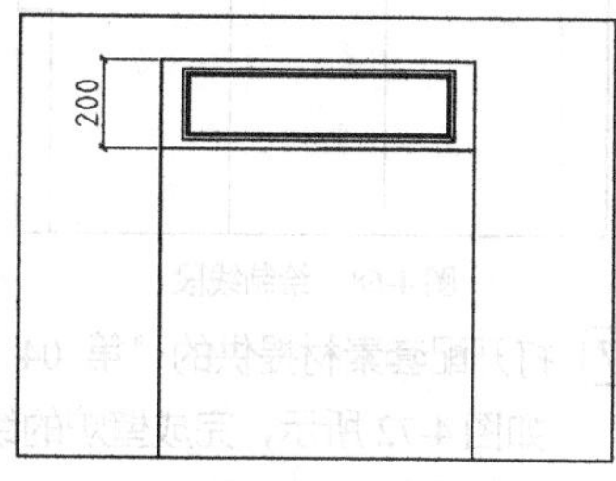

图 4-61　绘制线段

07 调用 HATCH/H 图案填充命令，在线段下方填充 AR-BRSTD 图案，填充效果如图 4-62 所示。

08 绘制壁炉两侧图案。调用 LINE/L 直线命令和 OFFSET/O 偏移命令，绘制如图 4-63 所示线段。

09 调用 RECTANG/REC 矩形命令，在线段上方绘制尺寸为 150mm×5mm 的矩形，如图 4-64 所示。

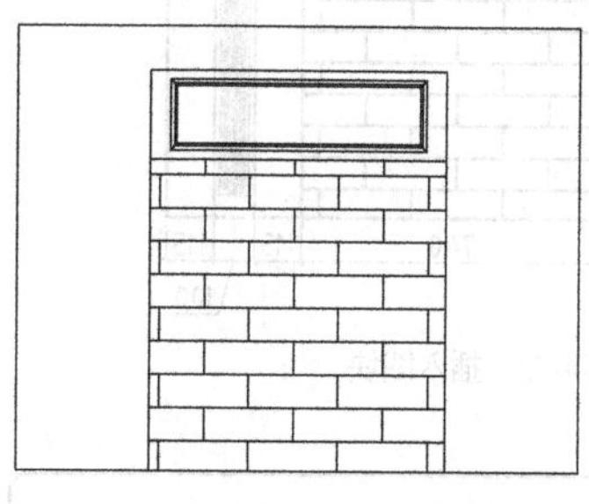

图 4-62　填充图案

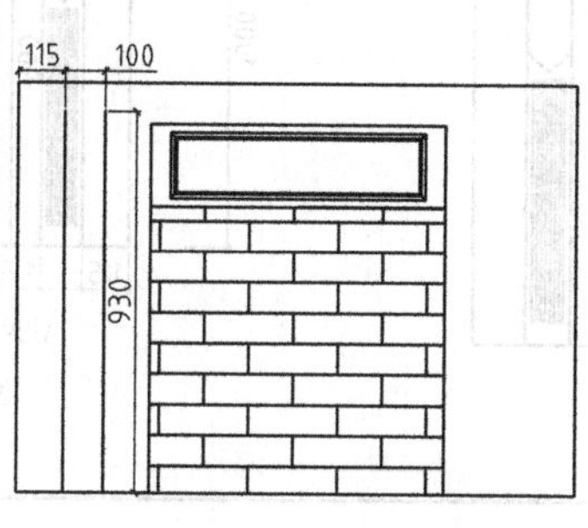

图 4-63　绘制线段

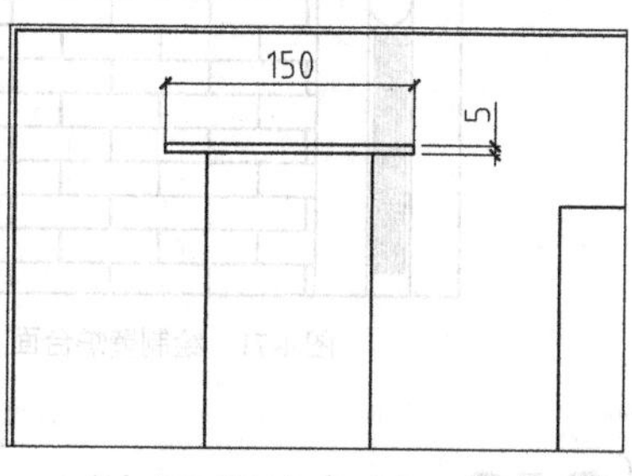

图 4-64　绘制矩形

10 调用 RECTANG/REC 矩形命令，在矩形的上方绘制尺寸为 165mm×25mm，圆角半径为 12mm 的圆角矩形，如图 4-65 所示。

11 调用 RECTANG/REC 矩形命令，在矩形的上方绘制尺寸为 195mm×25mm，圆角半径为 12.5mm 的圆角矩形，并移动到相应的位置，如图 4-66 所示。

12 调用 ARC/A 圆弧命令和 MIRROR/MI 镜像命令，绘制两个圆角矩形之间的弧线，效果如图 4-67 所示。

13 调用 LINE/L 直线命令，绘制如图 4-68 所示线段。

14 调用 RECTANG/REC 矩形命令、COPY/CO 复制命令和 MOVE/M 移动命令，绘制如图 4-69 所示造型图案。

15 调用 MIRROR/MI 镜像命令，得到另一侧同样的图案，效果如图 4-70 所示。

16 调用 RECTANG/REC 矩形命令、TRIM/TR 修剪命令、ARC/A 圆弧命令和 PLINE/PL 多段线命令，绘制壁炉的台面，效果如图 4-71 所示。

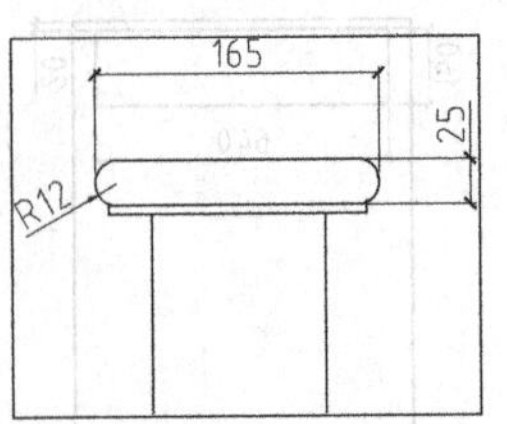

图 4-65　绘制圆角矩形

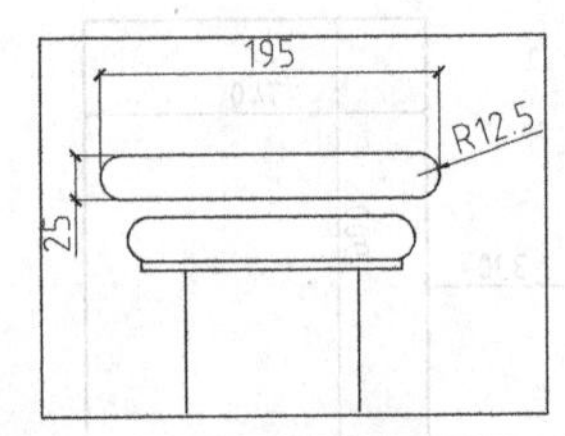

图 4-66　绘制圆角矩形

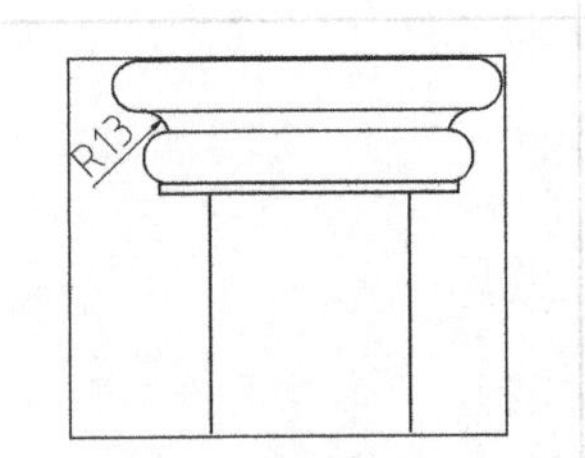

图 4-67　绘制圆弧

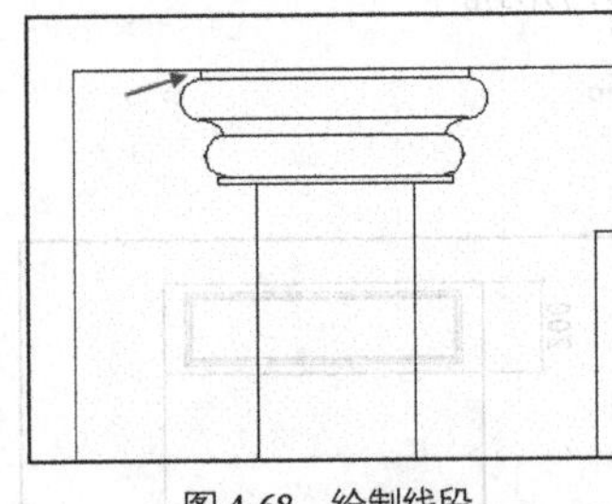
图 4-68　绘制线段

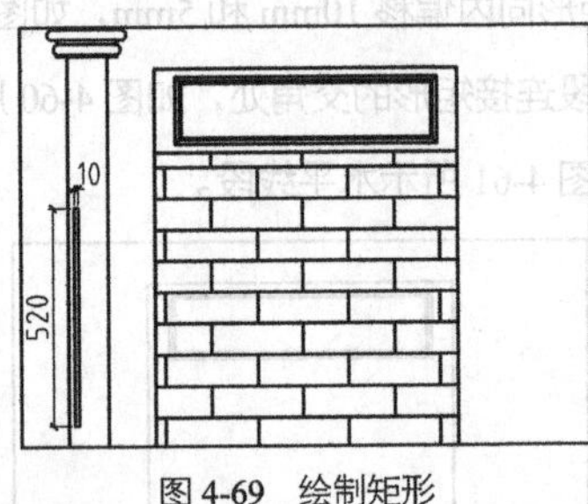

图 4-69　绘制矩形

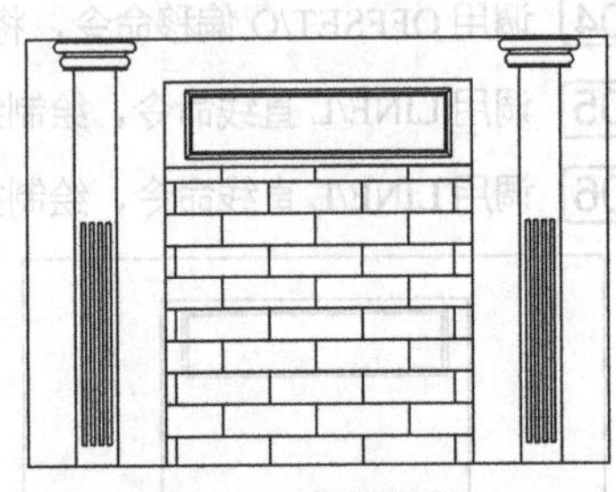
图 4-70　复制图形

17　打开配套素材提供的“第 04 章\家具图例.dwg”文件，选择其中的雕花图块，将其复制至壁炉区域，如图 4-72 所示，完成壁炉的绘制。

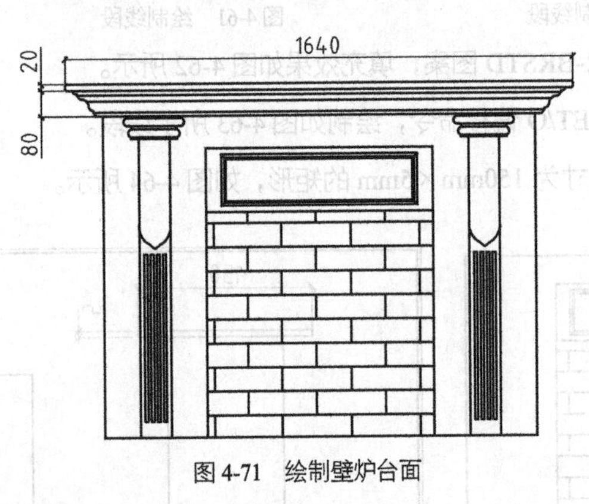

图 4-71　绘制壁炉台面

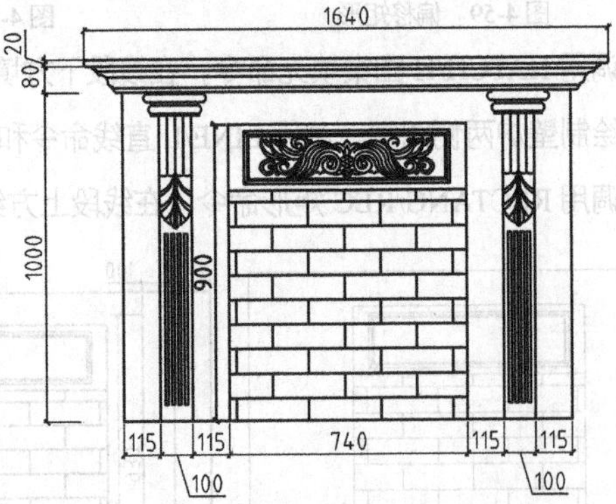

图 4-72　插入图块

048 绘制罗马柱

视频文件：MP4\第 4 章\048.MP4

在欧式风格装修中，经常会见到罗马柱，通常两柱之间是一个门洞，形成装饰性柱式，成为西方室内装饰最鲜明的特征。本实例介绍罗马柱图例的绘制方法。

01　调用 RETANG/REC 矩形命令，绘制尺寸为 500mm×55mm 的矩形，如图 4-73 所示。

02　调用 RECTANG/REC 矩形命令，绘制尺寸为 455mm×15mm 的矩形，并移动到相应的位置，如图 4-74 所示。

03　使用相同的方法绘制尺寸为 405mm×15mm 和 405mm×20mm 的矩形，并移动至相应的位置，如图 4-75 所示。

04　调用 ARC/A 圆弧命令，绘制弧形基座，如图 4-76 所示。

05 调用 ARC/A 圆弧命令，绘制其他弧线，如图 4-77 所示。

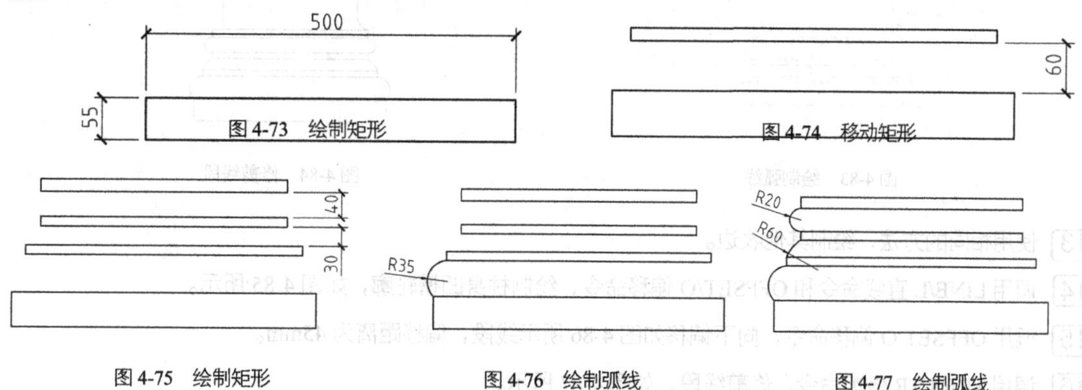

图 4-73　绘制矩形

图 4-74　移动矩形

图 4-75　绘制矩形

图 4-76　绘制弧线

图 4-77　绘制弧线

06 调用 MIRROR/MI 镜命令，将弧线镜像到另一侧，如图 4-78 所示。

07 绘制柱头。调用 RECTANG/REC 矩形命令和 ARC/A 圆弧命令绘制，效果如图 4-79 所示。

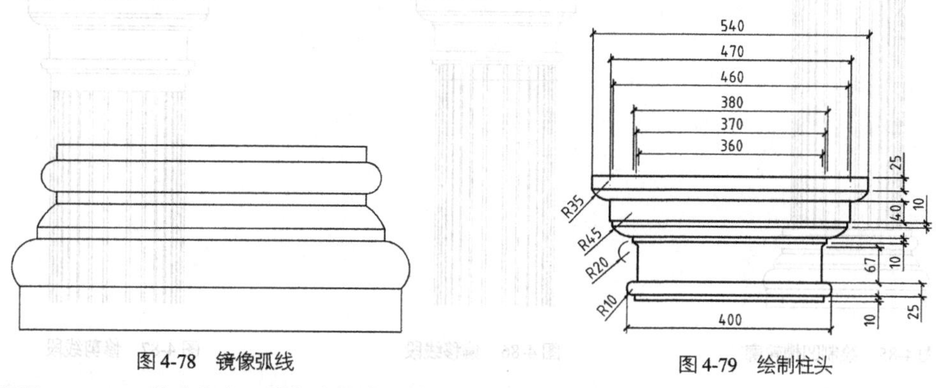

图 4-78　镜像弧线

图 4-79　绘制柱头

08 调用 MOVE/M 移动命令，将柱头移动到基座的上方，如图 4-80 所示。

09 调用 LINE/L 直线命令，绘制垂直线段，如图 4-81 所示。

10 调用 OFFSET/O 偏移命令，将线段向两侧偏移，偏移距离为 175mm，然后删除中间的线段，如图 4-82 所示。

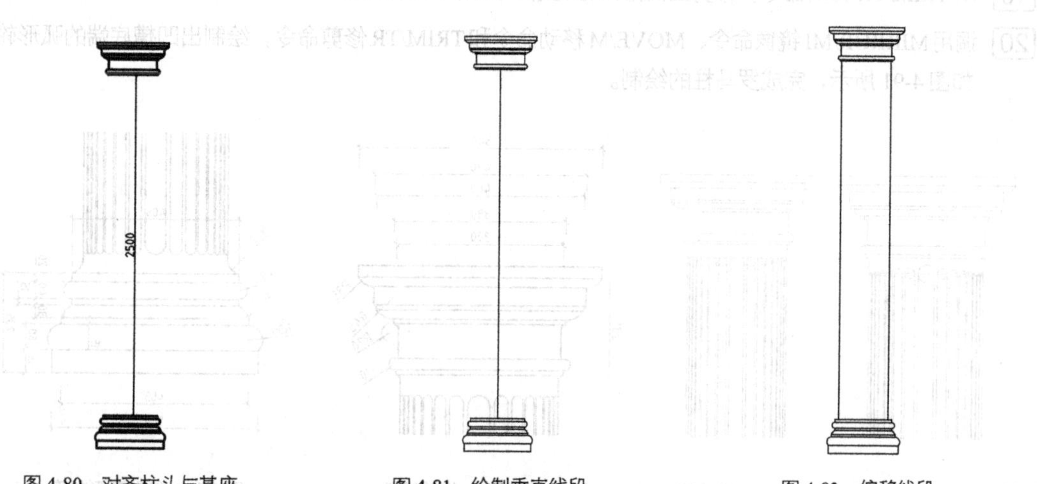

图 4-80　对齐柱头与基座

图 4-81　绘制垂直线段

图 4-82　偏移线段

11 调用 ARC/A 圆弧命令，绘制柱身与基座交接处的弧形收边，如图 4-83 所示。

12 调用 TRIM/TR 修剪命令，修剪出弧形收边效果，如图 4-84 所示。

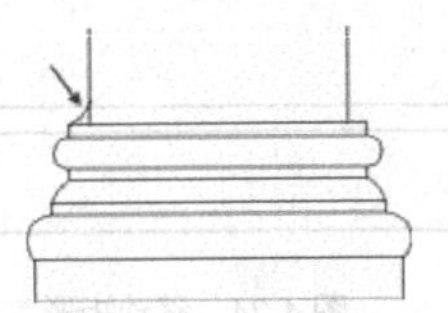
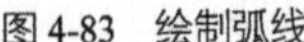

图 4-83　绘制弧线

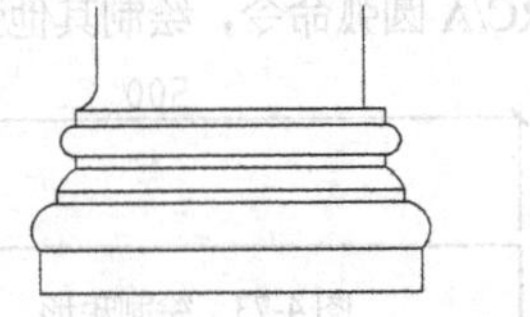

图 4-84　修剪线段

13 使用相同的方法，绘制其他收边。

14 调用 LINE/L 直线命令和 OFFSET/O 偏移命令，绘制柱身凹槽轮廓，如图 4-85 所示。

15 调用 OFFSET/O 偏移命令，向下偏移如图 4-86 所示线段，偏移距离为 45mm。

16 调用 TRIM/TR 修剪命令，修剪线段，如图 4-87 所示。

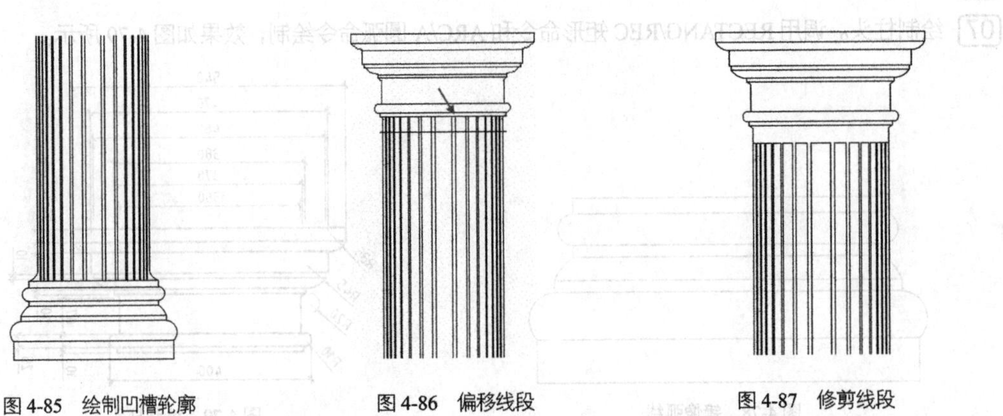

图 4-85　绘制凹槽轮廓　　图 4-86　偏移线段　　图 4-87　修剪线段

17 调用 CIRCLE/C 圆命令，以凹槽轮廓中点为圆心，以凹槽轮廓宽度为直径绘制圆，如图 4-88 所示。

18 调用 MOVE/M 移动命令，将所有的圆向下移动，使圆的顶端象限点与凹槽轮廓中点对齐，如图 4-89 所示。

19 用 TRIM/TR 修剪命令，修剪出弧形凹槽轮廓，如图 4-90 所示。

20 调用MIRROR/MI镜像命令、MOVE/M移动命令和TRIM/TR修剪命令，绘制出凹槽底端的弧形轮廓，如图 4-91 所示，完成罗马柱的绘制。

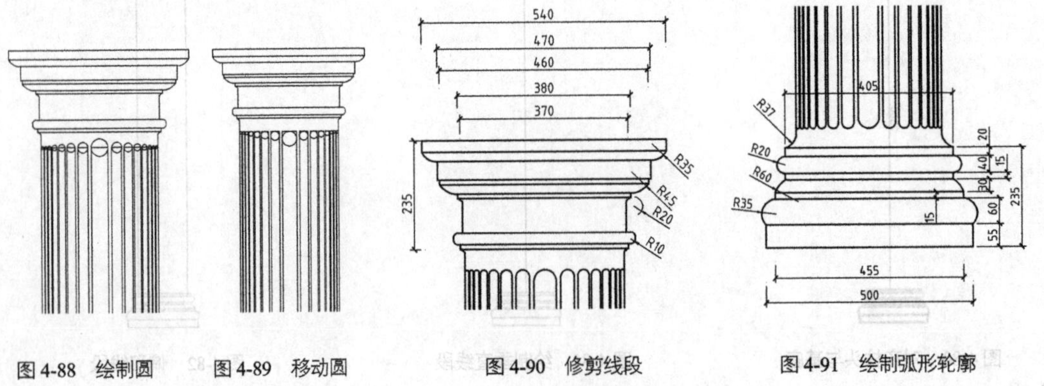

图 4-88　绘制圆　　图 4-89　移动圆　　图 4-90　修剪线段　　图 4-91　绘制弧形轮廓

049 绘制罗马帘

视频文件：MP4\第 4 章\049.MP4

罗马帘有折叠式、扇形式和波浪式。适用于家庭、酒店、咖啡厅、别墅等场所。本实例介绍罗马帘图例的绘制方法。

01 调用 RECTANG/REC 矩形命令，绘制尺寸为 793mm×1078mm 的矩形，如图 4-92 所示。

02 调用 FILLET/F 圆角命令，对矩形进行圆角，圆角半径为 396mm，如图 4-93 所示。

03 调用 EXPLODE/X 分解命令，对圆角矩形进行分解。

04 调用 OFFSET/O 偏移命令，将图形向内偏移 185mm 和 60mm，如图 4-94 所示。

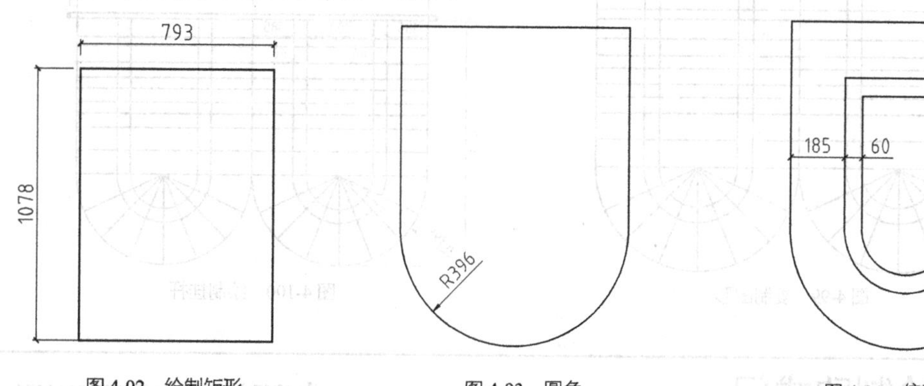

图 4-92 绘制矩形　　图 4-93 圆角　　图 4-94 偏移图形

05 调用 HATCH/H 图案填充命令，再在命令行中输入 T 命令，在弹出的【图案填充和渐变色】对话框中设置参数，在图形内填充 AR-SAND 图案，填充参数和效果如图 4-95 所示。

06 调用 LINE/L 直线命令和 OFFSET/O 偏移命令，细化图形，如图 4-96 所示。

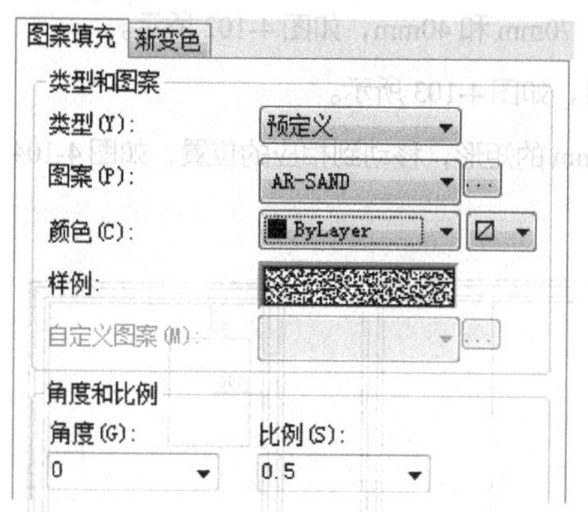

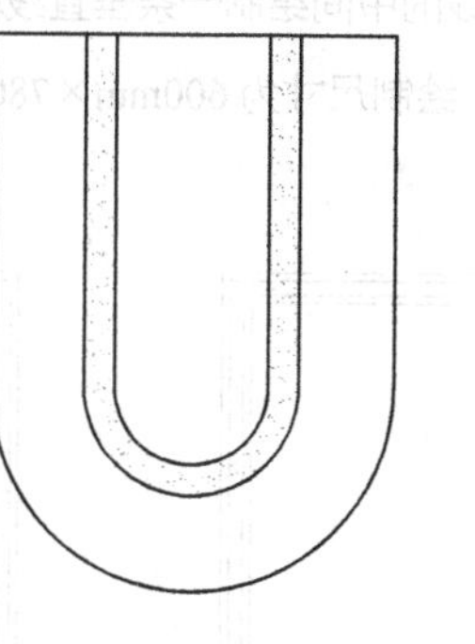

图 4-95 填充参数和效果

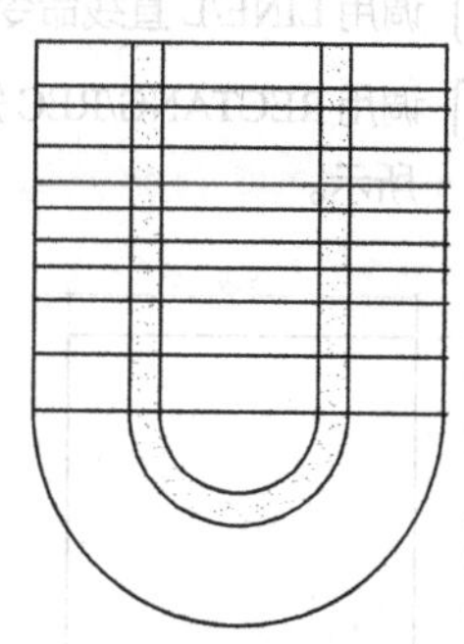

图 4-96 细化图形

07 调用 DIVIDE/DIV 定数等分命令，将圆弧分成 8 等份，如图 4-97 所示。

08 调用 LINE/L 直线命令，以等分点为起点绘制线段，然后删除等分点，如图 4-98 所示。

09 调用 COPY/CO 复制命令，将绘制的图形复制到右侧，如图 4-99 所示。

10 调用 CIRCLE/C 圆命令、LINE/L 直线命令和 TRIM/TR 修剪命令，绘制罗马帘上方的图形,，如图 4-100

所示，完成罗马帘的绘制。

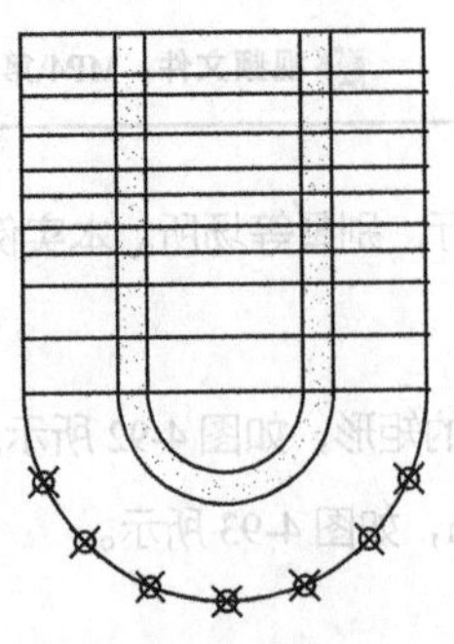

图 4-97　定数等分

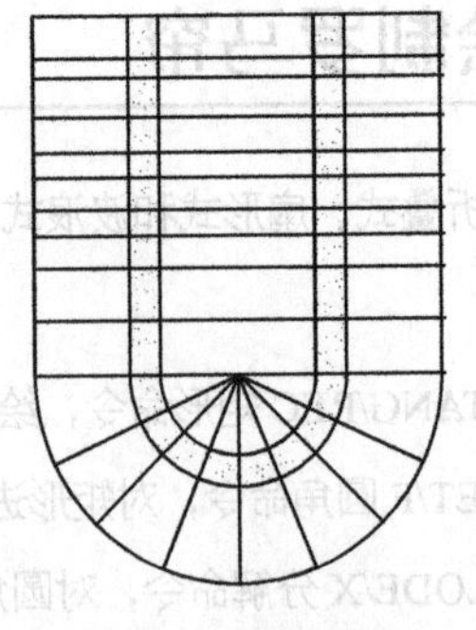

图 4-98　绘制线段

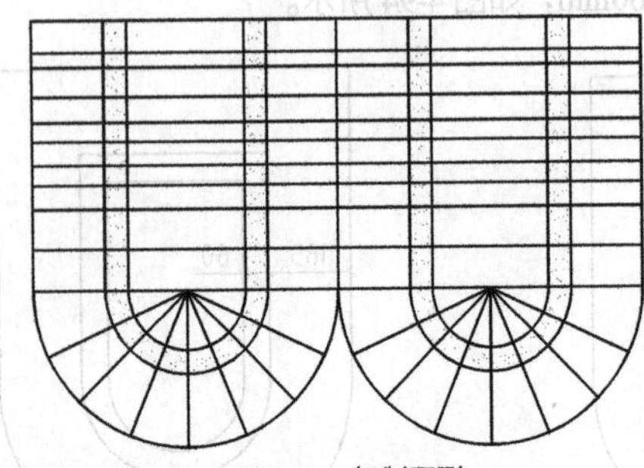

图 4-99　复制图形

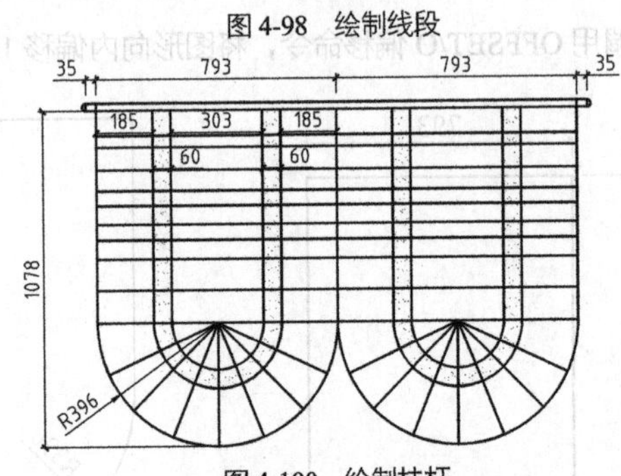

图 4-100　绘制挂杆

050 绘制欧式门

视频文件：MP4\第 4 章\050.MP4

欧式门比较复杂，在门板上会有刻纹或线条。本实例介绍欧式门的绘制方法与操作技巧。

01 绘制门套。调用 PLINE/PL 多段线命令绘制如图 4-101 所示多段线。

02 调用 OFFSET/O 偏移命令，将多段线依次向内偏移 40mm、70mm 和 40mm，如图 4-102 所示。

03 调用 LINE/L 直线命令，在多段线的中间绘制一条垂直线段，如图 4-103 所示。

04 调用 RECTANG/REC 矩形命令，绘制尺寸为 600mm × 780mm 的矩形，移动到相应的位置，如图 4-104 所示。

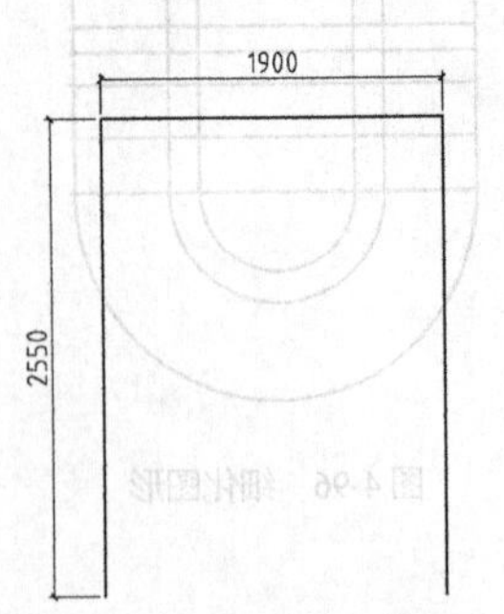

图 4-101　绘制多段线

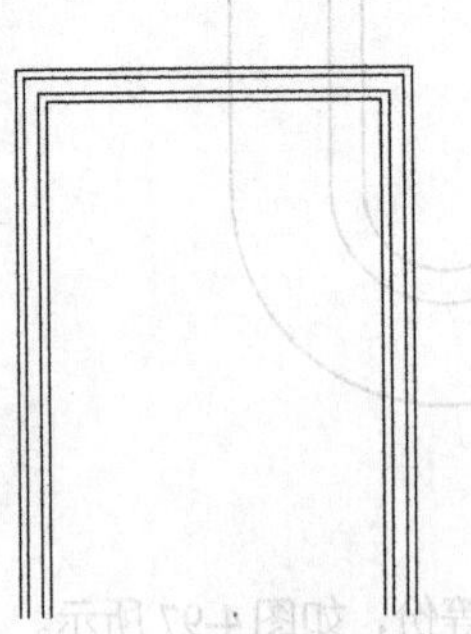

图 4-102　偏移多段线

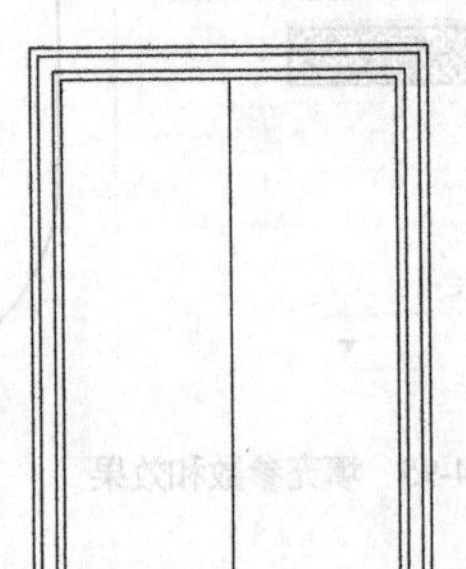

图 4-103　绘制垂直线段

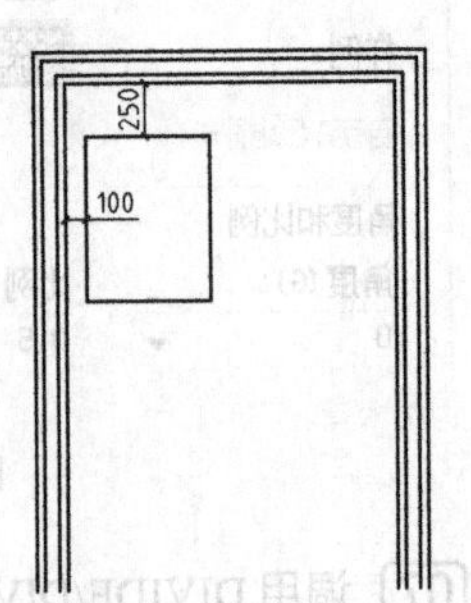

图 4-104　绘制矩形

05 调用 OFFSET/O 偏移命令，将矩形向内偏移 10mm、40mm 和 10mm，如图 4-105 所示。

06 调用 CIRCLE/C 圆命令，绘制一个半径为 210mm 的圆，如图 4-106 所示。

07 调用 TRIM/TR 修剪命令，对圆和矩形进行修剪，如图 4-107 所示。

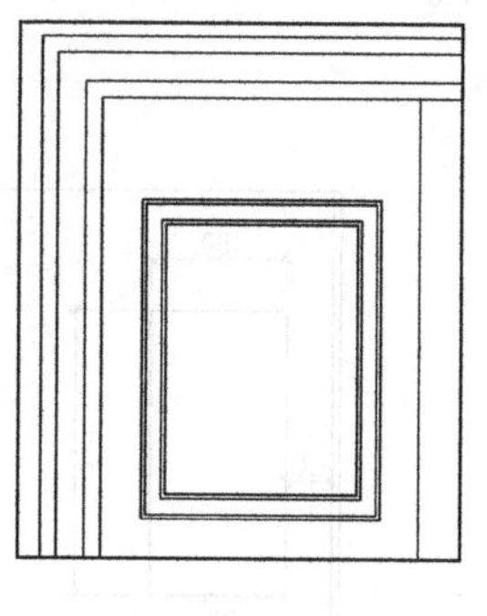
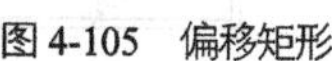
图 4-105　偏移矩形

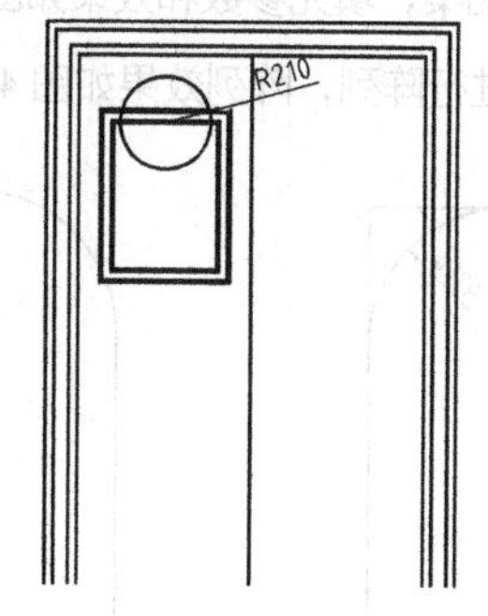

图 4-106　绘制圆

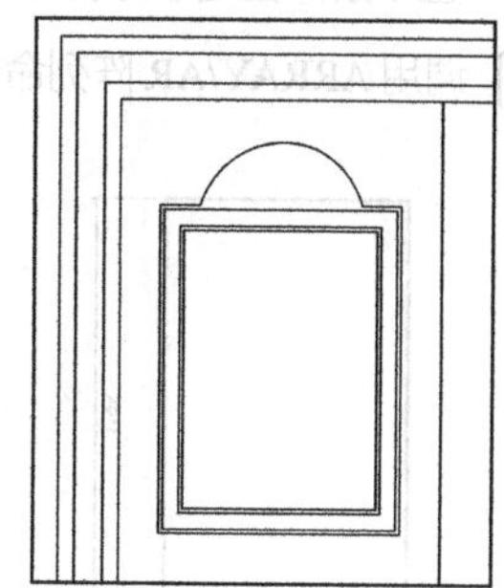
图 4-107　修剪圆和矩形

08 调用 OFFSET/O 偏移命令，将圆弧向内偏移 10mm、40mm 和 10mm，并调用 TRIM/TR 修剪命令，修剪矩形，效果如图 4-108 所示。

09 调用 RECTANG/REC 矩形命令和 OFFSET/O 偏移命令，绘制门下方的造型，如图 4-109 所示。

10 调用 MIRROR/MI 镜像命令，通过镜像得到另一侧相同的图形，效果如图 4-110 所示，欧式门绘制完成。

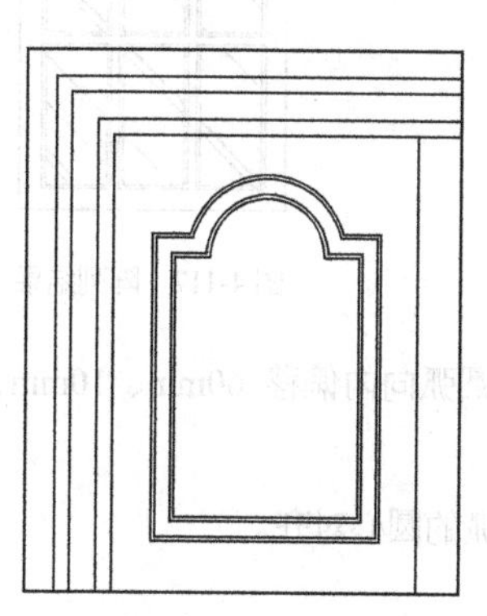
图 4-108　偏移圆弧

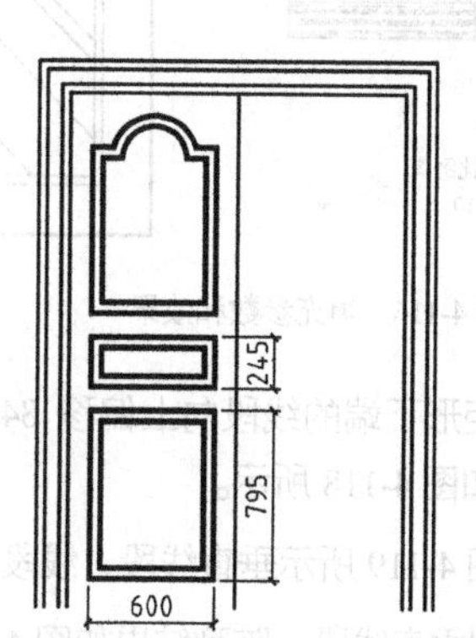

图 4-109　绘制门下方造型

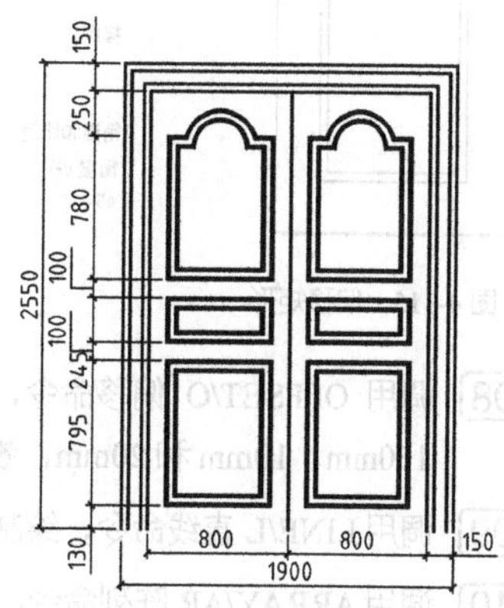

图 4-110　镜像图形

051 绘制欧式窗户

视频文件：MP4\第 4 章\051.MP4

欧式窗户的形状为拱形，通常以白色为主。本实例讲解欧式窗户的绘制方法及操作技巧。

01 调用 RECTANG/REC 矩形命令，绘制尺寸为 700mm×1195mm 的矩形，如图 4-111 所示。

02 调用 ARC/A 圆弧命令，绘制窗顶部的弧形窗轮廓，如图 4-112 所示。

03 调用 TRIM/TR 修剪命令，修剪出如图 4-113 所示效果，得到弧形窗外轮廓。

04 调用 RECTANG/REC 矩形命令，绘制尺寸为 180mm×370mm 的矩形，并移动到相应的位置，如图 4-114 所示。

05 调用 OFFSET/O 偏移命令，将矩形向内偏移 10，如图 4-115 所示。

06 调用 HATCH/H 图案填充命令，在命令行中输入 T 命令，在弹出的【图案填充和渐变色】对话框中设置参数，在矩形内填充 AR-RROOF 图案，填充参数和效果如图 4-116 所示。

07 调用 ARRAY/AR 阵列命令，对图形进行阵列，阵列效果如图 4-117 所示。

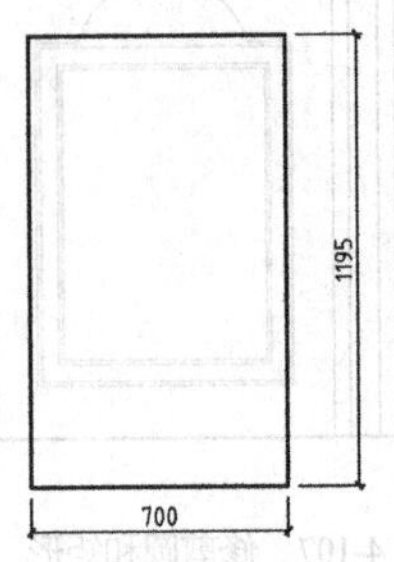

图 4-111　绘制矩形

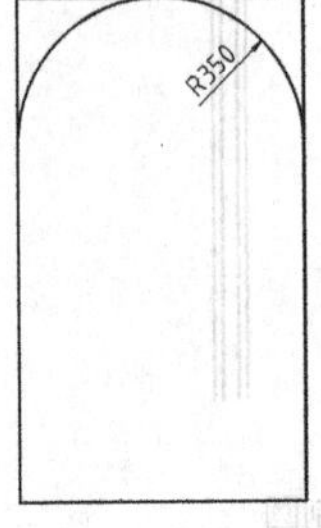

图 4-112　绘制弧线

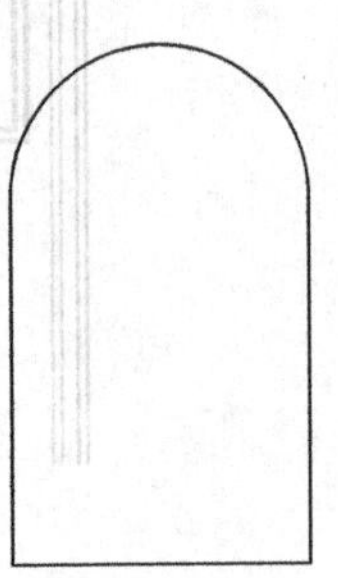
图 4-113　修剪线段

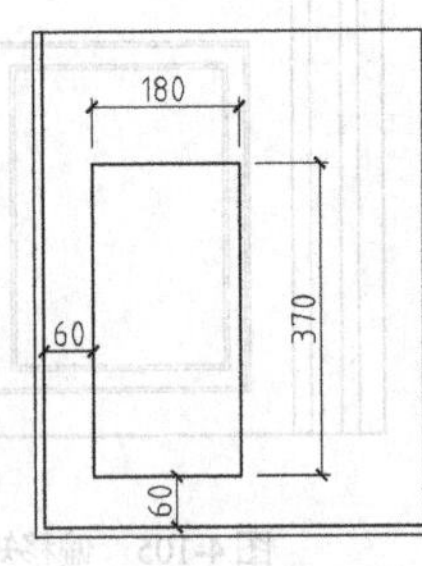

图 4-114　绘制矩形

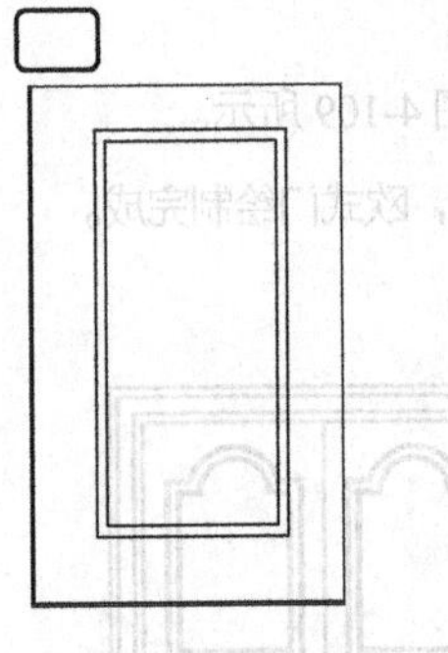
图 4-115　偏移矩形

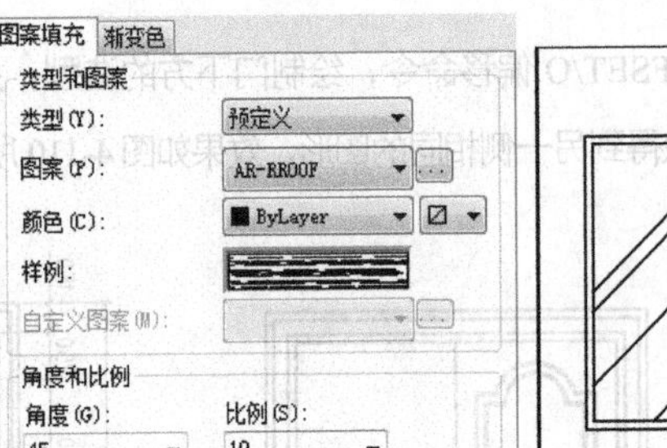

图 4-116　填充参数和效果

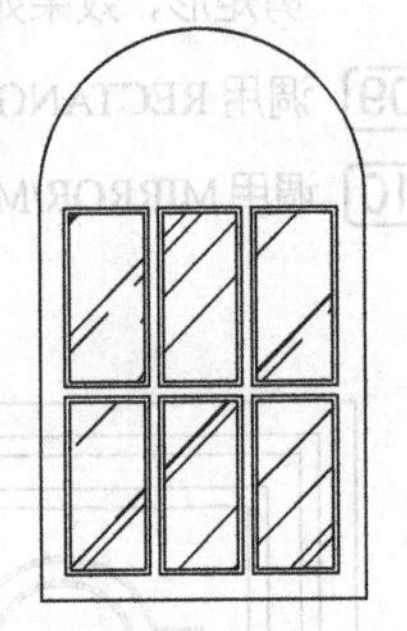
图 4-117　阵列结果

08 调用 OFFSET/O 偏移命令，将矩形下端的线段向上偏移 840mm，将圆弧向内偏移 60mm、10mm、160mm、10mm 和 20mm，效果如图 4-118 所示。

09 调用 LINE/L 直线命令，绘制如图 4-119 所示垂直线段，线段底端与圆弧的圆心对齐。

10 调用 ARRAY/AR 阵列命令，阵列垂直线段，阵列结果如图 4-120 所示。

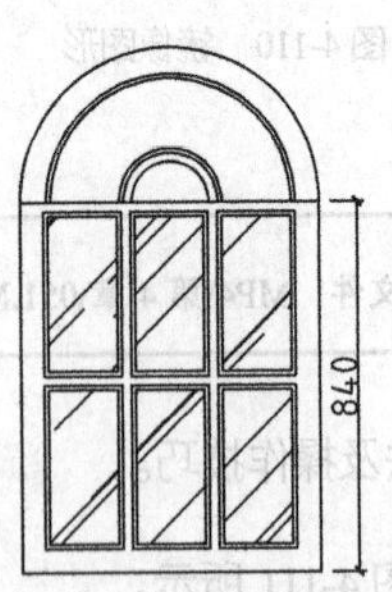

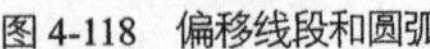
图 4-118　偏移线段和圆弧

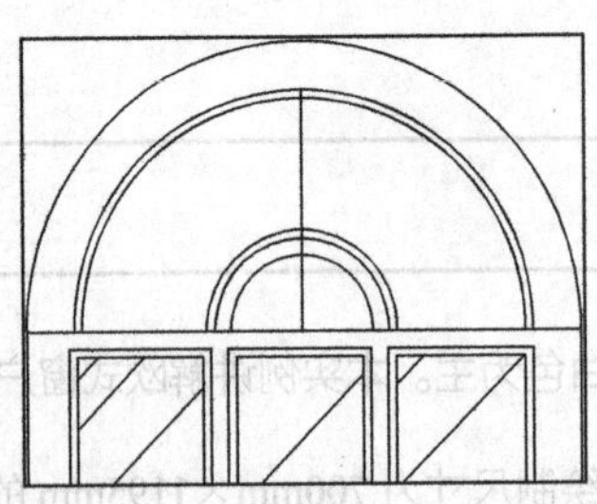
图 4-119　绘制垂直线段

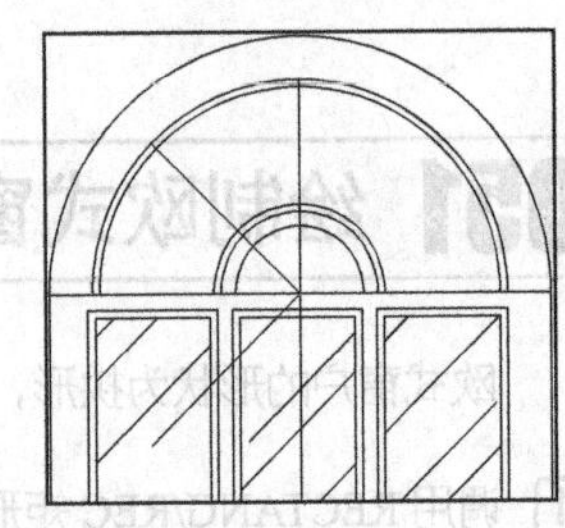
图 4-120　阵列结果

11 调用 MIRROR/MI 镜像命令，将阵列得到的线段镜像复制到右侧，镜像线为垂直线段，结果如图 4-121 所示。

12 删除下方的线段，如图 4-122 所示。

13 调用 OFFSET/O 偏移命令，向两侧偏移阵列的线段和垂直线段，偏移距离为 10mm，如图 4-123 所示。

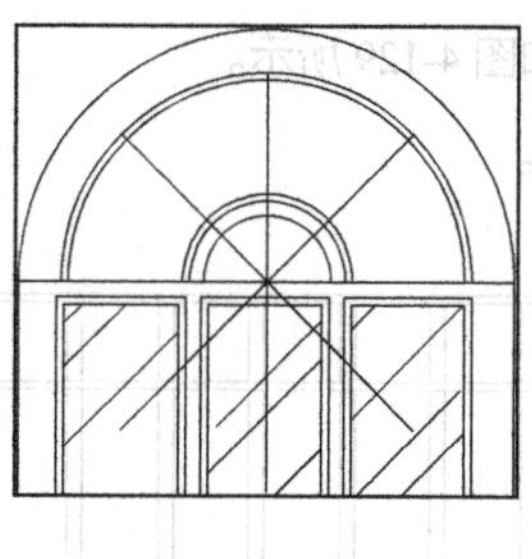
图 4-121　镜像线段

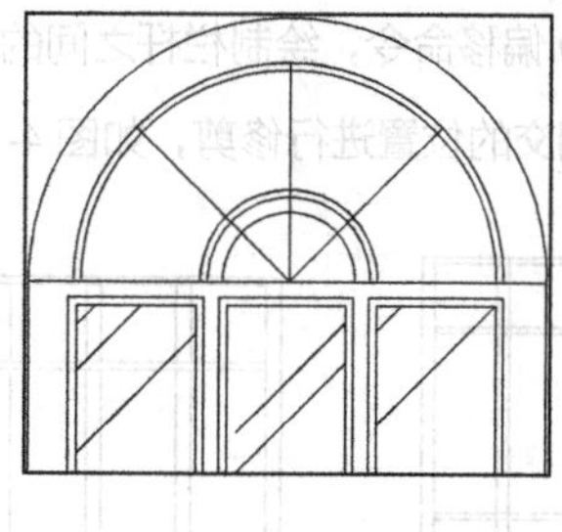
图 4-122　删除线段

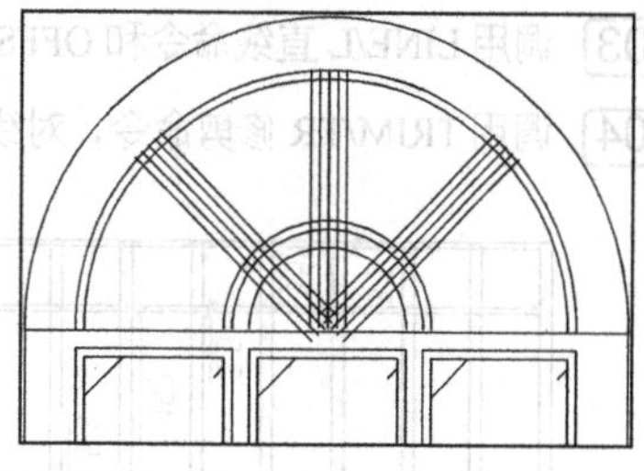
图 4-123　偏移线段

14 删除阵列线段和垂直线段。

15 调用 TRIM/TR 修剪命令，修剪出如图 4-124 所示窗格效果。

16 调用 HATCH/H 图案填充命令，在弧形窗内填充 AR-RROOF 图案，表示窗玻璃，效果如图 4-125 所示，完成欧式窗户的绘制如图 4-126 所示。

图 4-124　修剪图形

图 4-125　填充图案

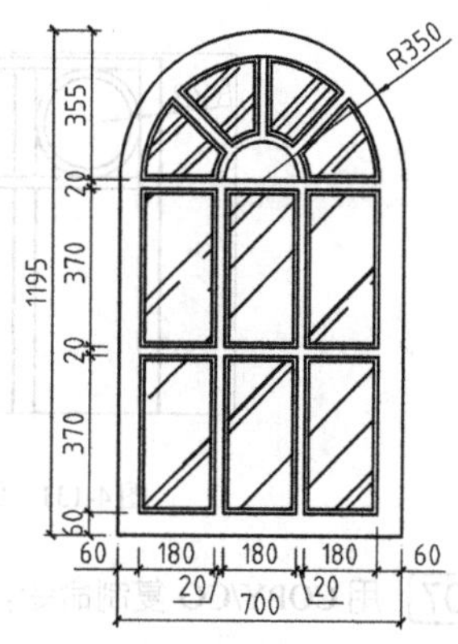

图 4-126　完成效果

052 绘制铁艺栏杆

视频文件：MP4\第 4 章\052.MP4

栏杆主要是起保护作用。铁艺栏杆在艺术造型、图案纹理上都带有西方造型艺术风格的烙印。本实例介绍铁艺栏杆的绘制方法。

01 调用 RECTANG/REC 矩形命令和 COPY/CO 复制命令，绘制栏杆两侧图形，如图 4-127 所示。

02 调用 LINE/L 直线命令，绘制线段连接图形，如图 4-128 所示。

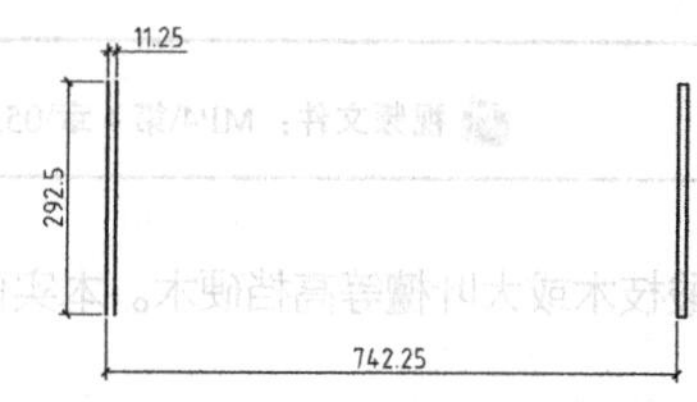

图 4-127　绘制栏杆两侧图形

图 4-128　绘制线段

03 调用 LINE/L 直线命令和 OFFSET/O 偏移命令，绘制栏杆之间的隔断，如图 4-129 所示。

04 调用 TRIM/TR 修剪命令，对线段相交的位置进行修剪，如图 4-130 所示。

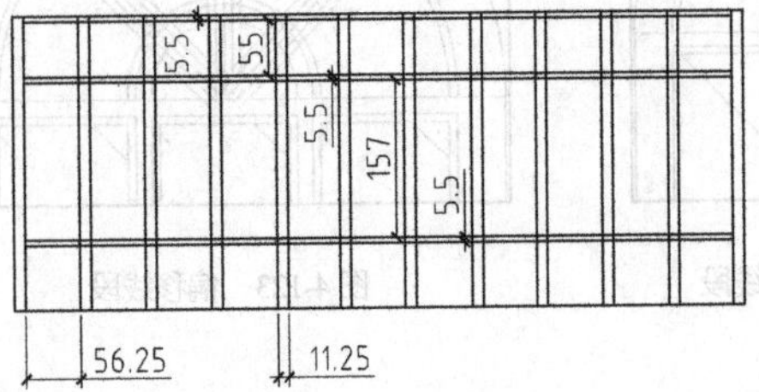

图 4-129 绘制隔断

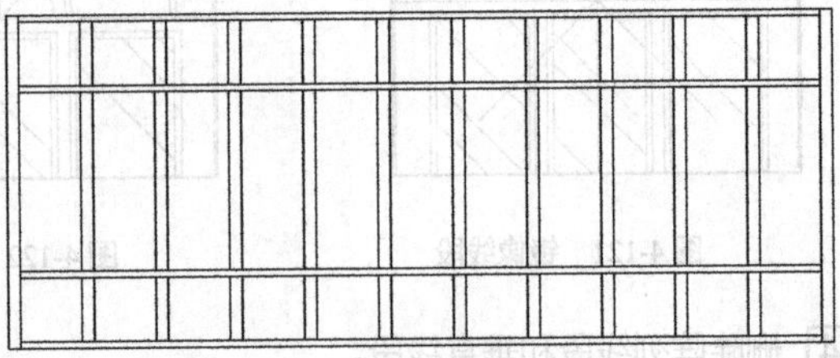

图 4-130 修剪线段

05 用 CIRCLE/C 圆命令，以两点方法绘制圆，如图 4-131 所示。

06 调用 OFFSET/O 偏移命令，将圆向内偏移 4mm，得到如图 4-132 所示的栏杆装饰环。

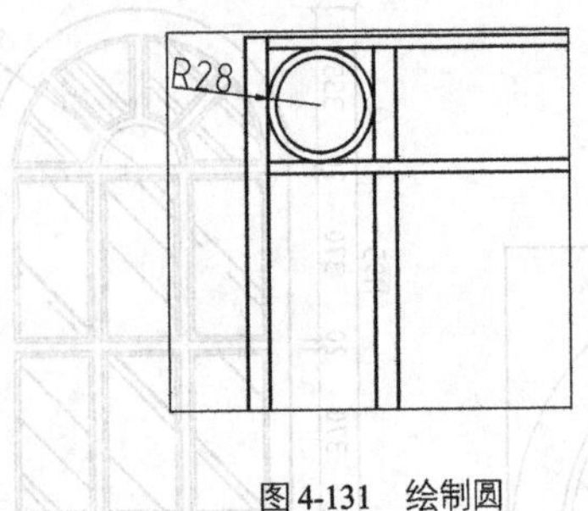

图 4-131 绘制圆

图 4-132 偏移圆

07 用 COPY/CO 复制命令，将圆复制到其他位置，如图 4-133 所示。

08 从图库中插入铁艺图案到本例图形中，如图 4-134 所示，完成铁艺栏杆的绘制。

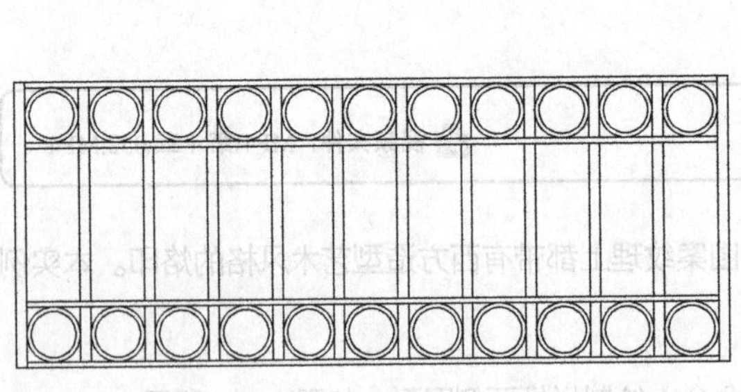

图 4-133 复制圆

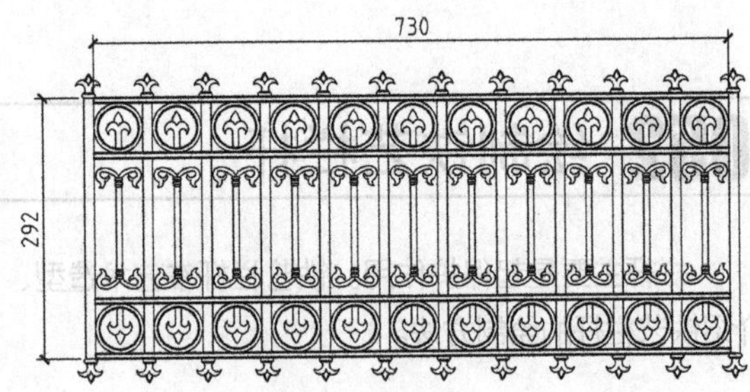

图 4-134 插入图案

053 绘制中式窗花

视频文件：MP4\第 4 章\053.MP4

中式窗花以木质为主，讲究雕刻彩绘、造型典雅，多采用酸枝木或大叶檀等高档硬木。本实例介绍中式窗花图例的绘制方法和操作技巧。

01 调用 CIRCLE/C 圆命令，绘制半径分别为 620mm、650mm、770mm 和 800mm 的同心圆，如图 4-135 所示。

02 调用 LINE/L 直线命令、绘制过圆心 的直线，然后调用 OFFSET/O 偏移命令和 TRIM/TR 修剪命令，绘制如图 4-136 所示线段。

03 调用 RECTANG/REC 矩形命令，绘制边长为 230mm 的矩形，并移动至合适的位置，如图 4-137 所示。

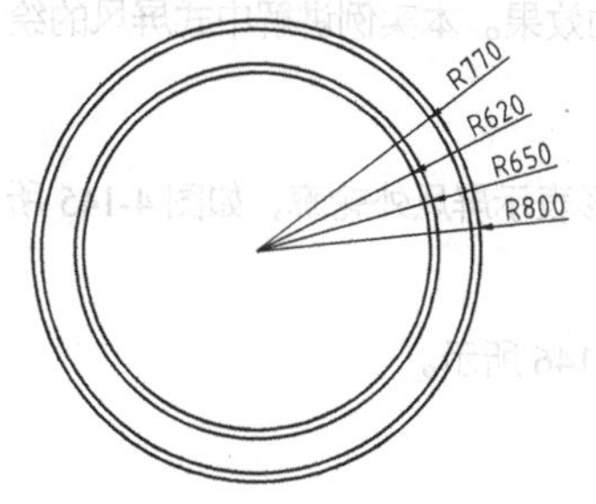

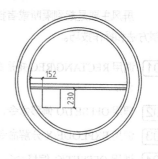

图 4-135　绘制同心圆

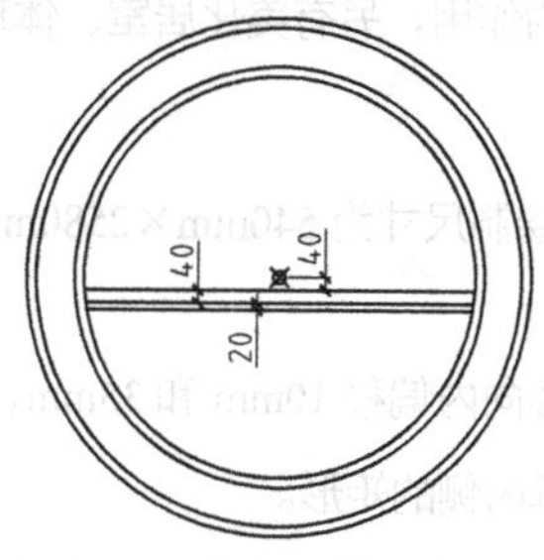

图 4-136　绘制线段

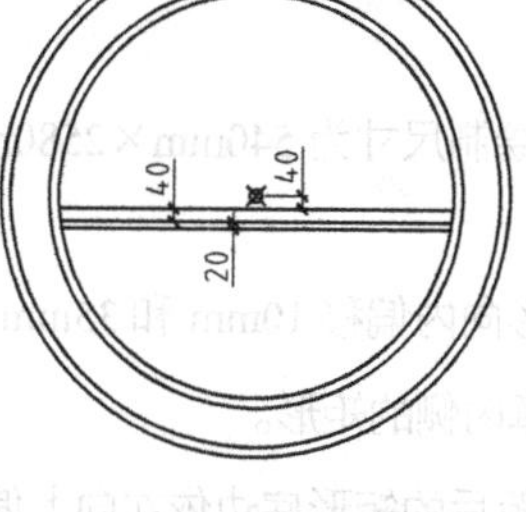

图 4-137　绘制矩形

04 调用 OFFSET/O 偏移命令，将矩形向内偏移 30mm，如图 4-138 所示。

05 调用 COPY/CO 复制命令，对矩形进行复制，如图 4-139 所示。

06 调用 TRIM/TR 修剪命令，对矩形进行修剪，如图 4-140 所示。

07 用 CIRCLE/C 圆命令，绘制半径为 50mm 的圆，然后调用 COPY/CO 复制命令或 MIRROR/MI 镜像命令绘制其余的圆，如图 4-141 所示。

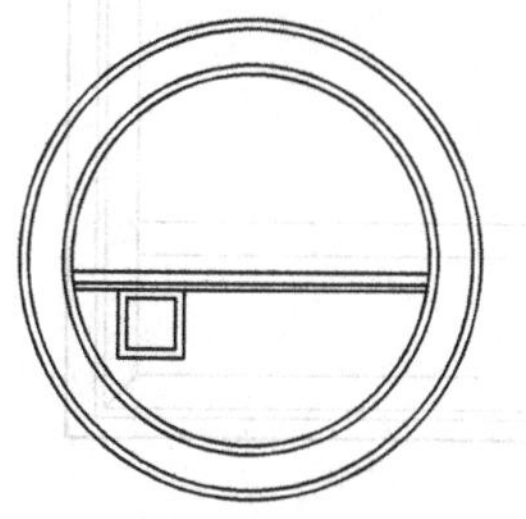
图 4-138　偏移矩形

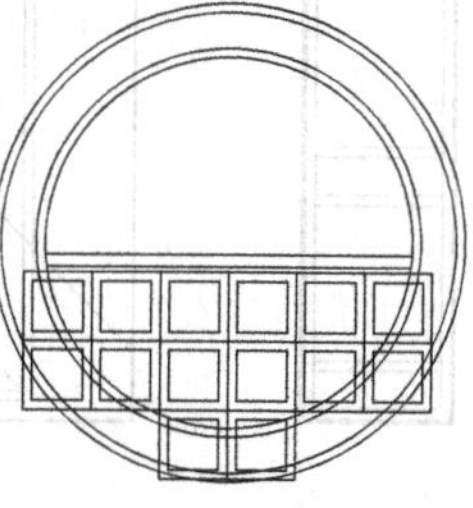
图 4-139　复制矩形

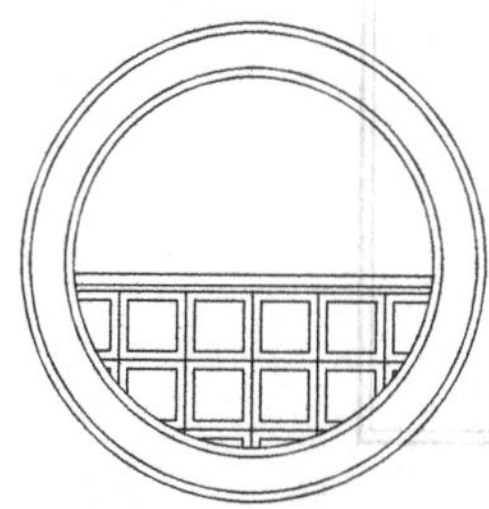
图 4-140　修剪矩形

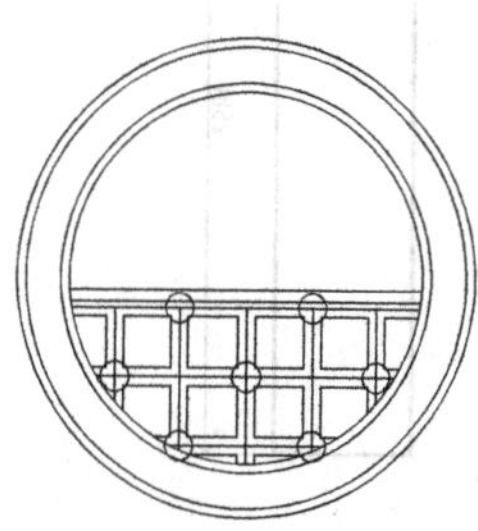
图 4-141　绘制圆

08 调用 OFFSET/O 偏移命令，将圆向外偏移 30mm，如图 4-142 所示。

09 调用 TRIM/TR 修剪命令，对圆和矩形相交的位置进行修剪，效果如图 4-143 所示。

10 打开配套素材提供的“第 04 章\家具图例.dwg”文件，选择其中的雕花图块，将其复制至窗花区域，如图 4-144 所示，完成中式窗花的绘制。

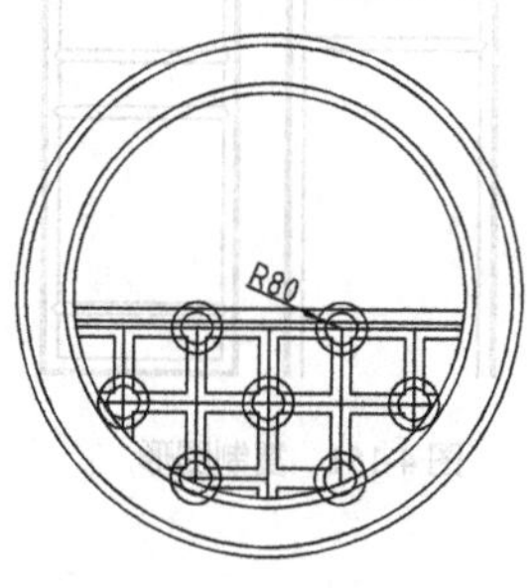

图 4-142　偏移圆

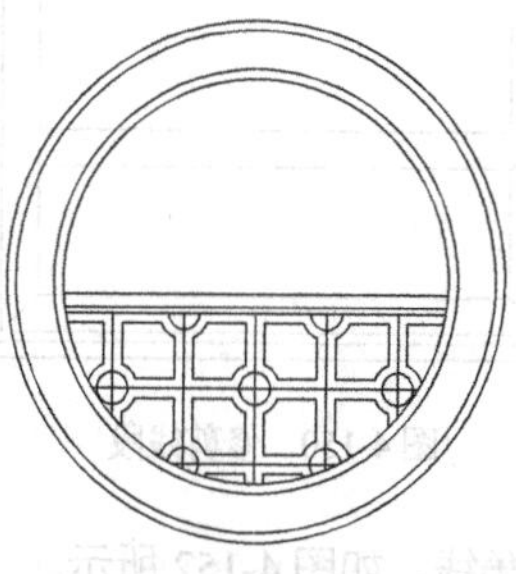
图 4-143　修剪图形

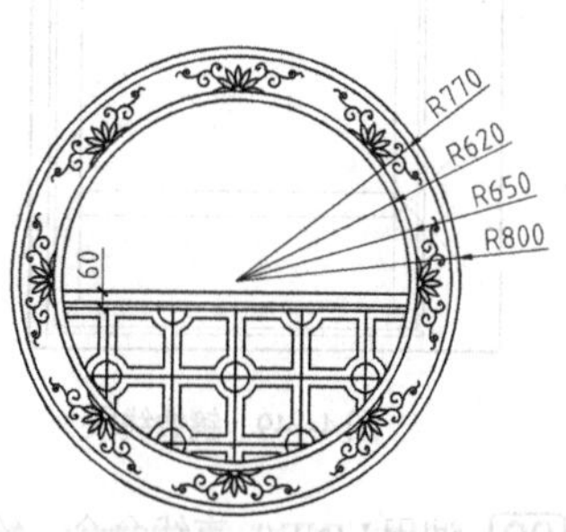

图 4-144　插入图块

054 绘制中式屏风

视频文件：MP4\第 4 章\054.MP4

屏风主要是起到隔断或者挡板类的作用，另有美化居室、体现氛围的效果。本实例讲解中式屏风的绘制方法和操作技巧。

01 调用 RECTANG/REC 矩形命令，绘制尺寸为 540mm×2580mm 的矩形表示屏风外轮廓，如图 4-145 所示。

02 调用 OFFSET/O 偏移命令，将矩形向内偏移 10mm 和 35mm，如图 4-146 所示。

03 调用 EXPLODE/X 分解命令，分解内侧的矩形。

04 调用 OFFSET/O 偏移命令，将分解后的矩形底边依次向上偏移（mm）125、35、517、35、125、35、1458 和 35，得到屏风横条，效果如图 4-147 所示。

05 调用 LINE/L 直线命令，绘制横条与门框交角处的轮廓，如图 4-148 所示。

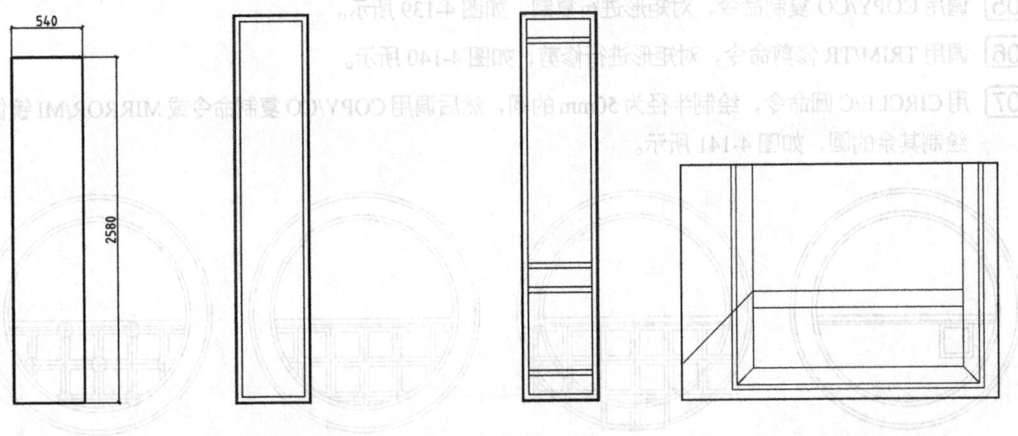

图 4-145 绘制矩形　图 4-146 偏移矩形　图 4-147 偏移线段　图 4-148 绘制线段

06 调用 MIRROR/MI 镜像命令，将线段镜像到另一侧，如图 4-149 所示。

07 调用 TRIM/TR 修剪命令，修剪出如图 4-150 所示效果。

08 选择修剪后的线段，调用 COPY/CO 复制命令、MIRROR/MI 镜像命令和 TRIM/TR 修剪命令，将其复制到其他位置，结果如图 4-151 所示。

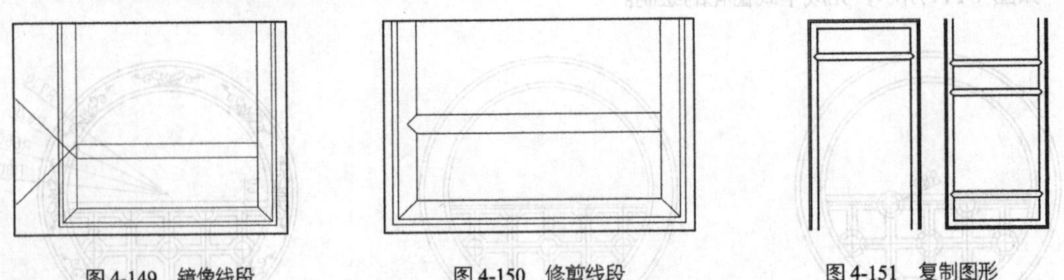

图 4-149 镜像线段　图 4-150 修剪线段　图 4-151 复制图形

09 调用 LINE/L 直线命令，绘制门框转角线，如图 4-152 所示。

10 调用 RECTANG/REC 矩形命令，绘制尺寸为 326mm×393mm，圆角半径为 3mm 的圆角矩形，并移动到相应的位置，如图 4-153 所示。

11 调用 OFFSET/O 偏移命令，将圆角矩形向外偏移 7mm，如图 4-154 所示。

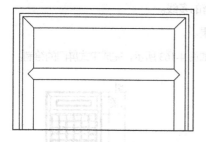

图 4-152　绘制转角线

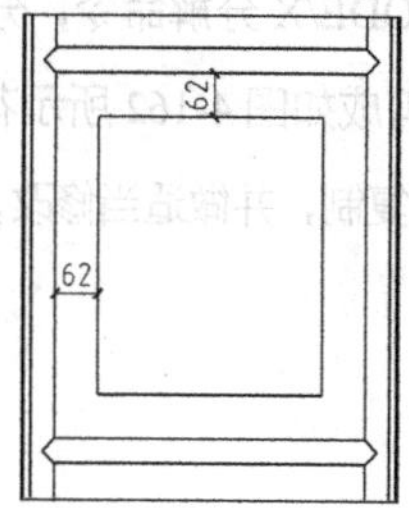

图 4-153　绘制圆角矩形

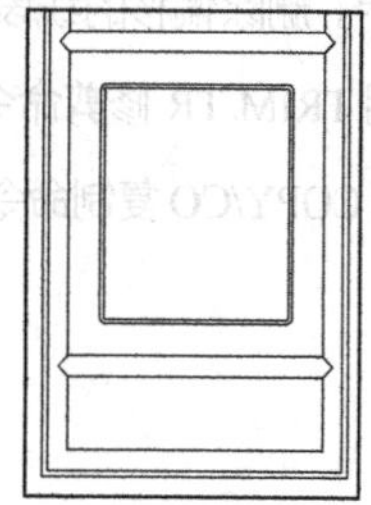

图 4-154　偏移圆角矩形

12 同样使用 OFFSET/O 偏移命令和 RECTANG/REC 矩形命令，绘制其他圆角矩形，效果如图 4-155 所示。

13 调用 OFFSET/O 偏移命令，将如图 4-156 所示箭头所指线段向内偏移 15mm。

14 调用 CHAMFER/CHA 倒角命令，对线段进行倒角，设置倒角距离为 0，如图 4-157 所示。

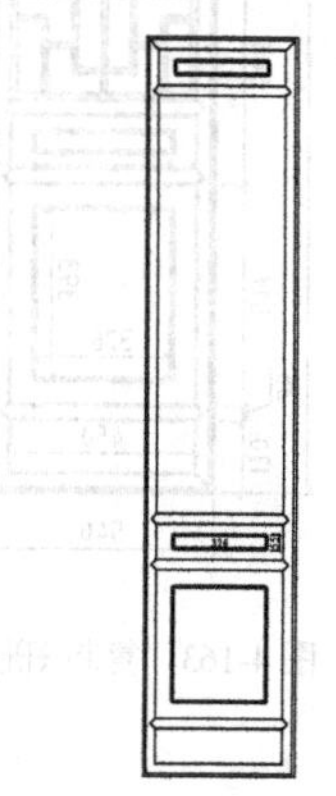

图 4-155　绘制圆角矩形

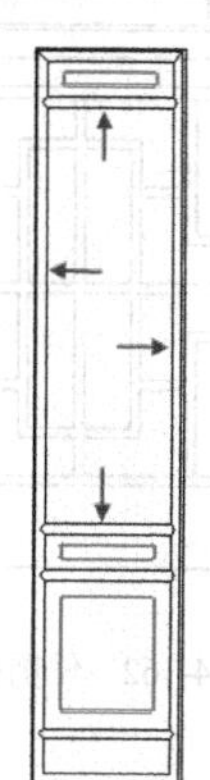

图 4-156　偏移线段

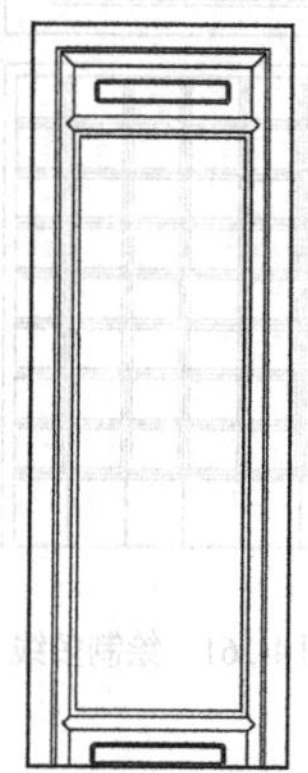

图 4-157　倒角

15 调用 OFFSET/O 偏移命令，绘制如图 4-158 所示线段。

16 调用 OFFSET/O 偏移命令，向上偏移线段，偏移距离为 60mm，如图 4-159 所示。

17 调用 OFFSET/O 偏移命令，向内偏移线段，如图 4-160 所示。

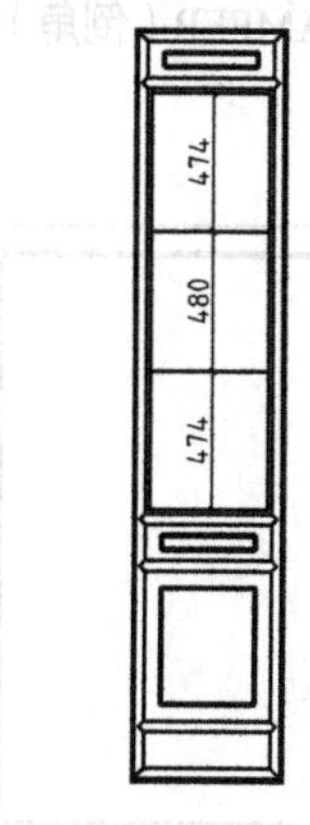

图 4-158　绘制线段

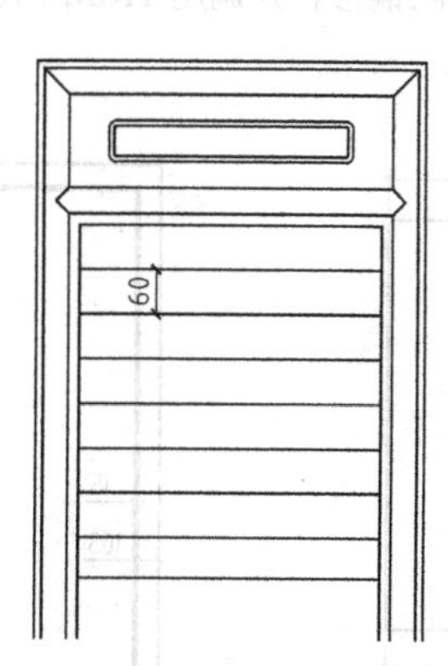

图 4-159　偏移线段

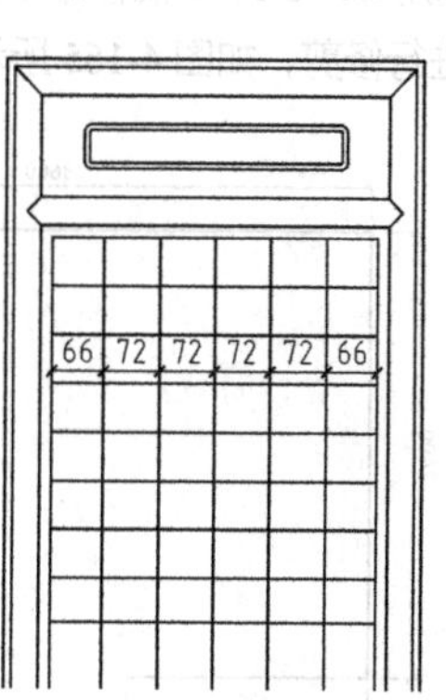

图 4-160　偏移线段

18 调用 MLINE/ML 多线命令，以前面偏移的线段为轴线，绘制宽为 12mm 的多线表示花格，如图 4-161 所示。删除偏移的线段。调用 EXPLODE/X 分解命令，分解所有的多线。

19 调用 TRIM/TR 修剪命令，将多线修剪成如图 4-162 所示花格效果。

20 调用 COPY/CO 复制命令，将花格向下复制，并做适当修改，效果如图 4-163 所示，完成中式屏门的绘制。

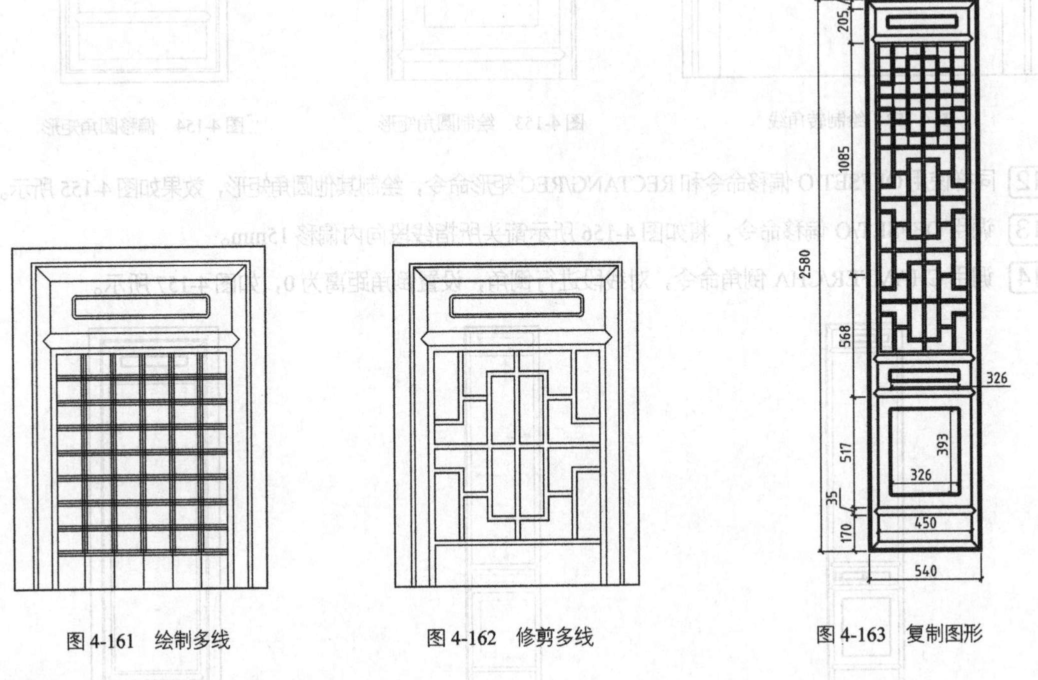

图 4-161　绘制多线　　图 4-162　修剪多线　　图 4-163　复制图形

055 绘制中式围合

视频文件：MP4\第 4 章\055.MP4

围合可以对空间起到一定的遮挡作用，是中式家居装饰常见的装饰构件。本实例介绍中式围合的绘制方法。

01 调用 PLINE/PL 直线命令，绘制围合的外轮廓，如图 4-164 所示。

02 调用 OFFSET/O 偏移命令，将线段向内偏移，并调用 TRIM（修剪）命令和 CHAMFER（倒角）命令，进行修剪，如图 4-165 所示。

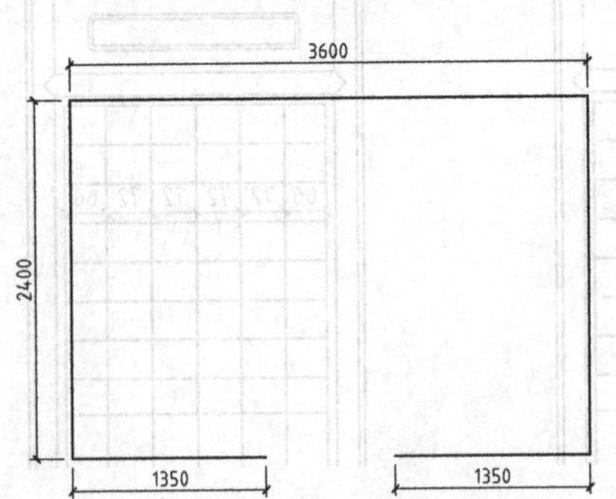

图 4-164　绘制多段线

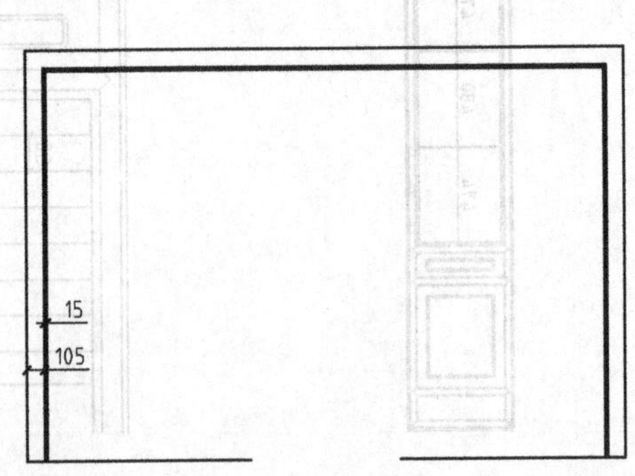

图 4-165　偏移多段线

[03] 调用 OFFSET/O 偏移命令，绘制辅助线，如图 4-166 所示。

[04] 调用 CIRCLE/C 圆命令，以辅助线的交点为圆心，绘制半径为 930mm、1040mm 和 1060mm 的同心圆，然后删除辅助线，如图 4-167 所示。

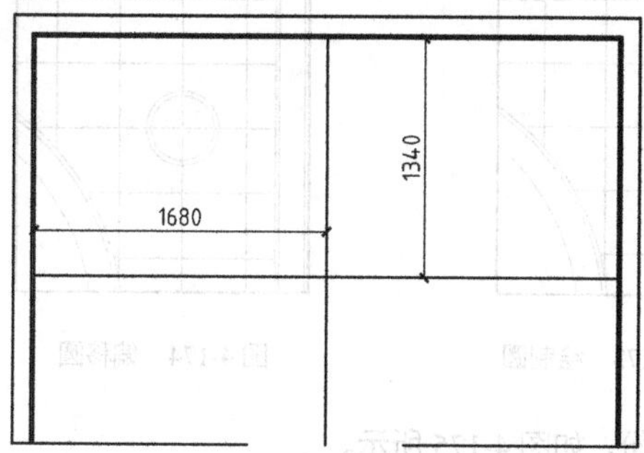

图 4-166　绘制辅助线

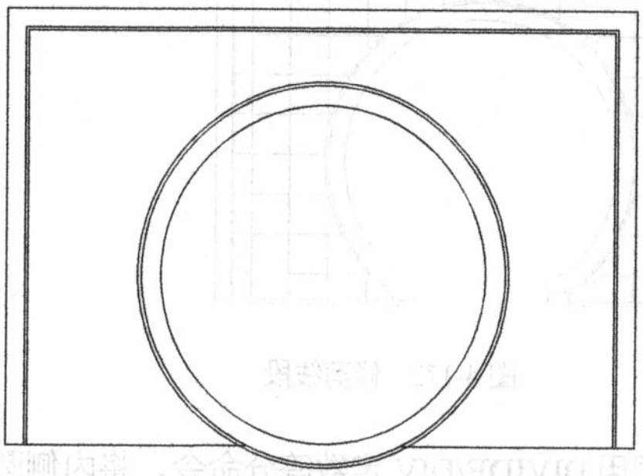

图 4-167　绘制同心圆

[05] 分解最外侧多段线，调用 OFFSET/O 偏移命令，偏移最下边线段，并对线段进行修剪，效果如图 4-168 所示。

[06] 调用 OFFSET/O 偏移命令，将两侧的线段和刚才绘制的线段分别向上和向内偏移，如图 4-169 所示。

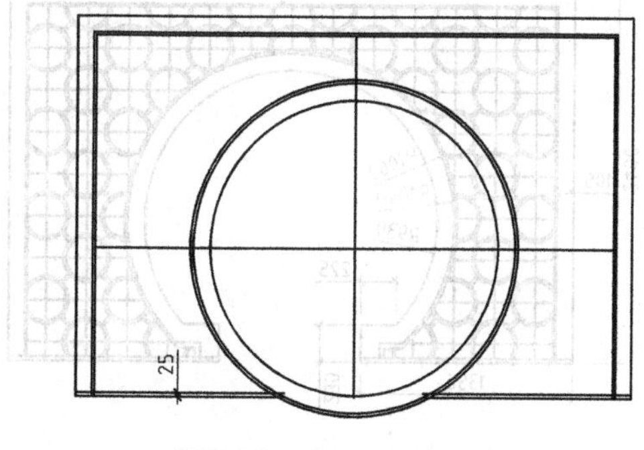

图 4-168　偏移线段

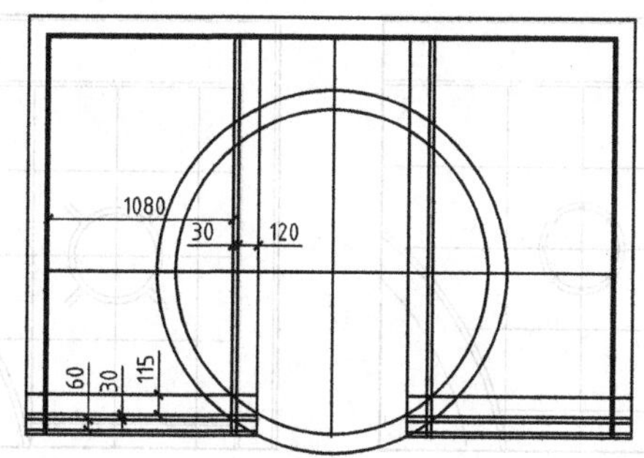

图 4-169　偏移线段

[07] 调用 TRIM/TR 修剪命令，对圆和线段进行修剪，如图 4-170 所示。

[08] 调用 LINE/L 直线命令和 OFFSET/O 偏移命令，绘制线段，如图 4-171 所示。

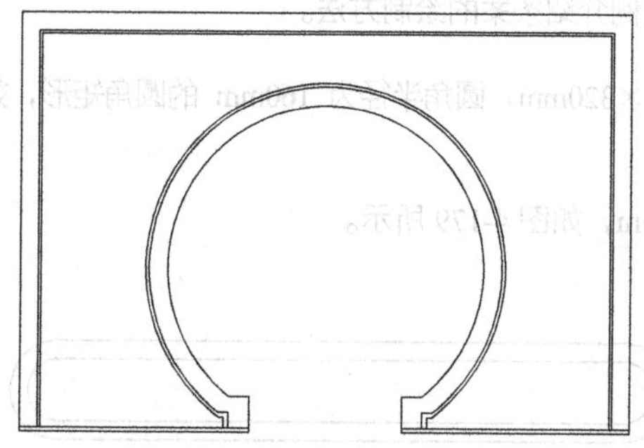

图 4-170　修剪线段

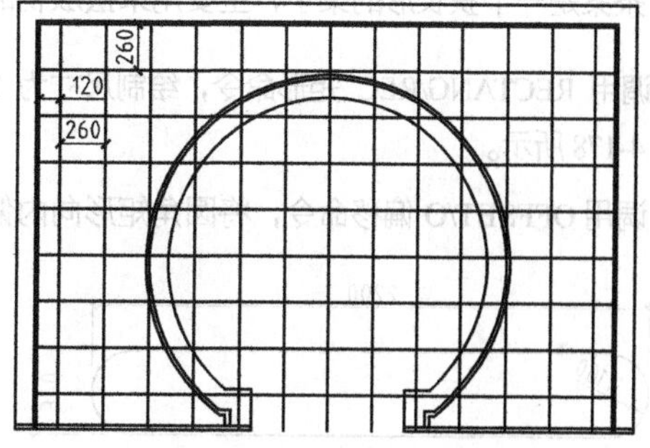

图 4-171　绘制线段

[09] 调用 TRIM/TR 修剪命令，对线段相交的位置并进行修剪，如图 4-172 所示。

10 调用 CIRCLE/C 圆命令，以线段的交点为圆心绘制半径为 130mm 的圆，如图 4-173 所示。

11 调用 OFFSET/O 偏移命令，将圆向外偏移 30mm，如图 4-174 所示。

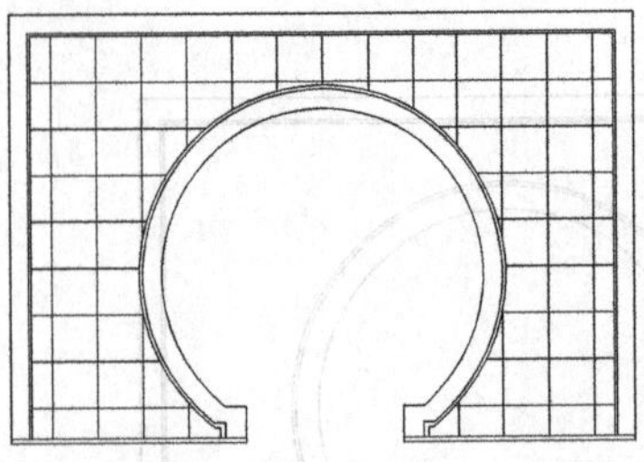
图 4-172　修剪线段

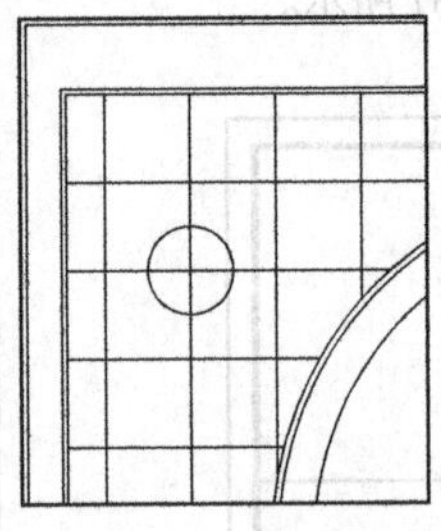
图 4-173　绘制圆

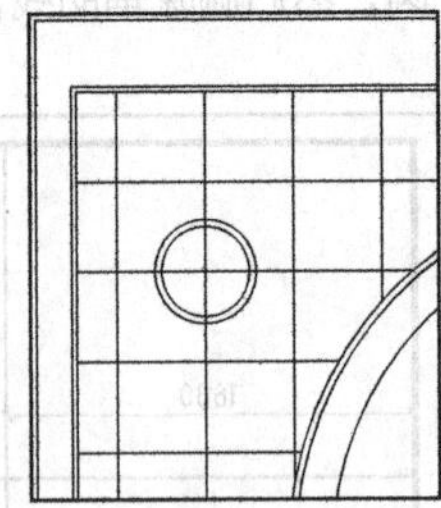
图 4-174　偏移圆

12 调用 DIVIDE/DIV 定数等分命令，将内侧圆分成八等份，如图 4-175 所示。

13 调用 LINE/L 直线命令，以等分点为起点绘制线段，并将线段向两侧偏移 10mm，然后删除中间的线段和等分点，如图 4-176 所示。

14 调用 COPY/CO 复制命令，将图形复制到其他区域，并进行修剪，如图 4-177 所示，完成中式围合的绘制。

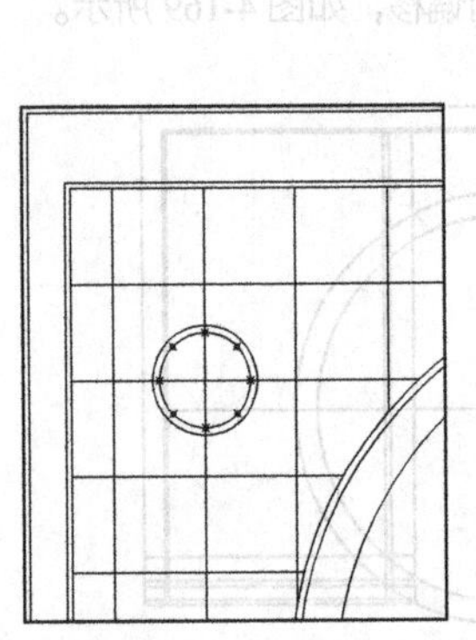
图 4-175　定数等分

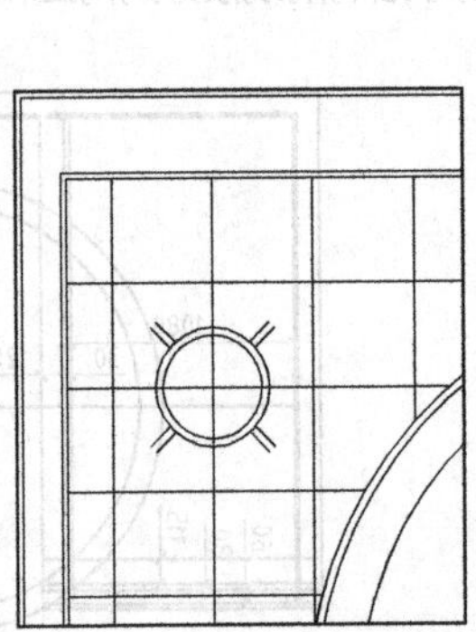
图 4-176　绘制线段

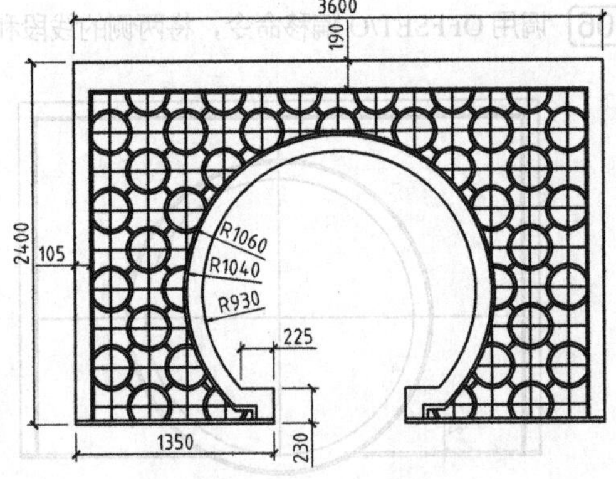

图 4-177　复制图形

056 绘制条案

视频文件：MP4\第 4 章\056.MP4

条案是一个狭长形的桌子，主要用来摆放物品。本实例介绍条案的绘制方法。

01 调用 RECTANG/REC 矩形命令，绘制尺寸为 2200mm×320mm，圆角半径为 160mm 的圆角矩形，如图 4-178 所示。

02 调用 OFFSET/O 偏移命令，将圆角矩形向内偏移 60mm，如图 4-179 所示。

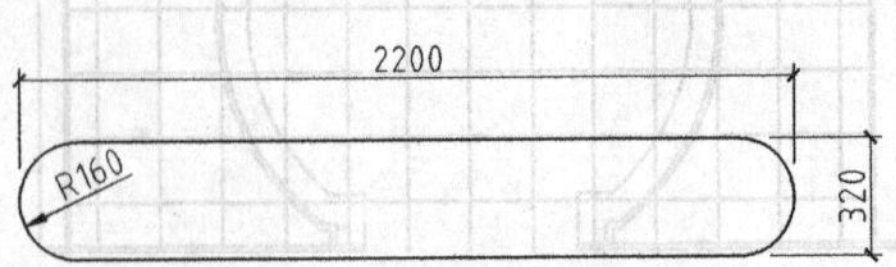

图 4-178　绘制圆角矩形

图 4-179　偏移圆角矩形

03 调用 LINE/L 直线命令，绘制一条线段通过矩形的中点，如图 4-180 所示。

04 调用 TRIM/TR 修剪命令，修剪多余的线段，如图 4-181 所示。

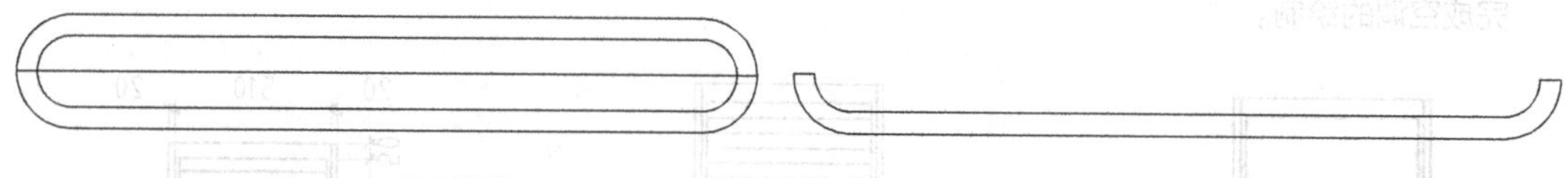

图 4-180　绘制线段　　图 4-181　修剪线段

05 调用 RECTANG/REC 矩形命令，绘制条案的支柱结构，如图 4-182 所示。

06 调用 RECTANG/REC 矩形命令和 LINE/L 直线命令，绘制抽屉，如图 4-183 所示。

07 调用 PLINE/PL 多段线命令、MIRROR/MI 镜像命令、COPY/CO 复制命令和 ROTATE/RO 旋转命令，绘制中式雕花图案，如图 4-184 所示，完成条案的绘制。

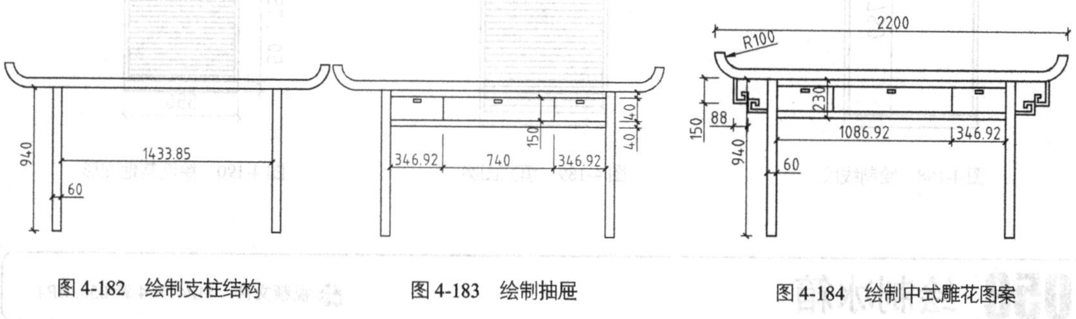

图 4-182　绘制支柱结构　　图 4-183　绘制抽屉　　图 4-184　绘制中式雕花图案

057 绘制空调

视频文件：MP4\第 4 章\057.MP4

立式空调通常摆放在沙发与沙发的转角处。本实例介绍空调立面图例的绘制方法和操作技巧。

01 调用 RECTANG/REC 矩形命令，绘制尺寸为 550mm×1720mm 的矩形，如图 4-185 所示。

02 调用 LINE/L 直线命令，细化矩形内部，如图 4-186 所示。

03 调用RECTANG/REC 矩形命令，绘制尺寸为480mm×270mm 的矩形，并移动到相应的位置，如图4-187 所示。

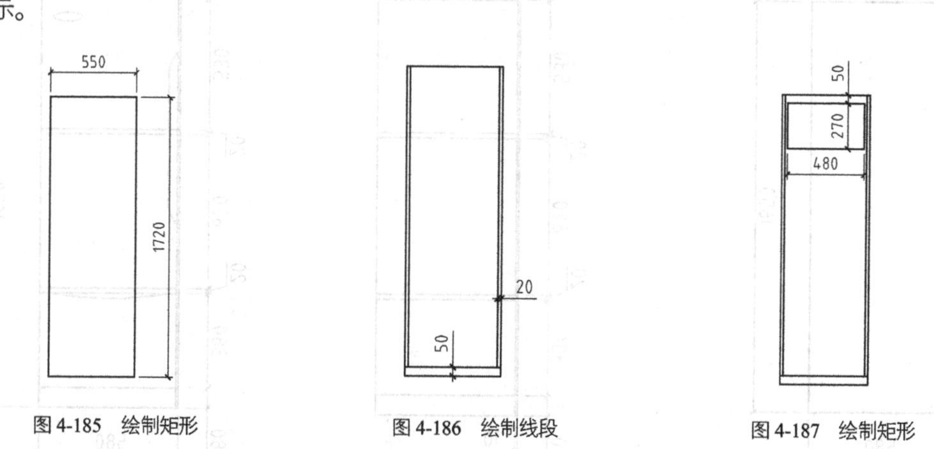

图 4-185　绘制矩形　　图 4-186　绘制线段　　图 4-187　绘制矩形

04 调用 LINE/L 直线命令，绘制如图 4-188 所示线段。

05 调用 HATCH/H 图案填充命令，在矩形内和线段下方填充 LINE 图案，效果如图 4-189 所示。

06 调用 ELLIPSE/EL 椭圆命令和 SPLINE/SP 样条曲线命令，绘制空调的其他图形，效果如图 4-190 所示，完成空调的绘制。

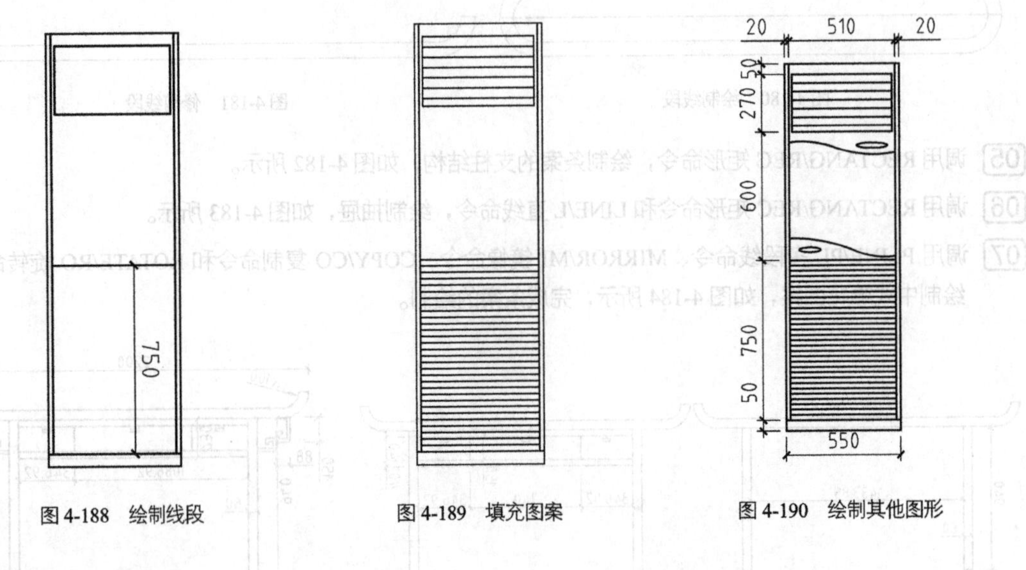

图 4-188　绘制线段　　图 4-189　填充图案　　图 4-190　绘制其他图形

058 绘制冰箱

视频文件：MP4\第 4 章\058.MP4

冰箱一般摆放在厨房或餐厅墙角位置，是日常生活必不可少的家居电器。本实例介绍冰箱立面图例的绘制方法，在绘制厨房或餐厅立面图时会使用到。

01 调用 RECTANG/REC 矩形命令，绘制尺寸为 580mm×1650mm 的矩形，如图 4-191 所示。

02 调用 LINE/L 直线命令和 OFFSET/O 偏移命令，对矩形内部进行细化，如图 4-192 所示。

03 调用 LINE/L 直线命令、CIRCLE/C 圆命令、TRIM/TR 修剪命令、ELLIPSE/EL 椭圆命令和 ARC/A 圆弧命令，绘制冰箱上的其他图形，如图 4-193 所示。

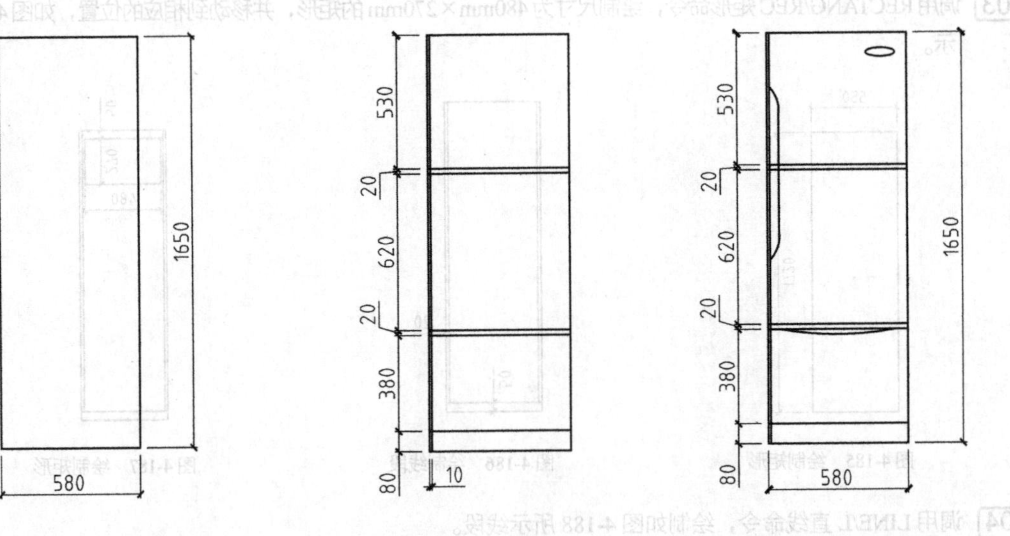

图 4-191　绘制矩形　　图 4-192　细化矩形　　图 4-193　绘制其他图形

059 绘制饮水机

视频文件：MP4\第 4 章\059.MP4

饮水机通常摆放在客厅或餐厅区域。本实例介绍饮水机立面图例的绘制方法和操作技巧。

01 调用 RECTANG/REC 矩形命令，绘制一个尺寸为 325mm×40mm 的矩形，如图 4-194 所示。

02 调用 PLINE/PL 多段线命令，绘制多段线，如图 4-195 所示。

03 继续调用 PLINE/PL 多段线命令和 COPY/CO 复制命令，绘制饮水机底座，如图 4-196 所示。

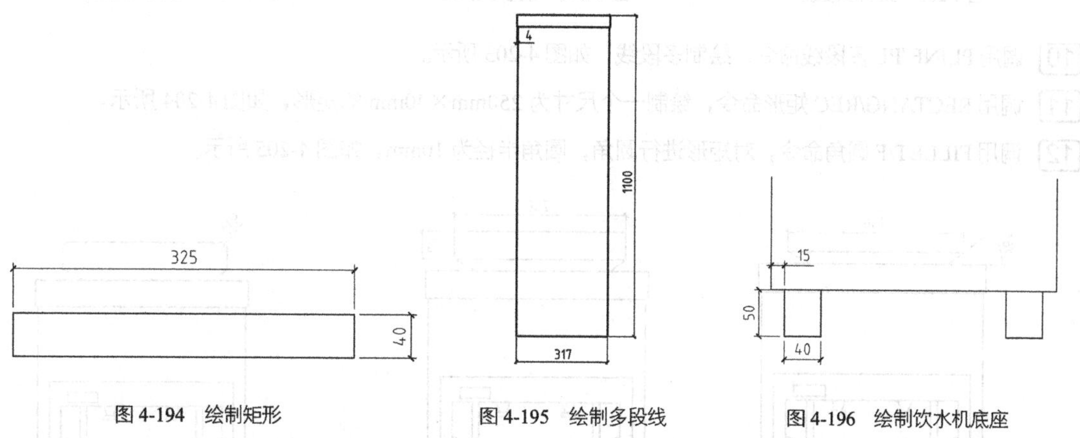

图 4-194　绘制矩形　　图 4-195　绘制多段线　　图 4-196　绘制饮水机底座

04 调用RECTANG/REC矩形命令，绘制一个尺寸为280mm×572mm的矩形，并移动到相应的位置，如图 4-197 所示。

05 继续调用 RECTANG/REC 矩形命令，绘制尺寸为 245mm×485mm 的矩形，如图 4-198 所示。

06 调用 PLINE/PL 多段线命令，绘制多段线，如图 4-199 所示。

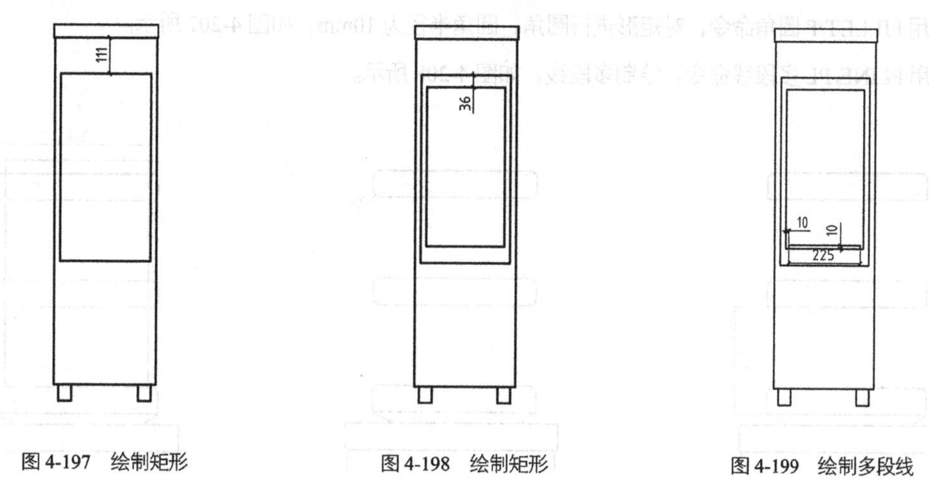

图 4-197　绘制矩形　　图 4-198　绘制矩形　　图 4-199　绘制多段线

07 调用 PLINE/PL 多段线命令，绘制多段线，如图 4-200 所示。

08 调用 OFFSET/O 偏移命令，将多段线向内偏移 10mm，如图 4-201 所示。

09 调用 RECTANG/REC 矩形命令、PLINE/PL 多段线命令和 COPY/CO 复制命令，绘制其他组件，如图 4-202 所示。

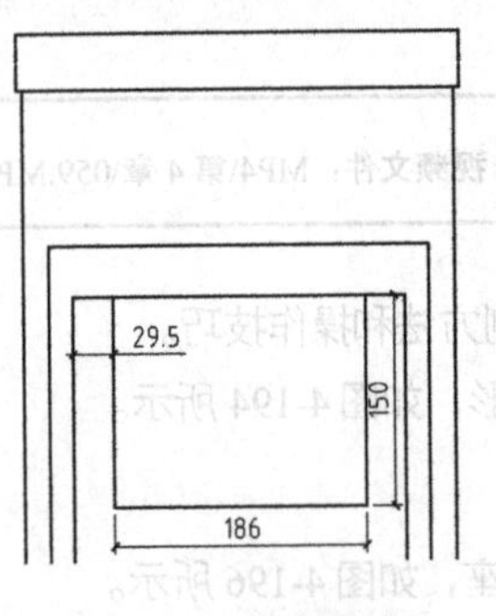

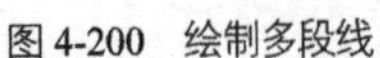

图 4-200　绘制多段线

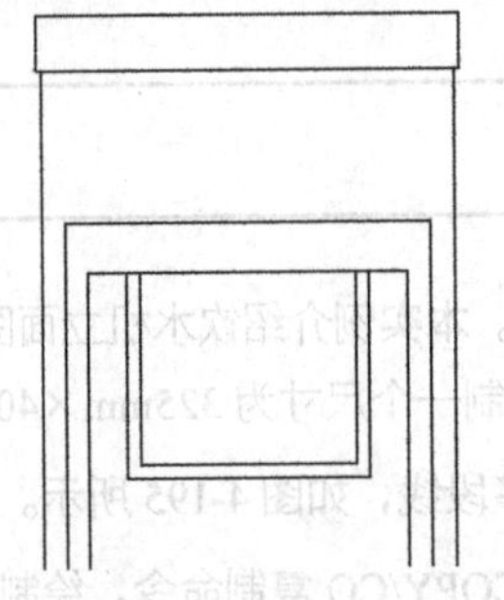

图 4-201　偏移多段线

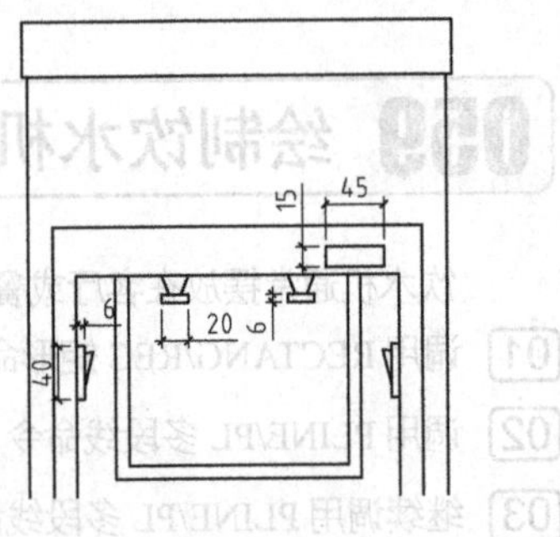

图 4-202　绘制其他组件

10 调用 PLINE/PL 多段线命令，绘制多段线，如图 4-203 所示。

11 调用 RECTANG/REC 矩形命令，绘制一个尺寸为 250mm×40mm 的矩形，如图 4-204 所示。

12 调用 FILLET/F 圆角命令，对矩形进行圆角，圆角半径为 10mm，如图 4-205 所示。

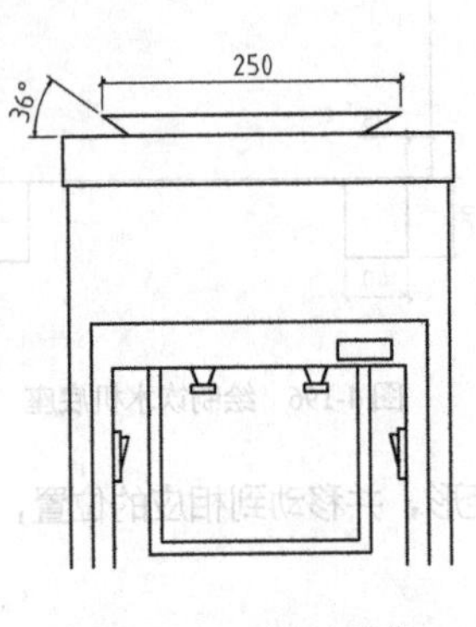

图 4-203　绘制多段线

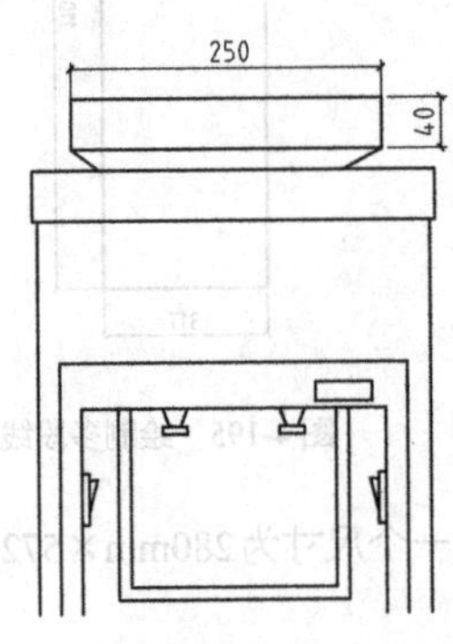

图 4-204　绘制矩形

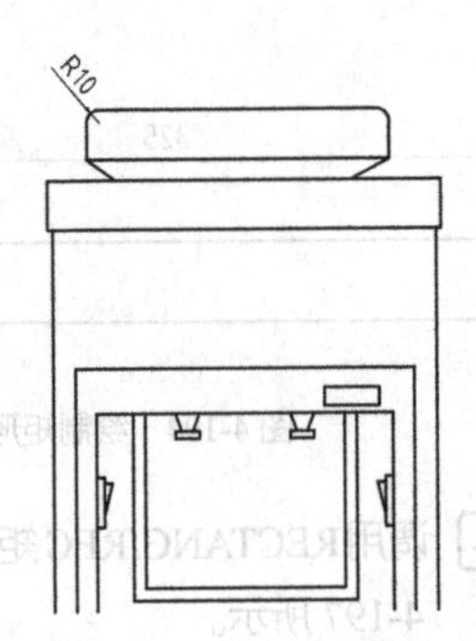

图 4-205　创建圆角

13 调用 COPY/CO 复制命令，将矩形向上复制，如图 4-206 所示。

14 调用 FILLET/F 圆角命令，对矩形进行圆角，圆角半径为 10mm，如图 4-207 所示。

15 调用 PLINE/PL 多段线命令，绘制多段线，如图 4-208 所示。

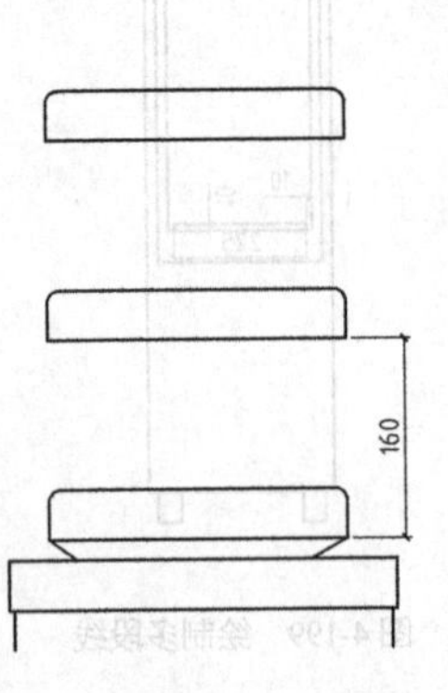

图 4-206　复制矩形

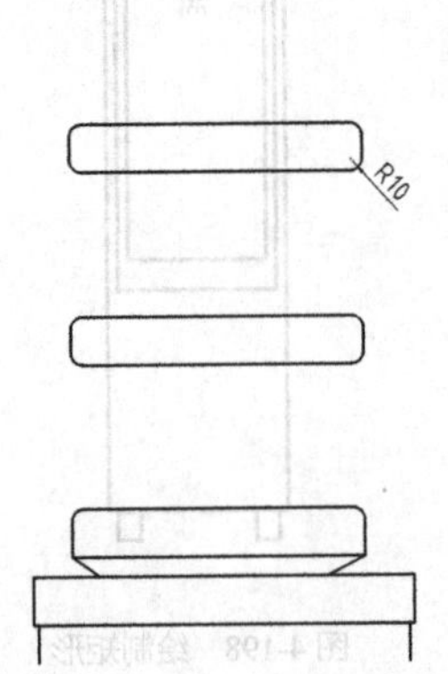

图 4-207　圆角

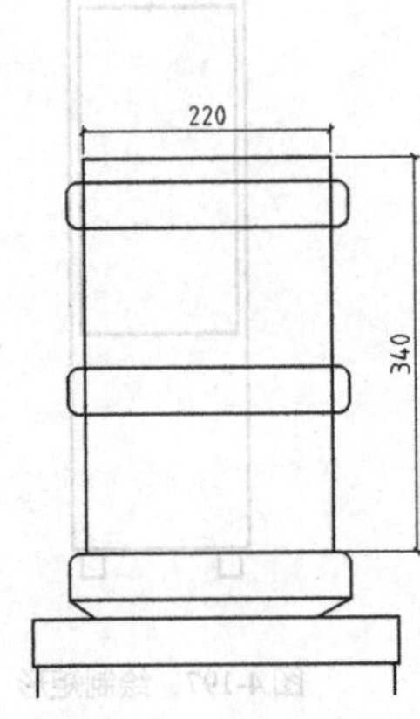

图 4-208　绘制多段线

16 调用 LINE/L 直线命令，绘制线段，如图 4-209 所示。

17 调用 TRIM/TR 修剪命令，对线段相交的位置进行修剪，如图 4-210 所示。

18 调用 FILLET/F 圆角命令，对多段线进行圆角，圆角半径为 10mm，完成饮水机的绘制，如图 4-211 所示。

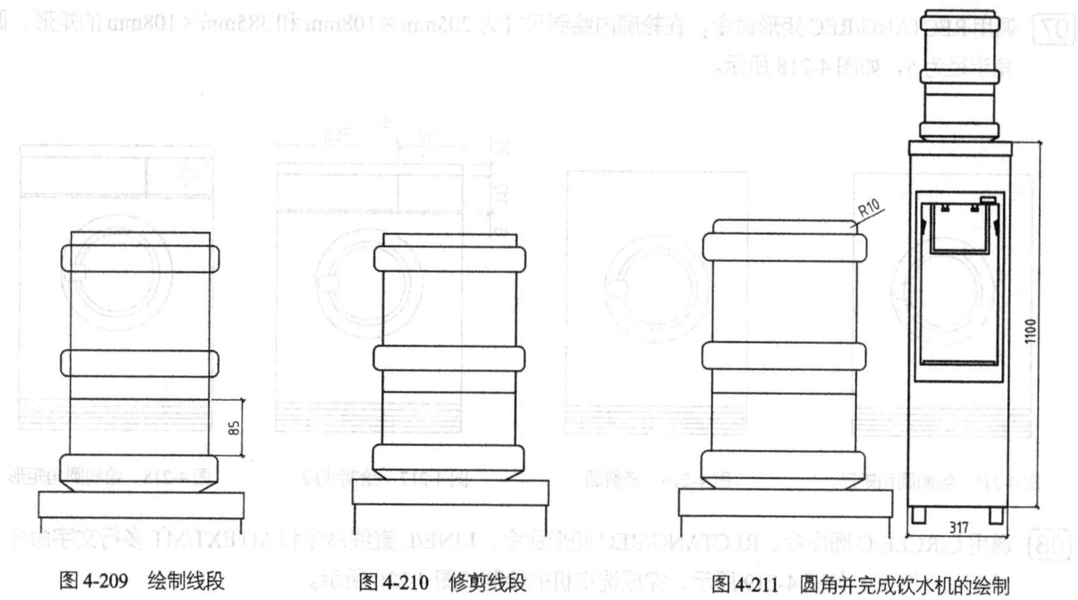

图 4-209　绘制线段　　图 4-210　修剪线段　　图 4-211　圆角并完成饮水机的绘制

060 绘制洗衣机

视频文件：MP4\第 4 章\060.MP4

洗衣机需要放置在干燥的地方。本实例介绍滚筒洗衣机立面图的绘制方法和操作技巧。

01 调用 RECTANG/REC 矩形命令，绘制尺寸为 600mm×850mm 的矩形，如图 4-212 所示。

02 调用 EXPLODE/X 分解命令和 OFFSET/O 偏移命令，设置偏移距离为 20mm，偏移矩形下边线段 5 次，绘制洗衣机的底座，如图 4-213 所示。

03 调用 CIRCLE/C 圆命令，在矩形中绘制半径分别为 115mm、133mm 和 173mm 的同心圆，如图 4-214 所示。

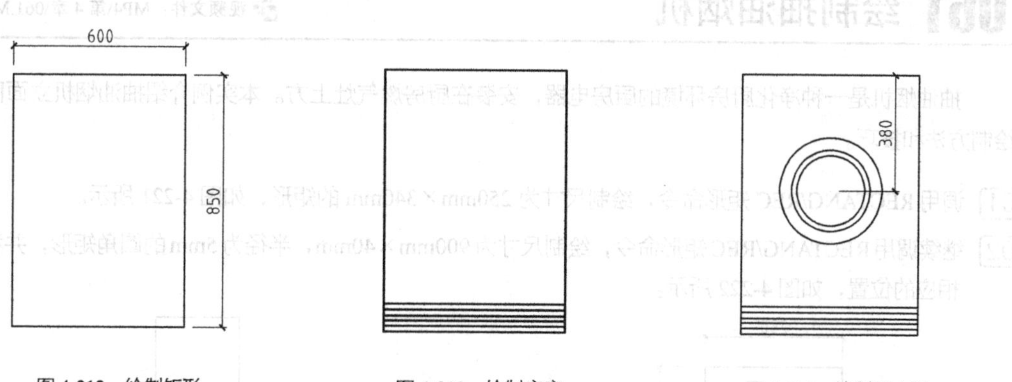

图 4-212　绘制矩形　　图 4-213　绘制底座　　图 4-214　绘制同心圆

04 调用 RECTANG/REC 矩形命令，绘制尺寸为 65mm×50mm，圆角半径为 15mm 的圆角矩形，如图 4-215 所示。

05 调用 TRIM/TR 修剪命令，对圆与圆角矩形相交的位置进行修剪，如图 4-216 所示。

06 调用 LINE/L 直线命令和 OFFSET/O 偏移命令，绘制洗衣机上方的基本轮廓，如图 4-217 所示。

07 调用 RECTANG/REC 矩形命令，在轮廓内绘制尺寸为 205mm×108mm 和 385mm×108mm 的矩形，圆角半径为 5，如图 4-218 所示。

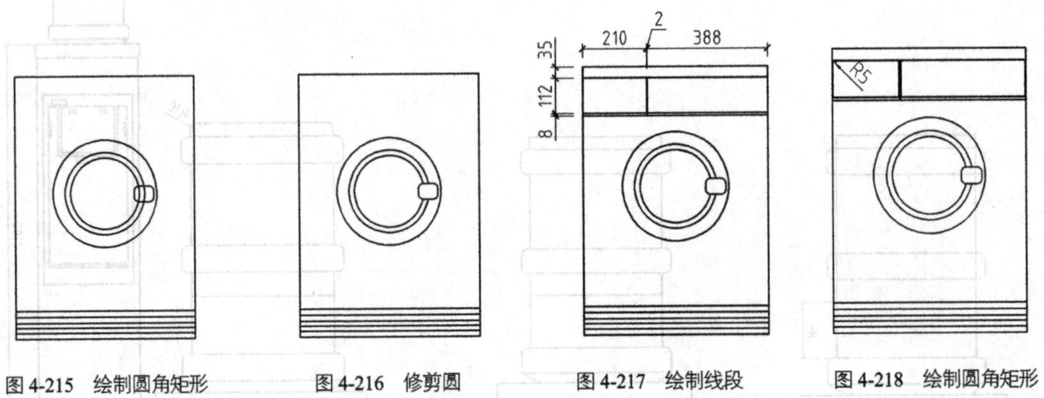

图 4-215 绘制圆角矩形　图 4-216 修剪圆　图 4-217 绘制线段　图 4-218 绘制圆角矩形

08 调用 CIRCLE/C 圆命令、RECTANG/REC 矩形命令、LINE/L 直线命令和 MTEXT/MT 多行文字命令，绘制其他图形，如图 4-219 所示，完成洗衣机的绘制如图 4-220 所示。

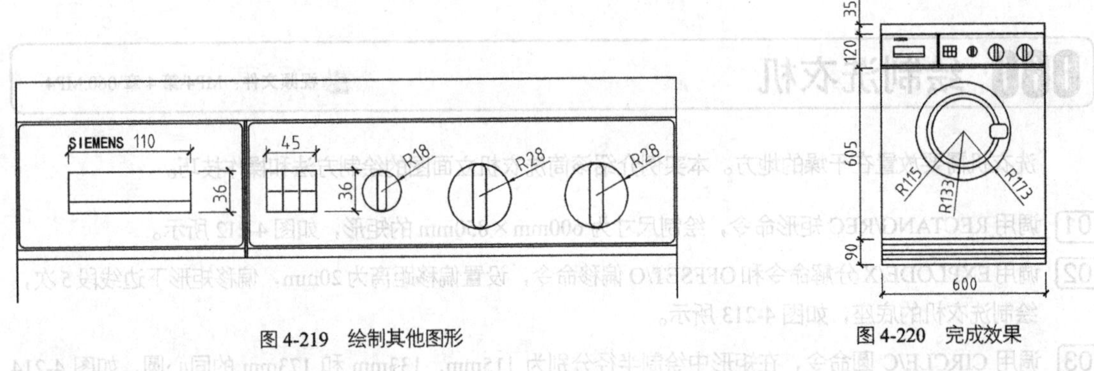

图 4-219 绘制其他图形　图 4-220 完成效果

061 绘制抽油烟机

视频文件：MP4\第 4 章\061.MP4

抽油烟机是一种净化厨房环境的厨房电器，安装在厨房燃气灶上方。本实例介绍抽油烟机立面图例的绘制方法和技巧。

01 调用 RECTANG/REC 矩形命令，绘制尺寸为 250mm×340mm 的矩形，如图 4-221 所示。

02 继续调用 RECTANG/REC 矩形命令，绘制尺寸为 900mm×40mm，半径为 5mm 的圆角矩形，并移动到相应的位置，如图 4-222 所示。

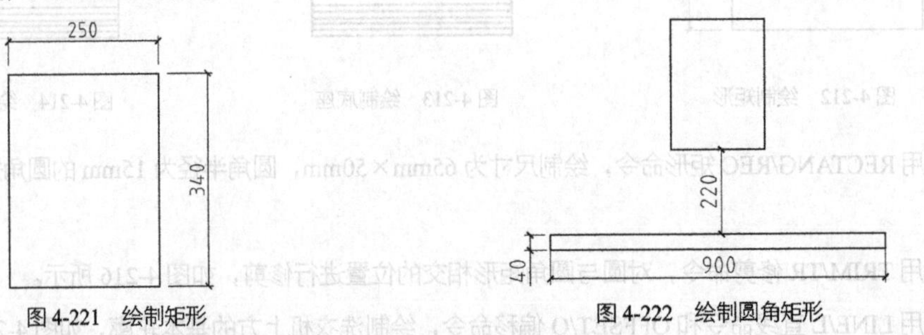

图 4-221 绘制矩形　图 4-222 绘制圆角矩形

03 调用 LINE/L 直线命令，绘制线段连接两个矩形，如图 4-223 所示。

04 继续调用 LINE/L 直线命令，绘制如图 4-224 所示线段。

05 调用 HATCH/H 图案填充命令，在线段内填充 PLAST 图案，填充结果如图 4-225 所示，完成抽油烟机的绘制。

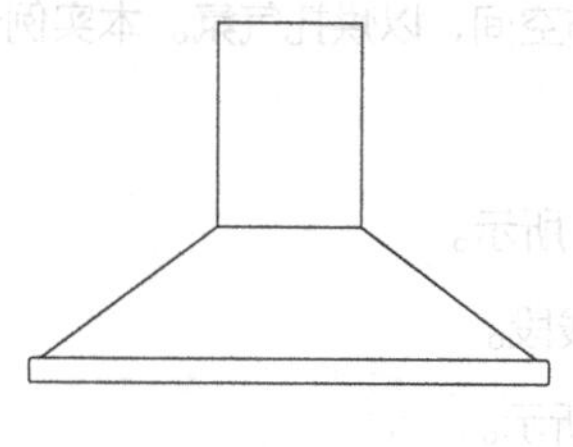
图 4-223　绘制线段

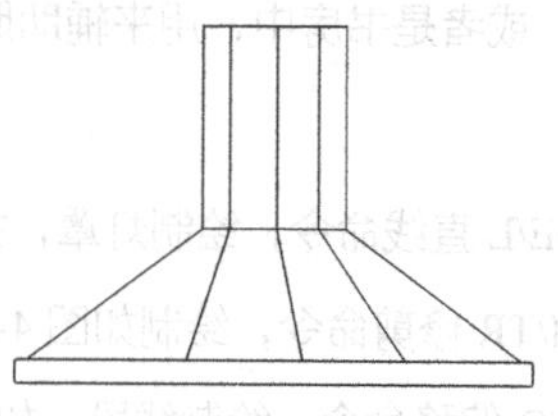
图 4-224　绘制线段

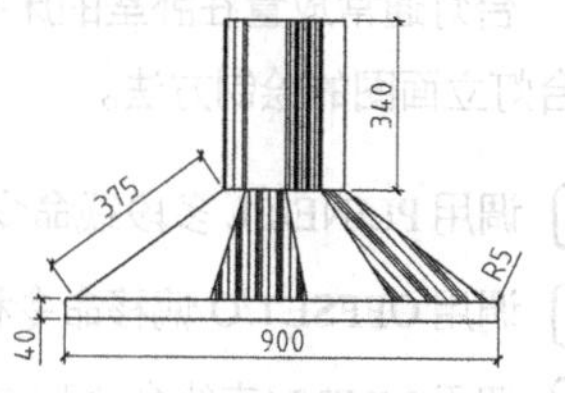

图 4-225　填充图案

062 绘制液晶显示器

视频文件：MP4\第 4 章\062.MP4

液晶显示器可视面积大，拥有较高精细的画质。本实例介绍液晶显示器立面图的绘制方法与技巧。

01 调用 RECTANG/REC 矩形命令，绘制尺寸为 400mm×360mm 的矩形，如图 4-226 所示。

02 调用 OFFSET/O 偏移命令，偏移矩形，偏移的距离分别为 40mm 和 5mm，如图 4-227 所示。

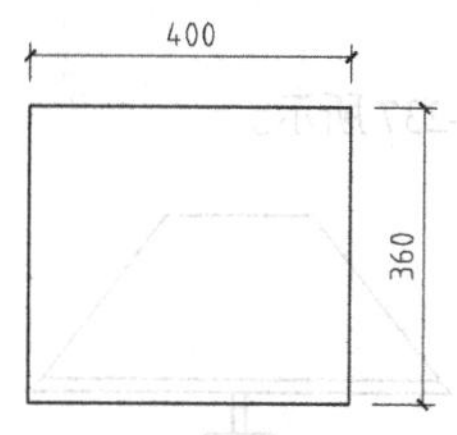

图 4-226　绘制矩形

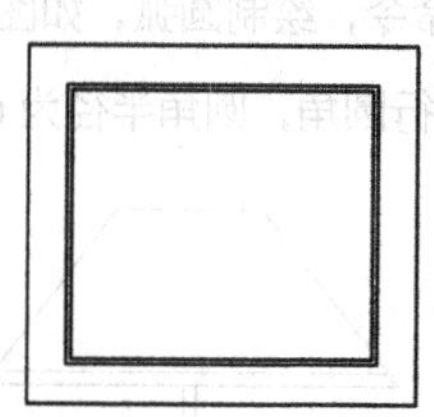
图 4-227　偏移矩形

图 4-228　连接交角处

03 调用 LINE/L 直线命令，将内侧显示屏区的轮廓线的交角处连接起来，如图 4-228 所示。

04 调用 RECTANG/REC 矩形命令和 MOVE/M 移动命令，绘制显示器的矩形底座，如图 4-229 所示。

05 调用 ARC/A 圆弧命令，绘制底座的弧线造型如图 4-230 所示。

06 调用 CIRCLE/C 圆命令，绘制显示屏的由多个大小不同的圆形构成的调节按钮如图 4-231 所示，完成显示器的绘制。

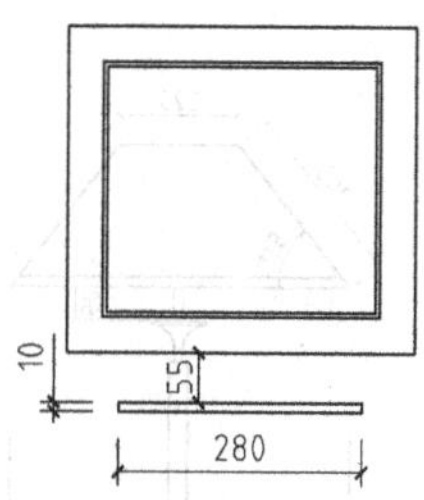

图 4-229　绘制矩形底座

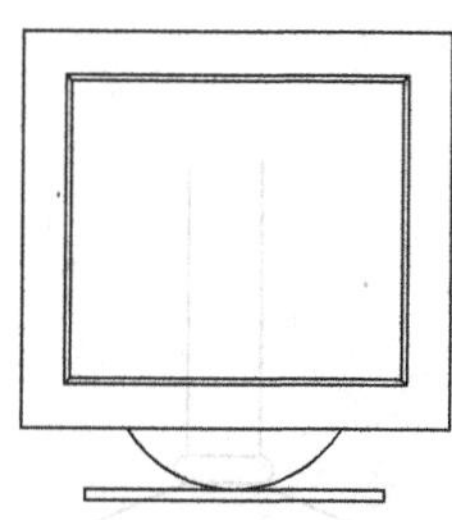
图 4-230　绘制弧线

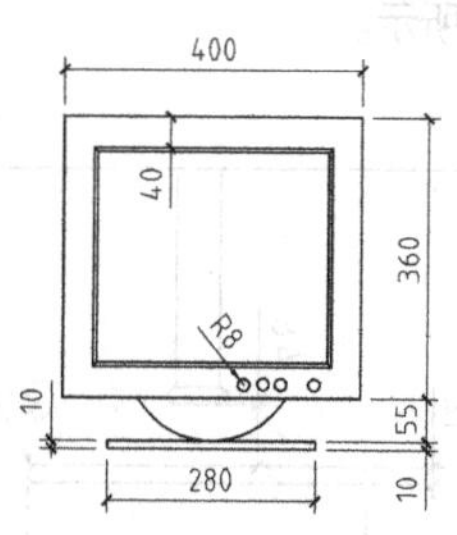

图 4-231　绘制调节按钮

063 绘制台灯

视频文件：MP4\第 4 章\063.MP4

台灯通常放置在卧室的床头柜上，或者是书房中，用来辅助照明或装饰空间，以烘托气氛。本实例介绍台灯立面图的绘制方法。

01 调用 PLINE/PL 多段线命令和 LINE/L 直线命令，绘制灯罩，如图 4-232 所示。

02 调用 OFFSET/O 偏移命令和 TRIM/TR 修剪命令，绘制如图 4-233 所示线段。

03 调用 LINE/L 直线命令和 OFFSET/O 偏移命令，绘制线段，如图 4-234 所示。

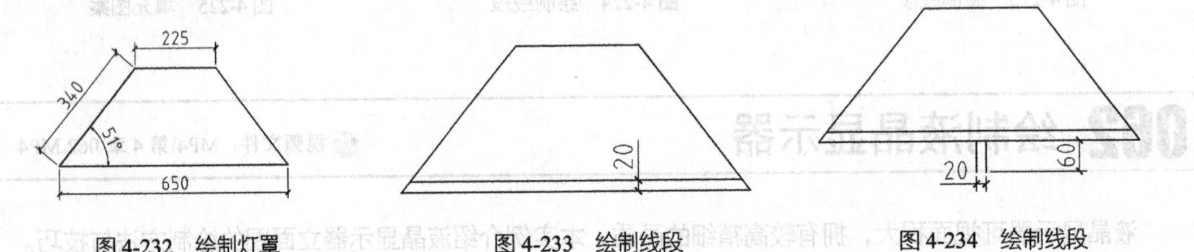

图 4-232 绘制灯罩　　图 4-233 绘制线段　　图 4-234 绘制线段

04 调用 RECTANG/REC 矩形命令，绘制尺寸为 105mm×7mm，圆角半径为 3.5mm 的圆角矩形，并移动到相应的位置，如图 4-235 所示。

05 调用 ARC/A 圆弧命令和 LINE/L 直线命令，绘制圆弧，如图 4-236 所示。

06 调用 FILLET/F 圆角命令，对多段线进行圆角，圆角半径为 6mm，如图 4-237 所示。

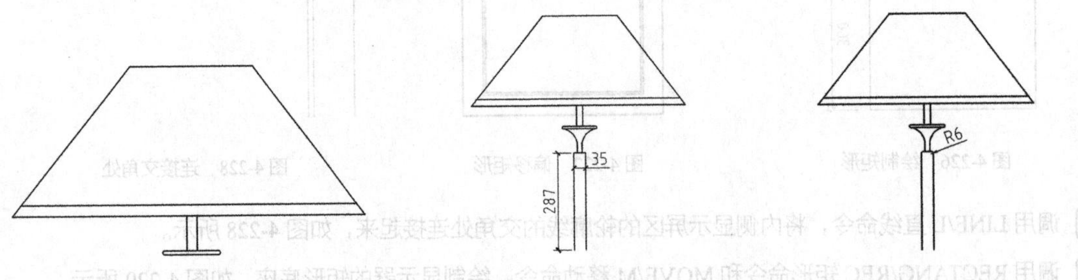

图 4-235 绘制圆角矩形　　图 4-236 绘制圆弧　　图 4-237 圆角

07 绘制底座。调用 RECTANG/REC 矩形命令，在多段线下方绘制圆角矩形，如图 4-238 所示。

08 调用 LINE/L 直线命令，绘制线段连接圆角矩形，如图 4-239 所示。台灯立面图绘制完成，如图 4-240 所示。

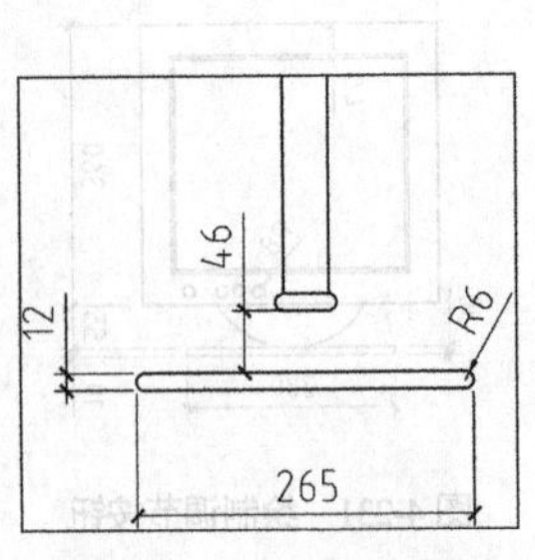

图 4-238 绘制圆角矩形

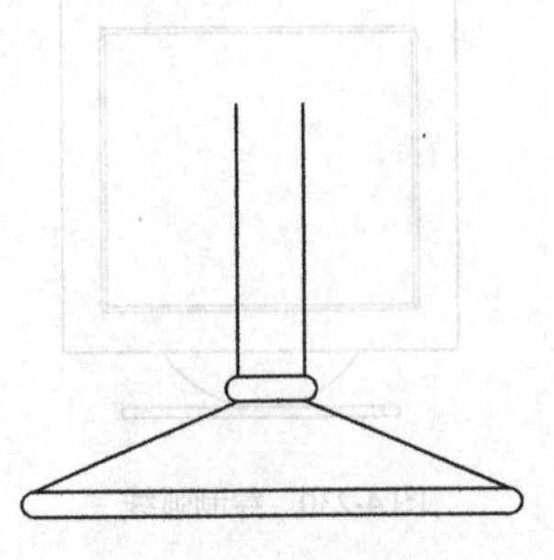

图 4-239 绘制线段

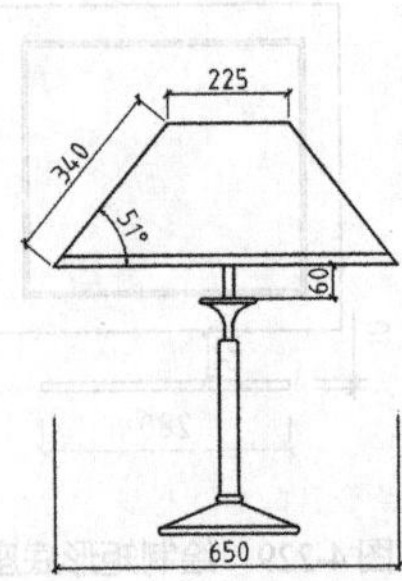

图 4-240 完成效果

064 绘制沙发背景墙

视频文件：MP4\第 4 章\064.MP4

沙发通常放置在客厅，沙发背景墙会起到装饰空间，烘托气氛的作用。本实例介绍沙发背景墙立面图的绘制方法。

01 调用 RECTANG/REC 矩形命令，绘制尺寸为 1350mm×350mm 的矩形，并调用 EXPLODE/X 分解命令，对其进行分解，如图 4-241 所示。

02 调用 DIVIDE/DIV 定数等分命令，将该矩形分成 3 等份，并调用 LINE/L 直线命令，绘制等分线，作为沙发靠背，如图 4-242 所示。

图 4-241　绘制矩形

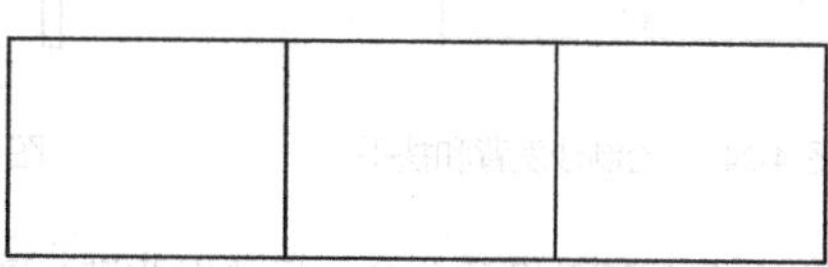

图 4-242　等分矩形

03 调用 RECTANG/REC 矩形命令，绘制尺寸为 400mm×150mm 的矩形，作为沙发扶手，如图 4-243 所示。

04 调用 MIRROR/MI 镜像命令，将沙发扶手进行镜像。并调用 RECTANG/REC 矩形命令，绘制尺寸为 1350mm×120mm 的两个相同的矩形，作为沙发坐垫，如图 4-244 所示。

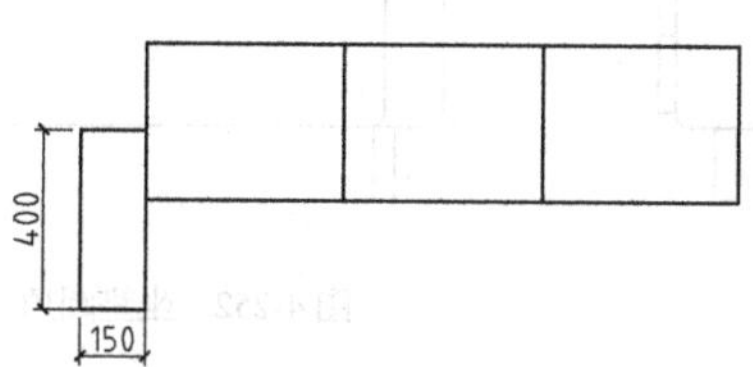

图 4-243　绘制沙发扶手

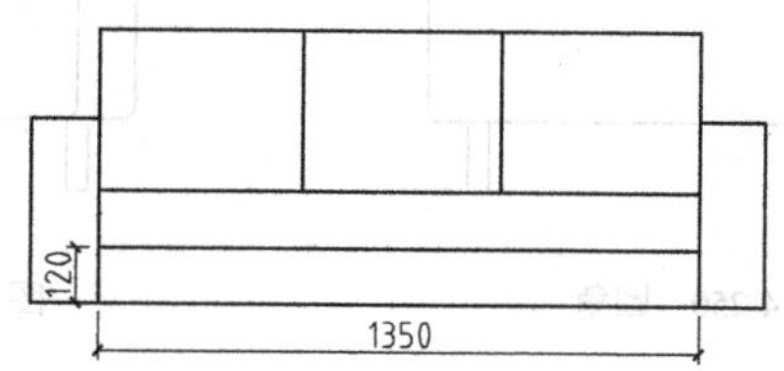

图 4-244　绘制沙发坐垫

05 调用 RECTANG/REC 矩形命令，绘制尺寸为 100mm×30mm 的矩形，作为沙发脚。并调用 COPY/CO 复制命令，进行复制，调用 PLINE/PL 多段线命令，绘制多段线，效果如图 4-245 所示。

06 调用OFFSET/O 偏移命令，偏移直线，设置偏移距离为 5mm，将直线左右偏移，调用FILLET/F 圆角命令，对沙发进行圆角，圆角半径为 60mm，最后调用 LINE/L 直线命令，完善图形，并删除多余线段，如图 4-246 所示。

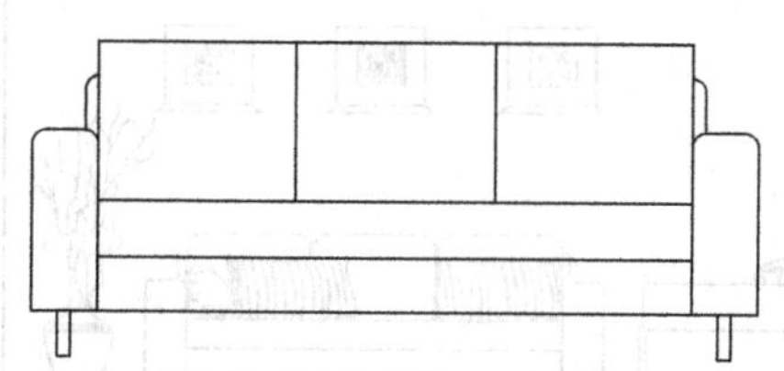

图 4-245　绘制多段线

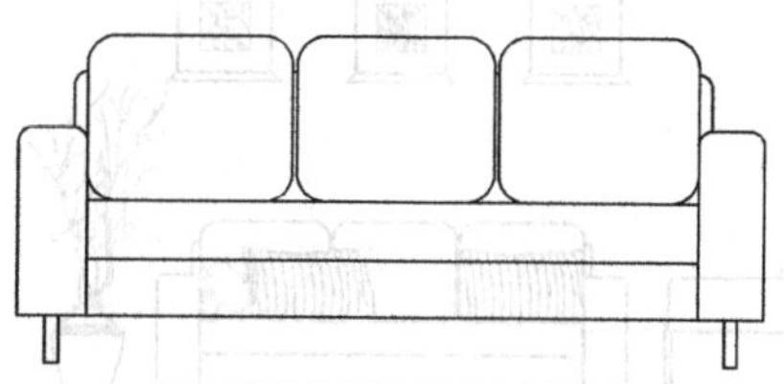

图 4-246　圆角

07 绘制沙发测面。调用 RECTANG/REC 矩形命令，绘制尺寸为 520mm×200mm 和 400mm×660mm 的两

个矩形，如图 4-247 所示。

08 调用 RECTANG/REC 矩形命令，绘制尺寸为 100mm×30mm，作为沙发脚。并调用 TRIM/TR 命令，修建图形，如图 4-248 所示。

09 调用 EXPLODE/X 分解命令，将图形进行分解。并调用 OFFSET/O 偏移命令，将沙发扶手进行偏移，如图 4-249 所示。

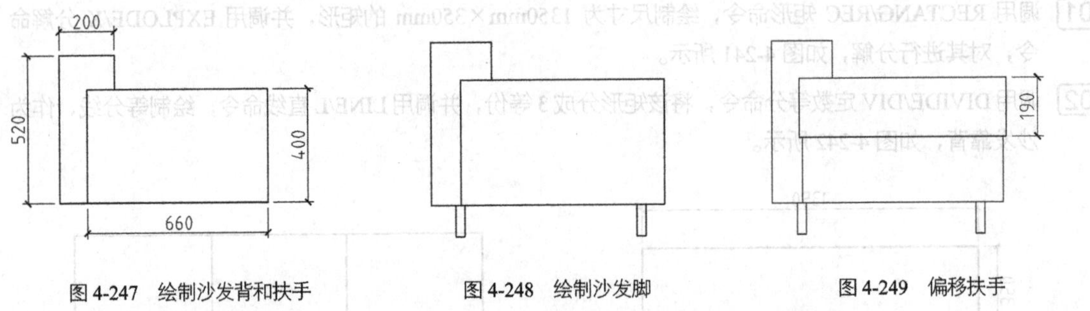

图 4-247　绘制沙发背和扶手　　图 4-248　绘制沙发脚　　图 4-249　偏移扶手

10 调用 FILLET/F 圆角命令，将沙发背进行圆角，圆角半径为 60mm，如图 4-250 所示。

11 调用 OFFSET/O 偏移命令，绘制沙发坐垫，如图 4-251 所示。

12 调用 FILLET/F 圆角命令，将沙发坐垫进行圆角，圆角半径为 30mm，如图 4-252 所示。

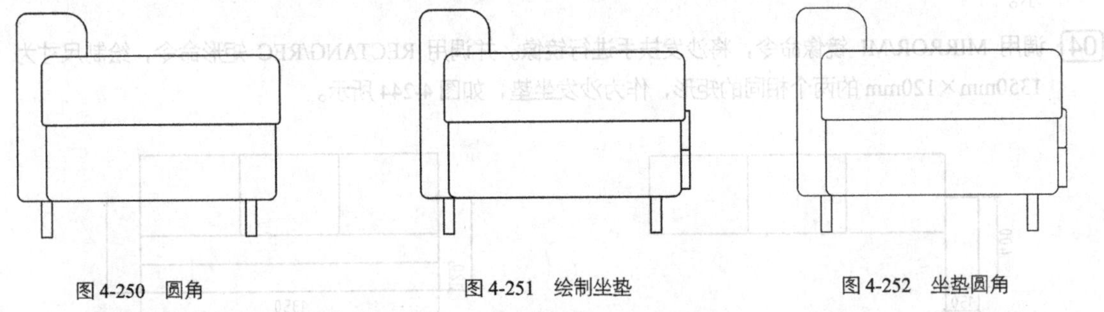

图 4-250　圆角　　图 4-251　绘制坐垫　　图 4-252　坐垫圆角

13 打开图块，可以插入沙发靠垫和一些陈设品，如图 4-253 所示。

14 调用 OFFSET/O 偏移命令，将地平线向上偏移 2600mm，绘制墙体，沙发背景墙绘制完毕，如图 4-254 所示。

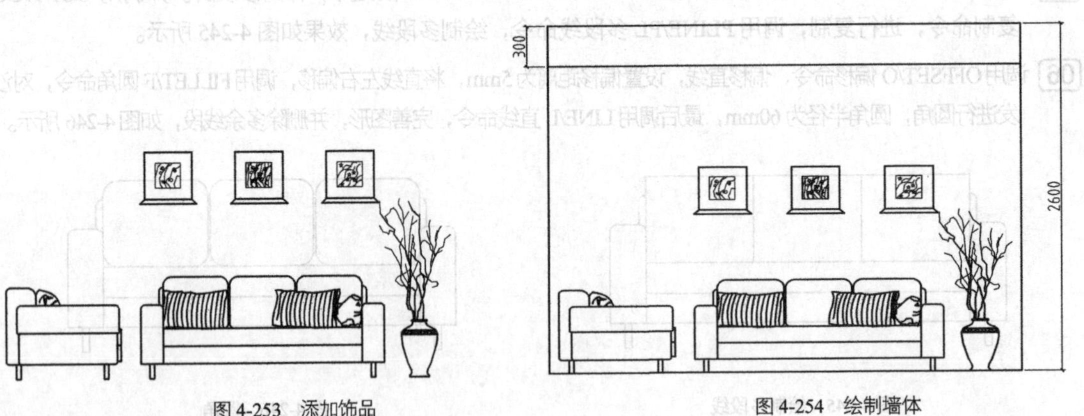

图 4-253　添加饰品　　图 4-254　绘制墙体

第 5 章

现代风格小户型室内设计

现代风格重视功能和空间组织，注重发挥结构本身的形式美，造型简洁，反对多余装饰；崇尚合理的构成工艺，关注材料的性能；讲究材料自身的质地和色彩的配置效果。本章通过一居室现代风格的小户型实例，讲解使用 AutoCAD 进行现代风格小户型家装设计的方法。

065 绘制小户型原始户型图

视频文件：MP4\第 5 章\065.MP4

原始户型图由墙体、预留门洞、窗、柱子和尺寸标注等图形元素组成。墙体是原始户型图的主体，同时也是住宅各功能空间划分的主要依据。本例介绍小户型原始户型图的绘制。

1. 绘制小户型轴网

使用轴网可以轻松定位墙体的位置。如图 5-1 所示为本例小户型轴网，下面介绍其绘制方法。

01 启动 AutoCAD 2022，以“室内装潢施工图模板.dwt”创建新图形。

02 在“默认”选项卡“图层”面板中，选择“ZX_轴线” 图层为当前图层，如图 5-2 所示。

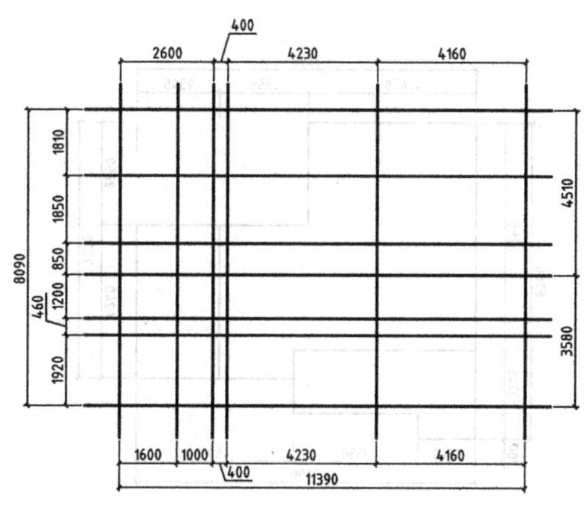

图 5-1 轴网图形

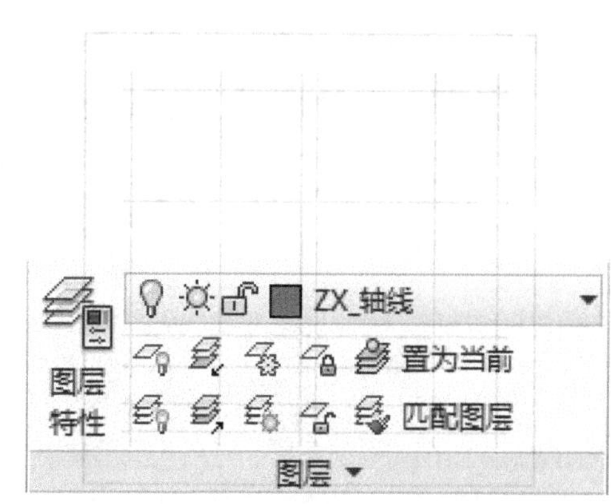

图 5-2 选择图层

03 调用 LINE/L 直线命令，在图形窗口中绘制长度为 10000mm（略大于住宅平面最大宽度）的水平线段，确定水平方向尺寸范围，如图 5-3 所示。

04 继续调用 LINE/L 直线命令，在水平线段左侧绘制一条长约 10000 的垂直线段，确定垂直方向尺寸范围，结果如图 5-4 所示。

图 5-3 绘制水平线段　　图 5-4 绘制垂直线段

05 调用 OFFSET/O 偏移命令，偏移水平和垂直轴线，效果如图 5-5 所示。

06 在“默认”选项卡“注释”面板中，选择“室内标注样式”为当前标注样式，如图 5-6 所示。

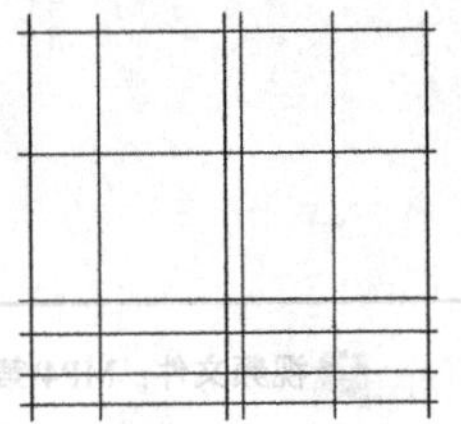

图 5-5 偏移轴线

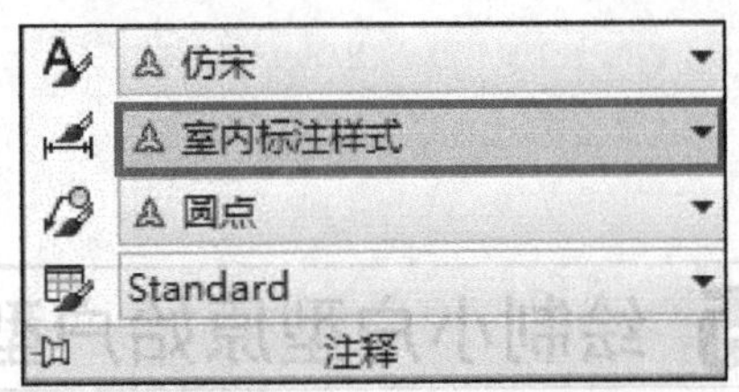

图 5-6 设置当前标注样式

07 在状态栏右侧设置当前注释比例为 1：100，设置“BZ_标注”图层为当前图层，如图 5-7 所示。

图 5-7 设置注释比例

08 调用 RECTANG/REC 矩形命令，绘制一个比图形稍大的矩形，效果如图 5-8 所示。

09 调用 DIM 命令标注尺寸，然后删除前面绘制的矩形，结果如图 5-1 所示。

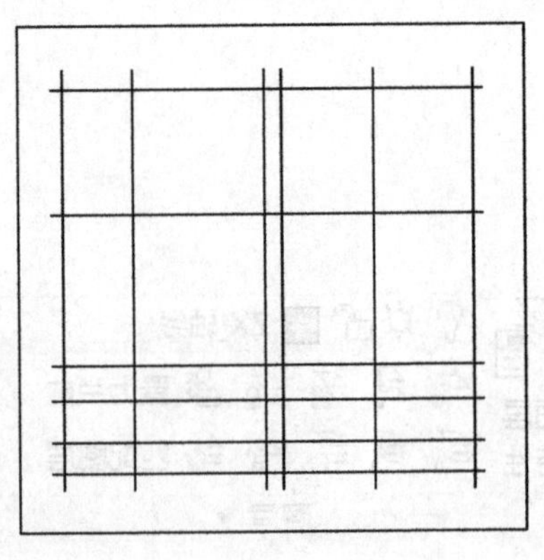

图 5-8 绘制矩形

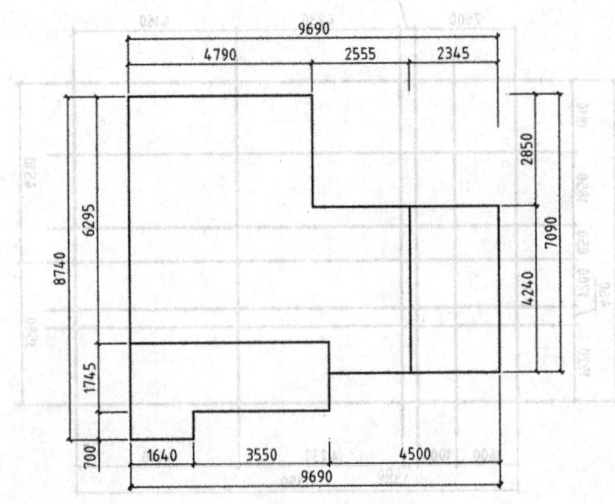

图 5-9 修剪后的轴线

10 绘制的轴网需要修剪成墙体结构，以方便将来使用“多线”命令绘制墙体图形。修剪轴线可使用 TRIM 命令，也可使用拉伸夹点法，轴线修剪后的效果如图 5-9 所示。由于使用拉伸夹点法相对更为简单，这里就采用此种方法进行修剪。

11 选择最左侧的垂直线段，如图 5-10a 所示。单击选择线段上端的夹点，垂直向下移动光标到尺寸为 6925 的轴线位置，当出现“交点”捕捉标记时单击，如图 5-10b 所示，确定线段端点位置，结果如图 5-10c 所示。

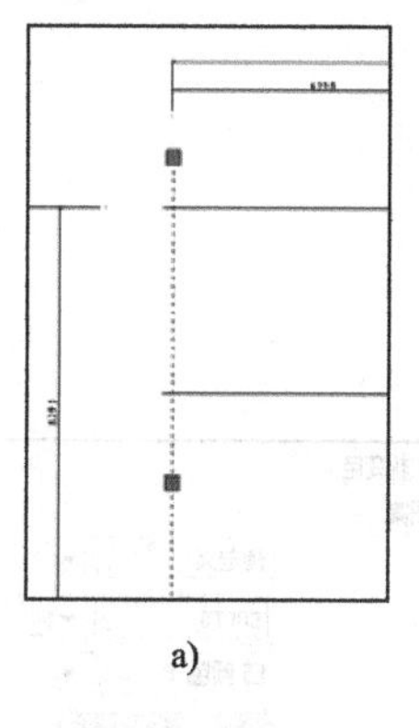
a)

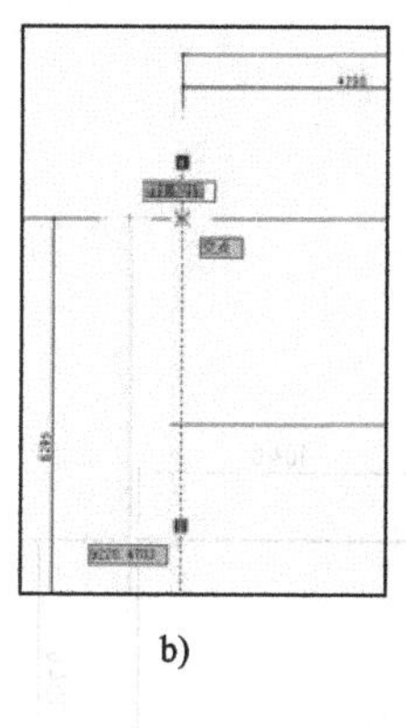
b)

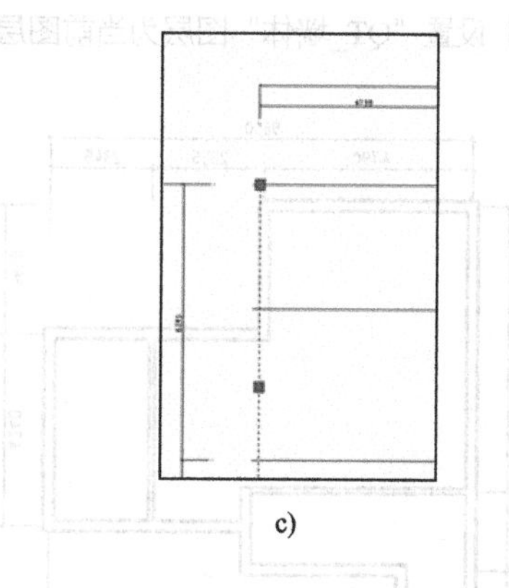
c)

图 5-10 修剪线段

12 使用拉伸夹点法修剪轴线，完成后的效果如图 5-9 所示。

13 设置“QT_墙体”图层为当前图层。

14 调用 MLINE/ML 多线命令，设置比例为 240，对正为“无”，绘制外墙线，效果如图 5-11 所示。

15 继续调用 MLINE/ML 多线命令绘制其他墙体，如图 5-12 所示。

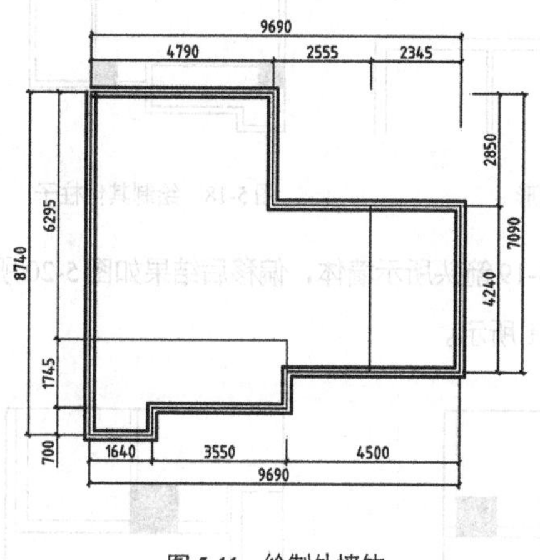

图 5-11 绘制外墙体

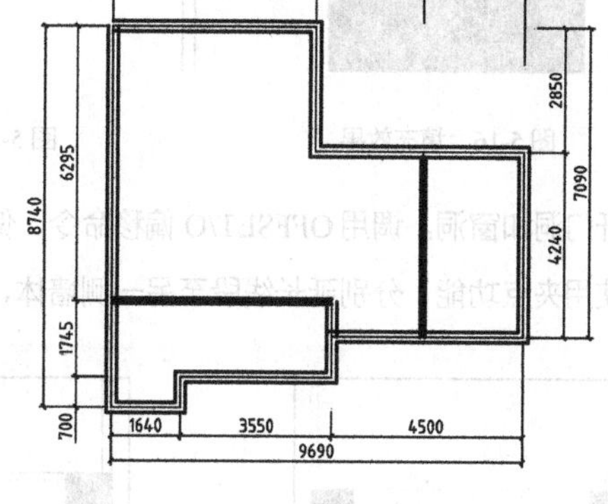

图 5-12 绘制其他墙体

16 初步绘制的墙体线还需要经过修剪才能得到理想的效果。在修剪墙体线之前，必须将多线分解，才能对其进行修剪。

17 隐藏“ZX_轴线”图层，以便于修剪操作。

18 调用 EXPLODE/X 分解命令分解多线。

19 调用 TRIM/TR 修剪命令和 CHAMFER/CHA 倒角命令，对墙体进行修剪，修剪结果如图 5-13 所示。

20 建立新图层，命名为“ZZ_柱子”，颜色选取灰色，并设置为当前图层。

21 单击【绘图】面板的【矩形】按钮，在任意位置绘制边长为 1040mm 的矩形，如图 5-14 所示。

22 调用 HATCH/H 图案填充命令，再在命令行中输入 T 命令，在弹出的【图案填充和渐变色】对话框内设置参数，对柱子内填充 SOLID 图案，参数设置如图 5-15 所示，结果如图 5-16 所示。

23 调用 MOVE/M 移动命令，将矩形移到墙体位置，效果如图 5-17 所示。

24 使用相同的方法绘制其他柱子，效果如图 5-18 所示。

25 设置“QT_墙体”图层为当前图层。

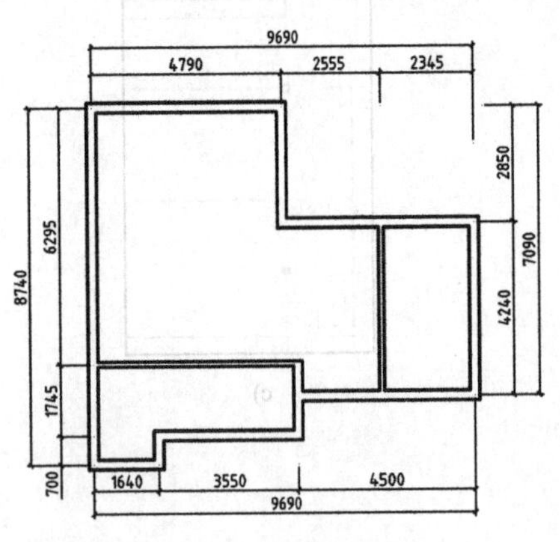

图 5-13　修剪后的墙体

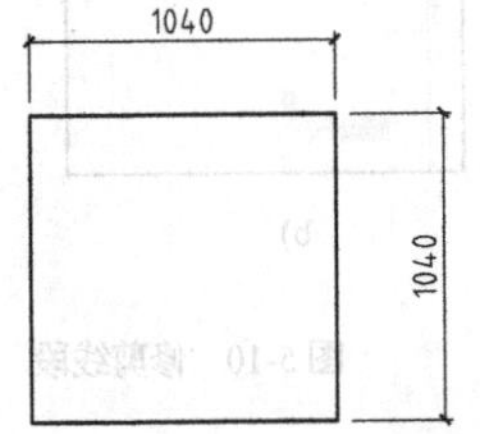

1040

1040

图 5-14　绘制柱子轮廓

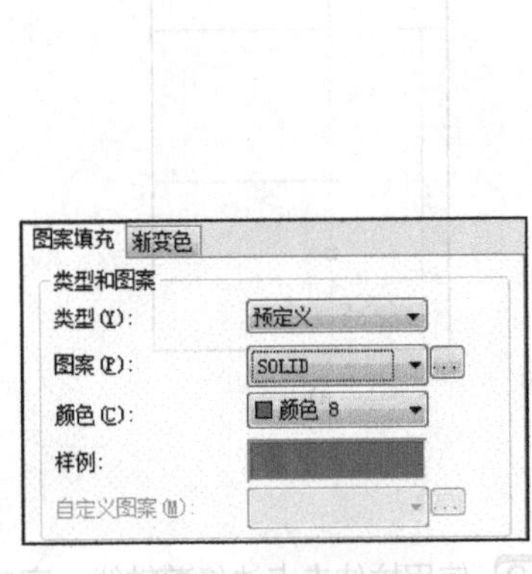

图 5-15　填充参数设置

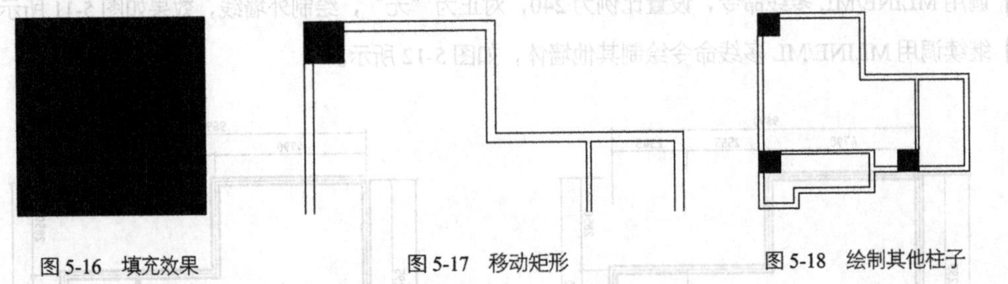

图 5-16　填充效果

图 5-17　移动矩形

图 5-18　绘制其他柱子

26 开门洞和窗洞。调用 OFFSET/O 偏移命令，偏移如图 5-19 箭头所示墙体，偏移后结果如图 5-20 所示。

27 使用夹点功能，分别延长线段至另一侧墙体，如图 5-21 所示。

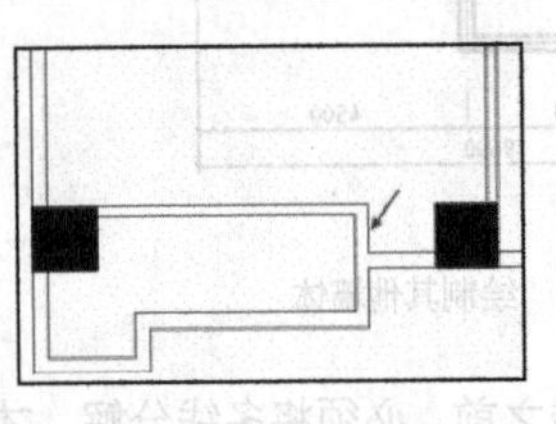

图 5-19　指定偏移墙体

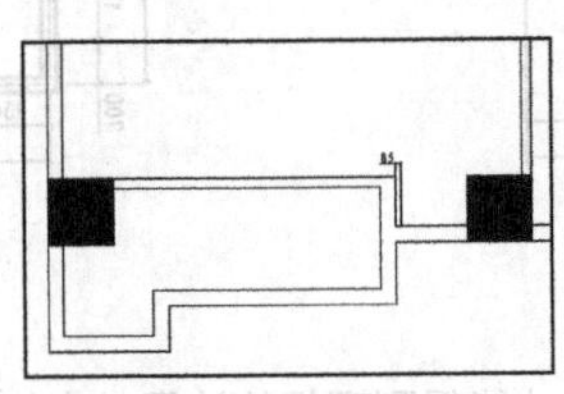

图 5-20　偏移线段

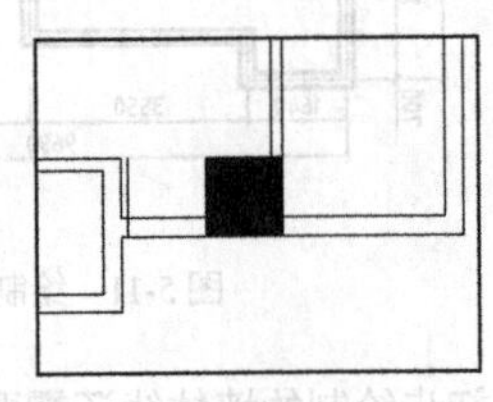

图 5-21　延长线段

28 调用 TRIM/TR 修剪命令，修剪出门洞，效果如图 5-22 所示。

29 使用同样的方法绘制其他门洞和窗洞，效果如图 5-23 所示。

30 设置“M_门”图层为当前图层。

31 调用 INSERT/I 插入命令，打开“插入”对话框，如图 5-24 所示，在“名称”栏中选择“门(1000)”，设置“X”轴方向的缩放比例为 1.03（门宽为 1030），旋转角度为-180。单击【确定】按钮，关闭对话框，将门图块定位在如图 5-25 所示位置，门绘制完成。

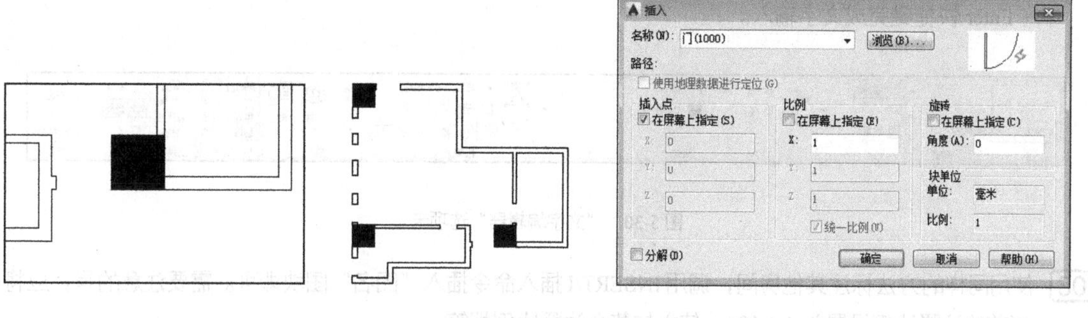

图 5-22　修剪门洞　　图 5-23　修剪门洞和窗洞　　图 5-24　“插入”对话框

2. 绘制平开窗图形

下面以绘制平开窗图形为例，介绍“窗（1000）”图块的调用方法。由于尺寸不符，在插入“窗（1000）”图块时，需要对缩放比例进行调整。在创建绘图样板时绘制的“窗（1000）”图块尺寸如图 5-26 所示。

01 设置“C_窗”图层为当前图层。

02 在命令窗口输入 I 并按 Enter 键，打开如图 5-27 所示“插入”对话框。

03 在“插入”对话框的“名称”列表中选择“窗（1000）”图块。

04 设置“X”轴方向的缩放比例为 0.72，“角度”设置为 90，如图 5-27 所示。

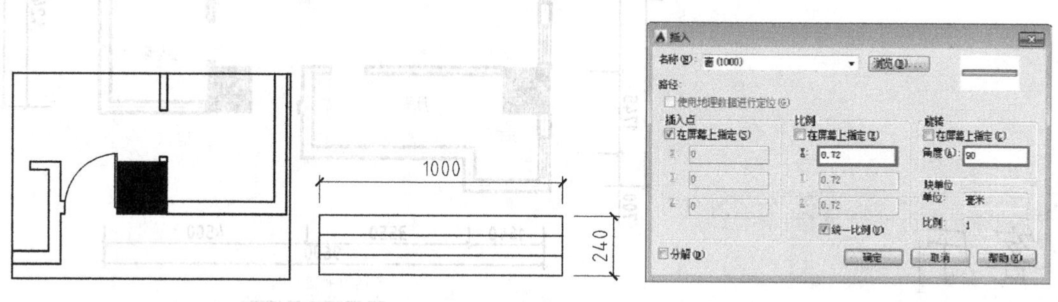

图 5-25　插入门图块　　图 5-26　窗图块　　图 5-27　“插入”对话框

05 单击【确定】按钮，关闭“插入”对话框，将窗图块定位到如图 5-28 所示位置。

06 使用同样的方法，插入窗图块到其他窗洞位置，效果如图 5-29 所示。

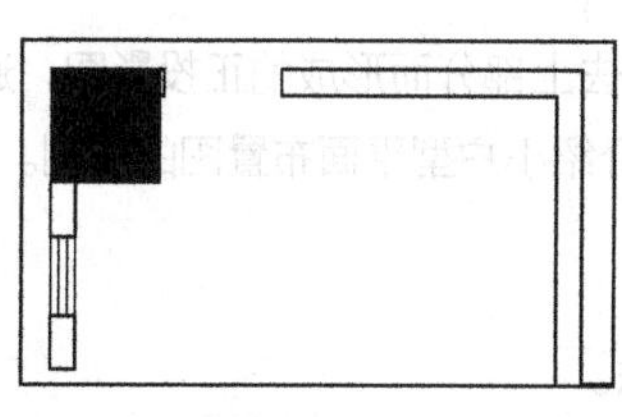

图 5-28　插入窗图块

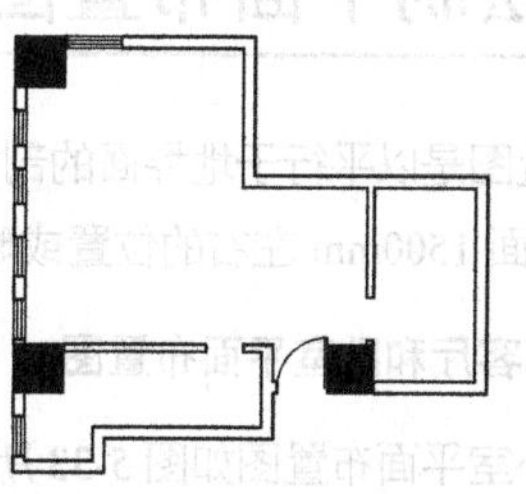

图 5-29　继续插入窗图块

07 在“默认”选项卡中，单击“注释”面板中的“多行文字”按钮 A，在需要标注文字的位置画一个框，弹出“文字编辑器”选项卡，如图 5-30 所示，输入文字内容“客厅”，如图 5-31 所示，按下 Ctrl + Enter 快捷键完成文字输入。

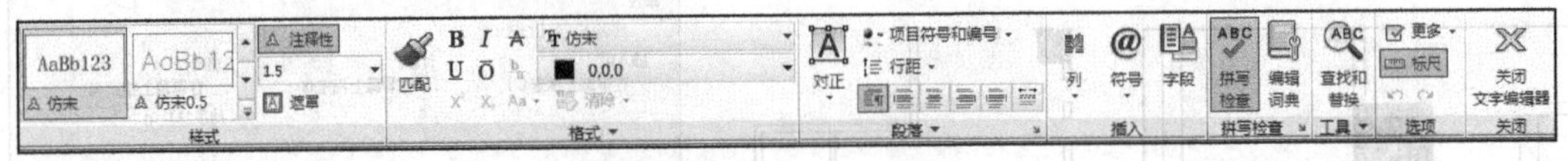

图 5-30 “文字编辑器”选项卡

08 使用同样的方法标注其他房间，调用 INSERT/I 插入命令插入“图名”图块即可。需要注意的是，应将当前的注释比例设置为 1：100，使之与整个注释比例相符。

09 最后绘制厨房的烟道和管道图形，完成小户型原始户型图的绘制，如图 5-32 所示。

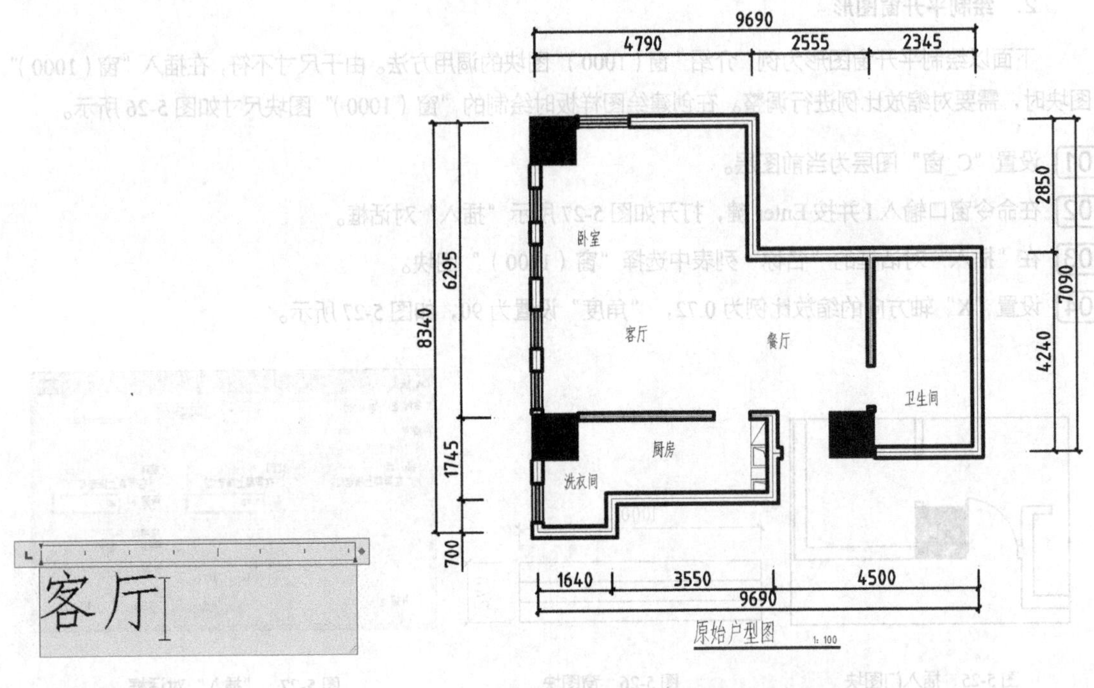

图 5-31 输入文字

图 5-32 绘制厨房的烟道和管道

066 绘制平面布置图

视频文件：MP4\第 5 章\066.MP4

平面布置图是以平行于地坪面的剖切面将建筑物剖切后，移去上部分而形成的正投影图，通常剖切面选择在距地坪面 1500mm 左右的位置或略高于窗台的位置。本例介绍小户型平面布置图的绘制。

1. 绘制客厅和卧室平面布置图

客厅和卧室平面布置图如图 5-33 所示，下面介绍其绘制方法。

01 平面布置图可在原始户型图的基础上绘制，调用 COPY/CO 复制命令，复制小户型原始户型图。

02 设置“JJ_家具”图层为当前图层。

03 绘制衣柜。调用 RECTANG/REC 矩形命令、COPY/CO 复制命令，绘制衣柜轮廓，如图 5-34 所示。

04 调用 HATCH/H 图案填充命令，再在命令行中输入 T 命令，在弹出的【图案填充和渐变色】对话框内设置参数，在衣柜的上下方填充 DOLMIT 图案，填充参数和效果如图 5-35 所示。

05 调用 LINE/L 直线命令，在衣柜中绘制对角线，如图 5-36 所示。

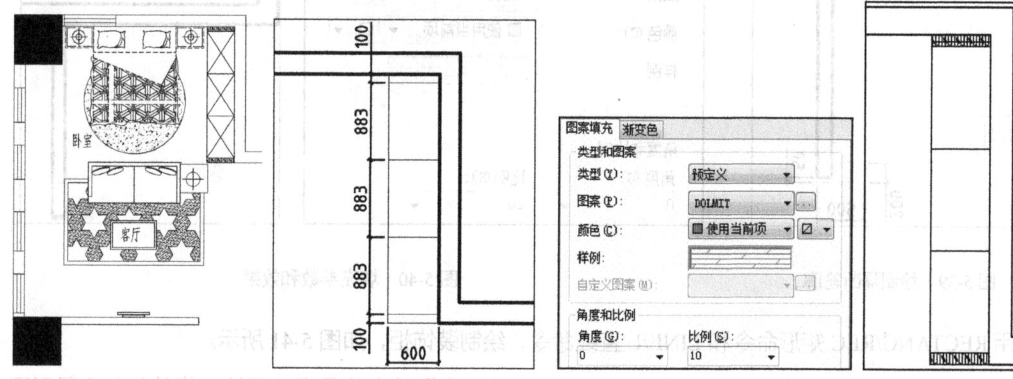

图 5-33　客厅和卧室平面布置图　　图 5-34　绘制衣柜轮廓　　图 5-35　填充参数和效果

06 插入图块。按 Ctrl+O 快捷键，打开配套素材提供的“第 05 章\家具图例.dwg”文件，选择其中的床、沙发、地毯和电视等图块，将其复制至客厅和卧室区域，结果如图 5-37 所示。完成客厅和卧室平面布置图的绘制。

2. 绘制餐厅平面布置图

餐厅平面布置图如图 5-38 所示，下面讲解操作方法。

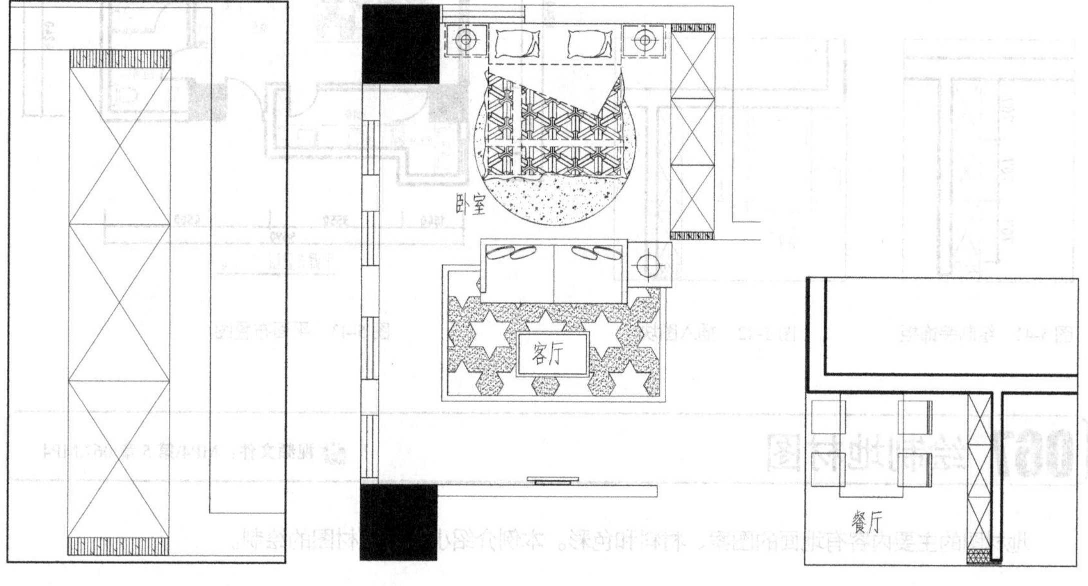

图 5-36　绘制对角线　　图 5-37　插入图块　　图 5-38　餐厅平面布置图

01 调用 PLINE/PL 多段线命令，绘制隔断轮廓，如图 5-39 所示。

02 调用 HATCH/H 图案填充命令，再在命令行中输入 T 命令，在弹出的【图案填充和渐变色】对话框内设置参数，在隔断内填充 NET3 图案，填充参数和效果如图 5-40 所示。

图 5-39　绘制隔断轮廓

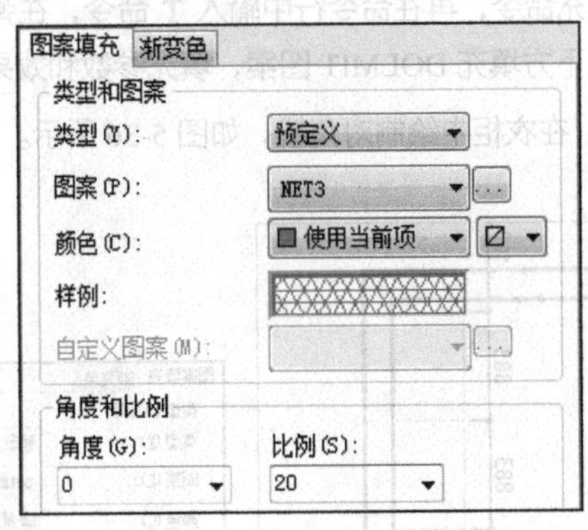

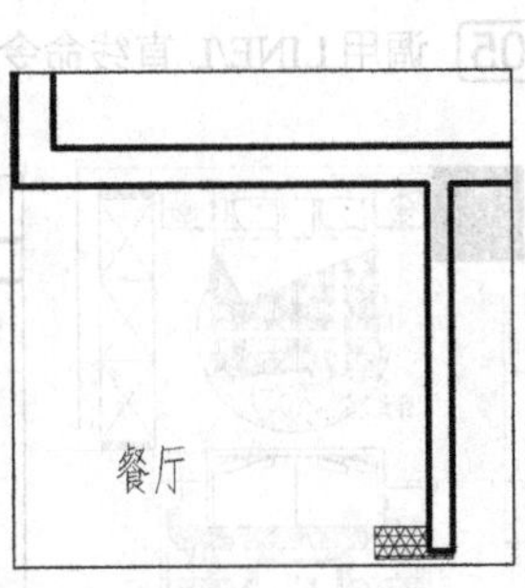

图 5-40　填充参数和效果

03 调用 RECTANG/REC 矩形命令和 LINE/L 直线命令，绘制装饰柜，如图 5-41 所示。

04 打开配套素材提供的“第 05 章\家具图例.dwg”文件，选择其中的餐桌椅图块，将其复制至餐厅区域，如图 5-42 所示。完成餐厅平面布置图的绘制，如图 5-43 所示。

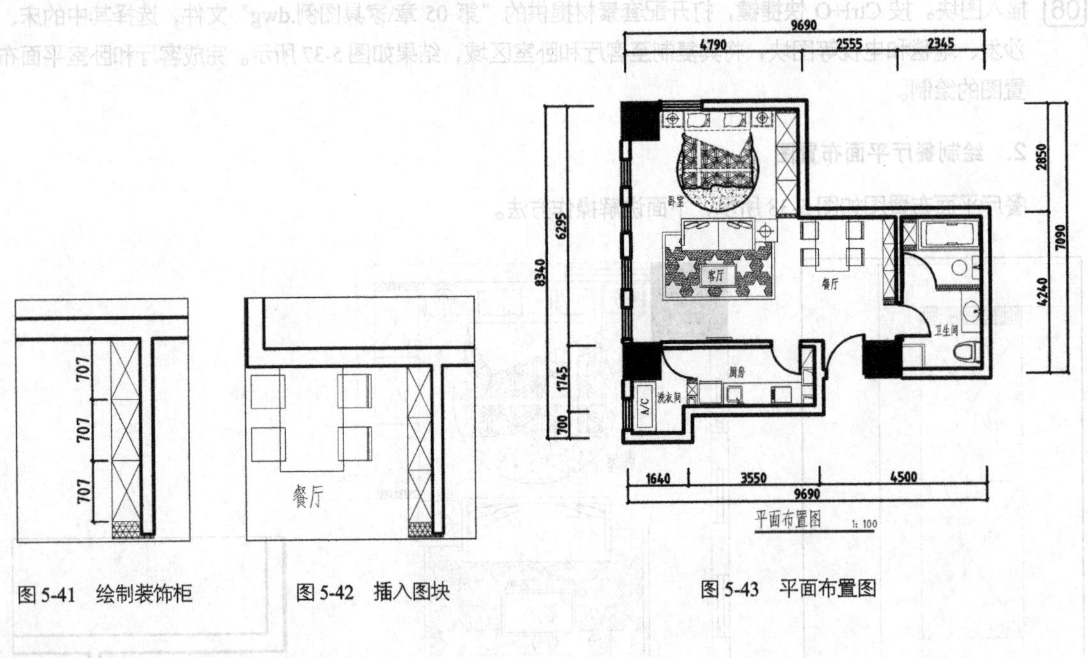

图 5-41　绘制装饰柜　　图 5-42　插入图块　　图 5-43　平面布置图

067 绘制地材图

视频文件：MP4\第 5 章\067.MP4

地材图的主要内容有地面的图案、材料和色彩。本例介绍小户型地材图的绘制。

01 复制图形。调用 COPY/CO 复制命令，复制小户型平面布置图，选择所有与地材图无关的图形（如家具和陈设），按 Delete 键将其删除，结果如图 5-44 所示。

02 设置“DM_地面”图层为当前图层。

03 绘制门槛线。调用 LINE/L 直线命令绘制门槛线，封闭填充图案区域，如图 5-45 所示。

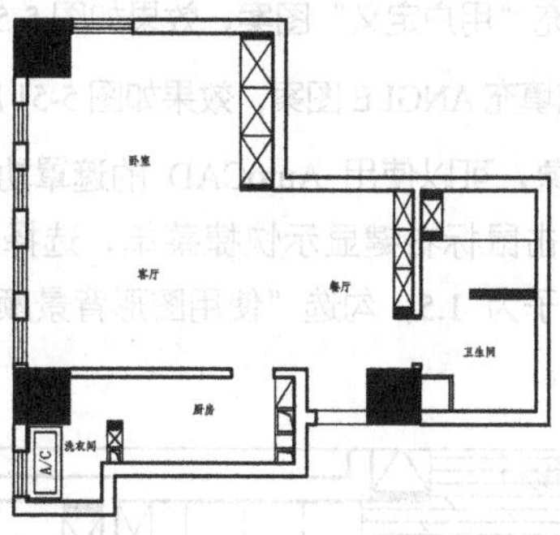

图 5-44　复制图形

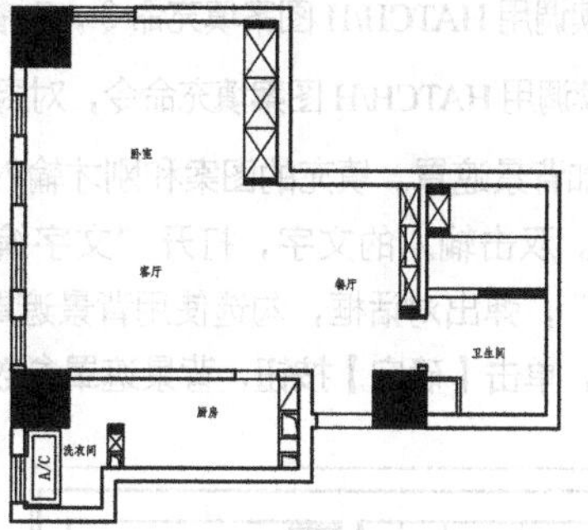

图 5-45　绘制门槛线

04 调用 LINE/L 直线命令，绘制如图 5-46 所示分界线段，表示两侧地面材质不同。

05 标注地面材料。双击“卧室”文字，打开“文字编辑器”选项卡，添加卧室地面材料名称，结果如图 5-47 所示。

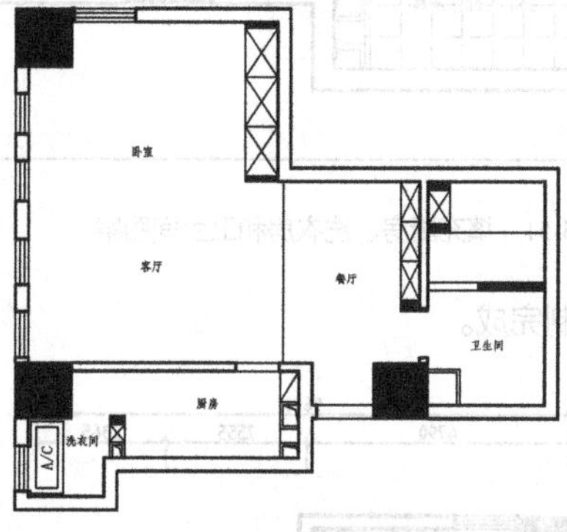

图 5-46　绘制分界线段

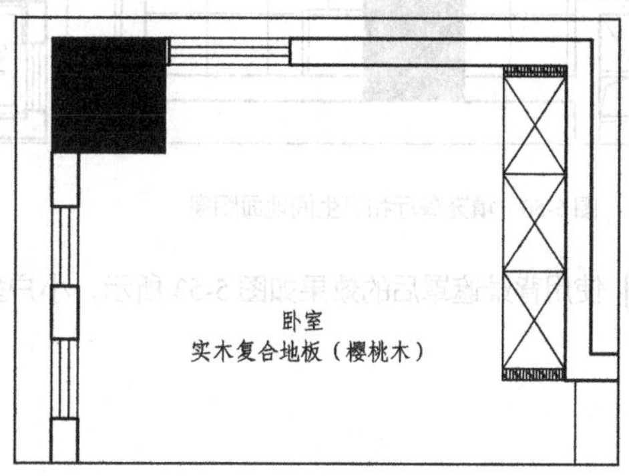

图 5-47　标注地面材料

06 使用同样的方法标注其他地面材料，效果如图 5-48 所示。

07 绘制地面材料图例。调用 HATCH/H 图案填充命令，对卧室和客厅区域填充 DOLMIT 图案，效果如图 5-49 所示。

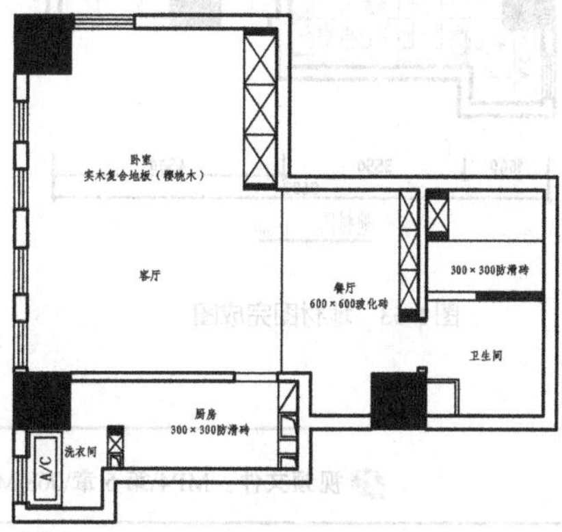

图 5-48　标注其他地面材料

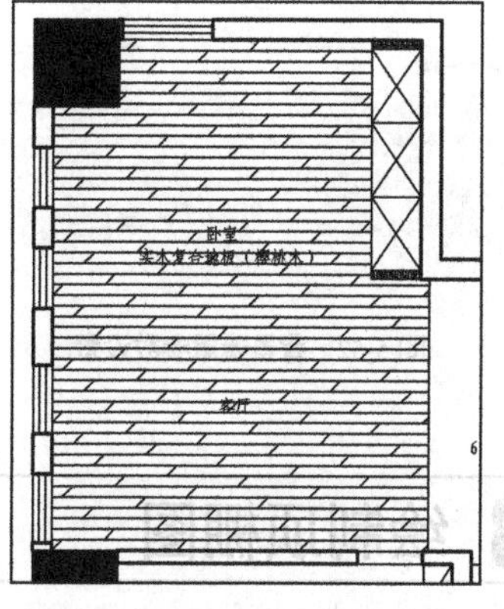

图 5-49　填充卧室和客厅地面图例

08 继续调用 HATCH/H 图案填充命令，对餐厅和卫生间区域填充“用户定义”图案，效果如图 5-50 所示。

09 继续调用 HATCH/H 图案填充命令，对厨房、洗衣房和卫生间填充 ANGLE 图案，效果如图 5-51 所示。

10 添加背景遮罩。填充的图案和刚才输入的文字有重叠的现象，可以使用 AutoCAD 的遮罩功能去除重叠。双击输入的文字，打开“文字编辑器”选项卡，单击鼠标右键显示快捷菜单，选择“背景遮罩”，弹出对话框，勾选使用背景遮罩，设置边界偏移因子为 1.5，勾选“使用图形背景颜色”复选框，单击【确定】按钮，背景遮罩参数设置如图 5-52 所示。

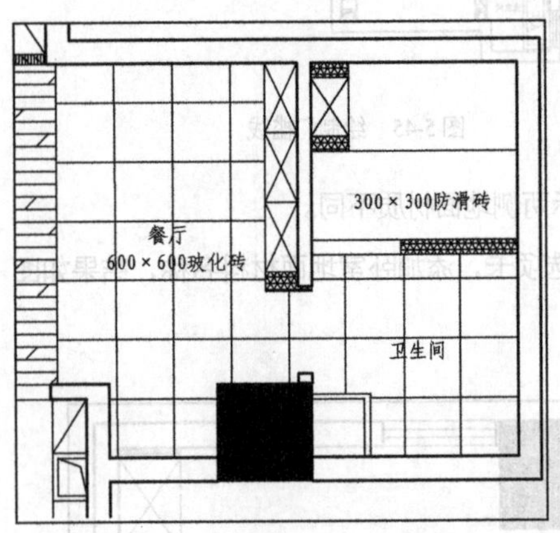

图 5-50　填充餐厅和卫生间地面图案

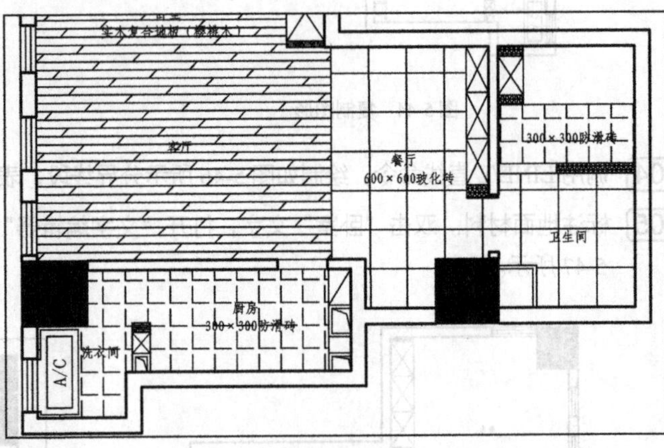

图 5-51　填充厨房、洗衣房和卫生间图案

11 使用背景遮罩后的效果如图 5-53 所示，小户型地材图绘制完成。

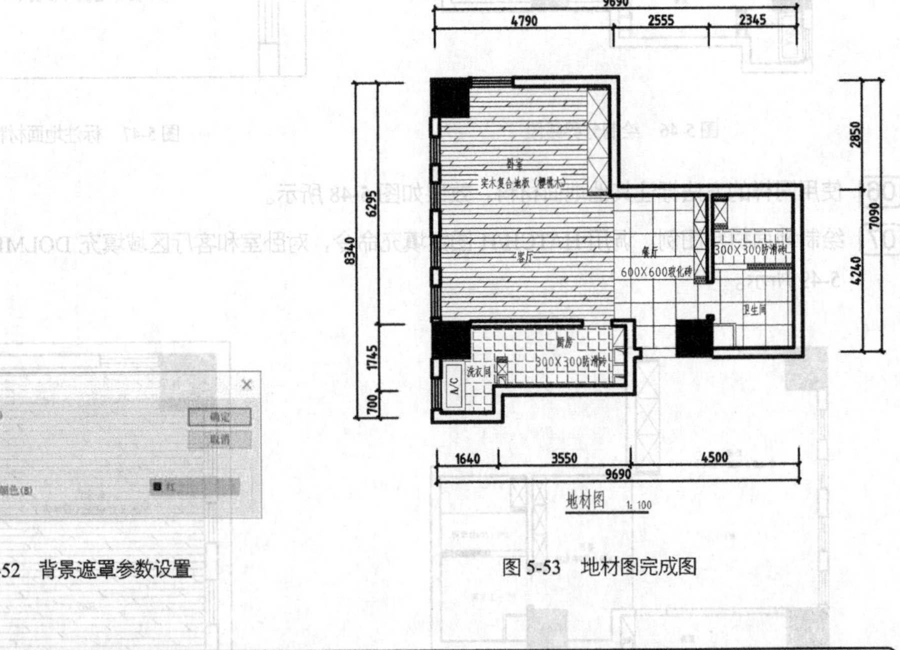

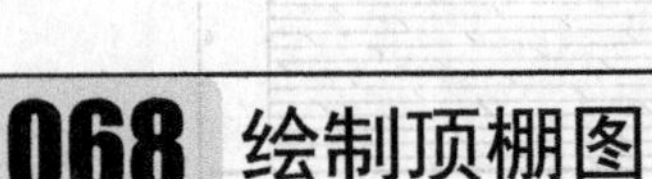

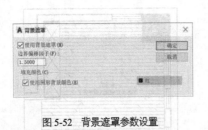

图 5-52　背景遮罩参数设置

图 5-53　地材图完成图

068 绘制顶棚图

视频文件：MP4\第 5 章\068.MP4

顶棚图要准确完整地表达出顶面的造型、空间层次、电气设备、灯具、音响位置与种类、调用装饰材料、尺寸标注等。本例介绍小户型顶棚图的绘制。

1．绘制卧室和客厅顶棚图

卧室和客厅顶棚图如图 5-54 所示，下面讲解绘制方法。

01 顶棚图可以在平面布置图的基础上绘制，调用 COPY/CO 复制命令，复制小户型平面布置图，并删除与顶棚图无关的图形，效果如图 5-55 所示。

02 绘制墙体线。调用 LINE/L 直线命令，绘制线段连接门洞，如图 5-56 所示。

03 设置"DD_吊顶"图层为当前图层。绘制吊顶造型。调用 RECTANG/REC 矩形命令，绘制尺寸为 3600mm×5100mm 的矩形，并移动到相应的位置，如图 5-57 所示。

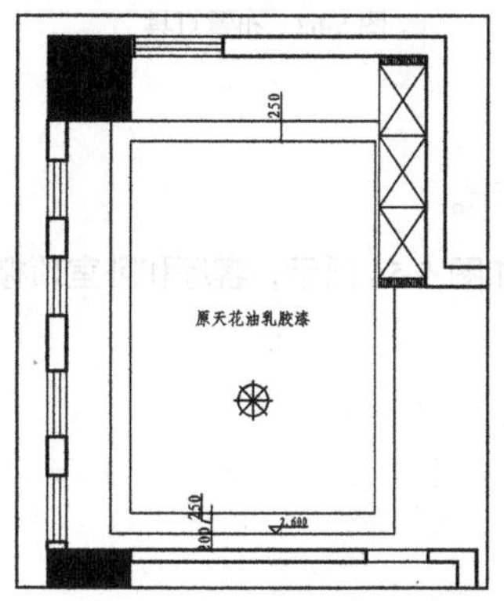

图 5-54　卧室和客厅顶棚图

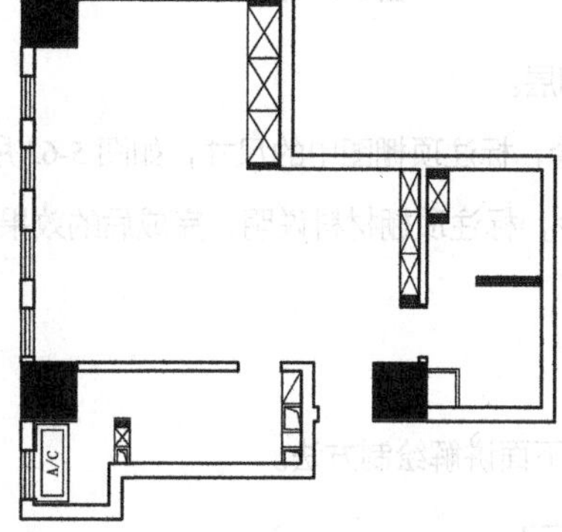

图 5-55　整理图形

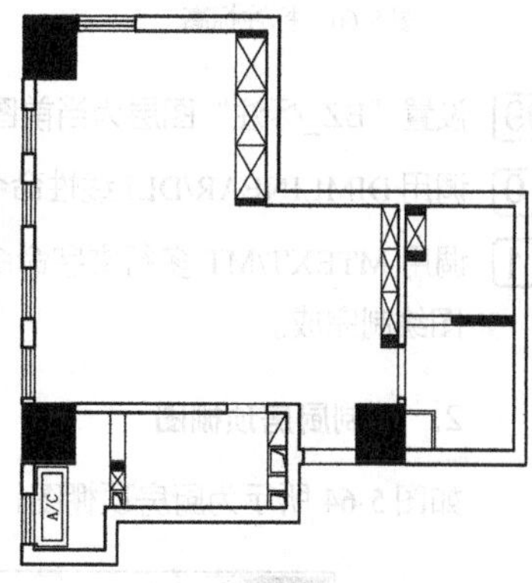

图 5-56　绘制墙体线

04 调用 OFFSET/O 偏移命令，将矩形向内偏移 250mm，如图 5-58 所示。

05 调用 TRIM/TR 修剪命令，对矩形与衣柜相交的位置进行修剪，效果如图 5-59 所示。

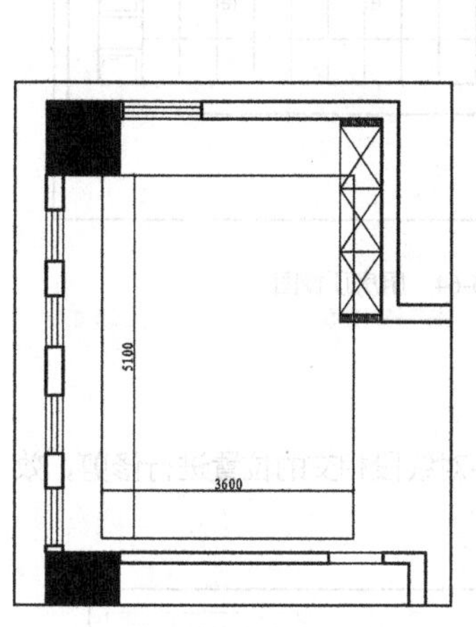

图 5-57　绘制矩形

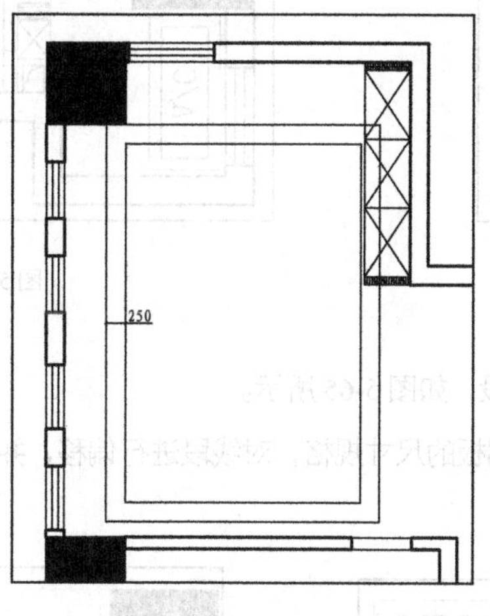

图 5-58　偏移矩形

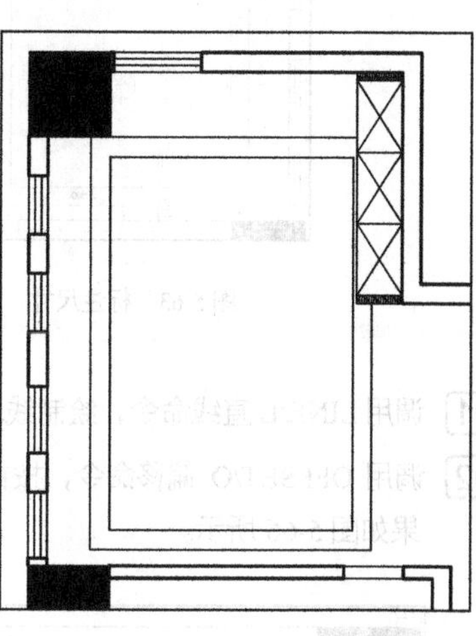
图 5-59　修剪矩形

06 标注标高。调用 INSERT/I 插入命令插入"标高"图块，效果如图 5-60 所示。

07 布置灯具。打开配套素材提供的"第 05 章\家具图例.dwg"文件，将该文件中事先绘制的图例表复制到顶棚图中，如图 5-61 所示。灯具图例表具体绘制方法这里就不详细讲解了。

08 调用 COPY/CO 复制命令，将图例表中的灯具图形复制到顶棚图中，结果如图 5-62 所示。

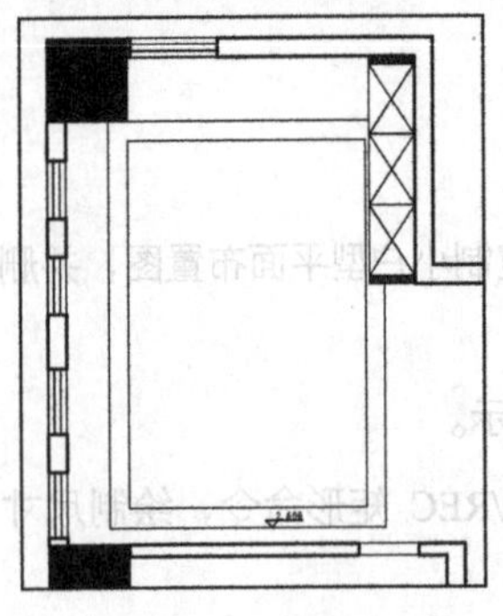

图 5-60　标注标高

名称	图例
筒灯	
旋转射灯	
吸顶灯	
防水筒灯	
吊灯	
应急灯	
壁灯	
智能照明	

图 5-61　图例表

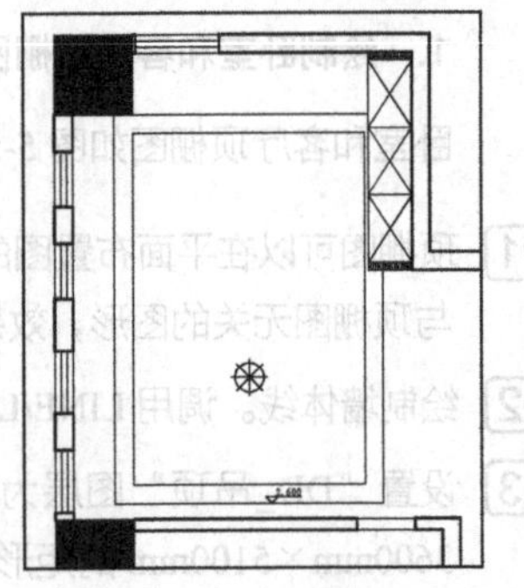

图 5-62　布置灯具

09 设置“BZ_标注”图层为当前图层。

10 调用 DIMLINEAR/DLI 线性命令，标注顶棚图中的尺寸，如图 5-63 所示。

11 调用 MTEXT/MT 多行文字命令，标注顶棚材料说明，完成后的效果如图 5-54 所示，客厅和卧室顶棚图绘制完成。

2. 绘制厨房顶棚图

如图 5-64 所示为厨房顶棚图，下面讲解绘制方法。

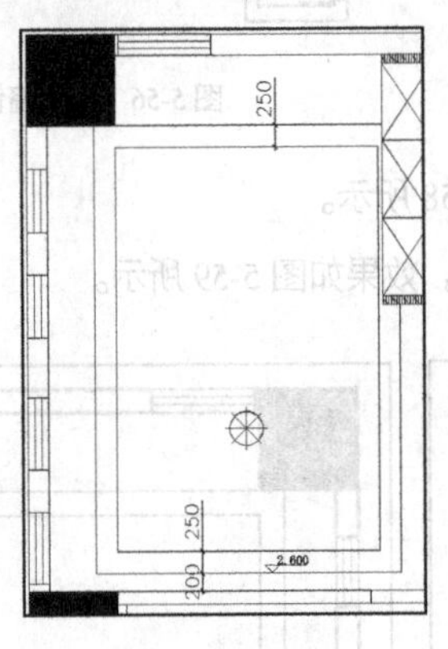

图 5-63　标注尺寸

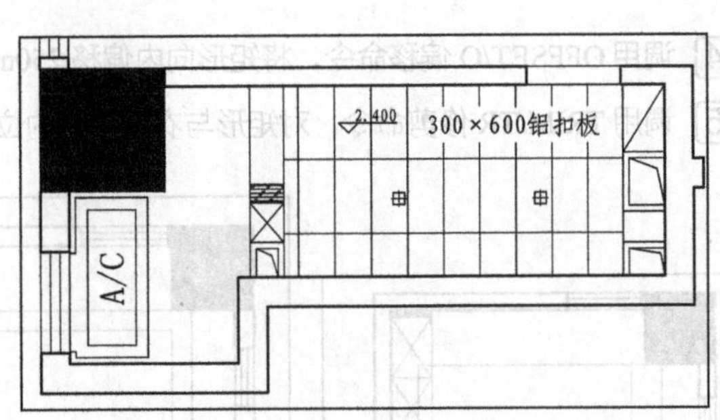

图 5-64　厨房顶棚图

01 调用 LINE/L 直线命令，绘制线段，如图 5-65 所示。

02 调用 OFFSET/O 偏移命令，按铝板的尺寸规格，对线段进行偏移，并对线段相交的位置进行修剪，效果如图 5-66 所示。

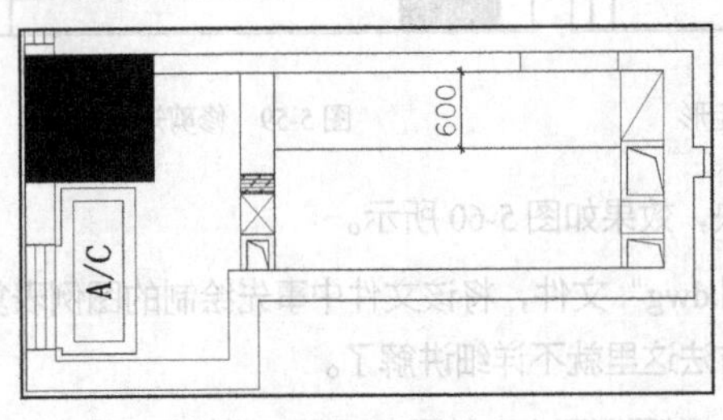

图 5-65　绘制线段

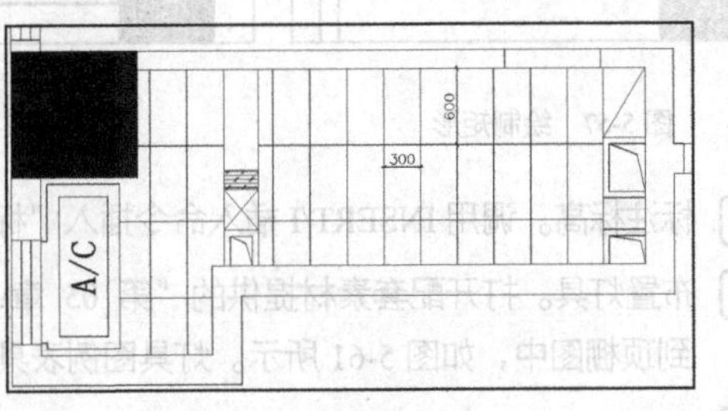

图 5-66　偏移线段

03 调用 MTEXT/MT 多行文字命令，对地面材料进行文字标注，如图 5-67 所示。

04 调用 TRIM/TR 修剪命令，对文字与图形相交的位置进行修剪，或者使用文字的遮罩功能，如图 5-68 所示。

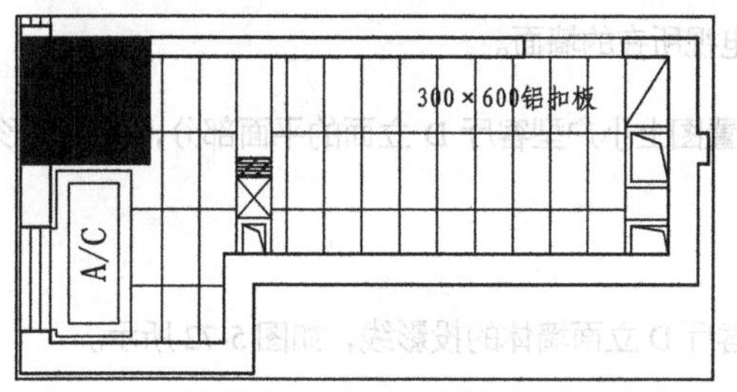

图 5-67　标注地面材料

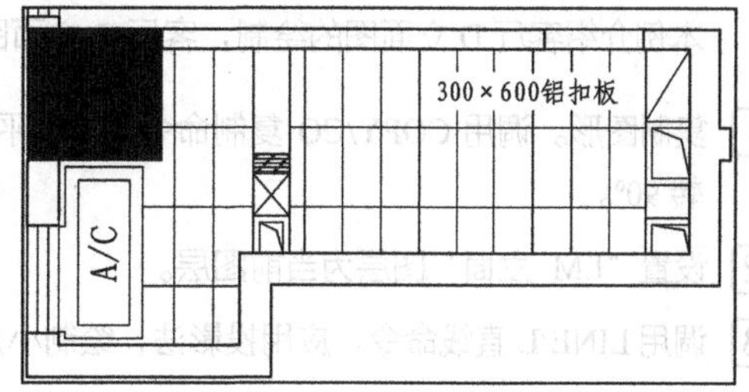

图 5-68　修剪图形

05 调用 INSERT/I 插入命令，插入标高图块，如图 5-69 所示。

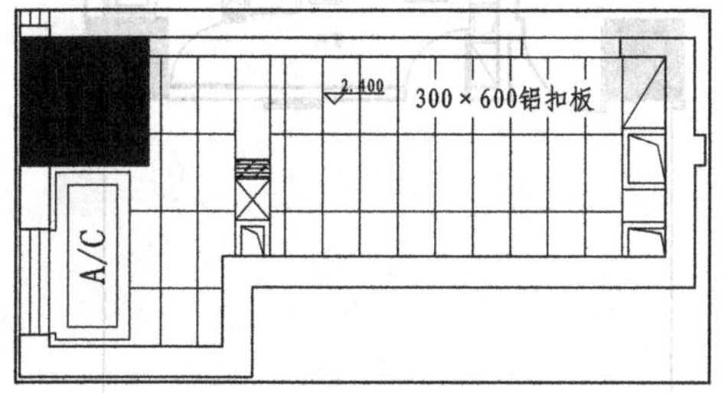

图 5-69　插入标高图块

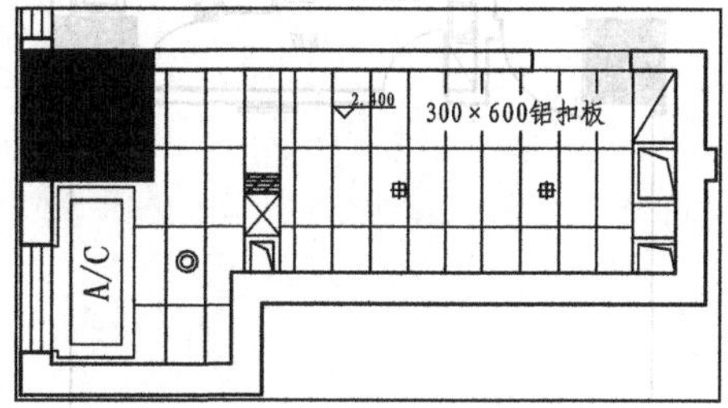

图 5-70　复制灯具

06 调用 COPY/CO 复制命令，从图例表中复制灯具图形到顶棚图中，如图 5-70 所示，完成厨房顶棚图的绘制，如图 5-71 所示。

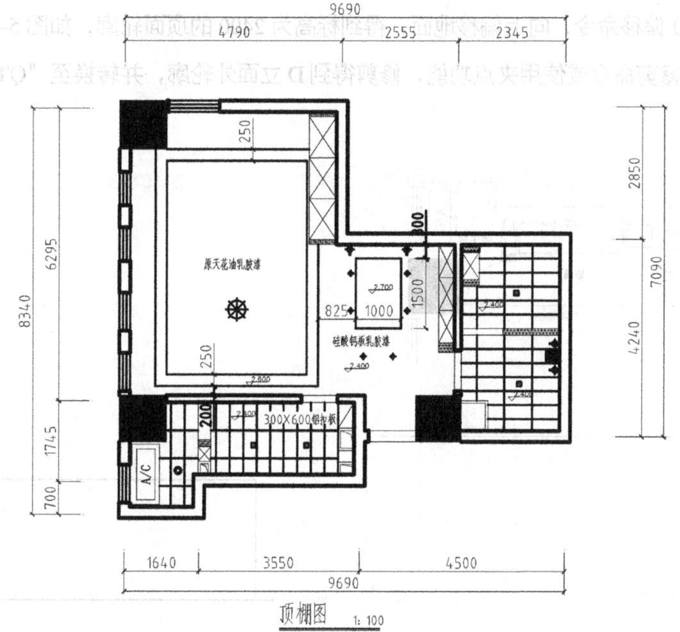

图 5-71　顶棚图完成效果

069 绘制客厅 D 立面图

视频文件：MP4\第 5 章\069.MP4

本例介绍客厅 D 立面图的绘制，客厅 D 立面图是电视所在的墙面。

01 复制图形。调用 COPY/CO 复制命令，复制平面布置图上小户型客厅 D 立面的平面部分，并将图形旋转 90°。

02 设置“LM_立面”图层为当前图层。

03 调用 LINE/L 直线命令，应用投影法，绘制小户型客厅 D 立面墙体的投影线，如图 5-72 所示。

04 继续调用 LINE/L 直线命令，在投影线下方绘制一条水平线段表示地面，如图 5-73 所示。

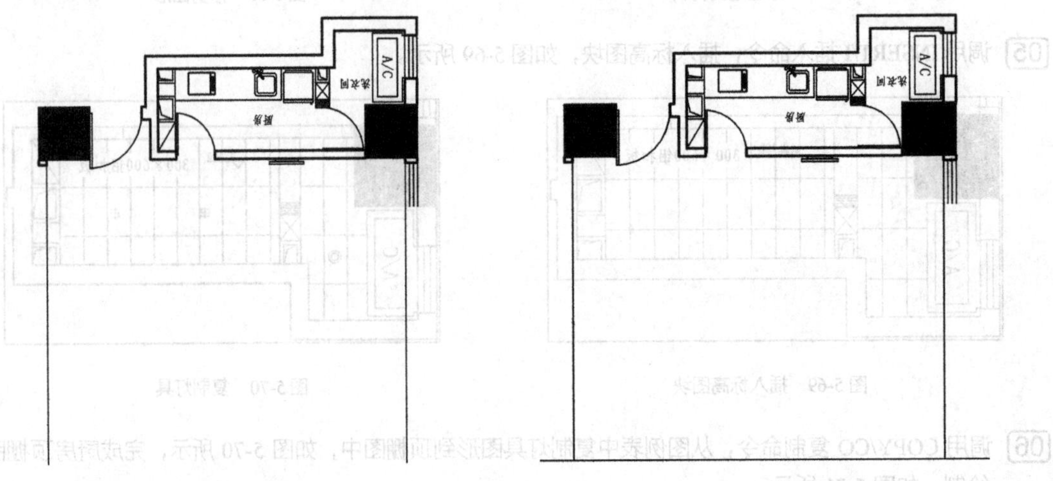

图 5-72 绘制墙体投影线　　图 5-73 绘制地面

05 调用 OFFSET/O 偏移命令，向上偏移地面，得到标高为 2400 的顶面轮廓，如图 5-74 所示。

06 调用 TRIM/TR 修剪命令或使用夹点功能，修剪得到 D 立面外轮廓，并转换至“QT_墙体”图层，如图 5-75 所示。

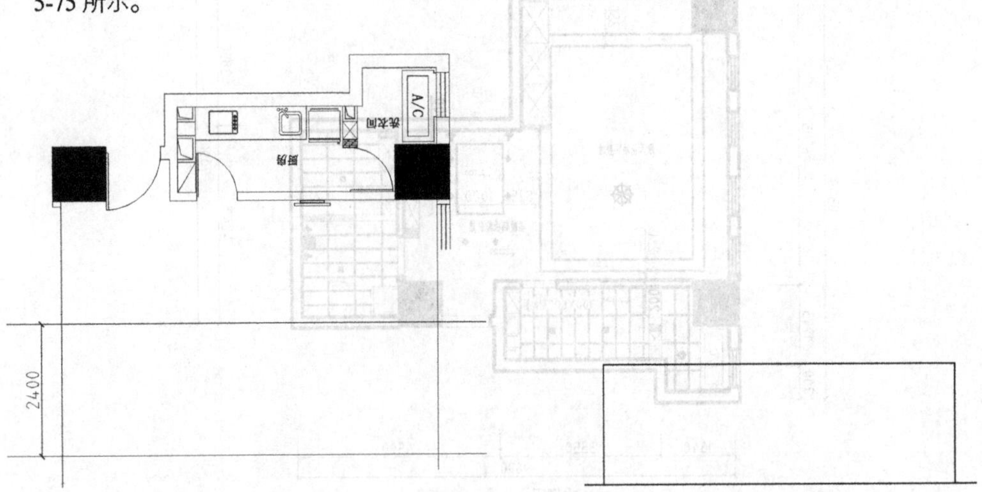

图 5-74 偏移线段　　图 5-75 修剪立面外轮廓

07 划分墙面。调用 LINE/L 直线命令和 OFFSET/O 偏移命令，对墙面进行划分，如图 5-76 所示。

08 绘制踢脚线。调用 LINE/L 直线命令，绘制踢脚线，踢脚线的高度为 80mm，如图 5-77 所示。

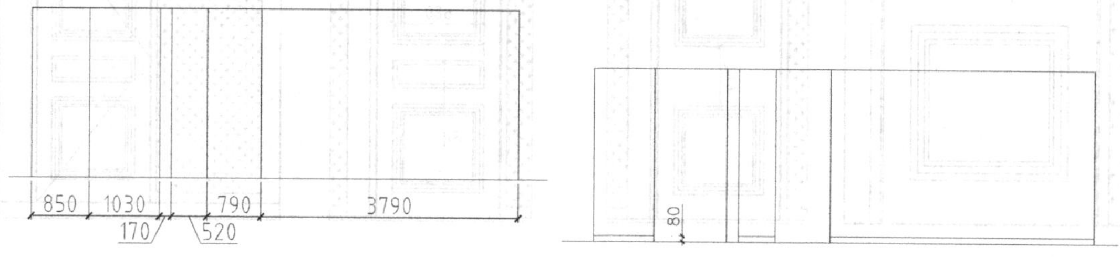

图 5-76　划分墙面　　图 5-77　绘制踢脚线

09 填充墙面。调用 HATCH/H 图案填充命令，对墙面填充 CROSS 图案，效果如图 5-78 所示。

10 继续调用 HATCH/H 图案填充命令，对电视所在的墙面填充 AR-SAND 图案，效果如图 5-79 所示。

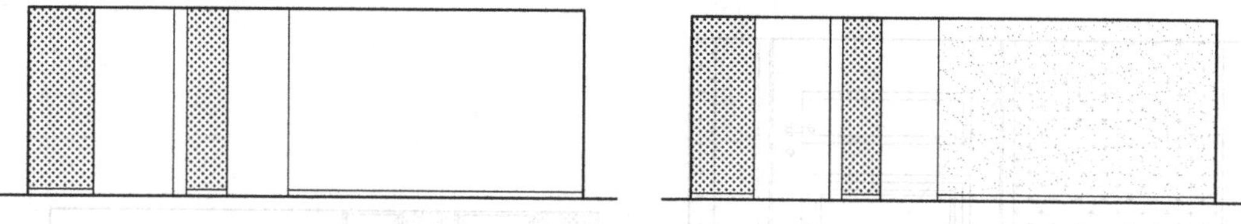

图 5-78　填充墙面　　图 5-79　填充墙面

11 绘制门。调用 LINE/L 直线命令，绘制如图 5-80 所示线段。

12 调用 PLINE/PL 多段线命令，绘制如图 5-81 所示多段线。

13 调用 LINE/L 直线命令，绘制如图 5-82 所示线段。

14 调用 RECTANG/REC 矩形命令，绘制尺寸为 680mm×650mm 的矩形，并移动到相应的位置，如图 5-83 所示。

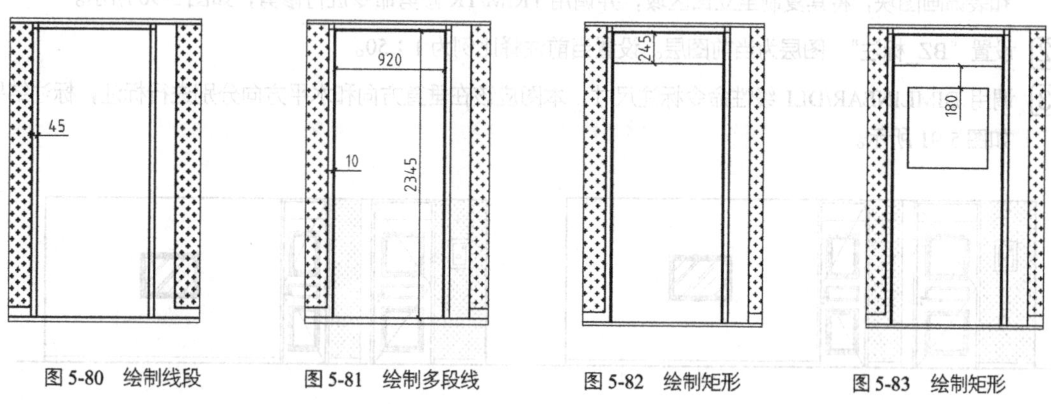

图 5-80　绘制线段　　图 5-81　绘制多段线　　图 5-82　绘制矩形　　图 5-83　绘制矩形

15 调用 OFFSET/O 偏移命令，将矩形分别向内偏移 30mm、30mm 和 20mm，如图 5-84 所示。

16 调用 COPY/CO 复制命令，将矩形复制到下方，如图 5-85 所示。

17 调用 RECTANG/REC 矩形命令和 OFFSET/O 偏移命令，绘制并偏移矩形，偏移距离为如图 5-86 所示。

18 调用 LINE/L 直线命令，绘制门的折线，表示门开启方向，如图 5-87 所示。

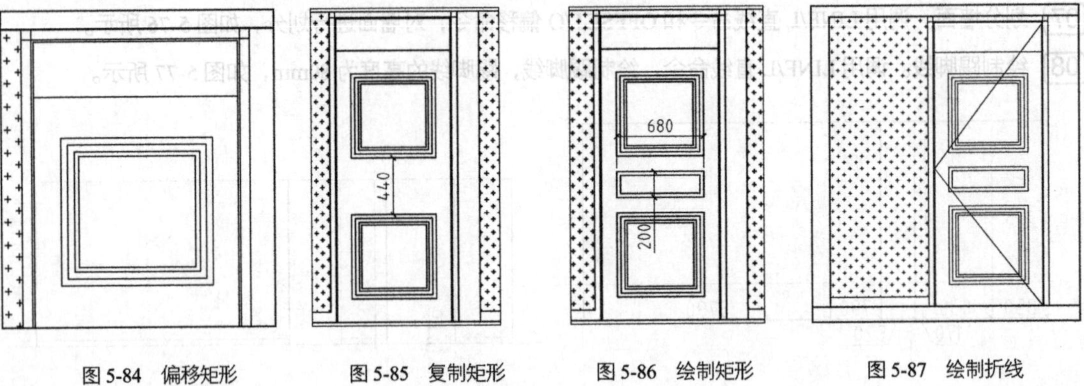

图 5-84　偏移矩形　　图 5-85　复制矩形　　图 5-86　绘制矩形　　图 5-87　绘制折线

19 调用 RECTANG/REC 矩形命令、OFFSET/O 偏移命令、CIRCLE/C 圆命令、TRIM/TR 修剪命令和 MOVE/M 移动命令，绘制门的拉手，效果如图 5-88 所示。

20 使用同样的方法绘制右侧的门，效果如图 5-89 所示。

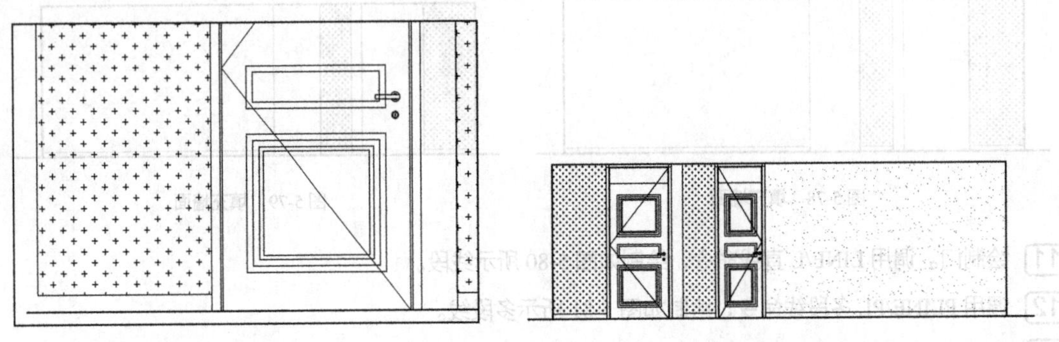

图 5-88　绘制门的拉手　　图 5-89　绘制门

21 插入图块。按 Ctrl+O 快捷键，打开配套素材提供的“第 05 章\家具图例.dwg”文件，选择其中的电视和装饰画图块，将其复制至立面区域，并调用 TRIM/TR 修剪命令进行修剪，如图 5-90 所示。

22 设置“BZ_标注” 图层为当前图层。设置当前注释比例为 1：50。

23 调用 DIMLINEAR/DLI 线性命令标注尺寸，本图应该在垂直方向和水平方向分别进行标注，标注结果如图 5-91 所示。

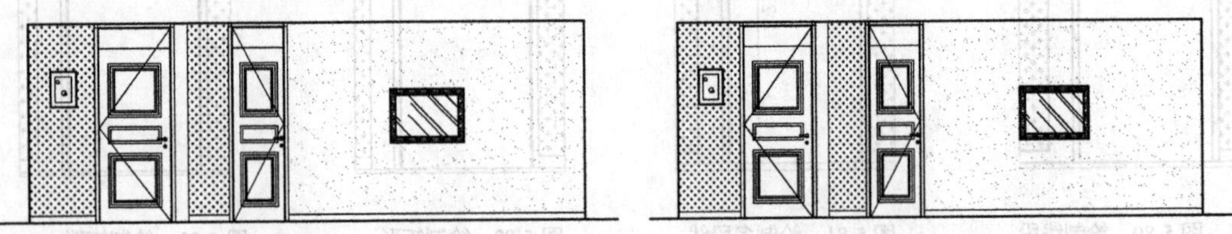

图 5-90　插入图块　　图 5-91　尺寸标注

24 调用 MLRADER/MLD 多重引线命令，使用“圆点”样式进行材料标注，标注结果如图 5-92 所示。

25 插入图名。调用插入图块命令 INSERT，插入“图名”图块，设置名称为“客厅 D 立面图”。客厅 D 立面图绘制完成如图 5-93 所示。

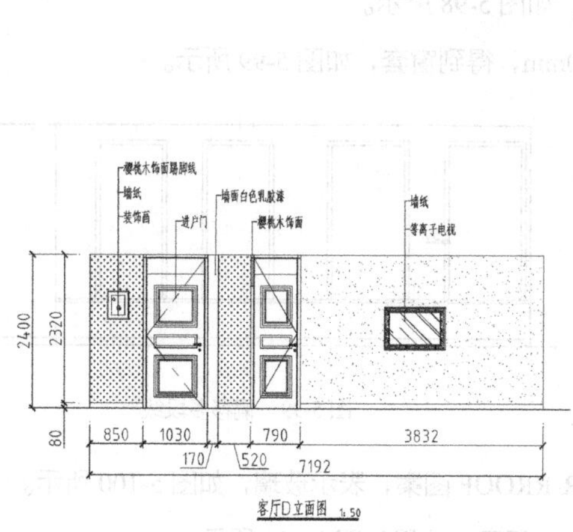

图 5-92　文字标注

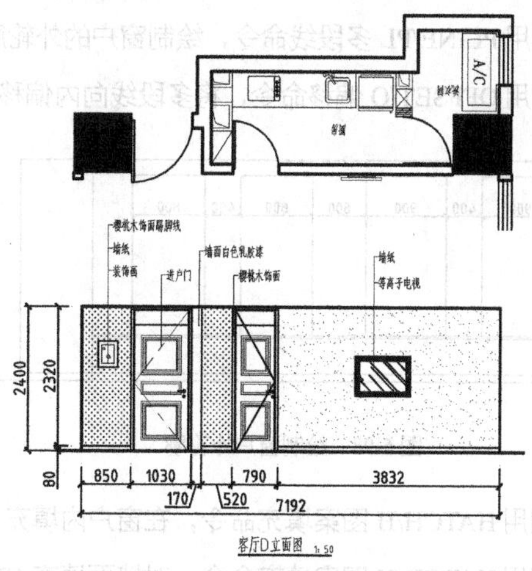

图 5-93　客厅 D 立面图完成效果

070 绘制客厅 A 立面图

视频文件：MP4\第 5 章\070.MP4

本例介绍客厅 A 立面图的绘制，A 立面是窗户所在的立面，主要表达了墙体的做法和窗户的位置和尺寸。

01 调用 COPY/CO 复制命令，复制平面布置图上客厅 A 立面的平面部分，并对图形进行旋转。

02 调用 LINE/L 直线命令和 TRIM/TR 修剪命令，绘制 A 立面的基本轮廓，如图 5-94 所示。

03 调用 LINE/L 直线命令，绘制柱子投影线，如图 5-95 所示。

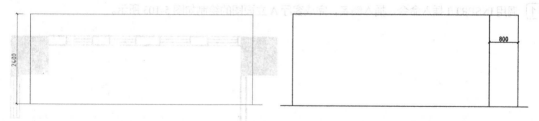

图 5-94　A 立面的基本轮廓　　图 5-95　绘制柱子投影线

04 调用 OFFSET/O 偏移命令，绘制台面，如图 5-96 所示。

05 调用 LINE/L 直线命令，绘制踢脚线，踢脚线的高度为 80mm，并对线段相交的位置进行修剪，如图 5-97 所示。

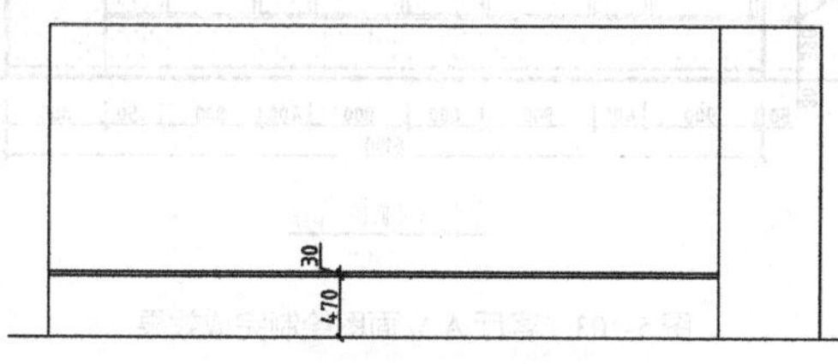

图 5-96　绘制台面

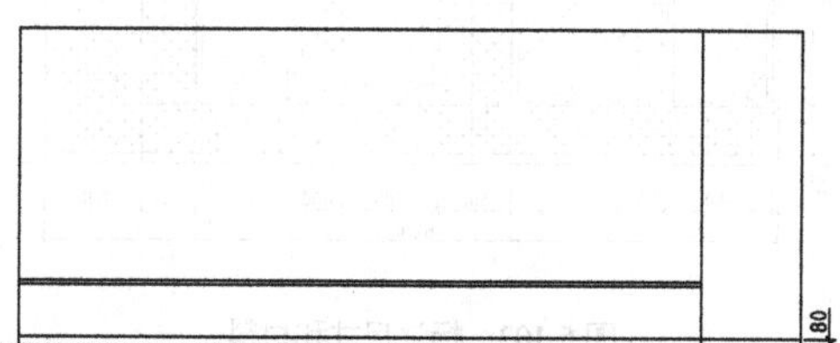

图 5-97　绘制踢脚线

06 调用 PLINE/PL 多段线命令，绘制窗户的外轮廓，如图 5-98 所示。

07 调用 OFFSET/O 偏移命令，将多段线向内偏移 50mm，得到窗套，如图 5-99 所示。

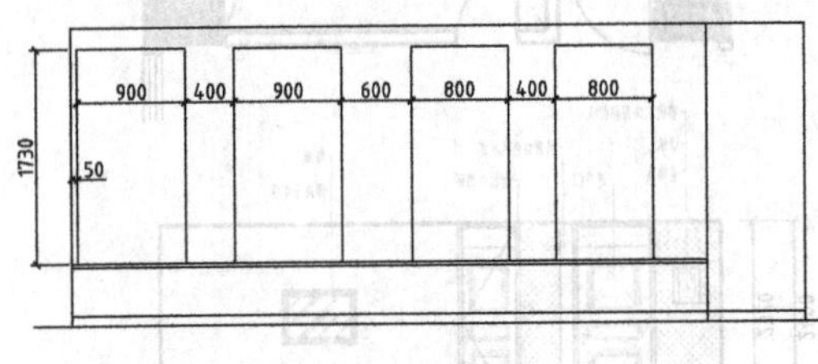

图 5-98 绘制窗户外轮廓

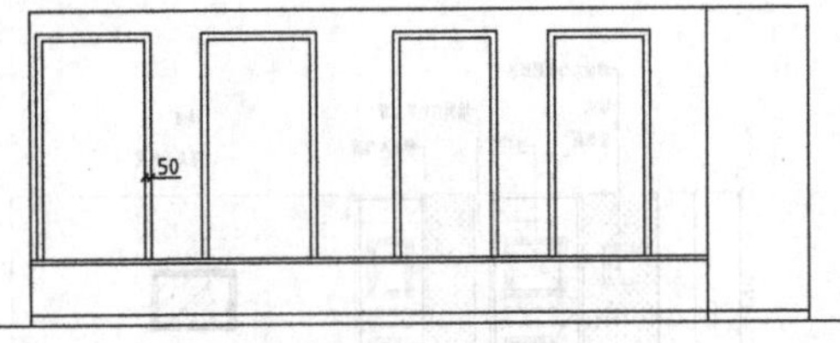

图 5-99 偏移多段线

08 调用 HATCH/H 图案填充命令，在窗户内填充 AR-RROOF 图案，表示玻璃，如图 5-100 所示。

09 调用 HATCH/H 图案填充命令，对墙面填充 CROSS 图案，效果如图 5-101 所示。

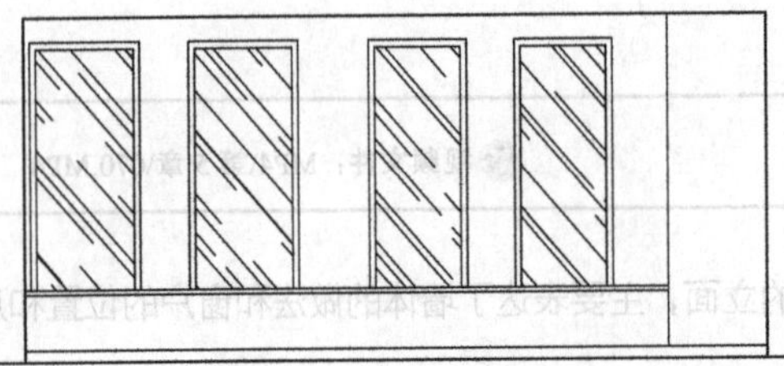

图 5-100 填充窗效果

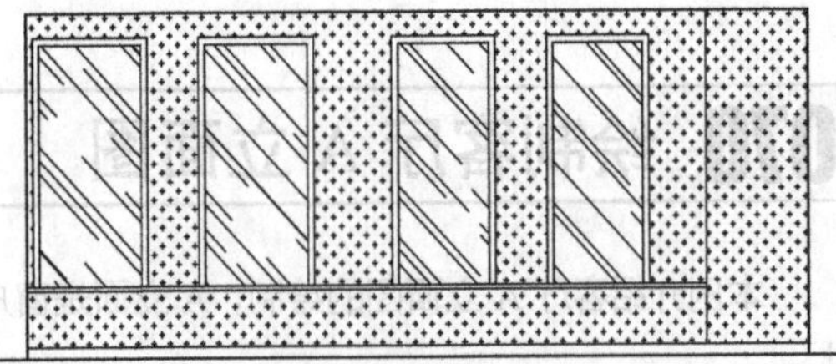

图 5-101 填充墙面效果

10 调用 DIMLINEAR/DLI 线性命令、MLEADER/MLD 多重引线命令，标注立面的尺寸和材料，如图 5-102 所示。

11 调用 INSERT/I 插入命令，插入图名，完成客厅 A 立面图的绘制如图 5-103 所示。

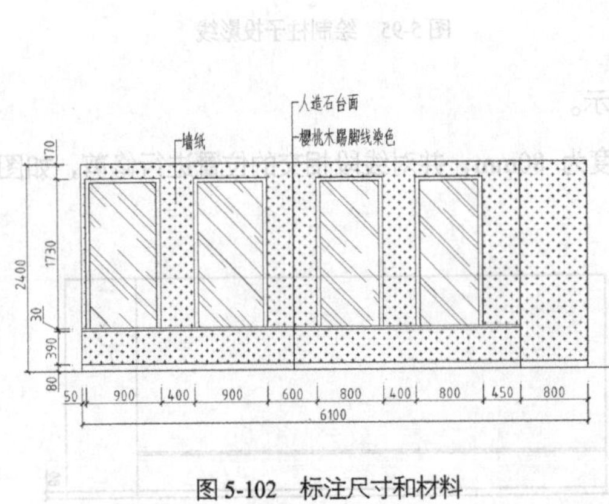

图 5-102 标注尺寸和材料

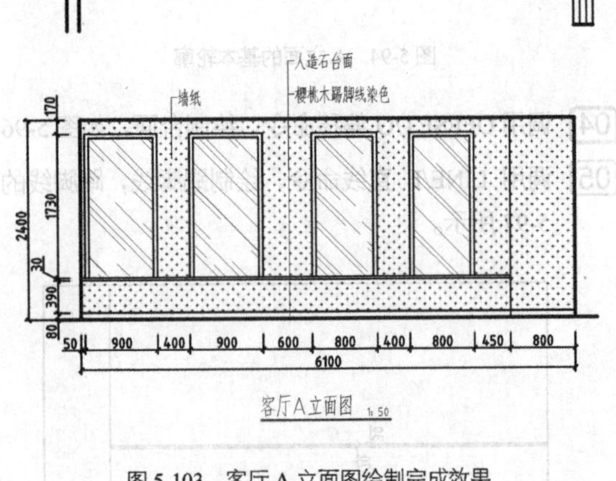

图 5-103 客厅 A 立面图绘制完成效果

071 绘制卧室和餐厅 B 立面图

视频文件：MP4\第 5 章\071.MP4

本例介绍卧室和餐厅 B 立面图的绘制，B 立面图是床背景所在的墙面和餐厅所在的墙面。

01 调用 COPY/CO 复制命令，复制平面布置图上卧室和餐厅 B 立面图的平面部分。

02 调用 LINE/L 直线命令和 TRIM/TR 修剪命令，绘制 B 立面图的基本轮廓，如图 5-104 所示。

03 调用 LINE/L 直线命令，绘制衣柜，如图 5-105 所示。

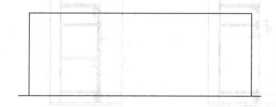

图 5-104　B 立面的基本轮廓

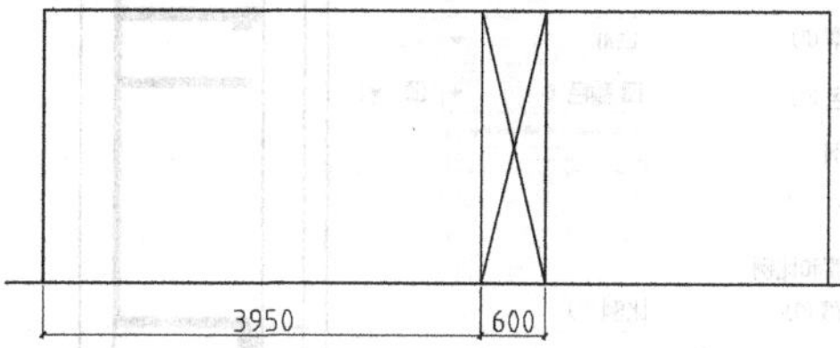

3950　600

图 5-105　绘制衣柜

04 继续调用 LINE/L 直线命令，绘制踢脚线，踢脚线的高度为 80mm，如图 5-106 所示。

05 调用 LINE/L 直线命令，绘制装饰柜轮廓，如图 5-107 所示。

06 调用 PLINE/PL 多段线命令，绘制面板轮廓，如图 5-108 所示。

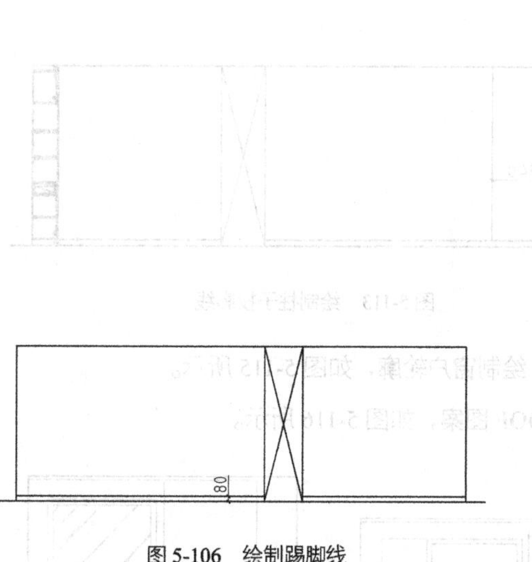

图 5-106　绘制踢脚线

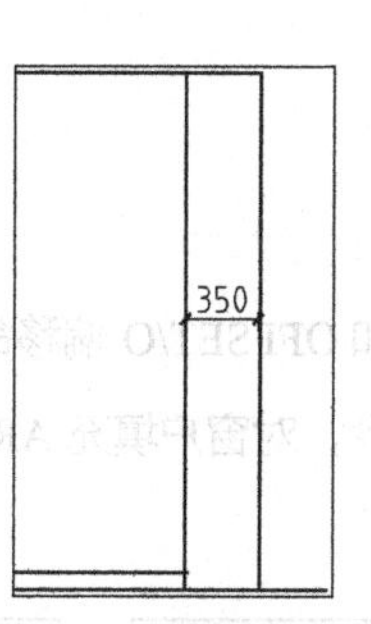

图 5-107　绘制装饰柜轮廓

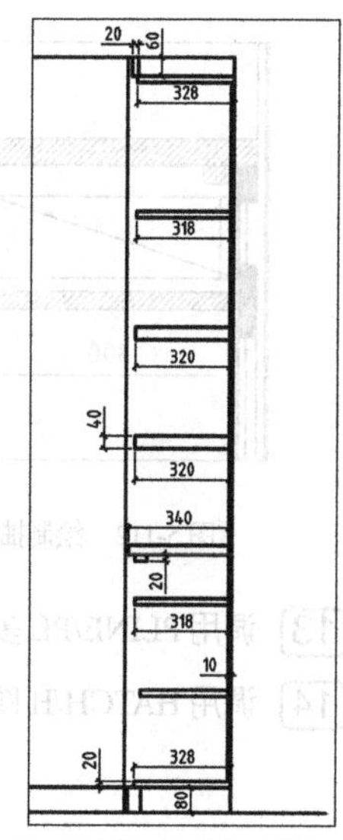

图 5-108　绘制面板轮廓

07 调用 HATCH/H 图案填充命令，再在命令行中输入 T 命令，在弹出的【图案填充和渐变色】的对话框内设置参数，对面板填充 LINE 图案，填充参数和效果如图 5-109 所示。

08 调用 RECTANG/REC 矩形命令和 HATCH/H 图案填充命令，绘制其他面板，如图 5-110 所示。

09 调用 LINE/L 直线命令和 OFFSET/O 偏移命令，绘制板材，如图 5-111 所示。

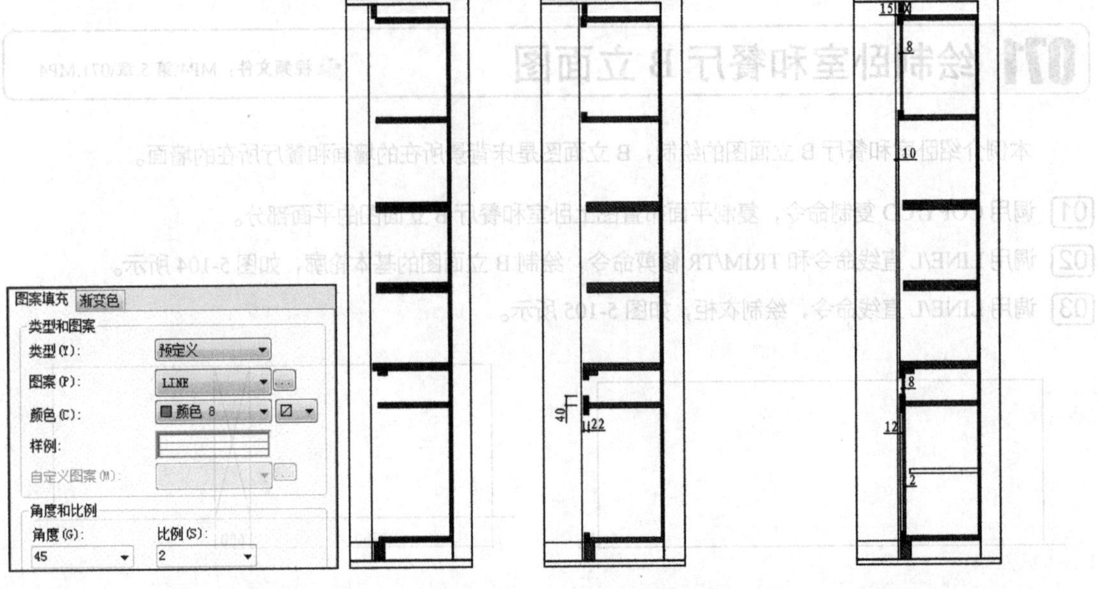

图 5-109　填充参数和效果　　图 5-110　绘制其他面板　　图 5-111　绘制板材

10 调用 RECTANG/REC 矩形命令和 LINE/L 直线命令，绘制抽屉结构，如图 5-112 所示。

11 调用 LINE/L 直线命令，绘制柱子投影线，如图 5-113 所示。

12 调用 RECTANG/REC 矩形命令，绘制台面，如图 5-114 所示。

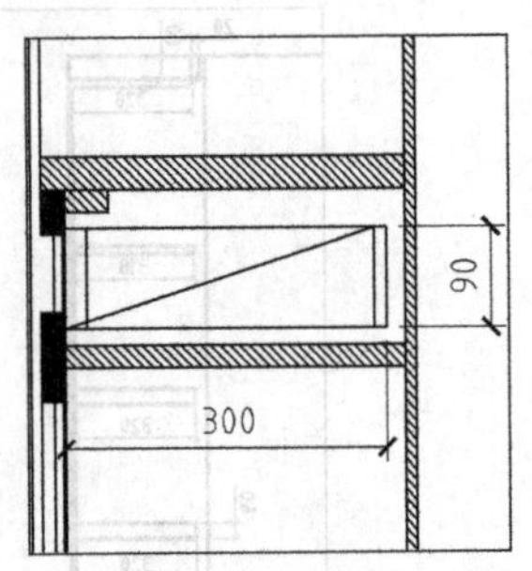

图 5-112　绘制抽屉结构

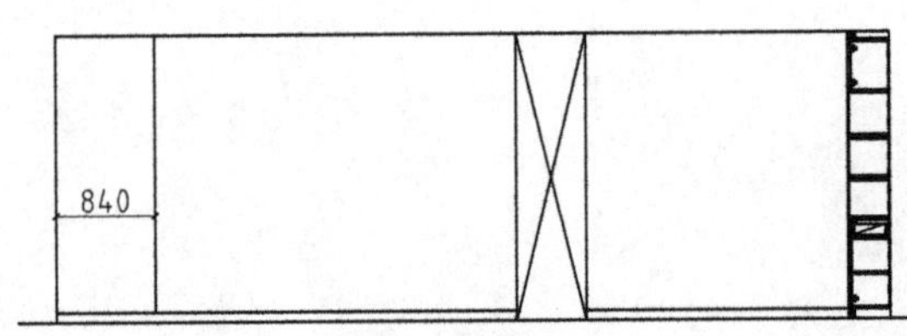

图 5-113　绘制柱子投影线

13 调用 PLINE/PL 多段线命令和 OFFSET/O 偏移命令，绘制窗户轮廓，如图 5-115 所示。

14 调用 HATCH/H 图案填充命令，对窗户填充 AR-RROOF 图案，如图 5-116 所示。

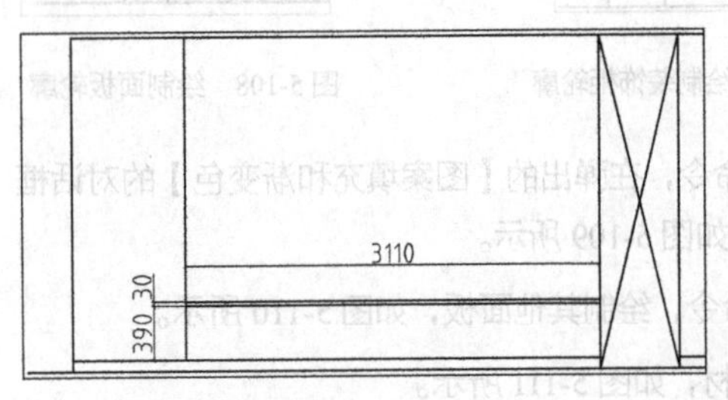

图 5-114　绘制台面

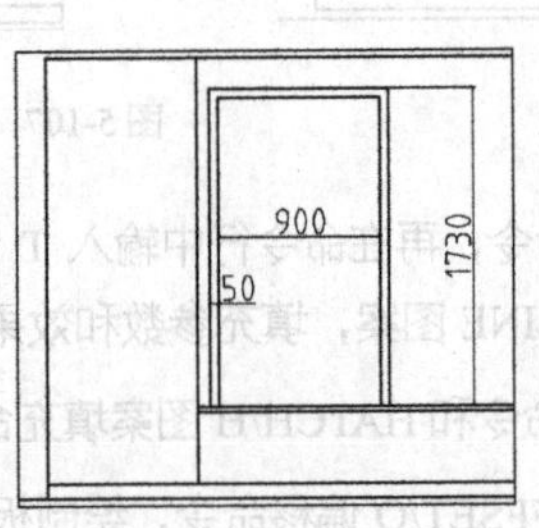

图 5-115　绘制窗户轮廓

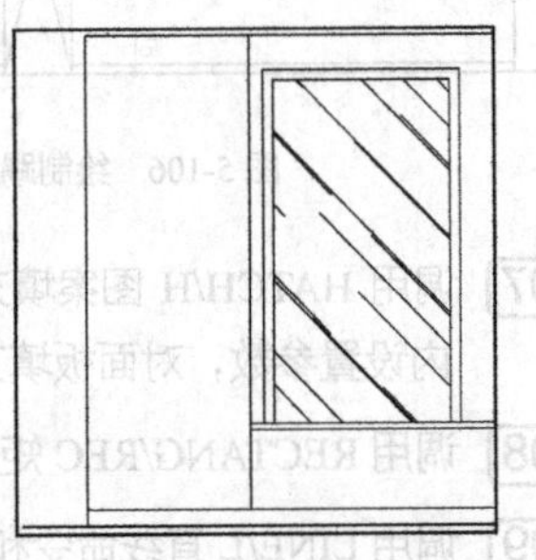

图 5-116　填充窗户

15 继续调用 HATCH/H 图案填充命令，对墙面填充 CROSS 图案，效果如图 5-117 所示。

16 从图库中调入立面图中所需图块到本例图形中，并对图形重叠的位置进行修剪，效果如图 5-118 所示。

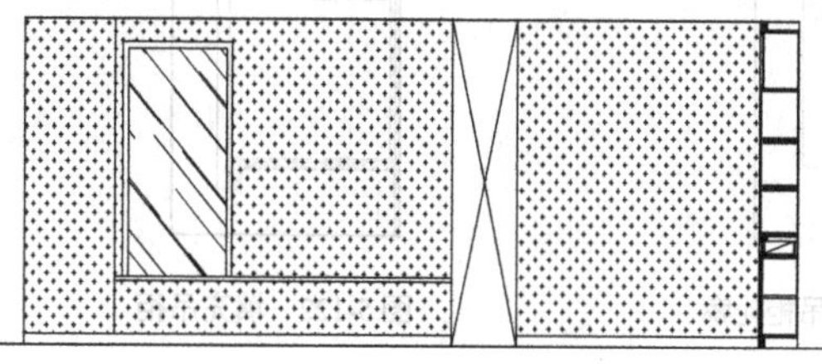

图 5-117　填充墙面效果

图 5-118　插入图块

17 调用 DIMLINEAR/DLI 线性命令和 MLEADER/MLD 多重引线命令，标注立面的尺寸和材料，如图 5-119 所示。

18 调用 INSERT/I 插入命令，插入图名，完成卧室和餐厅 B 立面图的绘制。

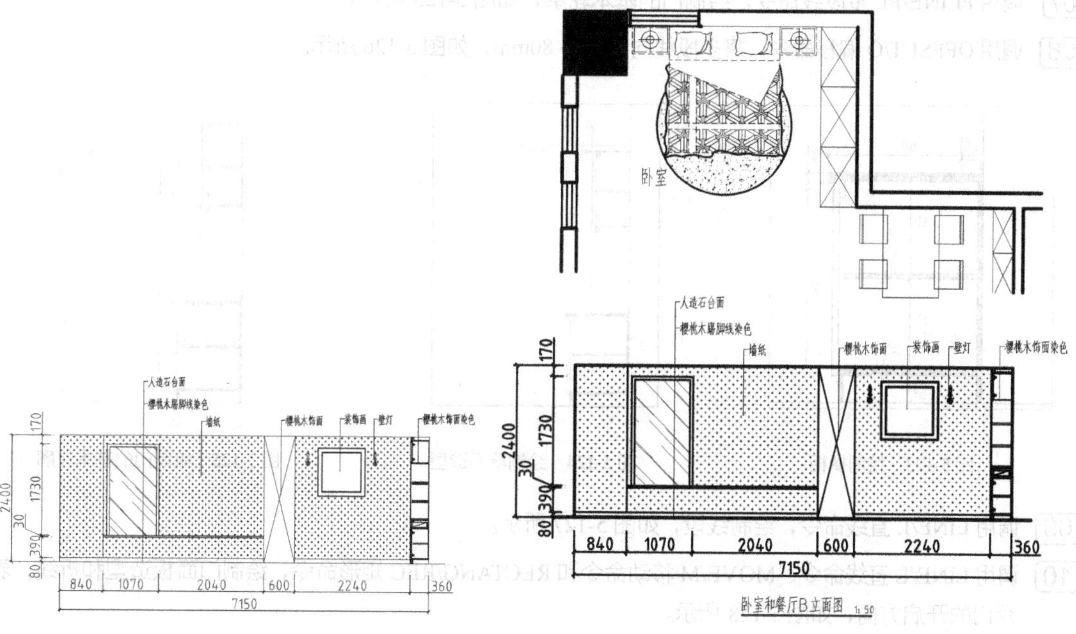

图 5-119　标注尺寸和材料

图 5-119　卧室和餐厅 B 立面图完成效果

072 绘制厨房 A 立面图

视频文件：MP4\第 5 章\072.MP4

本例介绍厨房 A 立面图的绘制，A 立面主要表达了厨房中橱柜、吊柜和门的做法。

01 调用 COPY/CO 复制命令，复制平面布置图上厨房 A 立面图的平面部分，并对图形进行旋转。

02 调用 LINE/L 直线命令和 TRIM/TR 复制命令，绘制 A 立面图基本轮廓，如图 5-120 所示。

03 调用 PLINE/PL 多段线命令、RECTANG/REC 矩形命令，绘制吊柜轮廓，如图 5-121 所示。

04 调用 HATCH/H 图案填充命令，对吊柜填充 LINE 图案，如图 5-122 所示。

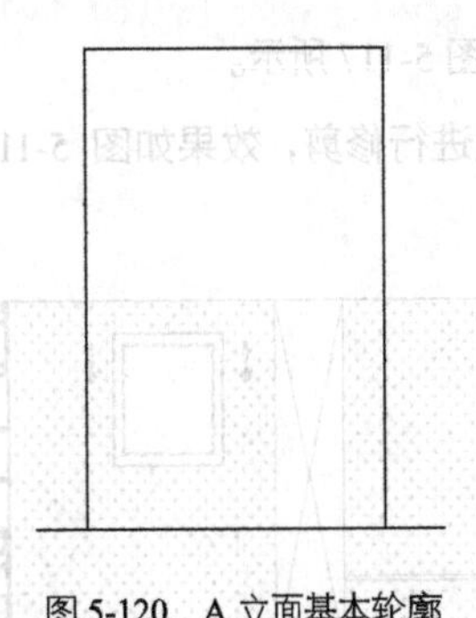
图 5-120　A 立面基本轮廓

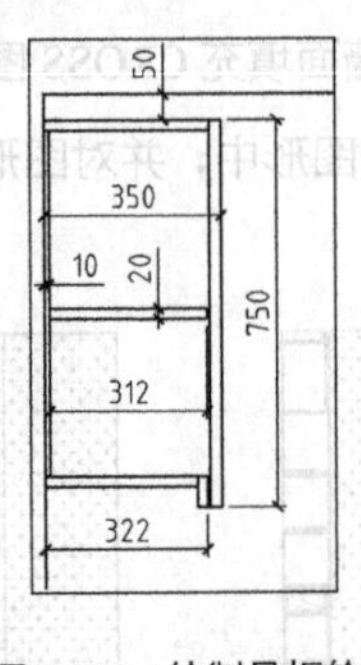

图 5-121　绘制吊柜轮廓

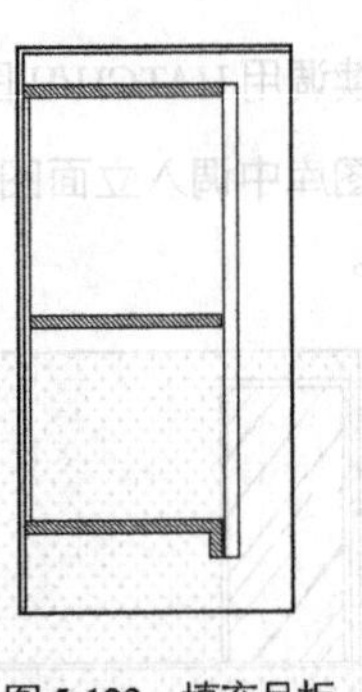
图 5-122　填充吊柜

提示　因为立面剖切位置通过橱柜，所以需要绘制通过位置的橱柜剖面图。

05 使用同样的方法绘制橱柜，如图 5-123 所示。

06 调用 RECTANG/REC 矩形命令和 LINE/L 直线命令，绘制墙面造型，如图 5-124 所示。

07 调用 PLINE/PL 多段线命令，绘制门的基本轮廓，如图 5-125 所示。

08 调用 OFFSET/O 偏移命令，将多段线向内偏移 80mm，如图 5-126 所示。

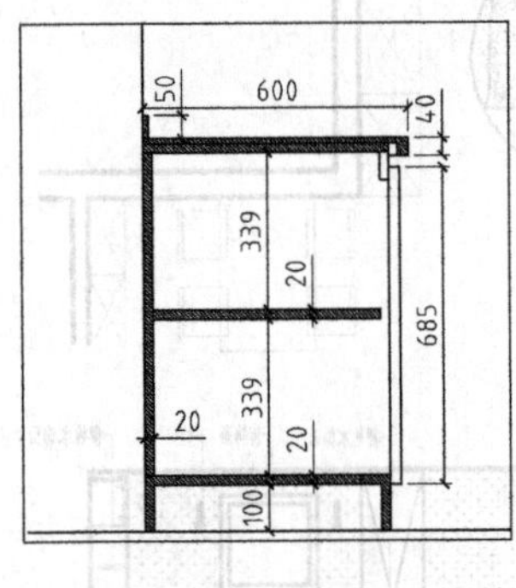

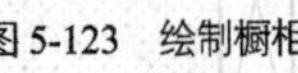
图 5-123　绘制橱柜

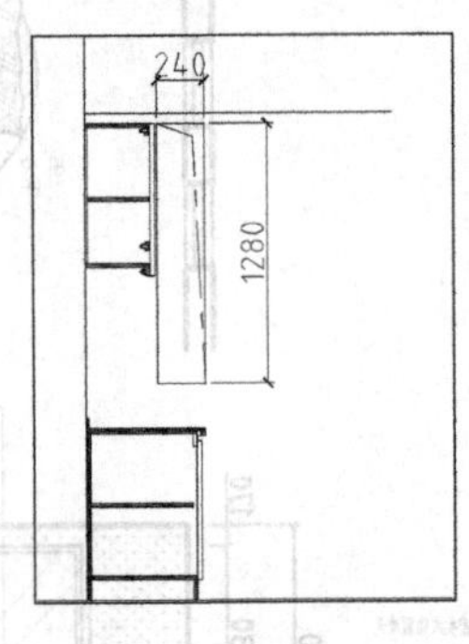

图 5-124　绘制墙面造型

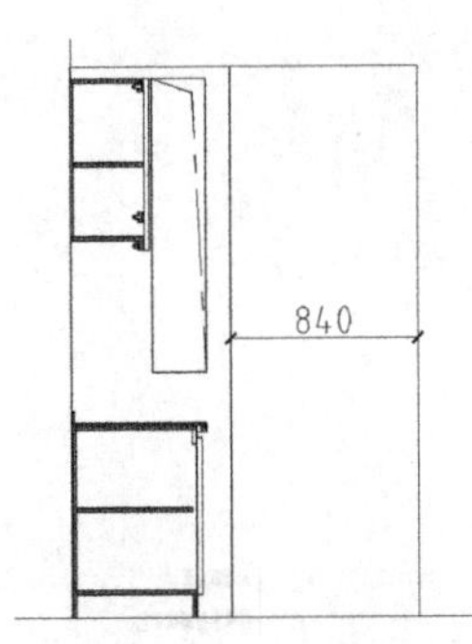

图 5-125　绘制门的基本轮廓

09 调用 LINE/L 直线命令，绘制线段，如图 5-127 所示。

10 调用 LINE/L 直线命令、MOVE/M 移动命令和 RECTANG/REC 矩形命令，绘制门面板造型和折线，表示门的开启方向，如图 5-128 所示。

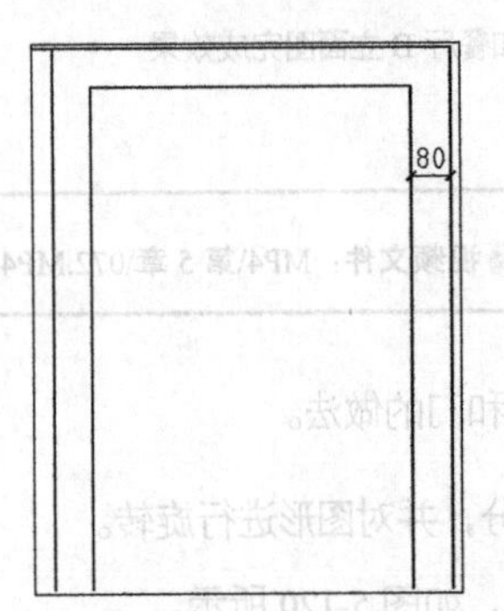

图 5-126　偏移多段线

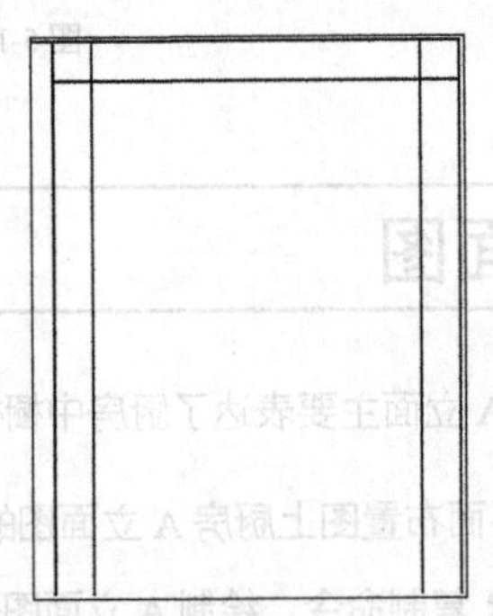
图 5-127　绘制线段

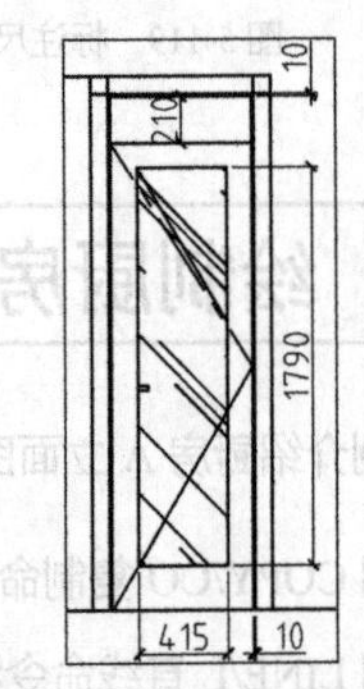

图 5-128　绘制门面板造型和折线

11 调用 HATCH/H 图案填充命令，在门面板填充 AR-RROOF 图案，填充效果如图 5-129 所示。

12 调用 CIRCLE/C 圆命令、TRIM/TR 修剪命令和 RECTANG/REC 矩形命令，绘制门的拉手，如图 5-130 所示。

13 调用 HATCH/H 图案填充命令，在厨房的墙面填充 AR-RROOF 图案，填充参数和效果如图 5-131 所示。

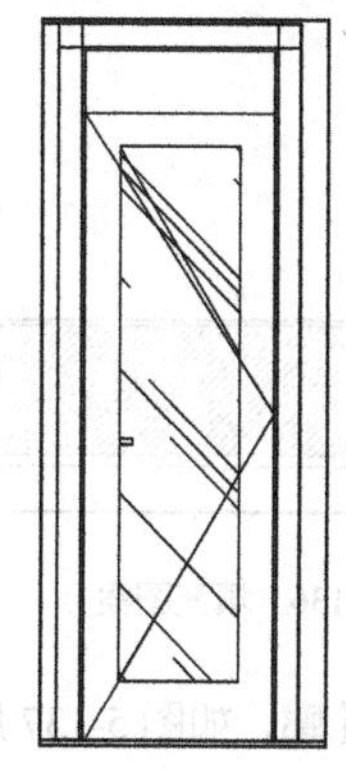
图 5-129　填充门的面板

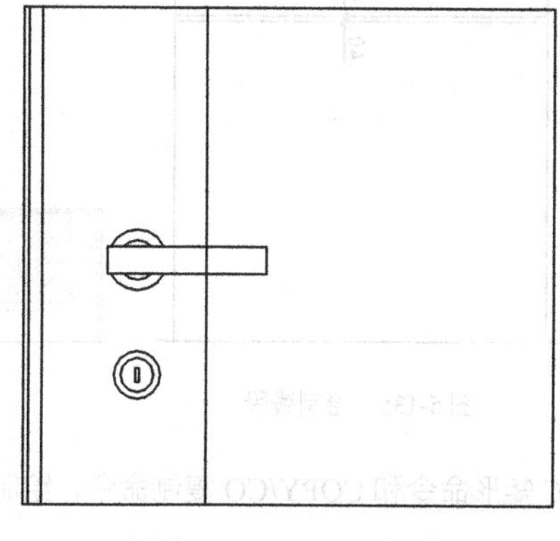
图 5-130　绘制门的拉手

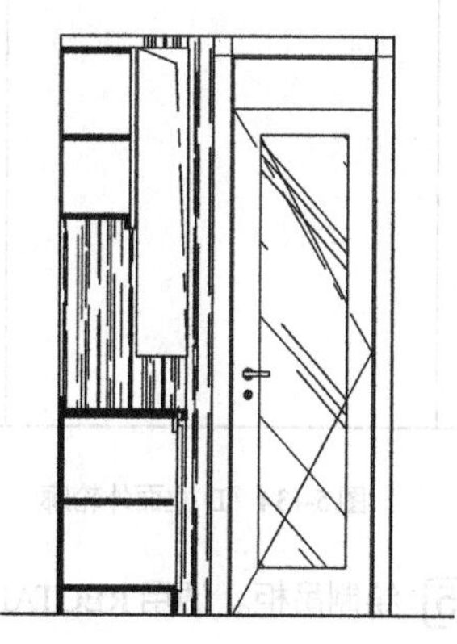
图 5-131　填充墙面

14 从图库中调入立面图中所需图块到本例图形中，如图 5-132 所示。

15 调用 DIMLINEAR/DLI 线性命令、MLEADER/MLD 多重引线命令，标注立面的尺寸和材料。

16 调用 INSERT/I 插入命令，插入图名，完成厨房 A 立面图的绘制，如图 5-133 所示。

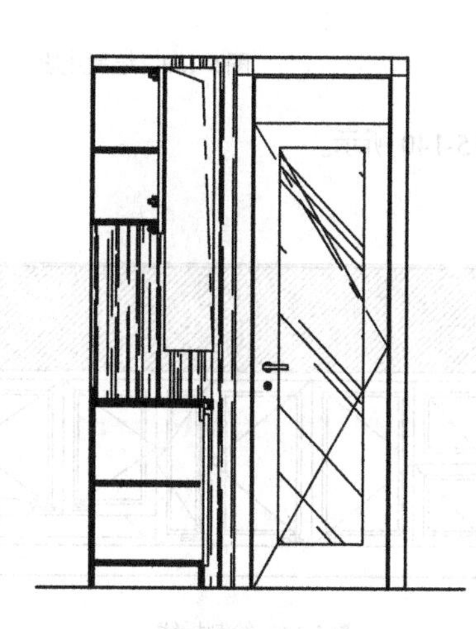
图 5-132　插入图块

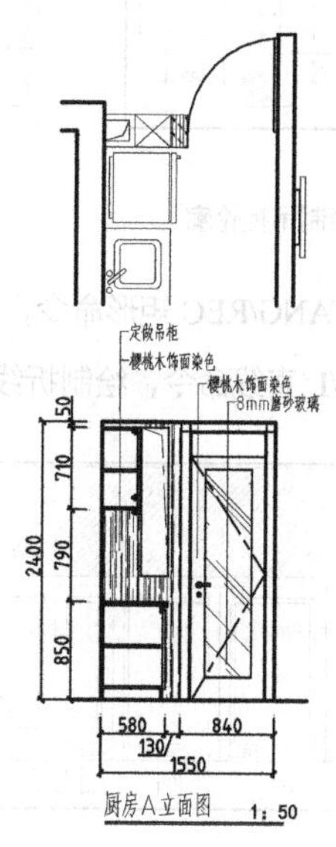

图 5-133　厨房 A 立面图

073 绘制厨房 D 立面图

视频文件：MP4\第 5 章\073.MP4

本例介绍厨房 D 立面图的绘制，D 立面图表达了吊柜和橱柜的做法以及冰箱的摆放位置。

01 调用 COPY/CO 复制命令，绘制厨房 D 立面的平面部分，并对图形进行旋转。

02 调用 LINE/L 直线命令和 TRIM/TR 修剪命令，绘制厨房 D 立面图的外轮廓，如图 5-134 所示。

03 调用 LINE/L 直线命令，绘制线段，如图 5-135 所示。

04 调用 HATCH/H 图案填充命令，对线段上方填充 LINE 图案，填充参数和效果如图 5-136 所示。

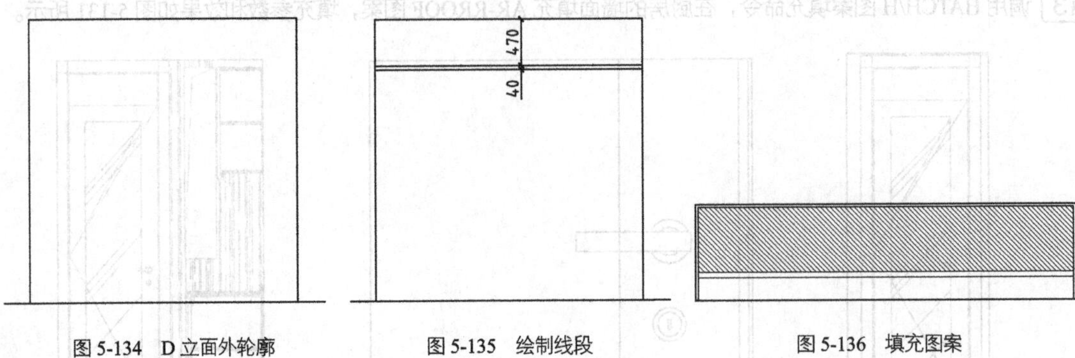

图 5-134　D 立面外轮廓　　图 5-135　绘制线段　　图 5-136　填充图案

05 绘制吊柜。调用 RECTANG/REC 矩形命令和 COPY/CO 复制命令，绘制吊柜轮廓，如图 5-137 所示。

06 调用 OFFSET/O 偏移命令，将矩形向内偏移，如图 5-138 所示。

07 调用 LINE/L 直线命令和 OFFSET/O 偏移命令，绘制线段，如图 5-139 所示。

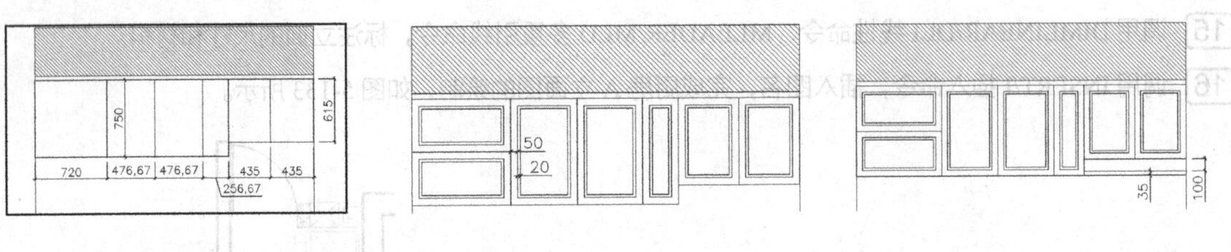

图 5-137　绘制吊柜轮廓　　图 5-138　偏移矩形　　图 5-139　绘制线段

08 调用 RECTANG/REC 矩形命令，绘制矩形表示拉手，如图 5-140 所示。

09 调用 LINE/L 直线命令，绘制折线，如图 5-141 所示。

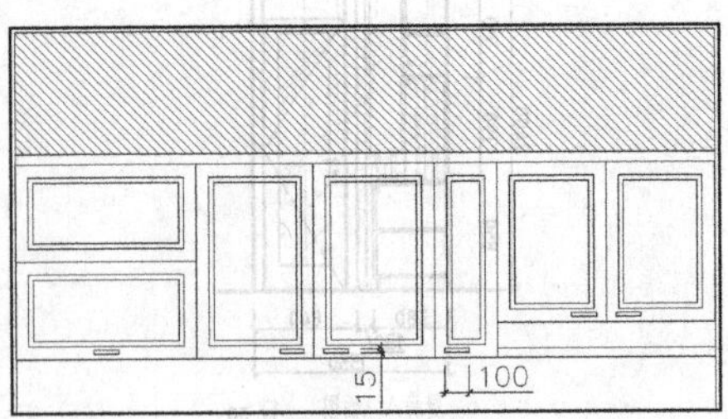

图 5-140　绘制拉手

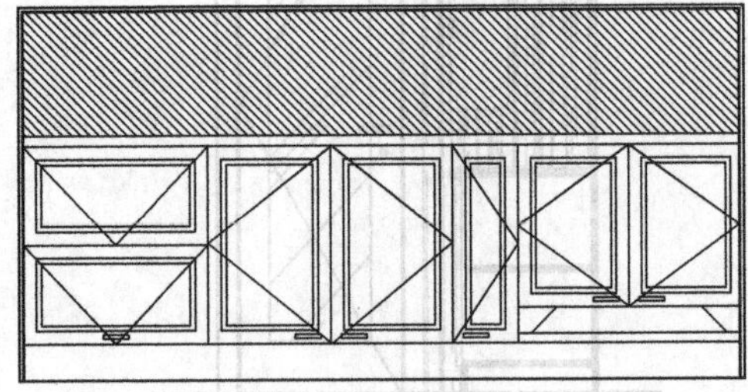

图 5-141　绘制折线

10 使用相同的方法绘制橱柜，结果如图 5-142 所示。

11 调用 HATCH/H 图案填充命令，选择“用户定义”图案，设置间距为 300mm，填充墙面图案，如图 5-143 所示。

12 从图库中调入冰箱图块，分解填充图案，并调用 TRIM/TR 修剪命令，修剪墙面与冰箱相交位置，如图 5-144 所示。

13 调用 DIMLINEAR/DLI 线性命令、MLEADER/MLD 多重引线命令，标注立面的尺寸和材料。最后调用 INSERT/I 插入命令，插入图名，完成厨房 D 立面图的绘制，如图 5-145 所示。

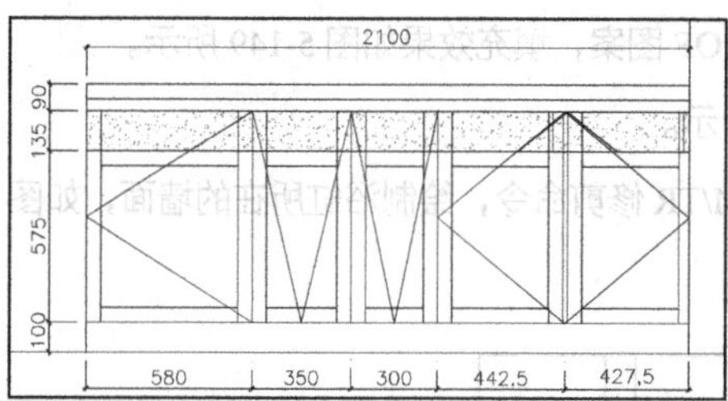

图 5-142　绘制橱柜

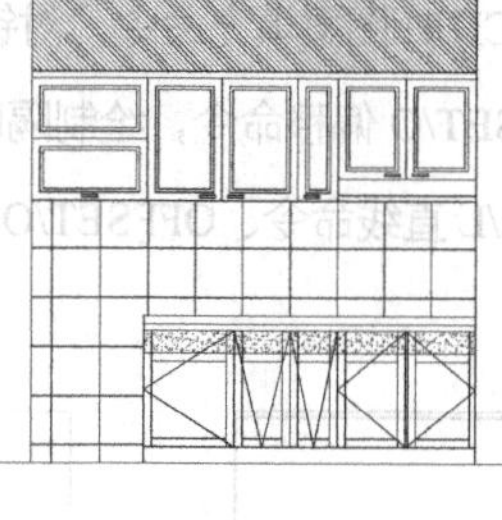

图 5-143　绘制墙面图案

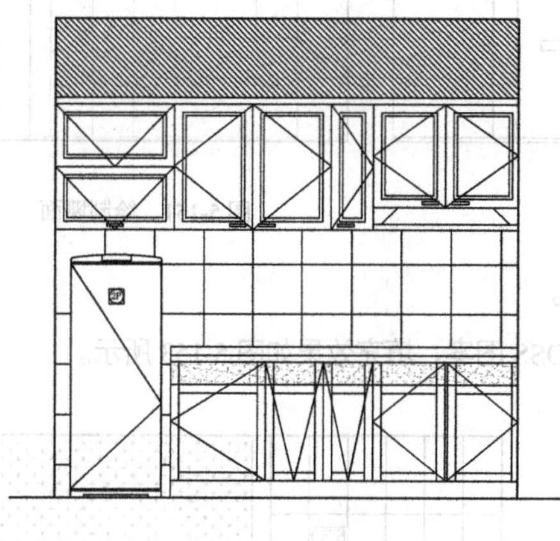

图 5-144　插入图块

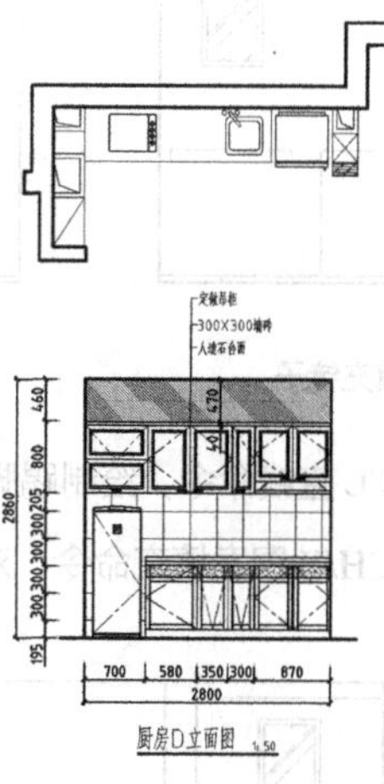

图 5-145　厨房 D 立面图

074 绘制卫生间 C 立面图

视频文件：MP4\第 5 章\074.MP4

本例介绍卫生间 C 立面图的绘制，C 立面图主要表达了花洒、洗手盆和座便器等卫具的位置和做法。

01 调用 COPY/CO 复制命令，复制平面布置图卫生间 C 立面的平面部分，并对图形进行旋转。

02 调用 LINE/L 直线命令、OFFSET/O 偏移命令和 TRIM/TR 修剪命令，绘制卫生间 C 立面外轮廓，如图 5-146 所示。

03 调用 RECTANG/REC 矩形命令，绘制浴缸立面轮廓，如图 5-147 所示。

04 调用 RECTANG/REC 矩形命令和 OFFSET/O 偏移命令，绘制镜子和搁板轮廓，如图 5-148 所示。

图 5-146　绘制 C 立面外轮廓

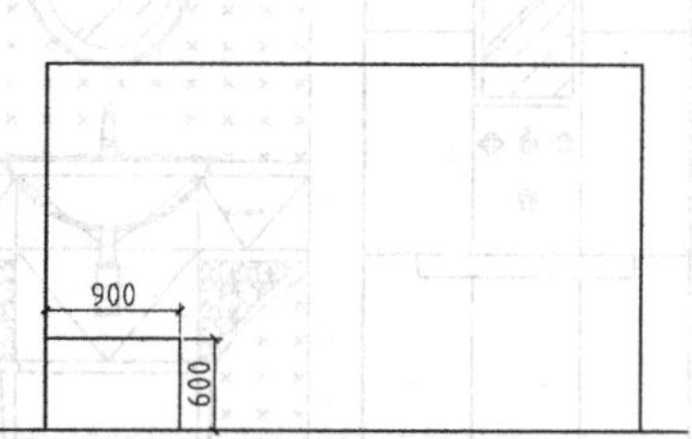

图 5-147　绘制浴缸立面轮廓

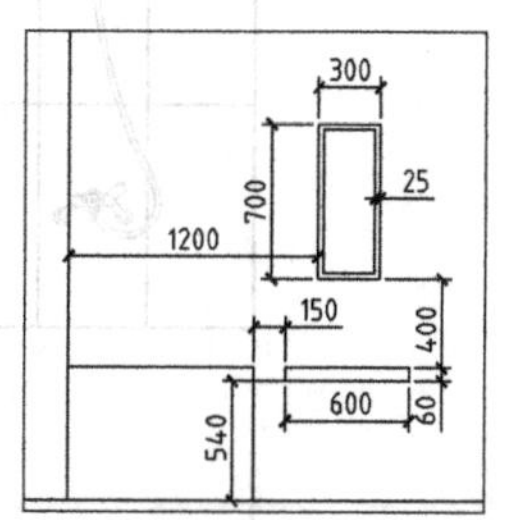

图 5-148　绘制镜子和搁板轮廓

05 调用 HATCH/H 图案填充命令，对镜子填充 AR-RROOF 图案，填充效果如图 5-149 所示。

06 调用 OFFSET/O 偏移命令，绘制隔断，如图 5-150 所示。

07 调用 LINE/L 直线命令、OFFSET/O 偏移命令和 TRIM/TR 修剪命令，绘制浴缸所在的墙面，如图 5-151 所示。

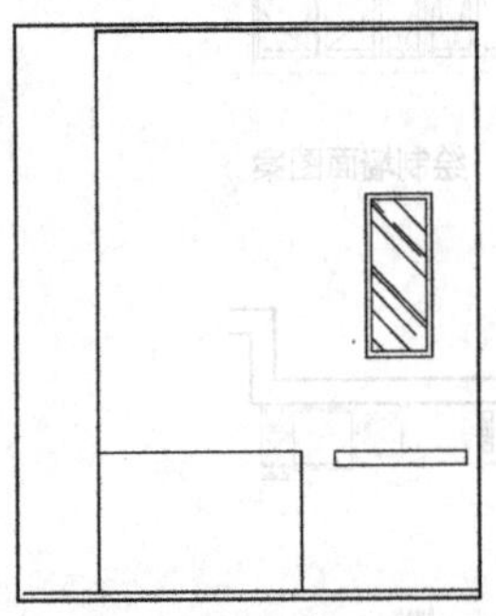

图 5-149　填充镜子

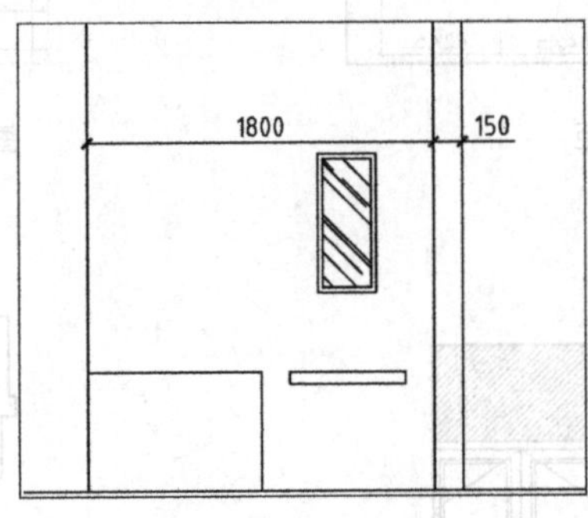

图 5-150　绘制隔断

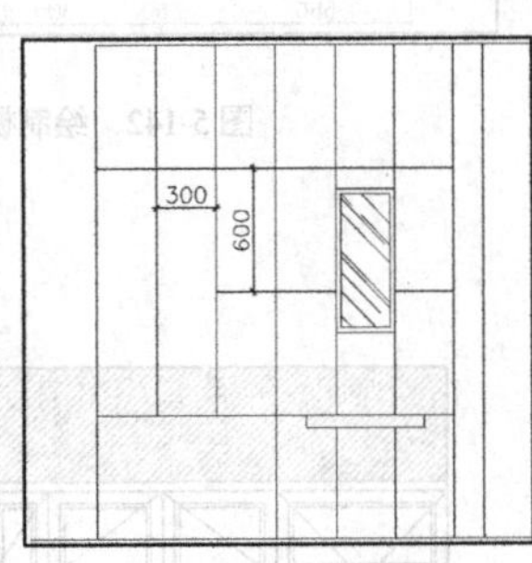

图 5-151　绘制墙面

08 调用 LINE/L 直线命令，绘制踢脚线，如图 5-152 所示。

09 调用 HATCH/H 图案填充命令，对卫生间墙面填充 CROSS 图案，填充效果如图 5-153 所示。

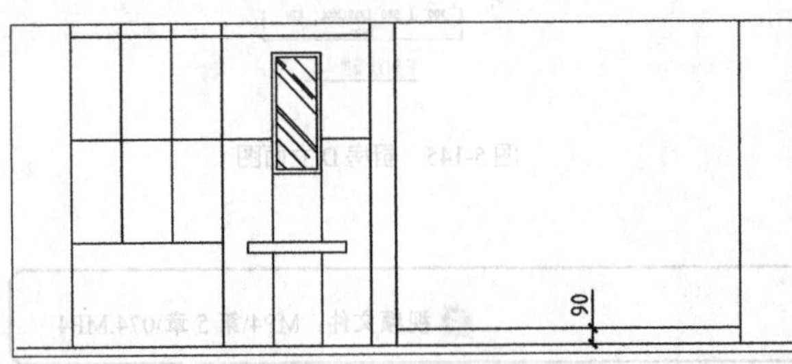

图 5-152　绘制踢脚线

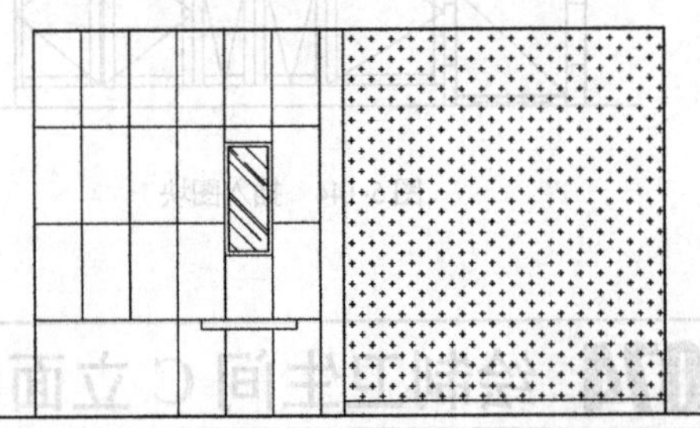

图 5-153　填充墙面

10 从图库中调入淋浴头、洗脸盆和座便器等图块到立面图中，并进行修剪，如图 5-154 所示。

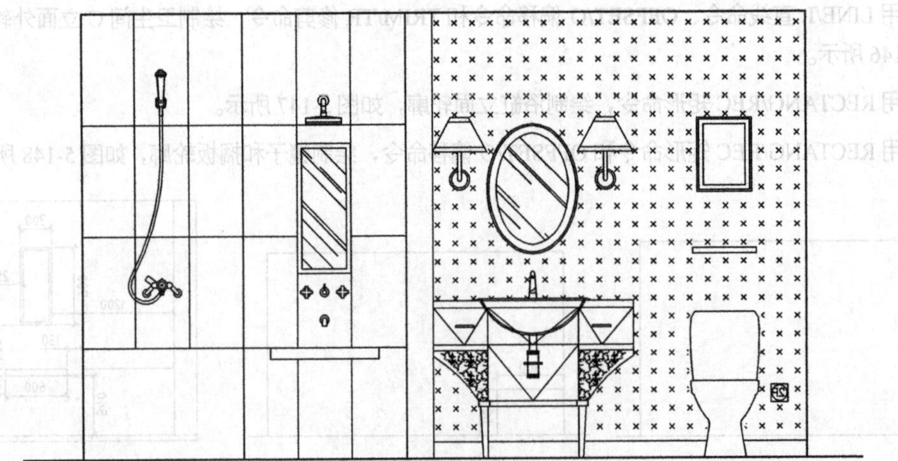

图 5-154　插入图块

11 调用 DIMLINEAR/DLI 线性标注命令、MLEADER/MLD 多重引线命令，标注立面的尺寸和材料，如图 5-155 所示。

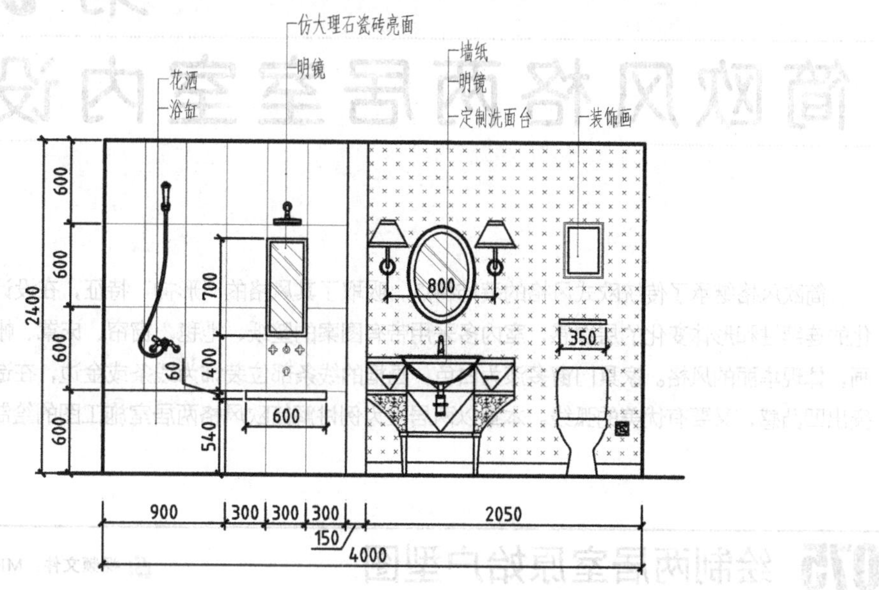

图 5-155　标注尺寸和材料

12 调用 INSERT/I 插入命令，插入图名，完成卫生间 C 立面图的绘制，如图 5-156 所示。

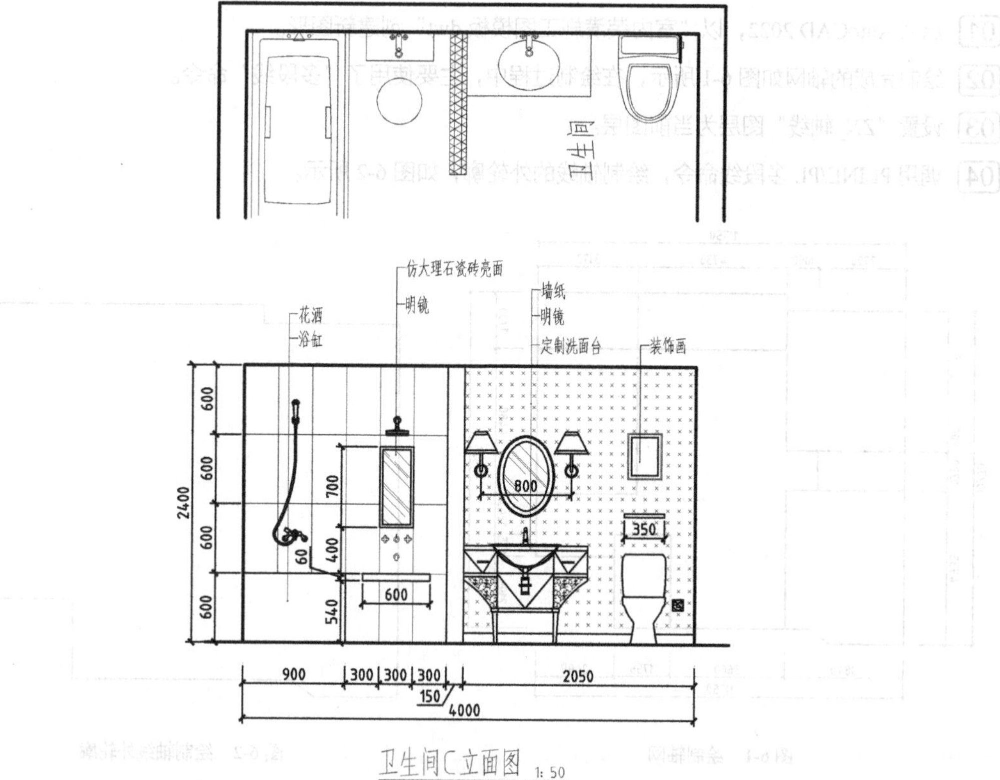

图 5-156　绘制卫生间 C 立面图

第 6 章 简欧风格两居室室内设计

简欧风格继承了传统欧式风格的装饰特点，吸取了其风格的“形神”特征，在设计上追求空间变化的连续性和形体变化的层次感，室内多采用带有图案的壁纸、地毯、窗帘、床罩、帐幔及古典装饰画，体现华丽的风格。家具门窗多漆为白色，画框的线条部位装饰为线条或金边，在造型设计上既要突出凹凸感，又要有优美的弧线。本章以两居室为例讲解简欧风格两居室施工图的绘制方法。

075 绘制两居室原始户型图

视频文件：MP4\第 6 章\075.MP4

本例介绍两居室原始户型图的绘制，房间各功能空间划分为客厅、餐厅、厨房、主卧、客卧、主卫、阳台、洗衣房和卫生间。

01 启动 AutoCAD 2022，以“室内装潢施工图模板.dwt”创建新图形。

02 绘制完成的轴网如图 6-1 所示，在绘制过程中，主要使用了“多段线”命令。

03 设置“ZX_轴线”图层为当前图层。

04 调用 PLINE/PL 多段线命令，绘制轴线的外轮廓，如图 6-2 所示。

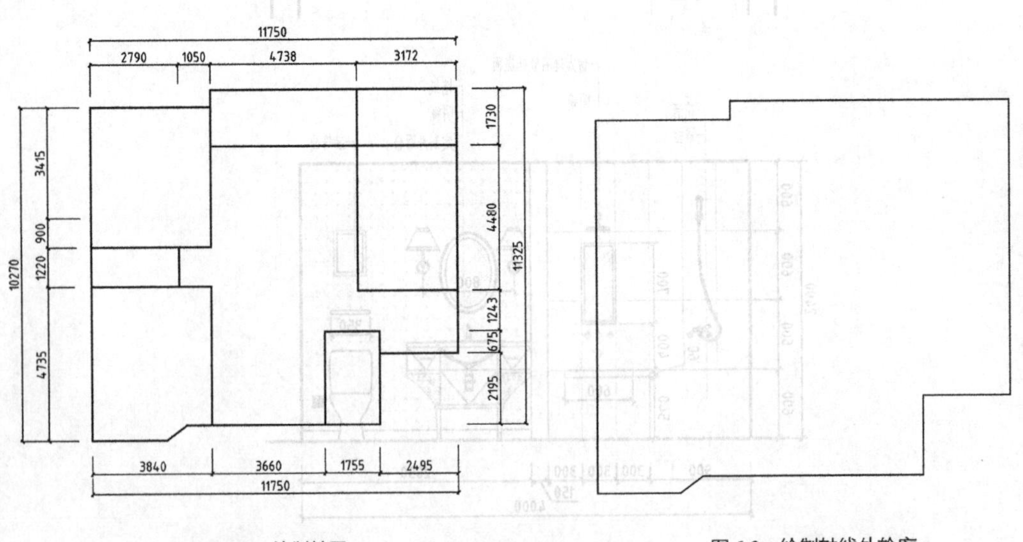

图 6-1 绘制轴网

图 6-2 绘制轴线外轮廓

05 找到需要分隔的房间，继续调用 PLINE/PL 多段线命令绘制内部轴线，结果如图 6-3 所示。

06 设置“BZ_标注”图层为当前图层，设置当前注释比例为 1∶100。调用 DIMLINEAR/DLI 线性命令标注尺寸，结果如图 6-1 所示。

07 调用 MLINE/ML 多线命令，绘制墙体，设置多线比例分别为 240、170，然后转换至“QT_墙体”图层，即可得到墙体，如图 6-4 所示。

08 分解多线，调用 CHAMFER/CHA 倒角命令，整理墙线，对于不方便使用倒角命令修剪的墙线，可以调用 TRIM/TR 修剪命令进行修剪，修剪后的效果如图 6-5 所示。

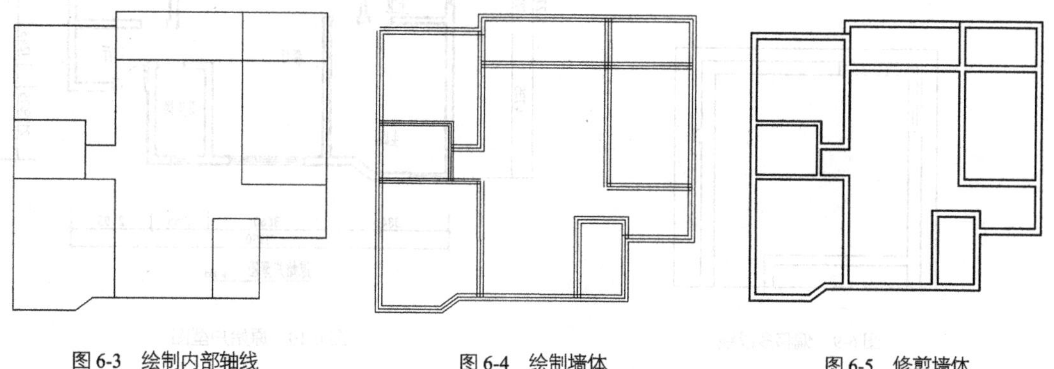

图 6-3　绘制内部轴线　　图 6-4　绘制墙体　　图 6-5　修剪墙体

09 开门洞和窗洞。调用 PLINE/PL 多段线命令和 TRIM/TR 修剪命令，开门洞和窗洞，如图 6-6 所示。

10 调用 RECTANG/REC 矩形命令、CIRCLE/C 圆命令、LINE/L 直线命令和 TRIM/TR 修剪命令，绘制子母门，如图 6-7 所示。

11 设置“C_窗”图层为当前图层。绘制窗。调用 PLINE/PL 多段线命令，绘制多段线，如图 6-8 所示。

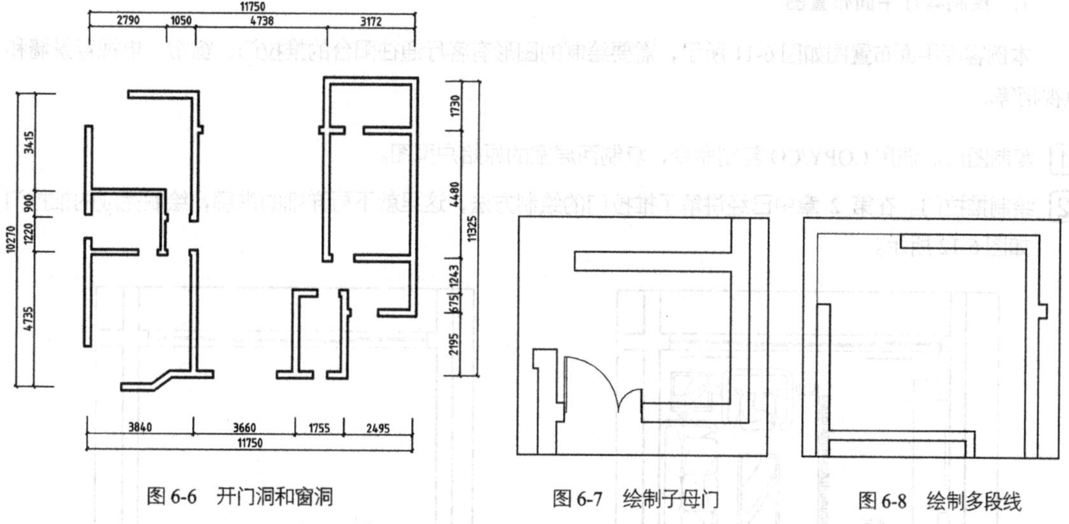

图 6-6　开门洞和窗洞　　图 6-7　绘制子母门　　图 6-8　绘制多段线

12 调用 OFFSET/O 偏移命令，将多段线向内偏移 80mm，偏移 3 次，得到窗户图形，如图 6-9 所示。

13 使用以上的方法完成其他窗的绘制。最后需要为各房间注上文字说明。调用 TEXT/T 单行文字命令（或 MTEXT 命令/MT 多行文字）输入文字，两居室原始户型图绘制完成如图 6-10 所示。

技巧　使用圆角和倒角命令可以使两条不平行的相交或不相交的线段端点连接起来，相当于优化的延伸或修剪命令。

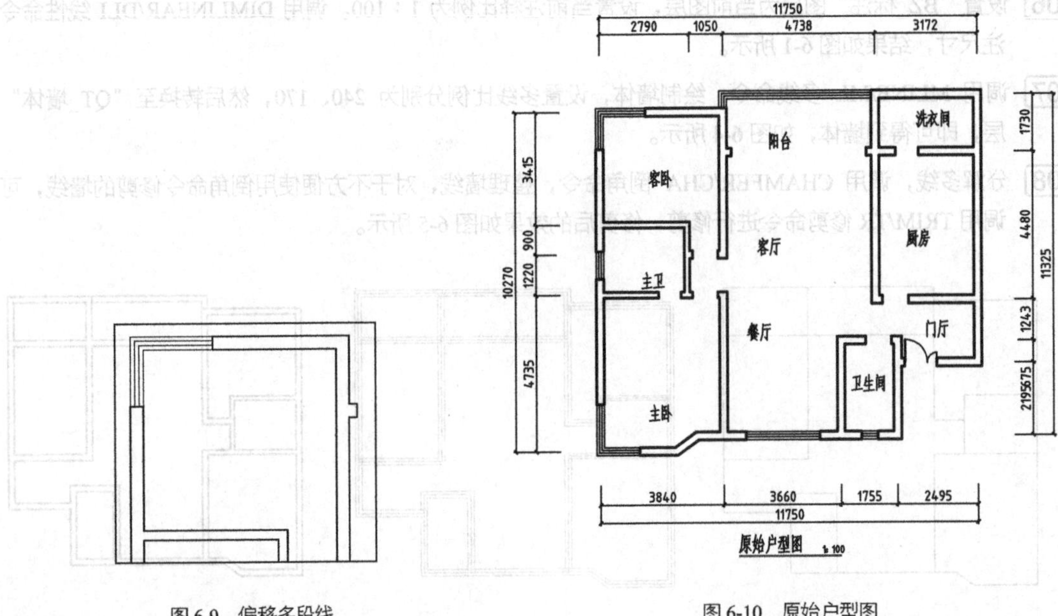

图 6-9 偏移多段线　　图 6-10 原始户型图

076 绘制两居室平面布置图

视频文件：MP4\第 6 章\076.MP4

本例介绍两居室平面布置图的绘制，下面以客厅和厨房为例讲解平面布置图的绘制方法。

1. 绘制客厅平面布置图

本例客厅平面布置图如图 6-11 所示，需要绘制的图形有客厅通往阳台的推拉门、窗帘、电视背景墙和电视柜等。

01 复制图形。调用 COPY/CO 复制命令，复制两居室的原始户型图。

02 绘制推拉门。在第 2 章中已经讲解了推拉门的绘制方法，这里就不再详细的讲解，绘制完成的推拉门如图 6-12 所示。

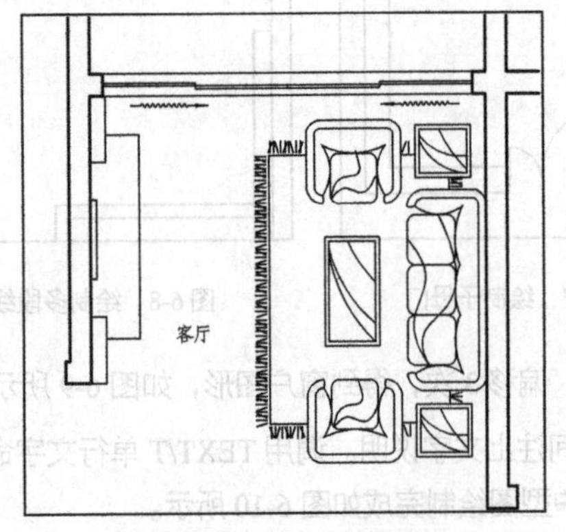

图 6-11 客厅平面布置图

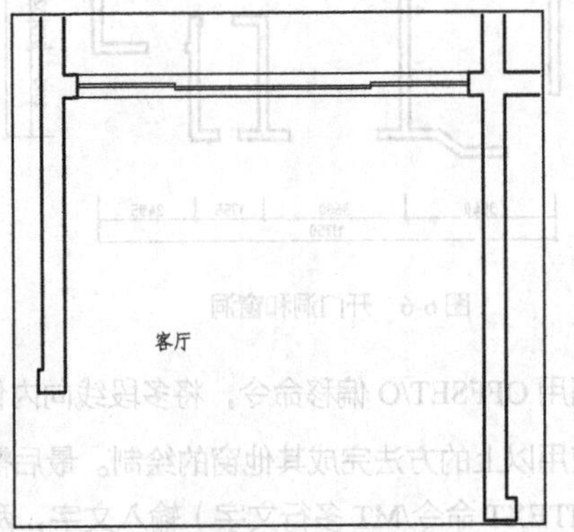

图 6-12 绘制推拉门

03 设置“JJ_家具”图层为当前图层。

04 调用 PLINE 命令，选择“圆弧（A）”选项，不断绘制半径为 15mm，包含角为 180° 的圆弧，得到如图 6-13 所示的窗帘图形。窗帘后端的箭头通过选择“宽度（W）”选项绘制，其中箭头大端宽度为 20mm，小端宽度为 0.1mm。

05 调用 MOVE/M 移动命令，将窗帘移动到客厅中，如图 6-14 所示。

06 调用 MIRROR/MI 镜像命令，对窗帘进行镜像，如图 6-15 所示。

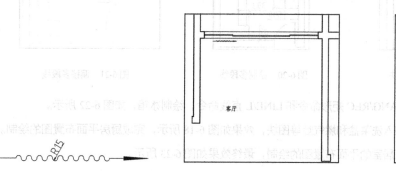

图 6-13　窗帘图形

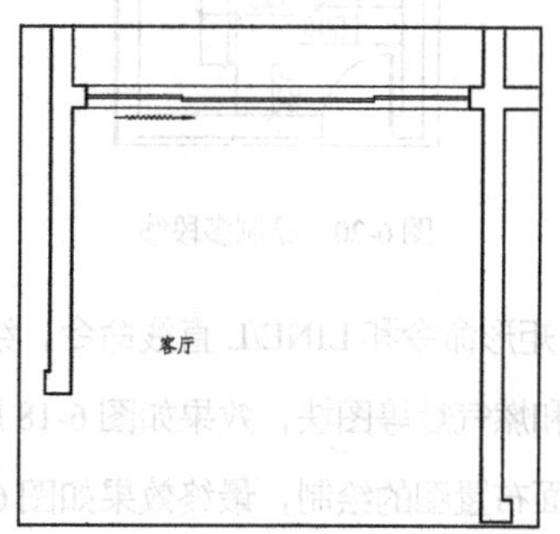

图 6-14　移动窗帘

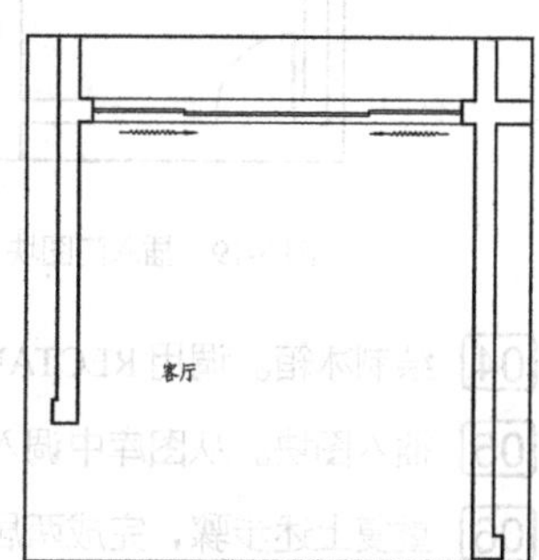

图 6-15　镜像窗帘

07 绘制电视背景墙。调用 RECTANG/REC 矩形命令和 COPY/CO 复制命令，绘制电视背景墙，如图 6-16 所示。

08 调用 PLINE/PL 多段线命令，绘制电视柜和电视，如图 6-17 所示。

09 插入图块。客厅中的沙发组图形，可以从配套素材中的“第 06 章\家具图例.dwg”文件中直接调用，完成后的效果如图 6-11 所示，客厅平面布置图绘制完成。

2.　绘制厨房平面布置图

厨房平面布置图如图 6-18 所示，需要绘制的图形有橱柜、冰箱、洗菜盆和燃气灶等。

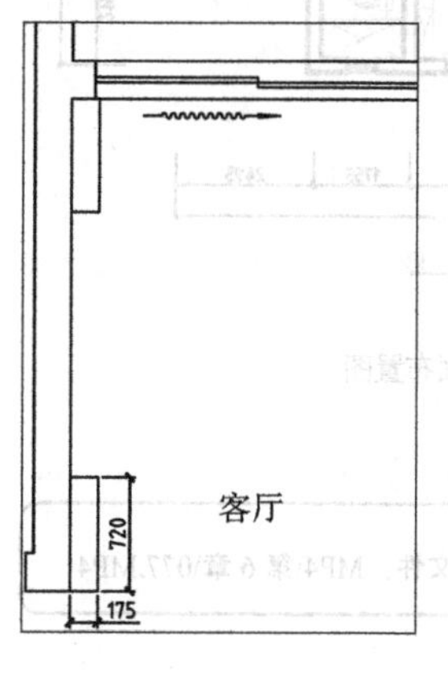

图 6-16　绘制电视背景墙

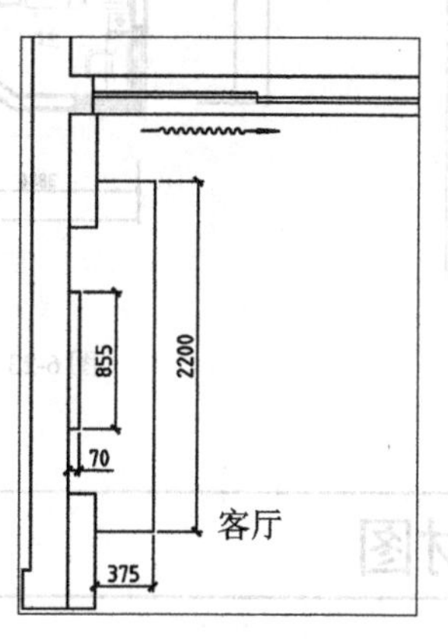

图 6-17　绘制电视柜和电视

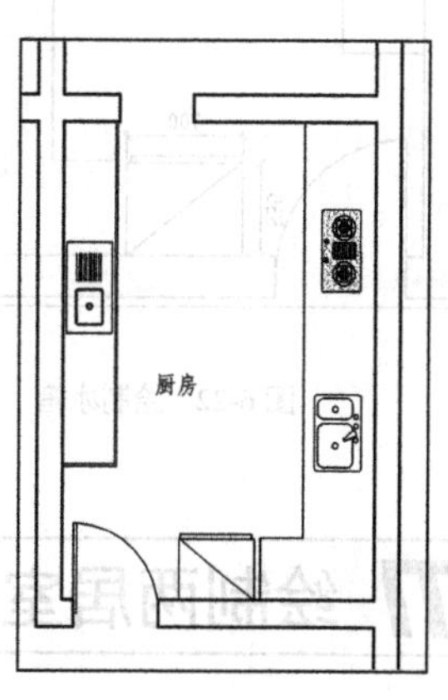

图 6-18　厨房平面布置图

01 绘制门。调用 INSERT/I 插入命令，插入门图块，效果如图 6-19 所示。

02 绘制橱柜。调用 PLINE/PL 多段线命令，绘制橱柜的轮廓，如图 6-20 所示。

03 调用 OFFSET/O 偏移命令，将多段线向内偏移 20mm，如图 6-21 所示。

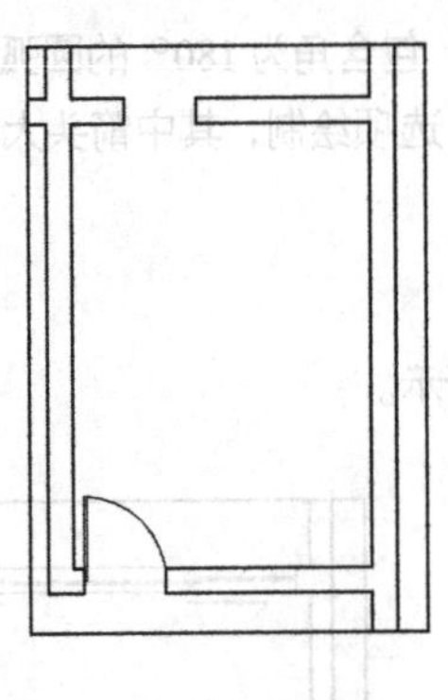

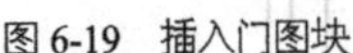

图 6-19　插入门图块

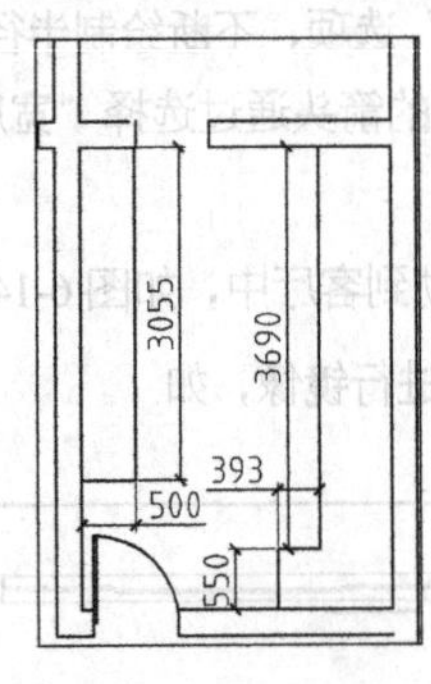

图 6-20　绘制多段线

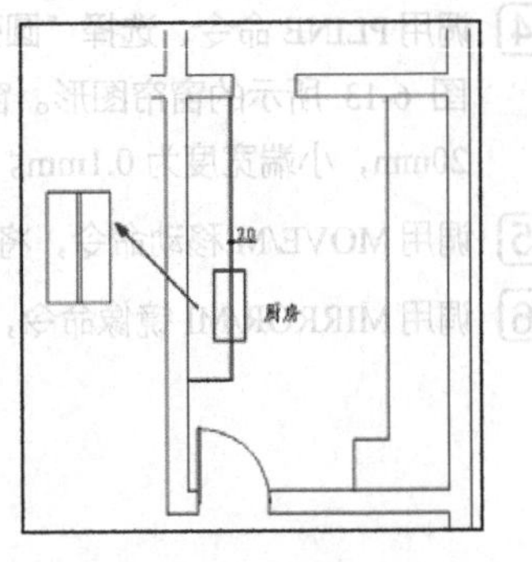

图 6-21　偏移多段线

04 绘制冰箱。调用 RECTANG/REC 矩形命令和 LINE/L 直线命令，绘制冰箱，如图 6-22 所示。

05 插入图块。从图库中调入洗菜盆和燃气灶等图块，效果如图 6-18 所示，完成厨房平面布置图的绘制。

06 重复上述步骤，完成两居室的平面布置图的绘制，最终效果如图 6-23 所示。

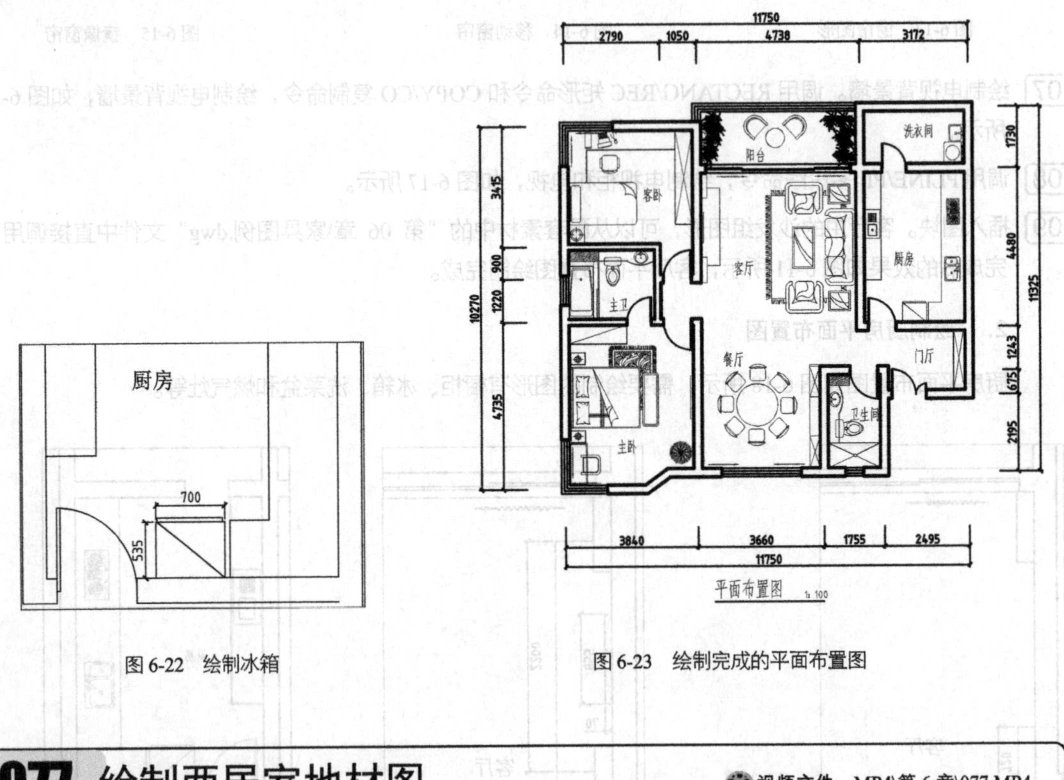

图 6-22　绘制冰箱

图 6-23　绘制完成的平面布置图

077 绘制两居室地材图

视频文件：MP4\第 6 章\077.MP4

本例介绍两居室平面布置图的绘制，两居室的地面材料有饰面地板、抛光石英砖、地砖和防滑砖。

01 复制图形。调用 COPY/CO 复制命令，复制两居室平面布置图，删除与地材图无关的图形，结果如图 6-24 所示。

02 设置“DM_地面”图层为当前图层。

03 绘制门槛线。调用 LINE/L 直线命令绘制门槛线，封闭填充图案区域，如图 6-25 所示。

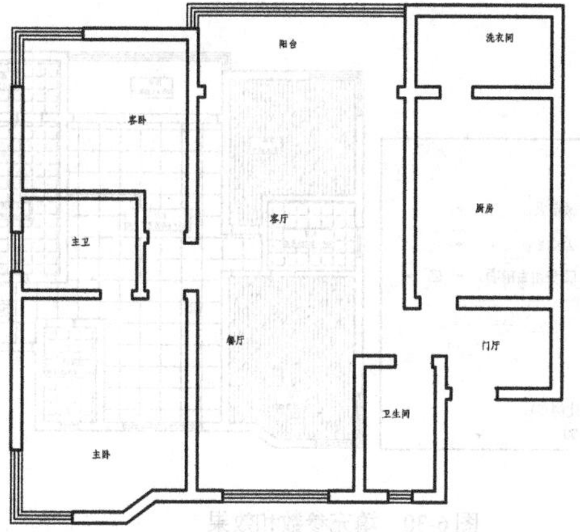

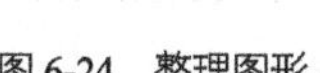

图6-24　整理图形

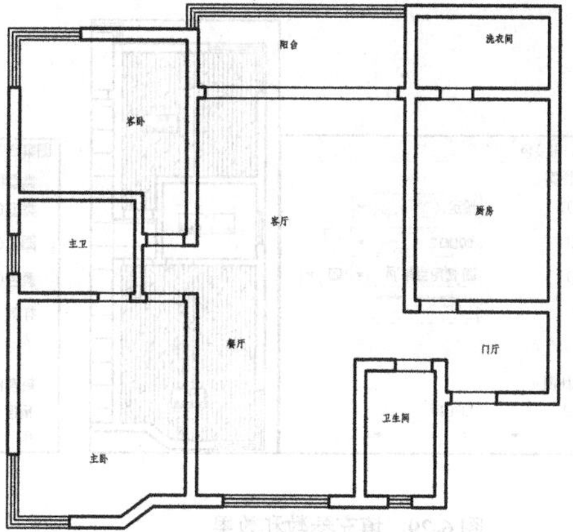

图6-25　绘制门槛线

04 标注地面材料。双击文字样式，添加地面材料名称，如图6-26所示。

05 调用RECTANG/REC矩形命令，绘制矩形框住文字，如图6-27所示。

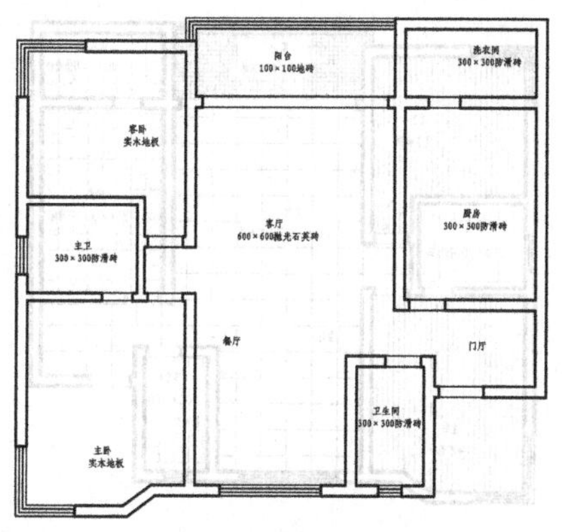

图6-26　添加地面材料名称

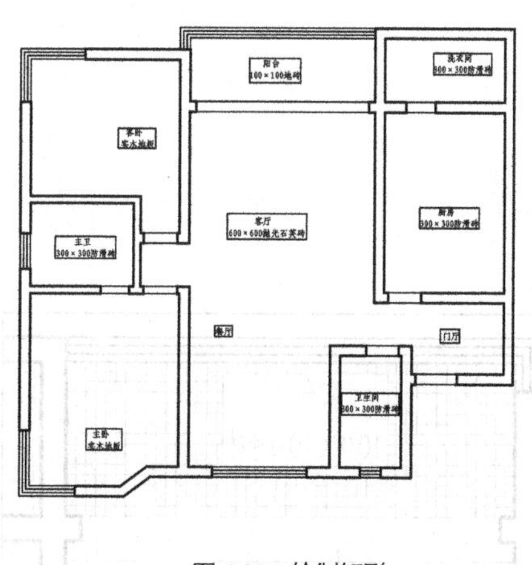

图6-27　绘制矩形

06 填充地面图例。调用HATCH/H图案填充命令，再在命令行中输入T命令，在弹出的【图案填充和渐变色】的对话框中设置参数，对客厅和餐厅区域填充“用户定义”图案，填充参数和效果如图6-28所示。

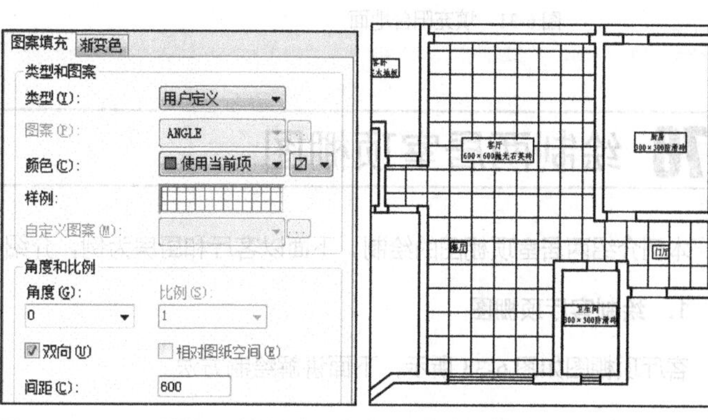

图6-28　填充参数和效果

07 继续调用HATCH/H图案填充命令，对主卧和客卧填充DOLMIT图案，填充参数和效果如图6-29所示。

08 对卫生间、厨房和洗衣间填充ANGLE图案，填充参数和效果如图6-30所示。

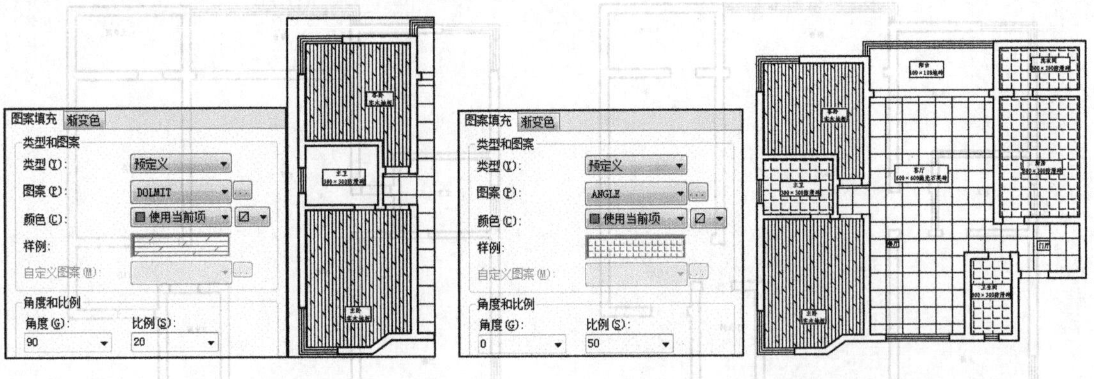

图 6-29　填充参数和效果　　图 6-30　填充参数和效果

09 对阳台区域填充“用户定义”图案，填充后删除矩形，效果如图 6-31 所示，完成地材图的绘制如图 6-32 所示。

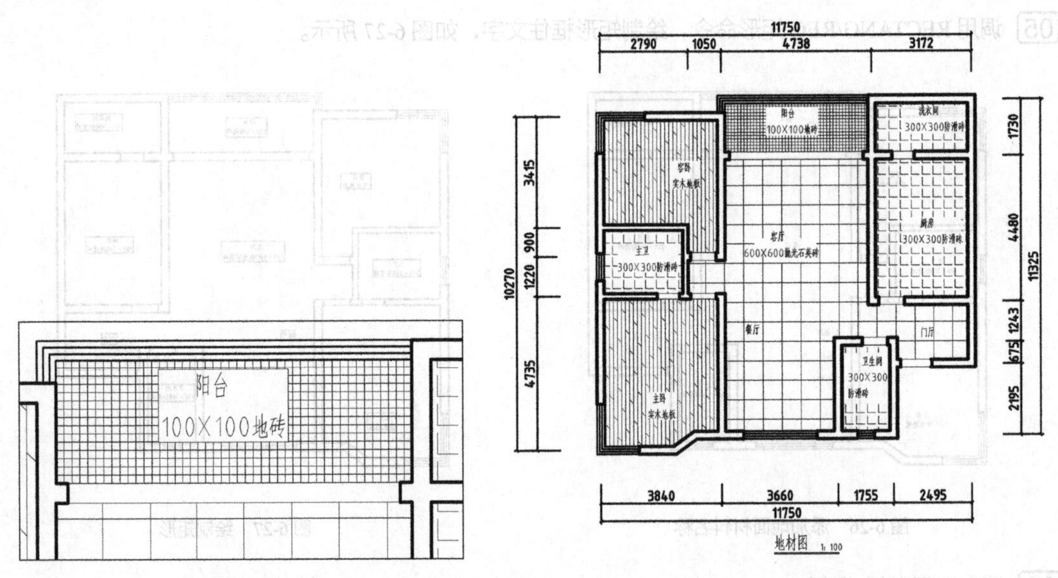

图 6-31　填充阳台地面　　图 6-32　地材图完成效果

078 绘制两居室顶棚图

视频文件：MP4\第 6 章\078.MP4

本例介绍两居室顶棚图的绘制，下面以客厅和厨房为例，介绍简欧顶棚图的绘制方法。

1. 绘制客厅顶棚图

客厅顶棚图如图 6-33 所示，下面讲解绘制方法。

01 图形顶棚图可在平面布置图的基础上绘制。调用 COPY/CO 复制命令，将平面布置图复制到一旁，并删除里面的家具图形。

02 绘制墙体线。设置“DM_地面”图层为当前图层。并调用直线命令 LINE/L 直线连接门洞，封闭区域，如图 6-34 所示。

03 绘制窗帘盒。设置“DD_吊顶”图层为当前图层。

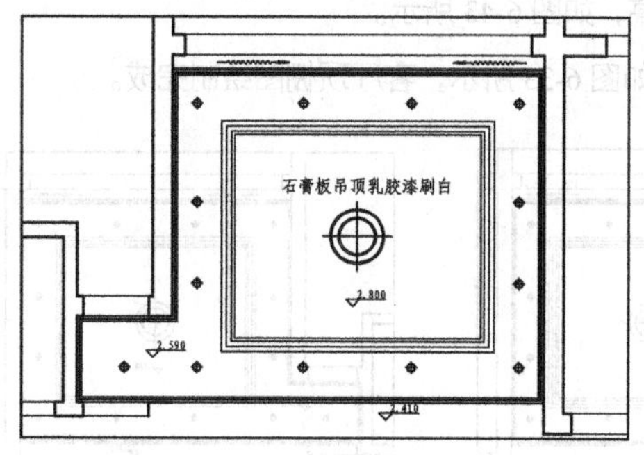

图 6-33　客厅顶棚图

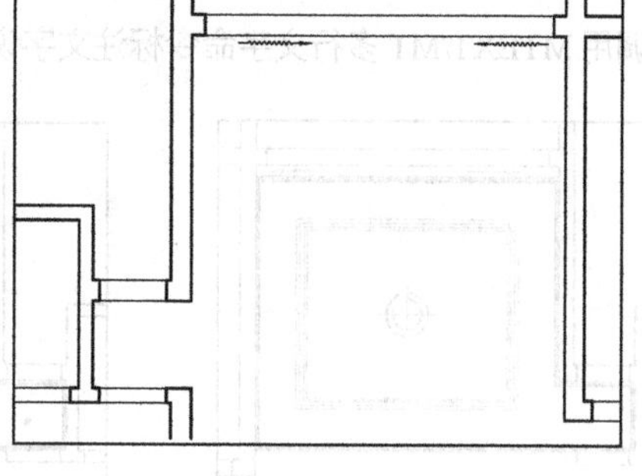

图 6-34　绘制墙体线

04 调用 LINE/L 直线命令，绘制如图 6-35 所示线段。

05 绘制角线。调用 PLINE/PL 多段线命令，沿客厅内墙线走一遍，并将多段线向内偏移 30mm、10mm 和 20mm，如图 6-36 所示。

06 调用 RECTANG/REC 矩形命令，绘制尺寸为 3300mm×2735mm 的矩形，并移动到相应的位置，如图 6-37 所示。

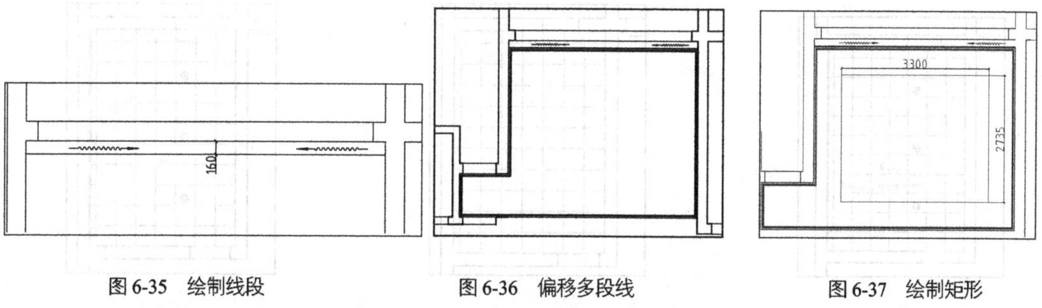

图 6-35　绘制线段　　图 6-36　偏移多段线　　图 6-37　绘制矩形

07 调用 OFFSET/O 偏移命令，将矩形向内偏移 60mm、60mm 和 40mm，如图 6-38 所示。

08 布置灯具。调用 COPY/CO 复制命令，复制图例表到本例图形窗口中，如图 6-39 所示。

09 调用 LINE/L 直线命令，绘制如图 6-40 所示辅助线。

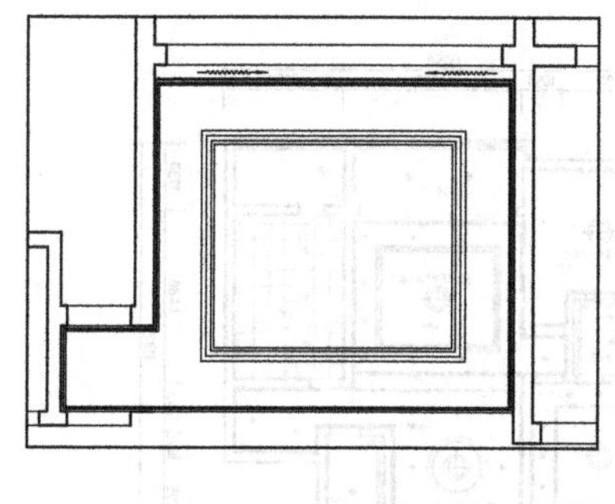

图 6-38　偏移矩形

图例	图名
	工艺吊灯
	浴霸
	筒灯
	壁灯
	吸顶灯

图 6-39　图例表

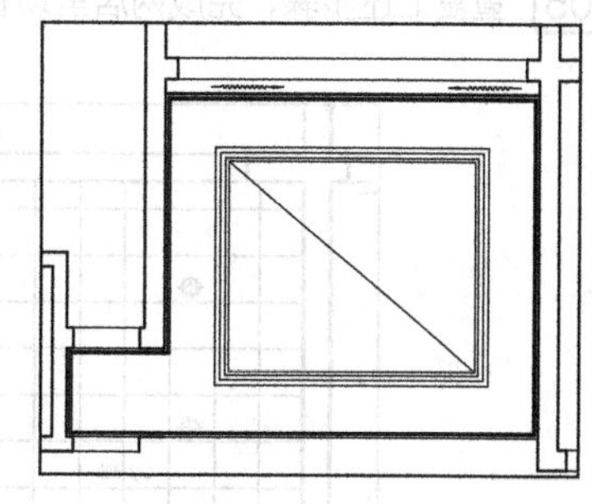

图 6-40　绘制辅助线

10 调用 COPY/CO 复制命令，复制灯具图形到客厅吊顶内，吊灯中心点与辅助线中点对齐，然后删除辅助线，如图 6-41 所示。

11 布置筒灯。调用 COPY/CO 复制命令，复制其他灯具到客厅吊顶内，效果如图 6-42 所示。

12 调用 INSERT/I 插入命令，插入“标高”图块标注标高，如图 6-43 所示。

13 调用 MTEXT/MT 多行文字命令标注文字说明，结果如图 6-33 所示，客厅顶棚图绘制完成。

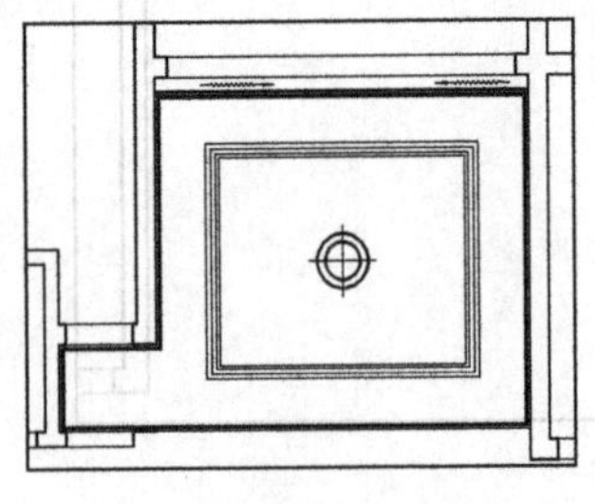

图 6-41　复制灯具

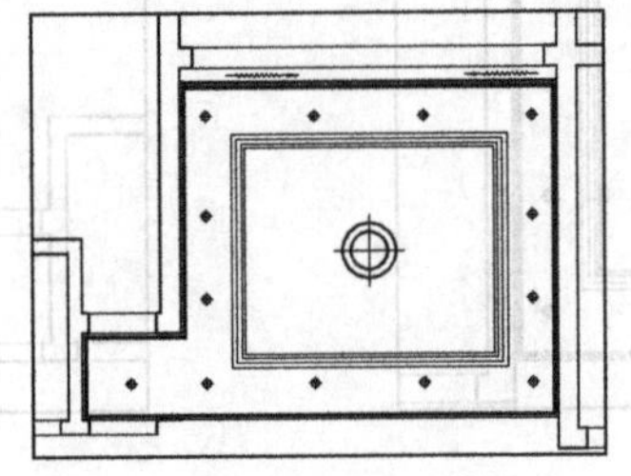

图 6-42　复制其他灯具

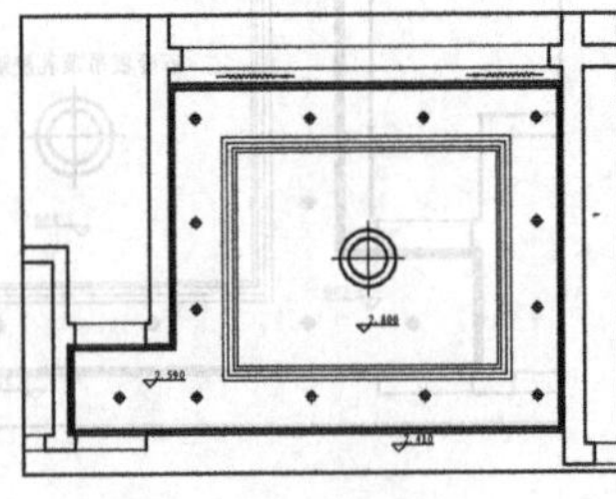

图 6-43　插入标高

2. 绘制厨房顶棚图

厨房顶棚图如图 6-44 所示，由于采用的是直接式顶棚，可直接填充图案表示，下面讲解绘制方法。

01 调用 HATCH/H 图案填充命令，对厨房区域填充“用户定义”图案，效果如图 6-45 所示。

02 调用 COPY/CO 复制命令，从图例表中复制灯具图形到厨房吊顶内，如图 6-46 所示。

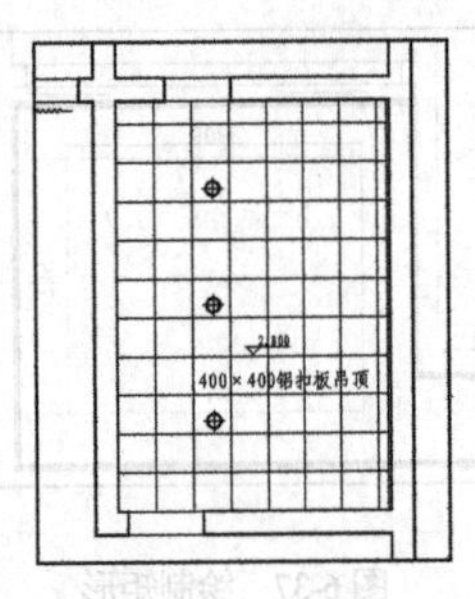

图 6-44　厨房顶棚图

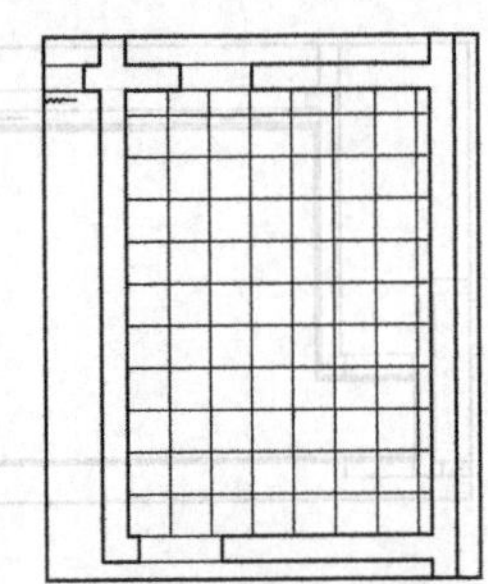

图 6-45　填充图案

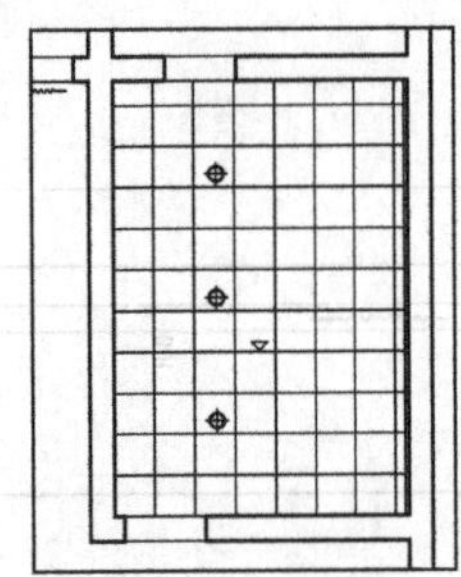

图 6-46　布置灯具

03 调用 INSERT/I 插入命令，插入“标高”图块标注标高，如图 6-47 所示。

04 调用 MTEXT/MT 多行文字命令标注文字说明，厨房顶棚图绘制完成。

05 重复上述步骤，完成两居室顶棚图的绘制，效果如图 6-48 所示。

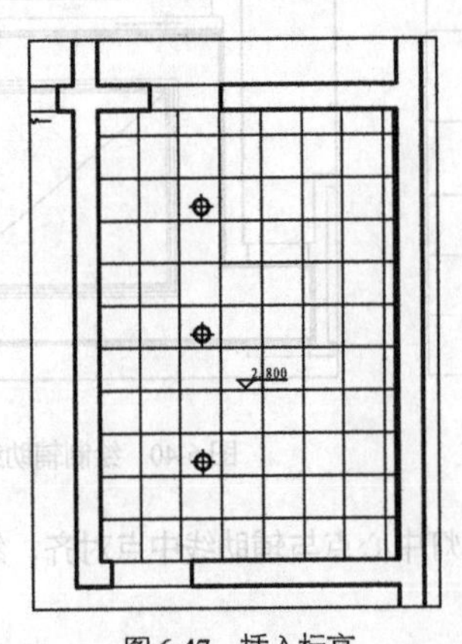

图 6-47　插入标高

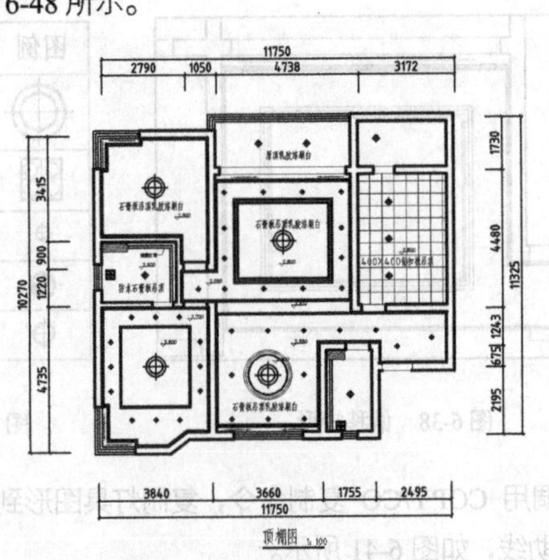

图 6-48　顶棚图完成效果

079 绘制玄关 C 立面图

视频文件：MP4\第 6 章\079.MP4

本例介绍玄关 C 立面图的绘制，玄关 C 立面图主要表现了该墙面和鞋柜的装饰做法、尺寸和材料等。

01 调用 COPY/CO 复制命令，复制平面布置图上玄关 C 立面的平面部分，并对图形进行旋转。

02 设置“LM_立面”图层为当前图层。

03 调用 LINE/L 直线命令，向下绘制出玄关左右墙体的投影线，即得到立面图左右墙体的轮廓线，如图 6-49 所示。

04 绘制地面。调用 PLINE/PL 多段线命令，在投影线下方绘制一水平线段表示地面，如图 6-50 所示。

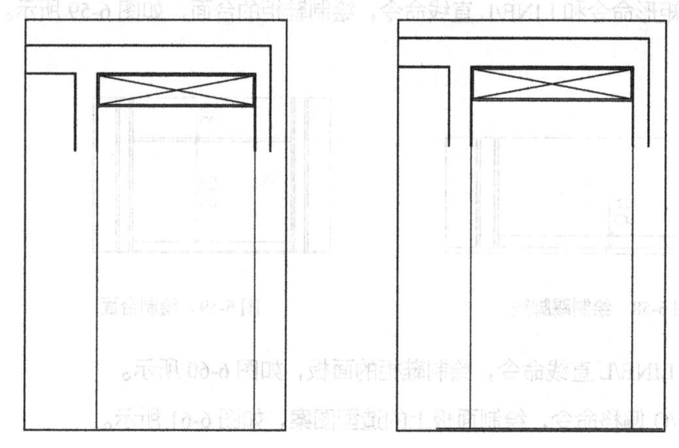

图 6-49　绘制墙体投影线　　图 6-50　绘制地面

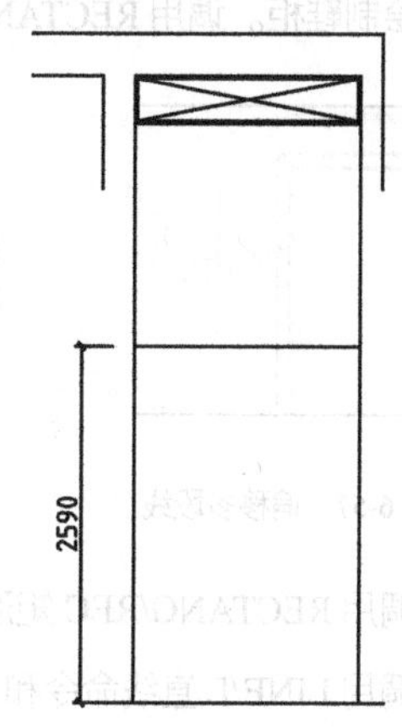

图 6-51　绘制线段

05 调用 LINE/L 直线命令，在距离地面 2590mm 的位置绘制水平线段表示顶棚，如图 6-51 所示。调用 TRIM/TR 修剪命令，修剪得到如图 6-52 所示立面轮廓，并转换至“QT_墙体”图层。

06 绘制角线。调用 LINE/L 直线命令，绘制如图 6-53 所示线段。

07 调用 LINE/L 直线命令、CIRCLE/C 圆命令和 TRIM/TR 修剪命令，绘制两侧顶部的石膏角线，如图 6-54 所示。

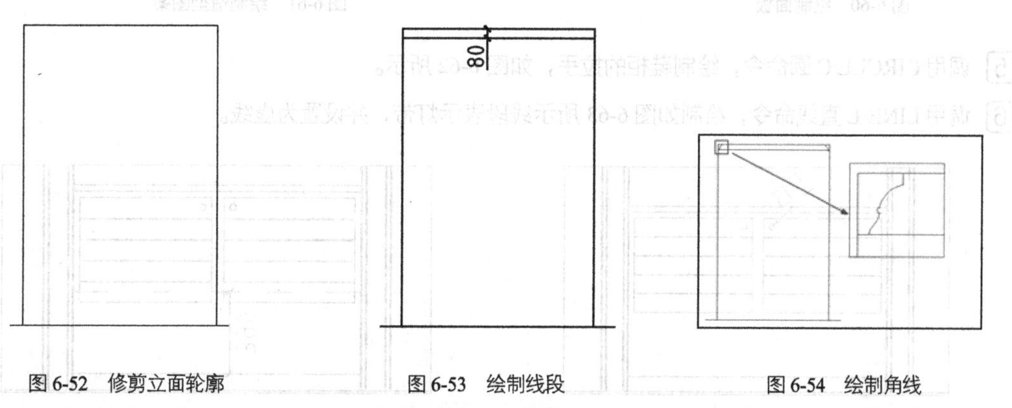

图 6-52　修剪立面轮廓　　图 6-53　绘制线段　　图 6-54　绘制角线

08 调用 LINE/L 直线命令，绘制线段连接两侧墙体顶部石膏角线剖面轮廓，结果如图 6-55 所示。

09 调用 PLINE/PL 多段线命令，绘制如图 6-56 所示多段线。

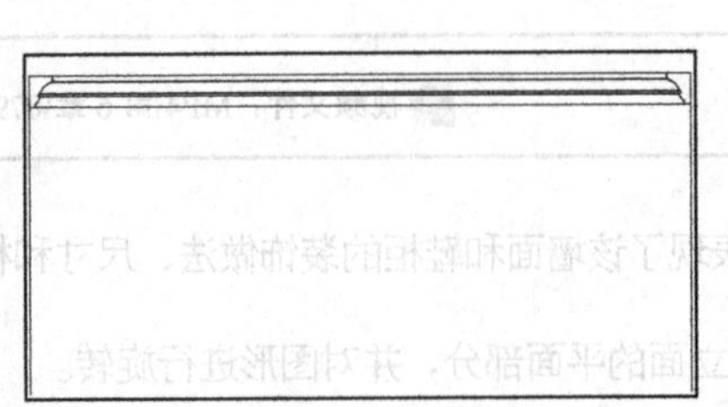

图 6-55 绘制线段

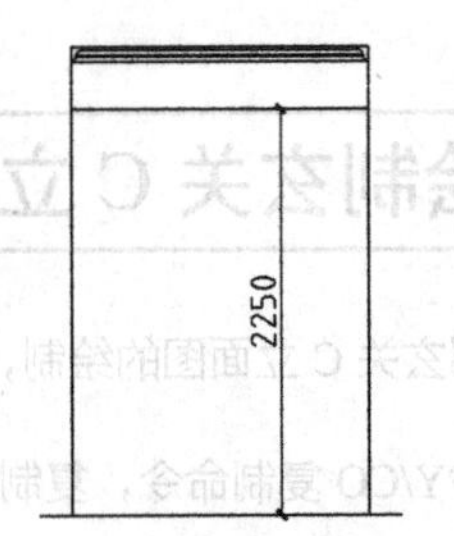

图 6-56 绘制多段线

10 调用 OFFSET/O 偏移命令，将多段线向内偏移（mm）5、20、5、90、5、20 和 5，如图 6-57 所示。

11 绘制踢脚线。调用 LINE/L 直线命令，绘制如图 6-58 所示线段表示踢脚线，踢脚线的高度为 80mm。

12 绘制鞋柜。调用 RECTANG/REC 矩形命令和 LINE/L 直线命令，绘制鞋柜的台面，如图 6-59 所示。

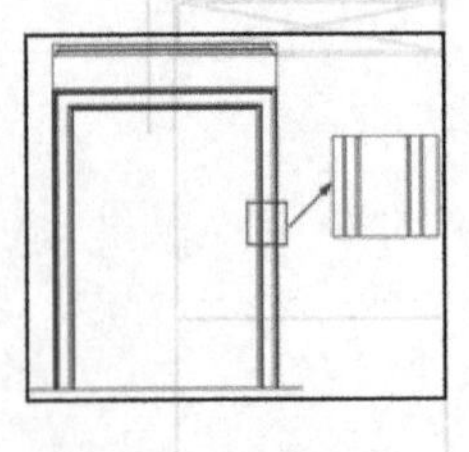

图 6-57 偏移多段线

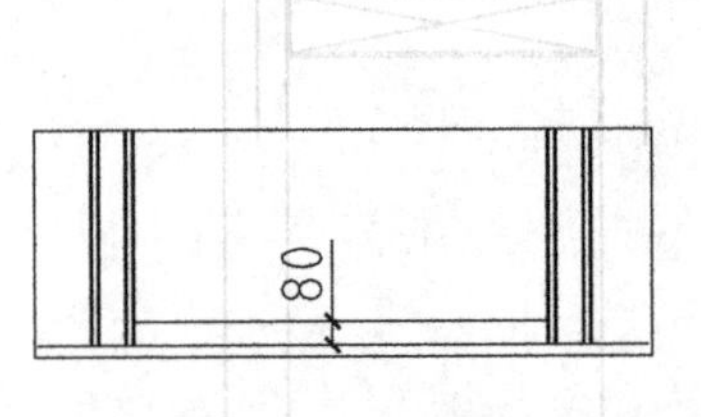

图 6-58 绘制踢脚线

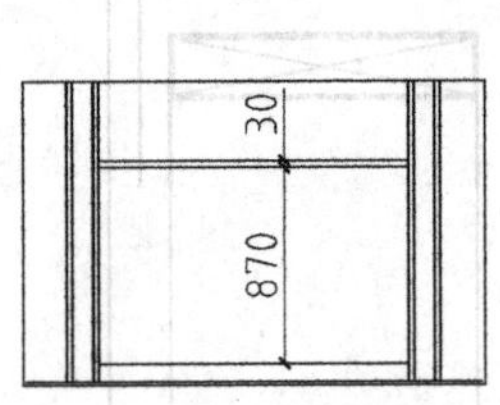

图 6-59 绘制台面

13 调用 RECTANG/REC 矩形命令和 LINE/L 直线命令，绘制鞋柜的面板，如图 6-60 所示。

14 调用 LINE/L 直线命令和 OFFSET/O 偏移命令，绘制面板上的造型图案，如图 6-61 所示。

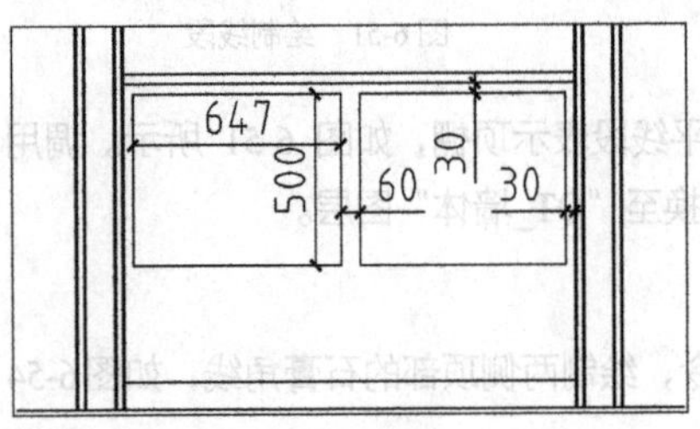

图 6-60 绘制面板

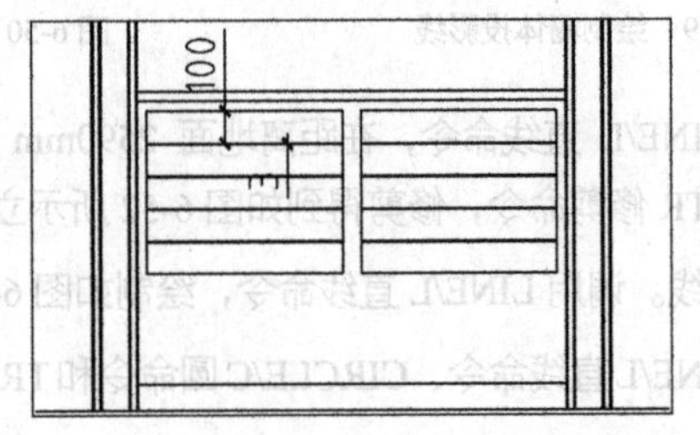

图 6-61 绘制造型图案

15 调用 CIRCLE/C 圆命令，绘制鞋柜的拉手，如图 6-62 所示。

16 调用 LINE/L 直线命令，绘制如图 6-63 所示线段表示灯带，并设置为虚线。

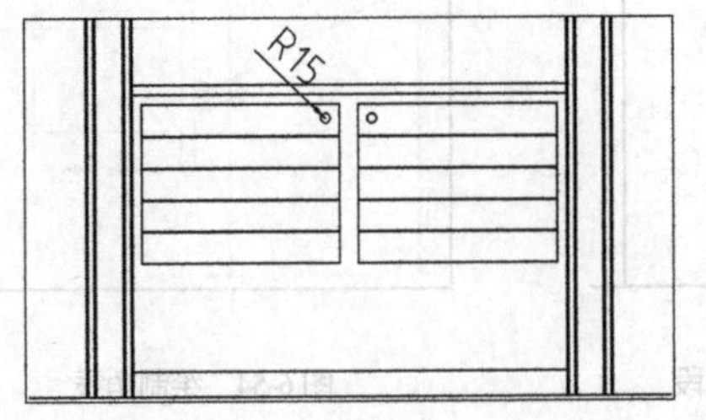

图 6-62 绘制拉手

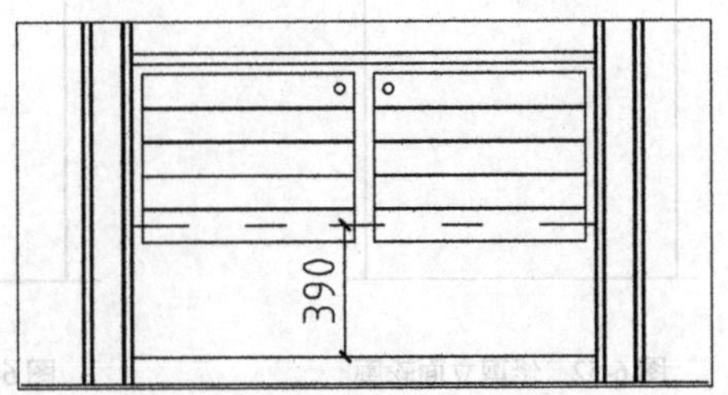

图 6-63 绘制灯带

[17] 调用 HATCH/H 图案填充命令，在鞋柜上方的墙面填充 ZIGZAG 图案，效果如图 6-64 所示。

[18] 插入图块。按 Ctrl+O 快捷键，打开配套素材提供的“第 06 章\家具图例.dwg”文件，选择其中的装饰物和装饰画图块，将其复制至立面区域，并调用 TRIM/TR 修剪命令进行修剪，如图 6-65 所示。

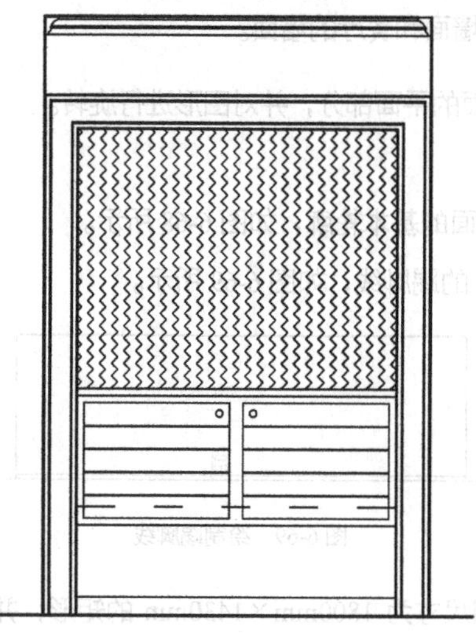

图 6-64　填充墙面图案

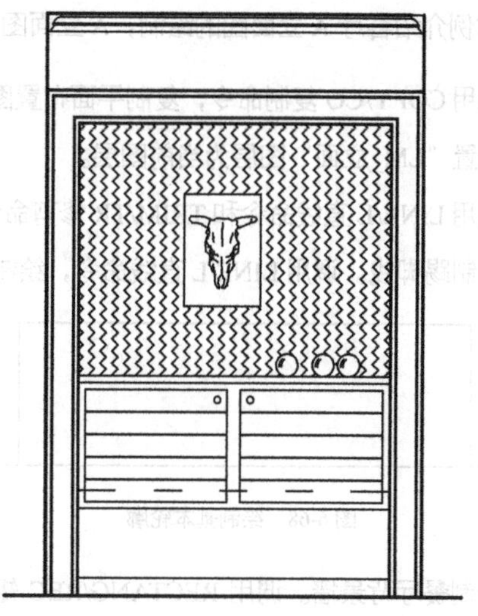

图 6-65　插入图块

[19] 设置“BZ_标注” 图层为当前图层。设置当前注释比例为 1：50。

[20] 调用 DIMLINEAR/DLI 线性命令标注尺寸，本图应该在垂直方向和水平方向分别进行标注，标注结果如图 6-66 所示。

[21] 调用 MLRADER/MLD 多重引线命令进行材料标注，插入图块。调用插入图块命令 INSERT，插入“图名”图块，设置名称为“玄关 C 立面图”，玄关 C 立面图绘制完成，如图 6-67 所示。

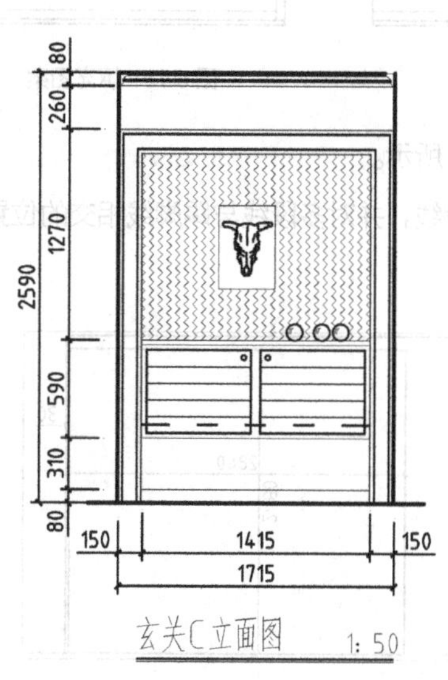

图 6-66　标注尺寸

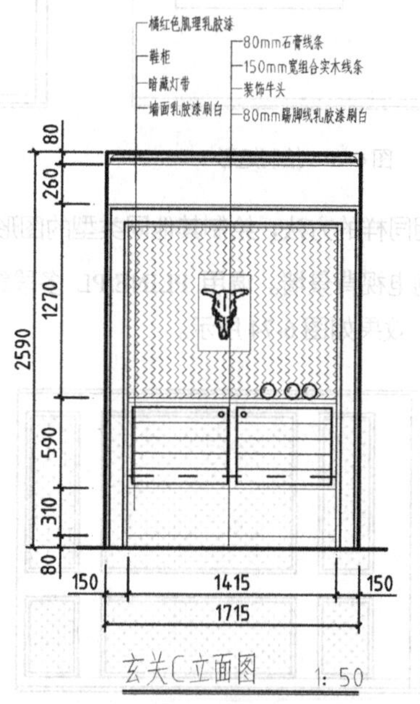

图 6-67　绘制完成的玄关 C 立面图

080 绘制客厅 A 立面图

视频文件：MP4\第 6 章\080.MP4

本例介绍客厅 A 立面图的绘制，A 立面图是电视所在的墙面和餐厅的墙面。

01 调用 COPY/CO 复制命令，复制平面布置图上客厅 A 立面的平面部分，并对图形进行旋转。

02 设置“LM_立面”图层为当前图层。

03 调用 LINE/L 直线命令和 TRIM/TR 修剪命令，绘制 A 立面的基本轮廓，如图 6-68 所示。

04 绘制踢脚线。调用 LINE/L 直线命令，绘制高度为 80mm 的踢脚线，如图 6-69 所示。

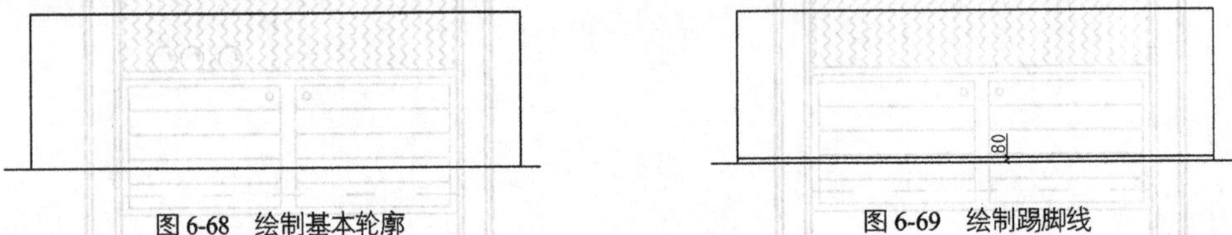

图 6-68　绘制基本轮廓　　图 6-69　绘制踢脚线

05 绘制餐厅背景墙。调用 RECTANG/REC 矩形命令，绘制尺寸为 1800mm×1430mm 的矩形，并移动到相应的位置，如图 6-70 所示。

06 调用 OFFSET/O 偏移命令，将矩形向内偏移 10mm、30mm 和 10mm，如图 6-71 所示。

07 调用 HATCH/H 图案填充命令，在矩形内填充 CROSS 图案，效果如图 6-72 所示。

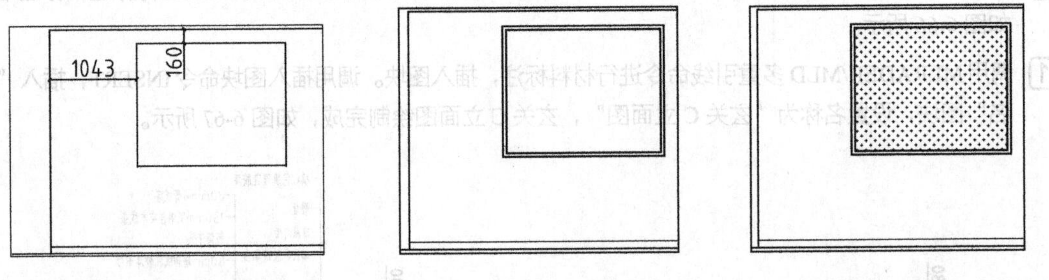

图 6-70　绘制矩形　　图 6-71　偏移矩形　　图 6-72　填充图案

08 使用同样的方法，绘制其他同类型的图形，效果如图 6-73 所示。

09 绘制电视背景墙。调用 PLINE/PL 多段线命令，绘制多段线，并对多段线与踢脚线相交的位置进行修剪，效果如图 6-74 所示。

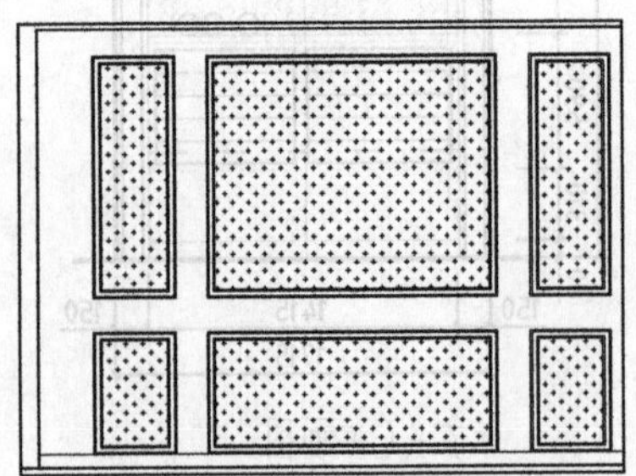

图 6-73　绘制其他同类型图形

图 6-74　绘制多段线

10 调用 OFFSET/O 偏移命令，将多段线向内偏移 15mm、60mm、15mm 和 30mm，如图 6-75 所示。

11 调用 LINE/L 直线命令和 OFFSET/O 偏移命令，绘制背景墙造型图案，如图 6-76 所示。

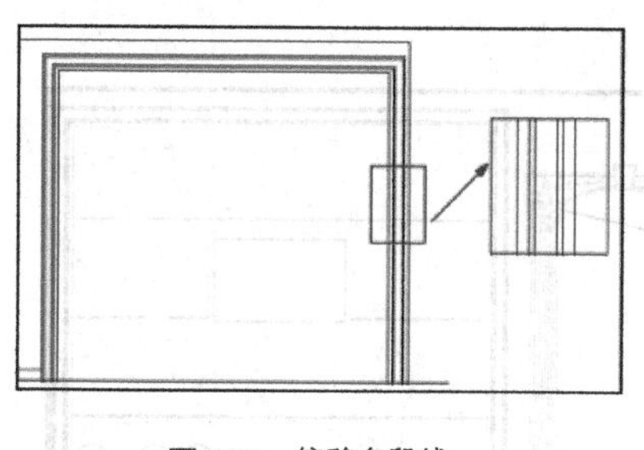
图 6-75 偏移多段线

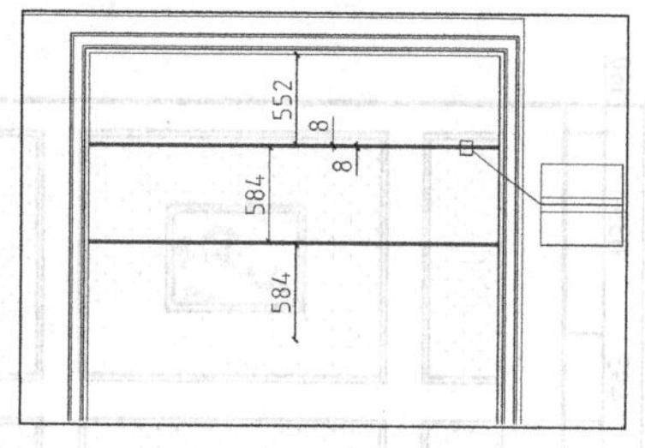

图 6-76 绘制背景墙造型图案

12 绘制电视柜。调用 RECTANG/REC 矩形命令，绘制电视柜的台面，如图 6-77 所示。

13 调用 PLINE/PL 多段线命令，绘制如图 6-78 所示多段线。

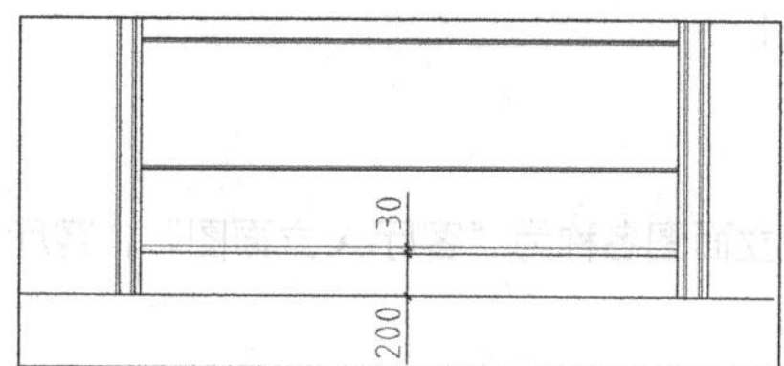

图 6-77 绘制电视柜台面

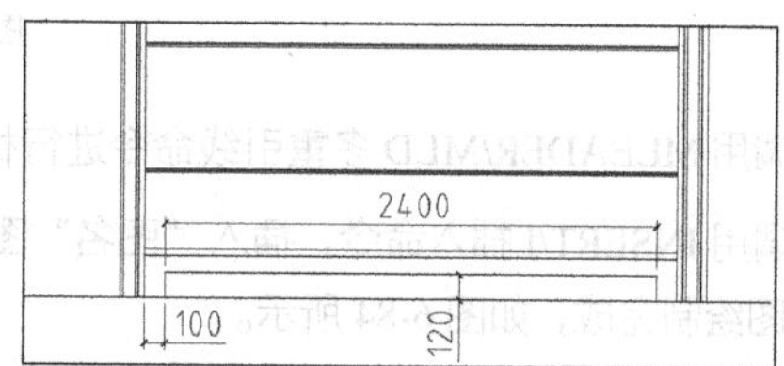

图 6-78 绘制多段线

14 调用 LINE/L 直线命令，在多段线内绘制折线，表示是空的，如图 6-79 所示。

15 继续调用 LINE/L 直线命令，绘制线段表示灯带，并设置为虚线，如图 6-80 所示。

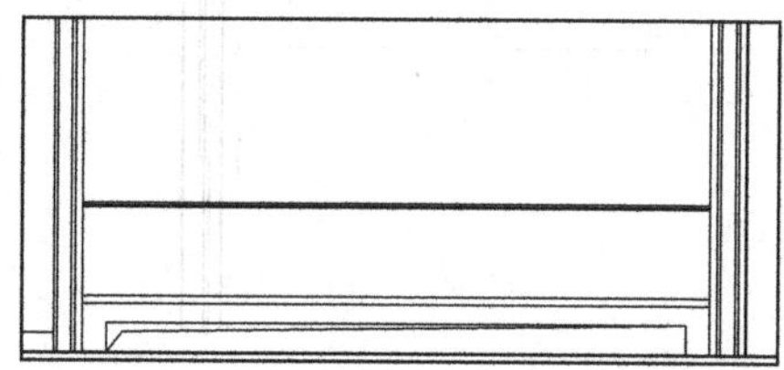
图 6-79 绘制折线

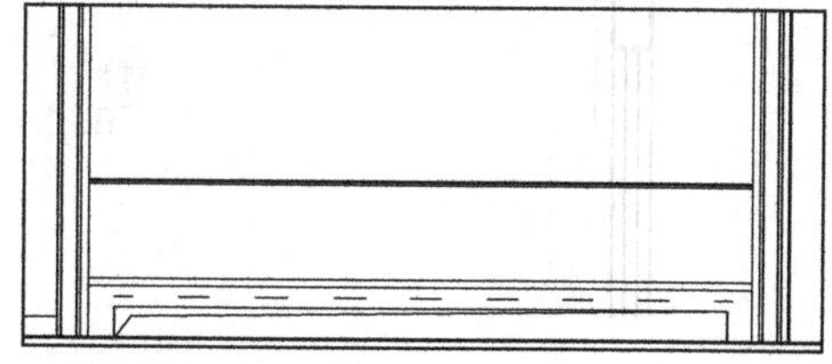
图 6-80 绘制灯带

16 填充墙面。调用 HATCH/H 图案填充命令，在电视背景墙填充 AR-CONC 图案，效果如图 6-81 所示。

17 插入图块。从图库中调入电视、欧式柱、盆栽和装饰画等图块，并进行修剪，效果如图 6-82 所示。

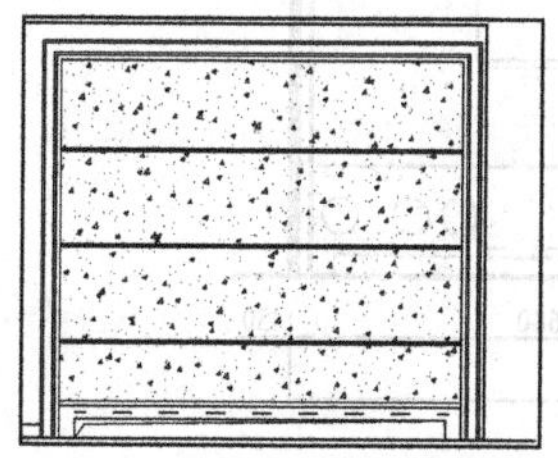
图 6-81 填充墙面

图 6-82 插入图块

18 设置“BZ_标注”图层为当前图层，设置当前注释比例为 1∶50。

19 调用 DIMLINEAR/DLI 线性命令标注尺寸，结果如图 6-83 所示。

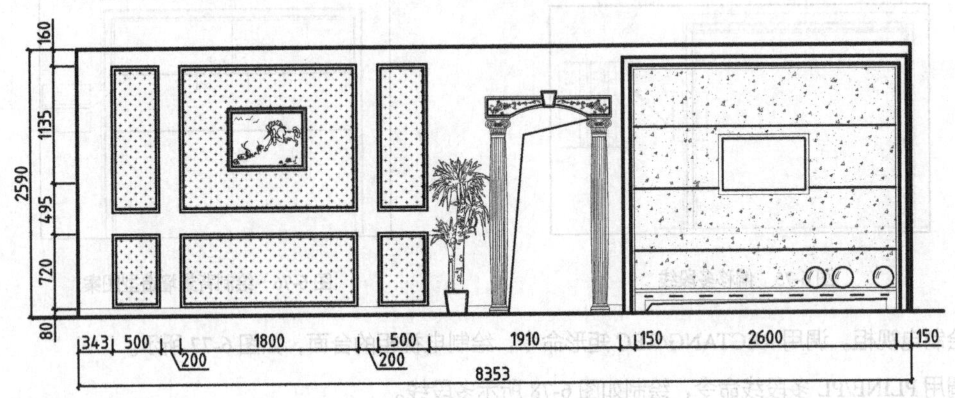

图 6-83　标注尺寸

20 调用 MLEADER/MLD 多重引线命令进行材料标注。

21 调用 INSERT/I 插入命令，插入“图名”图块，设置 A 立面图名称为“客厅 A 立面图”，客厅 A 立面图绘制完成，如图 6-84 所示。

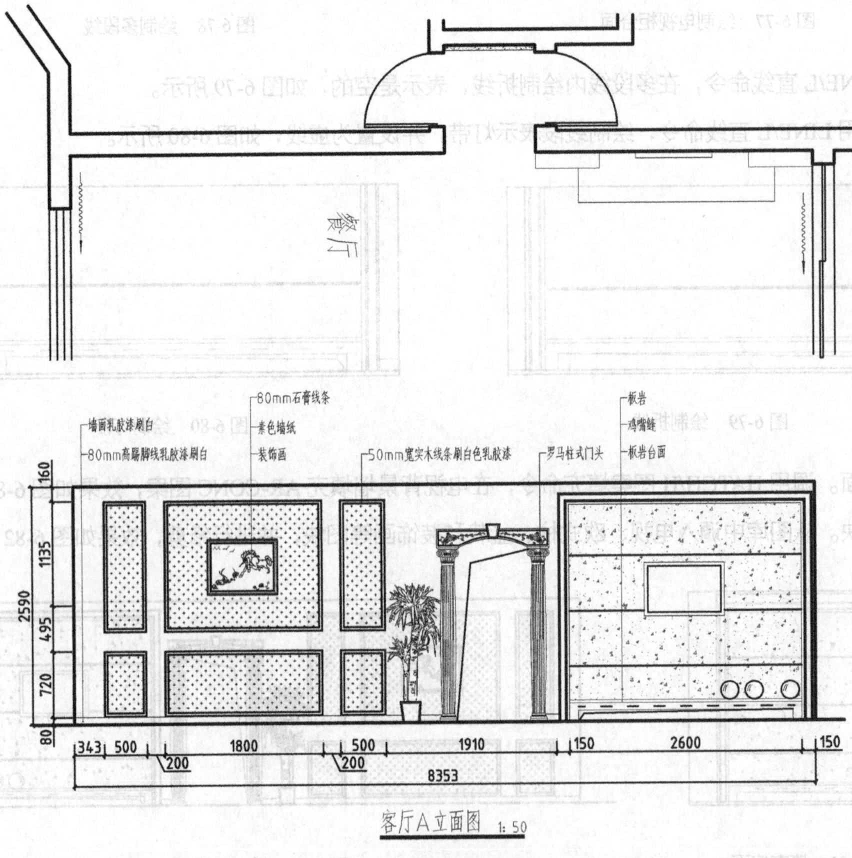

图 6-84　客厅 A 立面图

081 绘制客厅 B 立面图

视频文件：MP4\第 6 章\081.MP4

本例介绍客厅 B 立面图的绘制，B 立面图是客厅通往阳台推拉门所在的立面。

01 调用 COPY/CO 复制命令，复制平面布置图上客厅 B 立面的平面部分。

02 调用 LINE/L 直线命令和 TRIM/TR 修剪命令，绘制客厅 B 立面的基本轮廓，如图 6-85 所示。

03 调用 LINE/L 直线和 OFFSET/O 偏移命令，绘制线段，如图 6-86 所示。

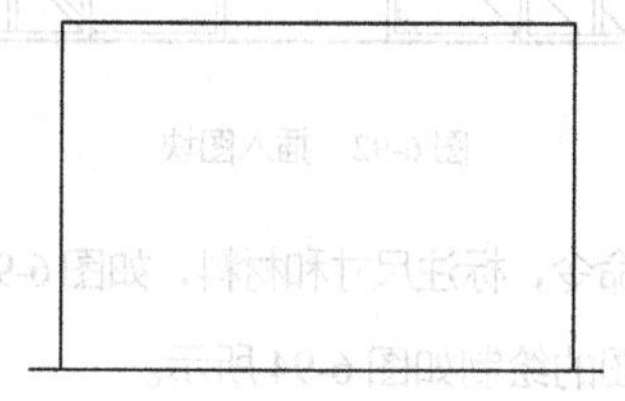

图 6-85　B 立面的基本轮廓

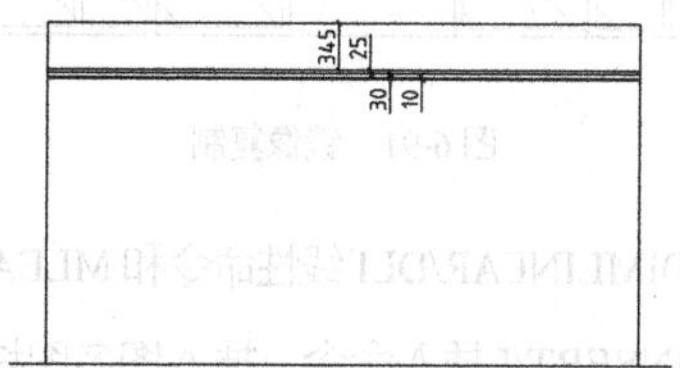

图 6-86　绘制线段

04 继续调用 LINE/L 直线和 OFFSET/O 偏移命令，绘制线段划分推拉门，如图 6-87 所示。

05 调用 RECTANG/REC 命令、PLINE/PL 多段线和 OFFSET/O 偏移命令，绘制推拉门结构，如图 6-88 所示。

06 调用 HATCH/H 图案填充命令，再在命令行中输入 T 命令，在弹出的【图案填充和渐变色】对话框中设置参数，对推拉门填充 AR-RROOF 图案，填充参数和效果如图 6-89 所示。

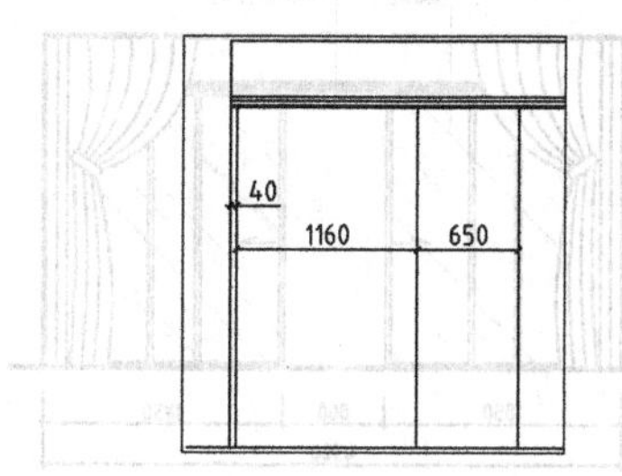

图 6-87　绘制线段

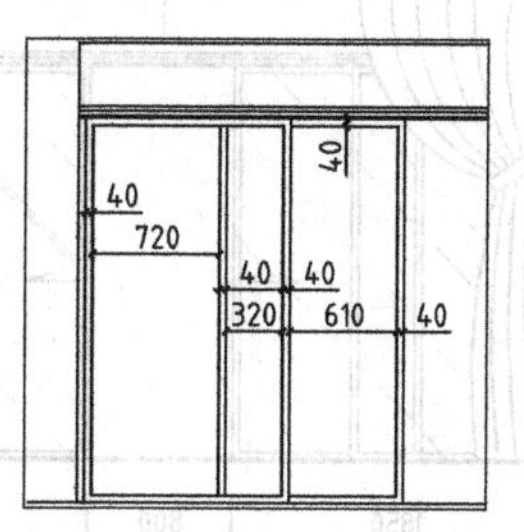

图 6-88　绘制推拉门结构

07 调用 PLINE/PL 多段线命令，绘制多段线，表示推拉门推拉方向，如图 6-90 所示。

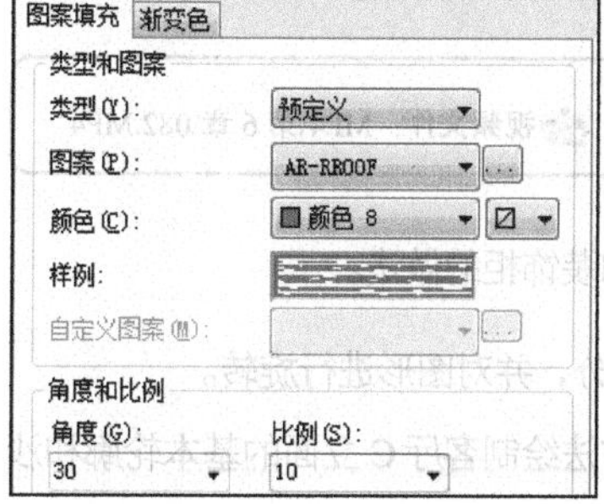

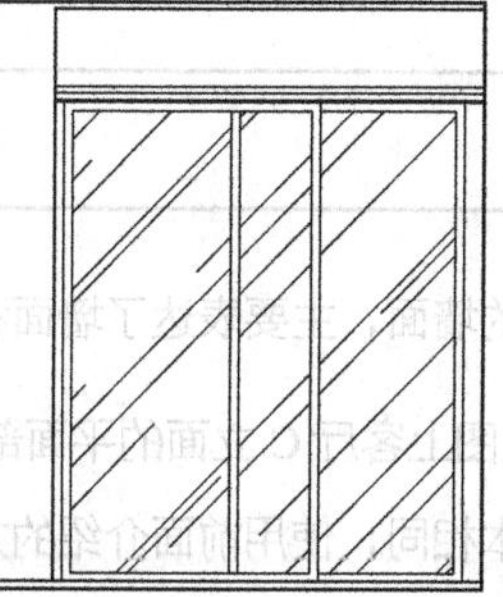

图 6-89　填充参数和效果

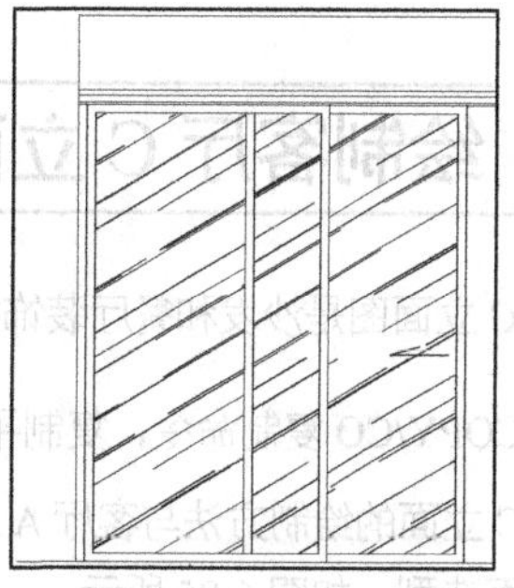

图 6-90　绘制多段线

08 调用 MIRROR/MI 镜像命令，通过镜像得到另一侧推拉门造型，如图 6-91 所示。

09 从图库中调入窗帘图块，并对窗帘与窗帘图形相交的位置进行修剪，如图 6-92 所示。

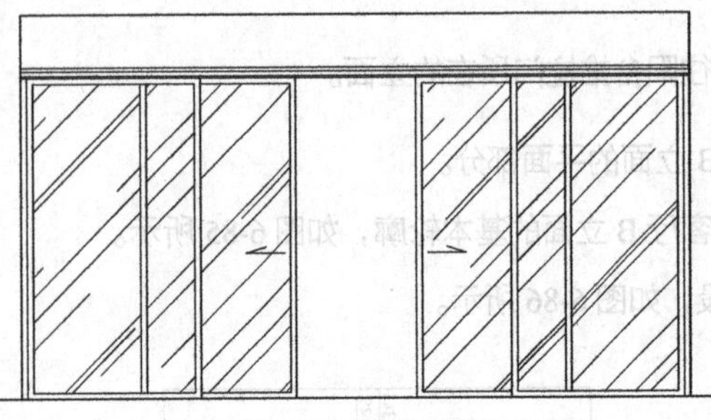

图 6-91　镜像复制

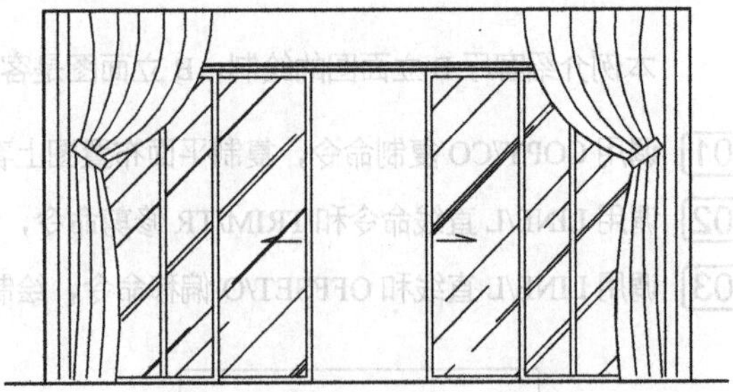

图 6-92　插入图块

10 调用 DIMLINEAR/DLI 线性命令和 MLEADER/MLD 多重引线命令，标注尺寸和材料，如图 6-93 所示。

11 调用 INSERT/I 插入命令，插入图名图块，完成客厅 B 立面图的绘制如图 6-94 所示。

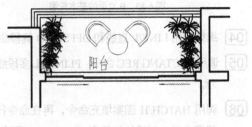

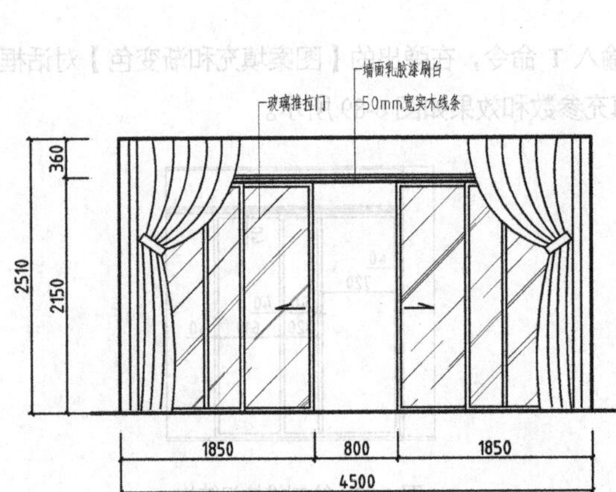

图 6-93　标注尺寸和材料

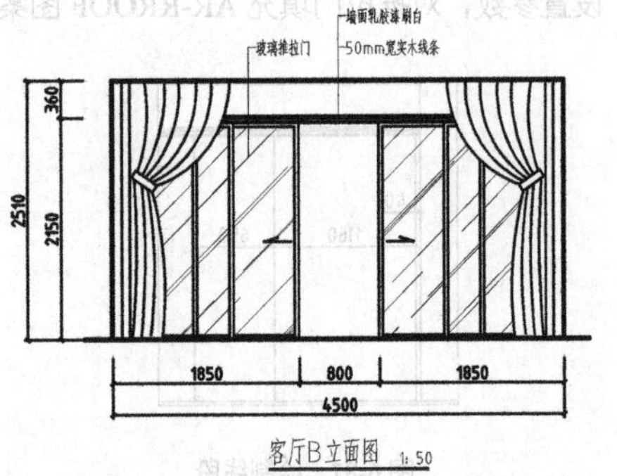

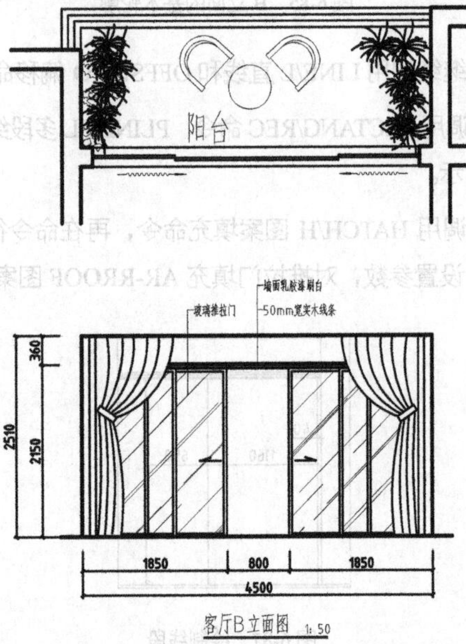

图 6-94　客厅 B 立面图

082 绘制客厅 C 立面图

视频文件：MP4\第 6 章\082.MP4

客厅 C 立面图是沙发和餐厅装饰柜所在的墙面，主要表达了墙面和装饰柜的做法。

01 调用 COPY/CO 复制命令，复制平面布置图上客厅 C 立面的平面部分，并对图形进行旋转。

02 客厅 C 立面的绘制方法与客厅 A 立面基本相同，使用前面介绍的方法绘制客厅 C 立面的基本轮廓和沙发墙面造型，如图 6-95 所示。

03 调用 LINE/L 直线命令，绘制过道的投影线，并在过道内绘制折线，表示此处为镂空，如图 6-96 所示。

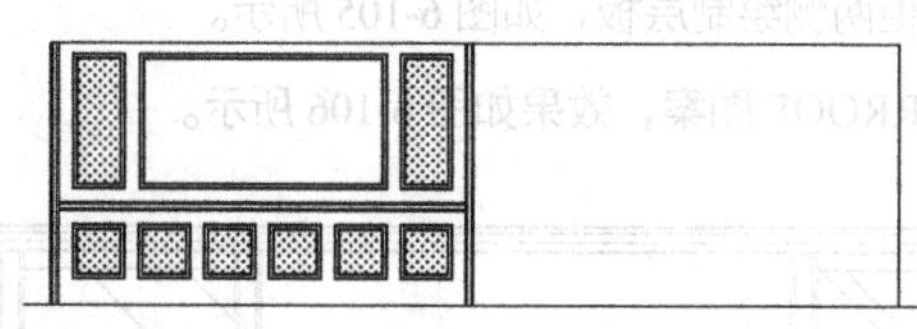

图 6-95 绘制客厅 C 立面的基本轮廓和沙发墙面造型

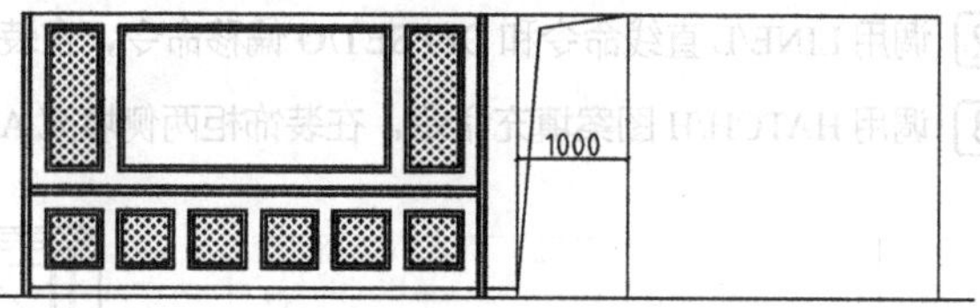

图 6-96 绘制过道

04 继续调用 LINE/L 直线命令，绘制踢脚线，如图 6-97 所示。

05 绘制装饰柜。调用 LINE/L 直线命令和 OFFSET/O 偏移命令，绘制线段，如 图 6-98 所示。

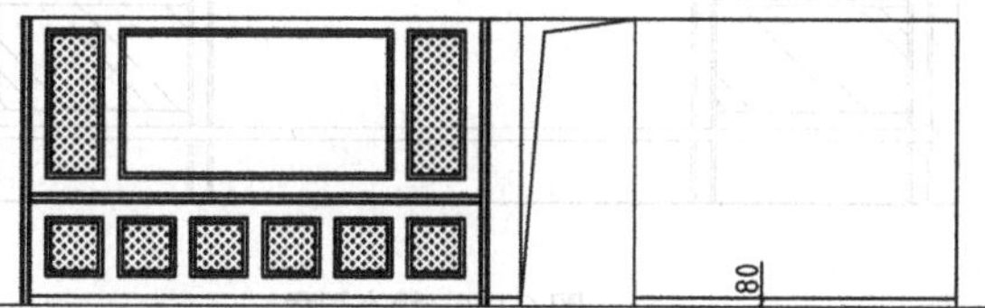

图 6-97 绘制踢脚线

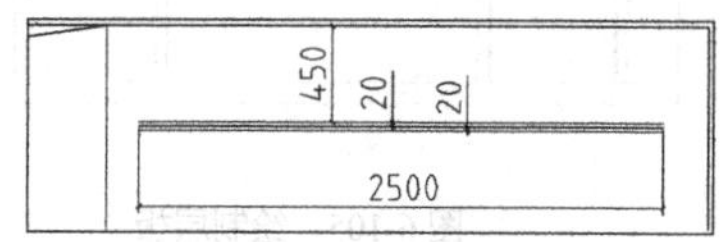

图 6-98 绘制线段

06 调用 ARC/A 圆弧命令，绘制圆弧，如图 6-99 所示。

07 调用 TRIM/TR 命令，对多余的线段进行修剪，如图 6-100 所示。

08 调用 MIRROR/MI 命令，对圆弧进行镜像，并对多余的线段进行修剪，结果如图 6-101 所示。

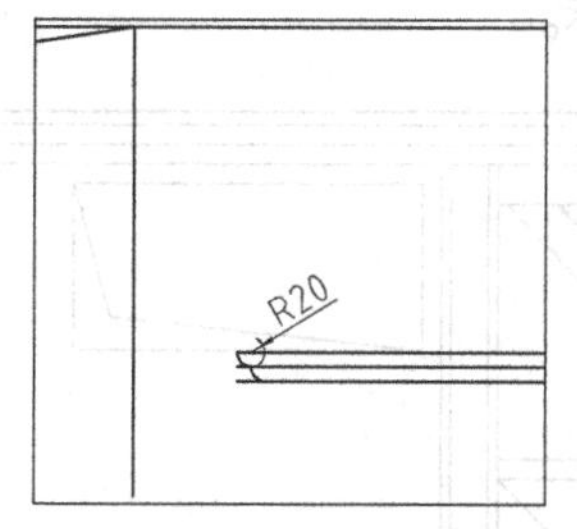

图 6-99 绘制圆弧

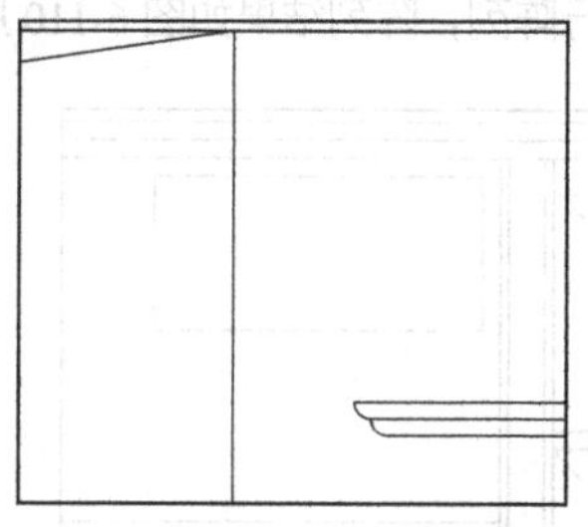

图 6-100 修剪线段

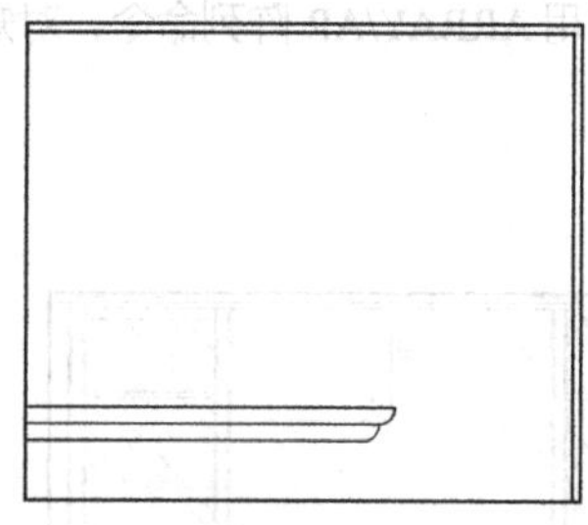

图 6-101 镜像图形

09 调用 LINE/L 直线命令和 OFFSET/O 偏移命令，绘制如图 6-102 所示线段。

10 调用 RECTANG/REC 矩形命令，绘制尺寸为 2440mm×30mm，圆角半径为 15mm 的矩形，并移动到相应的位置，如图 6-103 所示。

11 调用 TRIM/TR 命令，对圆角矩形与线段相交的位置进行修剪，效果如图 6-104 所示。

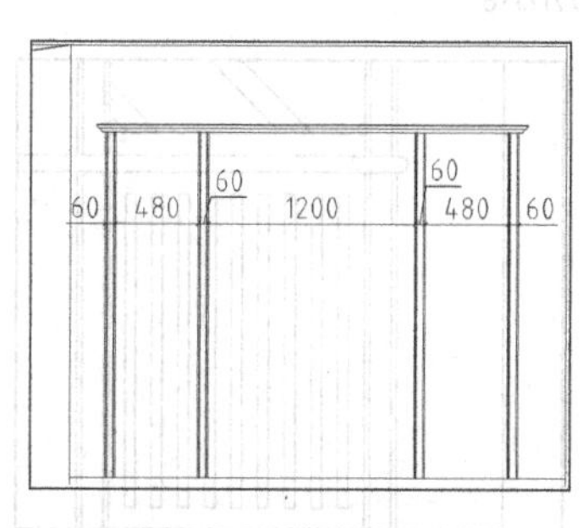

图 6-102 绘制线段

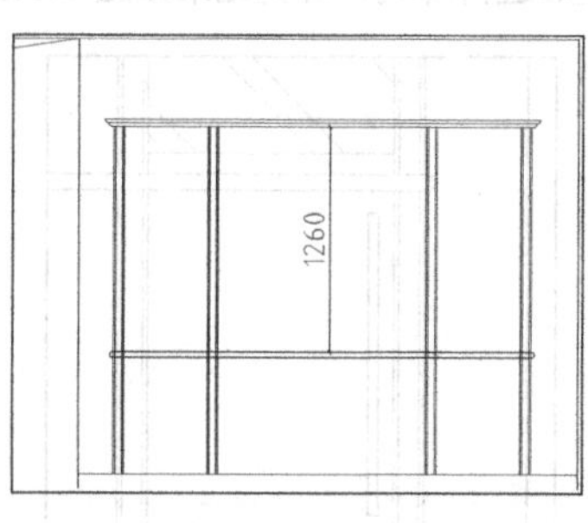

图 6-103 绘制矩形

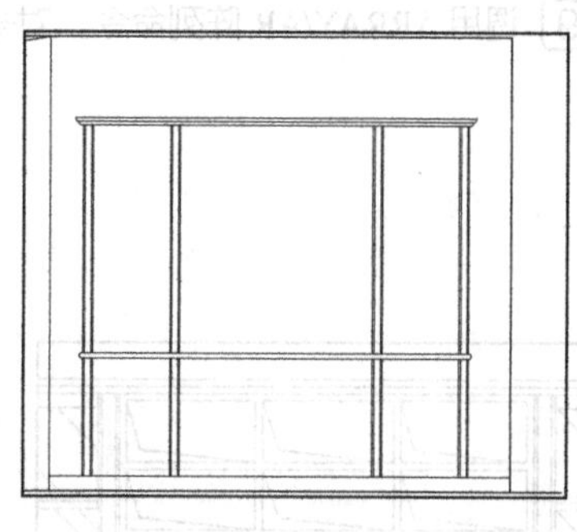

图 6-104 修剪线段

12 调用 LINE/L 直线命令和 OFFSET/O 偏移命令，在装饰柜两侧绘制层板，如图 6-105 所示。

13 调用 HATCH/H 图案填充命令，在装饰柜两侧填充 AR-RROOF 图案，效果如图 6-106 所示。

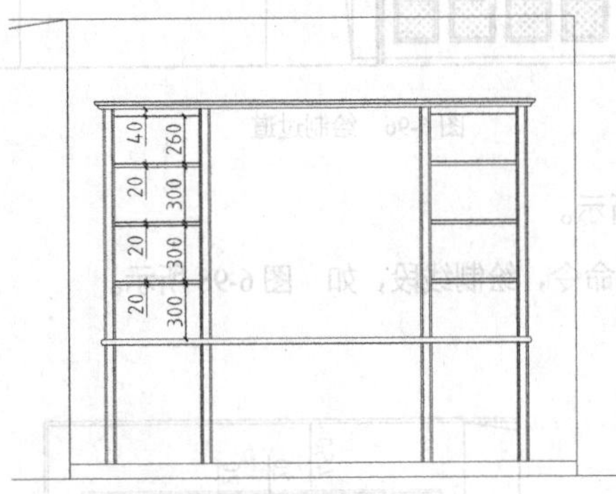

图 6-105　绘制层板

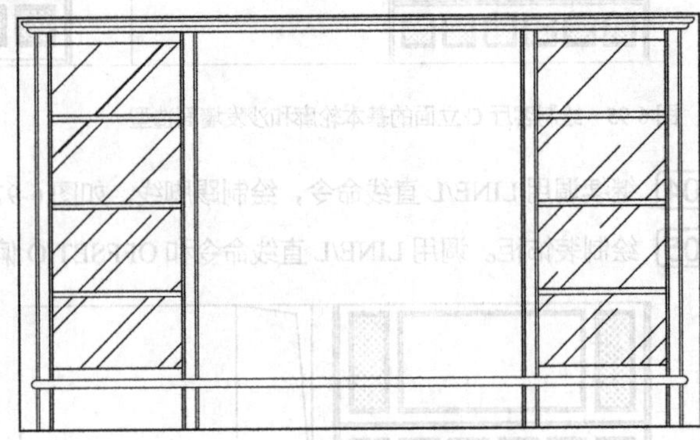
图 6-106　填充图案

14 调用 LINE/L 直线命令，绘制线段，如图 6-107 所示。

15 调用 RECTANG/REC 矩形命令，绘制尺寸为 370mm×170mm 的矩形，并移动到相应的位置，如图 6-108 所示。

16 调用 LINE/L 直线命令，在矩形内绘制折线，如图 6-109 所示。

17 调用 ARRAY/AR 阵列命令，对矩形进行阵列，阵列结果如图 6-110 所示。

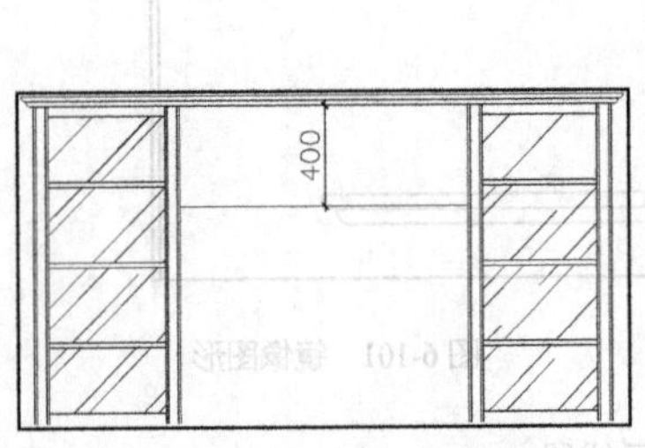

图 6-107　绘制线段

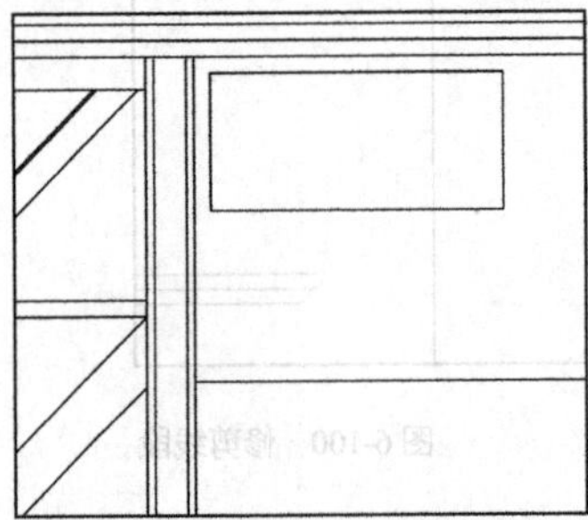
图 6-108　绘制矩形

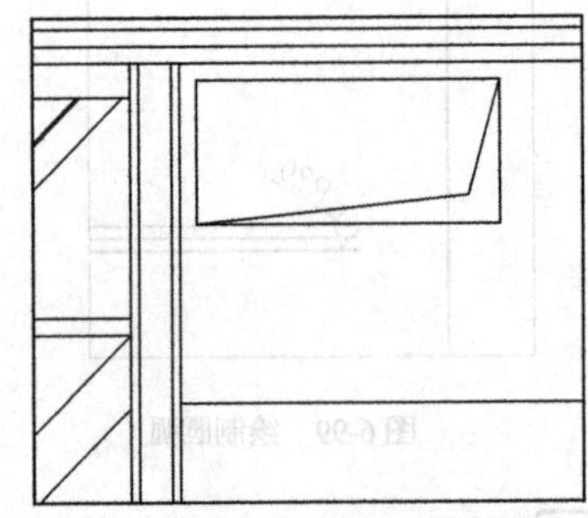
图 6-109　绘制折线

18 调用 RECTANG/REC 矩形命令，绘制尺寸为 20mm×570mm 的矩形，并移动到相应的位置，如图 6-111 所示。

19 调用 ARRAY/AR 阵列命令，对矩形进行阵列，阵列结果如图 6-112 所示。

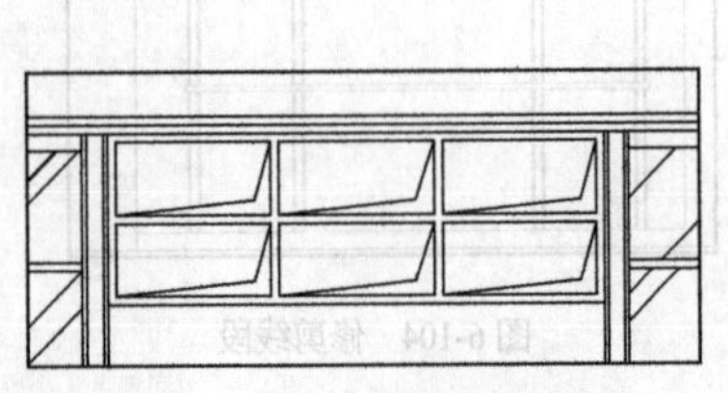
图 6-110　阵列结果

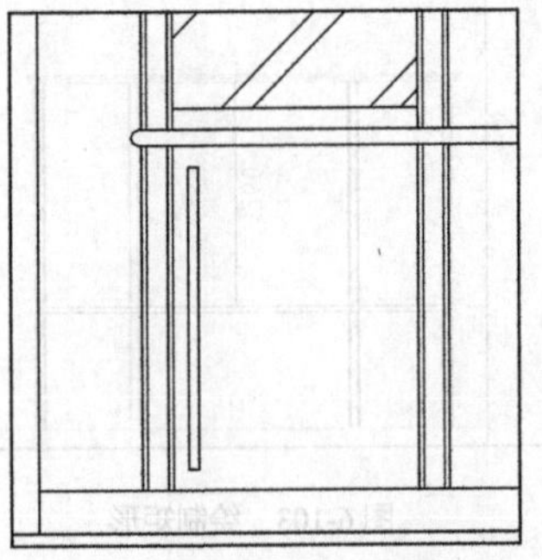
图 6-111　绘制矩形

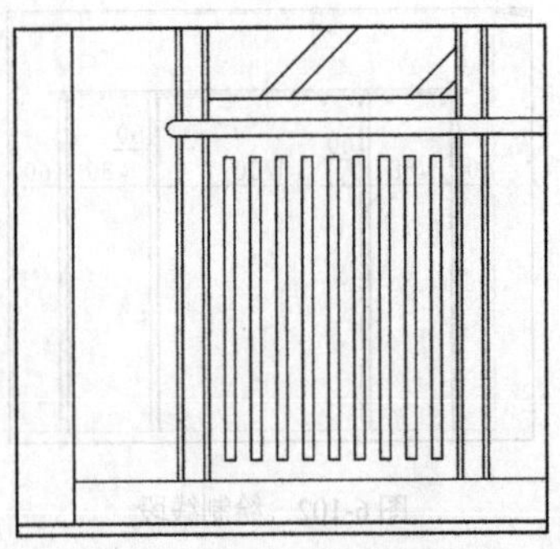
图 6-112　阵列结果

20 调用 COPY/CO 复制命令，将阵列后的图形复制到右侧，如图 6-113 所示。

21 调用 LINE/L 直线命令、OFFSET/O 偏移命令、RECTANG/REC 矩形命令和 COPY/CO 复制命令，绘制装饰柜下方的图形，结果如图 6-114 所示。

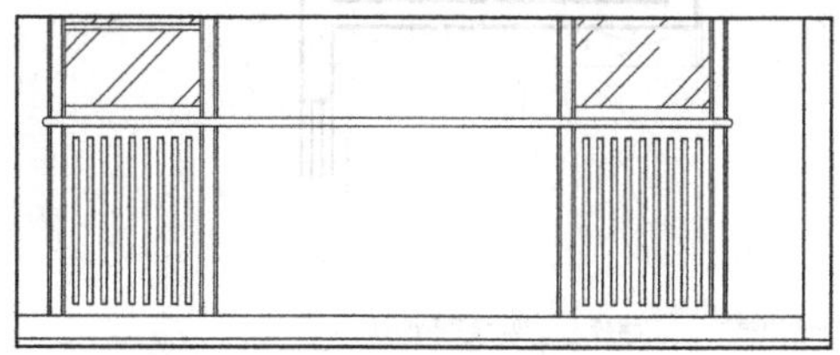

图 6-113　复制图形

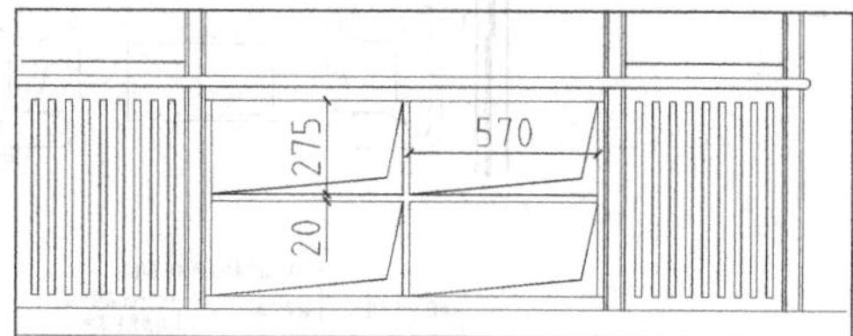

图 6-114　绘制装饰柜下方图形

22 从图库中插入装饰画图块到立面图中，如图 6-115 所示。

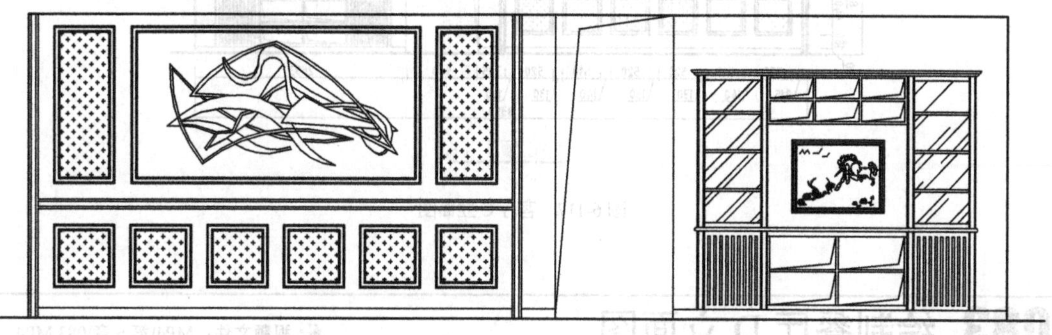

图 6-115　插入图块

23 设置“BZ_标注”图层为当前图层。

24 调用 DIMLINEAR/DLI 线性命令，标注尺寸，如图 6-116 所示。

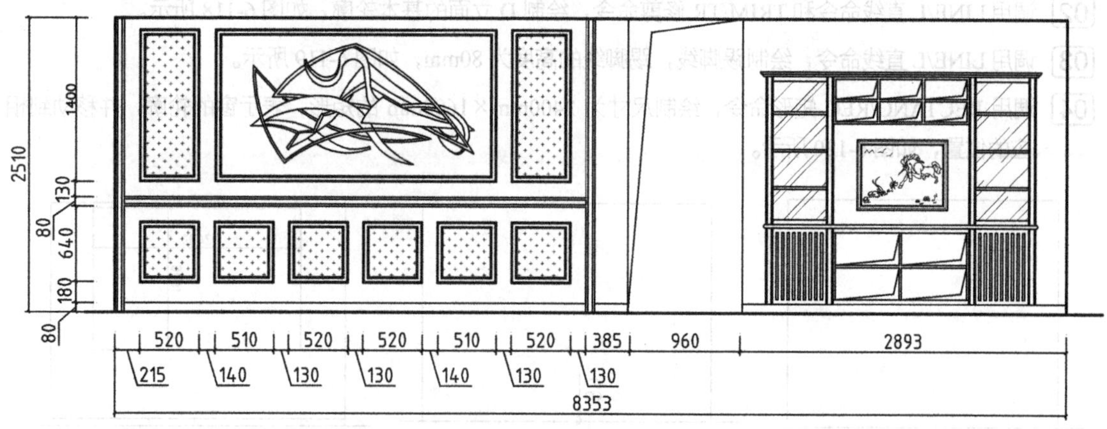

图 6-116　标注尺寸

25 调用 MLEADER/MLD 多重引线命令，进行材料标注。

26 调用 INSERT/I 插入命令，插入图名图块，完成客厅 C 立面图的绘制，如图 6-117 所示。

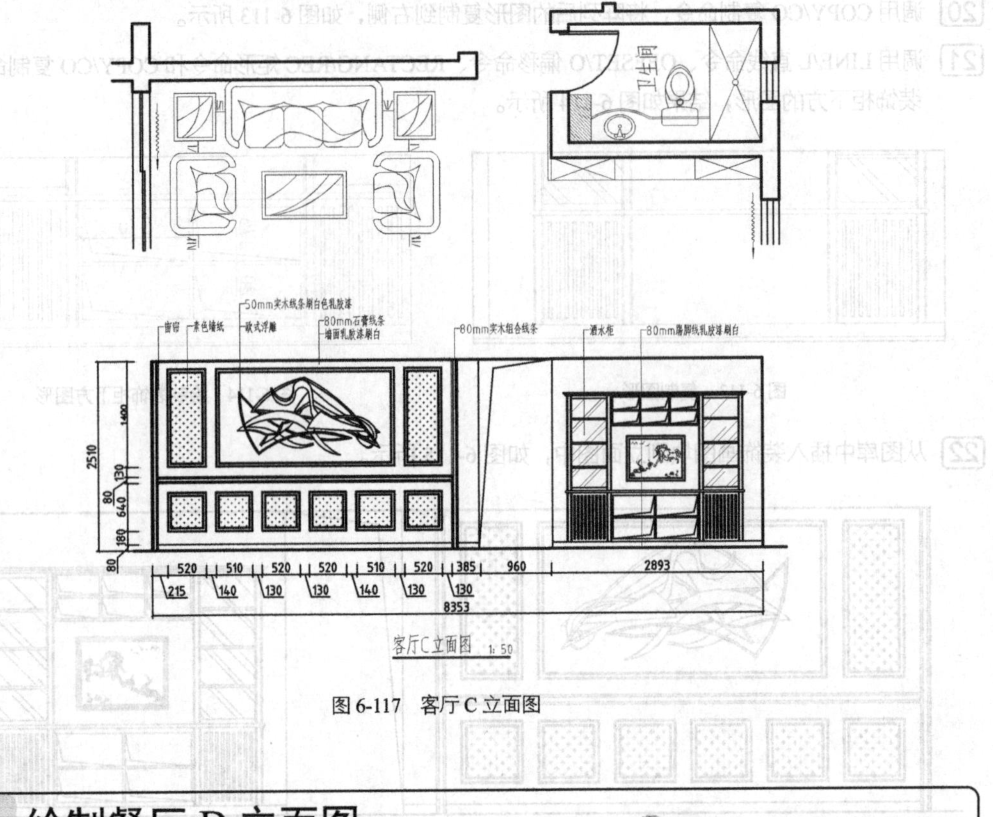

图 6-117　客厅 C 立面图

083 绘制餐厅 D 立面图

视频文件：MP4\第 6 章\083.MP4

本例介绍餐厅 D 立面图的绘制，D 立面是餐厅窗户所在的立面。

01 调用 COPY/CO 复制命令，复制平面布置图上餐厅 D 立面图的平面部分，并对图形进行旋转。

02 调用 LINE/L 直线命令和 TRIM/TR 修剪命令，绘制 D 立面的基本轮廓，如图 6-118 所示。

03 调用 LINE/L 直线命令，绘制踢脚线，踢脚线的高度为 80mm，如图 6-119 所示。

04 调用 RECTANG/REC 矩形命令，绘制尺寸为 2400mm×1600mm 的矩形，表示窗的轮廓，并移动到相应的位置，如图 6-120 所示。

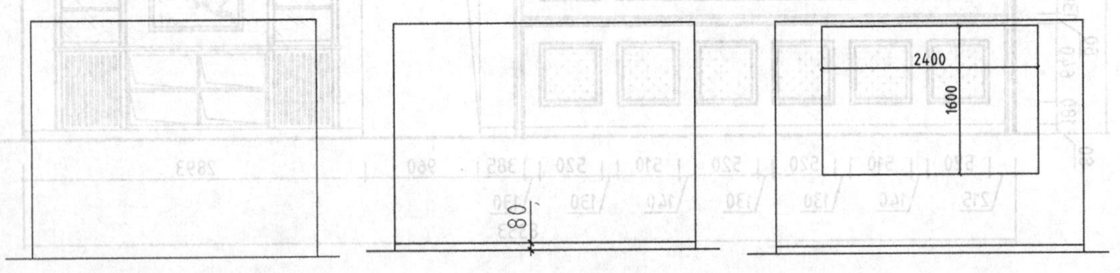

图 6-118　绘制 D 立面基本轮廓　　图 6-119　绘制踢脚线　　图 6-120　绘制矩形

05 调用 OFFSET/O 偏移命令，将矩形向内偏移 10mm、30mm、10mm 和 40mm，如图 6-121 所示。

06 调用 RECTANG/REC 矩形命令、COPY/CO 复制命令和 LINE/L 直线命令，绘制窗的结构，如图 6-122 所示。

07 调用 PLINE/PL 多段线命令，绘制箭头，表示窗的开启方向，如图 6-123 所示。

图 6-121　偏移矩形

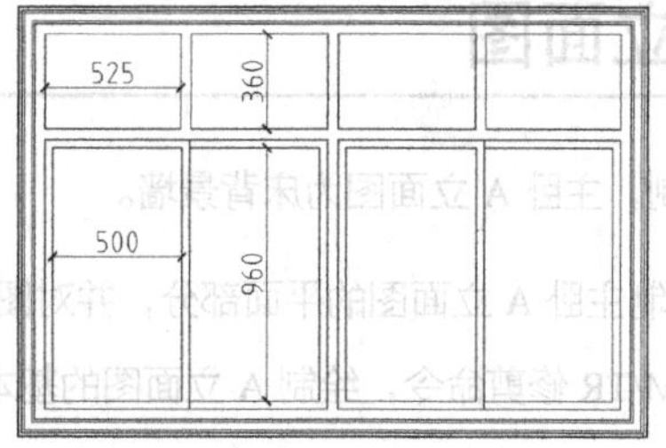

图 6-122　绘制窗的结构

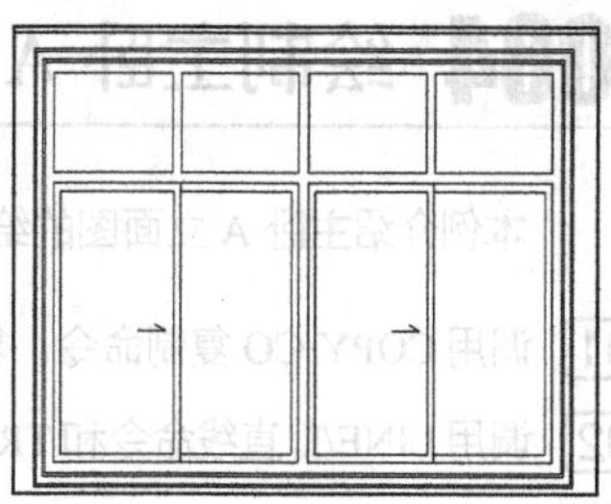
图 6-123　绘制箭头

08 调用 HATCH/H 图案填充命令，在窗户内填充 AR-RROOF 图案，如图 6-124 所示。

09 从图库中调入窗帘图块，并进行修剪，如图 6-125 所示。

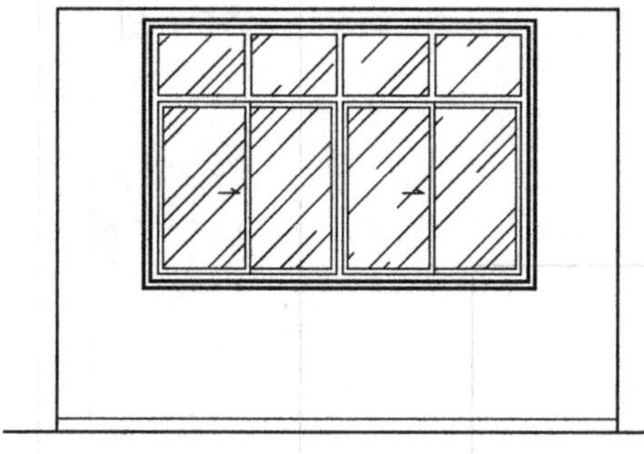
图 6-124　填充图案

图 6-125　插入图块

10 设置“BZ_标注”图层为当前图层。

11 调用 DIMLINEAR/DLI 线性命令，标注尺寸，如图 6-126 所示。

12 调用 MLEADER/MLD 多重引线命令，进行材料标注，调用 INSERT/I 插入命令，插入图名图块，完成餐厅 D 立面图的绘制，如图 6-127 所示。

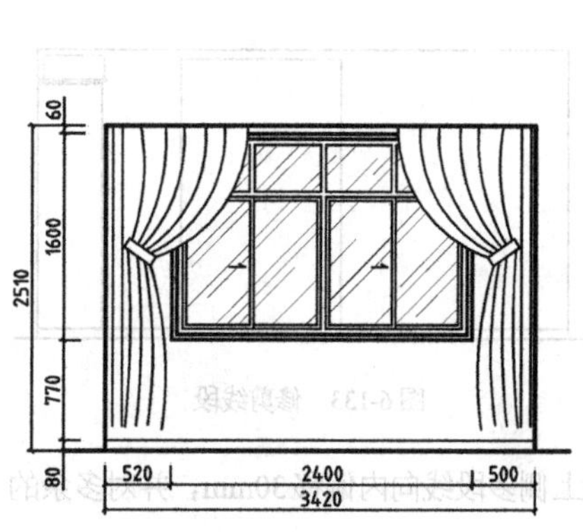

图 6-126　尺寸标注

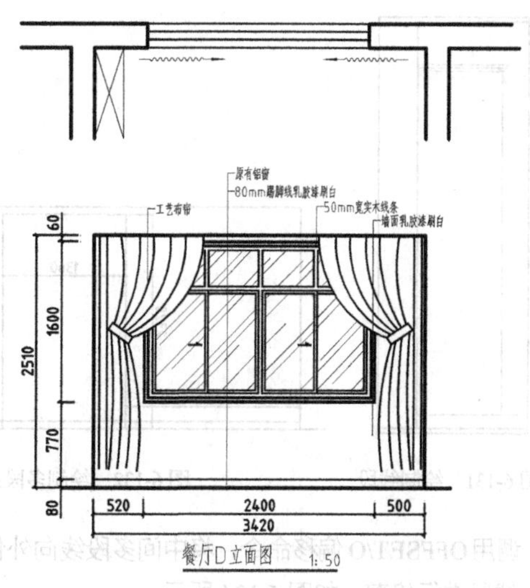

图 6-127　餐厅 D 立面图

084 绘制主卧 A 立面图

视频文件：MP4\第 6 章\084.MP4

本例介绍主卧 A 立面图的绘制，主卧 A 立面图为床背景墙。

01 调用 COPY/CO 复制命令，复制主卧 A 立面图的平面部分，并对图形进行旋转。

02 调用 LINE/L 直线命令和 TRIM/TR 修剪命令，绘制 A 立面图的基本轮廓，如图 6-128 所示。

03 调用 LINE/L 直线命令，绘制踢脚线，如图 6-129 所示。

04 绘制衣柜。调用 LINE/L 直线命令、ARC/A 圆弧命令、OFFSER/O 偏移命令和 TRIM/TR 修剪命令，绘制衣柜面板，如　图 6-130 所示。

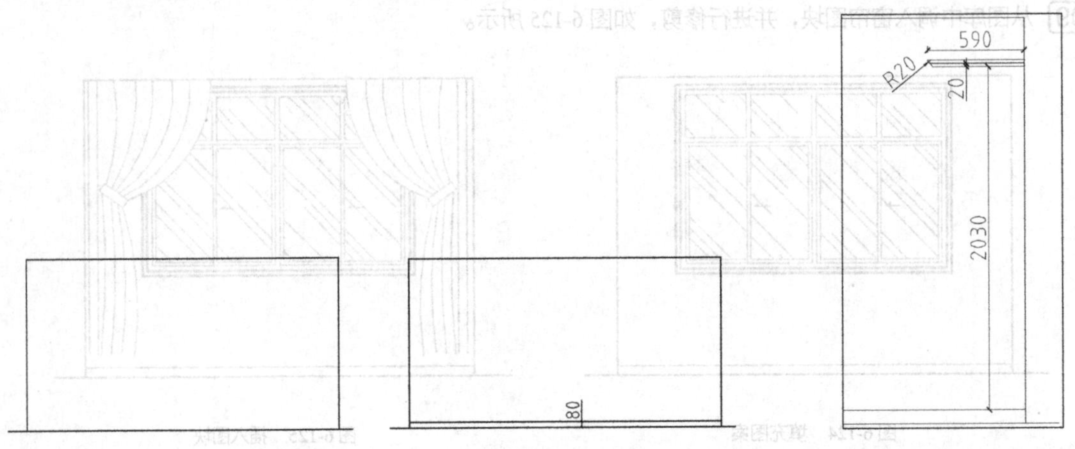

图 6-128　绘制 A 立面的基本轮廓　　图 6-129　绘制踢脚线　　图 6-130　绘制衣柜面板

05 调用 LINE/L 直线命令，绘制线段，如图 6-131 所示。

06 绘制床背景造型。调用 PLINE/PL 多段线命令，绘制多段线，如图 6-132 所示。

07 调用 TRIM/TR 修剪命令，对多段线与踢脚线相交的位置进行修剪，如图 6-133 所示。

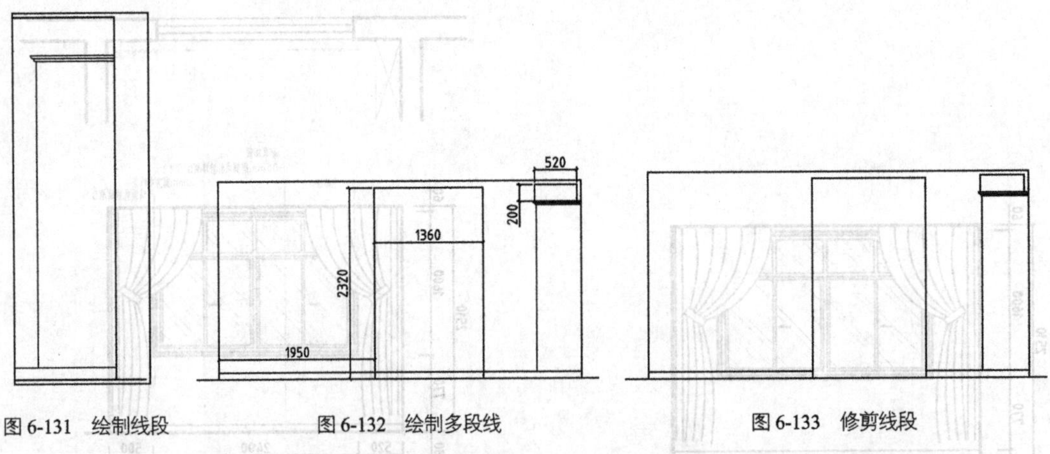

图 6-131　绘制线段　　图 6-132　绘制多段线　　图 6-133　修剪线段

08 调用 OFFSET/O 偏移命令，将中间多段线向外偏移 30mm，右上侧多段线向内偏移 30mm，并对多余的线段进行修剪，如图 6-134 所示。

09 调用 HATCH/H 图案填充命令，在多段线内填充 CROSS 图案和 INSUL 图案，效果如图 6-135 所示。

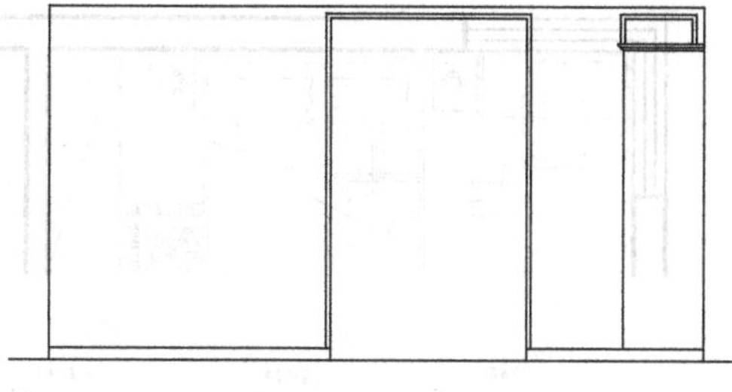

图 6-134　偏移多段线

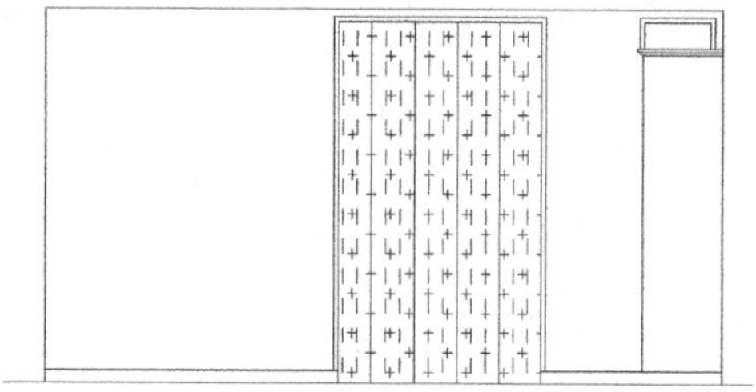

图 6-135　填充图案

10 调用 RECTANG/REC 矩形命令、PLNE/PL 多段线命令和 OFFSET/O 偏移命令，绘制左侧图形，如图 6-136 所示。

11 调用 HATCH/H 图案填充命令，在左侧填充 CROSS 图案，效果如图 6-137 所示。

12 调用 COPY/CO 命令，对图形进行复制，并对重叠的位置进行修剪，效果如图 6-138 所示。

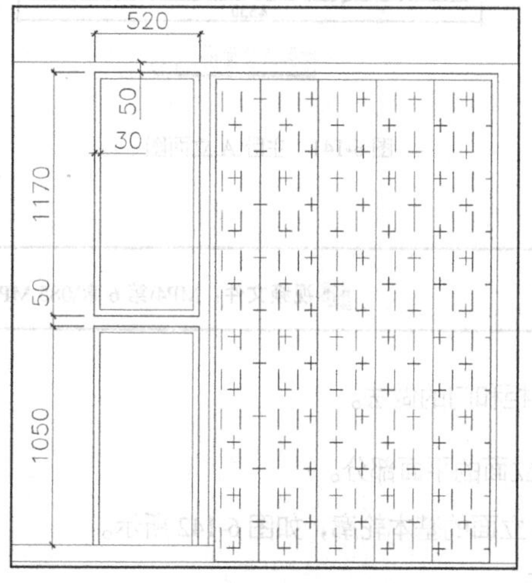

图 6-136　绘制左侧图形

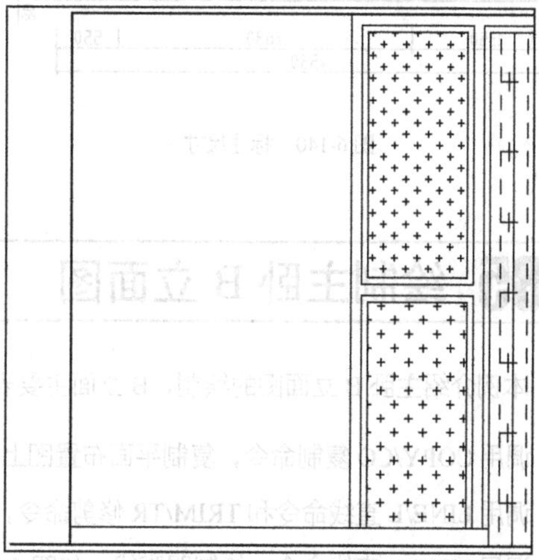

图 6-137　填充图案

13 插入图块。从图库中调入窗帘、装饰画、床和床头柜等图块到立面图中，并进行修剪，如图 6-139 所示。

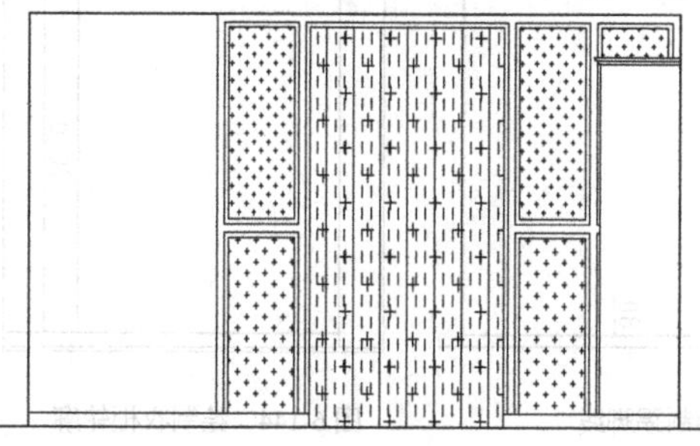

图 6-138　复制图形

图 6-139　插入图块

14 设置“BZ_标注”图层为当前图层，调用 DIMLINEAR/DLI 线性命令，标注尺寸，如图 6-140 所示。

15 调用 MLEADER/MLD 多重引线命令，进行材料标注，调用 INSERT/I 插入命令，插入图名图块，完成主卧 A 立面图的绘制，如图 6-141 所示。

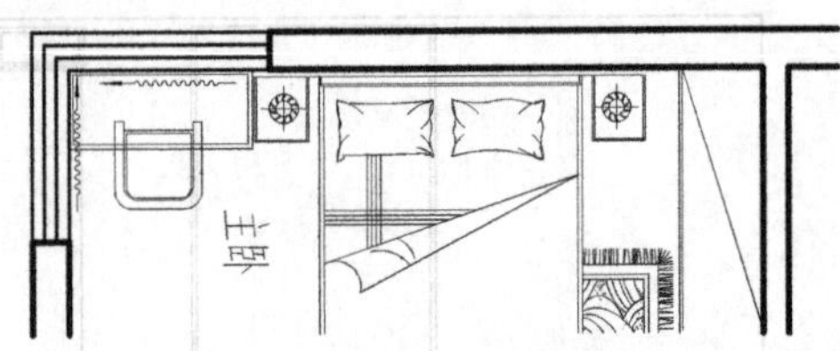

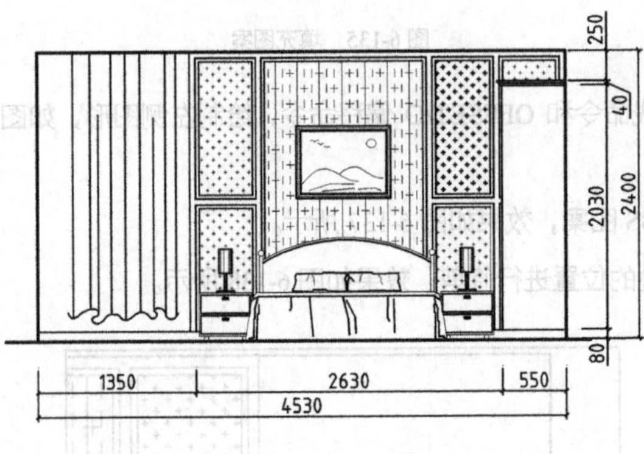

图 6-140　标注尺寸

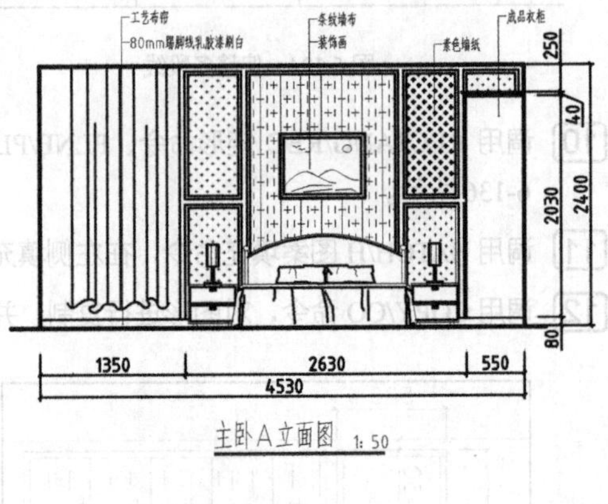

图 6-141　主卧 A 立面图

085 绘制主卧 B 立面图

视频文件：MP4\第 6 章\085.MP4

本例介绍主卧 B 立面图的绘制，B 立面主要表达了衣柜和门的做法。

01 调用 COPY/CO 复制命令，复制平面布置图上主卧 B 立面的平面部分。

02 调用 LINE/L 直线命令和 TRIM/TR 修剪命令，绘制 B 立面的基本轮廓，如图 6-142 所示。

03 调用 LINE/L 直线命令，绘制踢脚线，如图 6-143 所示。

04 绘制衣柜。调用 PLINE/PL 多段线命令，绘制衣柜轮廓，如图 6-144 所示。

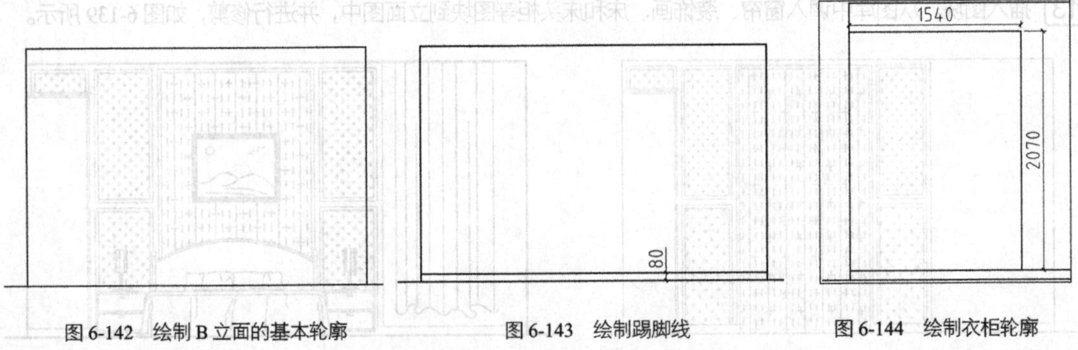

图 6-142　绘制 B 立面的基本轮廓　　图 6-143　绘制踢脚线　　图 6-144　绘制衣柜轮廓

05 调用 OFFSET/O 偏移命令，将多段线向内偏移 40mm，如图 6-145 所示。

06 调用 LINE/L 直线命令和 ARC/A 圆弧命令，绘制线段连接多段线的交角处，如图 6-146 所示。

07 调用 RECTANG/REC 矩形命令、OFFSET/O 偏移命令和 LINE/L 直线命令，绘制面板造型，如图 6-147 所示。

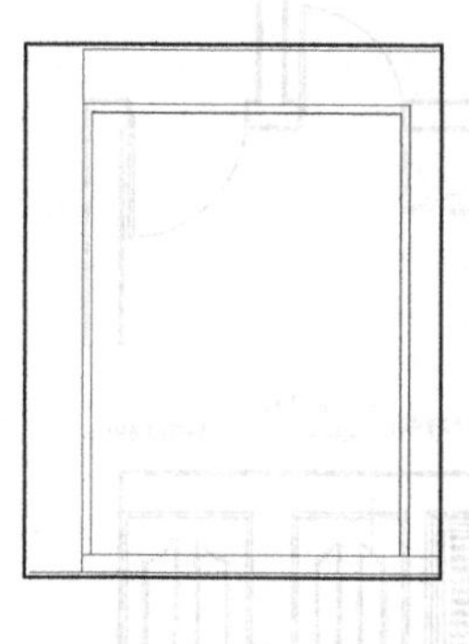
图 6-145　偏移多段线

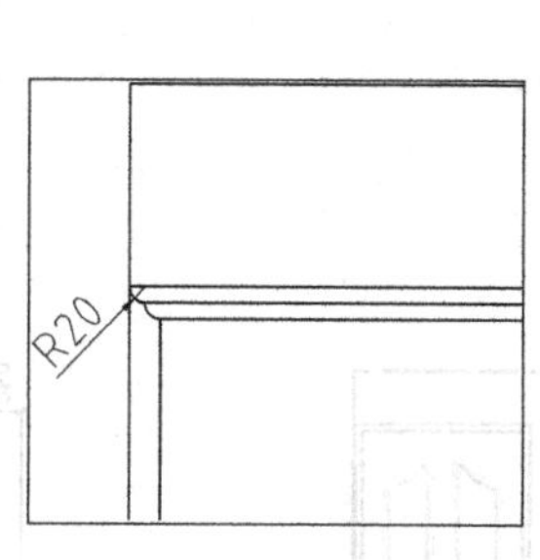

图 6-146　绘制弧线

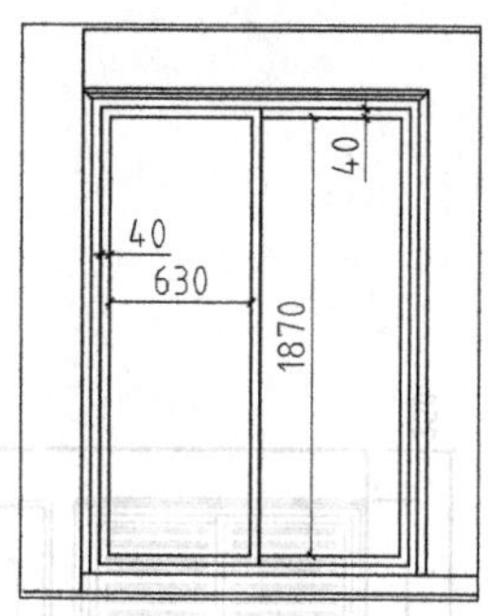

图 6-147　绘制面板造型

08 调用 RECTANG/REC 矩形命令，绘制尺寸为 530mm×20mm 的矩形，并移动到相应的位置，如图 6-148 所示。

09 调用 ARRAY/AR 阵列命令，对矩形进行矩形阵列，阵列结果如图 6-149 所示。

10 调用 COPY/CO 复制命令，对阵列后的图形进行复制，如　图 6-150 所示。

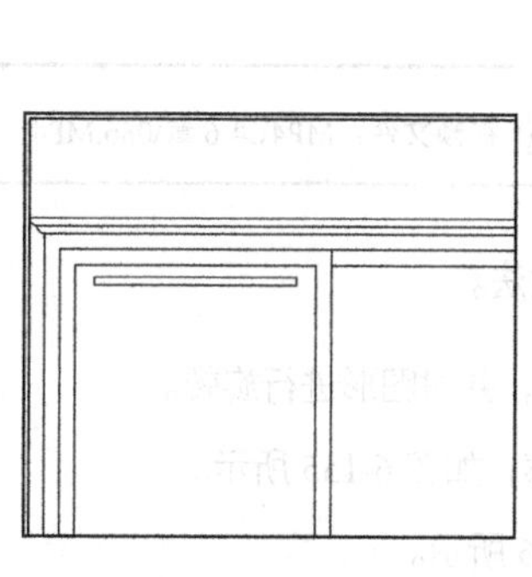
图 6-148　绘制矩形

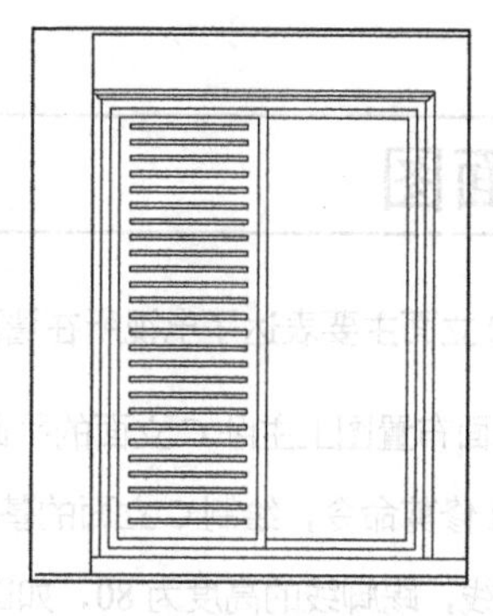
图 6-149　阵列结果

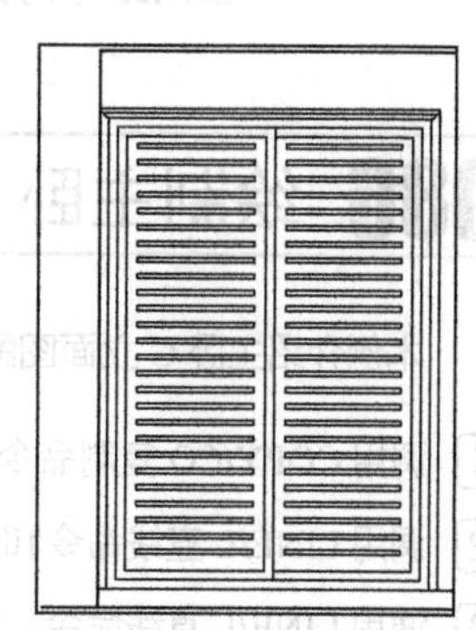
图 6-150　复制图形

11 调用 PLINE/PL 多段线命令，绘制多段线，如图 6-151 所示。

12 从图库中调入门图块，对图形相交的位置进行修剪，如图 6-152 所示。

13 调用 DIMLINEAR/DLI 线性命令，标注尺寸，如图 6-153 所示。

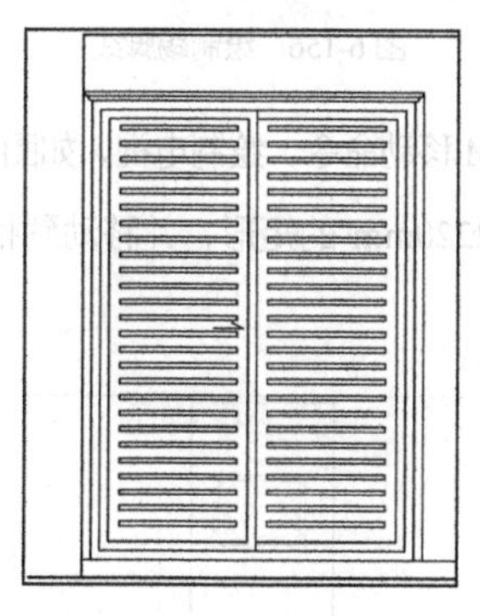
图 6-151　绘制多段线

图 6-152　插入门图块

14 调用 MLEADER/MLD 多重引线命令，进行材料标注，调用 INSERT/I 插入命令，插入图名图块，完成主卧 B 立面图的绘制，如图 6-154 所示。

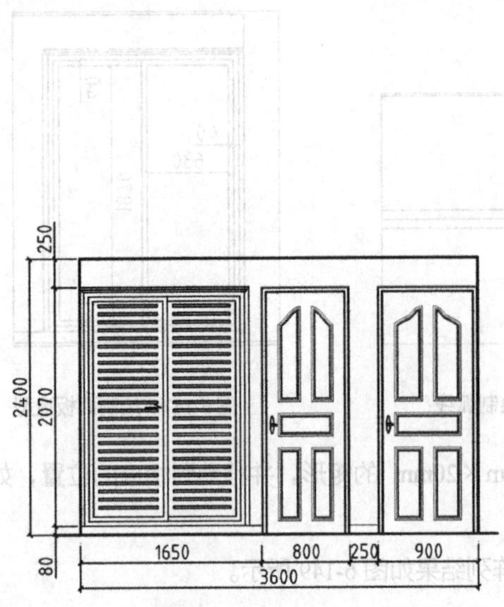

图 6-153 尺寸标注

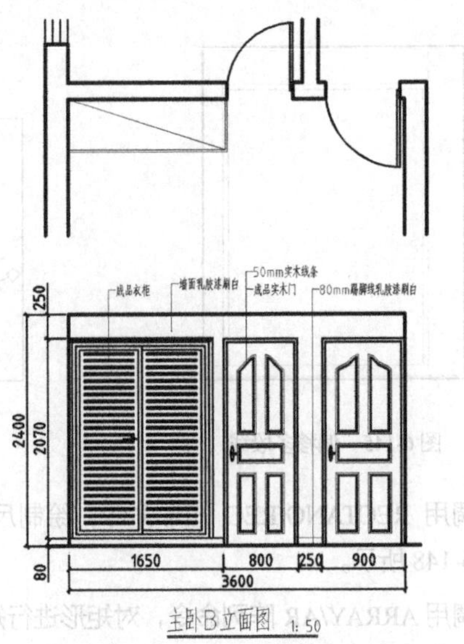

图 6-154 主卧 B 立面图

086 绘制主卧 C 立面图

视频文件：MP4\第 6 章\086.MP4

本例介绍主卧 C 立面图的绘制，C 立面主要表达了电视所在墙面的做法。

01 调用 COPY/CO 复制命令，复制平面布置图上主卧 C 立面的平面部分，并对图形进行旋转。

02 调用 LINE/L 直线命令和 TRIM/TR 修剪命令，绘制 C 立面的基本轮廓，如图 6-155 所示。

03 调用 LINE/L 直线命令，绘制踢脚线，踢脚线的高度为 80，如图 6-156 所示。

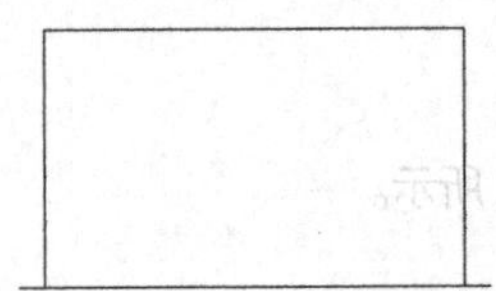

图 6-155 绘制 C 立面的基本轮廓

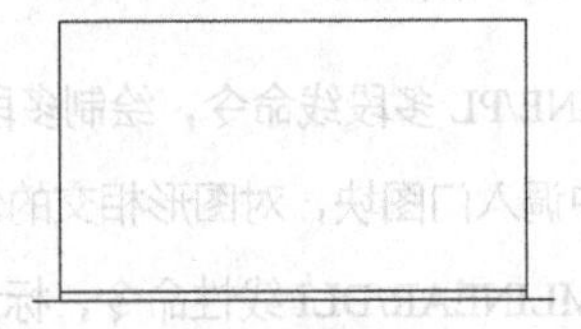

图 6-156 绘制踢脚线

04 调用 RECTANG/REC 矩形命令、OFFSET/O 偏移命令和 MOVE/M 移动命令，绘制电视，如图 6-157 所示。

05 继续调用 RECTANG/REC 矩形命令，绘制尺寸为 1170mm×2220mm 的矩形，并移动到相应的位置，如图 6-158 所示。

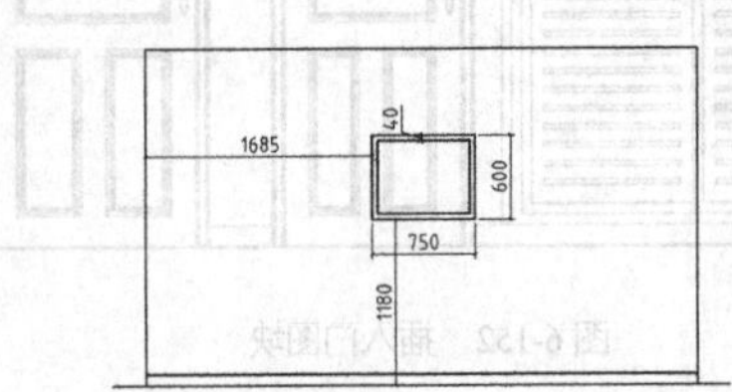

图 6-157 绘制电视

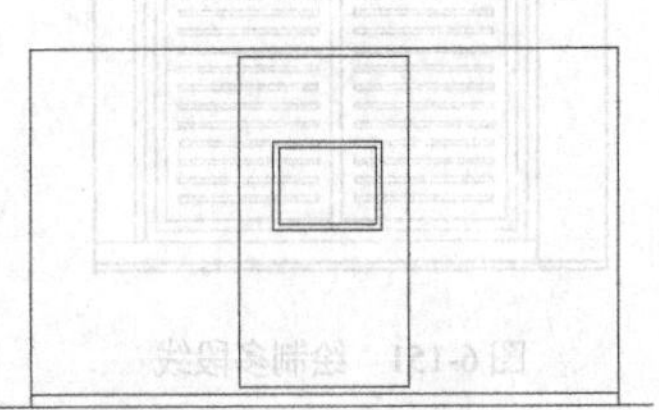

图 6-158 绘制矩形

06 调用 HATCH/H 图案填充命令，再在命令行中输入 T 命令，在弹出的【图案填充和渐变色】对话框中设置参数，在矩形内填充 CROSS 图案，填充参数和效果如图 6-159 所示。

07 使用同样的方法绘制其他同类型的图案，如图 6-160 所示。

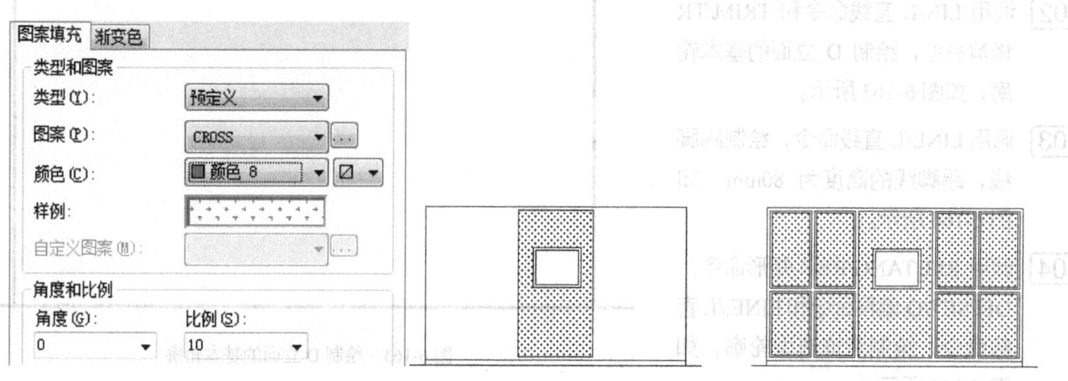

图 6-159　填充参数和效果　　图 6-160　绘制其他同类型图案

08 调用 DIMLINEAR/DLI 线性标注命令，标注尺寸，如图 6-161 所示。

09 调用 MLEADER/MLD 多重引线命令，进行材料标注，调用 INSERT/I 插入命令，插入图名图块，完成主卧 C 立面图的绘制，如图 6-162 所示。

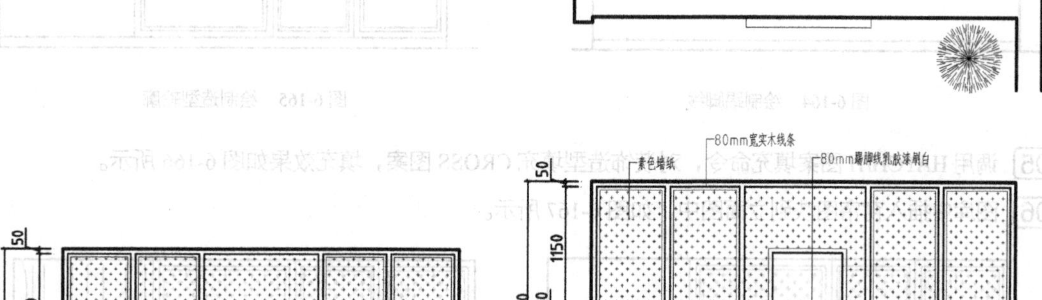

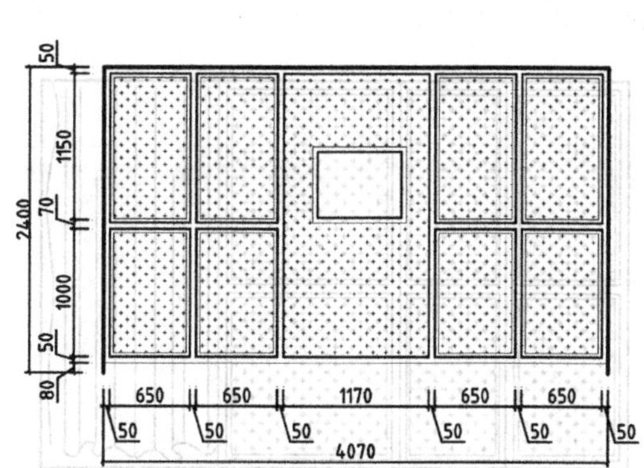

图 6-161　标注尺寸

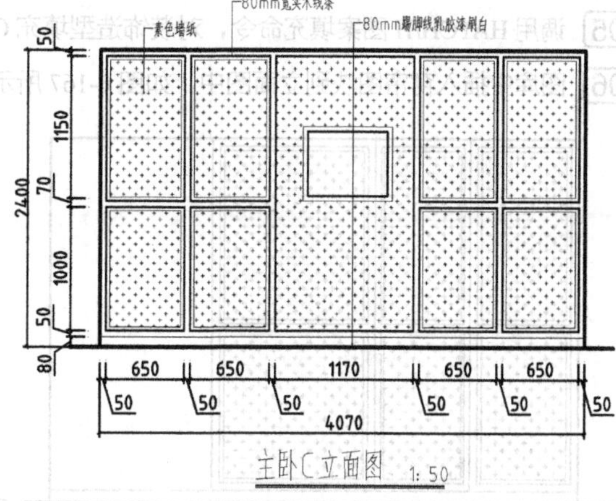

图 6-162　主卧 C 立面图

087 绘制主卧 D 立面图

视频文件：MP4\第 6 章\087.MP4

本例介绍主卧 D 立面图的绘制，D 立面主要表达了卧室中墙面做法。

01 调用 COPY/CO 复制命令，复制平面布置图上主卧 D 立面的平面部分，并对图形进行旋转。

02 调用 LIN/L 直线命令和 TRIM/TR 修剪命令，绘制 D 立面的基本轮廓，如图 6-163 所示。

03 调用 LINE/L 直线命令，绘制踢脚线，踢脚线的高度为 80mm，如图 6-164 所示。

04 调用 RECTANG/REC 矩形命令、OFFSET/O 偏移命令和 LINE./L 直线命令，绘制装饰造型轮廓，如图 6-165 所示。

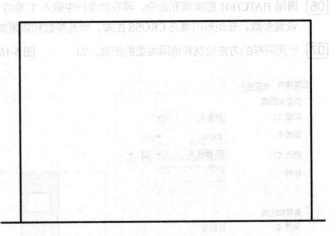

图 6-163 绘制 D 立面的基本轮廓

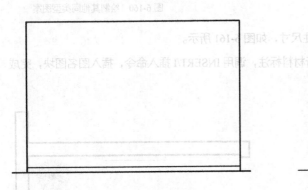

图 6-164 绘制踢脚线

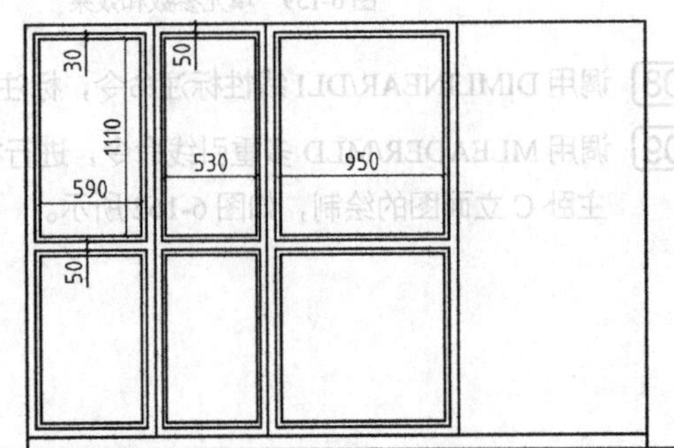

图 6-165 绘制造型轮廓

05 调用 HATCH/H 图案填充命令，对装饰造型填充 CROSS 图案，填充效果如图 6-166 所示。

06 图库中插入窗帘图块到立面图中，如图 6-167 所示。

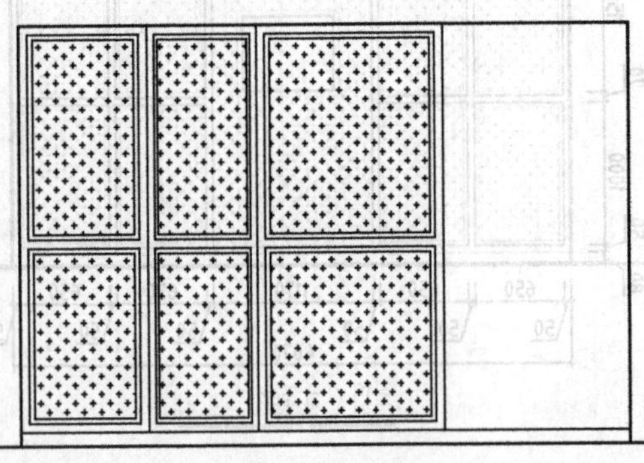

图 6-166 填充效果

图 6-167 插入图块

07 调用 DIMLINEAR/DLI 线性命令，标注尺寸，如图 6-168 所示。

08 调用 MLEADER/MLD 多重引线命令，进行材料标注。

09 调用 INSERT/I 插入命令，插入图名图块，完成主卧 D 立面图的绘制，如图 6-169 所示。

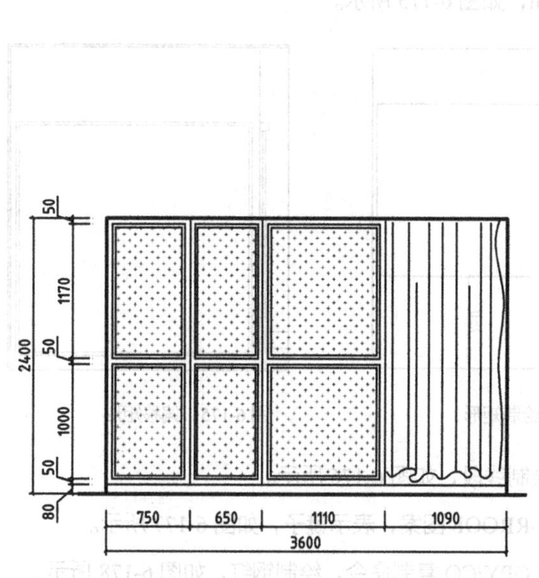

图 6-168　尺寸标注

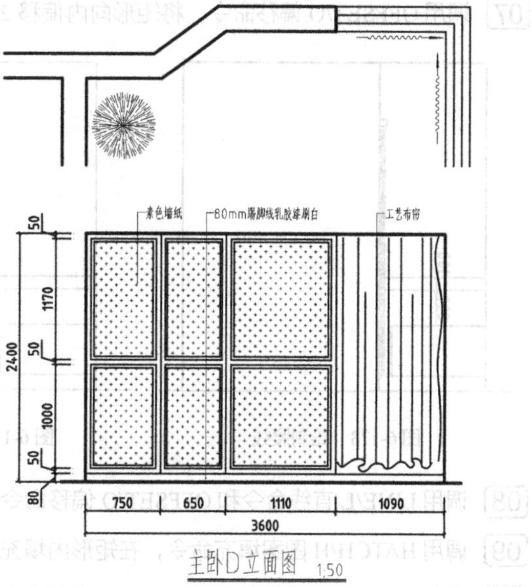

图 6-169　主卧 D 立面图

088 绘制主卫 B 立面图

视频文件：MP4\第 6 章\088.MP4

本例介绍主卫 B 立面图的绘制，B 立面主要表达了浴缸、花洒、坐便器、洗手盆和镜子的摆放位置和做法。

01 调用 COPY/CO 复制命令，复制平面布置图上主卫 B 立面的平面部分。

02 调用 LINE/L 直线命令和 TRIM/TR 修剪命令，绘制 B 立面图的基本轮廓，如图 6-170 所示。

03 调用 RECTANG/REC 矩形命令，绘制浴缸台面，如图 6-171 所示。

04 调用 LINE/L 直线命令、OFFSET/O 偏移命令、TRIM/TR 修剪命令和 RECTANG/REC 矩形命令，绘制推拉门，如图 6-172 所示。

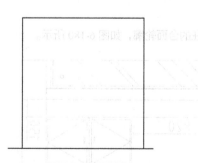

图 6-170　绘制 B 立面图的基本轮廓

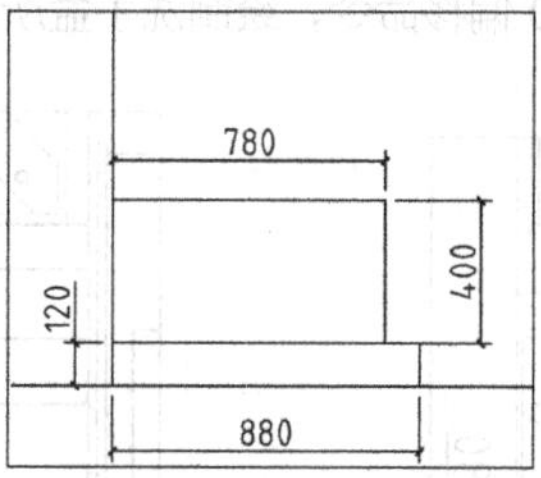

图 6-171　绘制浴缸台面

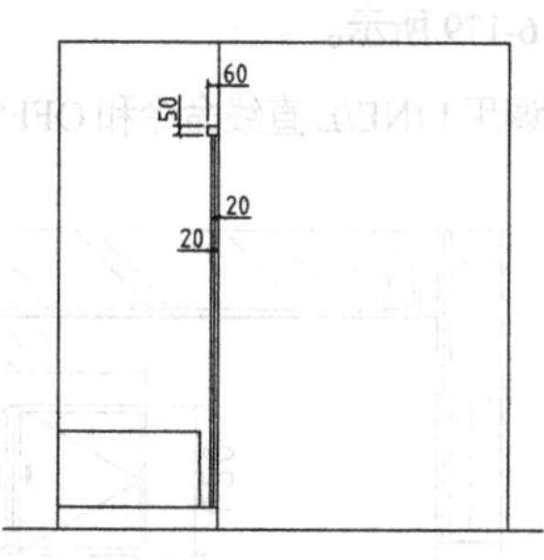

图 6-172　绘制推拉门

05 调用 LINE/L 直线命令和 OFFSET/O 偏移命令，绘制腰线，如图 6-173 所示。

06 调用 RECTANG/REC 矩形命令，绘制尺寸为 1520mm×1400mm 的矩形，表示镜子的轮廓，如图 6-174 所示。

07 调用 OFFSET/O 偏移命令，将矩形向内偏移 20mm，如图 6-175 所示。

图 6-173　绘制腰线　　图 6-174　绘制矩形　　图 6-175　偏移矩形

08 调用 LINE/L 直线命令和 OFFSET/O 偏移命令，绘制线段，如图 6-176 所示。

09 调用 HATCH/H 图案填充命令，在矩形内填充 AR-RROOF 图案，表示镜子，如图 6-177 所示。

10 调用 CIRCLE/C 圆命令、OFFSET/O 偏移命令和 COPY/CO 复制命令，绘制钢钉，如图 6-178 所示。

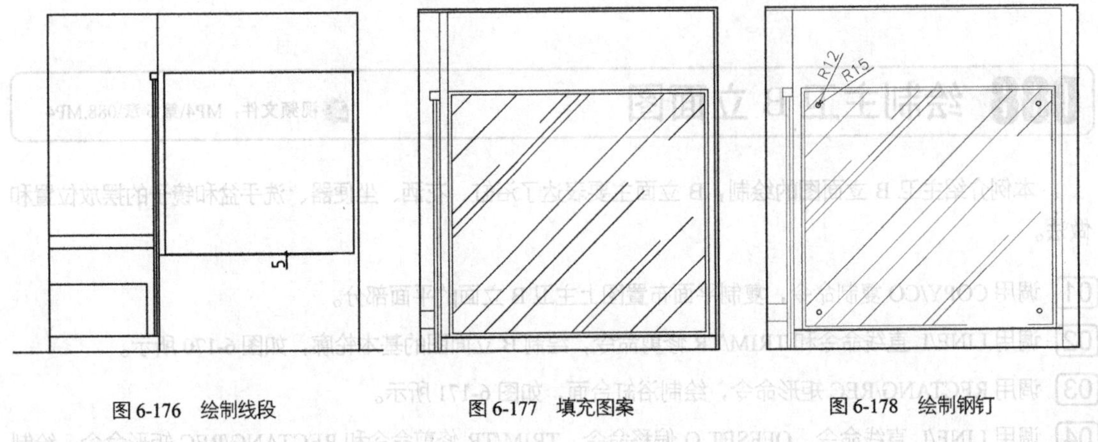

图 6-176　绘制线段　　图 6-177　填充图案　　图 6-178　绘制钢钉

11 调用 RECTANG/REC 矩形命令、OFFSET/O 偏移命令和 LINE/L 直线命令，绘制洗手盆下的柜子，如图 6-179 所示。

12 调用 LINE/L 直线命令和 OFFSET/O 偏移命令，绘制洗手盆所在的台面轮廓，如图 6-180 所示。

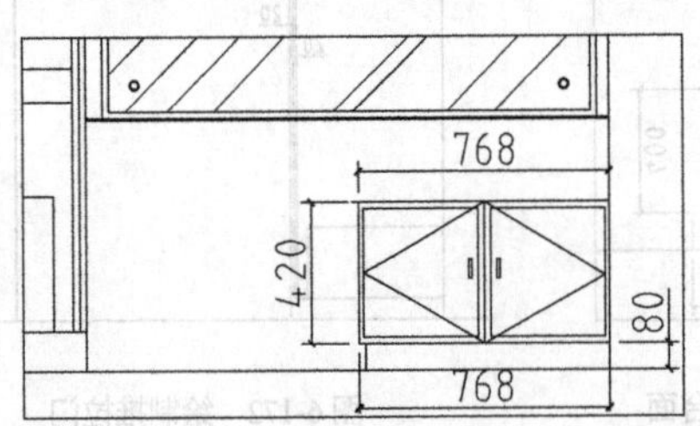

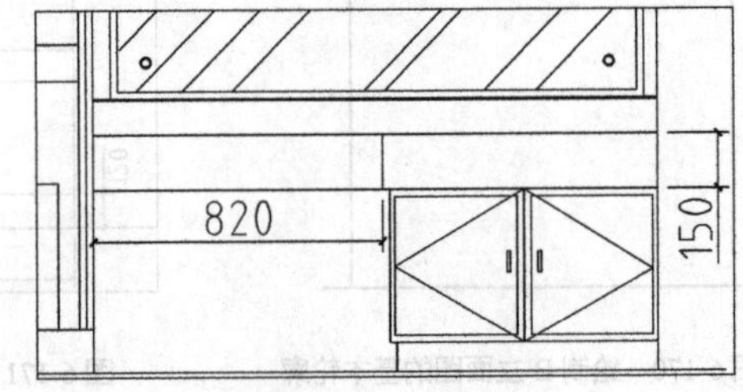

图 6-179　绘制柜子　　图 6-180　绘制台面轮廓

13 调用 HATCH/H 图案填充命令，再在命令行中输入 T 命令，在弹出的【图案填充和渐变色】对话框中设置参数，对台面填充 AR-CONC 图案，填充参数和效果如图 6-181 所示。

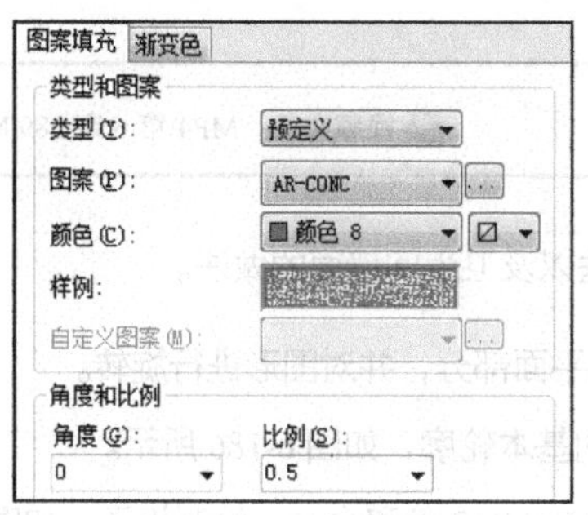

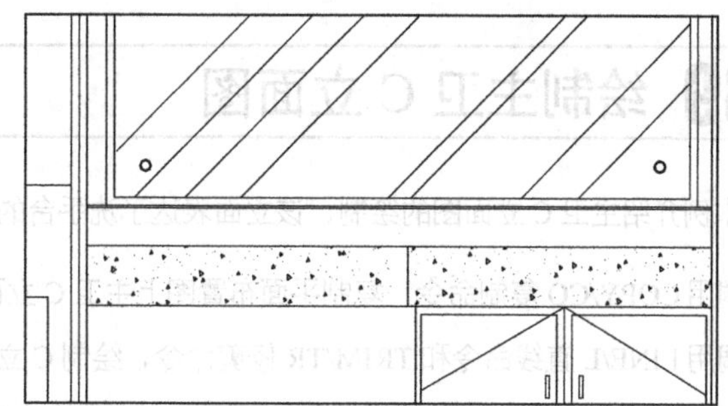

图 6-181 填充参数和效果

14 调用 LINE 直线命令/L、OFFSET/O 偏移命令和 TRIM/TR 修剪命令，绘制墙面图案，如图 6-182 所示。

15 从图库中调入浴缸、喷头、腰花图案、坐便器、洗手盆和镜前灯等图块到立面图中，并进行修剪，如图 6-183 所示。

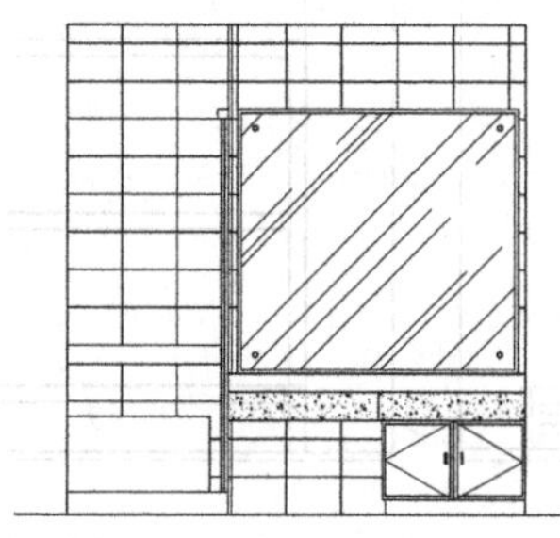

图 6-182 绘制墙面图案

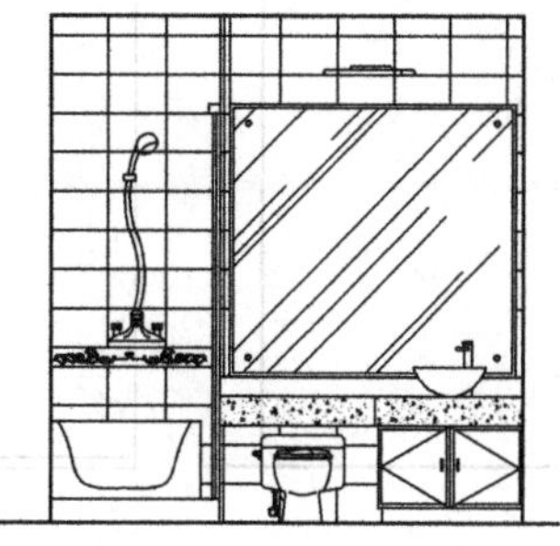

图 6-183 插入图块

16 调用 DIMLINEAR/DLI 线性命令，标注尺寸，如图 6-184 所示。

17 调用 MLEADER/MLD 多重引线命令，进行材料标注。

18 调用 INSERT/I 插入命令，插入图名图块，完成主卫 B 立面图的绘制，如图 6-185 所示。

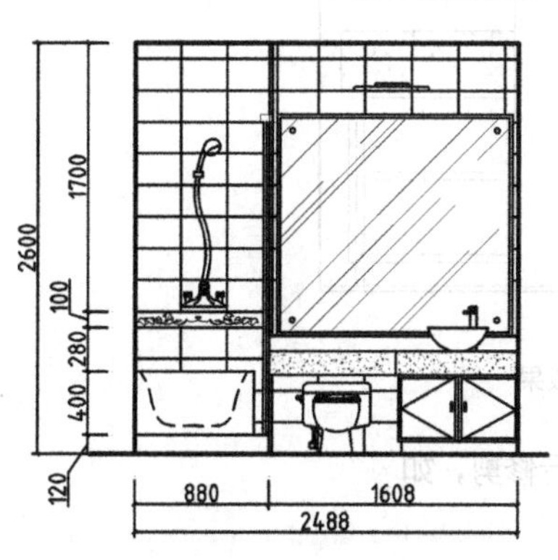

图 6-184 尺寸标注

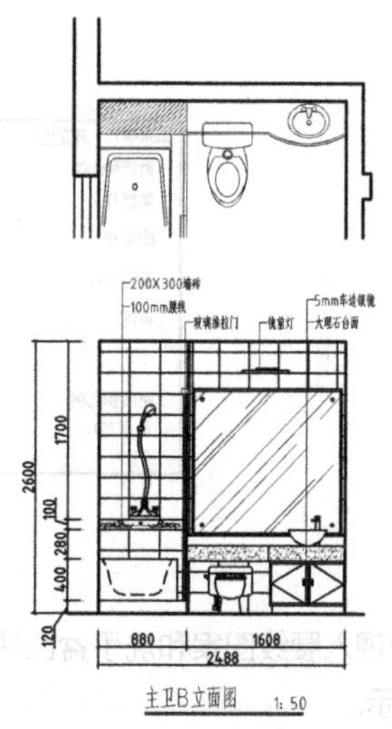

图 6-185 主卫 B 立面图

089 绘制主卫 C 立面图

视频文件：MP4\第 6 章\089.MP4

本例介绍主卫 C 立面图的绘制，该立面表达了洗手台的做法以及卫生间墙面的做法。

01 调用 COPY/CO 复制命令，复制平面布置图上主卫 C 立面的平面部分，并对图形进行旋转。

02 调用 LINE/L 直线命令和 TRIM/TR 修剪命令，绘制 C 立面的基本轮廓，如图 6-186 所示。

03 调用 RECTANG/REC 矩形命令、PLINE/PL 多段线命令和 OFFSET/O 偏移命令，绘制柜子，如图 6-187 所示。

04 调用 RECTANG/REC 矩形命令，绘制台面轮廓，如图 6-188 所示。

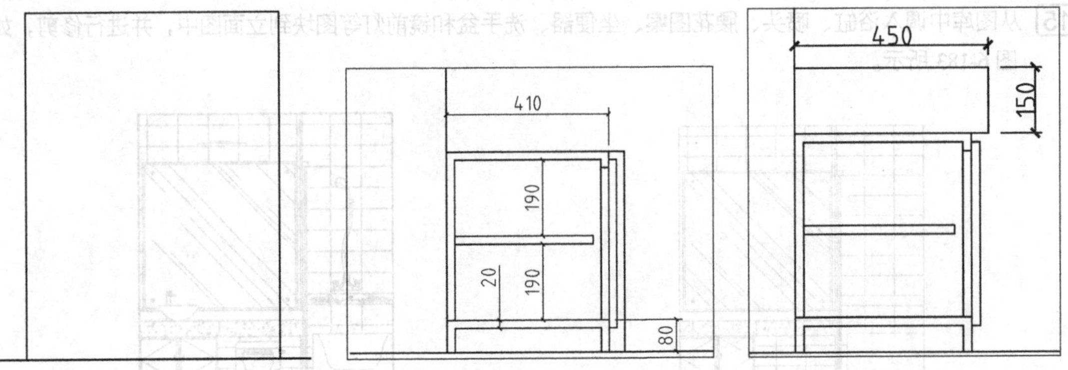

图 6-186　绘制 C 立面的基本轮廓　　图 6-187　绘制柜子　　图 6-188　绘制台面轮廓

05 调用 HATCH/H 图案填充命令，再在命令行中输入 T 命令，在弹出的【图案填充和渐变色】对话框中设置参数，对台面填充 AR-CONC 图案，填充参数和效果如图 6-189 所示。

06 调用 LINE/L 直线命令和 OFFSET/O 偏移命令，绘制腰线，如图 6-190 所示。

07 调用 LINE/L 直线命令、OFFSET/O 偏移命令和 TRIM/TR 修剪命令，绘制墙面贴砖图案，如图 6-191 所示。

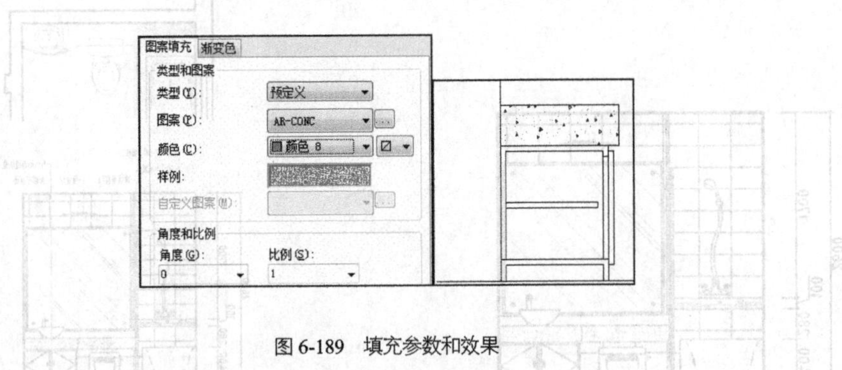

图 6-189　填充参数和效果

08 从图库中调入腰线图案和洗手盆图块到立面图中，并进行修剪，如图 6-192 所示。

09 调用 DIMLINEAR/DLI 线性命令，标注尺寸，如图 6-193 所示。

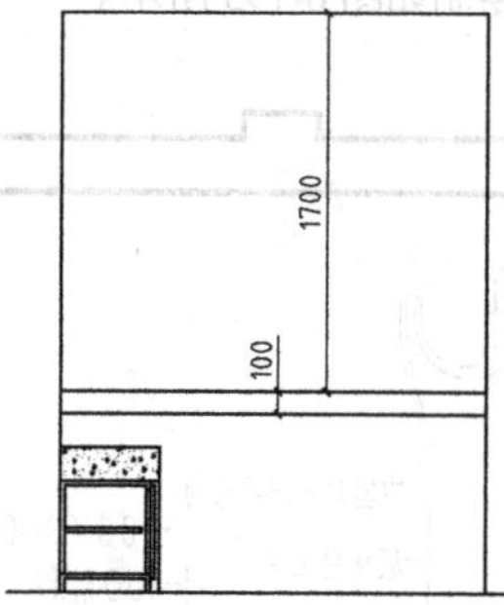

图6-190　绘制腰线

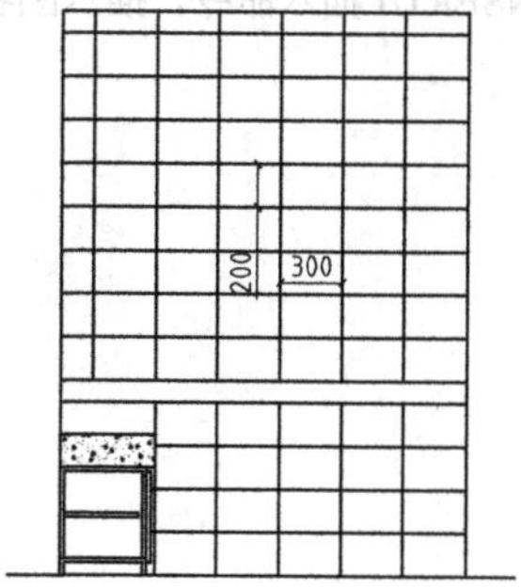

图6-191　绘制墙面贴砖

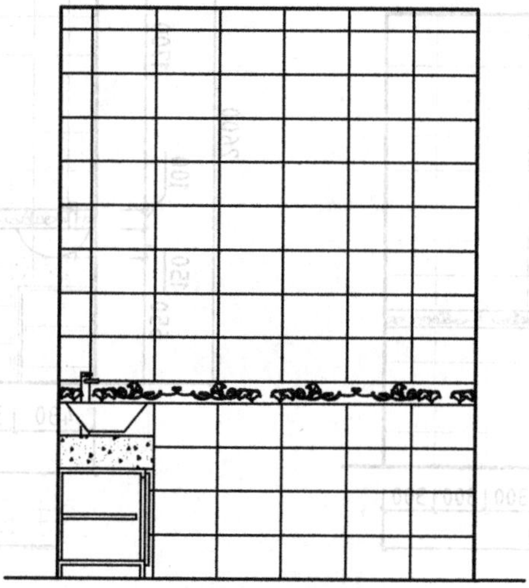

图6-192　插入图块

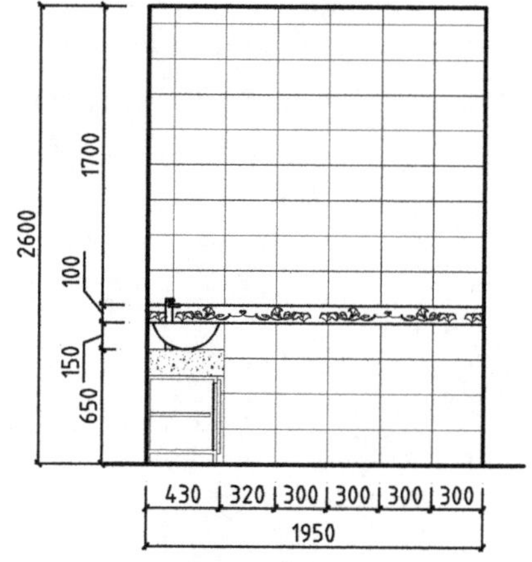

图6-193　标注尺寸

10 调用 MLEADER/MLD 多重引线命令，进行材料标注，如图 6-194 所示。

11 调用 INSERT/I 插入命令，插入图名图块，完成主卫 C 立面图的绘制如图 6-195 所示。

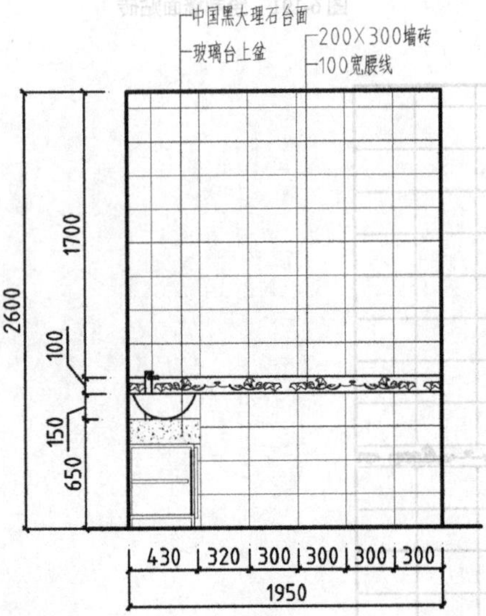

图 6-194 材料标注

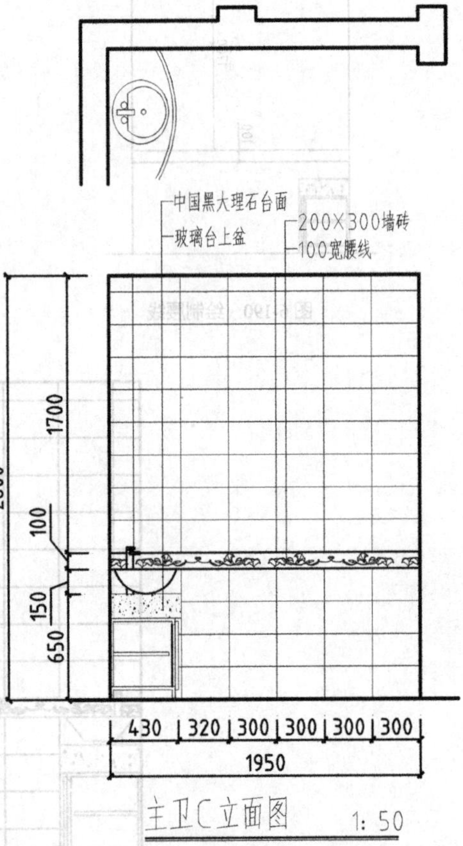

图 6-195 主卫 C 立面图

第7章 现代风格三居室室内设计

三居室是相对成熟的一种房型，基本可以满足大部分住户的需求。这种户型对风格比较重视，功能分区明确，本章以三居室为例讲解现代风格三居室施工图的绘制方法。

090 绘制三居室原始户型图

视频文件：MP4\第7章\090.MP4

如图7-1所示为绘制完成的三居室原始户型图。

01 启动AutoCAD 2022，以“室内装潢施工图模板.dwt”创建新图形。

02 绘制完成的轴线如图7-2所示，下面讲解具体绘制方法。

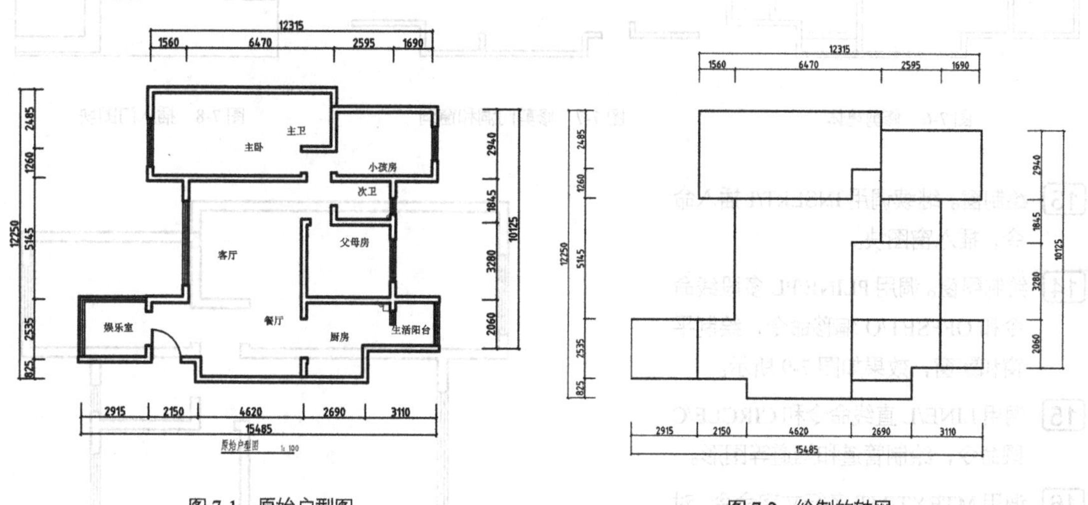

图7-1 原始户型图

图7-2 绘制的轴网

03 设置“ZX_轴线”图层为当前图层。

04 调用PLINE/PL多段线命令，绘制轴网的外轮廓，如图7-3所示。

05 继续调用PLINE/PL多段线命令，绘制其他轴线，如图7-4所示。

06 设置“BZ_标注”图层为当前图层。

07 调用DIM命令，标注尺寸效果如图7-2所示。

08 设置“QT_墙体”图层为当前图层。

09 调用 MLINE/ML 多线命令，绘制墙体，如图 7-5 所示。

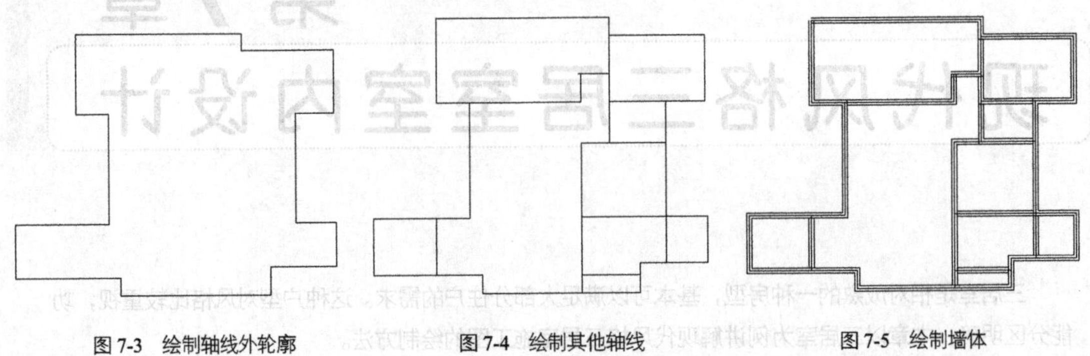

图 7-3　绘制轴线外轮廓　　图 7-4　绘制其他轴线　　图 7-5　绘制墙体

10 调用 CHAMFER/CHA 倒角命令和 TRIM/TR 修剪命令，修剪墙体，效果如图 7-6 所示。

11 开窗洞和门洞。调用 PLINE/PL 多段线命令和 TRIM/TR 修剪命令，修剪窗洞和门洞，效果如图 7-7 所示。

12 绘制门。调用 INSERT/I 插入命令，插入门图块，效果如图 7-8 所示。

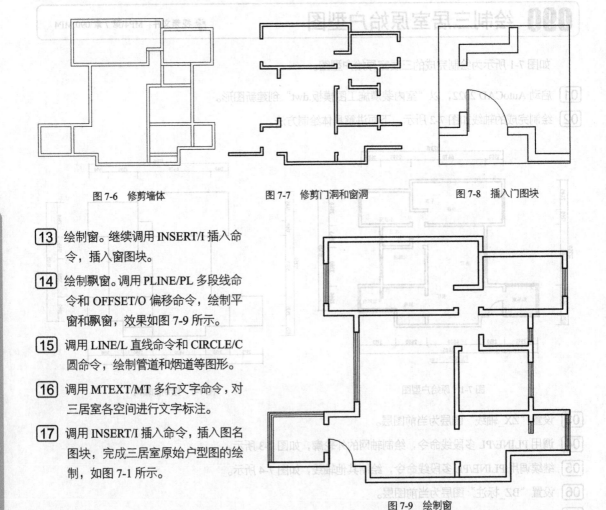

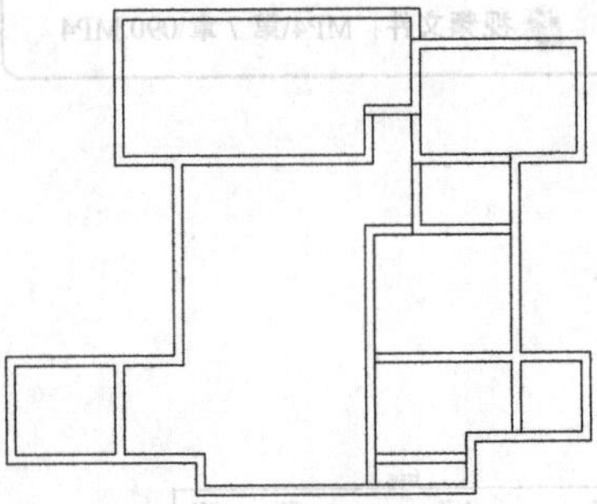

图 7-6　修剪墙体 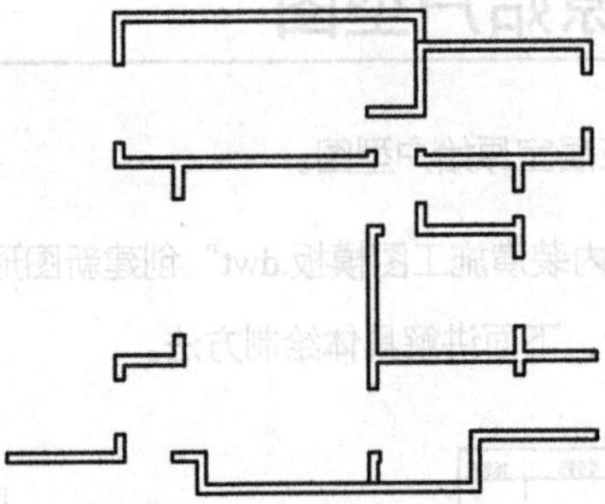　　图 7-7　修剪门洞和窗洞 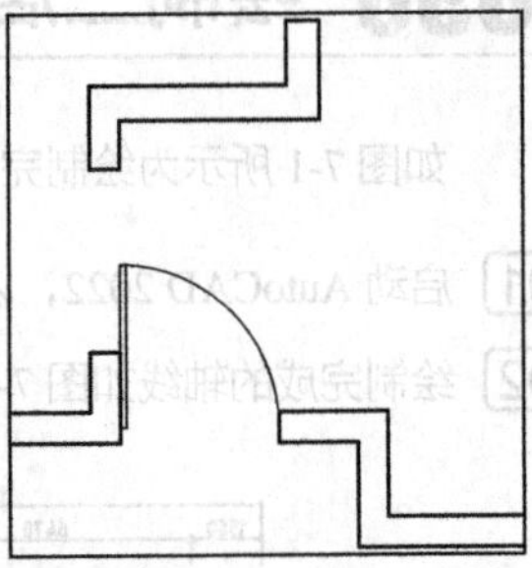　　图 7-8　插入门图块

13 绘制窗。继续调用 INSERT/I 插入命令，插入窗图块。

14 绘制飘窗。调用 PLINE/PL 多段线命令和 OFFSET/O 偏移命令，绘制平窗和飘窗，效果如图 7-9 所示。

15 调用 LINE/L 直线命令和 CIRCLE/C 圆命令，绘制管道和烟道等图形。

16 调用 MTEXT/MT 多行文字命令，对三居室各空间进行文字标注。

17 调用 INSERT/I 插入命令，插入图名图块，完成三居室原始户型图的绘制，如图 7-1 所示。

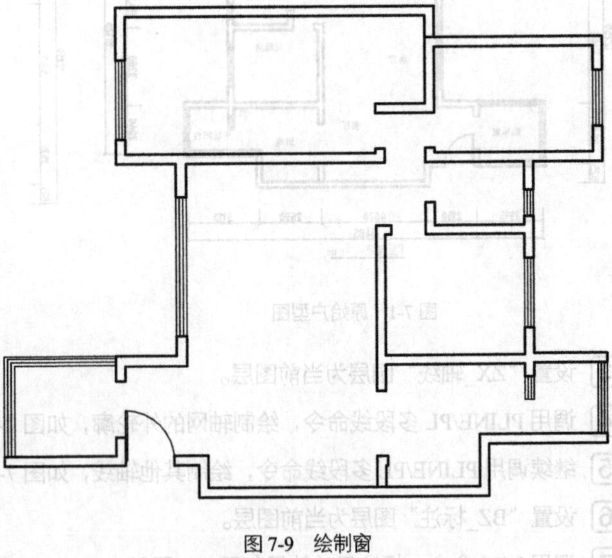

图 7-9　绘制窗

091 绘制三居室平面布置图

视频文件：MP4\第7章\091.MP4

绘制平面布置图主要是各种家用设施的绘制和调用，比如：客厅的沙发、茶几、电视、盆栽、装饰品、灯具，卧室的床、衣柜，书房的书柜、书桌、计算机，厨房的灶具、冰箱，卫生间的洁具、浴缸等平面图形。本实例以客厅和主卧为例绘制三居室平面布置图，讲解平面布置图的绘制方法。

1. 客厅平面布置图

客厅平面布置图如图7-10所示，下面讲解绘制方法。

01 调用COPY/CO复制命令，复制三居室的原始户型图。

02 设置"JJ_家具"图层为当前图层。

03 调用RECTANG/REC矩形命令，绘制隔断，如图7-11所示。

04 绘制电视背景墙。调用RECTANG/REC矩形命令，绘制尺寸为3240mm×150mm的矩形，并移动到相应的位置，如图7-12所示。

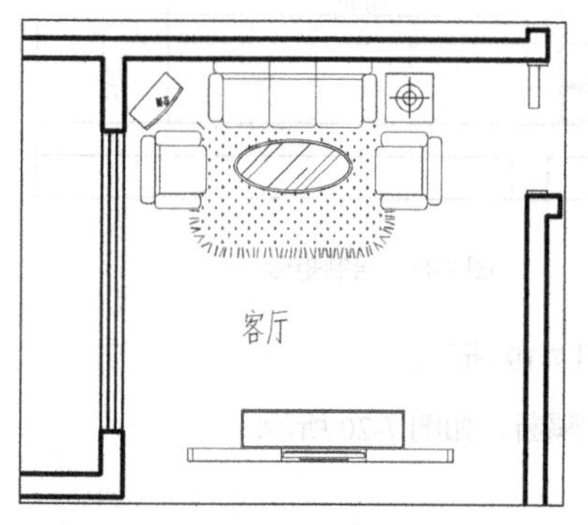

图7-10 客厅平面布置图

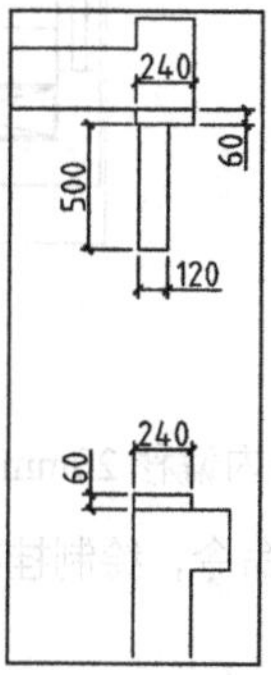

图7-11 绘制隔断

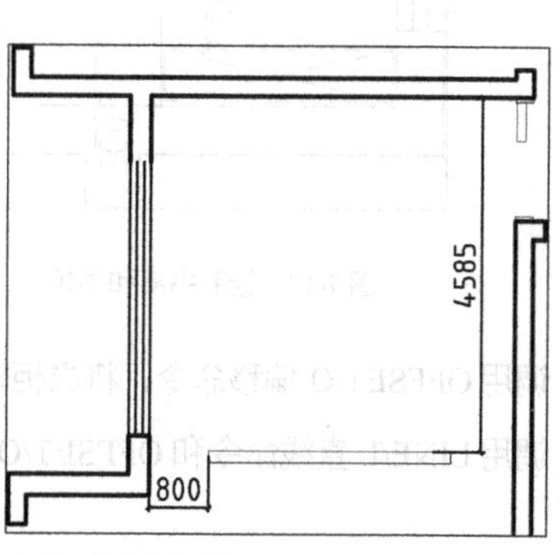

图7-12 绘制矩形

05 调用LINE/L直线命令和OFFSET/O偏移命令，绘制线段细化电视背景墙，如图7-13所示。

06 调用RECTANG/REC矩形命令和OFFSET/O偏移命令，绘制电视柜，如图7-14所示。

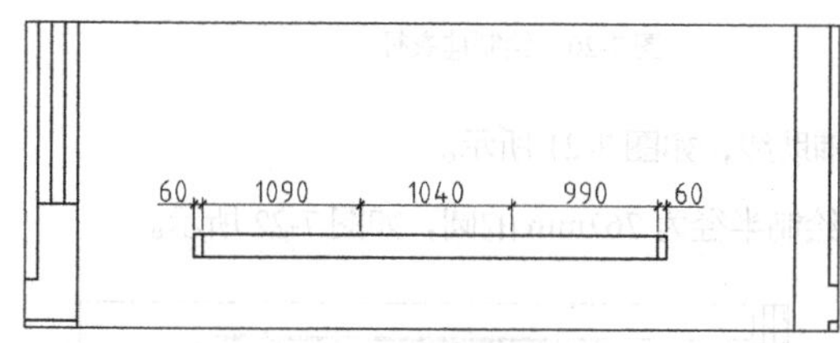

图7-13 绘制线段

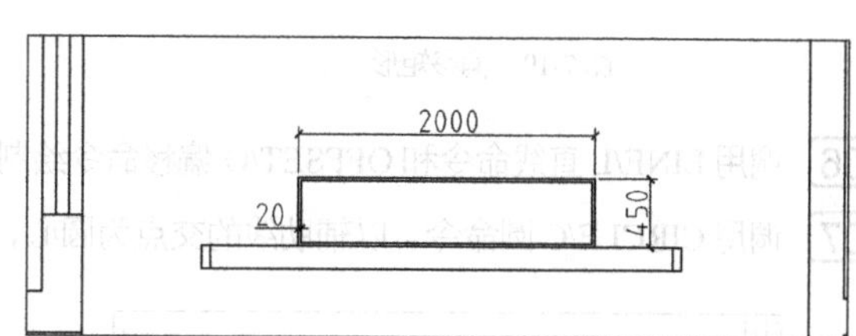

图7-14 绘制电视柜

07 插入图块。打开配套素材中的"第07章\家具图例.dwg"文件，分别选择空调、沙发组和电视等图形，复制到客厅平面布置图中，结果如图7-10所示，完成客厅平面布置图绘制完成。

2. 主卧平面布置图

主卧平面布置图如图7-15所示，下面讲解绘制方法。

01 插入门图块。调用 INSERT/I 插入命令，插入门图块，如图 7-16 所示。

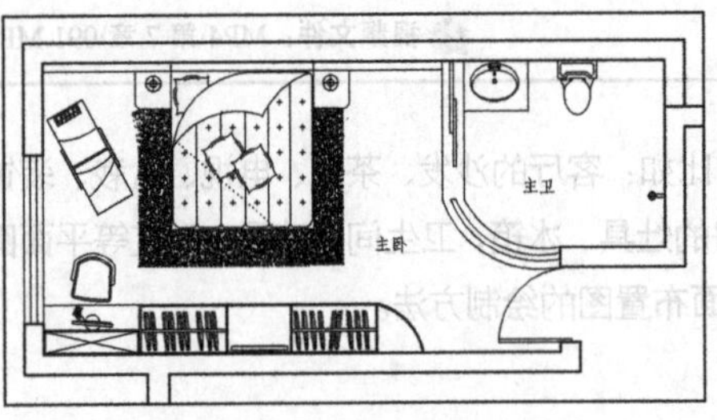

图 7-15 主卧平面布置图

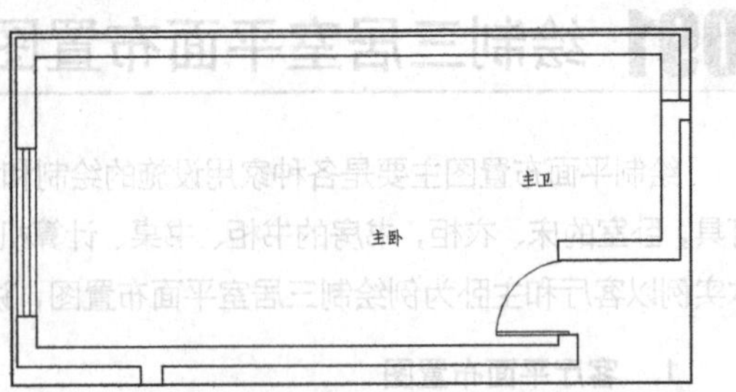

图 7-16 插入门图块

02 调用 RECTANG/REC 矩形命令、OFFSET/O 偏移命令和 LINE/L 直线命令，绘制书桌和书柜，如图 7-17 所示。

03 绘制衣柜。调用 RECTANG/REC 矩形命令，绘制尺寸为 3000mm×600mm 的矩形，如图 7-18 所示。

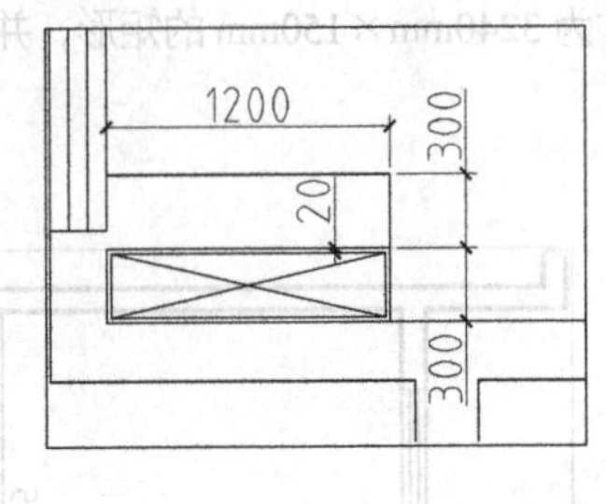

图 7-17 绘制书桌和书柜

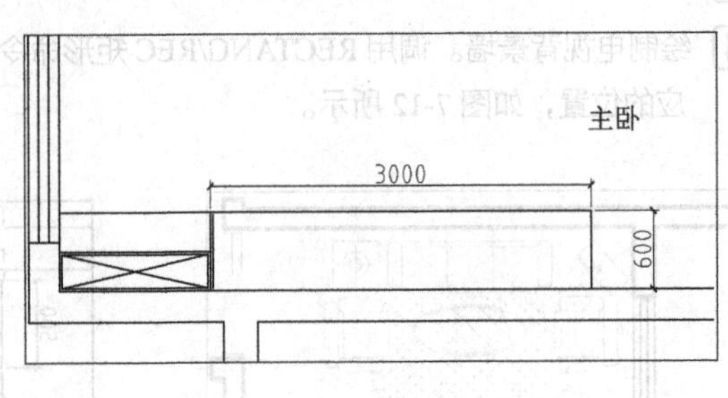

图 7-18 绘制矩形

04 调用 OFFSET/O 偏移命令，将衣柜轮廓向内偏移 20mm，如图 7-19 所示。

05 调用 LINE/L 直线命令和 OFFSET/O 偏移命令，绘制挂衣杆和隔断，如图 7-20 所示。

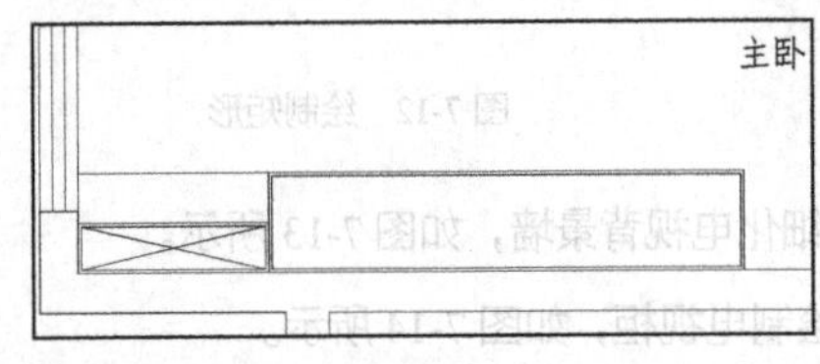

图 7-19 偏移矩形

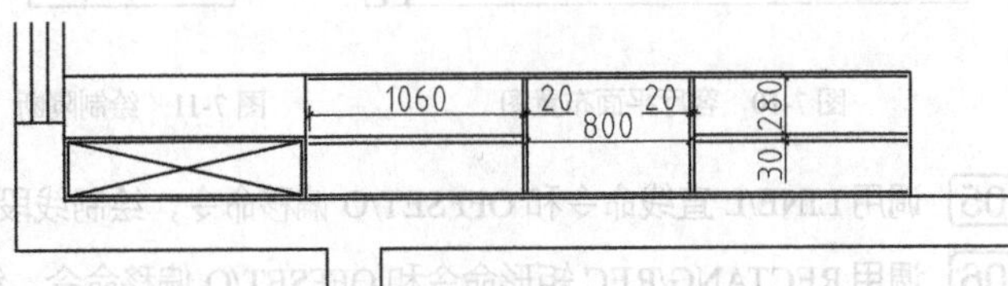

图 7-20 绘制挂衣杆

06 调用 LINE/L 直线命令和 OFFSET/O 偏移命令绘制辅助线，如图 7-21 所示。

07 调用 CIRCLE/C 圆命令，以辅助线的交点为圆心，绘制半径为 767mm 的圆，如图 7-22 所示。

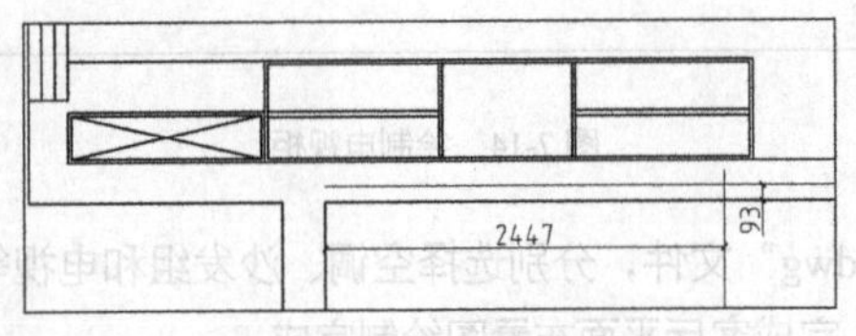

图 7-21 绘制辅助线

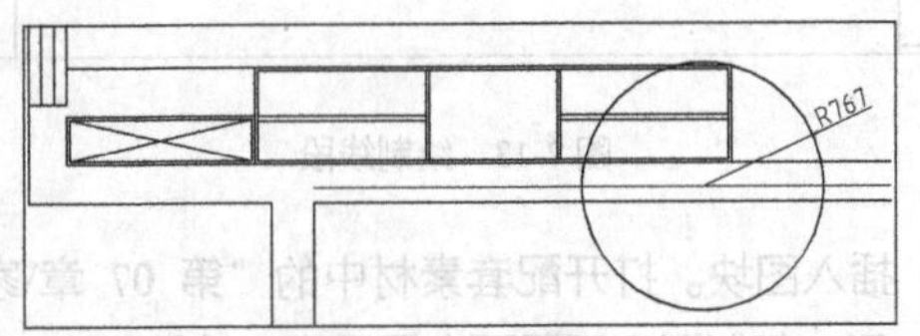

图 7-22 绘制圆

08 删除辅助线，调用 TRIM/TR 修剪命令，修剪圆多余的部分，如图 7-23 所示。

09 调用 OFFSET/O 偏移命令，将修剪后的圆向内偏移 20mm，并进行调整，效果如图 7-24 所示。

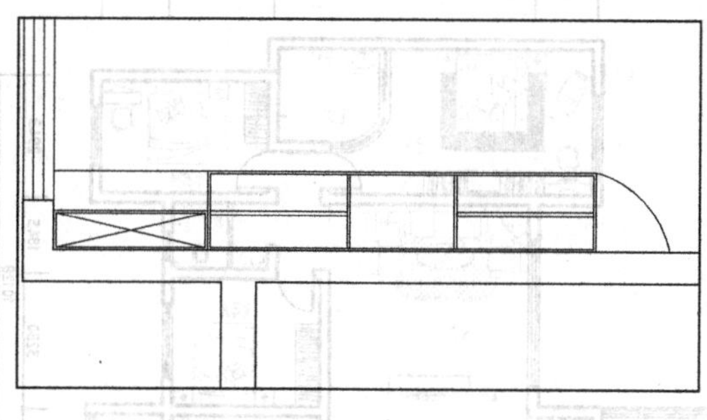

图 7-23　修剪圆　　图 7-24　偏移圆

10 绘制推拉门。调用 LINE/L 直线命令和 OFFSET/O 偏移命令，绘制线段，如图 7-25 所示。

11 继续调用 LINE/L 直线命令和 OFFSET/O 偏移命令，绘制辅助线，如图 7-26 所示。

12 调用 CIRCLE/C 圆命令，以辅助线的交点为圆心，绘制半径为 1107mm 的圆，然后删除辅助线，如图 7-27 所示。

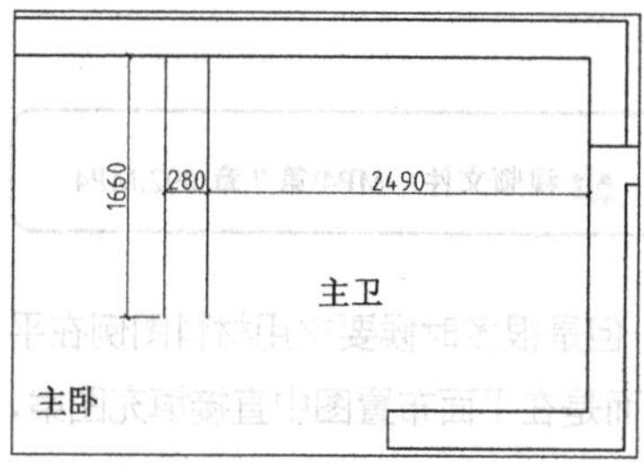

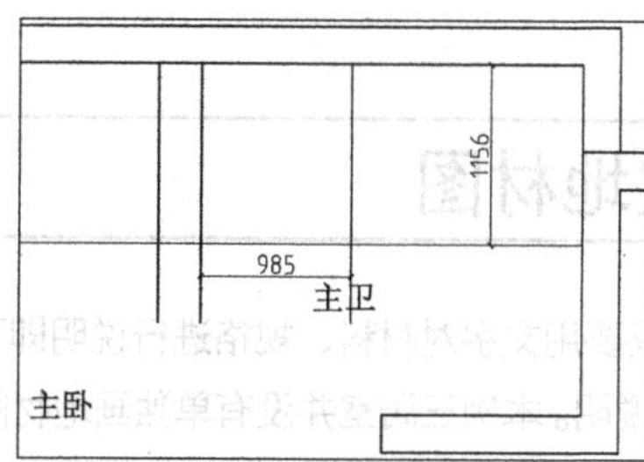

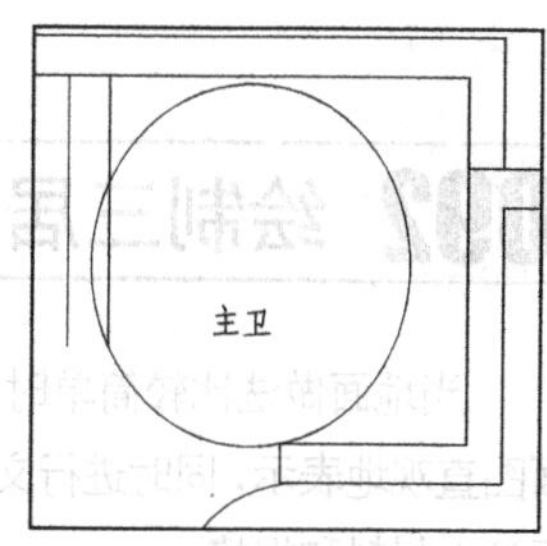

图 7-25　绘制线段　　图 7-26　绘制辅助线　　图 7-27　绘制圆

13 调用 OFFSET/O 偏移命令，将圆向外偏移 240mm，如图 7-28 所示。

14 调用 TRIM/TR 修剪命令，对圆进行修剪，效果如图 7-29 所示。

15 调用 RECTANG/REC 矩形命令、COPY/CO 命令、OFFSET/O 偏移命令、LINE/L 直线命令和 TRIM/TR 修剪命令，绘制如图 7-30 所示图形。

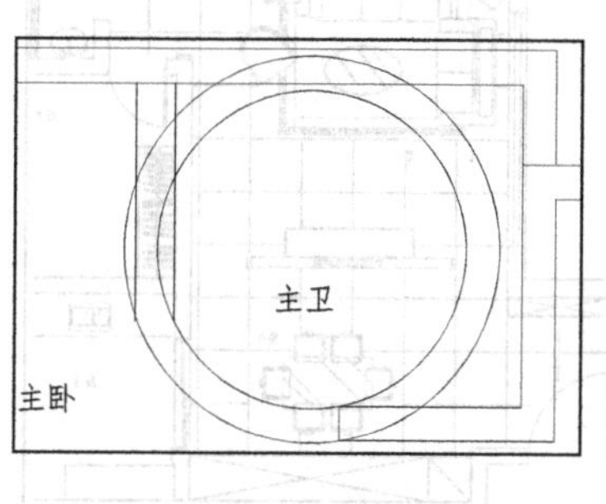

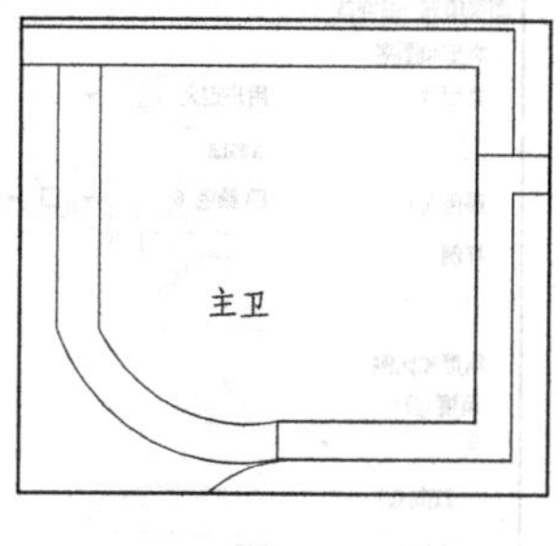

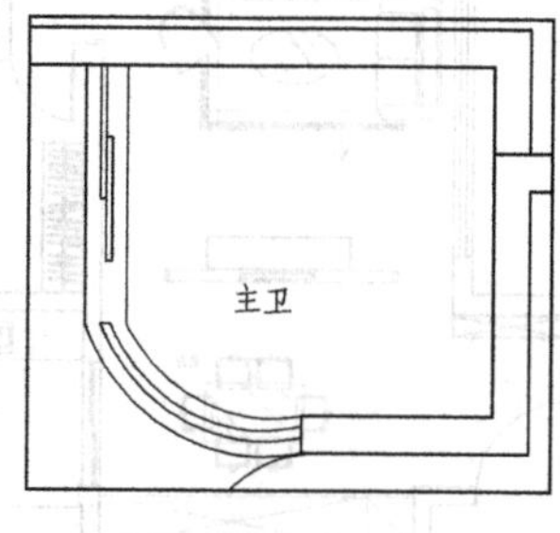

图 7-28　偏移圆　　图 7-29　修剪圆　　图 7-30　绘制图形

16 绘制床头背景，调用 PLINE/PL 多段线命令和 MIRROR/MI 镜像命令，绘制床头背景，如图 7-31 所示。

17 从图库中调入主卧平面布置图中所需要的图块，完成主卧平面布置图的绘制，如图 7-32 所示。

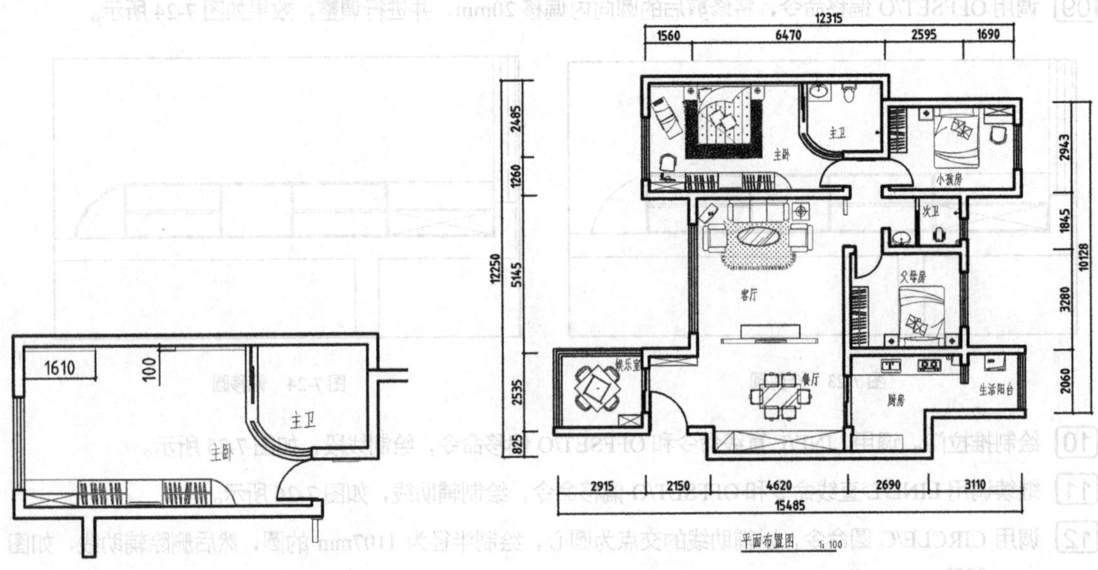

图 7-31 绘制床头背景　　　　图 7-32 主卧平面布置完成图

092 绘制三居室地材图

视频文件：MP4\第 7 章\092.MP4

当地面做法比较简单时，只要用文字对材料、规格进行说明即可，但是很多时候要求用材料图例在平面图直观地表示，同时进行文字说明。本例三居室并没有单独画地材图，而是在平面布置图中直接填充图案，标注上材料和规格。

01 绘制客厅和餐厅地材图。调用 PLINE/PL 多段线命令，封闭区域，如图 7-33 所示。

02 调用 HATCH/H 图案填充命令，再在命令行中输入 T 命令，在弹出的“图案填充和渐变色”对话框内设置参数，对客厅和餐厅区域填充“用户定义”图案，填充参数和效果如图 7-34 所示。

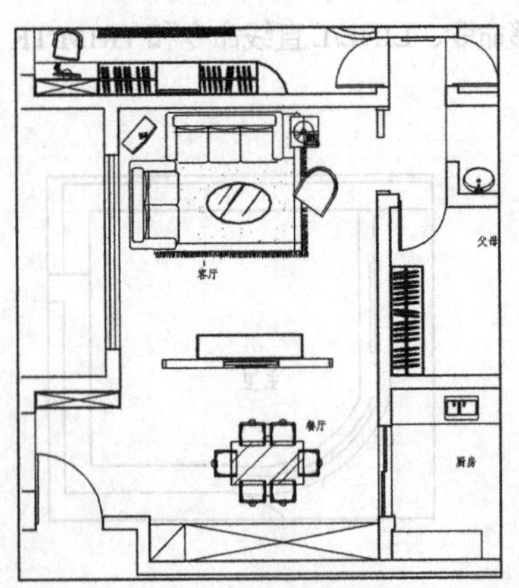

图 7-33 绘制多段线

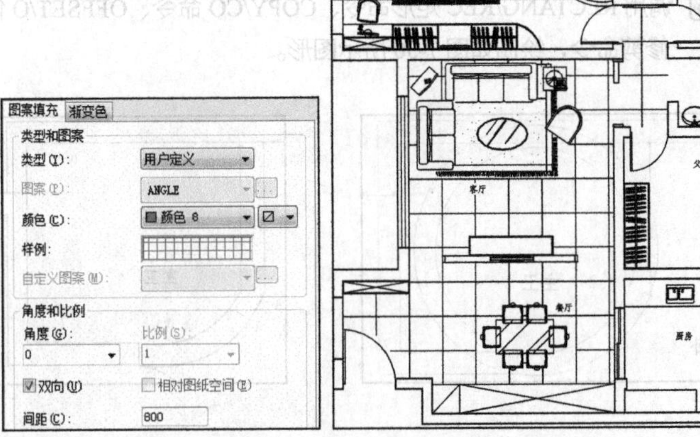

图 7-34 填充参数和效果

03 调用 MLEADER/MLD 多重引线命令，标注地面材料，如图 7-35 所示。

04 使用同样的方法，绘制其他房间的地材图，结果如图 7-36 所示。

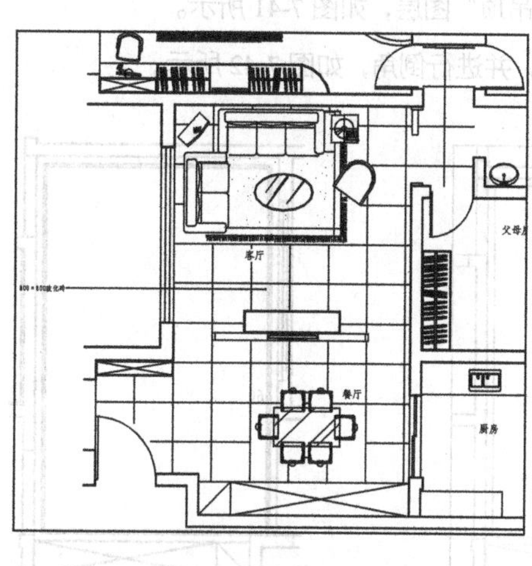

图 7-35 标注地面材料

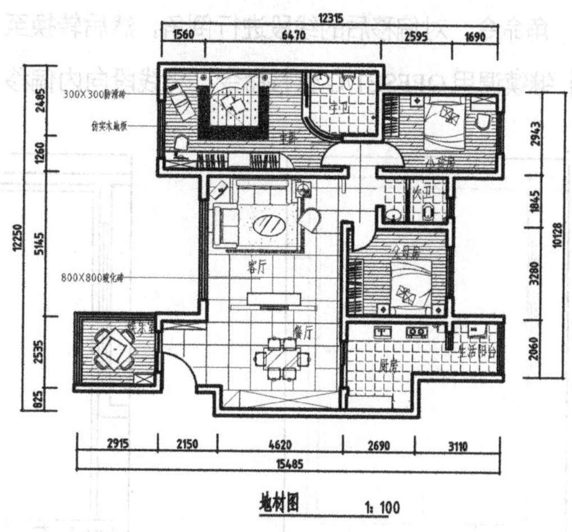

图 7-36 三居室地材图完成图

093 绘制三居室顶棚图

视频文件：MP4\第 7 章\093.MP4

顶棚图是用于表达室内顶棚造型、灯具及相关电器布置的顶面水平镜像投影图。本例将分别以客厅、餐厅和主卧为例绘制三居室顶棚图，介绍造型顶棚的绘制方法。

1. 绘制客厅顶棚图

客厅顶棚图如图 7-37 所示，下面讲解绘制方法。

01 复制图形。顶棚图可在平面布置图的基础上绘制，复制三居室平面布置图，删除与顶棚图无关的图形。并在门洞处绘制墙体线，如图 7-38 所示。

02 绘制吊顶造型。设置“DD_吊顶”图层为当前图层。

03 调用 LINE/L 直线命令，绘制如图 7-39 所示线段，表示线段两侧高度不同。

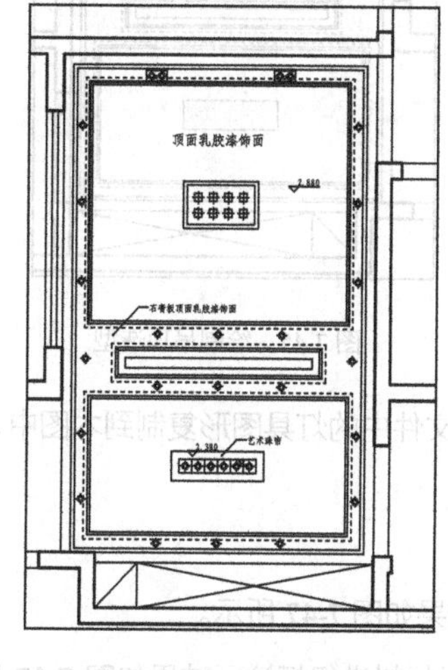

图 7-37 客厅和餐厅顶棚图

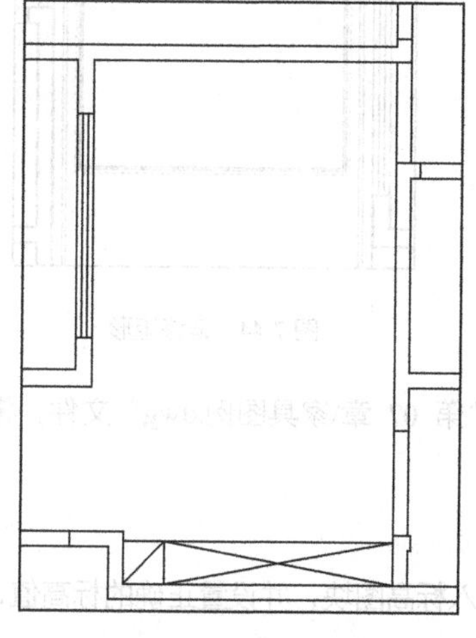

图 7-38 绘制墙体线

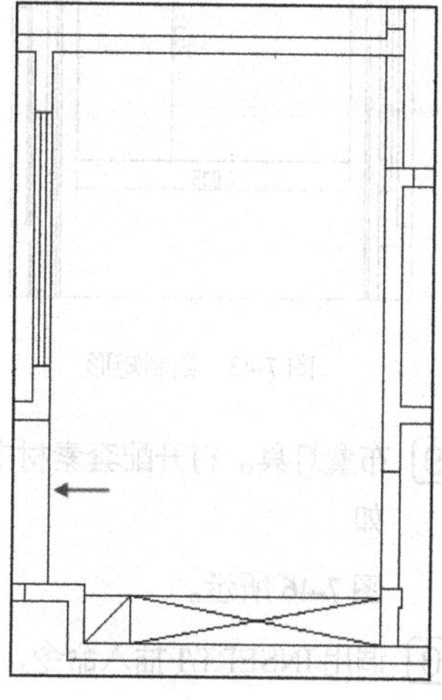

图 7-39 绘制线段

04 调用 OFFSET/O 偏移命令，偏移如图 7-40 所示线段，偏移距离为 150mm，并调用 CHAMFER//CHA 倒角命令，对偏移后的线段进行倒角，然后转换至“DD_吊顶”图层，如图 7-41 所示。

05 继续调用 OFFSET/O 偏移命令，将线段向内偏移 60mm，并进行倒角，如图 7-42 所示。

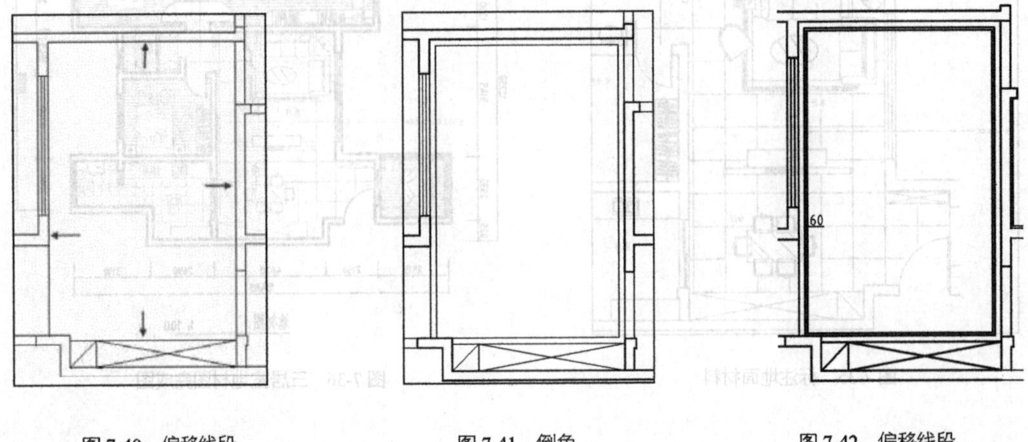

图 7-40　偏移线段　　图 7-41　倒角　　图 7-42　偏移线段

06 调用 RECTANG/REC 矩形命令，绘制尺寸为 4015mm×3535mm 的矩形，并移动到相应的位置，如图 7-43 所示。

07 调用 OFFSET/O 偏移命令，将矩形向外偏移 40mm 和 60mm，并将偏移 60mm 后的矩形设置为虚线表示灯带，如图 7-44 所示。

08 使用同样的方法绘制其他同类型吊顶，效果如图 7-45 所示。

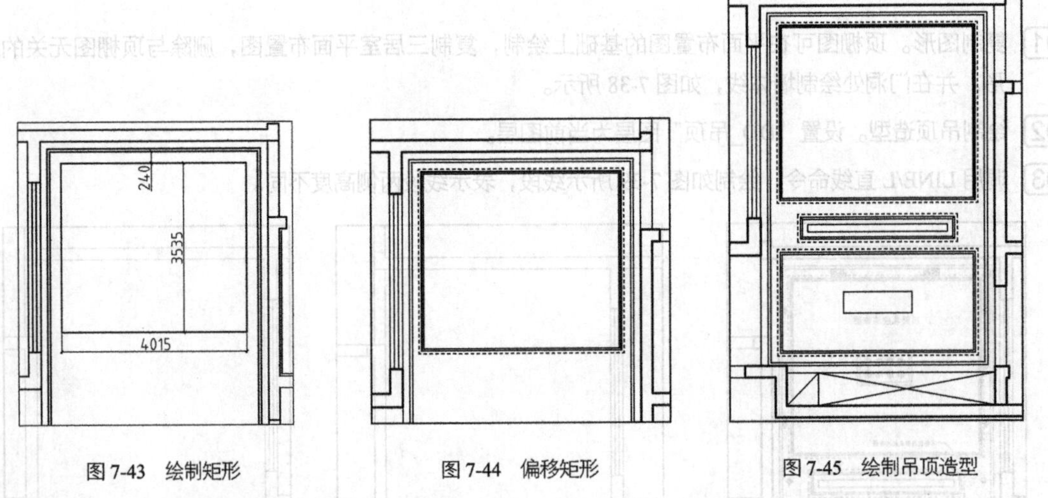

图 7-43　绘制矩形　　图 7-44　偏移矩形　　图 7-45　绘制吊顶造型

09 布置灯具。打开配套素材中“第 07 章\家具图例.dwg”文件，将该文件中的灯具图形复制到本图中，如

图 7-46 所示。

10 调用 INSERT/I 插入命令，插入标高图块，并设置正确的标高值，结果如图 7-47 所示。

11 调用 MLEADER/MLD 多重引线命令和 MTEXT/MT 多行文字命令对材料进行标注，结果如图 7-37 所示，客厅和餐厅顶棚图绘制完成。

2. 绘制主卧顶棚图

主卧顶棚图如图 7-48 所示，下面讲解绘制方法。

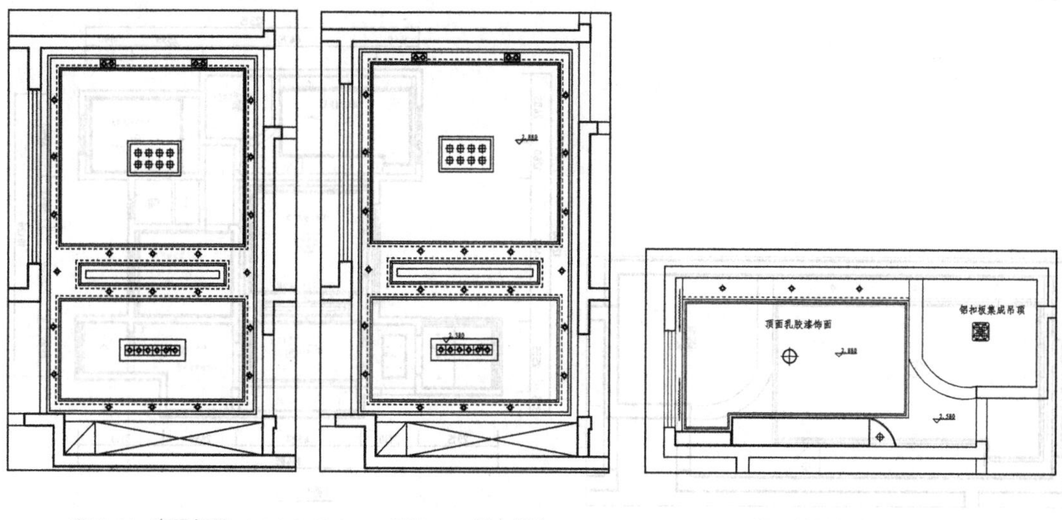

图 7-46　布置灯具　　图 7-47　插入标高　　图 7-48　绘制完成的主卧顶棚图

01 调用 LINE/L 直线命令，绘制窗帘盒，窗帘盒的宽度为 150mm，如图 7-49 所示。

02 调用 PLINE/PL 多段线命令和 MIRROR/MI 镜像命令，绘制窗帘，如图 7-50 所示。

03 绘制角线，调用 PLINE/PL 多段线命令，绘制多段线，如图 7-51 所示。

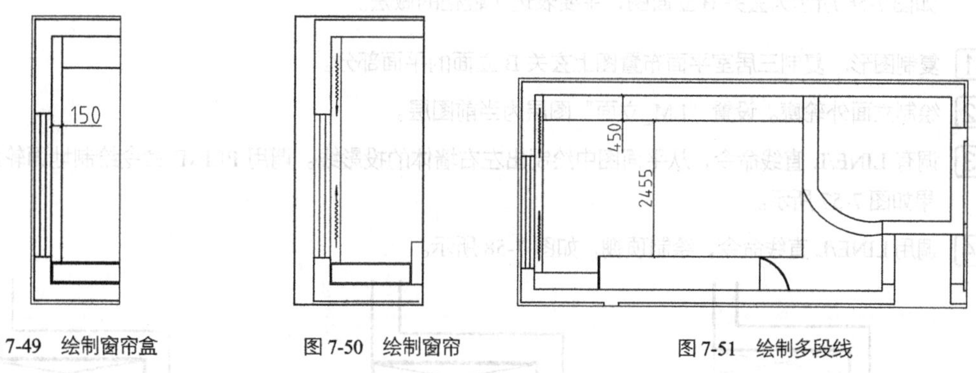

图 7-49　绘制窗帘盒　　图 7-50　绘制窗帘　　图 7-51　绘制多段线

04 调用 OFFSET/偏移命令，将多段线向内偏移 50mm 和 30mm，如图 7-52 所示。

05 调用 LINE/L 直线命令，在角线的上方绘制一条线段，并设置为虚线，表示灯带，如图 7-53 所示。

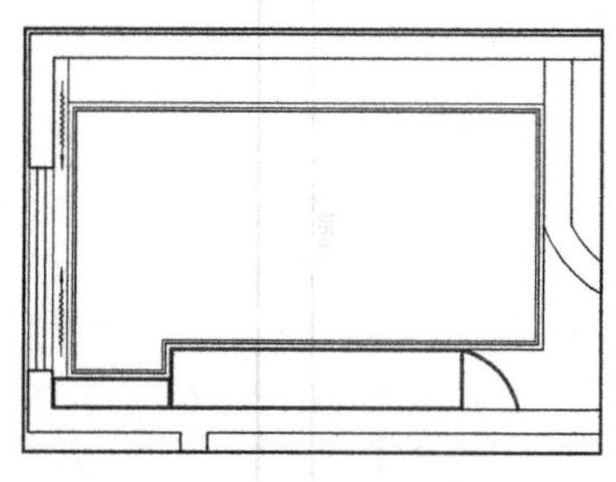

图 7-52　偏移多段线

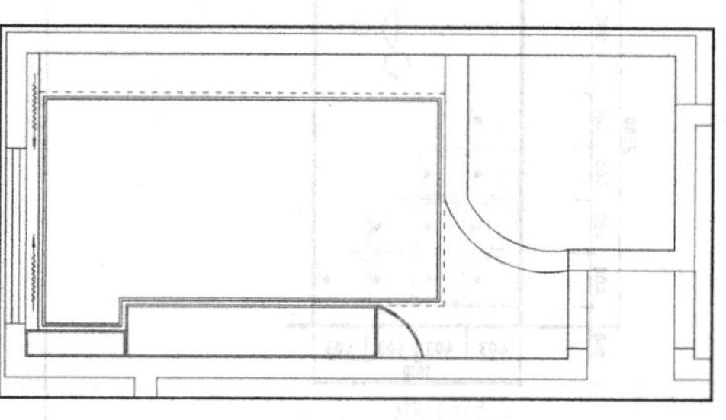

图 7-53　绘制灯带

06 从图库中调入灯具图例到主卧顶棚图中，如图 7-54 所示。

07 调用 INSERT/I 插入命令，插入标高图块。

08 调用 MTEXT/MT 多行文字命令，标注顶面材料，完成主卧顶棚图的绘制，如图 7-55 所示。

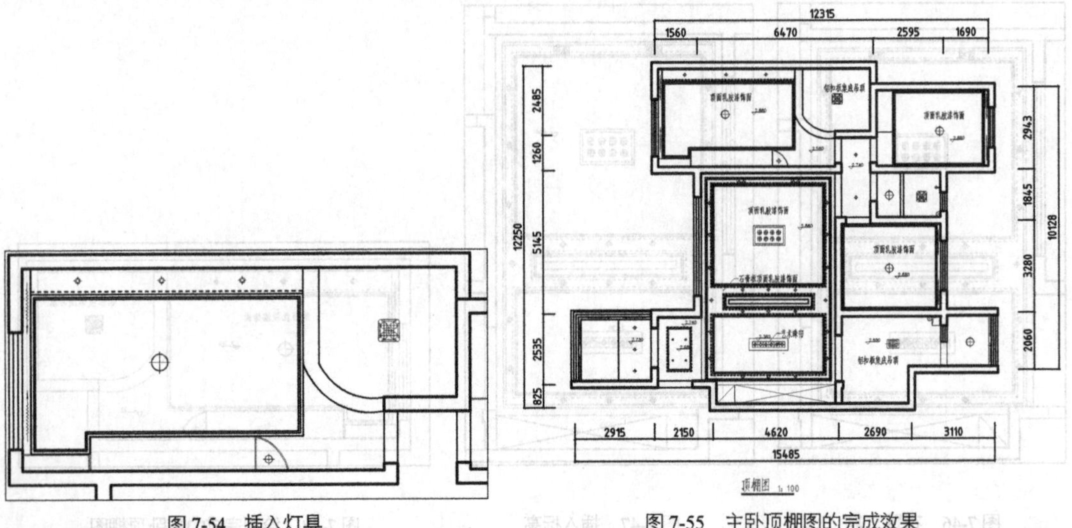

图 7-54 插入灯具　　图 7-55 主卧顶棚图的完成效果

094 绘制玄关 B 立面图

视频文件：MP4\第 7 章\094.MP4

如图 7-56 所示为玄关 B 立面图，主要表达了鞋柜的做法。

01 复制图形。复制三居室平面布置图上玄关 B 立面的平面部分。

02 绘制立面外轮廓。设置“LM_立面”图层为当前图层。

03 调有 LINE/L 直线命令，从平面图中绘制出左右墙体的投影线。调用 PLINE 命令绘制地面轮廓线，结果如图 7-57 所示。

04 调用 LINE/L 直线命令，绘制顶棚，如图 7-58 所示。

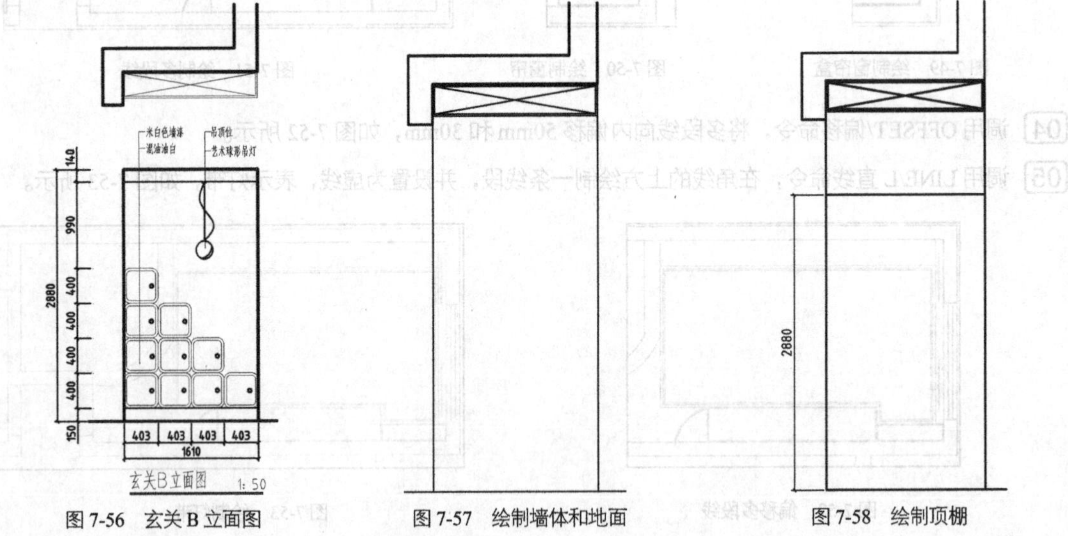

图 7-56 玄关 B 立面图　　图 7-57 绘制墙体和地面　　图 7-58 绘制顶棚

05 调用TRIM/TR修剪命令或夹点功能，修剪得到B立面外轮廓，并转换至“QT_墙体”图层，如图7-59所示。

06 调用LINE/L直线命令，绘制如图7-60所示线段，得到顶棚底面。

07 继续调用LINE/L直线命令，绘制踢脚线，踢脚线的高度为150mm，如图7-61所示。

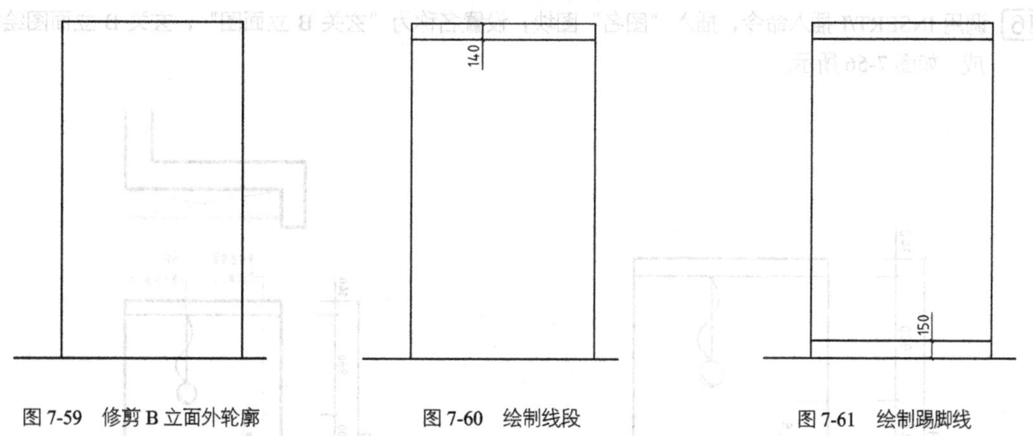

图7-59　修剪B立面外轮廓　　图7-60　绘制线段　　图7-61　绘制踢脚线

08 绘制鞋柜。调用RECTANG/REC矩形命令，绘制尺寸为402.5mm×400mm，圆角半径为75mm的圆角矩形，如图7-62所示。

09 调用OFFSET/O偏移命令，将圆角矩形向内偏移30mm，如图7-63所示。

10 调用CIRCLE/C圆命令和OFFSET/O偏移命令，绘制把手，如图7-64所示。

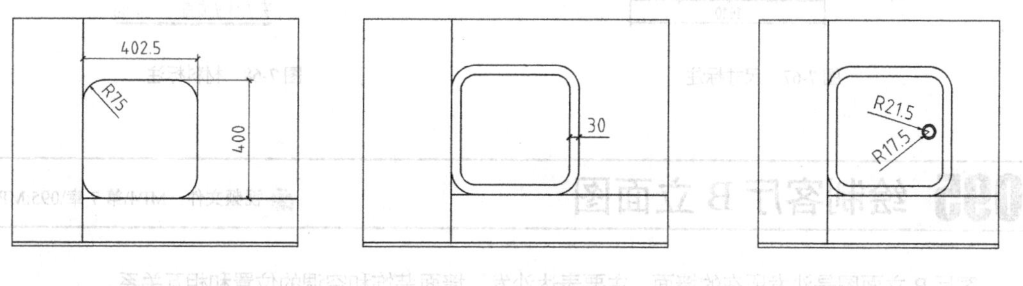

图7-62　绘制圆角矩形　　图7-63　偏移圆角矩形　　图7-64　绘制把手

11 调用COPY/CO复制命令，得到其他同样的图形，如图7-65所示。

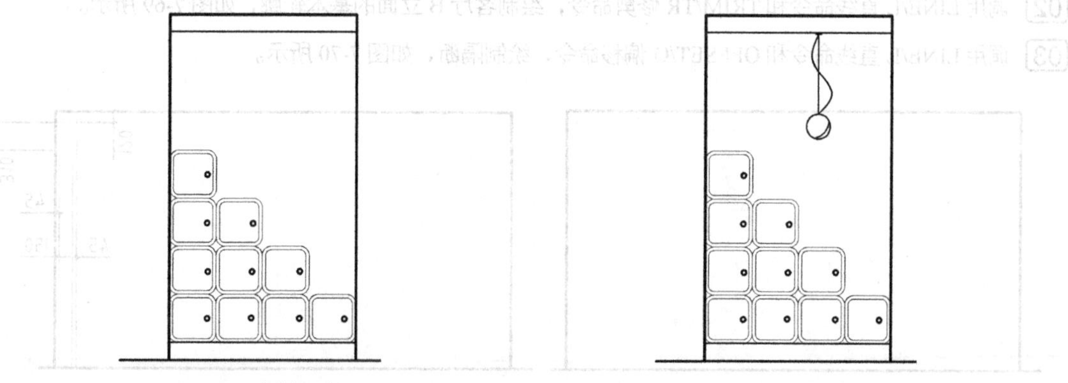

图7-65　复制图形　　图7-66　插入图块

12 插入图块。打开配套素材提供的“第07章\家具图例.dwg”文件，选择其中吊灯图块复制至玄关区域，效果如图 7-66 所示。

13 设置“BZ_标注”图层为当前图层，设置当前注释比例为 1 : 50。

14 调用 DIM 命令标注尺寸，如图 7-67 所示。

15 调用 MLEADER/MLD 多重引线命令进行材料标注，标注结果如图 7-68 所示。

16 调用 INSERT/I 插入命令，插入“图名”图块，设置名称为“玄关 B 立面图”，玄关 B 立面图绘制完成，如图 7-56 所示。

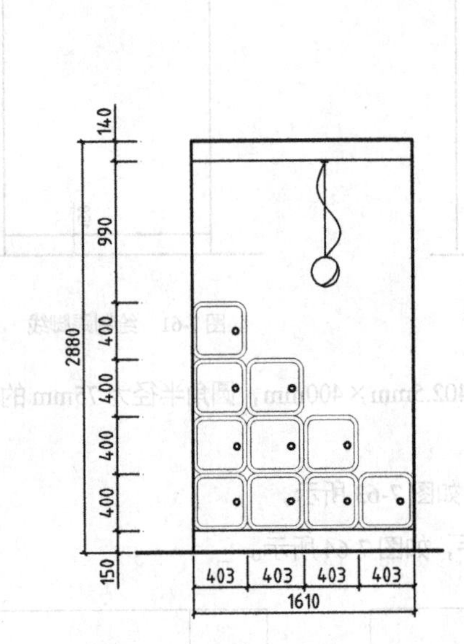

图 7-67 尺寸标注

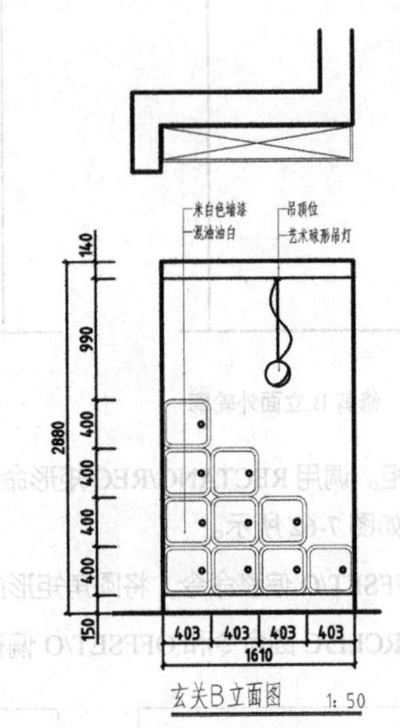

图 7-68 材料标注

095 绘制客厅 B 立面图

视频文件：MP4\第 7 章\095.MP4

客厅 B 立面图是沙发所在的墙面，主要表达沙发、墙面装饰和空调的位置和相互关系。

01 调用 COPY/CO 复制命令，复制平面布置图上客厅 B 立面图的平面部分。

02 调用 LINE/L 直线命令和 TRIM/TR 修剪命令，绘制客厅 B 立面的基本轮廓，如图 7-69 所示。

03 调用 LINE/L 直线命令和 OFFSET/O 偏移命令，绘制隔断，如图 7-70 所示。

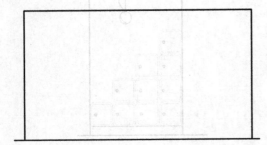

图 7-69 绘制客厅 B 立面的基本轮廓

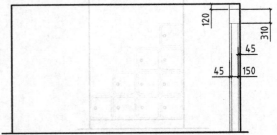

图 7-70 绘制隔断

04 继续调用 LINE/L 直线命令和 OFFSET/O 偏移命令，绘制顶棚造型，如图 7-71 所示。

05 调用 LINE/L 直线命令，绘制踢脚线，如图 7-72 所示。

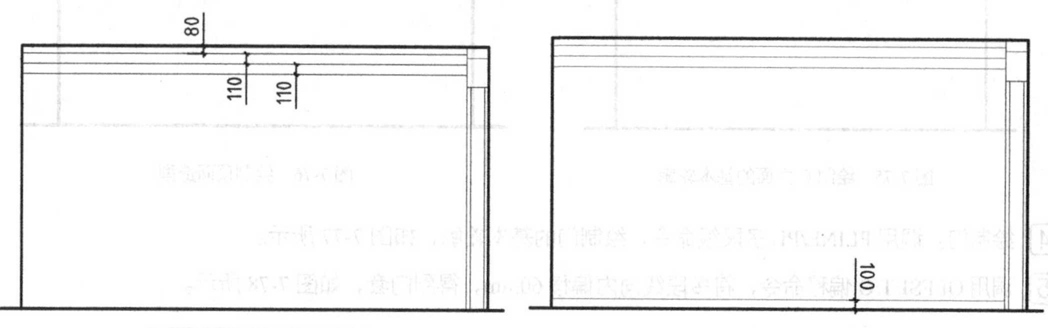

图 7-71　绘制顶棚造型　　图 7-72　绘制踢脚线

06 从图库中调入沙发、装饰画和空调图块，并进行修剪，如图 7-73 所示。

07 调用 DIMLINEAR/DLI 线性命令和 MLEADER/MLD 多重引线命令，标注尺寸和材料说明。

08 调用 INSERT/I 插入命令，插入“图名”图块，完成客厅 B 立面图的绘制，如图 7-74 所示。

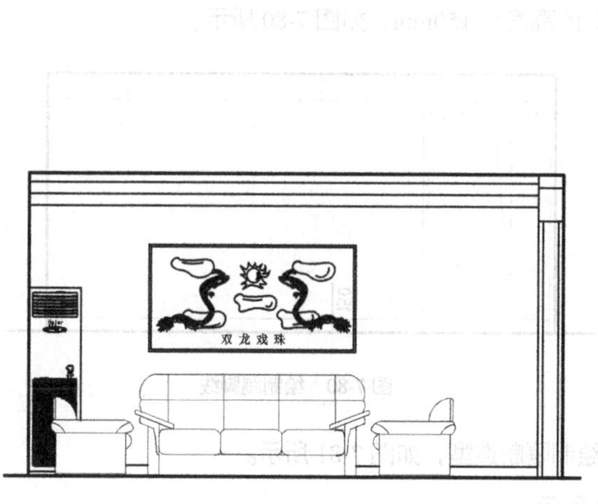

图 7-73　插入图块

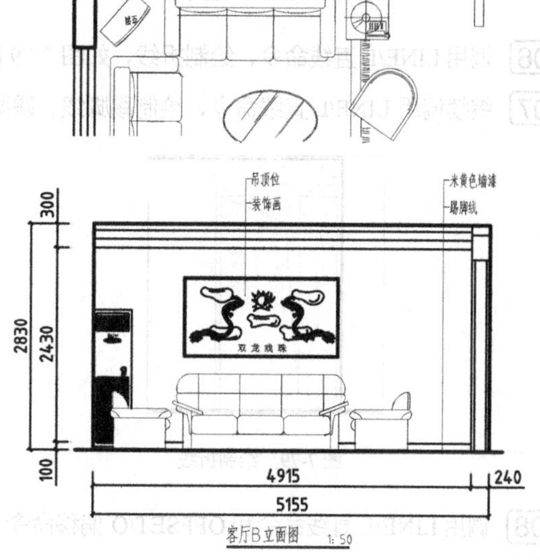

图 7-74　客厅 B 立面图的完成图

096 绘制客厅 C 立面图

视频文件：MP4\第 7 章\096.MP4

本例介绍客厅 C 立面图的绘制，C 立面图是客厅隔断所在的墙面。

01 调用 COPY/CO 复制命令，复制平面布置图上客厅 C 立面的平面部分，并对图形进行旋转。

02 调用 LINE/L 直线命令和 TRIM/TR 修剪命令，绘制 C 立面的基本轮廓，如图 7-75 所示。

03 调用 LINE/L 直线命令和 OFFSET/O 偏移命令，绘制顶面造型，如图 7-76 所示。

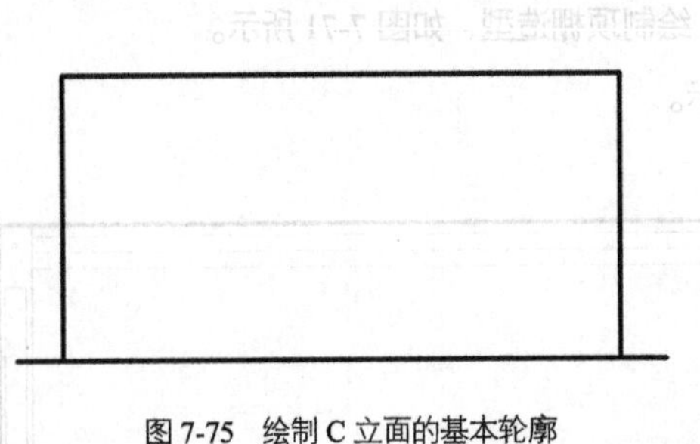

图 7-75　绘制 C 立面的基本轮廓

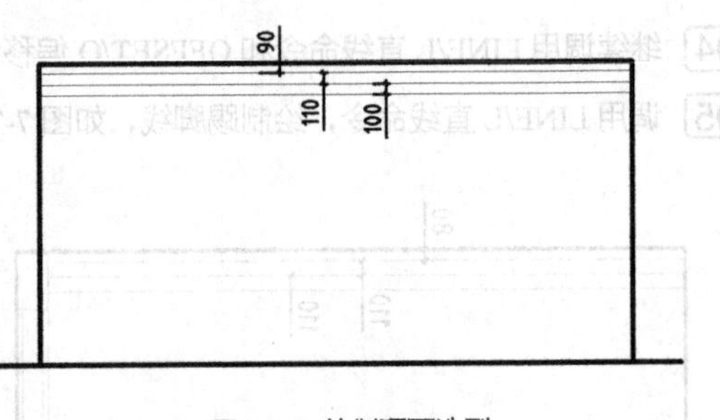

图 7-76　绘制顶面造型

04 绘制门。调用 PLINE/PL 多段线命令，绘制门的基本轮廓，如图 7-77 所示。

05 调用 OFFSET/O 偏移命令，将多段线向内偏移 60mm，得到门套，如图 7-78 所示。

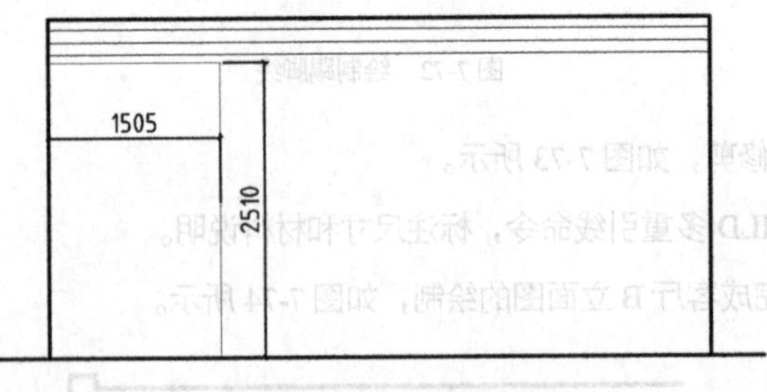

图 7-77　绘制门的基本轮廓

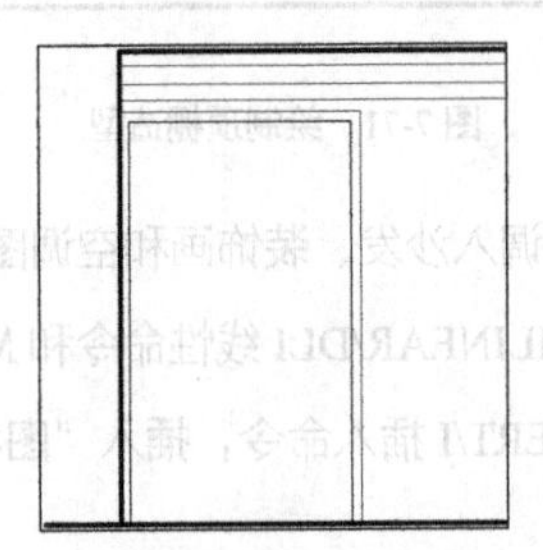

图 7-78　偏移多段线

06 调用 LINE/L 直线命令，绘制折线，如图 7-79 所示。

07 继续调用 LINE/L 直线命令，绘制踢脚线，踢脚线的高度为 150mm，如图 7-80 所示。

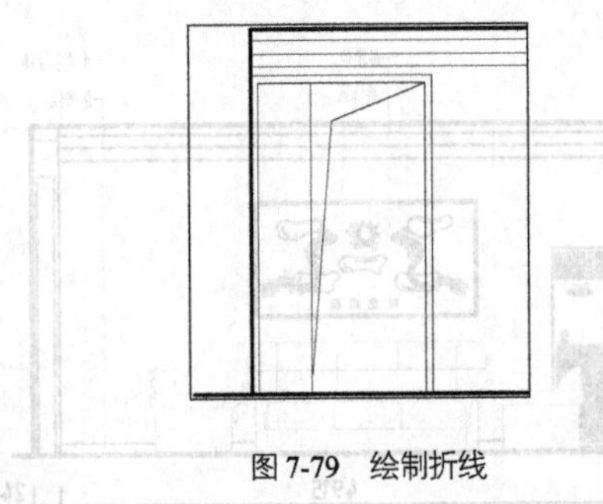

图 7-79　绘制折线

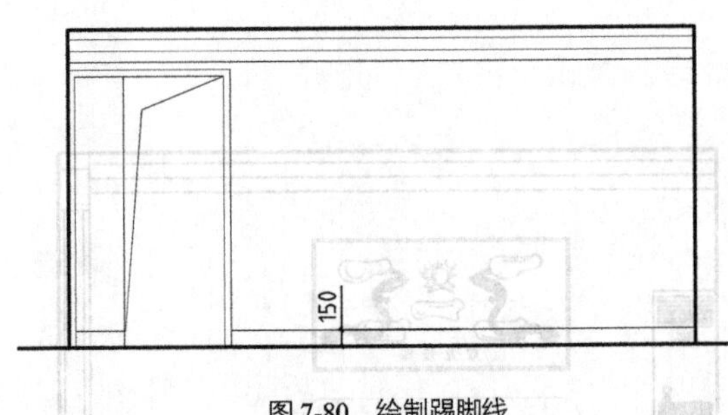

图 7-80　绘制踢脚线

08 调用 LINE/L 直线命令和 OFFSET/O 偏移命令，绘制隔断造型，如图 7-81 所示。

09 从图库中调入装饰画图块到立面图中，如图 7-82 所示。

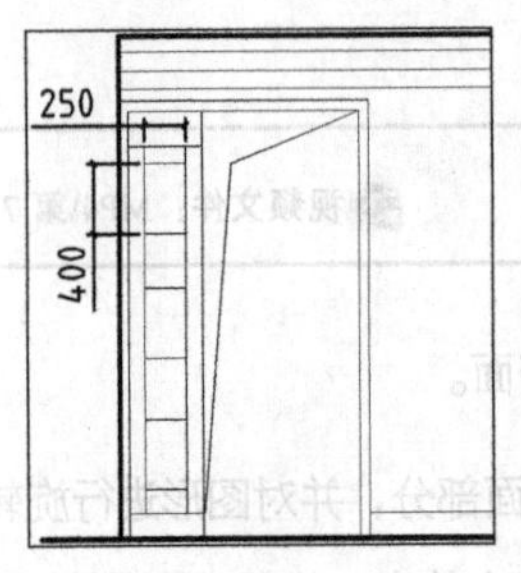

图 7-81　绘制隔断造型

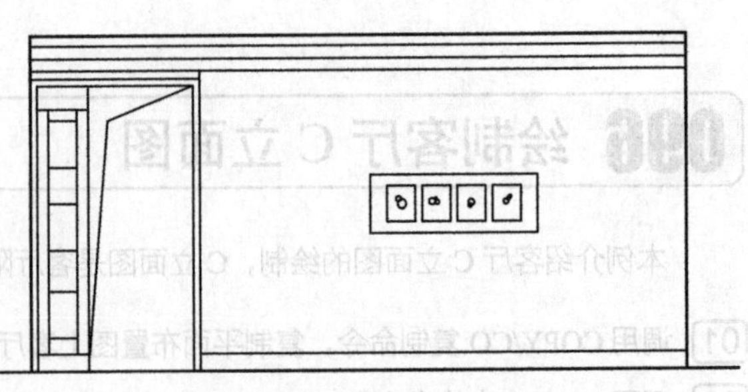

图 7-82　插入图块

10 调用 DIMLINEAR/DLI 线性命令和 MLEADER/MLD 多重引线命令，标注尺寸和材料说明，如图 7-83 所示。

11 调用 INSERT/I 插入命令，插入“图名”图块，完成客厅 C 立面图的绘制如图 7-84 所示。

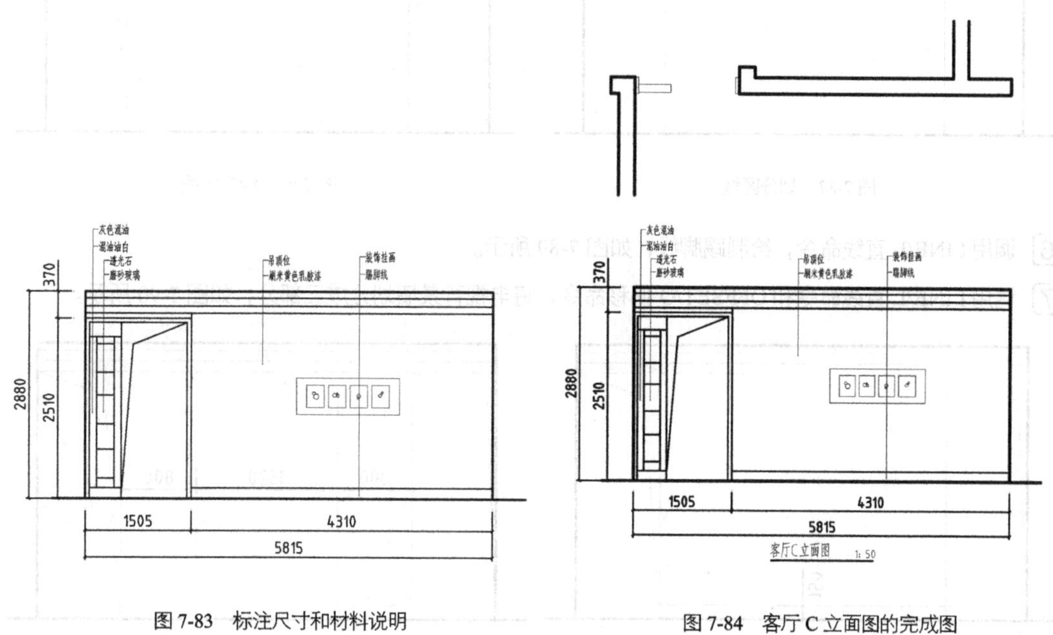

图 7-83　标注尺寸和材料说明　　图 7-84　客厅 C 立面图的完成图

097 绘制客厅 D 立面图

视频文件：MP4\第 7 章\097.MP4

本例介绍客厅 D 立面图的绘制，D 立面是电视背景墙所在的立面。

01 调用 COPY/CO 复制命令，复制平面布置图上客厅 D 立面的平面部分，并对图形进行旋转。

02 调用 LINE/L 直线命令、OFFSET/O 偏移命令和 TRIM/TR 修剪命令，绘制客厅 D 立面的基本轮廓，如图 7-85 所示。

03 调用 OFFSET/O 偏移命令和 LINE/L 直线命令，绘制顶棚造型，如图 7-86 所示。

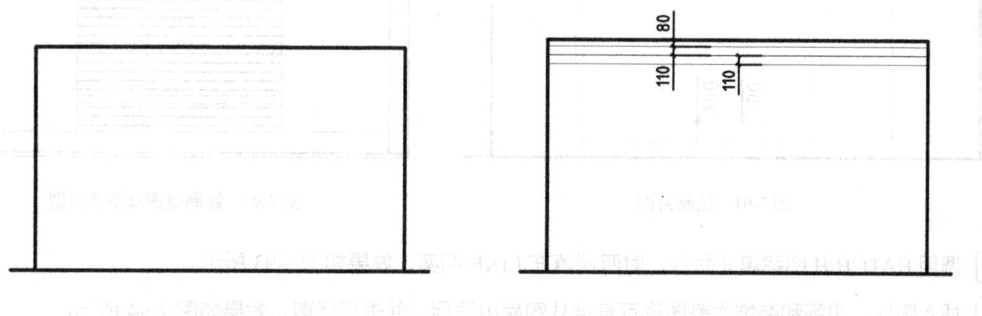

图 7-85　绘制基本轮廓　　图 7-86　绘制顶棚造型

04 调用 LINE/L 直线命令，划分区域，如图 7-87 所示。

05 调用 PLINE/PL 多段线命令，在电视背景墙的两侧绘制折线，表示是空的，如图 7-88 所示。

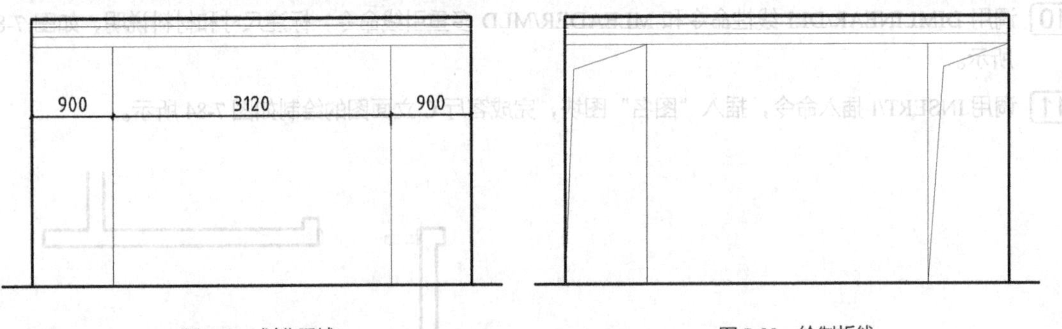

图 7-87　划分区域　　图 7-88　绘制折线

06 调用 LINE/L 直线命令，绘制踢脚线，如图 7-89 所示。

07 调用 LINE/L 直线命令和 OFFSET/O 偏移命令，将电视背景墙划分成三部分，如图 7-90 所示。

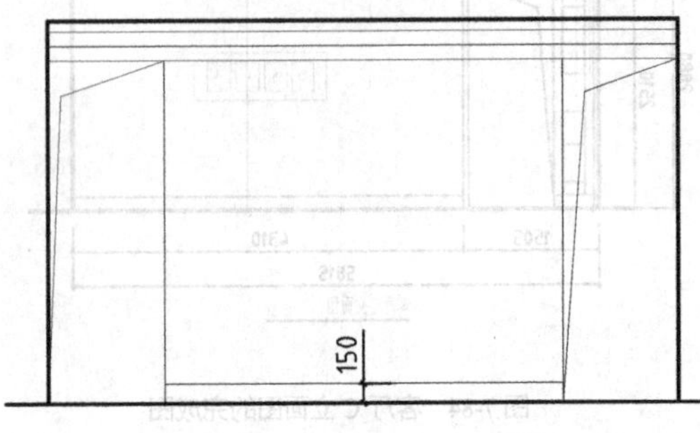

图 7-89　绘制踢脚线

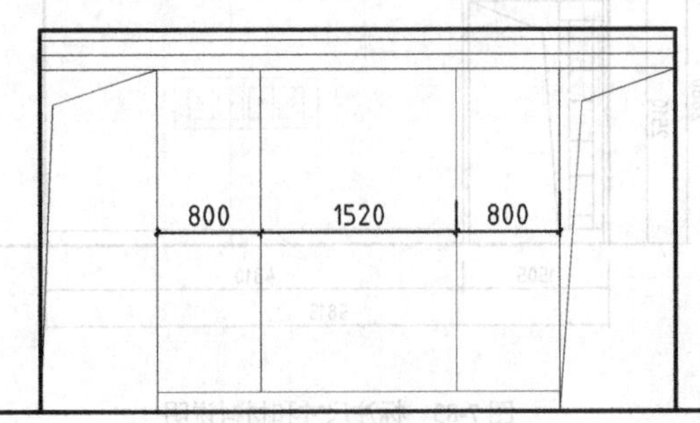

图 7-90　划分墙面

08 调用 RECTANG/REC 矩形命令，绘制电视柜的台面，如图 7-91 所示。

09 调用LINE/L直线命令和OFFSET/O偏移命令，绘制电视背景墙中间部分的造型图案，如图7-92所示。

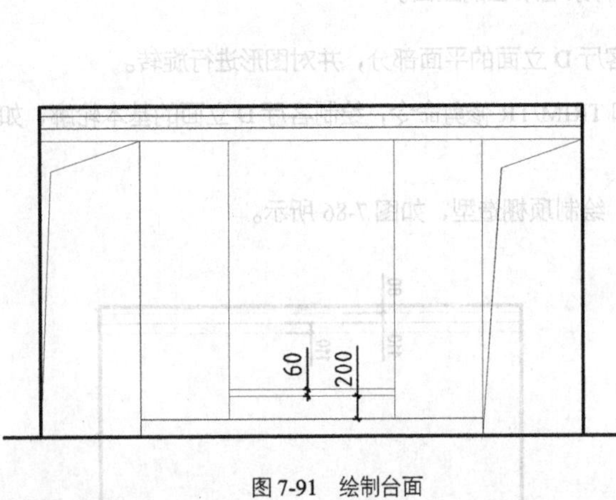

图 7-91　绘制台面

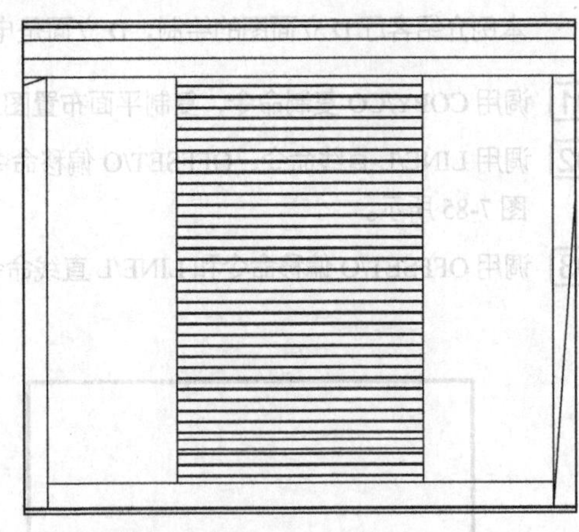

图 7-92　绘制电视背景墙造型

10 调用 HATCH/H 图案填充命令，对两侧填充 LINE 图案，效果如图 7-93 所示。

11 插入图块。电视和装饰物等图形可直接从图库中调用，并进行修剪，效果如图 7-94 所示。

12 设置“BZ_标注” 图层为当前图层，设置当前注释比例为 1：50。

13 调用线性标注命令 DIMLINEAR 进行尺寸标注，如图 7-95 所示。

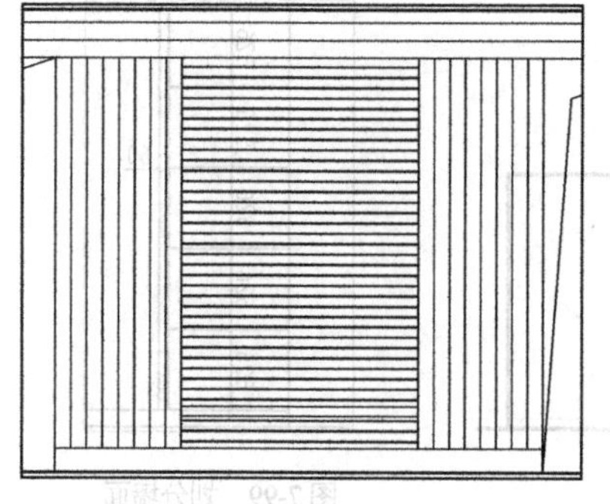

图 7-93　填充图案

图 7-94　插入图块

[14] 调用多重引线命令对材料进行标注，调用插入图块命令 INSERT，插入“图名”图块，设置 D 立面图名称为“客厅 D 立面图”，客厅 D 立面图绘制完成，结果如图 7-96 所示。

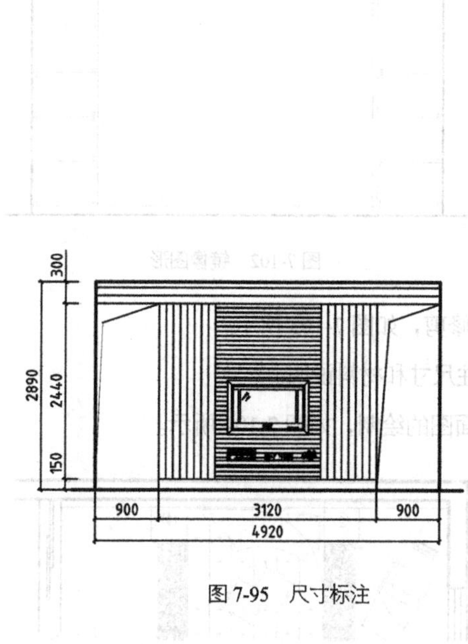

图 7-95　尺寸标注

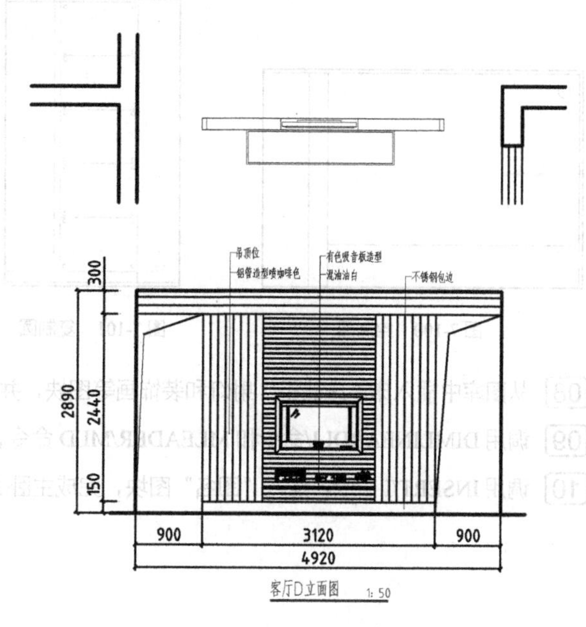

图 7-96　客厅 D 立面完成图

098 绘制主卧 B 立面图

视频文件：MP4\第 7 章\098.MP4

主卧 B 立面为床背景墙所在墙面，是卧室装饰装修的重点，主要表达了墙面装饰做法和床的位置、尺寸关系。

[01] 调用 COPY/CO 命令，复制平面布置图上主卧 B 立面的平面部分。

[02] 调用 LINE/L 命令和 TRIM/TR 命令，绘制主卧 B 立面的基本轮廓，如图 7-97 所示。

[03] 调用 LINE/L 命令，绘制踢脚线，踢脚线的高度为 110mm，如图 7-98 所示。

[04] 绘制墙面的造型图案。调用 LINE/L 直线命令和 OFFSETO/偏移命令，划分墙面，如图 7-99 所示。

[05] 调用 CIRCLE/C 圆命令，绘制半径为 20mm 的圆，如图 7-100 所示。

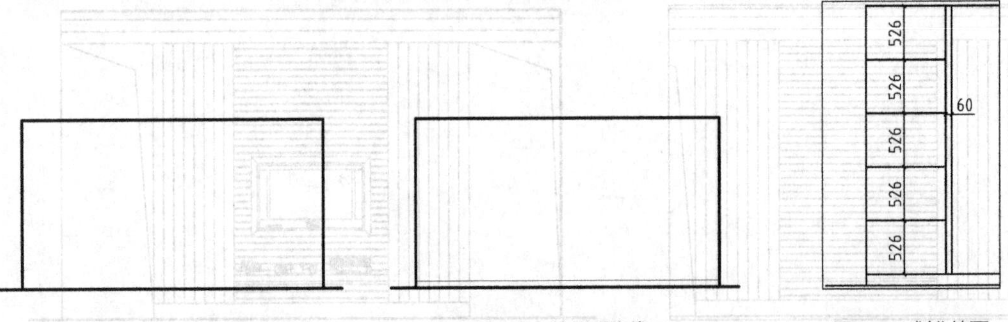

图 7-97　主卧 B 立面的基本轮廓　　图 7-98　绘制踢脚线　　图 7-99　划分墙面

06 调用 COPY/CO 复制命令，对圆进行复制，结果如图 7-101 所示。

07 调用 MIRROR/MI 命令，对绘制的图形进行镜像，如图 7-102 所示。

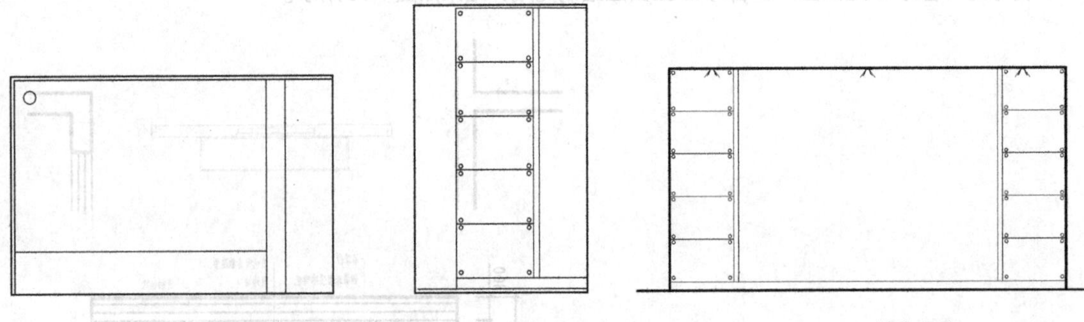
图 7-100　绘制圆　　图 7-101　复制圆　　图 7-102　镜像图形

08 从图库中插入床、床头柜、射灯和装饰画等图块，并进行修剪，如图 7-103 所示。

09 调用 DIMLINEARDLI/命令和 MLEADER/MLD 命令，标注尺寸和材料说明。

10 调用 INSERT/I 命令，插入“图名”图块，完成主卧 B 立面图的绘制，如图 7-104 所示。

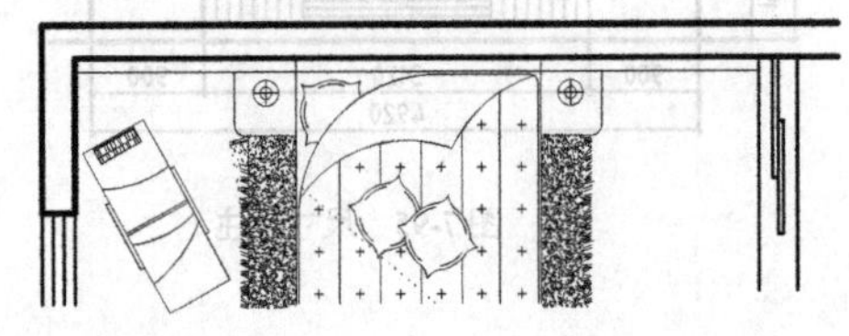

图 7-103　插入图块

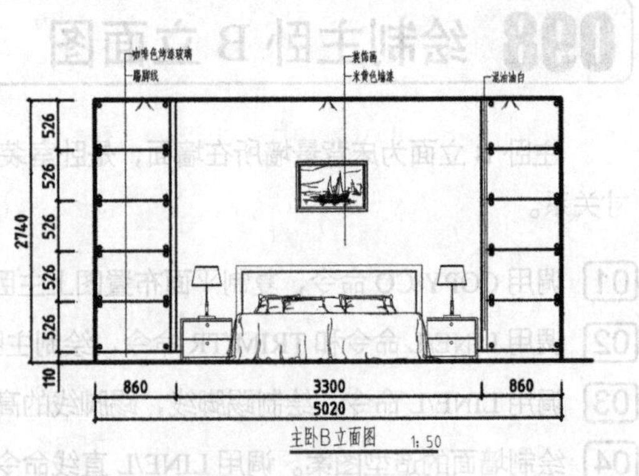

图 7-104　主卧 B 立面图完成图

099 绘制主卧 C 立面图

视频文件：MP4\第 7 章\099.MP4

本例介绍主卧 C 立面图的绘制，C 立面是玻璃隔断和门所在的墙面。

01 调用 COPY/CO 复制命令，复制平面布置图上主卧 C 立面图平面部分，并对图形进行旋转。

02 调用 LINE/L 直线命令和 TRIM/TR 修剪命令，绘制 C 立面的基本轮廓，如图 7-105 所示。

03 调用 PLINE/PL 多段线命令，绘制门，并将门轮廓向内偏移 60mm，如图 7-106 所示。

04 继续调用 PLINE/PL 多段线命令和 OFFSET/O 偏移命令，绘制推拉门，如图 7-107 所示。

图 7-105　绘制 C 立面的基本轮廓

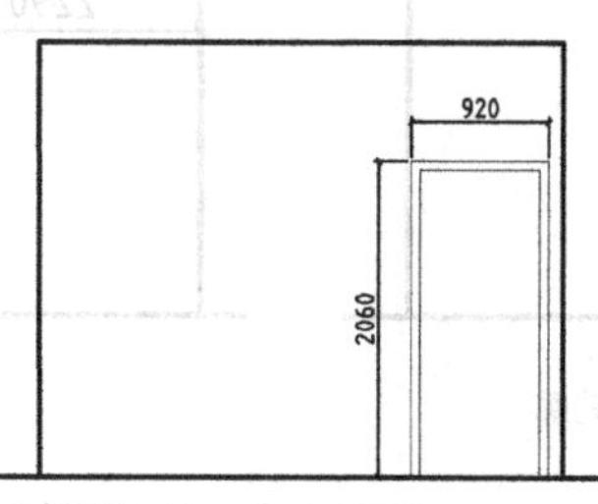

图 7-106　绘制门

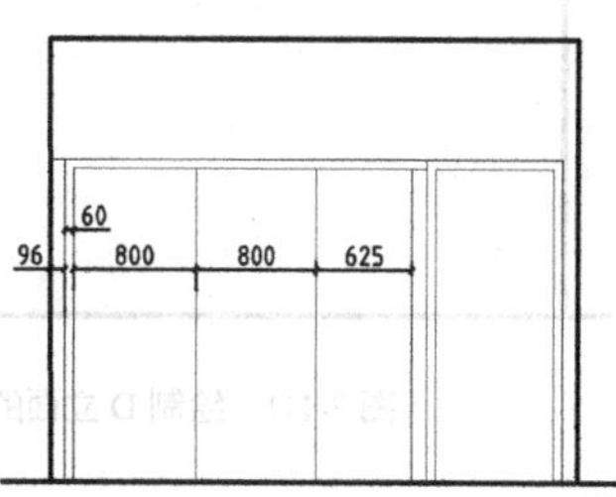

图 7-107　绘制推拉门

05 调用 LINE/L 直线命令，绘制线段，如图 7-108 所示。

06 从图库中调入床和床头柜立面图块，并进行修剪，如图 7-109 所示。

07 调用 DIMLINEAR/DLI 线性命令和 MLEADER/MLD 多重引线命令，标注尺寸和材料说明。

08 调用 INSERT/I 插入命令，插入“图名”图块，完成主卧 C 立面图的绘制，如图 7-110 所示。

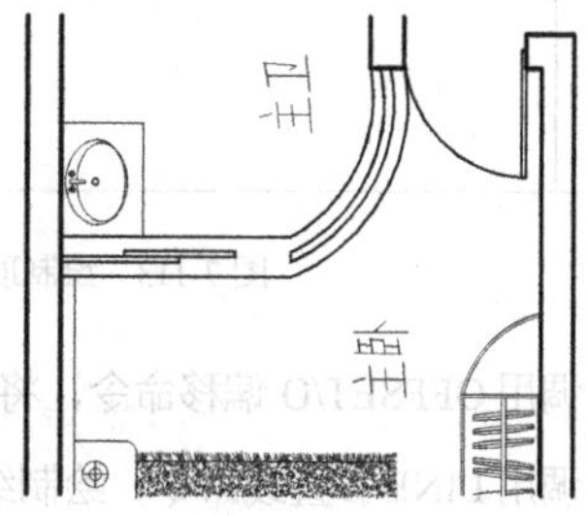

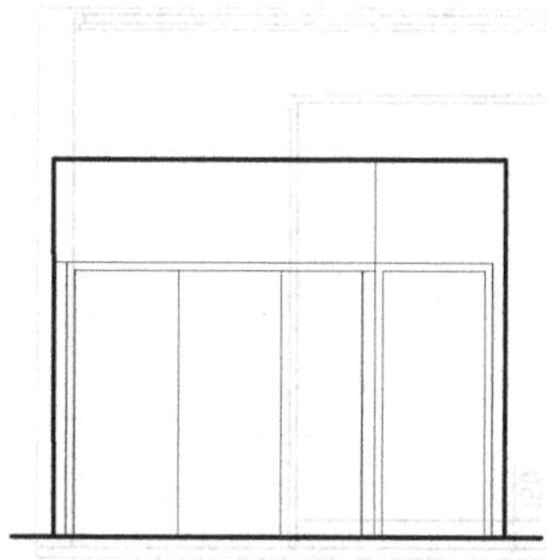

图 7-108　绘制线段

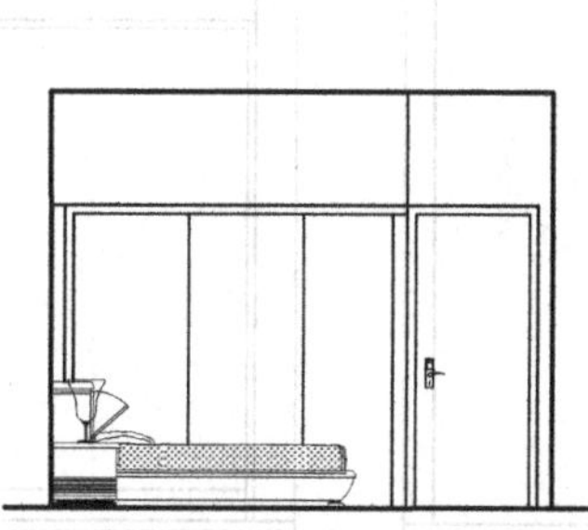

图 7-109　插入图块

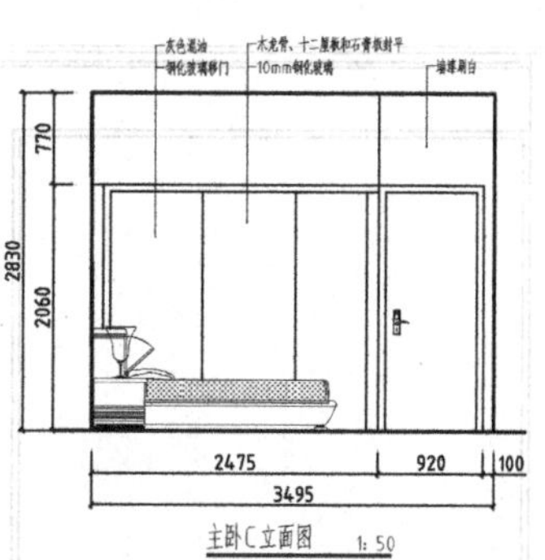

图 7-110　主卧 C 立面完成图

100 绘制主卧 D 立面图

视频文件：MP4\第 7 章\100.MP4

本例介绍主卧 D 立面图的绘制，D 立面图主要表达了衣柜和书柜的装饰做法。

01 调用 COPY/CO 复制命令，复制平面布置图上主卧 D 立面的平面部分，并对图形进行旋转。

02 调用 LINE/L 直线命令和 TRIM/TR 修剪命令，绘制 D 立面的基本轮廓，如图 7-111 所示。

03 调用 LINE/L 直线命令，划分区域，如图 7-112 所示。

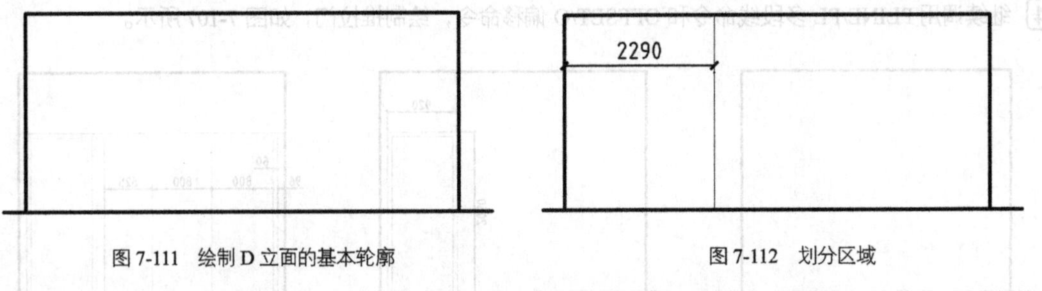

图 7-111　绘制 D 立面的基本轮廓　　图 7-112　划分区域

04 调用 LINE/L 直线命令和 RECTANG/REC 矩形命令，绘制顶棚，如图 7-113 所示。

05 绘制衣柜。调用 PLINE/PL 多段线命令，绘制多段线，如图 7-114 所示。

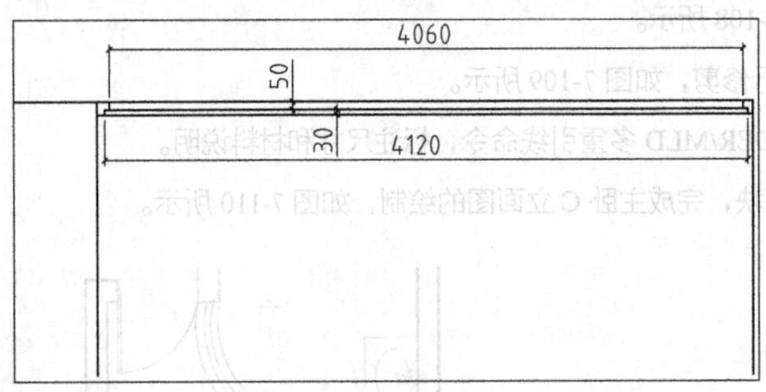

图 7-113　绘制顶棚

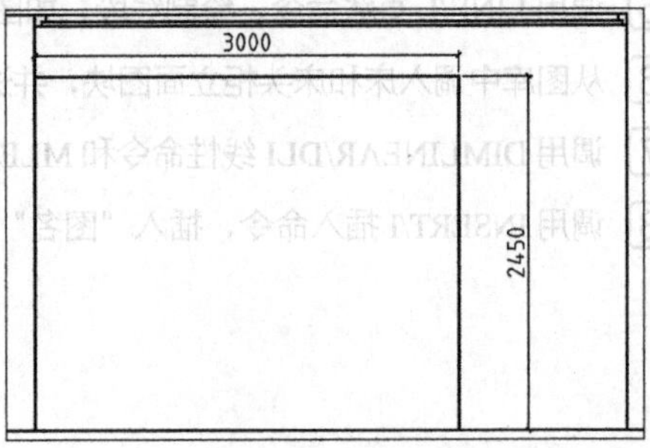

3000
2450

图 7-114　绘制多线段

06 调用 OFFSET/O 偏移命令，将多段线向内偏移 40mm，如图 7-115 所示。

07 调用 LINE/L 直线命令，绘制线段，如图 7-116 所示。

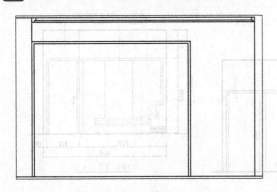

图 7-115　偏移多段线

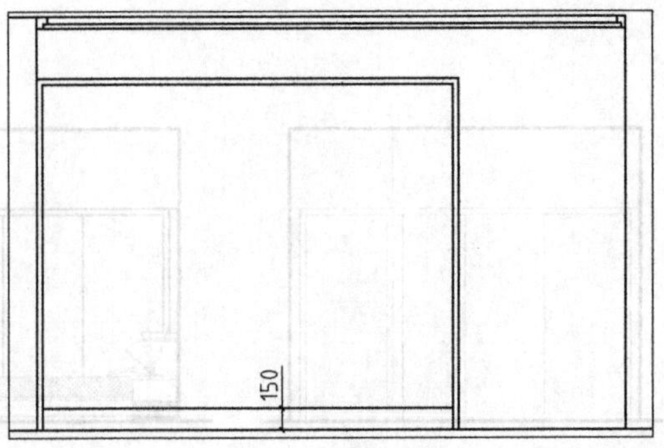

图 7-116　绘制线段

08 调用 DIVIDE/DIV 定数等分命令，将线段分成三等分，如图 7-117 所示。

09 调用 LINE/L 直线命令，以等分点为起点绘制线段，然后删除等分点，如图 7-118 所示。

10 调用 RECTANG/REC 矩形命令和 OFFSET/O 偏移命令，绘制衣柜面板，如图 7-119 所示。

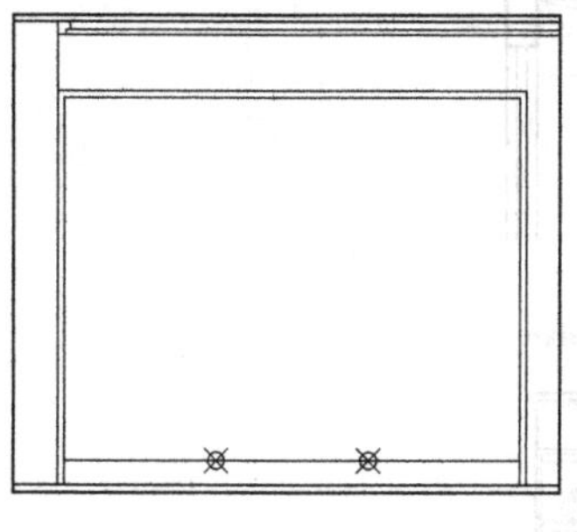

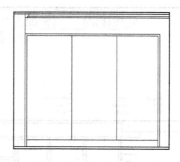

图 7-117　定数等分

图 7-118　绘制线段

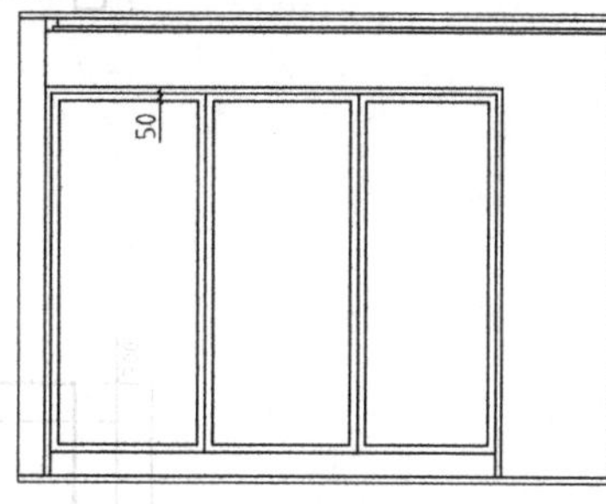

图 7-119　绘制衣柜面板

11 调用 LINE/L 直线命令、PLINE/PL 多段线命令和 OFFSET/O 偏移命令，绘制书架，如图 7-120 所示。

12 调用 RECTANG/REC 矩形命令和 COPY/CO 复制命令，绘制装饰架，如图 7-121 所示。

13 调用 LINE/L 直线命令，绘制踢脚线，踢脚线的高度为 110，如图 7-122 所示。

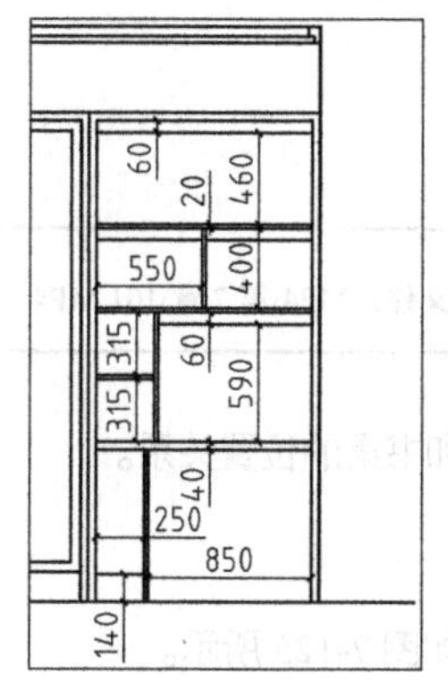

图 7-120　绘制书架

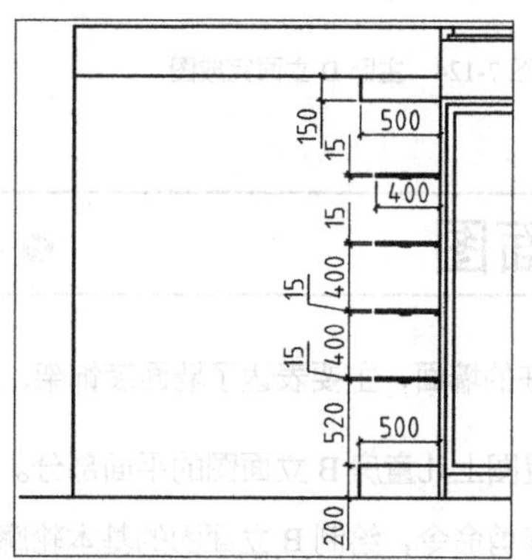

图 7-121　绘制装饰架

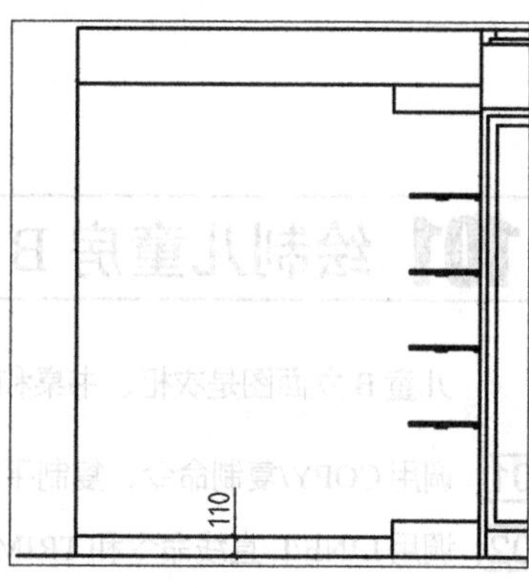

图 7-122　绘制踢脚线

14 从图库中调入装饰画、书本、计算机、雕花和陈设品等图块到立面图中，如图 7-123 所示。

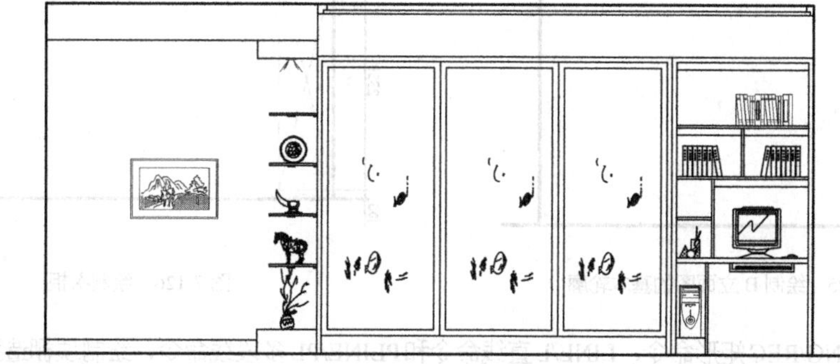

图 7-123　插入图块

15 调用 DIMLINEAR/DLI 线性命令和 MLEADER/MLD 多重引线命令，标注尺寸和材料说明。

16 调用 INSERT/I 插入命令，插入"图名"图块，完成主卧 D 立面图的绘制，如图 7-124 所示。

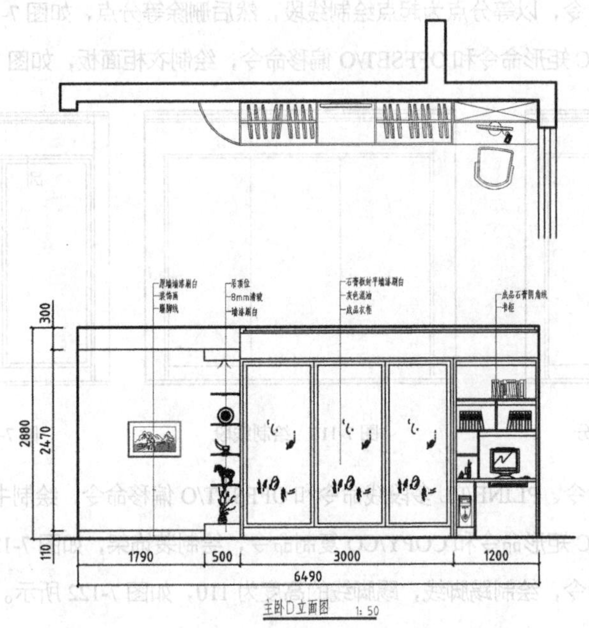

图 7-124 主卧 D 立面完成图

101 绘制儿童房 B 立面图

视频文件：MP4\第 7 章\101.MP4

儿童 B 立面图是衣柜、书桌和床所在的墙面，主要表达了墙面装饰架、床和书桌的位置关系。

01 调用 COPY/复制命令，复制平面布置图上儿童房 B 立面图的平面部分。

02 调用 LINE/L 直线命令和 TRIM/TR 修剪命令，绘制 B 立面图的基本轮廓，如图 7-125 所示。

03 调用 RECTANG/REC 矩形命令和 LINE/L 直线命令，绘制衣柜，如图 7-126 所示。

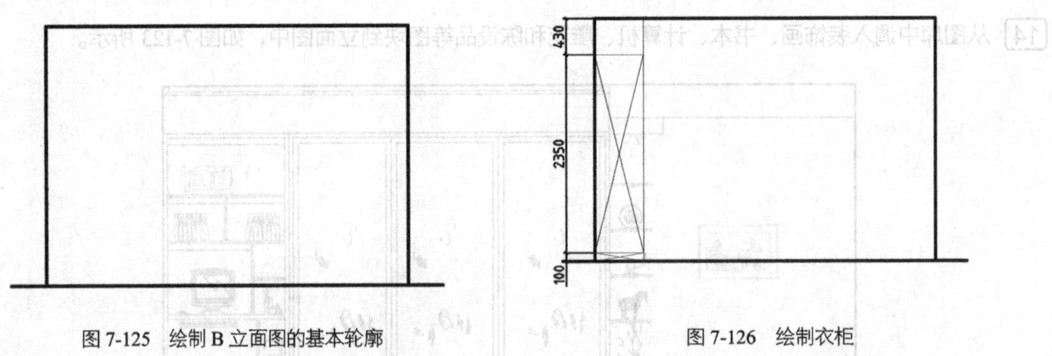

图 7-125 绘制 B 立面图的基本轮廓　　图 7-126 绘制衣柜

04 调用 RECTANG/REC 矩形命令、LINE/L 直线命令和 PLINE/PL 多段线命令，绘制顶棚造型，如图 7-127 所示。

05 调用 RECTANG/REC 矩形命令、PLINE/PL 多段线命令、TRIM/TR 修剪命令和 OFFSET/O 偏移命令，绘制装饰架，如图 7-128 所示。

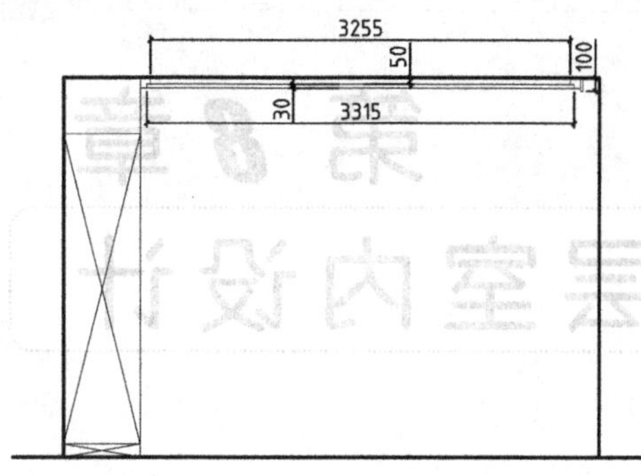

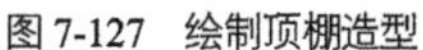

图 7-127　绘制顶棚造型

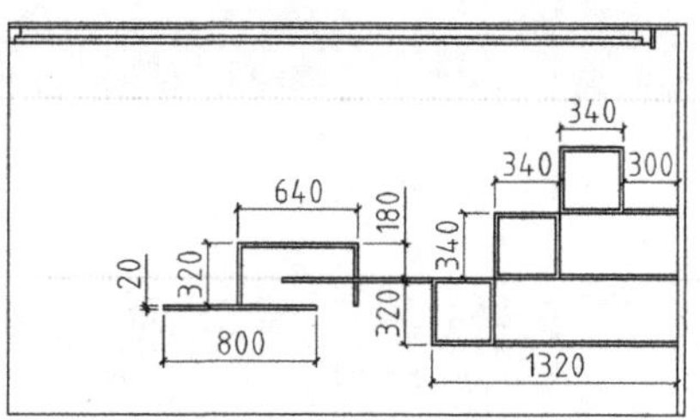

图 7-128　绘制装饰架

06 调用 RECTANG/REC 矩形命令和 LINE/直线命令，绘制书桌台面，如图 7-129 所示。

07 调用 LINE/L 直线命令，绘制踢脚线，踢脚线的高度为 100mm，如图 7-130 所示。

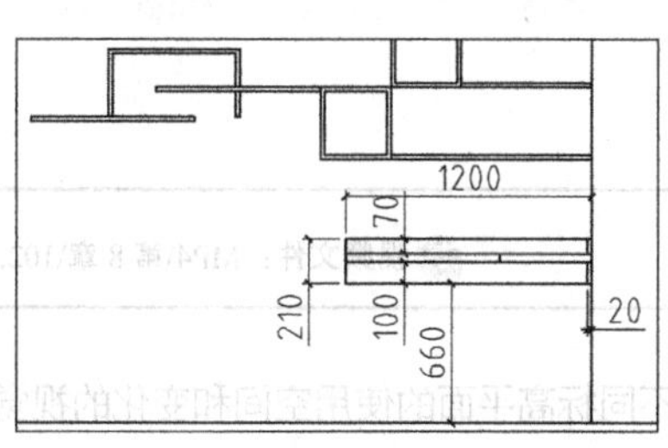

图 7-129　绘制书桌台面

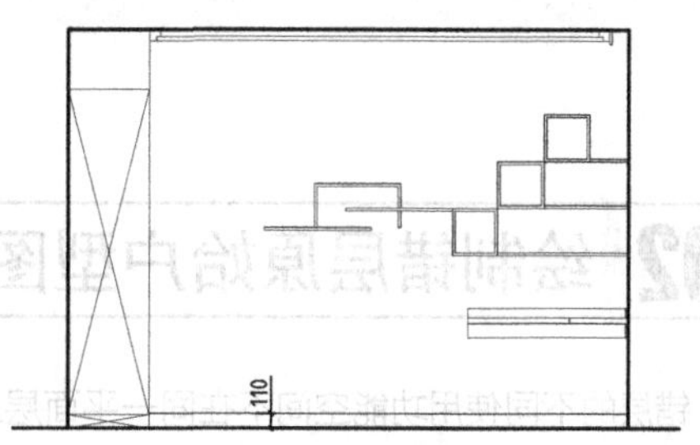

图 7-130　绘制踢脚线

08 从图库中调入床头柜、床、书本和装饰物等图块到立面图中，并进行修剪，如图 7-131 所示。

09 调用 DIMLINEAR/DLI 线性命令和 MLEADER/MLD 多重引线命令，标注尺寸和材料说明。

10 调用 INSERT/I 插入命令，插入“图名”图块，完成儿童房 B 立面图的绘制，如图 7-132 所示。

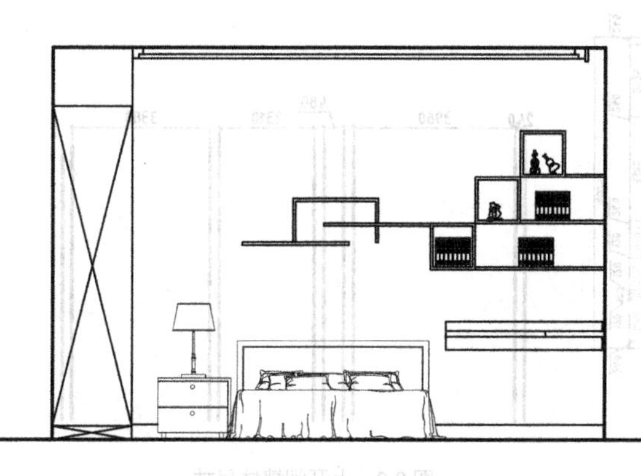

图 7-131　插入图块

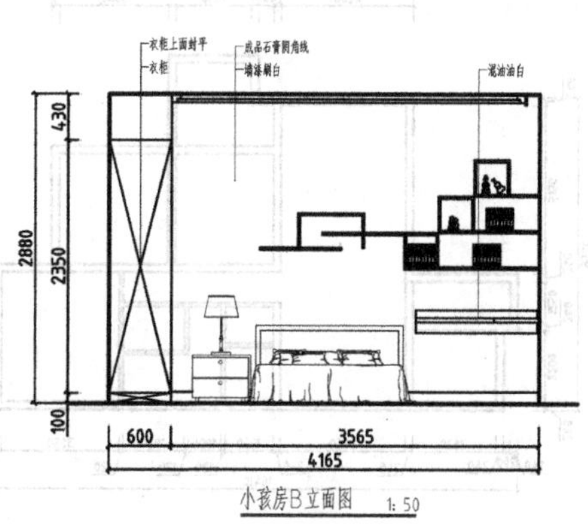

图 7-132　儿童房 B 立面完成图

第 8 章 错层室内设计

错层的不同使用功能空间不在同一平面层上，形成多个不同标高平面的使用空间和变化的视觉效果。从而使住宅室内环境错落有致，极富韵律感。本章讲解错层的设计方法和施工图的绘制方法。

102 绘制错层原始户型图

视频文件：MP4\第 8 章\102.MP4

错层的不同使用功能空间不在同一平面层上，形成多个不同标高平面的使用空间和变化的视觉效果。住宅室内环境错落有致，极富韵律感。

01 启动 AutoCAD 2022，以“室内装潢施工图模板.dwt”创建新图形。

02 绘制完成的墙体如图 8-1 所示，本例采用偏移的方法绘制墙体，为了方便讲解，这里将错层墙体分为上开间、下开间、左进深和右进深墙体。所谓开间，通俗地说就是房间或建筑的宽度。进深是指房间或住宅纵向的长度，下面讲解绘制方法。

03 绘制上开间墙体。本例错层上开间墙体尺寸如图 8-2 所示。

04 设置“QT_墙体”图层为当前图层。

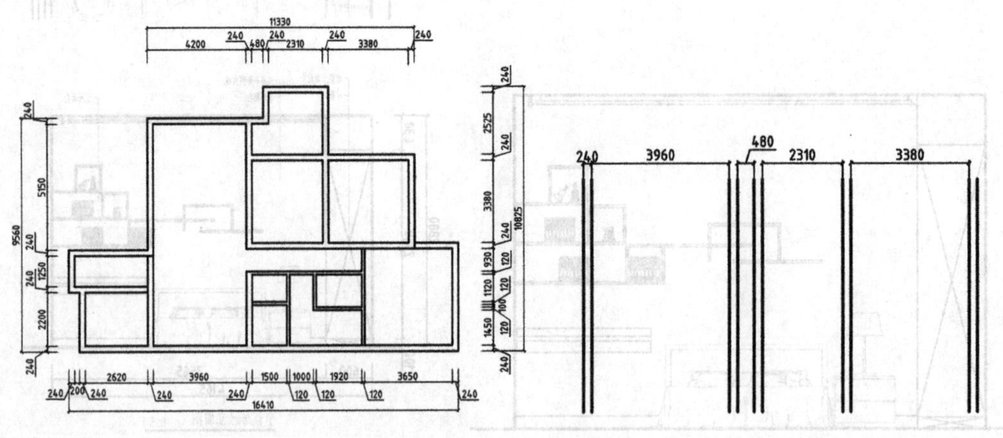

图 8-1 墙体　　图 8-2 上开间墙体尺寸

05 调用 LINE/L 直线命令，绘制一条垂直线段，表示最左侧的墙体线，如图 8-3 所示。

06 调用 OFFSET/O 偏移命令，偏移绘制的垂直线段，偏移距离为 240mm，得到墙体厚度，如图 8-4 所示。

07 继续调用 OFFSET/O 偏移命命令，向右偏移第二根垂直线段，偏移距离为 3960mm，即开间尺寸，如图 8-5 所示。

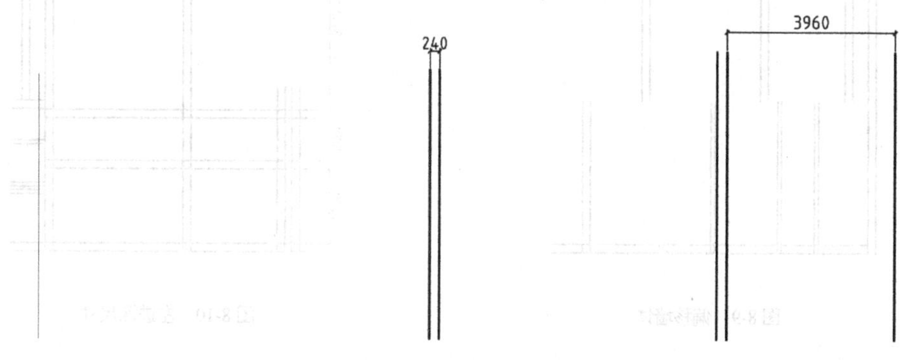

图 8-3　绘制垂直线段　　图 8-4　偏移墙线　　图 8-5　偏移垂直线段

08 使用相同的方法，根据如图 8-2 所示尺寸偏移出其他上开间墙体线。

09 绘制下开间墙体。下开间墙体尺寸如图 8-6 所示，使用 OFFSET/O 偏移命令和夹点功能，向两侧偏移墙体线，完成下开间绘制。

10 绘制右进深墙体。右进深尺寸如图 8-7 所示。

11 调用 LINE/L 直线命令，以下开间最右侧垂直线的端点为起点，水平向左绘制线段，结果如图 8-8 所示。

12 调用 OFFSET/O 偏移命令，向下偏移绘制的水平线段，偏移距离为 240mm，得到墙体厚度，如图 8-9 所示。

13 继续调用 OFFSET/O 偏移命命令，根据如图 8-7 所示尺寸，偏移出其他水平线段，完成右进深墙体线的绘制。

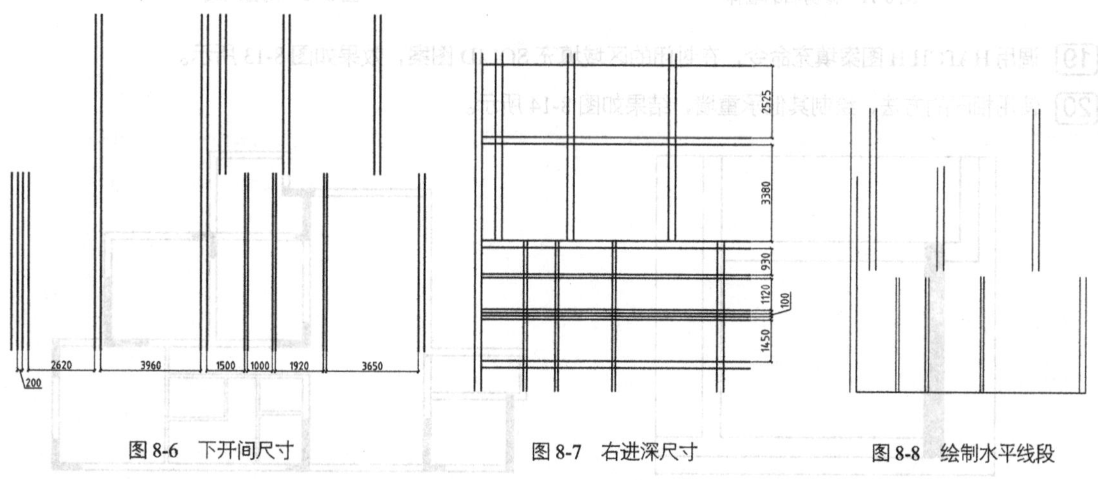

图 8-6　下开间尺寸　　图 8-7　右进深尺寸　　图 8-8　绘制水平线段

14 绘制左进深墙体。左进深墙体尺寸如图 8-10 所示，其绘制方法与右进深的绘制相同，使用 OFFSET/O 偏移命令偏移线段即可。

15 修剪墙体线可使用 TRIM/TR 修剪命令、EXTEND/EX 延伸命令和 CHAMFER/CHA 倒角等命令，也可使用夹点法，如图 8-11 所示为修剪后的效果。

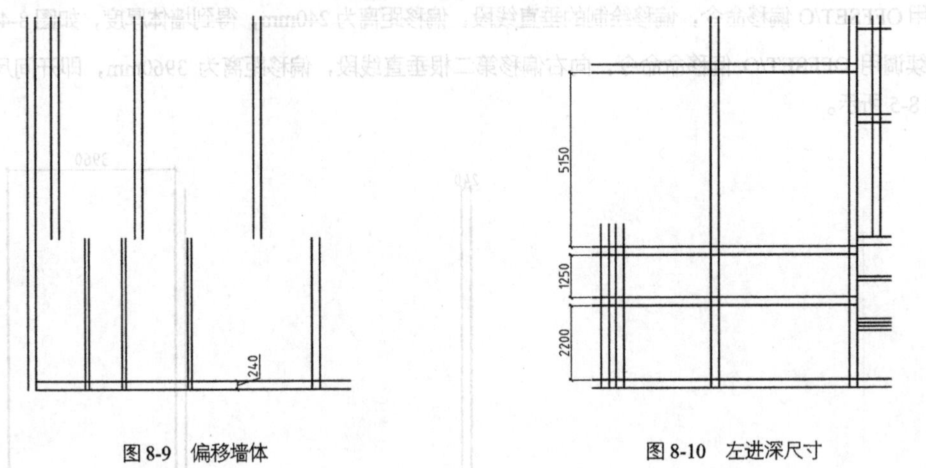

图 8-9　偏移墙体　　　　图 8-10　左进深尺寸

16 设置“BZ_标注”图层为当前图层，设置当前注释比例为 1∶100。调用 DIMLINEAR 命令或执行【标注】|【线形】命令标注尺寸，结果如图 8-1 所示。

17 承重墙可使用实体填充图案表示，下面讲解绘制方法。

18 调用 LINE/L 直线命令，在承重墙上绘制一个闭合区域，如图 8-12 所示。

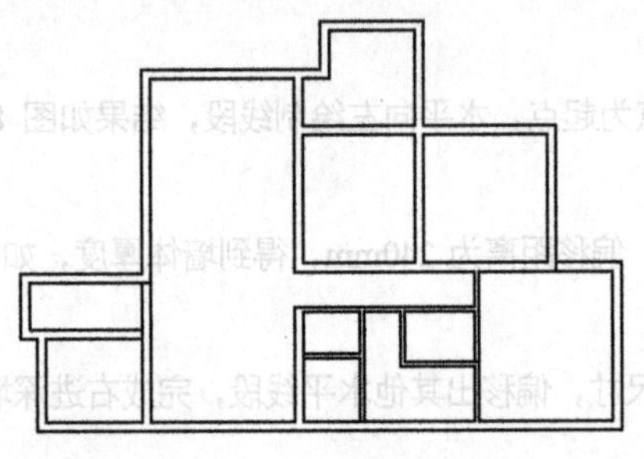

图 8-11　修剪后的墙体

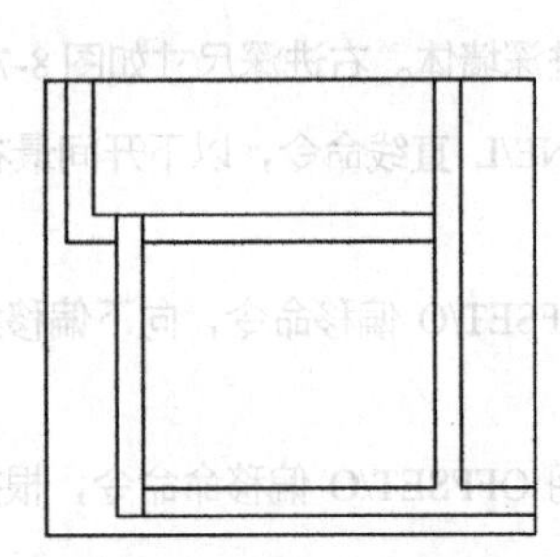

图 8-12　闭合区域

19 调用 HATCH/H 图案填充命令，在封闭的区域填充 SOLID 图案，效果如图 8-13 所示。

20 使用相同的方法，绘制其他承重墙，结果如图 8-14 所示。

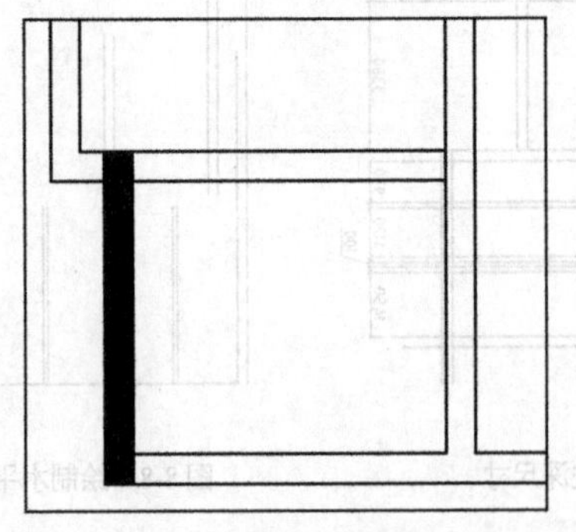

图 8-13　填充图案

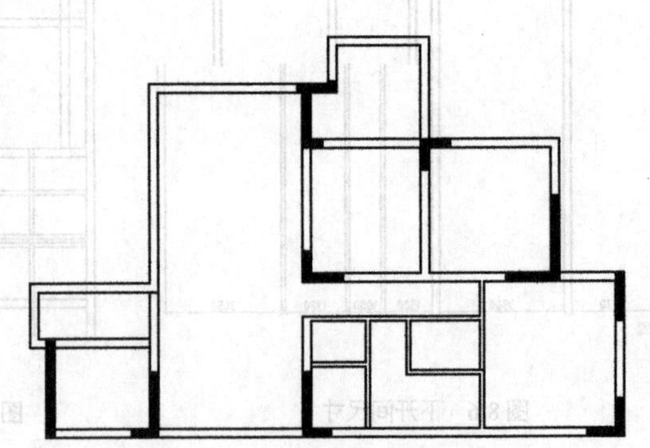

图 8-14　绘制其他承重墙

21 调用 RECTANG/REC 矩形命令，绘制台阶，效果如图 8-15 所示。

22 绘制阳台。调用 PLINE/PL 多段线命令和 TRIM/TR 修剪命令，修剪出阳台门洞，如图 8-16 所示。

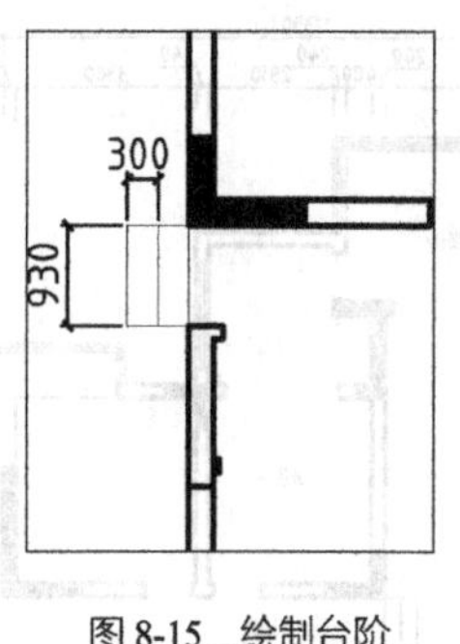

图 8-15　绘制台阶

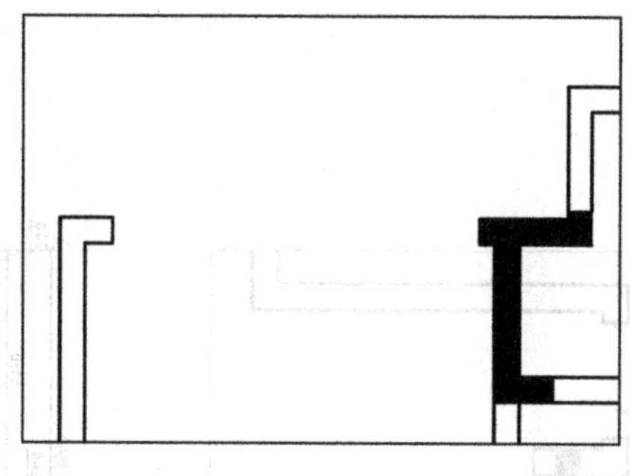

图 8-16　修剪门洞

23 调用 PLINE/PL 多段线命令，绘制如图 8-17 所示线段。

24 调用 OFFSET/O 偏移命令，将多段线向内偏移 3 次 80mm，效果如图 8-18 所示。

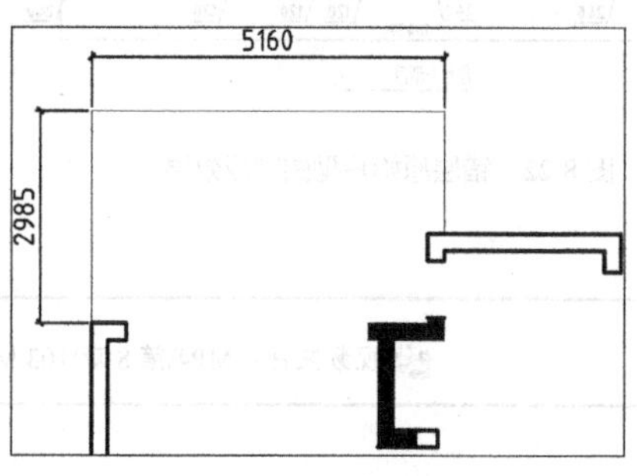

图 8-17　绘制多段线

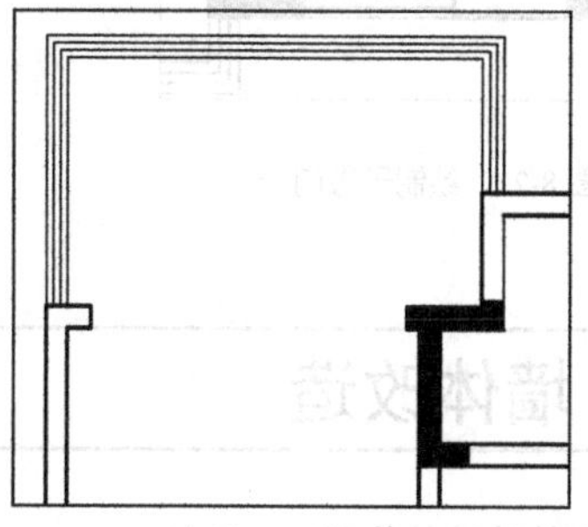

图 8-18　偏移多段线

25 使用同样的方法绘制其他阳台。

26 调用 PLINE/PL 多段线命令和 TRIM/TR 修剪命令，开窗洞和门洞，如图 8-19 所示。

27 调用 PLINE/PL 多段线命令和 OFFSET/O 偏移命令，绘制窗，如图 8-20 所示。

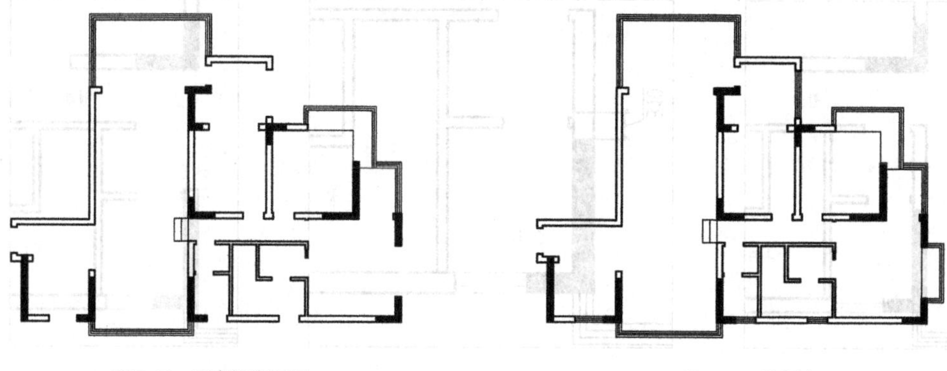

图 8-19　开窗洞和门洞　　图 8-20　绘制窗

28 绘制子母门。调用 RECTANG/REC 矩形命令、CIRCLE/C 圆命令、LINE/L 直线命令和 TRIM/TR 修剪命令，绘制子母门，效果如图 8-21 所示。

29 为各房间注上文字说明。调用 TEXT/T 单行文字命令（或 MTEXT 命令）输入文字。

30 调用 RECTANG/REC 矩形命令、LINE/L 直线命令、CIRCLE/C 圆命令和 HATCH/H 图案填充命令，绘制管道等图形，最后调用 INSERT/I 插入命令，插入“图名”图块，完成错层原始户型图的绘制，填充 SOLID 图案，结果如图 8-22 所示。

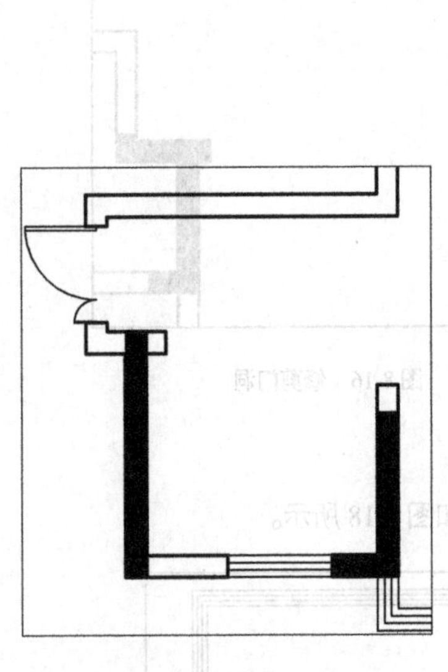

图 8-21　绘制子母门

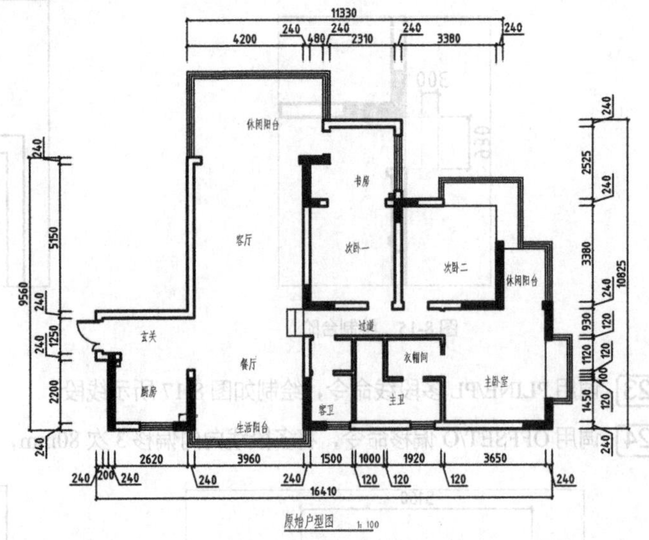

图 8-22　错层原始户型图完成效果

103 墙体改造

视频文件：MP4\第 8 章\103.MP4

错层墙体改造的位置在台阶处。

01 删除台阶，效果如图 8-23 所示。

02 调用 LINE/L 直线命令，绘制如图 8-24 所示线段。

03 调用 TRIM/TR 修剪命令，修剪线段上方的图形，墙体改造绘制完成，效果如图 8-25 所示。

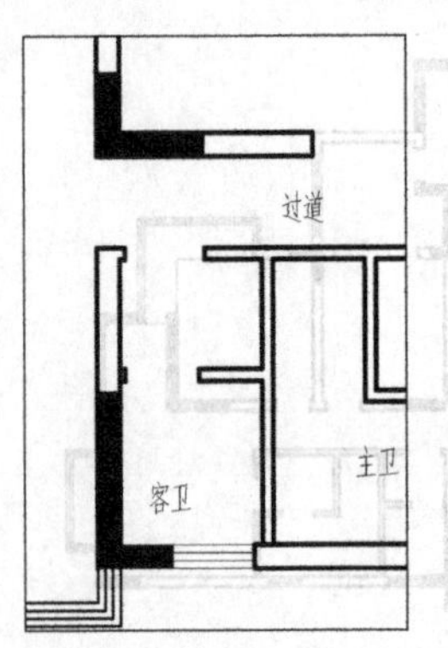

图 8-23　删除台阶

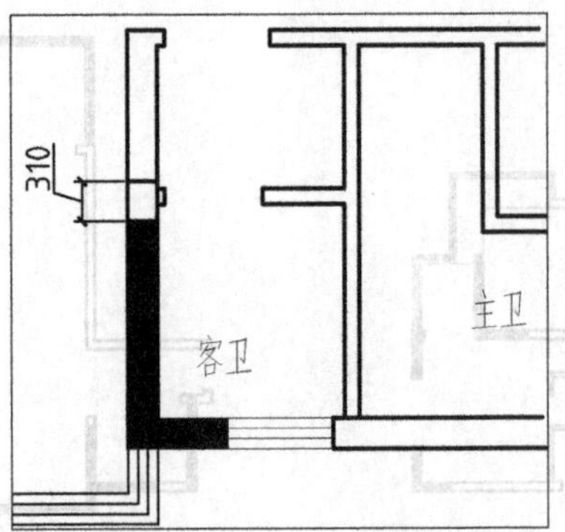

图 8-24　绘制线段

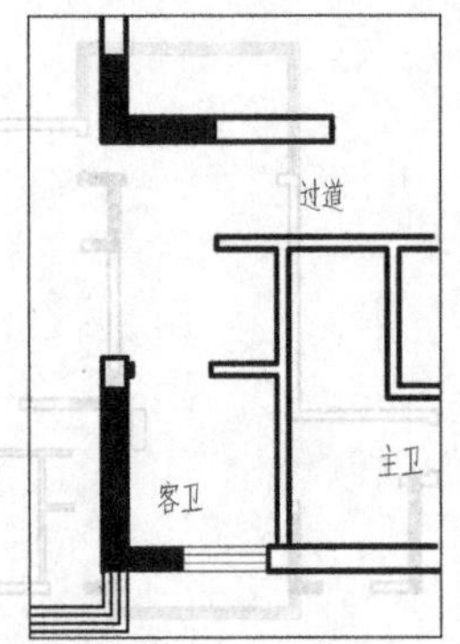

图 8-25　墙体改造

104 绘制错层平面布置图

视频文件：MP4\第 8 章\104.MP4

错层平面布置图如图 8-26 所示，本节分别以客厅、餐厅和主卧为例，讲解平面布置图的绘制方法。

1. 绘制客厅和餐厅平面布置图

客厅和餐厅平面布置图如图 8-27 所示，下面讲解绘制方法。

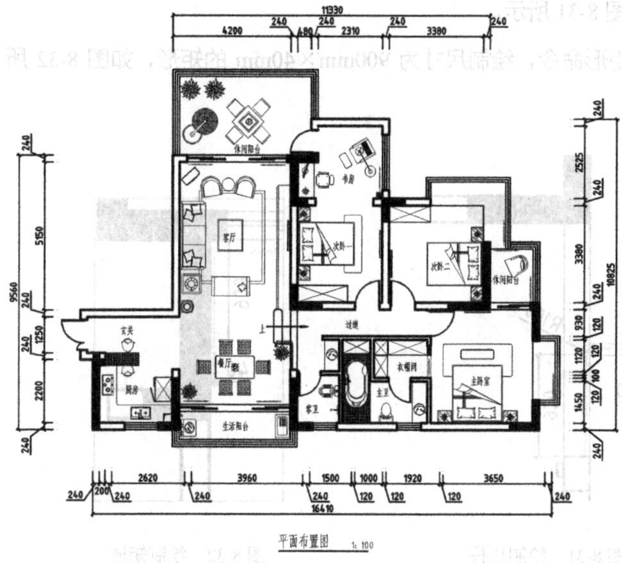

图 8-26　错层平面布置图

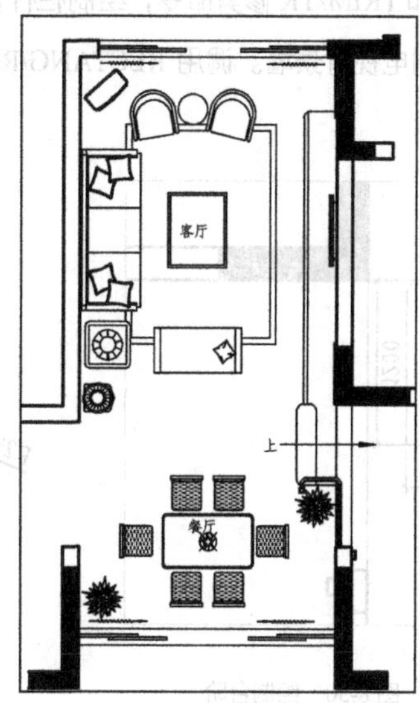

图 8-27　客厅和餐厅平面布置图

01 调用 COPY/CO 复制命令，复制错层原始户型图。

02 绘制推拉门。调用 LINE/L 直线命令、RECTANG/REC 矩形命令、MIRROR/MI 镜像命令和 COPY/CO 复制命令，绘制推拉门，如图 8-28 所示。

03 调用 PLINE/PL 多段线命令、MIRROR/MI 镜像命令和 COPY/CO 复制命令，绘制窗帘，如图 8-29 所示。

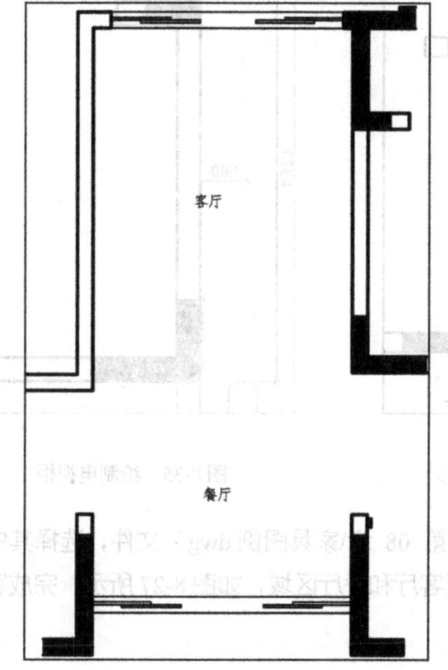

图 8-28　绘制推拉门

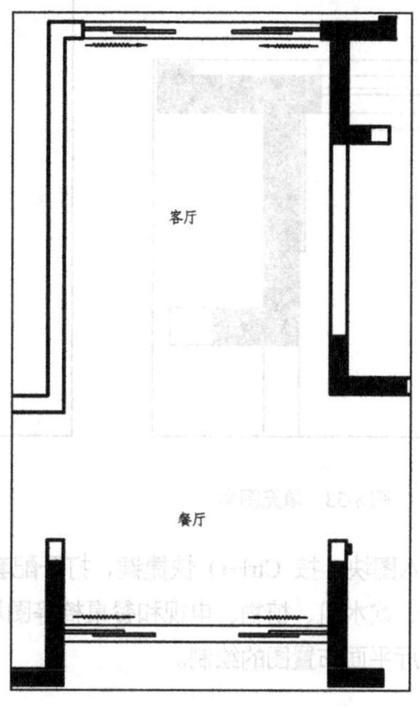

图 8-29　绘制窗帘

04 绘制台阶。调用 LINE/L 直线命令、PLINE/PL 多段线命令、RECTANG/REC 矩形命令和 FILLET/F 圆角命令，绘制台阶，如图 8-30 所示。

05 绘制栏杆。调用 LINE/L 直线命令、RECTANG/REC 矩形命令、CIRCLE/C 圆命令、FILLET/F 圆角命令和 TRIM/TR 修剪命令，绘制栏杆，如图 8-31 所示。

06 绘制电视背景墙。调用 RECTANG/REC 矩形命令，绘制尺寸为 900mm×40mm 的矩形，如图 8-32 所示。

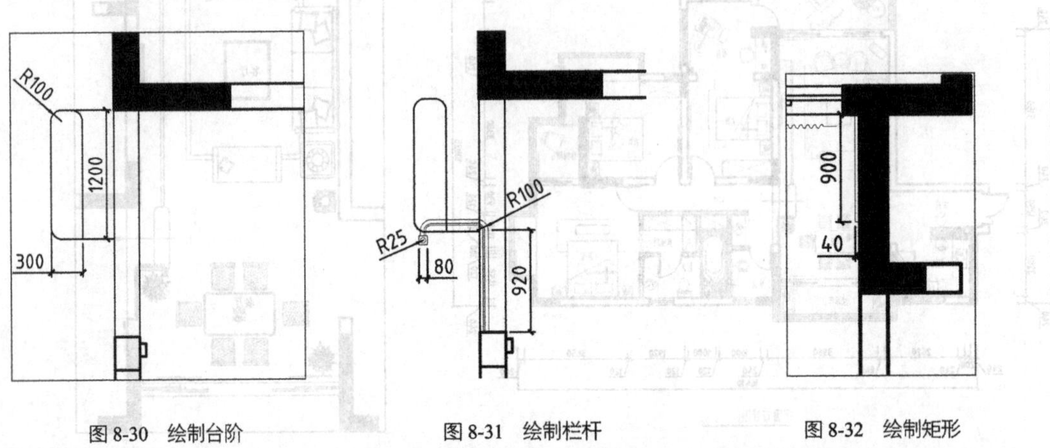

图 8-30 绘制台阶　　图 8-31 绘制栏杆　　图 8-32 绘制矩形

07 调用 HATCH/H 图案填充命令，在矩形内填充 ANSI33 图案，效果如图 8-33 所示。

08 调用 MIRROR/MI 镜像命令，通过镜像得到另一侧相同的图案，如图 8-34 所示。

09 调用 PLINE/PL 多段线命令和 FILLET/F 圆角命令，绘制电视柜，如图 8-35 所示。

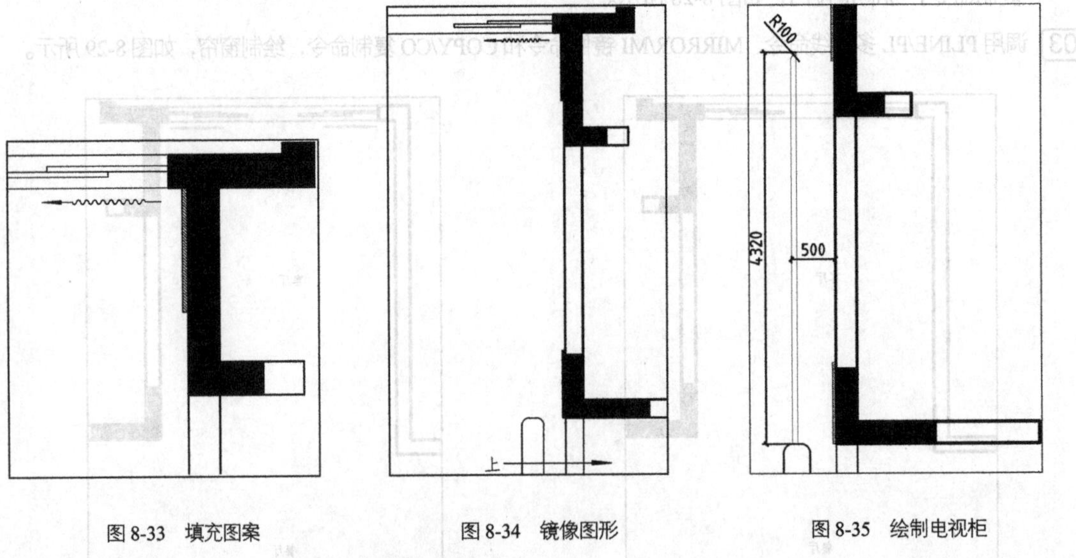

图 8-33 填充图案　　图 8-34 镜像图形　　图 8-35 绘制电视柜

10 插入图块。按 Ctrl+O 快捷键，打开配套素材提供的“第 08 章\家具图例.dwg”文件，选择其中的沙发、饮水机、植物、电视和餐桌椅等图块，将其复制至客厅和餐厅区域，如图 8-27 所示，完成客厅和餐厅平面布置图的绘制。

2. 绘制主卧、衣帽间和主卫平面布置图

主卧、衣帽间和主卫平面布置图如图 8-36 所示，下面讲解绘制方法。

01 插入门图块。调用 INSERT/I 插入命令，插入门图块，如图 8-37 所示。

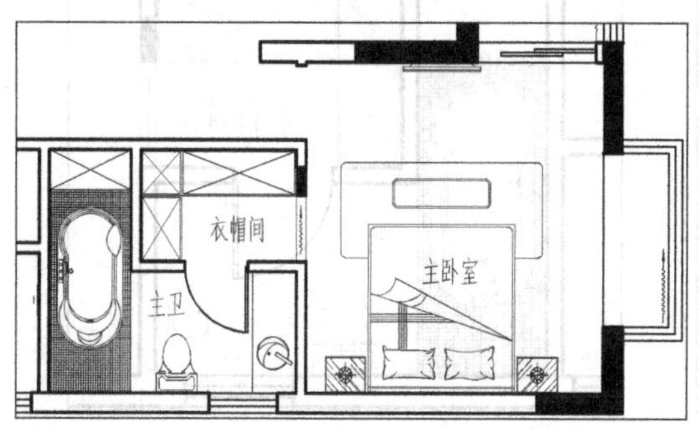

图 8-36　主卧、衣帽间和主卫平面布置图

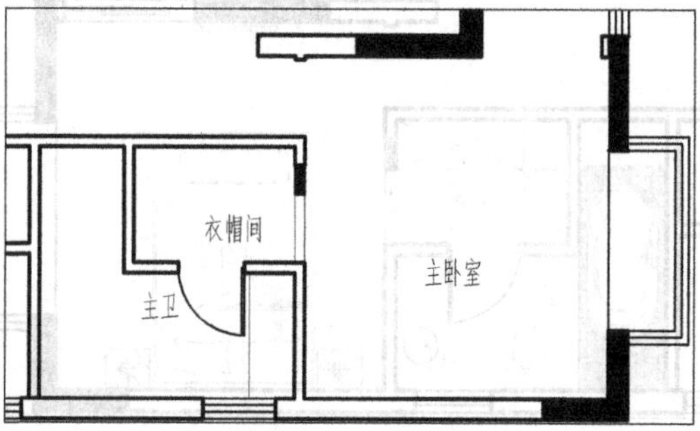

图 8-37　插入门图块

02 调用 RECTANG/REC 矩形命令、COPY/CO 复制命令和 LINE/L 直线命令，绘制推拉门，如图 8-38 所示。

03 调用 PLINE/PL 多段线命令，绘制窗帘，如图 8-39 所示。

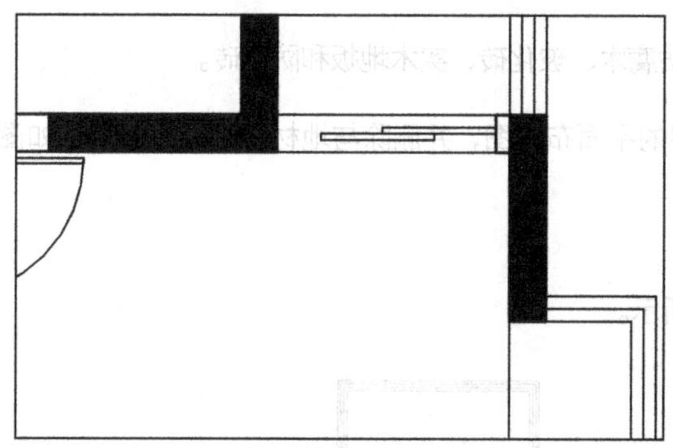

图 8-38　绘制推拉门

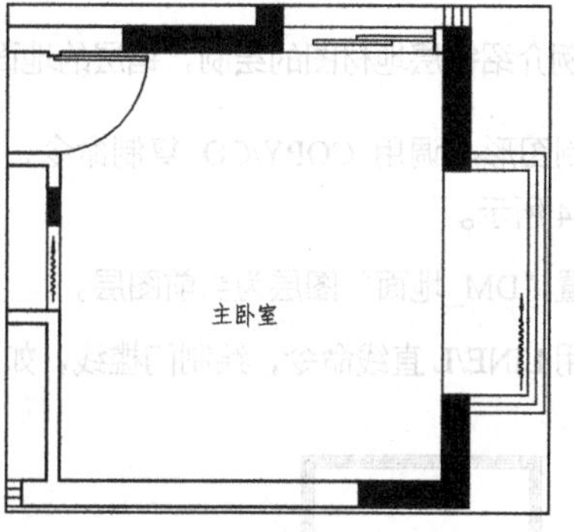

图 8-39　绘制窗帘

04 调用 RECTANG/REC 矩形命令、OFFSET/O 偏移命令和 LINE/L 直线命令，绘制储物柜和衣柜，如图 8-40 所示。

05 调用 LINE/L 直线命令，绘制浴缸和洗脸盆所在的台面，如图 8-41 所示。

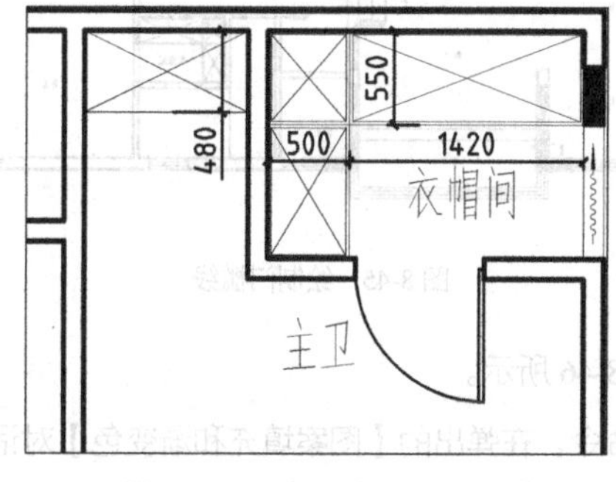

图 8-40　绘制储物柜和衣柜

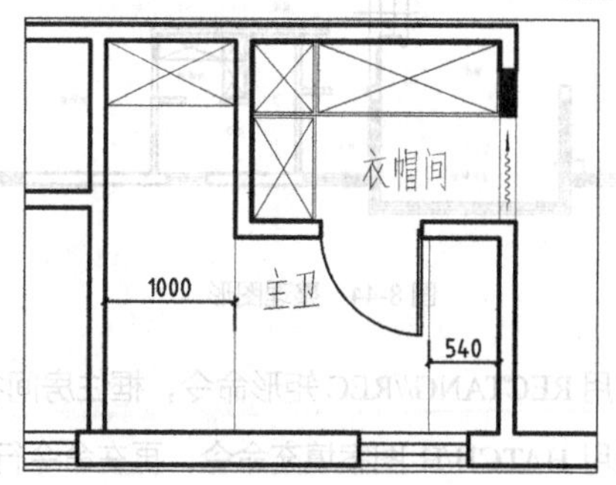

图 8-41　绘制台面

06 从图库中调入平面布置图中所需要的图块，如图 8-42 所示。

07 调用 HATCH/H 图案填充命令，在浴缸所在的台面填充“用户定义”图案，如图 8-43 所示。完成主卧、衣帽间和主卫平面布置图的绘制。

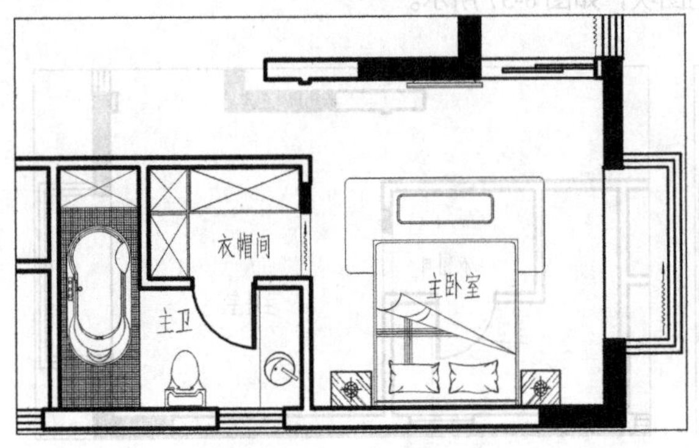

图 8-42 插入图块

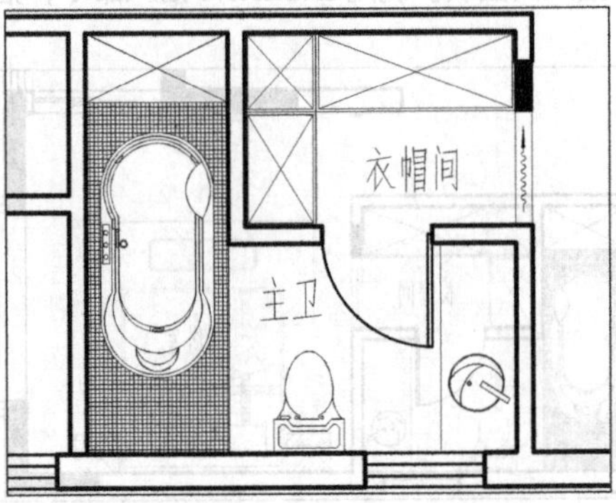

图 8-43 填充图案

105 绘制错层地材图

视频文件：MP4\第 8 章\105.MP4

本例介绍错层地材图的绘制，错层的地面材料有防腐木、玻化砖、实木地板和防滑砖。

01 复制图形。调用 COPY/CO 复制命令，复制错层的平面布置图，并删除与地材图无关的图形，如图 8-44 所示。

02 设置“DM_地面”图层为当前图层。

03 调用 LINE/L 直线命令，绘制门槛线，如图 8-45 所示。

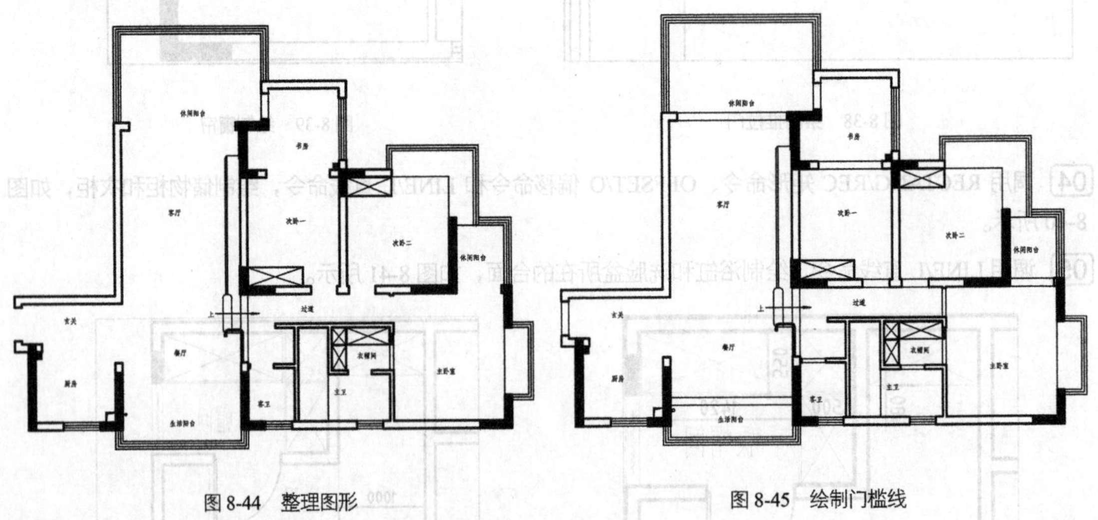

图 8-44 整理图形　　图 8-45 绘制门槛线

04 调用 RECTANG//REC 矩形命令，框住房间名称，如图 8-46 所示。

05 调用 HATCH/H 图案填充命令，再在命令行中输入 T 命令，在弹出的【图案填充和渐变色】对话框中设置参数，对玄关、客厅、餐厅、厨房和过道区域填充“用户定义”图案，如图 8-47 所示。

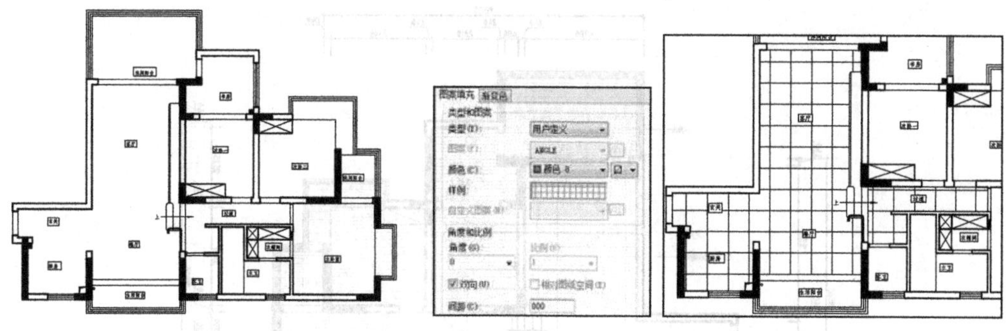

图 8-46　绘制矩形　　　　图 8-47　填充参数和效果

06 继续调用 HATCH/H 图案填充命令，对主卧、次卧、书房和衣帽间填充 DOLMIT 图案，填充参数和效果如图 8-48 所示。

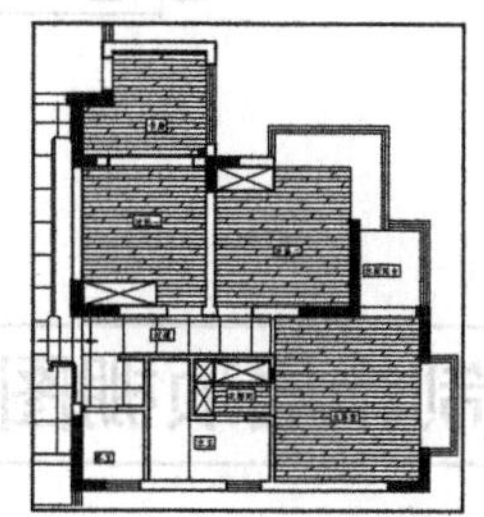

图 8-48　填充参数和效果

07 对生活阳台、客卫和主卫填充 ANGLE 图案，填充参数和效果如图 8-49 所示。

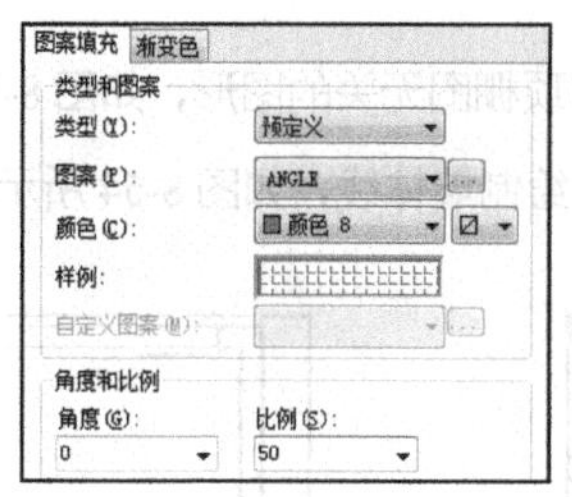

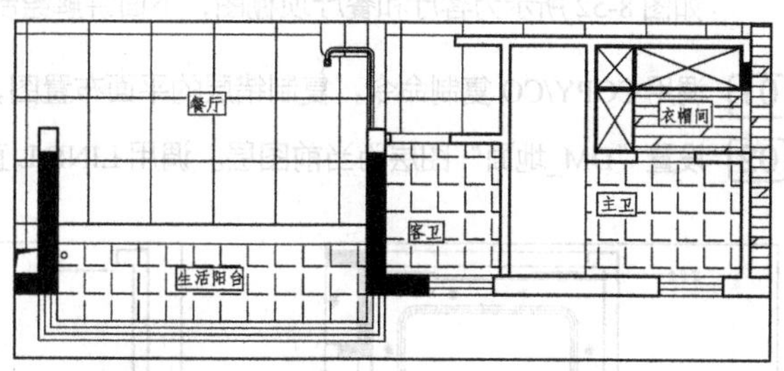

图 8-49　填充参数和效果

08 对休闲阳台区域填充 LINE 图案，填充后删除矩形，填充参数和效果如图 8-50 所示。

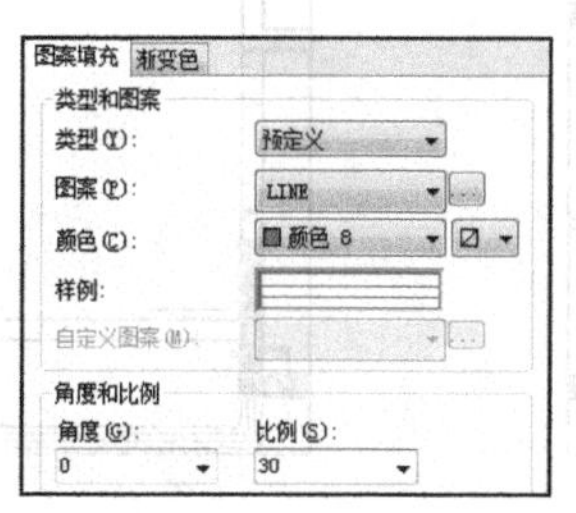

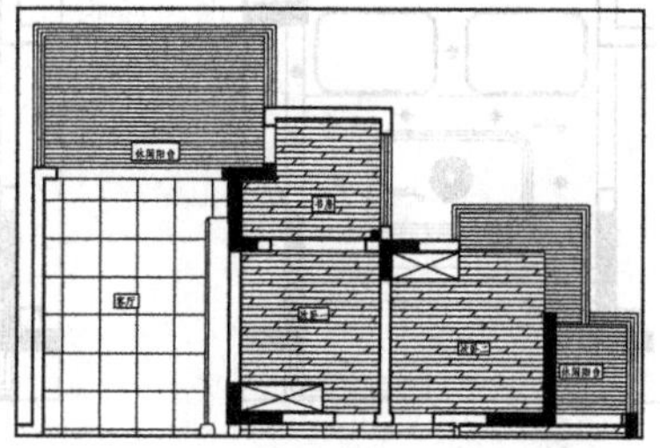

图 8-50　填充参数和效果

09 调用 MLEADER/MLD 多重引线命令，对错层地面材料进行文字注释，完成地材图的绘制如图 8-51 所示。

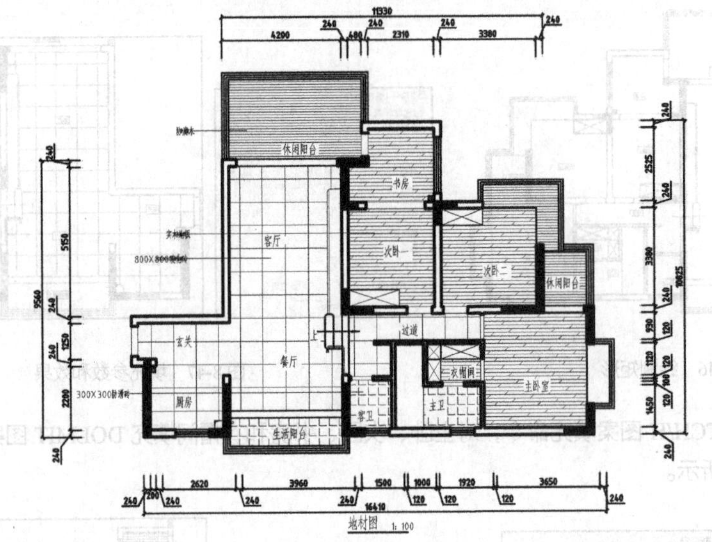

图 8-51　地材图的完成效果

106 绘制错层顶棚图

视频文件：MP4\第 8 章\106.MP4

本例介绍错层顶棚图的绘制，下面以客厅、餐厅和主卧顶棚为例，讲解顶棚图的绘制方法。

1. 绘制客厅和餐厅顶棚图

如图 8-52 所示为客厅和餐厅顶棚图，下面讲解绘制方法。

01 调用 COPY/CO 复制命令，复制错层的平面布置图，并删除与顶棚图无关的图形，如图 8-53 所示。

02 设置“DM_地面”图层为当前图层。调用 LINE/L 直线命令，绘制墙体线，如图 8-54 所示。

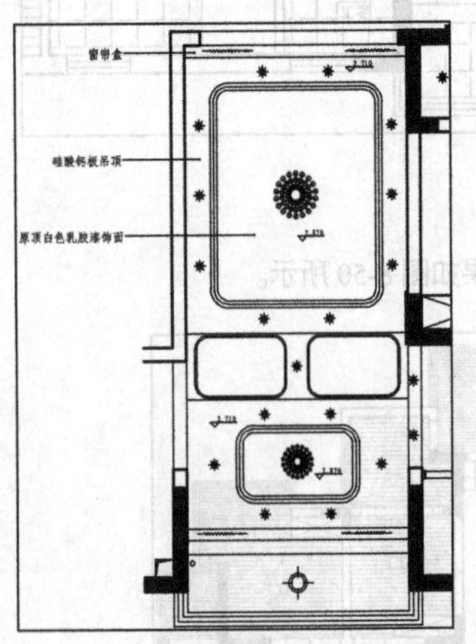

图 8-52　客厅和餐厅顶棚图

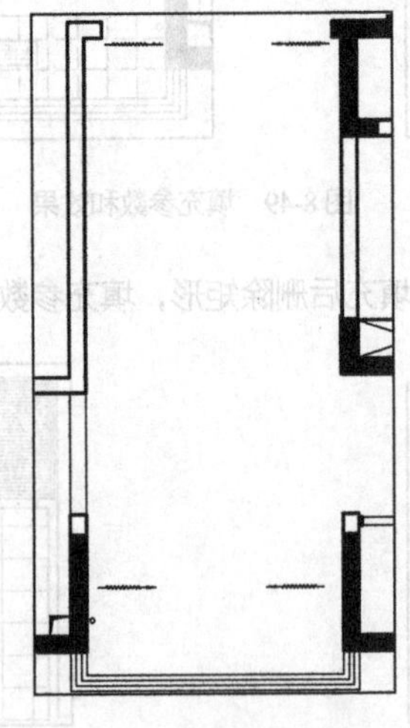

图 8-53　整理图形

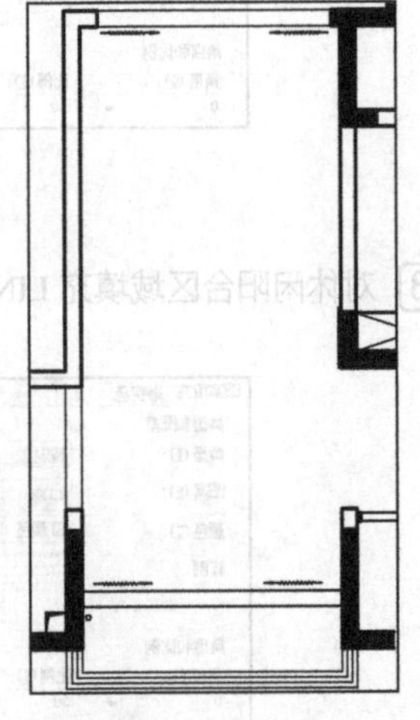

图 8-54　绘制墙体线

03 设置“DD_吊顶”图层为当前图层。

04 调用 LINE/L 直线命令，绘制窗帘盒，窗帘盒的宽度为 200mm，如图 8-55 所示。

05 调用 RECTANG/REC 矩形命令，绘制尺寸为 3080mm×3840mm，圆角半径为 320mm 的圆角矩形，并移动到相应的位置，如图 8-56 所示。

06 调用 OFFSET/O 偏移命令，将圆角矩形向内偏移两次 60mm，如图 8-57 所示。

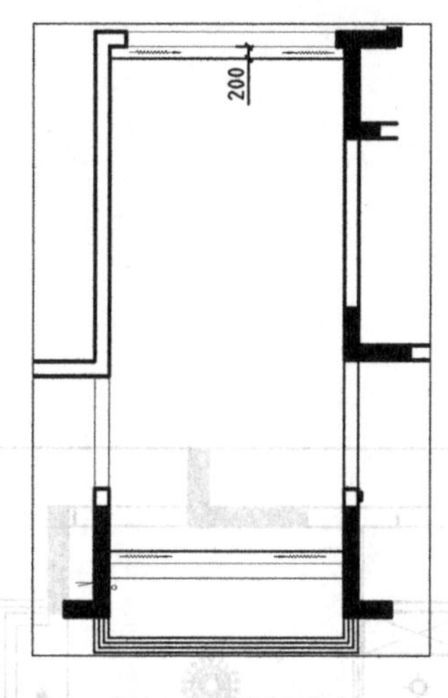

图 8-55 绘制窗帘盒

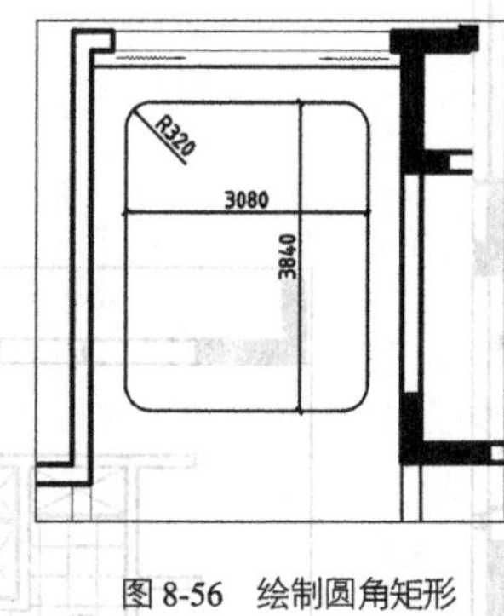

图 8-56 绘制圆角矩形

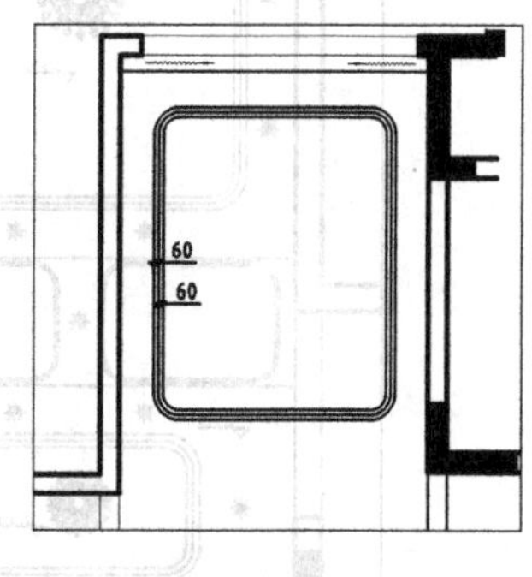

图 8-57 偏移圆角矩形

07 调用 LINE/L 直线命令好 OFFSET/O 偏移命令，绘制如图 8-58 所示线段。

08 调用 RECTANG/REC 矩形命令和 OFFSET//O 偏移命令，绘制其他吊顶造型，如图 8-59 所示。

09 布置灯具。按 Ctrl+O 快捷键，打开配套素材提供的“第 08 章\家具图例.dwg”文件，选择其中的灯具图块，将其复制到顶棚内，结果如图 8-60 所示。

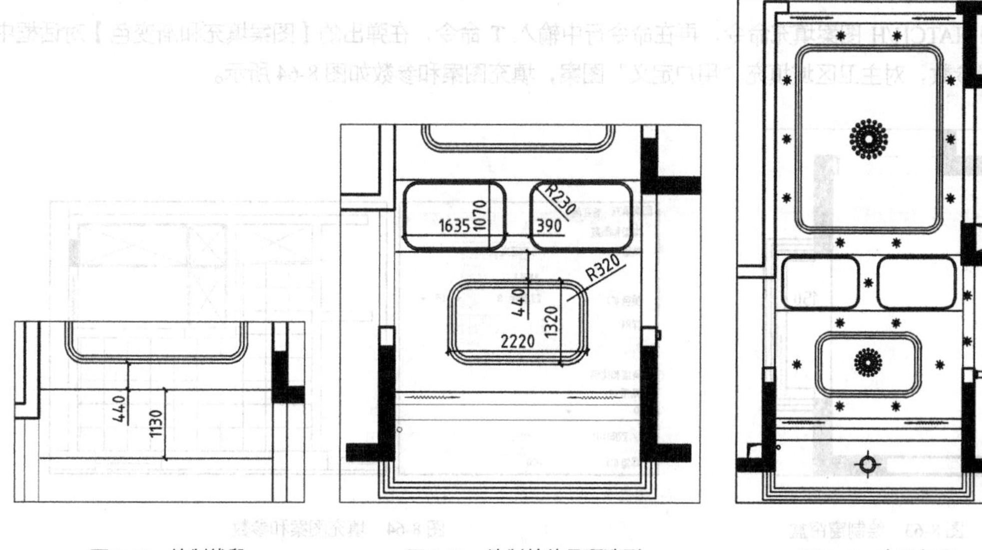

图 8-58 绘制线段　　图 8-59 绘制其他吊顶造型　　图 8-60 布置灯具

10 调用 INSERT/I 插入命令，插入“标高”图块标注标高，如图 8-61 所示。

11 调用 MLEADER/MLD 多重引线命令，对顶棚材料进行文字说明，完成后的效果如图 8-52 所示，客厅和餐厅顶棚图绘制完成。

2. 绘制主卧顶棚图

如图 8-62 所示为主卧顶棚图，下面讲解绘制方法。

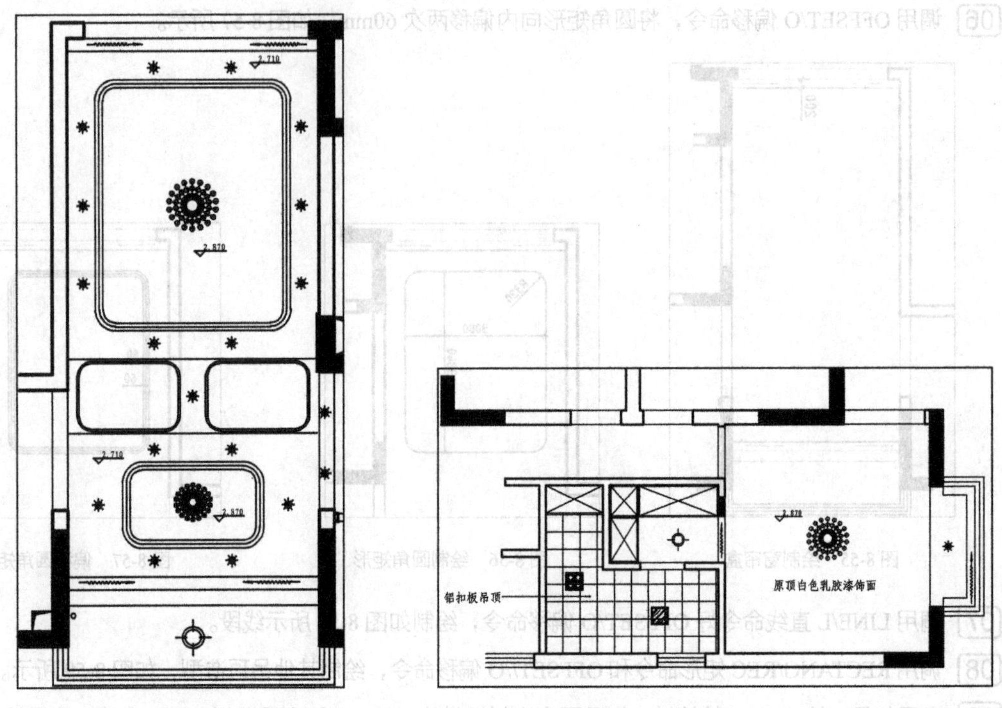

图 8-61　插入标高图块　　　　图 8-62　主卧顶棚图

01 调用 OFFSET/O 偏移命令和 LINE/L 直线命令，绘制窗帘盒，如图 8-63 所示。

02 调用 HATCH/H 图案填充命令，再在命令行中输入 T 命令，在弹出的【图案填充和渐变色】对话框中设置参数，对主卫区域填充“用户定义”图案，填充图案和参数如图 8-64 所示。

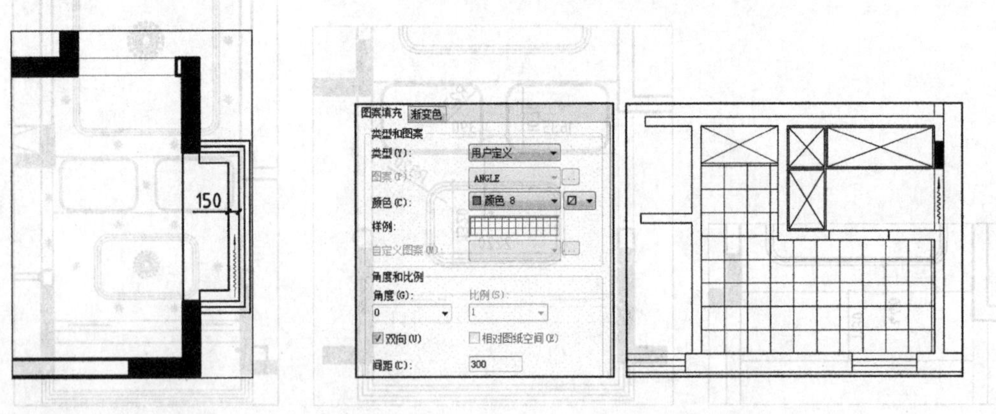

图 8-63　绘制窗帘盒　　　　图 8-64　填充图案和参数

03 从图库中调入灯具图例到顶棚图中，如图 8-65 所示。

04 调用 INSERT/I 插入命令，插入“标高”图块，如图 8-66 所示。

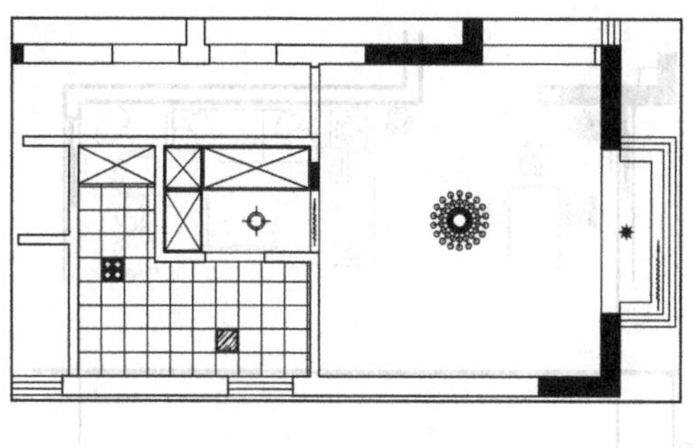

图 8-65　插入灯具

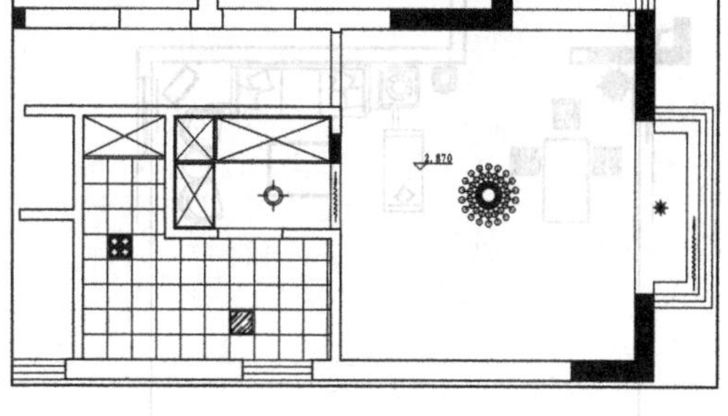

图 8-66　插入图块

05 调用 MLEADER/MLD 多重引线命令和 MTEXE/MT 多行文字命令，标注顶棚材料名称，完成主卧顶棚图的绘制如图 8-67 所示。

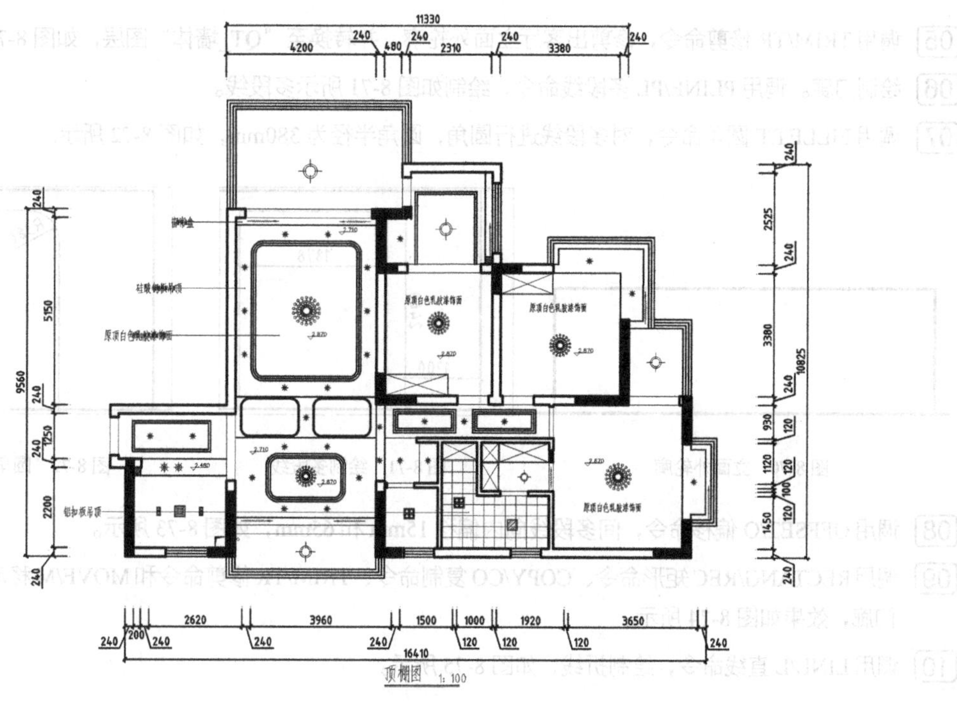

图 8-67　主卧顶棚图完成效果

107 绘制客厅 A 立面图

视频文件：MP4\第 8 章\107.MP4

本例介绍客厅 A 立面图的绘制，A 立面图是客厅和餐厅所在的共同立面

01 调用 COPY/CO 复制命令，复制平面布置图上客厅 A 立面的平面部分，并对图形进行旋转。

02 设置“LM_立面”图层为当前图层。

03 调用 LINE/L 直线命令，应用投影法绘制客厅 A 立面左、右侧轮廓线和地面，如图 8-68 所示。

04 调用 OFFSET/O 偏移命令，向上偏移地面线 2710mm，得到客厅顶面，如图 8-69 所示。

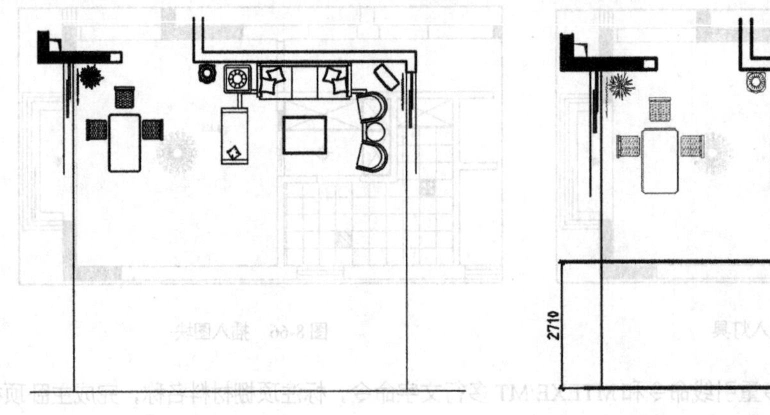

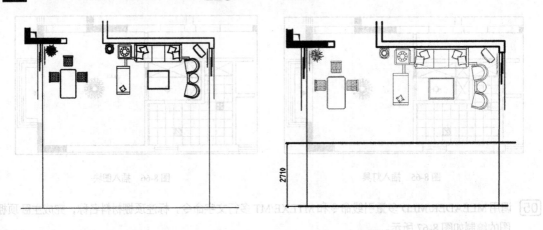

图 8-68　绘制墙体和地面　　图 8-69　绘制客厅顶面

05 调用 TRIM/TR 修剪命令，修剪出客厅立面外轮廓，并转换至“QT_墙体”图层，如图 8-70 所示。

06 绘制门廊。调用 PLINE/PL 多段线命令，绘制如图 8-71 所示多段线。

07 调用 FILLET/F 圆角命令，对多段线进行圆角，圆角半径为 380mm，如图 8-72 所示。

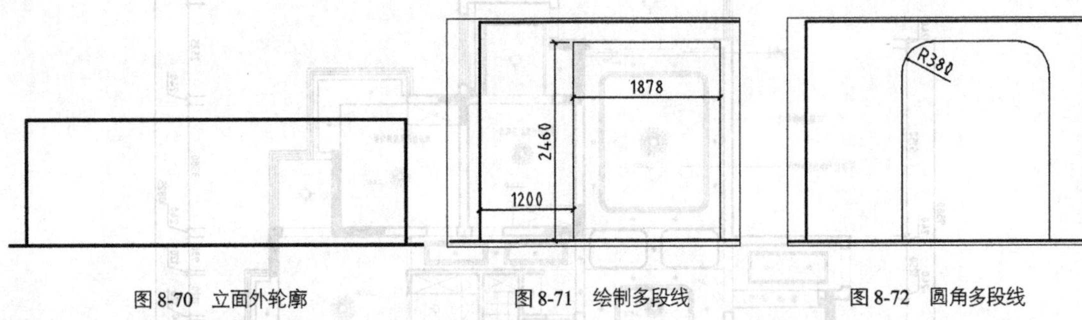

图 8-70　立面外轮廓　　图 8-71　绘制多段线　　图 8-72　圆角多段线

08 调用 OFFSET/O 偏移命令，间多段线向内偏移 15mm 和 65mm，如图 8-73 所示。

09 调用 RECTANG/REC 矩形命令、COPY/CO 复制命令、TRIM/TR 修剪命令和 MOVE/M 移动命令，细化门廊，效果如图 8-74 所示。

10 调用 LINE/L 直线命令，绘制折线，如图 8-75 所示。

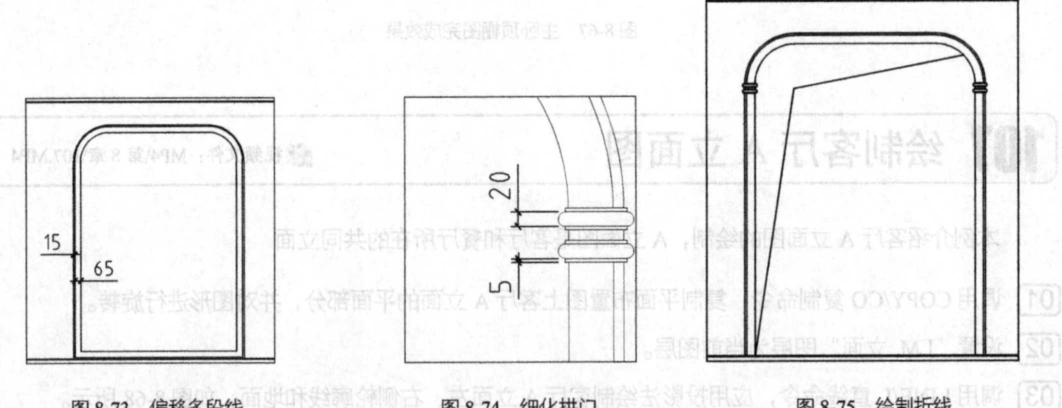

图 8-73　偏移多段线　　图 8-74　细化拱门　　图 8-75　绘制折线

11 继续调用 LINE/L 直线命令，绘制踢脚线，踢脚线的高度为 100mm，如图 8-76 所示。

12 插入图块。按 Ctrl+O 快捷键，打开配套素材提供的“第 08 章\家具图例.dwg”文件，选择其中的装饰物、装饰画、饮水机、沙发、空调和台灯等图块，将其复制至立面区域，并调用 TRIM 命令进行修剪，如图 8-77 所示。

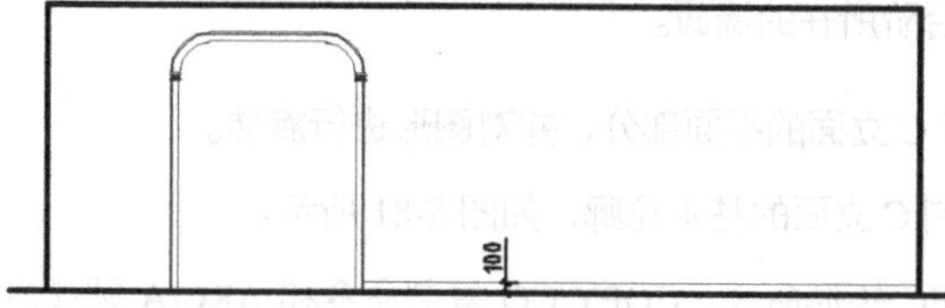

图 8-76　绘制踢脚线

图 8-77　插入图块

13 调用 HATCH/H 图案填充命令，对沙发墙面填充 BRASS 图案，效果如图 8-78 所示。

14 设置“BZ_标注” 图层为当前图层。设置当前注释比例为 1：50。

15 调用 DIMLINEAR 命令，标注尺寸，本图应该在垂直方向和水平方向分别进行标注，标注结果如图 8-79 所示。

图 8-78 填充墙面

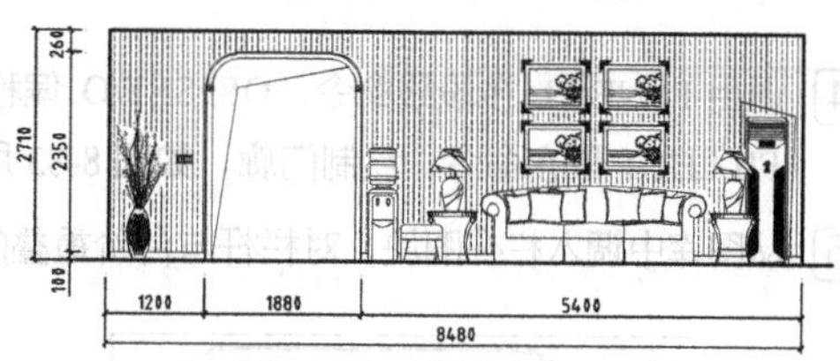

图 8-79 尺寸标注

16 调用 MLRADER/MLD 多重引线命令进行材料标注。

17 调用插入图块命令 INSERT，插入“图名”图块，设置名称为“客厅 A 立面图”。客厅 A 立面图绘制完成，结果如图 8-80 所示。

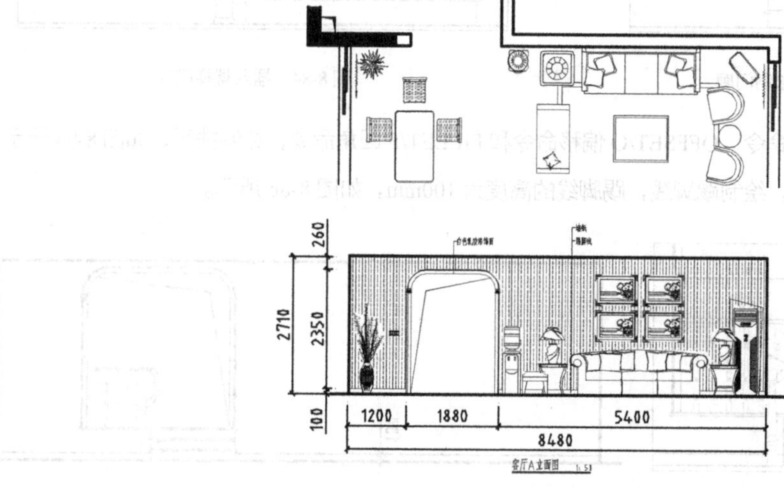

图 8-80　客厅 A 立面完成图

108 绘制客厅 C 立面图

视频文件：MP4\第 8 章\108.MP4

本例介绍客厅 C 立面图的绘制，C 立面是电视和台阶所在的墙面。

01 调用 COPY/CO 复制命令，复制平面布置图上客厅 C 立面的平面部分，并对图形进行旋转。

02 调用 LINE/L 直线命令和 TRIM/TR 修剪命令，绘制 C 立面的基本轮廓，如图 8-81 所示。

03 绘制台阶。调用 LINE/L 直线命令、RECTANG/REC 矩形命令、COPY/CO 复制命令和 ARC/A 圆弧命令，绘制台阶，如图 8-82 所示。

图 8-81 绘制 C 立面基本轮廓

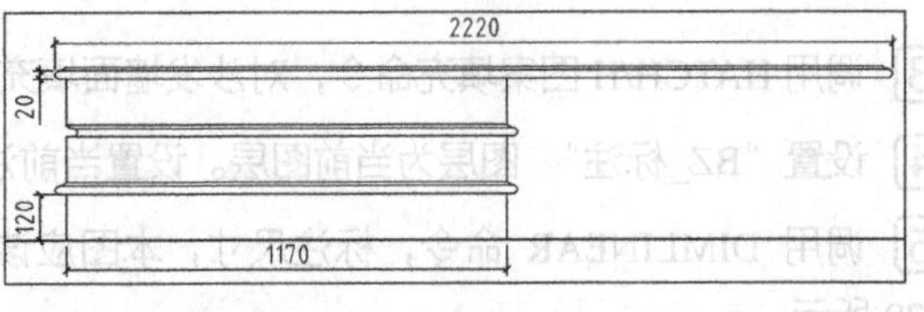

图 8-82 绘制台阶

04 调用 PLNE/PL 多段线命令、OFFSET/O 偏移命令、RECTANG/REC 矩形命令、TRIM/TR 修剪命令和 FILLET/F 圆角命令，绘制门廊，如图 8-83 所示。

05 从图库中调入栏杆图块，对栏杆与台阶重叠的位置进行修剪，并如图 8-84 所示。

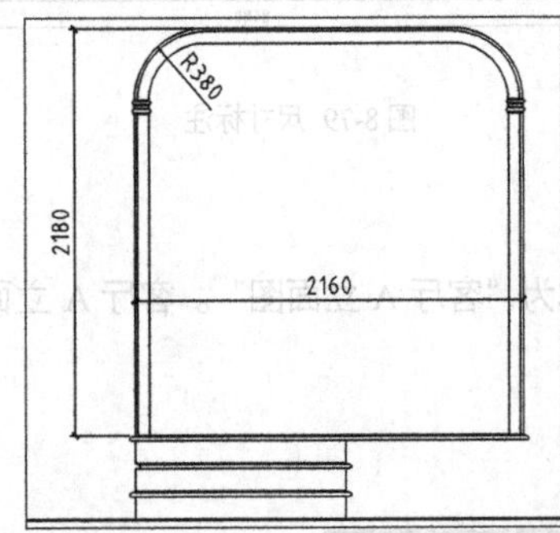

图 8-83 绘制门廊

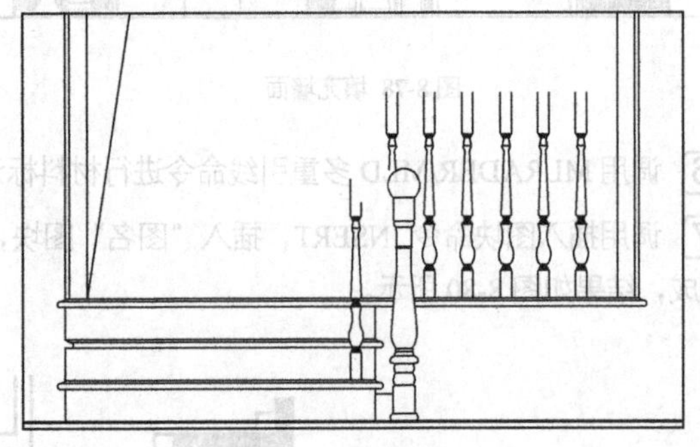

图 8-84 插入楼梯图块

06 调用 PLINE/PL 多段线命令、OFFSET/O 偏移命令和 FILLET/F 圆角命令，绘制扶手，如图 8-85 所示。

07 调用 LINE/L 直线命令，绘制踢脚线，踢脚线的高度为 100mm，如图 8-86 所示。

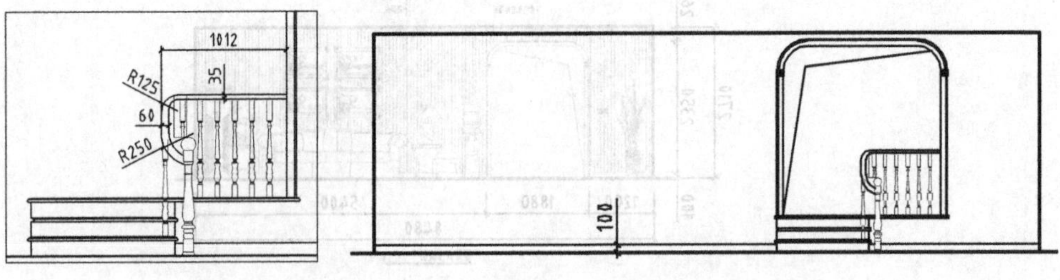

图 8-85 绘制扶手

图 8-86 绘制踢脚线

08 调用 RECTANG/REC 矩形命令、TRIM/TR 修剪命令和 ARC/A 圆弧命令，绘制电视柜，如图 8-87 所示。

09 调用 PLINE/PL 多段线命令，绘制如图 8-88 所示多段线。

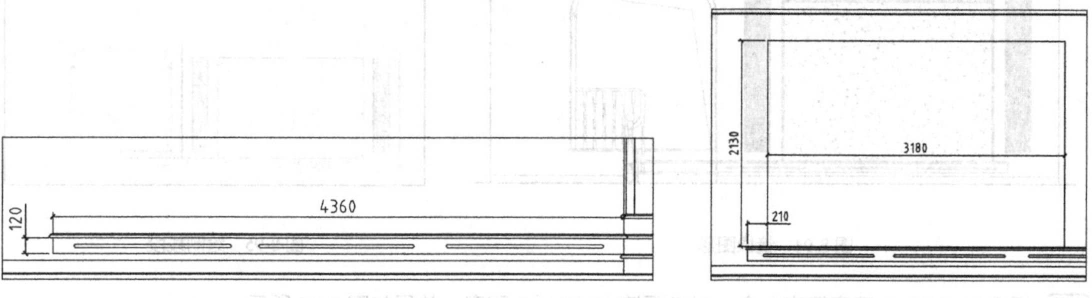

图 8-87 绘制电视柜　　图 8-88 绘制多段线

10 调用 OFFSET/O 偏移命令，将多段线向内偏移 5mm、20mm 和 5mm，并调用 LINE/L 直线命令，连接多段线的交角处，如图 8-89 所示。

11 调用 HATCH/H 图案填充命令，对多段线内填充 AR-CONC 图案，效果如图 8-90 所示。

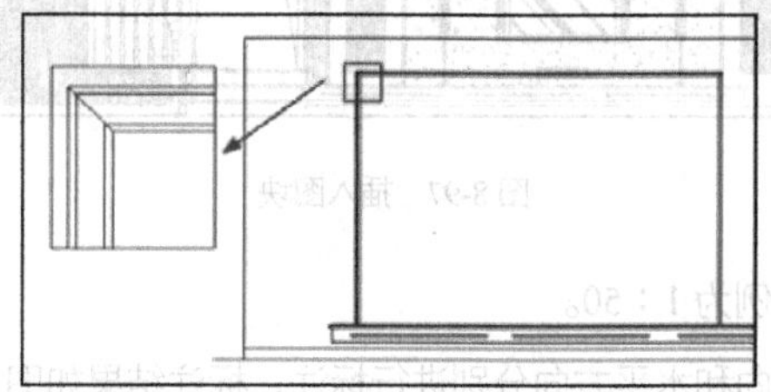

图 8-89 偏移多段线

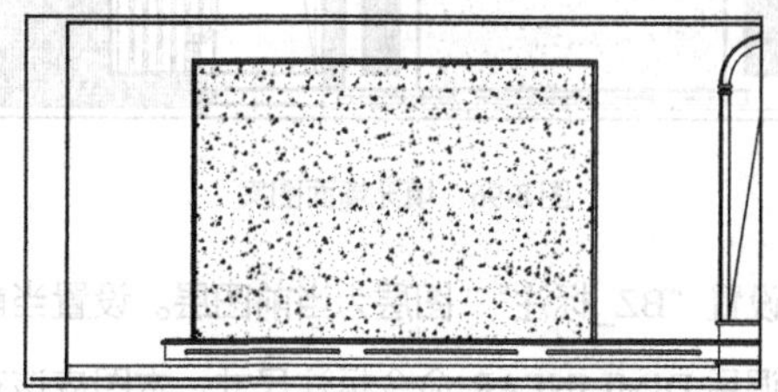

图 8-90 填充图案

12 调用 RECTANG/REC 矩形命令，绘制尺寸为 380mm×2010mm 的矩形，并移动到相应的位置，如图 8-91 所示。

13 调用 OFFSET/O 偏移命令，将矩形向内偏移 5mm、20mm 和 5mm，并调用 LINE/L 直线命令，连接矩形的交角处，如图 8-92 所示。

14 调用 HATCH/H 图案命令，在矩形内填充“用户定义”图案，效果如图 8-93 所示。

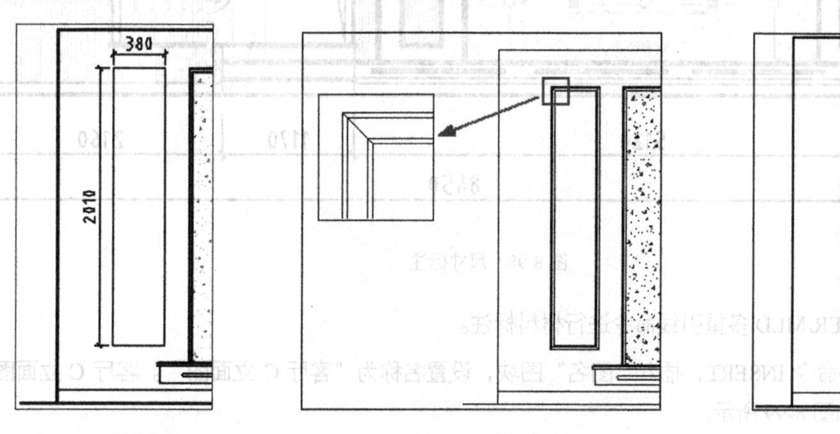

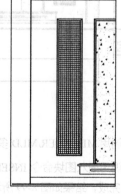

图 8-91 绘制矩形　　图 8-92 偏移矩形　　图 8-93 填充图案

15 调用 MIRROR/MI 镜像命令，通过镜像得到另一侧相同的图案，如图 8-94 所示。

16 调用 LINE/L 直线命令和 OFFSET/O 偏移命令，绘制如图 8-95 所示线段。

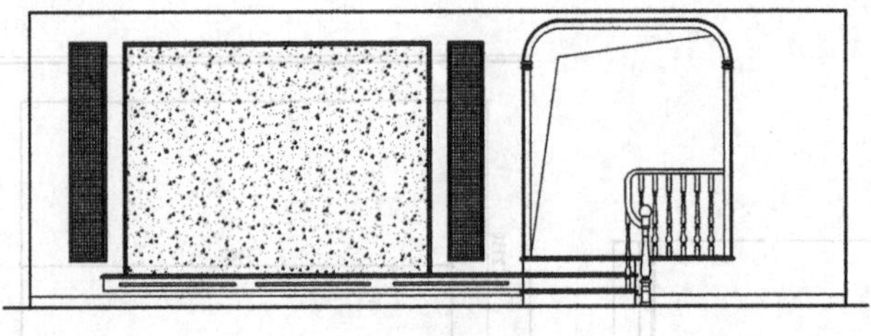
图 8-94 镜像图形

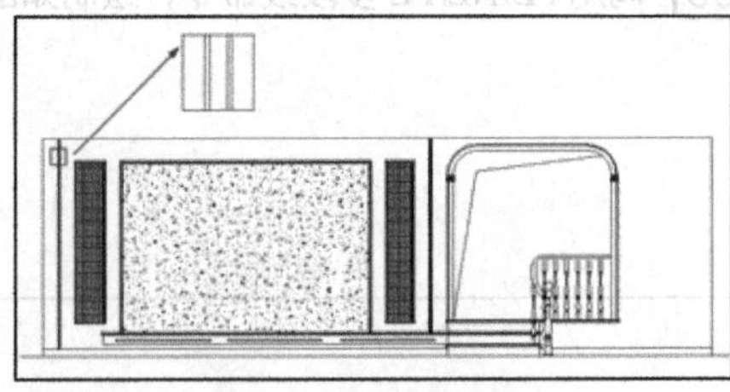
图 8-95 绘制线段

17 调用 HATCH/H 图案填充命令，对墙面填充 BRASS 图案，效果如图 8-96 所示。

18 从图库中调入电视、音响、插座、壁灯、射灯和装饰画等图块到立面图中，并进行修剪，效果如图 8-97 所示。

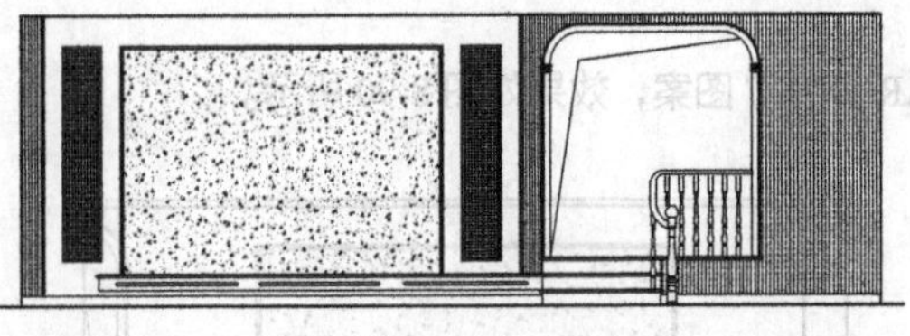
图 8-96 填充墙面图案

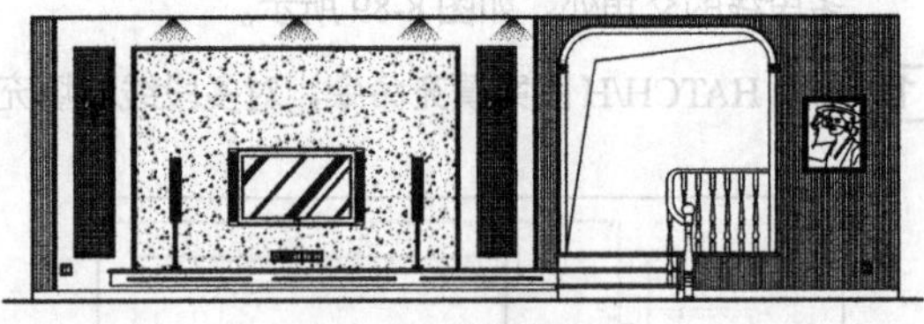
图 8-97 插入图块

19 设置“BZ_标注” 图层为当前图层。设置当前注释比例为 1：50。

20 调用 DIMLINEAR 命令标注尺寸，本图应该在垂直方向和水平方向分别进行标注，标注结果如图 8-98 所示。

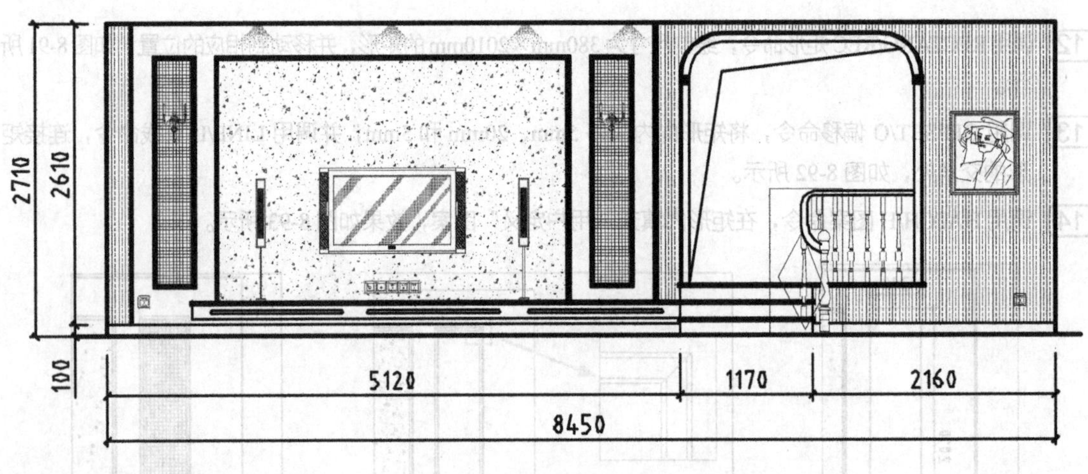

图 8-98 尺寸标注

21 调用 MLRADER/MLD 多重引线命令进行材料标注。

22 调用插入图块命令 INSERT，插入“图名”图块，设置名称为“客厅 C 立面图”。客厅 C 立面图绘制完成，结果如图 8-99 所示。

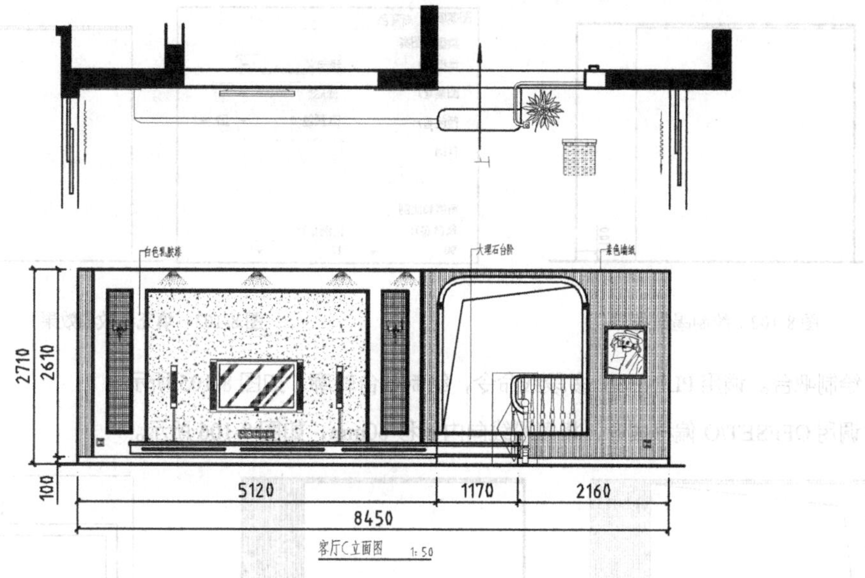

图 8-99　客厅 C 立面完成图

109 绘制玄关 D 立面图

视频文件：MP4\第 8 章\109.MP4

本例介绍玄关 D 立面图的绘制，D 立面图是吧台所在的立面，主要表达了吧台的立面做法。

01 调用 COPY/CO 复制命令，复制平面布置图上 D 立面的平面部分，并对图形进行旋转。

02 调用 LINE/L 直线命令和 TRIM/TR 修剪命令，绘制 D 立面的基本轮廓，如图 8-100 所示。

03 调用 PLINE/PL 多段线命令，绘制多段线，如图 8-101 所示。

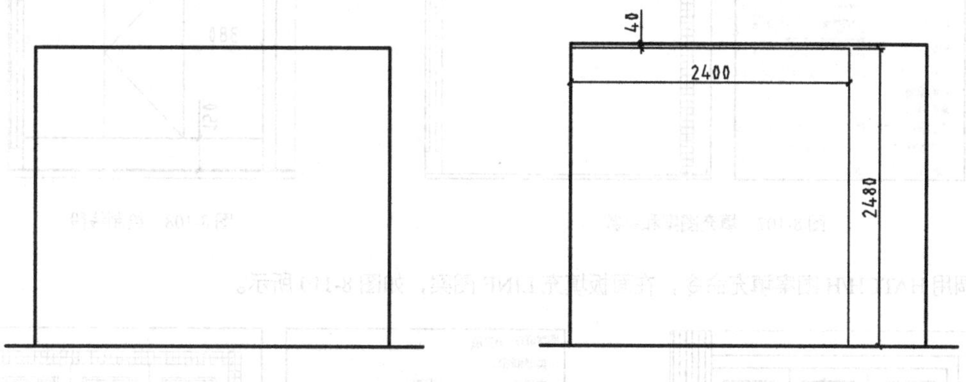

图 8-100　绘制 D 立面的基本轮廓　　图 8-101　绘制多段线

04 调用 LINE/L 直线命令，绘制踢脚线，踢脚线的高度为 100mm，如图 8-102 所示。

05 调用 HATCH/H 图案填充命令，再在命令行中输入 T 命令，在弹出的【图案填充和渐变色】对话框中设置参数，在多段线内填充 BRASS 图案，填充参数和效果如图 8-103 所示。

06 调用 LINE/L 直线命令，绘制折线，如图 8-104 所示。

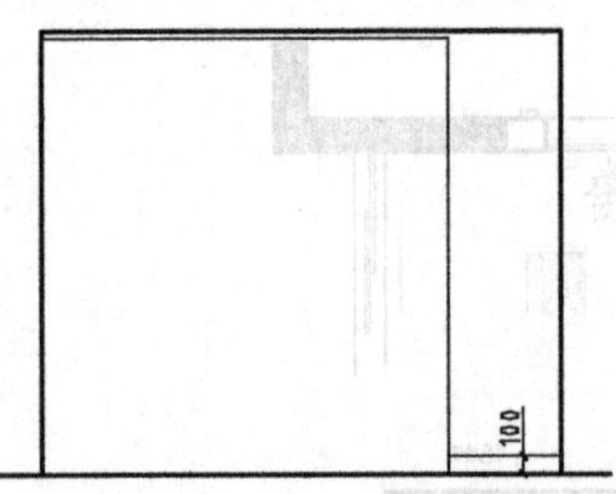

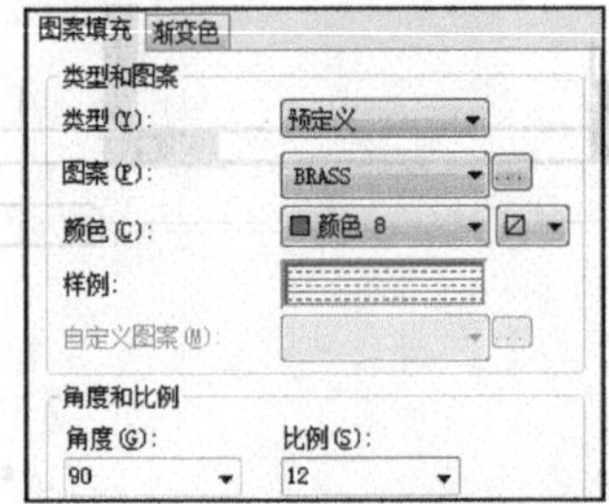

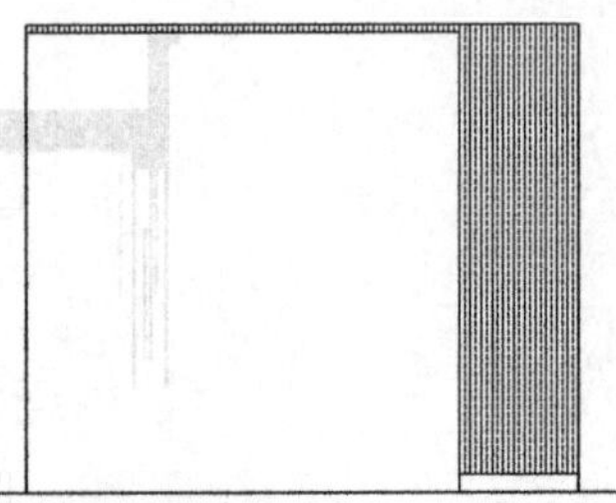

图 8-102　绘制踢脚线　　　　图 8-103　填充参数和效果

07 绘制吧台。调用 PLINE/PL 多段线命令，绘制吧台轮廓，如图 8-105 所示。

08 调用 OFFSET/O 偏移命令，将多段线向内偏移 60mm，如图 8-106 所示。

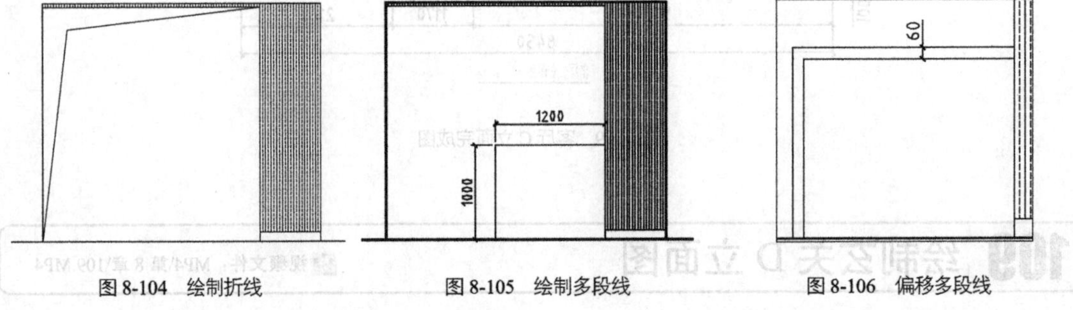

图 8-104　绘制折线　　　　图 8-105　绘制多段线　　　　图 8-106　偏移多段线

09 调用 HATCH/H 图案填充命令，在多段线内填充“用户定义”图案，填充图案和参数如图 8-107 所示。

10 调用 LINE/L 直线命令，划分酒柜，如图 8-108 所示。

11 调用和 RECTANG/矩形命令和 OFFSET/O 偏移命令，绘制酒柜的面板，如图 8-109 所示。

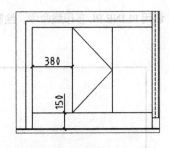

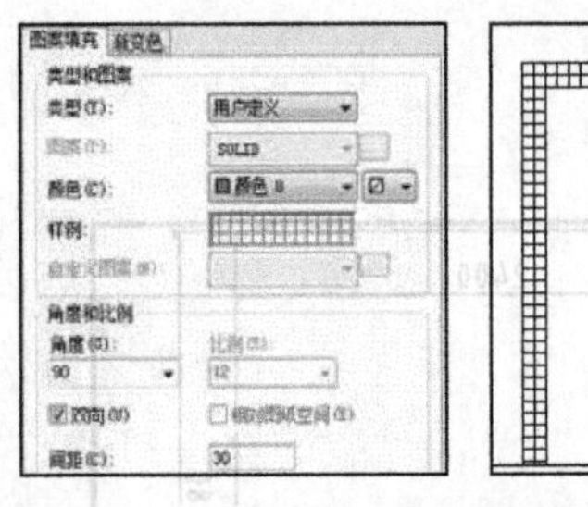

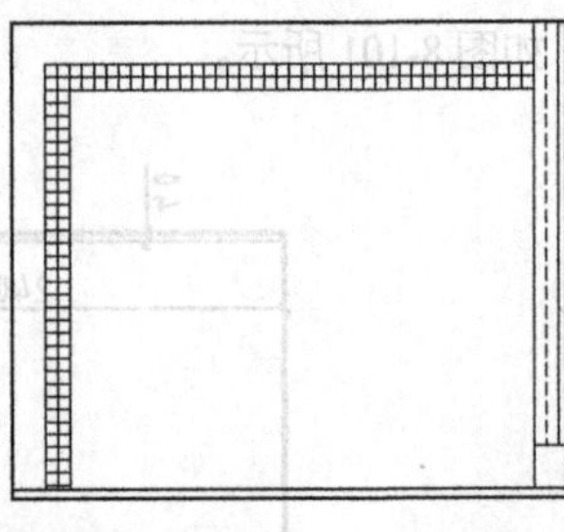

图 8-107　填充图案和参数

380
150

图 8-108　绘制线段

12 调用 HATCH/H 图案填充命令，在面板填充 LINE 图案，如图 8-110 所示。

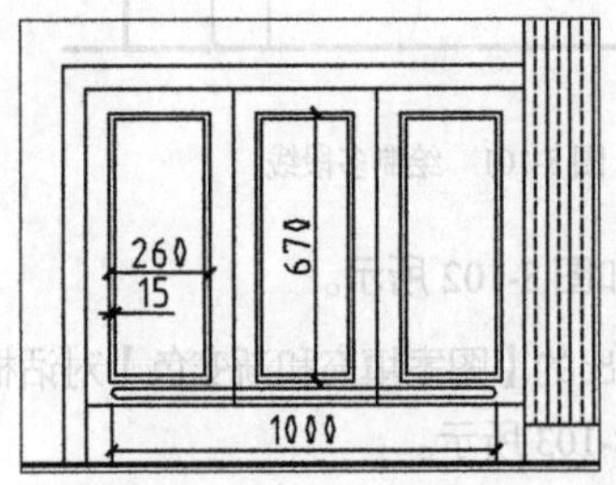

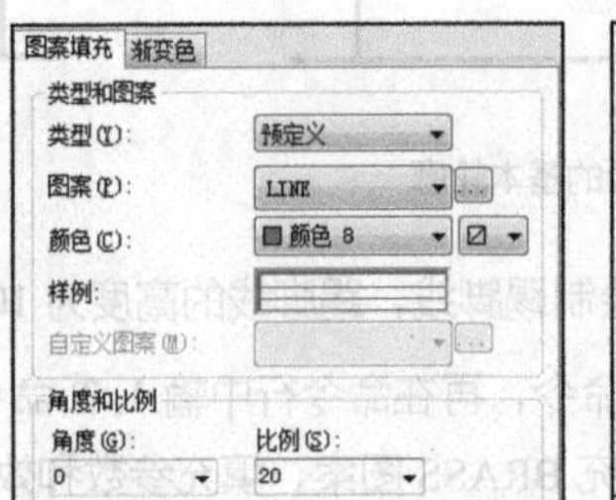

图 8-109　绘制酒柜的面板　　　　图 8-110　填充参数和效果

13 调用 LINE/L 直线命令，绘制折线，表示柜门开启方向，如图 8-111 所示。

14 调用 CIRCLE/C 圆命令和 COPY/CO 复制命令，绘制拉手，如图 8-112 所示。

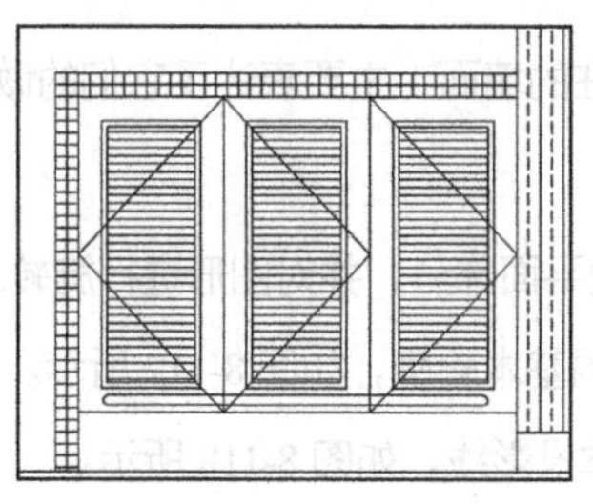

图 8-111 绘制折线

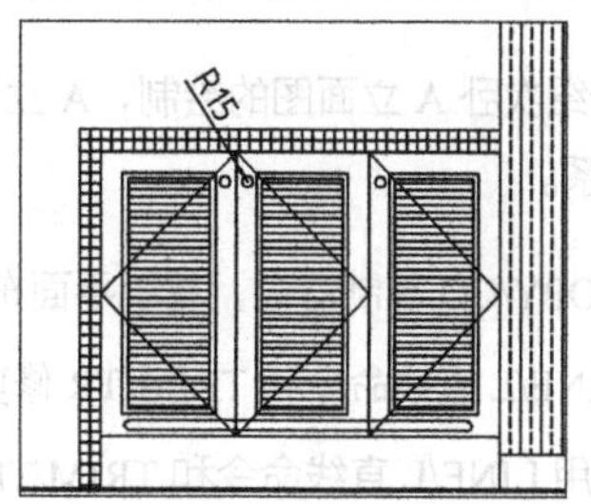

图 8-112 绘制拉手

15 调用 LINE/L 直线命令，在酒柜下方绘制折线，表示镂空，如图 8-113 所示。

16 从图库中调入烛台和插座图块，如图 8-114 所示。

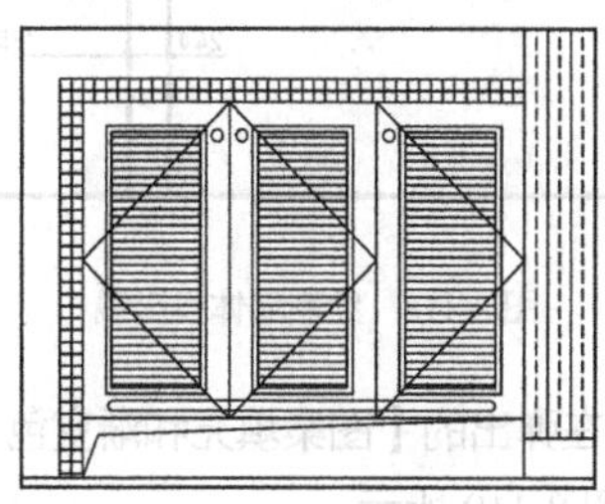

图 8-113 绘制折线

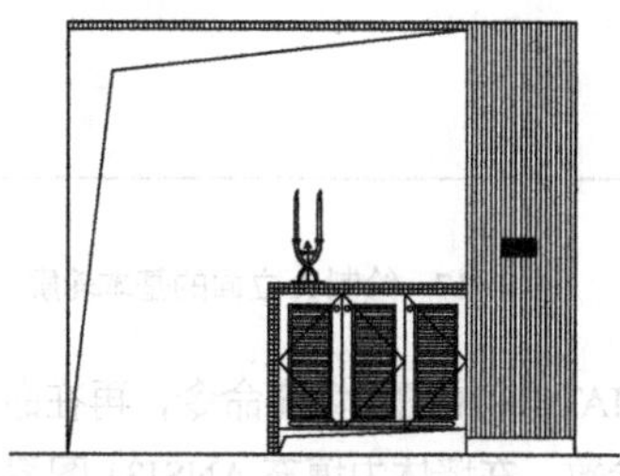

图 8-114 插入图块

17 调用 DIMLINEAR/DLI 线性命令，进行尺寸标注，如图 8-115 所示。

18 调用 MLEADER/MLD 多重引线命令，对立面材料进行文字注释。

19 调用 INSERT/I 插入命令，插入“图名”图块，完成玄关 D 立面图的绘制，如图 8-116 所示。

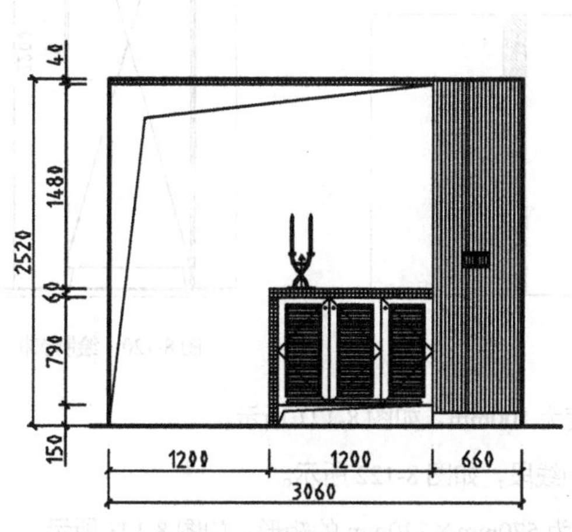

图 8-115 尺寸标注

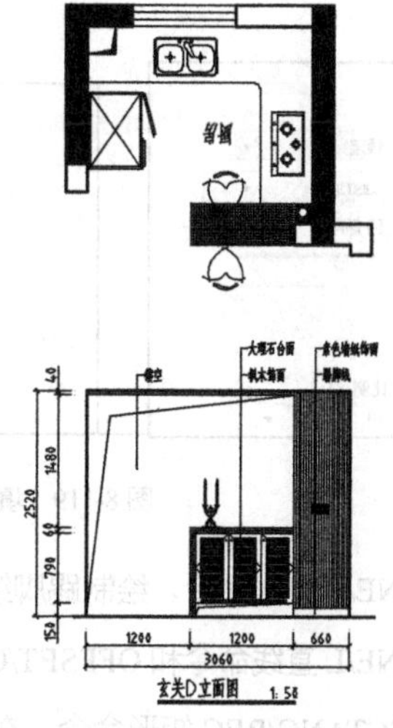

图 8-116 玄关 D 立面完成图

110 绘制次卧 A 立面图

视频文件：MP4\第 8 章\110.MP4

本例介绍次卧 A 立面图的绘制，A 立面是床背景和书桌所在的墙面，主要表达了它们的做法和相互之间的位置关系。

01 调用 COPY/CO 复制命令，复制平面布置图上次卧 A 立面的平面部分，并对图形进行旋转。

02 调用 LINE/L 直线命令和 TRIM/TR 修剪命令，绘制 A 立面的基本轮廓，如图 8-117 所示。

03 继续调用 LINE/L 直线命令和 TRIM/TR 修剪命令，绘制墙体投影线，如图 8-118 所示。

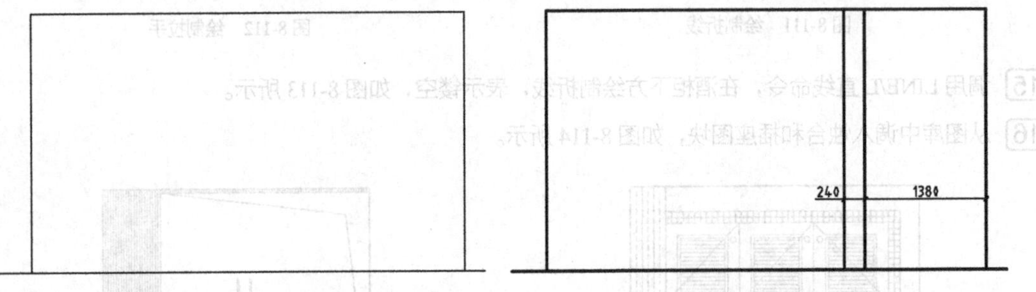

图 8-117 绘制 A 立面的基本轮廓　　图 8-118 绘制墙体投影线

04 调用 HATCH/H 图案填充命令，再在命令行中输入 T 命令，在弹出的【图案填充和渐变色】对话框中设置参数，在墙体内填充 ANSI31 图案，填充参数和效果如图 8-119 所示。

05 调用 PLINE/PL 多段线命令和 ARC/A 圆弧命令，绘制衣柜，如图 8-120 所示。

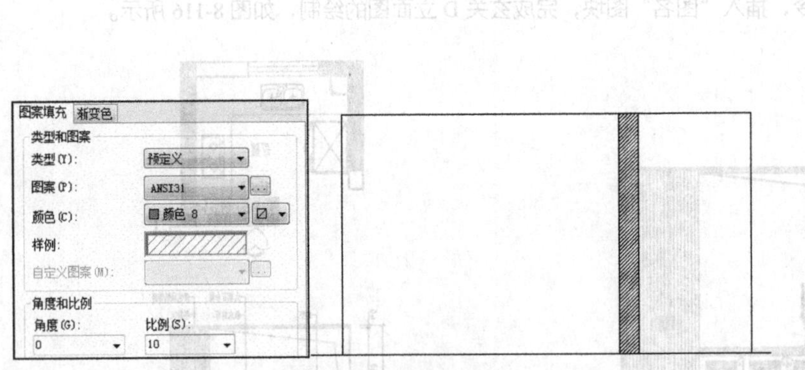

图 8-119 填充参数和效果

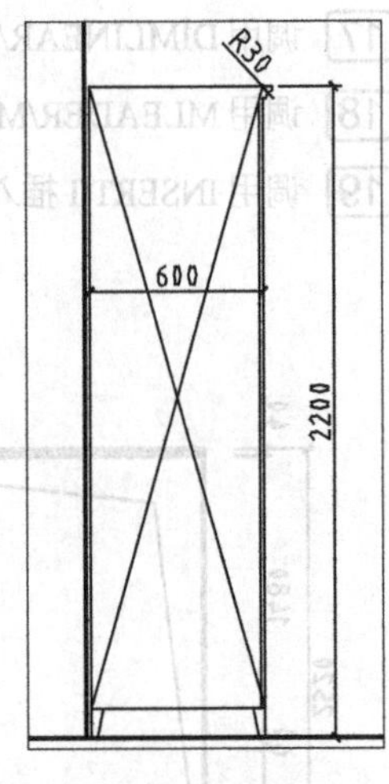

图 8-120 绘制衣柜

06 调用 LINE/L 直线命令，绘制踢脚线，踢脚线的高度为 100mm，如图 8-121 所示。

07 调用 LINE/L 直线命令和 OFFSET/O 偏移命令，绘制线段，如图 8-122 所示。

08 调用 RECTANG/REC 矩形命令，在线段内绘制尺寸为 570mm×330mm 的矩形，如图 8-123 所示。

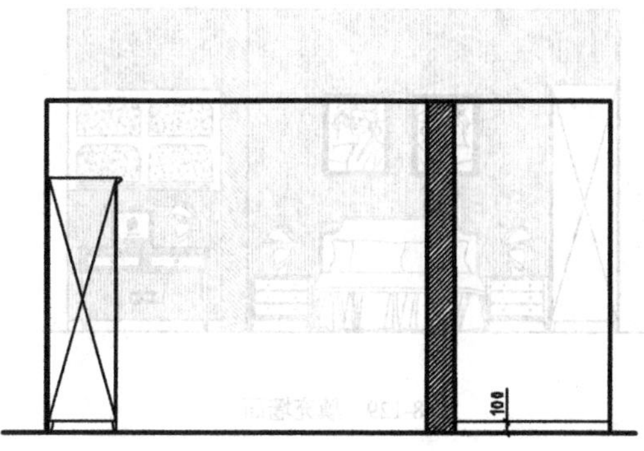

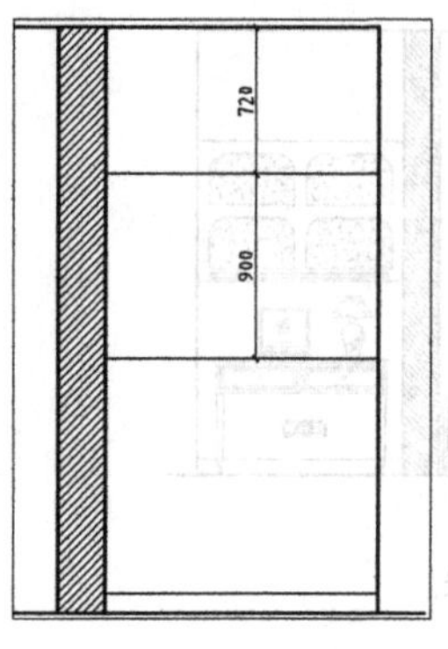

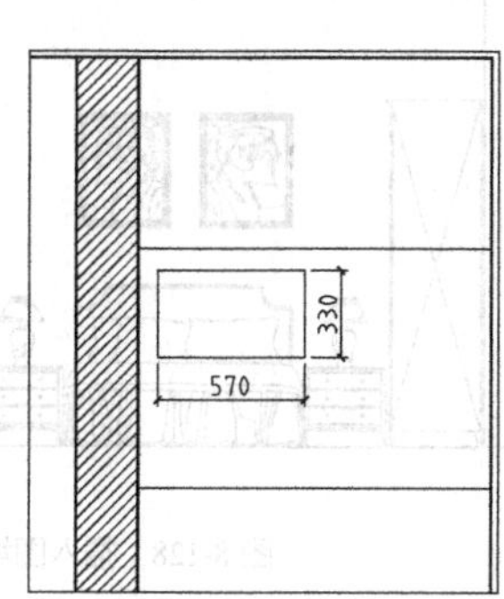

图 8-121　绘制踢脚线　　图 8-122　绘制线段　　图 8-123　绘制矩形

(09) 调用 FILLET/F 圆角命令，对矩形进行圆角，圆角半径为 120mm，如图 8-124 所示。

(10) 调用 HATCH/H 图案填充命令，在矩形内填充 AR-CONC 图案，填充参数和效果如图 8-125 所示。

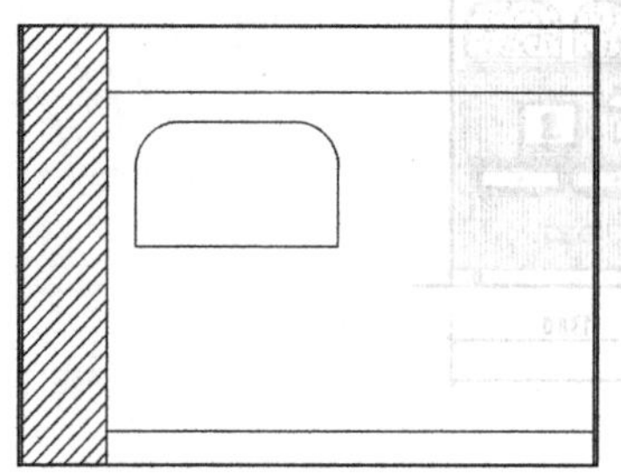

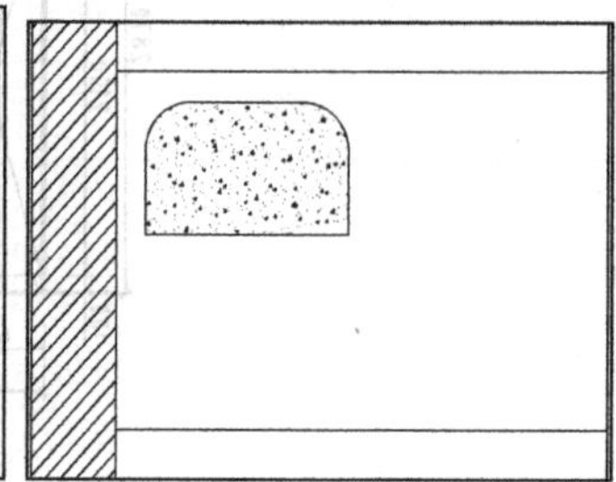

图 8-124　圆角　　图 8-125　填充参数和效果

(11) 调用 COPY/CO 复制命令，将绘制的图形进行复制，如图 8-126 所示。

(12) 调用 RECTANG/REC 矩形命令，在复制的图形下方绘制尺寸为 1200mm×25mm，圆角半径为 12.5mm 的圆角矩形，如图 8-127 所示。

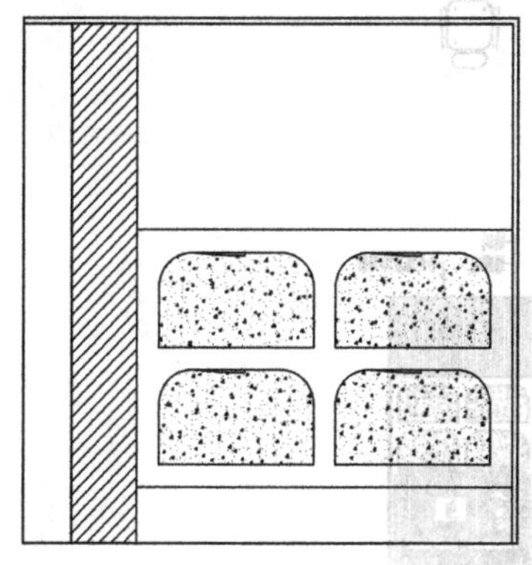
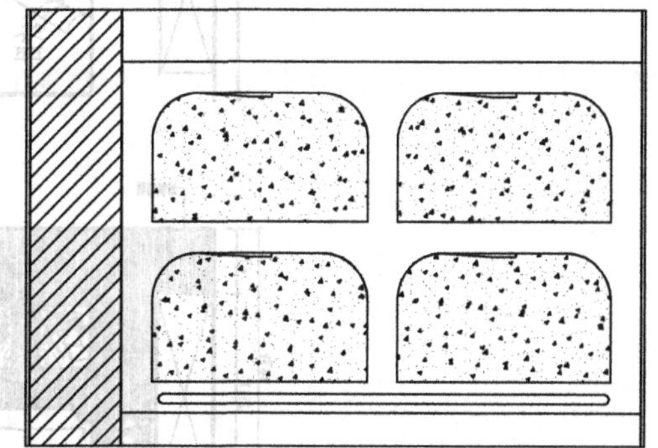

图 8-126　复制图形　　图 8-127　绘制圆角矩形

(13) 从图库中调入床、床头柜、装饰画、书桌和计算机等图形到立面图中，并进行修剪，如图 8-128 所示。

(14) 调用 HATCH/H 图案填充命令，在墙面填充 BRASS 图案，如图 8-129 所示。

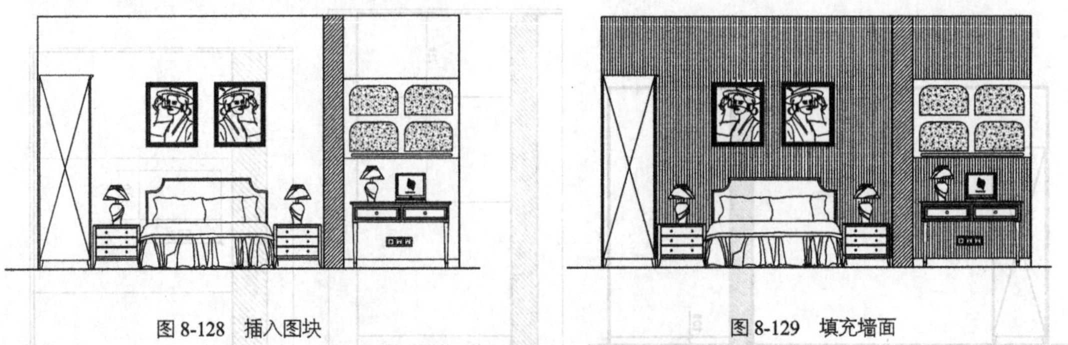

图 8-128　插入图块　　　　图 8-129　填充墙面

15 调用 DIMLINEAR/DLI 线性命令，进行尺寸标注，如图 8-130 所示。

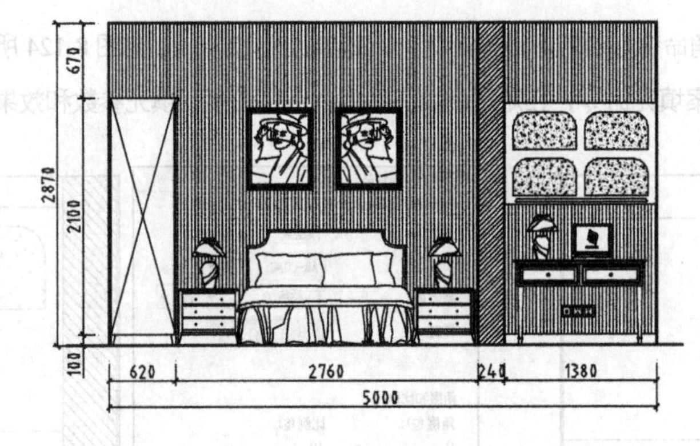

图 8-130　尺寸标注

16 调用 MLEADER/MLD 多重引线命令，对立面材料进行文字注释。

17 调用 INSERT/I 插入命令，插入“图名”图块，完成 A 立面图的绘制，如图 8-131 所示。

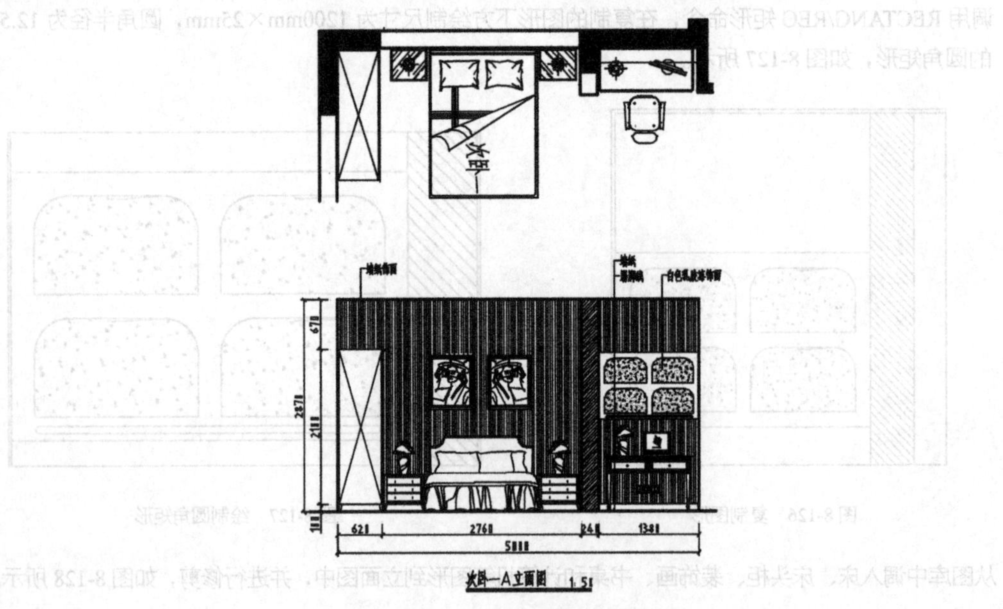

图 8-131　次卧 A 立面完成图

第 9 章 中式风格别墅室内设计

中式风格主要体现在传统家具、装饰品及黑、红为主的装饰色彩上。室内多采用对称式的布局方式，格调高雅，造型简朴优美，色彩浓重而成熟。中国传统室内装饰艺术的特点是总体布局对称均衡，端正稳健，而在装饰细节上崇尚自然情趣，花鸟、鱼虫等精雕细琢，富于变化，充分体现出中国传统美学精神。本章以别墅为例讲解中式风格别墅施工图的绘制方法。

111 绘制别墅原始户型图

视频文件：MP4\第 9 章\111.MP4

本例别墅一共三层，本实例介绍二层原始户型图的绘制方法，最终完成效果如图 9-1 所示。

01 启动 AutoCAD 2022，以“室内装潢施工图模板.dwt”创建新图形。

02 这里讲解使用多段线命令绘制轴网的方法，图 9-2 所示是别墅二层完整的轴网图。

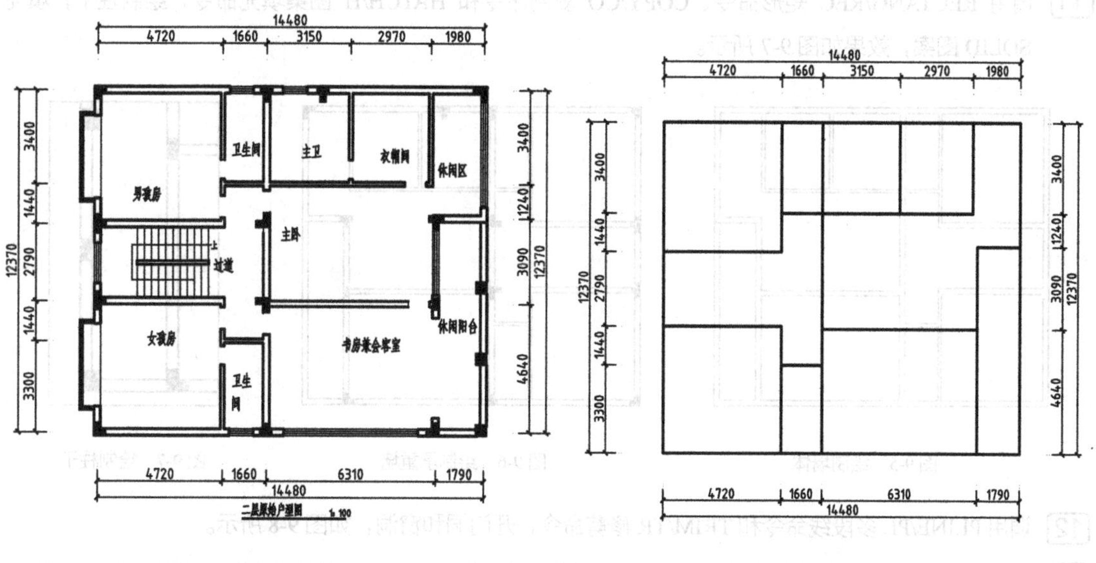

图 9-1 别墅二层原始户型图

图 9-2 轴网图

03 设置“ZX_轴线”图层为当前图层。

04 调用 RECTANG/REC 矩形命令，绘制尺寸为 14480mm×12370mm 的矩形作为外部轴线轮廓，如图 9-3 所示。

05 绘制内部轴网。找到需要分隔的房间，调用 PLINE/PL 多段线命令绘制，结果如图 9-4 所示。

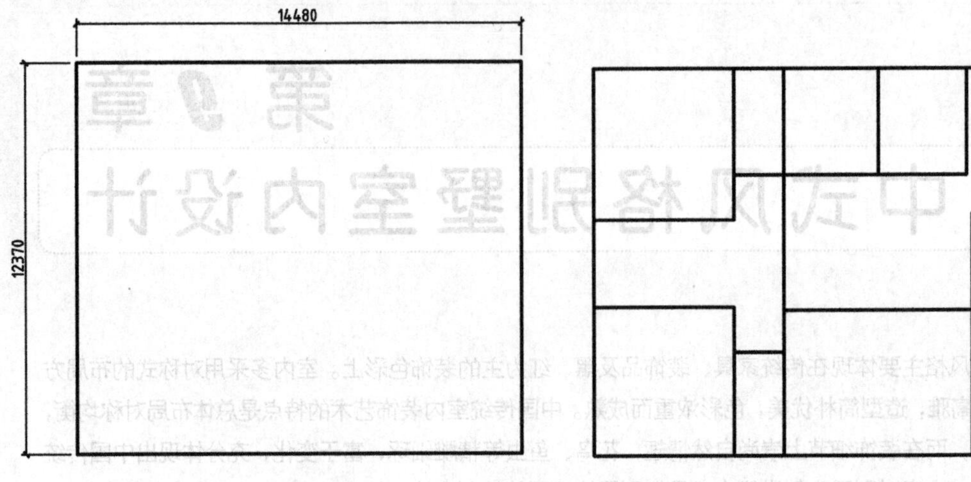

图 9-3　绘制矩形　　　　图 9-4　绘制内部轴线

06 设置“BZ_标注”图层为当前图层。

07 调用 DIMLINEAR/DLI 线性命令，标注尺寸，如图 9-2 所示。

08 设置“QT_墙体”图层为当前图层。

09 调用 MLINE/ML 多线命令，绘制墙体，墙体绘制完后，调用 CHAMFER/CHA 倒角命令和 TRIM/TR 修剪命令，修剪墙体，效果如图 9-5 所示。

10 调用 LINE/L 直线命令和 HATCH/H 图案填充命令，绘制承重墙，填充 SOLID 图案，效果如图 9-6 所示。

11 调用 RECTANG/REC 矩形命令、COPY/CO 复制命令和 HATCH/H 图案填充命令，绘制柱子，填充 SOLID 图案，效果如图 9-7 所示。

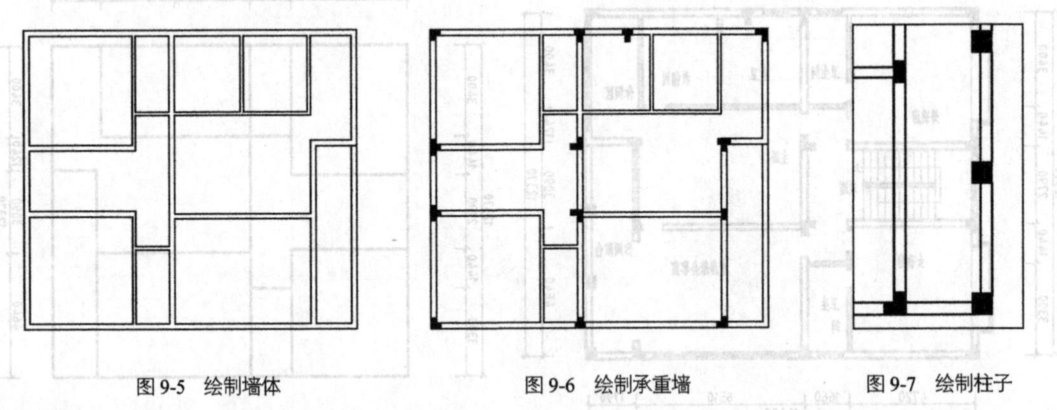

图 9-5　绘制墙体　　　　图 9-6　绘制承重墙　　　　图 9-7　绘制柱子

12 调用 PLINE/PL 多段线命令和 TRIM/TR 修剪命令，开门洞和窗洞，如图 9-8 所示。

13 绘制窗。调用 LINE/L 直线命令、PLINE/PL 多段线命令和 OFFSET/O 偏移命令，绘制窗，效果如图 9-9 所示。

14 设置“LT_楼梯”图层为当前图层。

15 调用 LINE/L 直线命令，绘制楼板边界线，如图 9-10 所示。

16 调用 OFFSET/O 偏移命令，向左偏移刚才绘制的线段，偏移距离为 268mm（每一踏面宽为 268mm），偏移次数为 10 次，得到踏步平面图形。

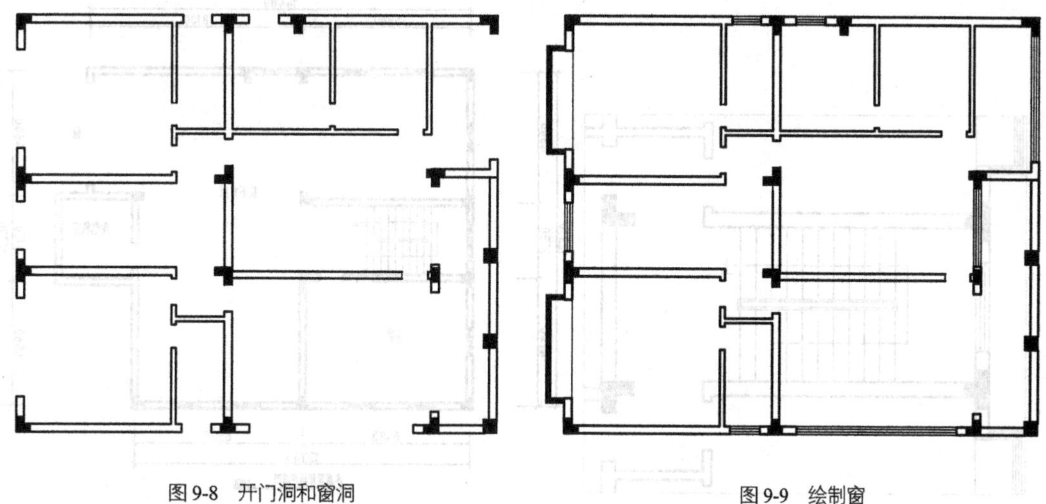

图 9-8　开门洞和窗洞　　　　图 9-9　绘制窗

17 调用 RECTANG/REC 矩形命令，绘制 2760×170 的矩形，表示踏步中心线上的扶手，如图 9-11 所示。

18 调用 TRIM/TR 修剪命令，修剪矩形内的踏步线，得到效果如图 9-12 所示。

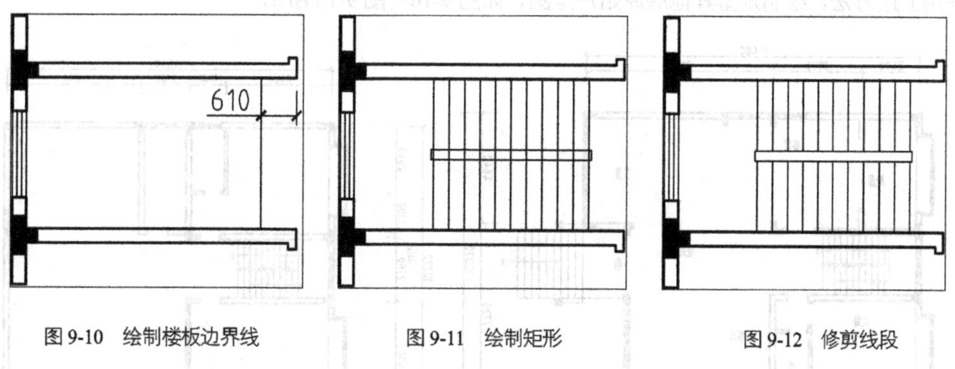

图 9-10　绘制楼板边界线　　　　图 9-11　绘制矩形　　　　图 9-12　修剪线段

19 调用 OFFSET/O 偏移命令，将矩形向内偏移 40mm，如图 9-13 所示。

20 绘制箭头注释。调用 MLEADERSTYLE 命令，创建“箭头 2”多重引线样式，设置“最大引线点数”为 4，如图 9-14 所示。

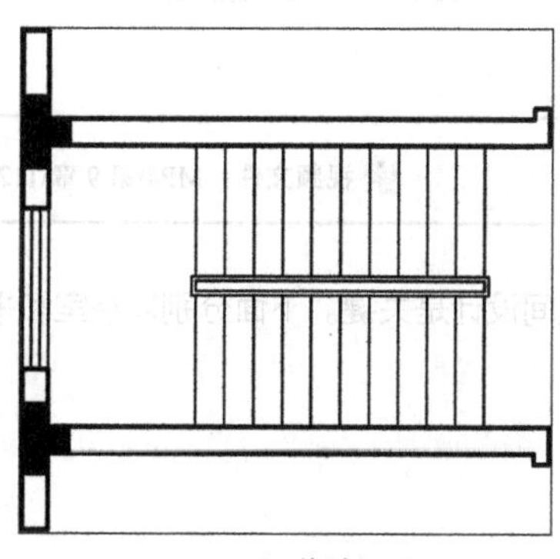

图 9-13　偏移矩形

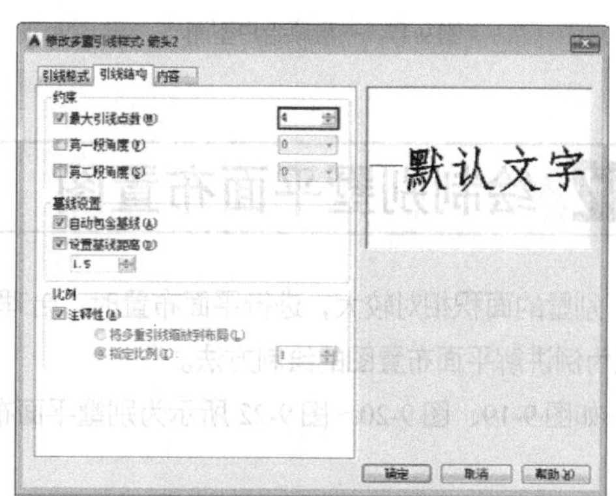

图 9-14　创建多重引线样式

21 将“箭头 2”多重引线样式置为当前，调用 MLEADER/MLD 多重引线命令，绘制楼梯平面箭头注释，如图 9-15 所示，楼梯绘制完成。

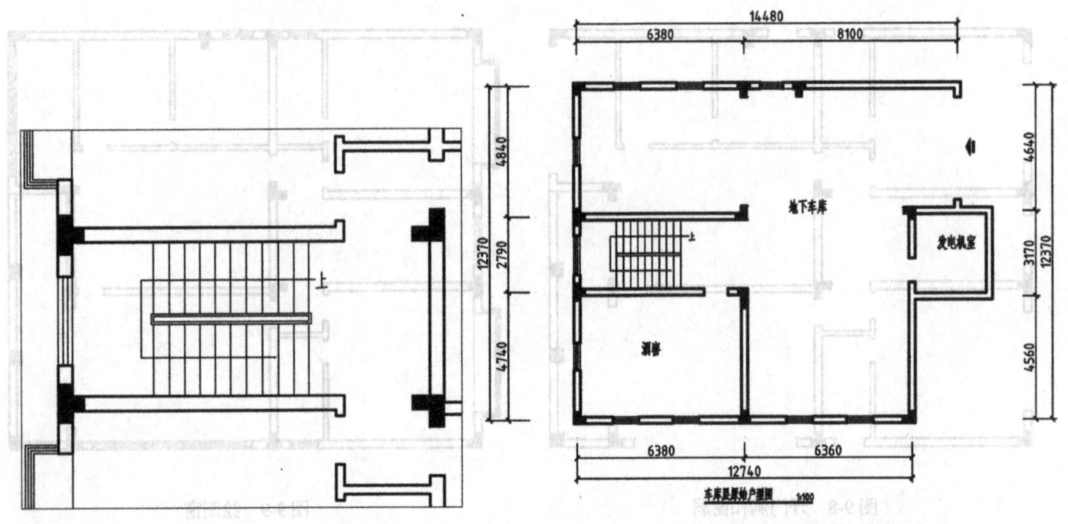

图 9-15 绘制箭头注释　　　图 9-16 车库层原始户型图

22 调用 MTEXT/MT 多行文字命令，对各房间进行文字标注，完成二层原始户型图的绘制。

23 使用上述方法，绘制别墅其他层原始户型图，如图 9-16 ~ 图 9-18 所示。

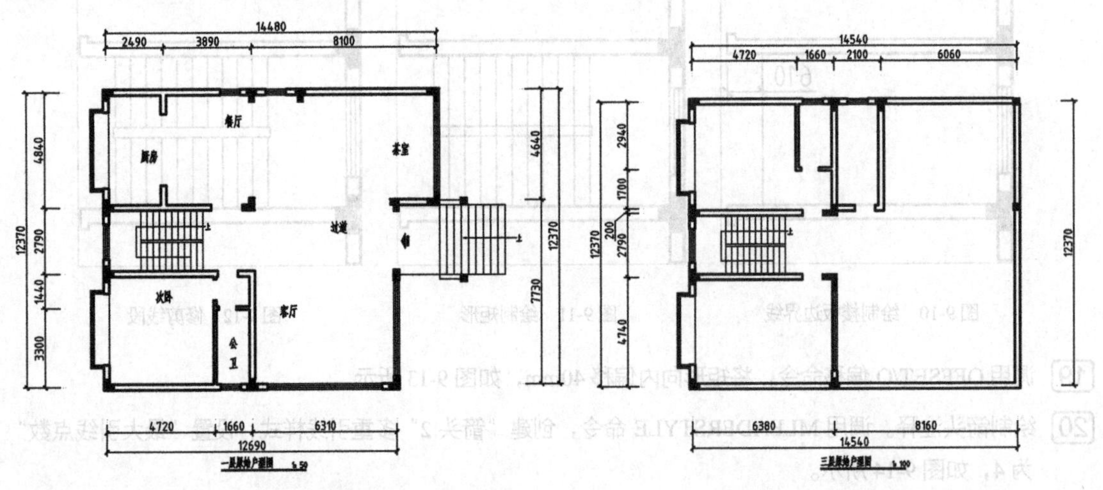

图 9-17 一层原始户型图　　　图 9-18 三层原始户型图

112 绘制别墅平面布置图

视频文件：MP4\第 9 章\112.MP4

别墅的面积相对较大，进行平面布置时，合理的家具和空间设计是关键。下面分别以茶室和书房兼会客室为例讲解平面布置图的绘制方法。

如图 9-19、图 9-20 ~ 图 9-22 所示为别墅平面布置图。

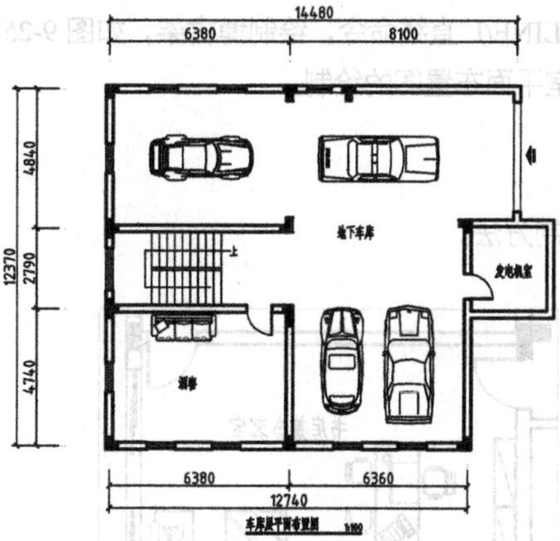

图 9-19　车库层平面布置图

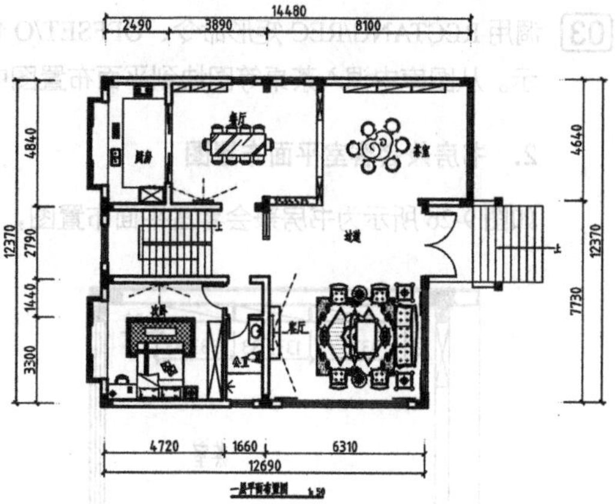

图 9-20　一层平面布置图

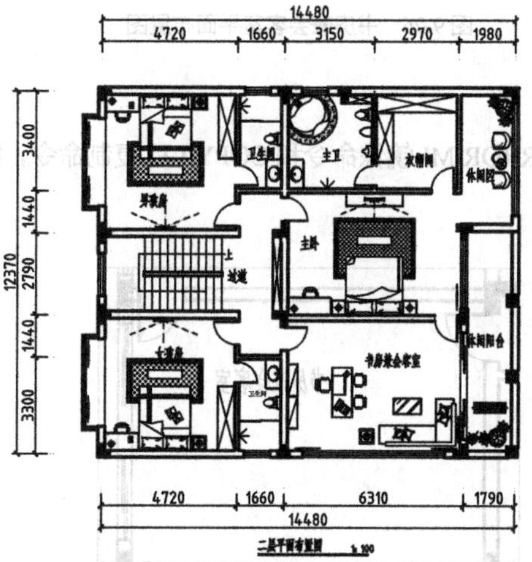

图 9-21　二层平面布置图

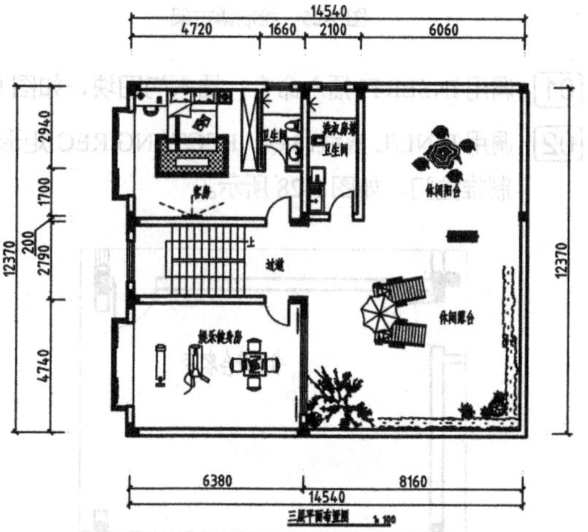

图 9-22　三层平面布置图

1. 绘制茶室平面布置图

如图 9-23 所示为茶室平面布置图，下面讲解绘制方法。

01 调用 COPY/CO 复制命令，复制别墅的原始户型图。

02 调用 RECTANG/REC 矩形命令和 LINE/L 直线命令，绘制门廊，如图 9-24 所示。

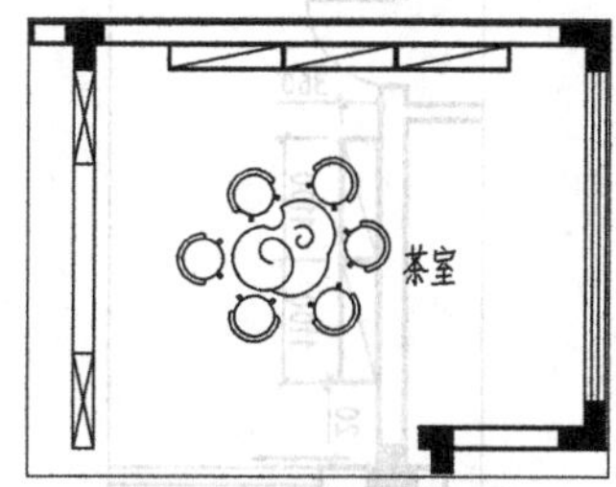

图 9-23　茶室平面布置图

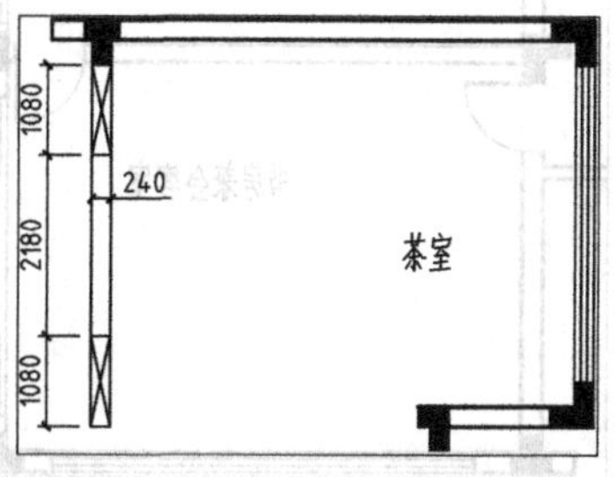

图 9-24　绘制门廊

03 调用 RECTANG/REC 矩形命令、OFFSET/O 偏移命令和 LINE/L 直线命令，绘制博古架，如图 9-25 所示。从图库中调入茶桌等图块到平面布置图中，完成茶室平面布置图的绘制。

2．书房兼会客室平面布置图

如图 9-26 所示为书房兼会客室平面布置图，下面讲解绘制方法。

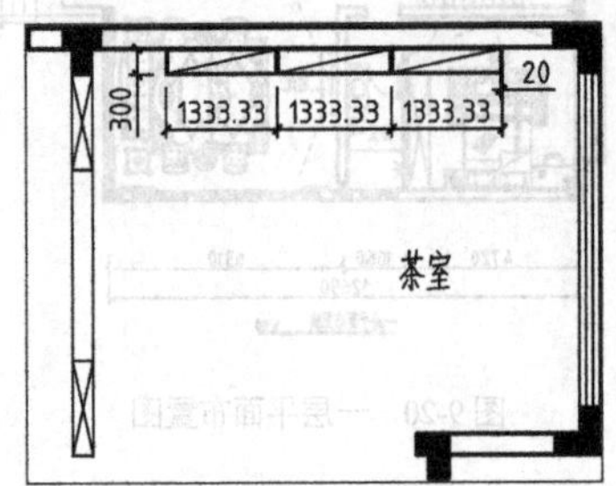

图 9-25　绘制博古架

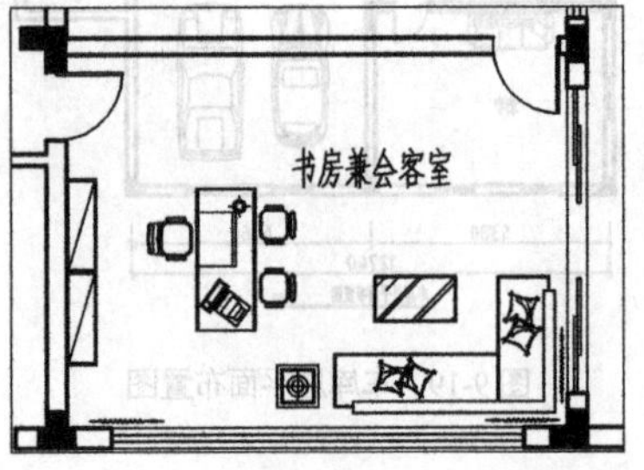

图 9-26　书房兼会客室平面布置图

01 调用 INSERTI/插入命令，插入门图块，如图 9-27 所示。

02 调用 LINE/L 直线命令、RECTANG/REC 矩形命令、MIRROR/MI 镜像命令和 COPY/CO 复制命令，绘制推拉门，如图 9-28 所示。

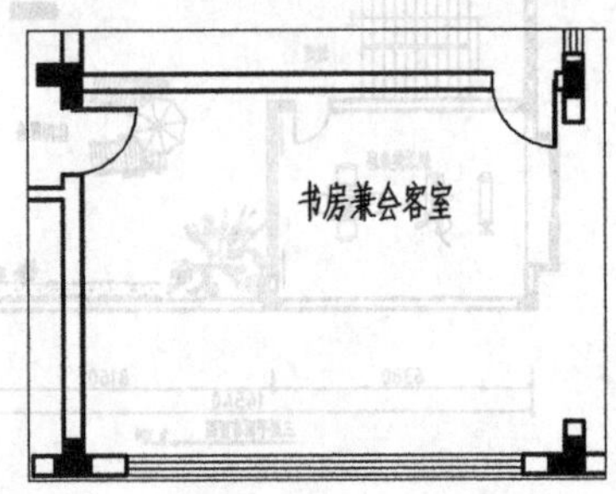

图 9-27　插入门图块

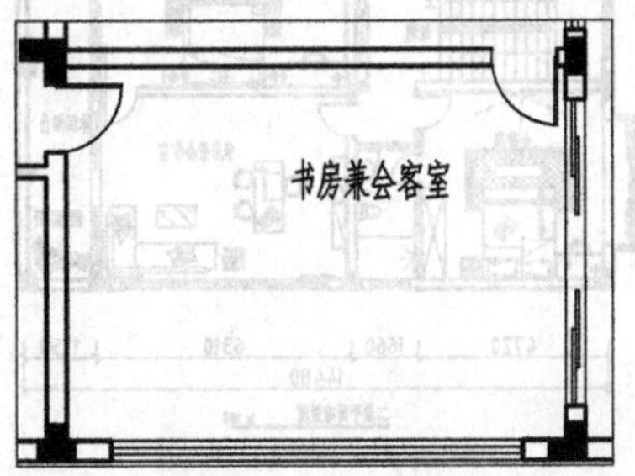

图 9-28　绘制推拉门

03 调用 PLINE/PL 多段线命令和 MIRROR/MI 镜像命令，绘制窗帘，如图 9-29 所示。

04 调用 RECTANG/REC 矩形命令、OFFSET/O 偏移命令和 LINE/L 直线命令，绘制书柜，如图 9-30 所示。

05 从图库中调入书桌、沙发和茶几等图块到平面布置图中，完成书房兼会客室平面布置图的绘制。

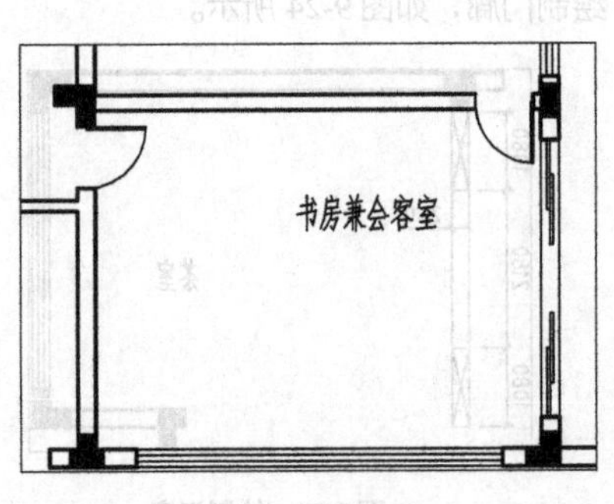

图 9-29　绘制窗帘

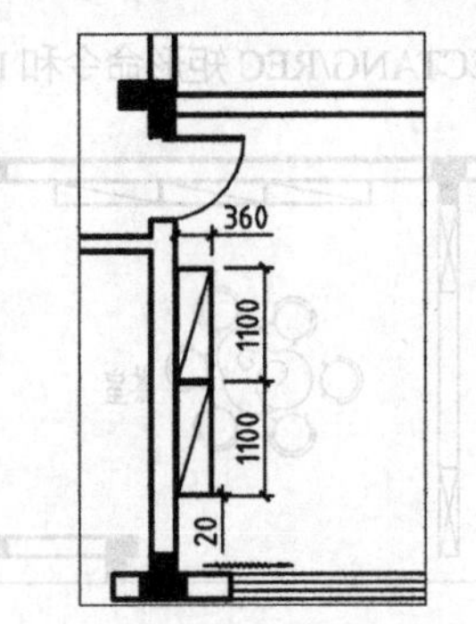

图 9-30　绘制书柜

113 绘制别墅地材图

视频文件：MP4\第 9 章\113.MP4

别墅铺设的地面材料有麻石、仿古砖、防滑砖、抛光砖、木地板和防腐木。

如图 9-31 ~ 图 9-34 所示为别墅地材图，下面以别墅一层为例讲解地材图的绘制方法。

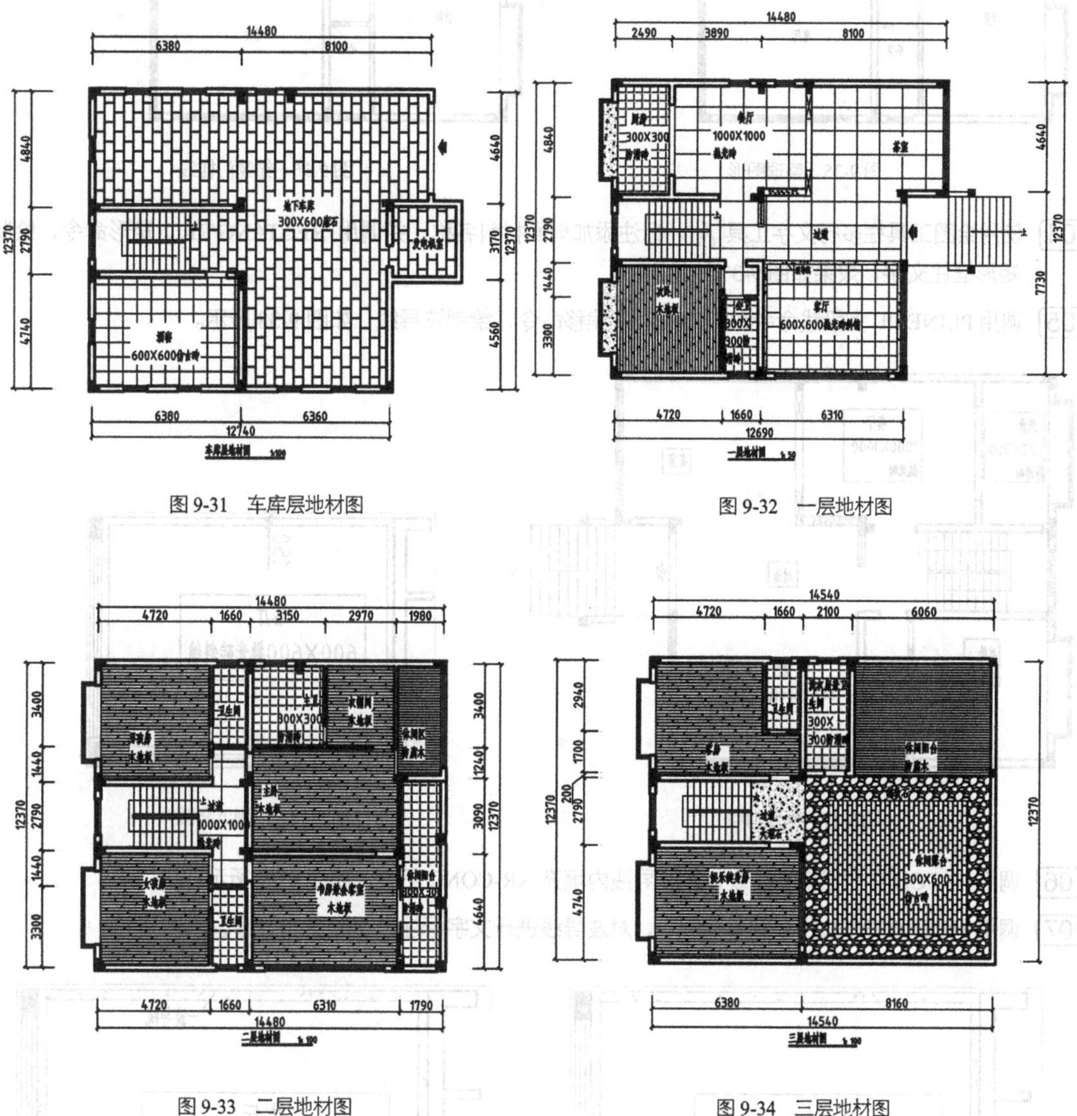

图 9-31　车库层地材图　　图 9-32　一层地材图

图 9-33　二层地材图　　图 9-34　三层地材图

01 复制图形。调用 COPY/CO 复制命令，复制别墅一层平面布置图，并删除与地材图无关的图形，如图 9-35 所示。

02 设置“DM_地面”图层为当前图层。

03 调用 LINE//L 直线命令，绘制门槛线，如图 9-36 所示。

图9-35 整理图形　　图9-36 绘制门槛线

04 使用绘图工具栏多行文字工具 A ，标注添加地面材料名称，并调用 RECTANG/REC 矩形命令，绘制矩形框住文字，效果如图 9-37 所示。

05 调用 PLINE/PL 多段线命令和 OFFSET/O 偏移命令，绘制波导线，如图 9-38 所示。

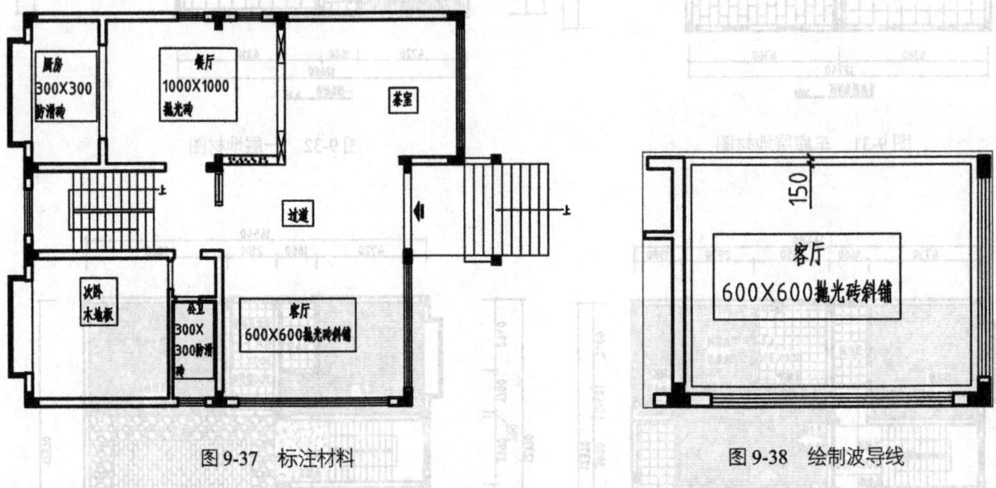

图9-37 标注材料　　图9-38 绘制波导线

06 调用 HATCH/H 图案填充命令，在波导线内填充 AR-CONC 图案，如图 9-39 所示。

07 调用 MLEADER/MLD 多重引线命令，对波导线进行文字标注，如图 9-40 所示。

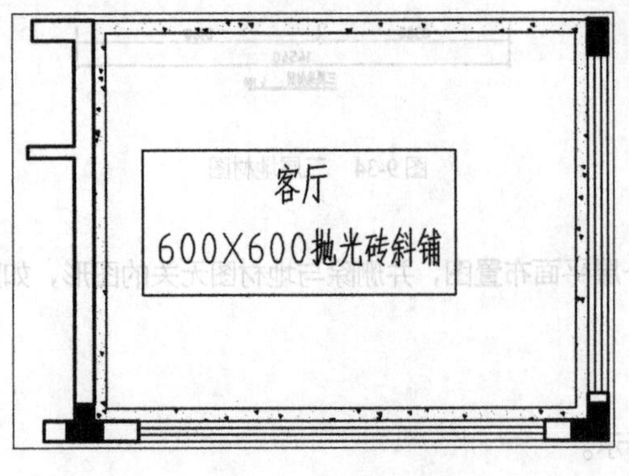

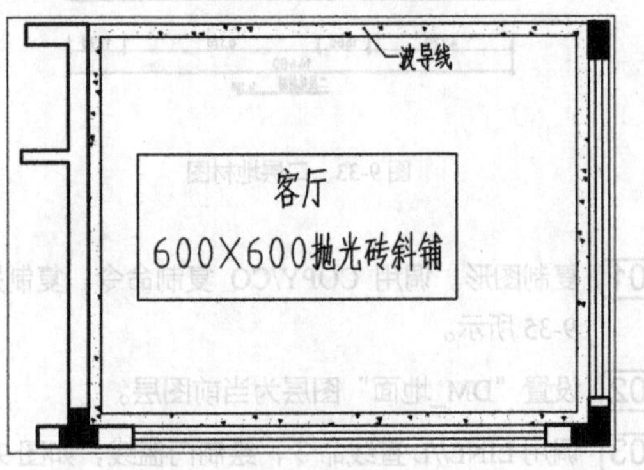

图9-39 填充波导线　　图9-40 文字标注

08 调用HATCH/H图案填充命令，对客厅、餐厅、茶室和过道填充“用户定义”图案，效果如图9-41所示。

09 继续调用HATCH/H图案填充命令，对次卧填充DOLMIT图案，效果如图9-42所示。

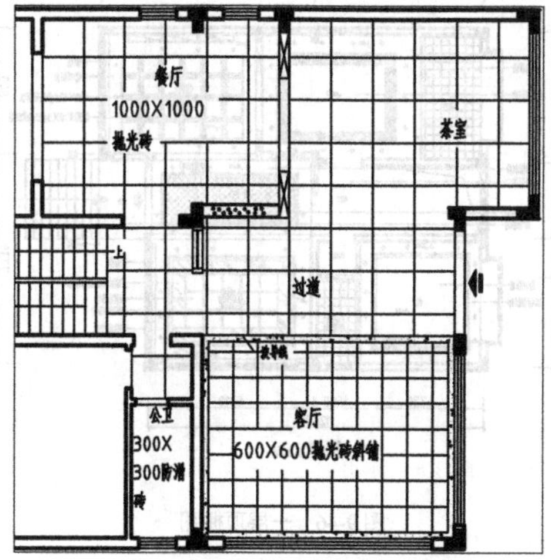

图9-41　填充客厅、餐厅、茶室和过道效果

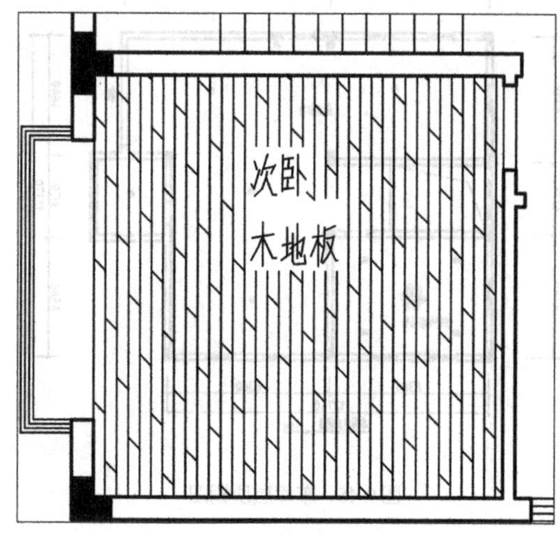

图9-42　填充次卧效果

10 对厨房和公卫填充ANGLE图案，效果如图9-43所示，对窗台填充AR-CONC图案，效果如图9-44所示，填充后删除前面绘制的矩形，完成地材图的绘制。

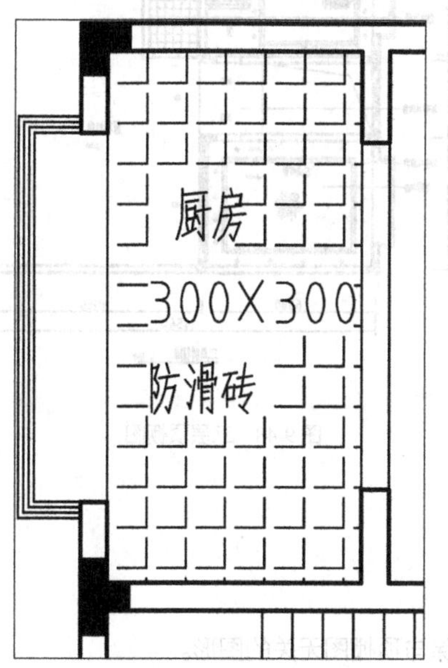

图9-43　填充厨房效果

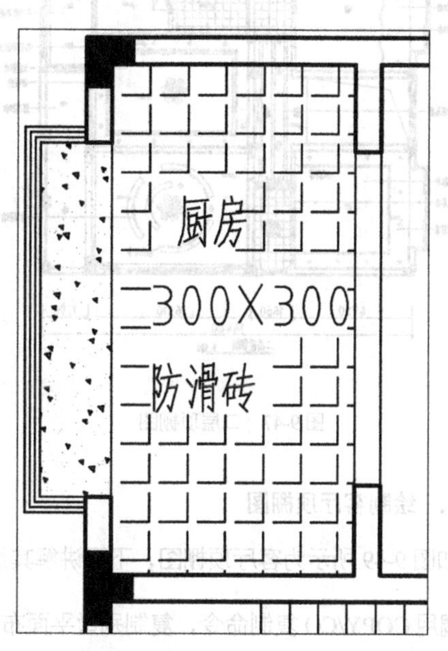

图9-44　填充窗台效果

114 绘制别墅顶棚图

视频文件：MP4\第9章\114.MP4

别墅的顶面设计较为复杂，本例以别墅的客厅和茶室为例，讲解别墅顶棚图的绘制方法。

如图 9-45、图 9-46、图 9-47 和图 9-48 所示为别墅的顶棚图，下面分别以客厅和茶室为例，讲解顶棚图的绘制方法。

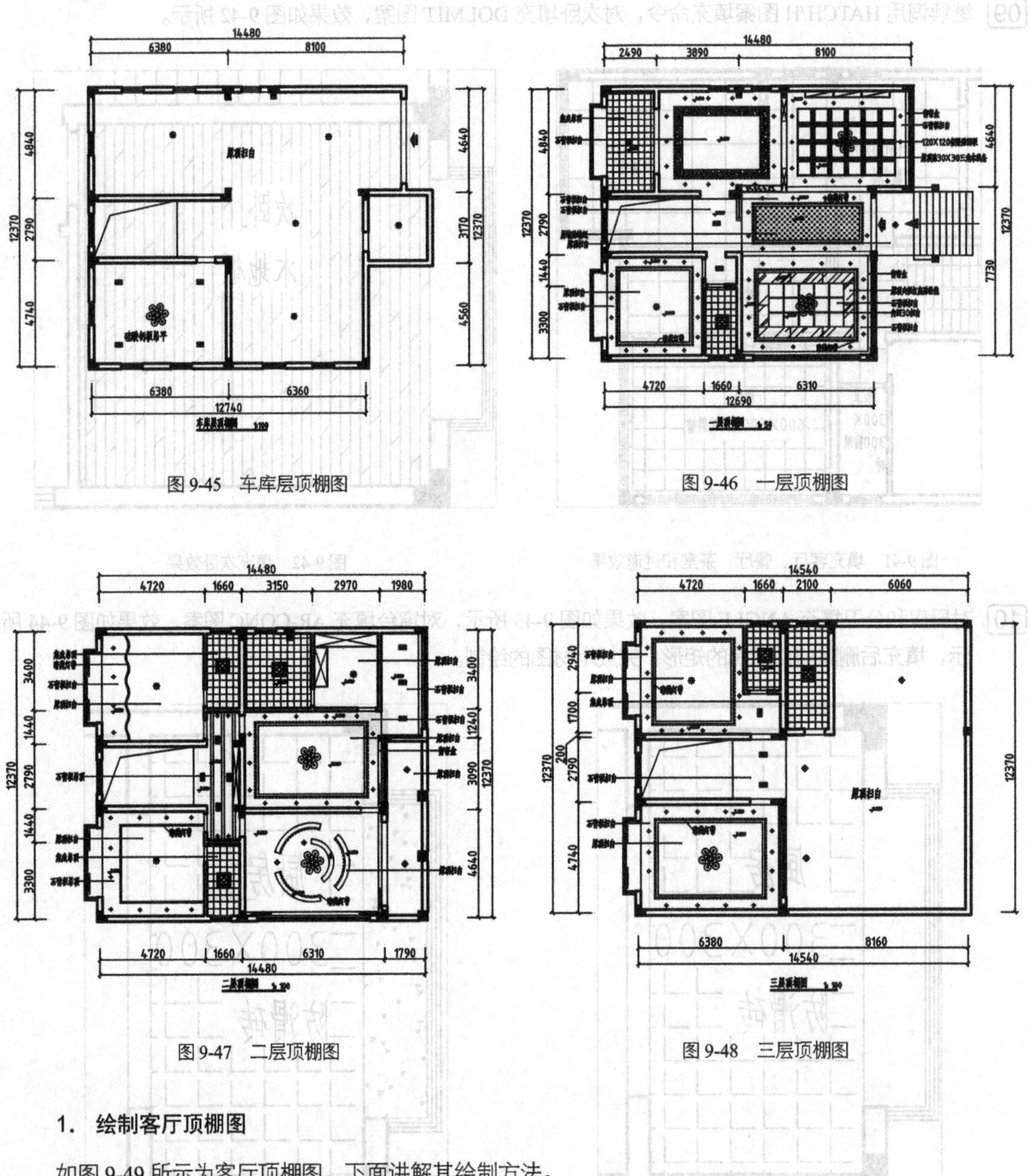

图 9-45　车库层顶棚图

图 9-46　一层顶棚图

图 9-47　二层顶棚图

图 9-48　三层顶棚图

1．绘制客厅顶棚图

如图 9-49 所示为客厅顶棚图，下面讲解其绘制方法。

01 调用 COPY/CO 复制命令，复制别墅平面布置图，并删除与顶棚图无关的图形。

02 设置“DM_地面”图层为当前图层。

03 调用 LINE/L 直线命令，绘制墙体线。

04 设置“DD_吊顶”图层为当前图层。

05 调用 LINE/L 直线命令和 OFFSET/O 偏移命令，绘制宽度为 200mm 的梁。

06 调用 LINE/L 直线命令，绘制宽度为 150mm 的窗帘盒。

07 调用 RECTANG/REC 矩形命令，绘制尺寸为 4720mm×3190mm 的矩形，并移动到相应的位置，如图 9-50 所示。

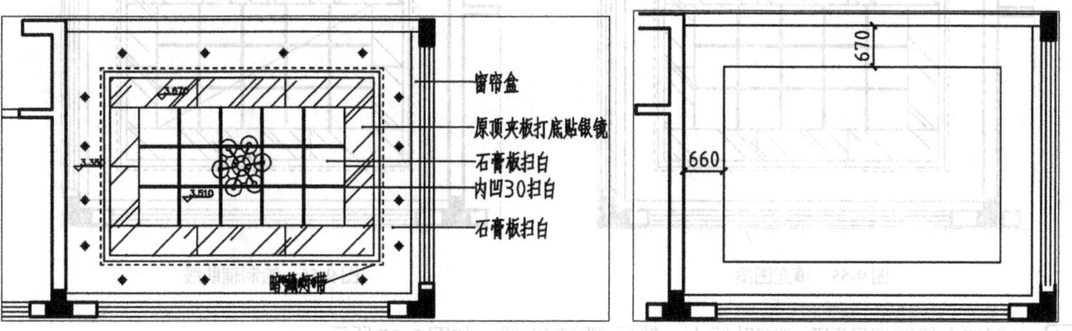

图 9-49　客厅顶棚图　　图 9-50　绘制矩形

08 调用 OFFSET/O 偏移命令，将矩形向外偏移 60mm，并设置为虚线，表示灯带，如图 9-51 所示。

09 继续调用 OFFSET/O 偏移命令，将矩形向内偏移 100mm 和 500mm，如图 9-52 所示。

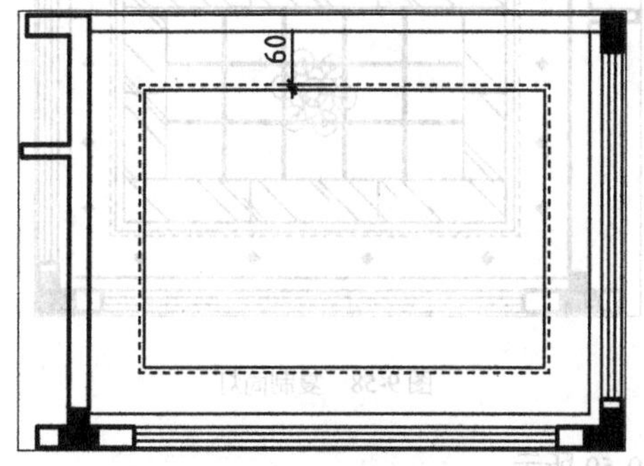

图 9-51　绘制灯带

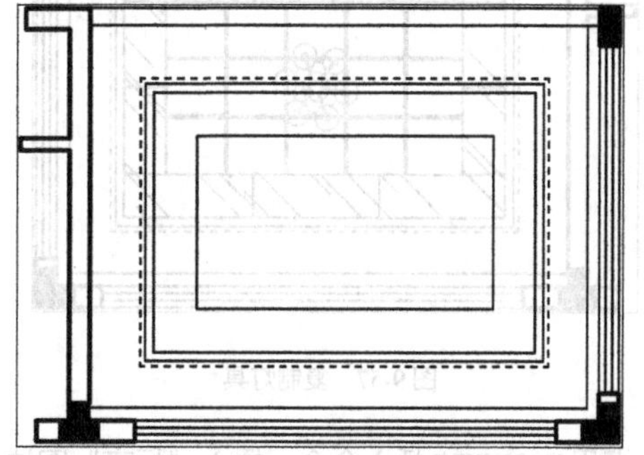

图 9-52　偏移矩形

10 调用 LINE/L 直线命令和 OFFSET/O 偏移命令，在矩形中绘制如图 9-53 所示线段。

11 调用 LINE/L 直线命令、OFFSET/O 偏移命令和 TRIM/TR 修剪命令，在最小的矩形内绘制如图 9-54 所示图形。

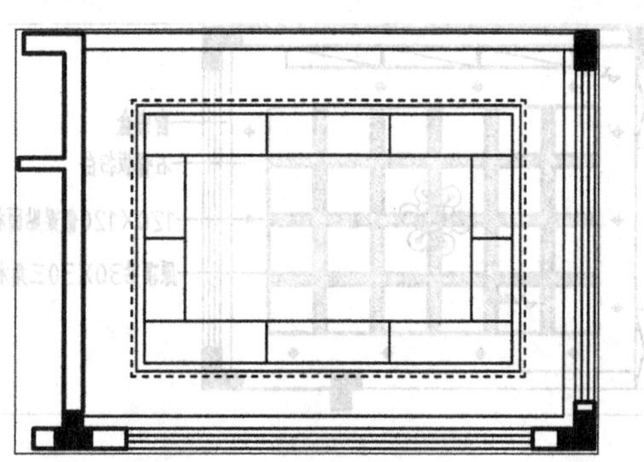

图 9-53　绘制线段

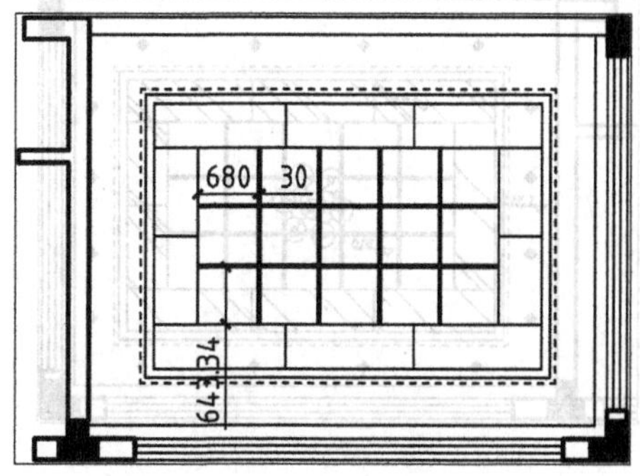

图 9-54　绘制图形

12 调用 HATCH/H 图案填充命令，在矩形内填充 AR-RROOF 图案，效果如图 9-55 所示。

13 调用 LINE/L 直线命令，绘制如图 9-56 所示辅助线。

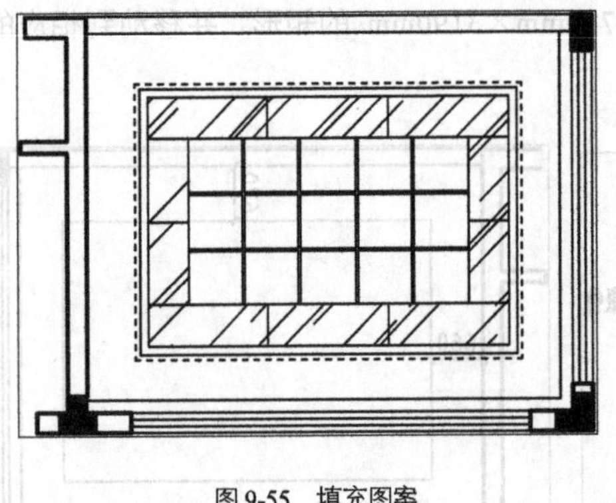

图 9-55　填充图案

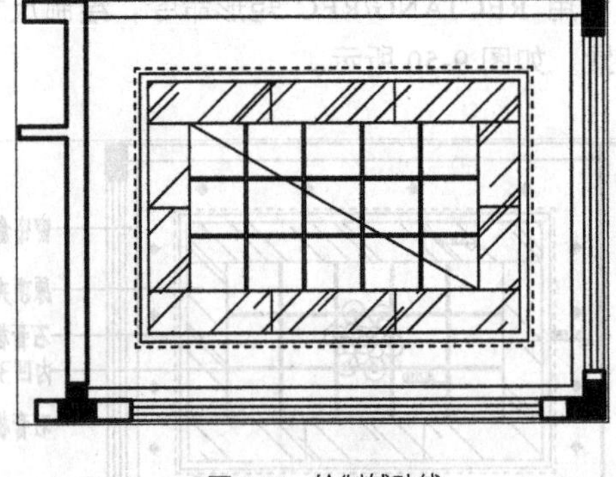

图 9-56　绘制辅助线

14 从图库中复制灯具图形到辅助线上，然后删除辅助线，如图 9-57 所示。

15 调用 COPY/CO 复制命令，复制筒灯到顶棚图中，效果如图 9-58 所示。

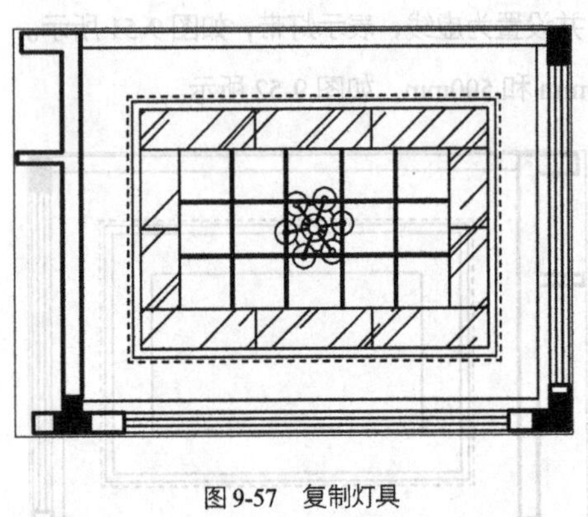

图 9-57　复制灯具

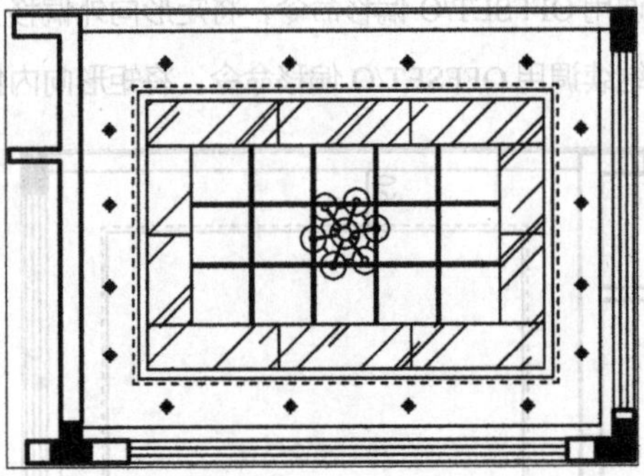

图 9-58　复制筒灯

16 调用 INSERT/I 插入命令，插入“标高”图块，如图 9-59 所示。

17 调用 MLEADER/MLD 多重引线命令，标注顶面材料名称，如图 9-49 所示，完成客厅顶棚图的绘制。

2. 绘制茶室顶棚图

如图 9-60 所示为茶室顶棚图，下面讲解绘制方法。

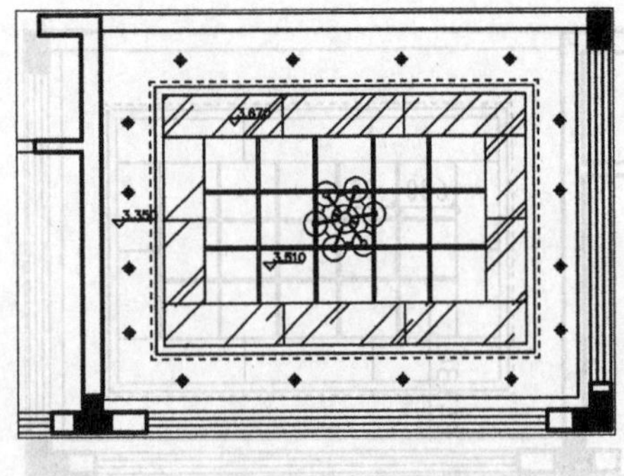

图 9-59　插入标高图块

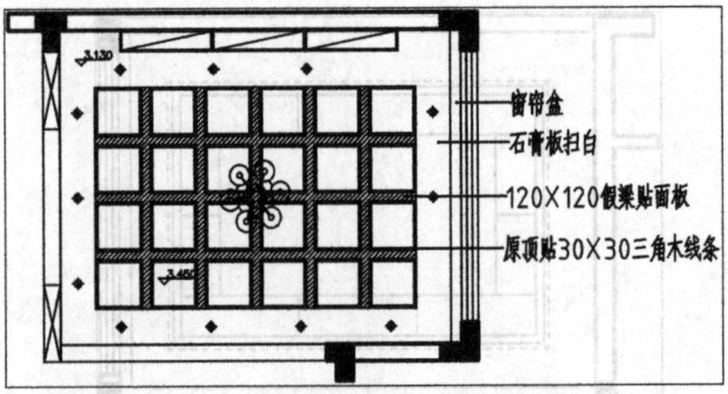

图 9-60　茶室顶棚图

01 调用 RECTANG/REC 矩形命令，绘制尺寸为 4610mm×3100mm 的矩形，并移动到相应的位置，如图 9-61 所示。

02 继续调用 RECTANG/REC 矩形命令，以前面绘制矩形角点为起点，绘制尺寸为 668mm×685mm 的矩形，如图 9-62 所示。

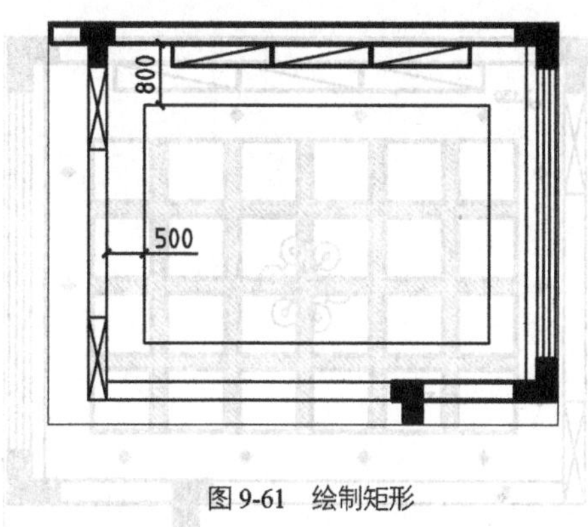

图 9-61　绘制矩形

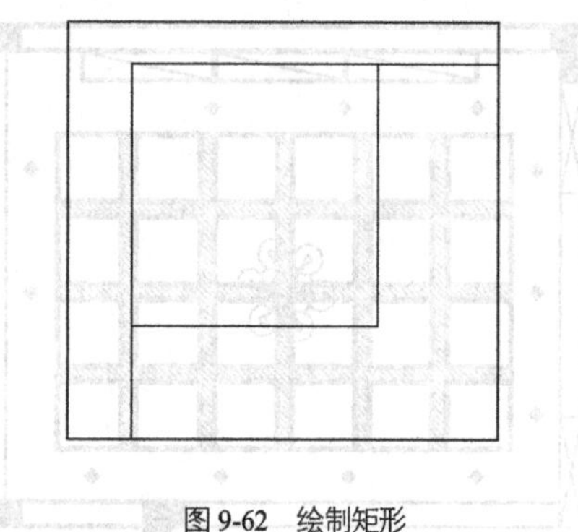
图 9-62　绘制矩形

03 调用 OFFSET/O 偏移命令，将矩形向内偏移 7mm、16mm 和 7mm，如图 9-63 所示。

04 调用 LINE/L 直线命令，连接矩形的交角处，如图 9-64 所示。

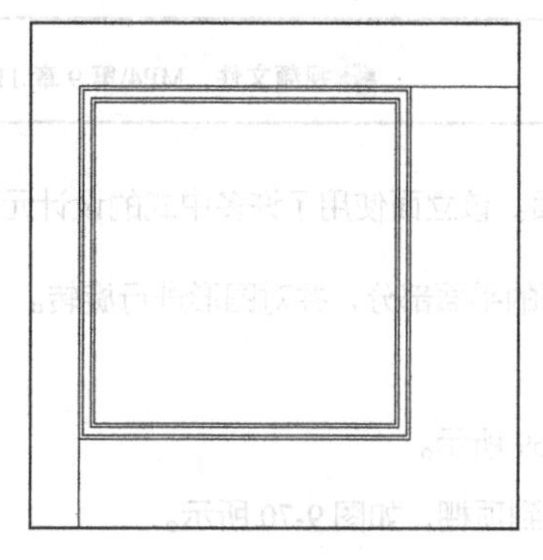
图 9-63　偏移矩形

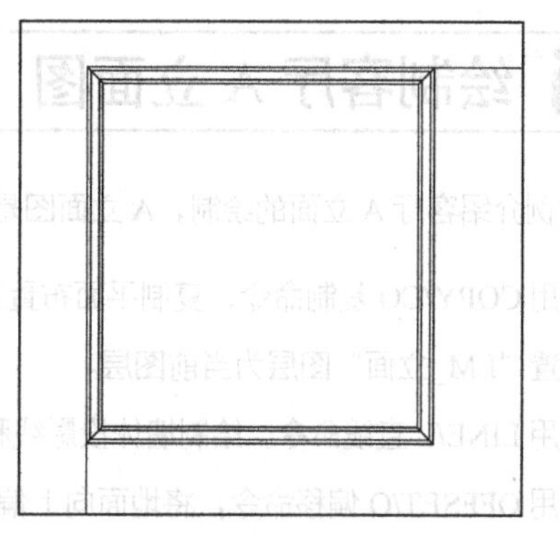
图 9-64　绘制线段

05 调用 ARRAY/AR 阵列命令，对矩形进行阵列，阵列结果如图 9-65 所示。

06 调用 HATCH/H 图案填充命令，再在命令行中输入 T 命令，在弹出的【图案填充和渐变色】对话框内设置参数，在大矩形内填充 ANSI31 图案，填充参数和效果如图 9-66 所示。

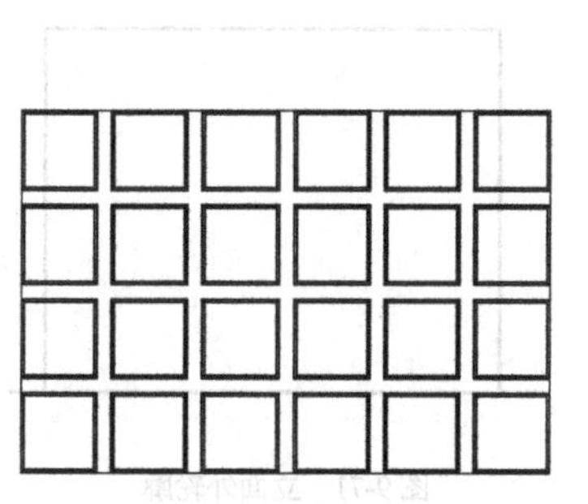
图 9-65　阵列结果

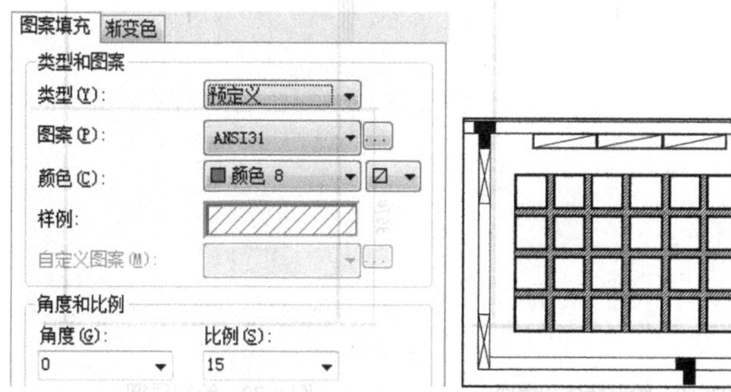

图 9-66　填充参数和效果

07 从图库中复制灯具图形到顶棚图中，如图 9-67 所示。

08 调用 INSERT/I 插入命令，插入“标高”图块，如图 9-68 所示。

09 调用 MLEADER/MLD 多重引线命令，标注顶面材料名称，完成茶室顶棚图的绘制。

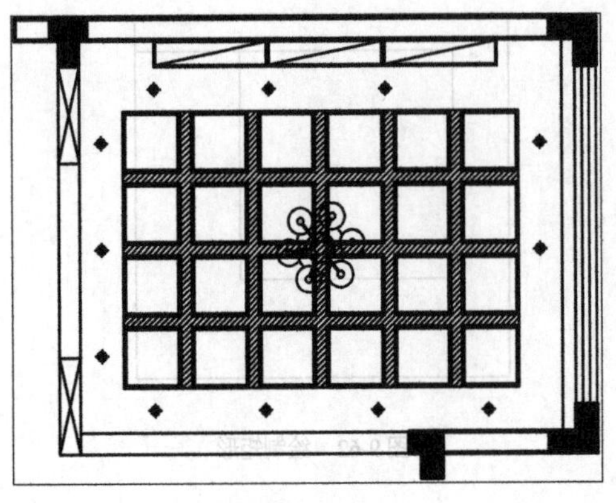

图 9-67　复制灯具

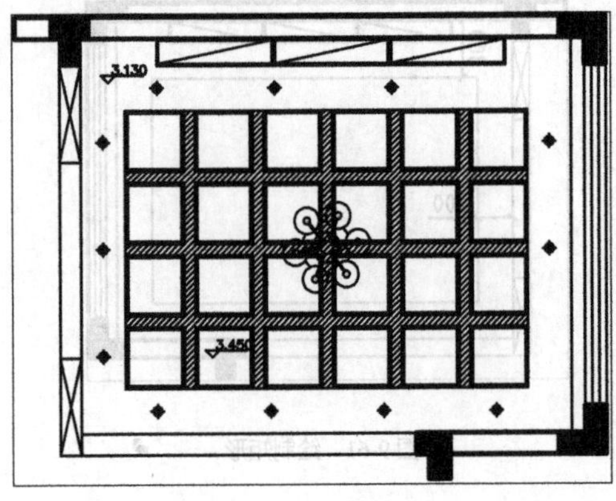

图 9-68　插入“标高”图块

115 绘制客厅 A 立面图

视频文件：MP4\第 9 章\115.MP4

本例介绍客厅 A 立面的绘制，A 立面图是电视所在的墙面。该立面使用了许多中式的设计元素。

01 调用 COPY/CO 复制命令，复制平面布置图上客厅 A 立面的平面部分，并对图形进行旋转。

02 设置“LM_立面”图层为当前图层。

03 调用 LINE/L 直线命令，绘制墙体投影线和地面，如图 9-69 所示。

04 调用 OFFSET/O 偏移命令，将地面向上偏移 3670mm，得到顶棚，如图 9-70 所示。

05 调用 TRIM/TR 修剪命令，修剪出立面轮廓，并将立面外轮廓转换至“QT_墙体”图层，如图 9-71 所示。

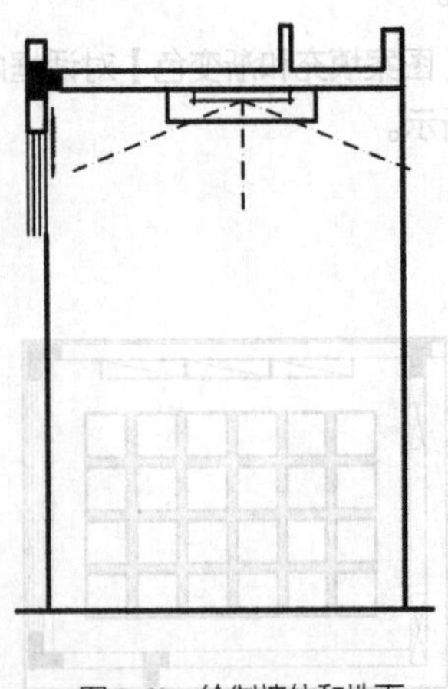

图 9-69　绘制墙体和地面

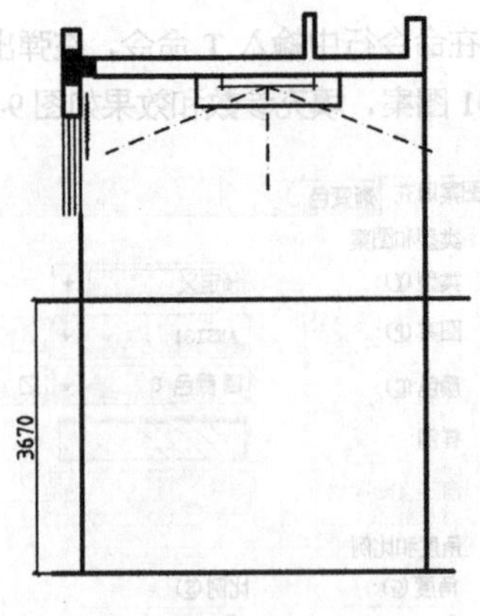

图 9-70　绘制顶棚

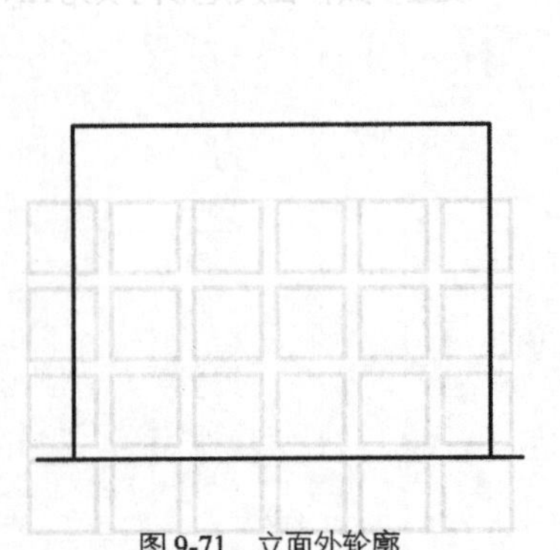

图 9-71　立面外轮廓

06 调用 LINE/L 直线命令，绘制如图 9-72 所示线段。

07 继续调用 LINE/L 直线命令，在线段的上方绘制对角线，如图 9-73 所示。

08 绘制电视柜。调用 PLINE/PL 多段线命令，绘制电视柜的轮廓，如图 9-74 所示。

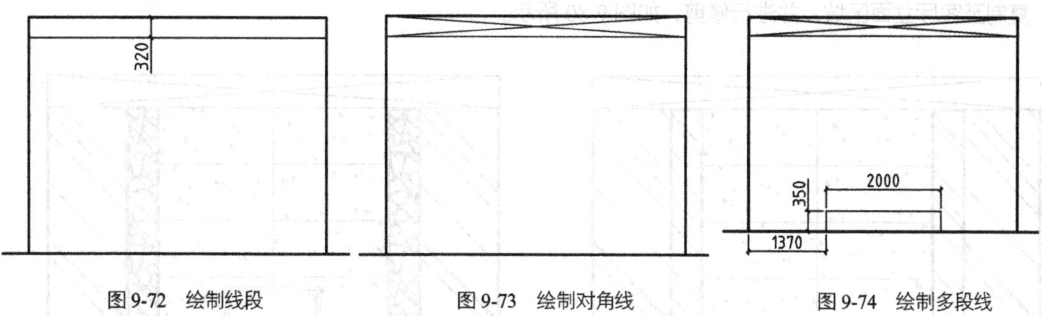

图 9-72　绘制线段　　图 9-73　绘制对角线　　图 9-74　绘制多段线

09 调用 OFFSET/O 偏移命令，将多段线向内偏移 50mm，如图 9-75 所示。

10 调用 RECTANG/REC 矩形命令、OFFSET/O 偏移命令、LINE/L 直线命令和 COPY/CO 复制命令，绘制抽屉和拉手，效果如图 9-76 所示。

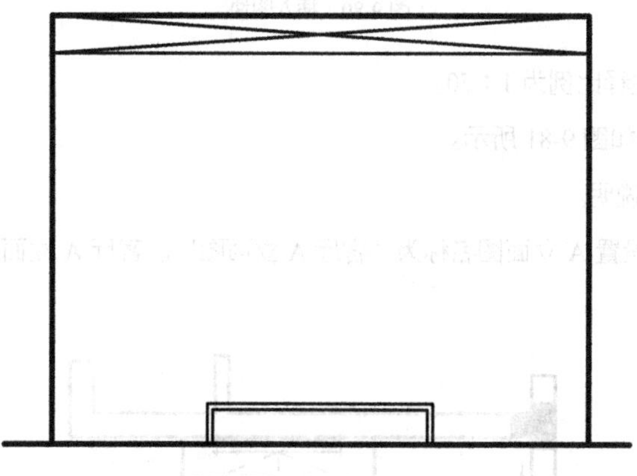

图 9-75　偏移多段线

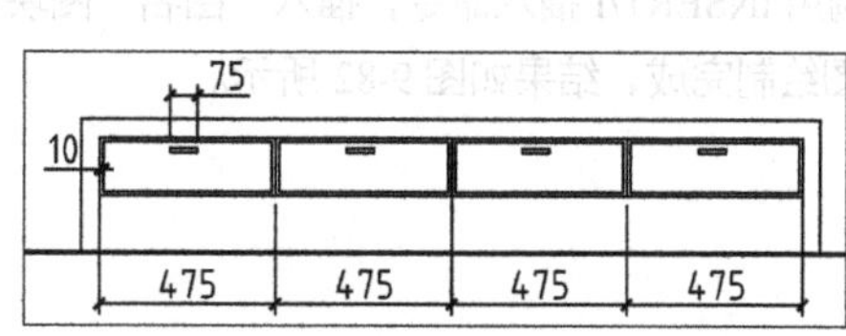

图 9-76　绘制抽屉和拉手

11 调用 LINE/L 直线命令、OFFSET/O 偏移命令和 RECTANG/REC 矩形命令，绘制墙面造型图案，如图 9-77 所示。

12 调用 HATCH/H 图案填充命令，对电视背景墙的墙面填充 AR-CONC 图案，效果如图 9-78 所示。

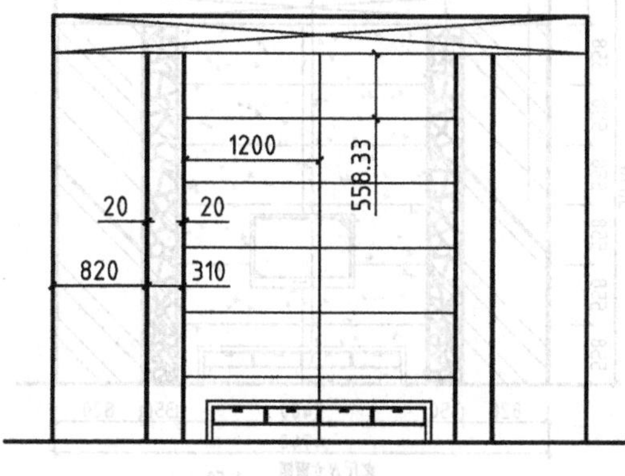

图 9-77　绘制墙面造型

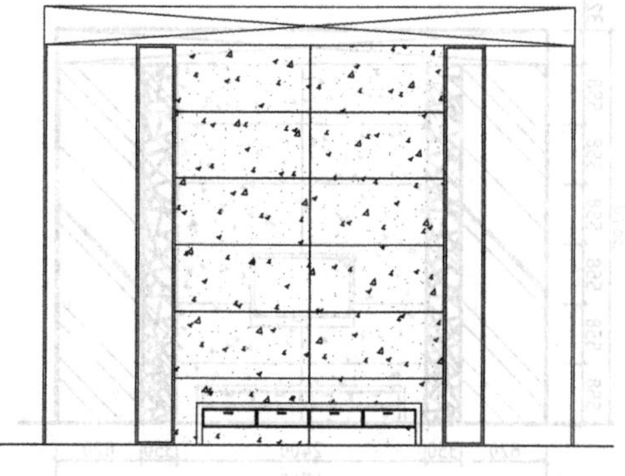

图 9-78　填充图案

13 继续调用 HATCH/H 图案填充命令，对两侧区域填充 AR-RROOF 图案，效果如图 9-79 所示。

14 插入图块。打开配套素材提供的“第 09 章\家具图例.dwg”文件，选择其中的雕花和电视图块，将其复制至客厅立面区域，并进行修剪，如图 9-80 所示。

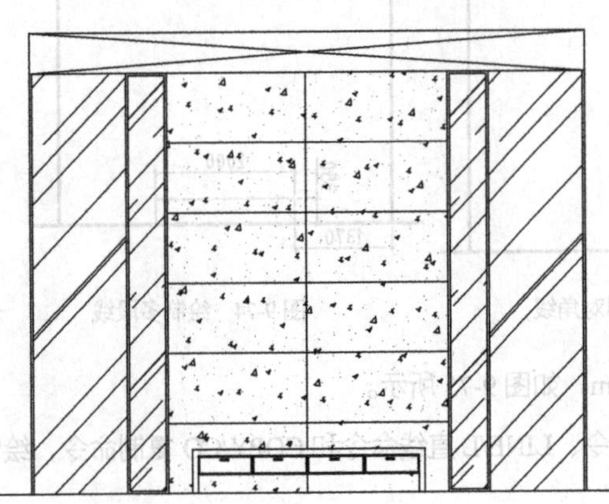

图 9-79 填充图案

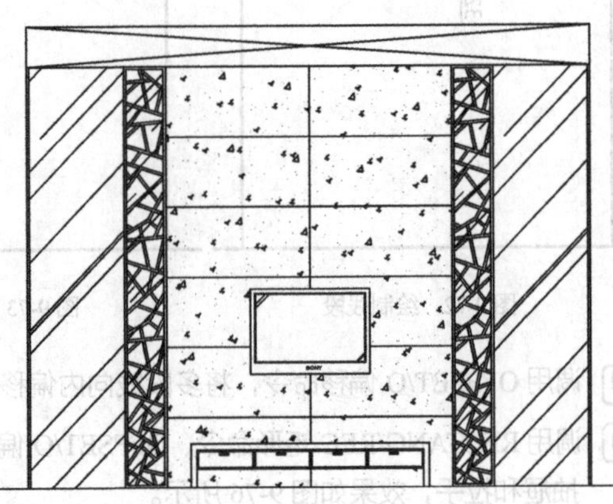

图 9-80 插入图块

15 设置“BZ_标注” 图层为当前图层。设置当前注释比例为 1：50。

16 调用 DIMLINEAR/DLI 线性命令标注尺寸，效果如图 9-81 所示。

17 调用 MLEADER/MLD 多重引线命令，标注材料说明。

18 调用 INSERT/I 插入命令，插入“图名”图块，设置 A 立面图名称为“客厅 A 立面图”。客厅 A 立面图绘制完成，结果如图 9-82 所示。

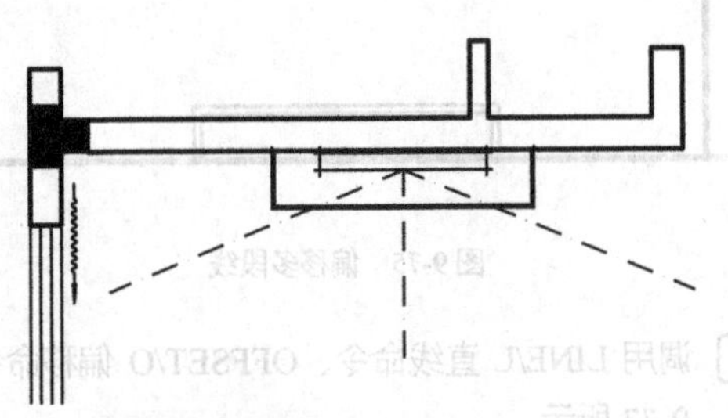

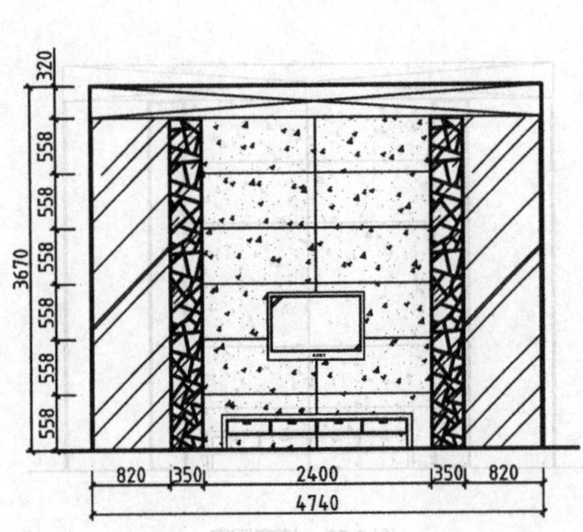

图 9-81 尺寸标注

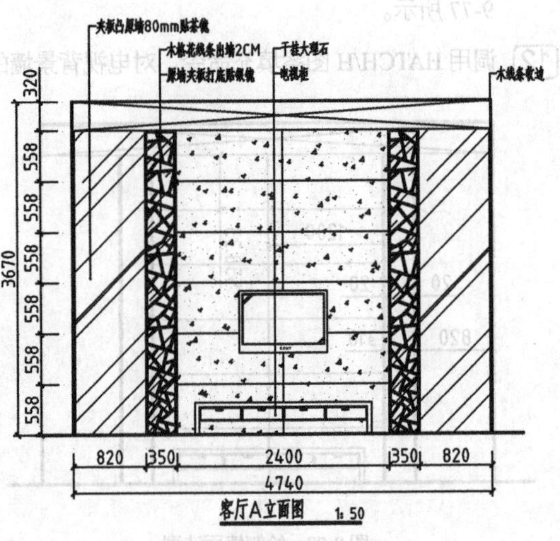

图 9-82 客厅 A 立面图

116 绘制客厅 C 立面图

视频文件：MP4\第 9 章\116.MP4

本例介绍客厅 C 立面图的绘制，C 立面图为沙发和门所在的墙面。

01 调用 COPY/CO 复制命令，复制平面布置图上客厅 C 立面的平面部分，并对图形进行旋转。

02 调用 LINE/L 直线命令和 TRIM/TR 修剪命令，绘制 C 立面的基本轮廓，如图 9-83 所示。

03 调用 LINE/L 直线命令和 RECTANG/REC 矩形命令，绘制顶棚造型，如图 9-84 所示。

图 9-83　绘制 C 立面的基本轮廓

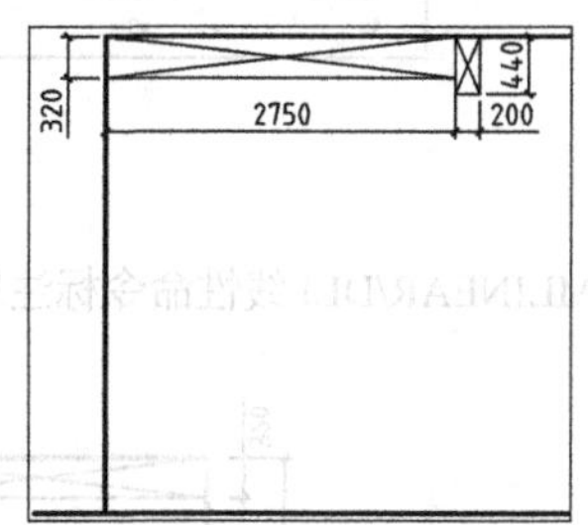

图 9-84　绘制顶棚造型

04 绘制门。在第 3 章中已详细讲解了欧式门的绘制方法，这里就不再详细讲解了，如图 9-85 所示。

05 调用 LINE/L 直线命令，绘制踢脚线，踢脚线的高度为 100mm，如图 9-86 所示。

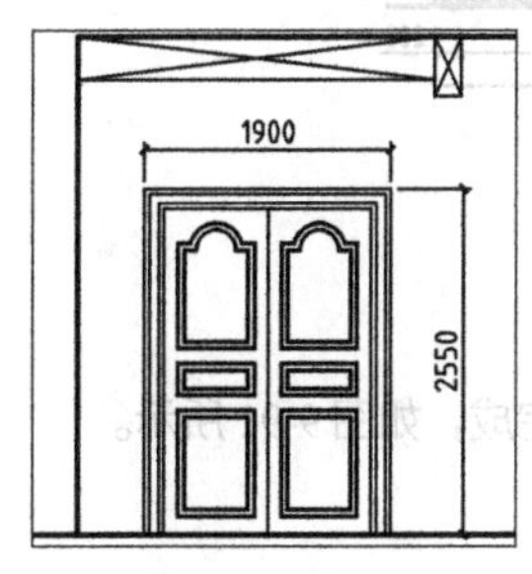

图 9-85　绘制欧式门

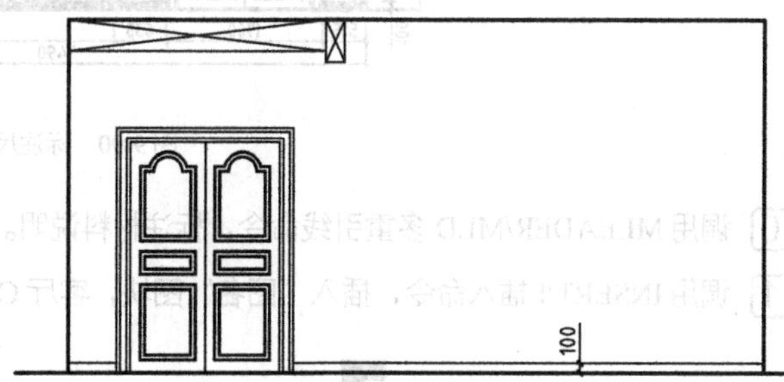

图 9-86　绘制踢脚线

06 调用 HATCH/H 图案填充命令，在踢脚线内填充 HOUND 图案，如图 9-87 所示。

07 调用 RECTANG/REC 矩形命令和 OFFSET/O 偏移命令，绘制窗套，如图 9-88 所示。

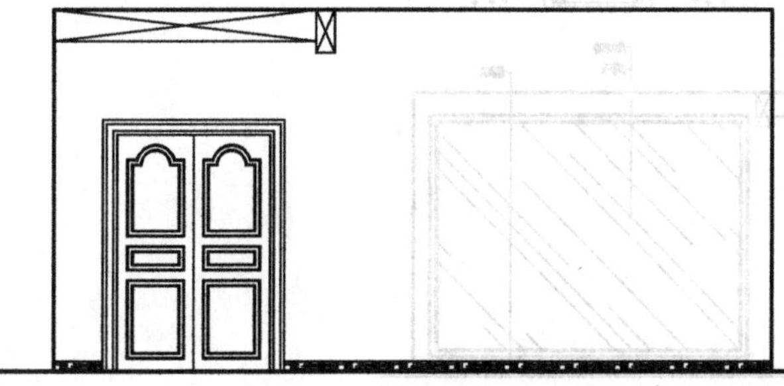

图 9-87　填充踢脚线

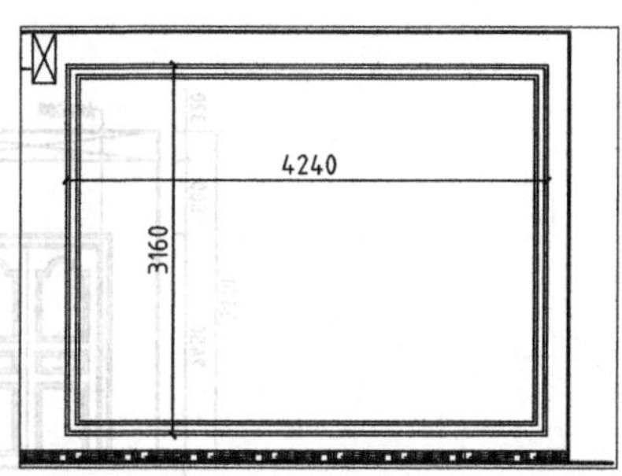

图 9-88　绘制窗套

08 调用 HATCH/H 图案填充命令，再在命令行中输入 T 命令，在弹出的【图案填充和渐变色】对话框中设置参数，在窗户填充 AR-RROOF 图案，填充参数和效果如图 9-89 所示。

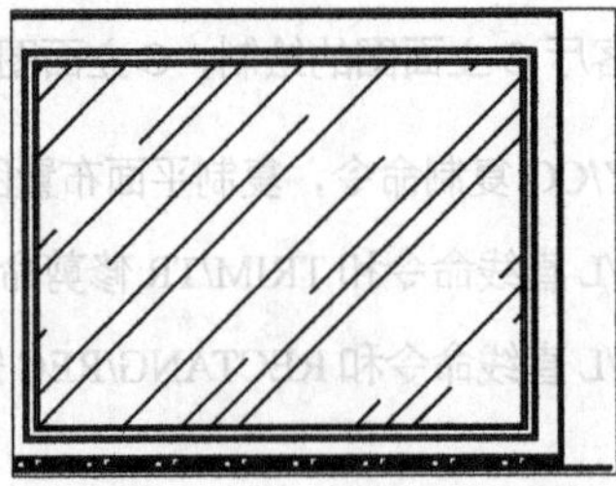

图 9-89 填充参数和效果

09 调用 DIMLINEAR/DLI 线性命令标注尺寸，如图 9-90 所示。

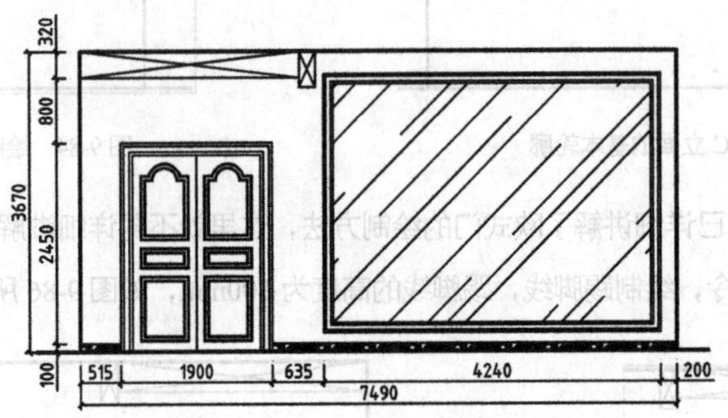

图 9-90 标注尺寸

10 调用 MLEADER/MLD 多重引线命令，标注材料说明。

11 调用 INSERT/I 插入命令，插入“图名”图块，客厅 C 立面图绘制完成，如图 9-91 所示。

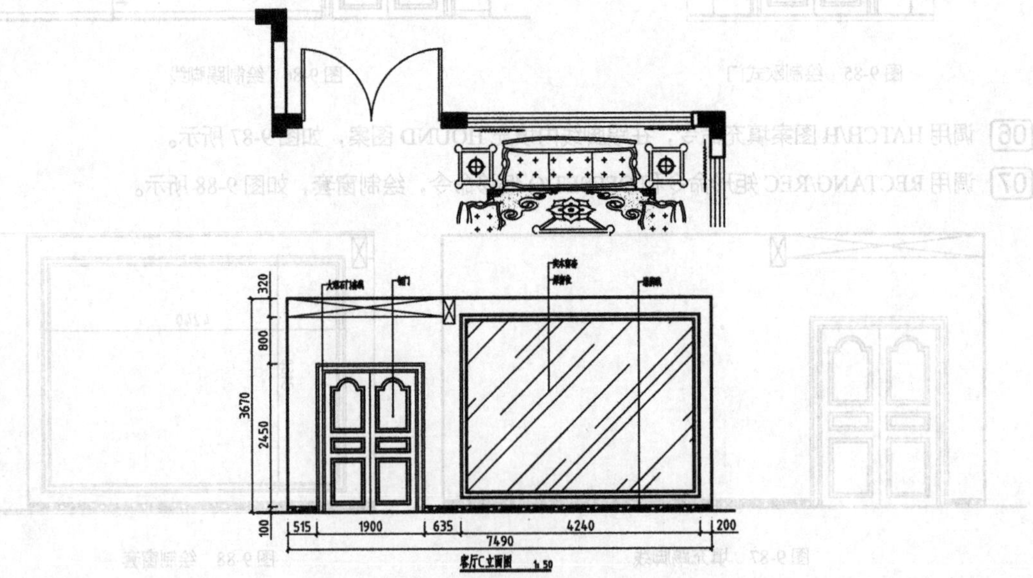

图 9-91 客厅 C 立面完成图

117 绘制餐厅 B 立面图

视频文件：MP4\第 9 章\117.MP4

本例介绍餐厅 B 立面图的绘制，B 立面图主要表达了装饰柜和餐厅墙面的做法。

01 调用 COPY/CO 复制命令，复制平面布置图上餐厅 B 立面的平面部分。

02 调用 LINE/L 直线命令和 TRIM/TR 修剪命令，绘制 B 立面的基本轮廓，如图 9-92 所示。

03 调用 PLINE/PL 多段线命令，绘制底柜轮廓，如图 9-93 所示。

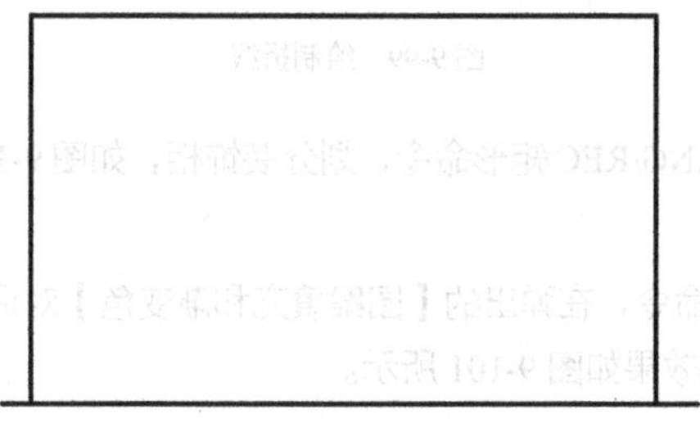

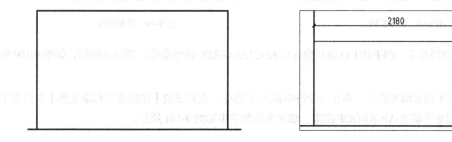

图 9-92　绘制 B 立面的基本轮廓

图 9-93　绘制多段线

04 调用 OFFSET/O 偏移命令，将多段线向内偏移 60mm，如图 9-94 所示。

05 调用 HATCH/H 图案填充命令，在多段线内填充 ANSI31 图案，效果如图 9-95 所示。

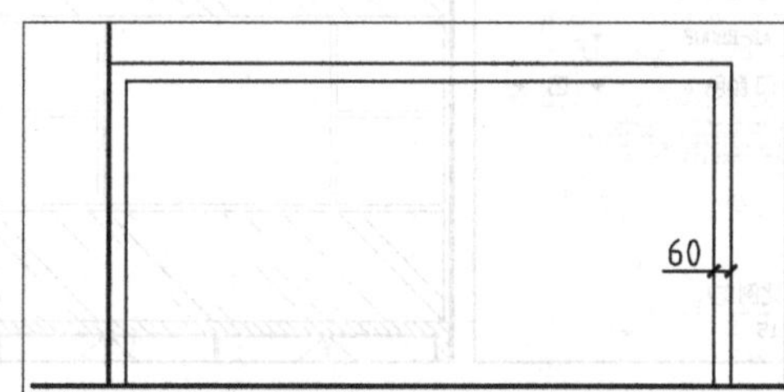

图 9-94　偏移多段线

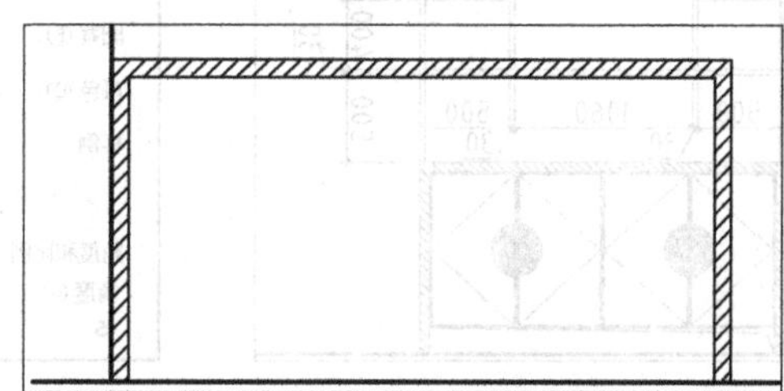

图 9-95　填充多段线

06 调用 LINE/L 直线命令，划分柜体，并调用 RECTANG/REC 矩形命令和 OFFSET/O 偏移命令，绘制柜子的面板，如图 9-96 所示。

07 调用 LINE/L 直线命令、CIRCLE/C 圆命令、OFFSET/O 偏移命令、HATCH/H 图案填充命令和 COPY/CO 复制命令，绘制拉手，填充 DASH 图案，如图 9-97 所示。

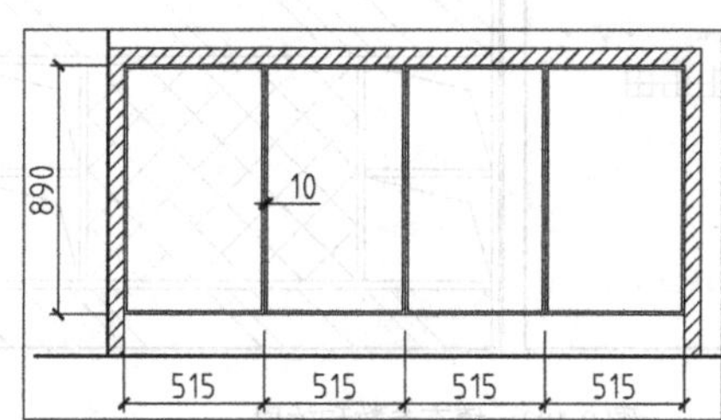

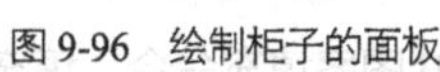

图 9-96　绘制柜子的面板

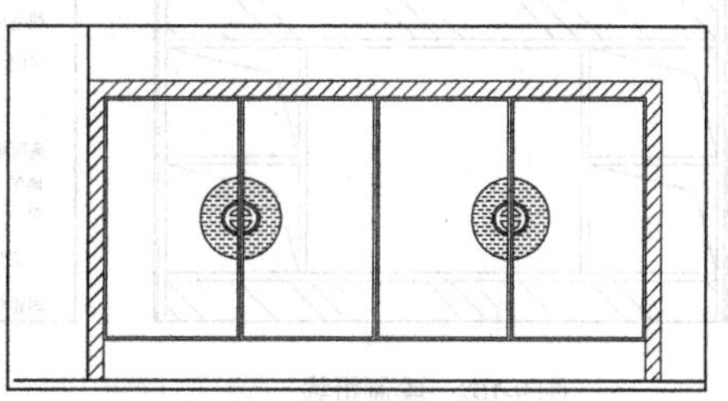

图 9-97　绘制拉手

08 调用 LINE/L 直线命令，绘制折线，表示门开启方向，如图 9-98 所示。

09 继续调用 LINE/L 直线命令，在柜子的下方绘制折线，表示镂空，如图 9-99 所示。

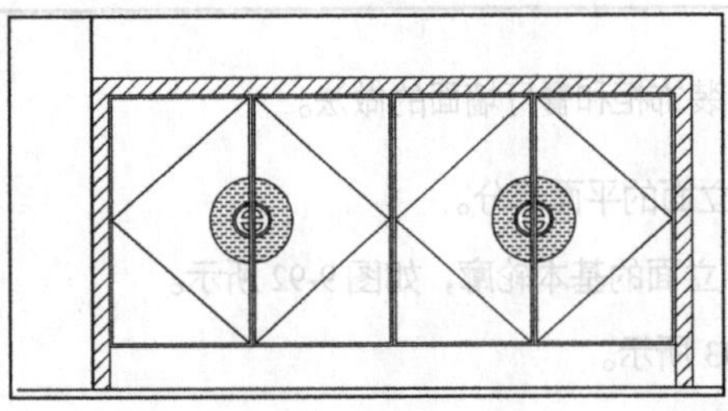

图 9-98　绘制折线

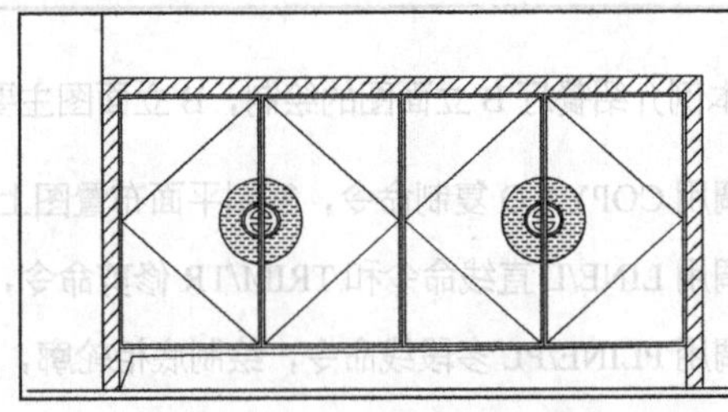

图 9-99　绘制折线

10 调用 LINE/L 直线命令、OFFSET/O 偏移命令和 RECTANG/REC 矩形命令，划分装饰柜，如图 9-100 所示。

11 调用 HATCH/H 图案填充命令，再在命令行中输入 T 命令，在弹出的【图案填充和渐变色】对话框中设置参数，对柜子填充 AR-RROOF 图案，填充参数和效果如图 9-101 所示。

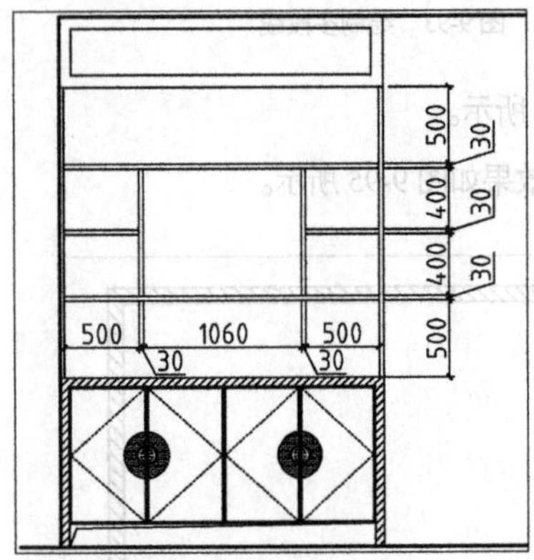

图 9-100　划分装饰柜

图案填充　渐变色
类型和图案
类型(Y):　预定义
图案(P):　AR-RROOF
颜色(C):　颜色 8
样例:
自定义图案(M):
角度和比例
角度(G):　45
比例(S):　15

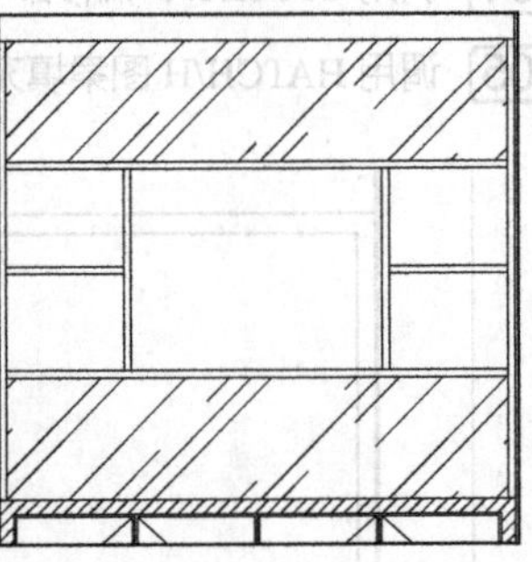

图 9-101　填充参数和效果

12 调用 LINE/L 直线命令，绘制折线，表示镂空，如图 9-102 所示。

13 调用 HATCH/H 命令，在中间区域填充“用户定义”图案，填充参数和效果如图 9-103 所示。

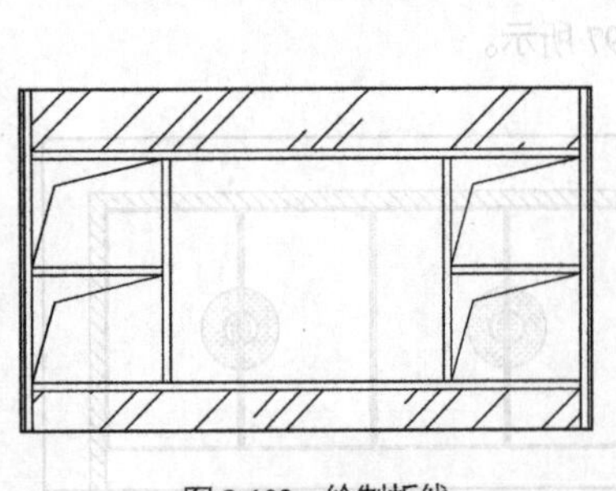

图 9-102　绘制折线

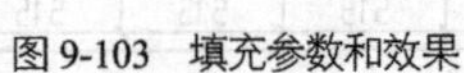

图 9-103　填充参数和效果

14 调用 RECTANG/REC 矩形命令、OFFSET/O 偏移命令和 HATCH/H 图案填充命令，填充 ANSI31 图案，绘制上方造型图案，如图 9-104 所示。

15 调用 LINE/直线命令和 HATCH/图案填充命令，绘制踢脚线，在对踢脚线内填充图案，填充 HOUND 图案，如图 9-105 所示。

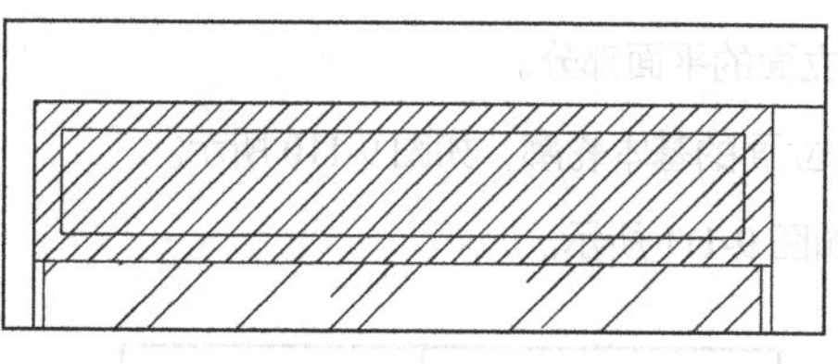

图 9-104　绘制上方造型

图 9-105　绘制踢脚线

16 调用 RECTANG/REC 矩形命令、OFFSET/O 偏移命令、HATCH/H 图案填充命令、COPY/CO 复制命令和 MOVE/M 移动命令，绘制窗户，填充 AR-RROOF 图案，如图 9-106 所示。

17 从图库中调入装饰挂画、雕花图案和陈设品到立面图中，如图 9-107 所示。

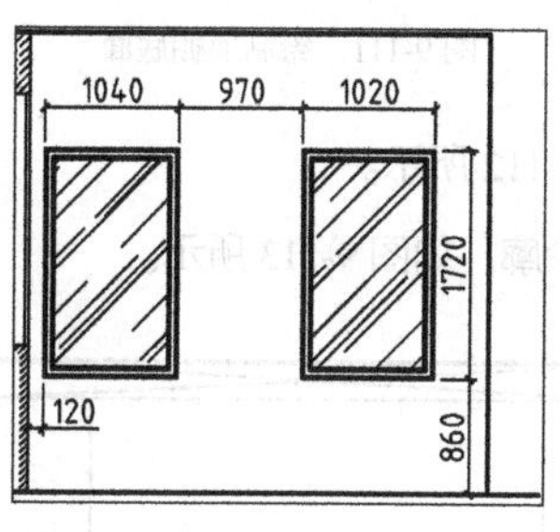

图 9-106　绘制窗户

图 9-107　插入图块

18 调用 DIMLINEAR/DLI 线性命令，标注尺寸，如图 9-108 所示。

19 调用 MLEADER/MLD 多重引线命令，标注材料说明。

20 调用 INSERT/I 插入命令，插入“图名”图块，餐厅 B 立面图绘制完成，如图 9-109 所示。

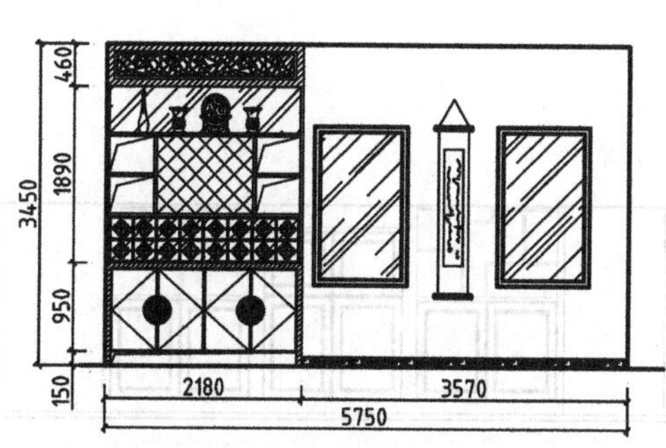

图 9-108 标注尺寸

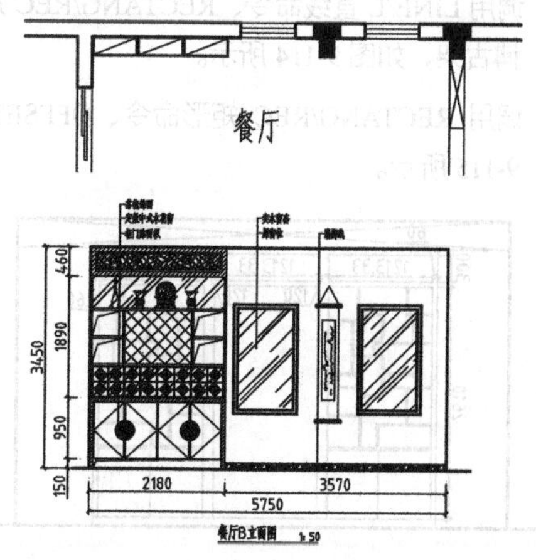

图 9-109 餐厅 B 立面完成图

118 绘制茶室 B 立面图

视频文件：MP4\第 9 章\118.MP4

本例介绍茶室 B 立面图的绘制，B 立面图主要表达了装饰柜的做法。

01 调用 COPY/CO 复制命令，复制平面布置图上茶室 B 立面的平面部分。

02 调用 LINE/L 直线命令和 TRIM/TR 修剪命令，绘制 B 立面的基本轮廓，如图 9-110 所示。

03 调用 LINE/L 直线命令，绘制线段，表示顶棚底面，如图 9-111 所示。

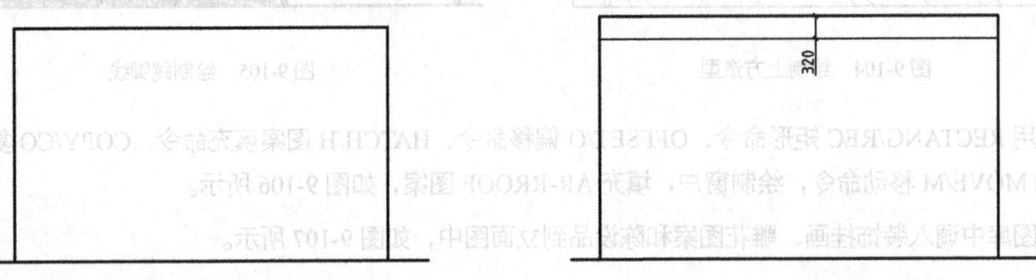

图 9-110　绘制 B 立面的基本轮廓　　图 9-111　绘制顶棚底面

04 继续调用 LINE/L 直线命令，在线段上方绘制对角线，如图 9-112 所示。

05 调用 LINE/L 直线命令和 OFFSET/O 偏移命令，绘制博古架轮廓，如图 9-113 所示。

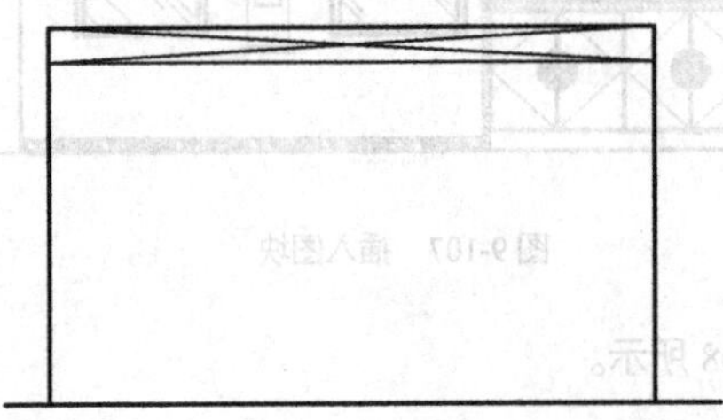

图 9-112　绘制对角线

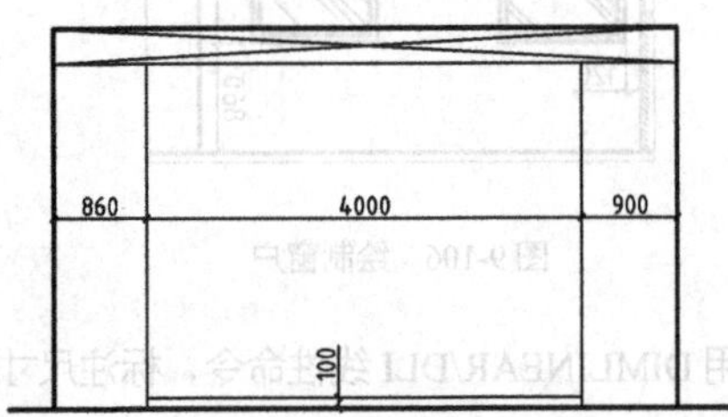

图 9-113　绘制博古架轮廓

06 调用 LINE/L 直线命令、RECTANG/REC 矩形命令、OFFSET/O 偏移命令和 TRIM/TR 修剪命令，细化博古架，如图 9-114 所示。

07 调用 RECTANG/REC 矩形命令、OFFSET/O 偏移命令和 LINE/L 直线命令，绘制柜子的面板，如图 9-115 所示。

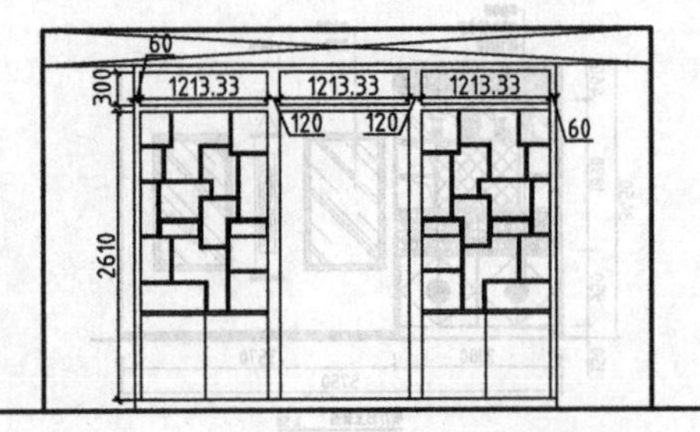

图 9-114　细化博古架

图 9-115　绘制面板

[08] 调用 LINE/L 直线命令，绘制折线，表示门开启方向，如图 9-116 所示。

[09] 从图库中调入拉手、陈设品和雕花图块到立面图中，如图 9-117 所示。

图 9-116　绘制折线

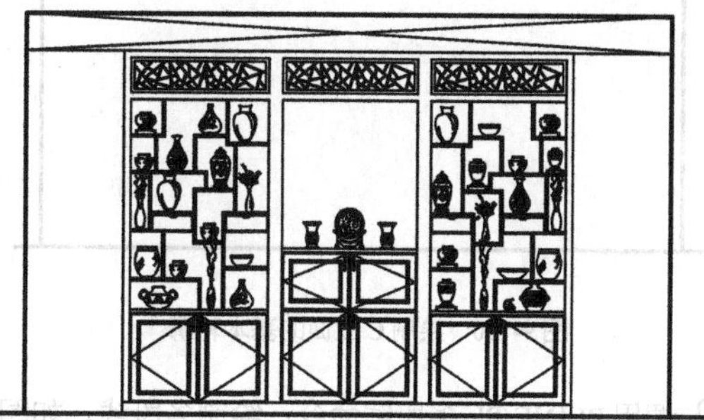

图 9-117　插入图块

[10] 调用 DIMLINEAR/DLI 线性命令，进行尺寸标注，如图 9-118 所示。

[11] 调用 MLEADER/MLD 多重引线命令，标注材料说明。

[12] 调用 INSERT/I 插入命令，插入“图名”图块，完成茶室 B 立面图的绘制，如图 9-119 所示。

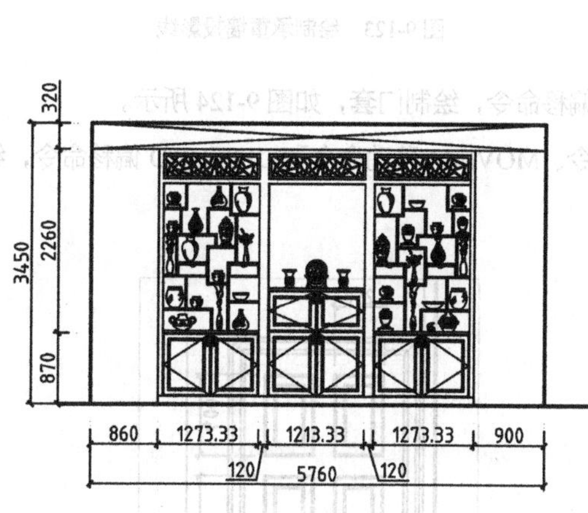

图 9-118　尺寸标注

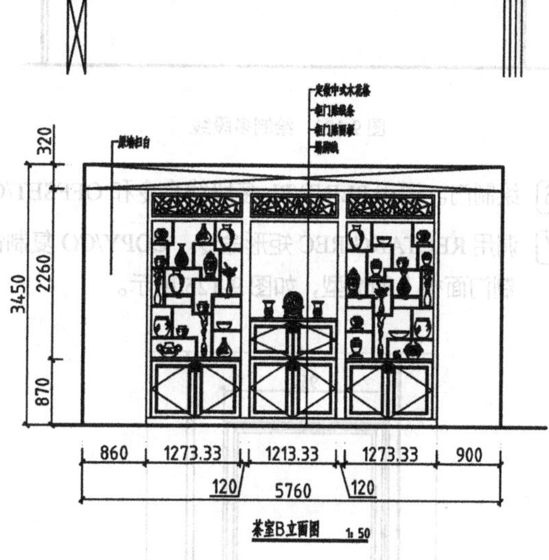

图 9-119　茶室 B 立面完成图

119 绘制二层过道 C 立面图

视频文件：MP4\第 9 章\119.MP4

本例介绍二层过道 C 立面图的绘制，主要表达了装饰柜和门的做法。

[01] 调用 COPY/CO 复制命令，复制平面布置图上过道 C 立面的平面部分，并对图形进行旋转。

[02] 调用 LINE/L 直线命令和 TRIM/TR 修剪命令，绘制 C 立面的基本轮廓，如图 9-120 所示。

[03] 调用 LINE/L 直线命令，绘制顶棚造型，如图 9-121 所示。

图 9-120　绘制 C 立面的基本轮廓

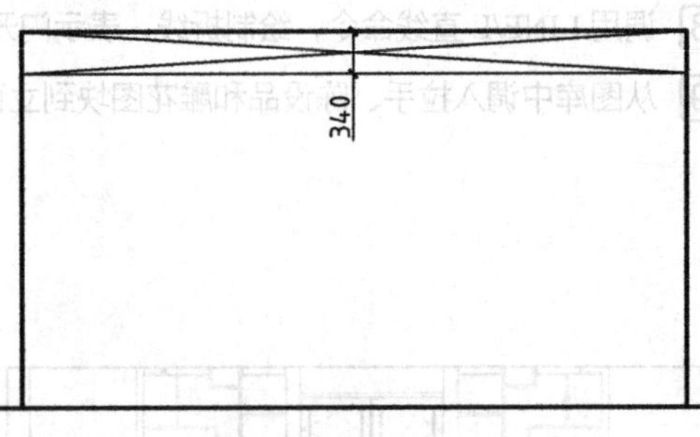

图 9-121　绘制顶棚造型

04 调用 PLINE/PL 多段线命令，绘制多段线，如图 9-122 所示。

05 继续调用 LINE/L 直线命令和 TRIM/TR 修剪命令，绘制承重墙投影线，如图 9-123 所示。

图 9-122　绘制多段线

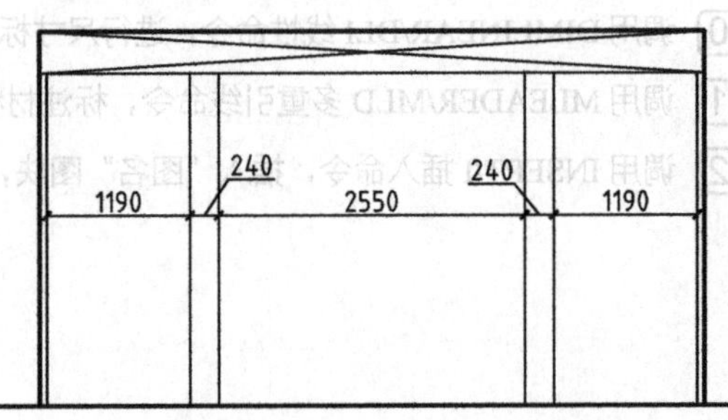

图 9-123　绘制承重墙投影线

06 绘制门。调用 PLINE/PL 多段线命令和 OFFSET/O 偏移命令，绘制门套，如图 9-124 所示。

07 调用 RECTANG/REC 矩形命令、COPY/CO 复制命令、MOVE/M 移动命令和 OFFSET/O 偏移命令，绘制门面板上的造型，如图 9-125 所示。

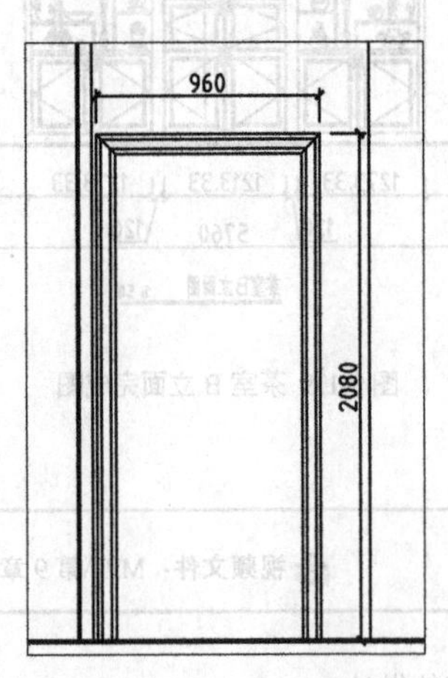

图 9-124　绘制门套

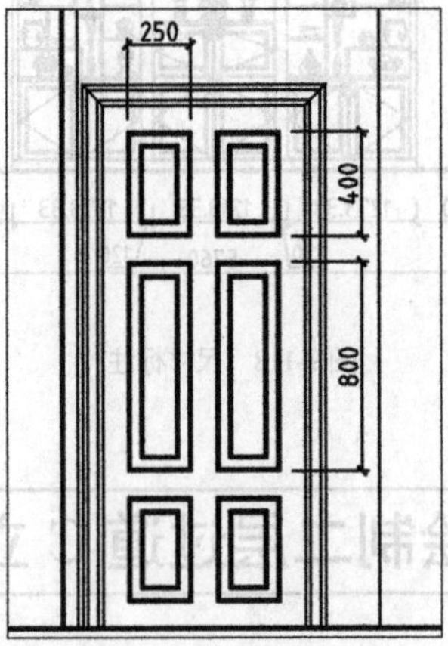

图 9-125　绘制门面板造型

08 调用 COPY/CO 复制命令，得到另一扇门，如图 9-126 所示。

09 调用 LINE/L 直线命令和 HATCH/H 图案填充命令，绘制踢脚线，填充 HOUND 图案，如图 9-127 所示。

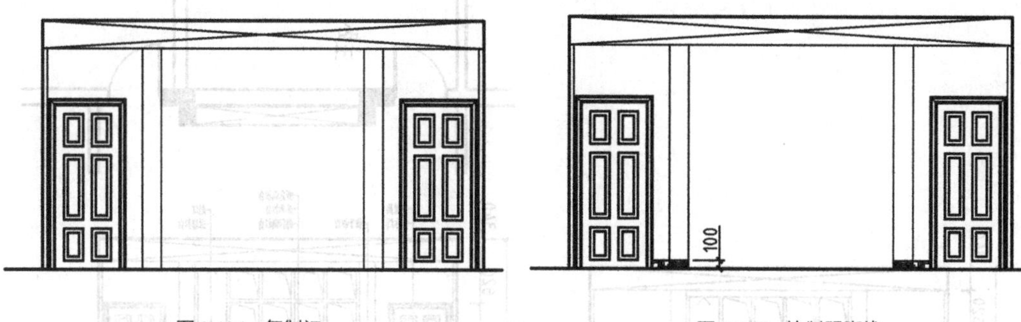

图 9-126　复制门　　　　图 9-127　绘制踢脚线

10 调用 LINE/L 直线命令和 OFFSET/O 偏移命令，绘制装饰柜轮廓，如图 9-128 所示。

11 调用 RECTANG/REC 矩形命令，绘制边长为 450mm 的矩形，并移动到相应的位置，如图 9-129 所示。

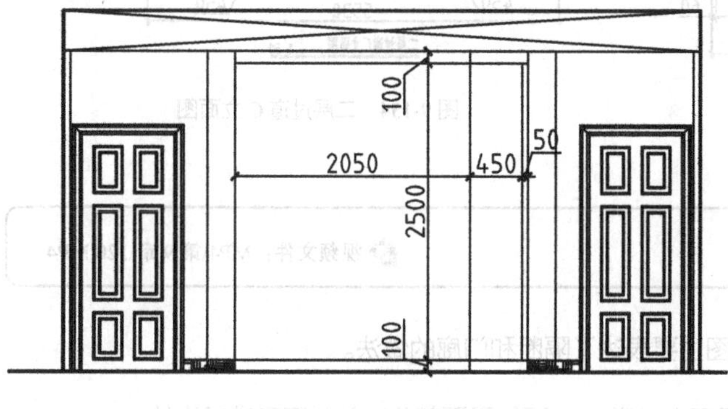

图 9-128　绘制装饰柜轮廓

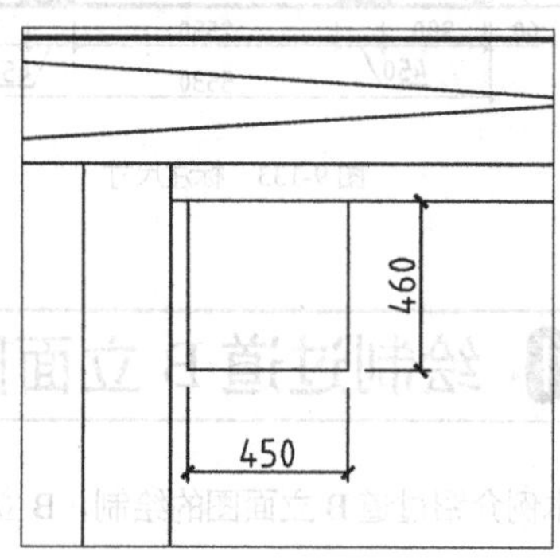

图 9-129　绘制矩形

12 调用 ARRAY/AY 阵列命令，对矩形进行阵列，阵列结果如图 9-130 所示。

13 调用 LINE/L 直线命令，在矩形内绘制折线，如图 9-131 所示。

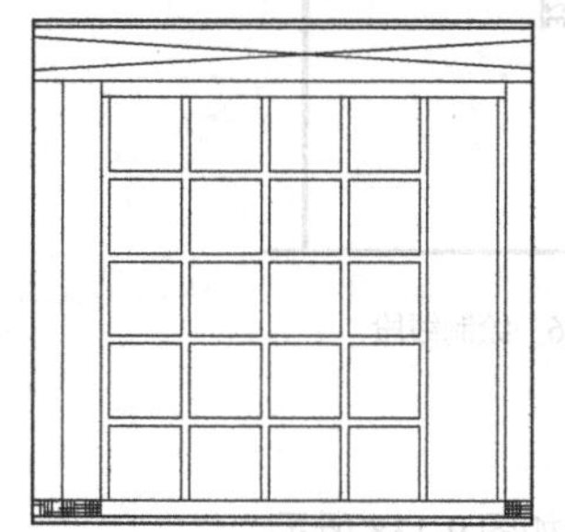

图 9-130　阵列结果

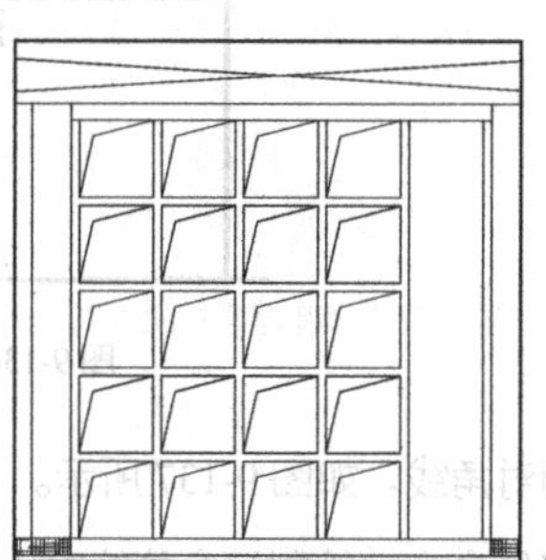

图 9-131　绘制折线

图 9-132　插入图块

14 从图库中调入陈设品图块到立面图中，如图 9-132 所示。

15 调用 DIMLINEAR/DLI 线性命令，进行尺寸标注，如图 9-133 所示。

16 调用 MLEADER/MLD 多重引线命令，标注材料说明。

17 调用 INSERT/I 插入命令，插入“图名”图块，完成二层过道 C 立面图的绘制，如图 9-134 所示。

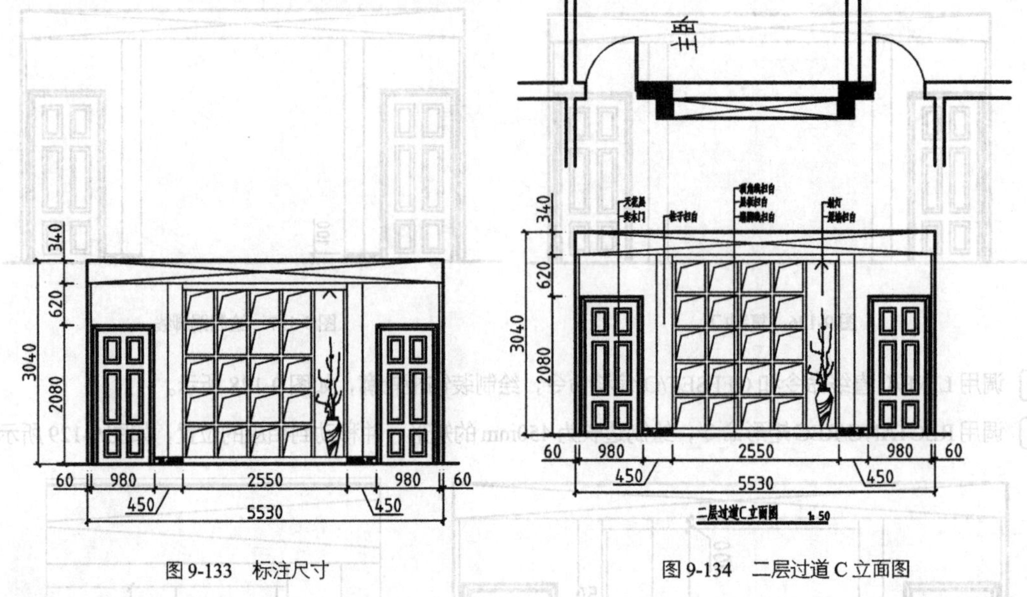

图 9-133　标注尺寸

图 9-134　二层过道 C 立面图

120 绘制过道 B 立面图

视频文件：MP4\第 9 章\120.MP4

本例介绍过道 B 立面图的绘制，B 立面图主要表达了隔断和门廊的做法。

01 调用 COPY/CO 复制命令，复制平面布置图上过道 B 立面的平面部分，并对图形进行旋转。

02 调用 LINE/L 直线命令和 TRIM/TR 修剪命令，绘制 B 立面的基本轮廓，如图 9-135 所示。

03 调用 LINE/L 直线命令，绘制线段，表示顶棚底面，如图 9-136 所示。

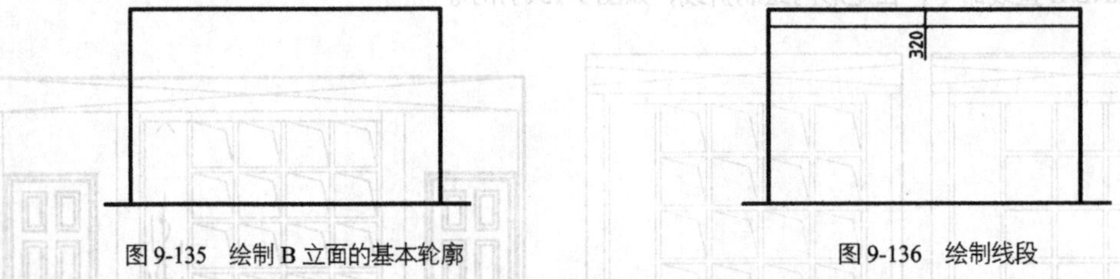

图 9-135　绘制 B 立面的基本轮廓

图 9-136　绘制线段

04 继续调用 LINE/L 直线命令，在线段上方绘制对角线，如图 9-137 所示。

05 调用 PLINE/PL 多段线命令和 MIRROR/MI 镜像命令，绘制门廊的轮廓，如图 9-138 所示。

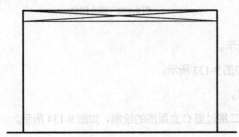

图 9-137　绘制对角线

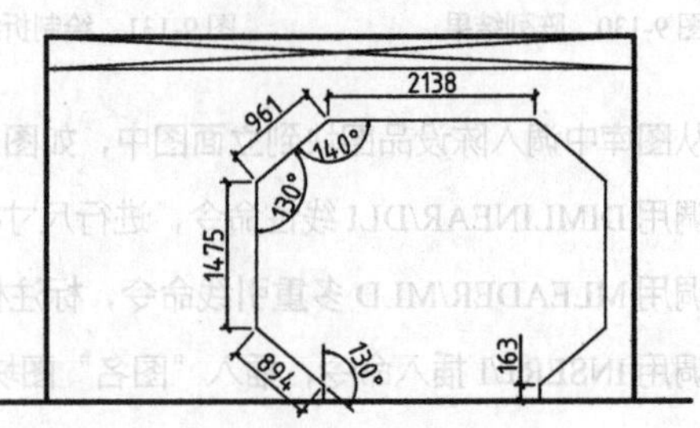

图 9-138　绘制门廊轮廓

06 调用 OFFSET/O 偏移命令，将门廊向内偏移 20mm、40mm 和 20mm，如图 9-139 所示。

07 调用 LINE/L 直线命令，在门廊中绘制折线，表示镂空，如图 9-140 所示。

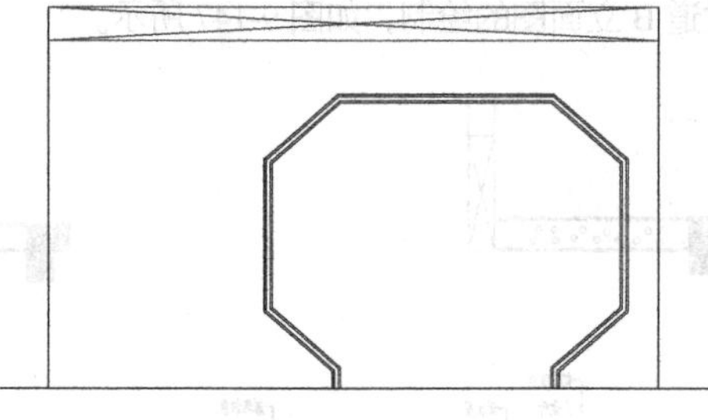
图 9-139　偏移多段线

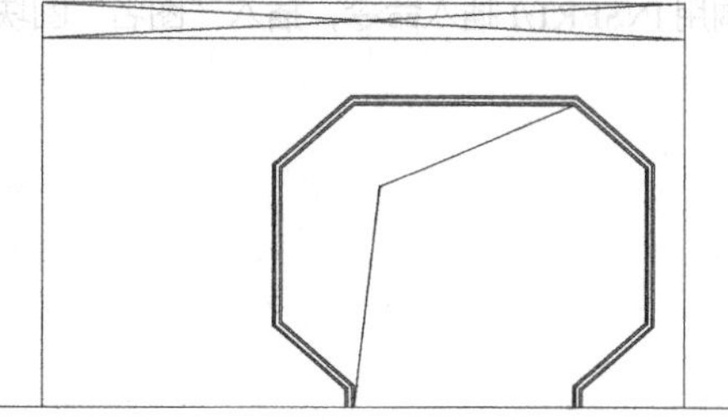
图 9-140　绘制折线

08 继续调用 LINE/L 直线命令，绘制线段，如图 9-141 所示。

09 调用 RECTANG/REC 矩形命令，在线段内绘制尺寸为 1660mm×2450mm 的矩形，并移动到相应的位置，如图 9-142 所示。

10 调用 OFFSET/O 偏移命令，将矩形向内偏移 30mm，如图 9-143 所示。

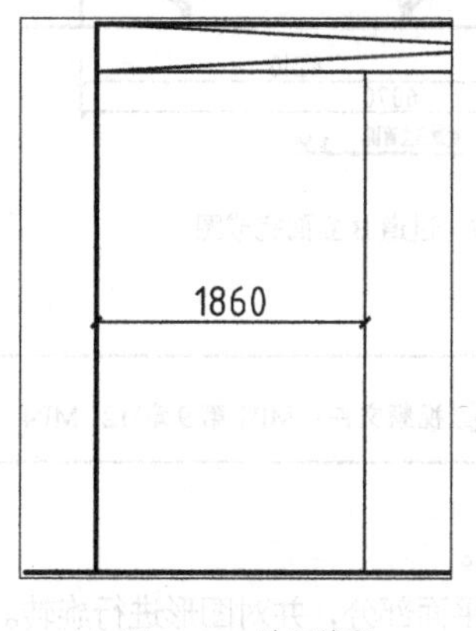

图 9-141　绘制线段

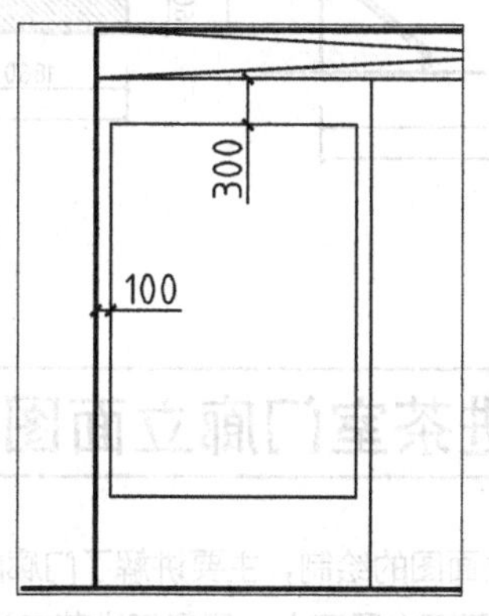

图 9-142　绘制矩形

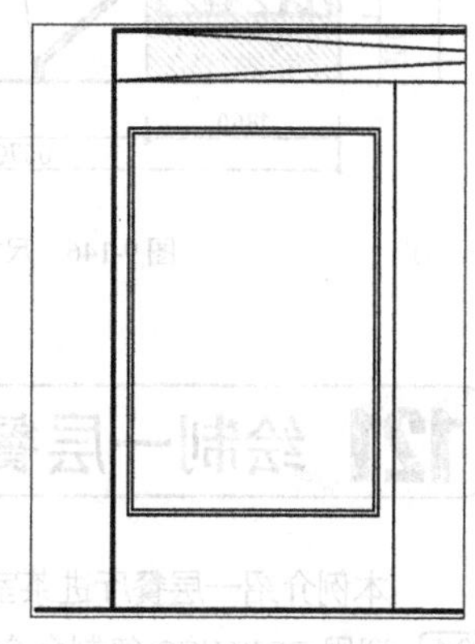
图 9-143　偏移矩形

11 调用 HATCH/H 图案填充命令，在矩形外填充 ANSI31 图案，在矩形内填充 AR-RROOF 图案，如图 9-144 所示。

12 从图库中调用文化竹图块到矩形中，如图 9-145 所示。

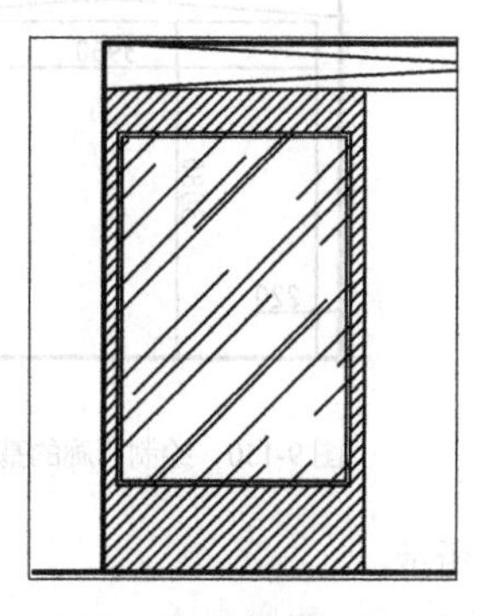
图 9-144　填充图案

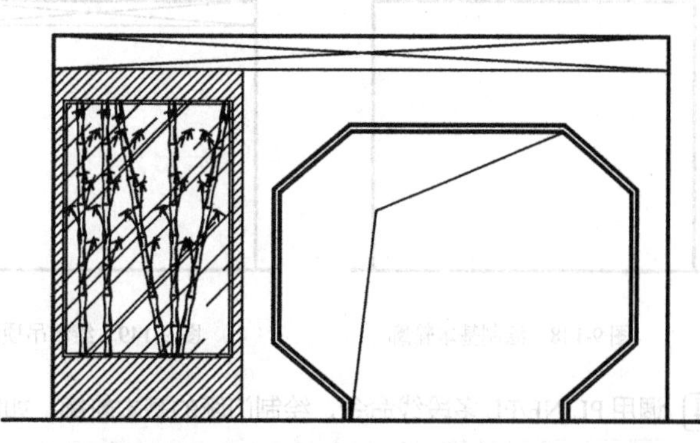
图 9-145　插入图块

13 调用 DIMLINEAR/DLI 线性命令，进行尺寸标注，如图 9-146 所示。

14 调用 MLEADER/MLD 多重引线命令，标注材料说明。

15 调用 INSERT/I 插入命令，插入“图名”图块，完成过道 B 立面图的绘制，如图 9-147 所示。

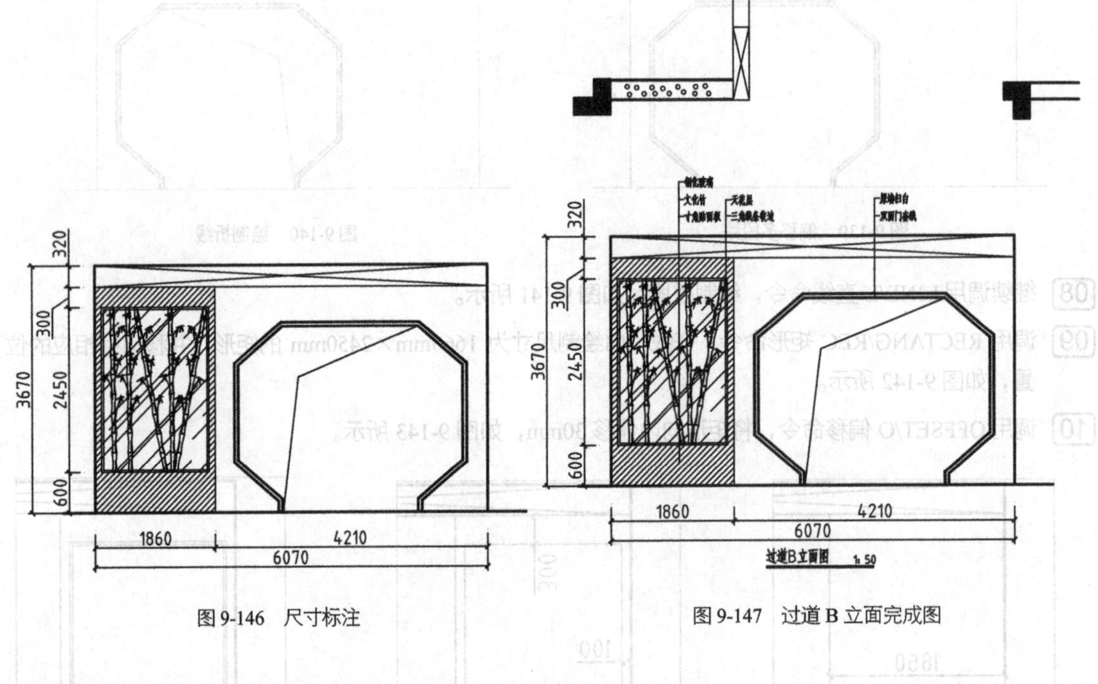

图 9-146　尺寸标注

图 9-147　过道 B 立面完成图

121 绘制一层餐厅进茶室门廊立面图

视频文件：MP4\第 9 章\121.MP4

本例介绍一层餐厅进茶室门廊立面图的绘制，主要讲解了门廊的做法。

01 调用 COPY/CO 复制命令，复制平面布置图上一层餐厅进茶室门廊的平面部分，并对图形进行旋转。

02 调用 LINE/L 直线命令和 TRIM/TR 修剪命令，绘制一层餐厅进茶室门廊立面的基本轮廓，如图 9-148 所示。

03 调用 LINE/L 直线命令，绘制吊顶区域，如图 9-149 所示。

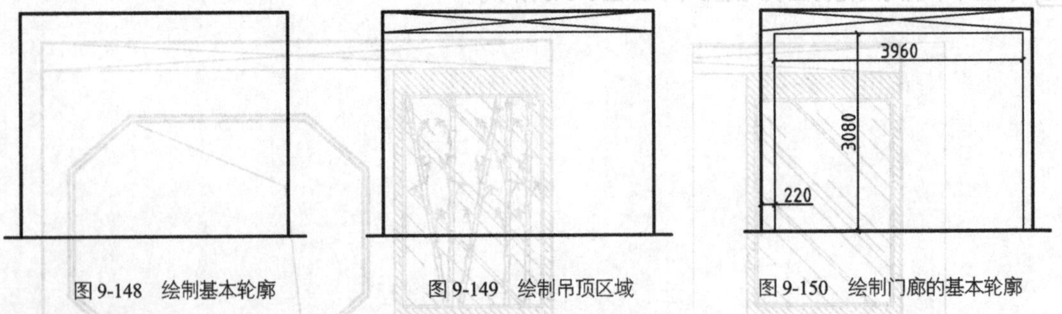

图 9-148　绘制基本轮廓

图 9-149　绘制吊顶区域

图 9-150　绘制门廊的基本轮廓

04 调用 PLINE/PL 多段线命令，绘制门廊的基本轮廓，如图 9-150 所示。

05 调用 OFFSET/O 偏移命令，将多段线向内偏移 20mm、40mm 和 20mm，如图 9-151 所示。

06 调用 PLINE/PL 多段线命令和 OFFSET/O 偏移命令，绘制柜子的台面，如图 9-152 所示。

07 调用 HATCH/H 命令，在台面填充 ANSI31 图案，如图 9-153 所示。

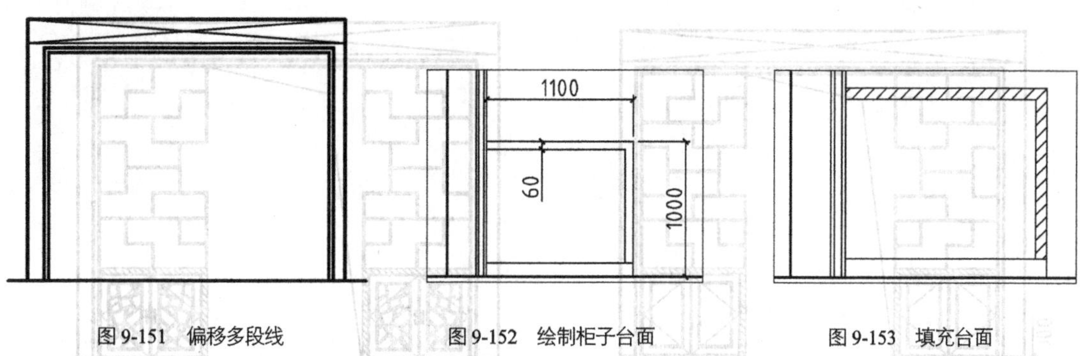

图 9-151 偏移多段线　　图 9-152 绘制柜子台面　　图 9-153 填充台面

08 调用 RECTANG/REC 矩形命令、OFFSET/O 偏移命令和 LINE/L 直线命令，绘制柜子的面板，如图 9-154 所示。

09 调用 LINE/L 直线命令，绘制折线，表示柜门开启方向，如图 9-155 所示。

10 调用 LINE/L 直线命令、OFFSET/O 偏移命令和 TRIM/TR 修剪命令，绘制架子，如图 9-156 所示。

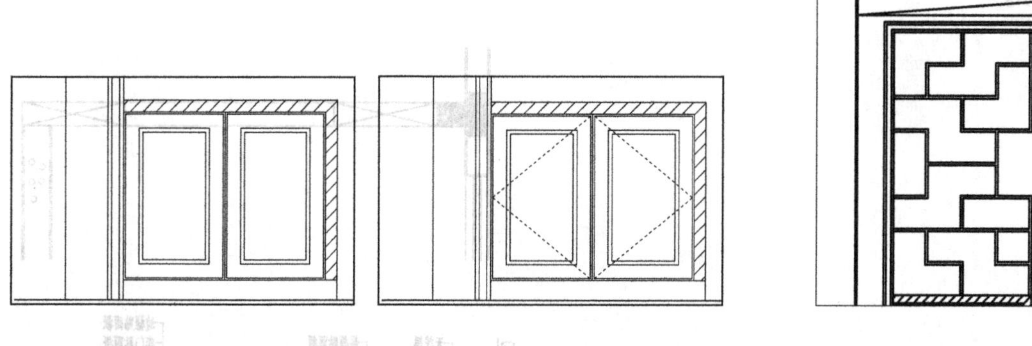

图 9-154 绘制柜子的面板　　图 9-155 绘制折线　　图 9-156 绘制架子

11 调用 MIRROR/MI 镜像命令，通过镜像得到右侧同样造型的图形，如图 9-157 所示。

12 调用 LINE/L 直线命令，在门廊中绘制折线，表示镂空，如图 9-158 所示。

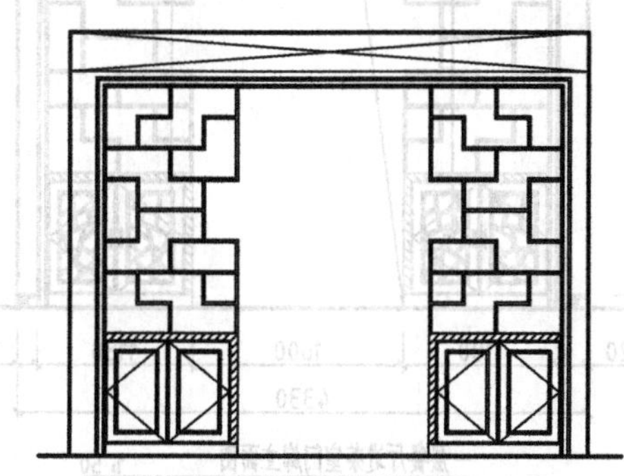

图 9-157 镜像图形

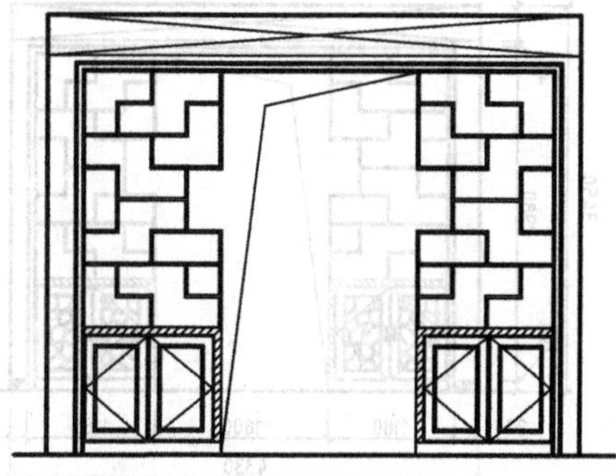

图 9-158 绘制折线

13 调用 LINE/L 直线命令，绘制踢脚线，踢脚线的高度为 100mm，并对踢脚线填充 HOUND 图案，如图 9-159 所示。

14 从图库中调入木雕图块和拉手图块到立面图中，如图 9-160 所示。

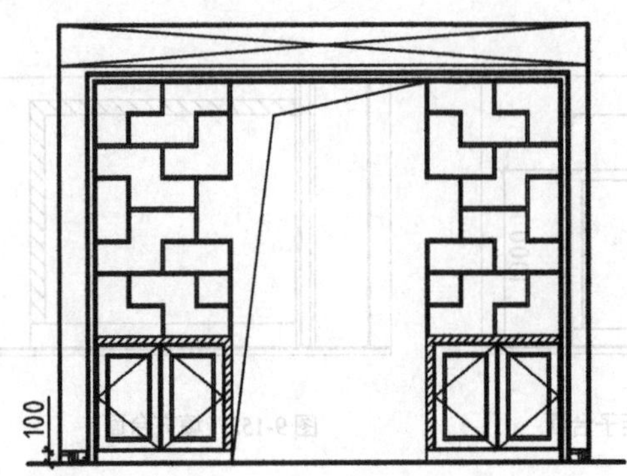

图 9-159　绘制踢脚线

图 9-160　插入图块

15 调用 DIMLINEAR/DLI 线性命令，进行尺寸标注，如图 9-161 所示。

16 调用 MLEADER/MLD 多重引线命令，标注材料说明。

17 调用 INSERT/I 插入命令，插入“图名”图块，完成一层餐厅进茶室门廊立面图的绘制，如图 9-162 所示。

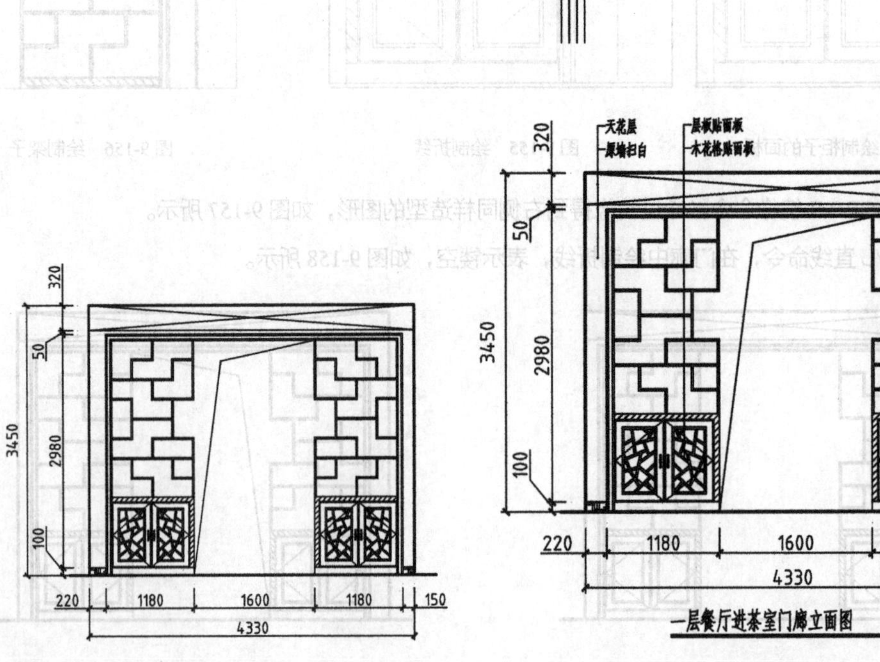

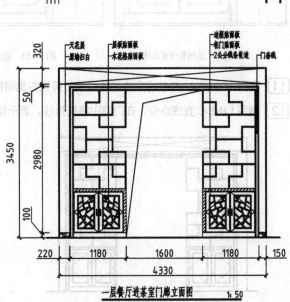

图 9-161　尺寸标注

图 9-162　一层餐厅进茶室门廊立面图

122 绘制二层主卧 D 立面图

视频文件：MP4\第 9 章\122.MP4

本例介绍二层主卧 D 立面图，D 立面图主要表达了床和书桌所在墙面的做法。

01 调用 COPY/CO 复制命令，复制平面布置图上二层主卧 D 立面图的平面部分，并对图形进行旋转。

02 调用 LINE/L 直线命令和 TRIM/TR 修剪命令，绘制 D 立面的基本轮廓，如图 9-163 所示。

03 调用 LINE/L 直线命令，绘制天花，如图 9-164 所示。

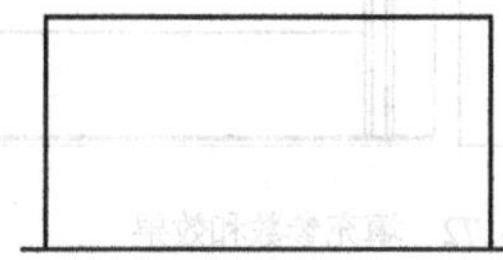

图 9-163　绘制 D 立面的基本轮廓

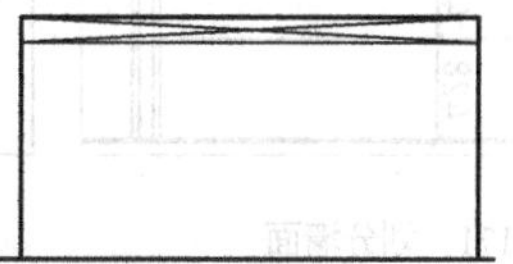

图 9-164　绘图天花

04 绘制门。调用 PLINE/PL 多段线命令，绘制门的基本轮廓，如图 9-165 所示。

05 调用 OFFSET/O 偏移命令，将多段线向内偏移 20mm、40mm 和 20m，得到门套，如图 9-166 所示。

06 调用 LINE/L 直线命令，连接多段线的交角处，如图 9-167 所示。

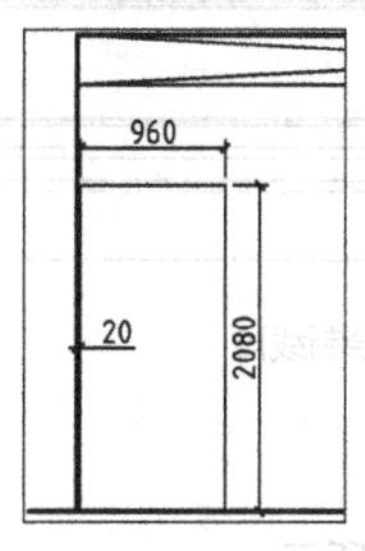

图 9-165　绘制门的基本轮廓

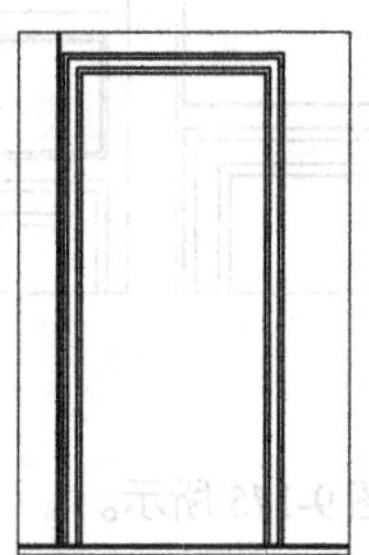

图 9-166　偏移多段线

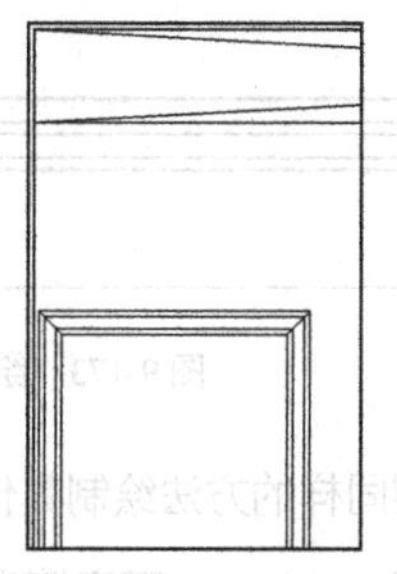

图 9-167　绘制线段

07 调用 RECTANG/REC 矩形命令、OFFSET/O 偏移命令和 COPY/CO 命令，绘制门面板上的造型，如图 9-168 所示。

08 调用 PLINE/PL 多段线命令，绘制背景墙轮廓，如图 9-169 所示。

09 调用 OFFSET/O 偏移命令，将多段线向内偏移 30mm、60mm 和 30mm，如图 9-170 所示。

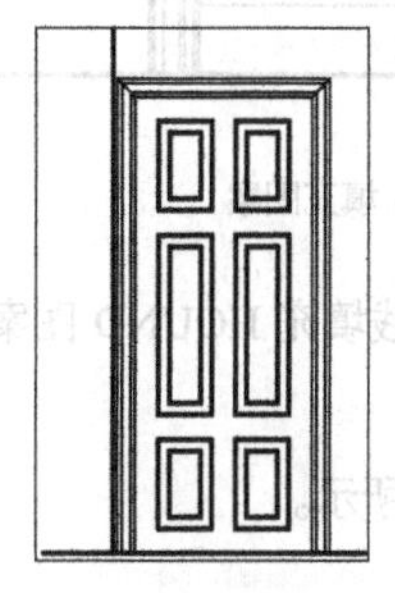

图 9-168　绘制门面板上的造型

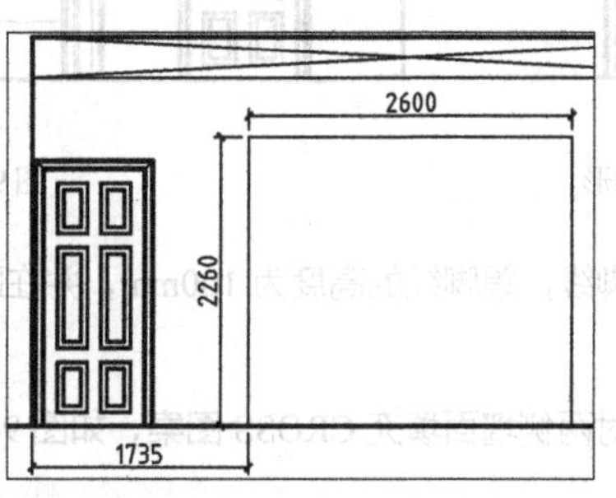

图 9-169　绘制背景墙轮廓

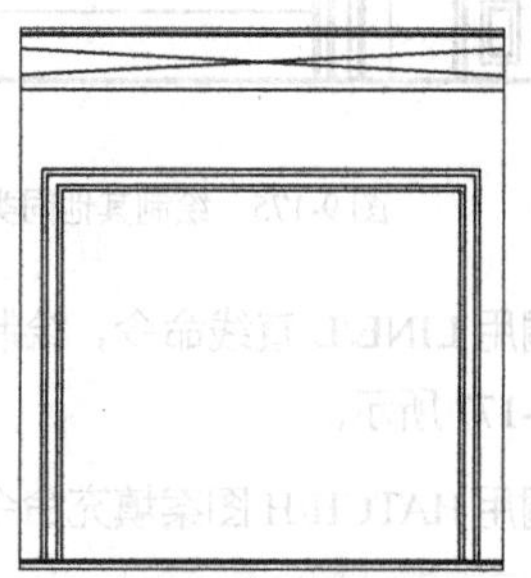

图 9-170　偏移多段线

10 调用 LINE/L 直线命令和 OFFSET/O 偏移命令，划分墙面，如图 9-171 所示。

11 调用 HATCH/H 图案填充命令，再在命令行中输入 T 命令，在弹出的【图案填充和渐变色】对话框中设置参数，在背景墙面填充 AR-SAND 图案，填充参数和效果如图 9-172 所示。

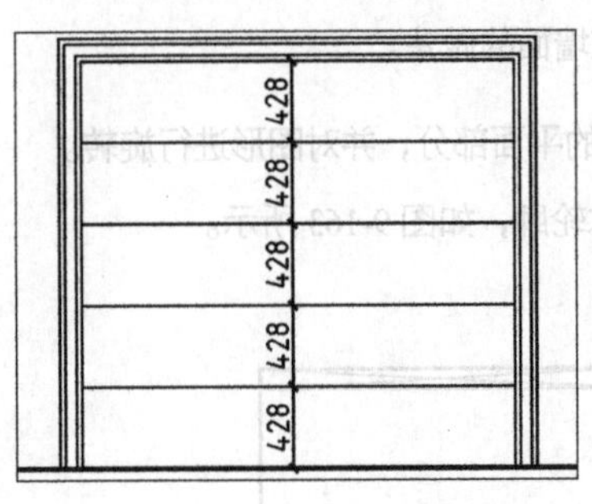

图 9-171 划分墙面

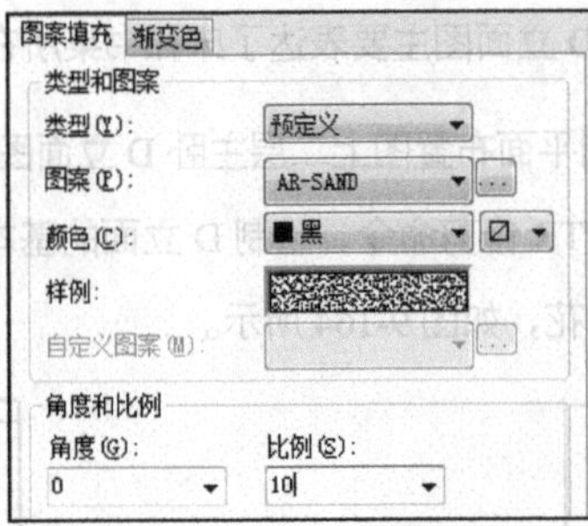

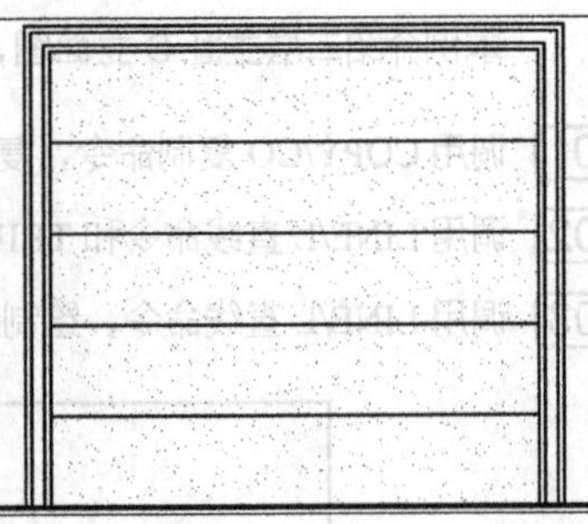

图 9-172 填充参数和效果

12 调用 RECTANG/REC 矩形命令，在多段线上方绘制尺寸为 2600mm×340mm 的矩形，如图 9-173 所示。

13 调用 OFFSET/O 偏移命令，将矩形向内偏移，然后调用 LINE/L 直线命令，连接矩形的交角处，如图 9-174 所示。

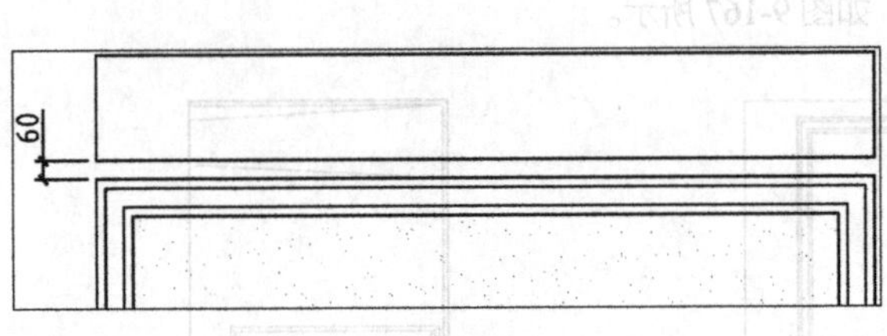

图 9-173 绘制矩形

图 9-174 绘制线段

14 使用同样的方法绘制其他同类图形，如图 9-175 所示。

15 调用 HATCH/H 图案填充命令，在矩形内填充 AR-RROOF 图案，如图 9-176 所示。

图 9-175 绘制其他同类型图形

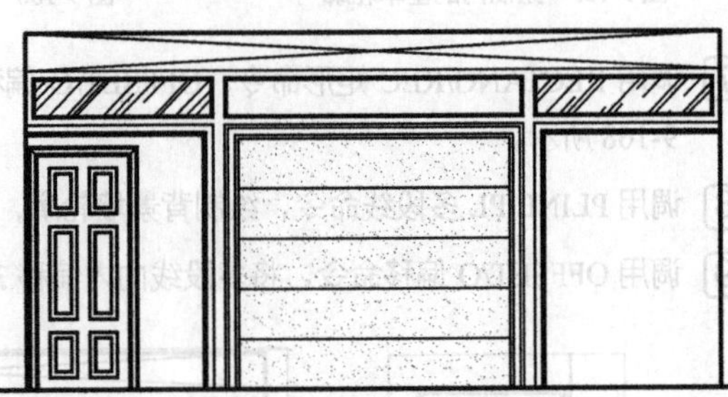

图 9-176 填充图案

16 调用 LINE/L 直线命令，绘制踢脚线，踢脚线的高度为 100mm，并在踢脚线填充 HOUND 图案，如图 9-177 所示。

17 调用 HATCH/H 图案填充命令，对两侧墙面填充 CROSS 图案，如图 9-178 所示。

图 9-177 绘制踢脚线　　图 9-178 填充两侧墙面

18 继续调用 HATCH/H 图案填充命令，对墙面填充 ANSI31 图案，如图 9-179 所示。

19 从图库中调入木雕图块到立面图中，如图 9-180 所示。

图 9-179 填充图案　　图 9-180 插入图块

20 调用 DIMLINEAR/DLI 线性命令，进行尺寸标注，如图 9-181 所示。

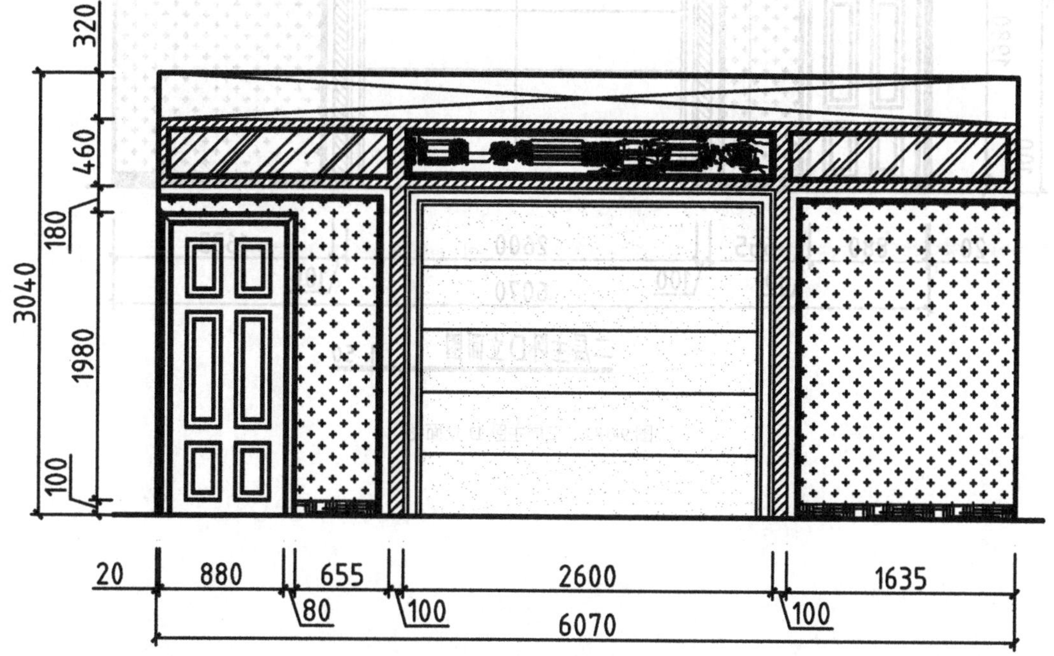

图 9-181 尺寸标注

21 调用 MLEADER/MLD 多重引线命令，标注材料说明。

22 调用 INSERT/I 插入命令，插入“图名”图块，完成二层主卧 D 立面图的绘制，如图 9-182 所示。

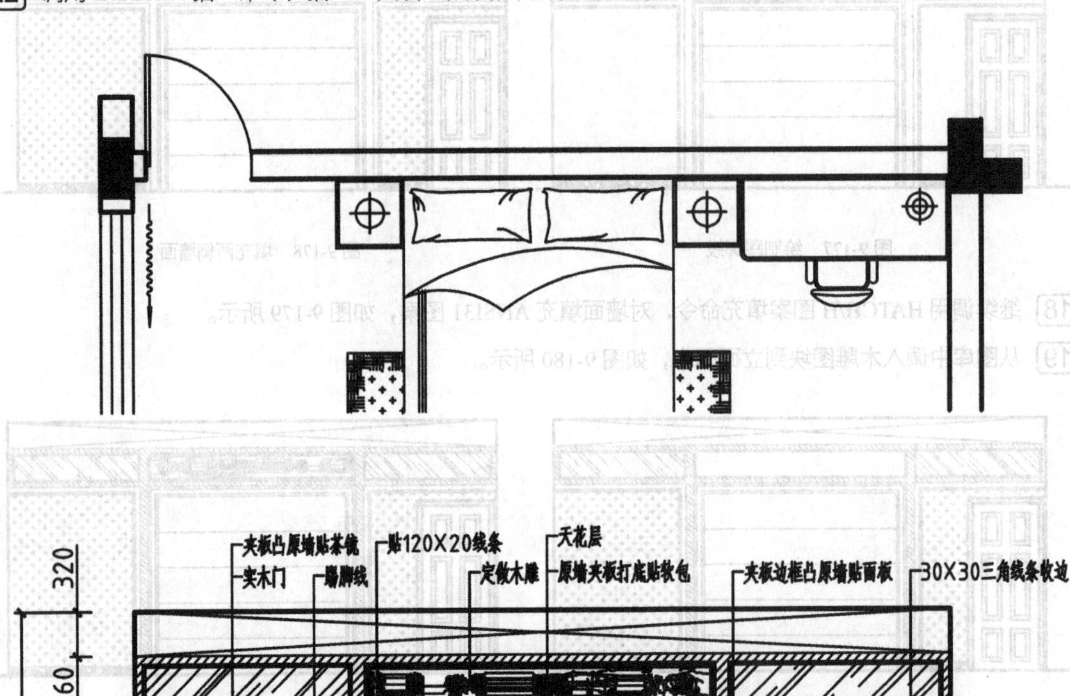

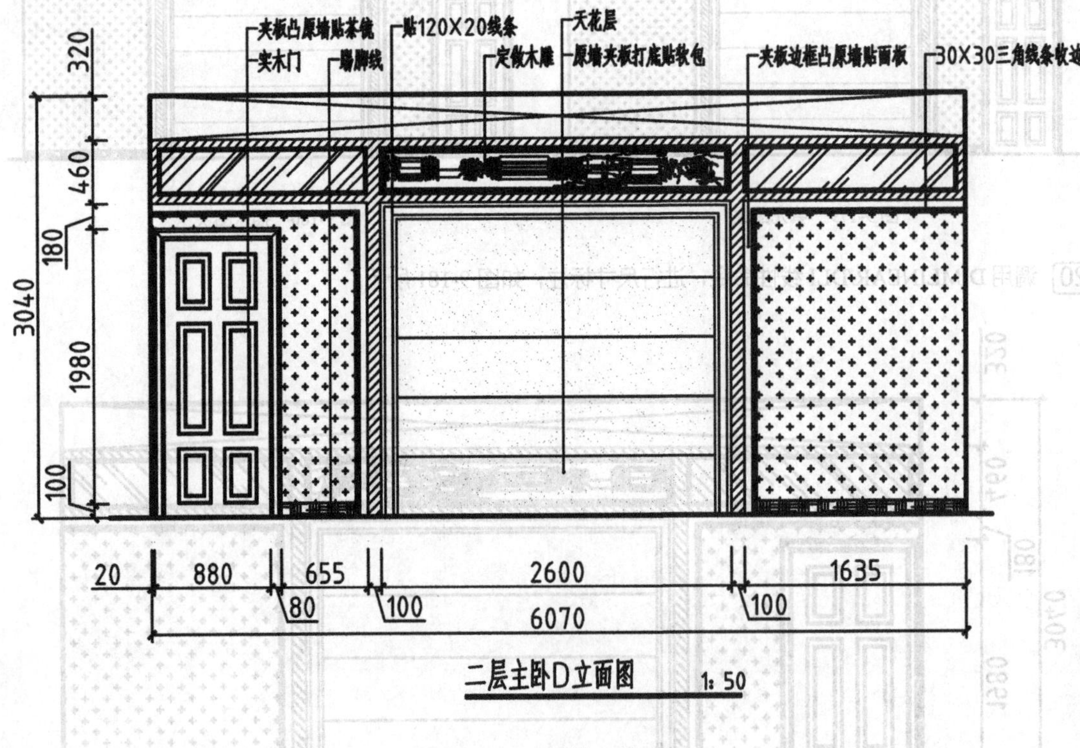

图 9-182　二层主卧 D 立面图

第 10 章　办公空间室内设计

现代办公空间的设计是展现公司文化、企业实力和专业水准的窗口，在设计办公空间时既要满足个人的空间需求，又要兼顾集体空间的需求。本章以办公空间为例讲解办公空间施工图的绘制方法。

123 绘制办公空间平面布置图

视频文件：MP4\第 10 章\123.MP4

图 10-1 所示为办公空间平面布置图，本例分别以前厅、开敞办公区、董事长室、财务部和会议室为例，讲解平面布置图的绘制方法。

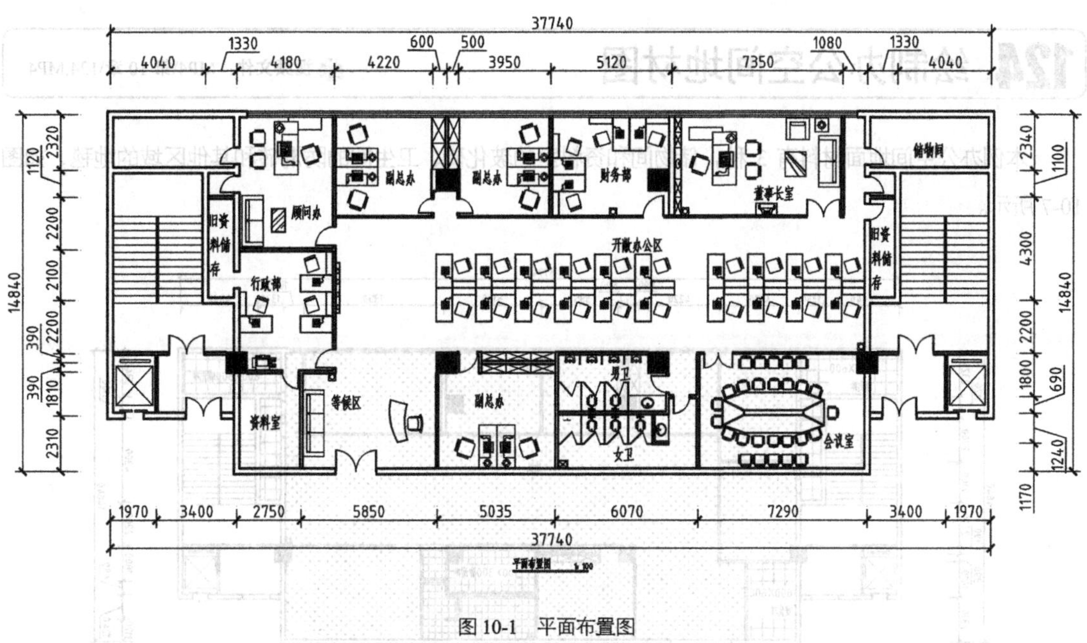

图 10-1　平面布置图

01 打开配套素材提供的“第 10 章\办公空间建筑平面图.dwg”文件。

02 图 10-2 所示为绘制完成的前台平面布置图。沙发图形、饮水机和接待台图形都可以从图库中调用。

03 图 10-3 所示为开敞办公区平面布置图。办公桌椅和饮水机图形可以从图库中调用。

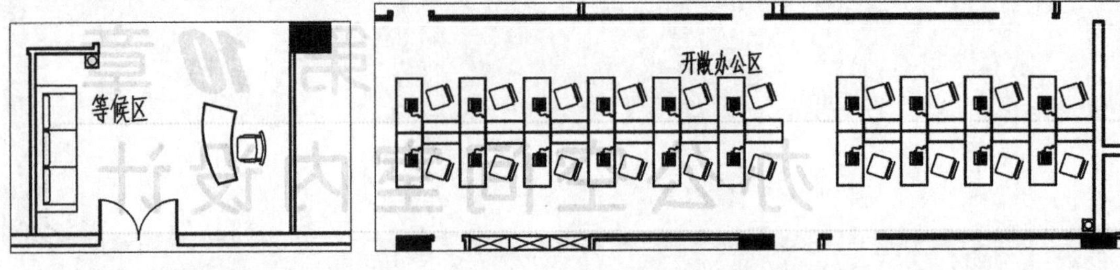

图 10-2　前台平面布置　　　　图 10-3　开敞办公区平面布置图

04 本例董事长室平面布置图如图 10-4 所示，董事长室大部分家具可以从图库中调用，装饰柜和电视柜可使用 RECTANG/REC 矩形命令和 LINE/L 直线命令手工绘制。

05 财务部平面布置图如图 10-5 所示。

06 会议室平面布置图如图 10-6 所示。

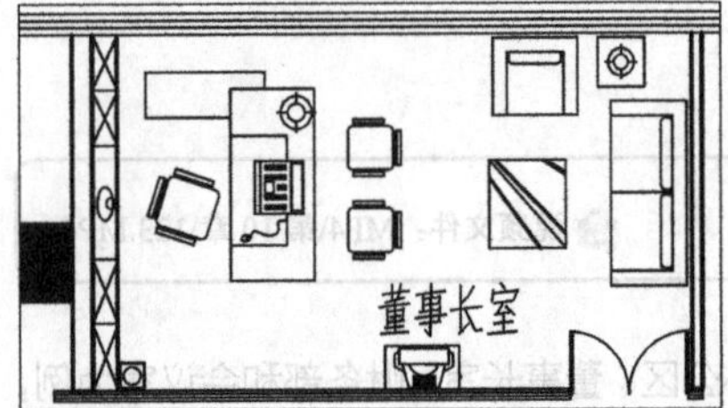

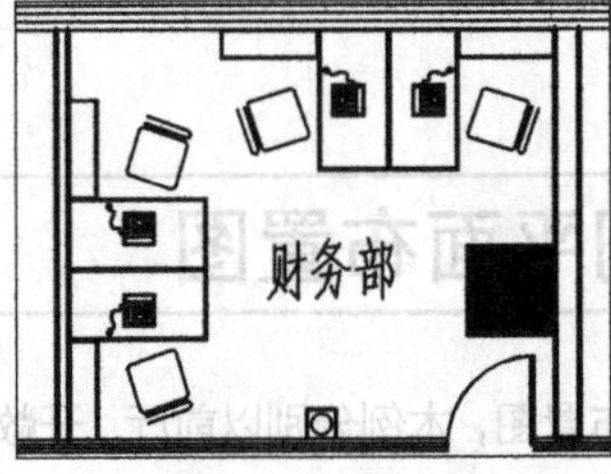

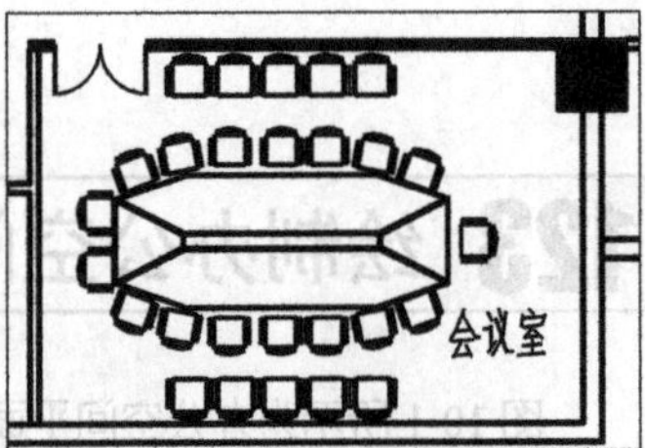

图 10-4　董事长室平面布置图　　图 10-5　财务部平面布置图　　图 10-6　会议室平面布置图

124 绘制办公空间地材图

视频文件：MP4\第 10 章\124.MP4

本例办公空间地面材料有 3 种，储物间和资料室的玻化砖、卫生间的防滑砖和其他区域的地毯，如图 10-7 所示。

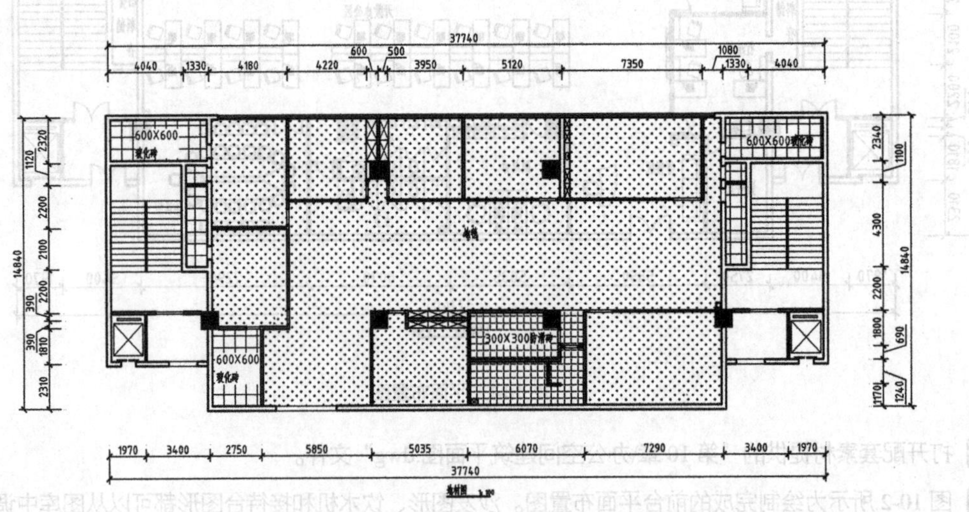

图 10-7　地材图

01 调用 COPY/CO 复制命令，复制办公空间平面布置图，并删除与地材图无关的图形，如图 10-8 所示。

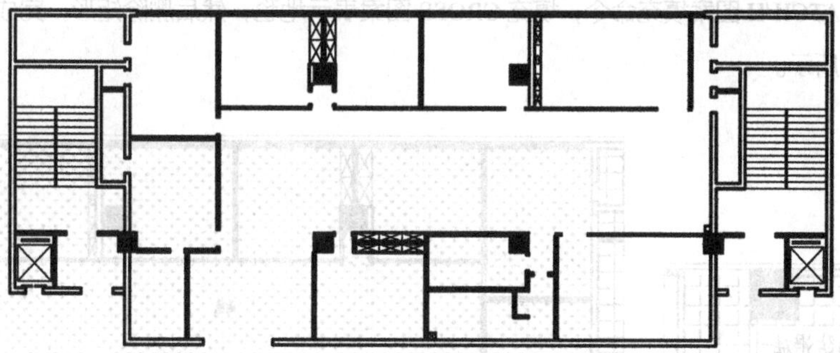

图 10-8　整理图形

02 设置“DM_地面”图层为当前图层。

03 调用 LINE/L 直线命令，绘制门槛线，如图 10-9 所示。

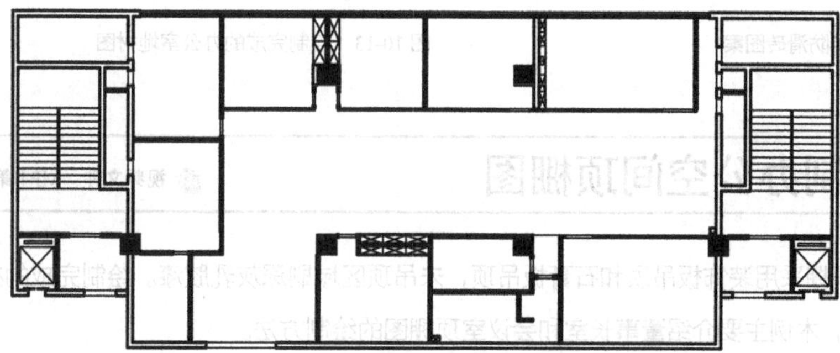

图 10-9　绘制门槛线

04 调用 MTEXT/MT 多行文字命令，添加地面材料文字说明，并调用 RECTANG/REC 矩形命令，绘制矩形框住文字，如图 10-10 所示。

05 调用 HATCH/H 图案填充命令，填充“用户定义”图案表示 600mm×600mm 玻化砖，如图 10-11 所示。

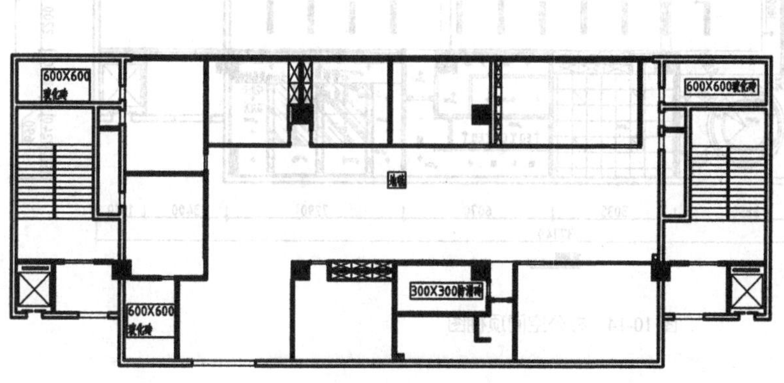

图 10-10　添加地面材料文字说明

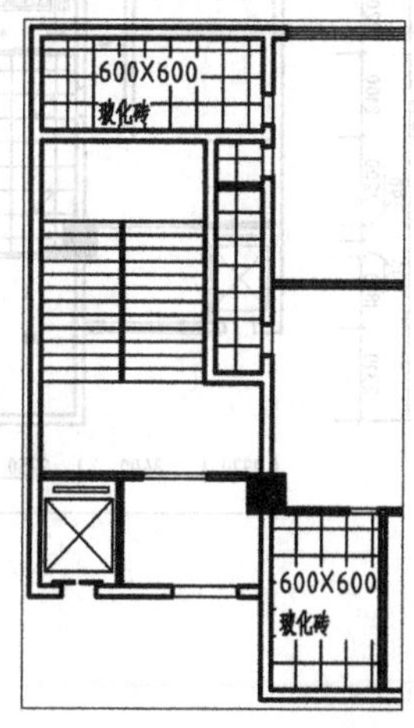

图 10-11　填充玻化砖图案

06 继续调用 HATCH/H 图案填充命令，填充 ANGLE 图案表示防滑砖，如图 10-12 所示。

07 继续调用 HATCH/H 图案填充命令，填充 CROSS 图案表示地毯，然后删除矩形，完成地材图的绘制，如图 10-13 所示。

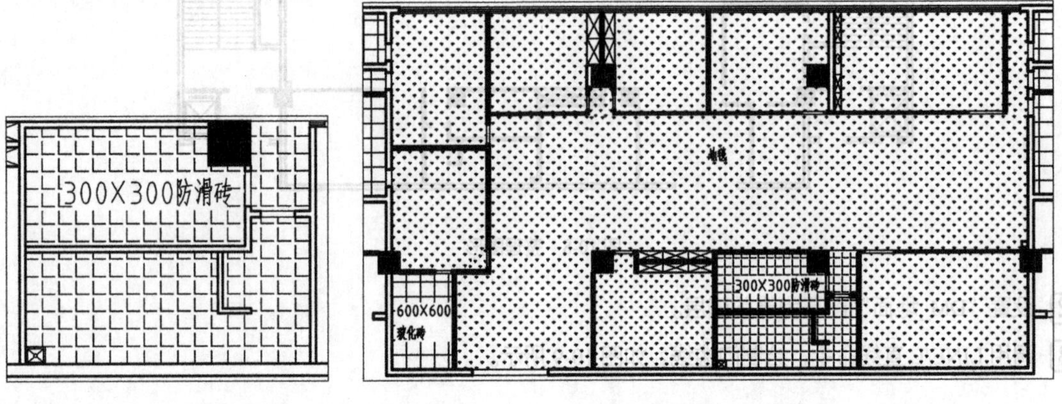

图 10-12　填充防滑砖图案　　图 10-13　绘制完成的办公室地材图

125 绘制办公空间顶棚图

视频文件：MP4\第 10 章\125.MP4

办公空间顶棚采用装饰板吊顶和石膏板吊顶，未吊顶区域刷深灰乳胶漆。绘制完成的办公空间顶棚图如图 10-14 所示，本例主要介绍董事长室和会议室顶棚图的绘制方法。

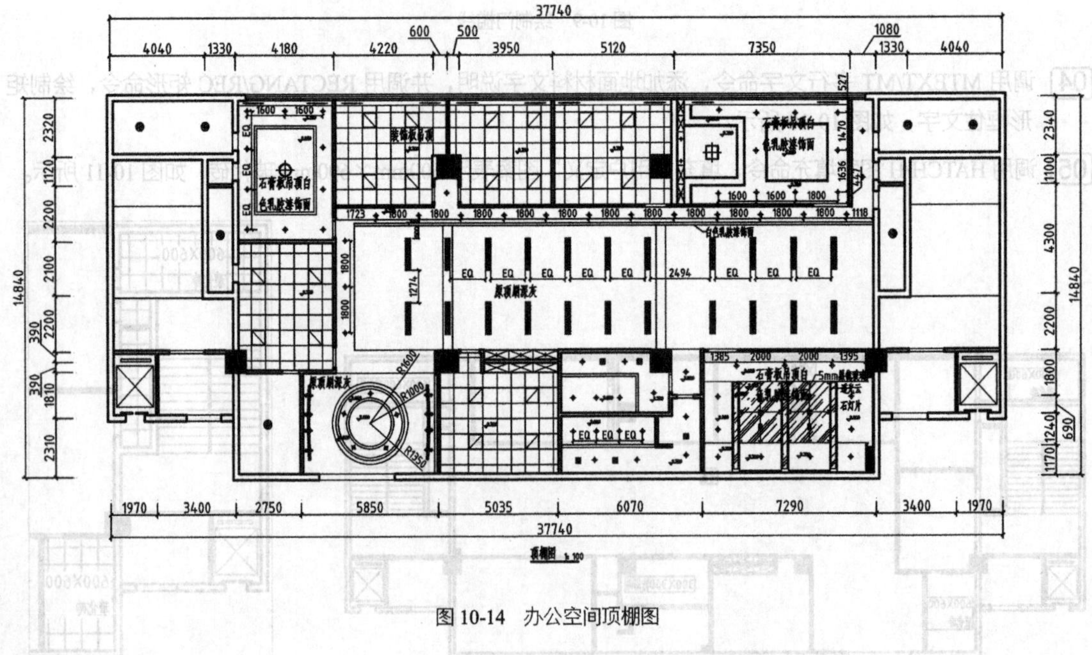

图 10-14　办公空间顶棚图

1. 绘制董事长室顶棚图

如图 10-15 所示为董事长室顶棚图，下面讲解绘制方法。

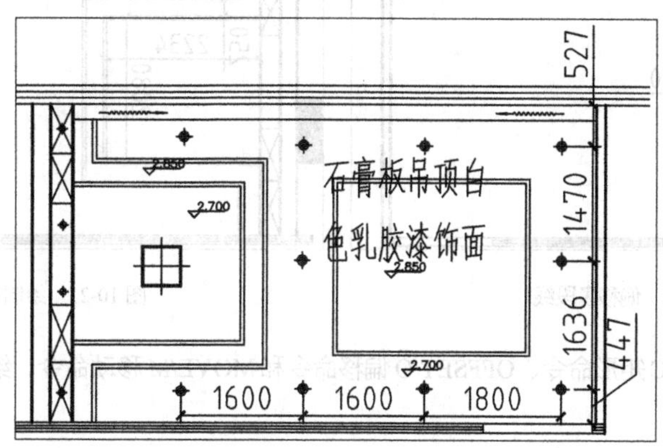

图 10-15　董事长室顶棚图

01 调用 COPY/CO 复制命令，复制办公空间平面布置图，删除与顶棚图无关的图形，然后绘制墙体线，如图 10-16 所示。

02 设置"DD_吊顶"图层为当前图层。

03 调用 PLINE/PL 多段线命令、MOVE/M 移动命令和 MIRROR/MI 镜像命令，绘制窗帘，如图 10-17 所示。

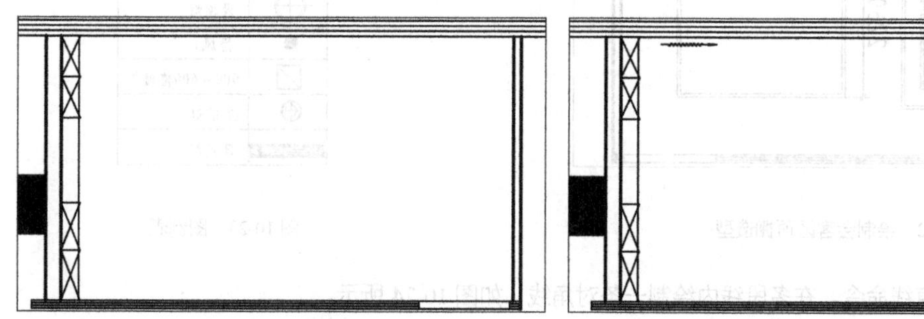

图 10-16　整理图形　　图 10-17　绘制窗帘

04 调用 LINE/L 直线命令，绘制窗帘盒，窗帘盒的宽度为 200mm，如图 10-18 所示。

05 调用 PLINE/PL 多段线命令，绘制如图 10-19 所示多段线。

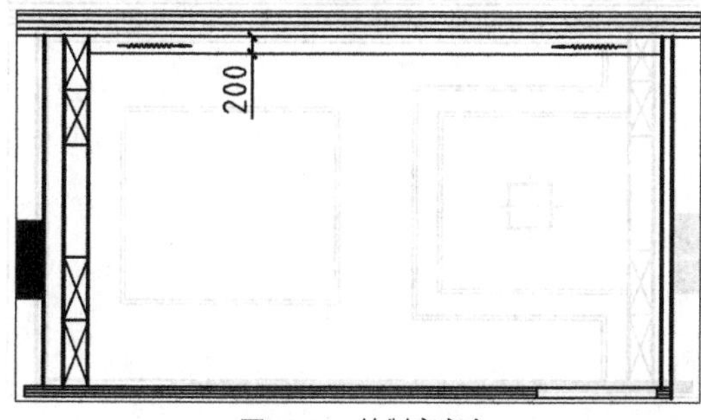

图 10-18　绘制窗帘盒

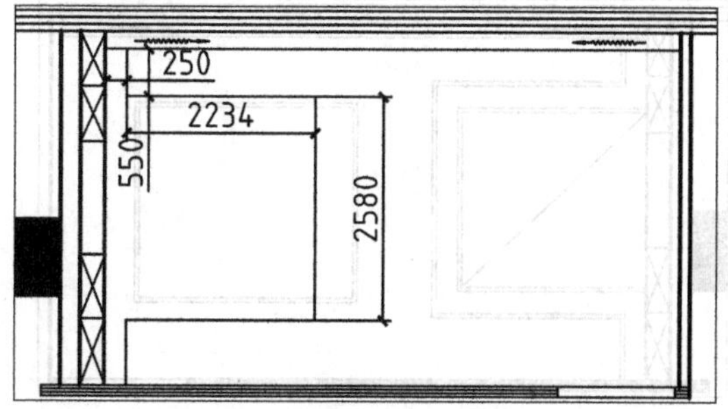

图 10-19　绘制多段线

06 调用 OFFSET/O 偏移命令，将多段线向外偏移 50mm，并设置为虚线表示灯带，如图 10-20 所示。

07 继续调用 PLINE/PL 多段线命令和 OFFSET/O 偏移命令，绘制如图 10-21 所示顶棚造型。

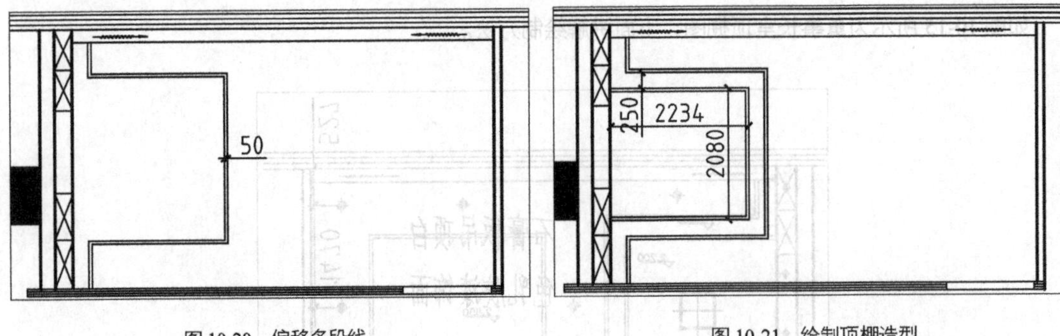

图 10-20 偏移多段线

图 10-21 绘制顶棚造型

08 调用 RECTANG/REC 矩形命令、OFFSET/O 偏移命令和 MOVE/M 移动命令，绘制会客区顶棚造型，如图 10-22 所示。

09 布置灯具。从图库中复制图例表到本例图形窗口中，如图 10-23 所示。

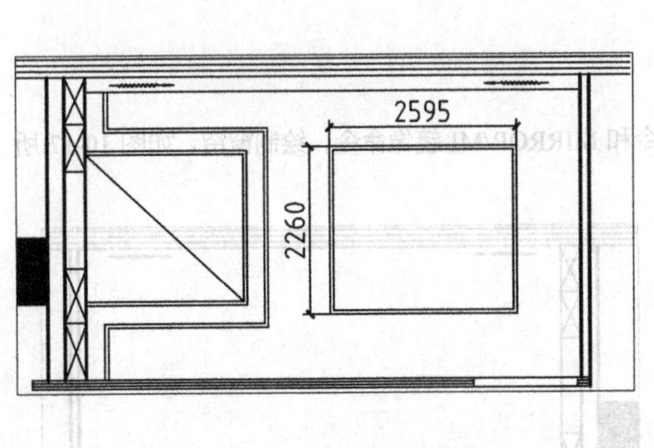

图 10-22 绘制会客区顶棚造型

	斗胆灯
	射灯
	筒灯
	滑轨射灯
	艺术吸顶灯
	吸顶灯
	排风口
	600×600格栅灯
	工矿灯
	日光灯

图 10-23 图例表

10 调用 LINE/L 直线命令，在多段线内绘制一条对角线，如图 10-24 所示。

11 调用 COPY/CO 复制命令，复制图例表中的艺术吸顶灯图例到辅助线中点上，然后删除辅助线，效果如图 10-25 所示。

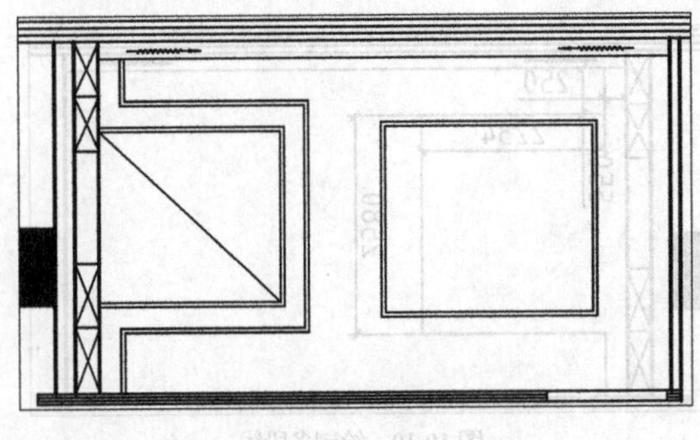

图 10-24 绘制线段

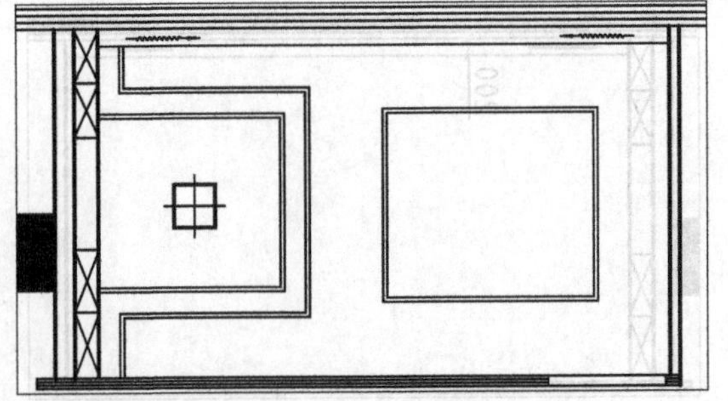

图 10-25 复制灯具

12 调用 COPY/CO 复制命令，复制其他灯具到顶棚图中，效果如图 10-26 所示。

13 调用 INSERT/I 插入命令，插入“标高”图块，如图 10-27 所示。

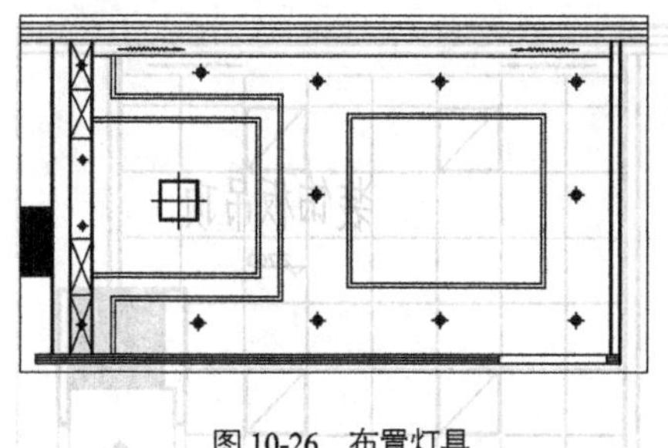
图 10-26　布置灯具

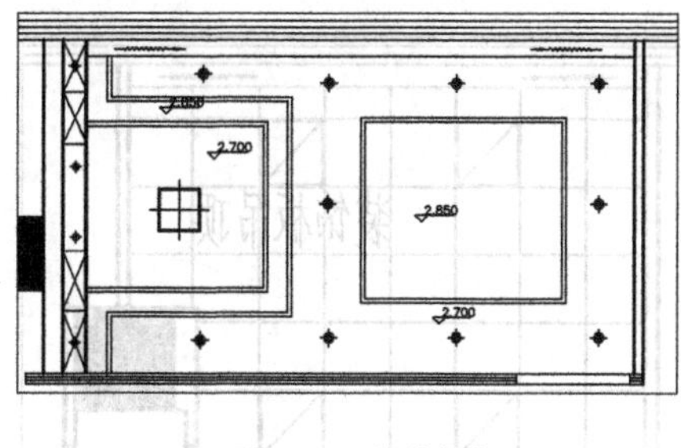

图 10-27　标注标高

14 标注董事长室顶棚的尺寸和文字说明，完成最后的效果如图 10-15 所示。

2. 绘制副总办顶棚图

如图 10-28 所示为副总办顶棚图，下面讲解绘制方法。

01 调用 COPY/CO 复制命令，复制窗帘图形，如图 10-29 所示。

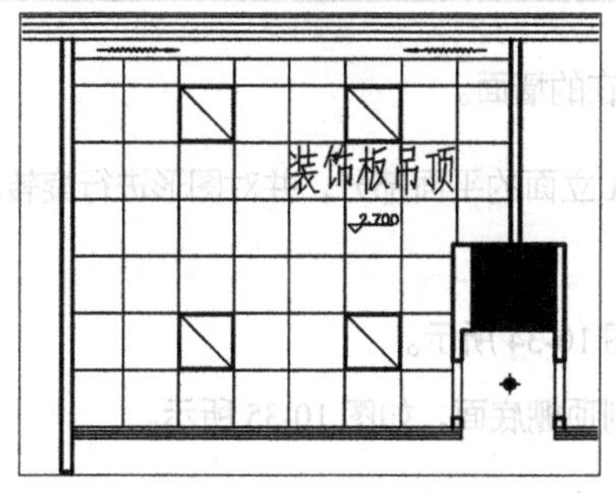

图 10-28 副总办顶棚图

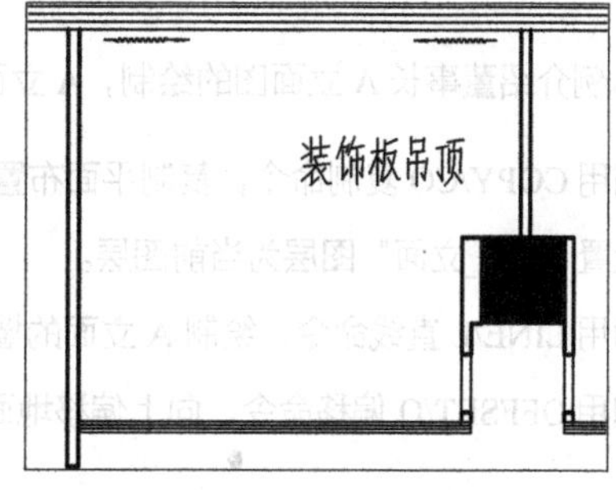

图 10-29　复制窗帘图形

02 调用 LINE/L 直线命令，绘制窗帘盒，如图 10-30 所示。

03 调用 HATCH/H 图案填充命令，再在命令行中输入 T 命令，在弹出的【图案填充和渐变色】对话框中设置参数，填充“用户定义”图案，填充参数和效果如图 10-31 所示。

04 布置灯具。调用 COPY/CO 复制命令，将格栅灯图例复制到顶棚图中，装潢板吊顶和格栅灯图形尺寸都为 600×600，可使用捕捉功能将它们精确对齐，由于装饰板吊顶为填充图案，为了能够捕捉到每块装饰板图形的顶点，可使用 EXPLODE/X 分解命令将其分解，之后就可以捕捉其顶点了，如图 10-32 所示。

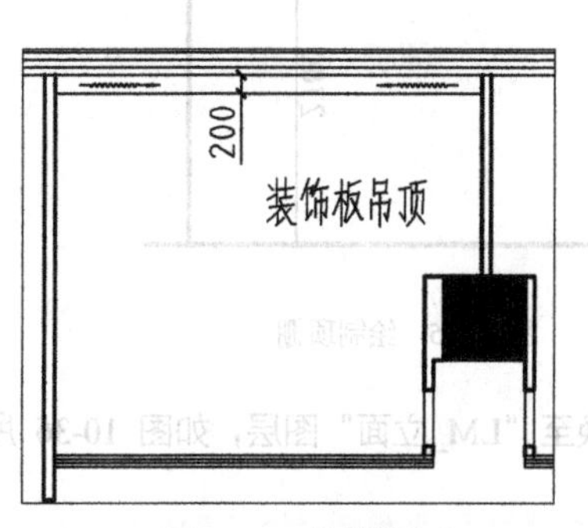

图 10-30　绘制窗帘盒

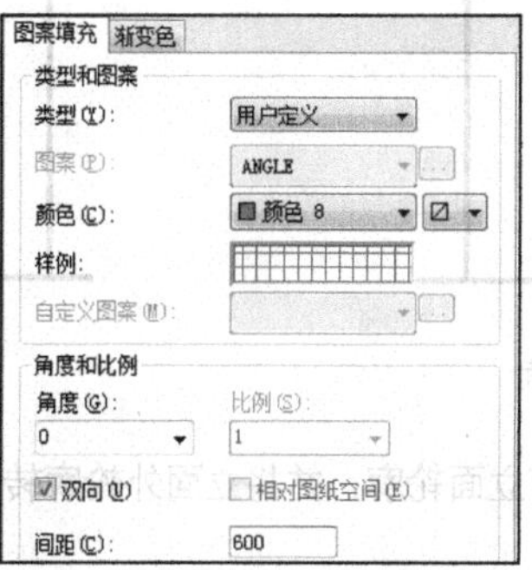

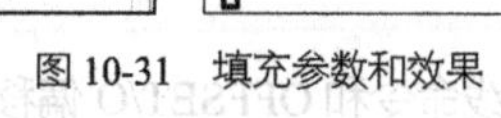
图 10-31　填充参数和效果

05 调用 INSERT/I 插入命令，插入“标高”图块，如图 10-33 所示。

06 调用 MTEXT/MT 多行文字命令，标注文字说明，完成副总办顶棚图的绘制。

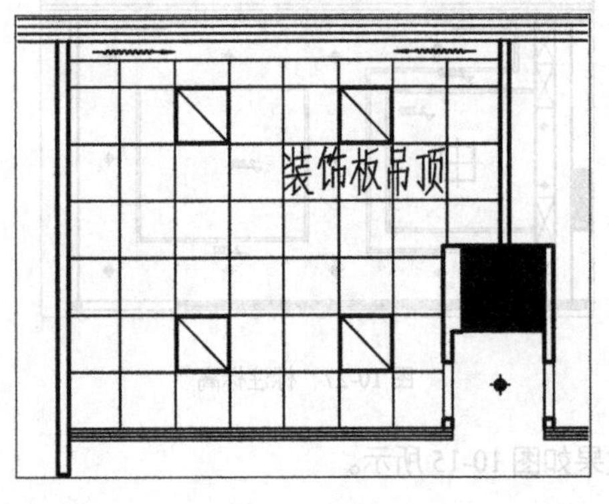

图 10-32 布置灯具

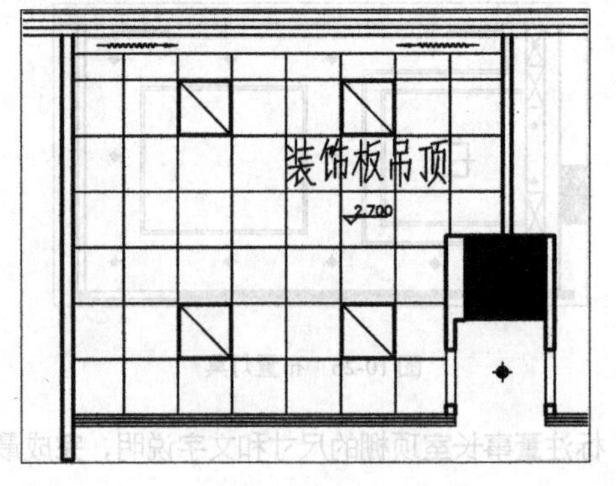

图 10-33 插入标高图块

126 绘制董事长室 A 立面图

视频文件：MP4\第 10 章\126.MP4

本例介绍董事长 A 立面图的绘制，A 立面图是装饰柜所在的墙面。

01 调用 COPY/CO 复制命令，复制平面布置图上董事长室 A 立面的平面部分，并对图形进行旋转。

02 设置“LM_立面”图层为当前图层。

03 调用 LINE/L 直线命令，绘制 A 立面的墙体和地面，如图 10-34 所示。

04 调用 OFFSET/O 偏移命令，向上偏移地面 2700mm，得到顶棚底面，如图 10-35 所示。

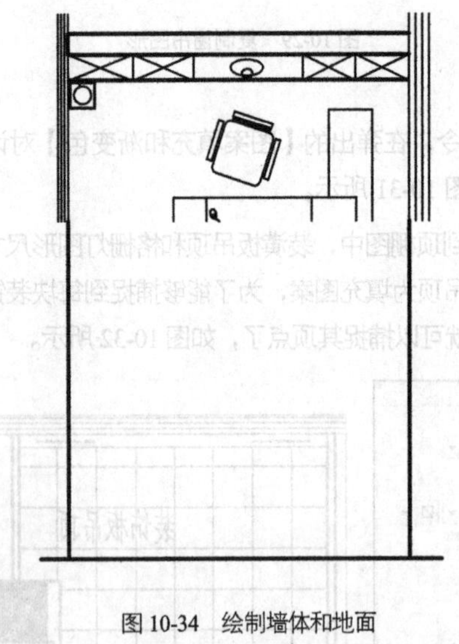
图 10-34 绘制墙体和地面

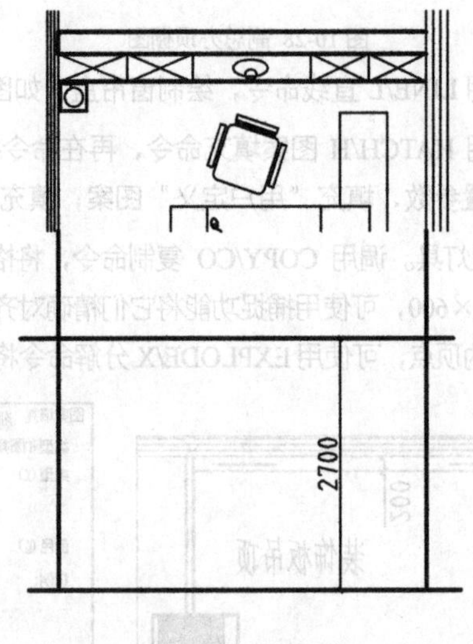

图 10-35 绘制顶棚

05 调用 TRIM/TR 修剪命令，修剪立面轮廓，并将立面外轮廓转换至“LM_立面”图层，如图 10-36 所示。

06 调用 LINE/L 直线命令和 OFFSET/O 偏移命令，绘制装饰柜的基本轮廓，如图 10-37 所示。

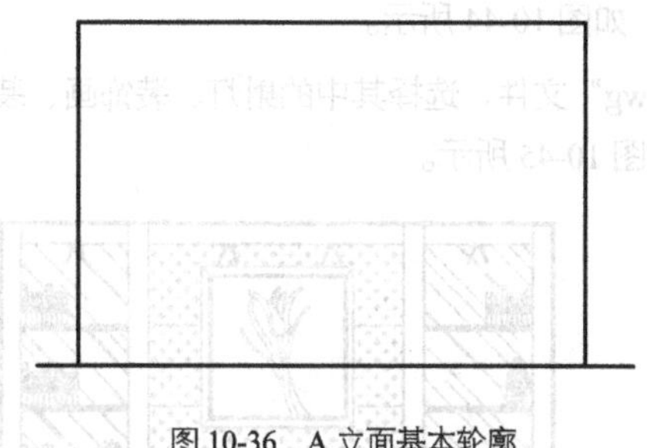
图 10-36　A 立面基本轮廓

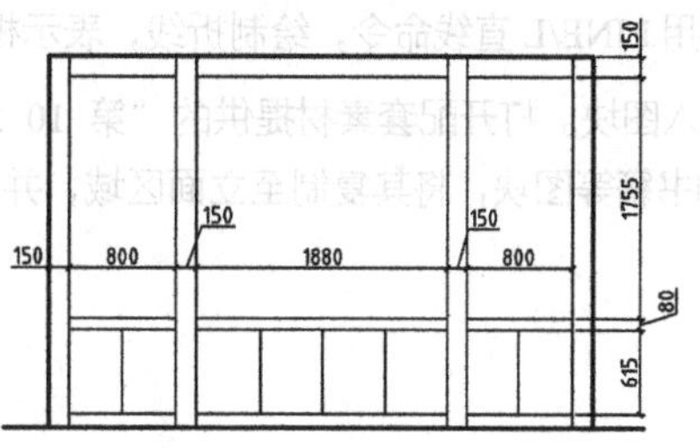

图 10-37　绘制基本轮廓

07 继续调用 LINE/L 直线命令，在中间区域绘制如图 10-38 所示线段。

08 调用 OFFSET/O 偏移命令和 MIRROR/MI 镜像命令，绘制玻璃层板，如图 10-39 所示。

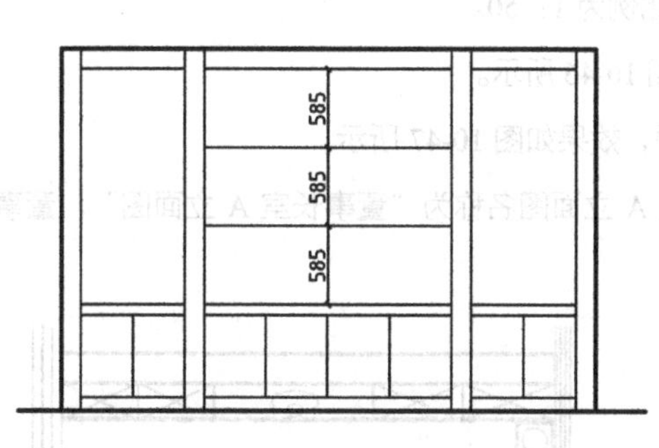

图 10-38　绘制线段

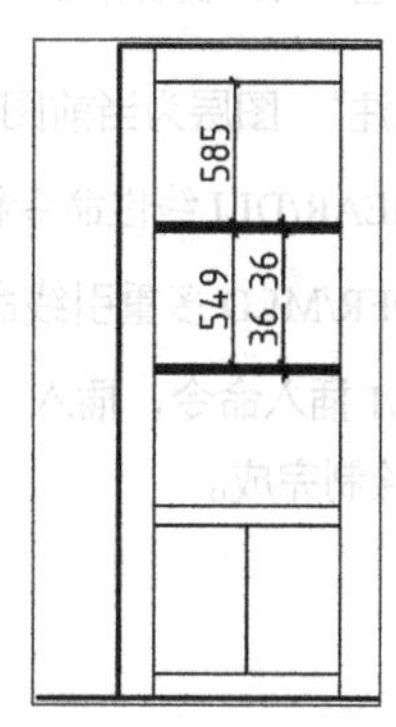

图 10-39　绘制玻璃层板

09 调用 HATCH/H 图案填充命令，对装饰柜两侧区域填充 AR-RROOF 图案表示玻璃，如图 10-40 所示。

10 继续调用 HATCH/H 图案填充命令，对装饰柜中间区域填充 CROSS 图案，如图 10-41 所示。

图 10-40　填充图案

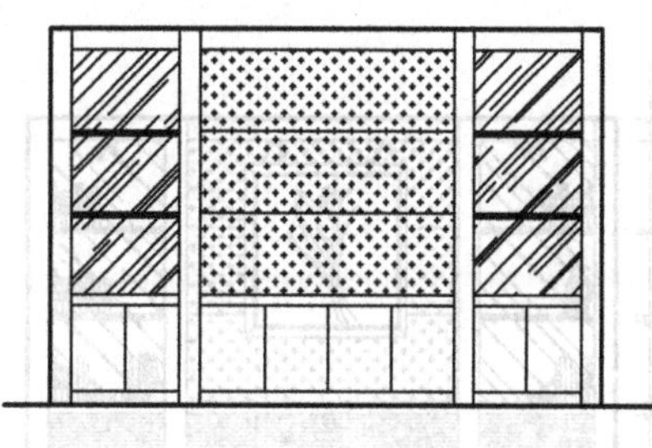
图 10-41　填充图案

11 在柜体下方填充 LINE 图案，效果如图 10-42 所示。

12 调用 RECTANG/REC 矩形命令、TRIM/TR 修剪命令和 COPY/CO 复制命令，绘制柜门拉手，如图 10-43 所示。

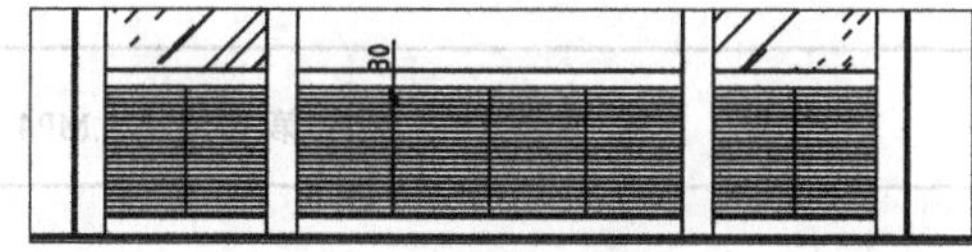

图 10-42　绘制柜体图案

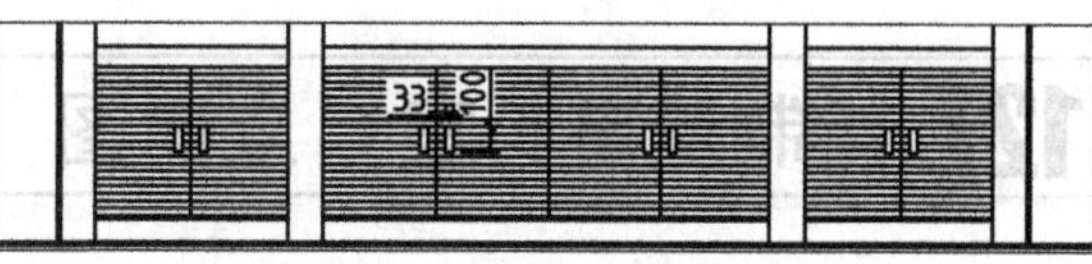

图 10-43　绘制柜门拉手

13 调用 LINE/L 直线命令，绘制折线，表示柜门开启方向，如图 10-44 所示。

14 插入图块。打开配套素材提供的“第 10 章\家具图例.dwg”文件，选择其中的射灯、装饰画、装饰品和书籍等图块，将其复制至立面区域，并进行修剪，如图 10-45 所示。

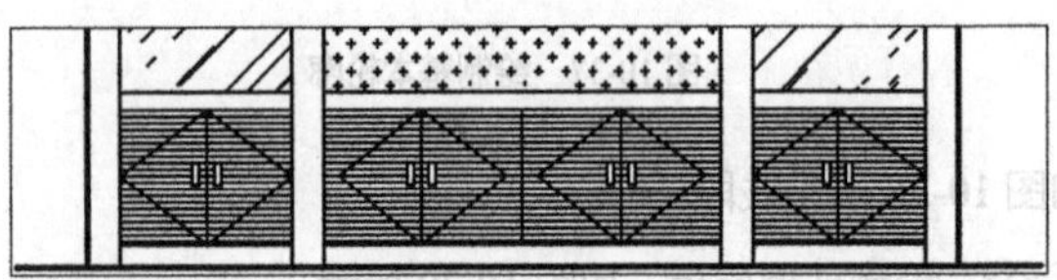

图 10-44 绘制折线

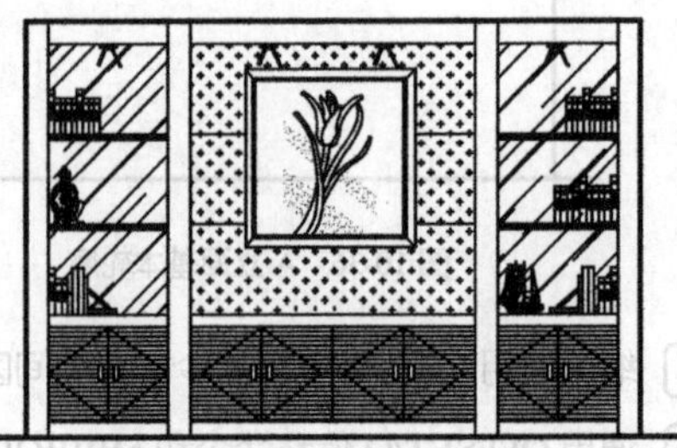

图 10-45 插入图块

15 设置“BZ_标注” 图层为当前图层。设置当前注释比例为 1：50。

16 调用 DIMLINEAR/DLI 线性命令标注尺寸，效果如图 10-46 所示。

17 调用 MLEADER/MLD 多重引线命令，标注材料说明，效果如图 10-47 所示。

18 调用 INSERT/I 插入命令，插入“图名”图块，设置 A 立面图名称为“董事长室 A 立面图”。董事长室 A 立面图绘制完成。

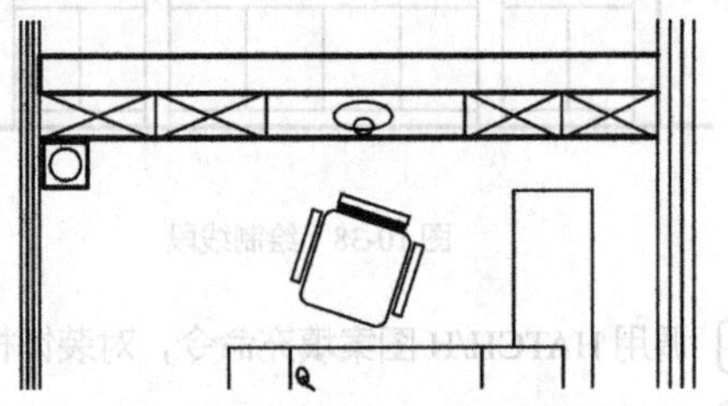

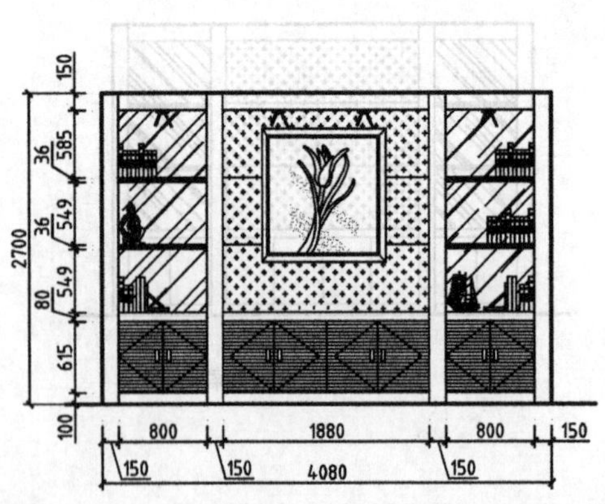

图 10-46 尺寸标注

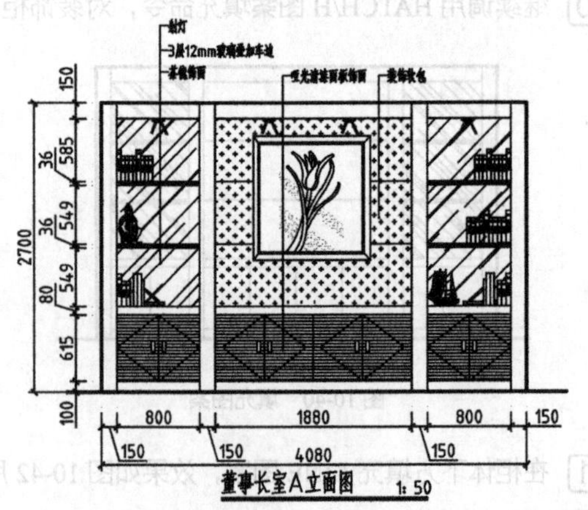

图 10-47 材料说明

127 绘制董事长室 C 立面图

视频文件：MP4\第 10 章\127.MP4

本例介绍董事长室 C 立面图的绘制，C 立面图是沙发所在的墙面，主要表达了墙面的做法。

01 调用 COPY/CO 复制命令，复制平面布置图上董事长室 C 立面图的平面部分，并对图形进行旋转。

02 调用 LINE/L 直线命令和 TRIM/TR 修剪命令，绘制 C 立面的基本轮廓，如图 10-48 所示。

03 调用 LINE/L 直线命令、OFFSET/O 偏移命令和 TRIM/TR 修剪命令，绘制墙面造型，如图 10-49 所示。

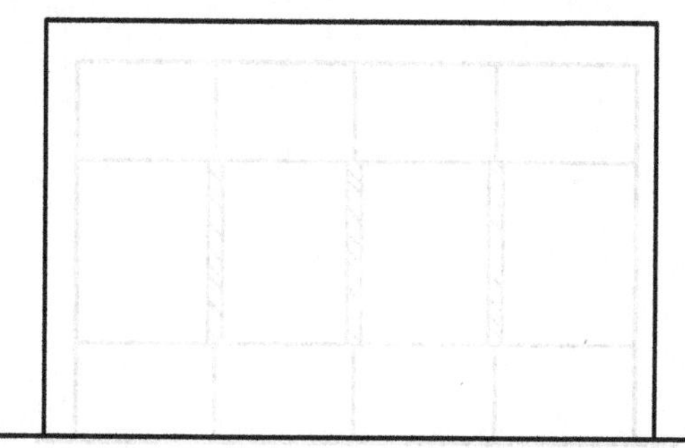

图 10-48　绘制 C 立面的基本轮廓

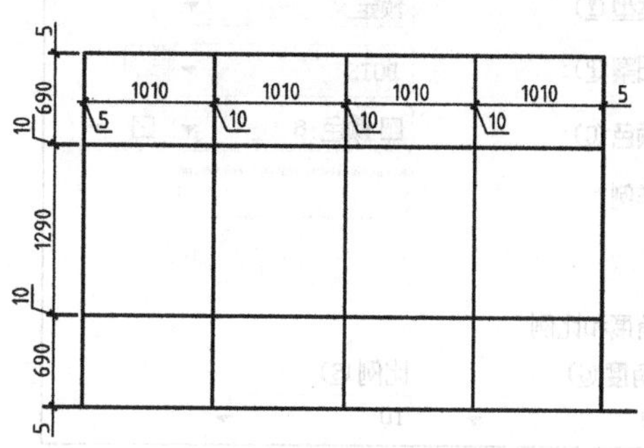

图 10-49　绘制墙面造型

04 调用 RECTANG/REC 矩形命令，绘制尺寸为 110mm×1310mm 的矩形，如图 10-50 所示。

05 调用 OFFSET/O 偏移命令，将矩形向外偏移 5mm，并对矩形进行修剪，如图 10-51 所示。

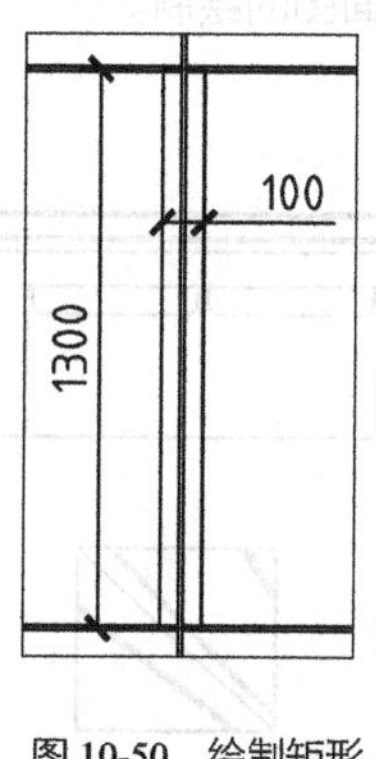

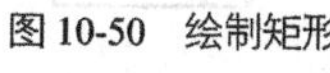

图 10-50　绘制矩形

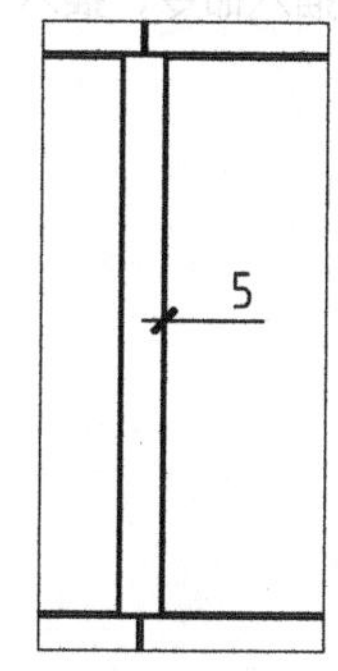

图 10-51　偏移矩形

06 调用 HATCH/H 图案填充命令，再在命令行中输入 T 命令，在弹出的【图案填充和渐变色】对话框中设置参数，在矩形内填充 AR-RROOF 图案，如图 10-52 所示。

07 调用 COPY/CO 复制命令，将图形复制到其他位置，并对多余的线段进行修剪，效果如图 10-53 所示。

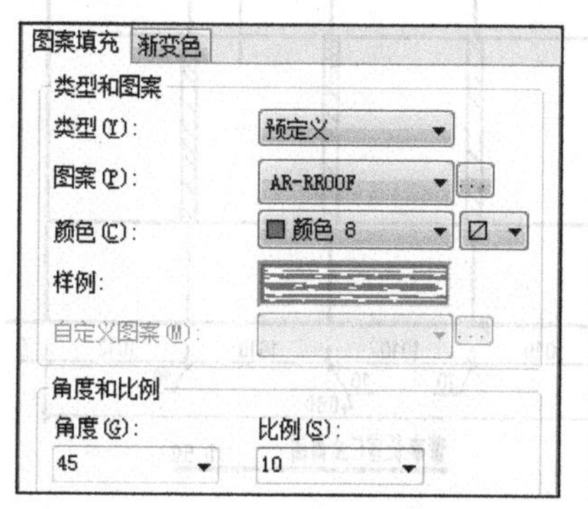

图 10-52　填充参数和效果

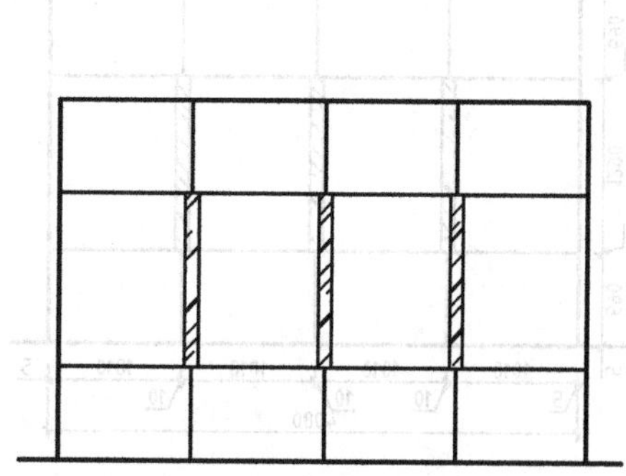

图 10-53　复制图形

08 调用 HATCH/H 图案填充命令，在墙面填充 DOTS 图案，填充参数和效果如图 10-54 所示。

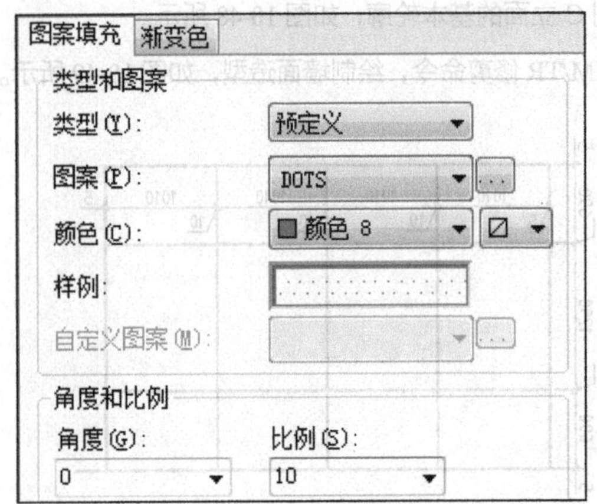

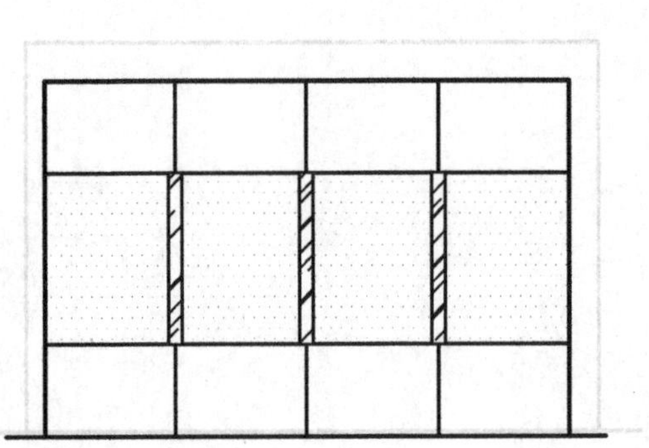

图 10-54　填充参数和效果

09 调用 DIMLINEAR/DLI 线性命令，标注立面图的尺寸，如图 10-55 所示。

10 调用 MLEADER/MLD 多重引线命令，标注立面材料名称，如图 10-56 所示。

11 调用 INSERT/I 插入命令，插入“图名”图块，完成董事长室 C 立面图的绘制。

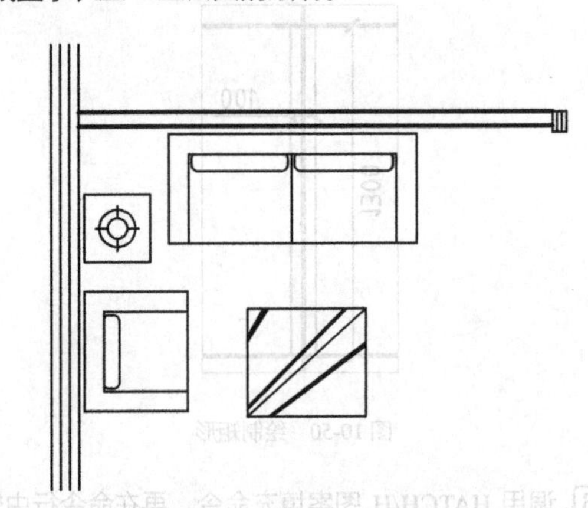

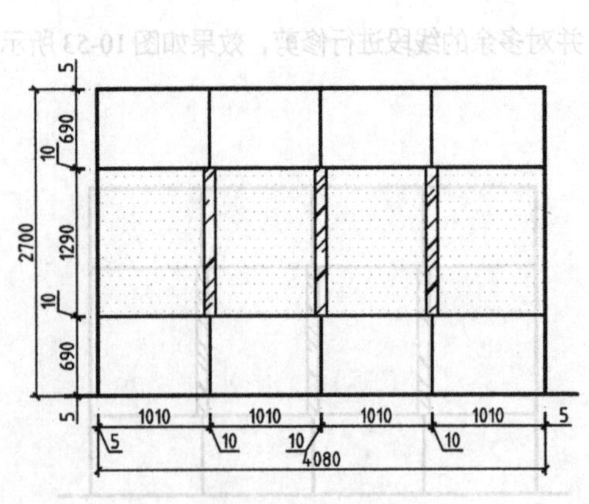

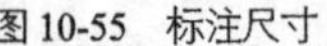
图 10-55　标注尺寸

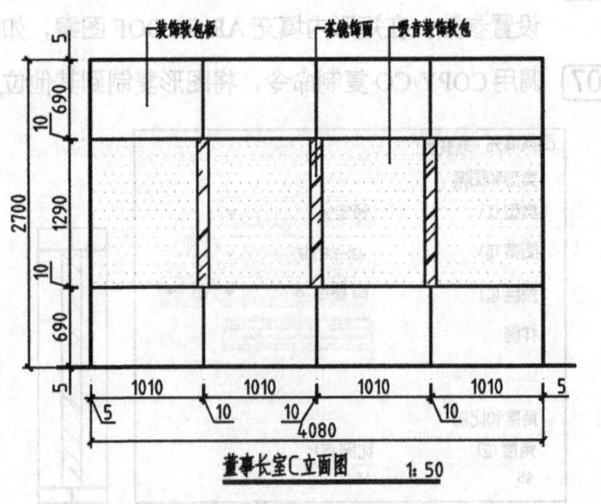

图 10-56　标注立面材料名称

128 绘制前台 C 立面图

视频文件：MP4\第 10 章\128.MP4

本例介绍前台 C 立面图的绘制，C 立面图是形象墙所在的墙面，主要表达了形象墙的做法。

01 调用 COPY/CO 复制命令，复制平面布置图上前台 C 立面的平面部分，并对图形进行旋转。

02 调用 LINE/L 直线命令和 TRIM/TR 修剪命令，绘制 C 立面的基本轮廓，如图 10-57 所示。

03 调用 RECTANG/REC 矩形命令，绘制一个尺寸为 2940mm×1000mm 的矩形，并移动到相应的位置，如图 10-58 所示。

图 10-57　绘制 C 立面的基本轮廓

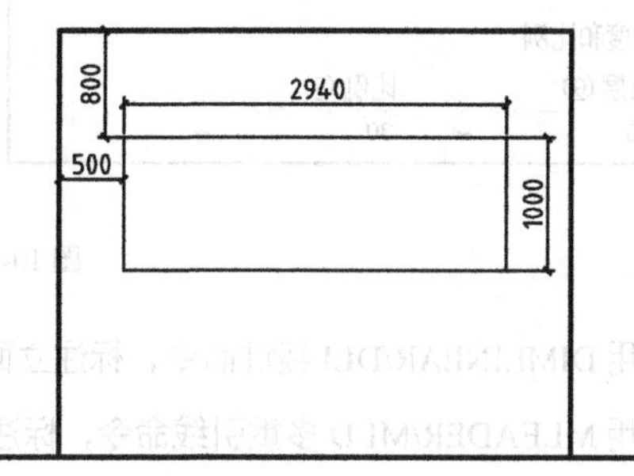

图 10-58　绘制矩形

04 调用 OFFSET/O 偏移命令，将矩形向内偏移 100mm，如图 10-59 所示。

05 调用 MTEXT/MT 多行文字命令，在矩形内添加文字，如图 10-60 所示。

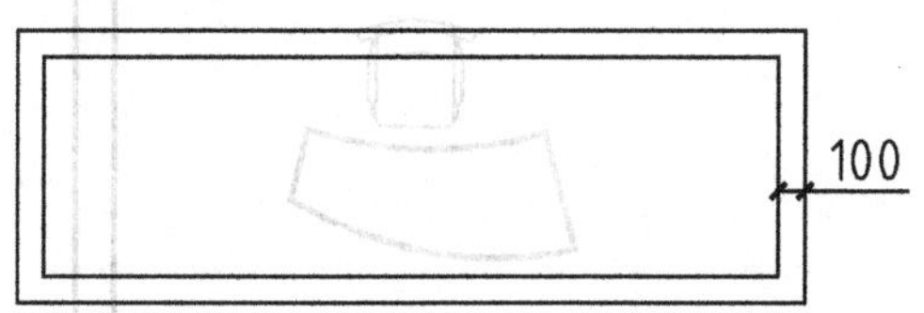

图 10-59　偏移矩形

质量是企业的生命

诚信是企业的效应

图 10-60　添加文字

06 调用 HATCH/H 图案填充命令，在矩形内填充 AR-RROOF 图案，如图 10-61 所示。

07 调用 PLINE/PL 多段线命令、OFFSET/O 偏移命令和 TRIM/TR 修剪命令，绘制造型图案，如图 10-62 所示。

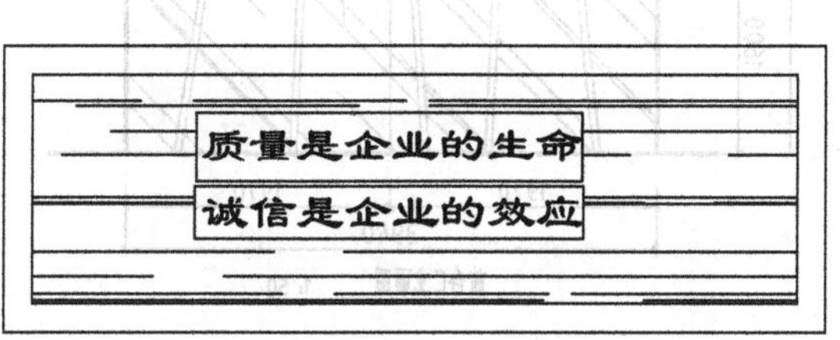

图 10-61　填充图案

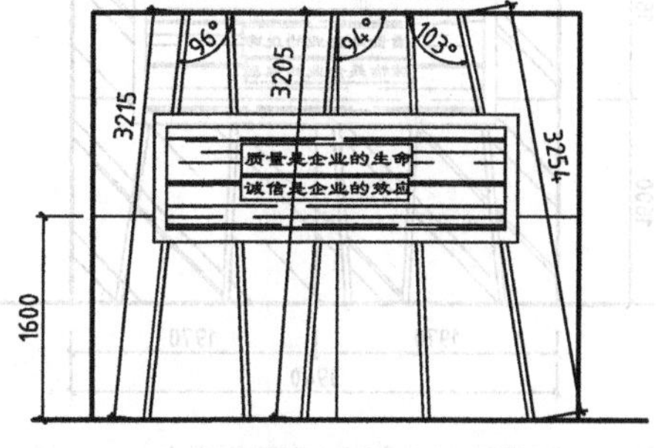

图 10-62　绘制造型图案

08 调用 HATCH/H 图案填充命令，再在命令行中输入 T 命令，在弹出的【图案填充和渐变色】对话框中设置参数，在墙面填充 AR-RROOF 图案，填充参数和效果如图 10-63 所示。

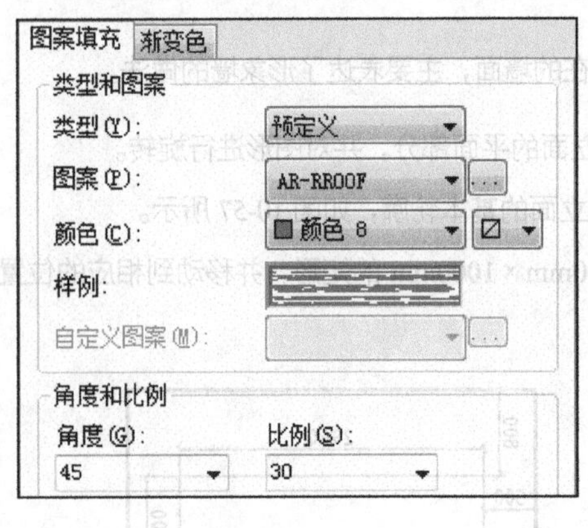

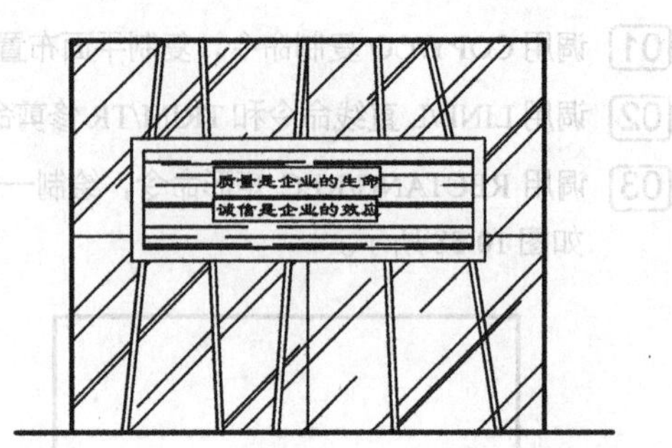

图 10-63 填充参数和效果

09 调用 DIMLINEAR/DLI 线性命令，标注立面图的尺寸，如图 10-64 所示。

10 调用 MLEADER/MLD 多重引线命令，标注立面材料名称。

11 调用 INSERT/I 插入命令，插入“图名”图块，完成前台 C 立面图的绘制，如图 10-65 所示。

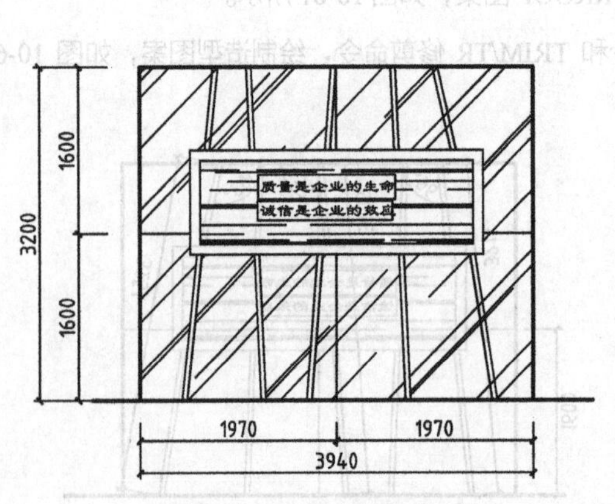

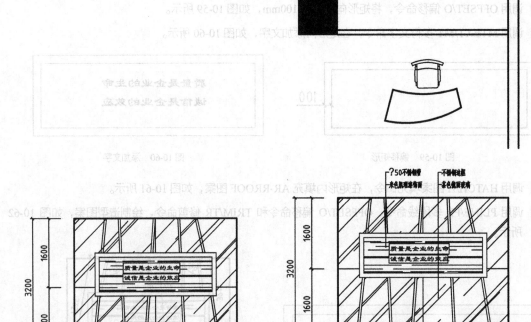

图 10-64 标注立面图的尺寸

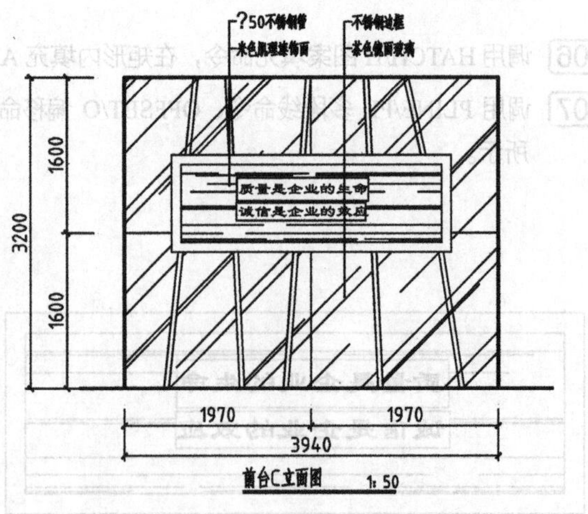

图 10-65 前台 C 立面图

129 绘制开敞办公区 A 立面图

视频文件：MP4\第 10 章\129.MP4

本例介绍开敞办公区 A 立面图的绘制，A 立面图表达了门和装饰台的做法。

01 用 COPY/CO 复制命令，复制平面布置图上开敞办公区 A 立面的平面部分，并对图形进行旋转。

02 调用 LINE/L 直线命令和 TRIM/TR 修剪命令，绘制 A 立面的基本轮廓，如图 10-66 所示。

03 绘制门。调用 PLINE/PL 多段线命令，绘制门的外轮廓，如图 10-67 所示。

04 调用 OFFFSET/O 偏移命令，将多段线向内偏移 60mm，如图 10-68 所示。

图 10-66　绘制 A 立面的基本轮廓

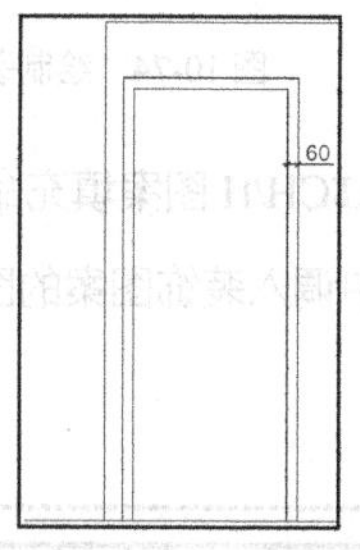

图 10-67　绘制门的外轮廓

图 10-68　偏移多段线

05 调用 LINE/L 直线命令和 OFFSET/O 偏移命令，细化门的造型，如图 10-69 所示。

06 调用 LINE/L 直线命令，绘制折线，如图 10-70 所示。

07 调用 RECTANG/REC 矩形命令、CIRCLE/C 圆命令和 TRIM/TR 修剪命令，绘制门的拉手，如图 10-71 所示。

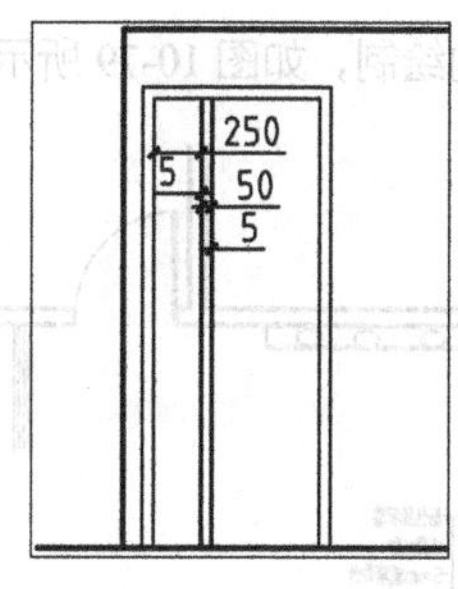

图 10-69　细化门的造型

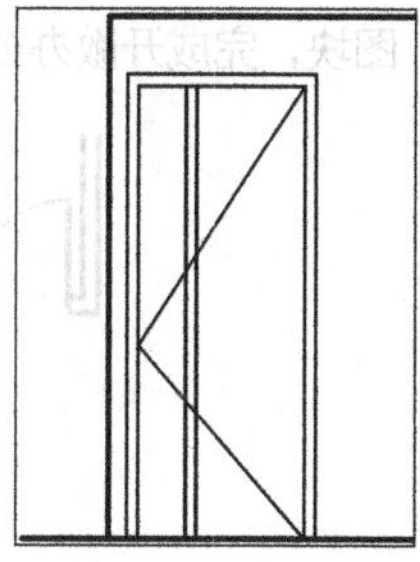

图 10-70　绘制折线

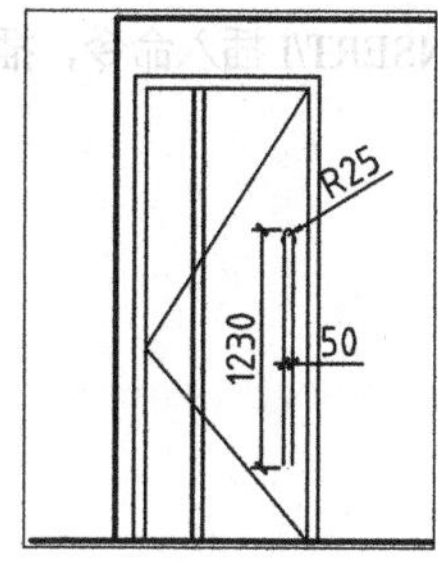

图 10-71　绘制门的拉手

08 调用 MIRROR/MI 镜像命令，得到另一个同样造型的门，并进行调整，如图 10-72 所示。

09 调用 LINE/L 直线命令，绘制踢脚线，踢脚线的高度为 100mm，如图 10-73 所示。

图 10-72　镜像门

图 10-73　绘制踢脚线

10 调用PLINE/PL多段线命令、RECTANG/REC矩形命令和FILLET/F圆角命令，绘制装饰台，如图10-74所示。

11 调用 LINE/L 直线命令，绘制线段，并设置为虚线，表示灯带，如图 10-75 所示。

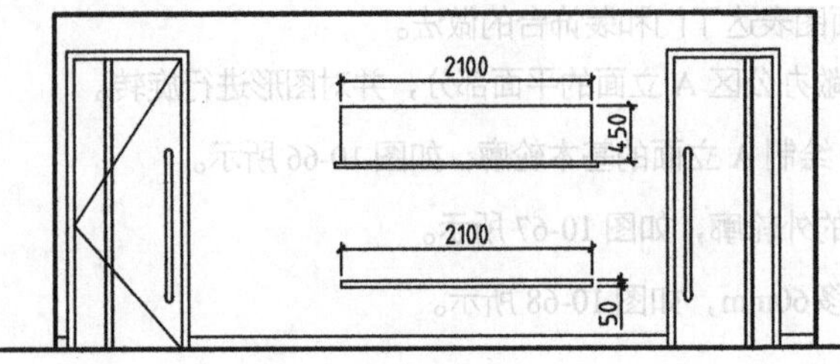

图 10-74　绘制装饰台

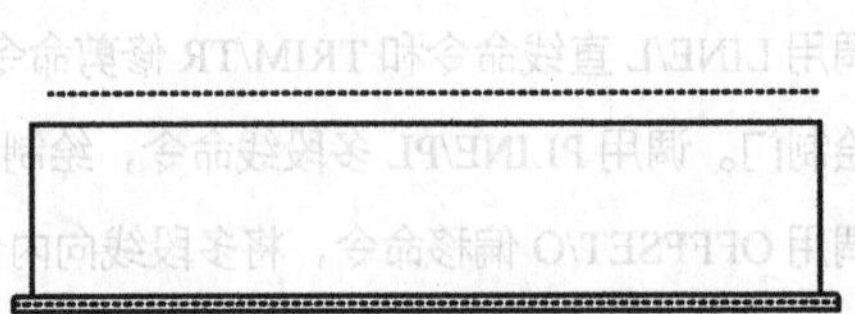

图 10-75　绘制灯带

12 调用 HATCH/H 图案填充命令，对多段线内填充 AR-RROOF 图案，如图 10-76 所示。

13 从图库中调入装饰图案的图块到立面图中，如图 10-77 所示。

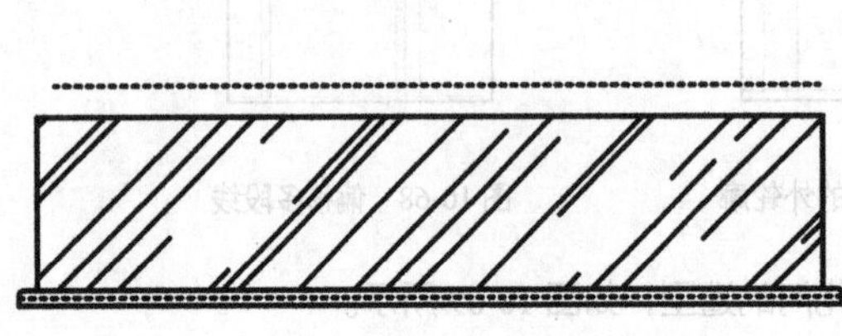

图 10-76　填充图案

图 10-77　插入图块

14 调用 DIMLINEAR/DLI 线性命令，标注立面图的尺寸，如图 10-78 所示。

15 调用 MLEADER/MLD 多重引线命令，标注立面材料名称。

16 调用 INSERT/I 插入命令，插入“图名”图块，完成开敞办公区 A 立面图的绘制，如图 10-79 所示。

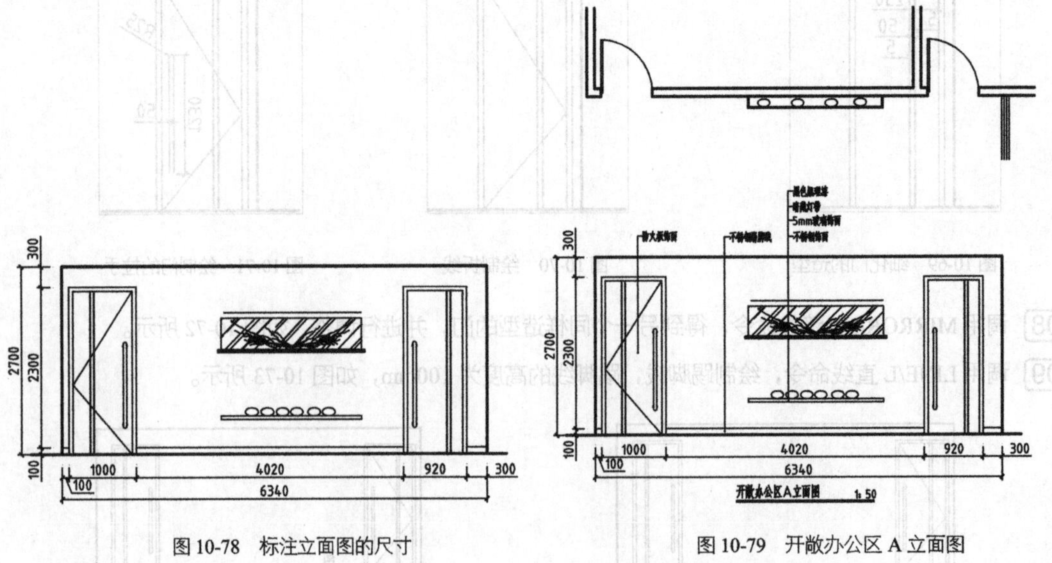

图 10-78　标注立面图的尺寸

图 10-79　开敞办公区 A 立面图

130 绘制开敞办公区C立面图

视频文件：MP4\第10章\130.MP4

本例介绍开敞办公区C立面图的绘制，C立面图主要表达了门和墙面的做法。

01 调用COPY/CO命令，复制平面布置图上开敞办公区C立面图的平面部分，并对图形进行旋转。

02 调用LINE/L命令和TRIM/TR命令，绘制C立面的基本轮廓，如图10-80所示。

03 调用PLINE/PL命令、OFFSET/O命令和COPY/CO命令，绘制门，如图10-81所示。

图10-80　绘制C立面的基本轮廓

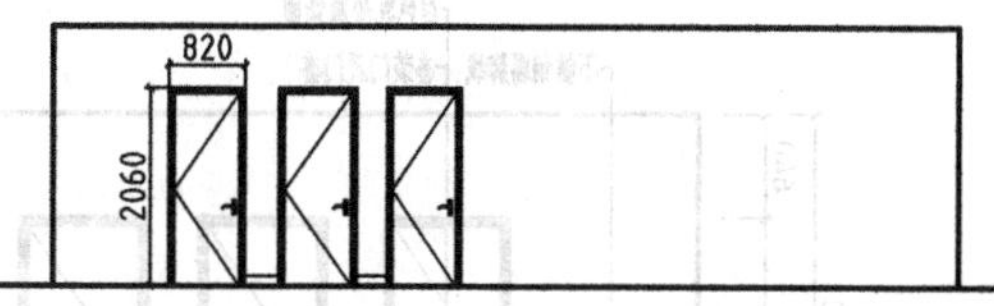

图10-81　绘制门

04 调用LINE/L命令，绘制踢脚线，踢脚线的高度为100mm，如图10-82所示。

05 从图库中调入门把手和装饰画图块，如图10-83所示。

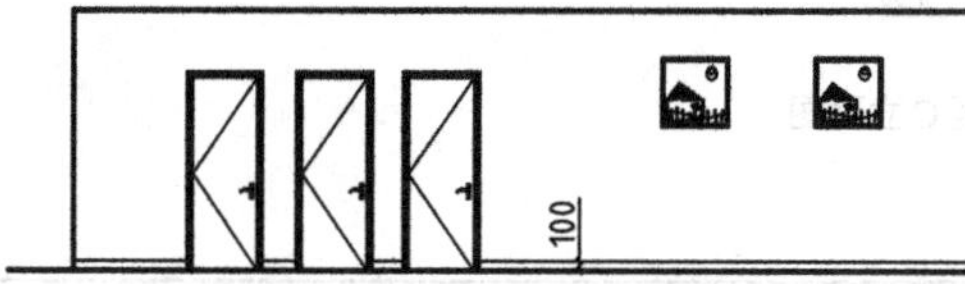

图10-82　绘制踢脚线

图10-83　插入图块

06 调用DIMLINEAR/DLI命令，标注立面图的尺寸，如图10-84所示。

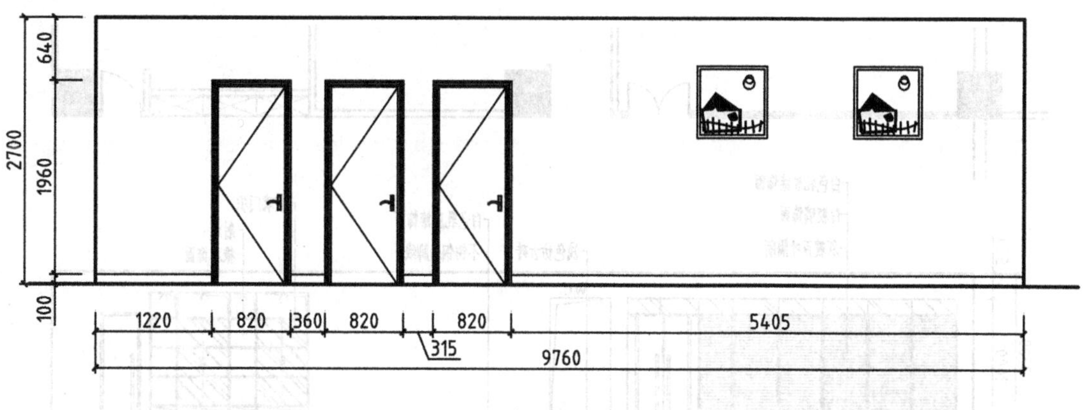

图10-84　标注立面图的尺寸

07 调用MLEADER/MLD命令，标注立面材料名称。

08 调用INSERT/I命令，插入"图名"图块，完成开敞办公区C立面图的绘制，如图10-85所示。

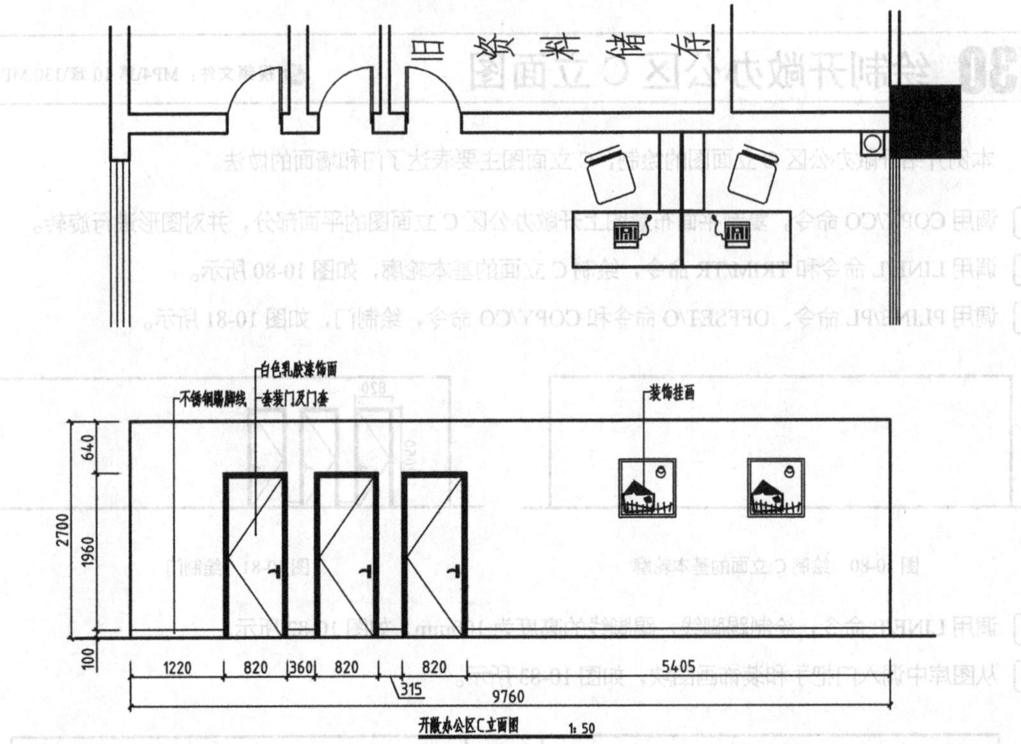

图 10-85　开敞办公区 C 立面图

131 绘制开敞办公区 D 立面图

视频文件：MP4\第 10 章\131.MP4

开敞办公区 D 立面图如图 10-86 所示，D 立面图表达了开敞办公区墙面的做法。

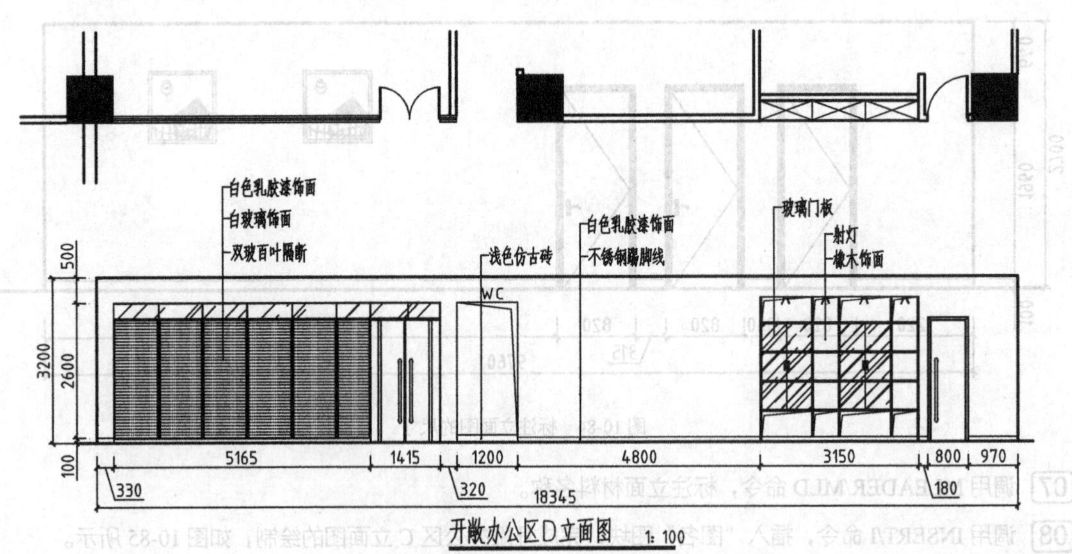

图 10-86　绘制开敞办公区 D 立面图

01 调用 COPY/CO 复制命令，复制平面布置图上开敞办公区 D 立面的平面部分，并对图形进行旋转。

02 调用 LINE/L 直线命令和 TRIM/修剪命令，绘制 D 立面的基本轮廓，如图 10-87 所示。

03 调用 PLINE/PL 多段线命令，绘制玻璃隔断轮廓，如图 10-88 所示。

图 10-87　绘制 D 立面的基本轮廓

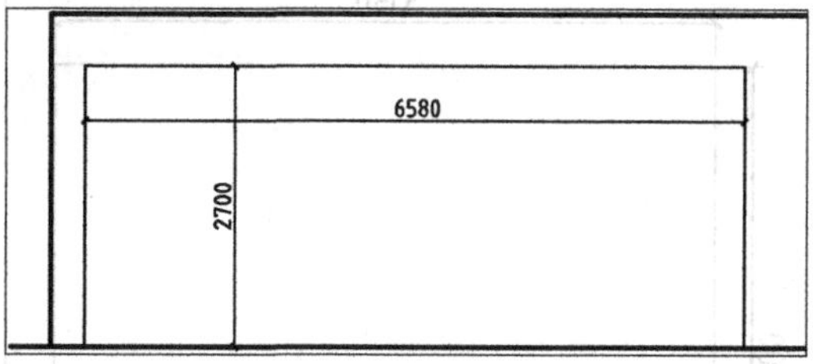

图 10-88　绘制多段线

04 调用 LINE/L 直线命令、OFFSET/O 偏移命令和 RECTANG/REC 矩形命令，细化玻璃隔断，如图 10-89 所示。

05 调用 HATCH/H 图案填充命令，在隔断填充 ISOOSW100 图案和 AR-RROOF 图案，如图 10-90 所示。

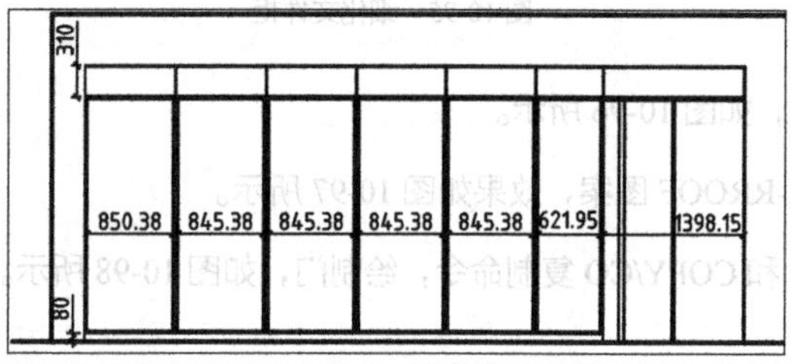

图 10-89　细化玻璃隔断

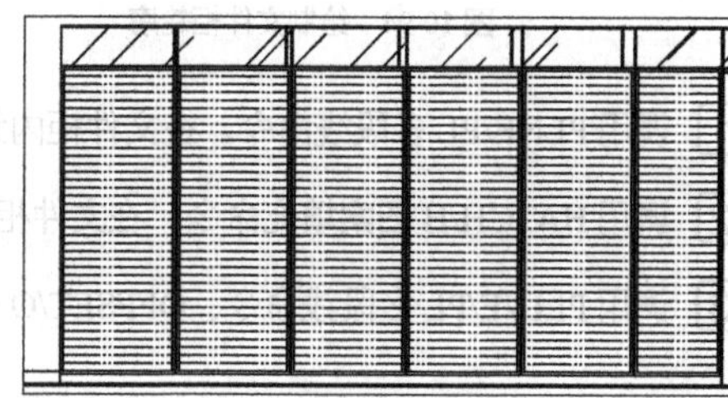

图 10-90　填充图案

06 调用 PLINE/PL 多段线命令、OFFSET/O 偏移命令和 TRIM/TR 修剪命令，绘制双开门，如图 10-91 所示。

07 调用 RECTANG/REC 矩形命令、CIRCLE/C 圆命令、COPY/CO 复制命令和 TRIM/TR 修剪命令，绘制门的拉手，如图 10-92 所示。

08 调用 PLINE/PL 多段线命令和 MTEXT/MT 多行文字命令，绘制过道，如图 10-93 所示。

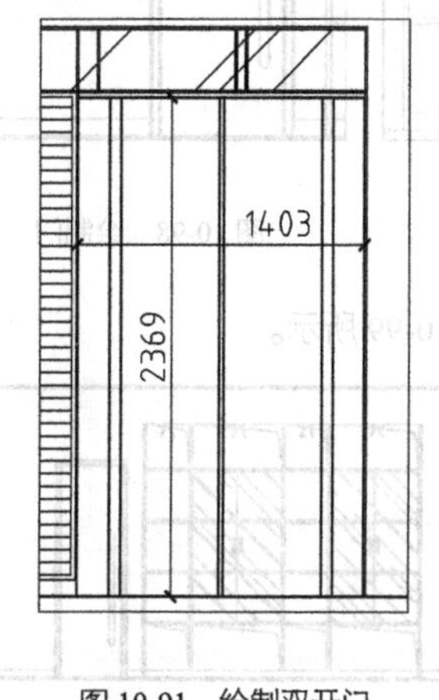

图 10-91　绘制双开门

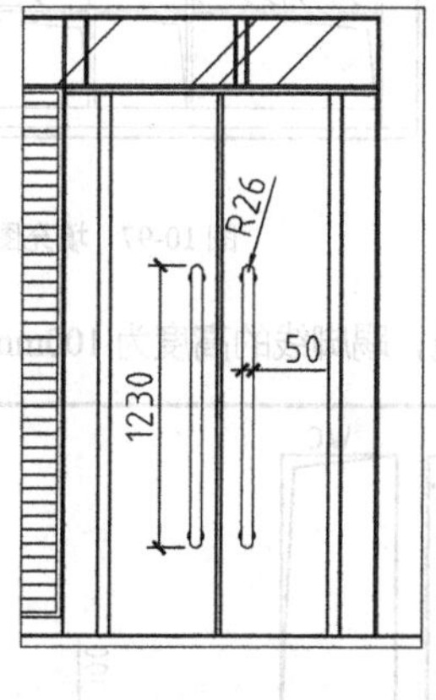

图 10-92　绘制门的拉手

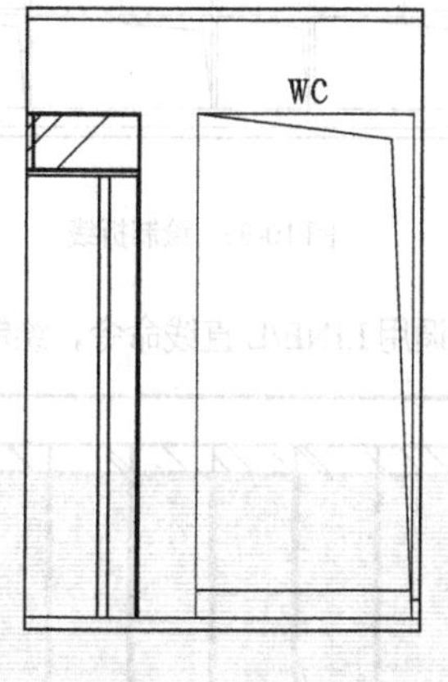

图 10-93　绘制过道

09 调用 PLINE/PL 多段线命令，绘制文件柜轮廓，如图 10-94 所示。

10 调用 LINE/L 直线命令、OFFSET/O 偏移命令和 RECTANG/REC 矩形命令，细化文件柜，如图 10-95 所示。

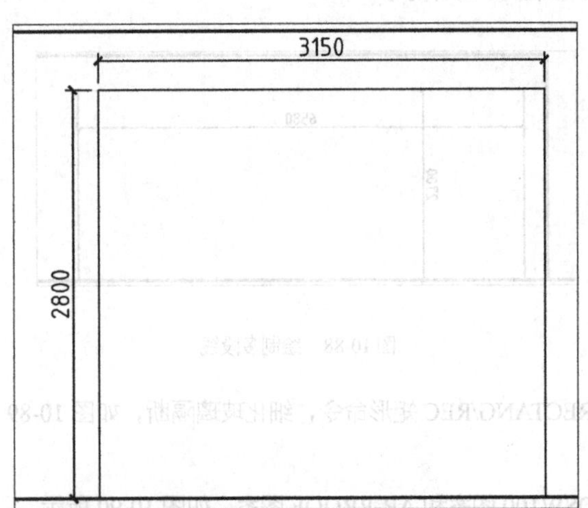

图 10-94 绘制文件柜轮廓

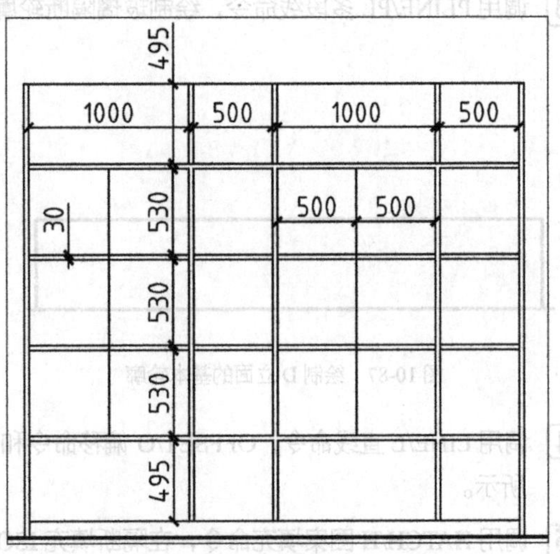

图 10-95 细化文件柜

11 调用 PLNE/PL 多段线命令，在文件柜内绘制折线，如图 10-96 所示。

12 调用 HATCH/H 图案填充命令，在文件柜填充 AR-RROOF 图案，效果如图 10-97 所示。

13 调用 PLINE/PL 多段线命令、OFFSET/O 偏移命令和 COPY/CO 复制命令，绘制门，如图 10-98 所示。

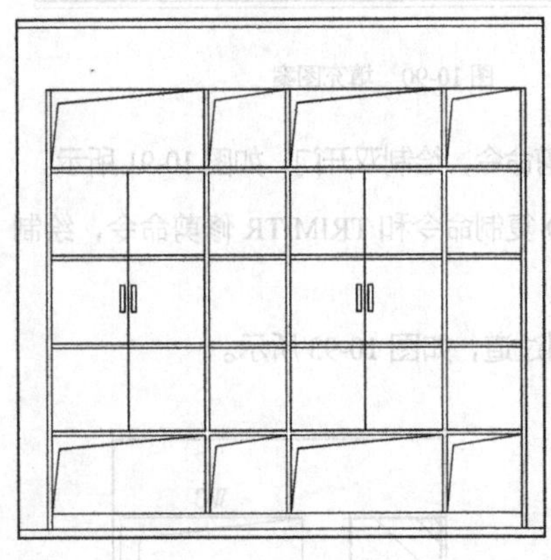

图 10-96 绘制折线

图 10-97 填充图案

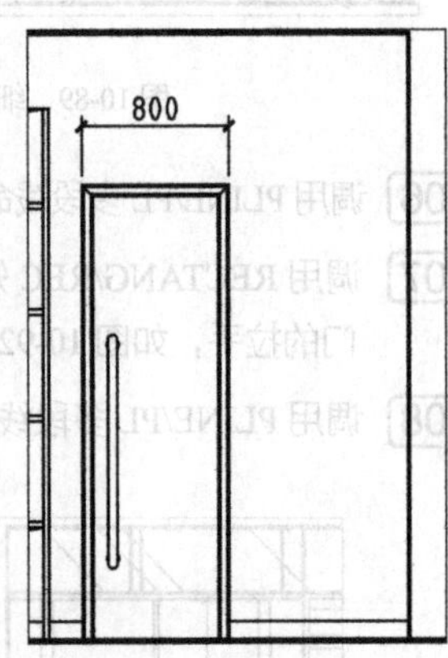

图 10-98 绘制门

14 调用 LINE/L 直线命令，绘制踢脚线，踢脚线的高度为 100mm，如图 10-99 所示。

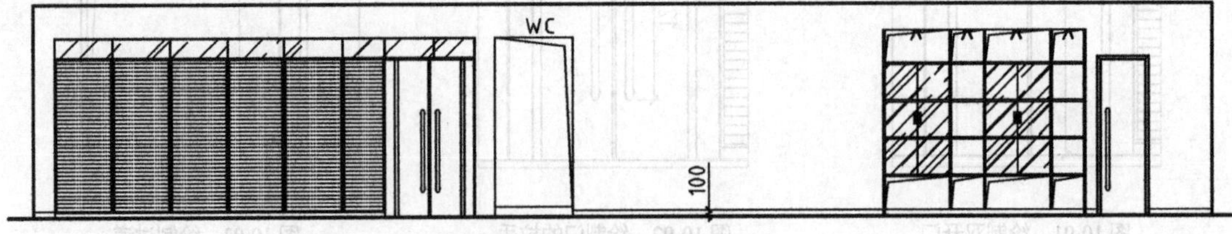

图 10-99 绘制踢脚线

15 从图库中调入射灯图块到立面图中，如图 10-100 所示。

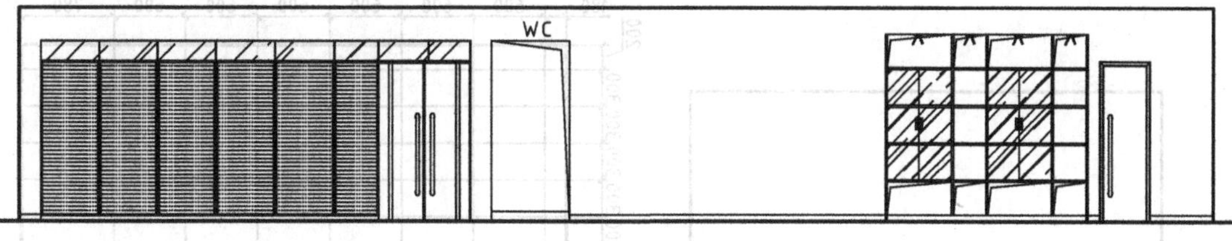

图 10-100　插入图块

16 调用 DIMLINEAR/DLI 线性命令，标注立面图的尺寸，如图 10-101 所示。

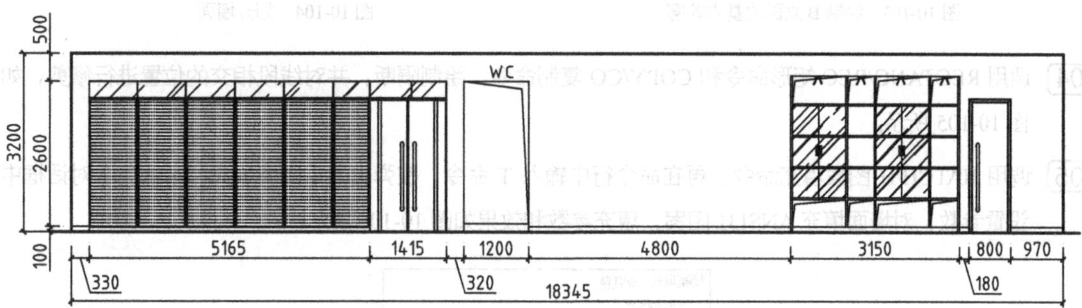

图 10-101　标注立面图的尺寸

17 调用 MLEADER/MLD 多重引线命令，标注立面材料名称，如图 10-102 所示。

18 调用 INSERT/I 插入命令，插入“图名”图块，完成开敞办公区 D 立面图的绘制。

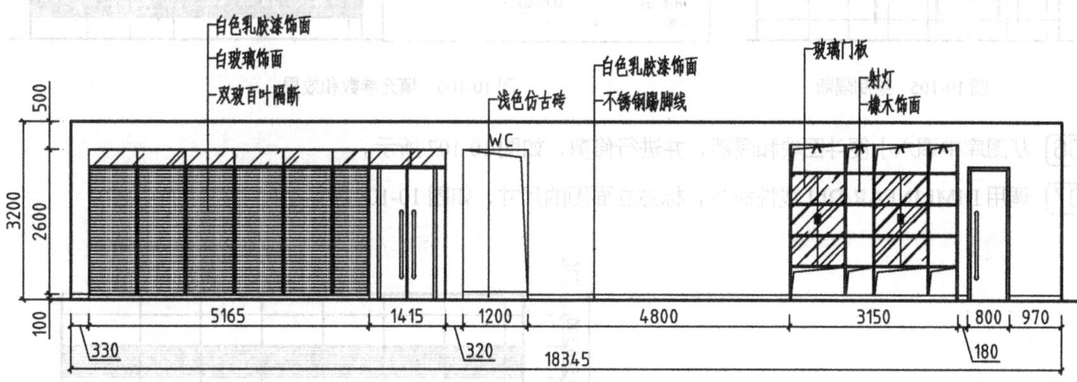

图 10-102　标注立面材料名称

132 绘制男卫 B 立面图

视频文件：MP4\第 10 章\132.MP4

本例介绍男卫 B 立面图的绘制，B 立面图主要表达了男卫的墙面做法和小便斗的位置。

01 调用 COPY/CO 复制命令，复制平面布置图上男卫 B 立面图的平面部分。

02 调用 LINE/L 直线命令和 TRIM/TR 修剪命令，绘制 B 立面的基本轮廓，如图 10-103 所示。

03 调用 LINE/L 直线命令和 OFFSET/O 偏移命令，划分墙面，如图 10-104 所示。

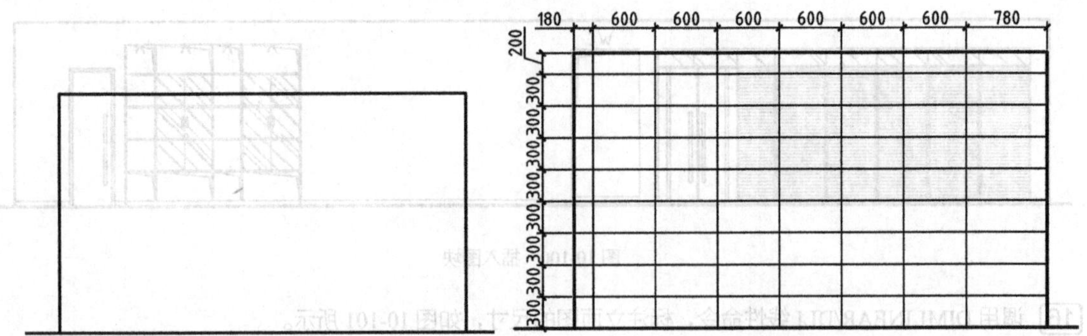

图 10-103 绘制 B 立面的基本轮廓　　图 10-104 划分墙面

04 调用 RECTANG/REC 矩形命令和 COPY/CO 复制命令，绘制隔断，并对线段相交的位置进行修剪，如图 10-105 所示。

05 调用 HATCH/H 图案填充命令，再在命令行中输入 T 命令，在弹出的【图案填充和渐变色】对话框中设置参数，对墙面填充 ANSI31 图案，填充参数和效果如图 10-106 所示。

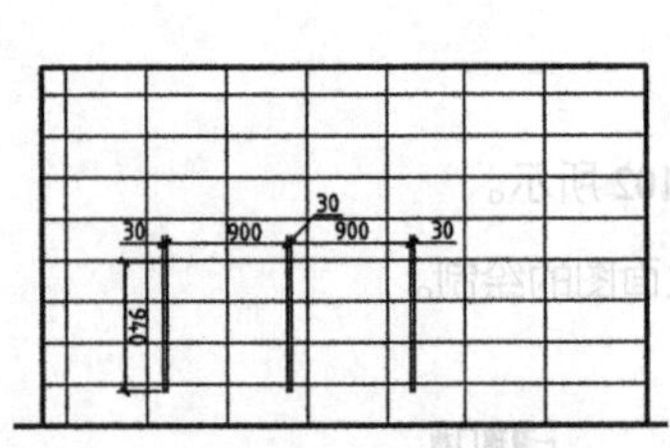

图 10-105 绘制隔断

图案填充 渐变色
类型和图案
类型(Y): 预定义
图案(P): ANSI31
颜色(C): 颜色 8
样例:
自定义图案(M):
角度和比例
角度(G): 135
比例(S): 10

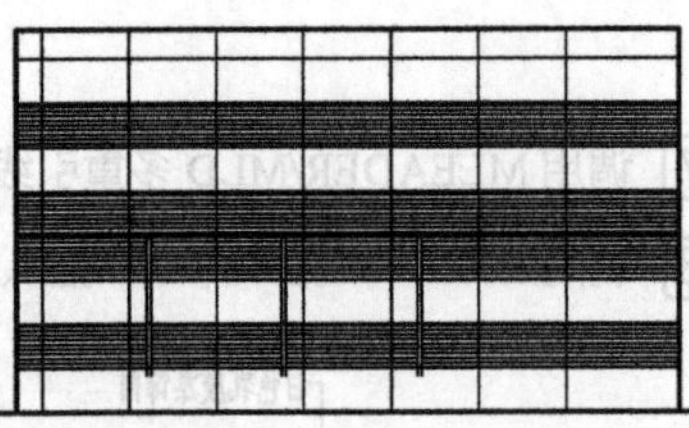

图 10-106 填充参数和效果

06 从图库中调入小便斗图块和隔断，并进行修剪，如图 10-107 所示。

07 调用 DIMLINEAR/DLI 线性命令，标注立面图的尺寸，如图 10-108 所示。

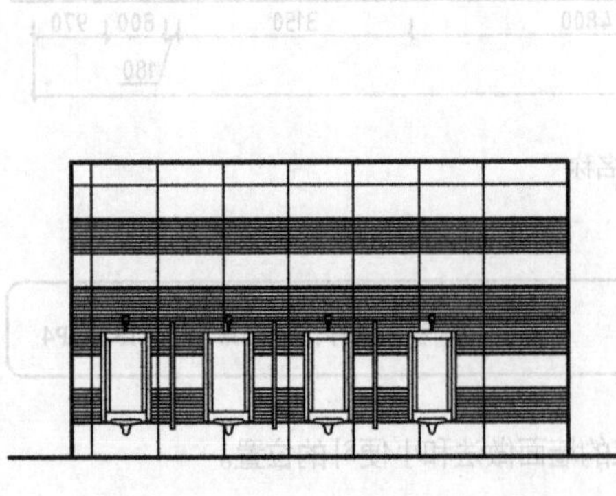

图 10-107 插入图块

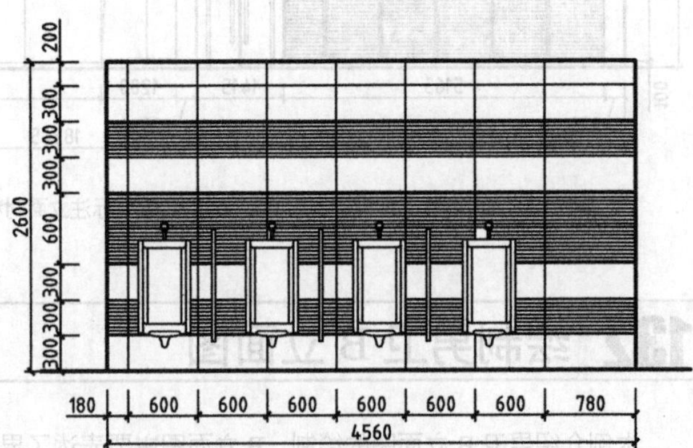

图 10-108 标注尺寸

08 调用 MLEADER/MLD 多重引线命令，标注立面材料名称。

09 调用 INSERT/I 插入命令，插入“图名”图块，完成男卫 B 立面图的绘制，如图 10-109 所示。

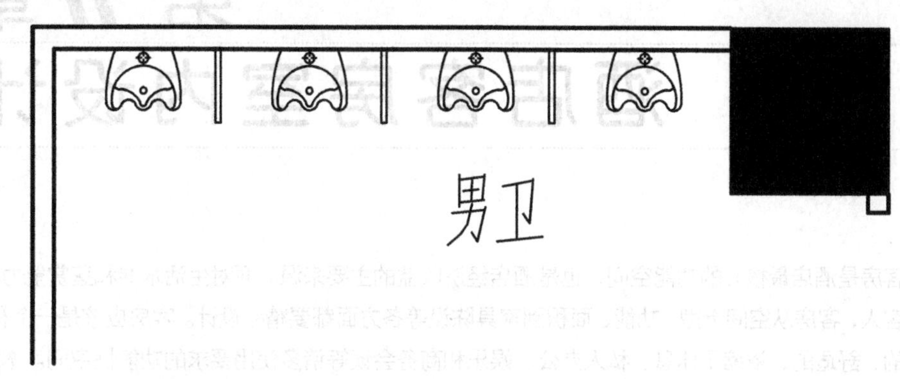

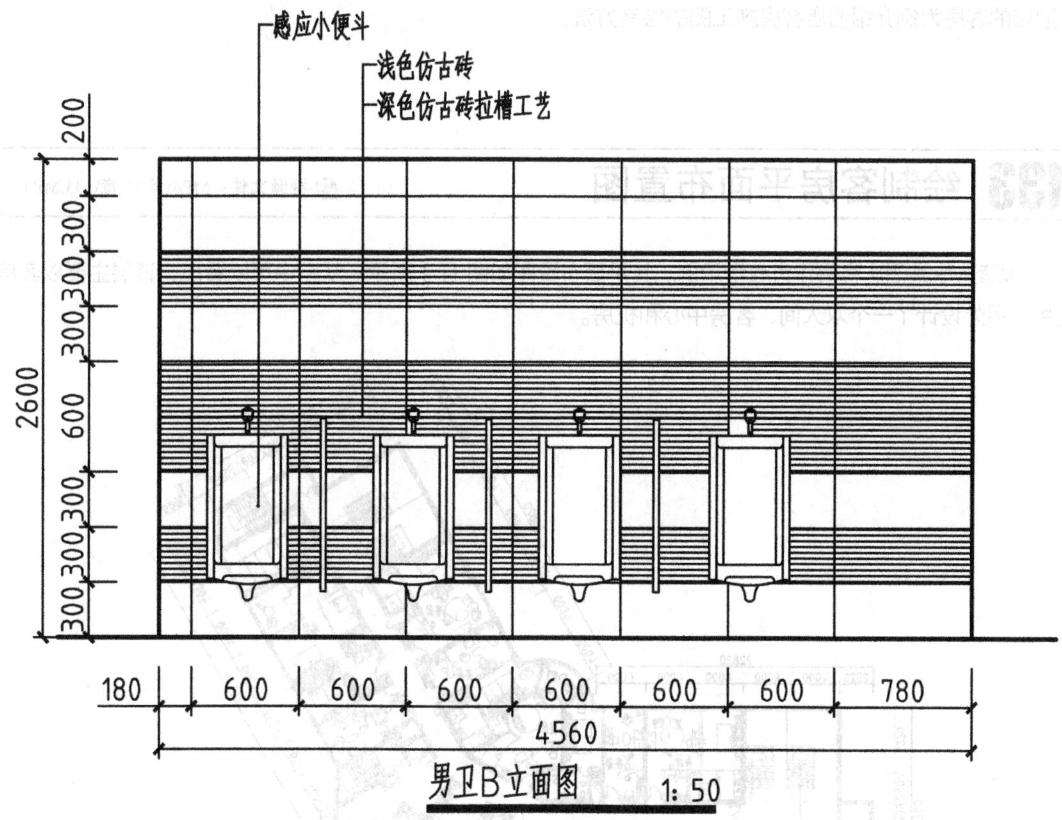

图 10-109　男卫 B 立面图

第 11 章 酒店客房室内设计

客房是酒店最核心的功能空间，也是酒店经济收益的主要来源。面对生活水准和鉴赏能力日渐提高的客人，客房从空间造型、功能、面积到家具陈设等各方面都要精心设计。客房应该是一个私密的、放松的、舒适的、浓缩了休息、私人办公、娱乐和商务会谈等诸多使用要求的功能性空间。本章以某酒店的客房为例介绍酒店客房施工图的绘制方法。

133 绘制客房平面布置图

视频文件：MP4\第 11 章\133.MP4

本章选取某酒店客房作为教学示例。其平面布置图如图 11-1 所示。从图中可以看出，该层主要以套房为主，另外设计了一个双人间、客房中心和机房。

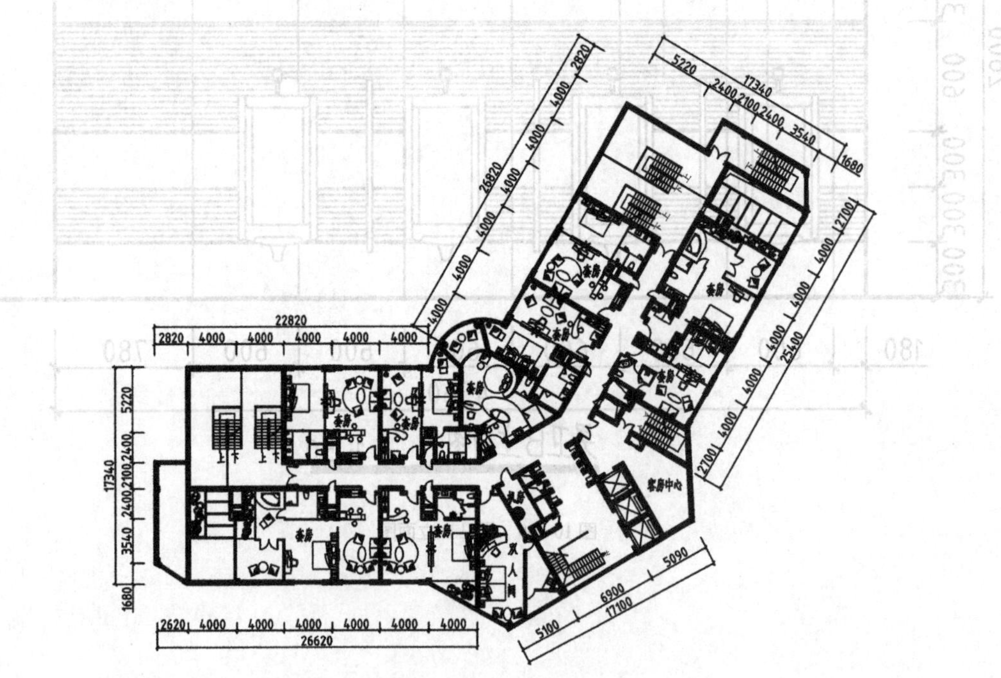

图 11-1 客房平面布置图

01 启动 AutoCAD 2022，以“室内装潢施工图模板.dwt”创建新图形。

02 本例以一个套房为例，讲解客房平面布置图的绘制方法，完成后的效果如图 11-2 所示。

03 复制图形。调用 COPY/CO 复制命令，复制套房建筑平面图，如图 11-3 所示。

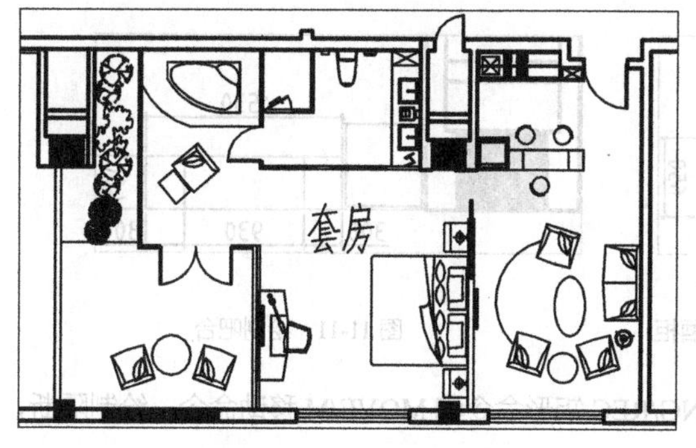

图 11-2　套房平面布置图

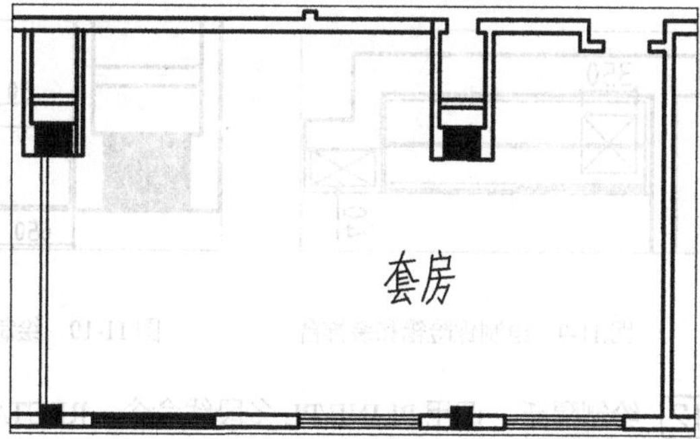

图 11-3　复制图形

04 绘制玻璃隔断。调用 LINE/L 直线命令和 OFFSET/O 偏移命令，绘制玻璃隔断，划分区域，如图 11-4 所示。

05 插入门图块。调用 INSERT/I 插入命令，插入门图块，如图 11-5 所示。

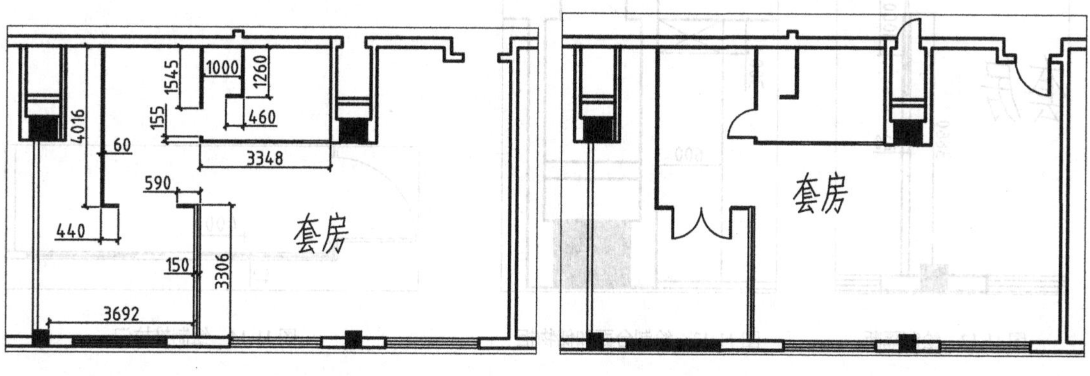

图 11-4　绘制玻璃隔断

图 11-5　插入门图块

06 绘制衣柜。调用 RECTANG/REC 矩形命令和 PLINE/PL 多段线命令，绘制衣柜轮廓，如图 11-6 所示。

07 调用 LINE/L 直线命令和 OFFSET/O 偏移命令，绘制挂衣杆，如图 11-7 所示。

08 调用 RECTANG/REC 矩形命令和 COPY/CO 复制命令，绘制推拉门，如图 11-8 所示。

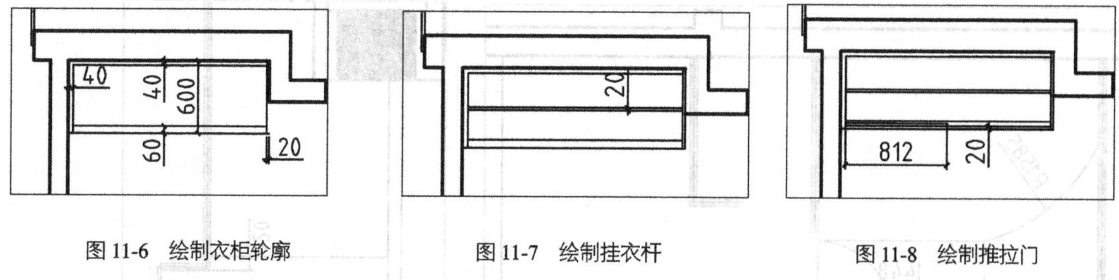

图 11-6　绘制衣柜轮廓

图 11-7　绘制挂衣杆

图 11-8　绘制推拉门

09 调用 RECTANG/REC 矩形命令和 LINE/L 直线命令，绘制衣柜中的保险箱和旁边的装饰台，如图 11-9 所示。

10 继续调用 RECTANG/REC 矩形命令和 LINE/L 直线命令，绘制酒柜，如图 11-10 所示。

11 调用 PLINE/PL 多段线命令，绘制吧台，如图 11-11 所示。

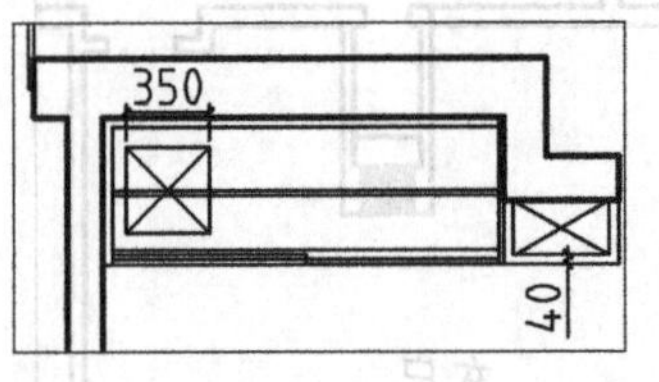

图 11-9 绘制保险箱和装饰台

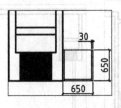

图 11-10 绘制酒柜

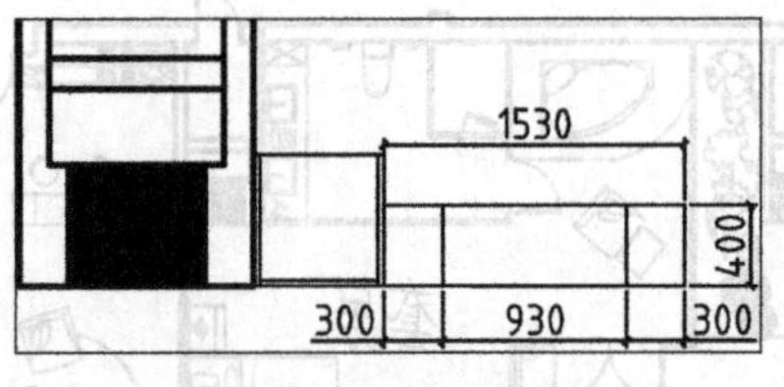

图 11-11 绘制吧台

12 绘制隔断。调用 PLINE/PL 多段线命令、RECTANG/REC 矩形命令和 MOVE/M 移动命令，绘制隔断，如图 11-12 所示。

13 调用 LINE/L 直线命令，绘制卫生间中的台面和储物柜，如图 11-13 所示。

14 调用 RECTANG/REC 矩形命令，绘制推拉门，如图 11-14 所示。

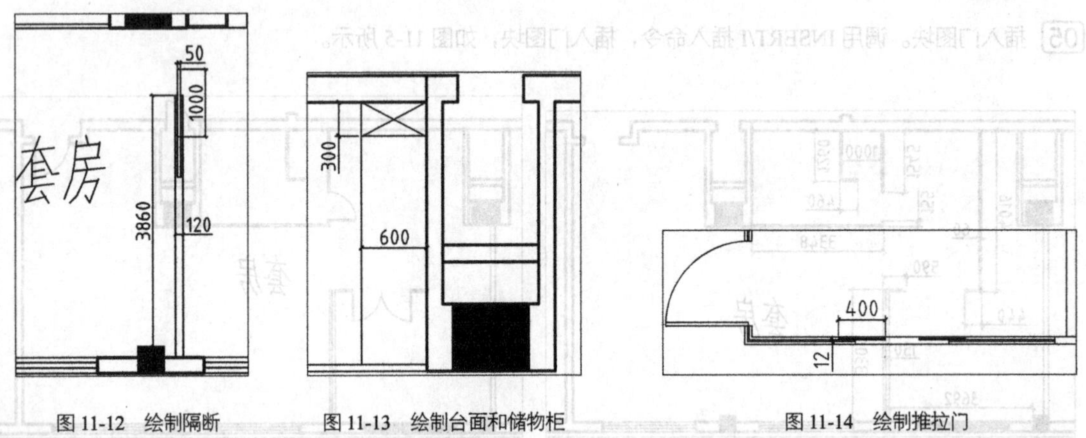

图 11-12 绘制隔断　　图 11-13 绘制台面和储物柜　　图 11-14 绘制推拉门

15 调用 PLINE/PL 多段线命令和 FILLET/F 圆角命令，绘制浴缸所在的台面，如图 11-15 所示。

16 调用 LINE/L 直线命令，绘制如图 11-16 所示线段。

17 按 Ctrl+O 快捷键，打开配套素材提供的“第 11 章\家具图例.dwg”文件，选择其中的床、休闲桌椅、电视、沙发、吧椅、衣架、浴缸、洗手盆、坐便器和植物等图块，将其复制到套房区域，如图 11-2 所示，完成套房平面布置图的绘制。

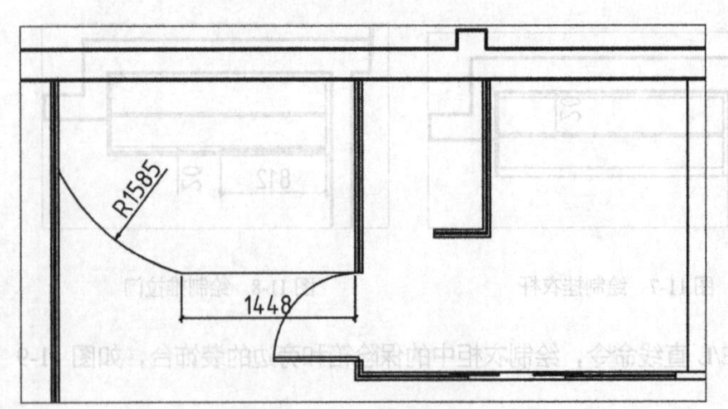

图 11-15 绘制浴缸台面

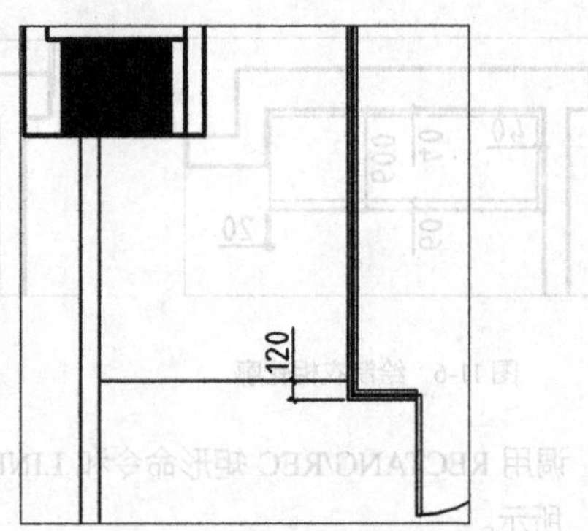

图 11-16 绘制线段

134 绘制套房地材图

视频文件：MP4\第 11 章\134.MP4

如图 11-17 所示为套房地材图，套房使用的地面材料有木地板、地毯和大理石。

01 调用 COPY/CO 复制命令，复制套房的平面布置图，删除与地材图无关的图形，并绘制门槛线，如图 11-18 所示。

02 调用 LINE/L 直线命令，绘制如图 11-19 所示线段。

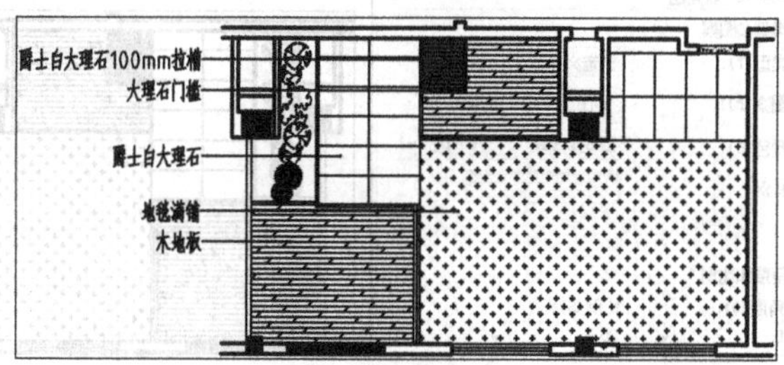

图 11-17　地材图

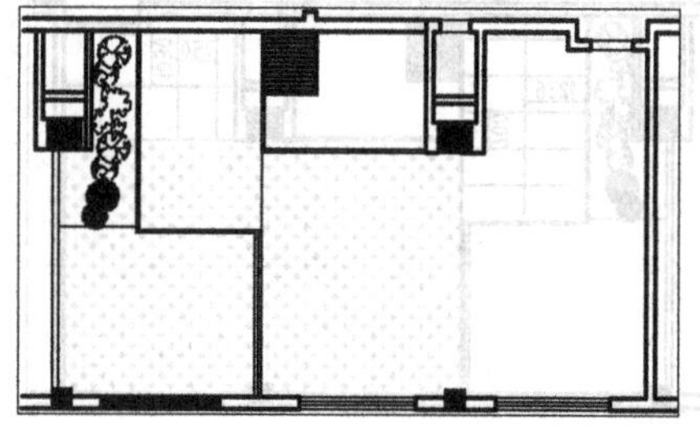

图 11-18　绘制门槛线

03 设置“DM_地面”图层为当前图层。

04 调用 HATCH/H 图案填充命令，再在命令行中输入 T 命令，在弹出的“图案填充和渐变色”对话框中设置参数，在套房中的门槛填充 AR-CONC 图案，填充参数和效果如图 11-20 所示。

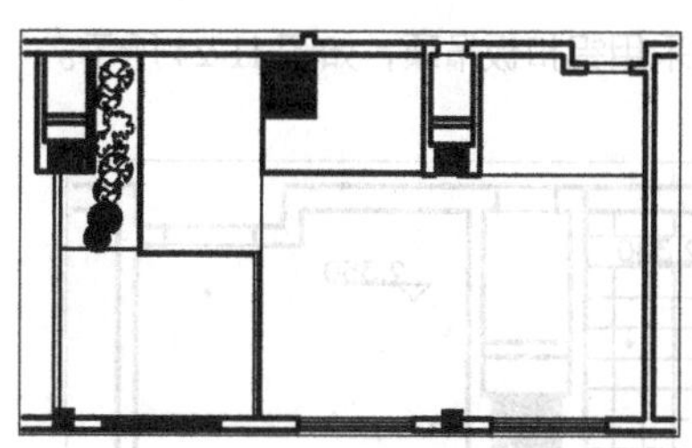

图 11-19　绘制线段

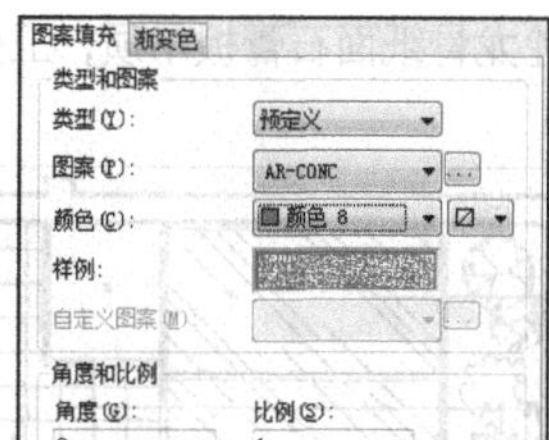

图 11-20　填充参数和效果

05 调用 LINE/L 直线命令，绘制线段，表示线段两侧地面材料不同。

06 套房的客厅和卧室地面铺设地毯，调用 HATCH/H 图案填充命令，再在命令行中输入 T 命令，在弹出的“图案填充和渐变色”对话框中设置参数，在此区域填充 CROSS 图案，如图 11-21 所示。

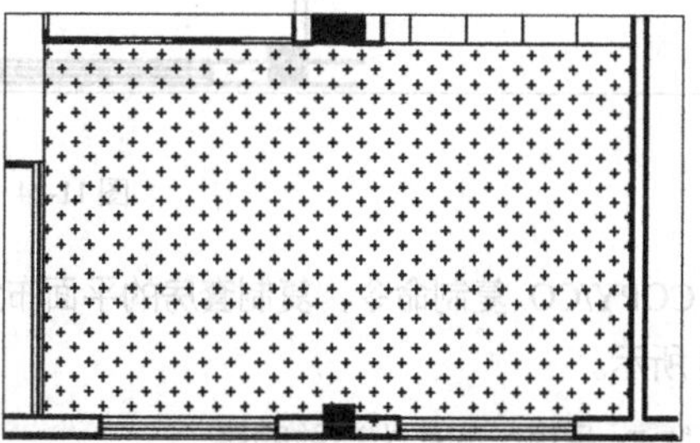

图 11-21　填充参数和效果

07 浴缸地面和入口处地面铺设大理石，调用 LINE/L 直线命令和 OFFSET/O 偏移命令绘制，效果如图 11-22 所示。

08 淋浴房地面使用的是爵士白大理石，调用 HATCH/H 图案填充命令，在此区域填充 ANSI32 图案。

09 卫生间和阳台铺设木地板，调用 HATCH/H 图案填充命令，在此区域填充 DOLMIT 图案，填充参数和效果如图 11-23 所示。

10 调用 MLEADER/MLD 多重引线命令，对套房地面进行材料标注，效果如图 11-17 所示，完成地材图的绘制。

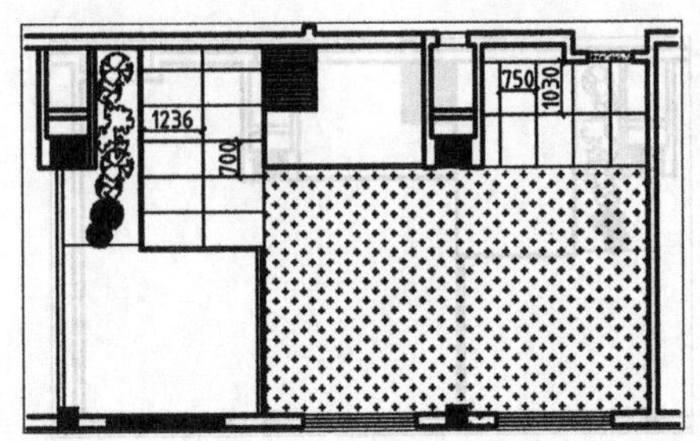

图 11-22　绘制大理石图案

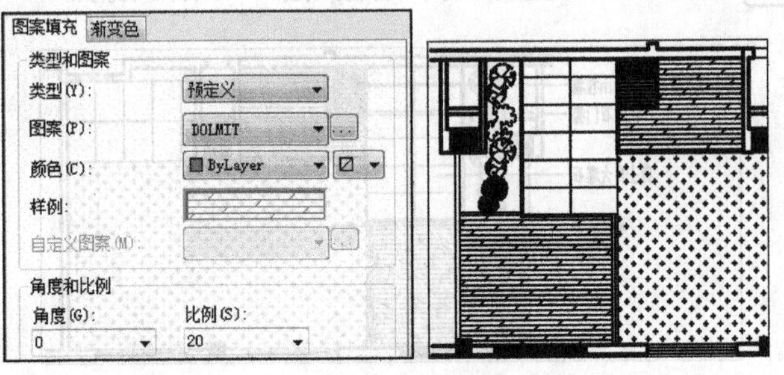

图 11-23　填充参数和效果

135 绘制套房顶棚图

视频文件：MP4\第 11 章\135.MP4

套房客厅与卧室顶棚均采用轻钢轮龙骨纸面石膏板吊顶，卫生间采用铝扣板吊顶，如图 11-24 所示。

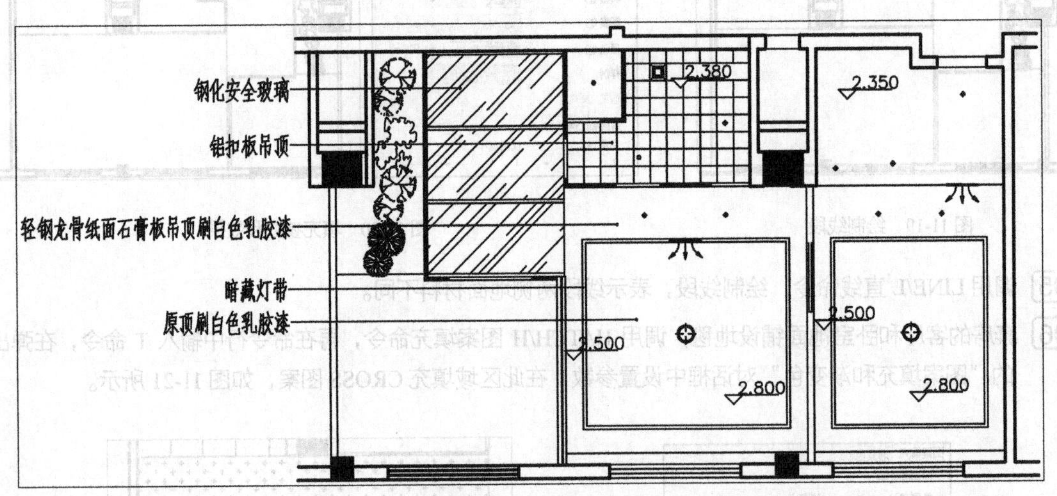

图 11-24　套房顶棚图

01 调用 COPY/CO 复制命令，复制套房的平面布置图，删除与顶棚图无关的图形，并绘制门槛线，如图 11-25 所示。

02 设置“DD_吊顶”图层为当前图层。

03 绘制窗帘盒。调用 LINE/L 直线命令，在窗的位置绘制线段确定窗帘盒宽度，如图 11-26 所示。

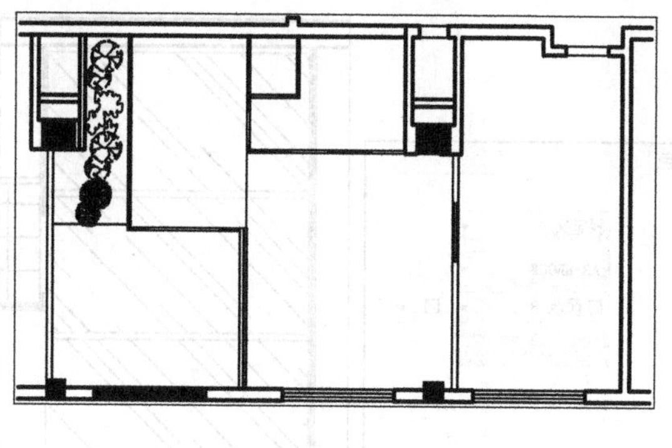

图 11-25　绘制门槛线

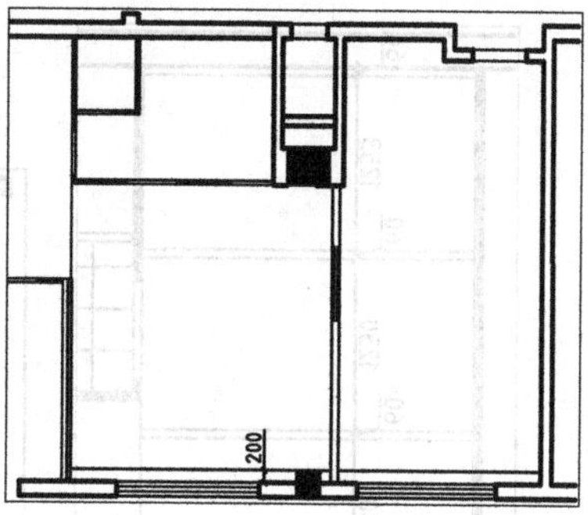

图 11-26　绘制窗帘盒

04 继续调用 LINE/L 直线命令，绘制如图 11-27 所示线段，表示两侧不同高度。

05 调用 RECTANG/REC 矩形命令，绘制尺寸为 3596mm×3213mm 的矩形，并移动到相应的位置，如图 11-28 所示。

06 调用 OFFSET/O 偏移命令，将矩形向外偏移 60mm，并设置为虚线以表示灯带，如图 11-29 所示。

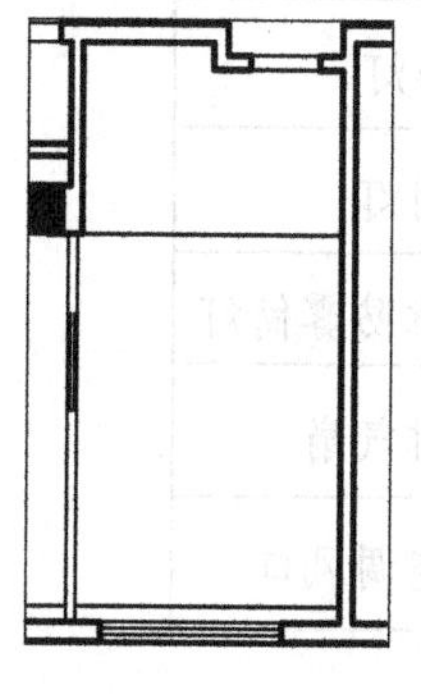

图 11-27　绘制线段

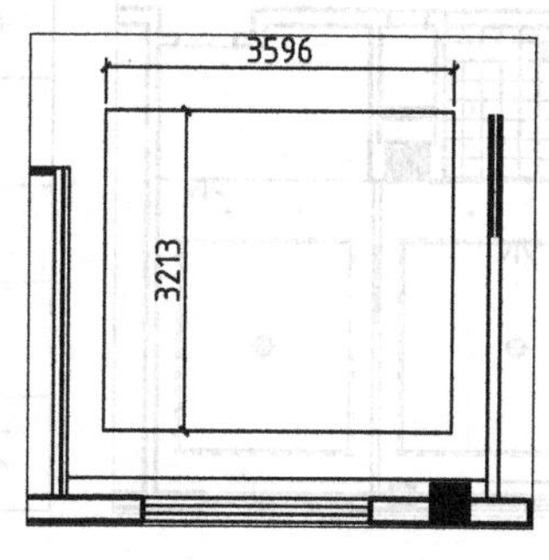

图 11-28　绘制矩形

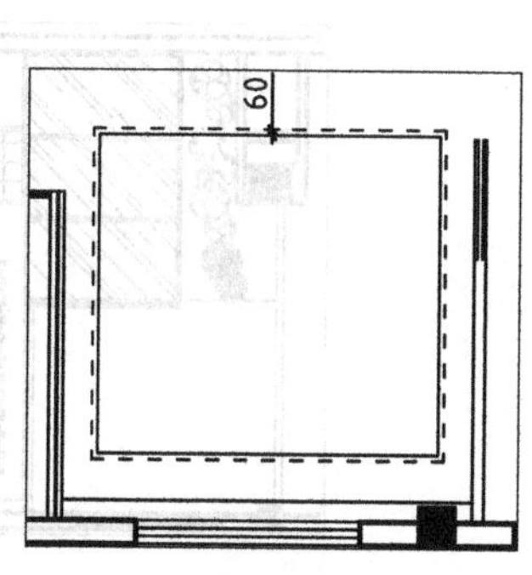

图 11-29　绘制灯带

07 使用同样的方法绘制客厅顶棚造型，如图 11-30 所示。

08 调用 HATCH/H 图案填充命令，再在命令行中输入 T 命令，在弹出的“图案填充和渐变色”对话框中设置参数，在卫生间填充“用户定义”图案表示铝扣板吊顶，填充参数和效果如图 11-31 所示。

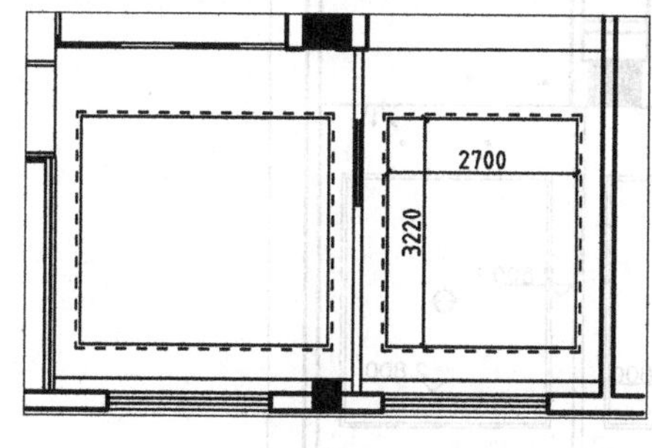

图 11-30　绘制客厅顶棚造型

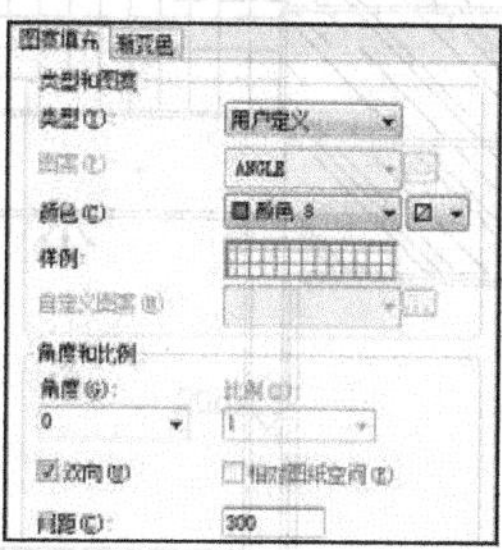

图 11-31　填充参数和效果

09 调用 LINE/L 直线命令和 OFFSET/O 偏移命令，绘制如图 11-32 所示顶棚造型。

10 调用 HATCH/H 图案填充命令，对该区域填充再在命令行中输入 T 命令，在弹出的“图案填充和渐变色”对话框中设置参数，填充 AR-RROOF 图案，表示钢化玻璃，填充参数和效果如图 11-33 所示。

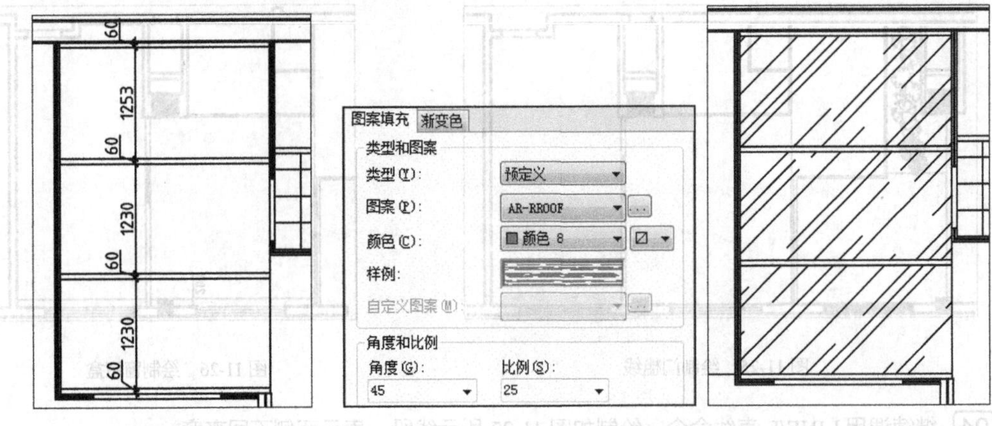

图 11-32　绘制线段　　图 11-33　填充参数和效果

11 布置灯具。灯具图形可直接绘制，也可直接从本书配套素材的“第 11 章\家具图例.dwg”文件中调用。布置灯具后的效果如图 11-34 所示。

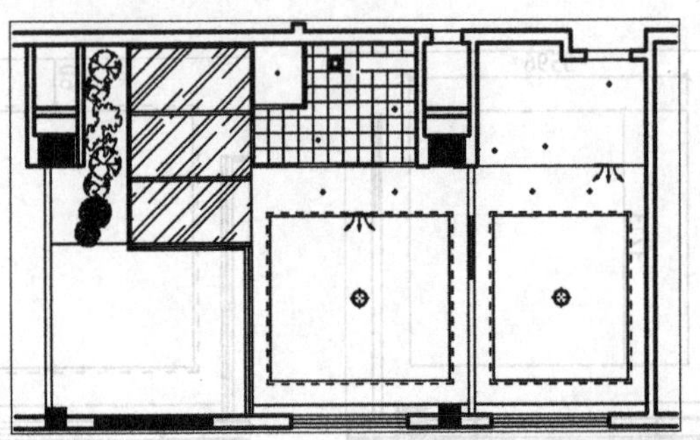

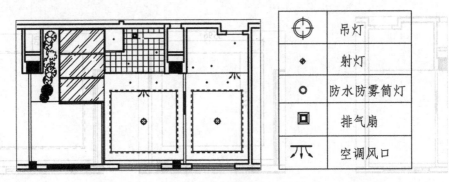

图 11-34　布置灯具

12 调用 INSERT/I 插入命令，插入“标高”图块，标高各部分的高度，效果如图 11-35 所示。

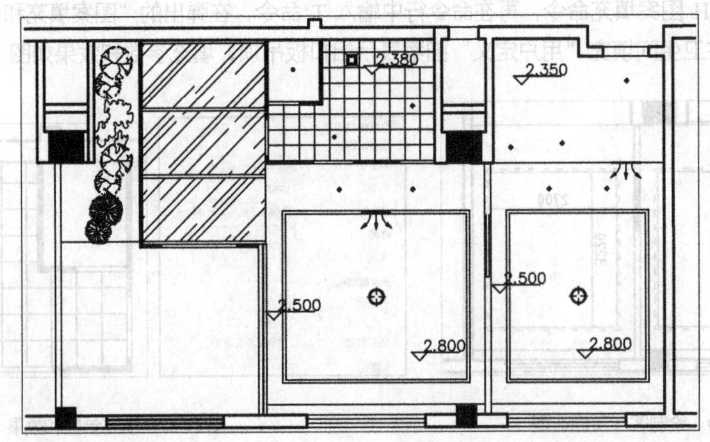

图 11-35　标注标高

13 调用 MLEADER/MLD 多重引线命令，标注套房顶面材料，效果如图 11-24 所示，完成顶棚图的绘制。

136 绘制套房 B 立面图

视频文件：MP4\第 11 章\136.MP4

本例介绍套房 B 立面图的绘制，该立面主要表达了玻璃隔断、墙面和吧台之间的关系和做法。

01 调用 COPY/CO 复制命令，复制平面布置图上套房 B 立面的平面部分。

02 设置“LM_立面”图层为当前图层。

03 调用 LINE/L 直线命令，根据平面图绘制墙体投影线，如图 11-36 所示。

04 调用 PLINE/PL 多段线命令，绘制多段线表示地面，如图 11-37 所示。

05 调用 LINE/L 直线命令，在距地面 2500mm 的位置绘制水平线段表示顶棚，如图 11-38 所示。

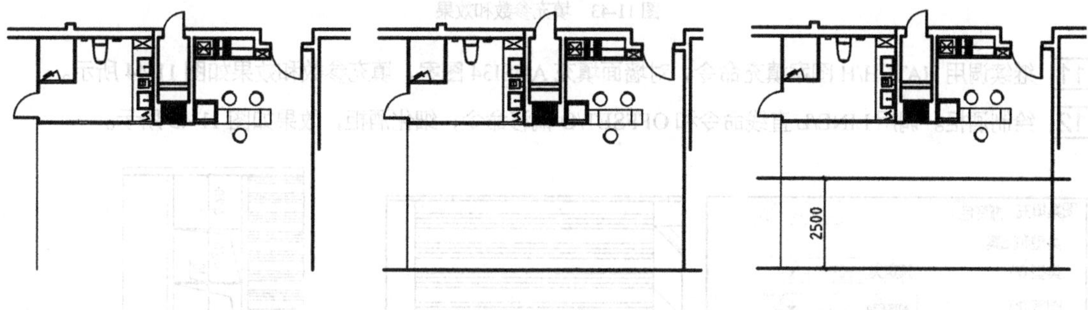

图 11-36　绘制墙体　　图 11-37　绘制地面　　图 11-38　绘制顶棚

06 调用 TRIM/TR 修剪命令，修剪出立面外轮廓，并转换至“QT_墙体”图层，如图 11-39 所示。

07 调用 OFFSET/O 偏移命令，将左侧墙线依次偏移 24mm、12mm、24mm，绘制玻璃隔断，如图 11-40 所示。

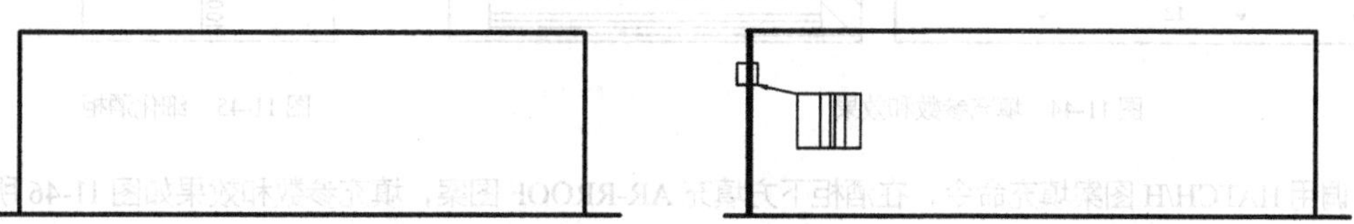

图 11-39　修剪立面轮廓　　图 11-40　绘制玻璃隔断

08 调用 LINE/L 直线命令和 OFFSET/O 偏移命令，划分立面，效果如图 11-41 所示。

09 调用 RECTANG/REC 矩形命令、OFFSET/O 偏移命令和 LINE/L 直线命令，绘制推拉门，如图 11-42 所示。

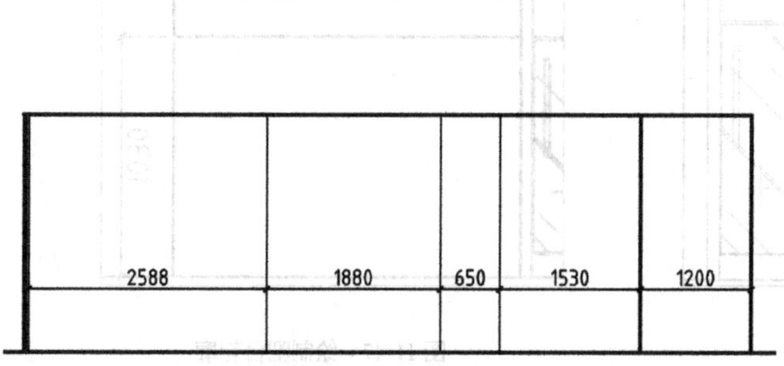

图 11-41　划分立面

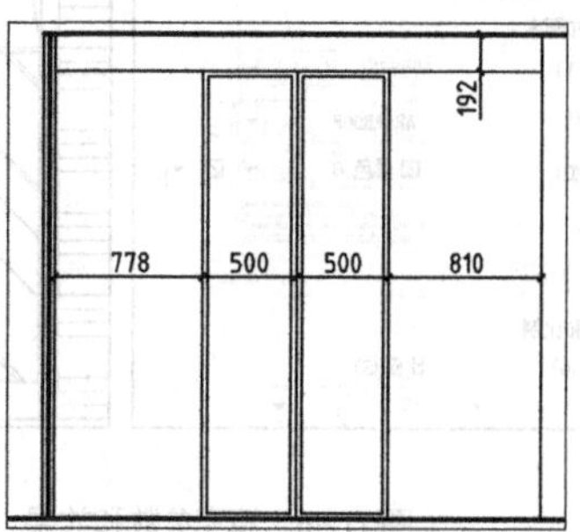

图 11-42　绘制推拉门

10 调用 HATCH/H 图案填充命令，再在命令行中输入 T 命令，在弹出的“图案填充和渐变色”对话框中设置参数，对玻璃隔断填充 AR-RROOF 图案，填充参数和效果如图 11-43 所示。

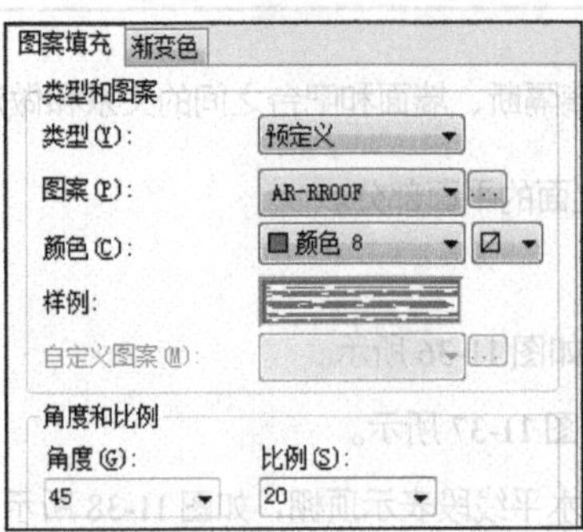

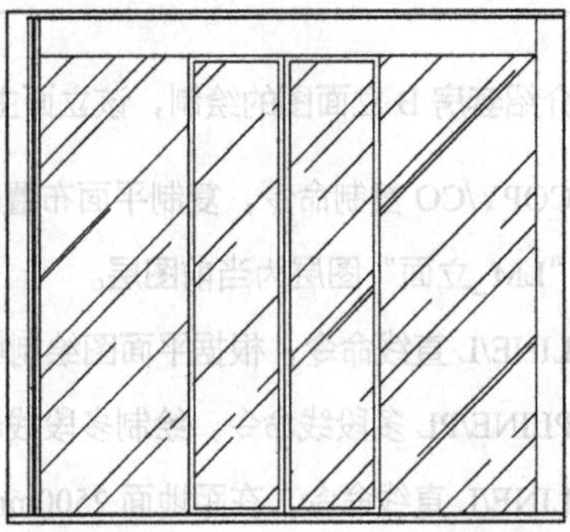

图 11-43　填充参数和效果

11 继续调用 HATCH/H 图案填充命令，对墙面填充 ANSI34 图案，填充参数和效果如图 11-44 所示。

12 绘制酒柜。调用 LINE/L 直线命令和 OFFSET/O 偏移命令，细化酒柜，效果如图 11-45 所示。

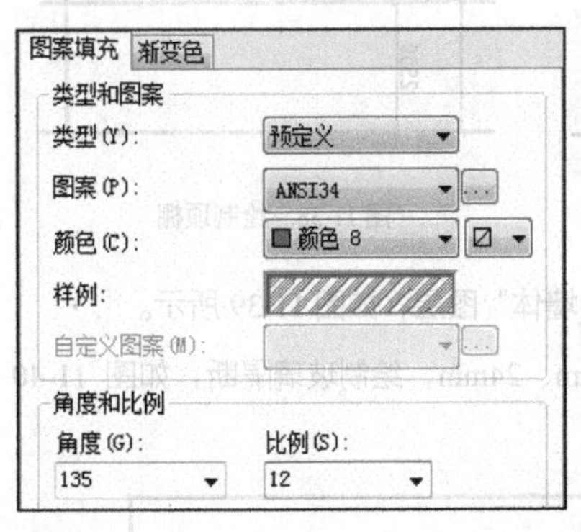

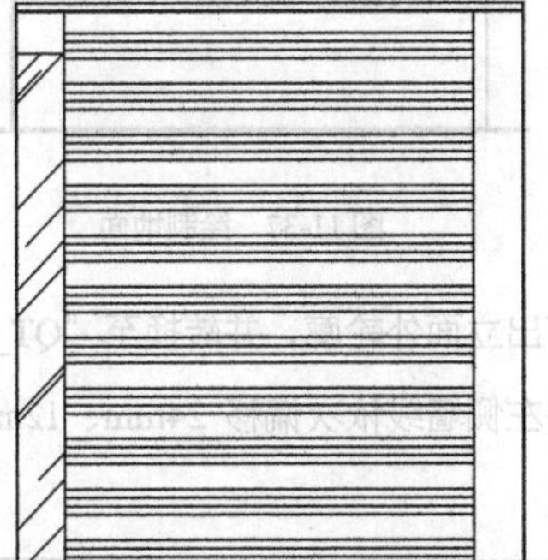

图 11-44　填充参数和效果

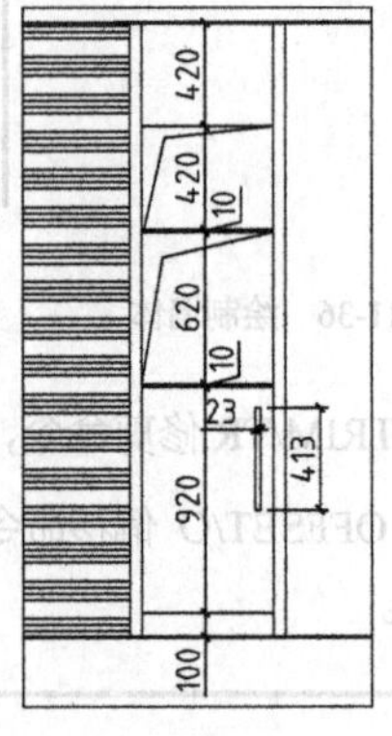

图 11-45　细化酒柜

13 调用 HATCH/H 图案填充命令，在酒柜下方填充 AR-RROOF 图案，填充参数和效果如图 11-46 所示。

14 绘制吧台。调用 PLINE/PL 多段线命令，绘制吧台轮廓，如图 11-47 所示。

15 调用 FILLET/F 圆角命令，对多段线进行圆角，圆角的半径为 160mm，如图 11-48 所示。

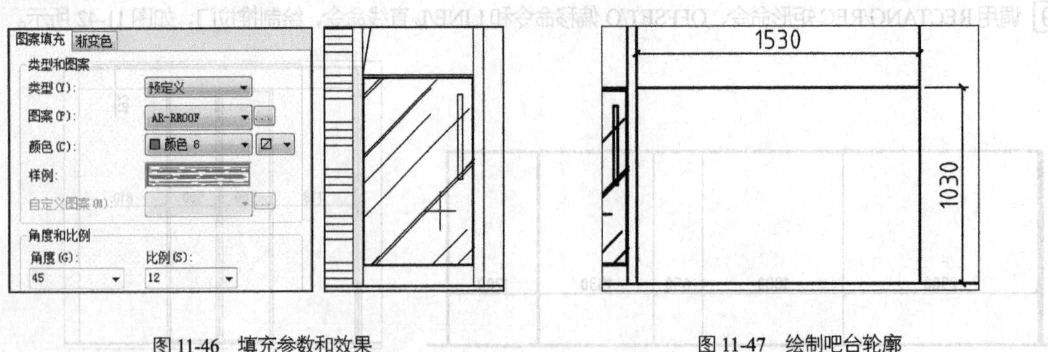

图 11-46　填充参数和效果　　图 11-47　绘制吧台轮廓

16 调用 OFFSET/O 偏移命令，将多段线向内偏移 60mm，如图 11-49 所示。

17 调用 LINE/L 直线命令，绘制如图 11-50 所示线段。

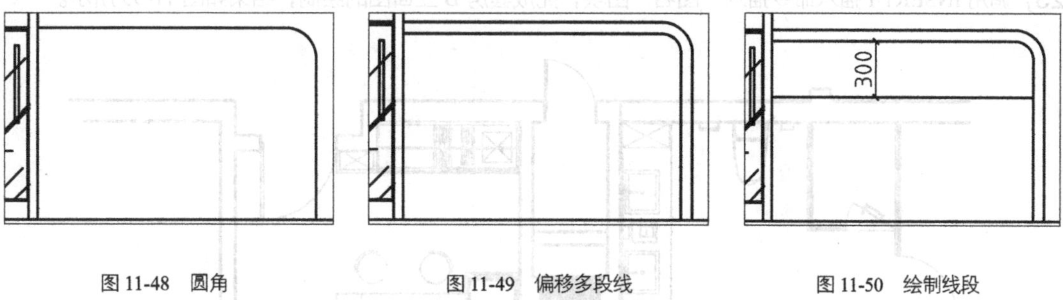

图 11-48　圆角　　图 11-49　偏移多段线　　图 11-50　绘制线段

18 调用 HATCH/H 图案填充命令，在线段上方区域方填充 AR-RROOF 图案，效果如图 11-51 所示。

19 调用 LINE/L 直线命令，在吧台上方和右侧绘制折线，表示镂空，如图 11-52 所示。

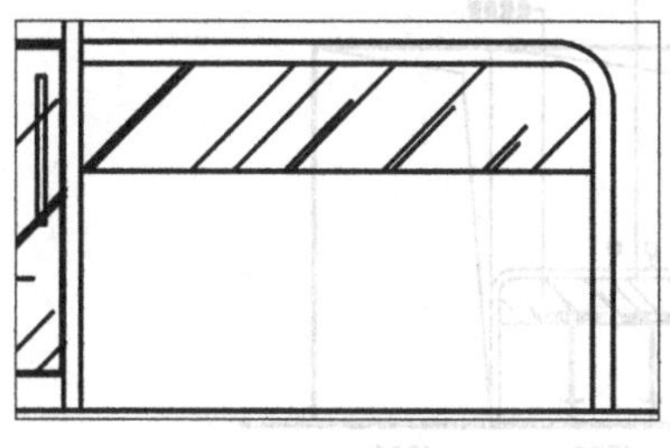

图 11-51　填充图案

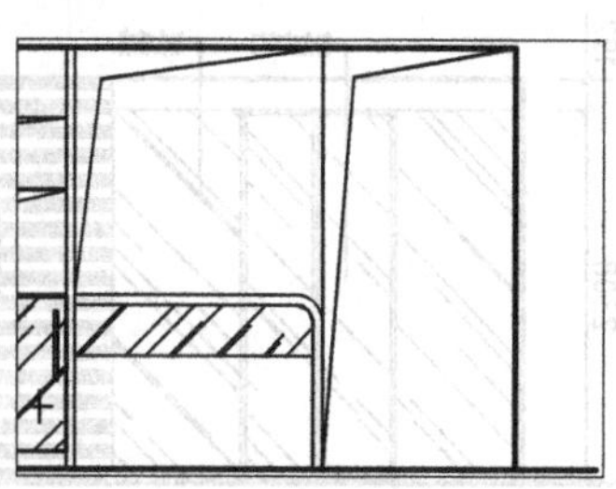

图 11-52　绘制折线

20 按 Ctrl+O 快捷键，打开配套素材提供的“第 11 章\家具图例.dwg”文件，选择其中的装饰画、酒杯、插座和吧椅等图块，将其复制至立面区域，并进行修剪，如图 11-53 所示。

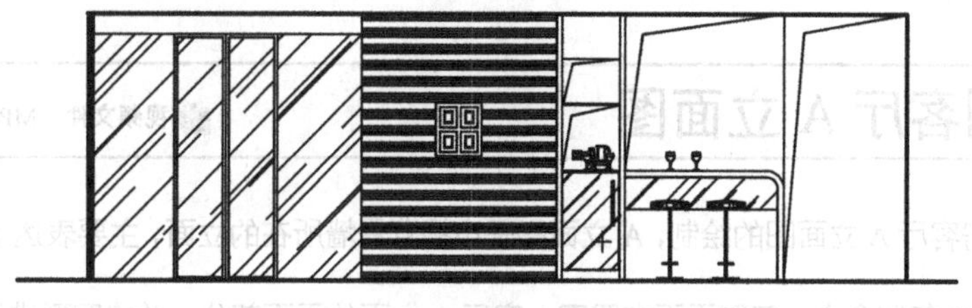

图 11-53　插入图块

21 设置“BZ_标注”图层为当前图层。设置当前注释比例为 1：50，调用 DIMLINEAR/DLI 线性命令标注尺寸，结果如图 11-54 所示。

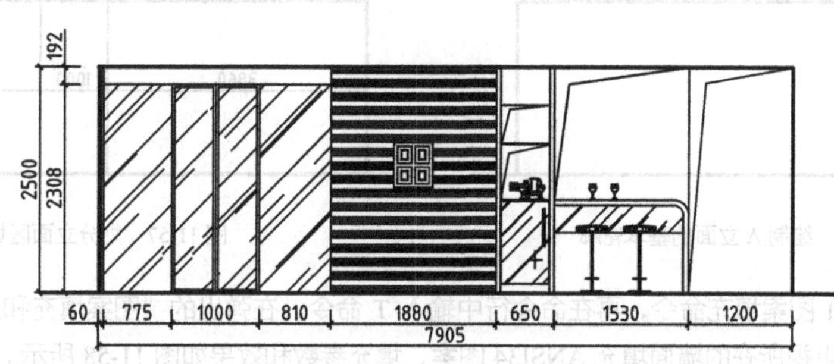

图 11-54　尺寸标注

22 设置“ZS_注释”图层为当前图层。调用 MLEADER/MLD 多重引线命令，标注材料名称。

23 调用 INSERT/I 插入命令插入“图名”图块，完成套房 B 立面图的绘制，结果如图 11-55 所示。

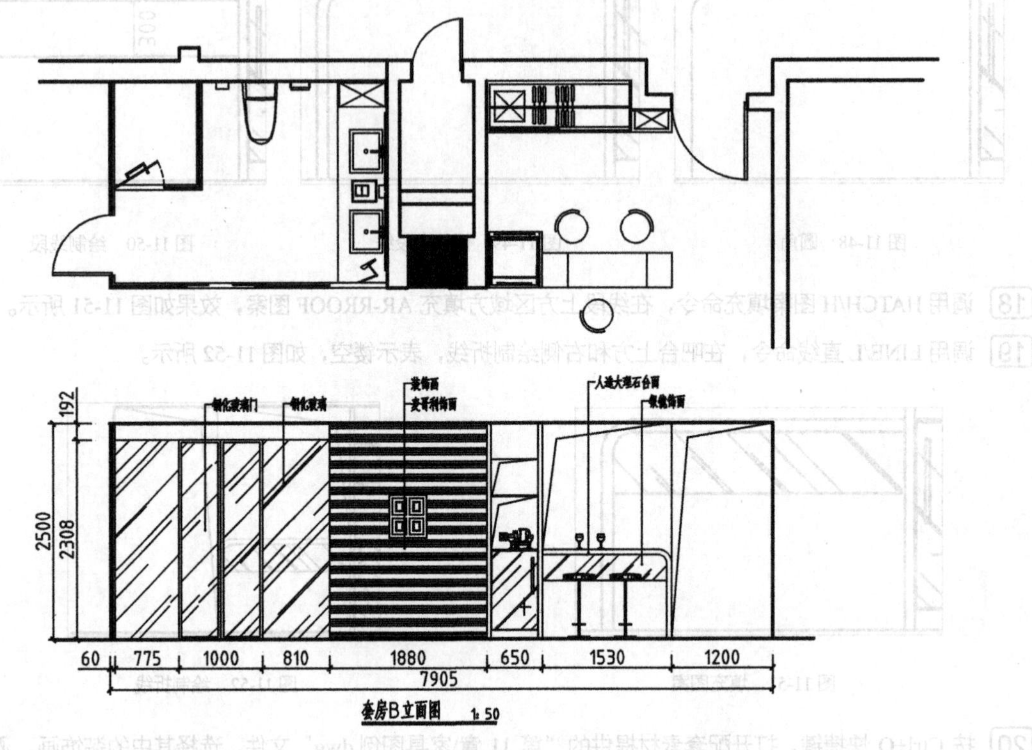

图 11-55 套房 B 立面图

137 绘制客厅 A 立面图

视频文件：MP4\第 11 章\137.MP4

本例介绍套房客厅 A 立面图的绘制，A 立面图是电视背景墙所在的立面，主要表达了背景墙面的做法。

01 调用 COPY/CO 复制命令，复制平面布置图上客厅 A 立面的平面部分，并将图形进行旋转。

02 调用 LINE/L 直线命令和 TRIM/TR 修剪命令，绘制 A 立面的基本轮廓，如图 11-56 所示。

03 调用 LINE/L 直线命令，划分立面区域，如图 11-57 所示。

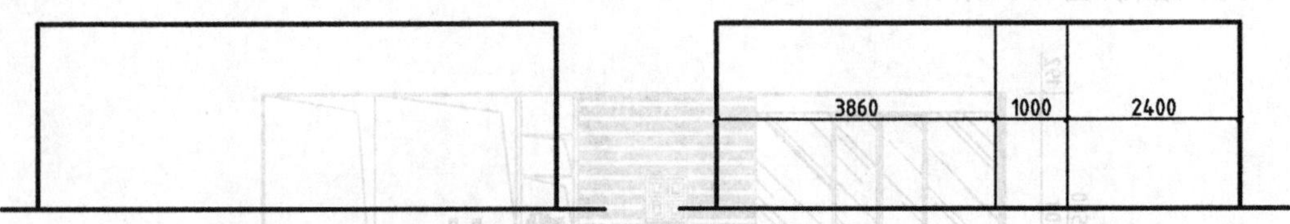

图 11-56 绘制 A 立面的基本轮廓　　图 11-57 划分立面区域

04 调用 HATCH/H 图案填充命令，再在命令行中输入 T 命令，在弹出的“图案填充和渐变色”对话框中设置参数，在电视所在的墙面填充 ANSI34 图案，填充参数和效果如图 11-58 所示。

05 调用 LINE/L 直线命令，在过道区域绘制折线，如图 11-59 所示。

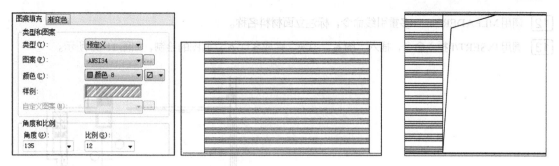

图 11-58　填充参数和效果　　图 11-59　绘制折线

06 调用 LINE/L 直线命令和 RECTANG/REC 矩形命令，绘制酒柜和吧台，如图 11-60 所示。

07 调用 LINE/L 直线命令，划分墙面区域，如图 11-61 所示。

08 调用 HATCH/H 图案填充命令，对墙面上下区域填充 ANSI34 图案，在墙面中间区域填充 AR-RROOF 图案，如图 11-62 所示。

09 调用 LINE/L 直线命令、OFFSET/O 偏移命令和 RECTANG/REC 矩形命令，绘制衣柜和保险柜，如图 11-63 所示。

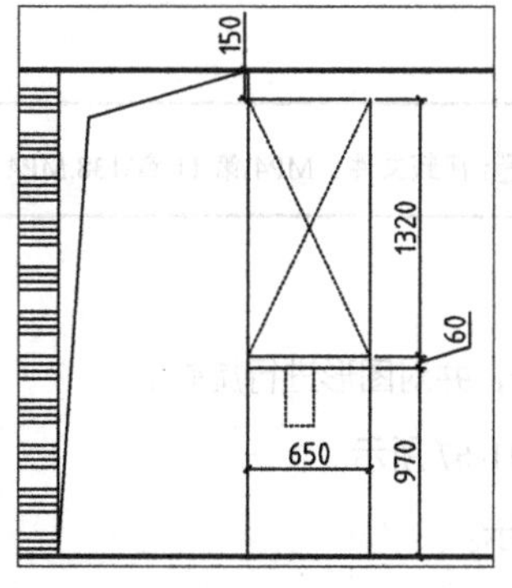

图 11-60　绘制酒柜和吧台

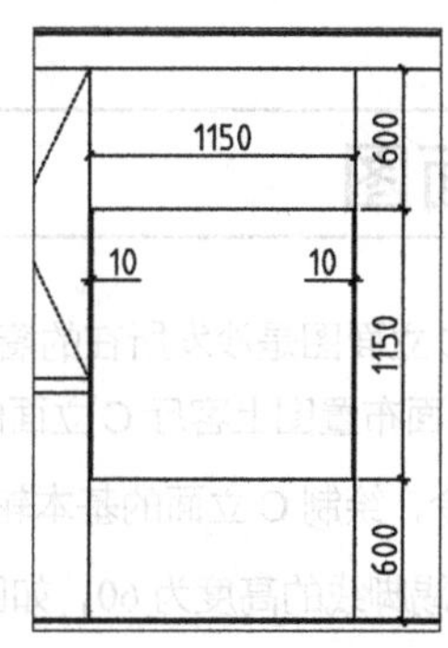

图 11-61　划分墙面区域

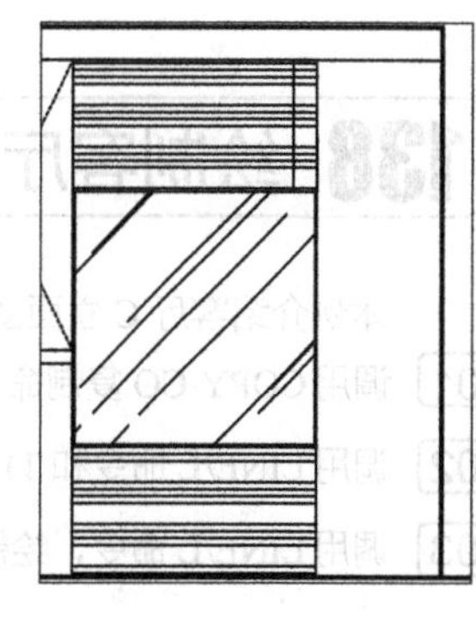

图 11-62　填充图案

10 从图库中调入电视、吧椅和衣物等图块到立面图中，并进行修剪，如图 11-64 所示。

11 调用 DIMLINEAR/DLI 线性命令，标注立面图的尺寸，如图 11-65 所示。

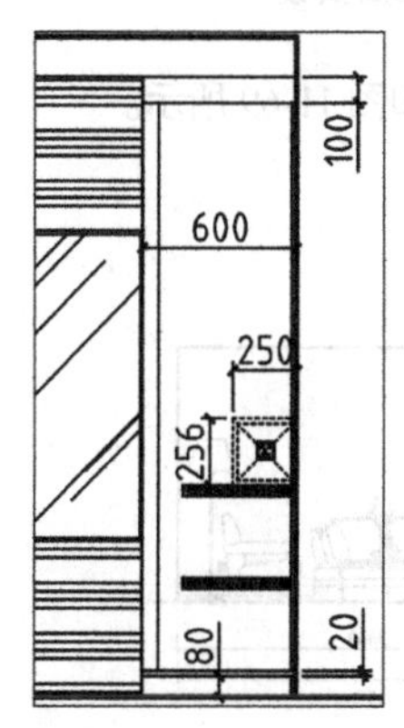

图 11-63　绘制衣柜和保险柜

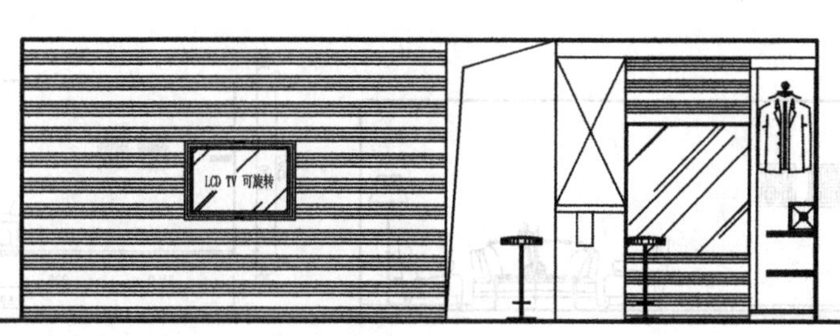

图 11-64　插入图块

12 调用 MLEADER/MLD 多重引线命令，标注立面材料名称。

13 调用 INSERT/I 插入命令，插入“图名”图块，完成客厅 A 立面图的绘制，如图 11-66 所示。

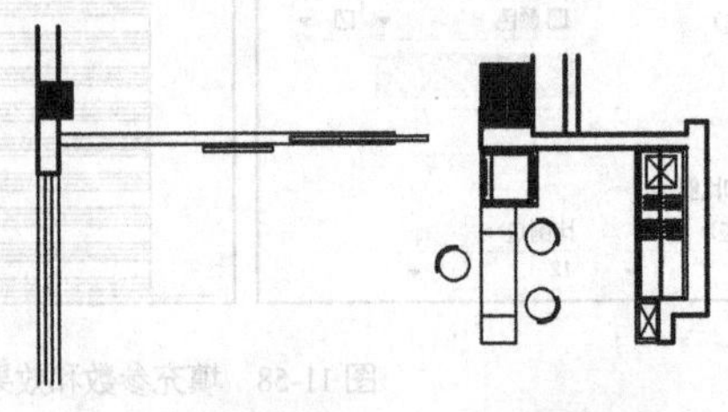

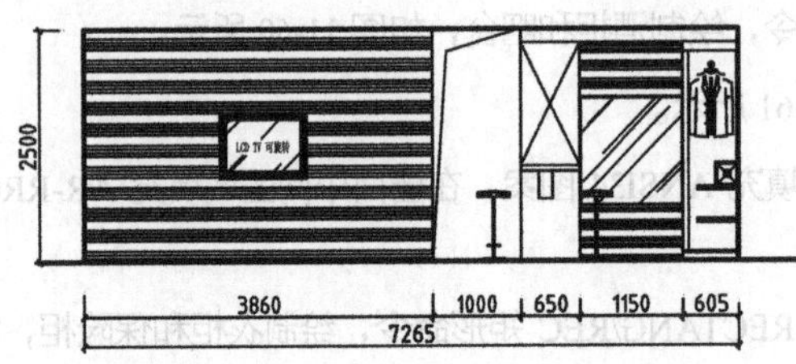

图 11-65　标注立面图的尺寸

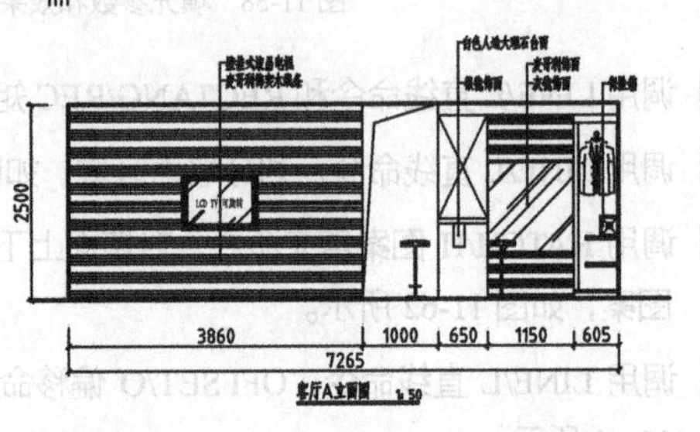

图 11-66　绘制完成的客厅 A 立面图

138 绘制客厅 C 立面图

视频文件：MP4\第 11 章\138.MP4

本例介绍客厅 C 立面图的绘制，C 立面图是沙发所在的墙面。

01 调用 COPY/CO 复制命令，复制平面布置图上客厅 C 立面的平面部分，并对图形进行旋转。

02 调用 LINE/L 命令和 TRIM/TR 命令，绘制 C 立面的基本轮廓，如图 11-67 所示。

03 调用 LINE/L 命令，绘制踢脚线，踢脚线的高度为 60，如图 11-68 所示。

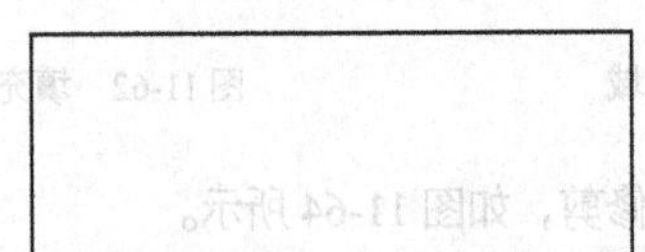

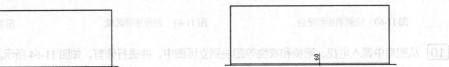

图 11-67　绘制 C 立面的基本轮廓

图 11-68　绘制踢脚线

04 从图库中调入沙发、茶几、落地灯和插座等图块到立面图形，并进行修剪，如图 11-69 所示。

05 调用 DIMLINEAR/DLI 命令，标注立面图的尺寸，如图 11-70 所示。

图 11-69　插入图块

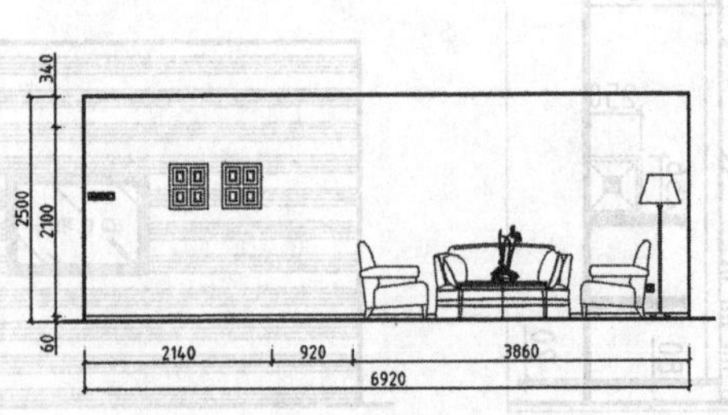

图 11-70　标注立面图的尺寸

06 调用 MLEADER/MLD 多重引线命令，标注立面材料名称。

07 调用 INSERT/I 命令，插入“图名”图块，完成客厅 C 立面图的绘制，如图 11-71 所示。

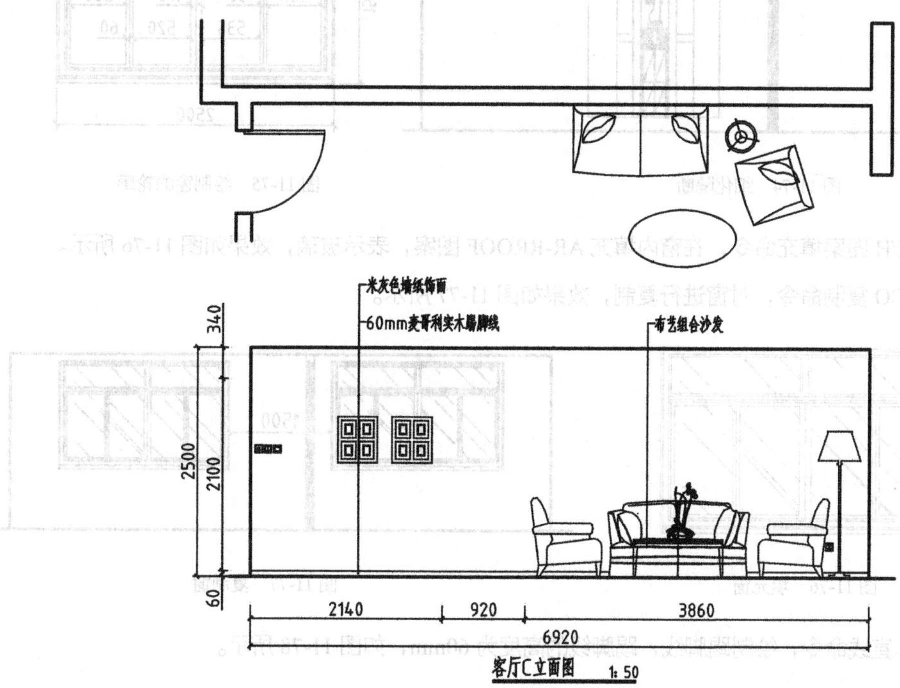

图 11-71　绘制完成折客厅 C 立面图

139 绘制客厅和卧室 D 立面图

视频文件：MP4\第 9 章\139.MP4

本例介绍客厅和卧室 D 立面图的绘制，D 立面图是客厅和卧室中的窗户所在的墙面。

01 调用 COPY/CO 复制命令，复制平面布置图上客厅和卧室 D 立面的平面部分，并对图形进行旋转。

02 调用 LINE/L 直线命令和 TRIM/TR 修剪命令，绘制 D 立面图的基本轮廓，如图 11-72 所示。

03 调用 LINE/L 直线命令、PLINE/PL 多段线命令和 OFFSET/O 偏移命令，绘制隔断轮廓，如图 11-73 所示。

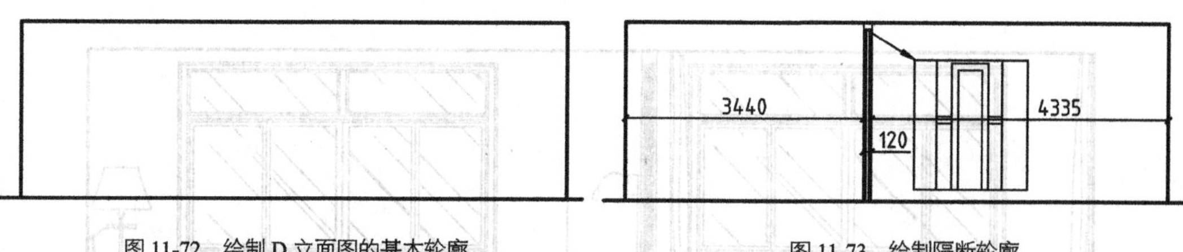

图 11-72　绘制 D 立面图的基本轮廓　　图 11-73　绘制隔断轮廓

04 调用 RECTANG/REC 命令、LINE/L 直线命令、COPY/CO 复制命令和 HATCH/H 图案填充命令，细化隔断，填充 ANSI31 图案，如图 11-74 所示。

05 调用 RECTANG/REC 矩形命令、LINE/L 直线命令 OFFSET/O 偏移命令，绘制窗的轮廓，如图 11-75 所示。

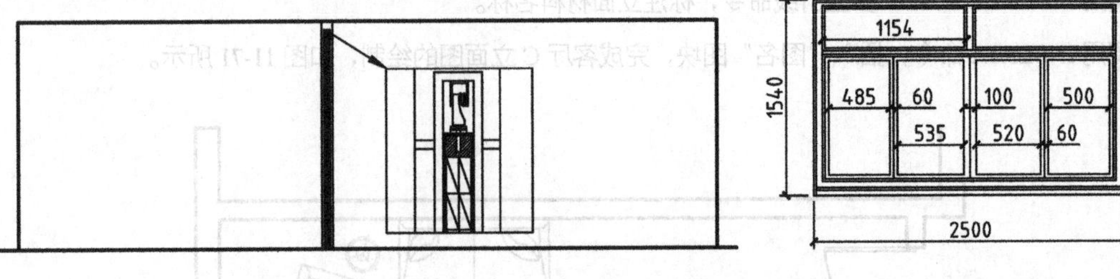

图 11-74 细化隔断　　图 11-75 绘制窗的轮廓

06 调用 HATCH/H 图案填充命令，在窗内填充 AR-RROOF 图案，表示玻璃，效果如图 11-76 所示。

07 调用 COPY/CO 复制命令，对窗进行复制，效果如图 11-77 所示。

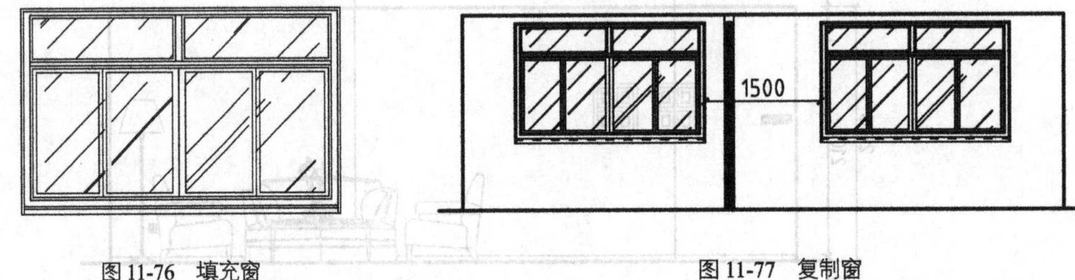

图 11-76 填充窗　　图 11-77 复制窗

08 调用 LINE/L 直线命令，绘制踢脚线，踢脚线的高度为 60mm，如图 11-78 所示。

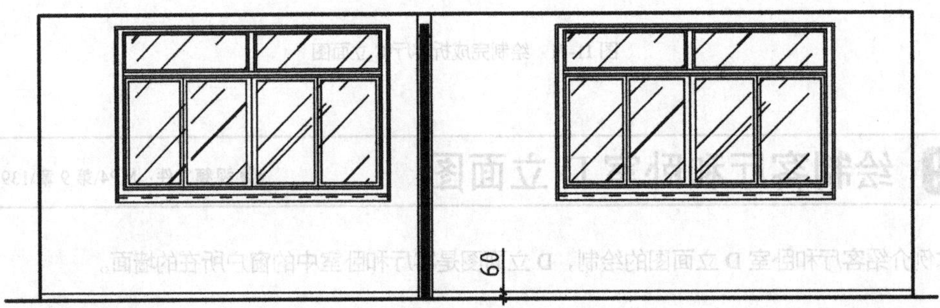

图 11-78 绘制踢脚线

09 从图库中调入书桌、落地灯、床、沙发、茶几和窗帘等图块到立面图中，并进行修剪，如图 11-79 所示。

图 11-79 插入图块

[10] 调用 DIMLINEAR/DLI 线性命令，标注立面图的尺寸，如图 11-80 所示。

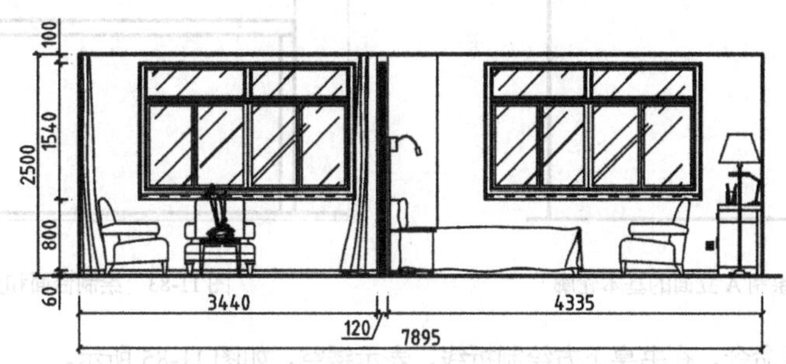

图 11-80　标注立面图的尺寸

[11] 调用 MLEADER/MLD 多重引线命令，标注立面材料名称。

[12] 调用 INSERT/I 插入命令，插入“图名”图块，完成客厅和卧室 D 立面图的绘制，如图 11-81 所示。

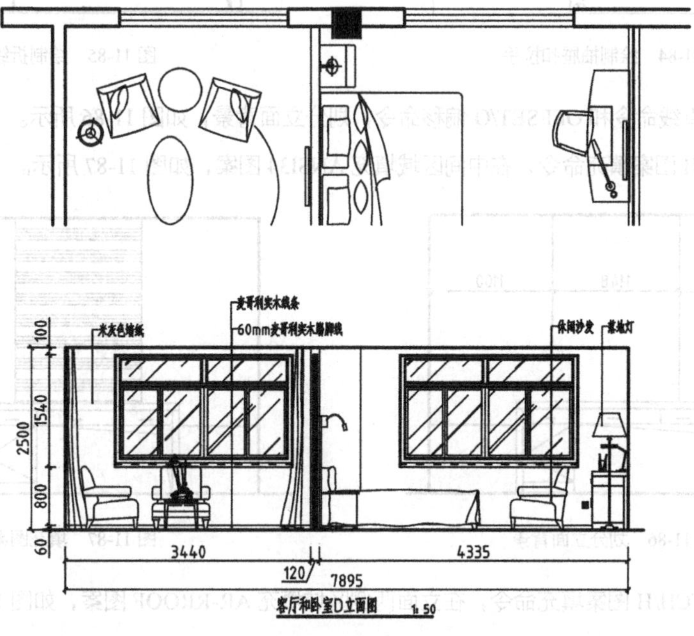

图 11-81　绘制完成的客厅和卧室 D 立面图

140 绘制卧室 A 立面图

视频文件：MP4\第 11 章\140.MP4

本例介绍卧室 A 立面图的绘制，A 立面图是书桌所在的墙面，主要表达了书桌立面形状及位置关系。

[01] 调用 COPY/CO 复制命令，复制平面布置图上卧室 A 立面的平面部分，并对图形进行旋转。

[02] 调用 LINE/L 直线命令和 TRIM/TR 修剪命令，绘制 A 立面的基本轮廓，如图 11-82 所示。

[03] 调用 RECTANG/REC 矩形命令，绘制台面和支柱结构，并移动到相应的位置，如图 11-83 所示。

[04] 调用 LINE/L 直线命令、OFFSET/O 偏移命令和 RECTANG/REC 矩形命令，绘制抽屉和拉手等结构，如图 11-84 所示。

图 11-82　绘制 A 立面的基本轮廓

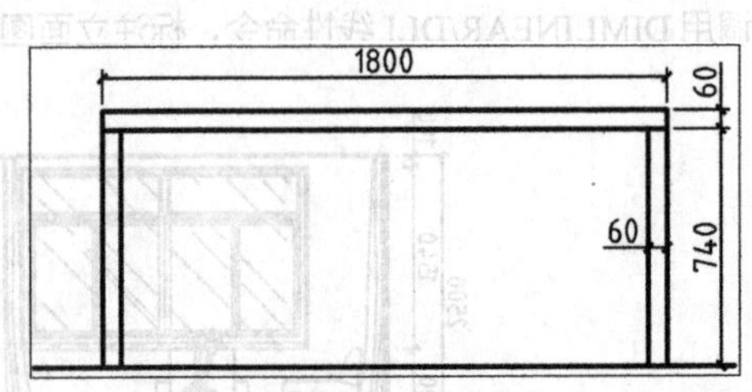

图 11-83　绘制台面和支柱结构

05 调用 LINE/L 直线命令，在书桌下方绘制折线，表示镂空，如图 11-85 所示。

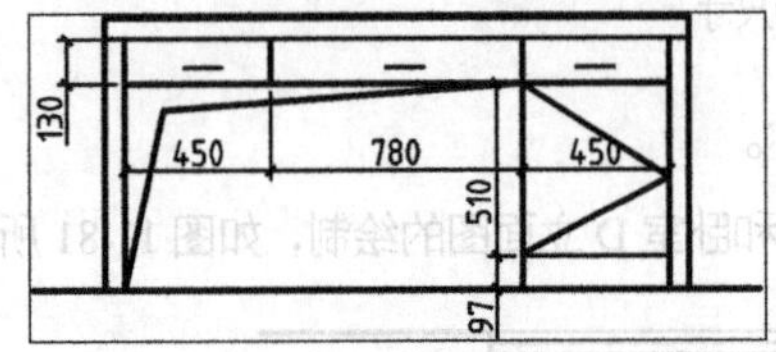

图 11-84　绘制抽屉和拉手

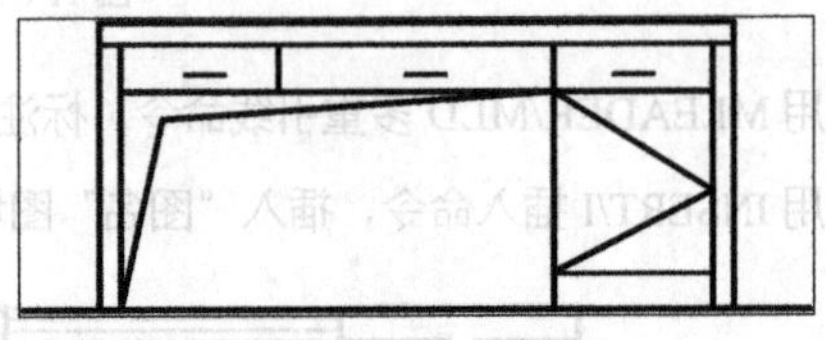

图 11-85　绘制折线

06 调用 LINE/L 直线命令和 OFFSET/O 偏移命令，划分立面背景，如图 11-86 所示。

07 调用 HATCH/H 图案填充命令，在中间区域填充 ANSI34 图案，如图 11-87 所示。

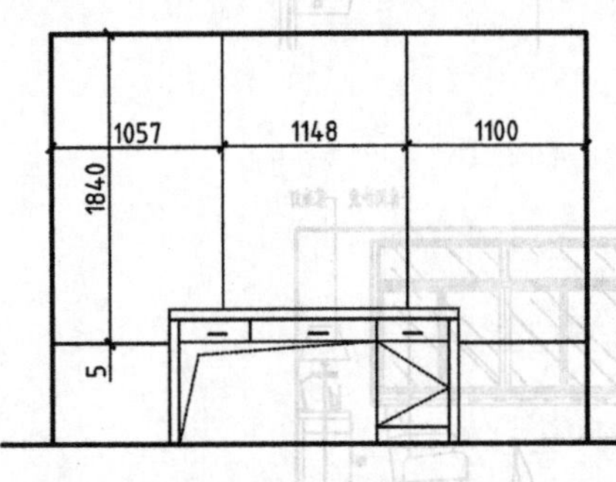

图 11-86　划分立面背景

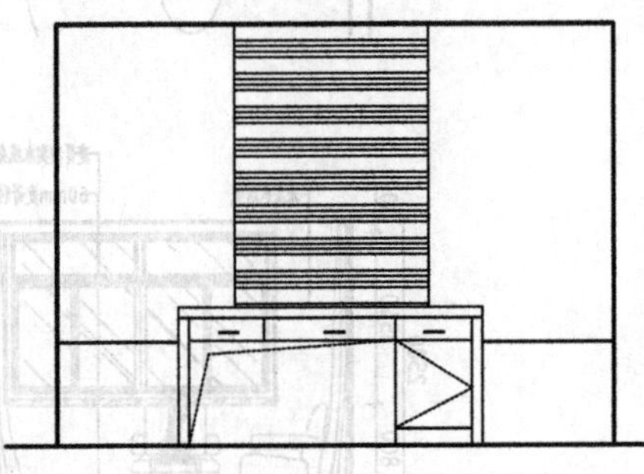

图 11-87　填充图案

08 继续调用 HATCH/H 图案填充命令，在立面两侧区域填充 AR-RROOF 图案，如图 11-88 所示。

09 从图库中调入落地灯、电视、椅子和插座等图块到立面图中，并进行修剪，如图 11-89 所示。

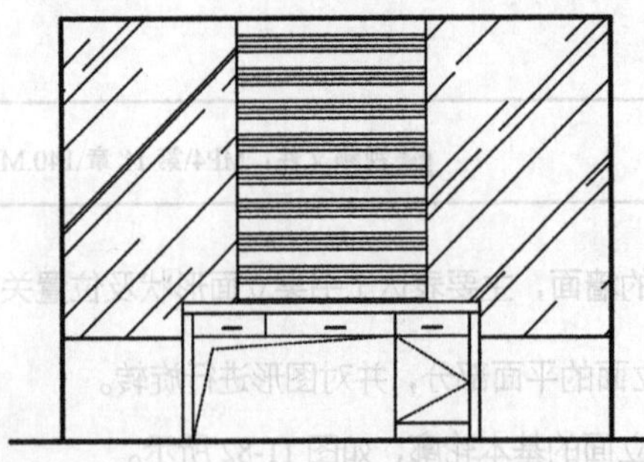

图 11-88　填充图案

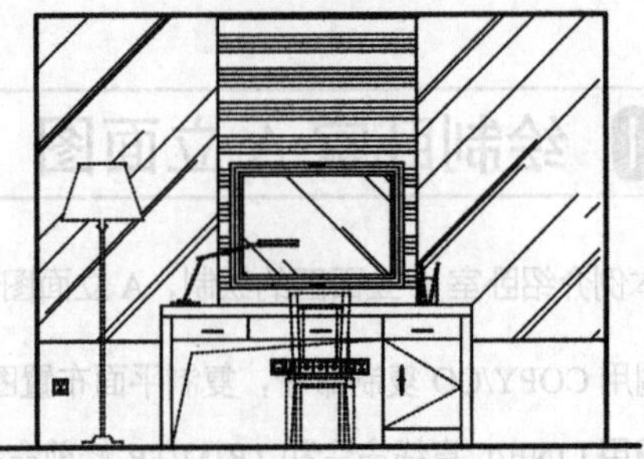

图 11-89　插入图块

10 调用 DIMLINEAR/DLI 线性命令，标注立面图的尺寸，如图 11-90 所示。

11 调用 MLEADER/MLD 多重引线命令，标注立面材料名称。

12 调用 INSERT/I 插入命令，插入“图名”图块，完成客厅和卧室 A 立面图的绘制，如图 11-91 所示。

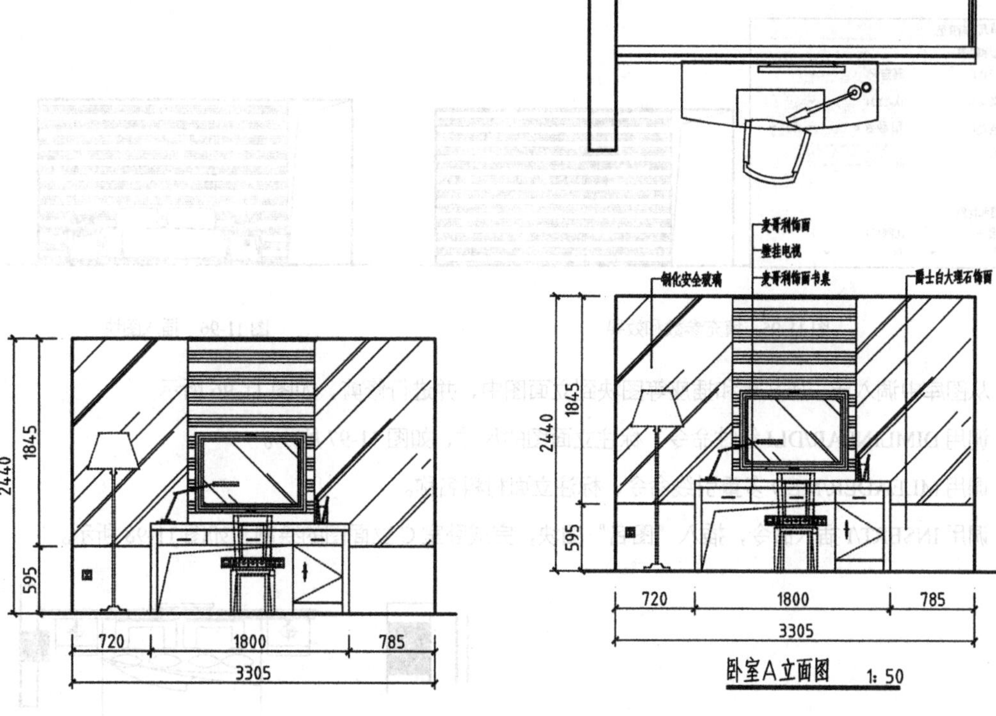

图 11-90　标注立面图的尺寸

图 11-91　绘制完成的卧室 A 立面图

141 绘制卧室 C 立面图

视频文件：MP4\第 11 章\141.MP4

本例介绍卧室 C 立面图的绘制，C 立面图是床背景所在的墙面。

01 调用 COPY/CO 复制命令，复制平面布置图上卧室 C 立面的平面部分，并对图形进行旋转。

02 调用 LINE/L 直线命令和 TRIM/TR 修剪命令，绘制 C 立面的基本轮廓，如图 11-92 所示。

03 调用 LINE/L 直线命令，绘制线段，如图 11-93 所示。

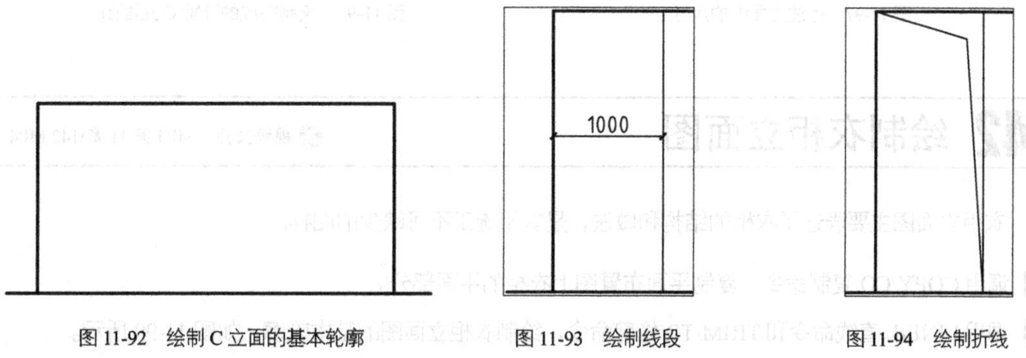

图 11-92　绘制 C 立面的基本轮廓　　图 11-93　绘制线段　　图 11-94　绘制折线

04 继续调用 LINE/L 直线命令，在过道内绘制折线，表示镂空，如图 11-94 所示。

05 调用 HATCH/H 图案填充命令，再在命令行中输入 T 命令，在弹出的“图案填充和渐变色”对话框中设置参数，在床背景墙填充 ANSI34 图案，填充参数和效果如图 11-95 所示。

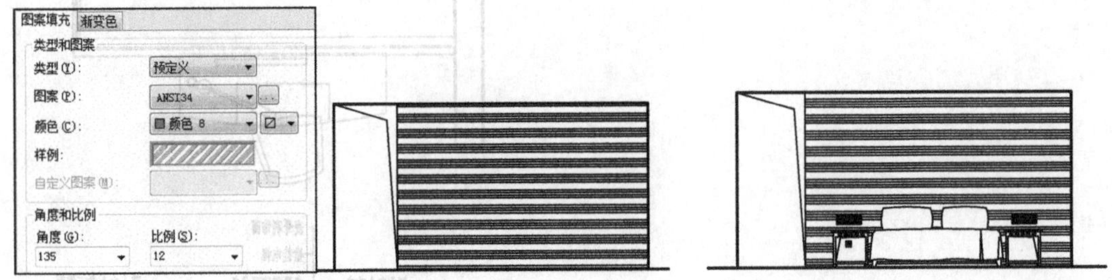

图 11-95 填充参数和效果

图 11-96 插入图块

06 从图库中调入床、床头柜和插座等图块到立面图中，并进行修剪，如图 11-96 所示。

07 调用 DIMLINEAR/DLI 线性命令，标注立面图的尺寸，如图 11-97 所示。

08 调用 MLEADER/MLD 多重引线命令，标注立面材料名称。

09 调用 INSERT/I 插入命令，插入“图名”图块，完成卧室 C 立面图的绘制，如图 11-98 所示。

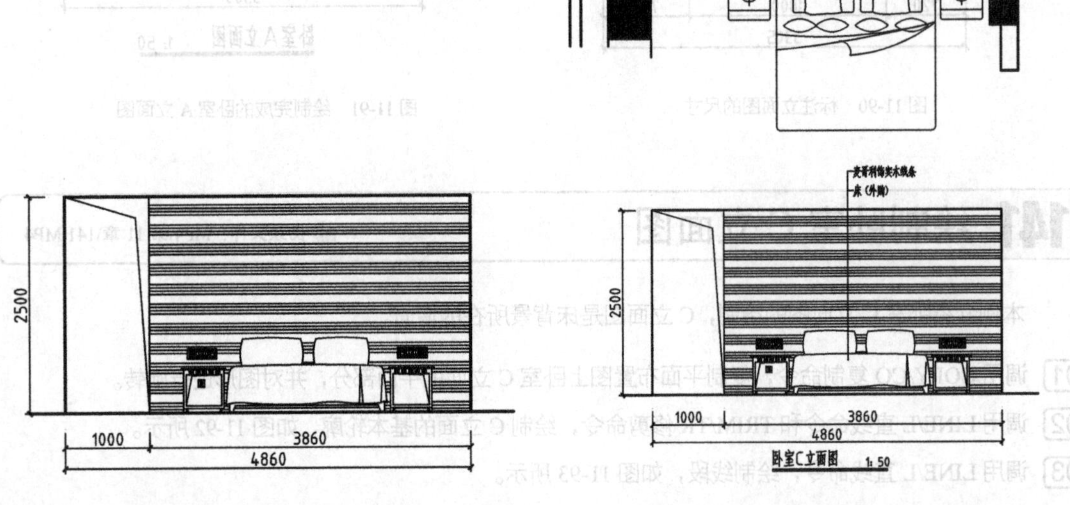

图 11-97 标注立面图的尺寸

图 11-98 绘制完成的卧室 C 立面图

142 绘制衣柜立面图

视频文件：MP4\第 11 章\142.MP4

衣柜立面图主要表达了衣柜的结构和做法，是衣柜施工不可缺少的图样。

01 调用 COPY/CO 复制命令，复制平面布置图上衣柜的平面部分。

02 调用 LINE/L 直线命令和 TRIM/TR 修剪命令，绘制衣柜立面图的基本轮廓，如图 11-99 所示。

03 调用 PLINE/PL 多段线命令和 OFFSET/O 偏移命令，绘制衣柜的基本轮廓和表示开启方向的箭头，如图 11-100 所示。

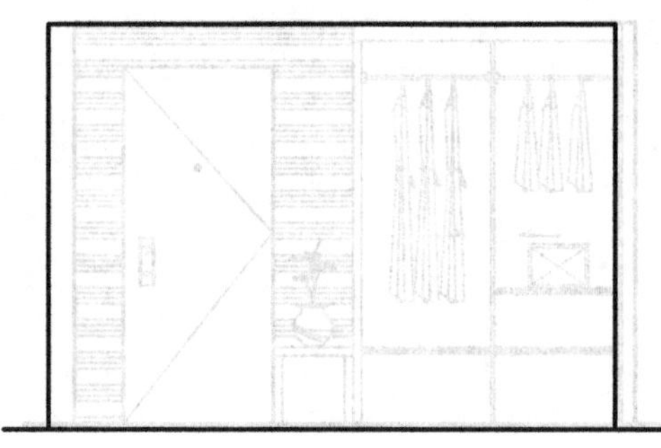

图 11-99　绘制基本轮廓

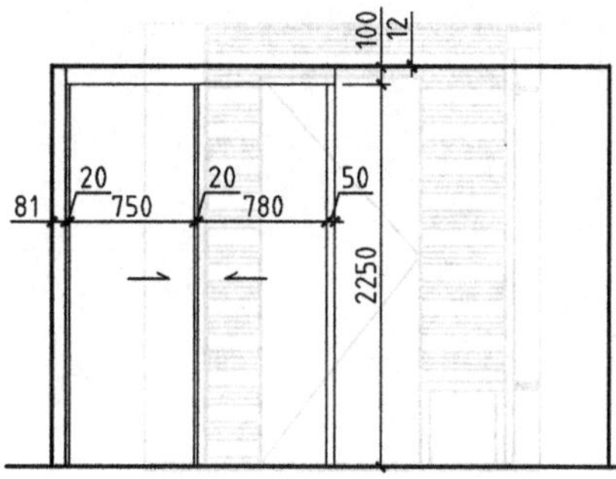

图 11-100　绘制衣柜基本轮廓

04 调用 LINE/L 直线命令和 OFFSET/O 偏移命令，绘制木方，如图 11-101 所示。

05 调用 RECTANG/REC 矩形命令和 LINE/L 直线命令，绘制挂衣杆，如图 11-102 所示。

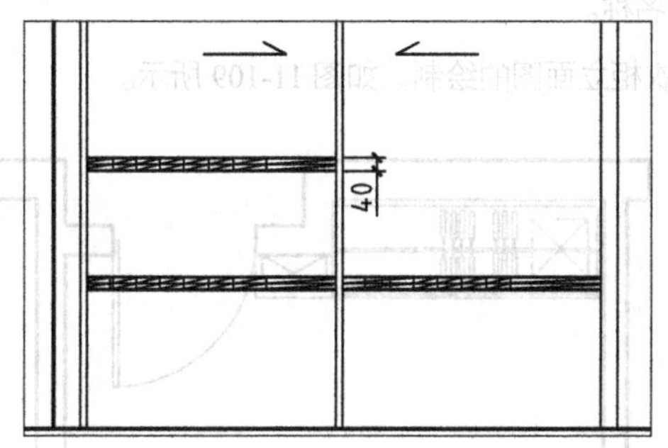

图 11-101　绘制木方

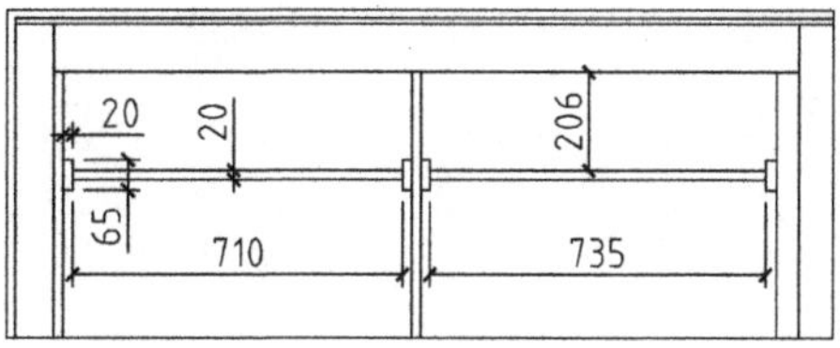

图 11-102　绘制挂衣杆

06 调用 RECTANG/REC 矩形命令、OFFSET/O 偏移命令和 LINE/L 直线命令，绘制保险箱，如图 11-103 所示。

07 调用 LINE/L 直线命令、PLNE/PL 多段线命令、OFFSET/O 偏移命令和 RECTANG/REC 矩形命令，绘制门，如图 11-104 所示。

08 调用 LINE/L 直线命令和 OFFSET/O 偏移命令，绘制装饰台，如图 11-105 所示。

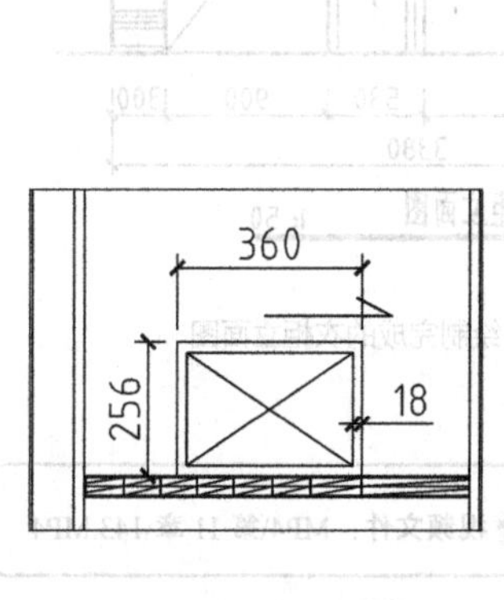

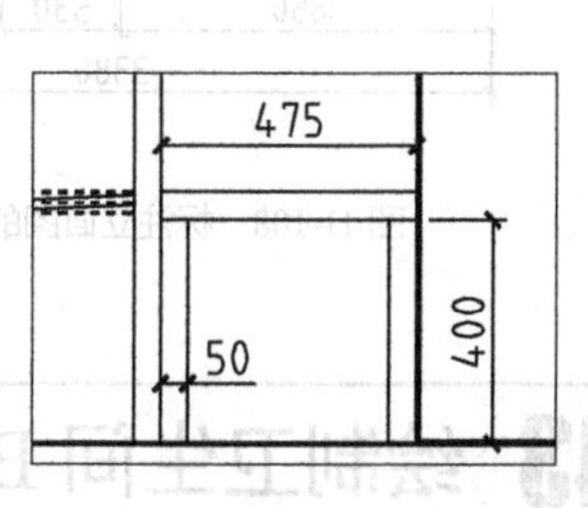

图 11-103　绘制保险箱

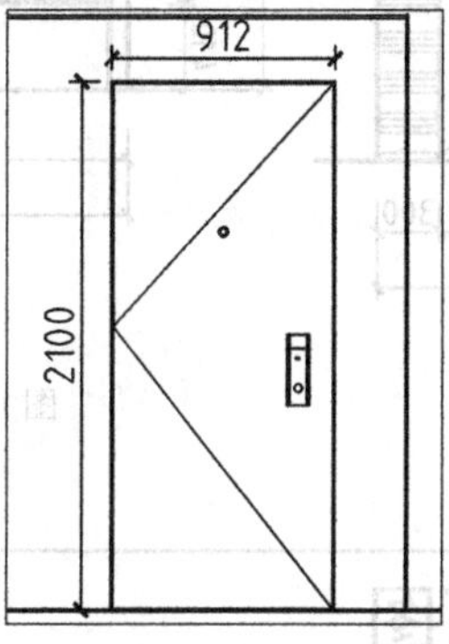

图 11-104　绘制门

图 11-105　绘制装饰台

09 调用 HATCH/H 图案填充命令，在墙面区域填充 ANSI34 图案，如图 11-106 所示。

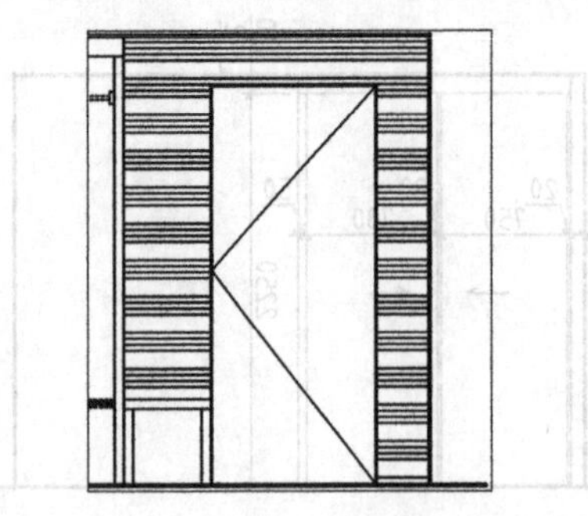

图 11-106 填充墙面图案

图 11-107 插入图块

10 从图库中调入陈设品和衣物到立面图中，并进行修剪，如图 11-107 所示。

11 调用 DIMLINEAR/DLI 线性命令，标注立面图的尺寸，如图 11-108 所示。

12 调用 MLEADER/MLD 多重引线命令，标注立面材料名称。

13 调用 INSERT/I 插入命令，插入“图名”图块，完成衣柜立面图的绘制，如图 11-109 所示。

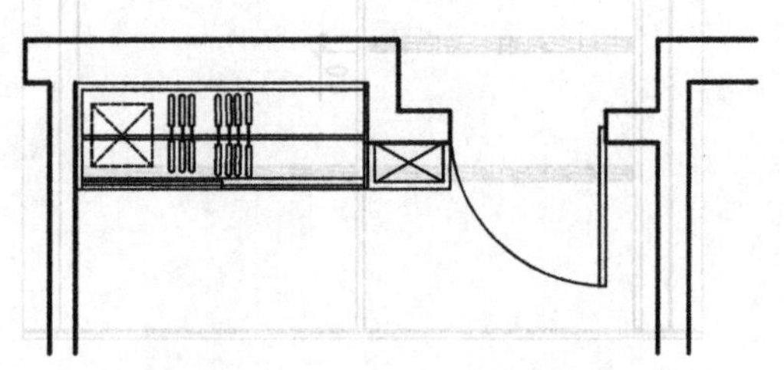

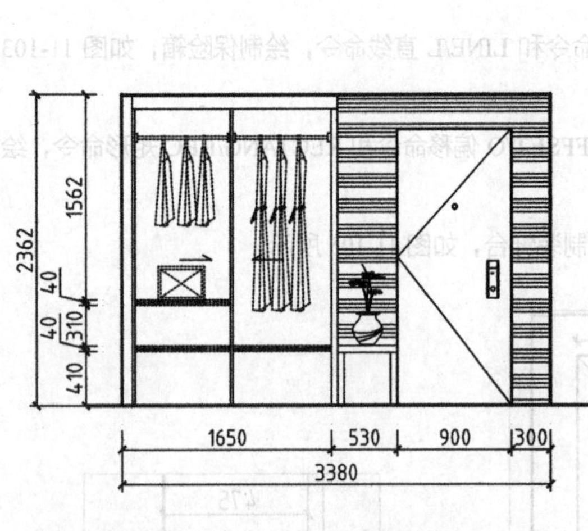

图 11-108 标注立面图的尺寸

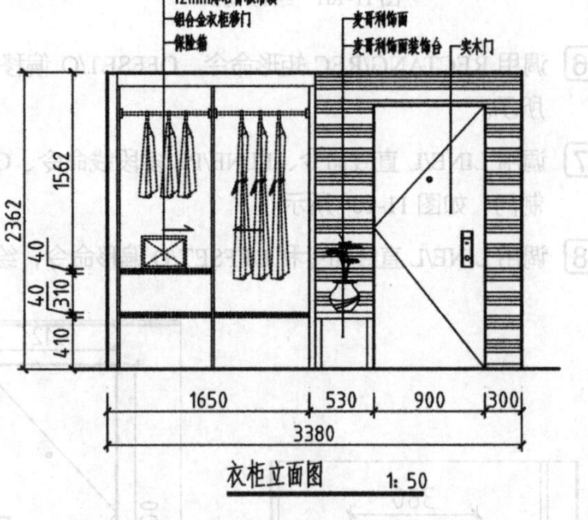

图 11-109 绘制完成的衣柜立面图

143 绘制卫生间 B 立面图

视频文件：MP4\第 11 章\143.MP4

本例介绍卫生间 B 立面图的绘制，B 立面图是花洒、坐便器和洗手盆所在的墙面。

01 调用 COPY/CO 复制命令，复制平面布置图上卫生间 B 立面图的平面部分。

02 调用 LINE/L 直线命令和 TRIM/TR 修剪命令，绘制 B 立面的基本轮廓，如图 11-110 所示。

03 调用 LINE/L 直线命令、PLINE/PL 多段线命令、OFFSET/O 偏移命令和 HATCH/H 图案填充命令，绘制玻璃隔断，填充 ANSI34 图案，如图 11-111 所示。

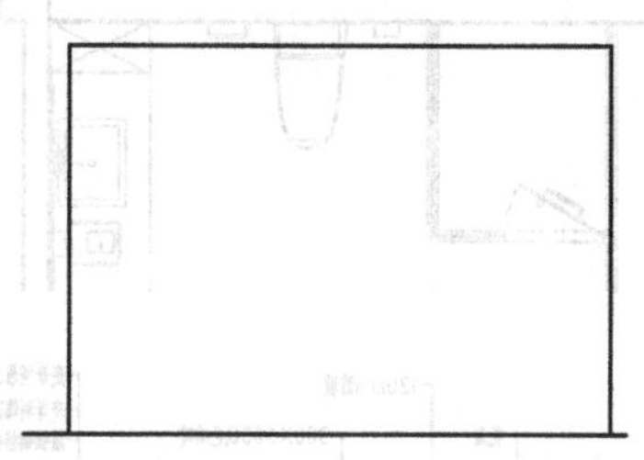

图 11-110　绘制 B 立面的基本轮廓

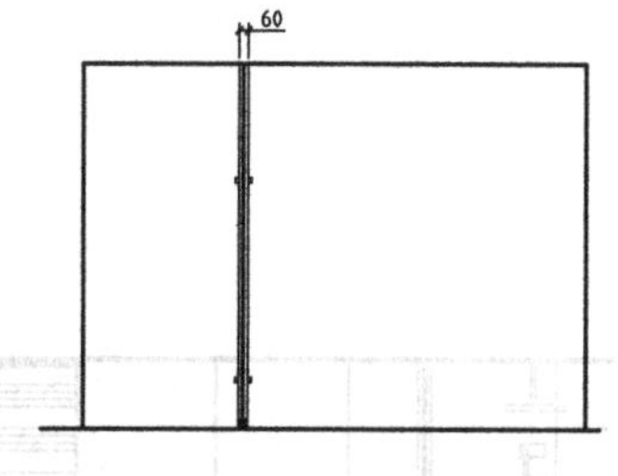

图 11-111　绘制玻璃隔断

04 调用 LINE/L 直线命令和 OFFSET/O 偏移命令，绘制墙砖，如图 11-112 所示。

05 调用 LINE/L 直线命令、HATCH/H 图案填充命令和 OFFSET/O 偏移命令，绘制挡水板，填充 ANSI34 图案，如图 11-113 所示。

06 调用 LINE/L 直线命令、COPY/CO 复制命令和 OFFSET/O 偏移命令，绘制木方，如图 11-114 所示。

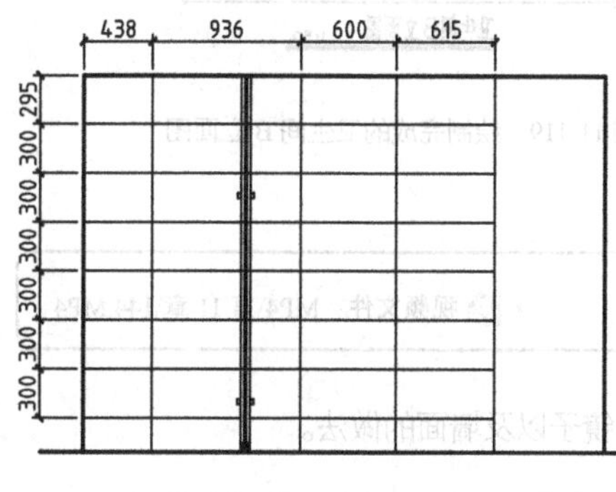

图 11-112　绘制墙砖

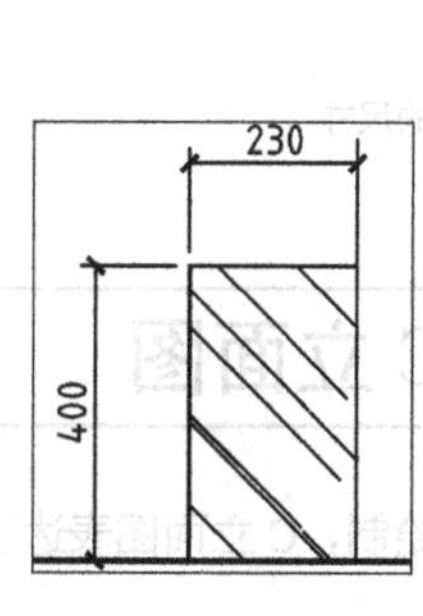

图 11-113　绘制挡水板

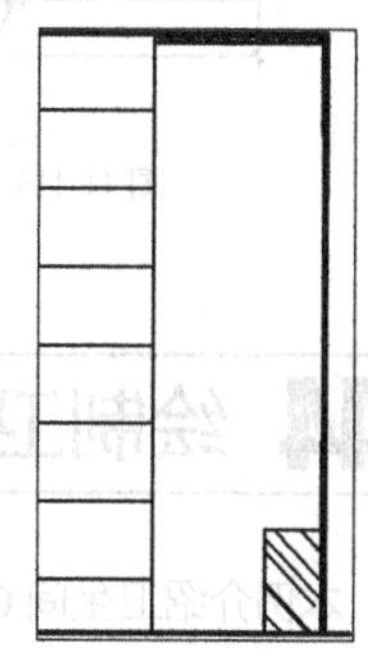

图 11-114　绘制木方

07 调用 PLINE/PL 多段线命令和 HATCH/H 图案填充命令，绘制镜子，如图 11-115 所示。

08 调用 HATCH/H 图案填充命令，在右侧墙面填充 ANSI34 图案，如图 11-116 所示。

09 从图库中调入花洒、坐便器、洗手盆和毛巾架等图块到立面图中，并进行修剪，如图 11-117 所示。

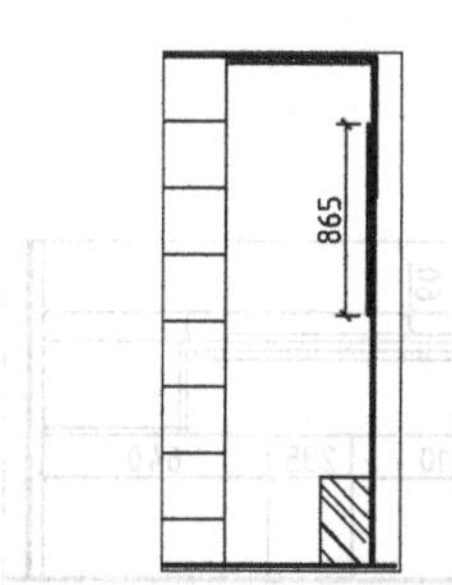

图 11-115　绘制镜子

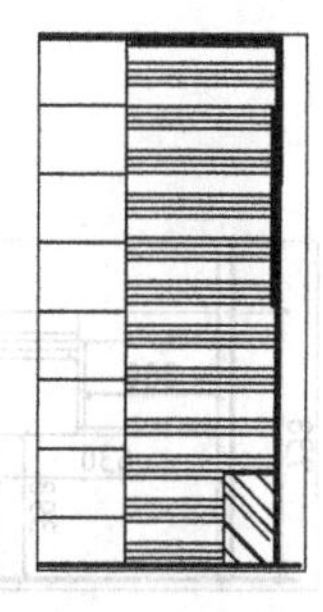

图 11-116　填充图案

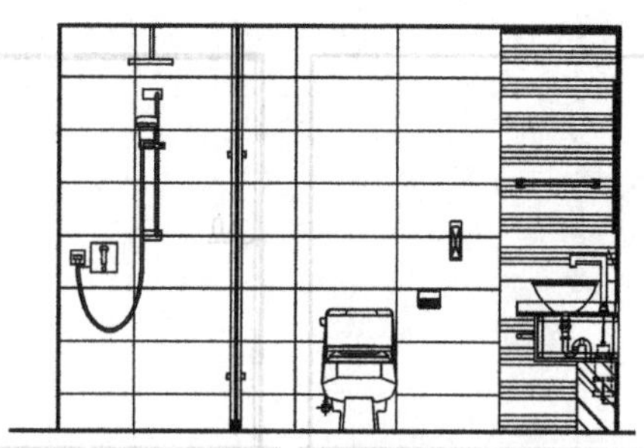

图 11-117　插入图块

10 调用 DIMLINEAR/DLI 线性命令，标注立面图的尺寸，如图 11-118 所示。

11 调用 MLEADER/MLD 多重引线命令，标注立面材料名称。

12 调用 INSERT/I 插入命令，插入“图名”图块，完成卫生间 B 立面图的绘制，如图 11-119 所示。

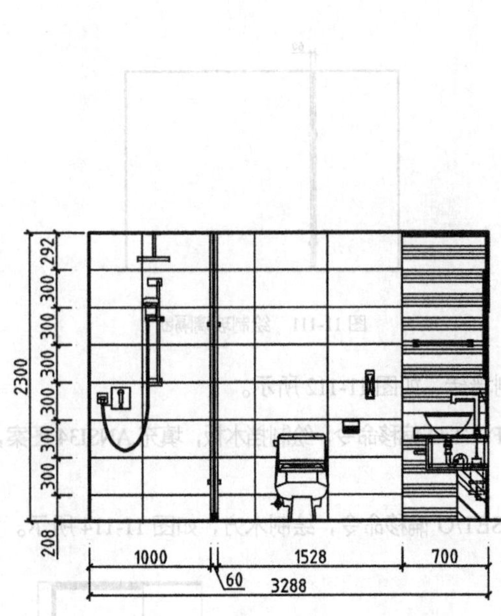

图 11-118　标注立面图的尺寸

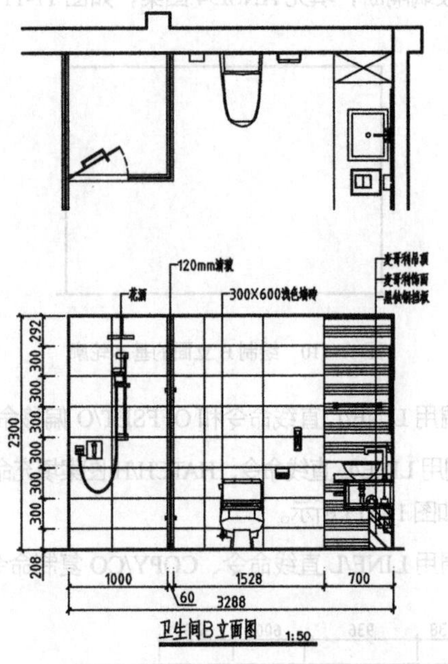

图 11-119　绘制完成的卫生间 B 立面图

144 绘制卫生间 C 立面图

视频文件：MP4\第 11 章\144.MP4

本例介绍卫生间 C 立面图的绘制，C 立面图表达了洗手台、镜子以及墙面的做法。

01 调用 COPY/CO 复制命令，复制平面布置图上卫生间 C 立面图的平面部分，并对图形进行旋转。

02 调用 LINE/L 直线命令和 TRIM/TR 修剪命令，绘制 C 立面的基本轮廓，如图 11-120 所示。

03 调用 LINE/L 直线命令、RECTANG/REC 矩形命令和 COPY/CO 复制命令，绘制线段和木方，如图 11-121 所示。

04 调用 LINE/L 直线命令、OFFSET/O 偏移命令和 TRIM/TR 修剪命令，绘制台面，如图 11-122 所示。

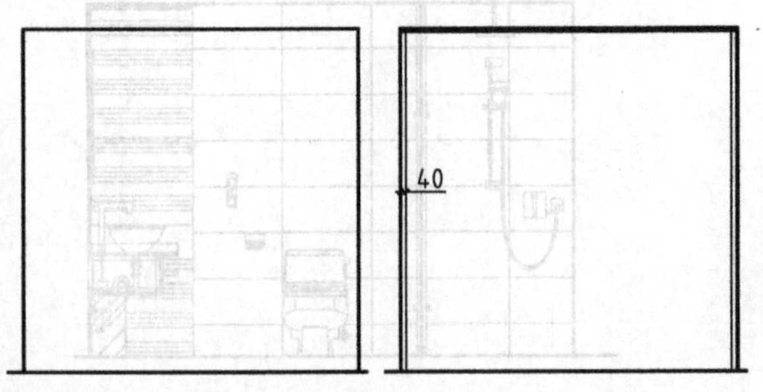

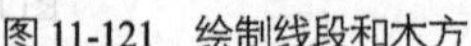

图 11-120　绘制 C 立面的基本轮廓　　图 11-121　绘制线段和木方

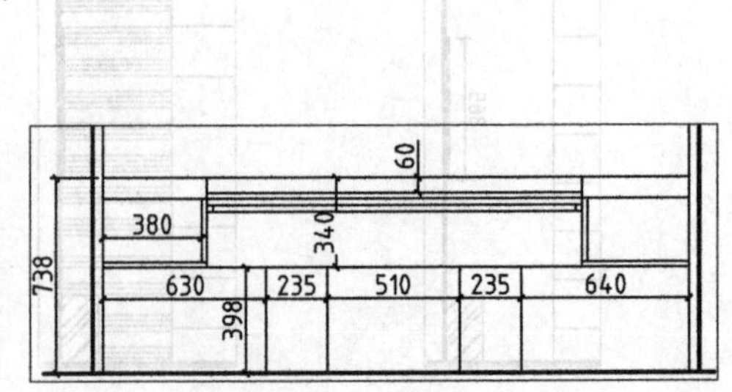

图 11-122　绘制台面

05 从图库中插入灯具、镜子、洗手盆和毛巾等图块到立面图中，并进行修剪，如图 11-123 所示。

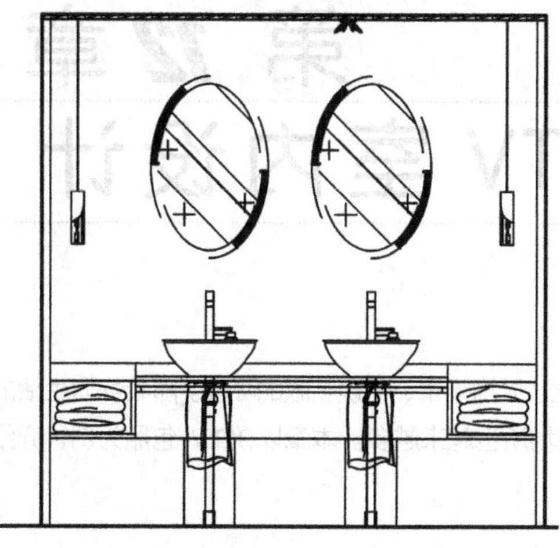

图 11-123 插入图块

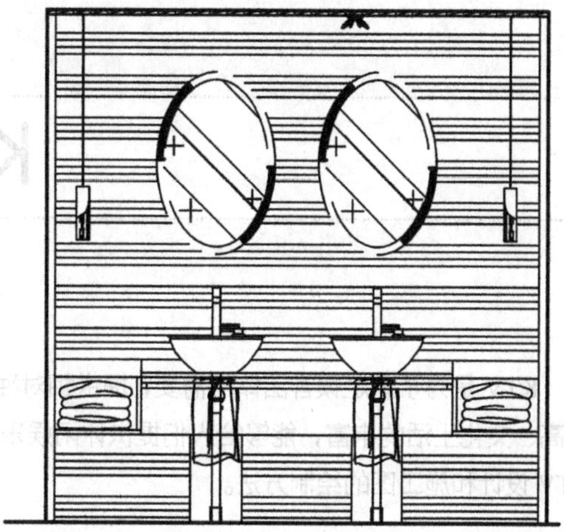

图 11-124 填充图案

06 调用 HATCH/H 图案填充命令，对墙面填充 ANSI34 图案，如图 11-124 所示。

07 调用 DIMLINEAR/DLI 线性命令，标注立面图的尺寸，如图 11-125 所示。

08 调用 MLEADER/MLD 多重引线命令，标注立面材料名称。

09 调用 INSERT/I 插入命令，插入“图名”图块，完成卫生间 C 立面图的绘制，如图 11-126 所示。

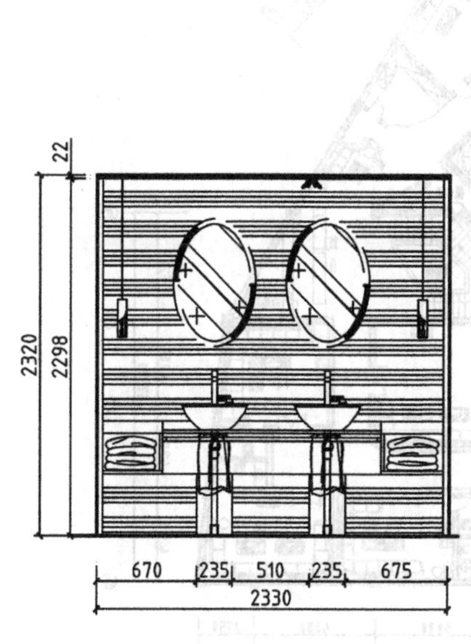

图 11-125 标注立面图的尺寸

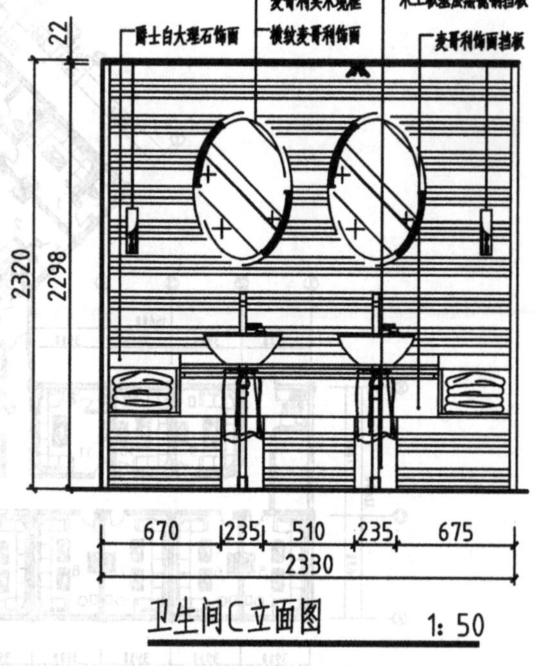

图 11-126 绘制完成的卫生间 C 立面图

第 12 章 KTV 室内设计

KTV 是为了满足顾客团体的需要，提供相对独立、无拘无束、畅饮畅叙的环境。随着物质生活的提高、文化生活的丰富，能够给人们提供休闲娱乐的场所也越来越多。本章以 KTV 包厢为例，介绍 KTV 设计和施工图的绘制方法。

145 绘制 KTV 包厢平面布置图

视频文件：MP4\第 12 章\145.MP4

如图 12-1 所示为某 KTV 总平面图，本节以 8 号包厢为例讲解包厢总平面布置图的绘制方法。

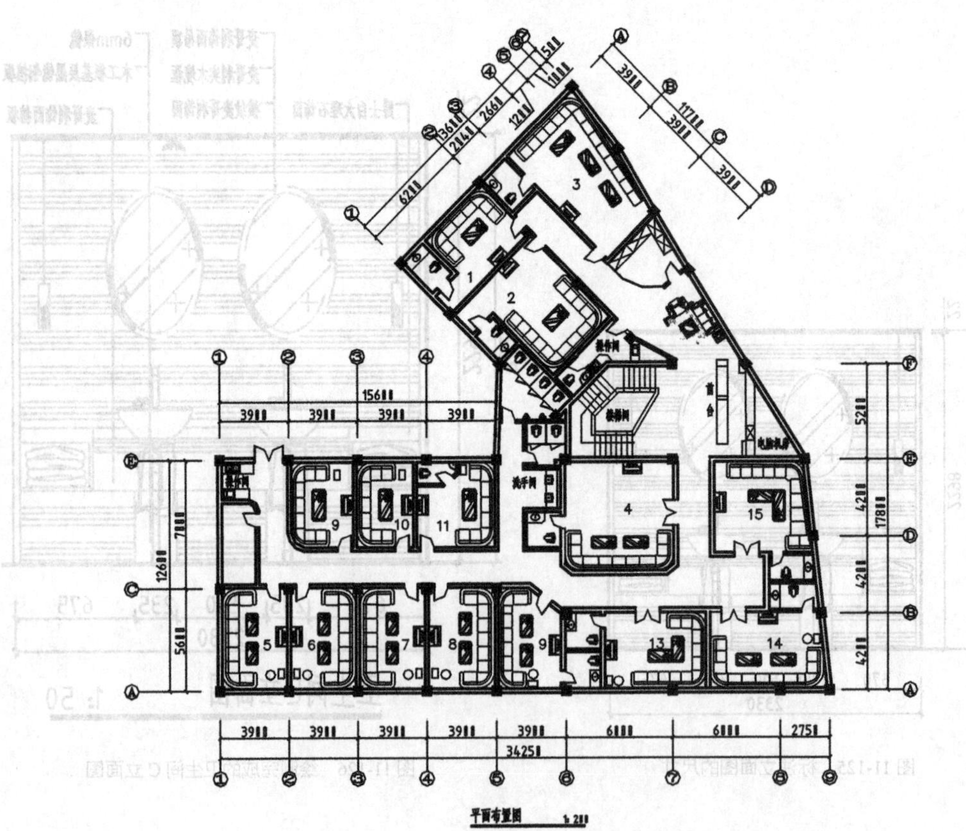

图 12-1　KTV 总平面布置图

如图 12-2 所示为 8 号包厢平面布置图，下面讲解绘制方法。

01 启动 AutoCAD 2022，打开“第 12 章\KTV 建筑平面图”文件。

02 调用 COPY/CO 复制命令，复制 KTV 建筑平面图。

03 调用 INSERT/I 插入命令，插入门图块，如图 12-3 所示。

04 设置“JJ_家具”图层为当前图层。

05 调用 RECTANG/REC 矩形命令和 PINE/PL 多段线命令，绘制电视柜，如图 12-4 所示。

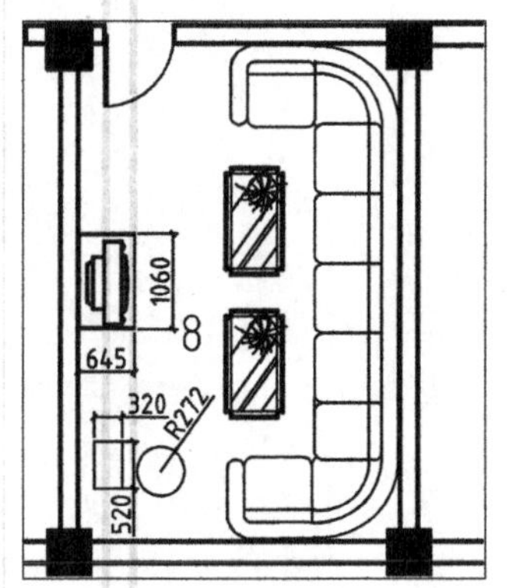

图 12-2　8 号包厢平面布置图

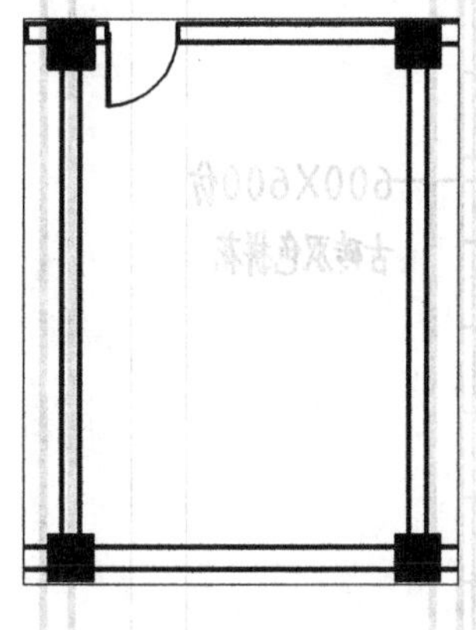
图 12-3　插入门图块

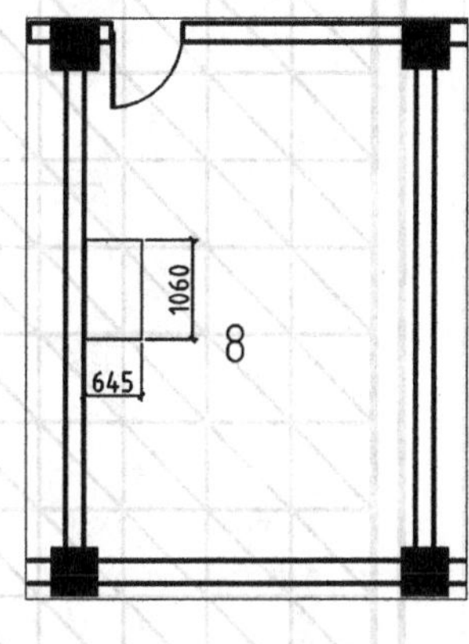

图 12-4　绘制电视柜

06 调用 RECTANG/REC 矩形命令和 CIRCLE/C 圆命令，绘制点唱机和椅子，如图 12-5 所示。

07 插入图块。按 Ctrl+O 快捷键，打开配套素材提供的“第 12 章\家具图例.dwg”文件，选择其中的沙发、茶几和电视等图块，将其复制至包厢区域，如图 12-6 所示，完成包厢平面布置图的绘制。

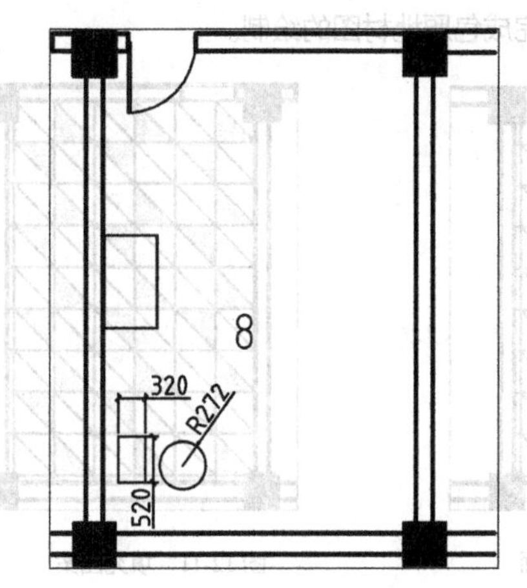

图 12-5　绘制点唱机和椅子

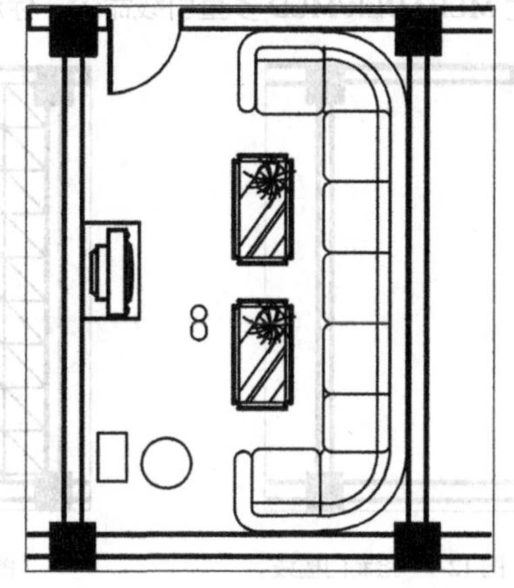

图 12-6　KTV 包厢平面布置图

146 绘制包厢地材图

视频文件：MP4\第 12 章\146.MP4

包厢地材图如图 12-7 所示，使用的地面材料是仿古砖。

01 调用 COPY/CO 复制命令，复制包厢的平面布置图，并删除与地材图无关的家具，如图 12-8 所示。

02 设置“DM_地面”图层为当前图层。

03 调用 LINE/L 直线命令，绘制门槛线，如图 12-9 所示。

04 调用 LINE/L 直线命令和 OFFSET/O 偏移命令，划分地面，如图 12-10 所示。

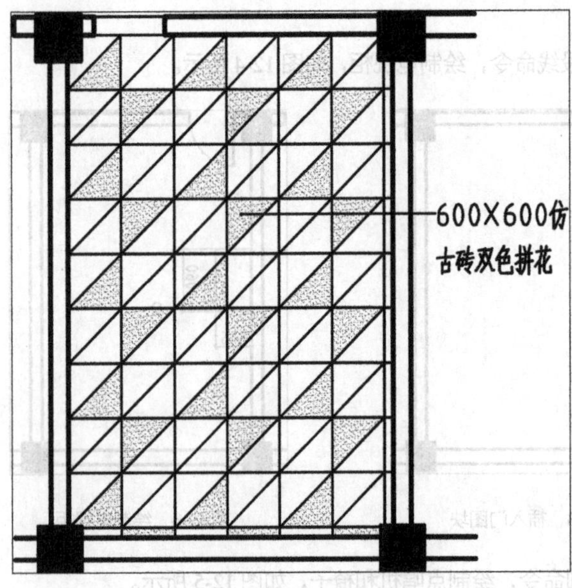

图 12-7　包厢地材图

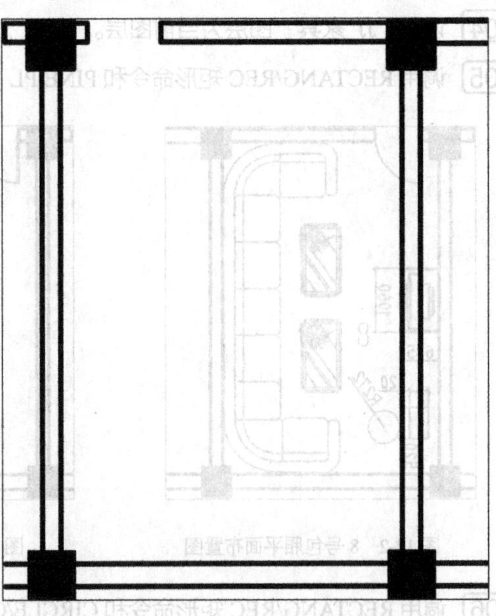

图 12-8　整理图形

05 调用 HATCH/H 图案填充命令，对地面填充 AR-SAND 图案，效果如图 12-11 所示。

06 调用 MLEADER/MLD 多重引线命令，标注地面材料，完成包厢地材图的绘制。

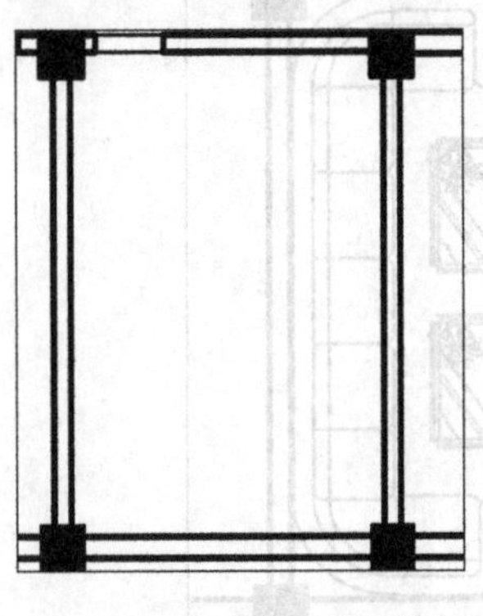

图 12-9　绘制门槛线

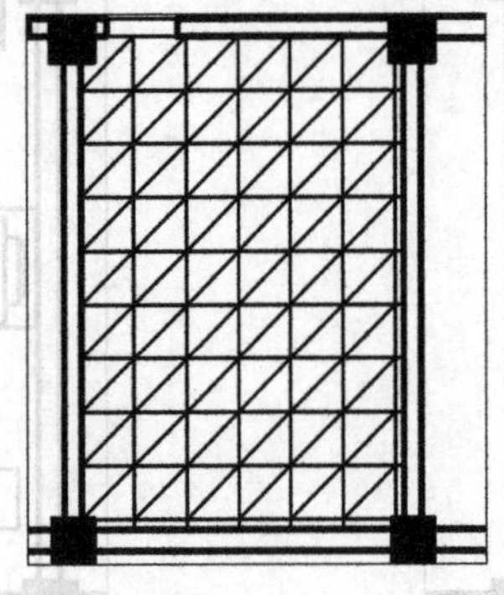

图 12-10　划分地面

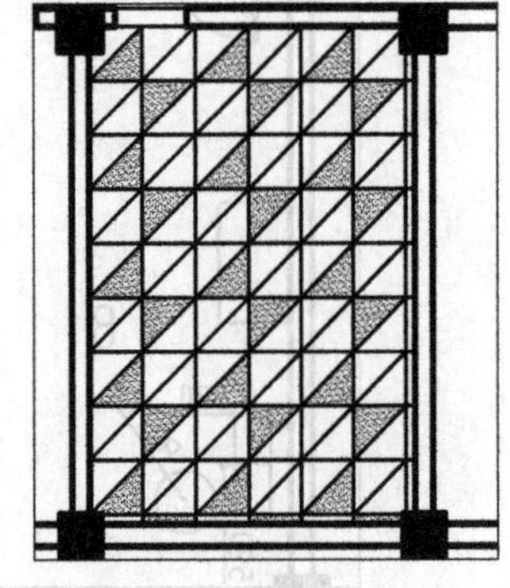

图 12-11　填充图案

147 绘制包厢顶棚图

视频文件：MP4\第 12 章\147.MP4

本例介绍包厢顶棚图的绘制，主要使用了轻钢龙骨石膏板。

01 调用 COPY/CO 复制命令，复制包厢平面布置图，并删除与顶棚图无关的图形，如图 12-12 所示。

02 调用 LINE/L 直线命令，绘制墙体线，如图 12-13 所示。设置“DD_吊顶”图层为当前图层。

03 调用 CIRCLE/C 圆命令，以墙体的中点为圆心，绘制半径为 1400mm、1500mm、2100mm 和 2200mm 的同心圆，如图 12-14 所示。

04 调用 TRIM/TR 修剪命令，对圆进行修剪，如图 12-15 所示。

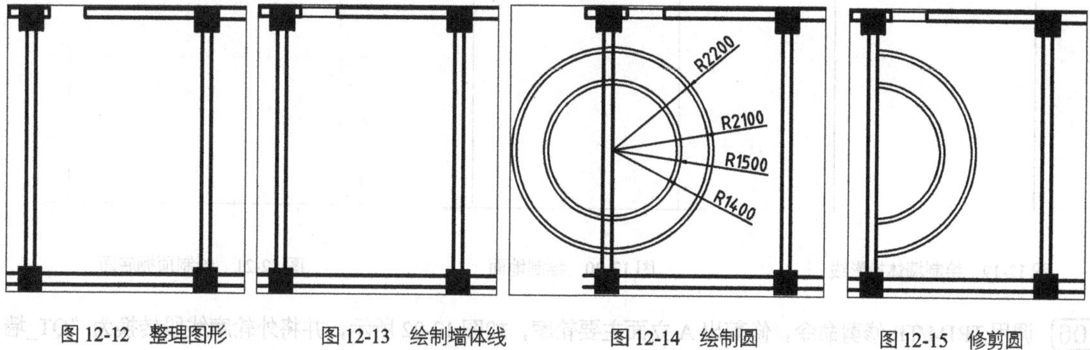

图 12-12　整理图形　　图 12-13　绘制墙体线　　图 12-14　绘制圆　　图 12-15　修剪圆

05 将半径为 1400mm 和 2100mm 的圆弧设置为虚线，表示灯带，如图 12-16 所示。

06 布置灯具。从图库中复制灯具图例到顶棚图中，如图 12-17 所示。

07 调用 INSERT/I 插入命令，插入“标高”图块，如图 12-18 所示。

08 调用 MLEADER/MLD 多重引线命令，对顶棚材料进行标注，完成包厢顶棚图的绘制。

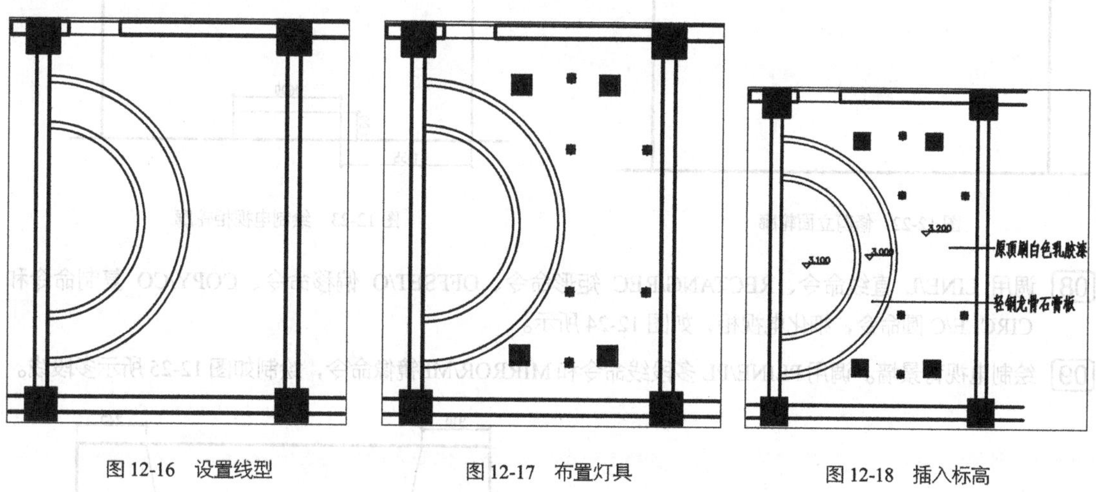

图 12-16　设置线型　　图 12-17　布置灯具　　图 12-18　插入标高

148 绘制包厢 A 立面图

视频文件：MP4\第 12 章\148.MP4

本例介绍包厢 A 立面图的绘制，A 立面图是电视背景所在的墙面。

01 复制图形。立面图的绘制需要借助平面布置图，所以需要复制 KTV 包厢平面布置图上 A 立面的平面部分，并对图形进行旋转。

02 设置“LM_立面”图层为当前图层。

03 调用 LINE/L 直线命令，根据平面布置图绘制墙体投影线，如图 12-19 所示。

04 继续调用 LINE/L 直线命令，在投影线的下方绘制一水平线段表示地面，如图 12-20 所示。

05 调用 OFFSET/O 偏移命令，将地面向上偏移 2900mm，得到顶棚底面，如图 12-21 所示。

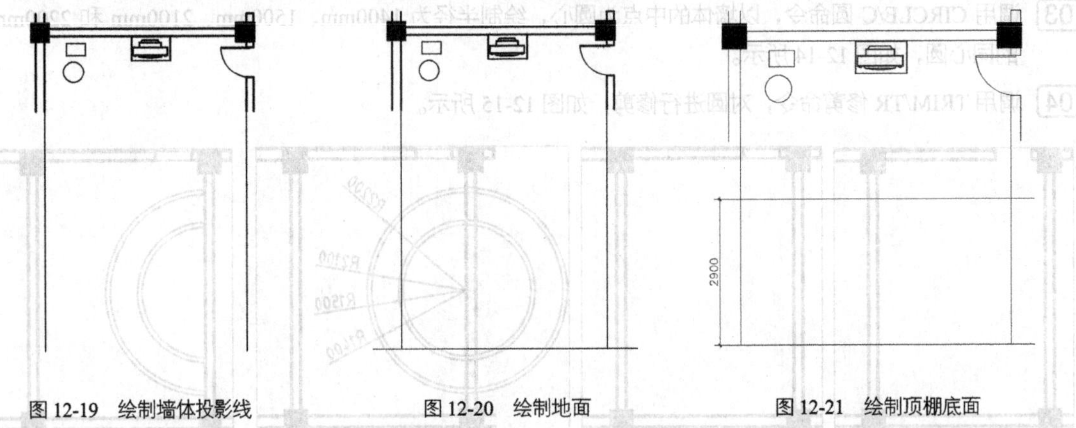

图 12-19　绘制墙体投影线　　图 12-20　绘制地面　　图 12-21　绘制顶棚底面

06 调用 TRIM/TR 修剪命令，修剪出 A 立面主要轮廓，如图 12-22 所示，并将外轮廓线段转换为“QT_墙体”图层。

07 绘制电视柜。调用 RECTANG/REC 矩形命令，绘制电视柜的轮廓，并移动至相应的位置，如图 12-23 所示。

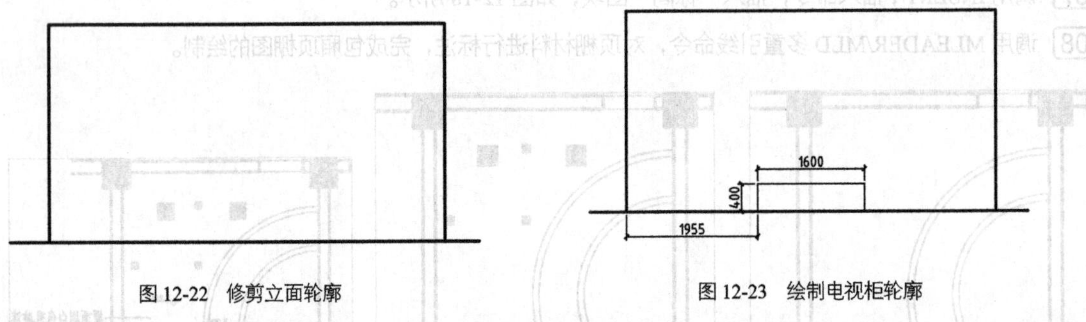

图 12-22　修剪立面轮廓　　图 12-23　绘制电视柜轮廓

08 调用 LINE/L 直线命令、RECTANG/REC 矩形命令、OFFSET/O 偏移命令、COPY/CO 复制命令和 CIRCLE/C 圆命令，细化电视柜，如图 12-24 所示。

09 绘制电视背景墙。调用 PLINE/PL 多段线命令和 MIRROR/MI 镜像命令，绘制如图 12-25 所示多段线。

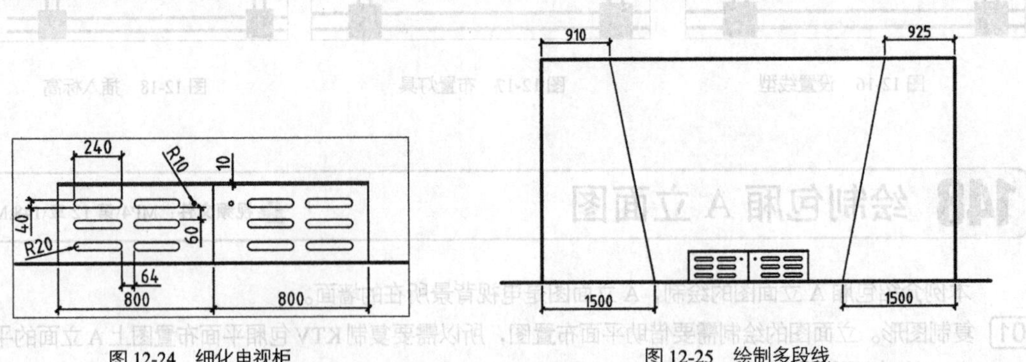

图 12-24　细化电视柜　　图 12-25　绘制多段线

10 调用 OFFSET/O 偏移命令，将多段线向内偏移 410mm 和 310mm，并调用 TRIM/TR 修剪命令进行修剪，效果如图 12-26 所示。

11 继续调用 OFFSET/O 偏移命令，将偏移 310mm 后的线段向外偏移 50mm，并设置为虚线，表示灯带，如图 12-27 所示。

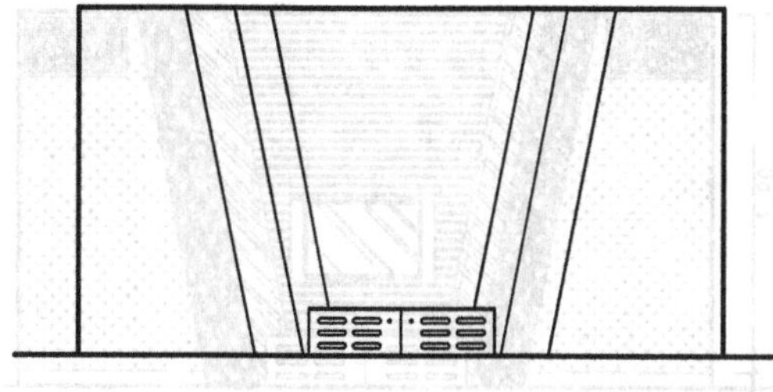

图 12-26　偏移线段

图 12-27　绘制灯带

12 调用 HATCH/H 图案填充命令，对墙面填充 HOUND 图案和 AR-RROOF 图案，效果如图 12-28 所示。

13 调用 LINE/L 直线命令、OFFSET/O 偏移命令和 TRIM/TR 修剪命令，绘制电视背景墙造型，效果如图 12-29 所示。

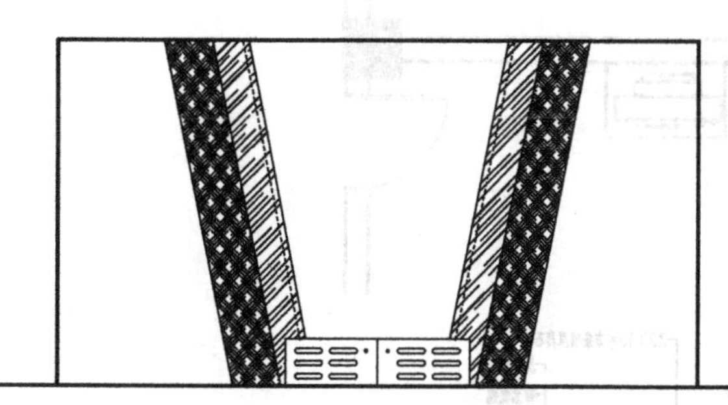

图 12-28　填充图案

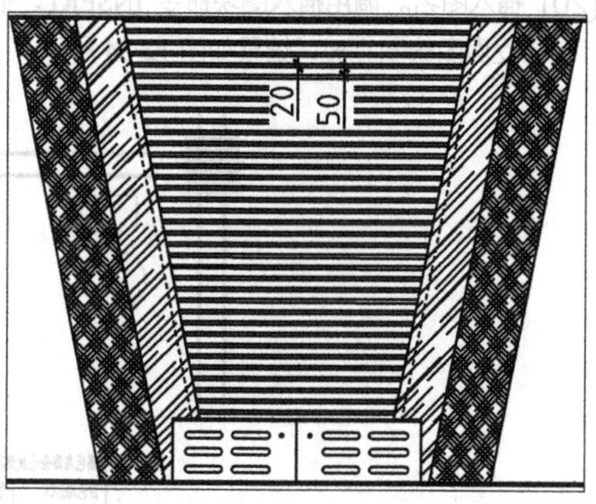

图 12-29　绘制背景墙造型

14 调用 LINE/L 直线命令，绘制踢脚线，踢脚线的高度为 120mm，如图 12-30 所示。

15 调用 HATCH/H 图案填充命令，对 A 立面墙面填充 GRASS 图案，效果如图 12-31 所示。

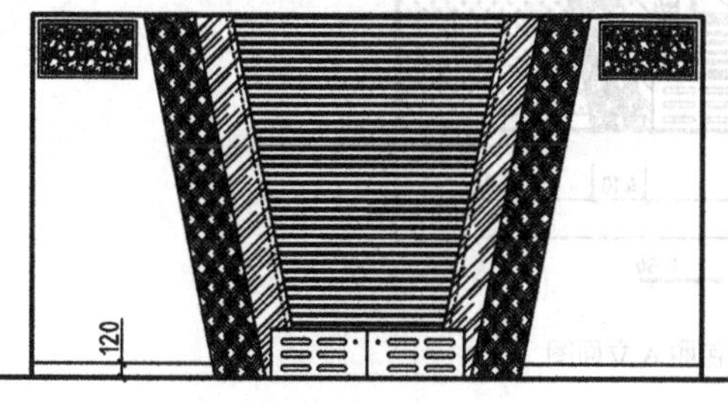

图 12-30　绘制踢脚线

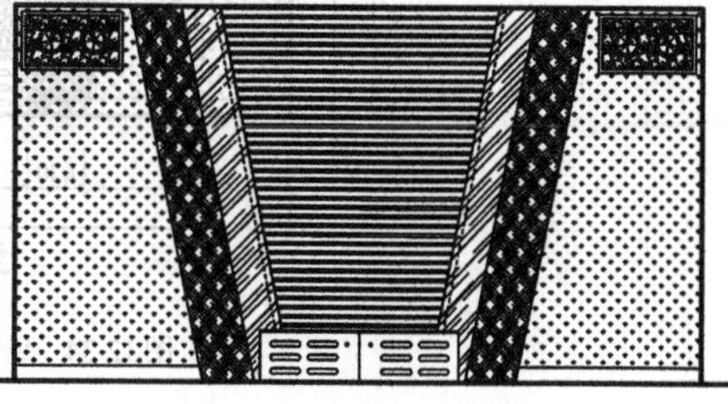

图 12-31　填充墙面图案

16 插入图块。打开配套素材提供的“第 12 章\家具图例.dwg”文件，选择其中的电视和装饰物图块，将其复制至包厢立面区域，并调用 TRIM/TR 修剪命令，对重叠的位置进行修剪，效果如图 12-32 所示。

17 设置“BZ_标注”为当前图层。设置当前注释比例为 1：50。

18 调用 DIMLINEAR/DLI 线性命令标注尺寸，本图应该在垂直方向和水平方向分别进行标注，标注结果如图 12-33 所示。

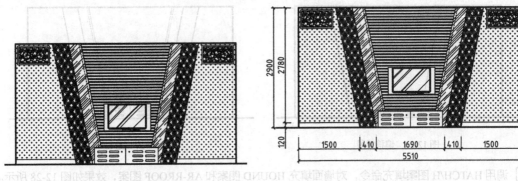

图 12-32　插入图块　　　　图 12-33　尺寸标注

[19] 调用 MLRADER/MLD 多重引线命令进行材料标注。

[20] 插入图名。调用插入图块命令 INSERT，插入“图名”图块，设置名称为“包厢 A 立面图”。包厢 A 立面图绘制完成，结果如图 12-34 所示。

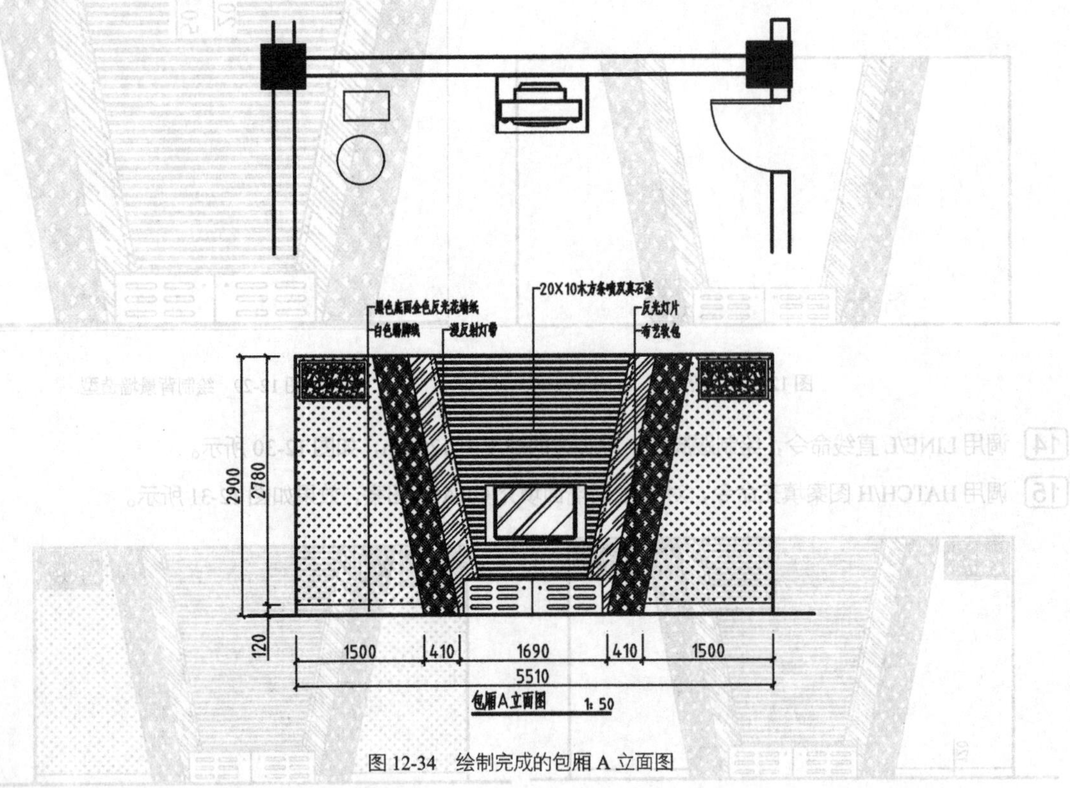

图 12-34　绘制完成的包厢 A 立面图

149 绘制包厢 B 立面图

视频文件：MP4\第 12 章\149.MP4

本例介绍包厢 B 立面图的绘制，B 立面图是沙发和门所在的墙面。

[01] 调用 COPY/CO 复制命令，复制包厢 B 立面图的平面部分。

[02] 调用 LINE/L 直线命令和 TRIM/TR 修剪命令，绘制 B 立面的外轮廓，如图 12-35 所示。

[03] 调用 PLINE/PL 多段线命令，绘制门的外轮廓，如图 12-36 所示。

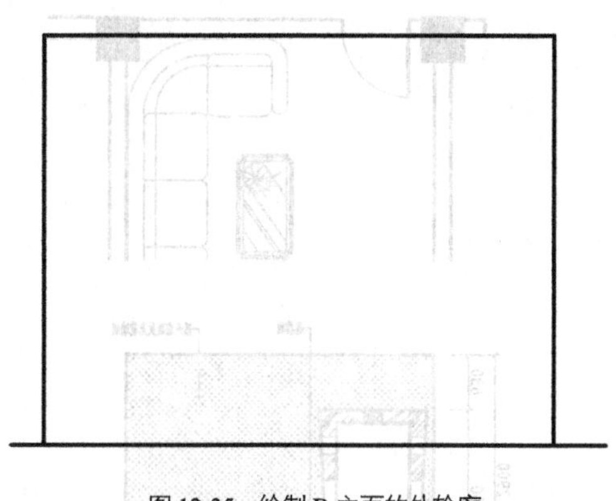

图 12-35　绘制 B 立面的外轮廓

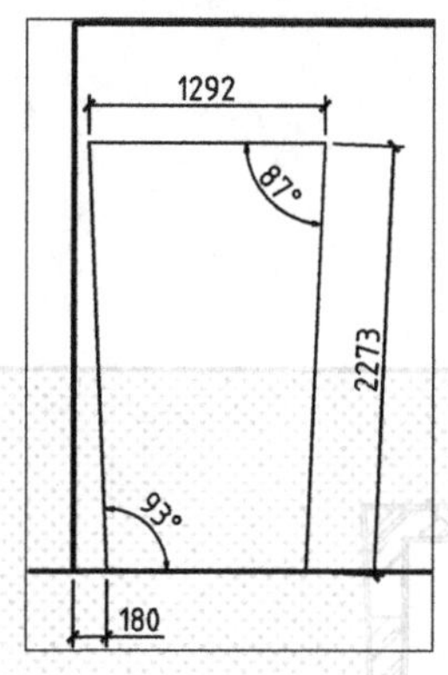

图 12-36　绘制门的外轮廓

04 调用 PLINE/PL 多段线命令和 OFFSET/O 偏移命令，绘制门套，并修剪多余的线段，如图 12-37 所示。

05 调用 LINE/L 直线命令、MIRROR/MI 镜像命令和 OFFSET/O 偏移命令，绘制线段，如图 12-38 所示。

06 调用 HATCH/H 图案填充命令，对门套内的线段内填充 AR-RROOF 图案，效果如图 12-39 所示。

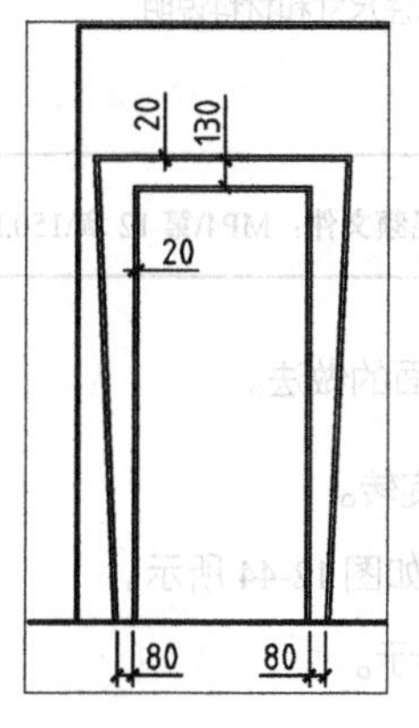

图 12-37　绘制门套

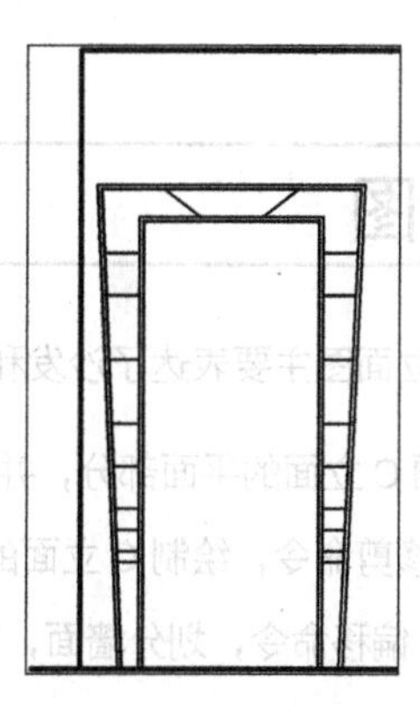

图 12-38　绘制线段

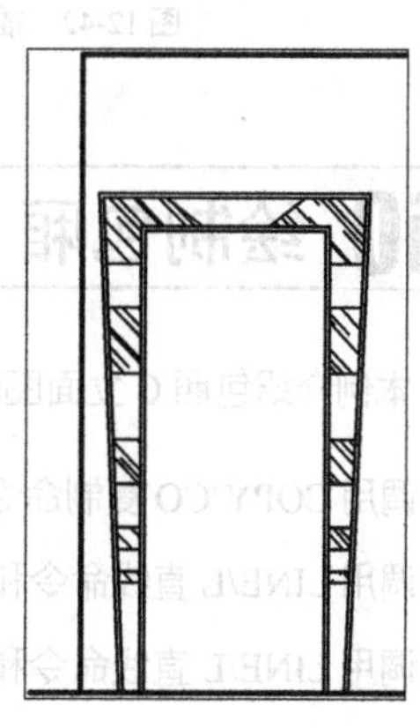

图 12-39　填充图案

07 调用 LINE/L 直线命令，绘制踢脚线，踢脚线的高度为 120mm，如图 12-40 所示。

08 调用 HATCH/H 图案填充命令，对墙面填充图案 CROSS 图案，如图 12-41 所示。

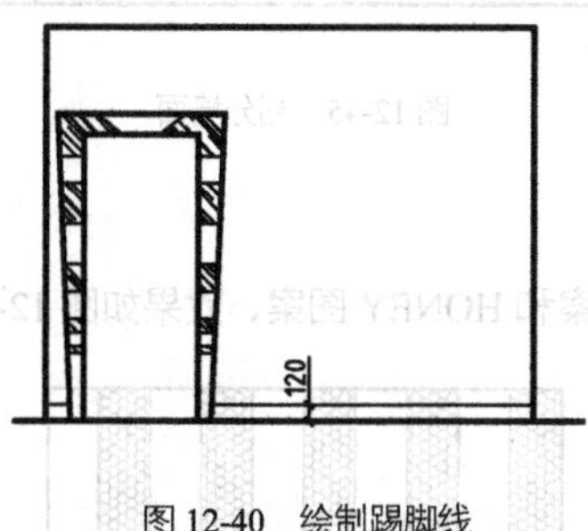

图 12-40　绘制踢脚线

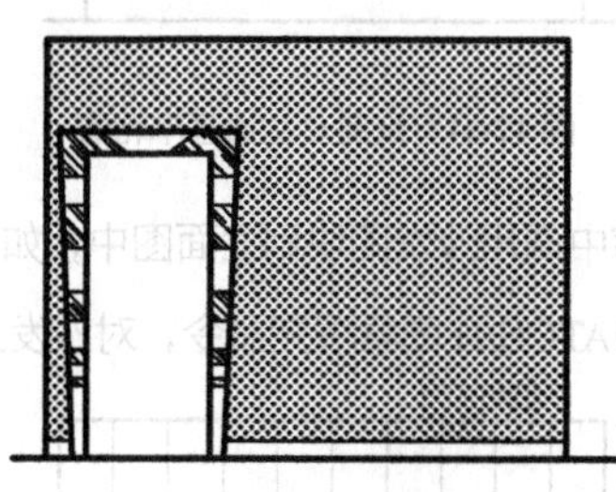

图 12-41　填充图案

09 从图库中调入沙发和文字等图块，并进行修剪，如图 12-42 所示。

10 调用 DIMLINEAR/DLI 线性命令和 MLEADER/MLD 多重引线命令，标注尺寸和材料说明。

11 调用 INSERT/I 插入命令，插入“图名”图块，完成包厢 B 立面图的绘制，如图 12-43 所示。

图 12-42　插入图块

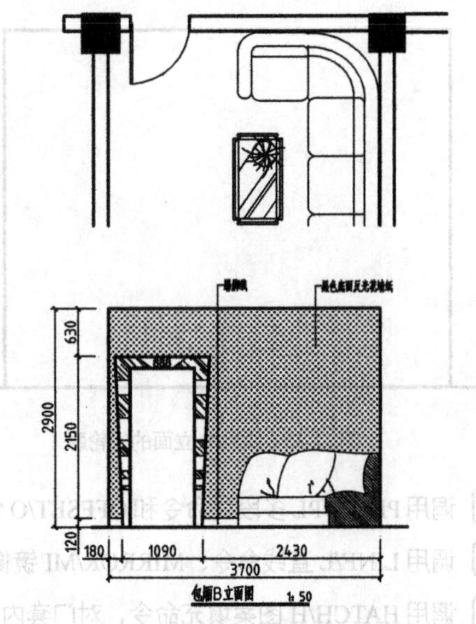

图 12-43　标注尺寸和材料说明

150 绘制包厢 C 立面图

视频文件：MP4\第 12 章\150.MP4

本例介绍包厢 C 立面图的绘制，C 立面图主要表达了沙发和沙发所在墙面的做法。

01 调用 COPY/CO 复制命令，复制包厢 C 立面的平面部分，并对图形进行旋转。

02 调用 LINE/L 直线命令和 TRIM/TR 修剪命令，绘制 C 立面的基本轮廓，如图 12-44 所示。

03 调用 LINE/L 直线命令和 OFFSET/O 偏移命令，划分墙面，如图 12-45 所示。

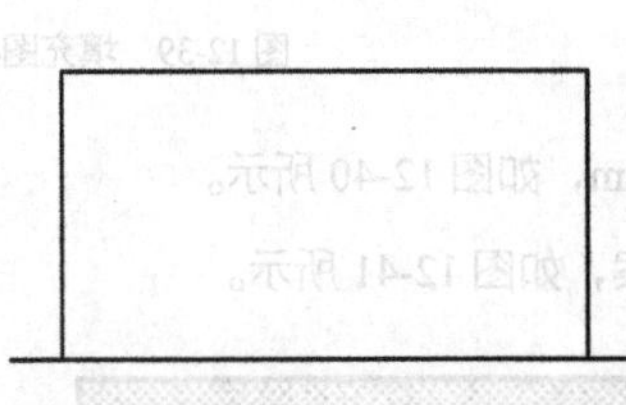
图 12-44　绘制 C 立面基本轮廓

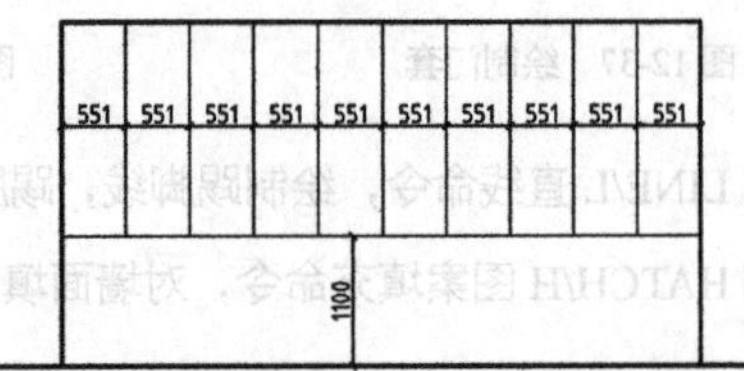

图 12-45　划分墙面

04 从图库中调用沙发图块到立面图中，如图 12-46 所示。

05 调用 HATCH/H 图案填充命令，对沙发立面填充 GRASS 图案和 HONEY 图案，效果如图 12-47 所示。

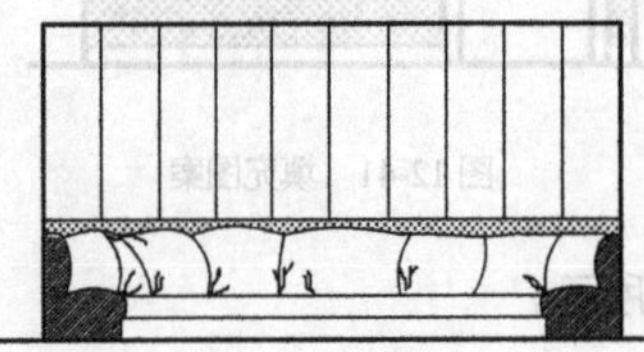
图 12-46　插入图块

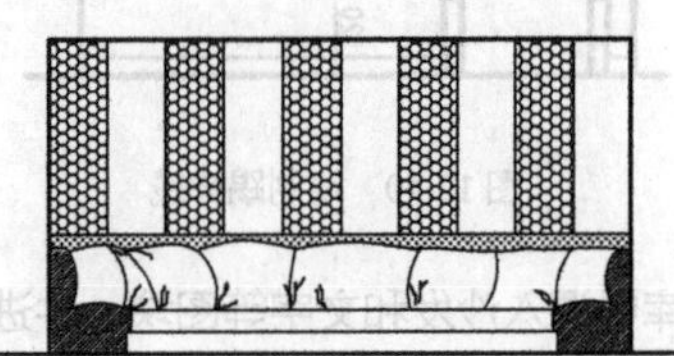
图 12-47　填充图案

06 调用 LINE/L 直线命令、OFFSET/O 偏移命令和 COPY/CO 复制命令，绘制沙发背景墙木方造型，如图 12-48 所示。

07 设置“BZ_标注”图层为当前图层。

08 调用 DIMLINEAR/DLI 线性命令，标注尺寸，效果如图 12-49 所示。

09 调用 MLEADER/MLD 多重引线命令，标注材料说明。调用 INSERT/I 插入命令，插入“图名”图块，完成包厢 C 立面图的绘制，如图 12-50 所示。

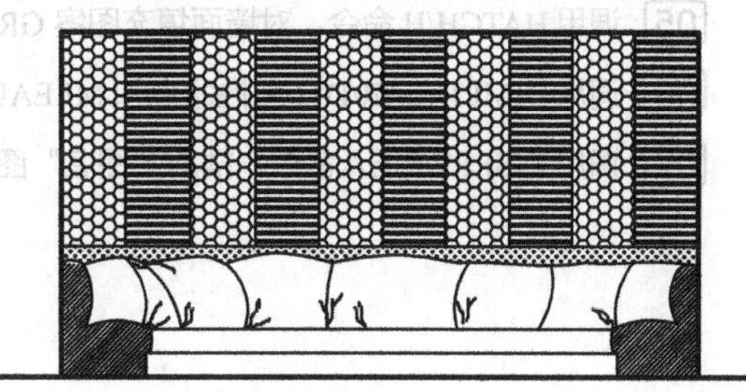
图 12-48　绘制木方造型

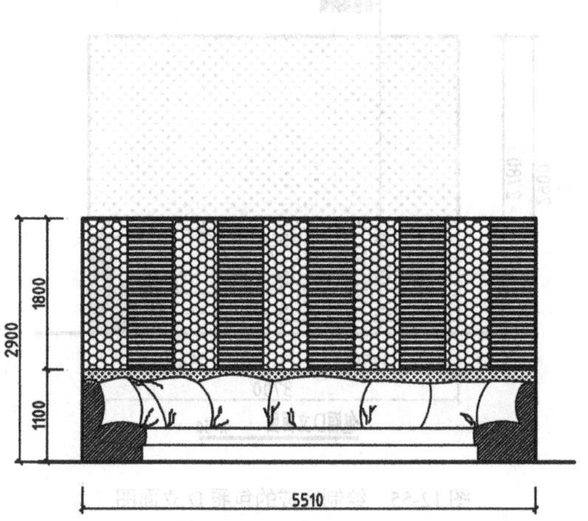

图 12-49　尺寸标注

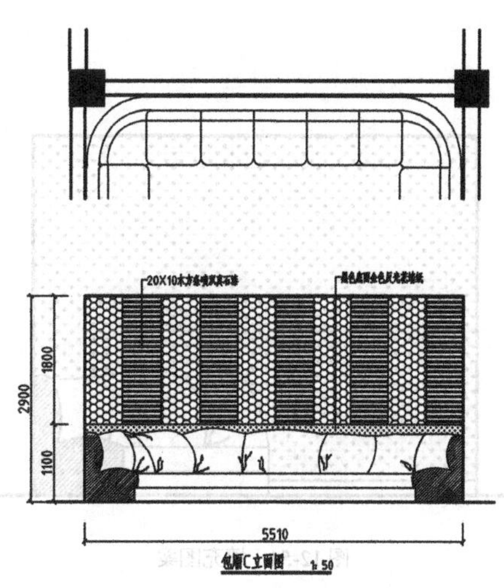

图 12-50　绘制完成的包厢 C 立面图

151 绘制包厢 D 立面图

视频文件：MP4\第 12 章\151.MP4

本例介绍包厢 D 立面图的绘制，D 立面图是沙发所在的墙面。

01 调用 COPY/CO 复制命令，复制包厢 D 立面图的平面部分，并对图形进行旋转。

02 调用 LINE/L 直线命令和 TRIM/TR 修剪命令，绘制 B 立面的外轮廓，如图 12-51 所示。

03 从图库中调入沙发图块到立面图中，如图 12-52 所示。

04 调用 LINE/L 直线命令，绘制踢脚线，踢脚线的高度为 120mm，如图 12-53 所示。

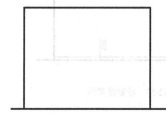

图 12-51　绘制 B 立面的外轮廓

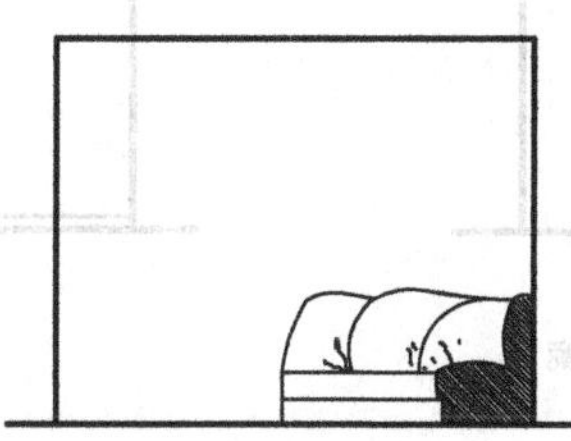
图 12-52　插入图块

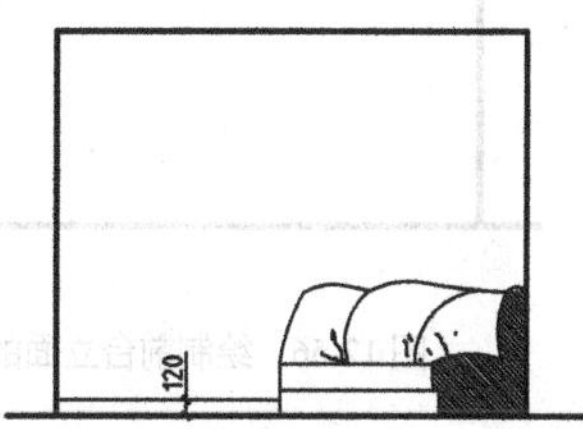

图 12-53　绘制踢脚线

05 调用 HATCH/H 命令，对墙面填充图案 GRASS 图案，如图 12-54 所示。

06 调用 DIMLINEAR/DLI 线性命令和 MLEADER/MLD 多重引线命令，标注尺寸和材料说明。

07 调用 INSERT/I 插入命令，插入“图名”图块，完成包厢 D 立面图的绘制，如图 12-55 所示。

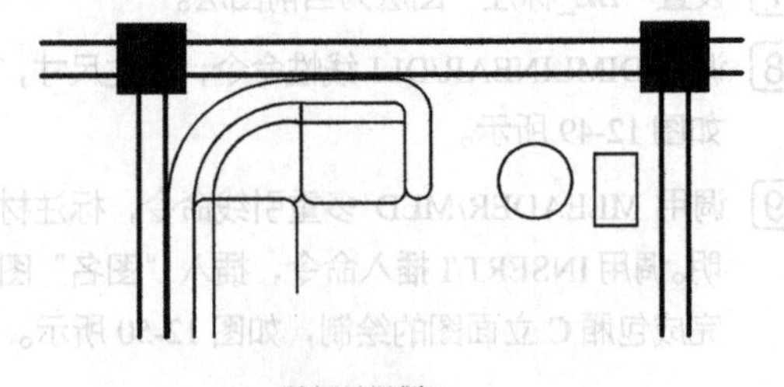

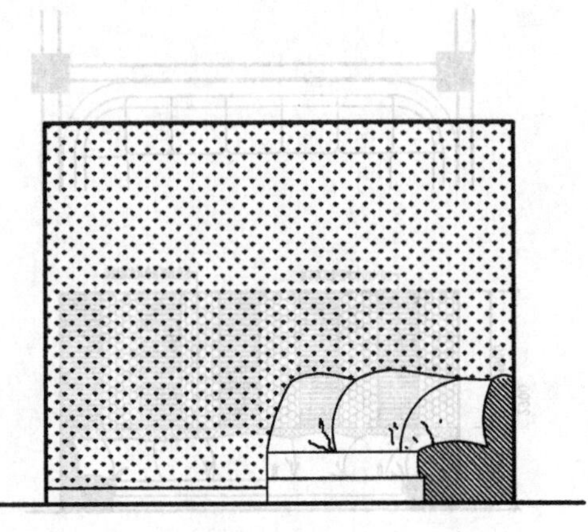

图 12-54 填充图案

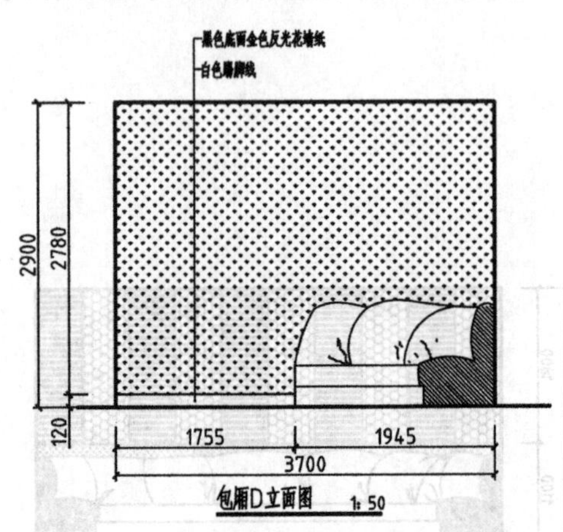

图 12-55 绘制完成的包厢 D 立面图

152 绘制前台立面图

视频文件：MP4\第 12 章\152.MP4

本例介绍前台立面图的绘制，墙面立面图主要表达了前台的做法以及形象墙的装饰做法。

01 调用 COPY/CO 复制命令，复制平面布置图上前台的平面部分，并对图形进行旋转。

02 调用 LINE/L 直线命令和 TRIM/TR 修剪命令，绘制前台立面的基本轮廓，如图 12-56 所示。

03 调用 LINE/L 直线命令，绘制踢脚线，踢脚线的高度为 100mm，如图 12-57 所示。

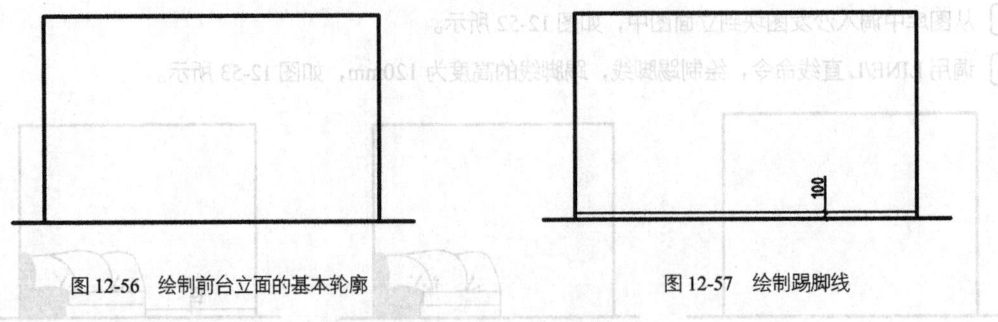

图 12-56 绘制前台立面的基本轮廓

图 12-57 绘制踢脚线

04 调用 PLINE/PL 多段线命令，绘制前台轮廓，如图 12-58 所示。

05 调用 CIRCLE/C 圆命令和 COPY/CO 复制命令，绘制前台装饰，如图 12-59 所示。

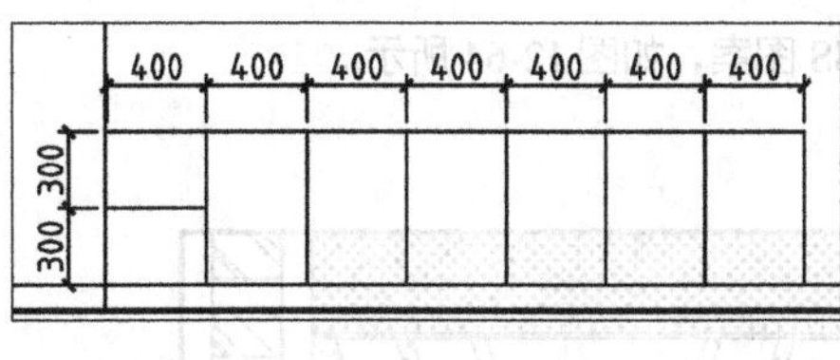

图12-58 绘制前台轮廓

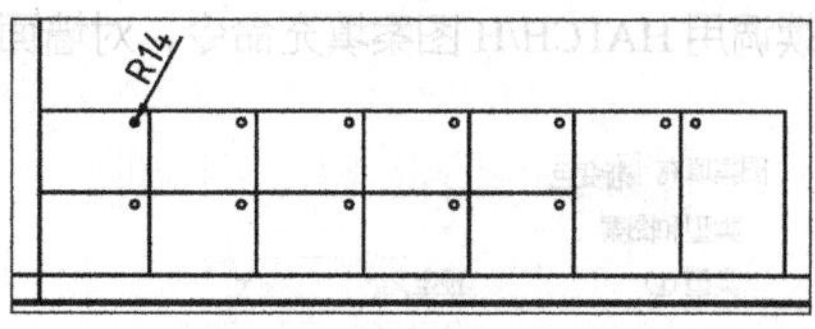

图12-59 绘制装饰

06 调用LINE/L直线命令、OFFSET/O偏移命令和HATCH/H图案填充命令，绘制两侧装饰造型图案，如图12-60所示。

07 调用LINE/L直线命令和OFFSET/O偏移命令，划分墙面区域，如图12-61所示。

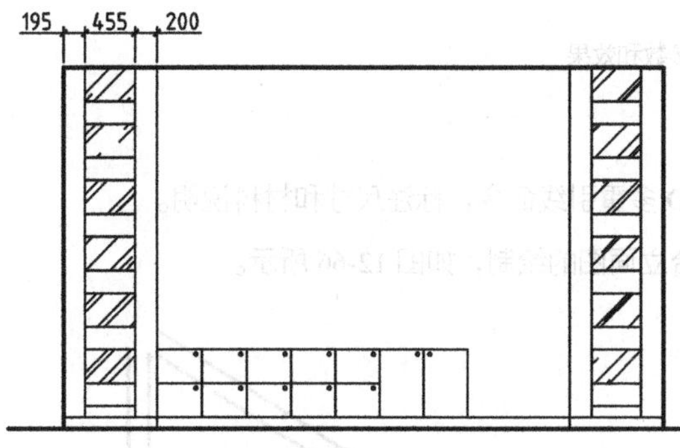

图12-60 绘制两侧装饰造型

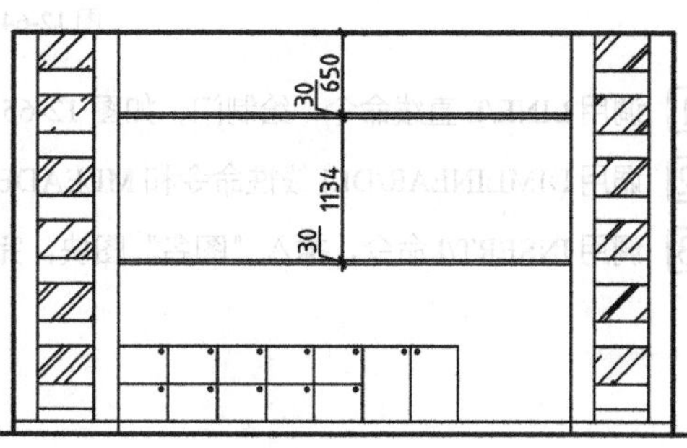

图12-61 划分墙面区域

08 调用LINE/L多段线命令、COPY/CO复制命令和MIRROR/MI镜像命令，绘制墙面造型，如图12-62所示。

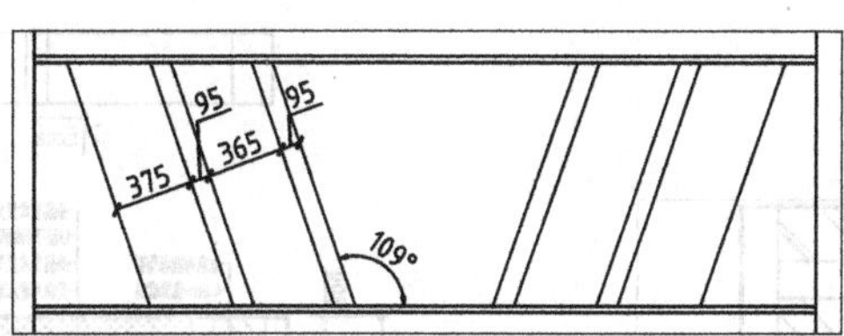

图12-62 绘制墙面造型

09 调用HATCH/H图案填充命令，再在命令行中输入T命令，在弹出的“图案填充和渐变色”对话框中设置参数，对造型内填充AR-CONC图案，如图12-63所示。

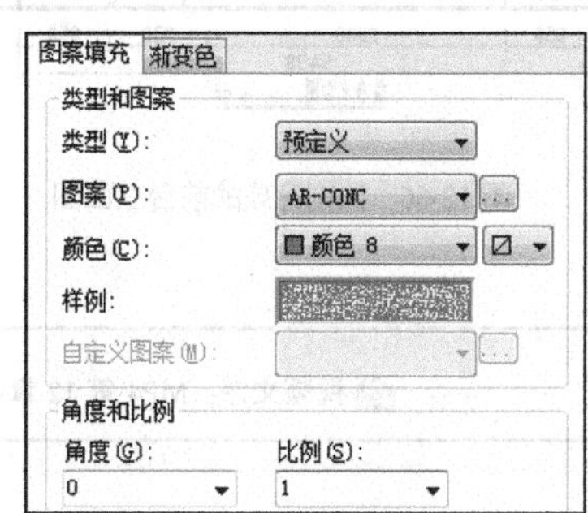

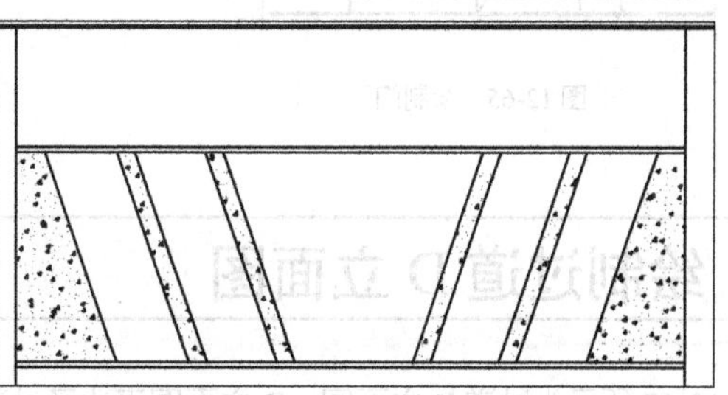

图12-63 填充参数和效果

10 继续调用 HATCH/H 图案填充命令，对墙面填充 CROSS 图案，如图 12-64 所示。

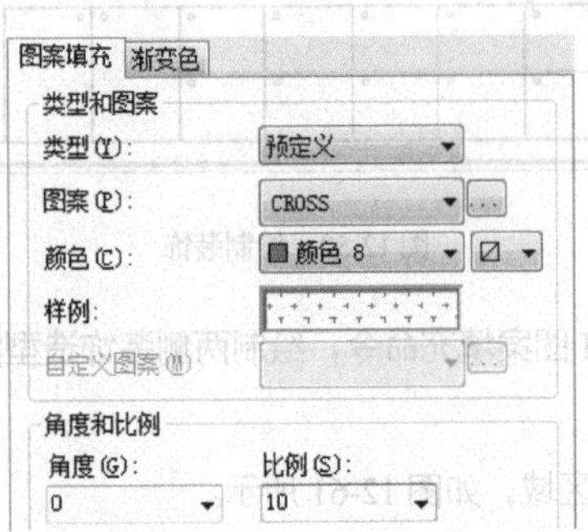

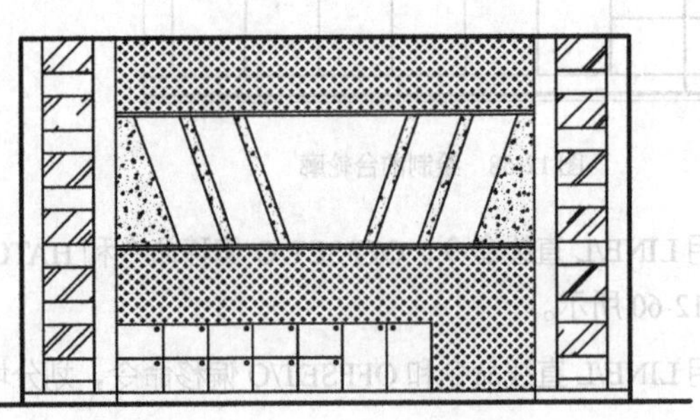

图 12-64 填充参数和效果

11 调用 LINE/L 直线命令，绘制门，如图 12-65 所示。

12 调用 DIMLINEAR/DLI 线性命令和 MLEADER/MLD 多重引线命令，标注尺寸和材料说明。

13 调用 INSERT/I 命令，插入“图名”图块，完成前台立面图的绘制，如图 12-66 所示。

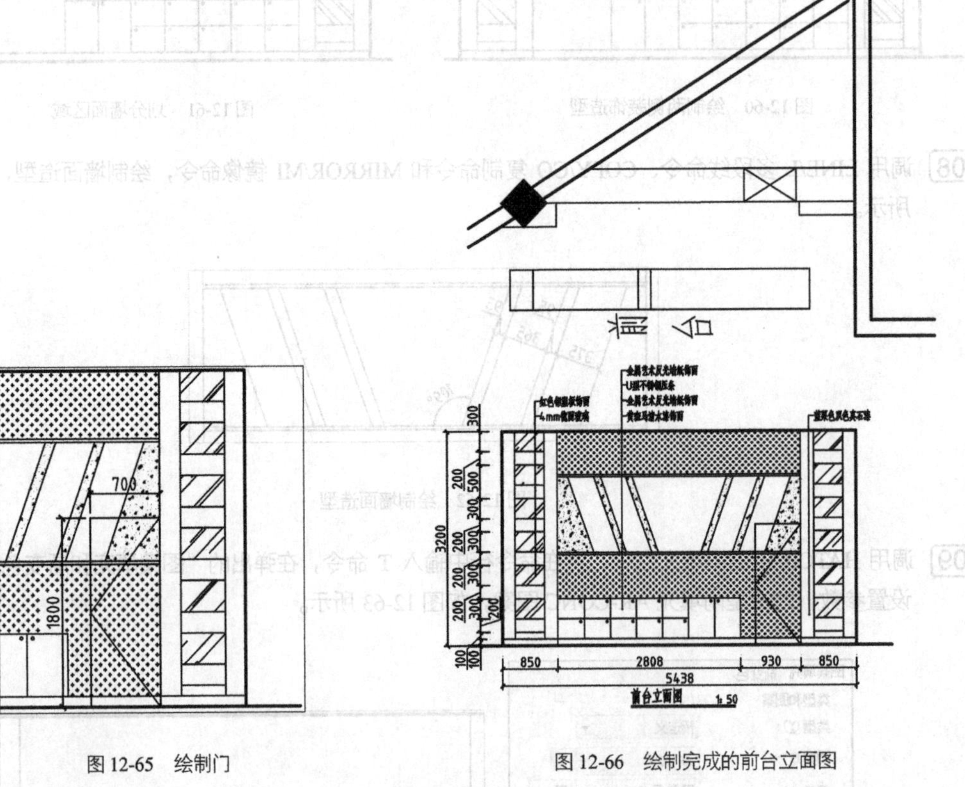

图 12-65 绘制门

图 12-66 绘制完成的前台立面图

153 绘制过道 D 立面图

视频文件：MP4\第 12 章\153.MP4

如图 12-67 所示为过道 D 立面图，D 立面图表达了过道侧边墙面和门的做法，下面讲解绘制方法。

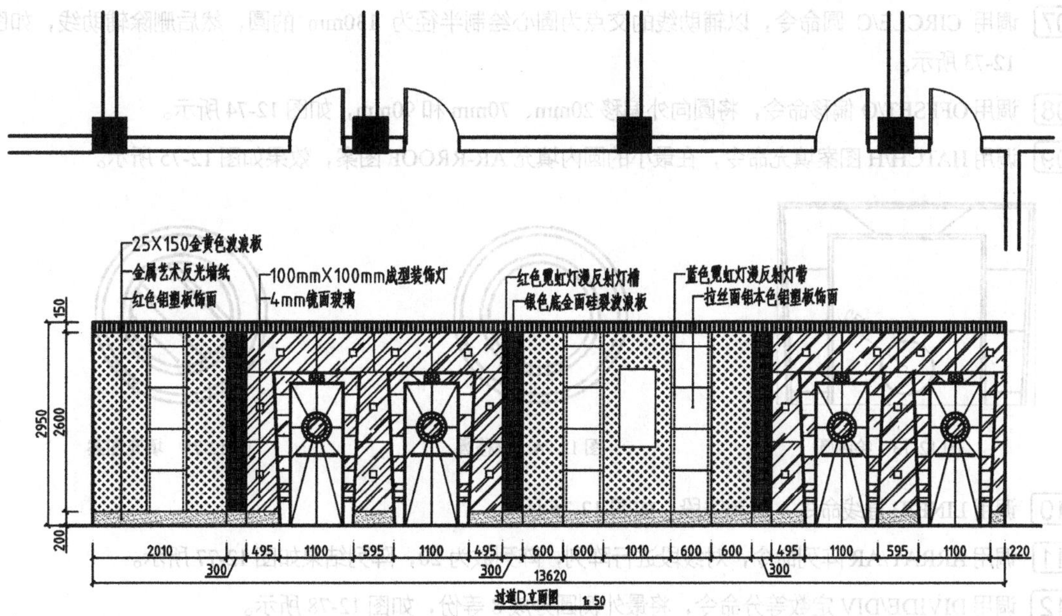

图 12-67　过道 D 立面图

01 调用 COPY/CO 复制命令，复制平面布置图上过道 D 立面图的平面部分，并对图形进行旋转。

02 调用 LINE/L 直线命令和 TRIM/TR 修剪命令，绘制 D 立面图的基本轮廓，如图 12-68 所示。

03 调用 LINE/L 直线命令和 HATCH/H 图案填充命令，绘制顶面造型，如图 12-69 所示。

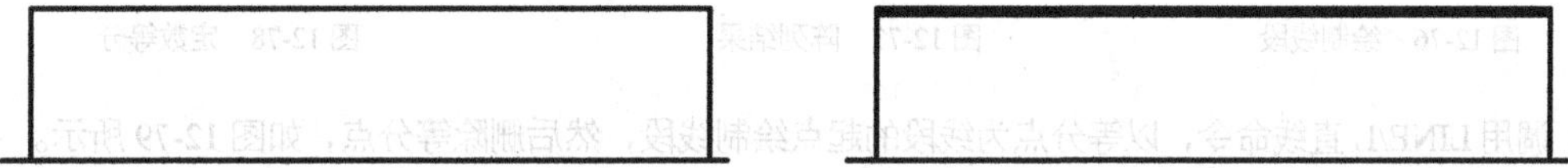

图 12-68　绘制 D 立面图的基本轮廓　　图 12-69　绘制顶面造型

04 使用前面讲解的方法绘制门套，如图 12-70 所示。

05 调用 LINE/L 直线命令、MIRROR/MI 镜像命令和 HATCH/H 图案填充命令，绘制门套上的装饰图案，如图 12-71 所示。

06 调用 LINE/L 直线命令，绘制辅助线，如图 12-72 所示。

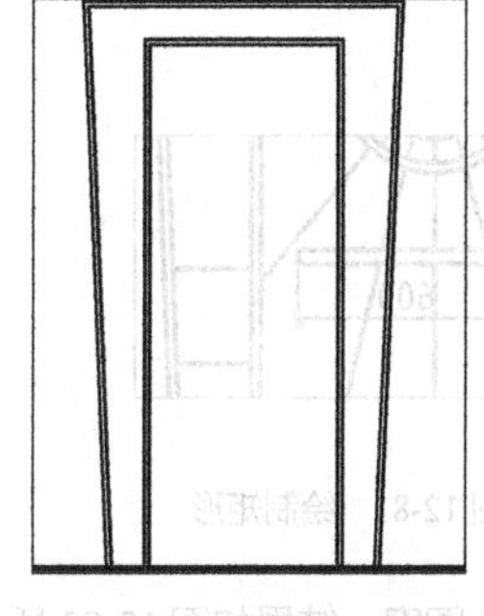

图 12-70　绘制门套

图 12-71　绘制门套上的装饰图案

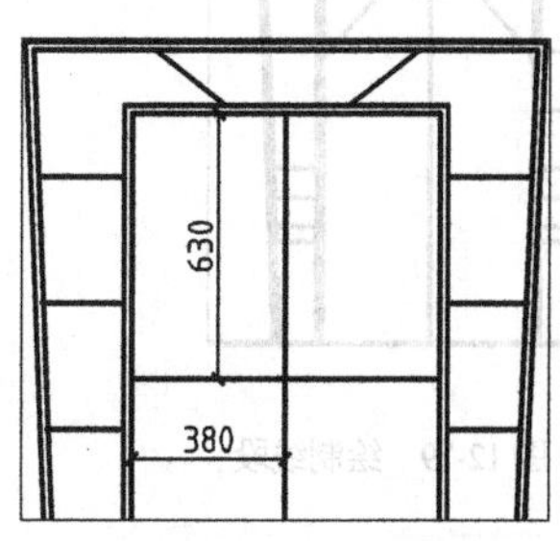

图 12-72　绘制辅助线

07 调用 CIRCLE/C 圆命令，以辅助线的交点为圆心绘制半径为 130mm 的圆，然后删除辅助线，如图 12-73 所示。

08 调用 OFFSET/O 偏移命令，将圆向外偏移 20mm、70mm 和 90mm，如图 12-74 所示。

09 调用 HATCH/H 图案填充命令，在最小的圆内填充 AR-RROOF 图案，效果如图 12-75 所示。

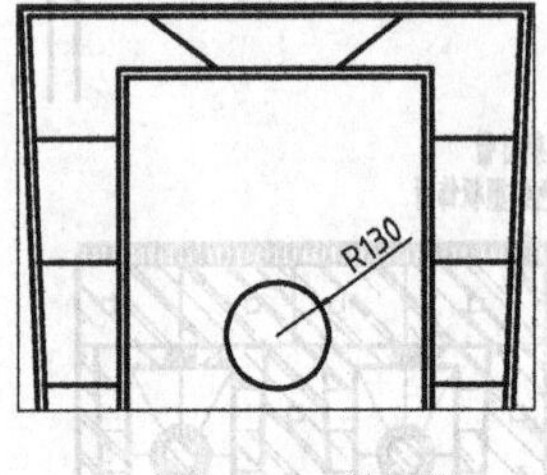

图 12-73 绘制圆

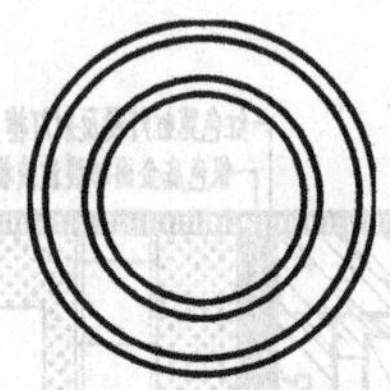
图 12-74 偏移圆

图 12-75 填充图案

10 调用 LINE/L 直线命令，绘制线段，如图 12-76 所示。

11 调用 ARRAY/AR 阵列命令，对线段进行阵列，阵列数为 20，阵列结果如图 12-77 所示。

12 调用 DIVIDE/DIV 定数等分命令，将最外侧圆分成 8 等份，如图 12-78 所示。

图 12-76 绘制线段

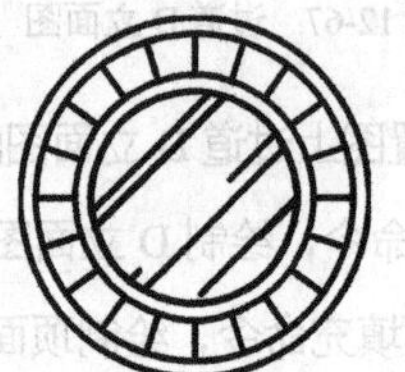
图 12-77 阵列结果

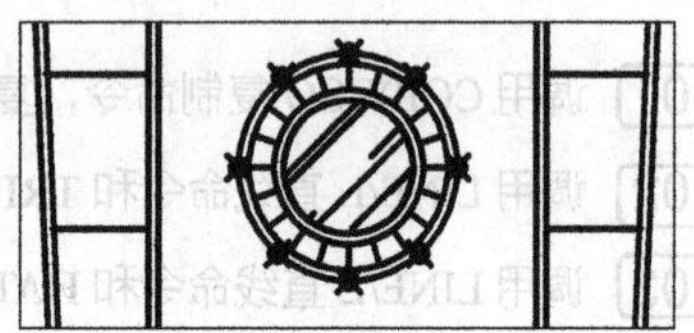
图 12-78 定数等分

13 调用 LINE/L 直线命令，以等分点为线段的起点绘制线段，然后删除等分点，如图 12-79 所示。

14 继续调用 LINE/L 直线命令，绘制线段，如图 12-80 所示。

15 用 RECTANG/REC 矩形命令，在圆的下方绘制尺寸为 600mm×30mm 的矩形，并对矩形内的线段进行修剪，效果如图 12-81 所示。

图 12-79 绘制线段

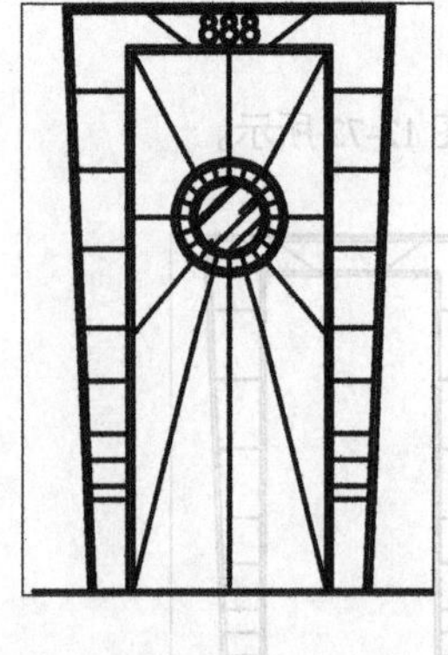

图 12-80 绘制线段

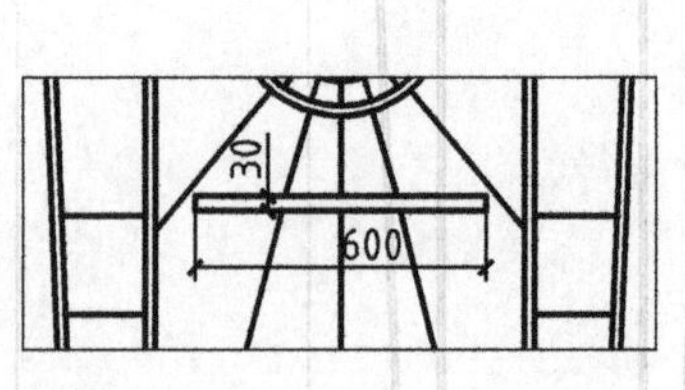

图 12-81 绘制矩形

16 调用 LINE/L 直线命令和 HATCH/H 图案填充命令，细化矩形，填充 SOLID 图案，结果如图 12-82 所示。

17 调用 CIRCLE/C 圆命令、OFFSET/O 偏移命令和 TRIM/TR 修剪命令，绘制装饰图案，如图 12-83 所示。

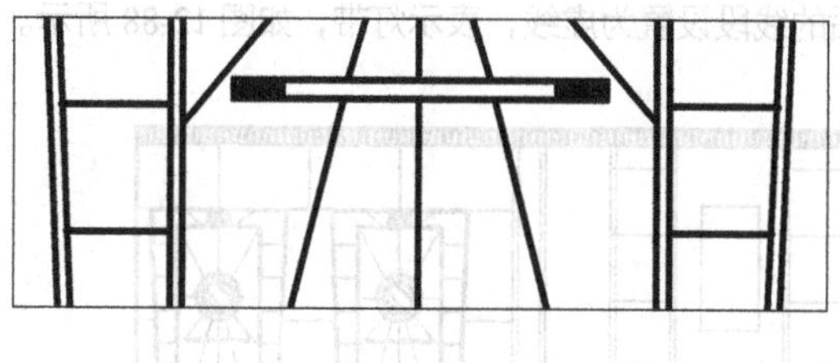

图 12-82　细化矩形

图 12-83　绘制装饰图案

18 调用 COPY/CO 复制命令，通过复制得到其他门，如图 12-84 所示。

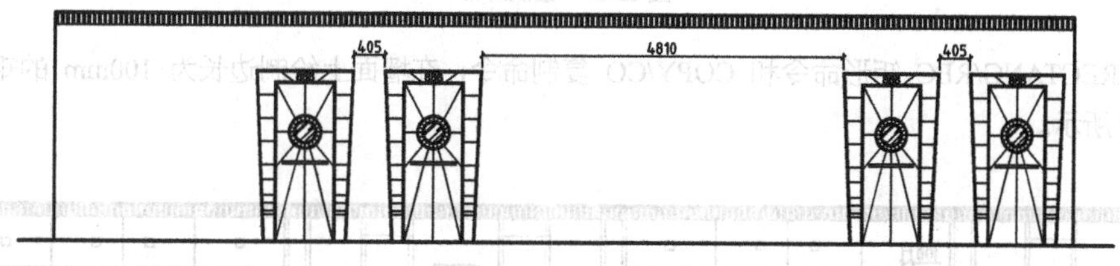

图 12-84　复制门图形

19 调用 LINE/L 直线命令，绘制踢脚线，踢脚线的高度为 200mm，如图 12-85 所示。

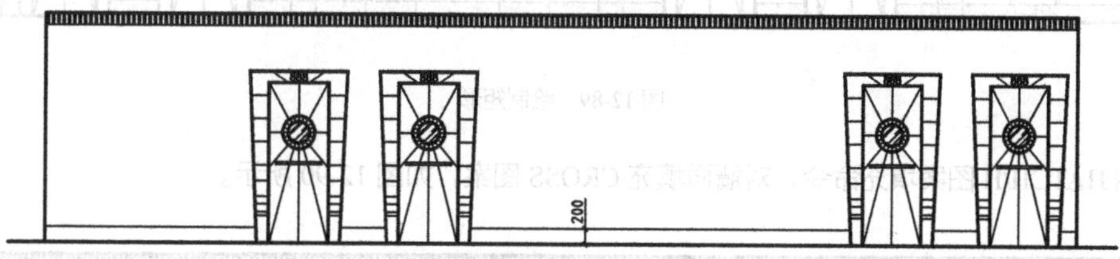

图 12-85　绘制踢脚线

20 调用 HATCH/H 图案填充命令，对踢脚线内填充 AR-SAND 图案，如图 12-86 所示。

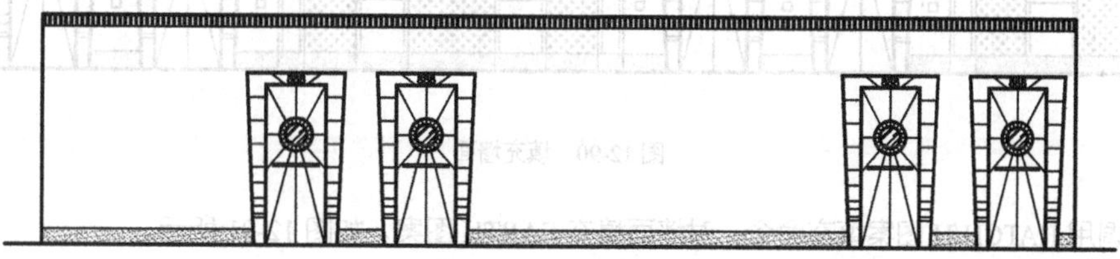

图 12-86　填充踢脚线

21 调用 LINE/L 直线命令和 OFFSET/O 偏移命令，划分墙面区域，如图 12-87 所示。

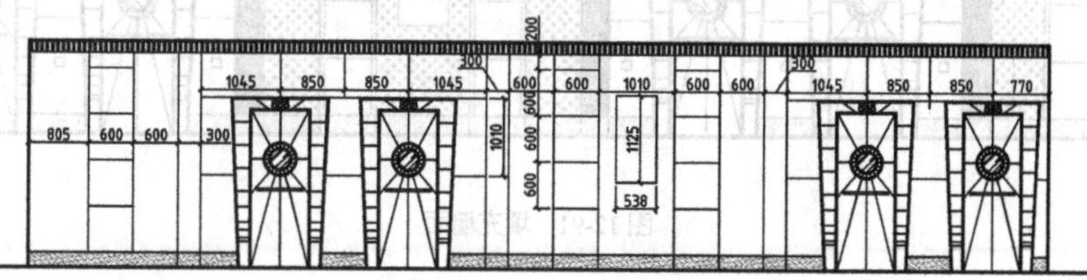

图 12-87　划分墙面

22 调用 OFFSET/O 偏移命令，偏移线段，并将偏移后的线段设置为虚线，表示灯带，如图 12-88 所示。

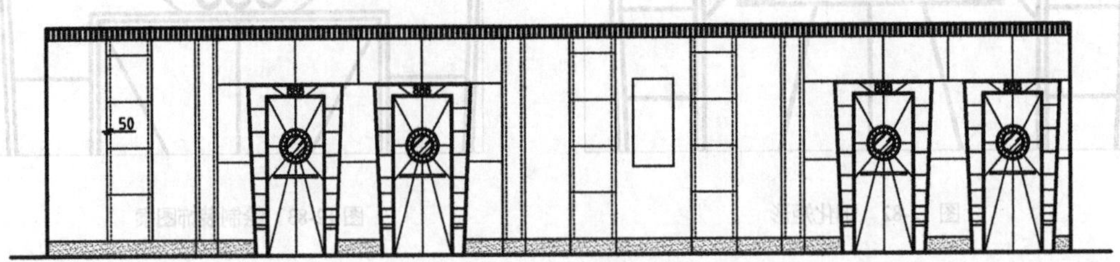

图 12-88　绘制灯带

23 调用 RECTANG/REC 矩形命令和 COPY/CO 复制命令，在墙面上绘制边长为 100mm 的矩形，如图 12-89 所示。

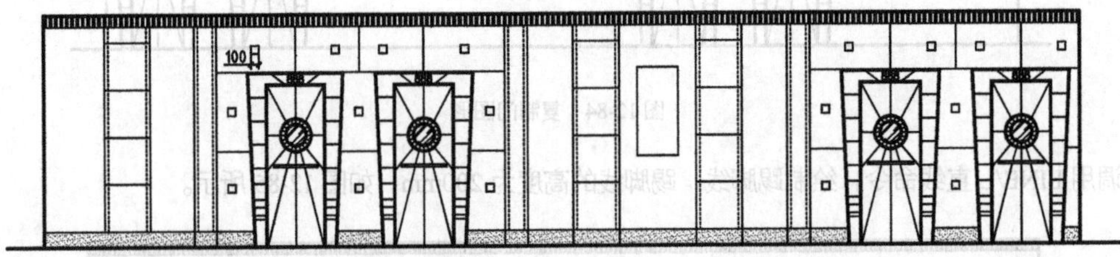

图 12-89　绘制矩形

24 调用 HATCH/H 图案填充命令，对墙面填充 CROSS 图案，如图 12-90 所示。

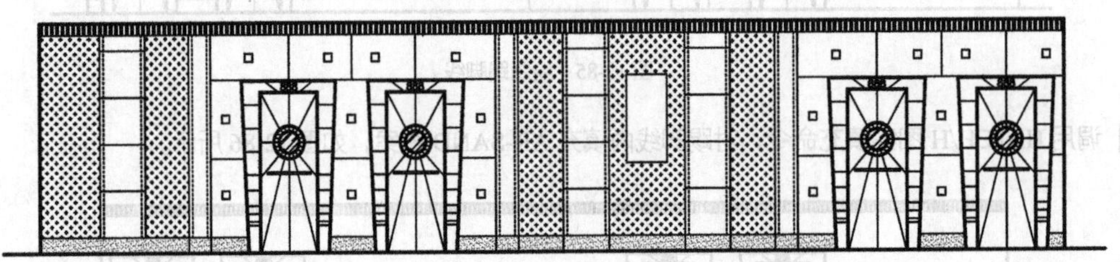

图 12-90　填充墙面

25 继续调用 HATCH/H 图案填充命令，对墙面填充 EARTH 图案，如图 12-91 所示。

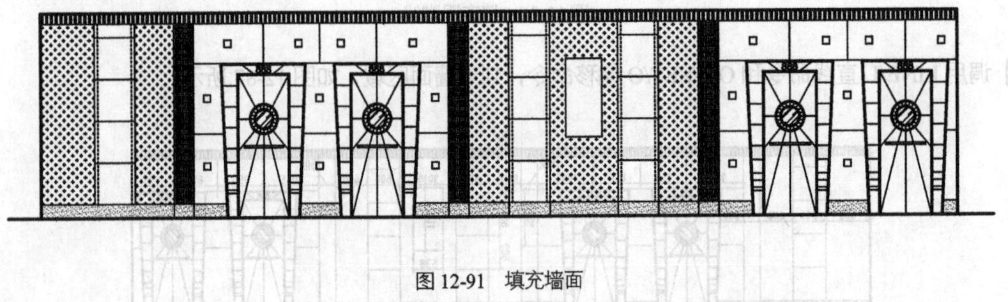

图 12-91　填充墙面

26 继续调用 HATCH/H 图案填充命令，对门所在的墙面填充 AR-RROOF 图案，如图 12-92 所示。

图 12-92　填充门所在的墙面

27 调用 DIMLINEAR/DLI 线性命令，标注尺寸，如图 12-93 所示。

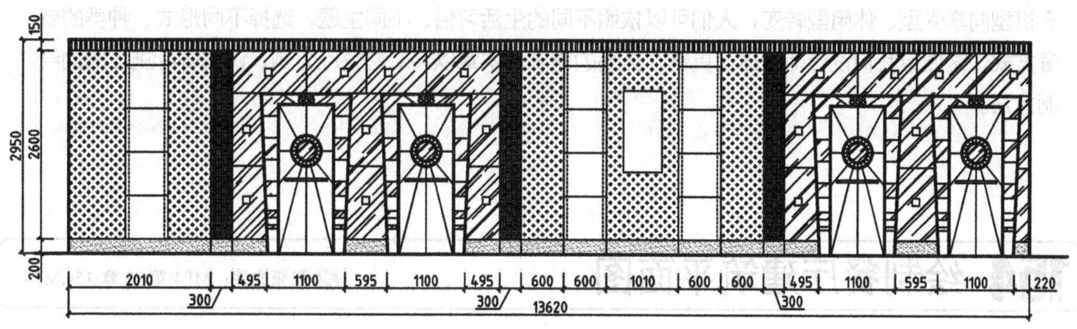

图 12-93　标注尺寸

28 调用 MLEADER/MLD 多重引线命令，标注材料说明，如图 12-94 所示。

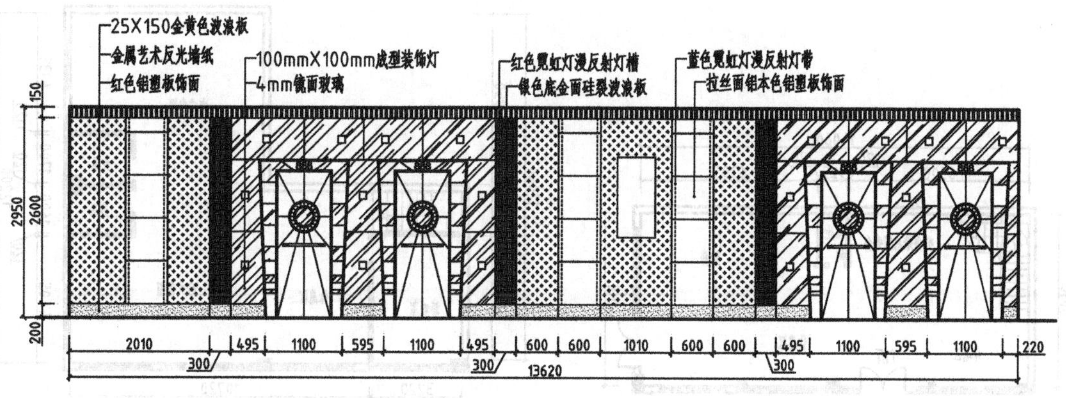

图 12-94　材料说明

第 13 章 餐厅室内设计

现代都市生活极大地丰富了人们饮食文化的需求，外出用餐的次数和花费日益增加，饮食观念从充饥型向享受型、休闲型转变，人们可以依照不同的生活习俗、不同主题，选择不同形式、种类的就餐方式，这便给我们设计师提出了更新、更高的需求。本章以某二层餐厅为例，讲解餐厅施工图的绘制方法。

154 绘制餐厅建筑平面图

视频文件：MP4\第 13 章\154.MP4

如图 13-1 和图 13-2 所示为餐厅建筑平面图，本例以一层为例讲解餐厅建筑平面图的绘制方法。

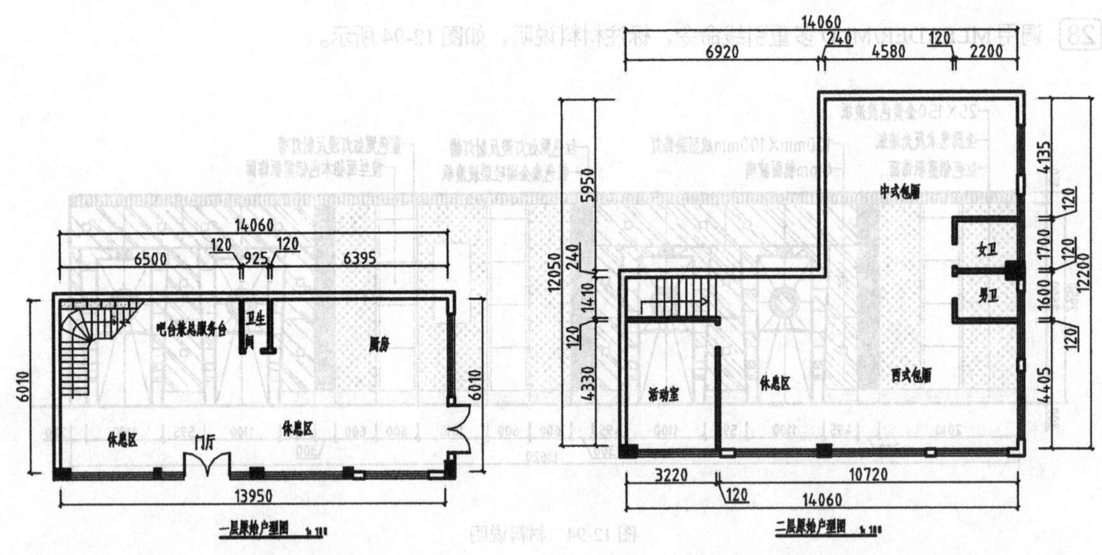

图 13-1 一层建筑平面图

图 13-2 二层建筑平面图

01 启动 AutoCAD 2022，以“室内装潢施工图模板.dwt”创建新图形。

02 设置“QT_墙体”图层为当前图层。

03 调用 RECTANG/REC 矩形命令，绘制尺寸为 14540mm×6490mm 的矩形，如图 13-3 所示。

04 调用 OFFSET/O 偏移命令，将矩形向外偏移 240mm，即可得到墙体，如图 13-4 所示。

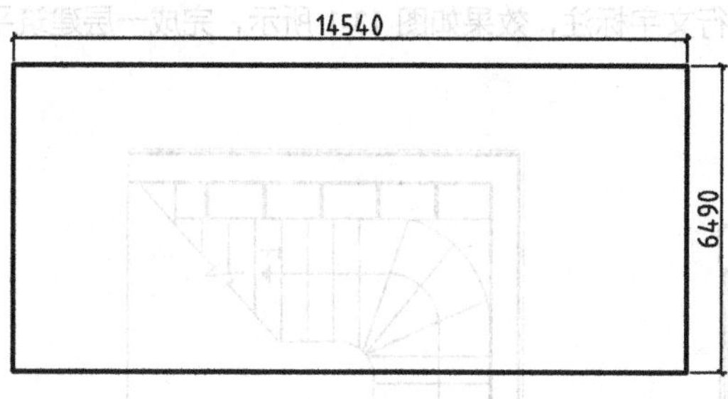

图 13-3　绘制矩形

图 13-4　偏移矩形

05 绘制内部墙体。调用 MLINE/ML 多线命令，绘制内部墙体，如图 13-5 所示。

06 调用 TRIM/TR 修剪命令和 LINE/L 直线命令，修剪墙体，效果如图 13-6 所示。

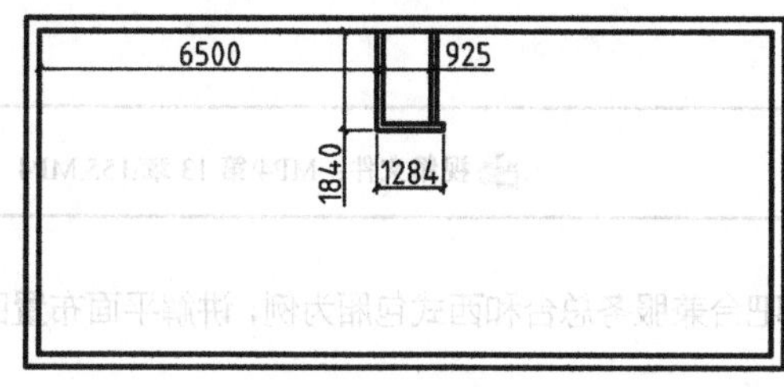

图 13-5　绘制内部墙体

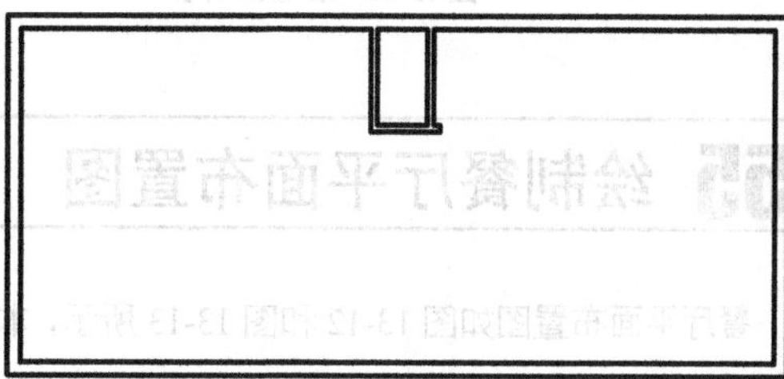

图 13-6　修剪墙体

07 调用 RECTANG/REC 矩形命令、HATCH/H 图案填充命令和 MOVE/M 移动命令，绘制柱子，填充 SOLID 图案，效果如图 13-7 所示。

08 调用 PLINE/PL 多段线命令和 TRIM/TR 修剪命令，绘制门洞和窗洞，如图 13-8 所示。

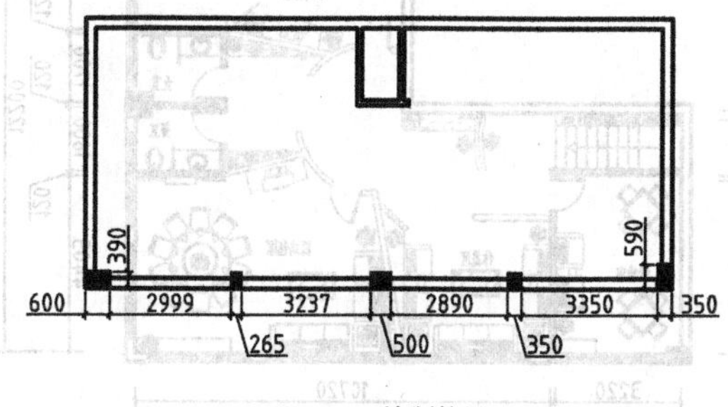

图 13-7　绘制柱子

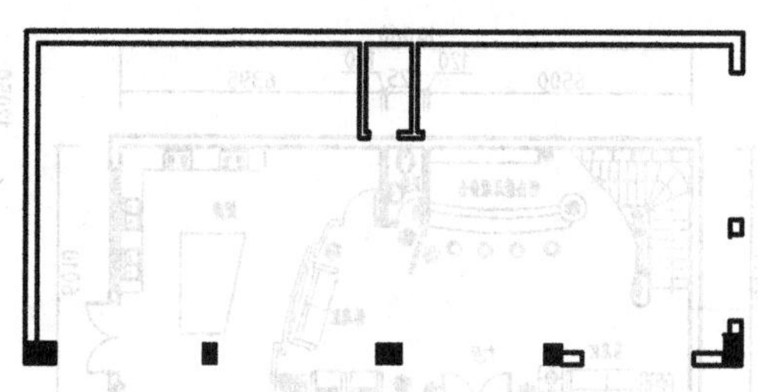

图 13-8　绘制门洞和窗洞

09 调用 LINE/L 直线命令和 OFFSET/O 偏移命令，绘制窗，效果如图 13-9 所示。

10 调用 INSERT/I 插入命令和 MIRROR/MI 镜像命令，绘制双开门，如图 13-10 所示。

11 调用 LINE/L 直线命令、OFFSET/O 偏移命令、FILLET/F 圆角命令、MTEXT/MT 多行文字命令和 HATCH/H 图案填充命令，绘制楼梯，填充 AR-SAND 图案，如图 13-11 所示。

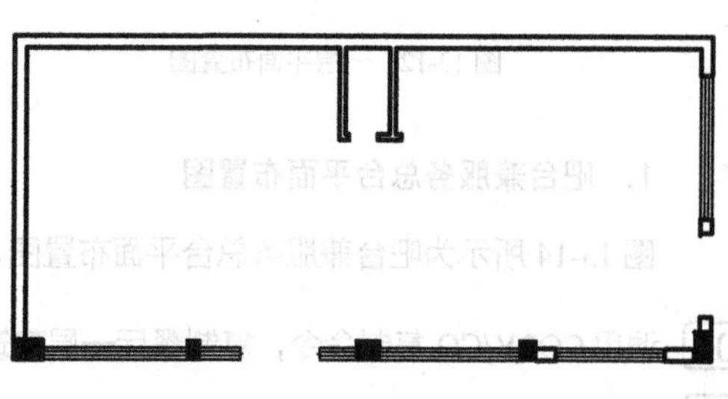

图 13-9　绘制窗

12 调用 MTEXT/MT 多行文字命令，对一层各空间进行文字标注，效果如图 13-1 所示，完成一层建筑平面图的绘制。

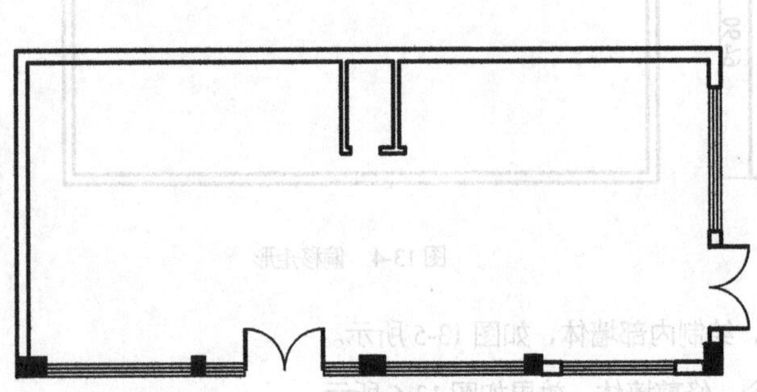

图 13-10 绘制双开门

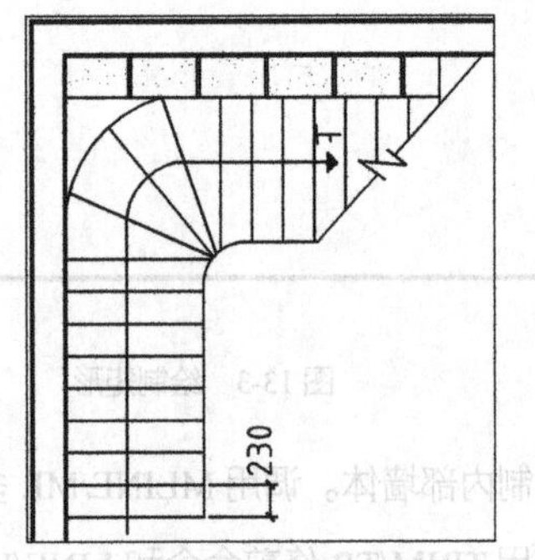

图 13-11 绘制楼梯

155 绘制餐厅平面布置图

视频文件：MP4\第 13 章\155.MP4

餐厅平面布置图如图 13-12 和图 13-13 所示，本例以吧台兼服务总台和西式包厢为例，讲解平面布置图的绘制方法。

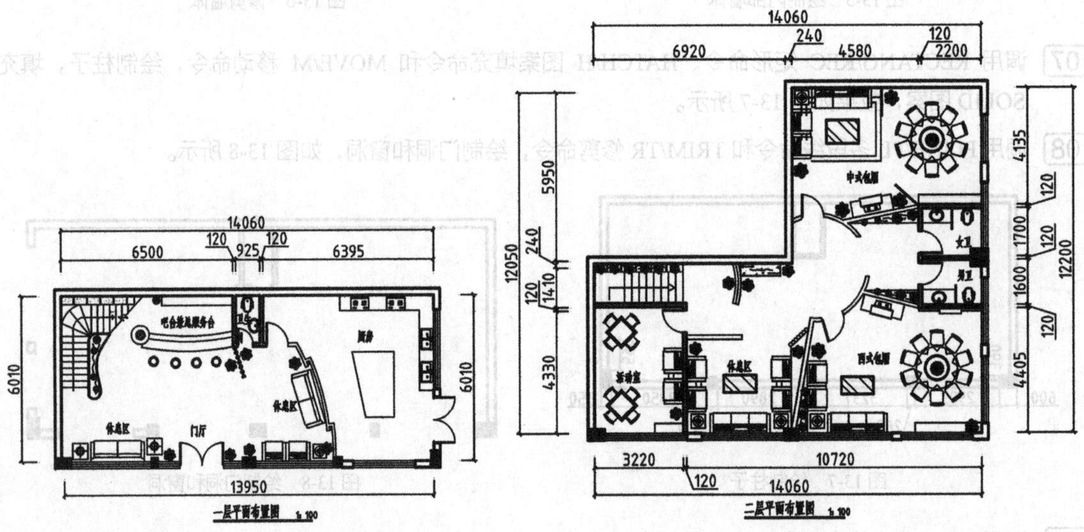

图 13-12 一层平面布置图

图 13-13 二层平面布置图

1. 吧台兼服务总台平面布置图

图 13-14 所示为吧台兼服务总台平面布置图，需要绘制的图形有吧台、吧椅、隔断和酒水柜等图形。

01 调用 COPY/CO 复制命令，复制餐厅一层建筑平面图。

02 设置“JJ_家具”图层为当前图层。调用 RECTANG/REC 矩形命令，绘制酒水柜，如图 13-15 所示。

03 绘制吧台。调用 ARC/A 圆弧命令、CIRCLE/C 圆命令、LINE/L 直线命令、TRIM/TR 修剪命令和 OFFSET/O 偏移命令，绘制吧台，如图 13-16 所示。

图 13-14 吧台兼服务总台平面布置图

图 13-15 绘制酒水柜

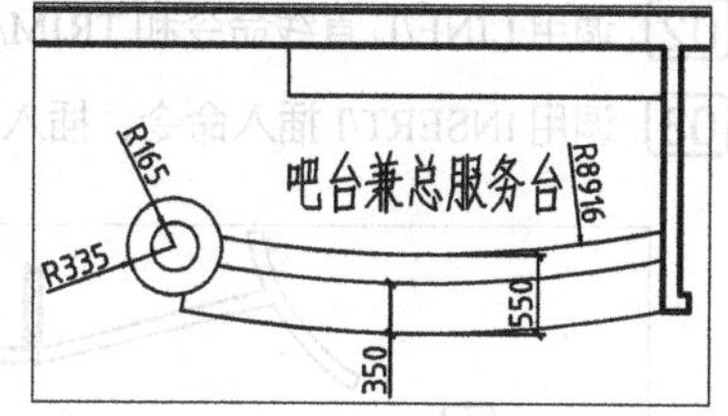

图 13-16 绘制吧台

04 绘制吧椅。调用CIRCLE/C 圆命令、COPY/CO 复制命令、OFFSET/O 偏移命令和MOVE/M 移动命令，绘制吧椅，如图 13-17 所示。

05 绘制隔断。调用 RECTANG/REC 矩形命令、COPY/CO 复制命令、LINE/L 直线命令和 ROTATE/RO 旋转命令，绘制隔断，如图 13-18 所示。

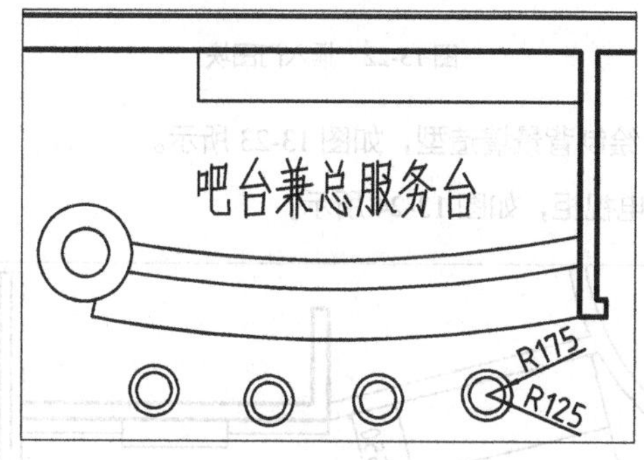

图 13-17 绘制吧椅

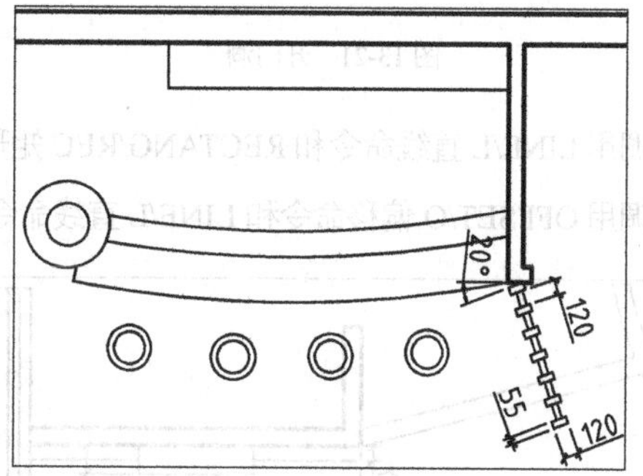

图 13-18 绘制隔断

06 插入图块。盆栽和灯具图形可以从本书配套素材中的“第 13 章\家具图例.dwg”文件中直接调用，效果如图 13-12 所示，吧台兼服务总台平面布置图绘制完成。

2. 绘制西式包厢平面布置图

西式包厢平面布置图如图 13-19 所示，下面讲解绘制方法。

01 绘制隔断。调用 PLINE/PL 多段线命令、OFFSET/O 偏移命令、CIRCLE/C 圆命令和 TRIM/TR 修剪命令，绘制隔断，如图 13-20 所示。

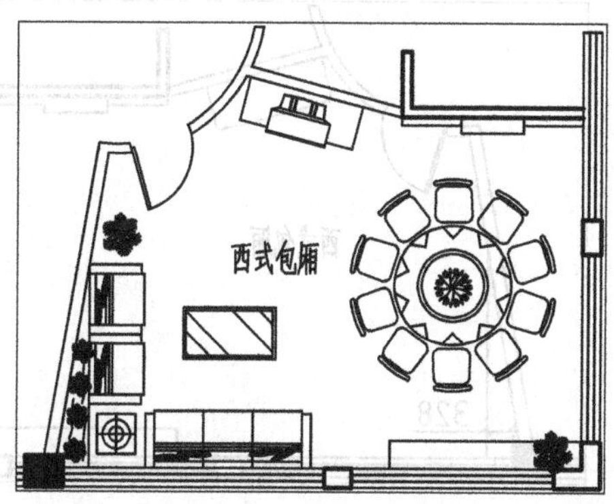

图 13-19 西式包厢平面布置图

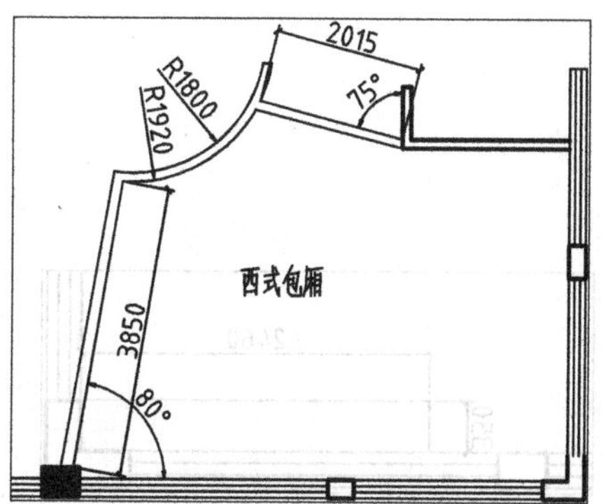

图 13-20 绘制隔断

02 调用 LINE/L 直线命令和 TRIM/TR 修剪命令，开门洞，如图 13-21 所示。

03 调用 INSERT/I 插入命令，插入门图块，如图 13-22 所示。

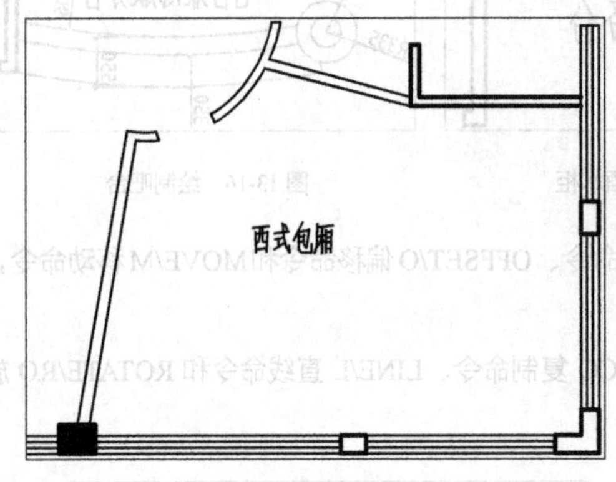

图 13-21　开门洞

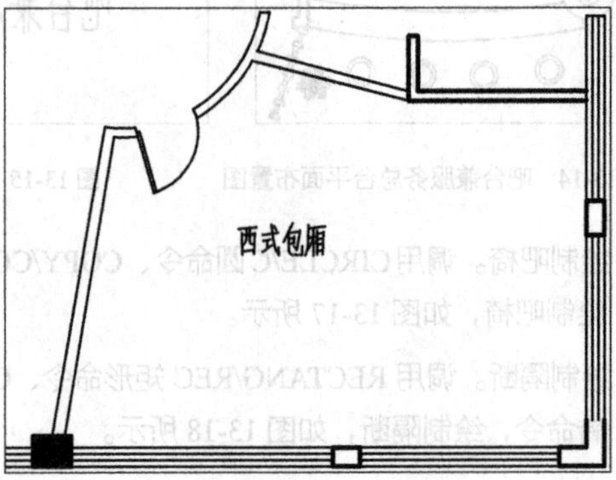

图 13-22　插入门图块

04 调用 LINE/L 直线命令和 RECTANG/REC 矩形命令，绘制背景墙造型，如图 13-23 所示。

05 调用 OFFSET/O 偏移命令和 LINE/L 直线命令，绘制电视柜，如图 13-24 所示。

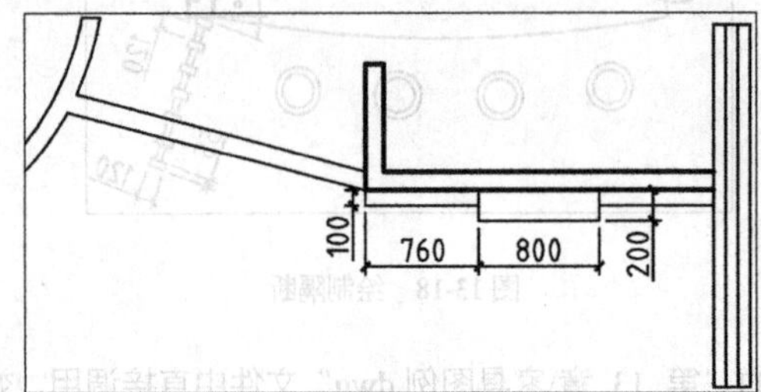

图 13-23　绘制背景墙造型

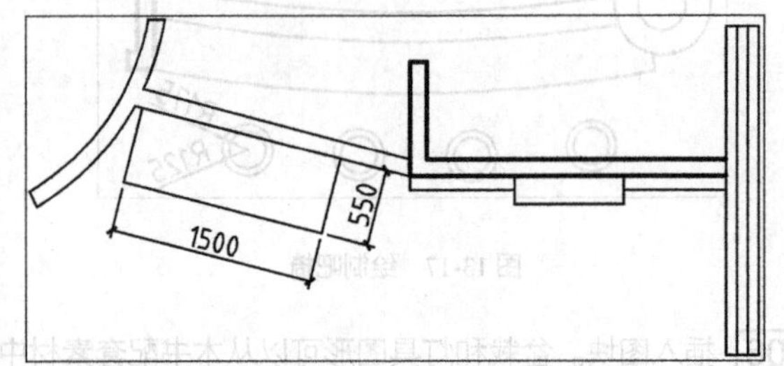

图 13-24　绘制电视柜

06 调用 RECTANG/REC 矩形命令，绘制装饰柜，如图 13-25 所示。

07 调用 LINE/L 直线命令，绘制如图 13-26 所示线段。

08 从图块中插入沙发、植物、餐桌和电视柜等图块，并进行修剪，效果如图 13-19 所示，完成西式包厢平面布置图的绘制。

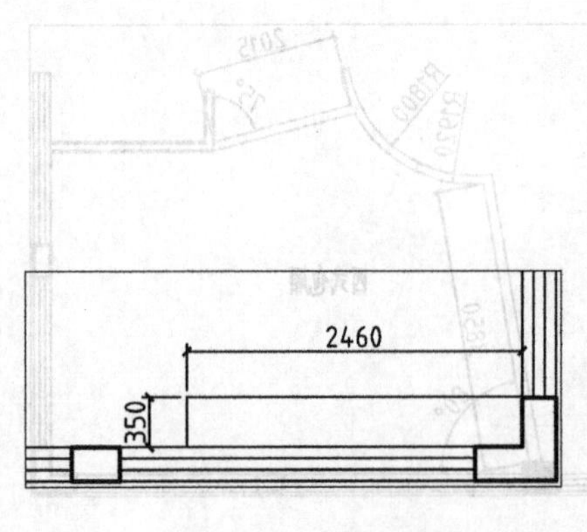

图 13-25　绘制装饰柜

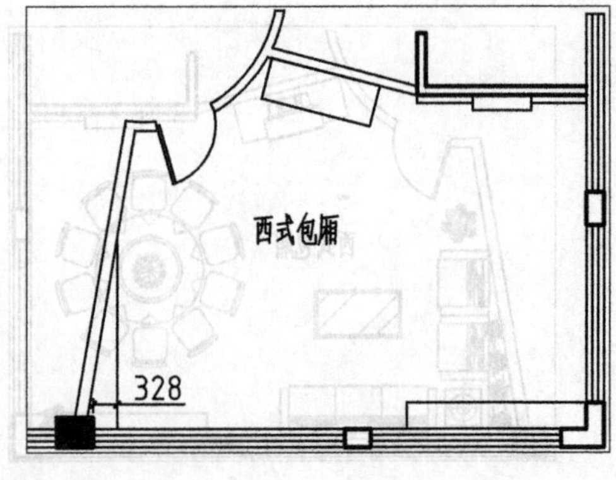

图 13-26　绘制线段

156 绘制餐厅地材图

视频文件：MP4\第 13 章\156.MP4

如图 13-27 和图 13-28 所示为餐厅地材图，本实例以二层地材图为例，讲解地材图的绘制方法。

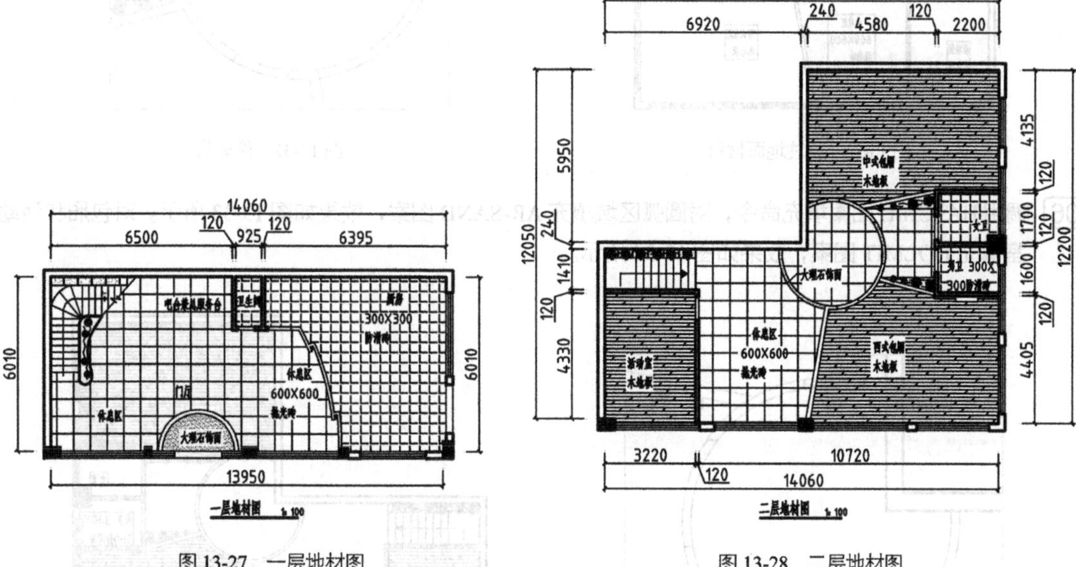

图 13-27 一层地材图　　图 13-28 二层地材图

01 设置“DM_地面”图层为当前图层。

02 复制图形。调用 COPY/CO 复制命令，复制二层平面布置图，并删除与地材图无关的图形，如图 13-29 所示。

03 调用 LINE/L 直线命令，绘制门槛线，如图 13-30 所示。

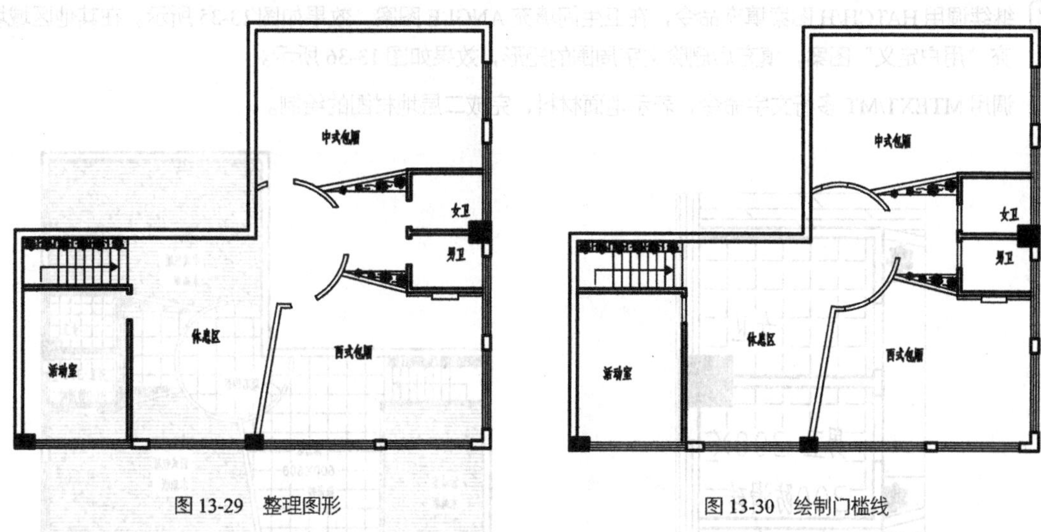

图 13-29 整理图形　　图 13-30 绘制门槛线

04 标注材料。调用 MTEXT/MT 多行文字命令，标注地面材料，然后调用 RECTANG/REC 矩形命令，框住文字，如图 13-31 所示。

05 调用 JOIN/J 合并命令，对圆弧隔断进行闭合，并调用 TRIM 命令，进行修剪，如图 13-32 所示。

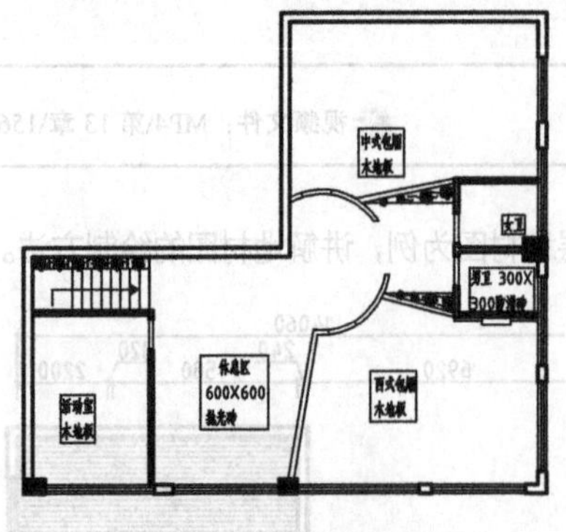

图 13-31　标注地面材料

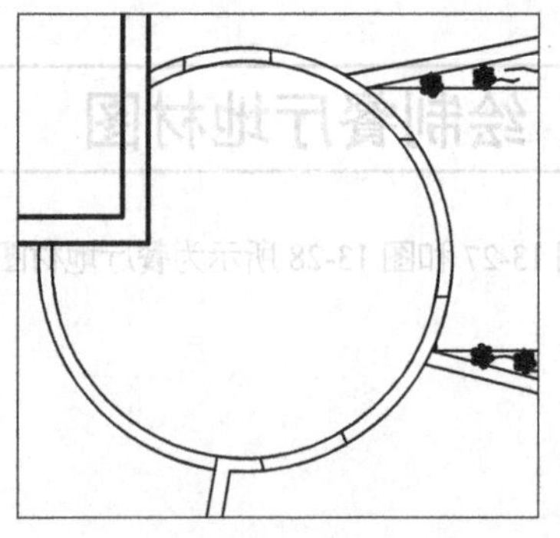

图 13-32　修剪圆

06 调用 HATCH/H 图案填充命令，对圆弧区域填充 AR-SAND 图案，效果如图 13-33 所示。对包厢和活动室填充 DOLMIT 图案，效果如图 13-34 所示。

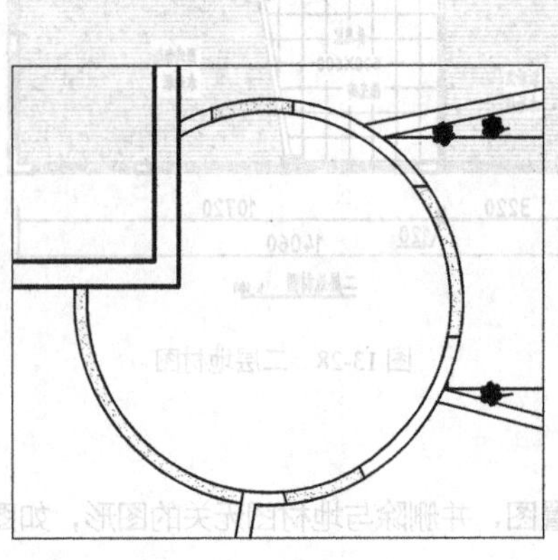

图 13-33　填充图案

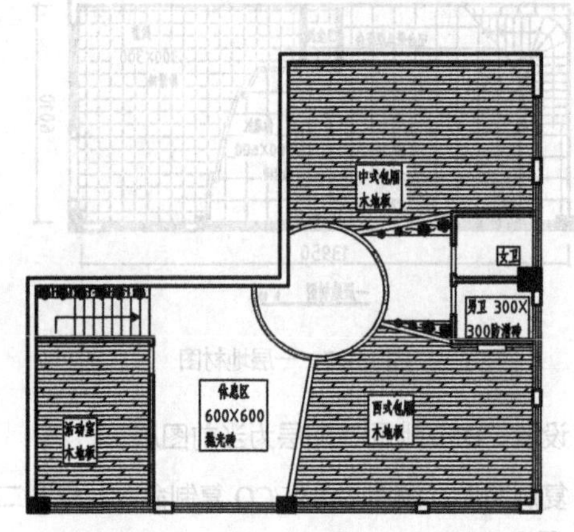

图 13-34　填充包厢和活动室地面材料

07 继续调用 HATCH/H 图案填充命令，在卫生间填充 ANGLE 图案，效果如图 13-35 所示。在其他区域填充“用户定义”图案，填充后删除文字周围的矩形，效果如图 13-36 所示。

08 调用 MTEXT/MT 多行文字命令，表示地面材料，完成二层地材图的绘制。

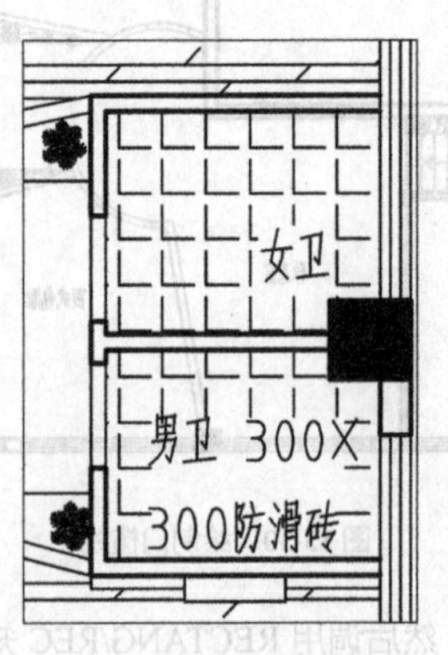

图 13-35　填充卫生间地面材料

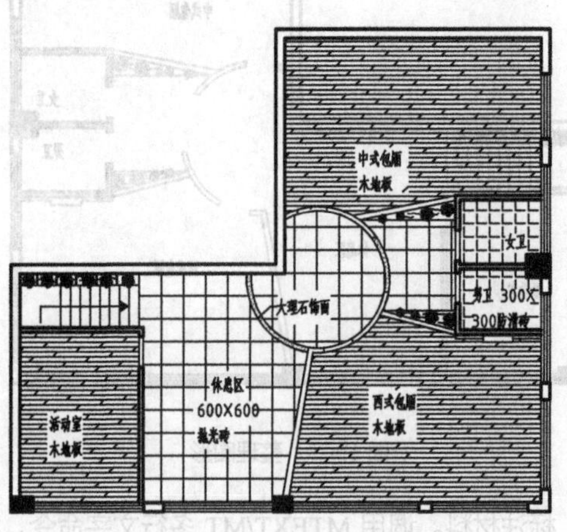

图 13-36　填充休息区地面材料

157 绘制餐厅顶棚图

视频文件：MP4\第 13 章\157.MP4

如图 13-37 和图 13-38 所示为餐厅一层和二层的顶棚图，本实例以一层服务总台和二层活动室为例讲解顶棚图的绘制方法。

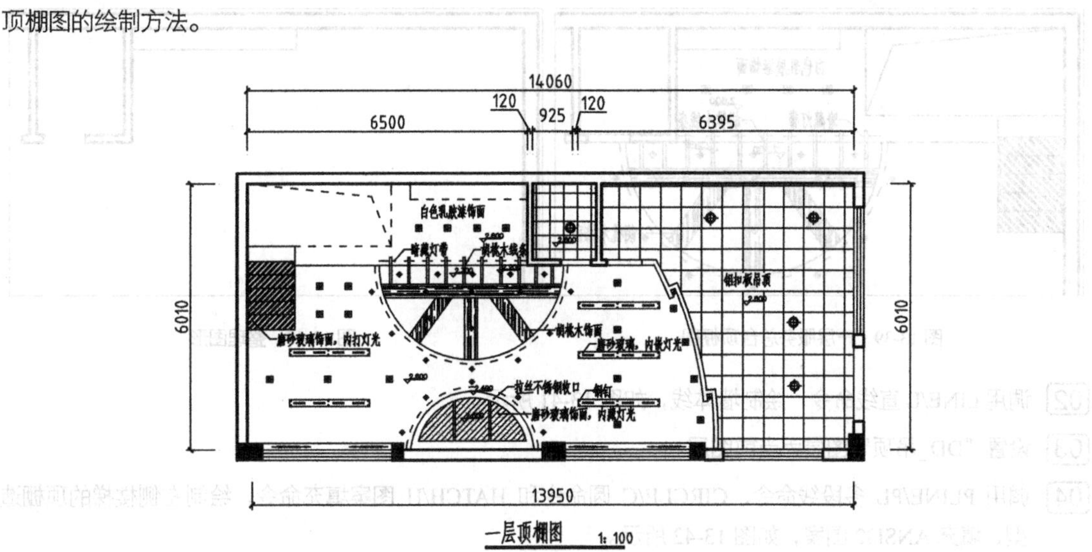

图 13-37　一层顶棚图

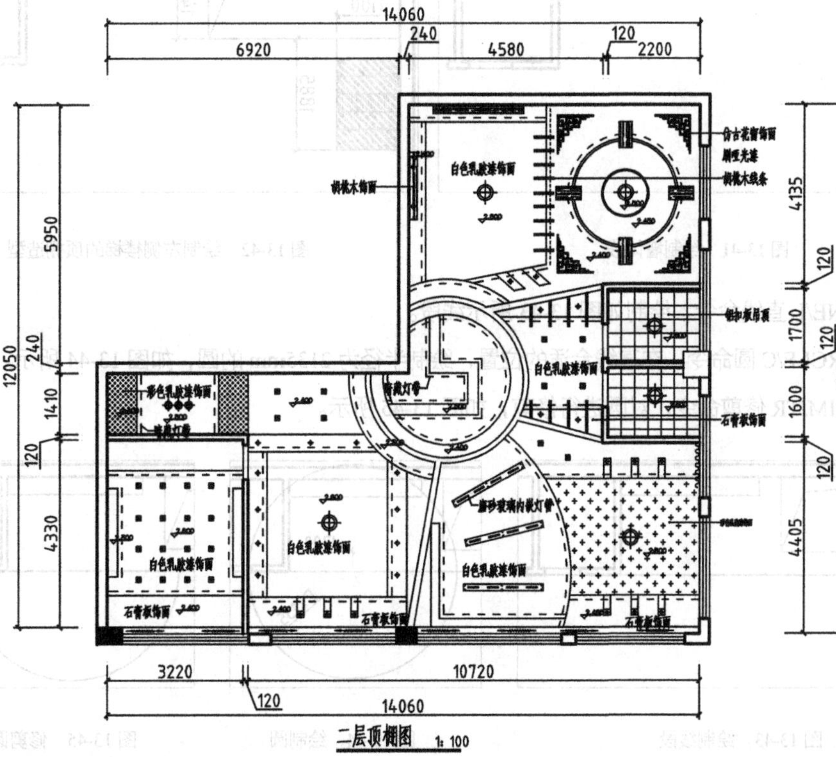

图 13-38　二层顶棚图

1. 绘制一层服务总台顶棚图

一层服务总台顶棚图如图 13-39 所示，下面讲解绘制方法。

01 用 COPY/CO 复制命令，复制包厢平面布置图，并删除与顶棚图无关的图形，如图 13-40 所示。

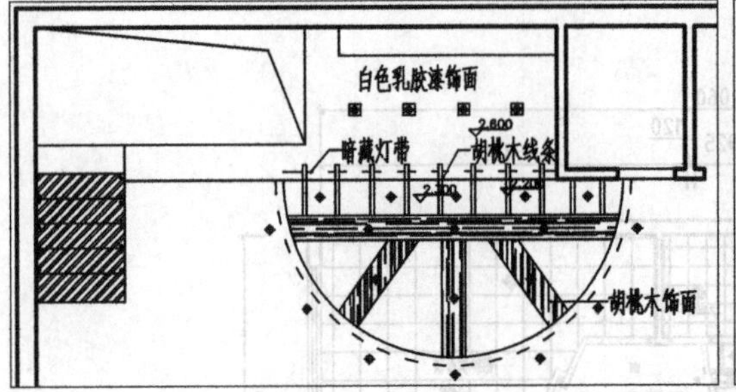

图 13-39 一层服务总台顶棚图

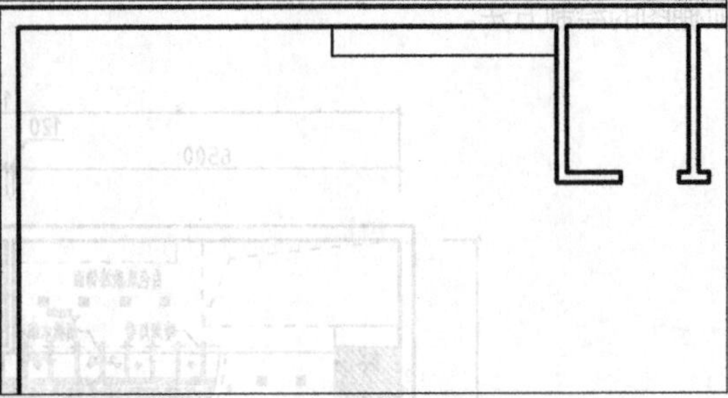

图 13-40 整理图形

02 调用 LINE/L 直线命令，绘制墙体线，如图 13-41 所示。

03 设置“DD_吊顶”图层为当前图层。

04 调用 PLINE/PL 多段线命令、CIRCLE/C 圆命令和 HATCH/H 图案填充命令，绘制左侧楼梯的顶棚造型，填充 ANSI32 图案，如图 13-42 所示。

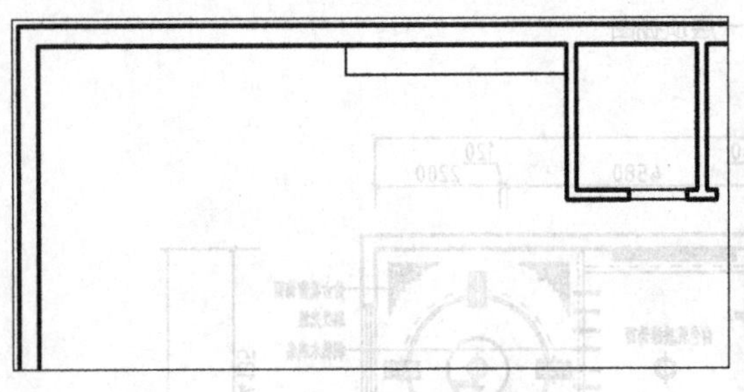

图 13-41 绘制墙体线

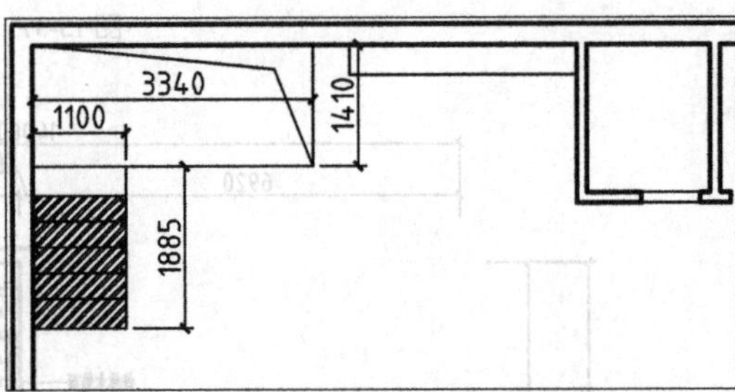

图 13-42 绘制左侧楼梯的顶棚造型

05 调用 LINE/L 直线命令，绘制如图 13-43 所示线段。

06 调用 CIRCLE/C 圆命令，在直线合适的位置，绘制半径为 2135mm 的圆，如图 13-44 所示。

07 调用 TRIM/TR 修剪命令，对圆进行修剪，如图 13-45 所示。

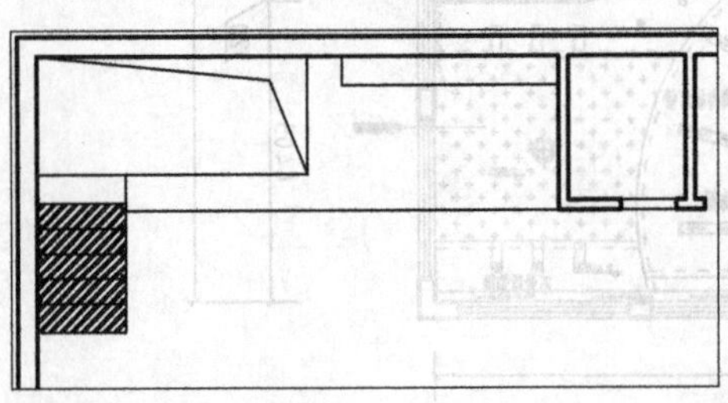

图 13-43 绘制线段

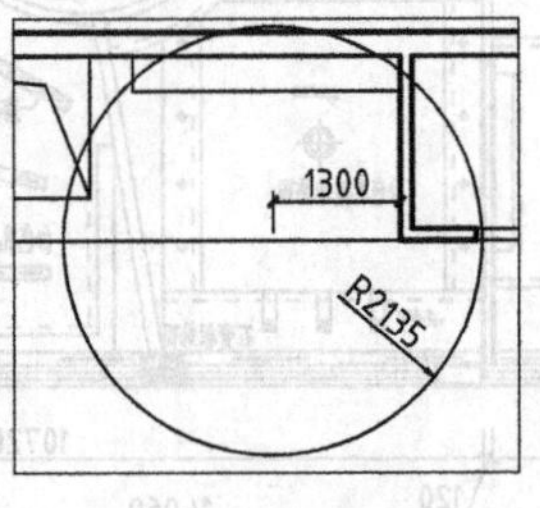

图 13-44 绘制圆

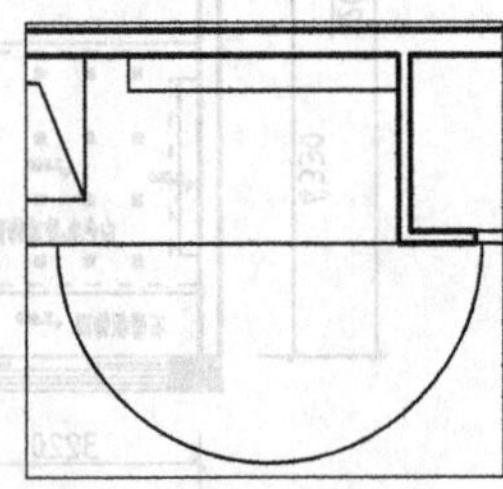

图 13-45 修剪圆

08 调用 OFFSET/O 偏移命令，将半圆向外偏移 100mm，并设置为虚线，表示灯带，如图 13-46 所示。

09 调用 LINE/L 直线命令、OFFSET/O 偏移命令、ROTATE/RO 旋转命令和 TRIM/TR 修剪命令，绘制如图 13-47 所示线段。

10 调用 HATCH/H 图案填充命令，在线段内填充 AR-RROOF 图案，填充效果如图 13-48 所示。

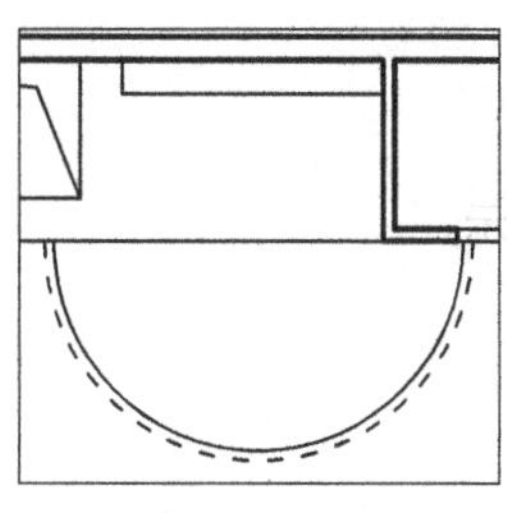

图 13-46　绘制灯带

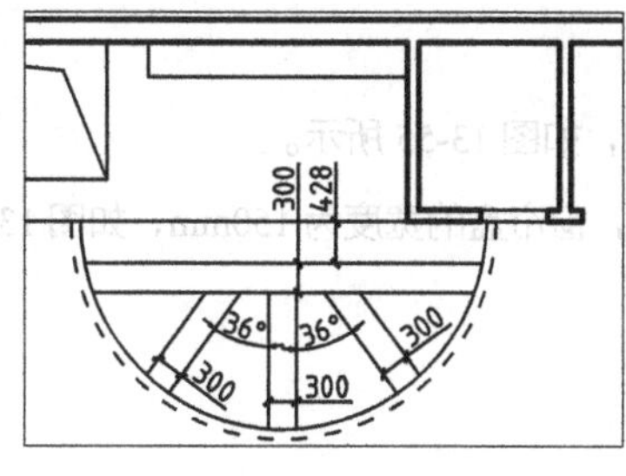

图 13-47　绘制线段

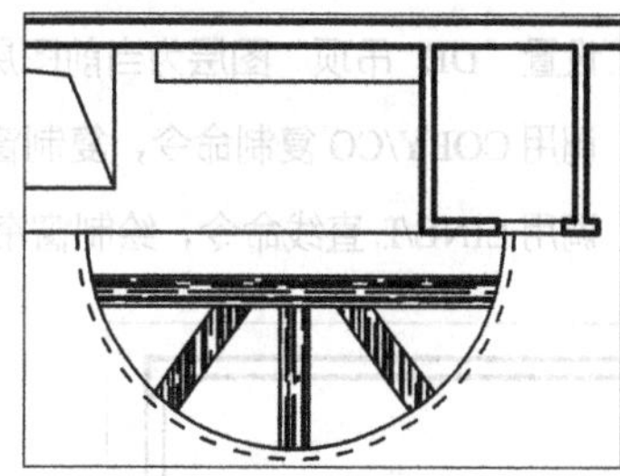

图 13-48　填充效果

11 调用 RECTANG/REC 矩形命令，绘制尺寸为 50mm×610mm 的矩形，并移动到相应的位置，如图 13-49 所示。

12 调用 ARRAY/AR 阵列命令，设置列数为 10，列距为 420.5mm，对矩形进行阵列，并进行修剪，效果如图 13-50 所示。

13 调用 LINE/L 直线命令，绘制如图 13-51 所示线段，并将线段设置为虚线。

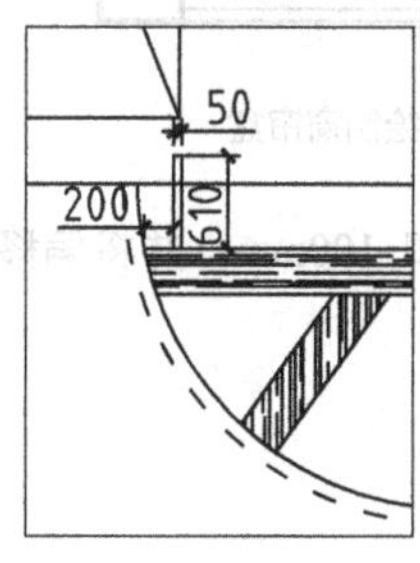

图 13-49　绘制矩形

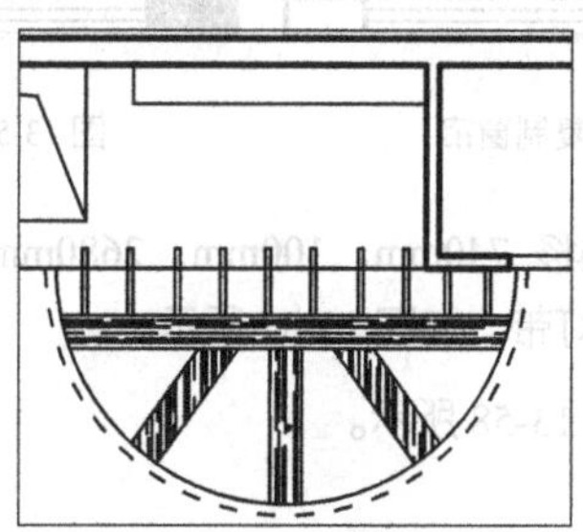

图 13-50　阵列矩形

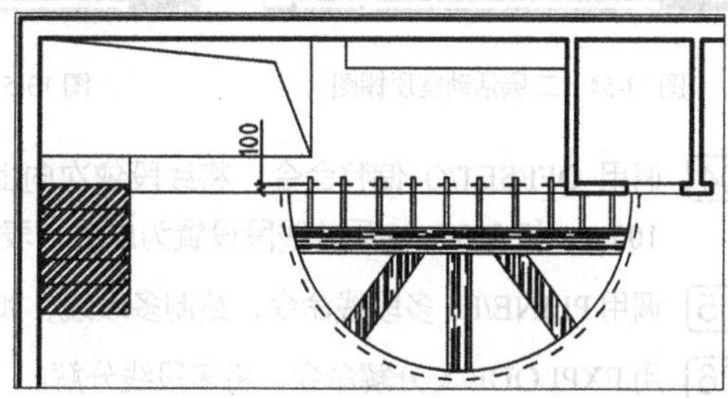

图 13-51　绘制线段

14 从图块中调入灯具图形到顶棚图中，如图 13-52 所示。

15 调用 INSERT/I 插入命令，插入“标高”图块，效果如图 13-53 所示。

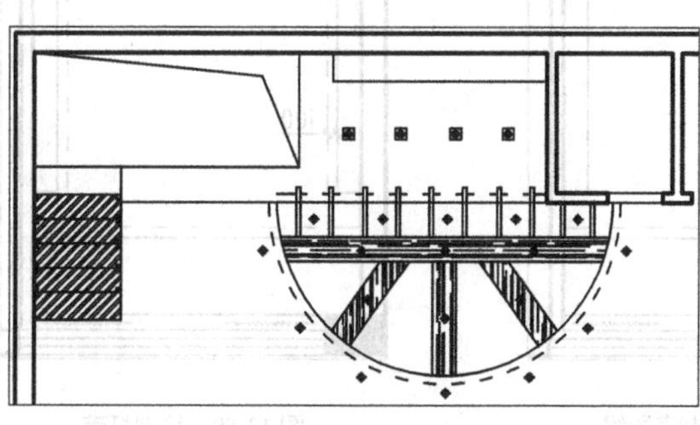

图 13-52　布置灯具

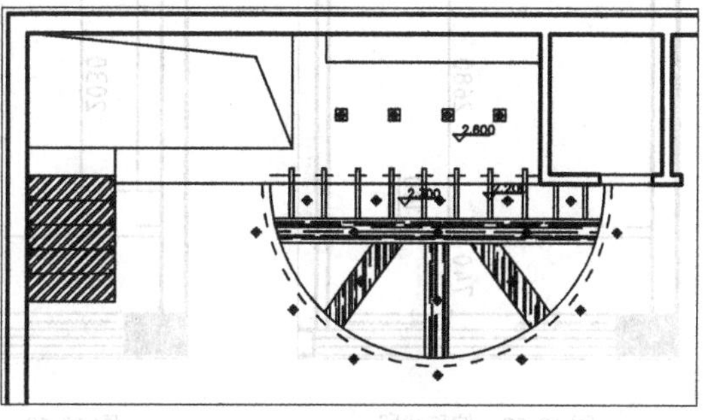

图 13-53　插入标高

16 调用 MTEXT/MT 多行文字命令和 MLEADER/MLD 多重引线命令，对顶棚材料进行标注，完成一层总服务台顶棚图的绘制。

2. 绘制二层活动室顶棚图

二层活动室顶棚图如图 13-54 所示，下面讲解绘制方法。

01 设置“DD_吊顶”图层为当前图层。

02 调用 COPY/CO 复制命令，复制窗帘，如图 13-55 所示。

03 调用 LINE/L 直线命令，绘制窗帘盒，窗帘盒的宽度为 150mm，如图 13-56 所示。

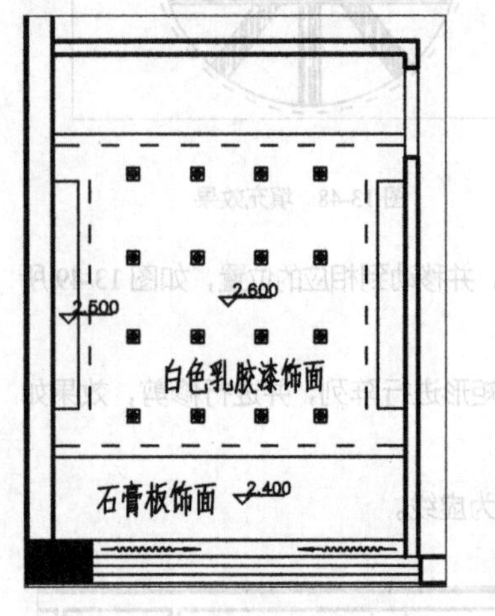

图 13-54 二层活动室顶棚图

图 13-55 复制窗帘

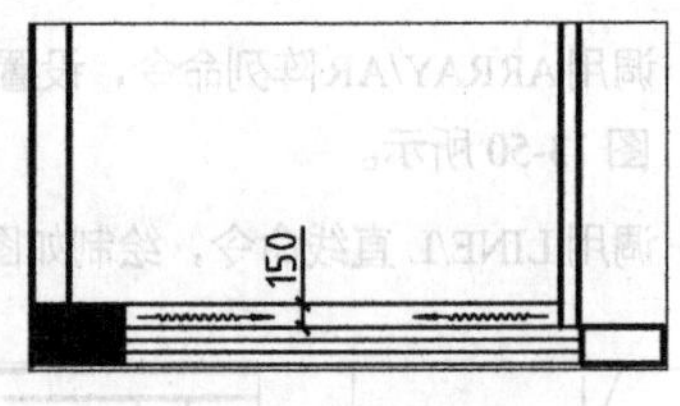

图 13-56 绘制窗帘盒

04 调用 OFFSET/O 偏移命令，将线段依次向上偏移 740mm、100mm、2680mm 和 100mm，并将偏移 100mm 和 2680mm 后的线段设置为虚线，表示灯带，如图 13-57 所示。

05 调用 PLINE/PL 多段线命令，绘制多段线，如图 13-58 所示。

06 用 EXPLODE/X 分解命令，将多段线分解。

07 调用 OFFSET/O 偏移命令，将分解后的多段线向外偏移 100mm，并设置为虚线，如图 13-59 所示。

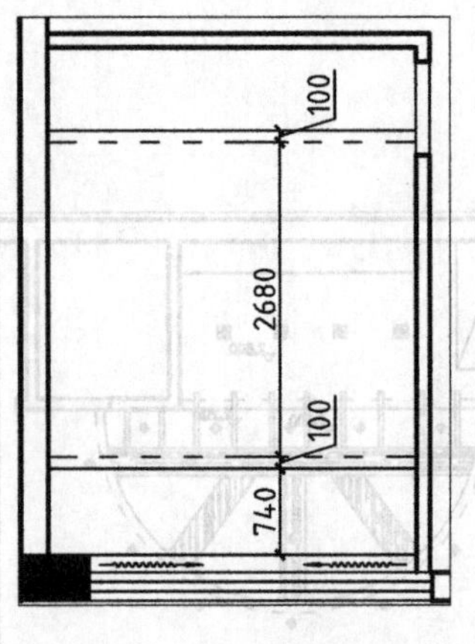

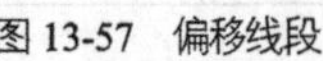

图 13-57 偏移线段

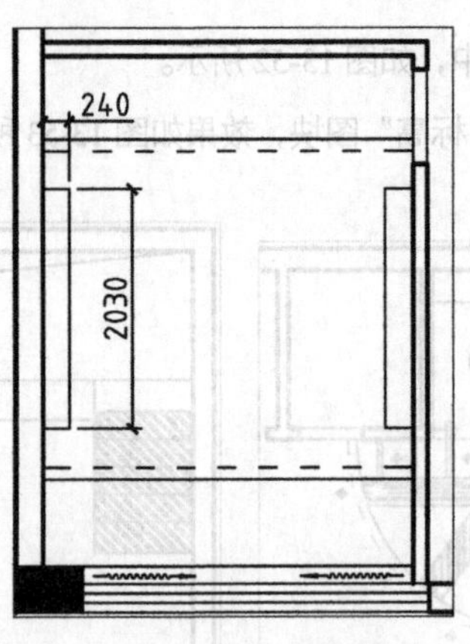

图 13-58 绘制多段线

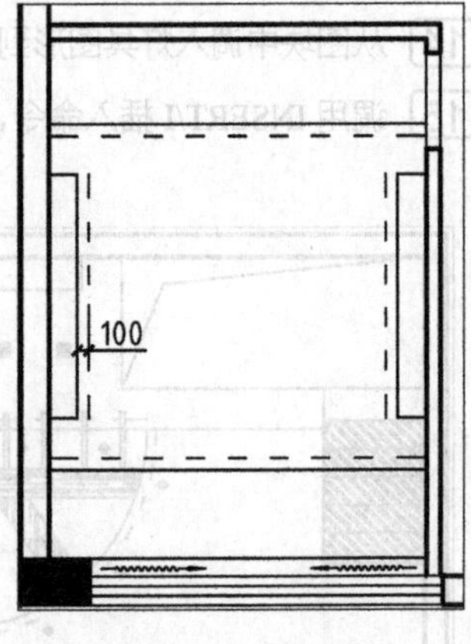

图 13-59 绘制灯带

08 布置灯具。调用 OFFSET/O 偏移命令，绘制辅助线，如图 13-60 所示。

09 从图库中复制灯具图形到辅助线处，然后删除辅助线，如图 13-61 所示。

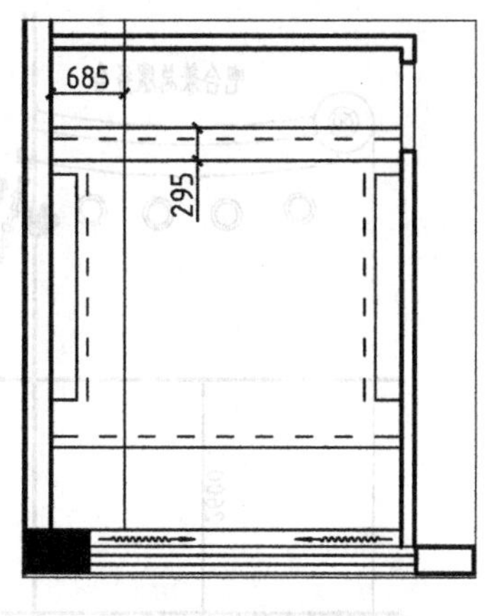

图 13-60　绘制辅助线

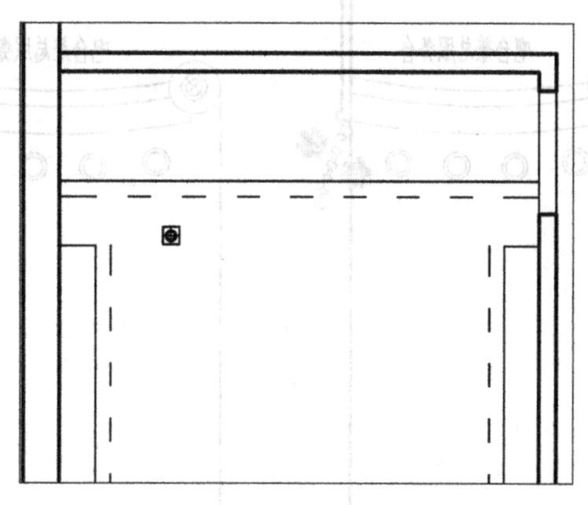

图 13-61　复制灯具

10 调用 ARRAY/AR 阵列命令，设置列数为 4，列距为 572.5mm，行数为 4，行距为 750.5mm，对灯具进行阵列，阵列结果如图 13-62 所示。

11 调用 INSERT/I 插入命令，插入“标高”图块，如图 13-63 所示。

12 调用 MTEXT/MT 多行文字命令，对顶棚材料进行标注，完成二层活动室顶棚图的绘制。

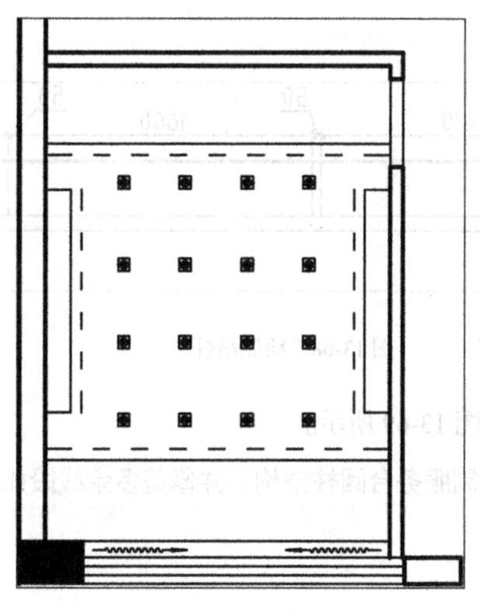

图 13-62　阵列结果

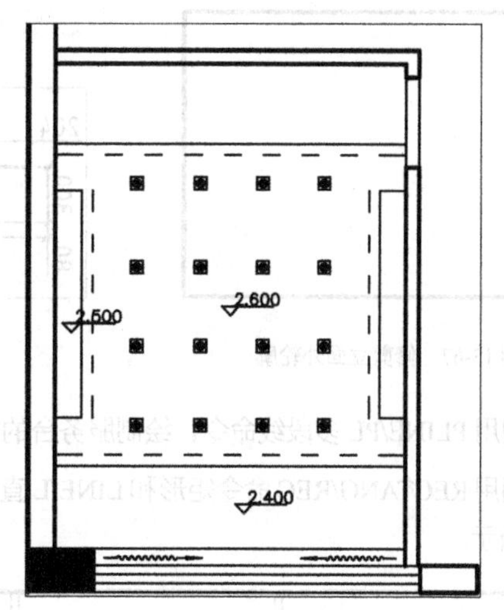

图 13-63　插入“标高”图块

158 绘制一层总服务台立面图

视频文件：MP4\第 13 章\158.MP4

本例介绍一层总服务台立面图的绘制，主要讲解了吧台的做法。

01 调用 COPY/CO 复制命令，复制平面布置图上一层总服务台的平面部分。

02 设置“LM_立面”图层为当前图层。

03 调用 LINE/L 直线命令，根据平面布置图绘制墙体投影线，如图 13-64 所示。

04 调用 LINE/L 直线命令，在投影线的下方绘制一水平线段表示地面，如图 13-65 所示。

05 调用 OFFSET/O 偏移命令，将地面向上偏移 2600mm，得到顶棚底面，如图 13-66 所示。

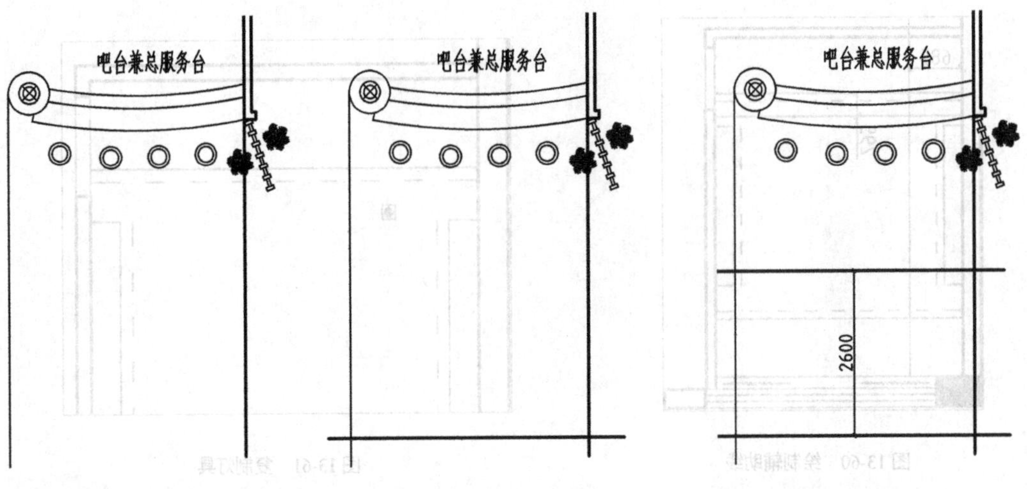

图 13-64　绘制墙体投影线　　图 13-65　绘制地面　　图 13-66　绘制顶棚

06 调用 TRIM/TR 修剪命令，修剪出立面外轮廓，如图 13-67 所示，并将外轮廓线段转换为“QT_墙体”图层。

07 调用 PLINE/PL 多段线命令和 OFFSET/O 偏移命令，绘制吊杆，如图 13-68 所示。

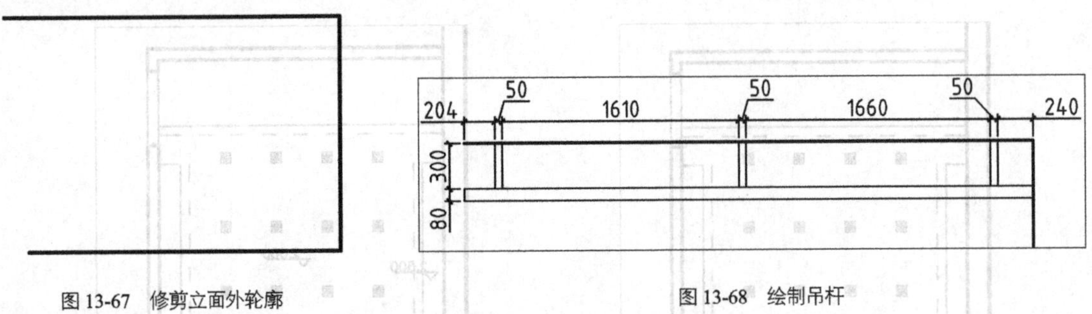

图 13-67　修剪立面外轮廓　　图 13-68　绘制吊杆

08 调用 PLINE/PL 多段线命令，绘制服务台的外轮廓，如图 13-69 所示。

09 调用 RECTANG/REC 命令矩形和 LINE/L 直线命令，绘制服务台圆柱结构，并修剪多余线段如图 13-70 所示。

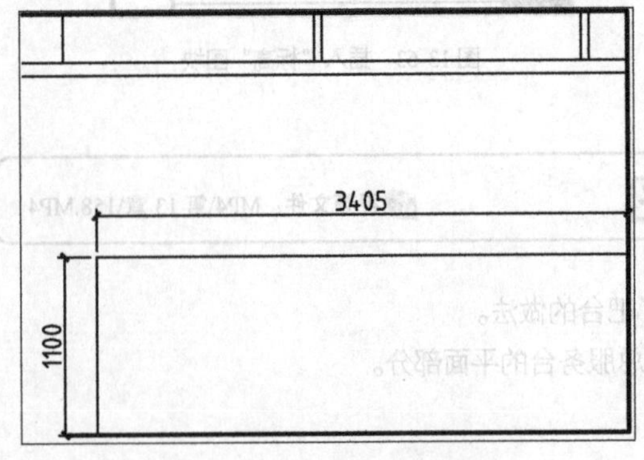

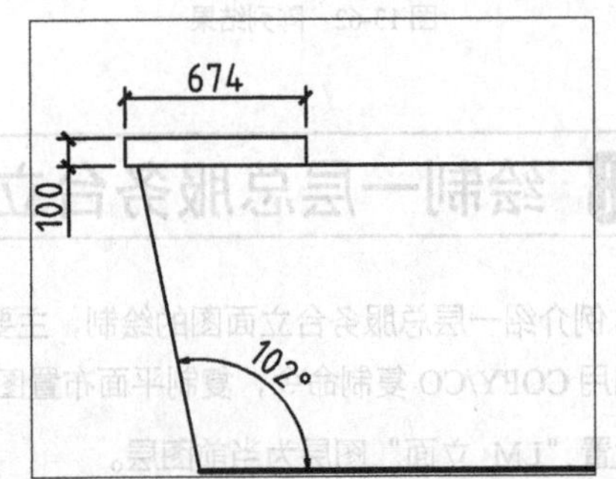

图 13-69　绘制服务台外轮廓　　图 13-70　绘制服务台圆柱结构

10 调用 RECTANG/REC 矩形命令，绘制尺寸为 2000×560 的矩形，并移动到服务台中，如图 13-71 所示。

11 调用 HATCH/H 图案填充命令，在矩形内填充 HONEY 图案，效果如图 13-72 所示。

12 调用 LINE/L 直线命令和 OFFSET/O 偏移命令，划分服务台，如图 13-73 所示。

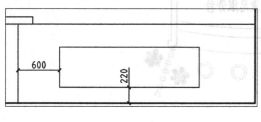

图 13-71　绘制矩形

图 13-72　填充图案

13 调用 HATCH/H 图案填充命令，在吧台填充 AR-RROOF 图案和 AR-CONC 图案，效果如图 13-74 所示。

14 插入图块。打开配套素材提供的“第 13 章\家具图例.dwg”文件，选择其中的酒杯和台灯图块，将其复制至吧台立面区域，效果如图 13-75 所示。

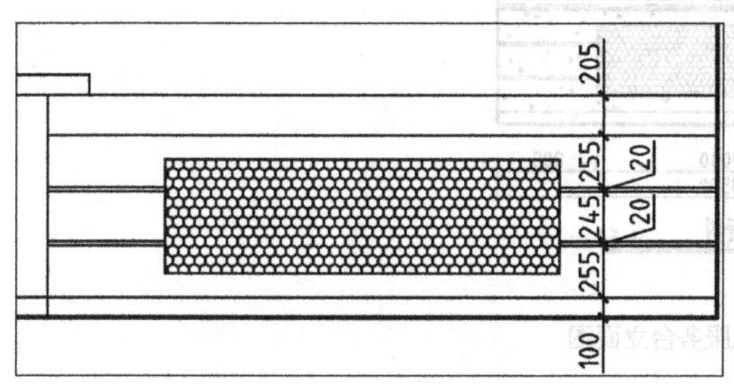

图 13-73　划分服务台

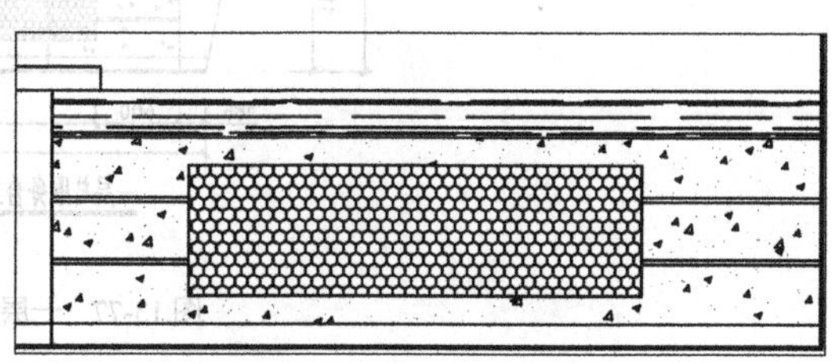

图 13-74　填充效果

15 置“BZ_标注” 图层为当前图层。设置当前注释比例为 1：50。

16 调用 DIMLINEAR/DLI 线性命令标注尺寸，本图应该在垂直方向和水平方向分别进行标注，标注结果如图 13-76 所示。

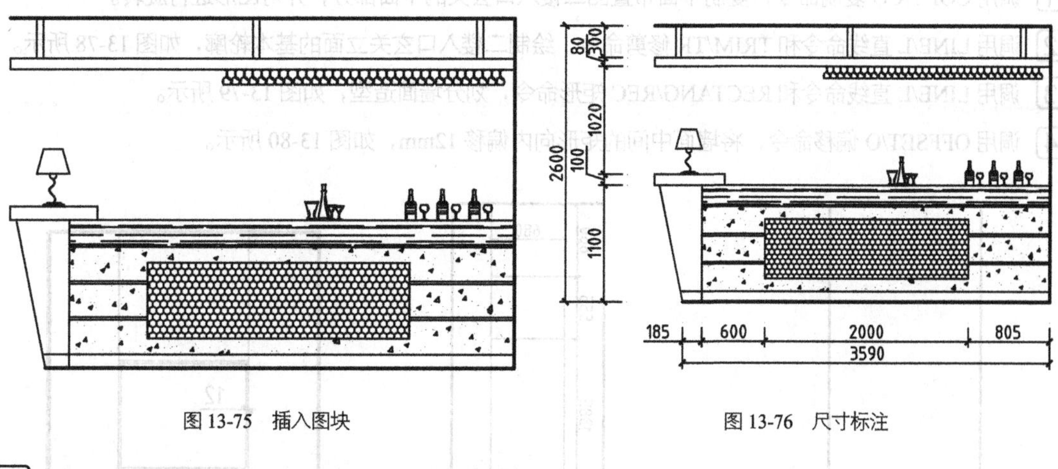

图 13-75　插入图块

图 13-76　尺寸标注

17 调用 MLRADER/MLD 多行文字命令进行材料标注。

18 插入图名。调用插入图块命令 INSERT，插入“图名”图块，设置名称为“一层总服务台立面图”。一层总服务台立面图绘制完成，如图 13-77 所示。

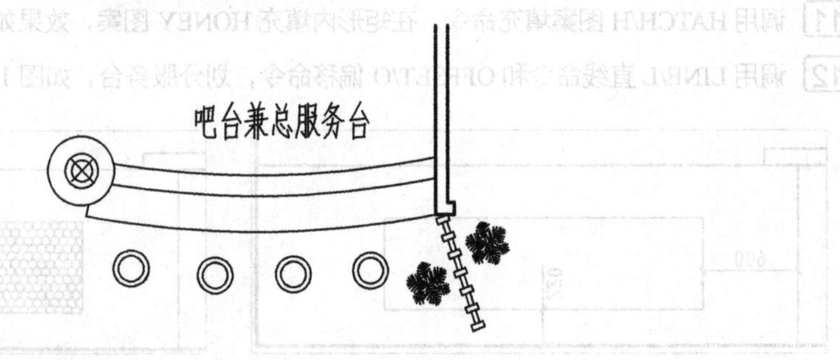

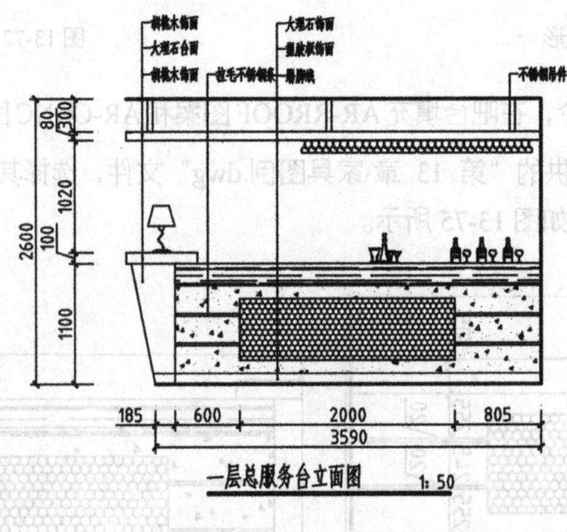

图 13-77　一层总服务台立面图

159 绘制二楼入口玄关立面图

视频文件：MP4\第 13 章\159.MP4

本例介绍二楼入口玄关立面图的绘制，主要讲解了玄关的装饰做法。

01 调用 COPY/CO 复制命令，复制平面布置图二楼入口玄关的平面部分，并对图形进行旋转。

02 调用 LINE/L 直线命令和 TRIM/TR 修剪命令，绘制二楼入口玄关立面的基本轮廓，如图 13-78 所示。

03 调用 LINE/L 直线命令和 RECTANG/REC 矩形命令，划分墙面造型，如图 13-79 所示。

04 调用 OFFSET/O 偏移命令，将墙面中间的矩形向内偏移 12mm，如图 13-80 所示。

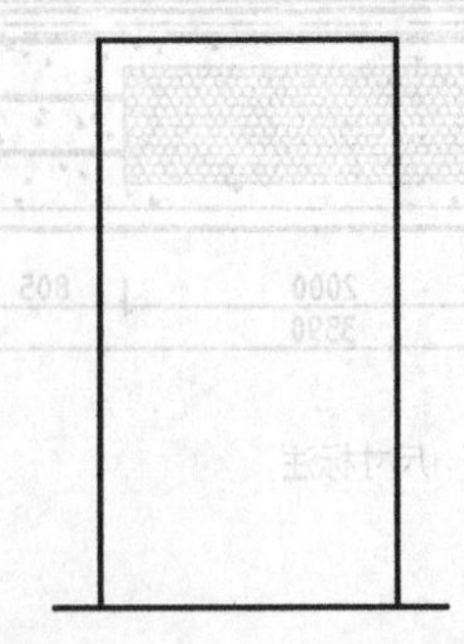

图 13-78　绘制玄关的基本轮廓

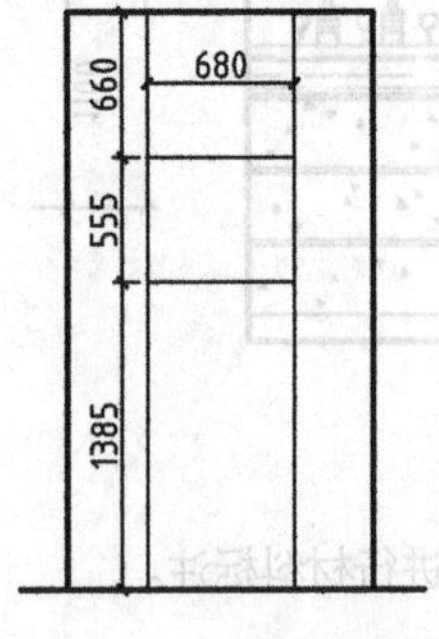

图 13-79　划分墙面造型

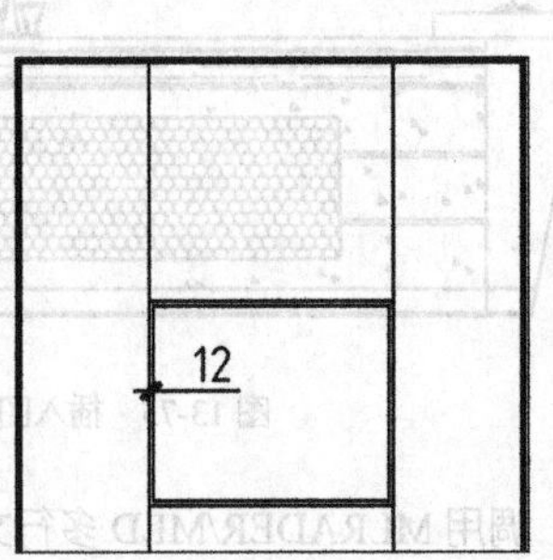

图 13-80　偏移矩形

05 调用 HATCH/H 图案填充命令，再在命令行中输入 T 命令，在弹出的【图案填充和渐变色】的对话框中设置参数，在上下方的墙面填充 LINE 图案，填充参数和效果如图 13-81 所示。

06 调用 LINE/L 直线命令，绘制踢脚线，如图 13-82 所示。

07 继续调用 HATCH/H 图案填充命令，在两侧的墙面填充 AR-SAND 图案，填充参数和效果如图 13-83 所示。

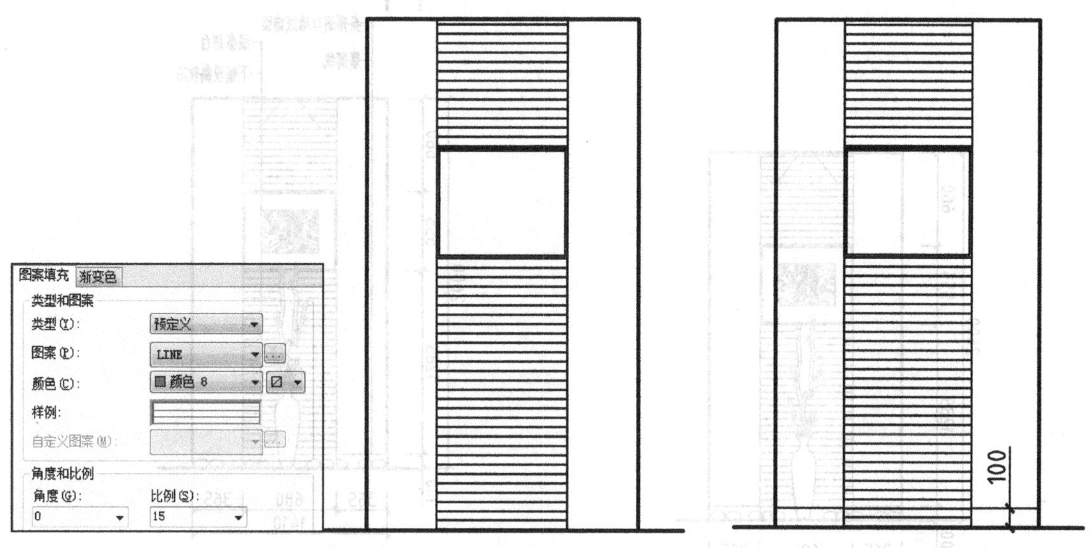

图 13-81　填充参数和效果　　图 13-82　绘制踢脚线

08 从图库中调入鹅卵石、装饰画、射灯和陈设品到立面图中，并进行修剪，如图 13-84 所示。

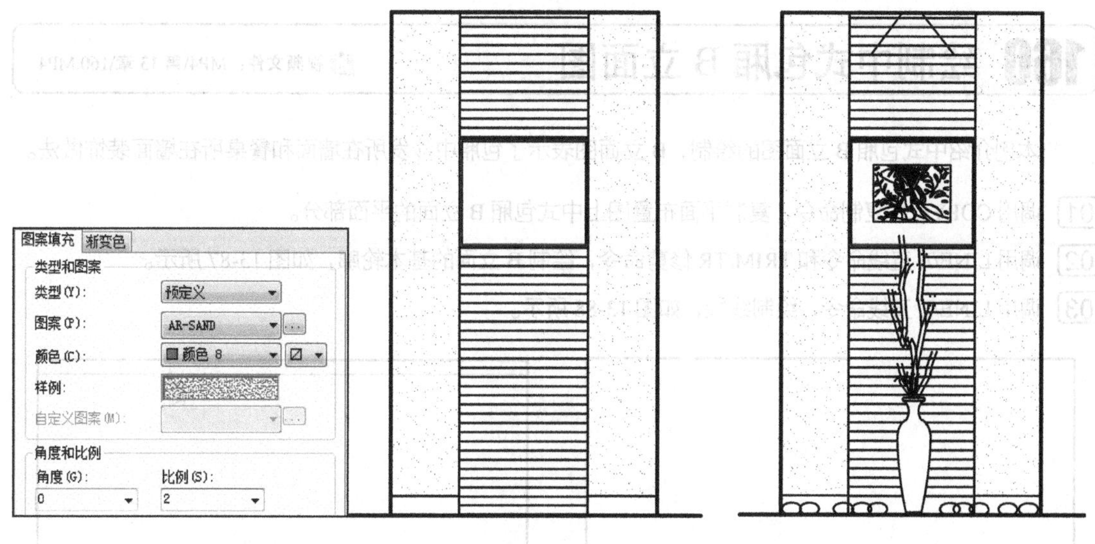

图 13-83　填充参数和效果　　图 13-84　插入图块

09 调用 DIMLINEAR/DLI 线性命令，进行标注尺寸，如图 13-85 所示。

10 调用 MLEADER/MLD 多重引线命令，对立面标注材料说明。

11 用 INSERT/I 插入命令，插入“图名”图块，完成二楼入口玄关立面图的绘制，如图 13-86 所示。

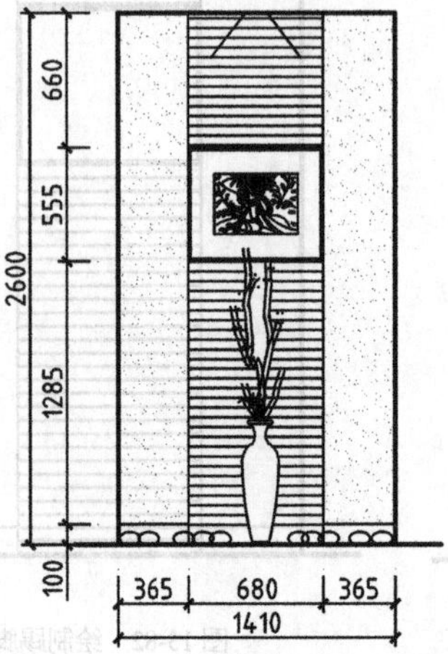

图 13-85　标注尺寸

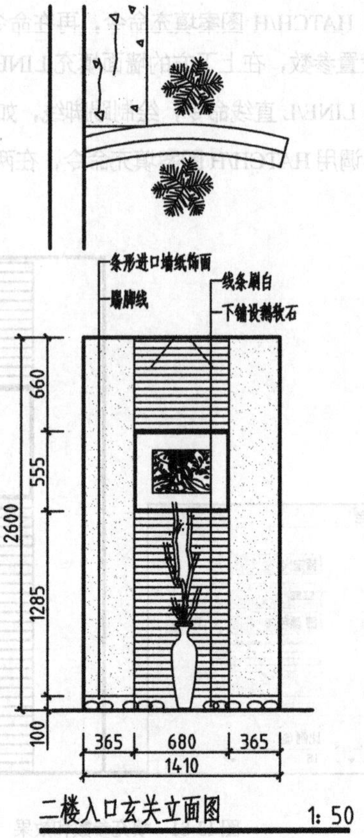

图 13-86　绘制完成的二楼入口玄关立面图

160 绘制中式包厢 B 立面图

视频文件：MP4\第 13 章\160.MP4

本例介绍中式包厢 B 立面图的绘制，B 立面图表示了包厢中沙发所在墙面和餐桌所在墙面装饰做法。

01 调用 COPY/CO 复制命令，复制平面布置图上中式包厢 B 立面的平面部分。

02 调用 LINE/L 直线命令和 TRIM/TR 修剪命令，绘制 B 立面的基本轮廓，如图 13-87 所示。

03 调用 LINE/L 直线命令，绘制线段，如图 13-88 所示。

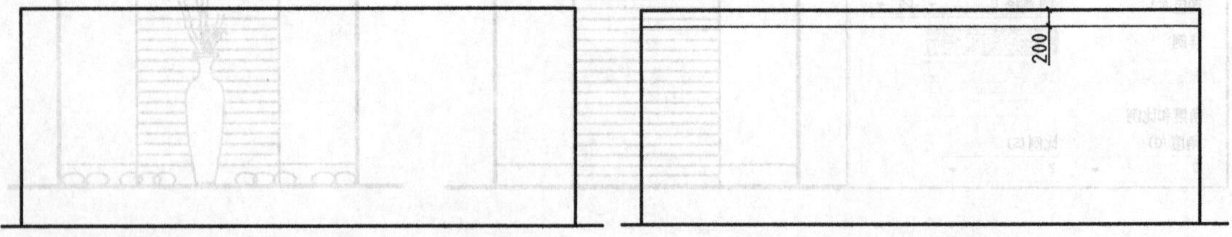

图 13-87　绘制 B 立面的基本轮廓　　　　图 13-88　绘制线段

04 调用 HATCH/H 图案填充命令，在线段内填充 AR-RROOF 图案，如图 13-89 所示。

05 调用 LINE/L 直线命令和 HATCH/H 图案填充命令，绘制隔断，填充 ANSI31 图案，如图 13-90 所示。

图 13-89　填充图案

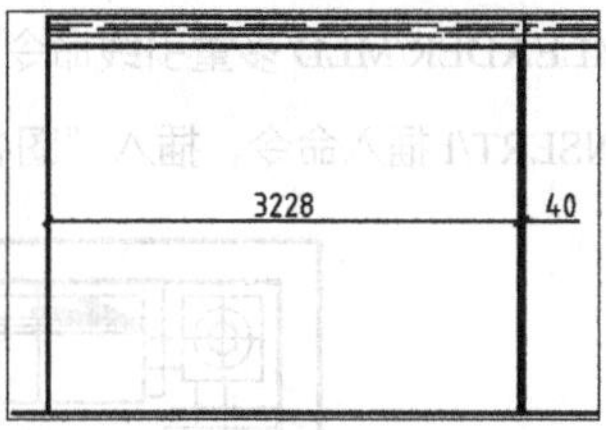

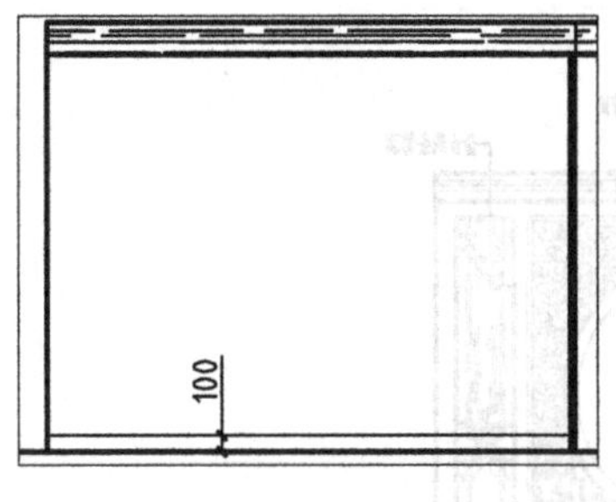

图 13-90　绘制隔断

06 调用 LINE/L 直线命令，绘制踢脚线，踢脚线的高度为 100mm，如图 13-91 所示。

07 从图库中调入灯具、椅子、茶几、陈设品和木格等图块到立面图中，并进行修剪，如图 13-92 所示。

图 13-91　绘制踢脚线

图 13-92　插入图块

08 调用 HATCH/H 图案填充命令，在左侧墙面和右侧的木格内填充 AR-SAND 图案，如图 13-93 所示。

图 13-93　填充图案

09 调用 DIMLINEAR/DLI 线性命令，进行尺寸标注，如图 13-94 所示。

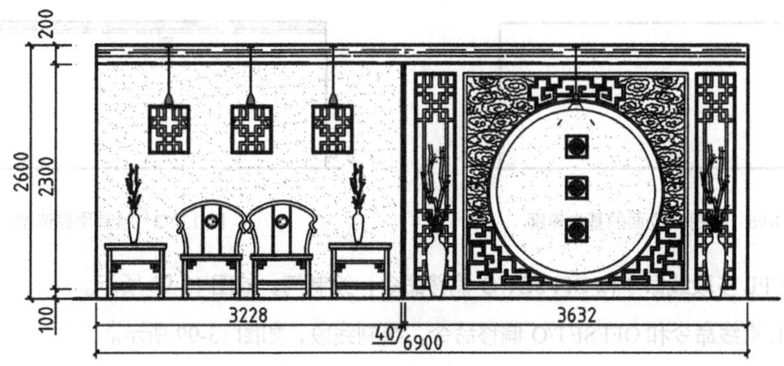

图 13-94　尺寸标注

10 调用 MLEADER/MLD 多重引线命令，标注材料说明。

11 调用 INSERT/I 插入命令，插入“图名”图块，完成中式包厢 B 立面图的绘制，如图 13-95 所示。

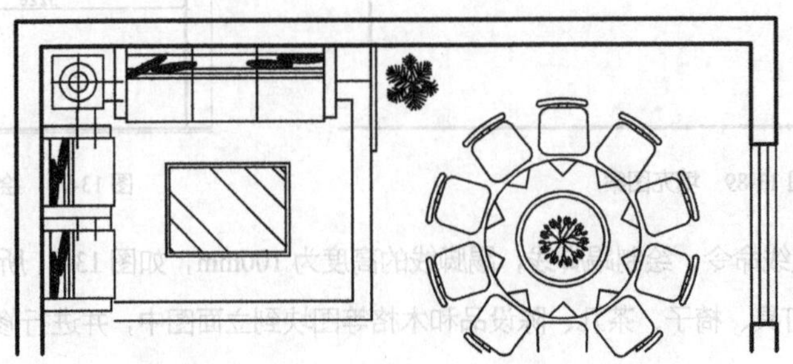

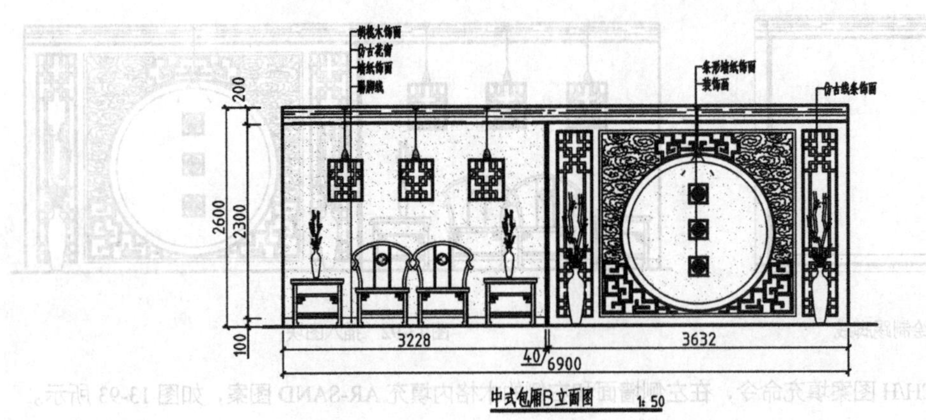

图 13-95　绘制完成的中式包厢 B 立面图

161 绘制中式包厢 D 立面图

视频文件：MP4\第 13 章\161.MP4

本例介绍了中式包厢 D 立面图的绘制，D 立面图是电视背景和条案所在的墙面。

01 调用 COPY/CO 复制命令，复制平面布置图上中式包厢 D 立面的平面部分，并对图形进行旋转。

02 调用 LINE/L 直线命令和 TRIM/TR 修剪命令，绘制 D 立面的基本轮廓，如图 13-96 所示。

03 调用 LINE/L 直线命令和 HATCH/H 图案填充命令，绘制顶棚造型，填充 AR-RROOF 图案，如图 13-97 所示。

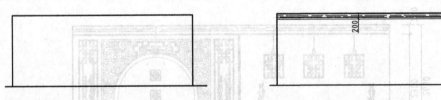

图 13-96　绘制 D 立面的基本轮廓

图 13-97　绘制顶棚造型

04 调用 PLINE/PL 多段线命令和 OFFSET/O 偏移命令，绘制门，如图 13-98 所示。

05 调用 LINE/L 直线命令和 OFFSET/O 偏移命令，绘制线段，如图 13-99 所示。

06 用 LINE/L 直线命令，绘制踢脚线，踢脚线的高度为 100mm，如图 13-100 所示。

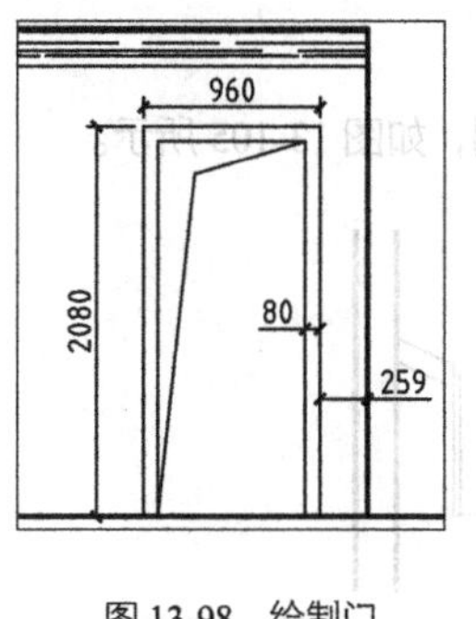

图 13-98　绘制门

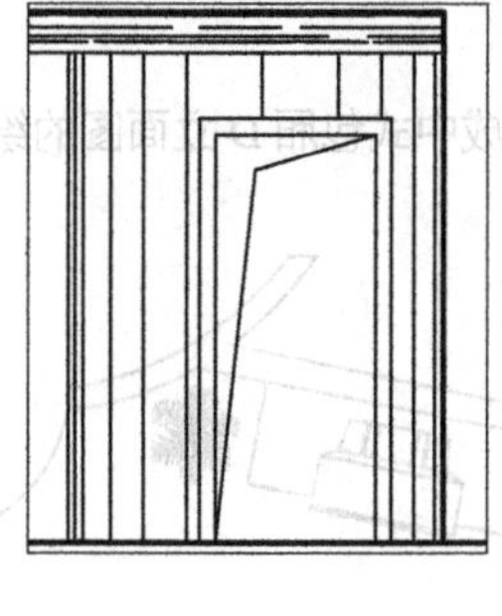

图 13-99　绘制线段

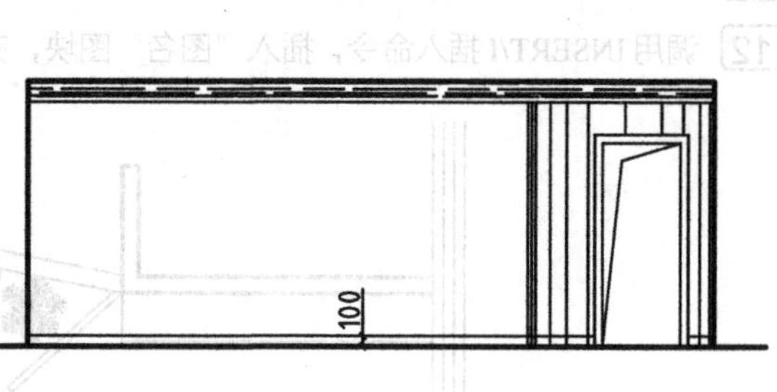

图 13-100　绘制踢脚线

07 调用 LINE/L 直线命令，绘制线段，如图 13-101 所示。

08 调用 HATCH/H 图案填充命令，在线段左侧填充 AR-SAND 图案，如图 13-102 所示。

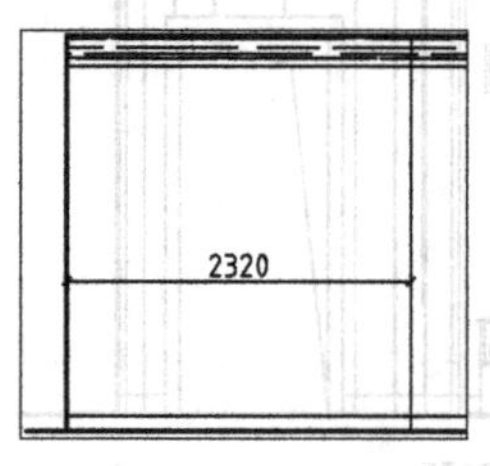

图 13-101　绘制线段

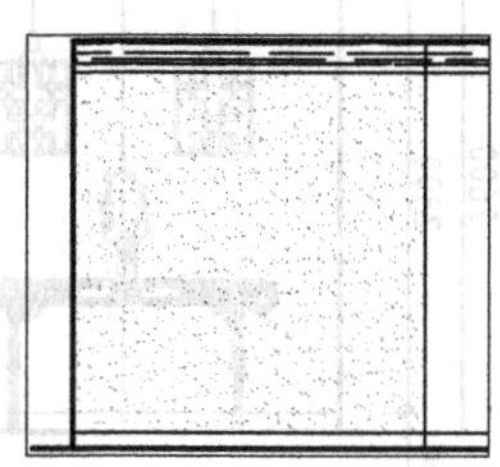

图 13-102　填充图案

09 从图库中插入花桌、中式花格、屏风、电视和电视柜等图块到立面图中，并进行修剪，如图 13-103 所示。

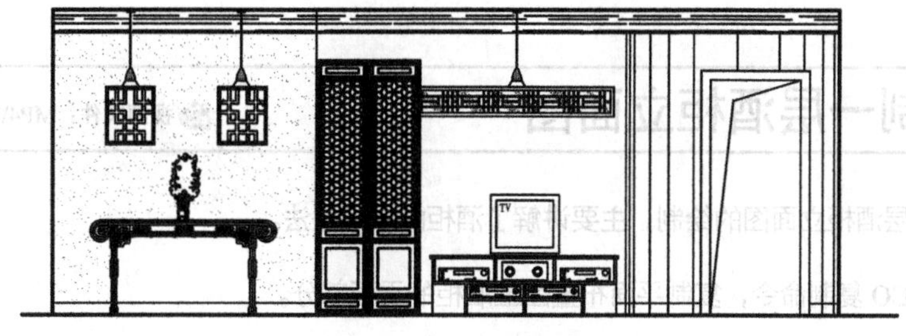

图 13-103　插入图块

10 调用 DIMLINEAR/DLI 线性命令，标注尺寸，如图 13-104 所示。

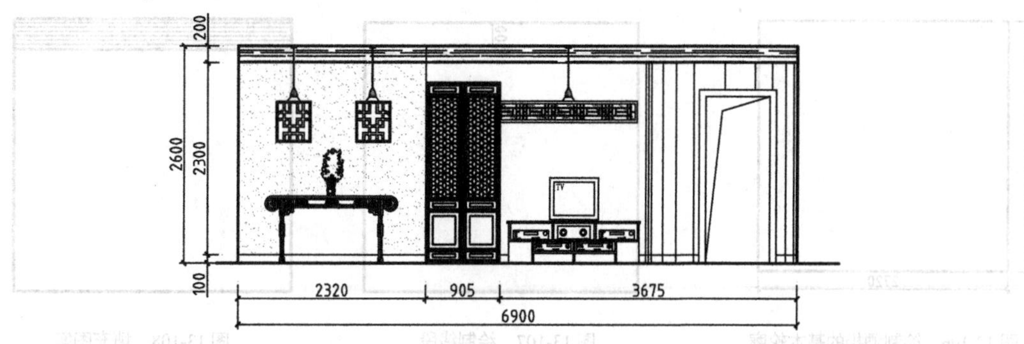

图 13-104　标注尺寸

11 用 MLEADER/MLD 多重引线命令，材料说明。

12 调用 INSERT/I 插入命令，插入“图名”图块，完成中式包厢 D 立面图的绘制，如图 13-105 所示。

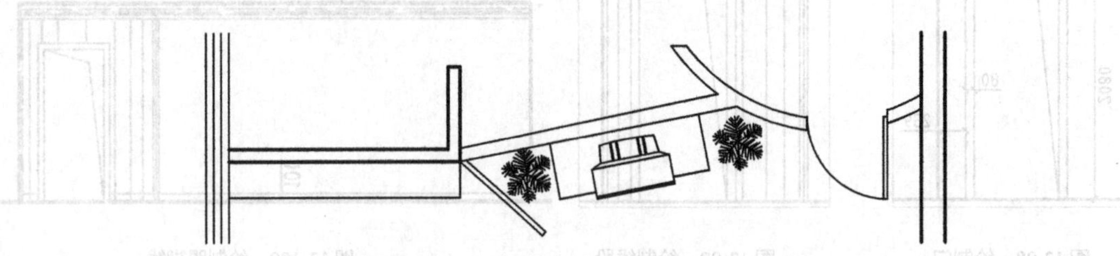

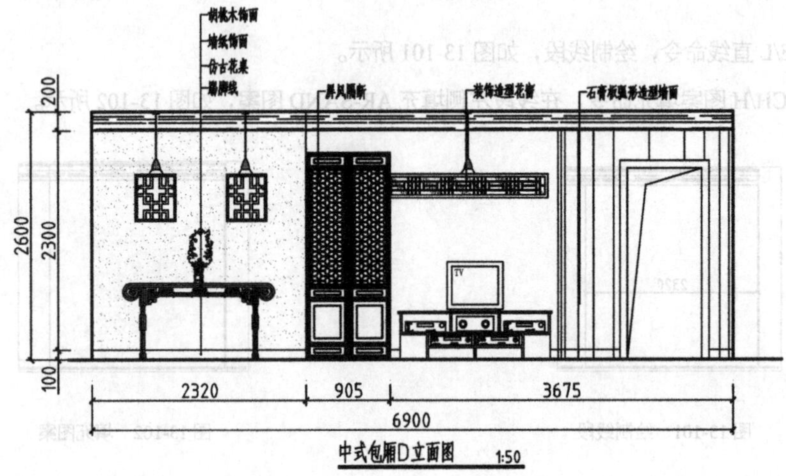

图 13-105 绘制完成的中式包厢 D 立面图

162 绘制一层酒柜立面图

视频文件：MP4\第 13 章\162.MP4

本例介绍一层酒柜立面图的绘制，主要讲解了酒柜的详细做法。

01 调用 COPY/CO 复制命令，复制平面布置图上酒柜的平面部分。

02 调用 RECTANG/REC 矩形命令，绘制酒柜的基本轮廓，如图 13-106 所示。

03 用 LINE/L 直线命令，绘制如图 13-107 所示线段。

04 用 HATCH/H 图案填充命令，在线段内填充 LINE 图案，如图 13-108 所示。

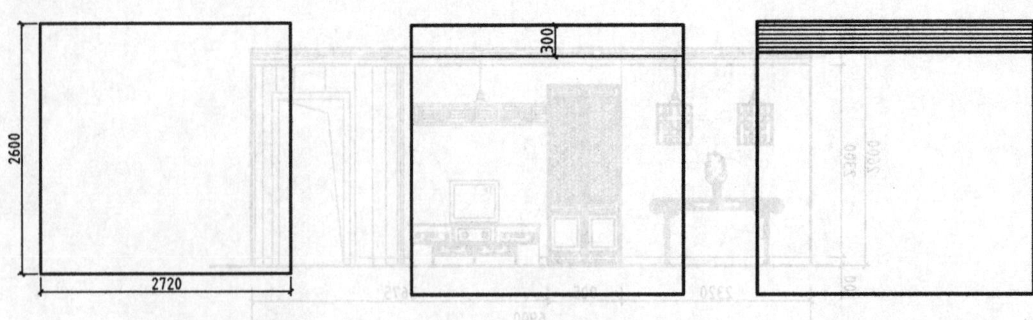

图 13-106 绘制酒柜的基本轮廓　图 13-107 绘制线段　图 13-108 填充图案

05 绘制酒柜。调用 RECTANG/REC 矩形命令，绘制酒柜的台面，如图 13-109 所示。

06 调用 LINE/L 直线命令和 OFFSET/O 偏移命令，划分酒柜，如图 13-110 所示。

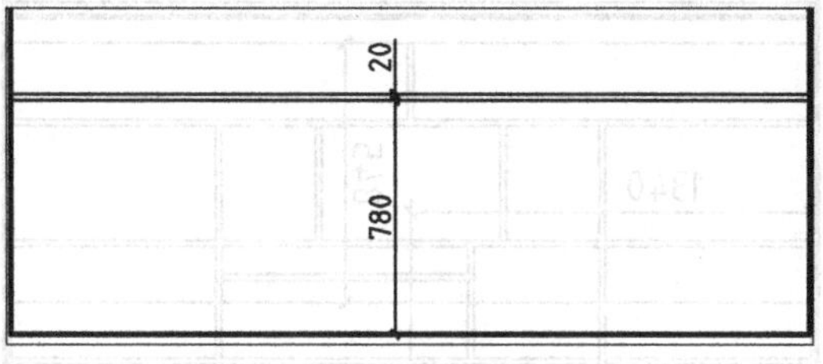

图 13-109　绘制酒柜台面

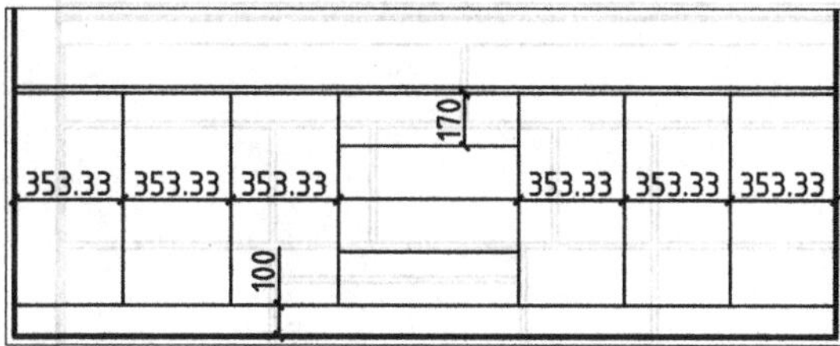

图 13-110　划分酒柜

07 调用 HATCH/H 图案填充命令，在酒柜的面板填充 LINE 图案，如图 13-111 所示。

08 调用 LINE/L 直线命令，绘制折线，表示门开启的方向，如图 13-112 所示。

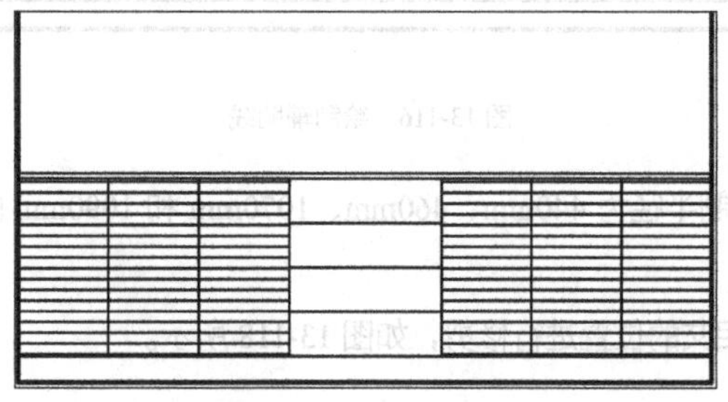

图 13-111　填充面板图案

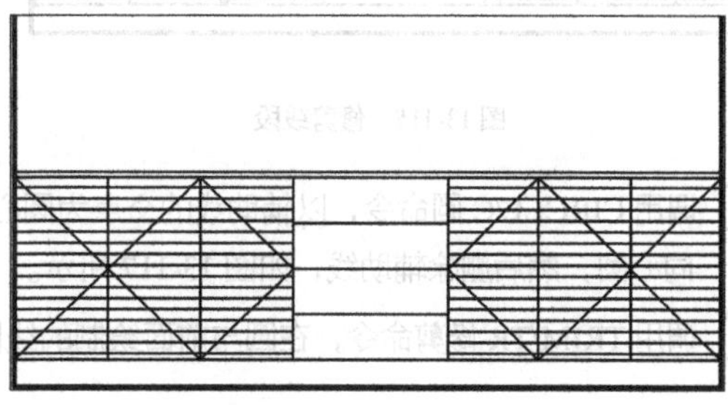

图 13-112　绘制折线

09 绘制酒架。调用 LINE/L 直线命令，绘制如图 13-113 所示线段。

10 用 LINE/L 直线命令和 OFFSET/O 偏移命令，绘制酒架，如图 13-114 所示。

11 调用 TRIM/TR 修剪命令，对线段进行修剪，效果如图 13-115 所示。

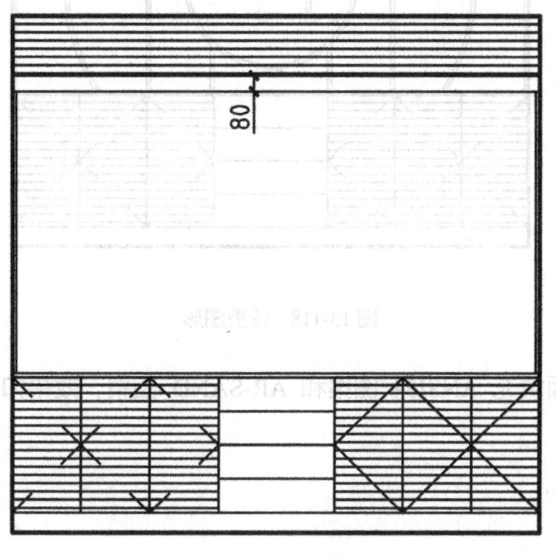

图 13-113　绘制线段

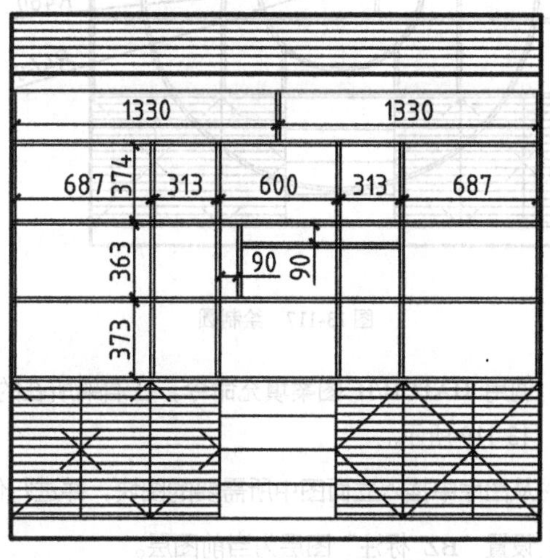

图 13-114　绘制酒架

12 调用 LINE/L 直线命令，绘制如图 13-116 所示辅助线。

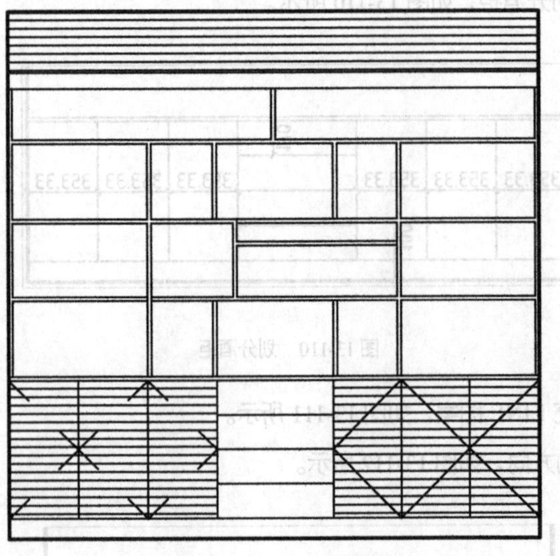

图 13-115　修剪线段

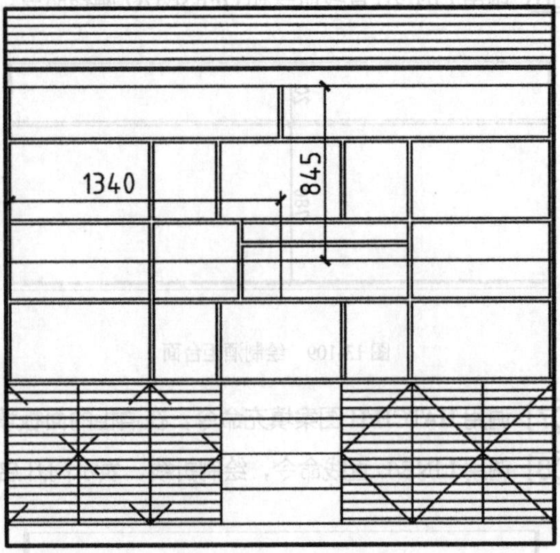

1340
845

图 13-116　绘制辅助线

13 调用 CIRCLE/C 圆命令，以辅助线的交点为圆心绘制半径为 440mm、460mm、1070mm 和 1090mm 的同心圆，然后删除辅助线，如图 13-117 所示。

14 调用 TRIM/TR 修剪命令，在圆与前面绘制的线段相交的位置进行修剪，如图 13-118 所示。

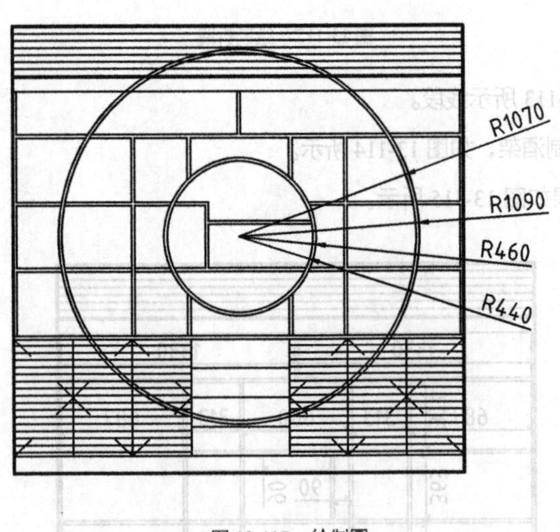

图 13-117　绘制圆

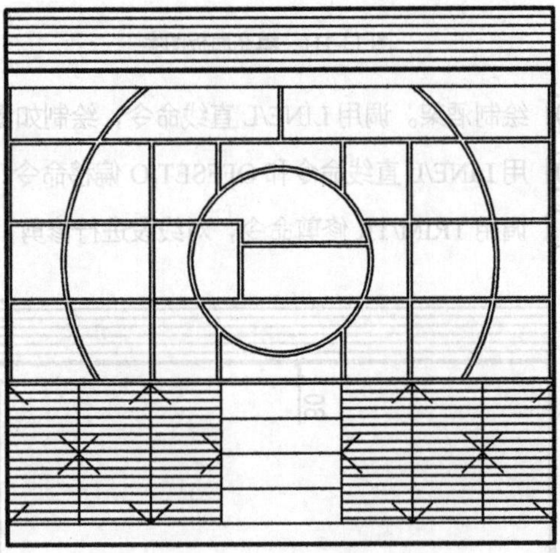

图 13-118　修剪图形

15 调用 HATCH/H 图案填充命令，在酒架所在的墙面填充 ANSI34 图案和 AR-SAND 图案，效果如图 13-119 所示。

16 从图库中插入立面图中所需要的图块，并进行修剪。

17 设置“BZ_标注”图层为当前图层。

18 调用 DIMLINEAR/DLI 线性命令和 MLEADER/MLD 多重引线命令，标注尺寸和材料说明。

19 调用 INSERT/I 插入命令，插入“图名”图块，完成酒柜立面图的绘制，效果如图 13-120 所示。

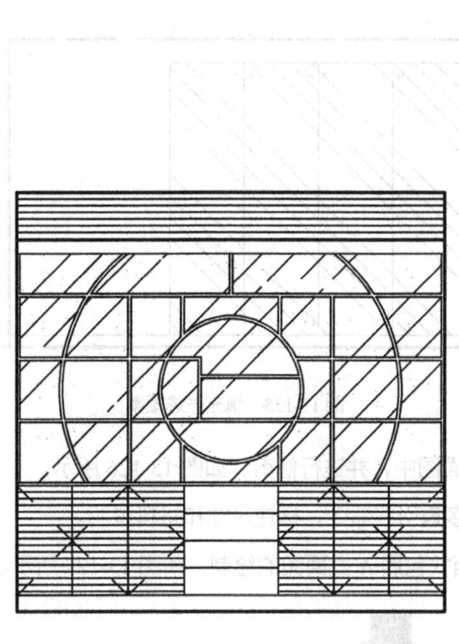

图 13-119　填充图案

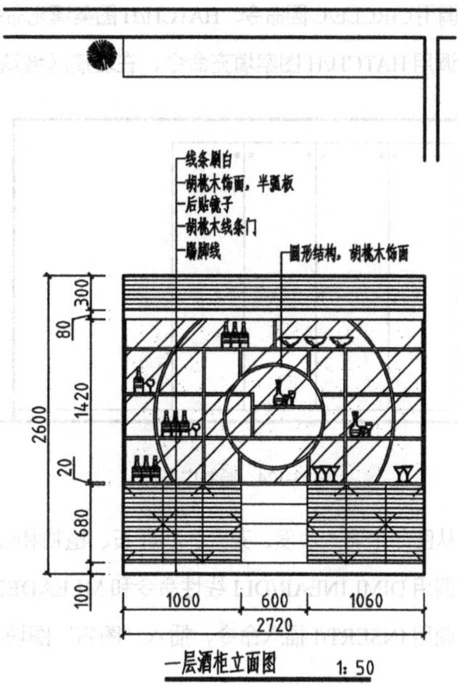

图 13-120　一层酒柜立面图

163 绘制西式包厢 A 立面图

视频文件：MP4\第 13 章\163.MP4

本例介绍西式包厢 A 立面图的绘制，A 立面图是休闲沙发所在的墙面。

01 调用 COPY/CO 复制命令，复制平面布置图上西式包厢 A 立面图的平面部分，并对图形进行旋转。

02 调用 LINE/L 直线命令和 TRIM/TR 修剪命令，绘制 A 立面的基本轮廓，如图 13-121 所示。

03 调用 LINE/L 直线命令，绘制踢脚线，踢脚线的高度为 100mm，如图 13-122 所示。

04 调用 PLINE/PL 多段线命令和 OFFSET/O 偏移命令，绘制玻璃隔断造型，如图 13-123 所示。

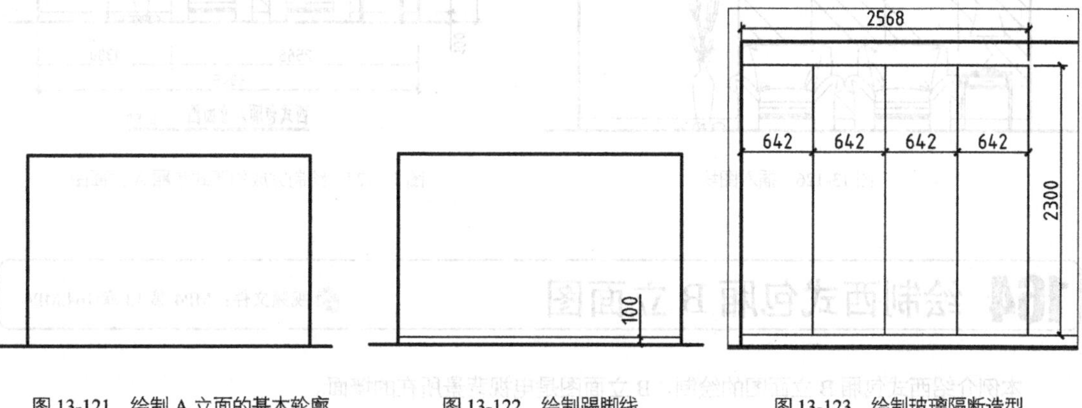

图 13-121　绘制 A 立面的基本轮廓　　图 13-122　绘制踢脚线　　图 13-123　绘制玻璃隔断造型

05 调用 CIRCLE/C 圆命令、HATCH/H 图案填充命令和 COPY/CO 复制命令，绘制广告钉，如图 13-124 所示。

06 调用 HATCH/H 图案填充命令，在玻璃区域填充 AR-SAND 图案和 ANSI34 图案，如图 13-125 所示。

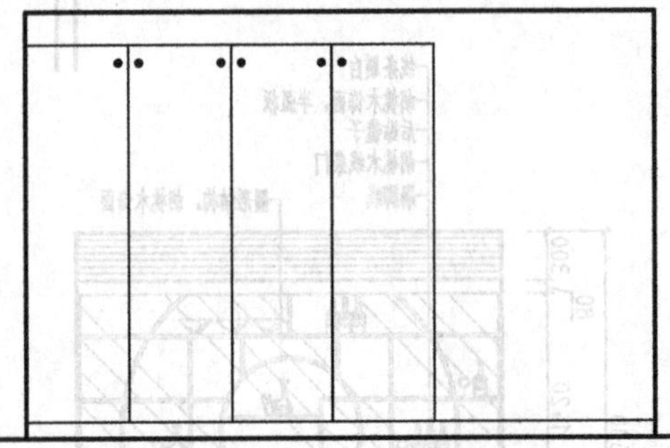

图 13-124　绘制广告钉

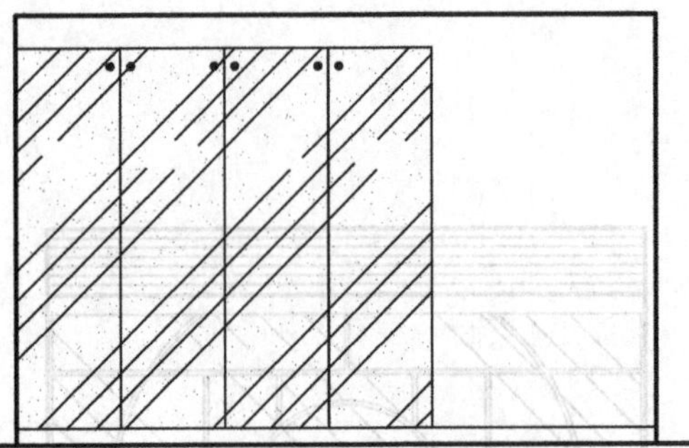

图 13-125　填充玻璃图案

07 从图库中调入沙发、茶几、鹅卵石、植物和台灯到立面图中，并进行修剪，如图 13-126 所示。

08 调用 DIMLINEAR/DLI 线性命令和 MLEADER/MLD 多重引线命令，标注尺寸和材料说明。

09 调用 INSERT/I 插入命令，插入“图名”图块，完成西式包厢 A 立面图的绘制，如图 13-127 所示。

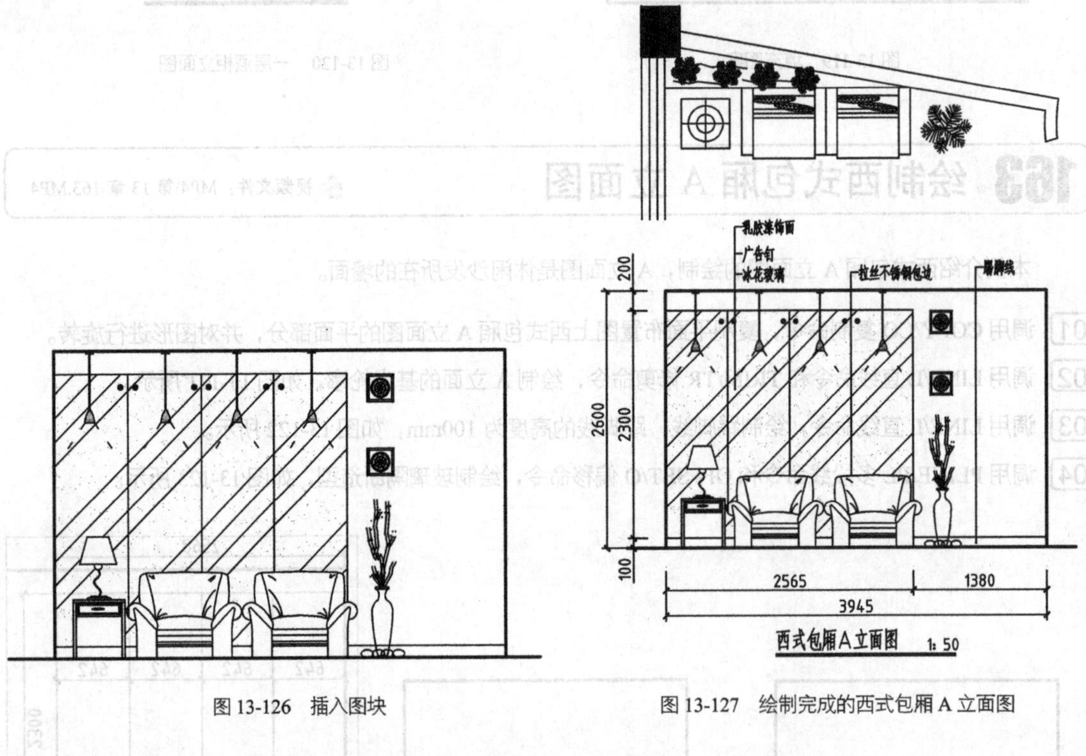

图 13-126　插入图块

图 13-127　绘制完成的西式包厢 A 立面图

164 绘制西式包厢 B 立面图

视频文件：MP4\第 13 章\164.MP4

本例介绍西式包厢 B 立面图的绘制，B 立面图是电视背景所在的墙面。

01 调用 COPY/CO 复制命令，复制平面布置图上西式包厢 B 立面图的平面部分。

02 调用 LINE/L 直线命令和 TRIM/修剪命令，绘制 B 立面图的基本轮廓，如图 13-128 所示。

03 调用 PLINE/PL 多段线命令和 OFFSET/O 偏移命令，绘制门，如图 13-129 所示。

04 绘制壁炉。在第 4 章中已详细讲解了壁炉的绘制方法，直接复制到立面图中即可，这里就不再详细地讲解了，结果如图 13-130 所示。

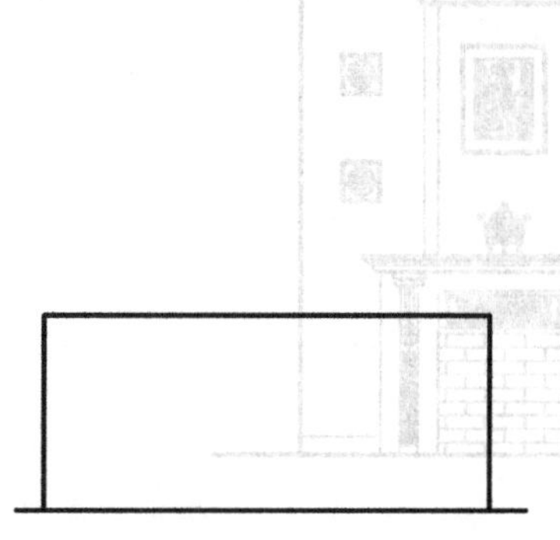

图 13-128　绘制 B 立面图的基本轮廓

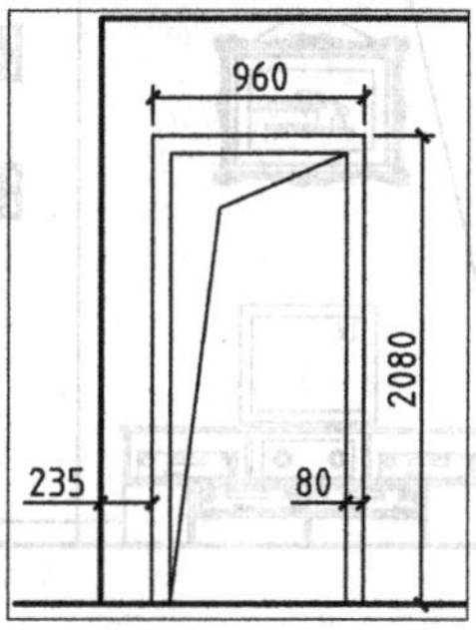

图 13-129　绘制线段

图 13-130　复制壁炉

05 调用 LINE/L 直线命令，绘制踢脚线，踢脚线的高度为 100mm，如图 13-131 所示。

06 调用 LINE/L 命令和 TRIM/TR 修剪命令，绘制墙体投影线，如图 13-132 所示。

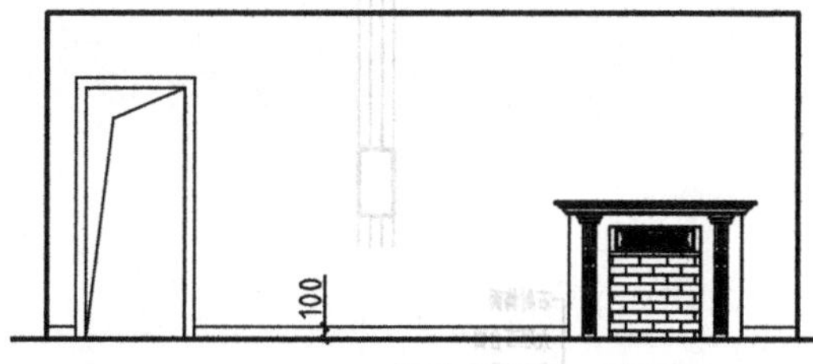

图 13-131　绘制踢脚线

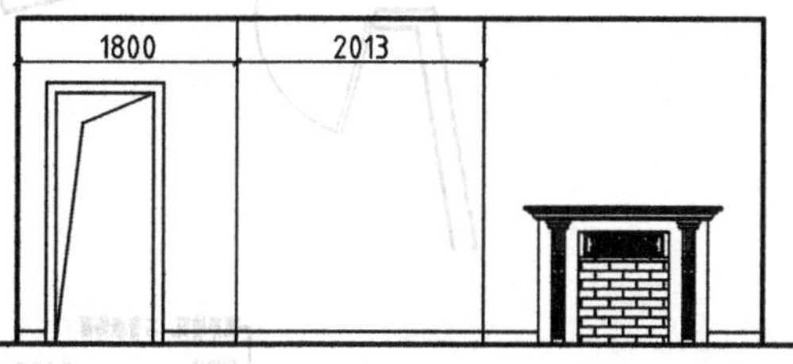

图 13-132　绘制墙体投影线

07 调用 LINE/L 直线命令和 OFFSET/O 偏移命令，在左侧墙面绘制线段，如图 13-133 所示。

08 调用 HATCH/图案填充命令，在右侧墙面填充 AR-SAND 图案，如图 13-134 所示。

09 调用 LINE/L 直线命令，在中间墙面区域绘制折线，表示镂空，如图 13-135 所示。

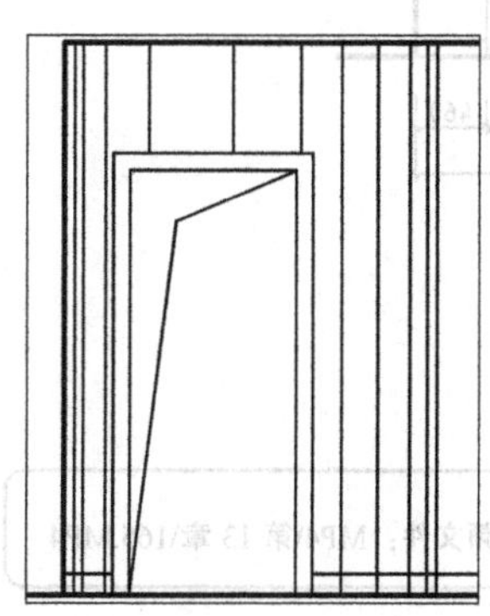

图 13-133　绘制线段

图 13-134　填充图案

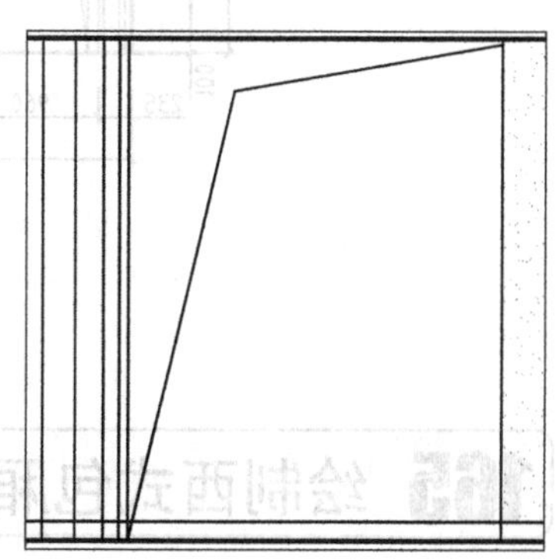

图 13-135　绘制折线

10 从图库中调入装饰画、电视、电视柜和雕花图块到立面图中，并进行修剪，如图 13-136 所示。

11 调用 DIMLINEAR/DLI 线性命令和 MLEADER/MLD 多重引线命令，标注尺寸和材料说明。

12 调用 INSERT/I 插入命令，插入“图名”图块，完成西式包厢 B 立面图的绘制，如图 13-137 所示。

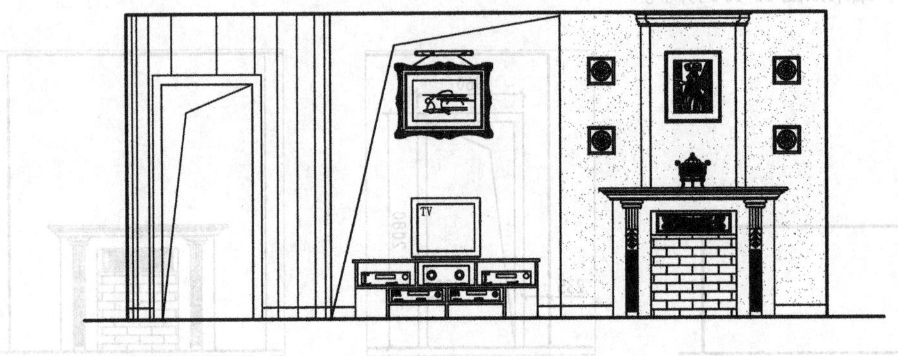

图 13-136 插入图块

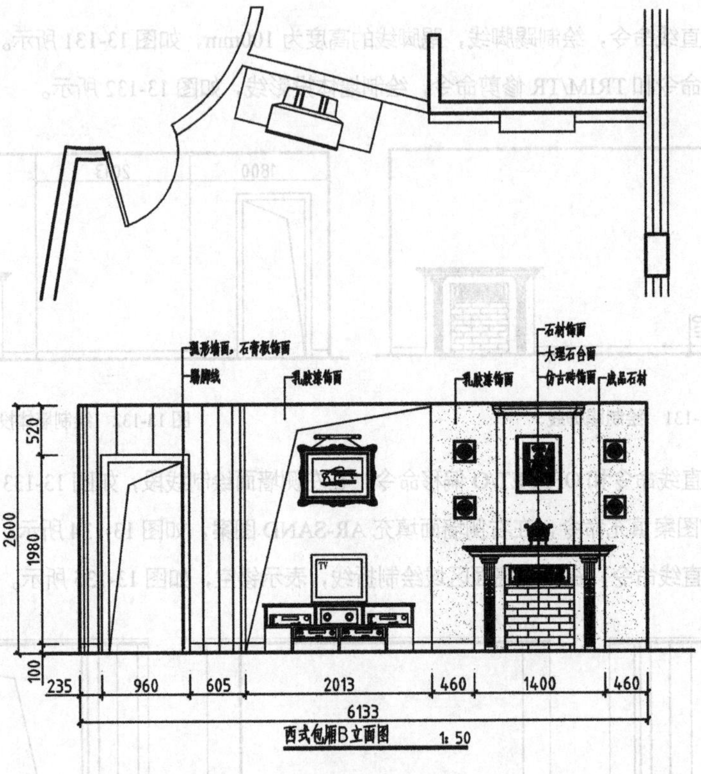

弧形墙面，石膏板饰面
踢脚线
乳胶漆饰面
乳胶漆饰面
石材饰面
大理石台面
仿古砖饰面
成品石材
520
2600
1980
100
235 960 605 2013 460 1400 460
6133
西式包厢B立面图 1:50

图 13-137 绘制完成的西式包厢 B 立面图

165 绘制西式包厢 D 立面图

视频文件：MP4\第 13 章\165.MP4

本例介绍西式包厢 D 立面图的绘制，D 立面图是装饰台和沙发所在的墙面。

01 调用 COPY/CO 复制命令，复制平面布置图上西式包厢 D 立面的平面部分，并对图形进行旋转。

02 调用 LINE/L 直线命令和 TRIM/TR 修剪命令，绘制 D 立面的基本轮廓，如图 13-138 所示。

03 调用 LINE/L 直线命令，绘制踢脚线，踢脚线的高度为 100mm，如图 13-139 所示。

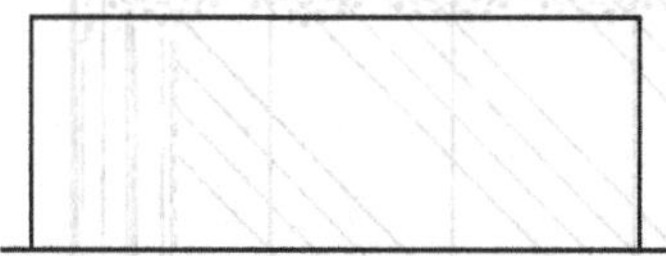
图 13-138　绘制 D 立面的基本轮廓

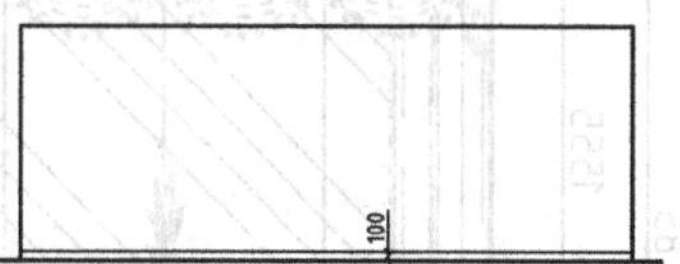

图 13-139　绘制踢脚线

04 调用 PLINE/PL 多段线命令、OFFSET/O 偏移命令、TRIM/TR 修剪命令和 HATCH/H 图案填充命令，绘制观景台，填充 AR-RROOF 图案，如图 13-140 所示。

05 从图库中调入窗帘、沙发、鹅卵石、陈设品和台灯等图块到立面图中，并进行修剪，如图 13-141 所示。

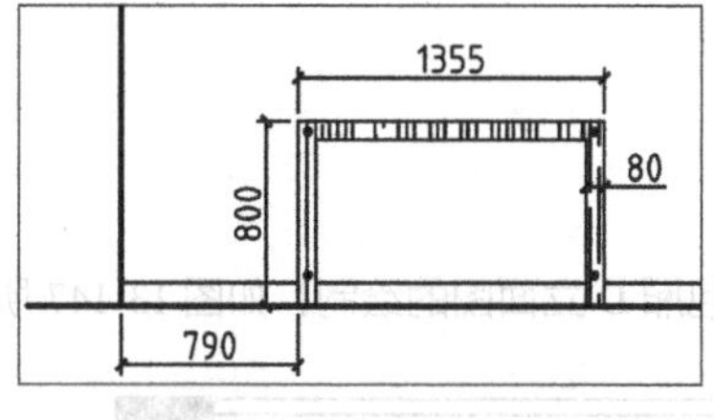

图 13-140　绘制观景台

图 13-141　插入图块

06 LINE/L 直线命令、OFFSET/O 偏移命令和 HATCH/H 图案填充命令，绘制墙面造型图案，填充 ANSI34 图案，如图 13-142 所示。

07 调用 LINE/L 直线命令和 OFFSET/O 偏移命令，绘制窗台，如图 13-143 所示。

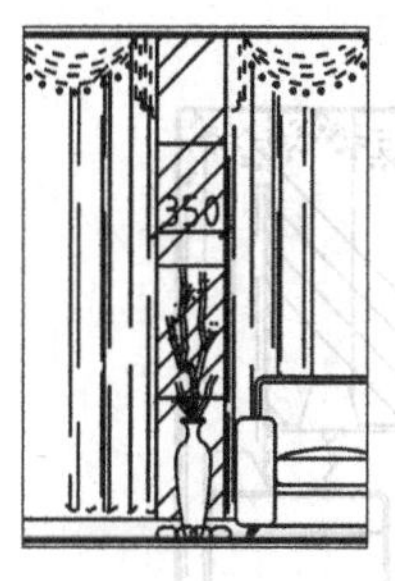

图 13-142　绘制墙面造型图案

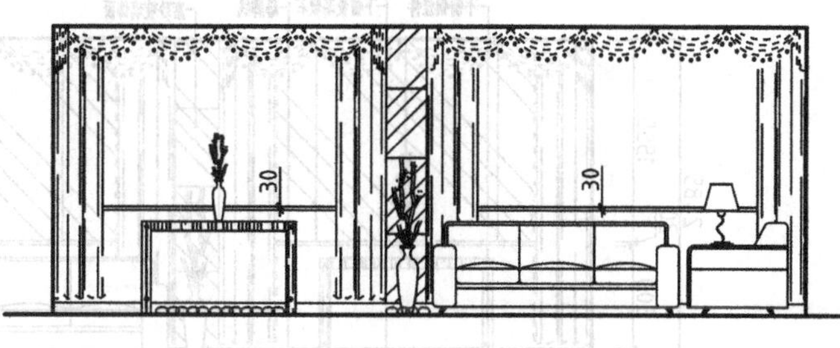

图 13-143　绘制窗台

08 继续调用 LINE/L 直线命令和 OFFSET/O 偏移命令，划分窗户，如图 13-144 所示。

09 调用 HATCH/H 图案填充命令，在窗户填充 AR-SAND 图案和 AR-RROOF 图案，如图 13-145 所示。

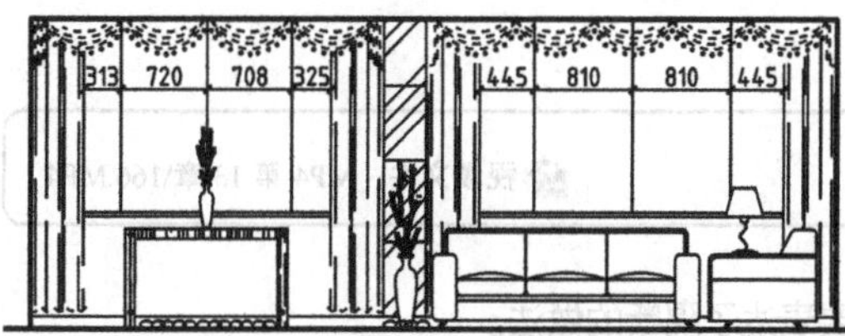

图 13-144　划分窗户

图 13-145　填充窗户效果

10 调用 DIMLINEAR/DLI 线性命令，标注尺寸，如图 13-146 所示。

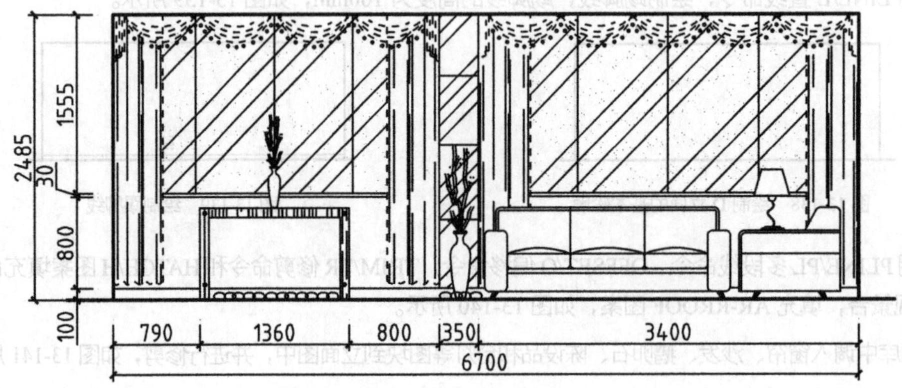

图 13-146　标注尺寸

11 调用 MLEADER/MLD 多重引线命令，标注材料说明。

12 调用 INSERT/I 插入命令，插入“图名”图块，完成西式包厢 D 立面图的绘制，如图 13-147 所示。

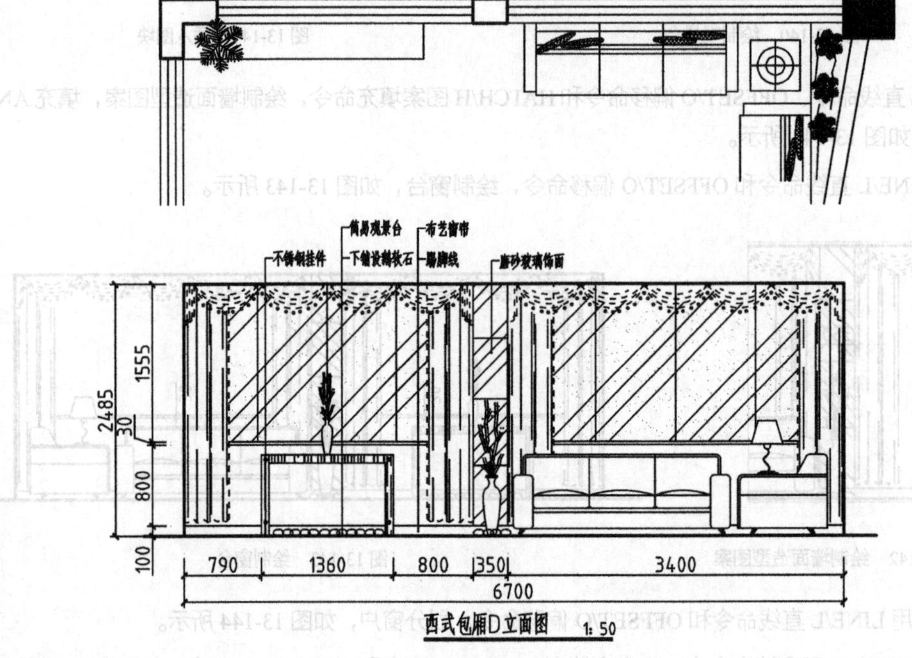

图 13-147　绘制完成的西式包厢 D 立面图

166 绘制二层休息区立面图

视频文件：MP4\第 13 章\166.MP4

本例介绍二层休息区 C 立面图的绘制，C 立面图主要表达了隔断的做法。

01 调用 COPY/CO 复制命令，复制平面布置图上二层休息区 C 立面的平面部分，并对图形进行旋转。

02 调用 LINE/L 直线命令和 TRIM/TR 修剪命令，绘制 C 立面的基本轮廓，如图 13-148 所示。

03 调用 LINE/L 直线命令，绘制踢脚线，踢脚线的高度为 100mm，如图 13-149 所示。

04 调用 HATCH/H 图案填充命令，在踢脚线区域填充 AR-CONC 图案，效果如图 13-150 所示。

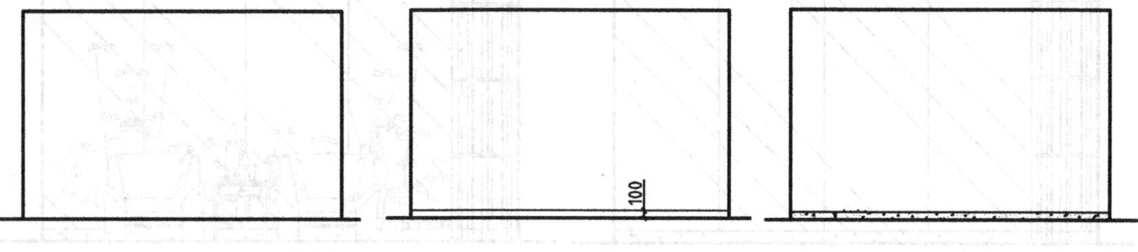

图 13-148　绘制 C 立面的基本轮廓　　图 13-149　绘制踢脚线　　图 13-150　填充踢脚线

05 调用 LINE/L 直线命令、RECTANG/REC 矩形命令和 COPY/CO 复制命令，绘制隔断，如图 13-151 所示。

06 调用 HATCH/H 图案填充命令，再在命令行中输入 T 命令，在弹出的【图案填充和渐变色】对话框中设置参数，在隔断填充 AR-RROOF 图案，填充参数和效果如图 13-152 所示。

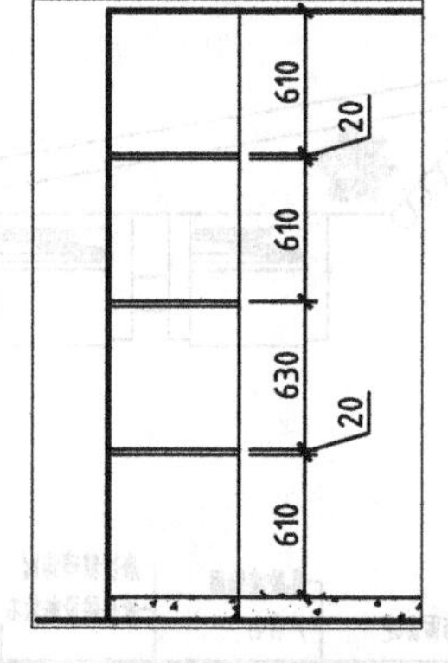

图 13-151　绘制隔断

图 13-152　填充参数和效果

07 用 PLINE/PL 多段线命令，绘制玻璃隔断造型，如图 13-153 所示。

08 调用 CIRCLE/C 圆命令、HATCH/H 图案填充命令和 COPY/CO 复制命令，绘制广告钉，填充 SOLID 图案，如图 13-154 所示。

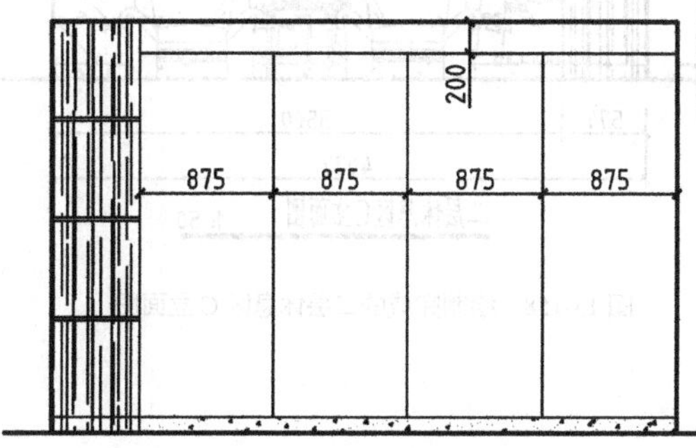

图 13-153　绘制线段

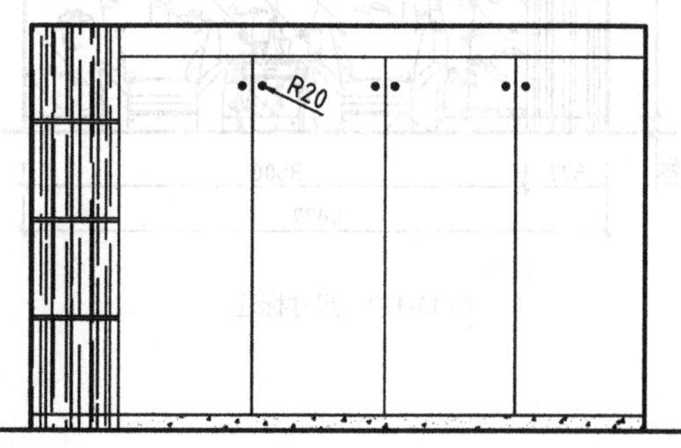

图 13-154　绘制广告钉

09 调用 HATCH/H 图案填充命令，在玻璃区域填充 AR-SAND 图案和 ANSI34 图案，如图 13-155 所示。

从图库中插入沙发、茶几、鹅卵石和植物到立面图中，并进行修剪，如图13-156所示。

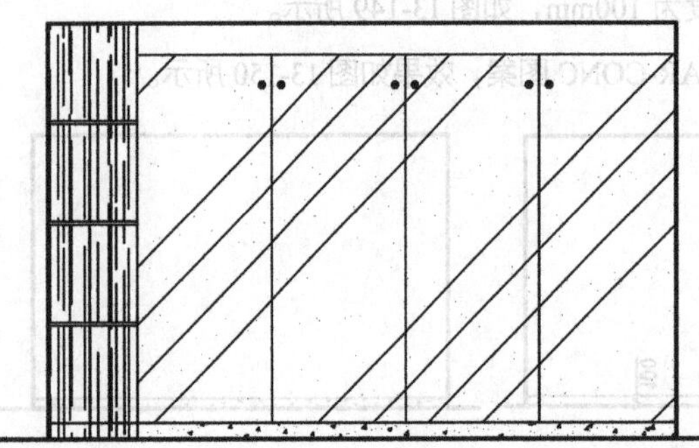

图13-155　填充效果

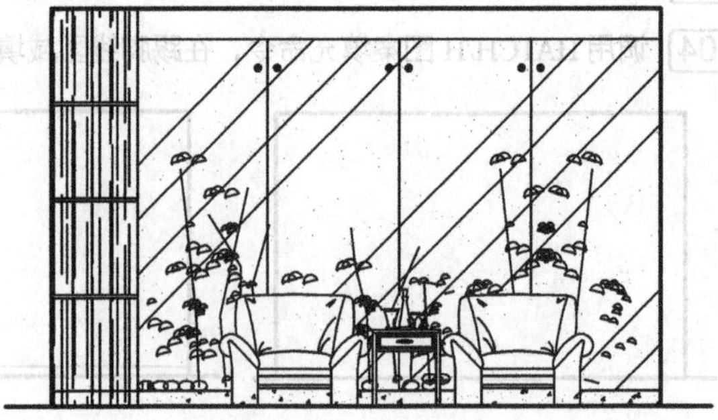

图13-156　插入图块

10 调用DIMLINEAR/DLI线性命令，进行尺寸标注，如图13-157所示。

11 调用MLEADER/MLD多重引线命令，标注材料说明。

12 调用INSERT/I插入命令，插入“图名”图块，完成二层休息区C立面图的绘制，如图13-158所示。

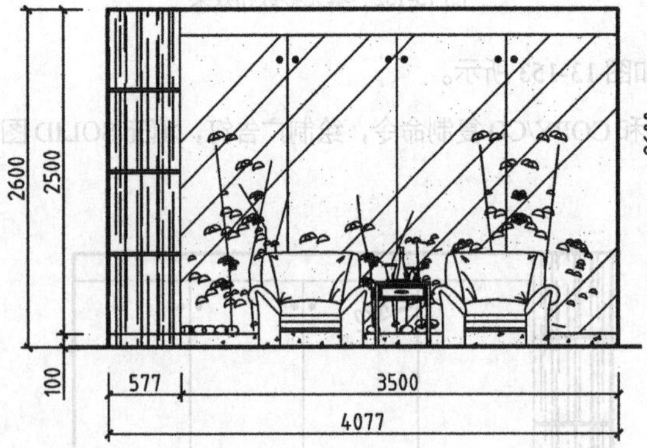

图13-157　尺寸标注

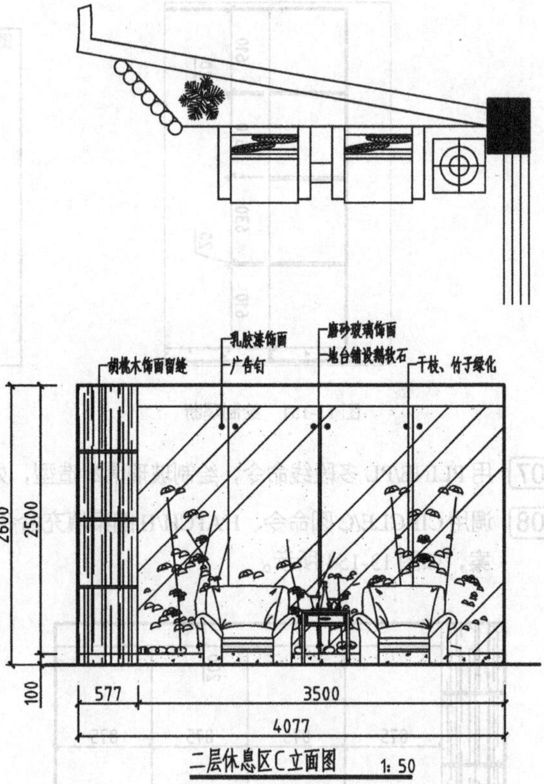

图13-158　绘制完成的二层休息区C立面图

第 14 章 服装专卖店室内设计

专卖店是产品、形象的最直接展示，是视觉识别中的一个重要组成部分。专卖店中的照明与色彩设计往往强调艺术氛围，室内空间的造型设计具有系列化和系统化特征。本章以某服装专卖店为例讲解专卖店施工图的绘制方法。

167 绘制服装专卖店建筑平面图

视频文件：MP4\第 14 章\167.MP4

绘制完成的服装专卖店建筑平面图如图 14-1 所示。作为商业建筑，其墙体分隔一般较为简单，从而为设计师提供了最大的发挥空间。

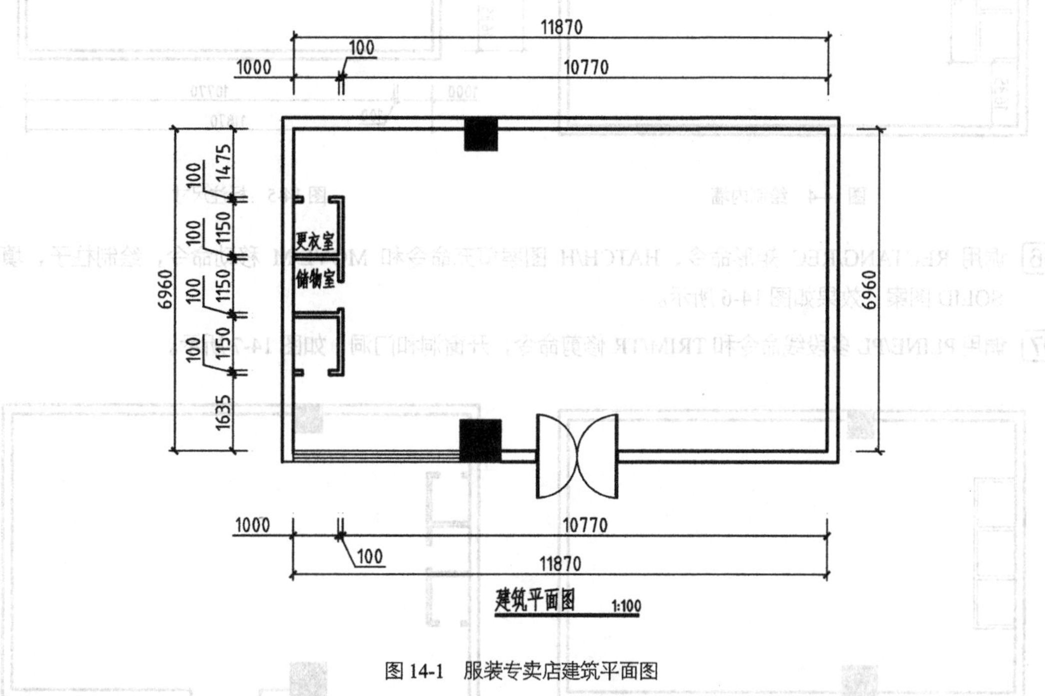

图 14-1 服装专卖店建筑平面图

01 启动 AutoCAD 2022，以“室内装潢施工图模板.dwt”创建新图形。

02 调用 RECTANG/REC 矩形命令，绘制尺寸为 11870mm×6960mm 的矩形，如图 14-2 所示。

03 调用 OFFSET/O 偏移命令，将矩形向外偏移 240mm，如图 14-3 所示，得到墙体。

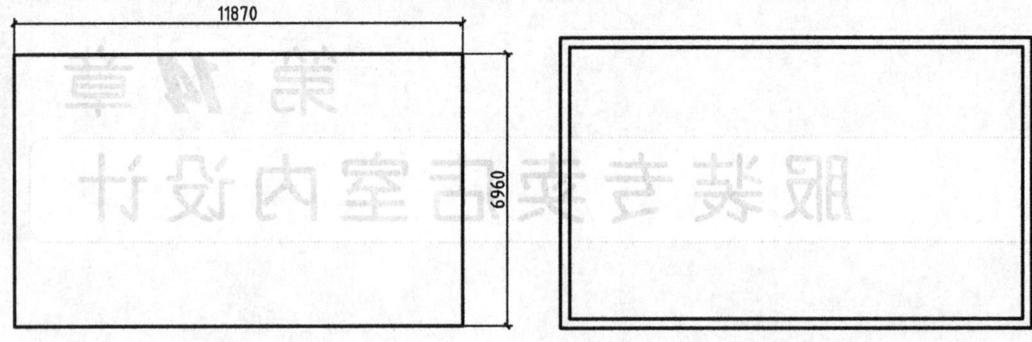

图 14-2　绘制矩形　　　　图 14-3　偏移矩形

04 调用 PLINE/PL 多段线命令和 OFFSET/O 偏移命令，并进行修剪，得到内墙，如图 14-4 所示。

05 调用 DIM 智能标注命令，标注尺寸，如图 14-5 所示。

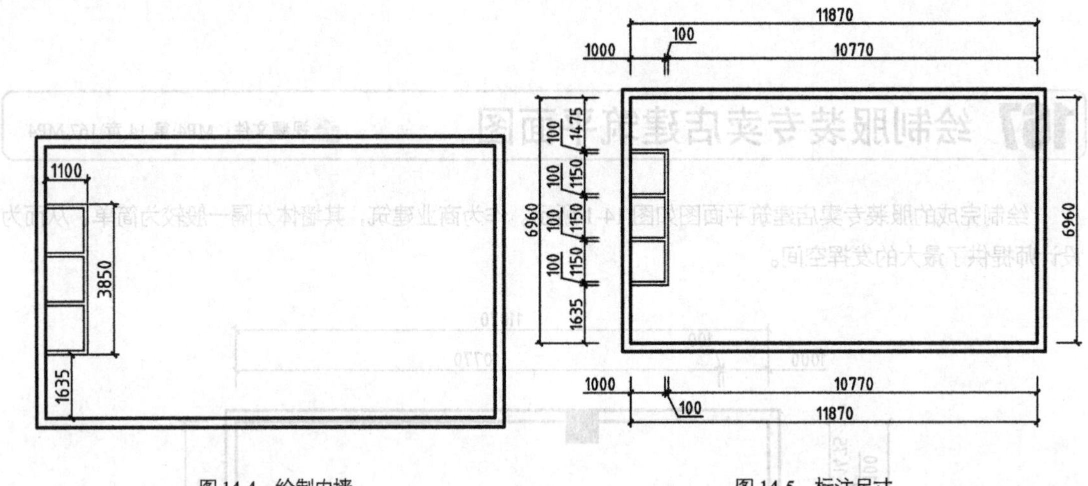

图 14-4　绘制内墙　　　　图 14-5　标注尺寸

06 调用 RECTANG/REC 矩形命令、HATCH/H 图案填充命令和 MOVE/M 移动命令，绘制柱子，填充 SOLID 图案，效果如图 14-6 所示。

07 调用 PLINE/PL 多段线命令和 TRIM/TR 修剪命令，开窗洞和门洞，如图 14-7 所示。

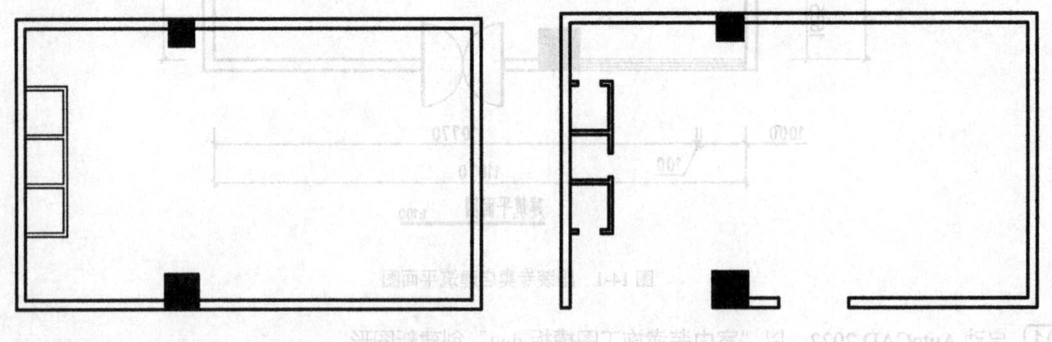

图 14-6　绘制柱子　　　　图 14-7　开窗洞和门洞

08 调用 LINE/L 直线命令和 OFFSET/O 偏移命令，绘制窗，如图 14-8 所示。

09 调用 INSERT/I 插入命令，插入门图块，并进行缩放、镜像等调整，效果如图 14-9 所示。

10 调用 MTEXT/MT 多行文字命令，标注房间名称。

11 调用 INSERT/I 插入命令，插入“图名”图块，完成服装专卖店建筑平面图的绘制。

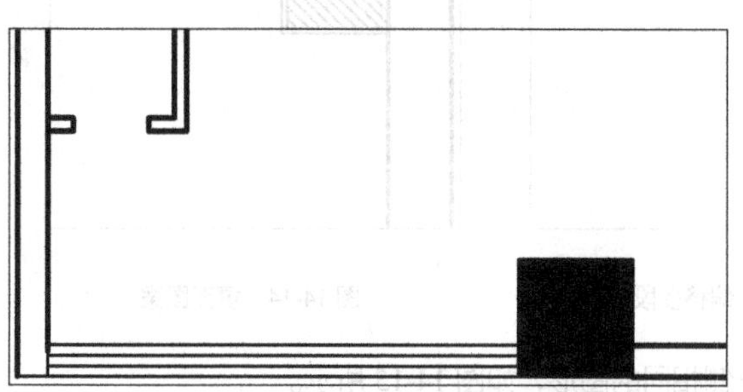

图 14-8　绘制窗

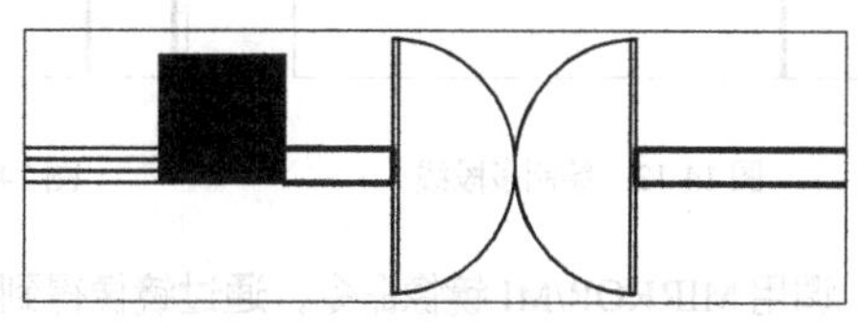

图 14-9　插入图块

168 绘制服装专卖店平面布置图

视频文件：MP4\第 14 章\168.MP4

图 14-10 所示为绘制完成的服装专卖店平面布置图。

01 调用 COPY/CO 复制命令，复制服装专卖店建筑平面图。

02 调用 INSERT/I 插入命令，插入门图块，并通过旋转、缩放等命令进行调整，效果如图 14-11 所示。

03 设置“JJ_家具”图层为当前图层。

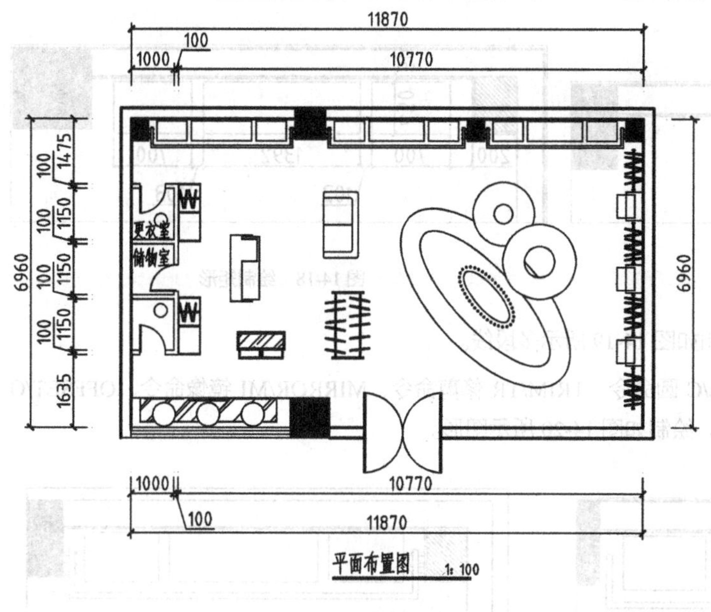

图 14-10　平面布置图

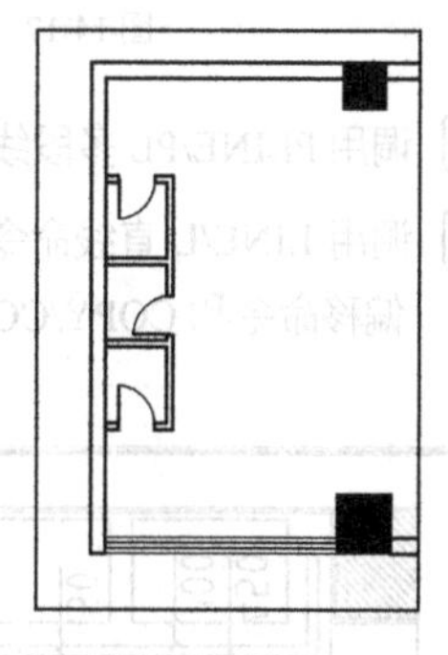

图 14-11　插入门图块

04 调用 PLINE/PL 多段线命令，绘制多段线，如图 14-12 所示。

05 调用 OFFSET/O 偏移命令，将多段线向内偏移 20mm，如图 14-13 所示。

06 调用 HATCH/H 图案填充命令，在多段线内填充 ANSI31 图案，效果如图 14-14 所示。

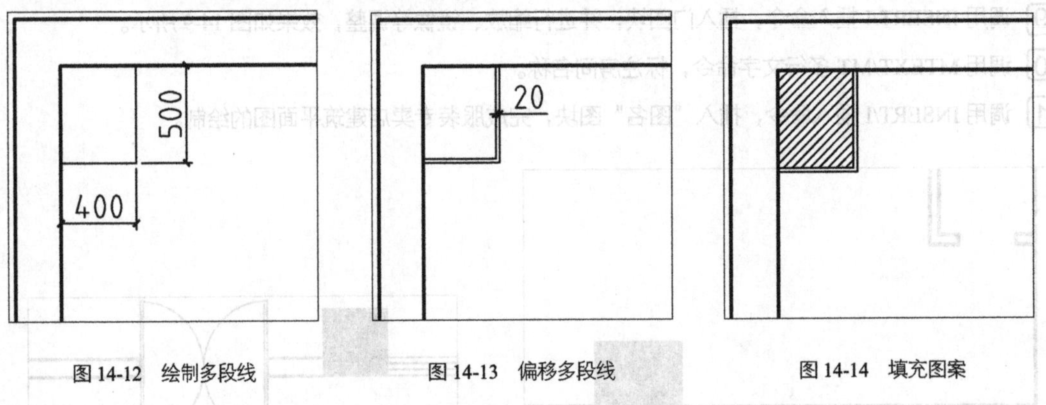

图 14-12　绘制多段线　　图 14-13　偏移多段线　　图 14-14　填充图案

07 调用 MIRROR/MI 镜像命令，通过镜像得到另一侧相同的图形，如图 14-15 所示。

08 调用 PLINE/PL 多段线命令、OFFSET/O 偏移命令和 HATCH/H 图案填充命令，填充 ANSI31 图案，绘制如图 14-16 所示图形。

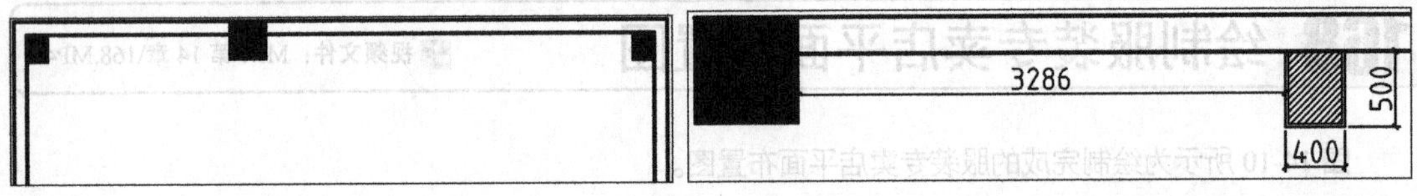

图 14-15　镜像图形　　图 14-16　绘制图形

09 调用 LINE/L 直线命令，绘制线段，如图 14-17 所示。

10 调用 RECTANG/REC 矩形命令，绘制如图 14-18 所示矩形，并移动到相应的位置。

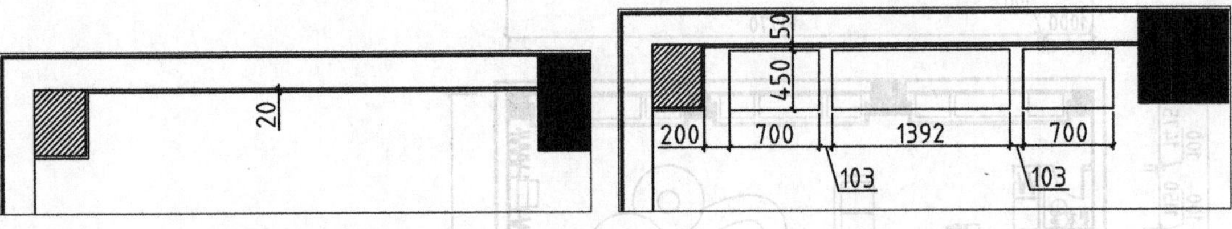

图 14-17　绘制线段　　图 14-18　绘制矩形

11 调用 PLINE/PL 多段线命令，绘制如图 14-19 所示多段线。

12 调用 LINE/L 直线命令、CIRCLE/C 圆命令、TRIM/TR 修剪命令、MIRROR/MI 镜像命令、OFFSET/O 偏移命令和 COPY/CO 复制命令，绘制如图 14-20 所示图形。

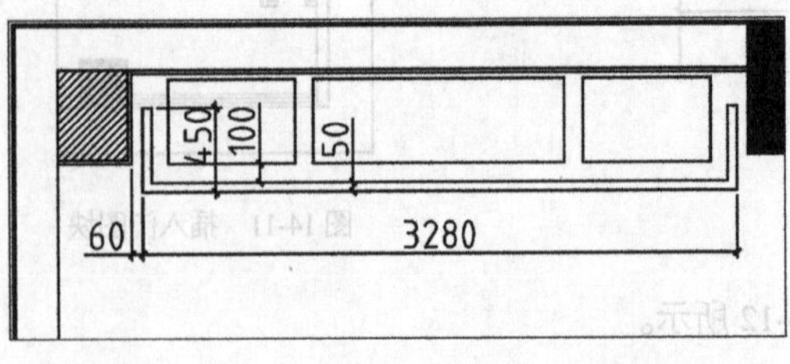

图 14-19　绘制多段线　　图 14-20　绘制图形

13 调用 COPY/CO 复制命令，通过复制得到其他活动柜图形，由于尺寸不同，可以使用 STRETCH/S（拉伸）命令进行调整，效果如图 14-21 所示。

14 调用 LINE/L 直线命令和 OFFSET/O 偏移命令，绘制镜子。

15 调用 CIRCLE/C 圆命令，绘制更衣室中的凳子图形，如图 14-22 所示。

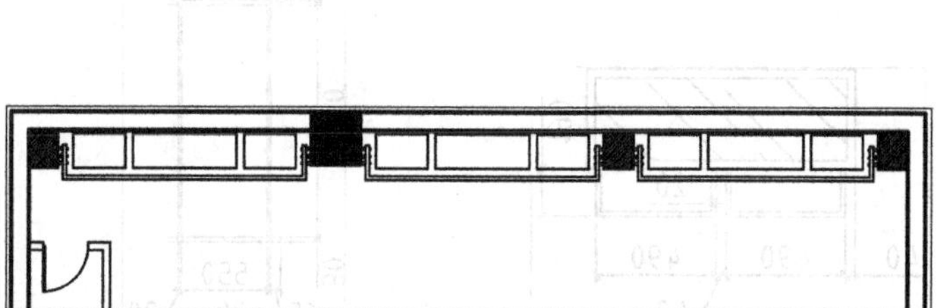

图 14-21 复制图形

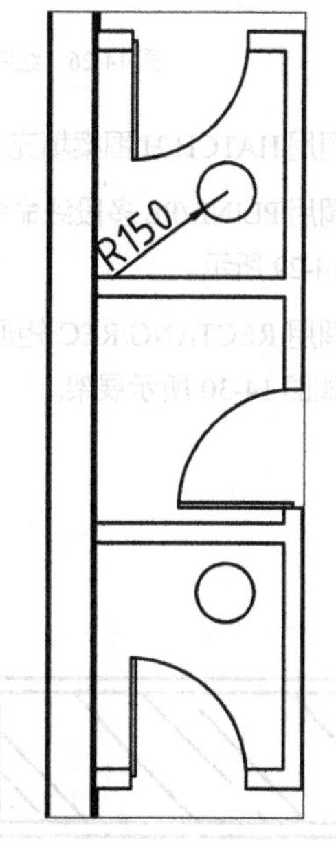

图 14-22 绘制凳子

16 调用 PLINE/PL 多段线命令，绘制展柜轮廓，如图 14-23 所示。

17 调用 LINE/L 直线命令和 OFFSET/O 偏移命令，细化展柜，如图 14-24 所示。

18 调用 COPY/CO 复制命令，将展柜复制到下方，如图 14-25 所示。

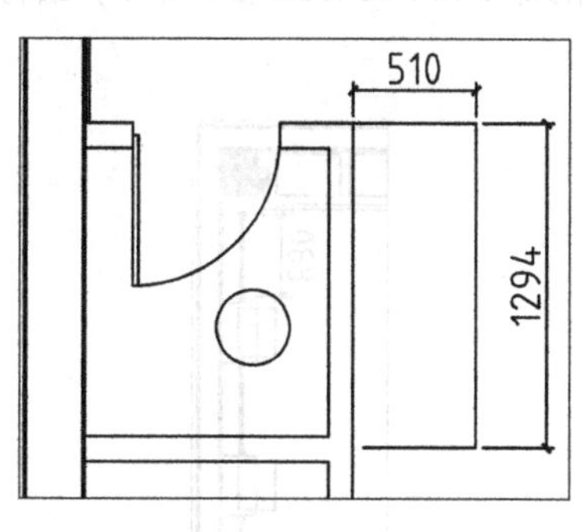

图 14-23 绘制展柜轮廓

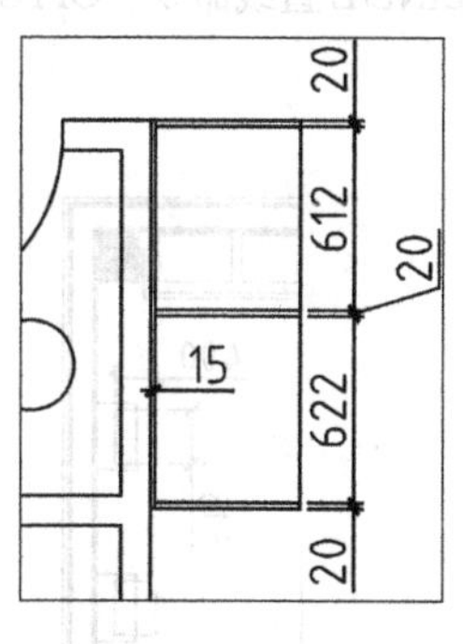

图 14-24 细化展柜

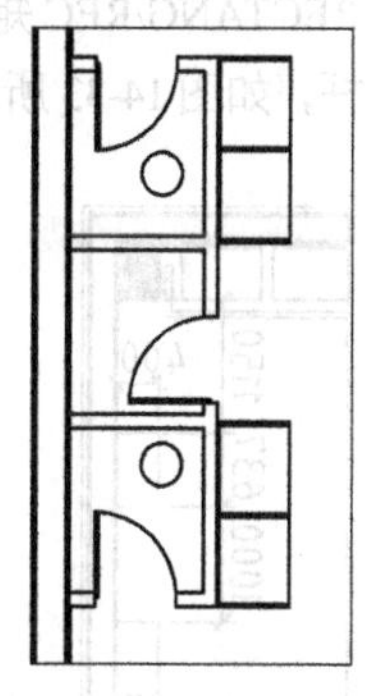

图 14-25 复制图形

19 调用 RECTANG/REC 矩形命令，绘制尺寸为 1100mm×400mm 的矩形，并移动到相应的位置，如图 14-26 所示。

20 调用 OFFSET/O 偏移命令，将矩形向内偏移 35mm，如图 14-27 所示。

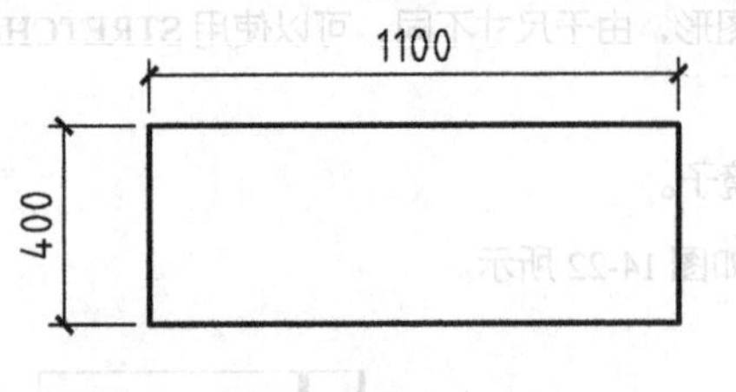

图 14-26 绘制矩形

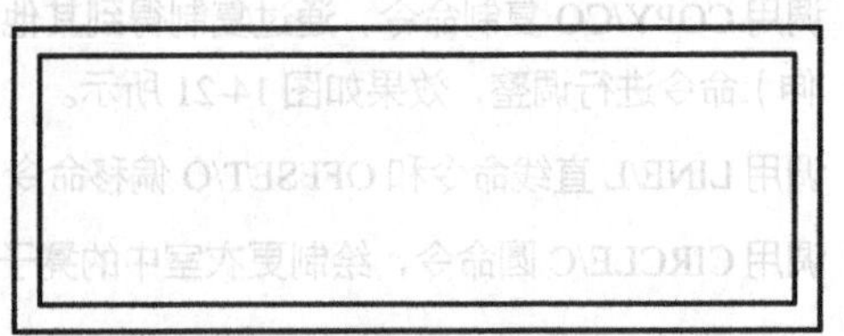

图 14-27 偏移矩形

21 调用 HATCH/H 图案填充命令，在矩形内填充 AR-RROOS 图案，效果如图 14-28 所示。

22 调用 PLINE/PL 多段线命令、OFFSET/O 偏移命令和 COPY/CO 复制命令，绘制矩形下方的图形，如图 14-29 所示。

23 调用 RECTANG/REC 矩形命令、LINE/L 直线命令、MOVE/M 移动命令和 COPY/CO 复制命令，绘制如图 14-30 所示展架。

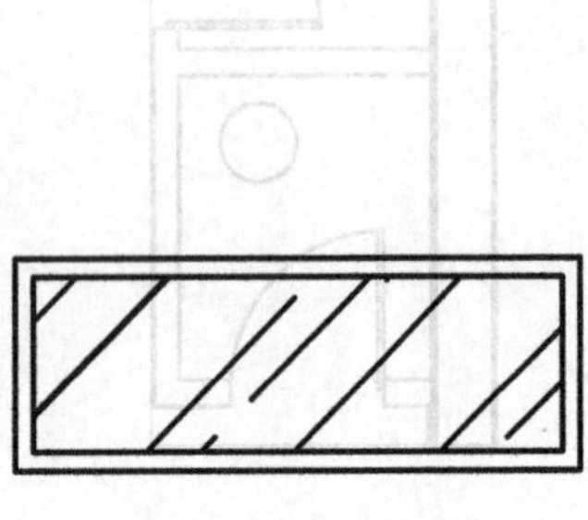

图 14-28 填充效果

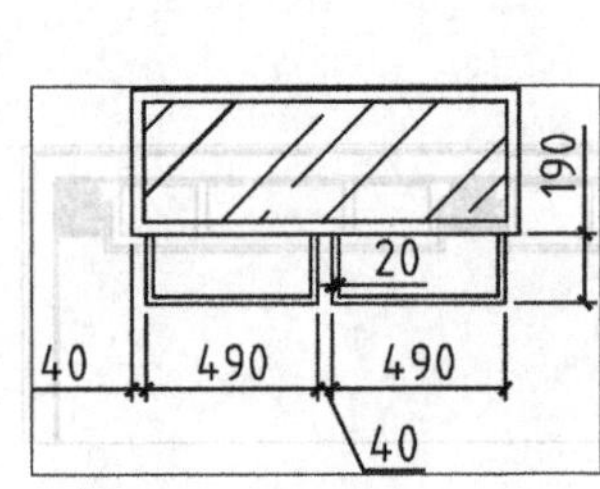

图 14-29 绘制图形

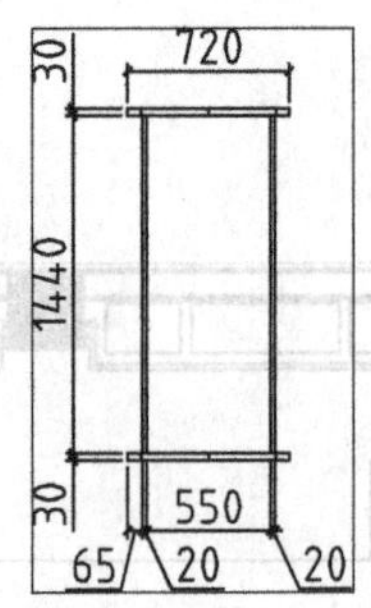

图 14-30 绘制展架

24 调用 PLINE/PL 多段线命令和 COPY/CO 复制命令，绘制如图 14-31 所示多段线。

25 调用 RECTANG/REC 矩形命令，绘制三个尺寸为 400mm×518mm 的矩形，并移动到相应的位置，如图 14-32 所示。

26 调用 RECTANG/REC 矩形命令、LINE/L 直线命令、OFFSET/O 偏移命令和 COPY/CO 复制命令，绘制挂衣杆，如图 14-33 所示。

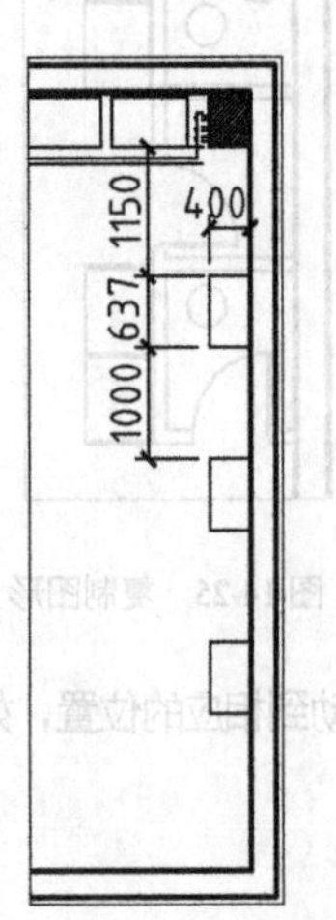

图 14-31 绘制多段线

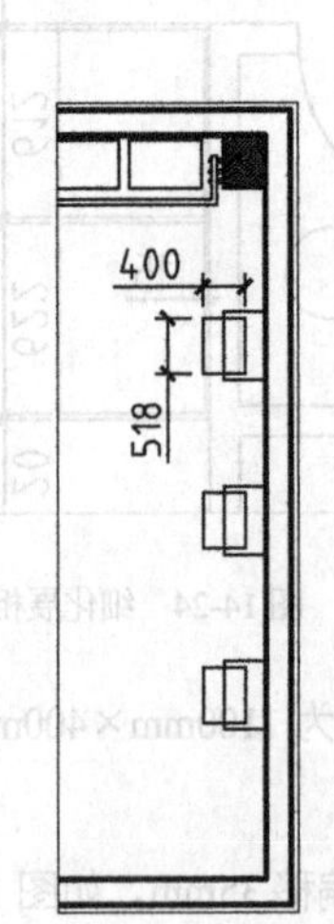

图 14-32 绘制矩形

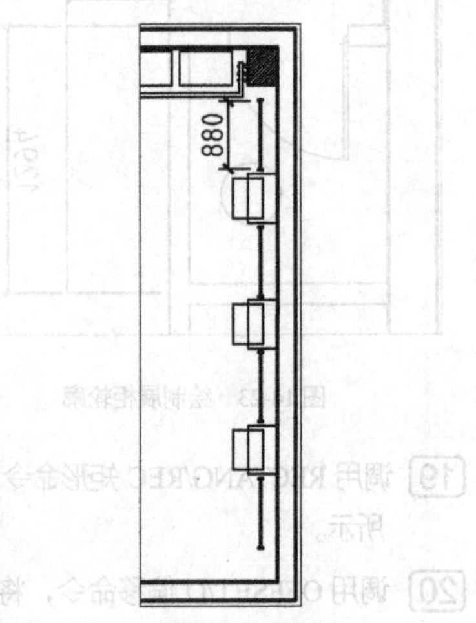

图 14-33 绘制挂衣杆

27 调用 PLINE/PL 多段线命令和 MOVE/M 移动移动命令，绘制如图 14-34 所示图形。

28 调用 PLINE/PL 多段线命令，绘制多段线，如图 14-35 所示，完成收银台的绘制。

29 调用 LINE/L 直线命令，绘制如图 14-36 所示线段。

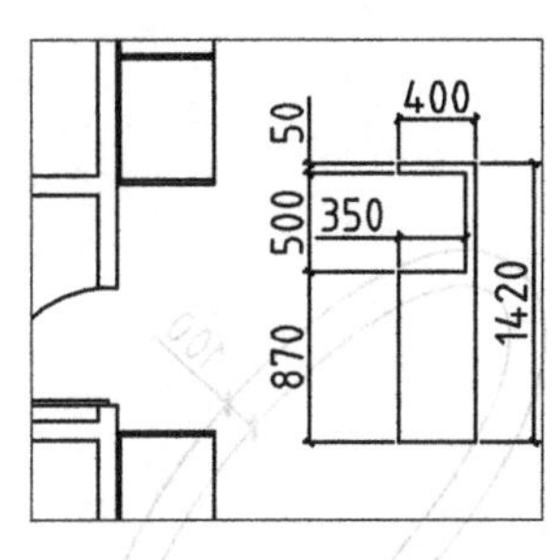

图 14-34　绘制多段线

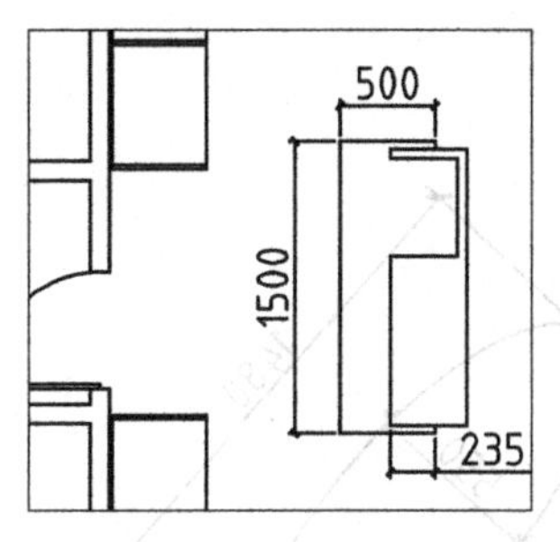

图 14-35　绘制多段线

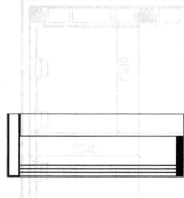

图 14-36　绘制线段

30 调用 PLINE/PL 多段线命令，在橱窗内绘制多段线，如图 14-37 所示。

31 调用 OFFSET/O 偏移命令，绘制辅助线，如图 14-38 所示。

32 调用 CIRCLE/C 圆命令，绘制一个半径为 265mm 的圆，如图 14-39 所示。

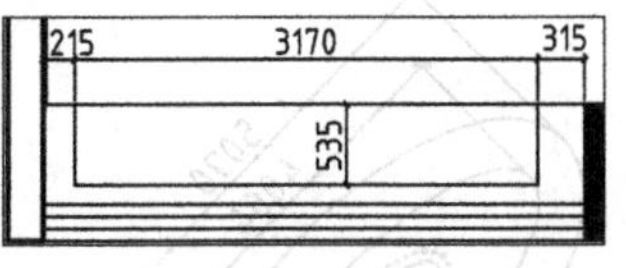

图 14-37　绘制多段线

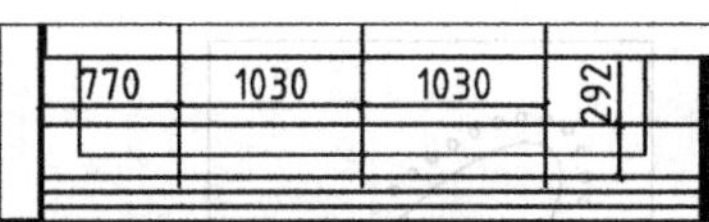

图 14-38　绘制辅助线

图 14-39　绘制圆

33 调用 COPY/CO 复制命令，将圆复制到其他辅助线上，并进行修剪，然后删除辅助线，如图 14-40 所示。

34 调用 RECTANG/REC 矩形命令、COPY/CO 复制命令和 MOVE/M 移动命令，绘制如图 14-41 所示矩形。

35 调用 HATCH/H 图案填充命令，在橱窗内填充 AR-RROOF 图案，效果如图 14-42 所示。

图 14-40　复制圆

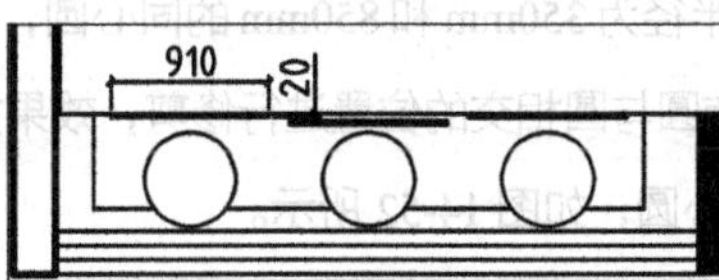

图 14-41　绘制矩形

图 14-42　填充图案

36 调用 OFFSET/O 偏移命令，绘制辅助线，如图 14-43 所示。

37 调用 ELLIPSE/EL 椭圆命令，绘制椭圆，然后删除辅助线，如图 14-44 所示。

38 调用 OFFSET/O 偏移命令，将椭圆向外偏移 100mm，如图 14-45 所示。

39 调用 CIRCLE/C 圆命令，在椭圆上绘制半径为 20mm 的圆，如图 14-46 所示。

40 调用 BLOCK/B 创建块命令，将圆创建成块。调用 DIVIDE/DIV 定数等分命令，使用创建的块将椭圆进行定数等分，然后删除椭圆，效果如图 14-47 所示。

41 调用 ELLIPSE/EL 椭圆命令，绘制椭圆，如图 14-48 所示。

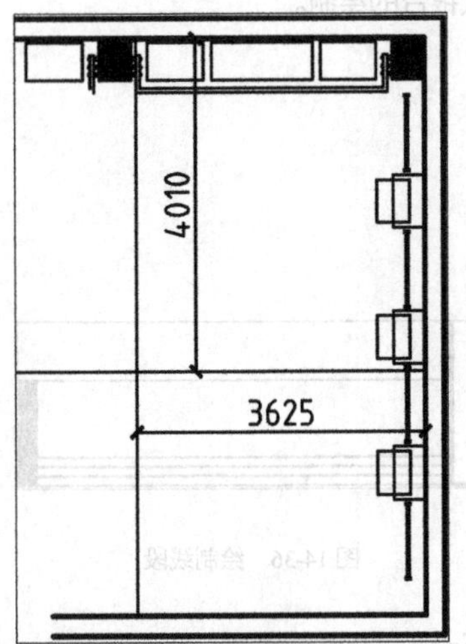

图 14-43　绘制辅助线

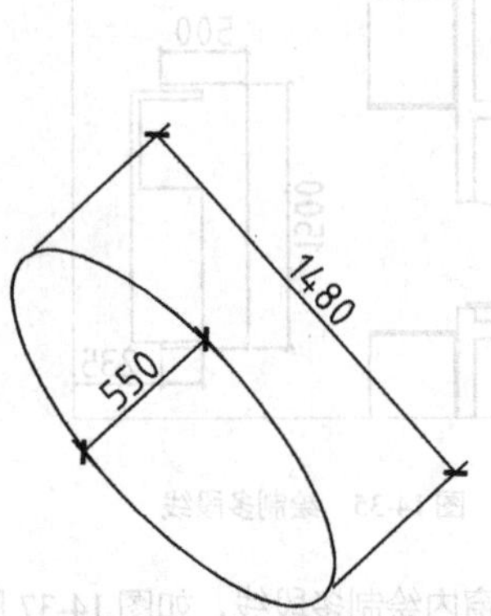

图 14-44　绘制椭圆

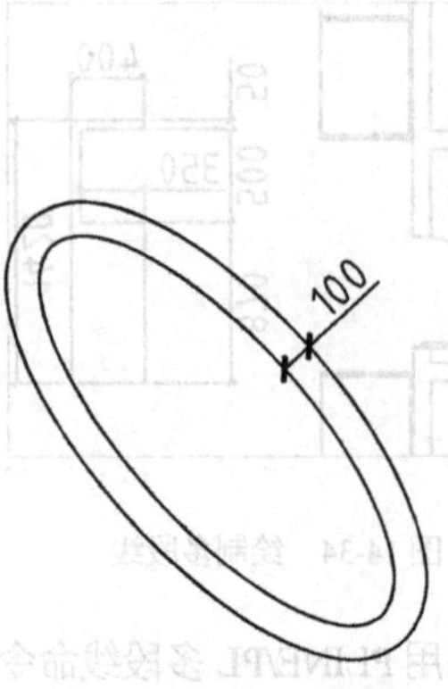

图 14-45　偏移椭圆

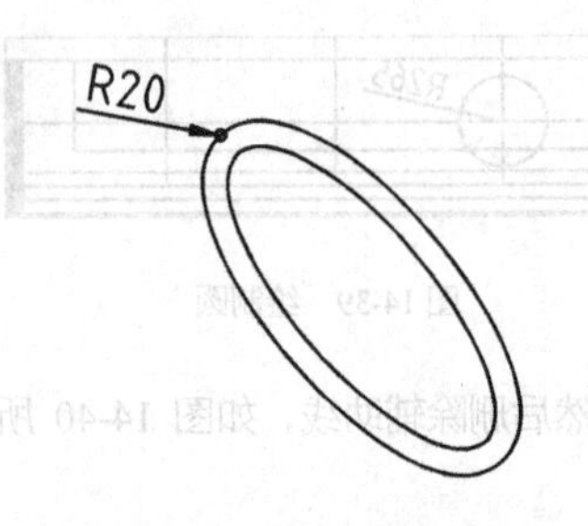

图 14-46　绘制圆

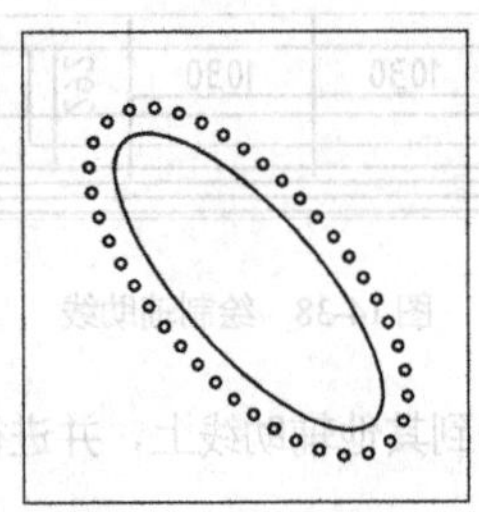
图 14-47　定数等分

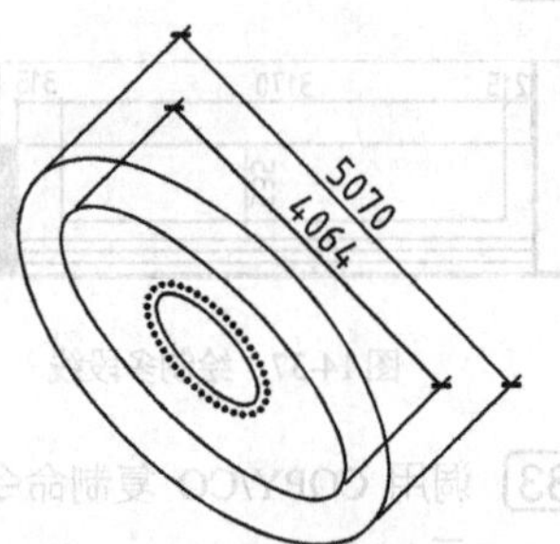

图 14-48　绘制椭圆

42 调用 OFFSET/O 偏移命令，绘制辅助线，如图 14-49 所示。

43 调用 CIRCLE/C 圆命令，绘制半径为 350mm 和 850mm 的同心圆，然后删除辅助线，如图 14-50 所示。

44 调用 TRIM/TR 修剪命令，对椭圆与圆相交的位置进行修剪，效果如图 14-51 所示。

45 使用同样的方法绘制上方的同心圆，如图 14-52 所示。

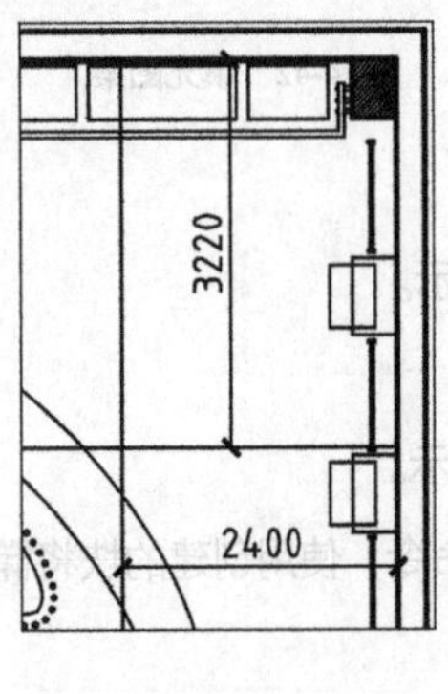

图 14-49　绘制辅助线

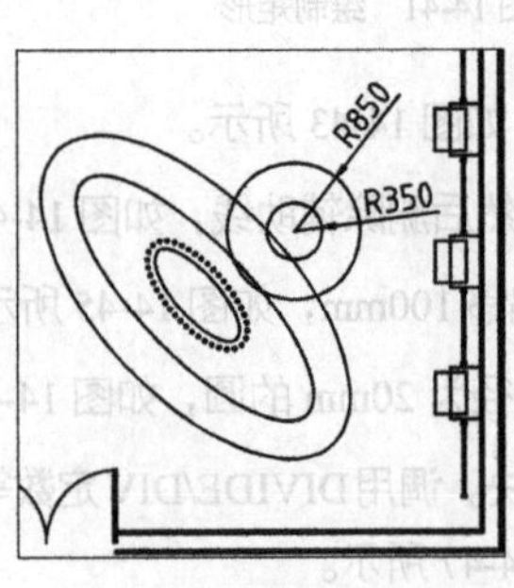

图 14-50　绘制同心圆

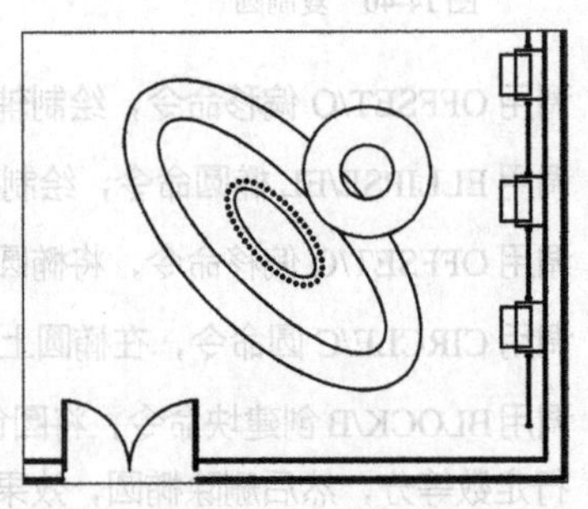
图 14-51　修剪图形

46 从图库中调入衣架和沙发图块到平面布置图中，完成专卖店平面布置图的绘制，效果如图 14-53 所示。

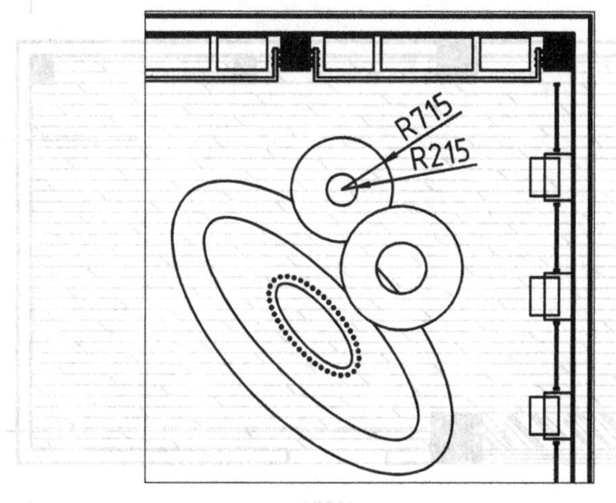

图 14-52　绘制同心圆

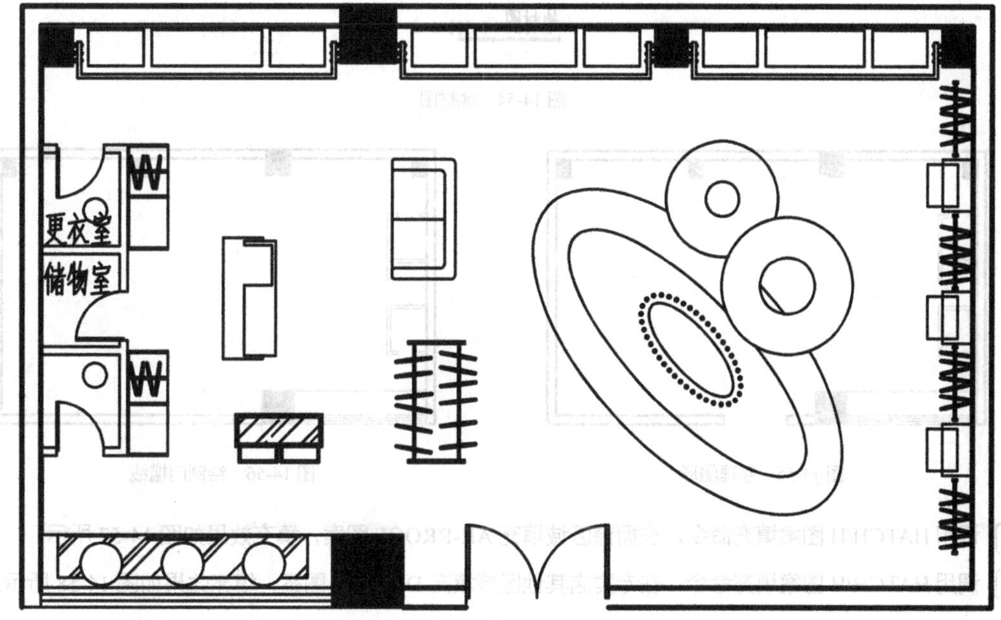

图 14-53　服装专卖店平面布置图

169 绘制服装专卖店地材图

视频文件：MP4\第 14 章\169.MP4

如图 14-54 所示为服装专卖店地材图，主要使用的地面材料是木地板。

01 调用 COPY/CO 复制命令，复制专卖店的平面布置图，并删除与地材图无关的图形，如图 14-55 所示。

02 设置“DM_地面”图层为当前图层。

03 调用 LINE/L 直线命令，绘制门槛线，如图 14-56 所示。

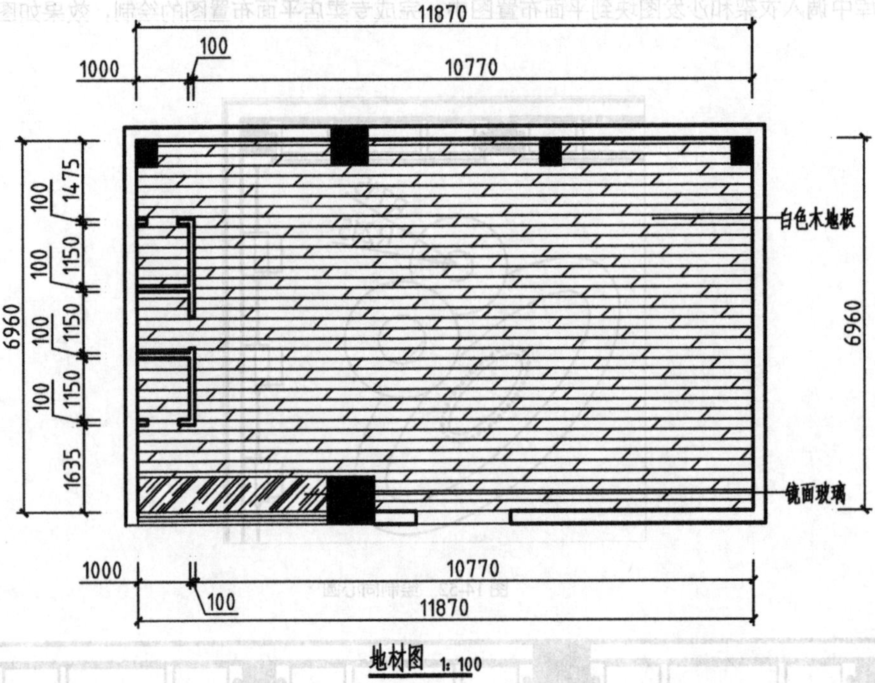

11870
1000
100
10770
6960
1475
100
1150
100
1150
100
1150
100
1635
6960
白色木地板
镜面玻璃
1000
100
10770
11870
地材图 1:100

图 14-54　地材图

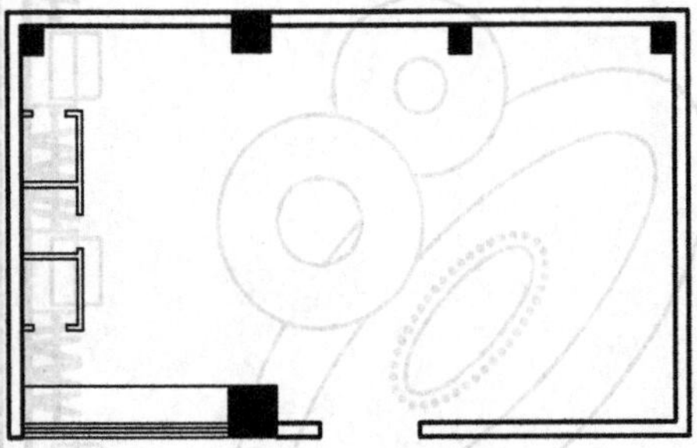

图 14-55　整理图形

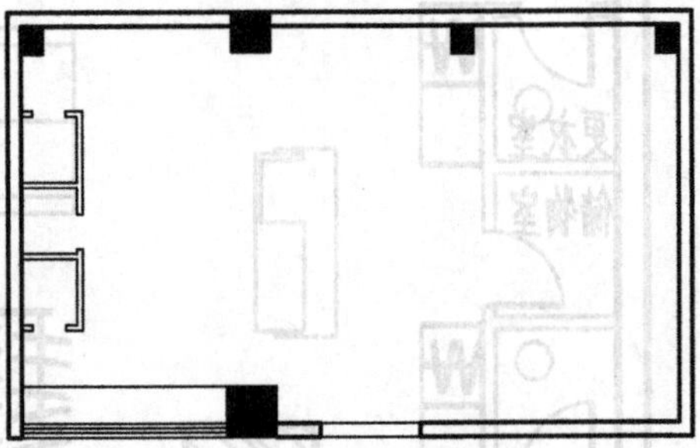

图 14-56　绘制门槛线

04 调用 HATCH/H 图案填充命令，在橱窗区域填充 AR-RROOF 图案，填充效果如图 14-57 所示。

05 调用 HATCH/H 图案填充命令，在专卖店其他区域填充 DOLMIT 图案，填充效果如图 14-58 所示。

06 调用 MLEADER/MLD 多重引线命令，对地面材料进行文字标注，完成地材图的绘制。

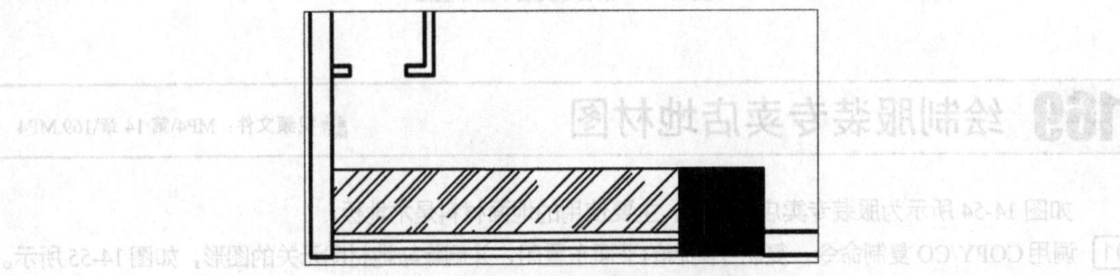

图 14-57　填充橱窗效果

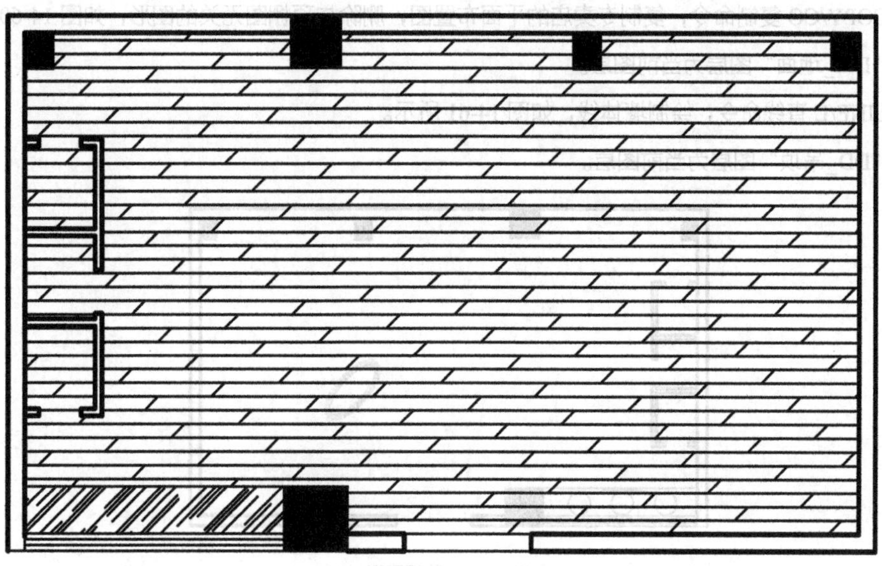

图 14-58　填充效果

170 绘制服装专卖店顶棚图

视频文件：MP4\第 14 章\170.MP4

如图 14-59 所示为专卖店顶棚图，主要使用了轻钢龙骨石膏板。

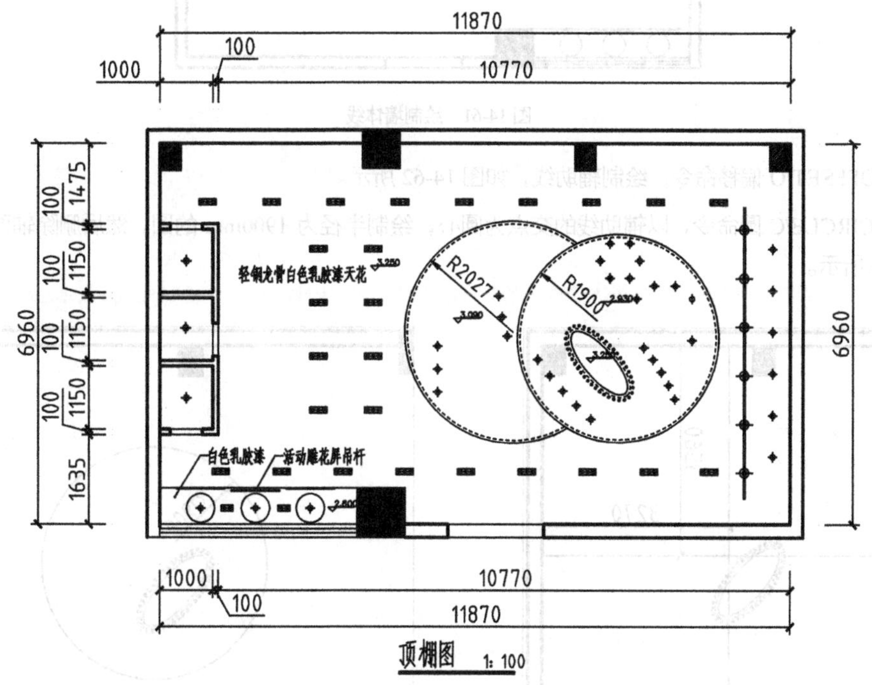

图 14-59　顶棚图

01 调用 COPY/CO 复制命令，复制专卖店的平面布置图，删除与顶棚图无关的图形，如图 14-60 所示。

02 设置“DM_地面”图层为当前图层。

03 调用 LINE/L 直线命令，绘制墙体线，如图 14-61 所示。

04 设置“DD_吊顶”图层为当前图层。

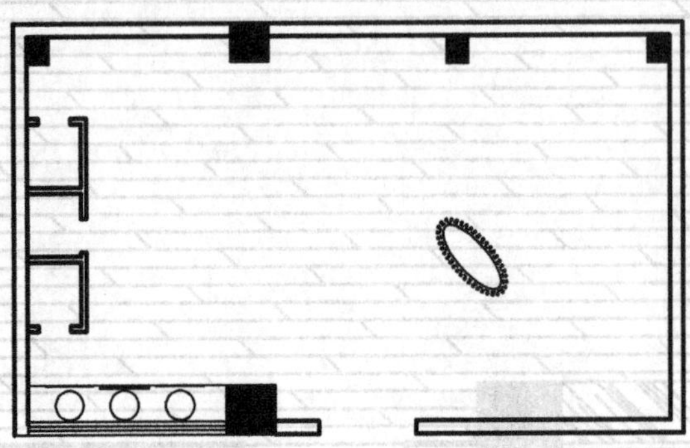

图 14-60 整理图形

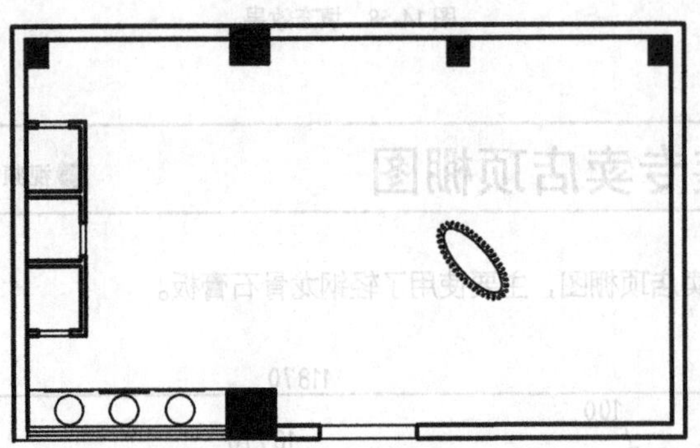

图 14-61 绘制墙体线

05 调用 OFFSET/O 偏移命令，绘制辅助线，如图 14-62 所示。

06 调用 CIRCLE/C 圆命令，以辅助线的交点为圆心，绘制半径为 1900mm 的圆，然后删除辅助线，如图 14-63 所示。

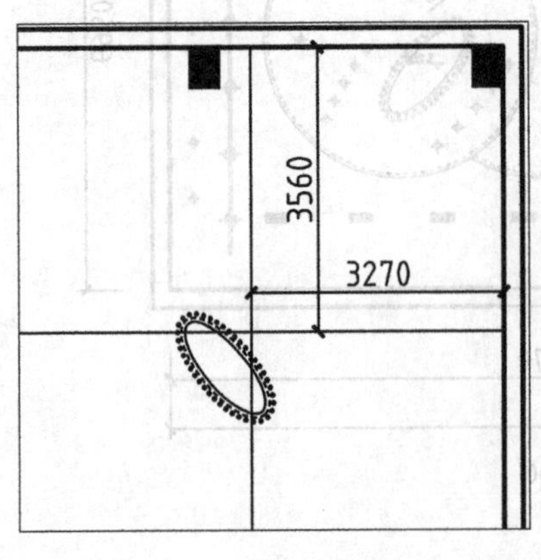

图 14-62 绘制辅助线

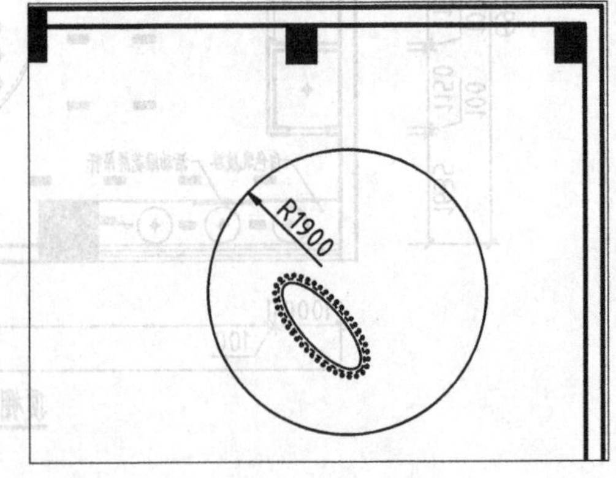

图 14-63 绘制圆

07 调用 OFFSET/O 偏移命令，将圆向内偏移 50mm，并设置为虚线，表示灯带，如图 14-64 所示。

08 使用同样的方法绘制其他同样的圆形吊顶造型，效果如图 14-65 所示。

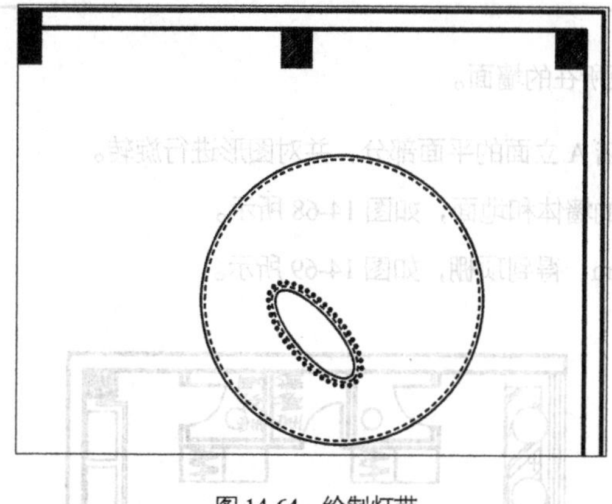

图 14-64　绘制灯带

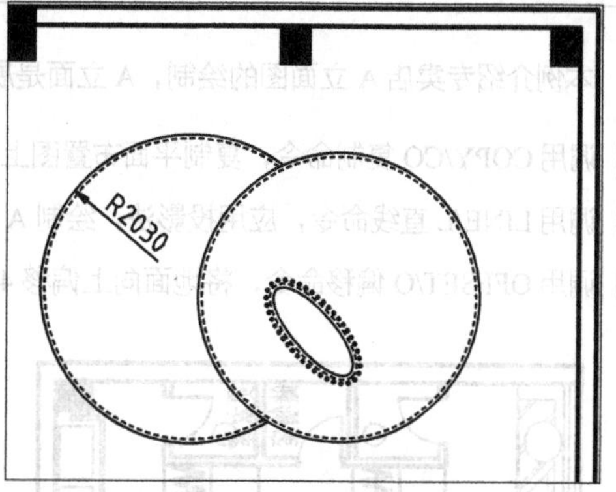

图 14-65　绘制其他吊顶造型

09 从图库中插入灯具图形到顶棚图中，效果如图 14-66 所示。

10 调用 INSERT/I 命令，插入“标高”图块，效果如图 14-67 所示。

11 调用 MLEADER/MLD 多重引线命令、MTEXE/MT 多行文字命令和 DIMRADIUS/DRA 半径命令，对顶面进行尺寸和文字标注，完成顶棚图的绘制。

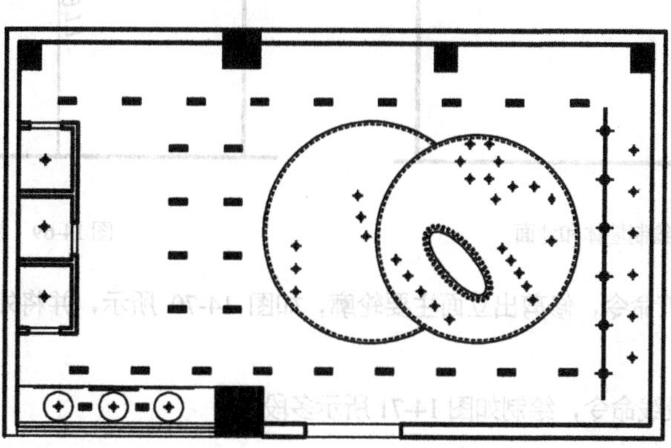

图 14-66　布置灯具

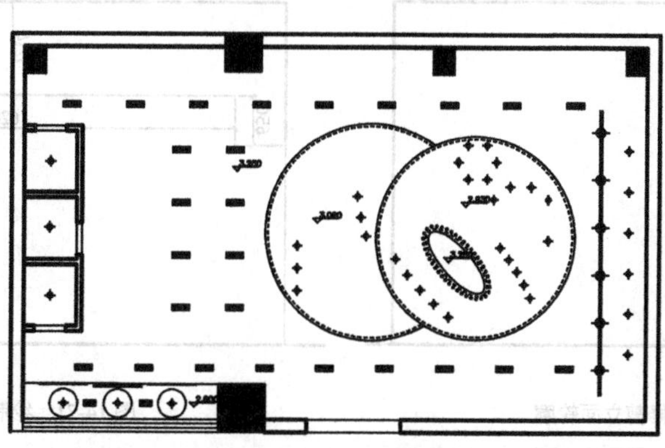

图 14-67　插入标高

171 绘制服装专卖店 A 立面图

视频文件：MP4\第 14 章\171.MP4

本例介绍专卖店 A 立面图的绘制，A 立面是展示柜所在的墙面。

01 调用 COPY/CO 复制命令，复制平面布置图上专卖店 A 立面的平面部分，并对图形进行旋转。

02 调用 LINE/L 直线命令，应用投影法，绘制 A 立面的墙体和地面，如图 14-68 所示。

03 调用 OFFSET/O 偏移命令，将地面向上偏移 4464mm，得到顶棚，如图 14-69 所示。

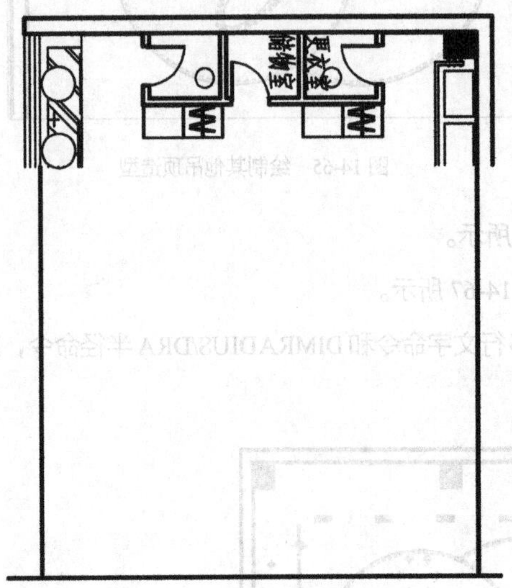

图 14-68 绘制墙体和地面

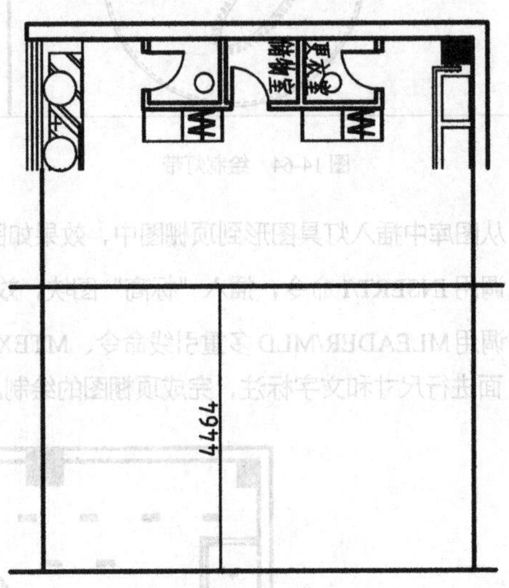

图 14-69 绘制顶棚

04 调用 TRIM/TR 修剪命令，修剪出立面主要轮廓，如图 14-70 所示，并将外轮廓线段转换为“QT_墙体”图层。

05 调用 PLINE/PL 多段线命令，绘制如图 14-71 所示多段线。

06 调用 HATCH/H 图案填充命令，在多段线内填充 ANSI31 图案，如图 14-72 所示。

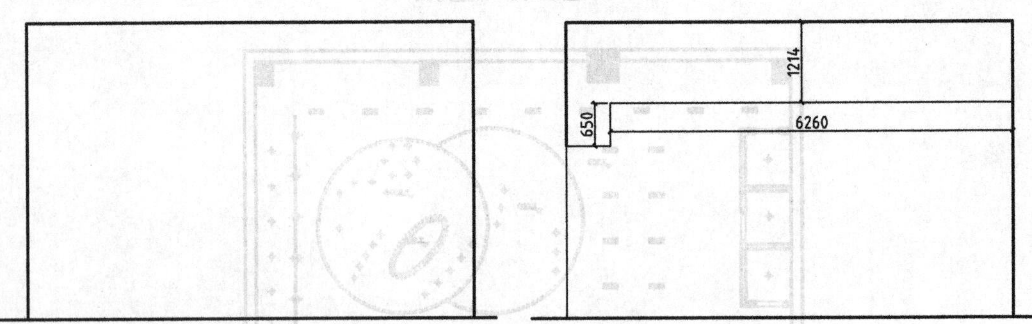

图 14-70 修剪立面轮廓

图 14-71 绘制多段线

07 用 LINE/L 直线命令和 OFFSET/O 偏移命令，绘制镜面不锈钢板和雕花板，如图 14-73 所示。

08 调用 HATCH/H 图案填充命令，在橱窗区域填充 AR-RROOF 图案，效果如图 14-74 所示。

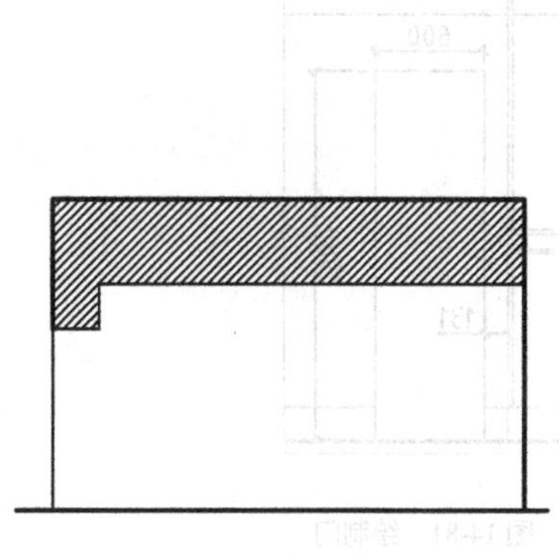

图 14-72　填充图案

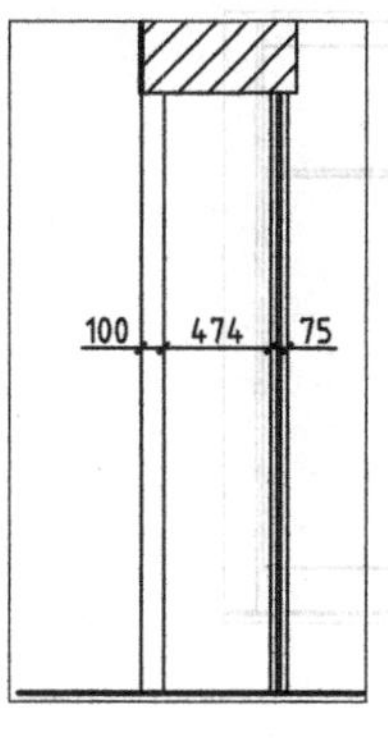

图 14-73　绘制图形

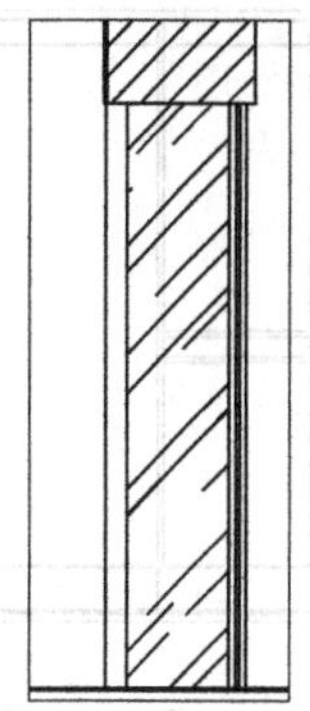

图 14-74　填充图案

09 调用 LINE/L 直线命令和 OFFSET/O 偏移命令，划分立面区域，并修剪多余线段如图 14-75 所示。

10 调用 PLINE/PL 多段线命令和 OFFSET/O 偏移命令，绘制钢管，如图 14-76 所示。

11 调用 CIRCLE/C 圆命令，在钢管中绘制半径为 17.5mm 的圆，如图 14-77 所示。

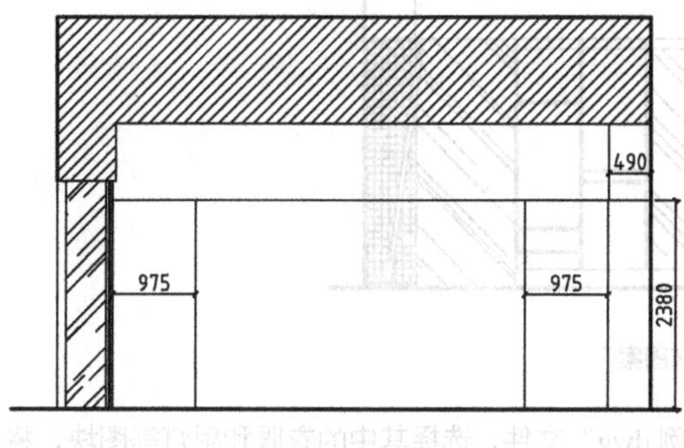

图 14-75　划分立面区域

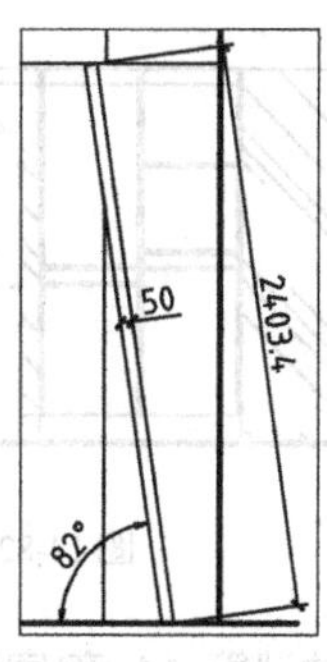

图 14-76　绘制钢管

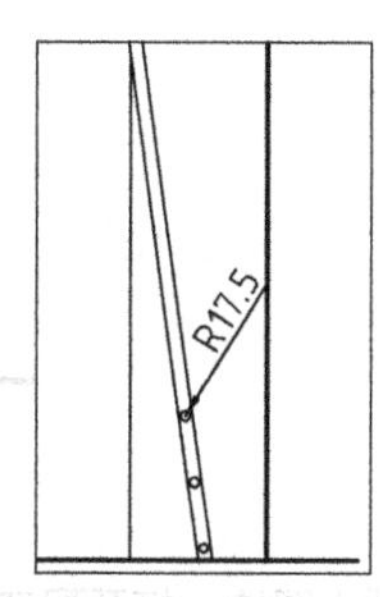

图 14-77　绘制圆

12 调用 HATCH/H 图案填充命令，对右侧区域填充 ANGLE 图案，效果如图 14-78 所示。

13 调用 LINE/L 直线命令、OFFSET/O 偏移命令和 TRIM/TR 修剪命令，细化展柜，如图 14-79 所示。

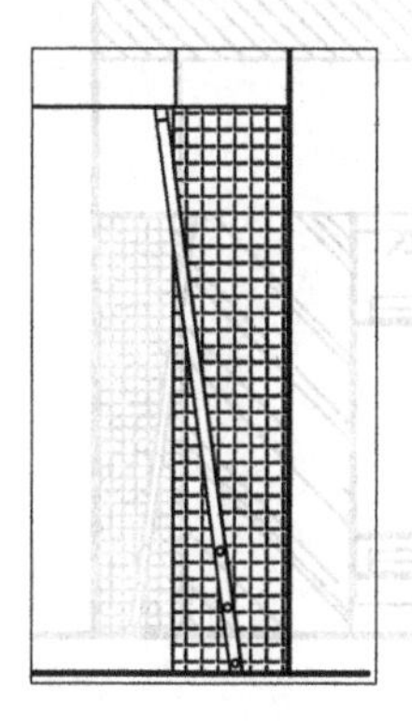

图 14-78　填充图案

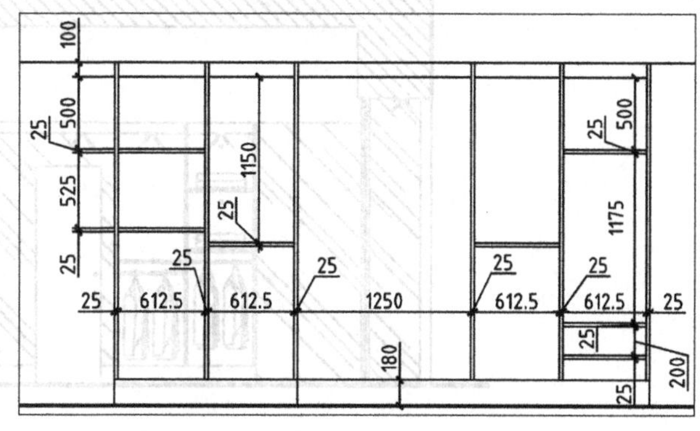

图 14-79　细化展柜

14 调用 LINE/L 直线命令和 OFFSET/O 偏移命令，绘制挂衣杆，如图 14-80 所示。

15 调用 PLINE/PL 多段线命令 CIRCLE/C 圆命令和 TRIM/TR 修剪命令，绘制门，如图 14-81 所示。

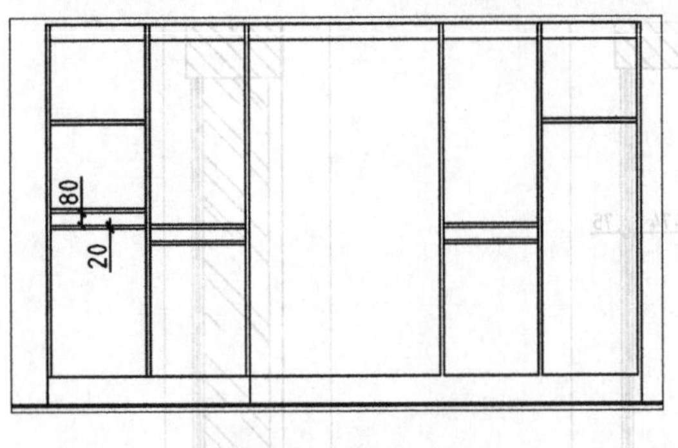

图 14-80　绘制挂衣杆

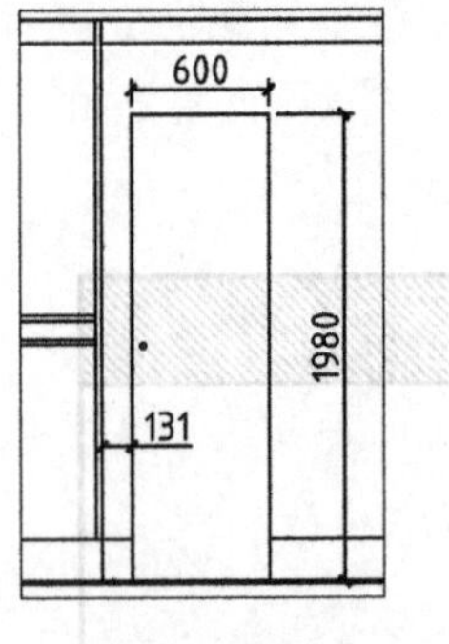

图 14-81　绘制门

16 调用 HATCH/H 图案填充命令，在立面区域填充 AR-RROOF 图案，效果如图 14-82 所示。

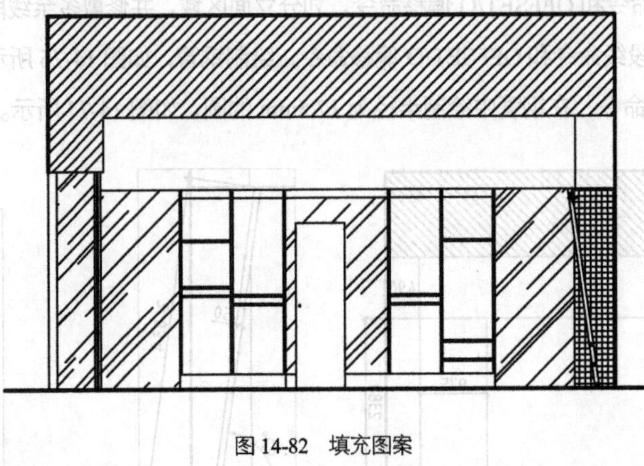

图 14-82　填充图案

17 插入图块。打开配套素材提供的“第 14 章\家具图例.dwg”文件，选择其中的衣服和射灯等图块，将其复制至立面区域，效果如图 14-83 所示。

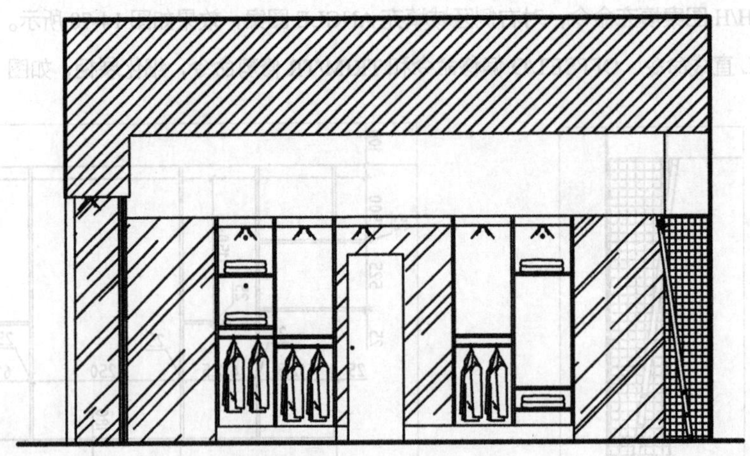

图 14-83　插入图块

18 设置“BZ_标注” 图层为当前图层。设置当前注释比例为 1：50。

19 调用 DIMLINEAR/DLI 线性命令标注尺寸，本图应该在垂直方向和水平方向分别进行标注，标注结果如图 14-84 所示。

20 调用 MLRADER/MLD 多重引线命令进行材料标注。

21 插入图名。调用插入图块命令 INSERT，插入“图名”图块，设置名称为“专卖店 A 立面图”。专卖店 A 立面图绘制完成，结果如图 14-85 所示。

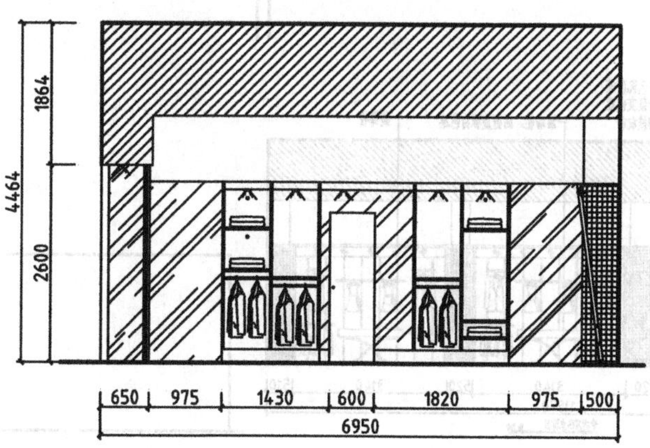

图 14-84　尺寸标注

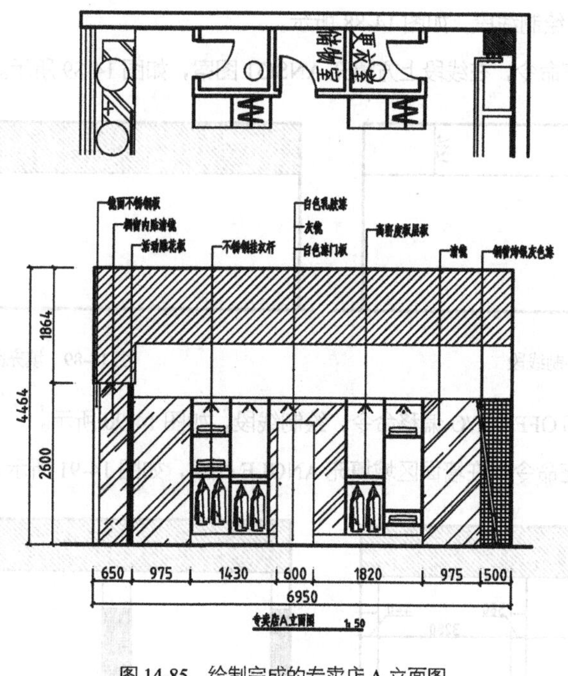

图 14-85　绘制完成的专卖店 A 立面图

172 绘制服装专卖店 B 立面图

视频文件：MP4\第 14 章\172.MP4

如图 14-86 所示为专卖店 B 立面图，B 立面图是活动柜所在的墙面。

01 调用 COPY/CO 复制命令，复制平面布置图上专卖店 B 立面图的平面部分。

02 调用 LINE/L 直线命令和 TRIM/TR 修剪命令，绘制 B 立面的基本轮廓，如图 14-87 所示。

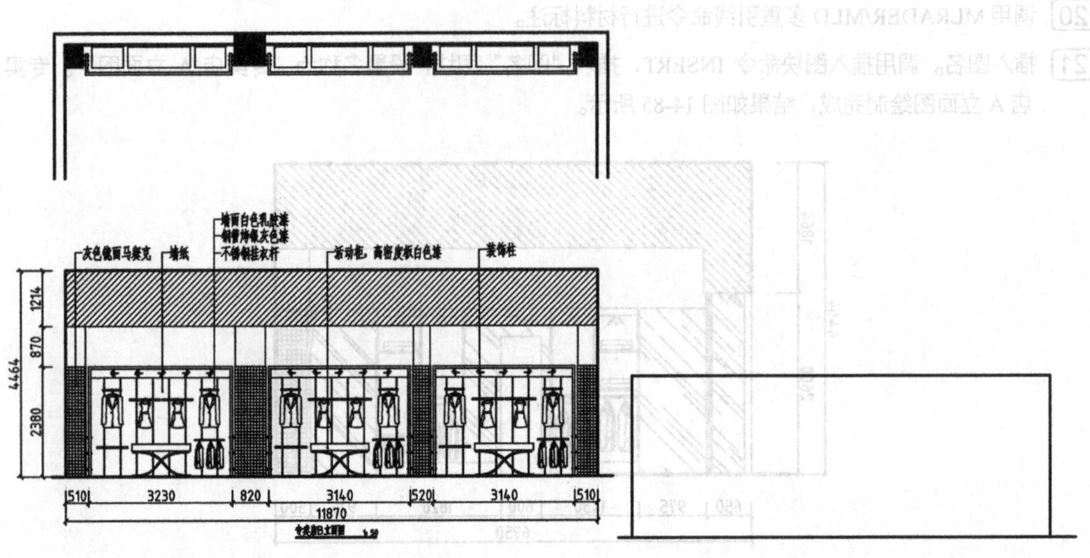

图 14-86　专卖店 B 立面图　　　图 14-87　绘制 B 立面的基本轮廓

03 调用 LINE/L 直线命令，绘制线段，如图 14-88 所示。

04 调用 HATCH/H 图案填充命令，在线段上方填充 ANSI31 图案，如图 14-89 所示。

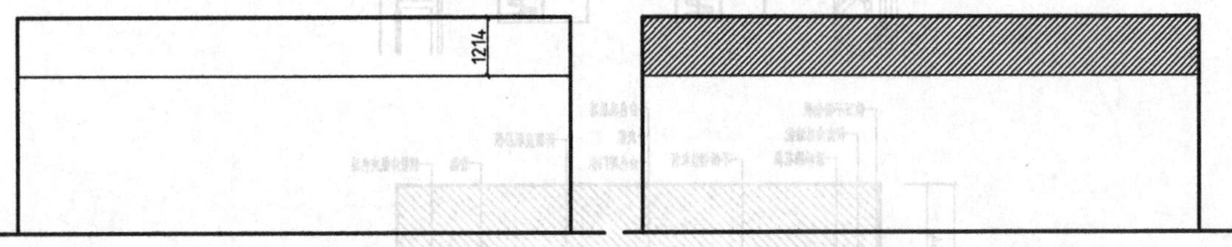

图 14-88　绘制线段　　　图 14-89　填充图案

05 调用 LINE/L 直线命令和 OFFSET/O 偏移命令，绘制线段，如图 14-90 所示。

06 调用 HATCH/H 图案填充命令，在墙面区域填充 ANGLE 图案，如图 14-91 所示。

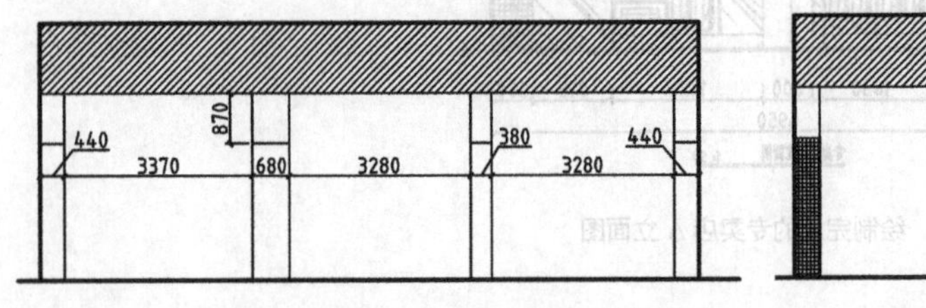

图 14-90　绘制线段

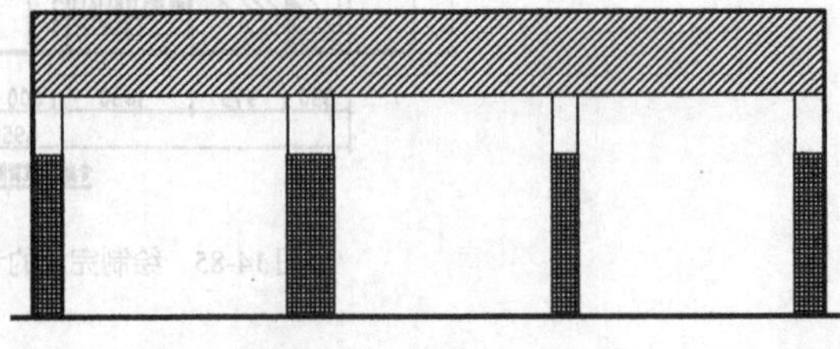

图 14-91　填充图案

07 调用 PLINE/PL 多段线命令和 OFFSET/O 偏移命令，绘制多段线，如图 14-92 所示。

08 调用 LINE/L 直线命令、OFFSET/O 偏移命令、CIRCLE/C 圆命令、MOVE/M 移动命令和 TRIM/TR 修剪命令，绘制钢管，如图 14-93 所示。

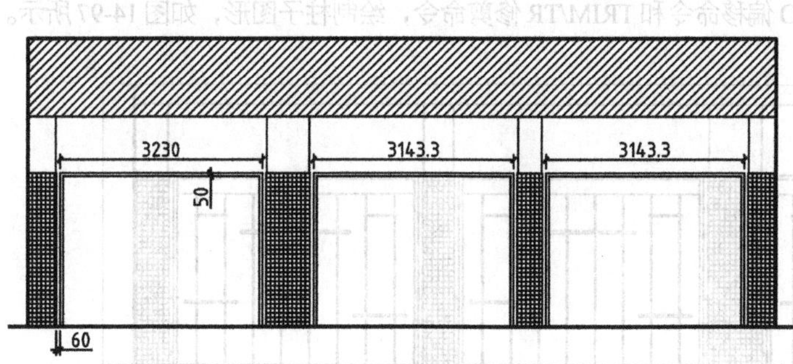

图 14-92　绘制多段线

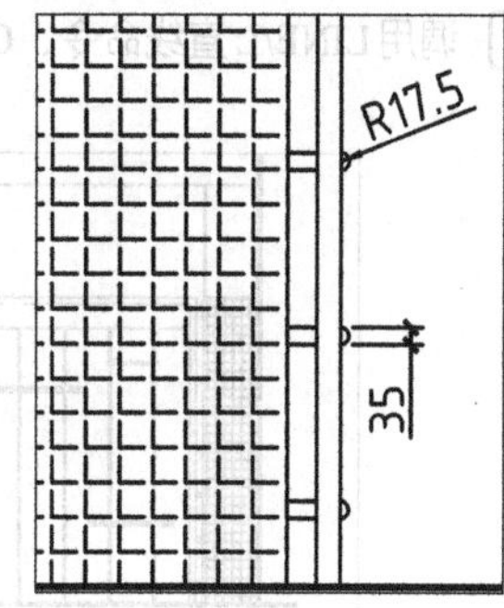

图 14-93　绘制钢管

09 调用 COPY/CO 复制命令和 MIRR/MI 镜像命令，对钢管进行复制和镜像，结果如图 14-94 所示。

图 14-94　镜像和复制钢管

10 调用 LINE/L 直线命令，绘制线段，如图 14-95 所示。

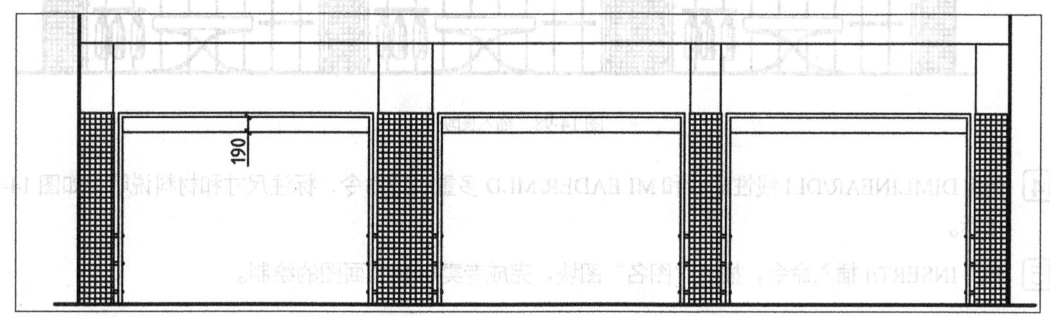

图 14-95　绘制线段

11 调用 RECTANG/REC 矩形命令、MOVE/M 移动命令和 COPY/CO 复制命令，绘制层板，如图 14-96 所示。

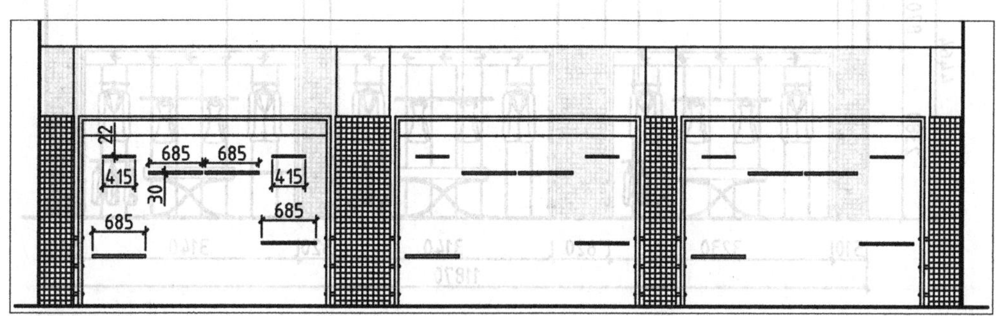

图 14-96　绘制层板

12 调用 LINE/L 直线命令、OFFSET/O 偏移命令和 TRIM/TR 修剪命令，绘制柱子图形，如图 14-97 所示。

图 14-97　绘制柱子图形

13 从图库中调入衣服、展柜、射灯和装饰品等图块到立面图中，如图 14-98 所示。

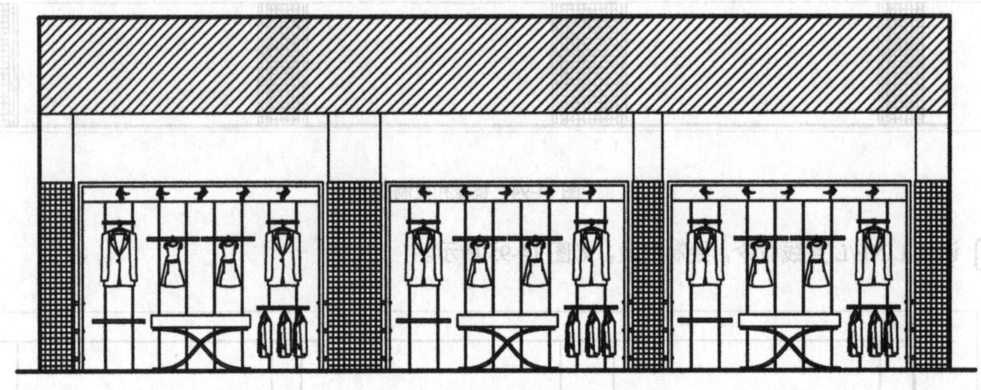

图 14-98　插入图块

14 调用 DIMLINEAR/DLI 线性命令和 MLEADER/MLD 多重引线命令，标注尺寸和材料说明，如图 14-99 所示。

15 调用 INSERT/I 插入命令，插入“图名”图块，完成专卖店 B 立面图的绘制。

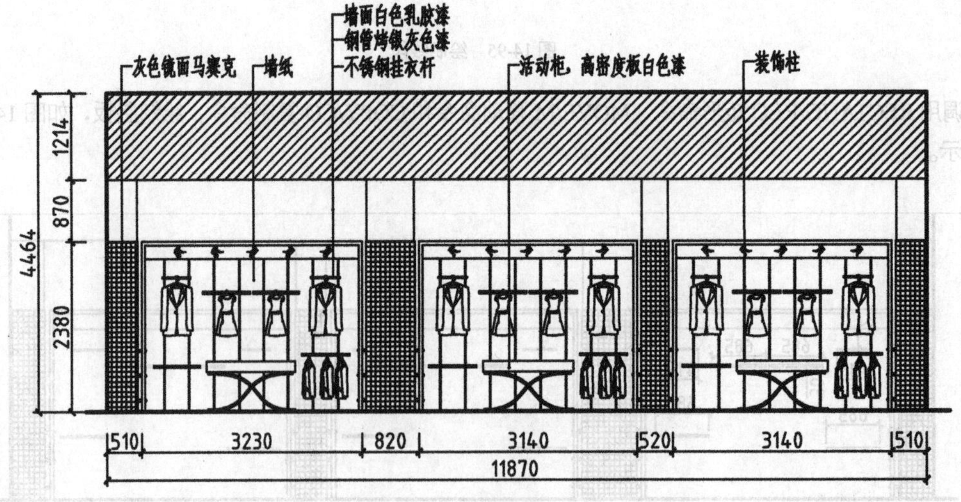

图 14-99　标注尺寸和材料说明

173 绘制服装专卖店C立面图

视频文件：MP4\第14章\173.MP4

本例介绍专卖店C立面的绘制。

01 调用COPY/CO复制命令，复制平面布置图上专卖店C立面图的平面部分，并对图形进行旋转。

02 调用LINE/L直线命令和TRIM/TR修剪命令，绘制C立面的基本轮廓，如图14-100所示。

03 调用LINE/L直线命令，绘制线段，如图14-101所示。

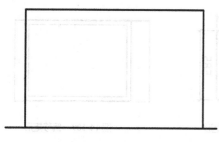

图14-100 绘制C立面的基本轮廓

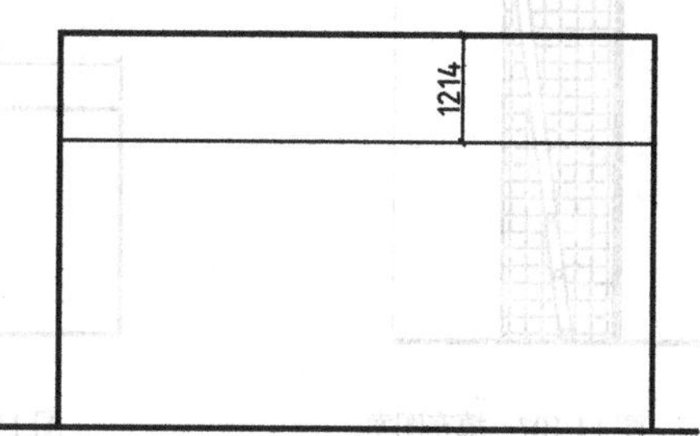

图14-101 绘制线段

04 调用HATCH/H图案填充命令，在线段上方填充ANSI31图案，如图14-102所示。

05 调用LINE/L直线命令，绘制垂直和水平线段，如图14-103所示。

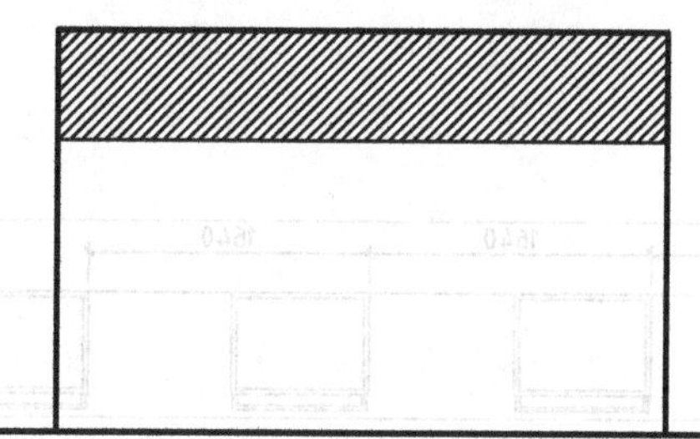

图14-102 填充图案

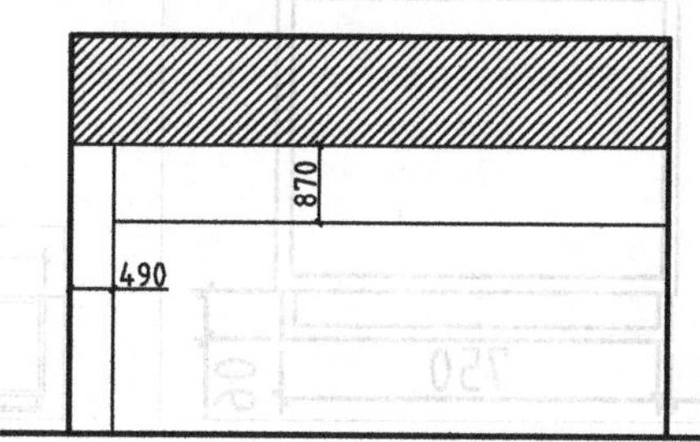

图14-103 绘制线段

06 调用PLINE/PL多段线命令和OFFSET/O偏移命令，绘制钢管，如图14-104所示。

07 调用CIRCLE/C圆命令，在钢管中绘制半径为17.5mm的圆，如图14-105所示。

08 调用LINE/L直线命令，在左侧绘制一条垂直线段，如图14-106所示。

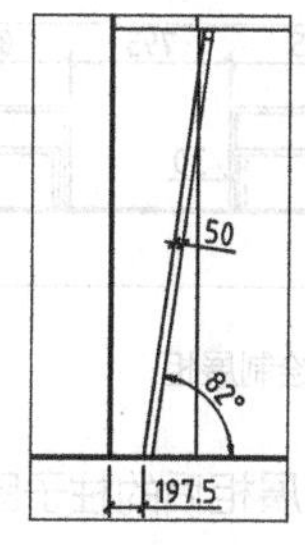

图14-104 绘制钢管

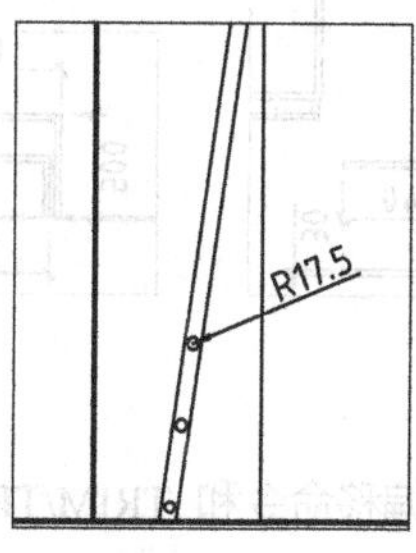

图14-105 绘制圆

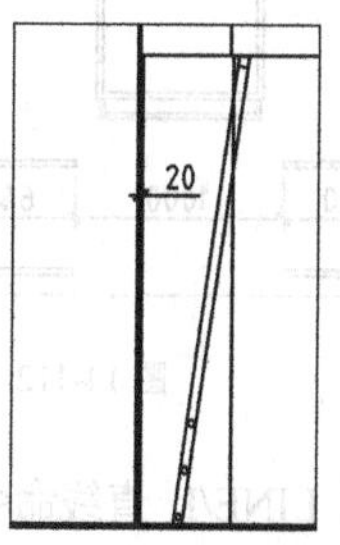

图14-106 绘制线段

09 调用 HATCH/H 图案填充命令，对左侧区域填充 ANGLE 图案，如图 14-107 所示。

10 调用 RECTANG/REC 矩形命令，绘制尺寸为 800mm×585mm 的矩形，如图 14-108 所示。

11 调用 OFFSET/O 偏移命令，将矩形向内偏移 30mm，如图 14-109 所示。

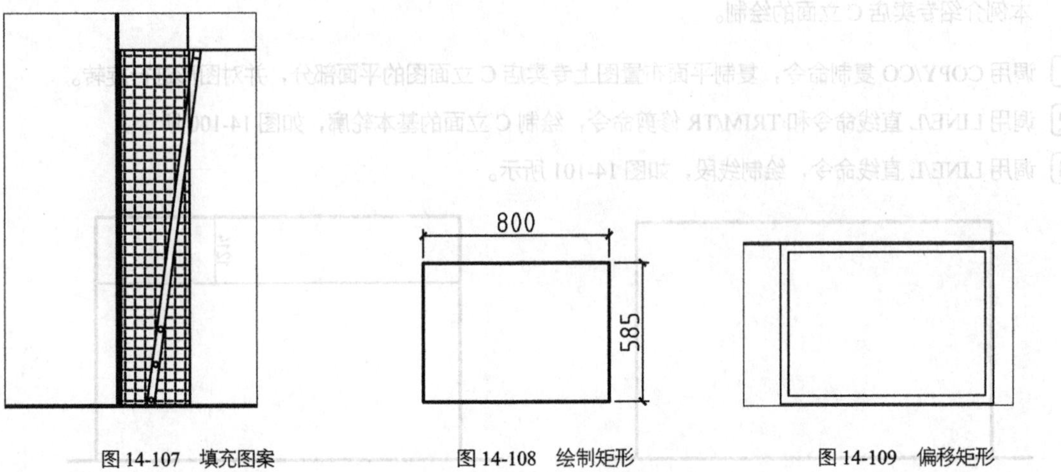

图 14-107　填充图案　　图 14-108　绘制矩形　　图 14-109　偏移矩形

12 调用 PLINE/PL 多段线命令和 OFFSET/O 偏移命令，绘制矩形下方的图形，如图 14-110 所示。

13 调用 COPY/CO 复制命令，将图形复制到其他位置，如图 14-111 所示。

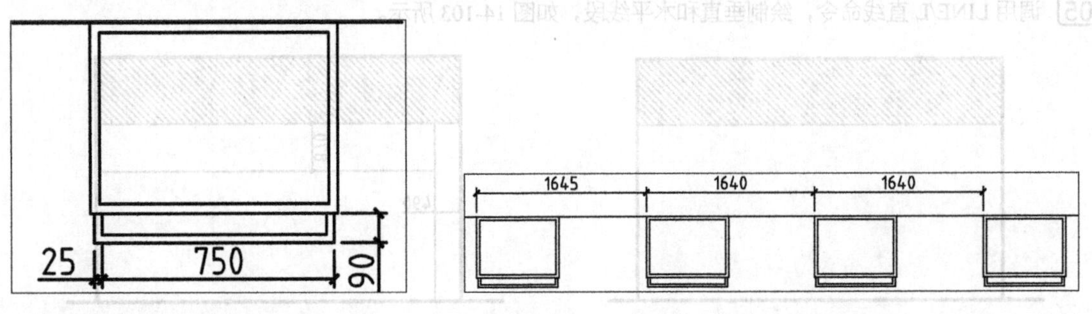

图 14-110　绘制图形　　图 14-111　复制图形

14 调用 RECTANG/REC 矩形命令、MOVE/M 移动命令和 COPY/CO 复制命令，绘制层板，如图 14-112 所示。

15 调用 PLINE/PL 多段线命令、OFFSET/O 偏移命令和 COPY/CO 复制命令，绘制展柜，如图 14-113 所示。

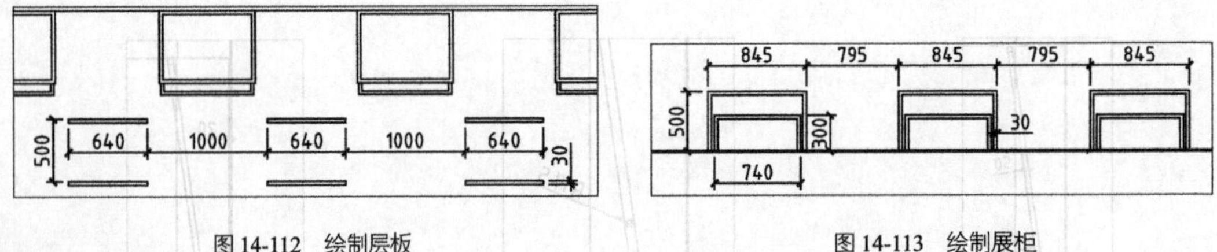

图 14-112　绘制层板　　图 14-113　绘制展柜

16 调用 LINE/L 直线命令、OFFSET/O 偏移命令和 TRIM/TR 修剪命令，绘制展柜后的柱子图形，如图 14-114 所示。

17 从图库中调入衣服、射灯和装饰品等图块到立面图中，如图 14-115 所示。

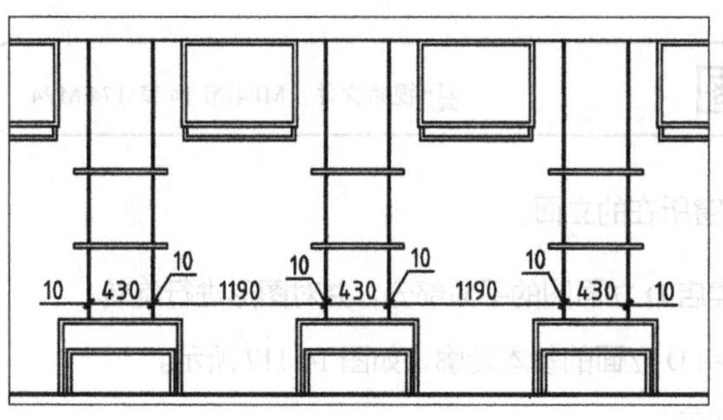

图 14-114　绘制柱子

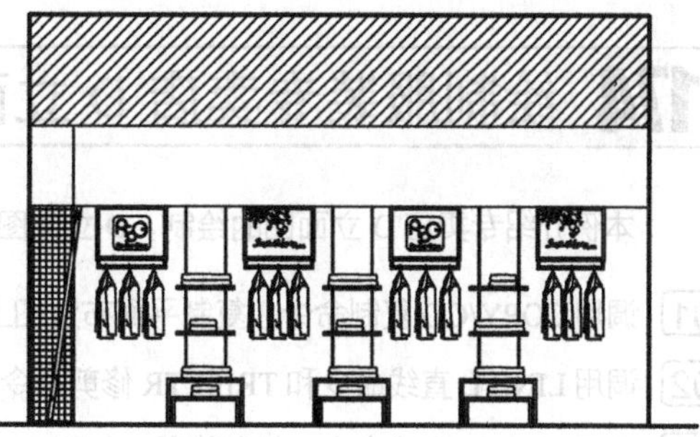

图 14-115　插入图块

18 调用 DIMLINEAR/DLI 线性命令和 MLEADER/MLD 多重引线命令，标注尺寸和材料说明。

19 调用 INSERT/I 插入命令，插入“图名”图块，完成专卖店 C 立面图的绘制，如图 14-116 所示。

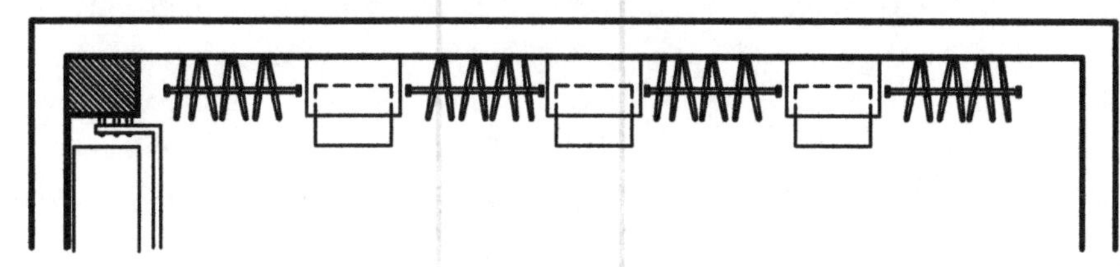

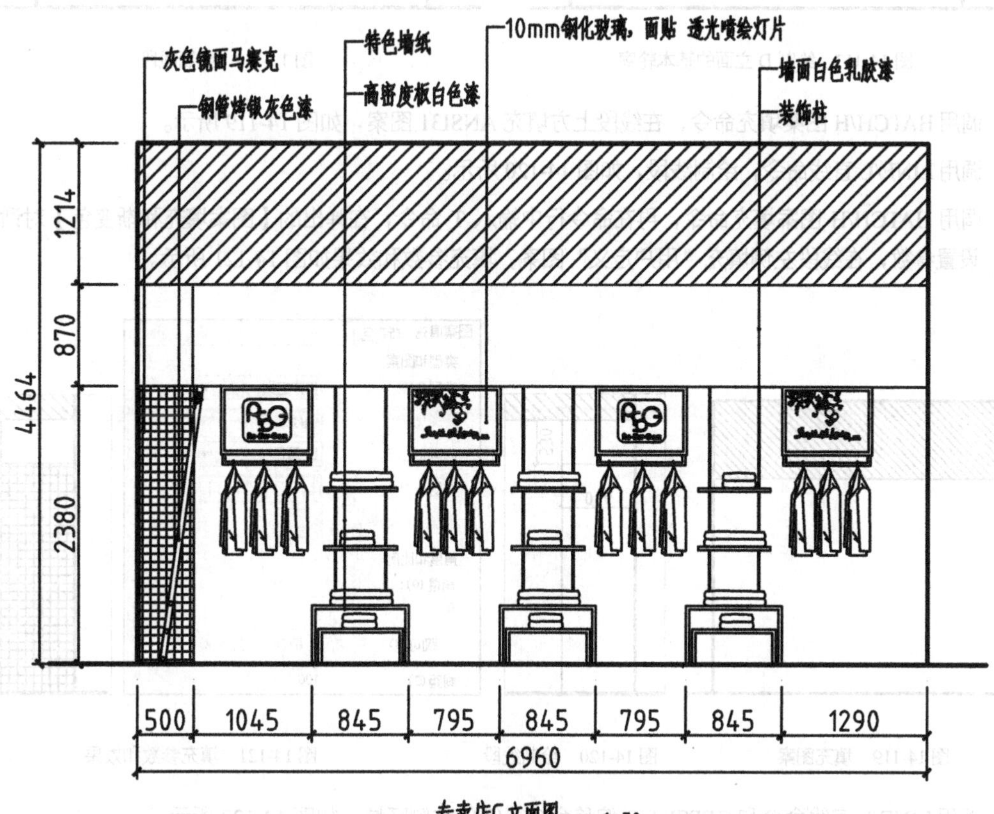

图 14-116　绘制完成的专卖店 C 立面图

174 绘制服装专卖店 D 立面图

视频文件：MP4\第 14 章\174.MP4

本例介绍专卖店 D 立面图的绘制，D 立面图是橱窗所在的立面。

01 调用 COPY/CO 复制命令，复制平面布置图上专卖店 D 立面图的平面部分，并对图形进行旋转。

02 调用 LINE/L 直线命令和 TRIM/TR 修剪命令，绘制 D 立面的基本轮廓，如图 14-117 所示。

03 调用 LINE/L 直线命令，绘制线段，如图 14-118 所示。

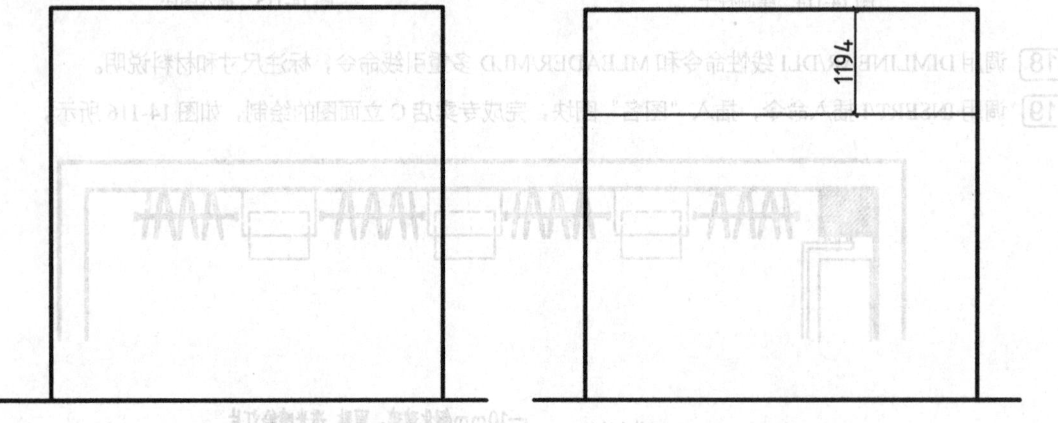

图 14-117 绘制 D 立面的基本轮廓　　图 14-118 绘制线段

04 调用 HATCH/H 图案填充命令，在线段上方填充 ANSI31 图案，如图 14-119 所示。

05 调用 LINE/L 直线命令，绘制线段，如图 14-120 所示。

06 调用 HATCH/H 图案填充命令，再在命令行中输入 T 命令，在弹出的【图案填充和渐变色】对话框中设置参数，在线段左侧填充“用户定义”图案，填充参数和效果如图 14-121 所示。

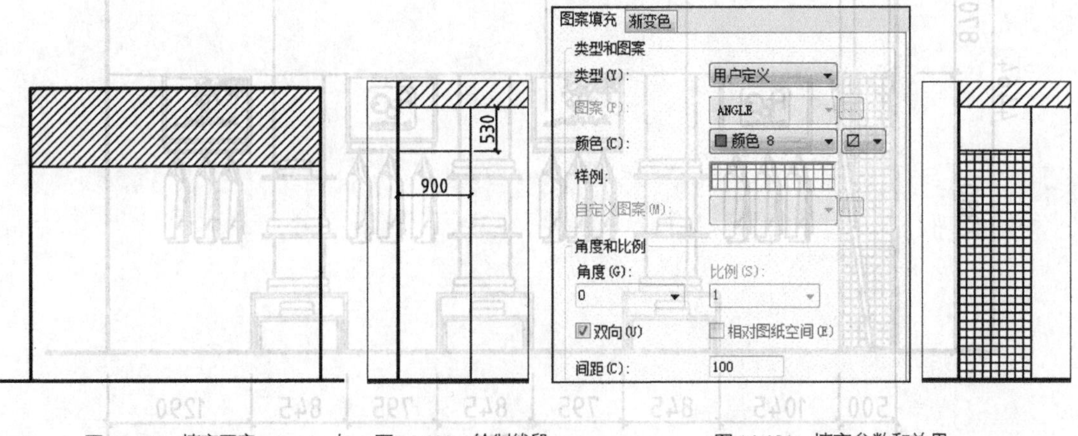

图 14-119 填充图案　　图 14-120 绘制线段　　图 14-121 填充参数和效果

07 调用 LINE/L 直线命令和 OFFSET/O 偏移命令，细化右侧区域，如图 14-122 所示。

08 调用 RECTANG/REC 矩形命令，绘制镜子，如图 14-123 所示。

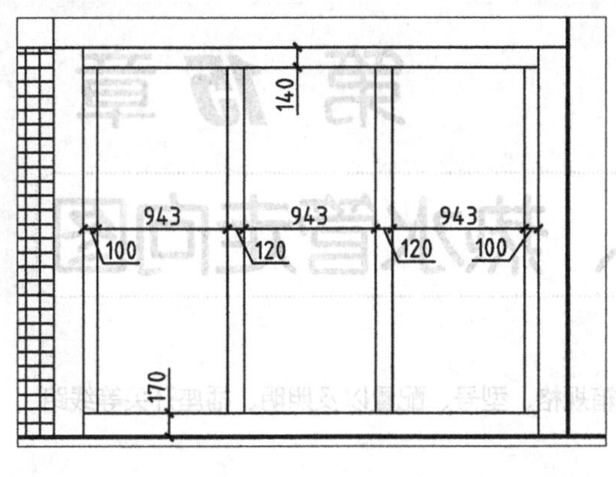

图 14-122　细化右侧区域

图 14-123　绘制矩形

09 从图库中调入雕花图块到立面图中，如图 14-124 所示。

10 调用 DIMLINEAR/DLI 线性命令和 MLEADER/MLD 多重引线命令，标注尺寸和材料说明。

11 调用 INSERT/I 插入命令，插入“图名”图块，完成专卖店 D 立面图的绘制，如图 14-125 所示。

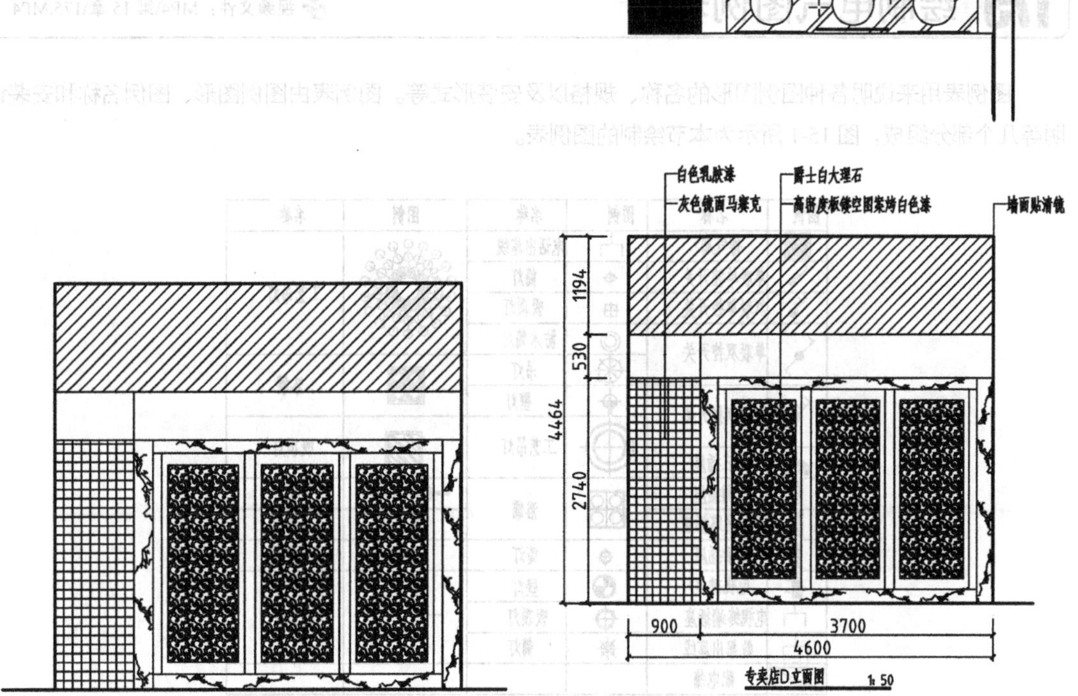

图 14-124　插入图块

图 14-125　绘制完成的专卖店 D 立面图

第 15 章 绘制住宅电气和冷、热水管走向图

电气图用来反映室内装修的配电情况，包括配电箱规格、型号、配置以及照明、插座开关等线路的敷设方式和安装说明等。

冷、热水管走向图反应了住宅水管的分布走向，指导水电工施工。冷、热水管走向图需要绘制的内容主要为冷、热水管和出水口。

本章将介绍它们的绘制方法以及相关知识。

175 绘制电气图例表

视频文件：MP4\第 15 章\175.MP4

图例表用来说明各种图例图形的名称、规格以及安装形式等。图例表由图例图形、图例名称和安装说明等几个部分组成，图 15-1 所示为本节绘制的图例表。

图例	名称	图例	名称	图例	名称
	排气扇		电话出座线		工艺吊灯
	单联单控开关		筒灯		
	双联单控开关		吸顶灯		
	单联双控开关		防水筒灯		
			吊灯		浴霸
	双联双控开关		壁灯		
			工艺吊灯		吸顶灯
	二三插座				
	空调插座		浴霸		导轨灯
	电脑网络插座				斗胆灯
	电话插座		筒灯		斗胆灯
	电视插座		壁灯		吸顶灯
	电视终端插座		吸顶灯		
	数据出座线		筒灯		
	配电箱				

图 15-1 电气图例表

1. 绘制开关类图例

01 以绘制“双联单控开关”图例图形为例，介绍开关类图形的画法，其尺寸如图 15-2 所示。

02 调用 CIRCLE/C 圆命令，绘制半径为 33mm 的圆，如图 15-3 所示。

03 调用 HATCH/H 图案填充命令，在绘制的圆内填充 SOLID 图案，效果如图 15-4 所示。

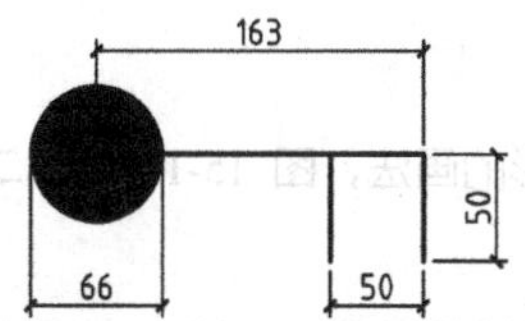

图 15-2　双联单控开关尺寸

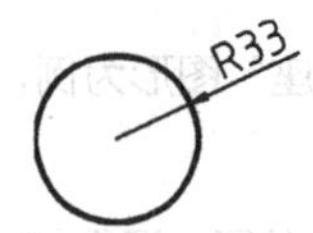

图 15-3　绘制圆

图 15-4　填充圆

04 调用 LINE/L 直线命令，绘制如图 15-5 所示线段。

05 调用 OFFSET/O 偏移命令，偏移线段，偏移距离为 50mm，如图 15-6 所示。

06 调用 ROTATE/RO 旋转命令，以圆心为中心，将图形旋转 135°，如图 15-7 所示，完成双联单控开关的绘制。

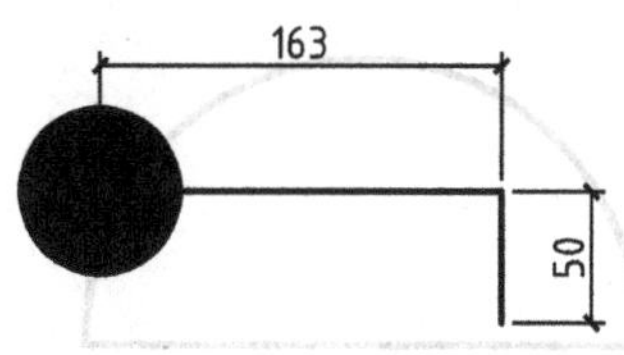

图 15-5　绘制线段

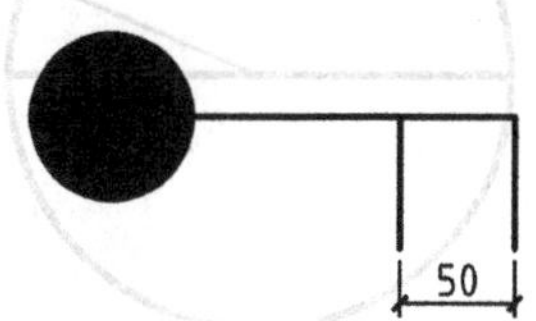

图 15-6　偏移线段

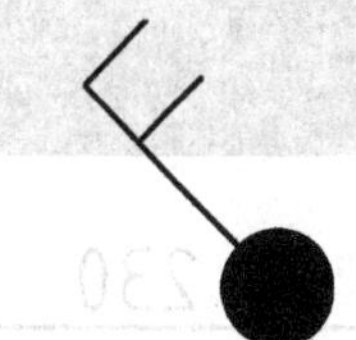
图 15-7　旋转图形

2. 绘制灯具类图例

01 如图 15-8 所示为绘制完成的工艺吊灯的图例和尺寸。

02 调用 CIRCLE/C 圆命令，绘制半径为 92mm 的圆，如图 15-9 所示。

03 调用 OFFSET/O 偏移命令，将圆向外偏移 52mm，如图 15-10 所示。

图 15-8　工艺吊灯

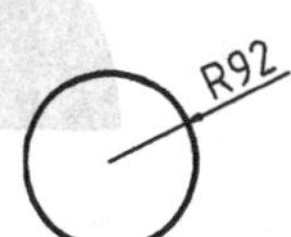

图 15-9　绘制圆

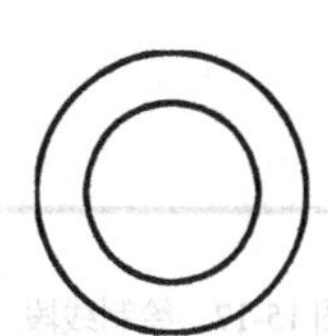
图 15-10　偏移圆

04 调用 CIRCLE/C 圆命令，绘制半径为 36mm 的圆，调用 ARRAY/AR 阵列命令，将其进行极轴阵列，阵列数为 18，然后删除偏移圆，效果如图 15-11 所示。

05 使用同样的方法绘制其他同类圆，效果如图 15-12 所示。

06 调用 LINE/L 直线命令，绘制如图 15-13 所示过圆心的线段，完成工艺吊灯的绘制。

图 15-11　定数等分

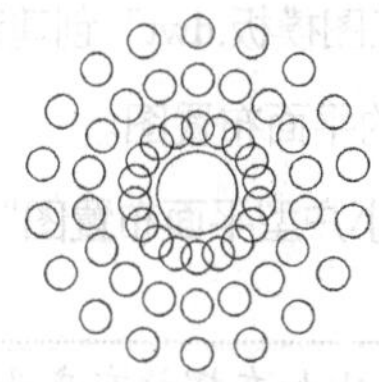
图 15-12　绘制其他圆

图 15-13　绘制线段

3. 绘制插座类图例

01 插座图形基本相似，这里以绘制“二三插座”图形为例，介绍插座类图形的画法，图 15-14 为“二三插座”图例图形尺寸。

02 调用CIRCLE/C 圆命令，绘制半径为 115mm 的圆，调用 LINE/L 直线命令，绘制圆直径，如图 15-15 所示。

03 调用 TRIM/TR 修剪命令，修剪圆的下半部分，得到一个半圆，结果如图 15-16 所示。

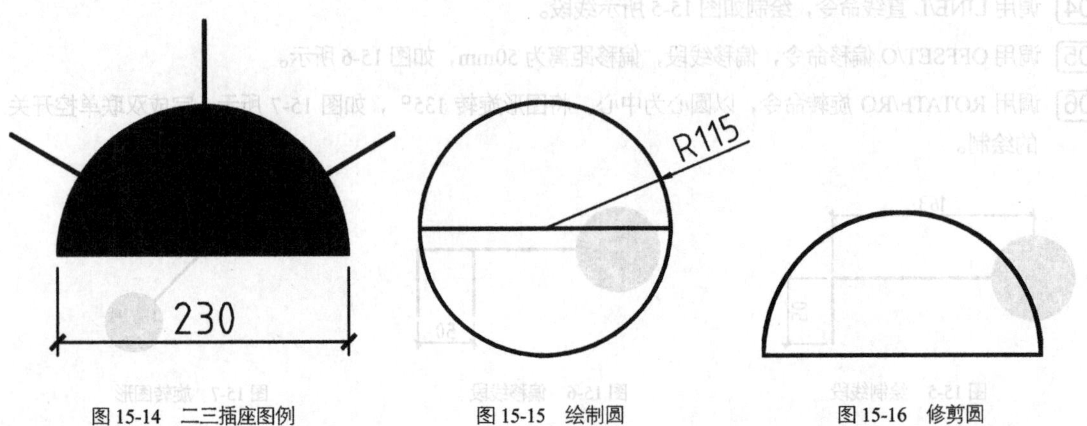

图 15-14 二三插座图例　　图 15-15 绘制圆　　图 15-16 修剪圆

04 调用 LINE/L 直线命令，在半圆的上方绘制过圆心的线段，结果如图 15-17 所示。

05 调用 HATCH/H 图案填充命令，在半圆内填充 SOLID 图案，如图 15-18 所示，完成二三插座图例的绘制。

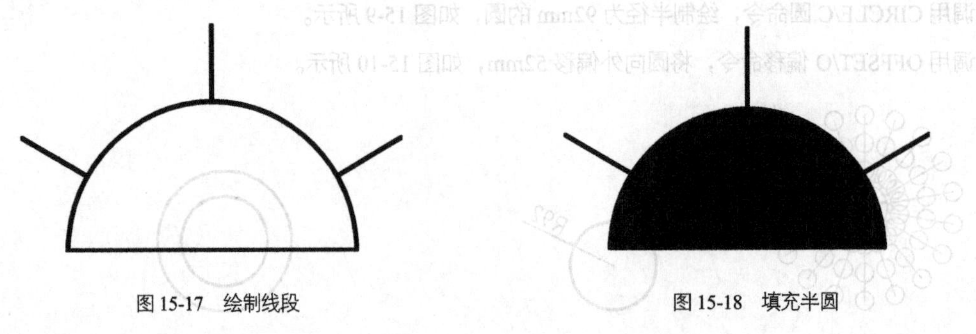

图 15-17 绘制线段　　图 15-18 填充半圆

176 绘制小户型插座平面图

视频文件：MP4\第 15 章\176.MP4

在电气图中，插座图主要反映了插座的安装位置、数量和连线等情况。插座平面图在平面布置图基础上绘制，主要由插座、连线和配电箱等部分组成，如图 15-19 所示。

01 启动 AutoCAD 2022，以“室内装潢施工图模板.dwt”创建新图形。

02 调用 COPY/CO 复制命令，复制小户型的平面布置图。

03 复制图例表中的插座和配电箱图例到“小户型平面布置图”中的相应位置，如图 15-20 所示。

> **提示** 家具图形在电气图中主要起参照作用，比如在摆放有床头灯的位置，就应该考虑在此处设置一个插座，此外还可以根据家具的布局合理安排插座、开关的位置。

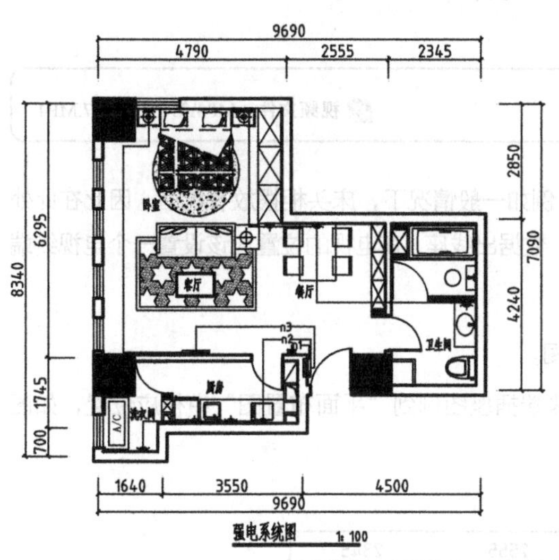

图 15-19　小户型强电系统图

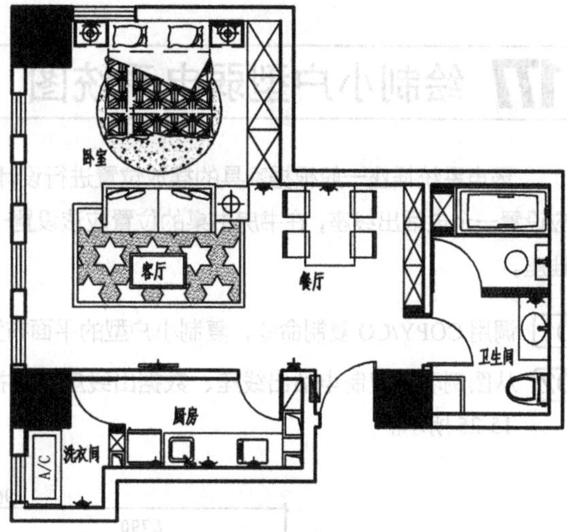

图 15-20　复制插座和配电箱

04 调用 LINE/L 直线命令，从入口处的配电箱引出一条线连接到厨房的插座，如图 15-21 所示。

05 调用 PLINE/PL 多段线命令，连接插座，如图 15-22 所示。

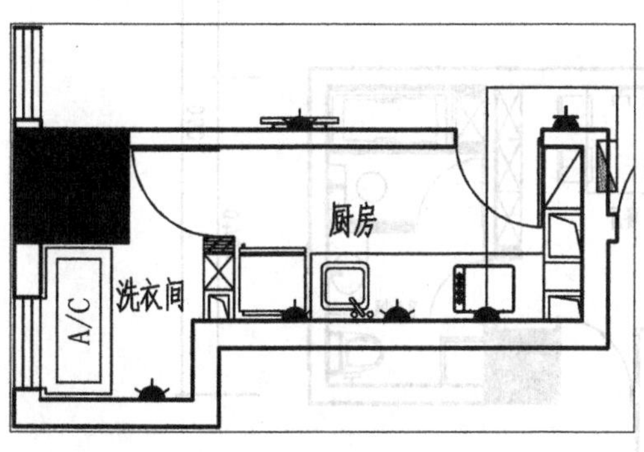

图 15-21　引出连线

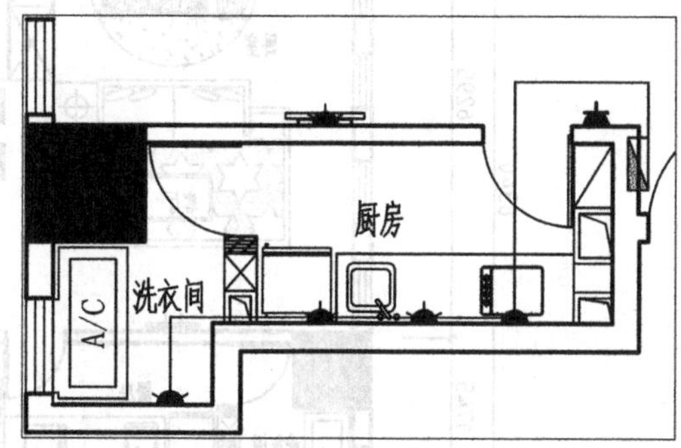

图 15-22　连接插座

06 调用 MTEXT/MT 多行文字命令，在连线上输入回路编号，如图 15-23 所示。

07 此时回路编号与连线重叠，调用 TRIM/TR 修剪命令，将与编号重叠的连线部分修剪，如图 15-24 所示。

08 使用同样的方法完成其他插座连线的绘制，完成小户型插座平面图的绘制。

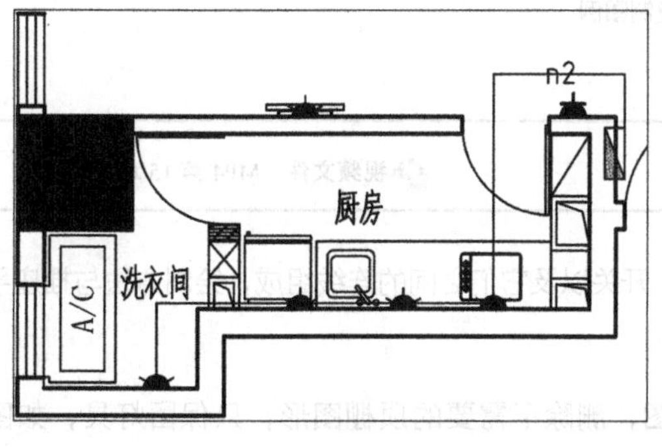

图 15-23　输入连线编号

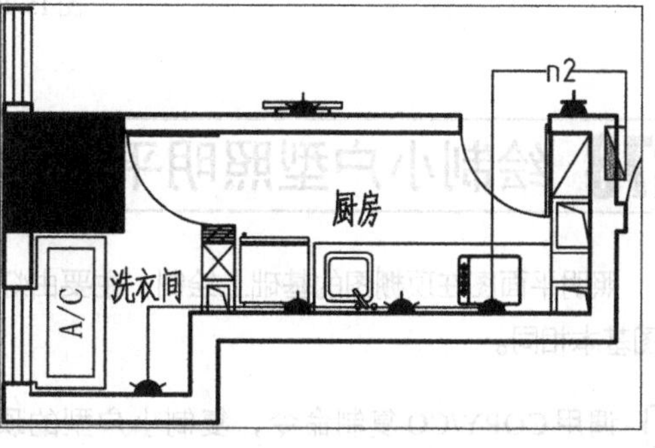

图 15-24　修剪连线

177 绘制小户型弱电系统图

视频文件：MP4\第 15 章\177.MP4

弱电系统插座一般根据家具的摆放位置进行设计。例如一般情况下，床头柜摆放有电话，因此在此处应设置一个电话出线座，在书房书桌的位置应该设置一个数据出线座，在电视的位置应该设置一个电视终端插座。

01 调用 COPY/CO 复制命令，复制小户型的平面布置图。

02 从图例表中复制电话出线座、数据出线座、电视终端插座图例到“平面布置图”中相应位置，如图 15-25 所示。

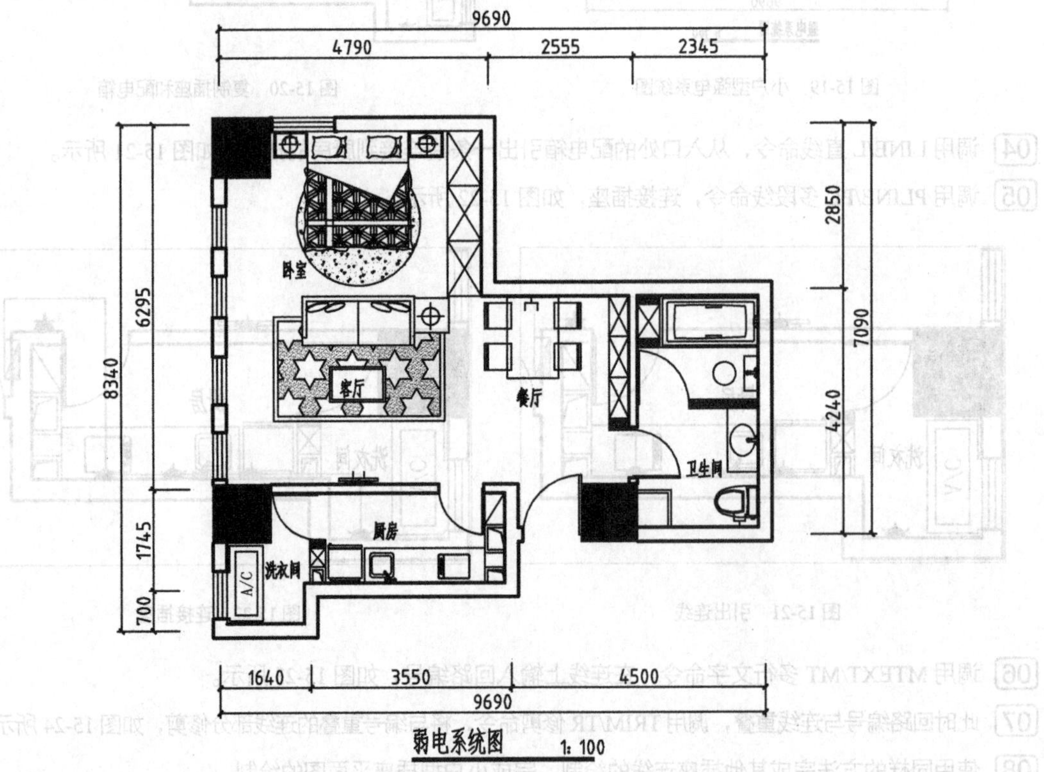

图 15-25 复制图例

178 绘制小户型照明平面图

视频文件：MP4\第 15 章\178.MP4

照明平面图在顶棚图的基础上绘制，主要由灯具、开关以及它们之间的连线组成，绘制方法与插座平面图基本相同。

01 调用 COPY/CO 复制命令，复制小户型的顶棚图，删除不需要的顶棚图形，只保留灯具，如图 15-26 所示。

02 从图例表中复制开关图形，到照明平面图中，如图 15-27 所示。

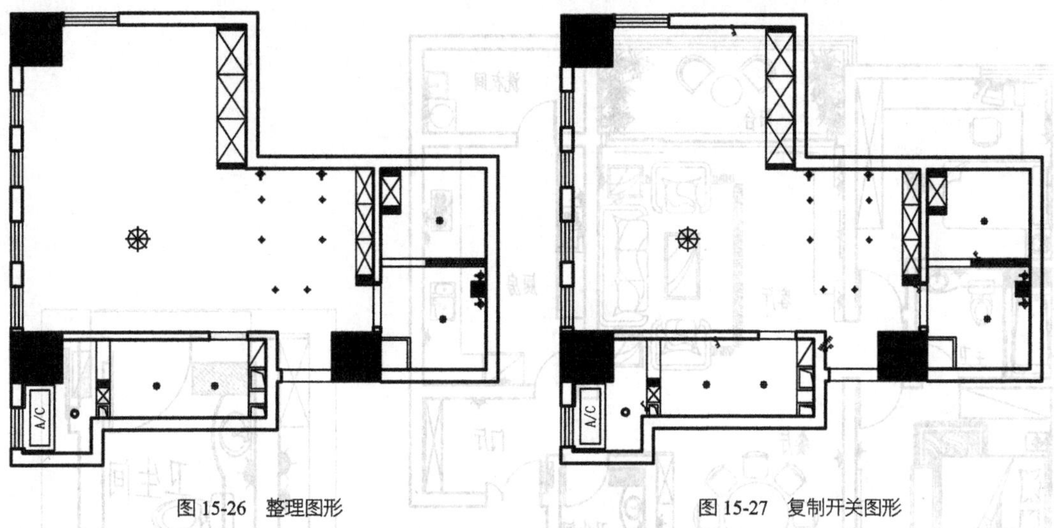

图 15-26　整理图形　　　　图 15-27　复制开关图形

(03) 调用 ARC/A 圆弧命令，绘制连线，如图 15-28 所示。

(04) 使用相同方法绘制其他连线，完成照明平面图的绘制，如图 15-29 所示。

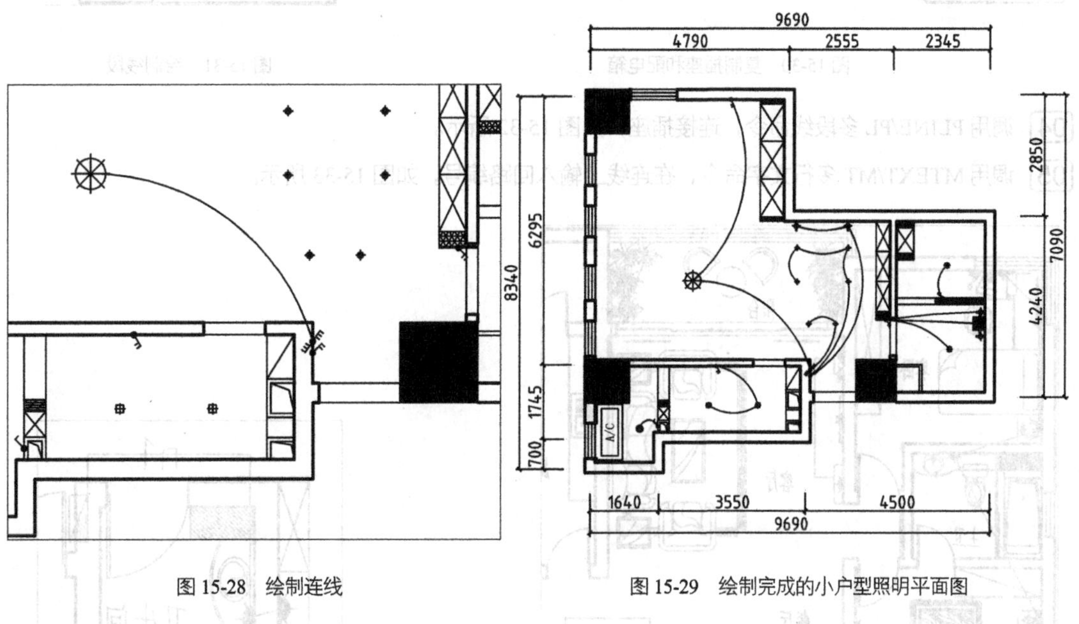

图 15-28　绘制连线　　　　图 15-29　绘制完成的小户型照明平面图

179 绘制两居室强电系统图

视频文件：MP4\第 15 章\179.MP4

本实例介绍两居室强电系统图的绘制。

(01) 调用 COPY/CO 复制命令，复制两居室的平面布置图。

(02) 复制图例表中的插座和配电箱图例到“两居室平面布置图”中的相应位置，如图 15-30 所示。

(03) 调用 LINE/L 直线命令，从入口处的配电箱引出一条线连接到卫生间的插座，如图 15-31 所示。

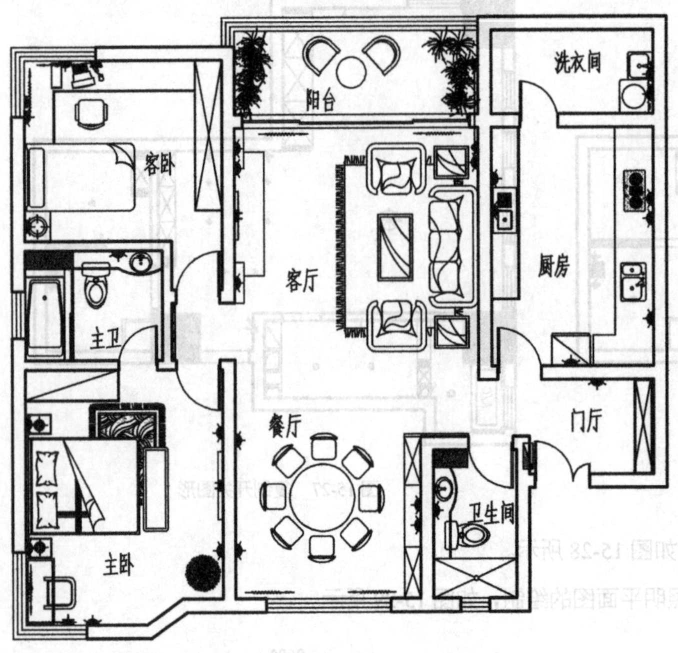

图 15-30　复制插座和配电箱

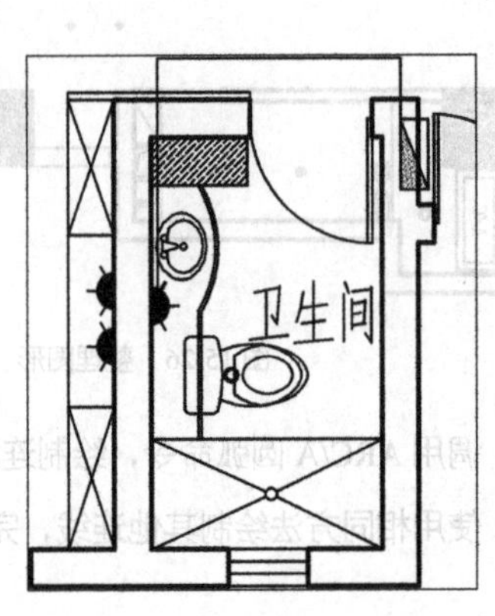

图 15-31　绘制线段

04 调用 PLINE/PL 多段线命令，连接插座，如图 15-32 所示。

05 调用 MTEXT/MT 多行文字命令，在连线上输入回路编号，如图 15-33 所示。

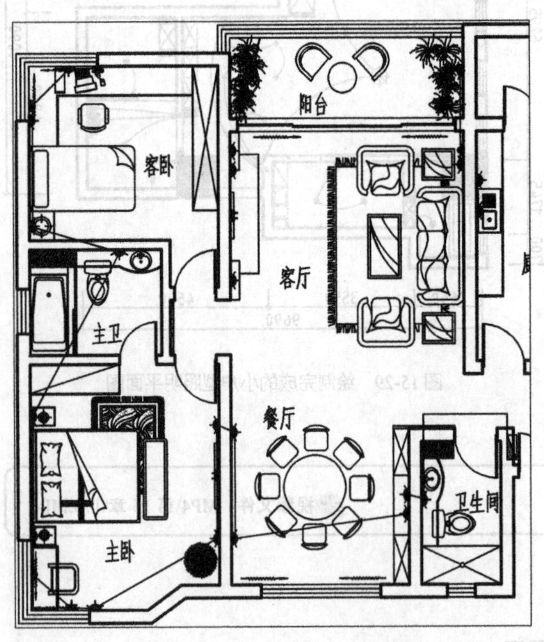

图 15-32　连接其他插座

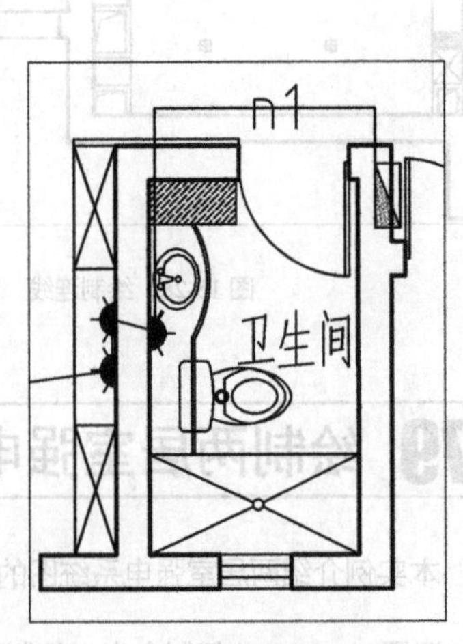

图 15-33　输入回路编号

06 此时回路编号与连线重叠，调用 TRIM/TR 修剪命令，将与编号重叠的连线部分修剪，如图 15-34 所示。

07 使用同样的方法完成其他插座连线的绘制，完成两居室强电系统图的绘制，如图 15-35 所示。

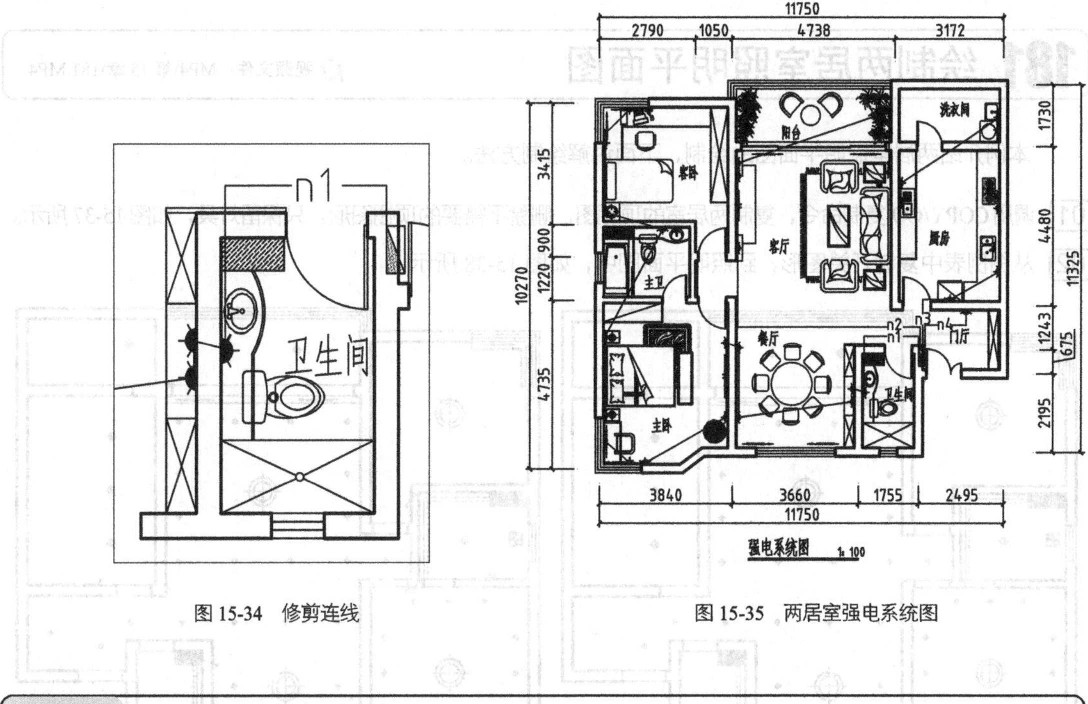

图 15-34 修剪连线　　图 15-35 两居室强电系统图

180 绘制两居室弱电系统图

视频文件：MP4\第 15 章\180.MP4

本例介绍两居室弱电系统图的绘制，下面讲解绘制方法。

01 调用 COPY/CO 复制命令，复制两居室的平面布置图。

02 从图例表中复制电话出线座、数据出线座、电视终端插座图例到“平面布置图”中相应位置，如图 15-36 所示。完成两居室弱电系统图绘制。

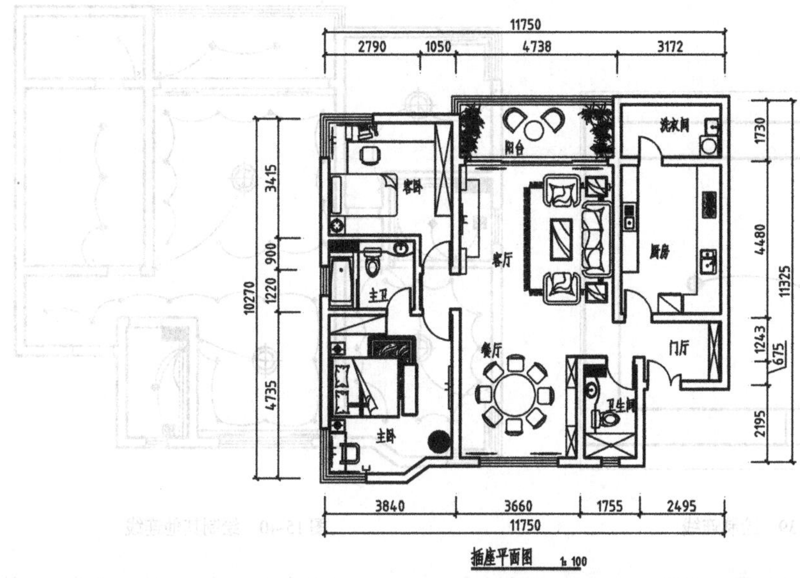

图 15-36 复制图例

181 绘制两居室照明平面图

视频文件：MP4\第 15 章\181.MP4

本例介绍两居室照明平面图的绘制，下面讲解绘制方法。

01 调用 COPY/CO 复制命令，复制两居室的顶棚图，删除不需要的顶棚图形，只保留灯具，如图 15-37 所示。

02 从图例表中复制开关图形，到照明平面图中，如图 15-38 所示。

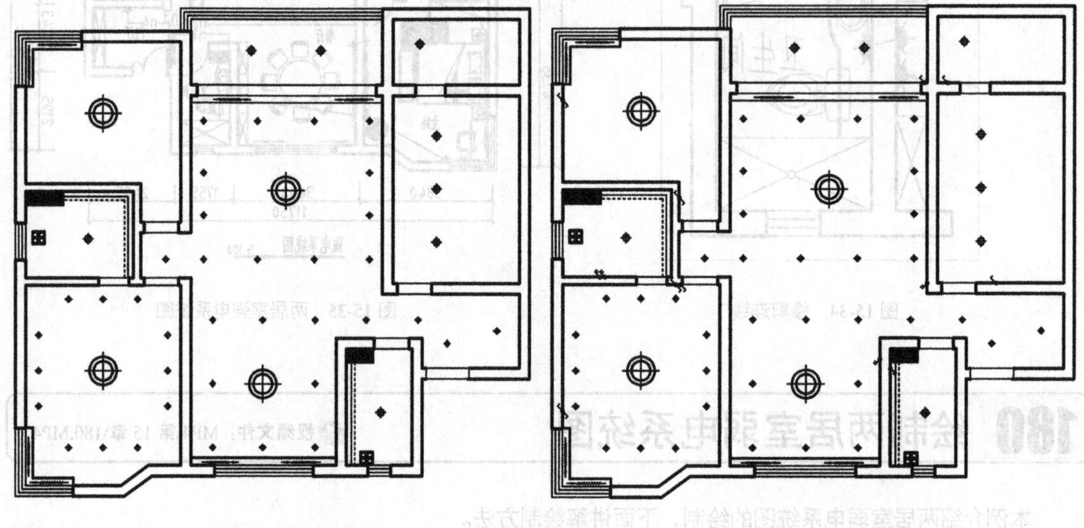

图 15-37　整理图形　　图 15-38　复制开关图形

03 调用 ARC/A 圆弧命令，绘制连线，如图 15-39 所示。

04 使用相同方法绘制其他连线，结果如图 15-40 所示。

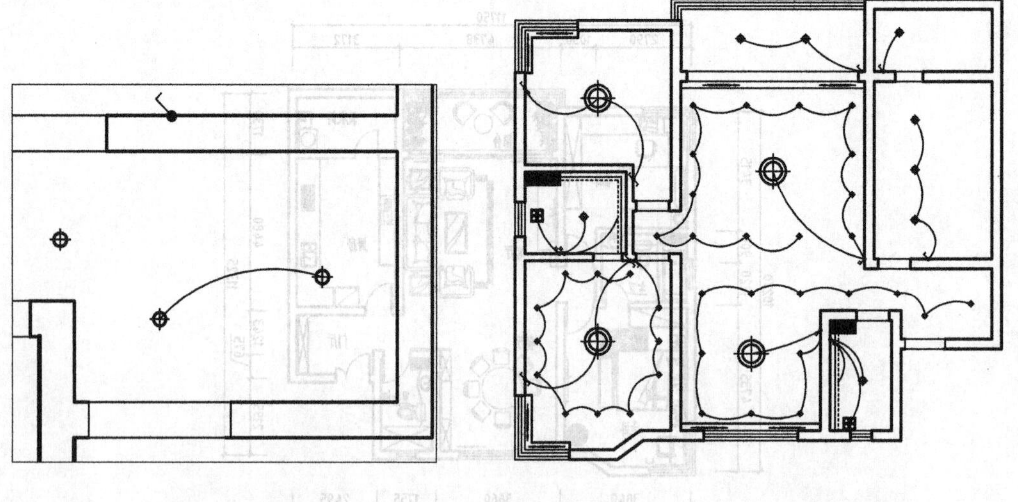

图 15-39　绘制连线　　图 15-40　绘制其他连线

05 在图形中有连线相交的位置，调用 CIRCLE/C 圆命令和 TRIM/TR 修剪命令，对相交的位置进行修剪，结果如图 15-41 所示。两居室照明平面图绘制完成，如图 15-42 所示。

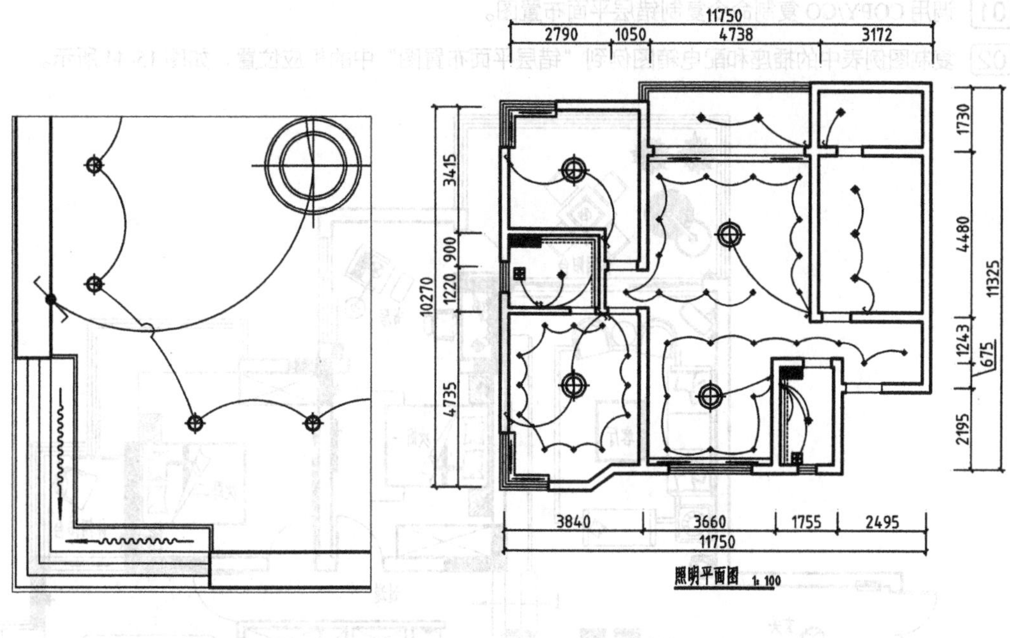

图 15-41　修剪相交位置　　　　图 15-42　绘制完成的两居室照明平面图

182 绘制错层强电系统图

视频文件：MP4\第 15 章\182.MP4

如图 15-43 所示为错层强电系统图，下面讲解绘制方法。

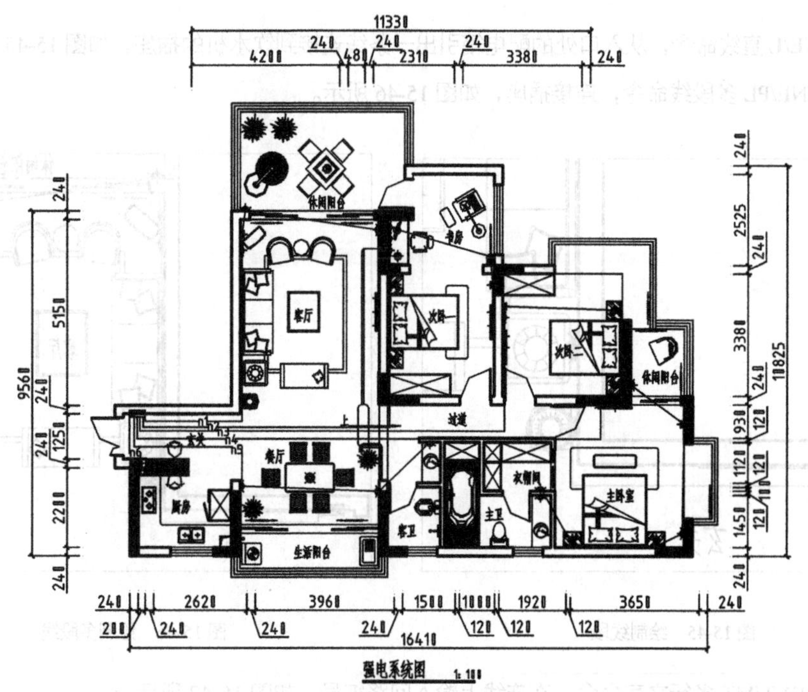

图 15-43　强电系统图

01 调用 COPY/CO 复制命令复制错层平面布置图。

02 复制图例表中的插座和配电箱图例到“错层平面布置图”中的相应位置，如图 15-44 所示。

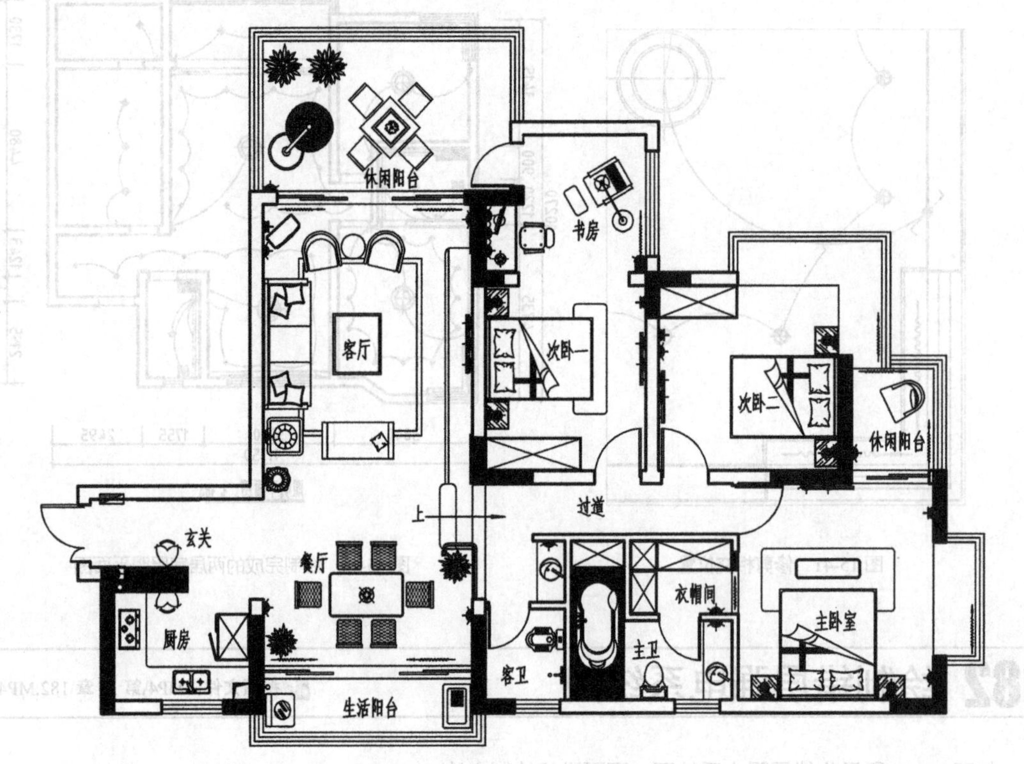

图 15-44　复制插座和配电箱

03 调用 LINE/L 直线命令，从入口处的配电箱引出一条线连接到饮水机的插座，如图 15-45 所示。

04 调用 PLINE/PL 多段线命令，连接插座，如图 15-46 所示。

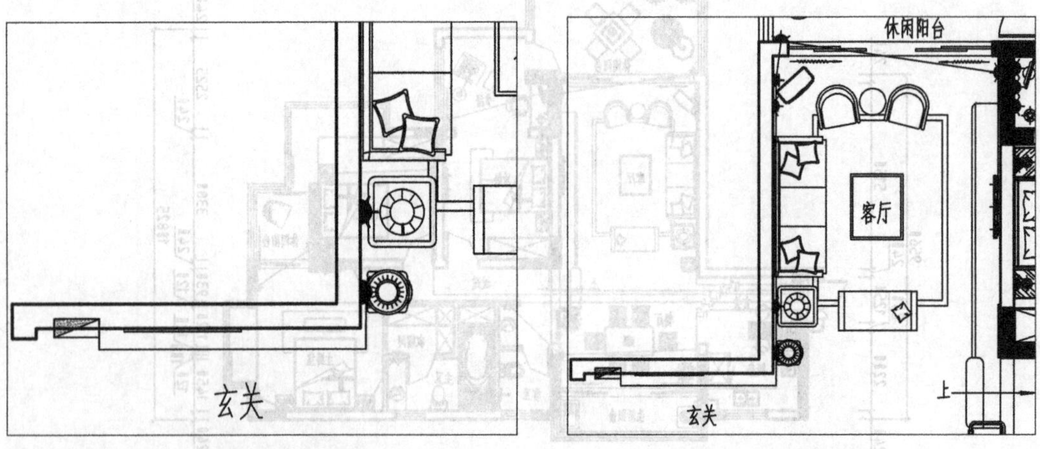

图 15-45　绘制线段　　图 15-46　绘制多段线

05 调用 MTEXT/MT 多行文字命令，在连线上输入回路编号，如图 15-47 所示。

06 此时回路编号与连线重叠，调用 TRIM/TR 修剪命令，将与编号重叠的连线部分修剪，如图 15-48 所示。

[07] 使用同样的方法完成其他插座连线的绘制，完成错层强电系统图的绘制。

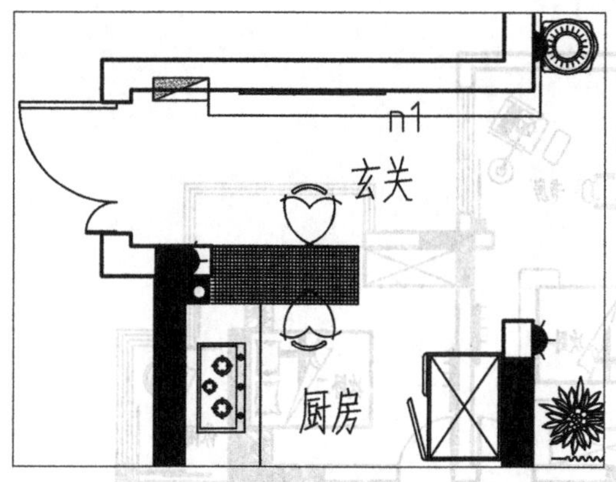

图 15-47　输入回路编号

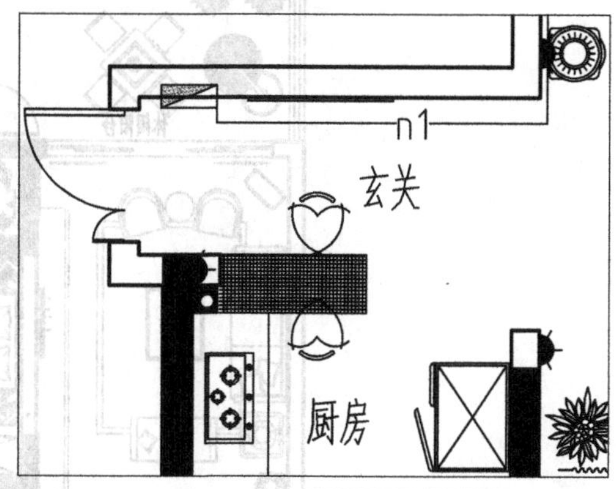

图 15-48　修剪线段

183 绘制错层弱电系统图

视频文件：MP4\第 15 章\183.MP4

图 15-49 所示为绘制完成的错层弱电系统图。

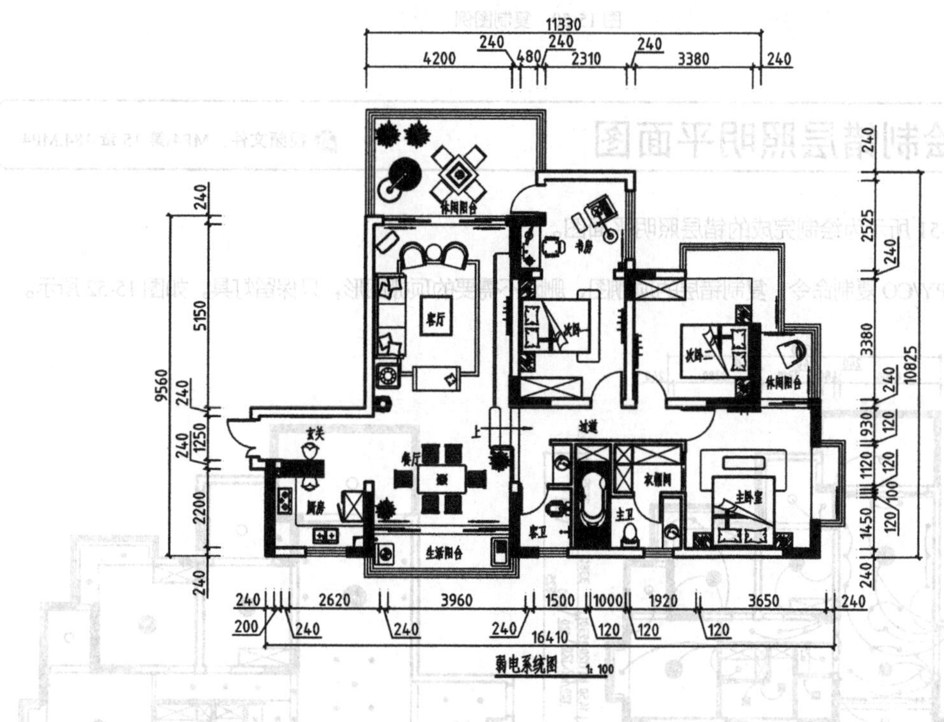

图 15-49　弱电系统图

[01] 调用 COPY/CO 复制命令，复制错层平面布置图。

[02] 从图例表中复制电话出线座、数据出线座、电视终端插座图例到“平面布置图”中相应位置，如图 15-50 所示。

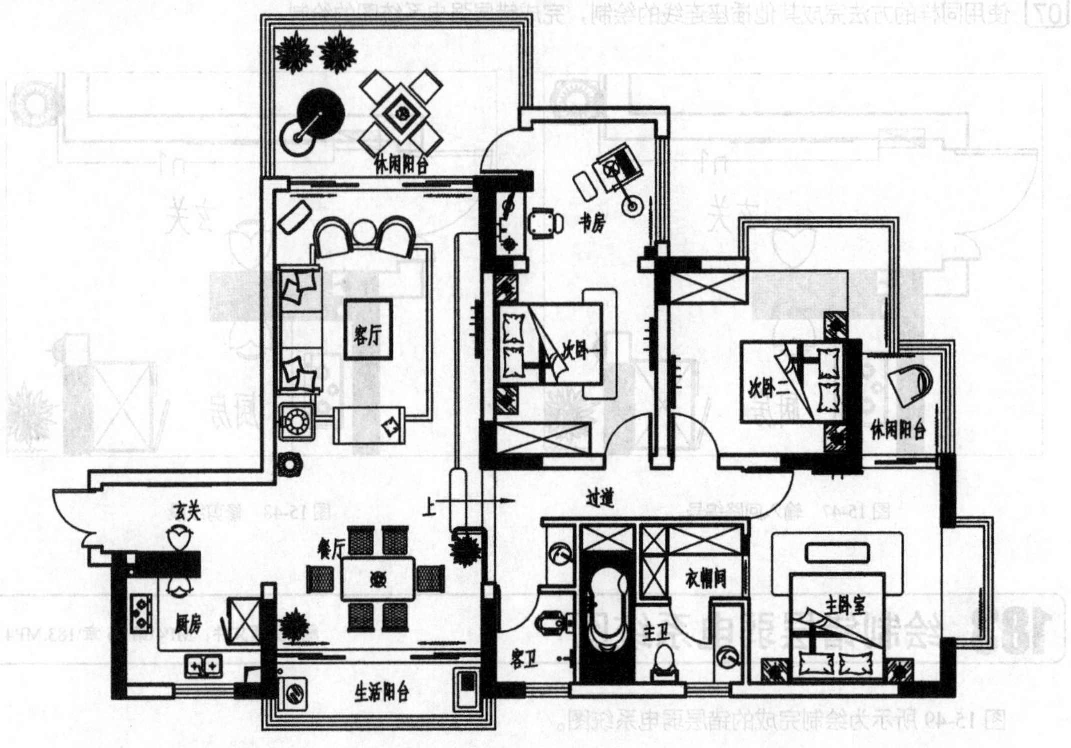

图 15-50　复制图例

184 绘制错层照明平面图

视频文件：MP4\第 15 章\184.MP4

如图 15-51 所示为绘制完成的错层照明平面图。

01 调用 COPY/CO 复制命令，复制错层的顶棚图，删除不需要的顶棚图形，只保留灯具，如图 15-52 所示。

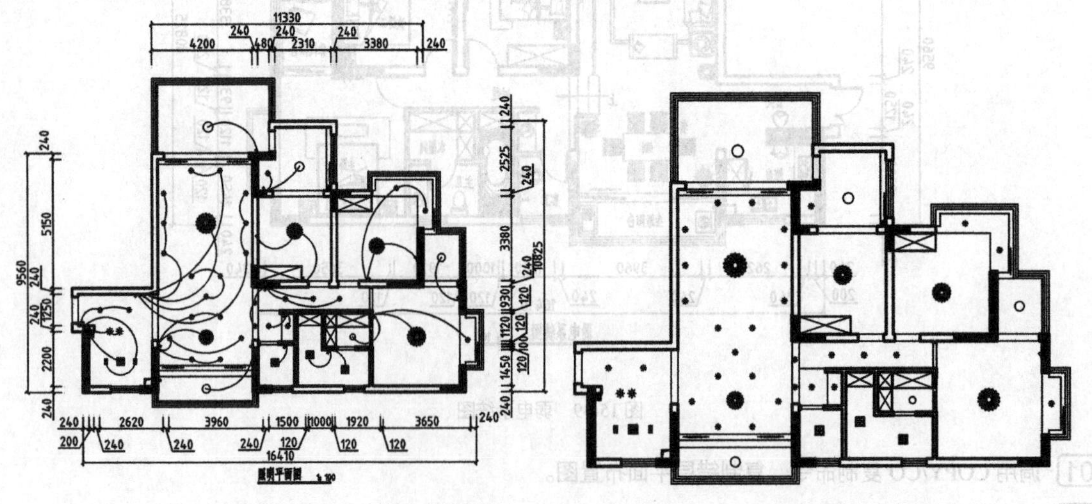

图 15-51　错层照明平面图　　图 15-52　整理图形

02 从图例表中复制开关图形，到照明平面图中，如图 15-53 所示。

03 调用 ARC/A 圆弧命令，绘制连线，如图 15-54 所示。

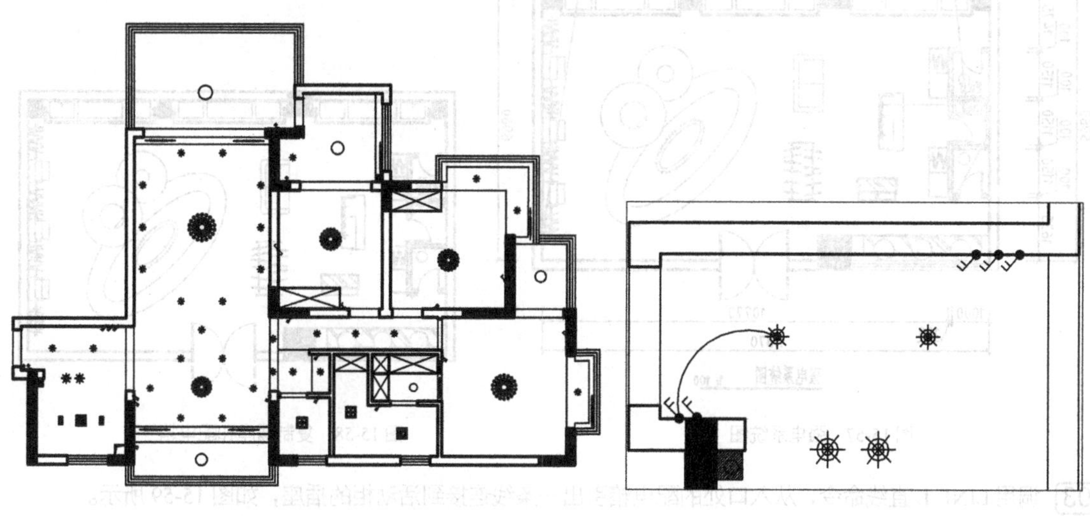

图 15-53　复制开关图形　　图 15-54　绘制连线

04 使用相同方法绘制其他连线，如图 15-55 所示。

05 在图形中有连线相交的位置，调用 CIRCLE/C 圆命令和 TRIM/TR 修剪命令，对相交的位置进行修剪，结果如图 15-56 所示。

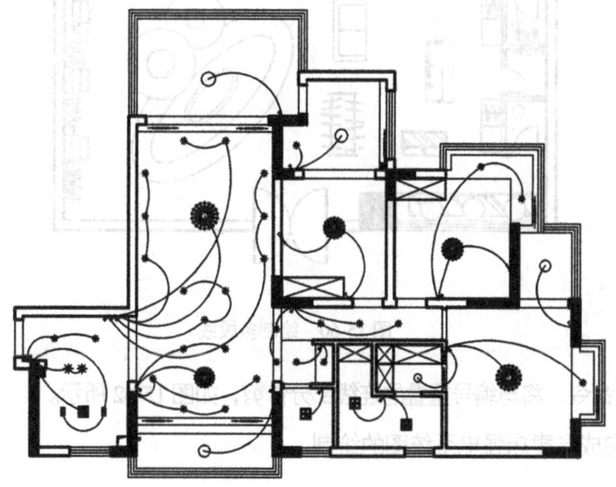

图 15-55　绘制其他连线

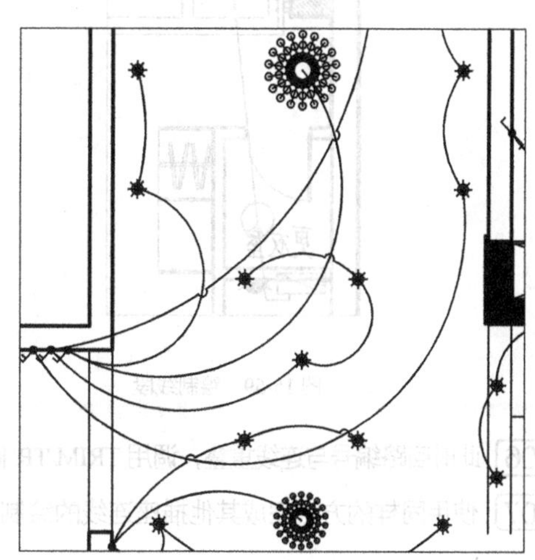

图 15-56　修剪连线

185 绘制专卖店强电系统图

视频文件：MP4\第 15 章\185.MP4

图 15-57 所示为绘制完成的专卖店强电系统图。

01 调用 COPY/CO 复制命令，复制服装专卖店的平面布置图。

02 复制图例表中的插座和配电箱图例到“专卖店平面布置图”中的相应位置，如图 15-58 所示。

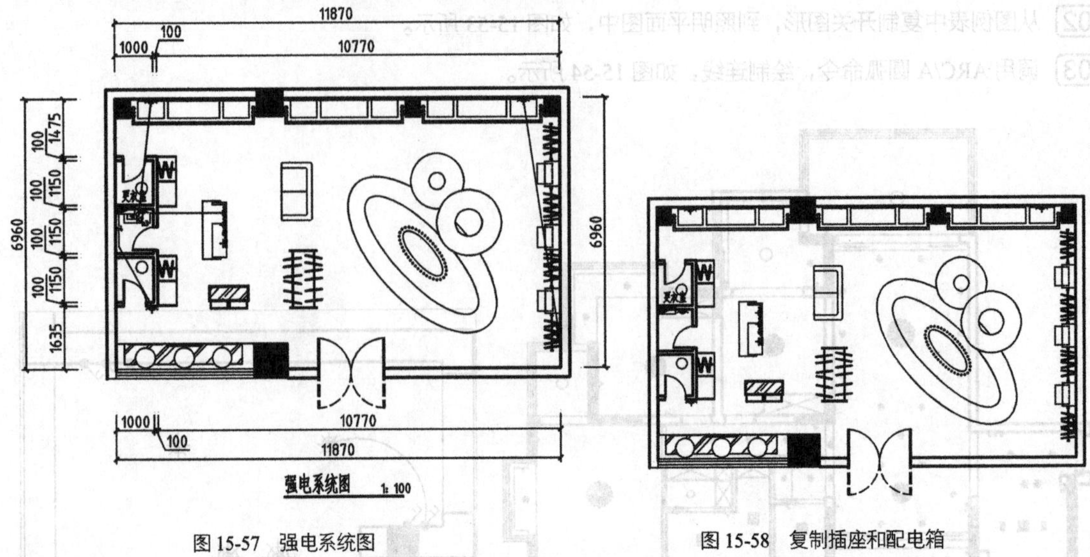

图 15-57 强电系统图

图 15-58 复制插座和配电箱

03 调用 LINE/L 直线命令，从入口处的配电箱引出一条线连接到活动柜的插座，如图 15-59 所示。

04 调用 PLINE/PL 多段线命令，连接插座，如图 15-60 所示。

05 调用 MTEXT/MT 多行文字命令，在连线上输入回路编号，如图 15-61 所示。

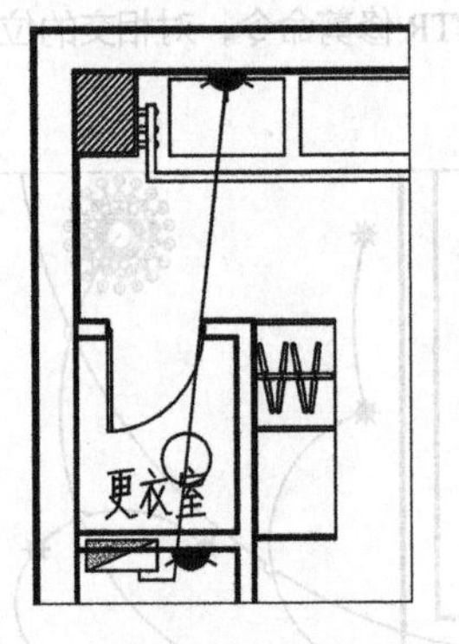

图 15-59 绘制线段

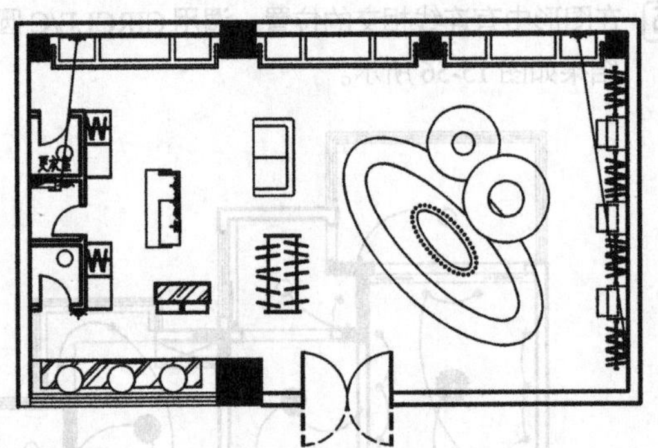

图 15-60 绘制多段线

06 此时回路编号与连线重叠，调用 TRIM/TR 修剪命令，将与编号重叠的连线部分修剪，如图 15-62 所示。

07 使用同样的方法完成其他插座连线的绘制，完成专卖店强电系统图的绘制。

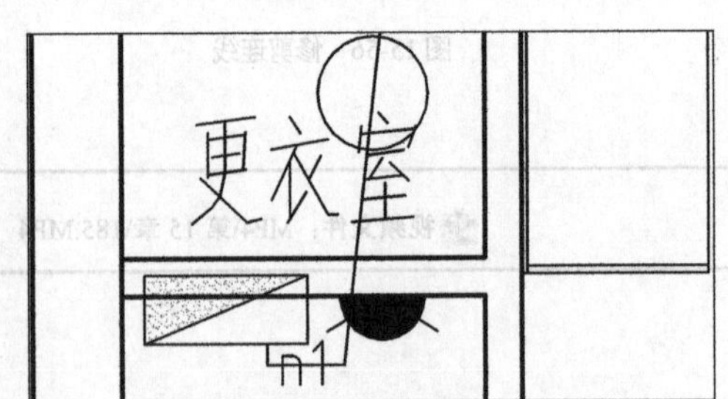

图 15-61 输入回路编号

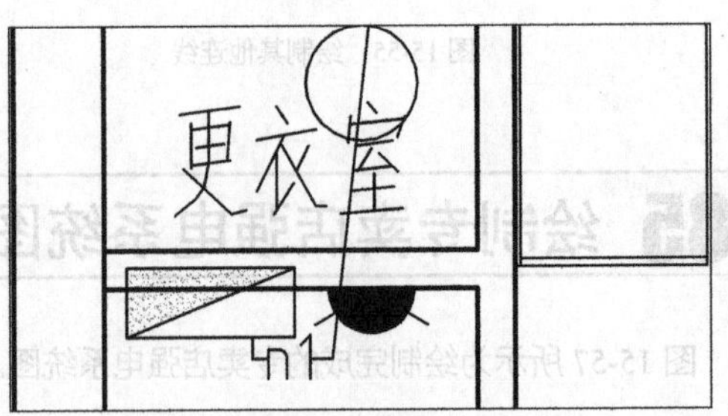

图 15-62 修剪连线

186 绘制专卖店照明平面图

视频文件：MP4\第 15 章\186.MP4

如图 15-63 所示为绘制完成的专卖店照明平面图，需要绘制的图形有开关和开关与灯具之间的连线，下面讲解绘制方法。

01 调用 COPY/CO 复制命令，复制专卖店的顶棚图，删除不需要的顶棚图形，只保留灯具，如图 15-64 所示。

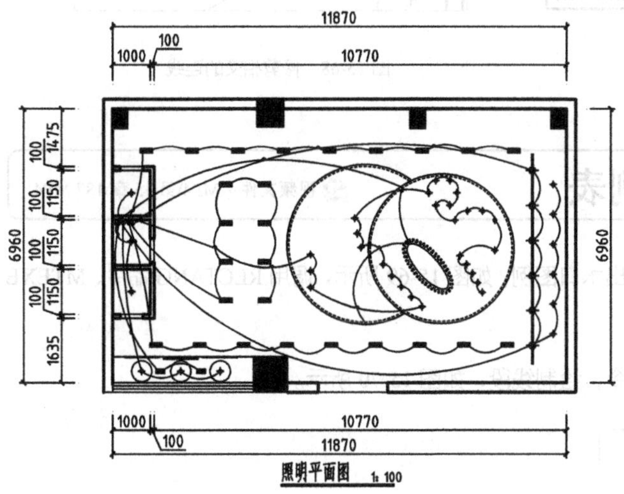

图 15-63　照明平面图

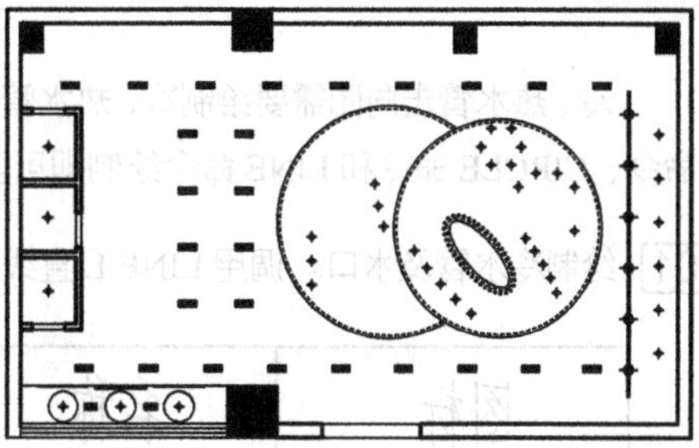

图 15-64　整理图形

02 从图例表中复制开关图形，到照明平面图中，如图 15-65 所示。

03 调用 ARC/A 圆弧命令，绘制连线，如图 15-66 所示。

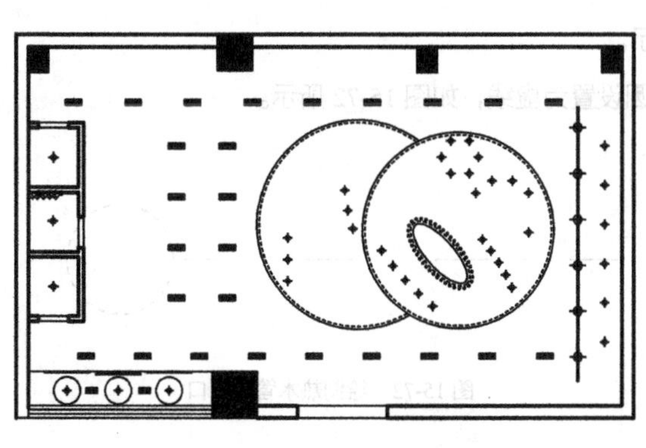

图 15-65　复制图例

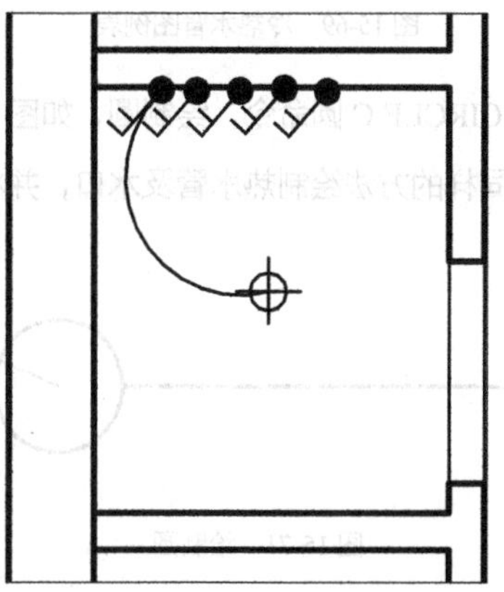

图 15-66　绘制连线

04 使用相同方法绘制其他连线，如图 15-67 所示。

05 在图形中有连线相交的位置，调用 CIRCLE/C 圆命令和 TRIM/TR 修剪命令，对相交的位置进行修剪，结果如图 15-68 所示。

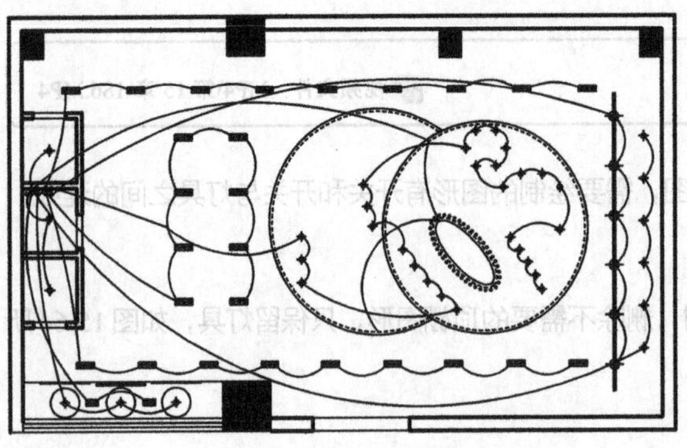

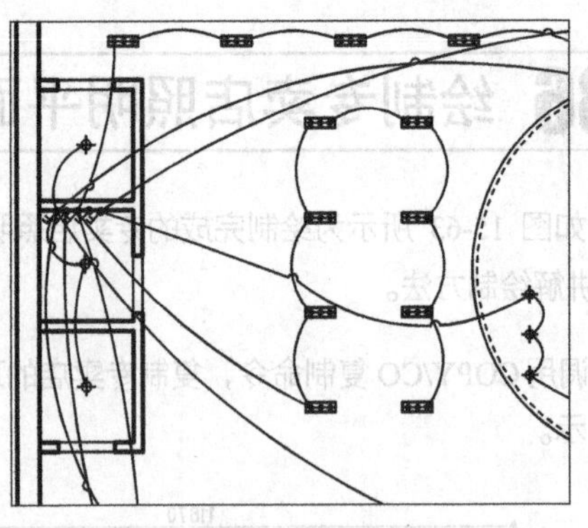

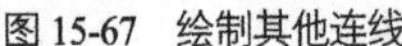

图 15-67　绘制其他连线　　图 15-68　修剪相交的连线

187 绘制冷、热水管图例表

视频文件：MP4\第 15 章\187.MP4

冷、热水管走向图需要绘制冷、热水管及出水口图例，如图 15-69 所示，调用 RECTANG 命令、MTEXE 命令、CIRCLE 命令和 LINE 命令绘制即可。

01 绘制冷水管及水口。调用 LINE/L 直线命令，绘制线段，如图 15-70 所示。

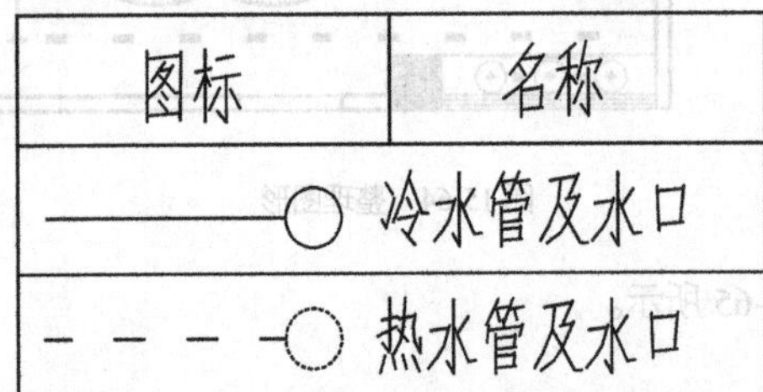

图标	名称
——————○	冷水管及水口
- - - -○	热水管及水口

图 15-69　冷热水管图例表

图 15-70　绘制线段

02 调用 CIRCLE/C 圆命令，绘制圆，如图 15-71 所示。

03 使用同样的方法绘制热水管及水口，并将线段和圆设置为虚线，如图 15-72 所示。

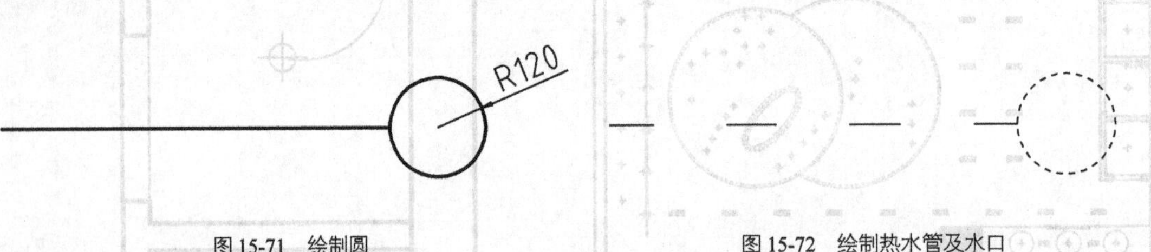

图 15-71　绘制圆　　图 15-72　绘制热水管及水口

188 绘制三居室冷、热水管走向图

视频文件：MP4\第 15 章\188.MP4

冷、热水管走向图主要绘制冷、热水管和出水口，其中冷、热水管分别使用实线和虚线表示。本例以三居室为例，介绍具体的绘制方法。

01 调用 COPY/CO 复制命令，复制三居室的平面布置图。

02 创建一个新图层“SG_水管”，并设置为当前图层。

03 根据平面布置图中的洗脸盆、洗菜盆、洗衣机、淋浴花洒和热水器以及其他出水口的位置，绘制出水口图形（用圆形表示）如图 15-73 所示，其中虚线表示接热水管，实线表示接冷水管。

04 调用 PLINE/PL 多段线命令和 MTEXT/MT 多行文字命令，绘制热水器，如图 15-74 所示。

> **提示**　此处为了方便观察，关闭“JJ_家具”等相关图层。

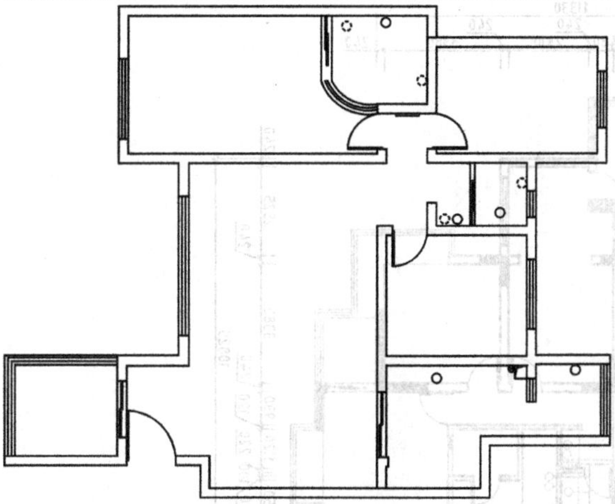

图 15-73　绘制出水口 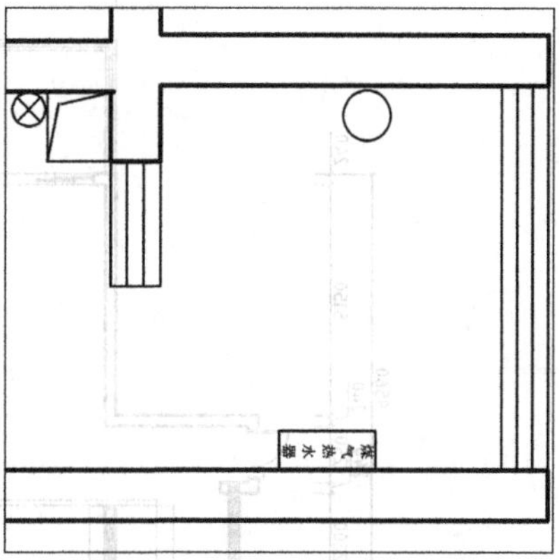　　　图 15-74　绘制热水器

05 调用 LINE/L 直线命令，绘制线段，表示冷水管，如图 15-75 所示。

06 本户热水器安装在生活阳台，因此调用 LINE/L 直线命令，将热水管连接至各个热水出水口，如图 15-76 所示，注意热水管使用虚线表示，完成三居室冷、热水管走向图的绘制。

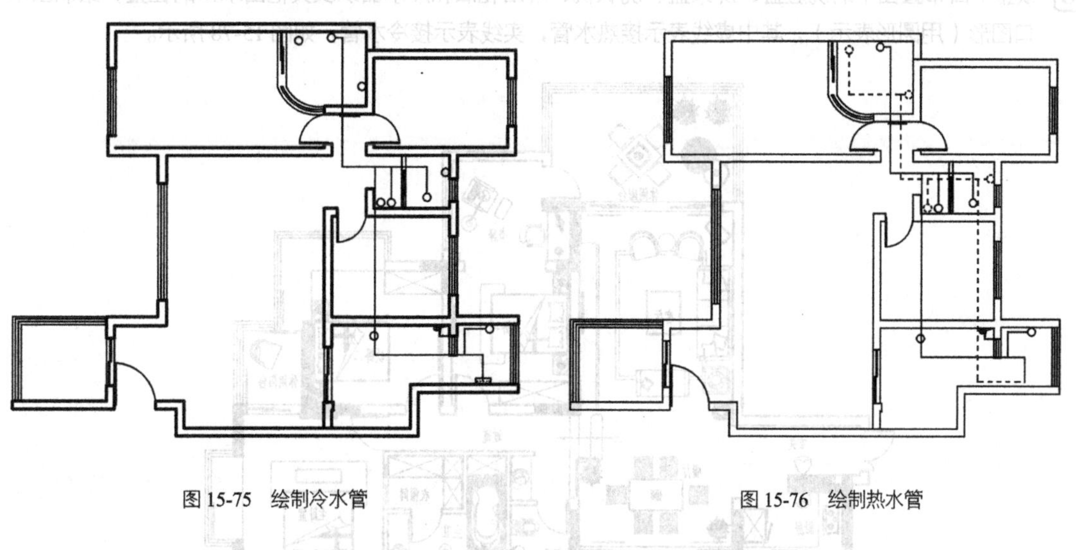

图 15-75　绘制冷水管　　　图 15-76　绘制热水管

189 绘制错层冷、热水管走向图

视频文件：MP4\第 15 章\189.MP4

如图 15-77 所示为错层冷、热水管走向图，需要绘制图形有冷、热水管、热水器和水管之间的连线，下面讲解绘制方法。

01 调用 COPY/CO 复制命令，复制错层的平面布置图。

02 创建一个新图层“SG_水管”，并设置为当前图层。

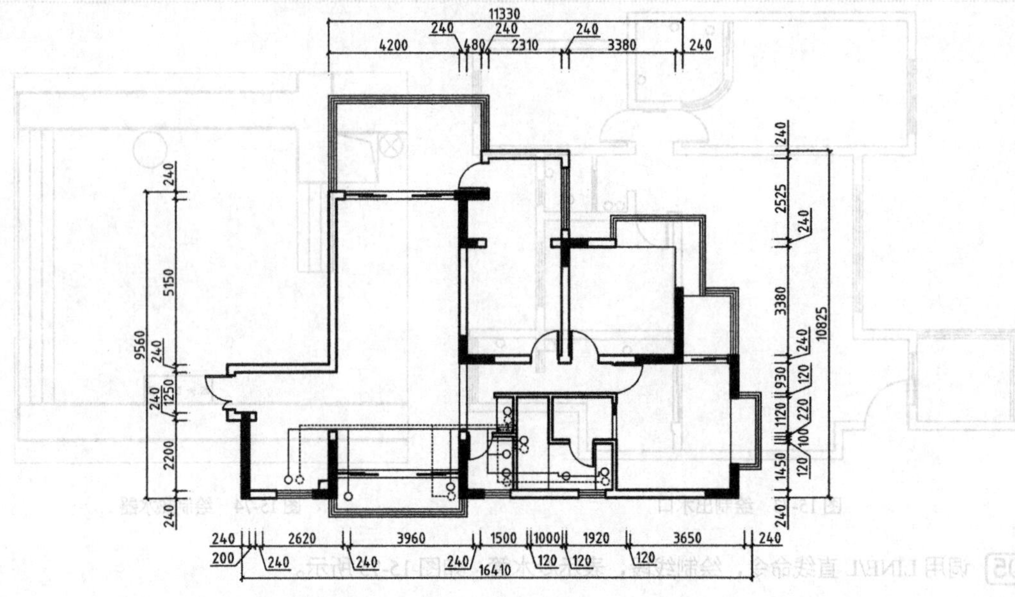

图 15-77 错层冷、热水管走向图

03 根据平面布置图中的洗脸盆、洗菜盆、洗衣机、淋浴花洒和热水器以及其他出水口的位置，绘制出水口图形（用圆形表示），其中虚线表示接热水管，实线表示接冷水管，如图 15-78 所示。

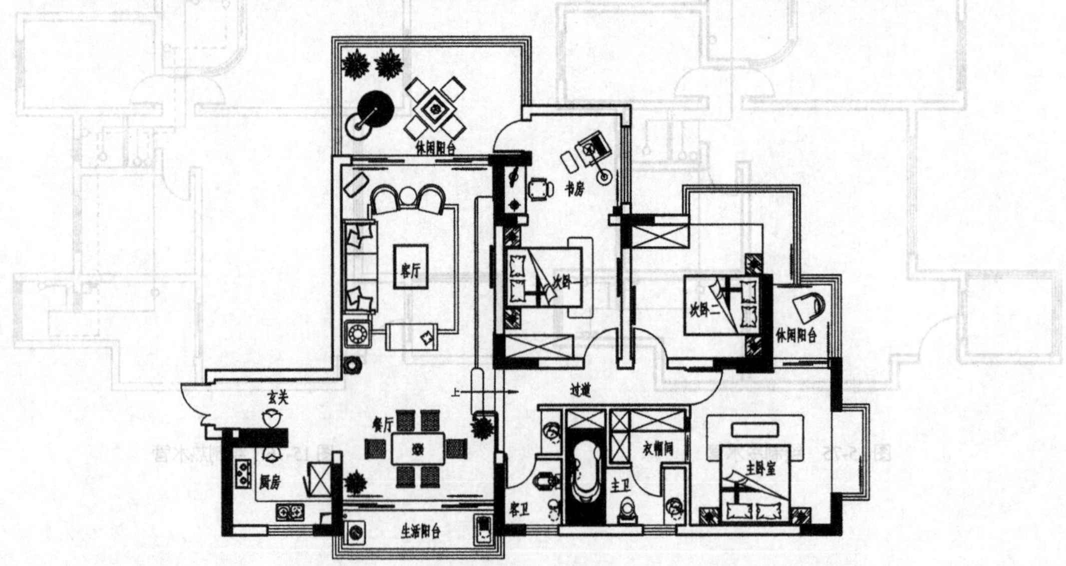

图 15-78 绘制出水口

> **提示** 此处为了方便观察，关闭“JJ_家具”等相关图层。

04 调用 PLINE/PL 多段线命令和 MTEXT/MT 多行文字命令，绘制热水器，如图 15-79 所示。

05 调用 LINE/L 直线命令，绘制线段，表示冷水管，如图 15-80 所示。

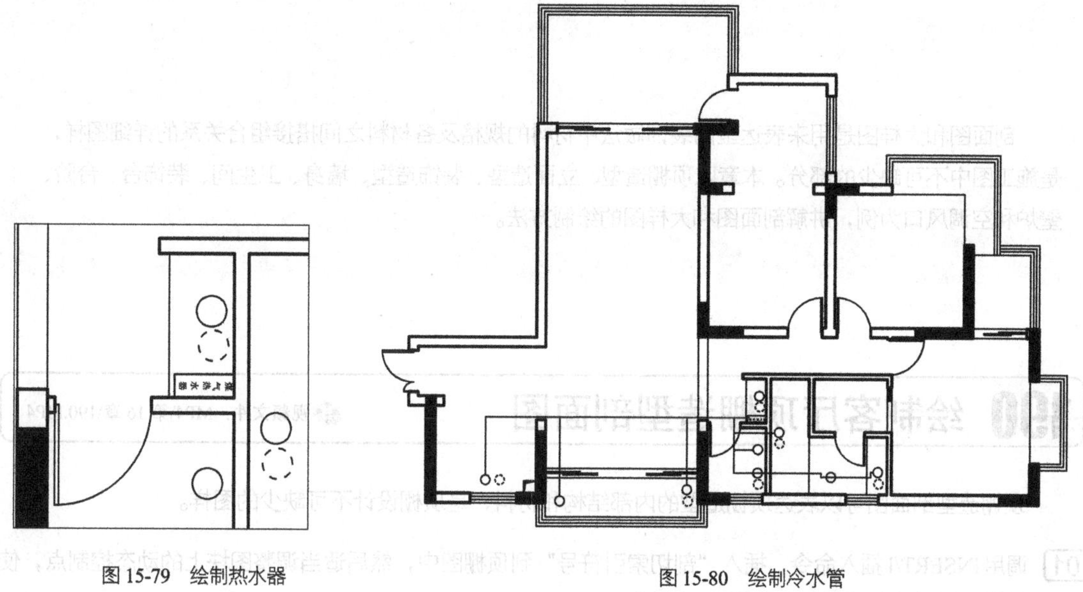

图 15-79　绘制热水器　　图 15-80　绘制冷水管

06 调用 LINE/L 直线命令，将热水管连接至各个热水出水口，注意热水管使用虚线表示，如图 15-81 所示。

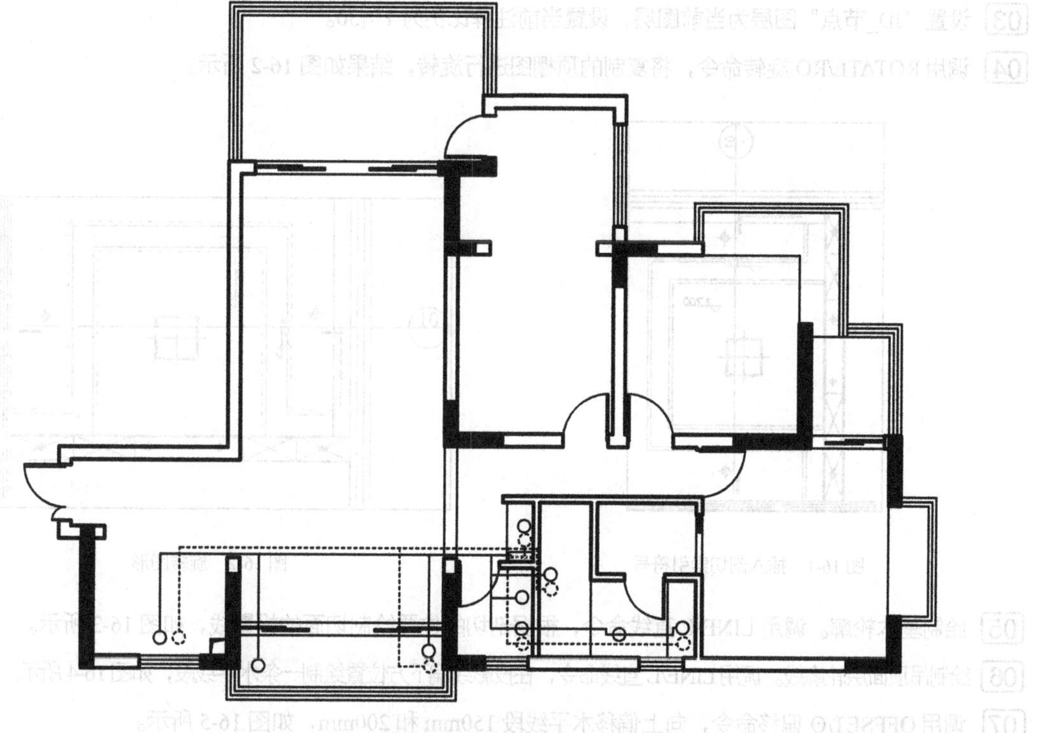

图 15-81　绘制热水管

第 16 章 绘制剖面图和大样图

剖面图和大样图是用来表达室内装饰做法中材料的规格及各材料之间搭接组合关系的详细图样，是施工图中不可缺少的部分。本章以顶棚造型、立面造型、装饰造型、墙身、卫生间、装饰台、台阶、壁炉和空调风口为例，讲解剖面图和大样图的绘制方法。

190 绘制客厅顶棚造型剖面图

视频文件：MP4\第 16 章\190.MP4

顶棚造型剖面图可以表达顶棚造型的内部结构和材料，是顶棚设计不可缺少的图样。

01 调用 INSERT/I 插入命令，插入“剖切索引符号”到顶棚图中，然后适当调整图块上的动态控制点，使其指向正确的剖切位置，如图 16-1 所示。

02 调用 COPY/CO 复制命令，复制董事长室的顶棚图。

03 设置“JD_节点”图层为当前图层，设置当前注释比例为 1：30。

04 调用 ROTATE/RO 旋转命令，将复制的顶棚图进行旋转，结果如图 16-2 所示。

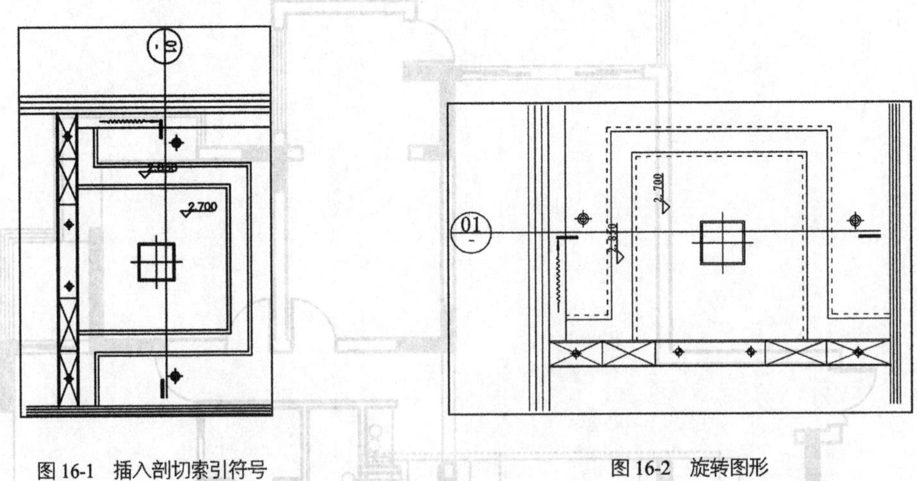

图 16-1 插入剖切索引符号　　图 16-2 旋转图形

05 绘制基本轮廓。调用 LINE/L 直线命令，根据剖切的位置绘制切面的投影线，如图 16-3 所示。

06 绘制吊顶面层轮廓线。调用 LINE/L 直线命令，在投影线偏下方位置绘制一条水平线段，如图 16-4 所示。

07 调用 OFFSET/O 偏移命令，向上偏移水平线段 150mm 和 200mm，如图 16-5 所示。

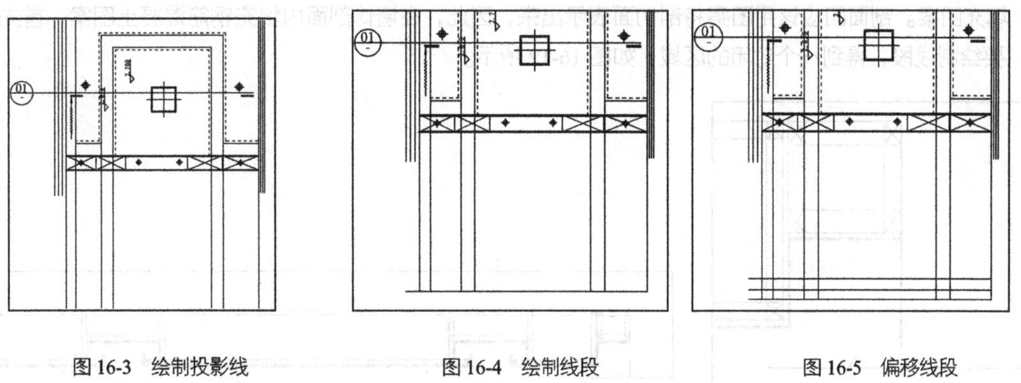

图 16-3　绘制投影线　　图 16-4　绘制线段　　图 16-5　偏移线段

08 调用 TRIM/TR 修剪命令，修剪线段，得到吊顶剖面轮廓，如图 16-6 所示。

09 调用 PLINE/PL 多段线命令，绘制出灯槽，结果如图 16-7 所示。

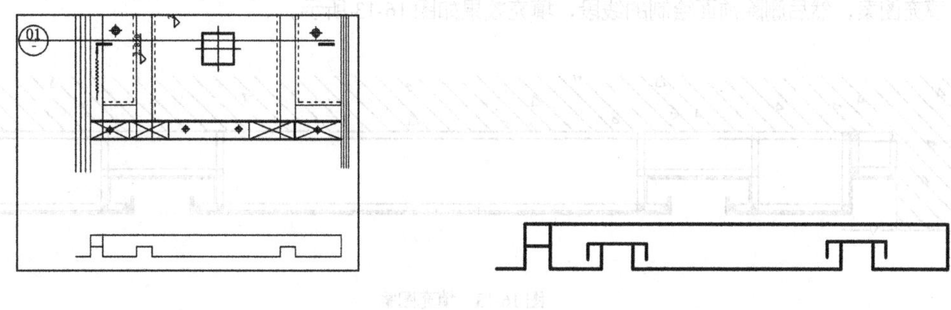

图 16-6　修剪出吊顶剖面轮廓　　图 16-7　绘制灯槽

10 调用 LINE/L 直线命令、OFFSET/O 偏移命令和 TRIM/TR 修剪命令，绘制石膏板，效果如图 16-8 所示。

11 调用 PLINE/PL 多段线命令，绘制面板，如图 16-9 所示。

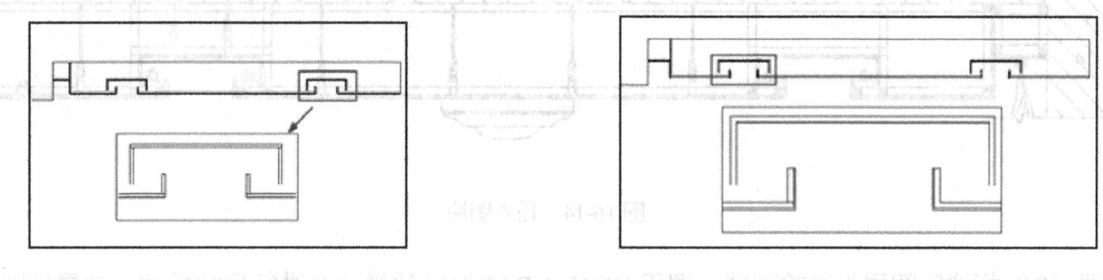

图 16-8　绘制石膏板　　图 16-9　绘制面板

12 绘制木龙骨。此处木龙骨为 30mm×30mm 木方，调用 RECTANG/REC 矩形命令、LINE/直线命令和 COPY/CO 复制命令，绘制木方，如图 16-10 所示。

图 16-10　绘制木龙骨

13 绘制折断线。由于剖切面下方的造型没有绘制出来，因此需要绘制折段线，调用 PLINE/PL 多段线命令进行绘制，效果如图 16-11 所示。

14 填充图案。剖面图应该用图案将剖切面表示出来，因此，在墙体剖面内填充钢筋混凝土图案，首先需要绘制线段，得到一个封闭的区域，如图 16-12 所示。

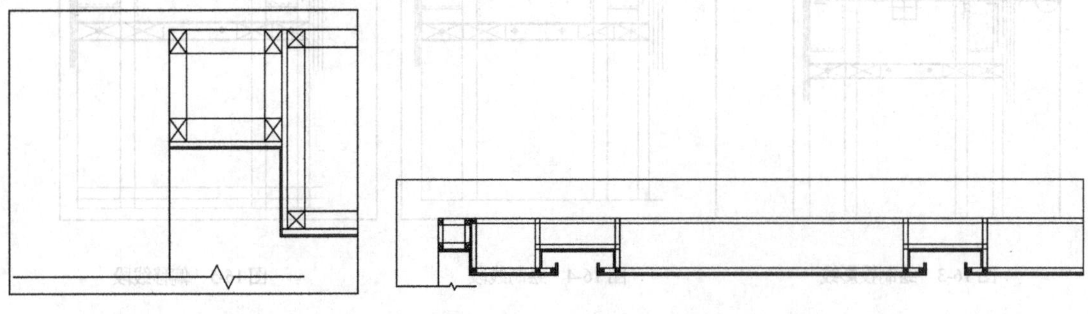

图 16-11　绘制折断线　　图 16-12　绘制线段

15 钢筋混凝土图案由 ANSI31 图案和 AR-CONC 两个图案组成。调用 HATCH/H 图案填充命令，在墙体内填充图案，然后删除前面绘制的线段，填充效果如图 16-13 所示。

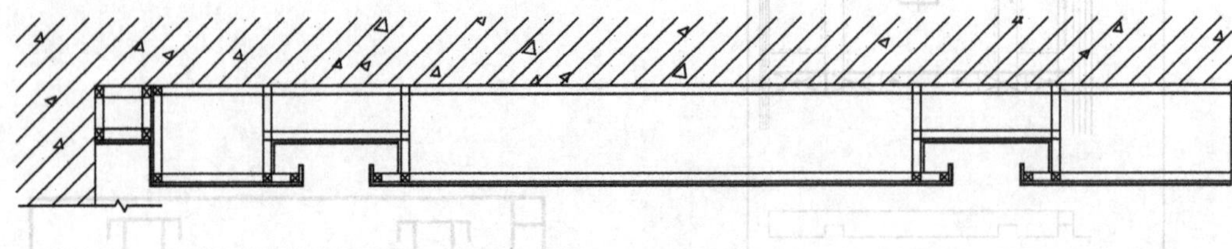

图 16-13　填充图案

16 从图库中调入窗帘、筒灯、灯带和主龙骨挂吊件等图块到剖面图中，效果如图 16-14 所示。

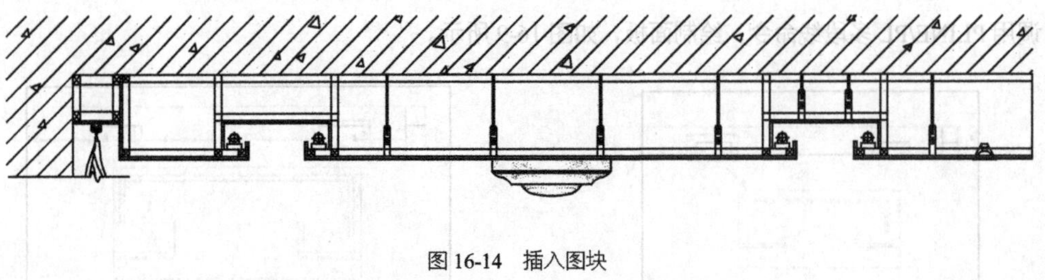

图 16-14　插入图块

17 设置“BZ_标注”图层为当前图层。调用 DIMLINEAR/DLI 线性命令进行尺寸标注，结果如图 16-15 所示。

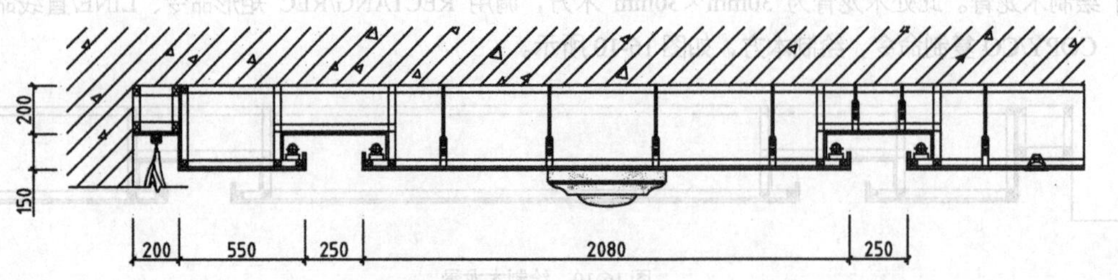

图 16-15　标注尺寸

18 调用 MLEADER/MLD 多重引线命令，对剖面进行文字标注，效果如图 16-16 所示。

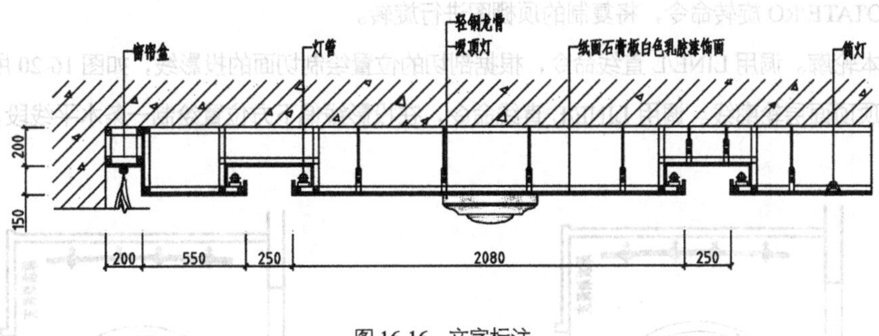

图 16-16　文字标注

19 调用 INSERT/I 插入命令，插入“图名”图块和“剖切索引”图块到剖面图的下方，完成01剖面图的绘制，如图 16-17 所示。

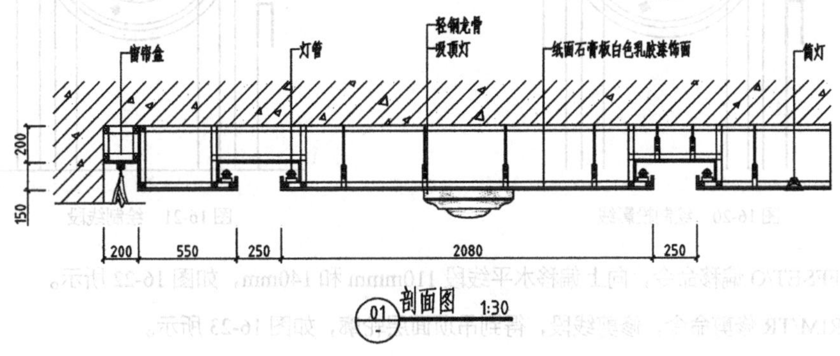

图 16-17　绘制完成的客厅顶棚造型剖面图

191 绘制办公室顶棚造型剖面图

视频文件：MP4\第 16 章\191.MP4

如图 16-18 所示为顶棚图，如图 16-19 所示为顶棚造型剖面图。

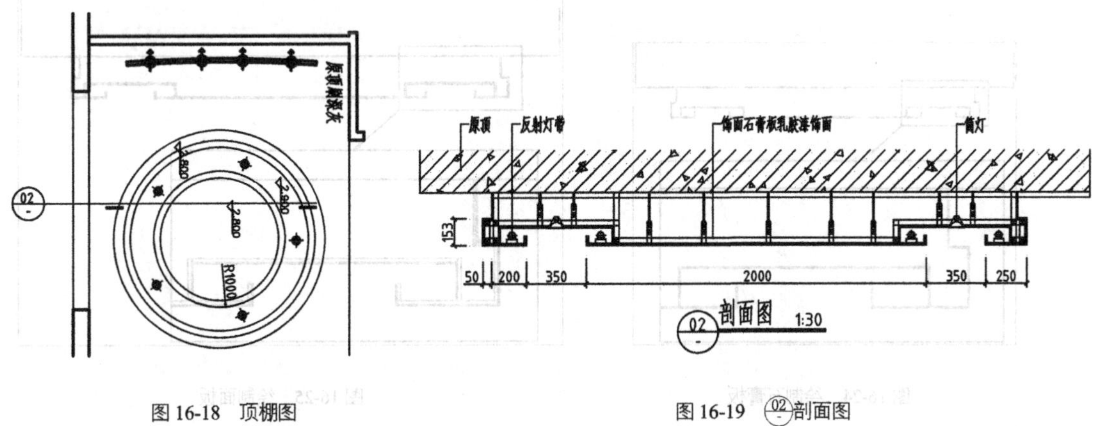

图 16-18　顶棚图　　图 16-19　02剖面图

01 调用 COPY/CO 复制命令，复制办公空间等候区的顶棚图。

02 设置“JD_节点”图层为当前图层，设置当前注释比例为 1：30。

03 调用 ROTATE/RO 旋转命令，将复制的顶棚图进行旋转。

04 绘制基本轮廓。调用 LINE/L 直线命令，根据剖切的位置绘制切面的投影线，如图 16-20 所示。

05 绘制吊顶顶面层轮廓线。调用 LINE/L 直线命令，在投影线偏下方位置绘制一条水平线段，如图 16-21 所示。

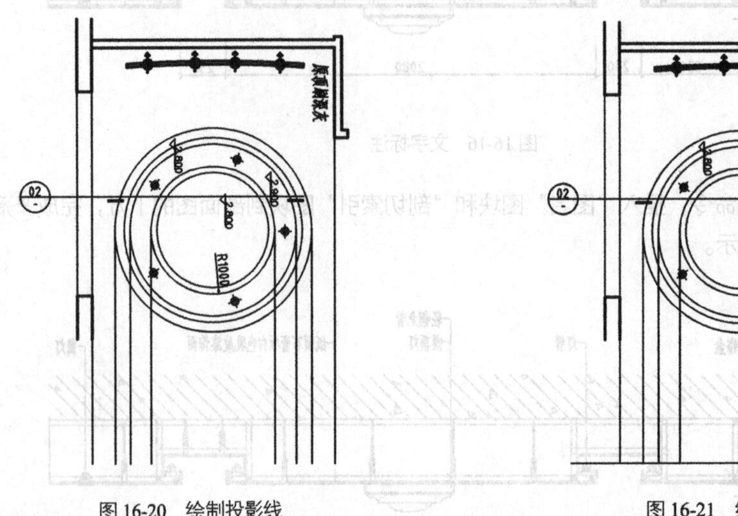

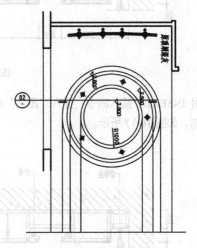

图 16-20　绘制投影线　　图 16-21　绘制线段

06 调用 OFFSET/O 偏移命令，向上偏移水平线段 110mmm 和 140mm，如图 16-22 所示。

07 调用 TRIM/TR 修剪命令，修剪线段，得到吊顶面层轮廓，如图 16-23 所示。

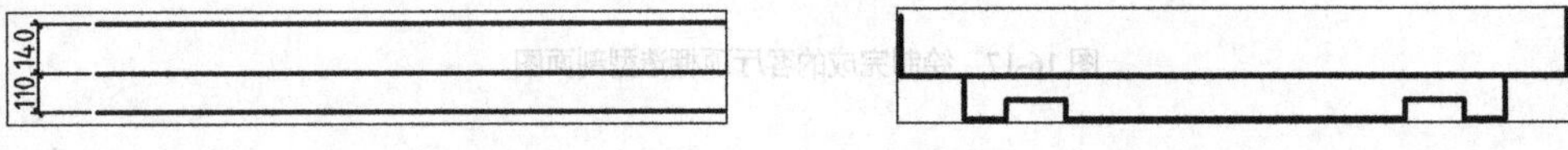

图 16-22　偏移线段　　图 16-23　修剪线段

08 调用 OFFSET/O 偏移命令、LINE/L 直线命令和 TRIM/TR 修剪命令，绘制石膏板，如图 16-24 所示。

09 调用 PLINE/PL 多段线命令，绘制面板，如图 16-25 所示。

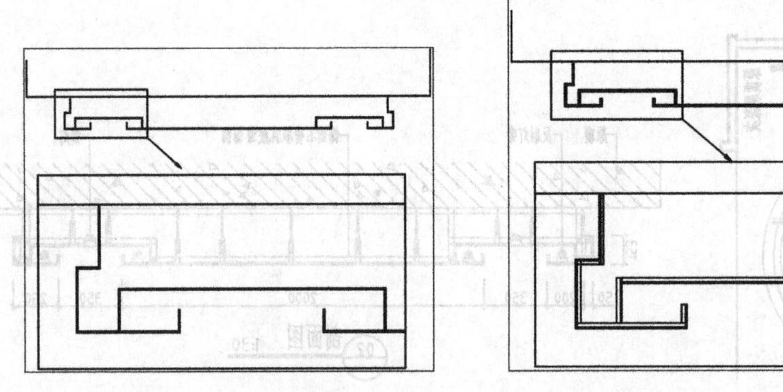

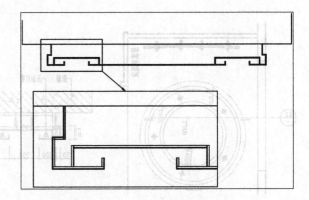

图 16-24　绘制石膏板　　图 16-25　绘制面板

10 绘制木龙骨。此处木龙骨为 30mm×30mm 木方，调用 RECTANG/REC 矩形命令、LINE/L 直线命令和 COPY/CO 复制命令，绘制木方，如图 16-26 所示。

11 调用 HATCH/H 图案填充命令，在墙体剖面内填充混凝土图案，首先需要绘制线段得到一个封闭的区域，如图 16-27 所示。

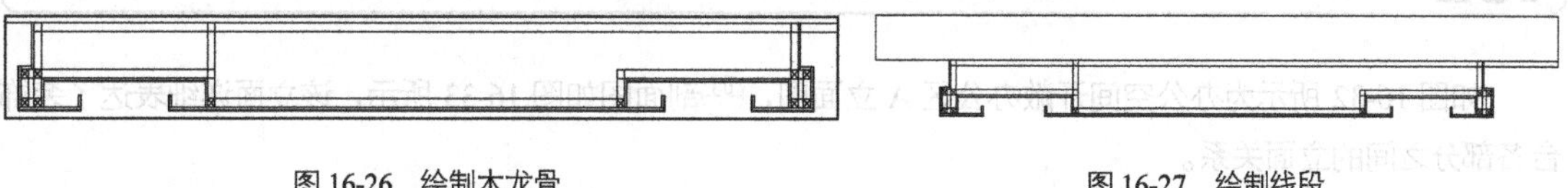

图 16-26　绘制木龙骨　　　图 16-27　绘制线段

12 钢筋混凝土图案由 ANSI31 图案和 AR-CONC 两个图案组成。调用 HATCH/H 图案填充命令，在墙体内填充图案，然后删除前面绘制的线段，如图 16-28 所示。

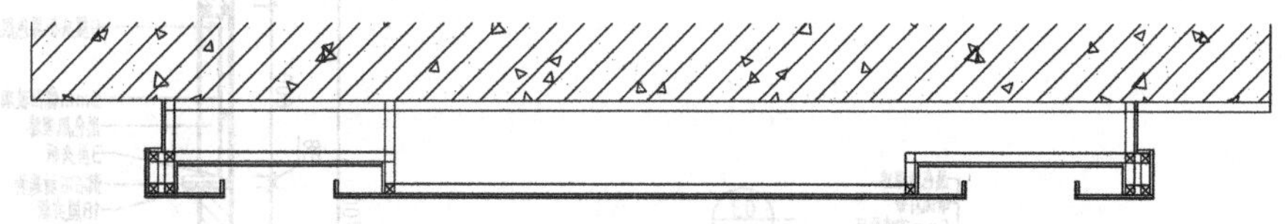

图 16-28　填充图案

13 从图库中调入窗帘、筒灯、灯带和主龙骨挂吊件等图块到剖面图中，如图 16-29 所示。

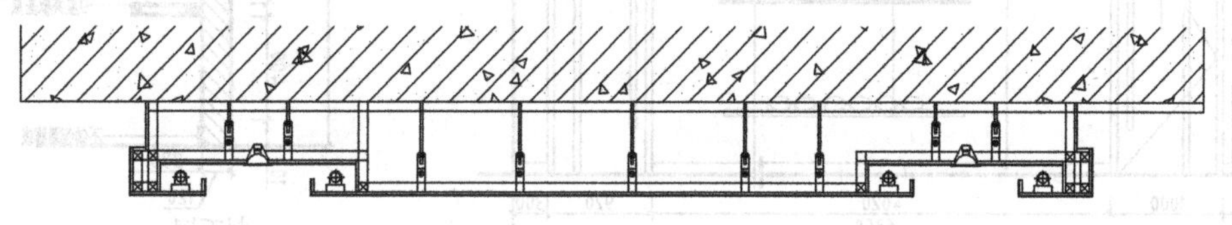

图 16-29　插入图块

14 设置“BZ_标注”图层为当前图层。调用 DIMLINEAR/DLI 线性命令进行尺寸标注，如图 16-30 所示。

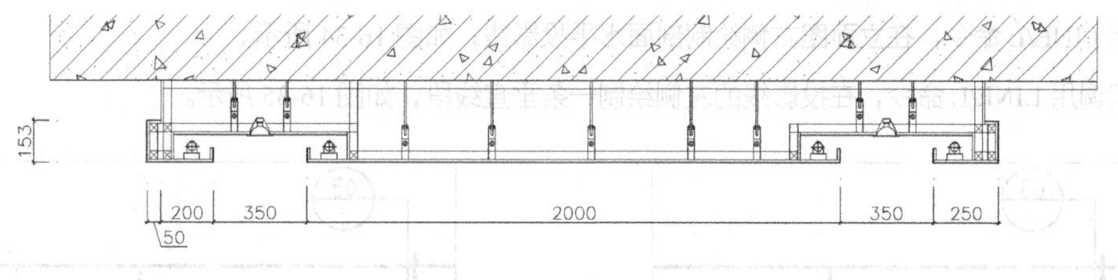

图 16-30　尺寸标注

15 调用 MLEADER/MLD 多重引线命令，对剖面进行文字标注，如图 16-31 所示。

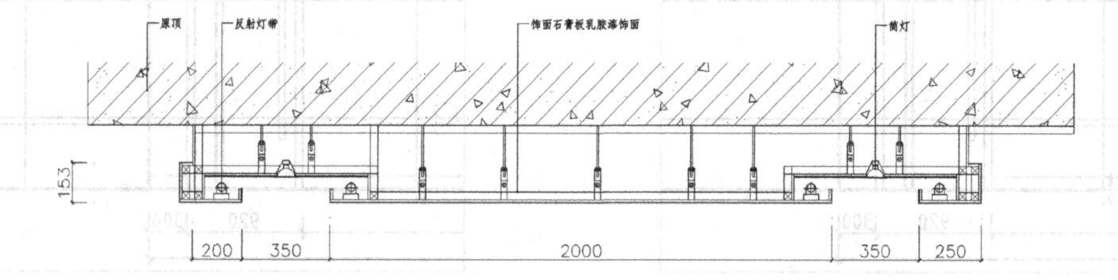

图 16-31　文字标注

16 调用 INSERT/I 插入命令，插入“图名”图块和“剖切索引”图块到剖面图的下方，完成 02 剖面图的绘制。

192 绘制立面造型剖面图

视频文件：MP4\第 16 章\192.MP4

如图 16-32 所示为办公空间开敞办公区 A 立面图，03剖面图如图 16-33 所示，该立面详细表达了装饰台各部分之间的立面关系。

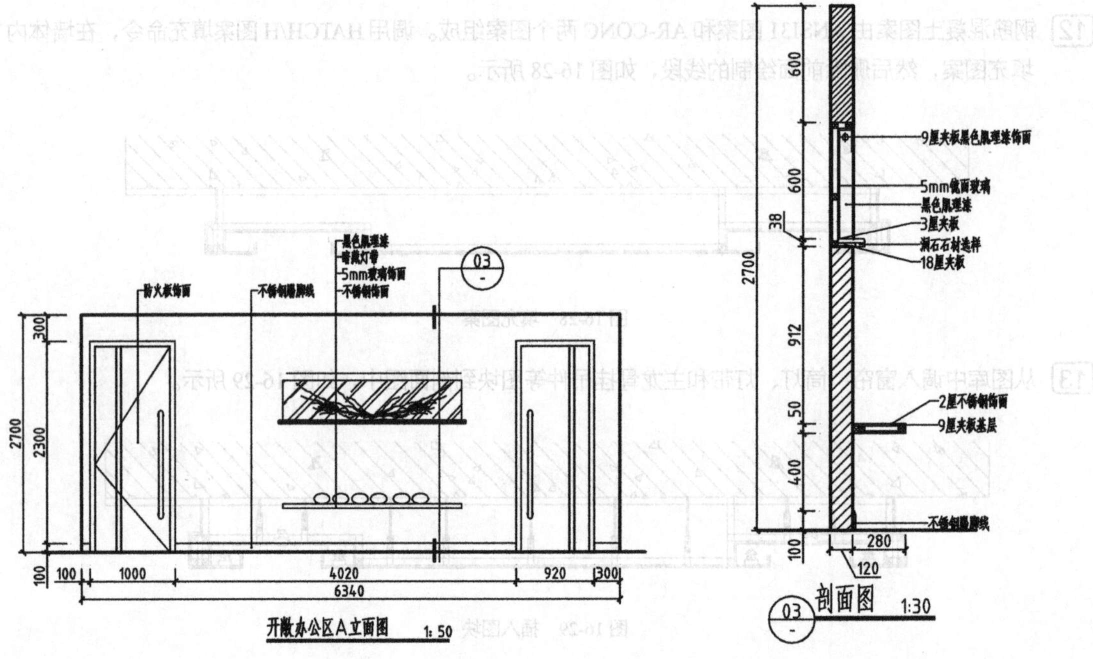

图 16-32 开敞办公区 A 立面图　　图 16-33 03剖面图

01 调用 LINE/L 命令，在立面图右侧绘制剖面水平投影线，如图 16-34 所示。

02 继续调用 LINE/L 命令，在投影线的左侧绘制一条垂直线段，如图 16-35 所示。

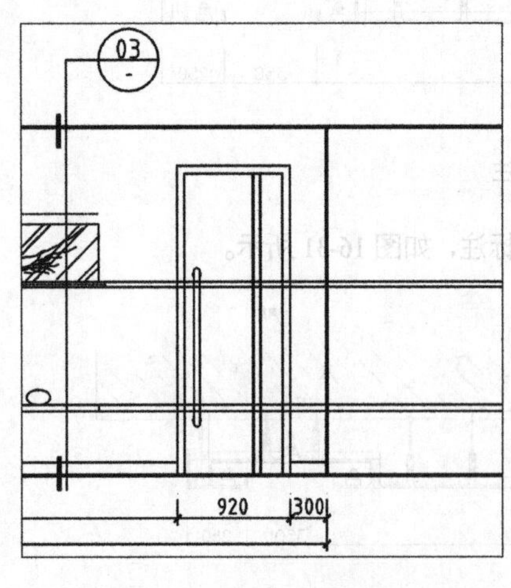

图 16-34 绘制水平投影线

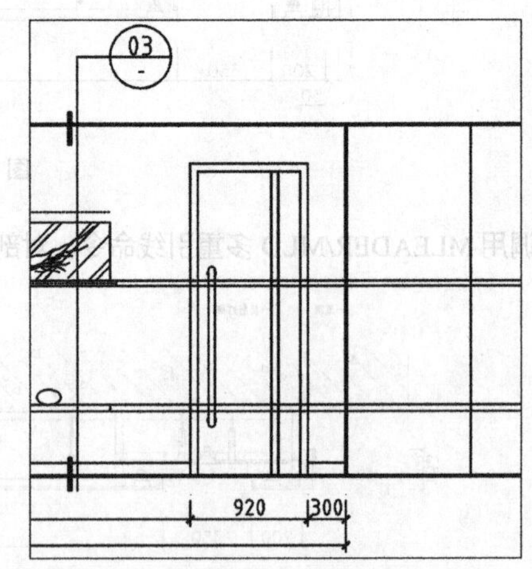

图 16-35 绘制垂直线段

03 调用 OFFSET/O 命令，将线段向左偏移 120mm，得到墙体厚度，如图 16-36 所示。

04 调用 TRIM/TR 命令，修剪掉多余的线段，如图 16-37 所示。

05 调用 LINE/L 命令，绘制线段，如图 16-38 所示。

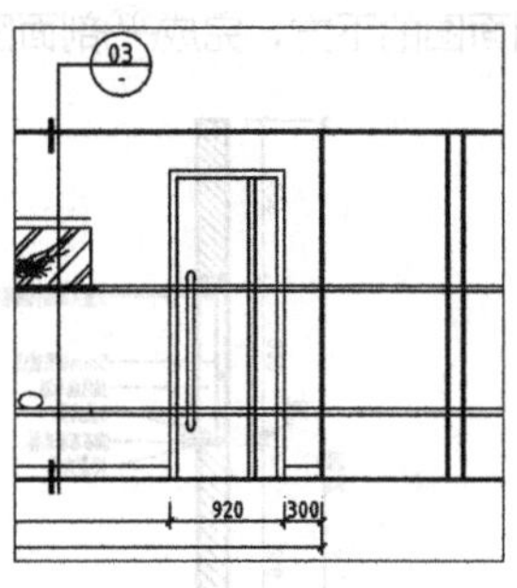

图 16-36　偏移线段

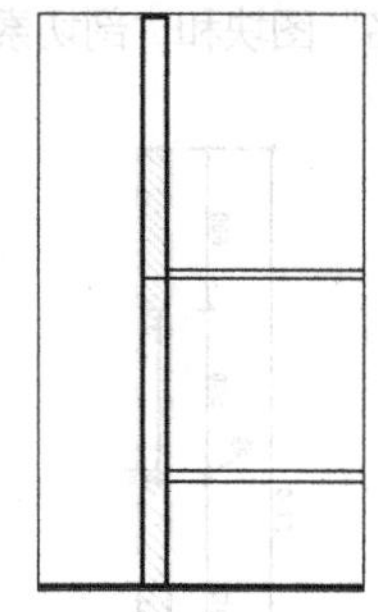

图 16-37　修剪多余的线段

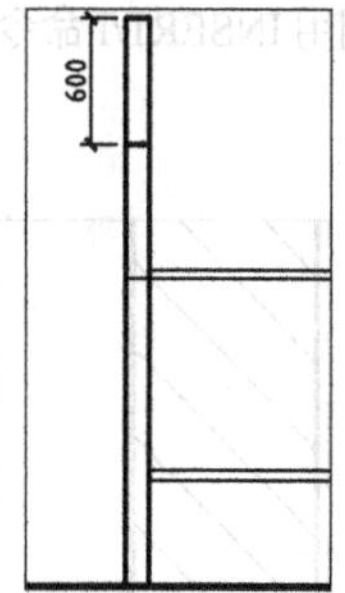

图 16-38　绘制线段

06 调用 HATCH/H 命令，再在命令行中输入 T 命令，在弹出的【图案填充和渐变色】对话框中设置参数，对墙体填充 ANSI31 图案，如图 16-39 所示。

07 调用 PLINE/PL 命令、TRIM/TR 命令和 FILLET/F 命令，绘制石材台面，如图 16-40 所示。

08 调用 LINE/L 命令、OFFSET/O 命令、COPY/CO 命令和 RECTANG/REC 命令，绘制石膏板和木方，如图 16-41 所示。

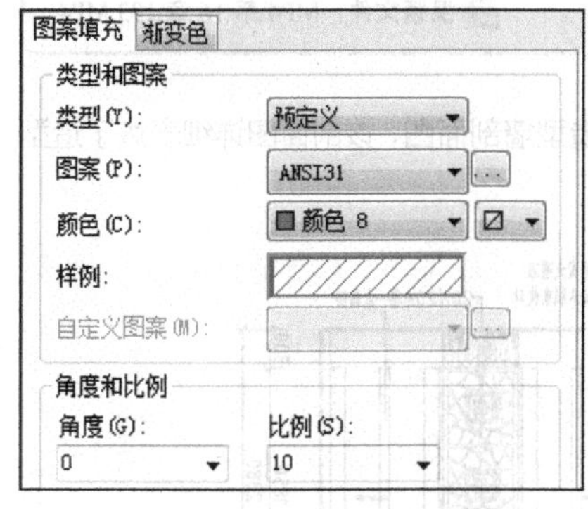

图 16-39　设置参数

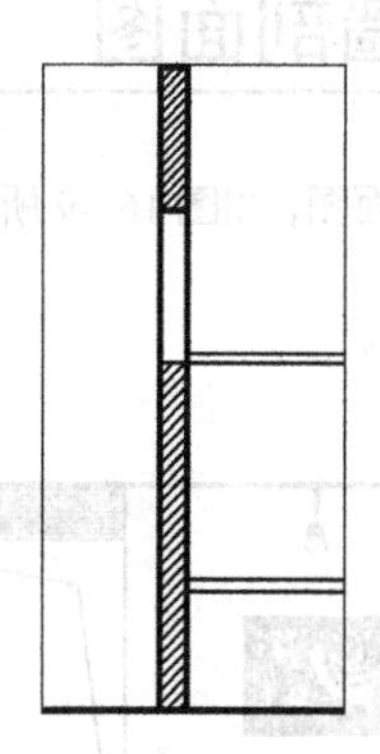

图 16-40　绘制石材台面

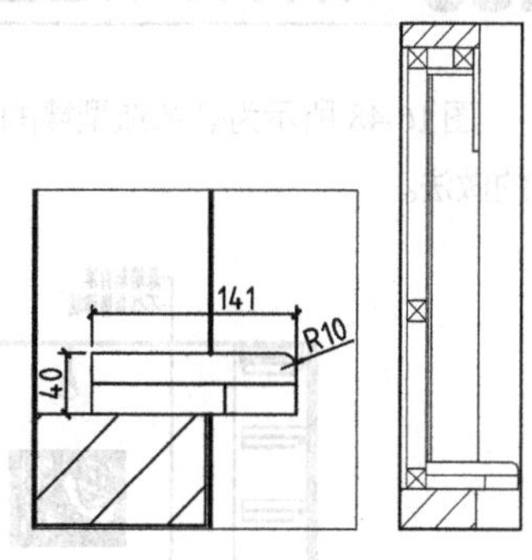

图 16-41　绘制石膏板和木方

09 调用 CIRCLE/C 命令和 LINE/L 命令，绘制灯管，如图 16-42 所示。

10 调用 LINE/L 命令，绘制面板，如图 16-43 所示。

11 调用 PLINE/PL 命令、OFFSET/O 命令和 RECTANG/REC 命令，绘制装饰台，如图 16-44 所示。

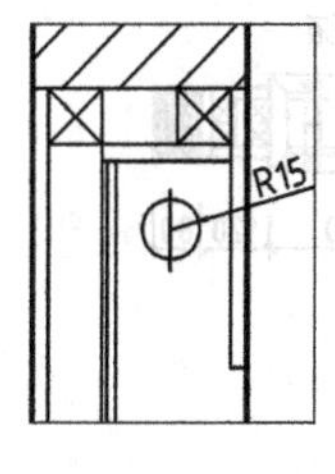

图 16-42 绘制灯管

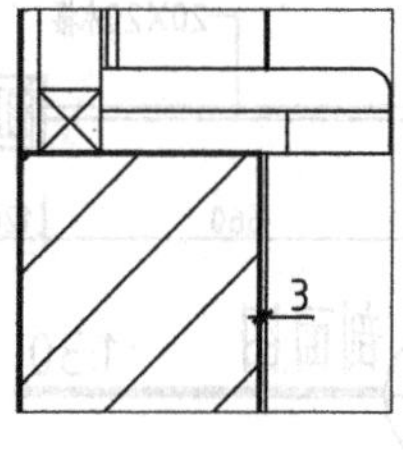

图 16-43　绘制面板

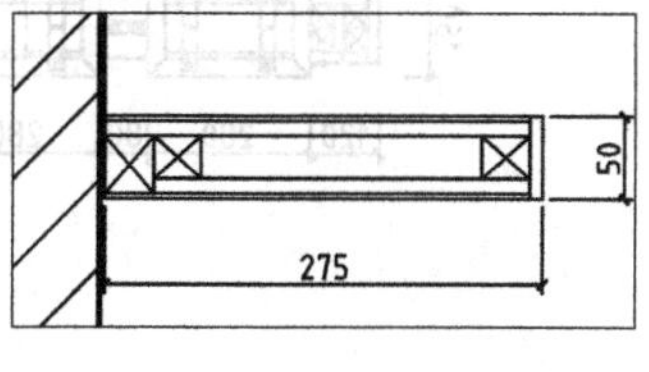

图 16-44　绘制装饰台

12 调用 PLINE/PL 命令，绘制踢脚线，如图 16-45 所示。

13 设置“BZ_标注”图层为当前图层。调用 DIMLINEAR/DLI 命令进行尺寸标注，如图 16-46 所示。

14 调用 MLEADER/MLD 命令，对剖面进行文字标注，如图 16-47 所示。

15 调用 INSERT/I 命令，插入“图名”图块和“剖切索引”图块到剖面图的下方，完成03剖面图绘制。

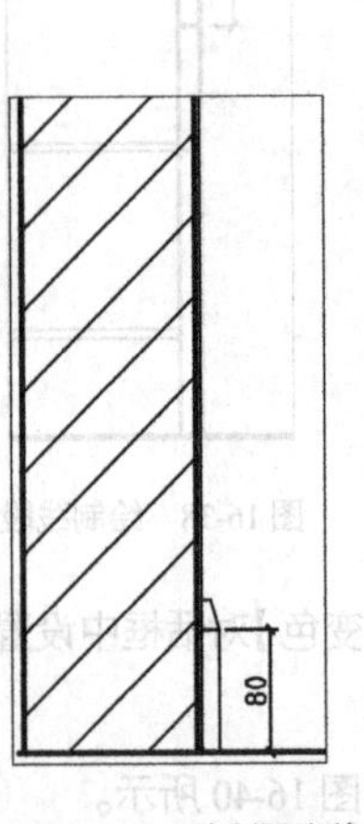

图 16-45 绘制踢脚线

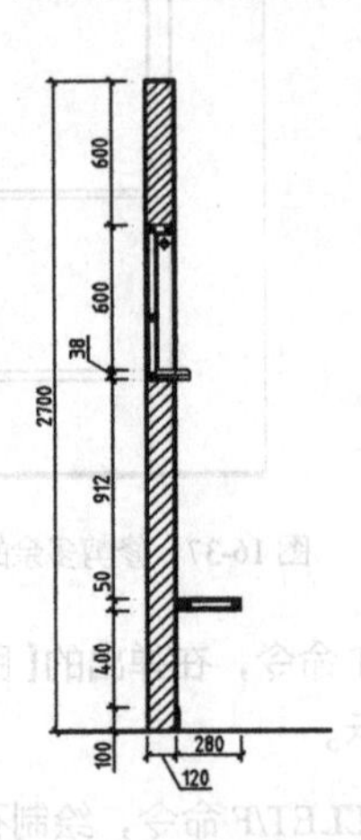

图 16-46 尺寸标注

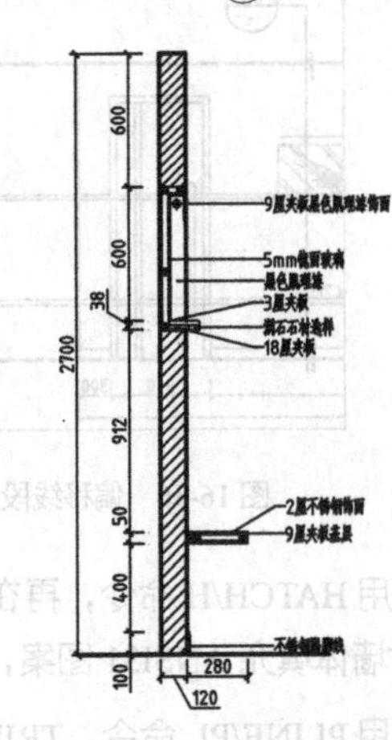

图 16-47 文字标注

193 绘制装饰造型墙剖面图

视频文件：MP4\第 16 章\193.MP4

图 16-48 所示为装饰造型墙的立面图，如图 16-49 所示为装饰造型墙剖面图，该剖面图详细表达了造型墙的做法。

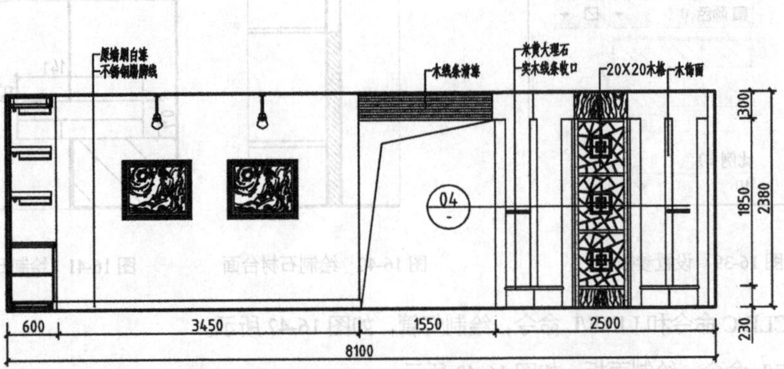

图 16-48 立面图

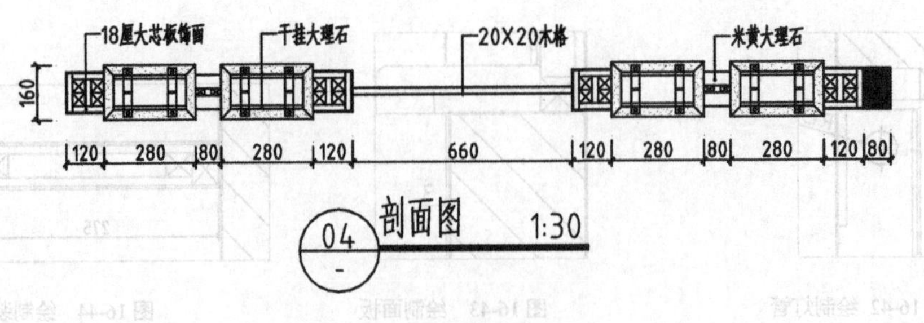

图 16-49 04剖面图

01 调用 LINE/L 直线命令，绘制投影线，如图 16-50 所示。

02 调用 LINE/L 直线命令，在线段的下方绘制水平线段，如图 16-51 所示。

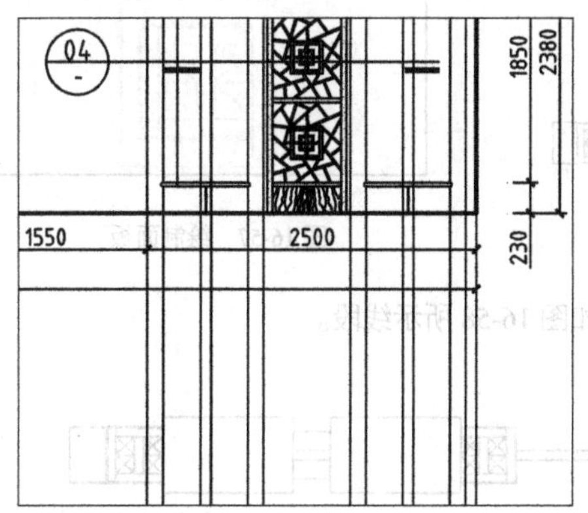

图 16-50　绘制投影线

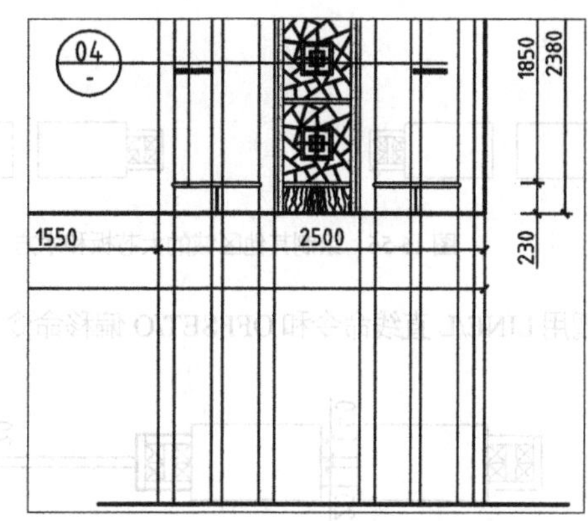

图 16-51　绘制水平线段

03 调用 OFFSET/O 偏移命令，将水平线段向上偏移 23mm、114mm 和 23mm，如图 16-52 所示。

04 调用 TRIM/TR 修剪命令，修剪出剖面图的基本轮廓，如图 16-53 所示。

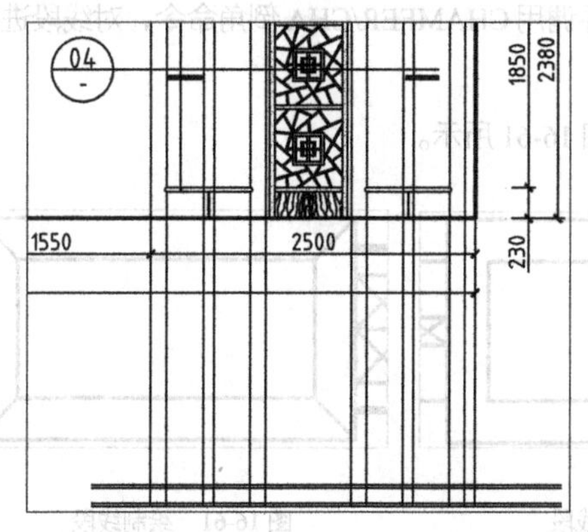

图 16-52　偏移线段

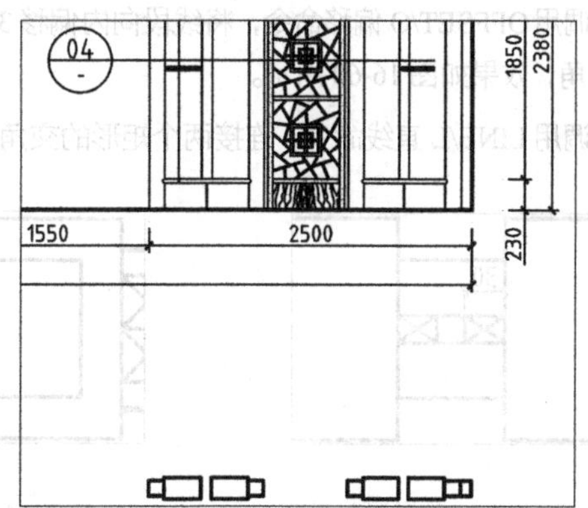

图 16-53　修剪图形

05 调用 LINE/L 直线命令、OFFSET/O 偏移命令和 TRIM/TR 修剪命令，绘制大芯板，如图 16-54 所示。

06 调用 RECTANG/REC 矩形命令、COPY/CO 复制命令和 LINE/L 直线命令，绘制木方，如图 16-55 所示。

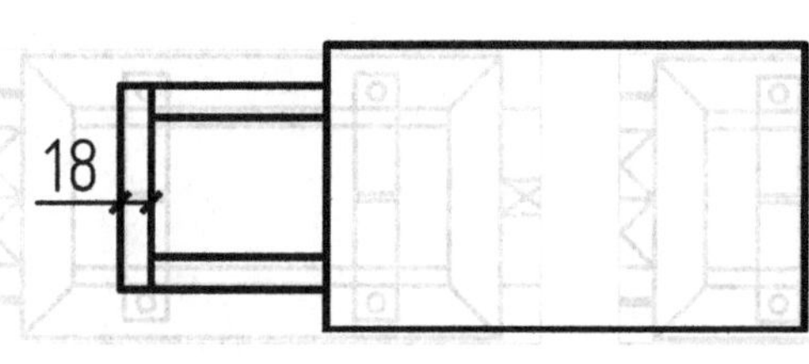

图 16-54　绘制大芯板

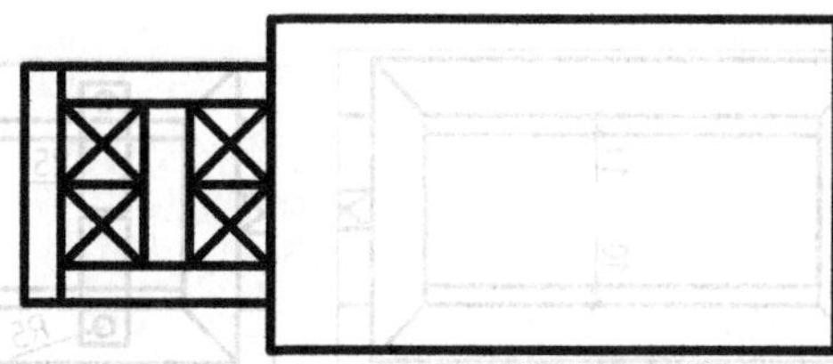

图 16-55　绘制木方

07 使用同样的方法绘制其他区域的大芯板和木方，效果如图 16-56 所示。

08 调用 PLINE/PL 多段线命令，在大型版的外侧绘制面板，并使用夹点功能调整线段，效果如图 16-57 所示。

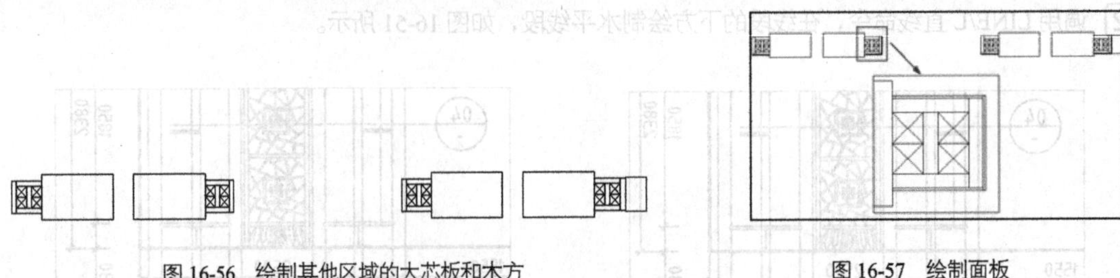
图 16-56　绘制其他区域的大芯板和木方　　图 16-57　绘制面板

[09] 调用 LINE/L 直线命令和 OFFSET/O 偏移命令，绘制如图 16-58 所示线段。

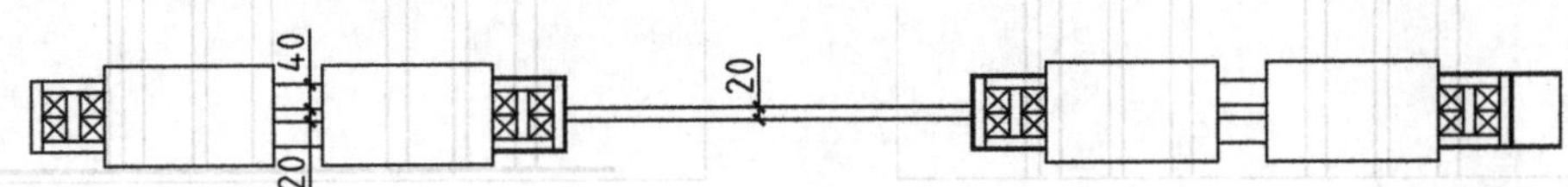

图 16-58　绘制线段

[10] 调用 LINE/L 直线命令、RECTANG/REC 矩形命令和 COPY/CO 复制命令，绘制木方，如图 16-59 所示。

[11] 调用 OFFSET/O 偏移命令，将线段向内偏移 30mm，并调用 CHAMFER/CHA 倒角命令，对线段进行倒角，效果如图 16-60 所示。

[12] 调用 LINE/L 直线命令，连接两个矩形的交角处，如图 16-61 所示。

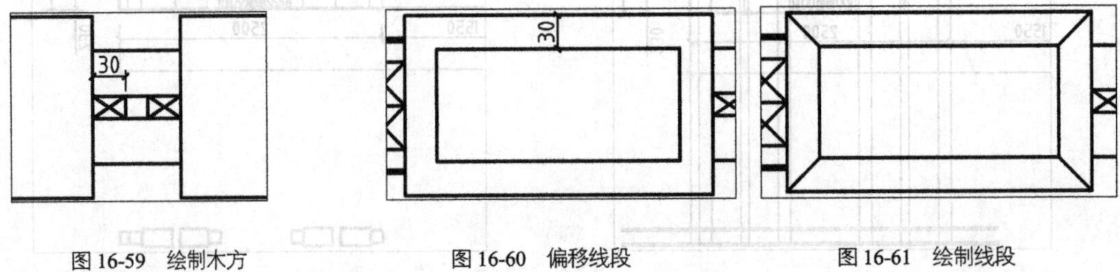

图 16-59　绘制木方　　图 16-60　偏移线段　　图 16-61　绘制线段

[13] 调用 LINE/L 直线命令和 OFFSET/O 偏移命令，绘制如图 16-62 所示线段。

[14] 调用 RETANG/REC 矩形命令、MOVE/M 移动命令、CIRCLE/C 圆和 COPY/CO 复制命令，绘制干挂件大理石的衔接处，如图 16-63 所示。

[15] 调用 HATCH/H 图案填充命令，对大理石填充 AR-SAND 图案，效果如图 16-64 所示。

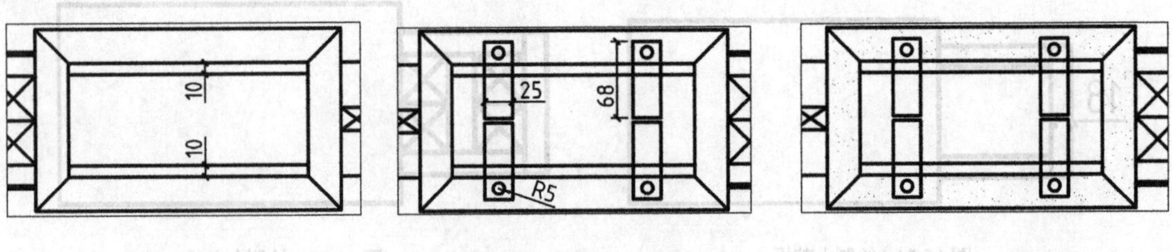

图 16-62　绘制线段　　图 16-63　绘制衔接处　　图 16-64　填充图案

[16] 调用 COPY/CO 复制命令，将图形复制到其他位置，效果如图 16-65 所示。

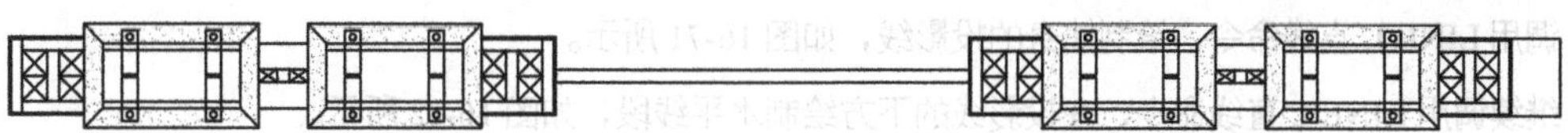

图 16-65　复制图形

[17] 调用 HATCH/H 图案填充命令，在剖面图的右侧填充 ANSI31 图案，效果如图 16-66 所示。

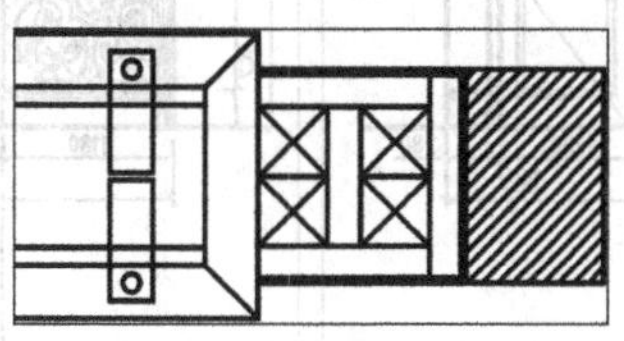

图 16-66　填充图案

[18] 设置“BZ_标注”图层为当前图层。调用 DIMLINEAR/DLI 线性命令进行尺寸标注，如图 16-67 所示。

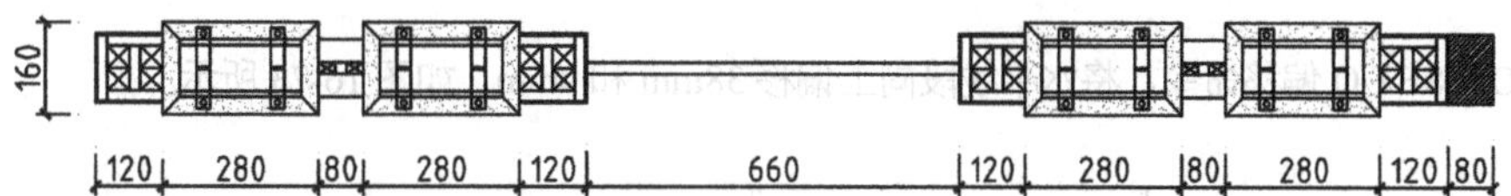

图 16-67　标注尺寸

[19] 调用 MLEADER/MLD 多重引线命令，对剖面进行文字标注，如图 16-68 所示。

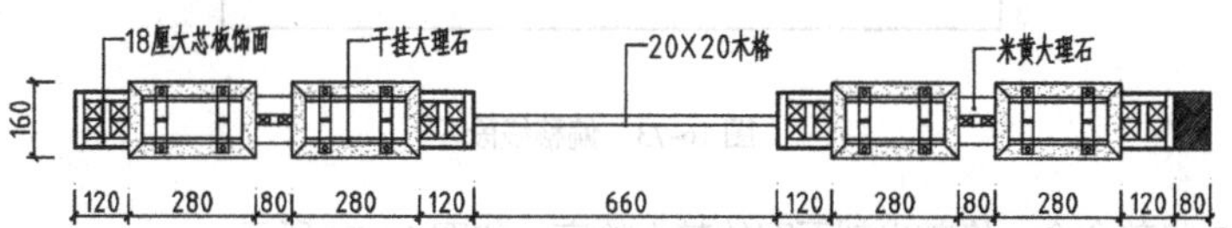

图 16-68　文字标注

[20] 调用 INSERT/I 插入命令，插入“图名”图块和“剖切索引”图块到剖面图的下方，完成 04 剖面图的绘制。

194 绘制墙身剖面图

视频文件：MP4\第 16 章\194.MP4

图 16-69 所示为 A 立面图，图 16-70 所示为 05 剖面图，该剖面图主要详细表达了墙身的做法。

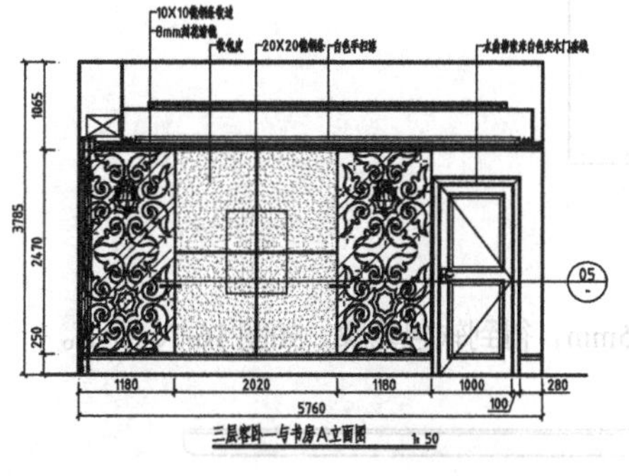

图 16-69　A 立面图

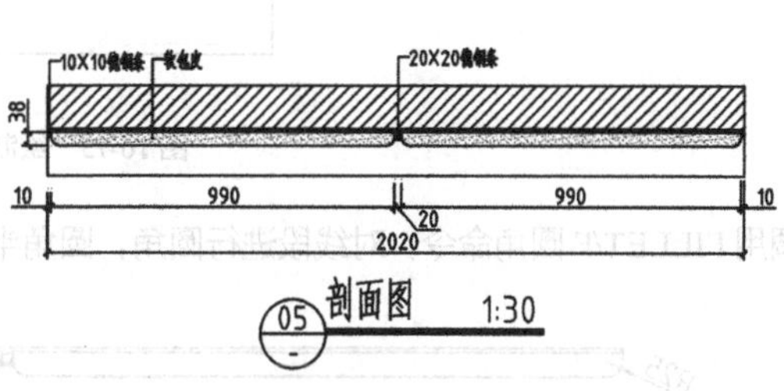

图 16-70　05 剖面图

01 调用 LINE/L 直线命令，绘制墙身的投影线，如图 16-71 所示。

02 继续调用 LINE/L 直线命令，在投影线的下方绘制水平线段，如图 16-72 所示。

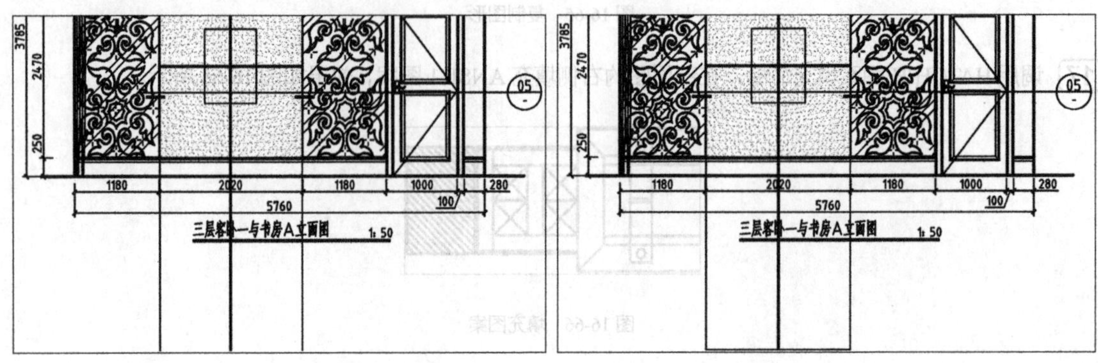

图 16-71 绘制投影线　　图 16-72 绘制线段

03 调用 OFFSET/O 偏移命令，将水平线段向上偏移 38mm 和 9mm，如图 16-73 所示。

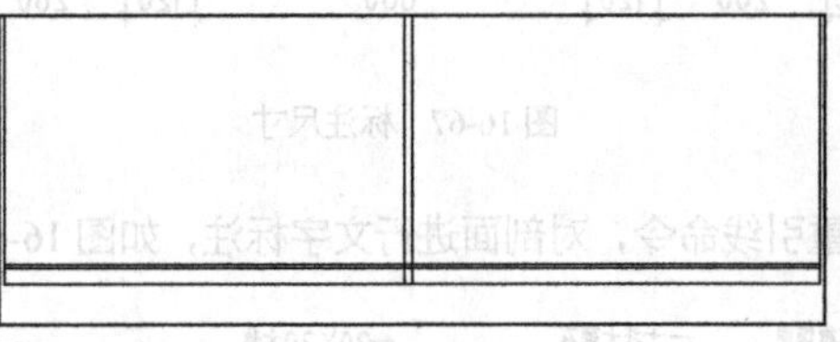

图 16-73 偏移线段

04 调用 TRIM/TR 修剪命令，修剪出剖面图的基本轮廓，如图 16-74 所示。

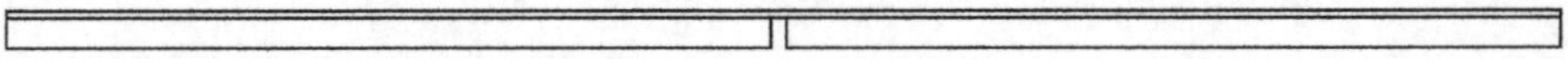

图 16-74 修剪线段

05 调用 RECTANG/REC 矩形命令、OFFSET/O 偏移命令和 HATCH/H 图案填充命令，绘制镜条钢，如图 16-75 所示。

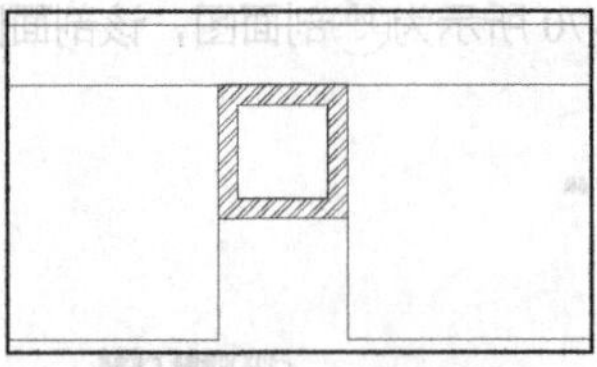

图 16-75 绘制镜条钢

06 调用 FILLET/F 圆角命令，对线段进行圆角，圆角半径为 25mm，得到软包轮廓，如图 16-76 所示。

图 16-76 圆角

07 调用 HATCH/H 图案填充命令，在软包内填充 AR-SAND 图案，如图 16-77 所示。

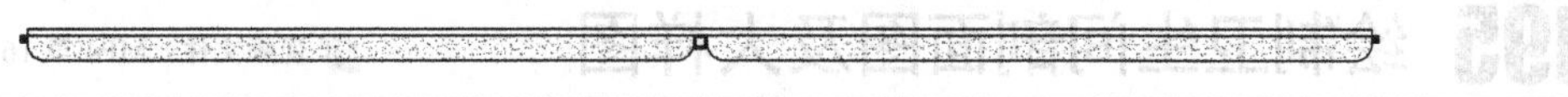

图 16-77 填充图案

08 调用 LINE/L 直线命令、OFFSET/O 偏移命令和 MOVE/M 移动命令，绘制大芯板，如图 16-78 所示。

图 16-78 绘制大芯板

09 调用 RECTANG/REC 矩形命令和 HATCH/H 图案填充命令，绘制墙体，填充 ANSI31 图案，如图 16-79 所示。

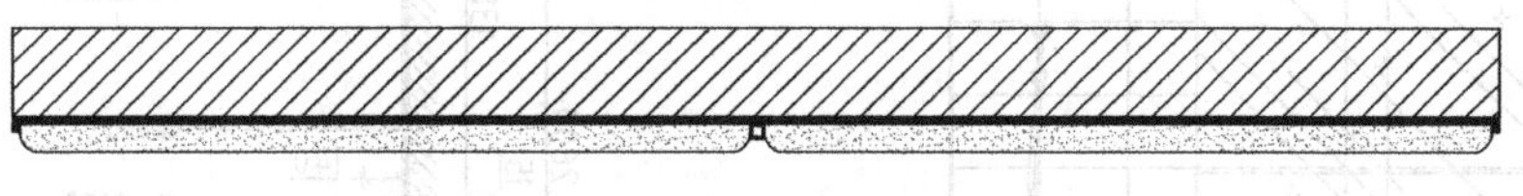

图 16-79 填充墙体

10 调用 RECTANG/REC 矩形命令，绘制矩形框住剖面图形，如图 16-80 所示。

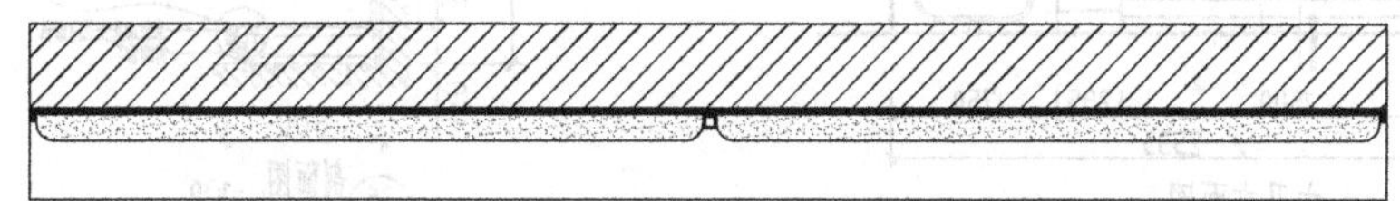

图 16-80 绘制矩形

11 设置“BZ_标注”图层为当前图层。调用 DIMLINEAR/DLI 线性命令进行尺寸标注，如图 16-81 所示。

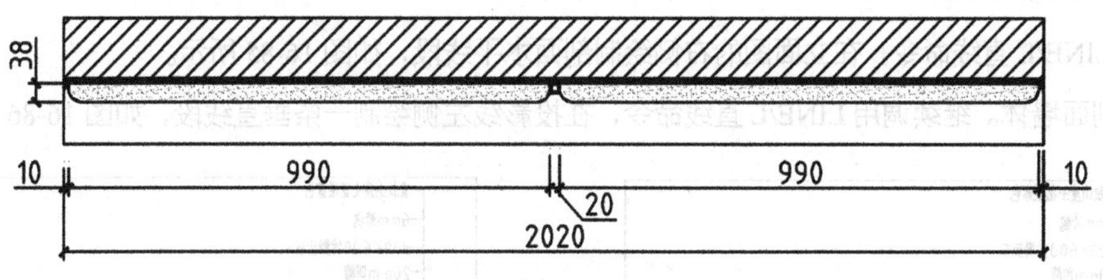

图 16-81 尺寸标注

12 调用 MLEADER/MLD 多重引线命令，对剖面进行文字标注，如图 16-82 所示。

13 调用 INSERT/I 插入命令，插入“图名”图块和“剖切索引”图块到剖面图的下方，完成 03 剖面图的绘制。

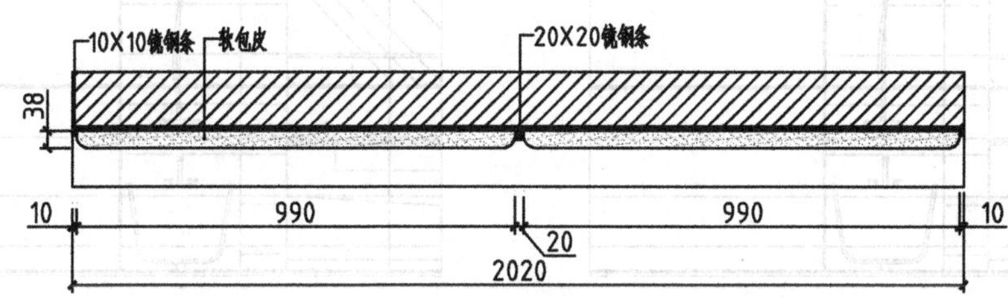

图 16-82 文字标注

195 绘制卫生间剖面图及大样图

视频文件：MP4\第 16 章\195.MP4

图 16-83 所示为主卫立面图，图 16-84 所示为$\frac{06}{-}$剖面图及大样图，该剖面图主要表达了洗手盆的做法和卫生间墙面的做法和结构。

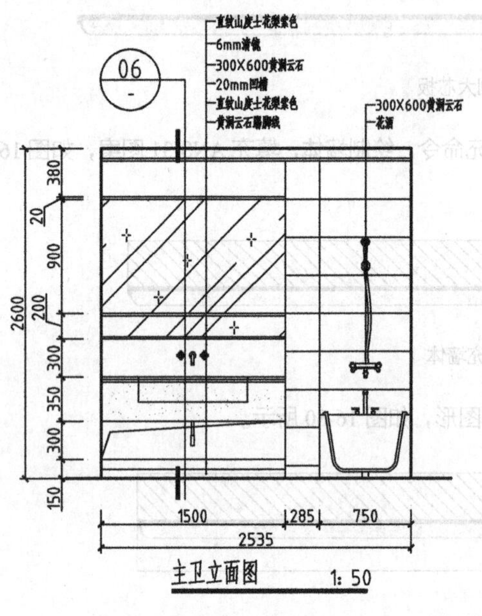

图 16-83　主卫立面图

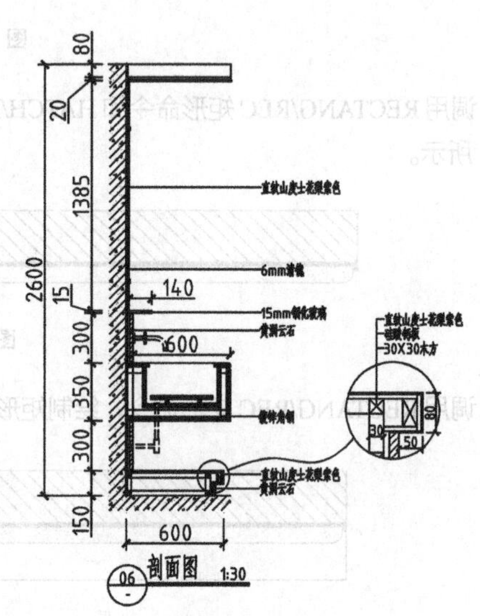

图 16-84　$\frac{06}{-}$剖面图及大样图

1. 绘制$\frac{06}{-}$剖面图

01 调用 LINE/L 直线命令，在立面图的右侧绘制剖面水平线段，如图 16-85 所示。

02 绘制剖面墙体。继续调用 LINE/L 直线命令，在投影线左侧绘制一条垂直线段，如图 16-86 所示。

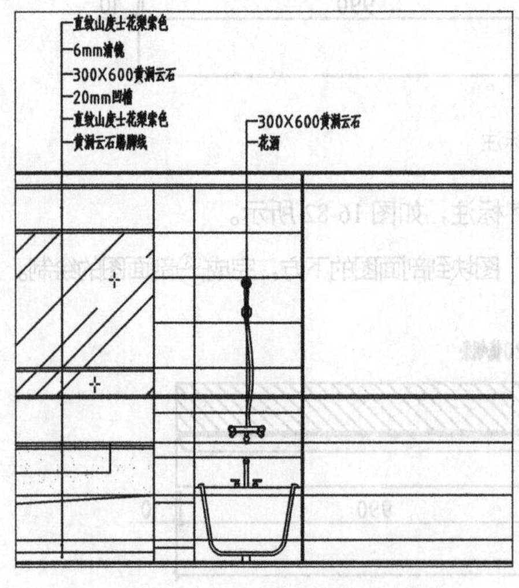

图 16-85　绘制投影线

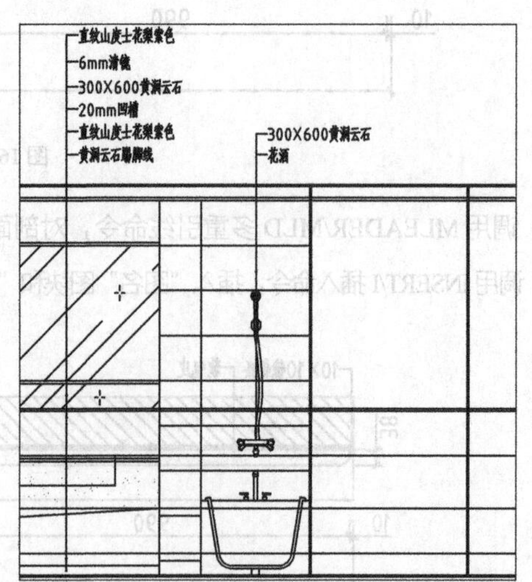

图 16-86　绘制垂直线段

03 调用 OFFSET/O 偏移命令，向左和向下偏移线段，偏移距离为 120mm，得到墙体厚度。再向右偏移 640mm，得到洗手盆的厚度，如图 16-87 所示。

04 调用 TRIM/TR 修剪命令，修剪掉多余的线段，如图 16-88 所示。

05 调用 HATCH/H 图案填充命令，在左侧墙体填充 ANSI31 图案和 AR-CONC 图案，然后删除线段，效果如图 16-89 所示。

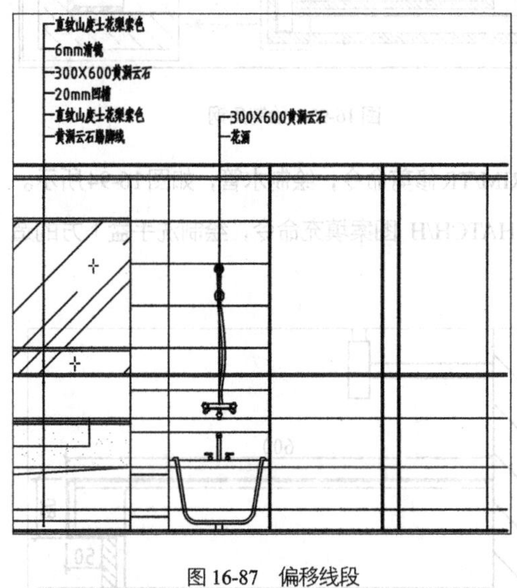

图 16-87　偏移线段

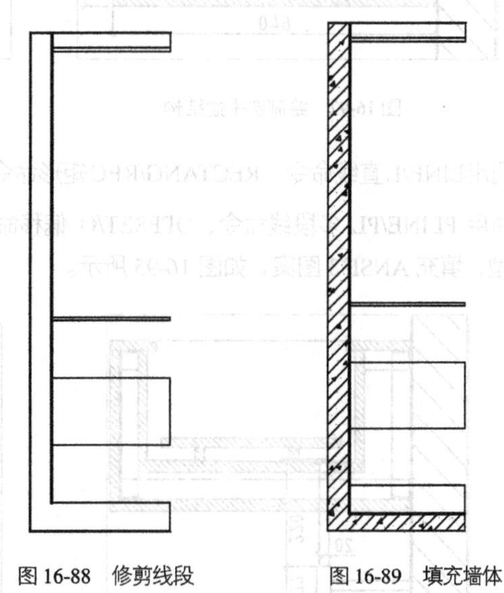
图 16-88　修剪线段　　图 16-89　填充墙体

06 调用 LINE/L 直线命令和 TRIM/TR 修剪命令，绘制台面，如图 16-90 所示。

07 调用 PLINE/PL 多段线命令、OFFSET/O 偏移命令和 TRIM/TR 修剪命令，绘制镜子，如图 16-91 所示。

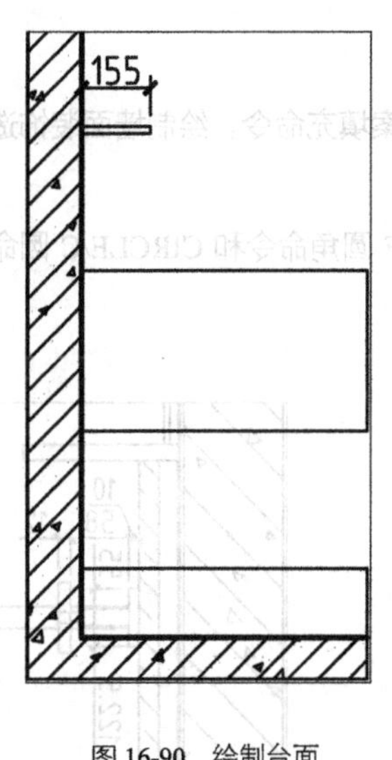

图 16-90　绘制台面

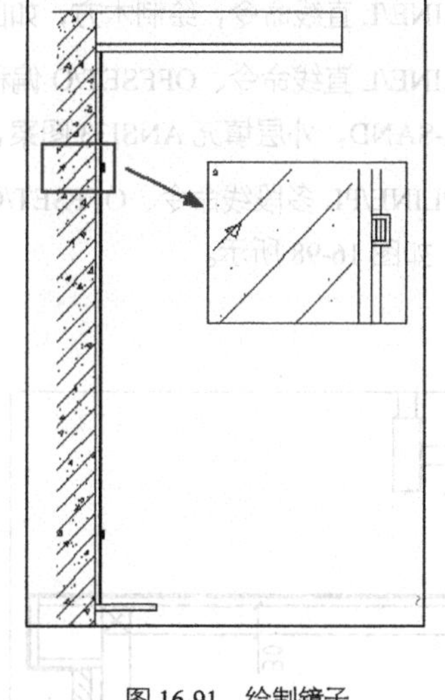
图 16-91　绘制镜子

08 调用 PLINE/PL 多段线命令、RECTANG/REC 矩形命令、OFFSET/O 偏移命令、FILLET/F 圆角命令和 HATCH/H 图案填充命令，绘制洗手盆的结构，填充 ANSI33 图案，如图 16-92 所示。

09 调用 PLINE/PL 多段线命令、FILLET/F 圆角命令和 HATCH/H 图案填充命令，绘制角钢，填充 ANSI34 图案，如图 16-93 所示。

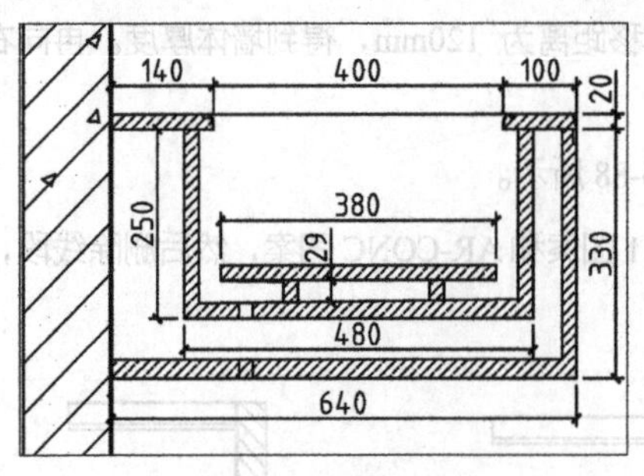

图 16-92　绘制洗手盆结构

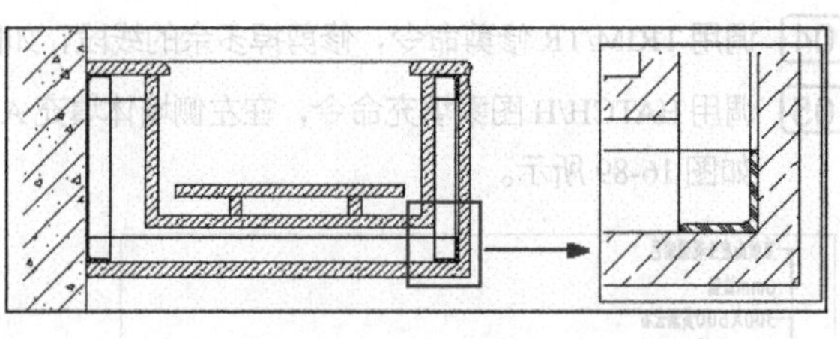
图 16-93　绘制角钢

10 调用LINE/L直线命令、RECTANG/REC矩形命令和TRIM/TR修剪命令，绘制水管，如图16-94所示。

11 调用 PLINE/PL 多段线命令、OFFSET/O 偏移命令和 HATCH/H 图案填充命令，绘制洗手盆下方的造型，填充 ANSI33 图案，如图 16-95 所示。

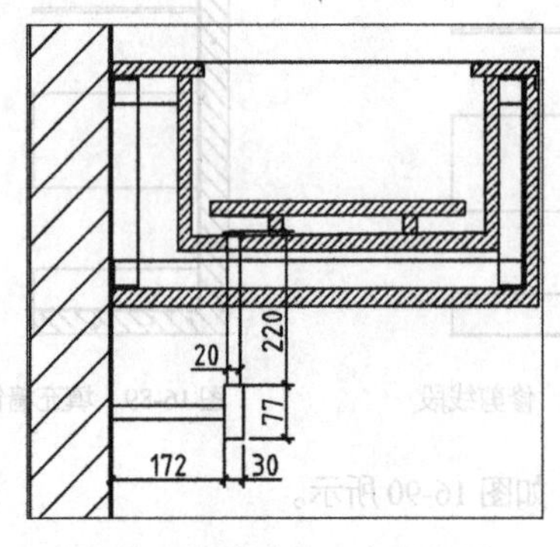

图 16-94　绘制水管

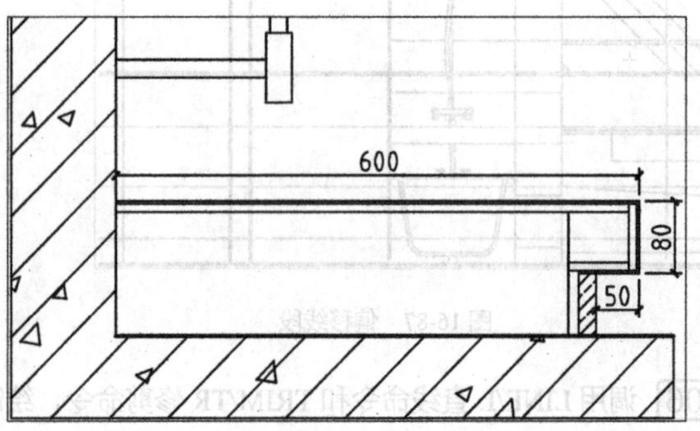

图 16-95　绘制图形

12 调用 LINE/L 直线命令，绘制木方，如图 16-96 所示。

13 调用 LINE/L 直线命令、OFFSET/O 偏移命令和 HATCH/H 图案填充命令，绘制墙面装饰造型，内层填充 AR-SAND，外层填充 ANSI33 图案，如图 16-97 所示。

14 调用 PLINE/PL 多段线命令、OFFSET/O 偏移命令、FILLET/F 圆角命令和 CIRCLE/C 圆命令，绘制水龙头，如图 16-98 所示。

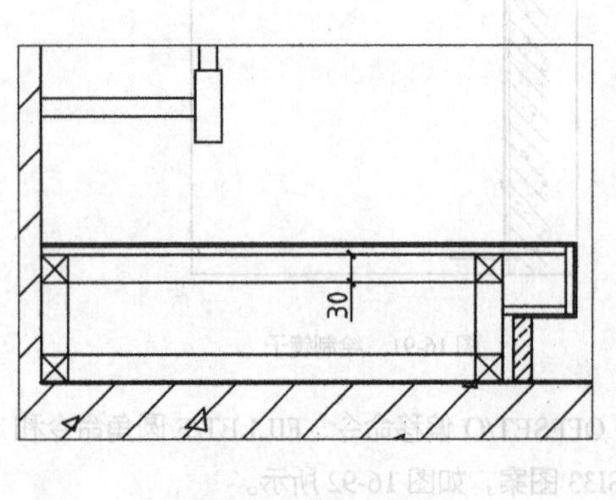

图 16-96　绘制木方

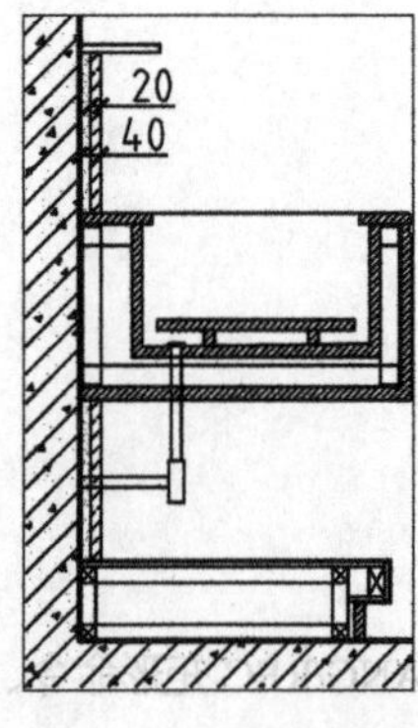

图 16-97　绘制墙面造型

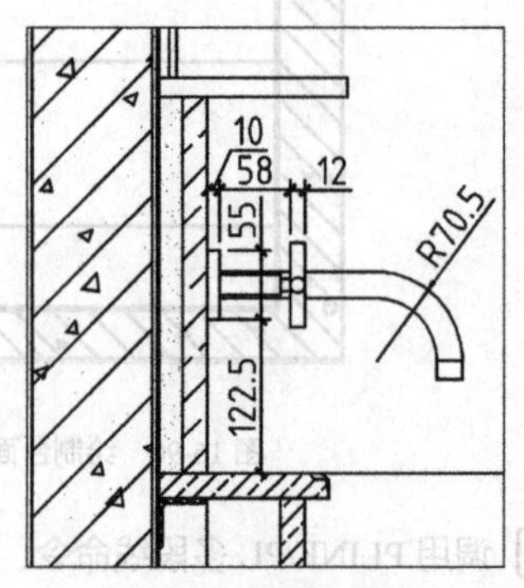

图 16-98　绘制水龙头

15 设置“BZ_标注”图层为当前图层。调用 DIMLINEAR/DLI 线性命令进行尺寸标注，如图 16-99 所示。

16 调用 MLEADER/MLD 多重引线命令，对剖面进行文字标注，如图 16-100 所示。

17 调用 INSERT/I 插入命令，插入“图名”图块和“剖切索引”图块到剖面图的下方，完成⑥剖面图的绘制。

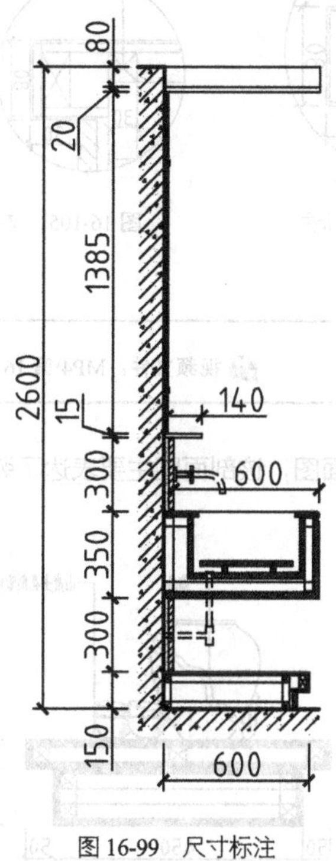

图 16-99　尺寸标注

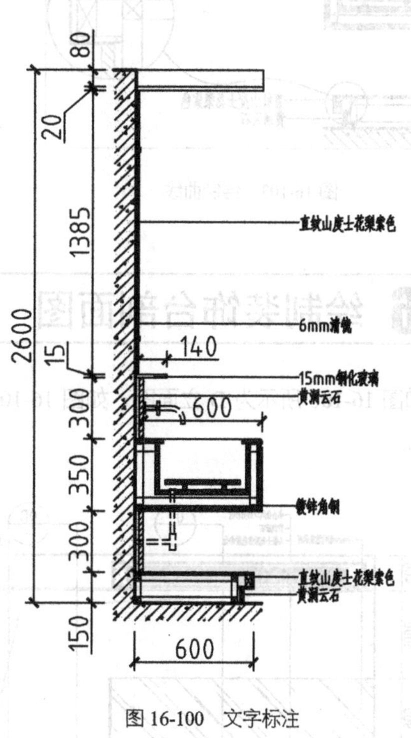

图 16-100　文字标注

2. 绘制⑥剖面大样图

01 调用 CIRCLE/C 圆命令，绘制圆框住需要放大的图形区域，如图 16-101 所示。

02 调用 COPY/CO 复制命令，将圆及被圆框住的图形复制到剖面图右下方，并调用 TRIM 命令修剪圆外的多余线段，如图 16-102 所示。

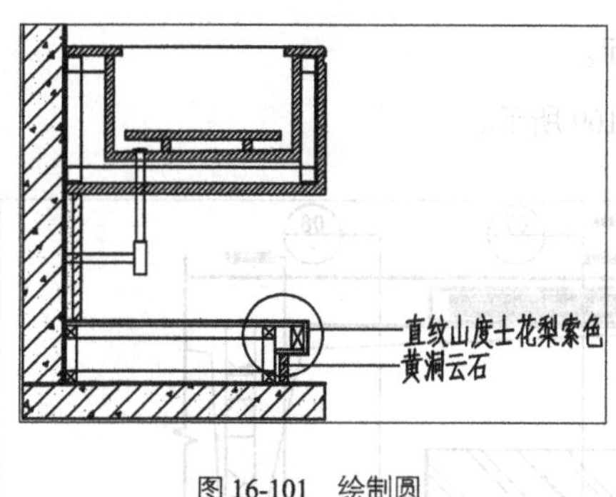

图 16-101　绘制圆

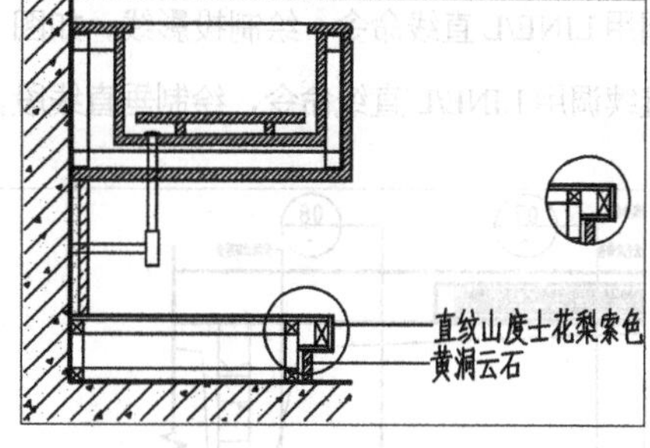

图 16-102　复制图形

03 调用 SCALE/SC 缩放命令，将大样图放大，调用 SPLINE 命令，绘制曲线将两个圆相连，如图 16-103 所示。

04 调用 DIMLINEAR/DLI 线性命令标注尺寸，由于大样图进行了缩放，标注的尺寸会与原尺寸有差别，因此需要对尺寸文字进行修改（使用 DDEDIT 命令），使其与实际尺寸相符，如图 16-104 所示。

05 调用 MLEADER/MLD 多重引线命令，进行材料说明，完成后的效果如图 16-105 所示。

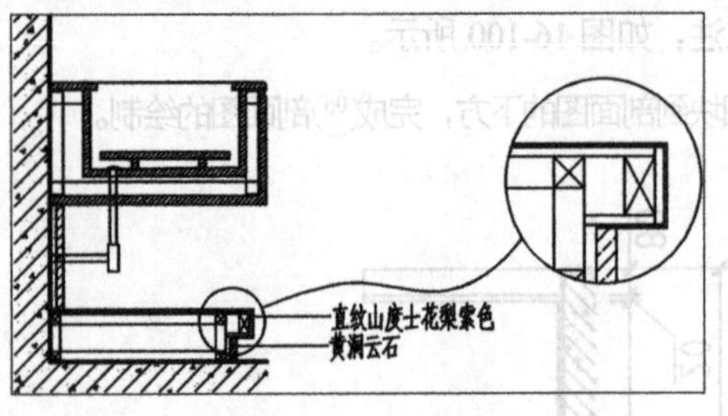

图 16-103　绘制曲线

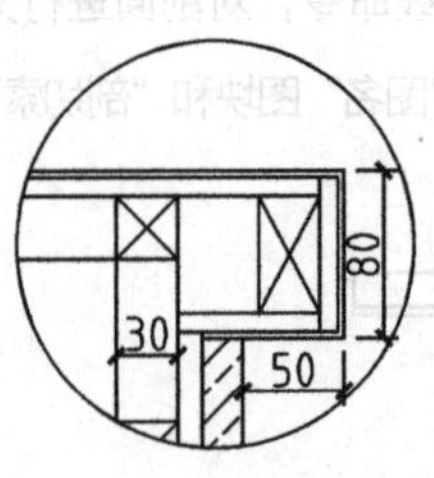

图 16-104　尺寸标注

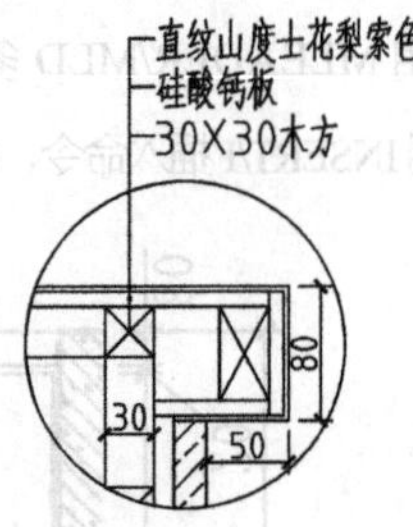

图 16-105　文字标注

196 绘制装饰台剖面图

视频文件：MP4\第 16 章\196.MP4

如图 16-106 所示为 D 立面图，如图 16-107 所示为装饰台剖面图，该剖面图主要表达了装饰台的结构和做法。

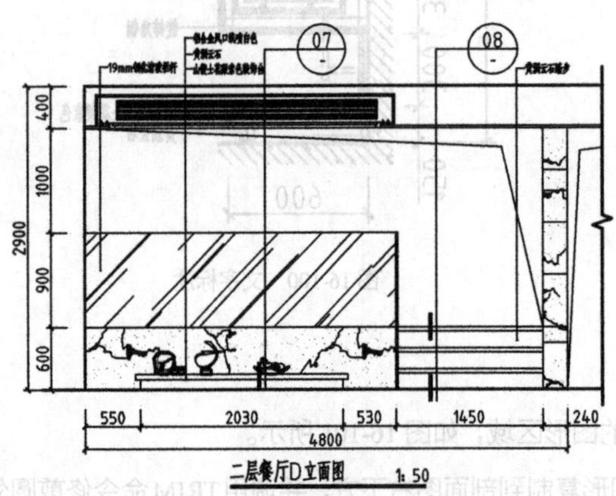

图 16-106　二层餐厅 D 立面图

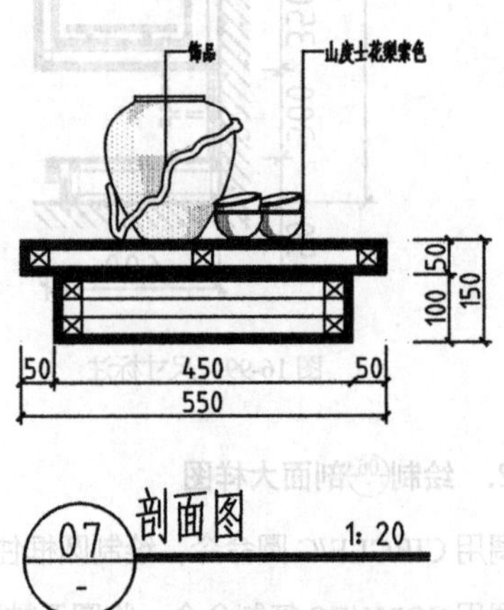

图 16-107　07 剖面图

01 调用 LINE/L 直线命令，绘制投影线，如图 16-108 所示。

02 继续调用 LINE/L 直线命令，绘制垂直线段，如图 16-109 所示。

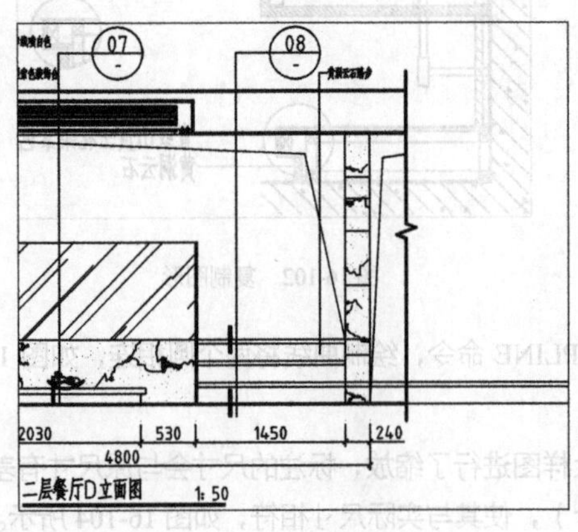

图 16-108　绘制投影线

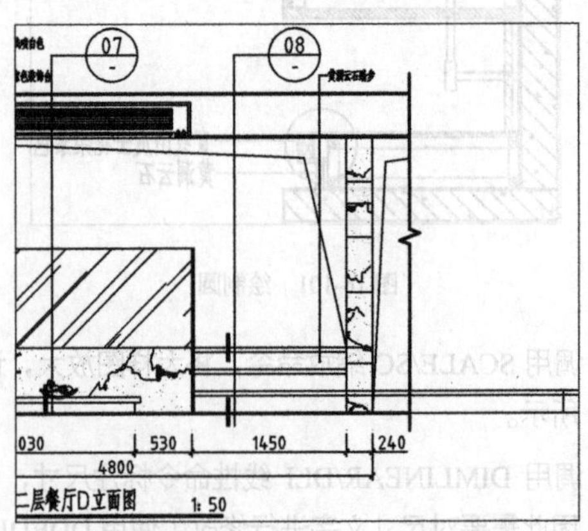

图 16-109　绘制垂直线段

03 调用 OFFSET/O 偏移命令，将垂直线段向右偏移 50mm、450mm 和 50mm，如图 16-110 所示。

04 调用 TRIM/TR 修剪命令，修剪出剖面的基本轮廓，如图 16-111 所示。

05 调用 RECTANG/REC 矩形命令和 OFFSET/O 偏移命令，绘制面板，如图 16-112 所示。

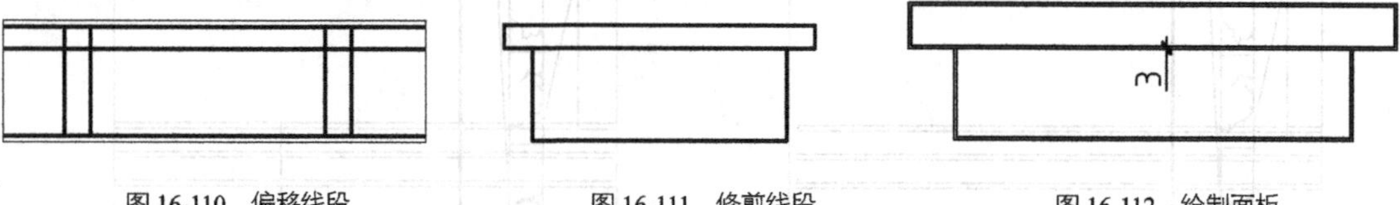

图 16-110　偏移线段　　图 16-111　修剪线段　　图 16-112　绘制面板

06 调用 LINE/L 直线命令和 OFFSET/O 偏移命令，绘制石膏板，如图 16-113 所示。

07 调用 RECTANG/REC 命令、COPY/CO 命令和 LINE/L 命令，绘制木方，如图 16-114 所示。

08 从图库从插入饰品图块到剖面图中，并移动到相应的位置，如图 16-115 所示。

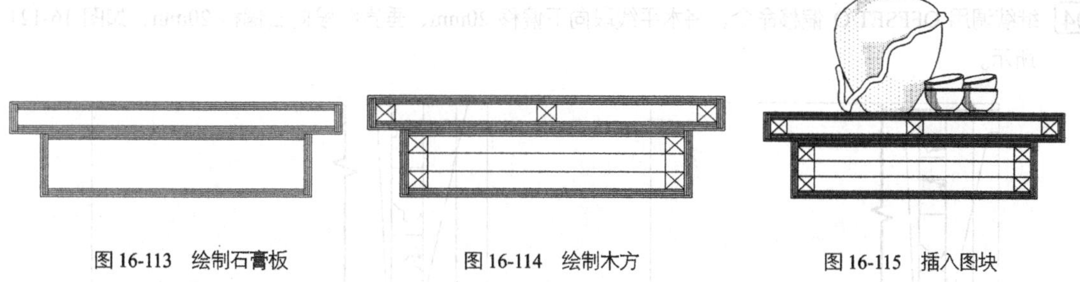

图 16-113　绘制石膏板　　图 16-114　绘制木方　　图 16-115　插入图块

09 设置“BZ_标注”图层为当前图层。调用 DIMLINEAR/DLI 线性命令进行尺寸标注，如图 16-116 所示。

10 调用 MLEADER/MLD 多重引线命令，对剖面进行文字标注，如图 16-117 所示。

11 调用 INSERT 命令，插入“图名”图块和“剖切索引”图块到剖面图的下方，完成07剖面图的绘制。

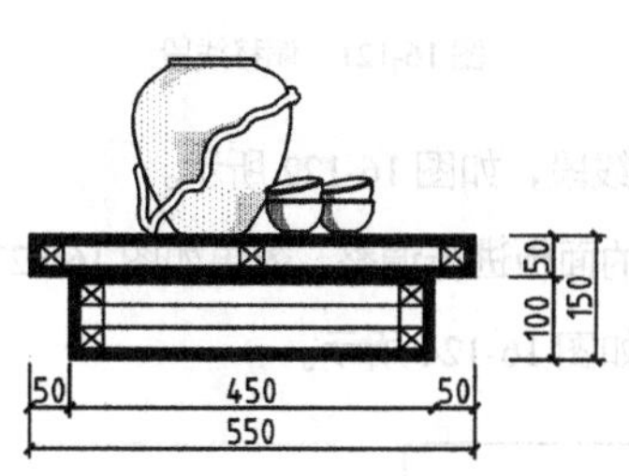

图 16-116　尺寸标注

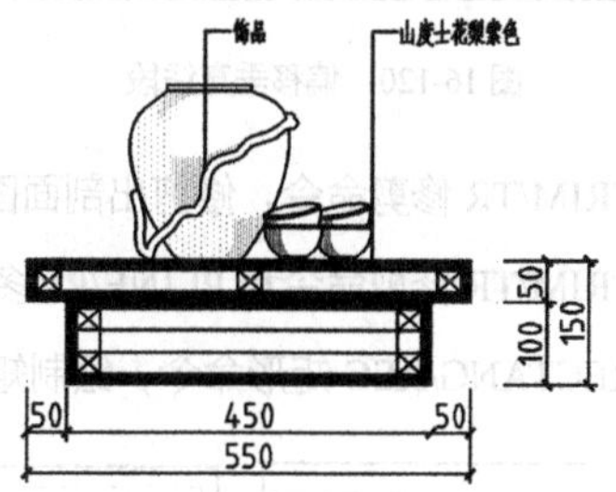

图 16-117　文字标注

197 绘制台阶剖面图

视频文件：MP4\第 16 章\197.MP4

本例介绍台阶剖面图的绘制。该剖面图主要表达了台阶的做法。

01 调用 LINE/L 直线命令，绘制水平投影线，如图 16-118 所示。

02 继续调用 LINE/L 直线命令，绘制垂直线段，如图 16-119 所示。

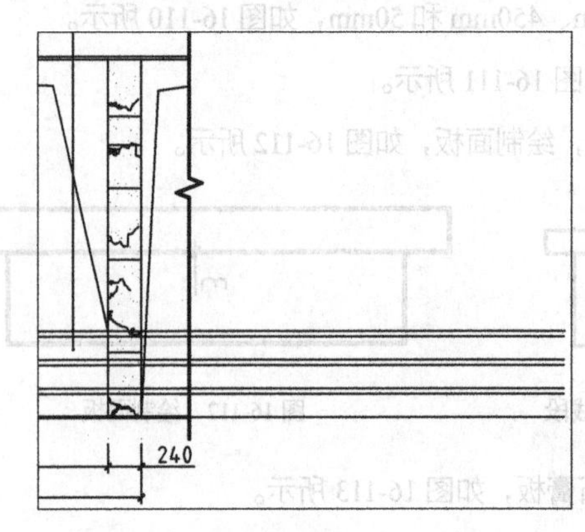

图 16-118　绘制投影线

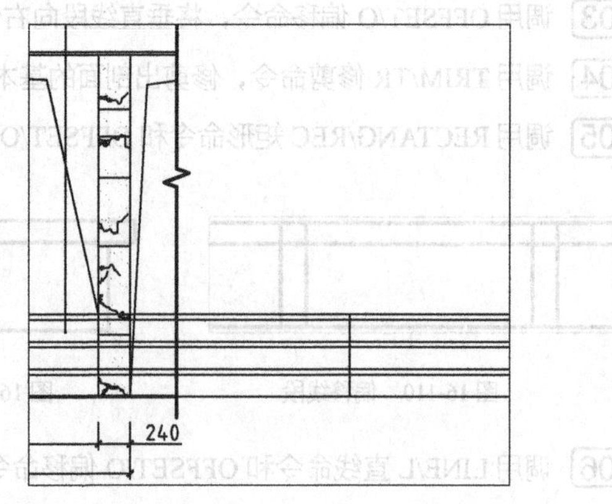

图 16-119　绘制垂直线段

03 调用 OFFSET/O 偏移命令，将垂直线段向右偏移 138mm、260mm、260mm 和 260mm，如图 16-120 所示。

04 继续调用 OFFSET/O 偏移命令，将水平线段向下偏移 20mm、垂直线段向右偏移 20mm，如图 16-121 所示。

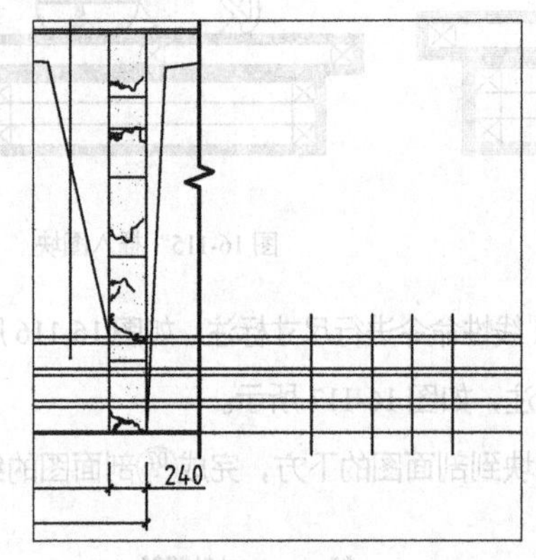

图 16-120　偏移垂直线段

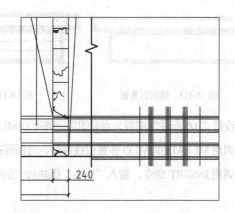

图 16-121　偏移线段

05 调用 TRIM/TR 修剪命令，修剪出剖面图形，然后删除垂直线段，如图 16-122 所示。

06 调用 TRIM/TR 修剪命令和 PLINE/PL 多段线命令，对台阶的面板进行调整，效果如图 16-123 所示。

07 调用 RECTANG/REC 矩形命令，绘制矩形框住剖面图形，如图 16-124 所示。

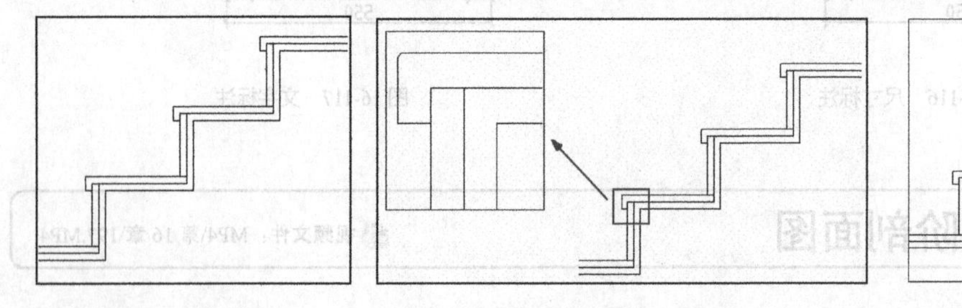

图 16-122　修剪图形　　图 16-123　调整台阶板面　　图 16-124　绘制矩形

08 调用 HATCH/H 图案填充命令，对面板填充 ANSI33 图案，效果如图 16-125 所示。

09 继续调用 HATCH/H 图案填充命令，在面板下方填充 AR-SAND 图案，如图 16-126 所示，最后在台阶下方区域填充 AR-CONC 图案和 ANSI31 图案，效果如　图 16-127 所示。

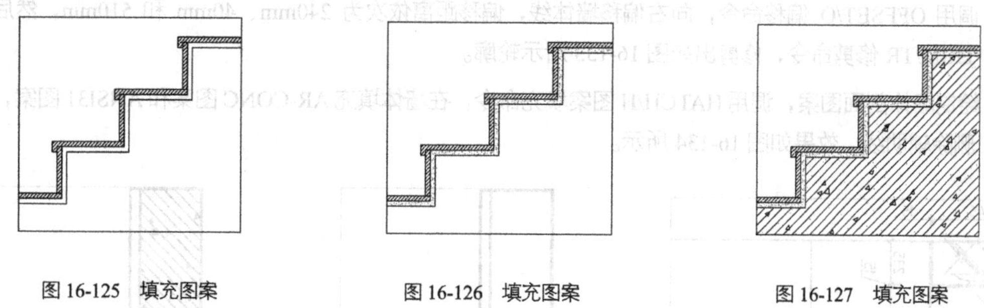

图 16-125　填充图案　　图 16-126　填充图案　　图 16-127　填充图案

10 设置“BZ_标注”图层为当前图层。调用 DIMLINEAR/DLI 线性命令进行尺寸标注，如图 16-128 所示。

11 调用 MLEADER/MLD 多重引线命令，对剖面进行文字标注，如图 16-129 所示。

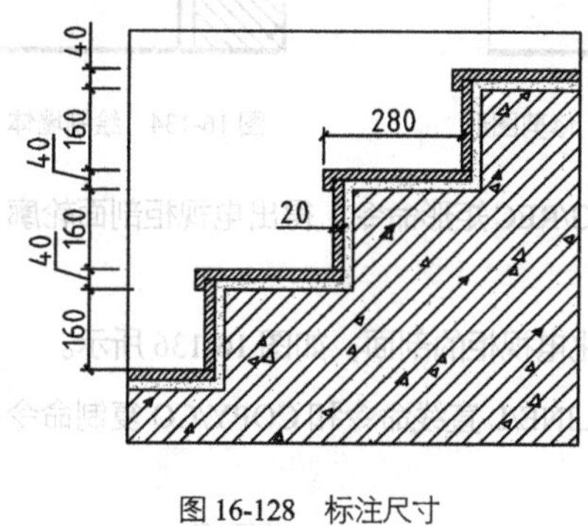

图 16-128　标注尺寸

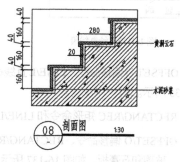

图 16-129　文字标注

12 调用 INSERT/I 插入命令，插入“图名”图块和“剖切索引”图块到剖面图的下方，完成08剖面图的绘制。

198 绘制电视柜剖面图

视频文件：MP4\第 16 章\198.MP4

如图 16-130 所示为电视柜立面图，如图 16-131 所示为其09剖面图，该剖面图详细表达了电视柜的内部结构和做法。

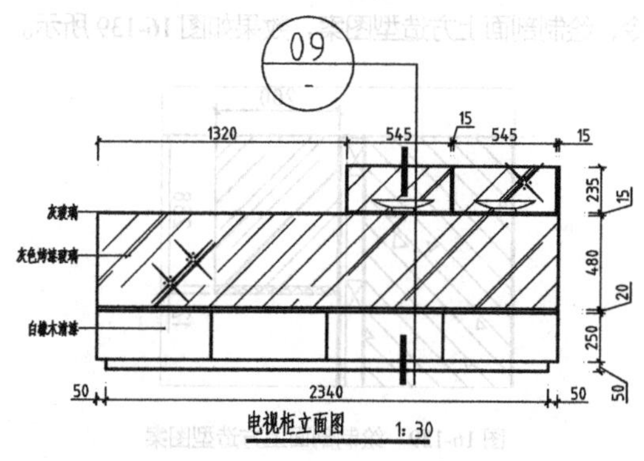

图 16-130　电视柜立面图

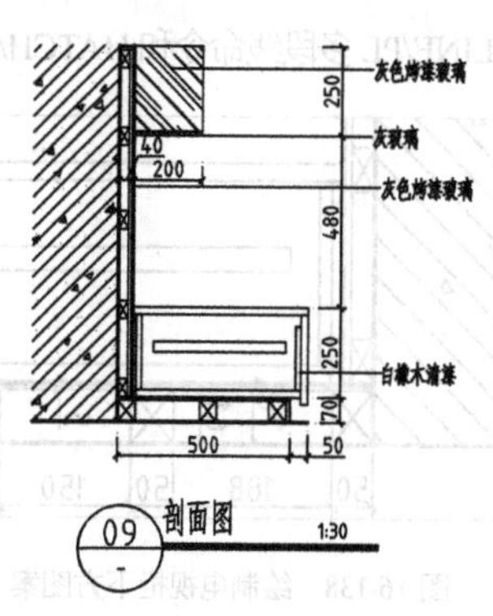

图 16-131　09剖面图

01 调用 LINE/L 直线命令，根据电视柜立面图绘制电视柜的水平投影线，再绘制一条垂直线段，表示侧面墙体，如图 16-132 所示。

02 调用 OFFSET/O 偏移命令，向右偏移墙体线，偏移距离依次为 240mm、40mm 和 510mm，然后调用 TRIM/TR 修剪命令，修剪出如图 16-133 所示轮廓。

03 绘制墙体剖面图案，调用 HATCH/H 图案填充命令，在墙体填充 AR-CONC 图案和 ANSI31 图案，然后删除辅助线，效果如图 16-134 所示。

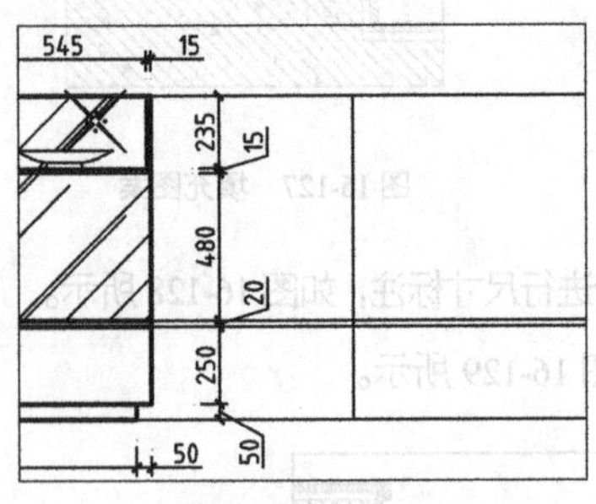

图 16-132　绘制线段

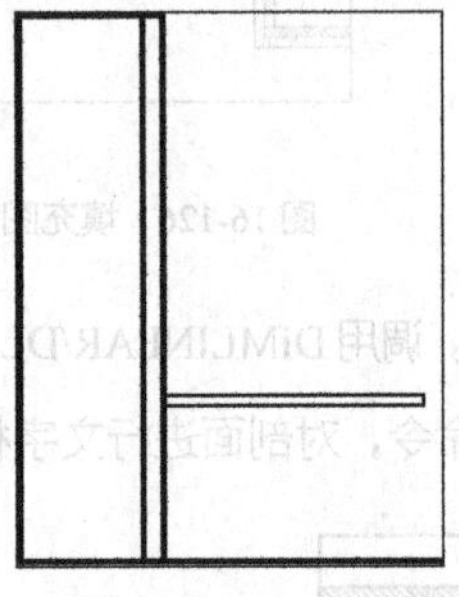
图 16-133　修剪图形

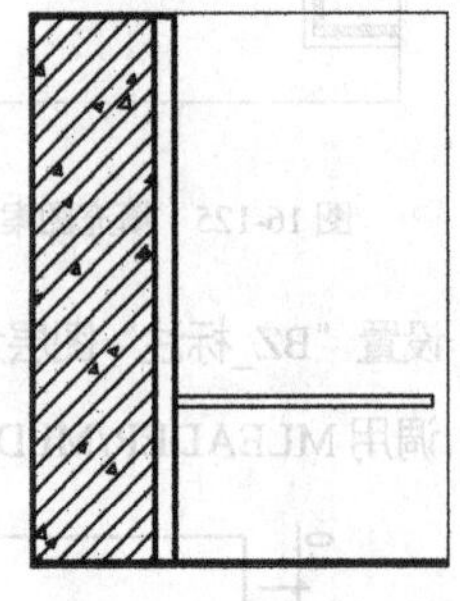
图 16-134　绘制墙体

04 调用 OFFSET/O 偏移命令、LINE/L 直线命令和 RECTANG/REC 矩形命令，得出电视柜剖面轮廓，如图 16-135 所示。

05 调用 RECTANG/REC 矩形命令和 LINE/L 直线命令，细化电视柜的剖面，如图 16-136 所示。

06 调用 OFFSET/O 偏移命令、RECTANG/REC 矩形命令、LINE/L 直线命令和 COPY/CO 复制命令，绘制木方、玻璃和石膏板，如图 16-137 所示。

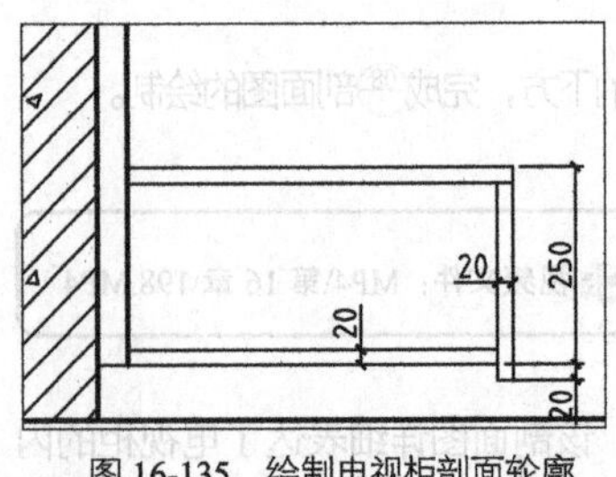

图 16-135　绘制电视柜剖面轮廓

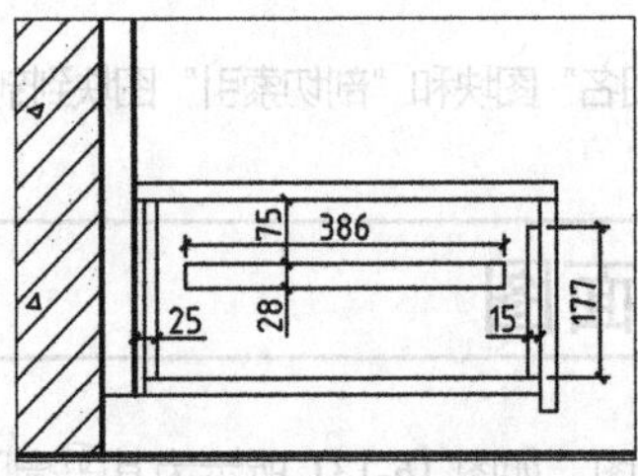

图 16-136　细化电视柜剖面

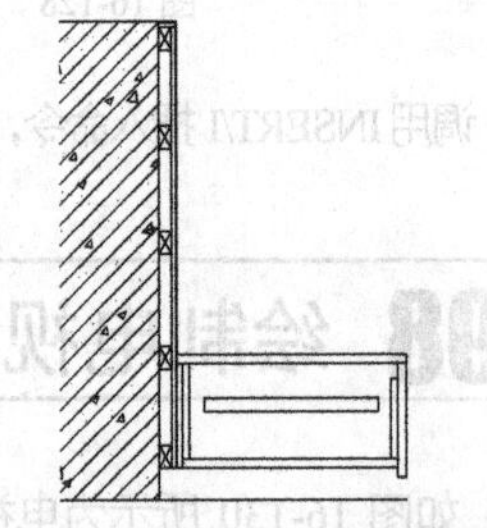
图 16-137　绘制木方、玻璃和石膏板

07 调用 PLINE/PL 多段线命令和 OFFSET/O 偏移命令，绘制电视柜下方图案，效果如图 16-138 所示。

08 调用 PLINE/PL 多段线命令和 HATCH/H 图案填充命令，绘制剖面上方造型图案，效果如图 16-139 所示。

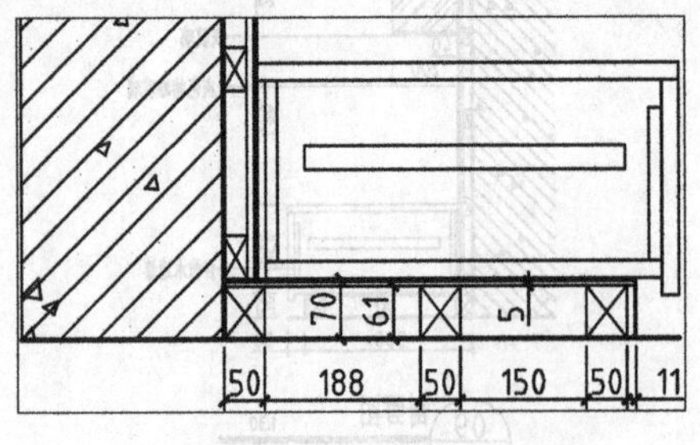

图 16-138　绘制电视柜下方图案

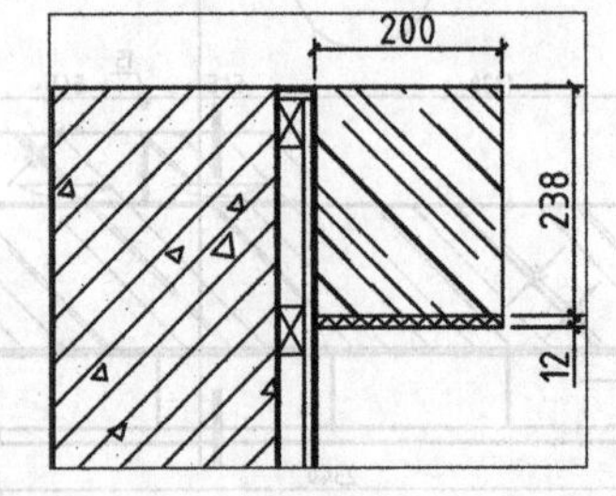

图 16-139　绘制剖面上方造型图案

09 设置“BZ_标注”图层为当前图层。调用 DIMLINEAR/DLI 线性命令进行尺寸标注，如图 16-140 所示。

10 调用 MLEADER/MLD 多重引线命令，对剖面进行文字标注，如图 16-141 所示。

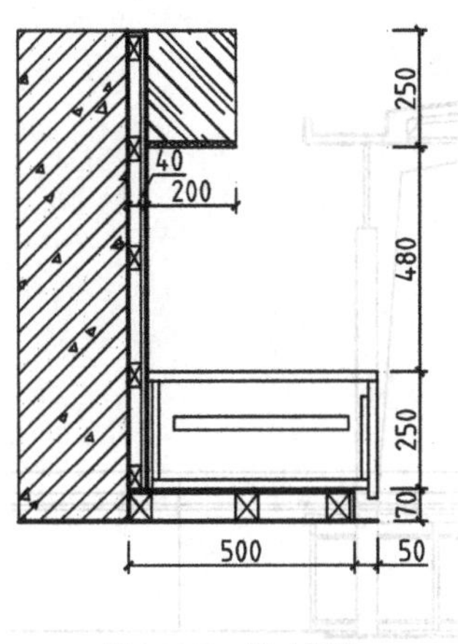

图 16-140 尺寸标注

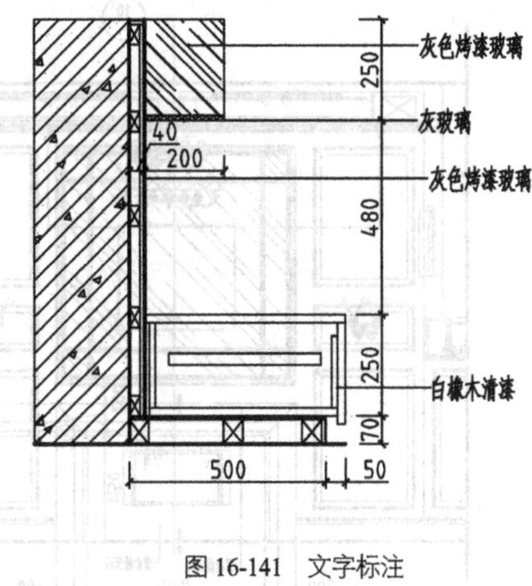

图 16-141 文字标注

11 调用 INSERT/I 插入命令，插入“图名”图块和“剖切索引”图块到剖面图的下方，完成$\frac{09}{-}$剖面图的绘制。

199 绘制壁炉剖面图

视频文件：MP4\第 16 章\199.MP4

图 16-142 所示为立面图，图 16-143 示为$\frac{10}{-}$剖面图，该剖面图主要表达了壁炉的做法。

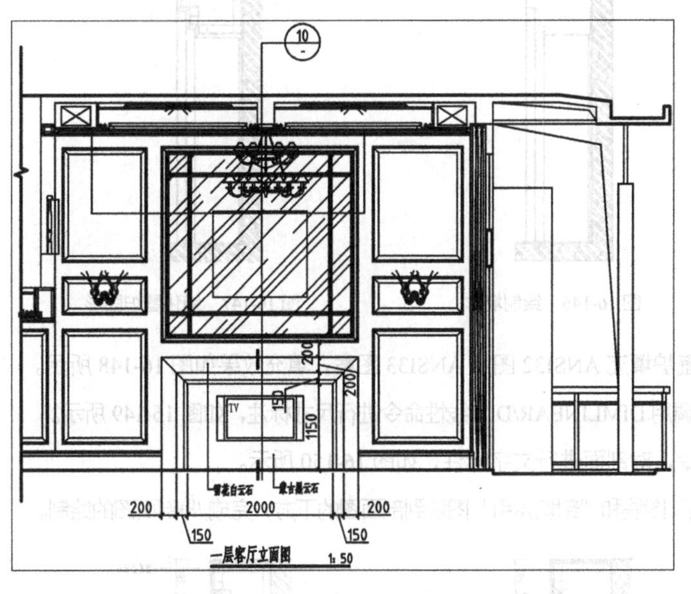

图 16-142 一层客厅立面图

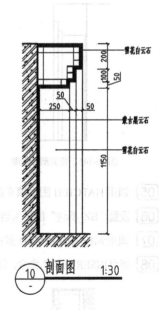

图 16-143 $\frac{10}{-}$剖面图

01 调用 LINE/L 直线命令，根据立面图绘制壁炉的水平投影线，再绘制一条垂直线段，表示侧面墙体，如图 16-144 所示。

02 调用 OFFSET/O 偏移命令，向右偏移墙体线，偏移距离依次为 18mm、250mm、50mm 和 50mm，然后调用 TRIM 命令，修剪出剖面轮廓，如图 16-145 示。

03 绘制墙体剖面图案，调用 PLINE/PL 多段线命令，绘制辅助线，调用 HATCH/H 图案填充命令，对墙体填充 AR-CONC 图案和 ANSI31 图案，然后删除辅助线，如图 16-146 所示。

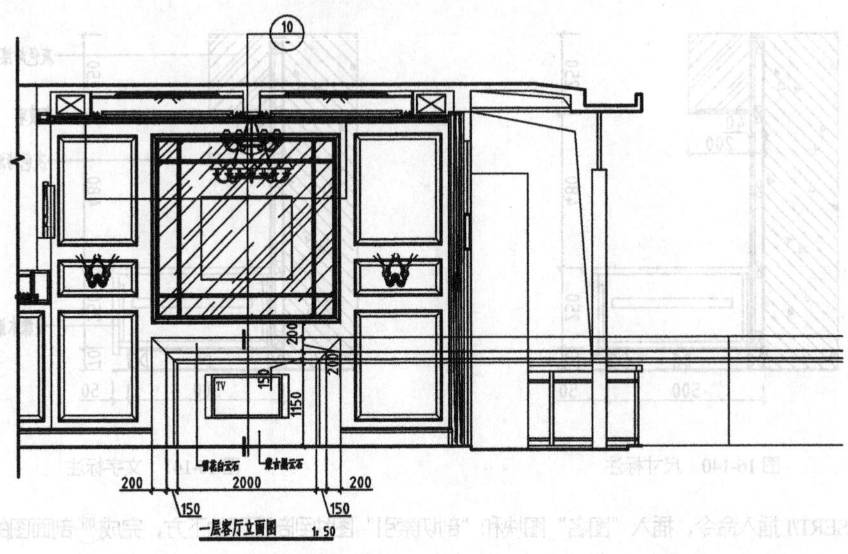

图 16-144　绘制投影线和垂直线段

04 调用 PLINE/PL 多段线命令、MIRROR/MI 镜像命令、OFFSET/O 偏移命令和 CHAMFER/CHA 倒角命令，细化壁炉图形，如图 16-147 所示。

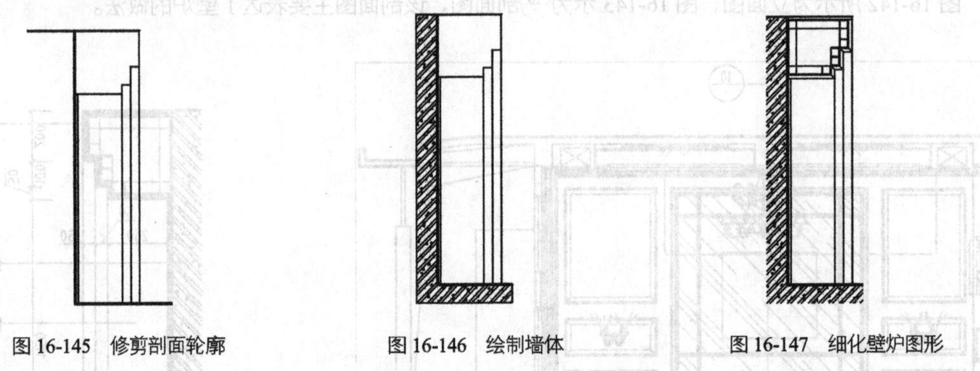

图 16-145　修剪剖面轮廓　　图 16-146　绘制墙体　　图 16-147　细化壁炉图形

05 调用 HATCH/H 图案填充命令，对壁炉填充 ANSI32 图案 ANSI33 图案，填充效果如图 16-148 所示。

06 设置“BZ_标注”图层为当前图层。调用 DIMLINEAR/DLI 线性命令进行尺寸标注，如图 16-149 所示。

07 调用 MLEADER/MLD 多重引线命令，对剖面进行文字标注，如图 16-150 所示。

08 调用 INSERT/I 插入命令，插入“图名”图块和“剖切索引”图块到剖面图的下方，完成 10 剖面图的绘制。

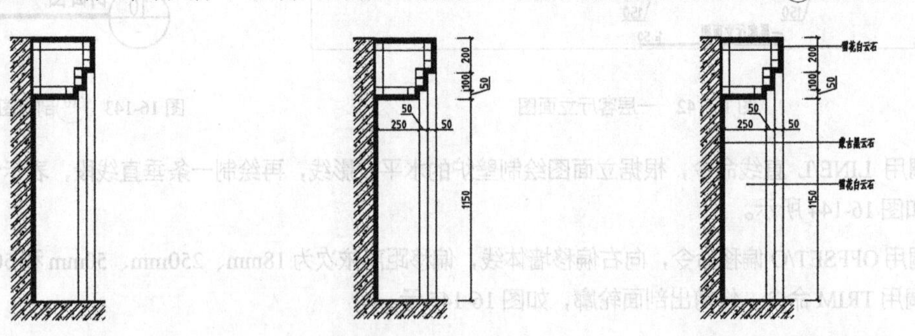

图 16-148　填充图案　　图 16-149　尺寸标注　　图 16-150　文字标注

200 绘制空调风口大样图

视频文件：MP4\第 16 章\200.MP4

如图 16-151 所示为客厅顶棚剖面图，如图 16-152 示为空调风口大样图，该大样图主要表达了空调风口的做法。

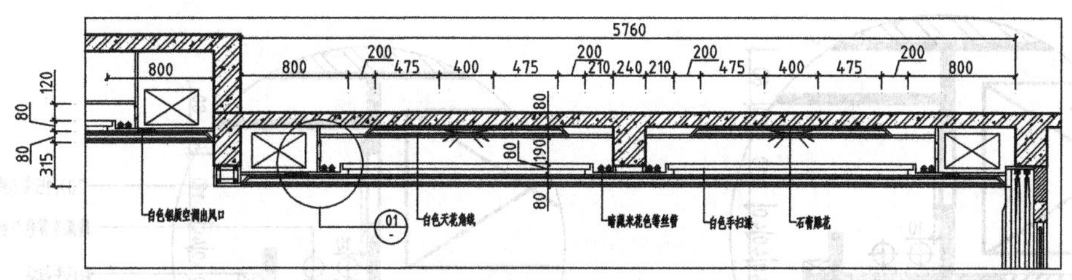

图 16-151　客厅顶棚剖面图

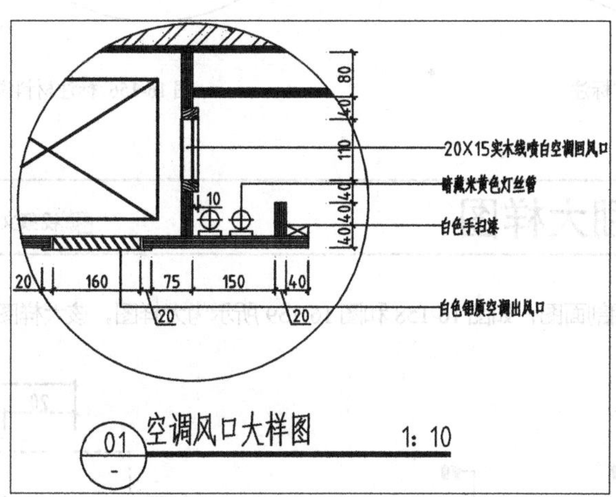

图 16-152　空调风口大样图

01 调用 CIRCLE/C 圆命令，绘制圆框住需要放大的图形区域，并插入剖切索引符号，如图 16-153 所示。

02 调用 COPY/CO 复制命令，将圆及被圆框住的图形复制到一侧，调用 SCALE/SC 缩放命令，将大样图放大，并修剪掉多余的部分。调用 HATCH/H 图案填充命令，对修剪后的图形填充 SOLID 图案，并进行调整，效果如图 16-154 所示。

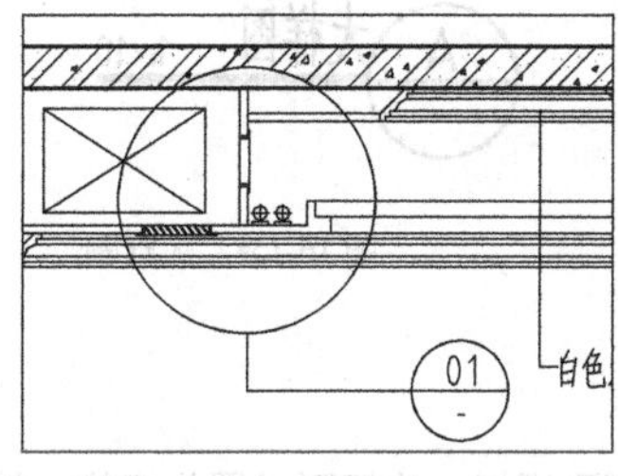

图 16-153　插入剖切符号

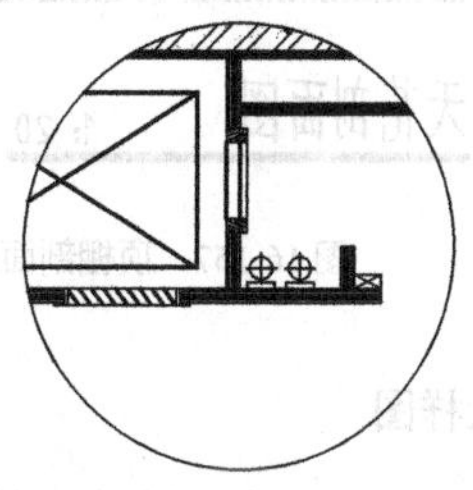

图 16-154　放大并填充图案

03 调用 DIMLINEAR/DLI 线性命令标注尺寸，由于大样图进行了缩放，标注的尺寸会与原尺寸有差别，因此需要对尺寸文字进行修改（使用 DDEDIT 命令），使其与实际尺寸相符，如图 16-155 所示。

04 调用 MLEADER/MLD 多重引线命令，进行材料说明，如图 16-156 所示。

05 调用 INSERT/I 插入命令，插入“图名”图块和“剖切索引”图块到大样图的下方，完成大样图的绘制。

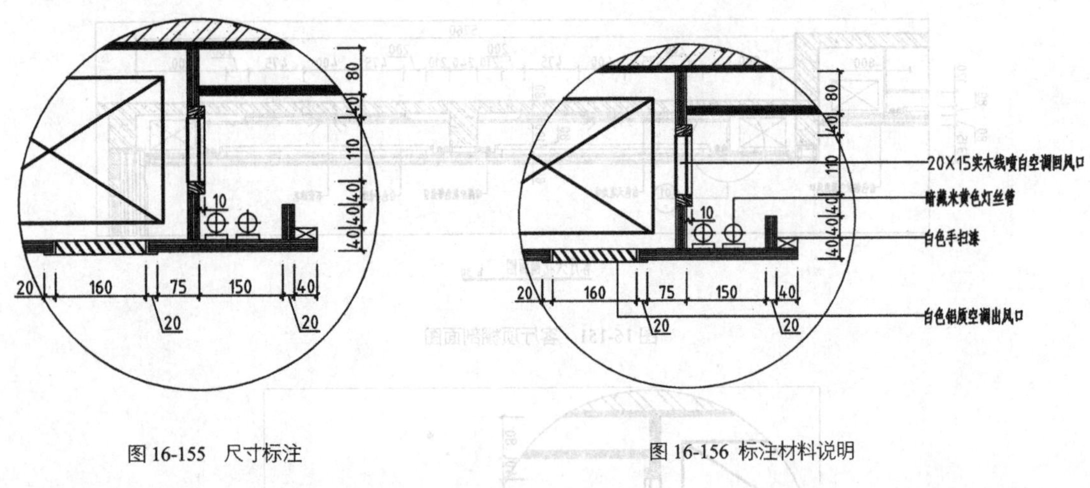

图 16-155　尺寸标注　　　图 16-156　标注材料说明

201 绘制顶棚大样图

视频文件：MP4\第 16 章\201.MP4

图 16-157 所示为顶棚剖面图，如图 16-158 和图 16-159 所示为大样图，该大样图主要表达了天花的做法。

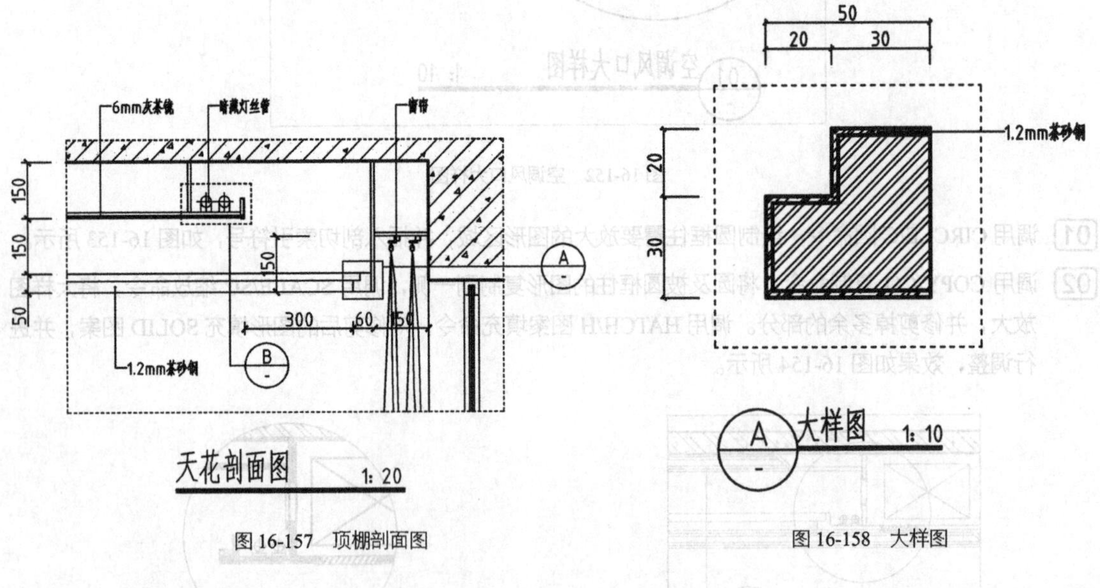

图 16-157　顶棚剖面图　　　图 16-158　大样图

1. 绘制大样图

01 调用 RECTANG/REC 矩形命令，绘制矩形框住需要放大的图形区域，将矩形设置为虚线，然后插入剖切索引符号，如图 16-160 所示。

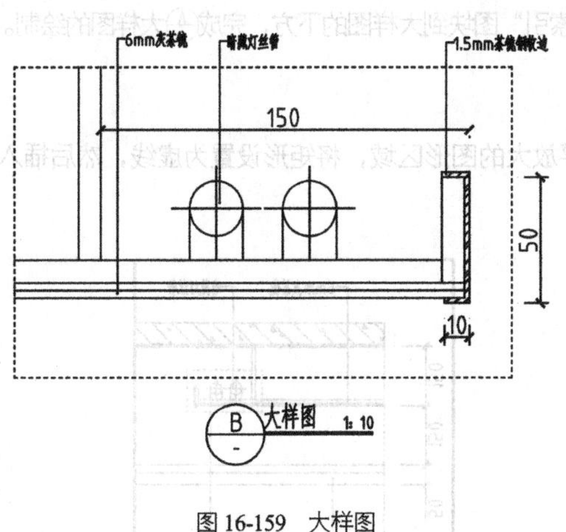

图 16-159　大样图

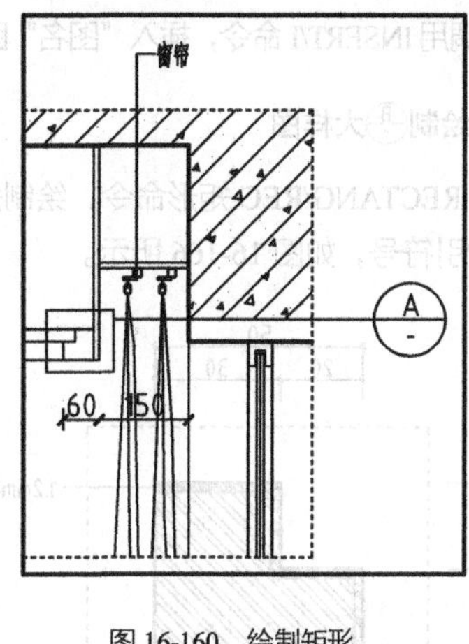

图 16-160　绘制矩形

02 调用 COPY/CO 复制命令，将圆及被圆框住的图形复制到一侧，调用 SCALE/SC 缩放命令，将大样图放大，并修剪掉多余的线段，如图 16-161 所示。

03 调用 OFFSET/O 偏移命令，偏移直线，表示面板，如图 16-162 所示。

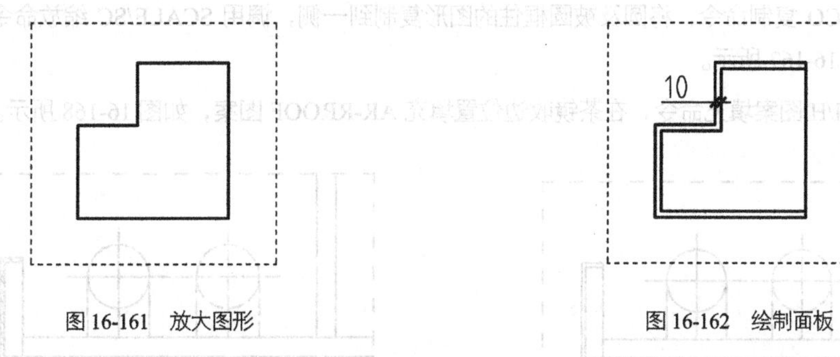

图 16-161　放大图形　　　图 16-162　绘制面板

04 调用 HATCH/H 图案填充命令，在面板填充 AR-RROOF 图案，在面板的下方填充 STEEL 图案，如图 16-163 所示。

05 调用 DIMLINEAR/DLI 线性命令标注尺寸，由于大样图进行了缩放，标注的尺寸会与原尺寸有差别，因此需要对尺寸文字进行修改（使用 DDEDIT 命令），使其与实际尺寸相符，如图 16-164 所示。

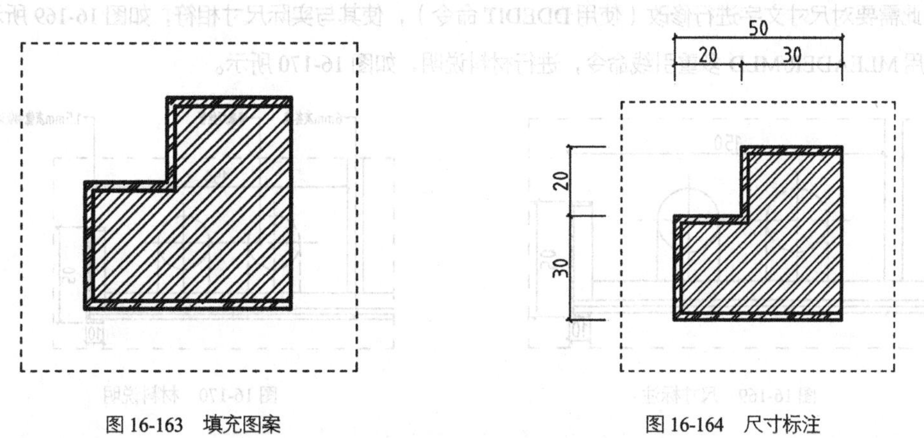

图 16-163　填充图案　　　图 16-164　尺寸标注

06 调用 MLEADER/MLD 多重引线命令，进行材料说明，如图 16-165 所示。

07 最后调用 INSERT/I 命令，插入“图名”图块和“剖切索引”图块到大样图的下方，完成Ⓐ大样图的绘制。

2. 绘制Ⓑ大样图

01 调用 RECTANG/REC 矩形命令，绘制矩形框住需要放大的图形区域，将矩形设置为虚线，然后插入剖切索引符号，如图 16-166 所示。

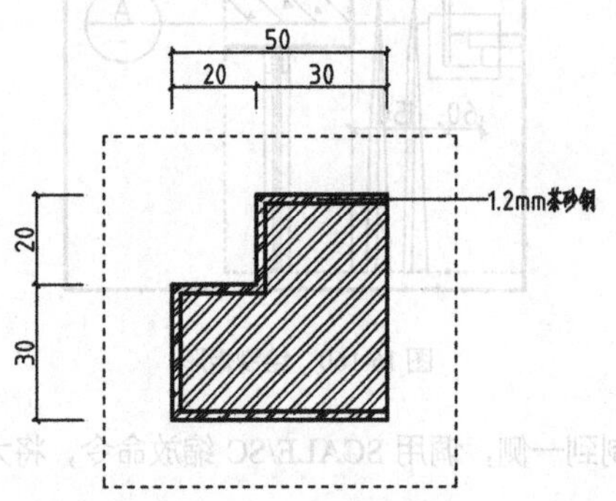

图 16-165 材料说明

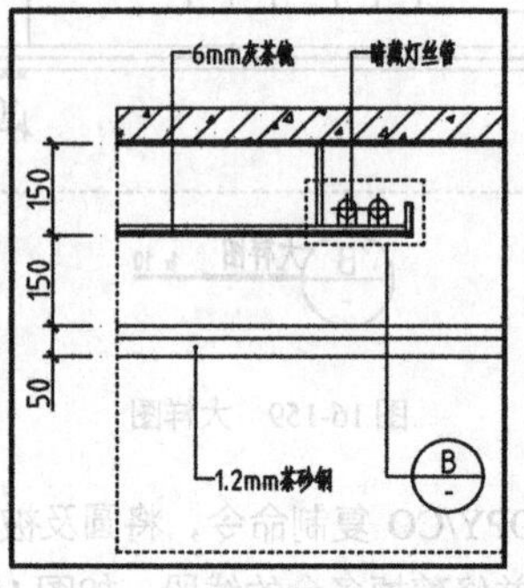

图 16-166 绘制矩形

02 调用 COPY/CO 复制命令，将圆及被圆框住的图形复制到一侧，调用 SCALE/SC 缩放命令，将大样图放大，如图 16-167 所示。

03 调用 HATCH/H 图案填充命令，在茶镜收边位置填充 AR-RROOF 图案，如图 16-168 所示。

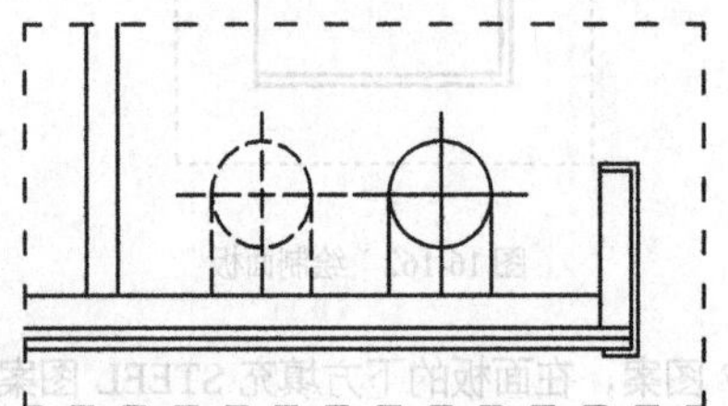
图 16-167 放大图形

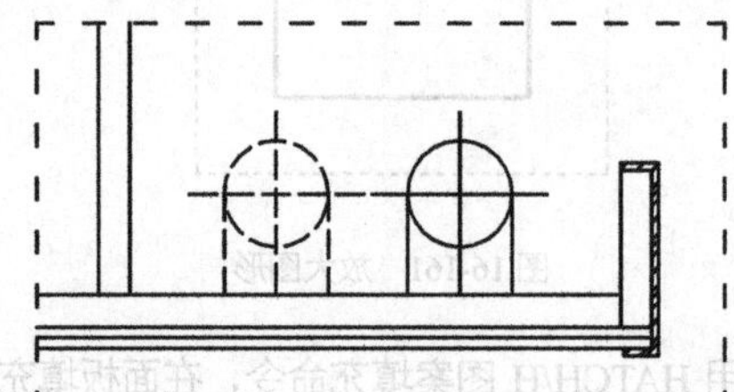
图 16-168 填充图案

04 调用 DIMLINEAR/DLI 线性命令标注尺寸，由于大样图进行了缩放，标注的尺寸会与原尺寸有差别，因此需要对尺寸文字进行修改（使用 DDEDIT 命令），使其与实际尺寸相符，如图 16-169 所示。

05 调用 MLEADER/MLD 多重引线命令，进行材料说明，如图 16-170 所示。

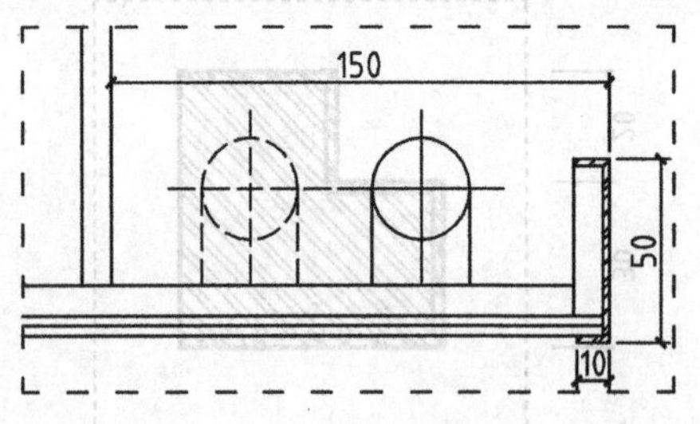

图 16-169 尺寸标注

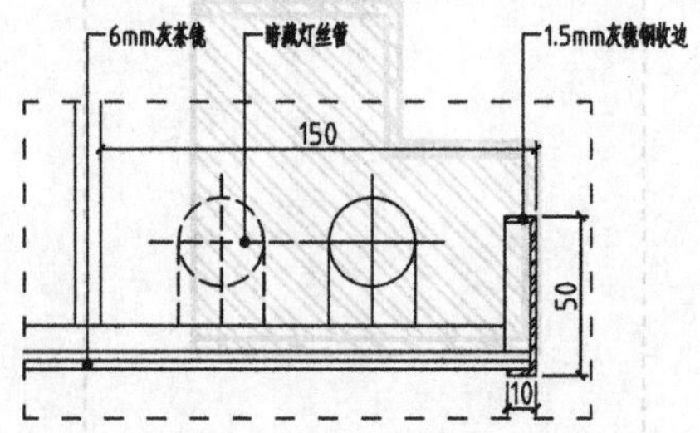

图 16-170 材料说明

06 调用 INSERT/I 插入命令，插入“图名”图块和“剖切索引”图块到大样图的下方，完成Ⓑ大样图的绘制。

202 绘制灯槽剖面图

视频文件：MP4\第 16 章\202.MP4

本例介绍灯槽剖面图的绘制，采用的材料是木板刷防火漆。

01 调用 RECTANG/REC 命令，绘制尺寸为 930mm×950mm 的矩形，如图 16-171 所示。

02 绘制基层。调用 PLINE/PL 命令、LINE/L 命令和 RECTANG/REC 命令，绘制基层，如图 16-172 所示。

03 调用 HATCH/H 命令，对基层填充 ANSI33 图案和 AR-SAND 图案，填充效果如图 16-173 所示。

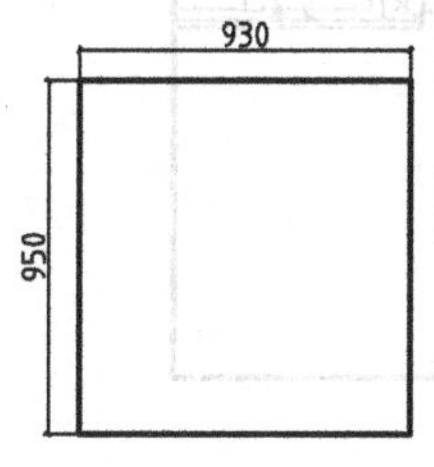

图 16-171　绘制矩形

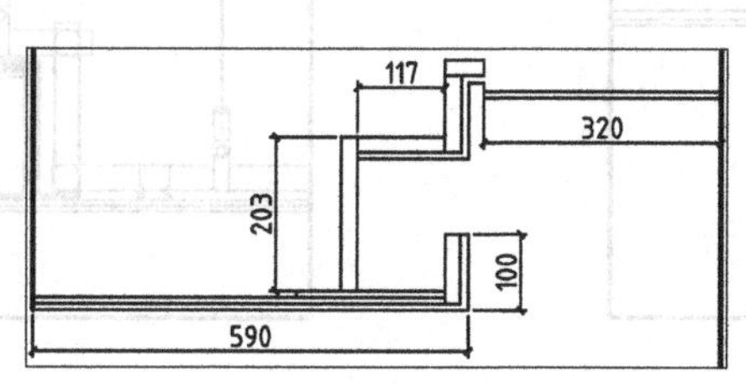

图 16-172　绘制基层

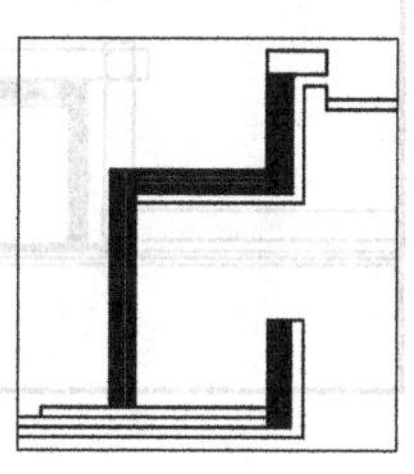

图 16-173　填充图案效果

04 调用 LINE/L 命令和 OFFSET/O 命令，绘制线段，如图 16-174 所示。

05 绘制 U 型槽。调用 PLINE/PL 命令，绘制多段线表示 U 形槽，如图 16-175 所示。

06 绘制木方。调用 RECTANG/REC 命令和 LINE/L 命令，绘制木方，如图 16-176 所示。

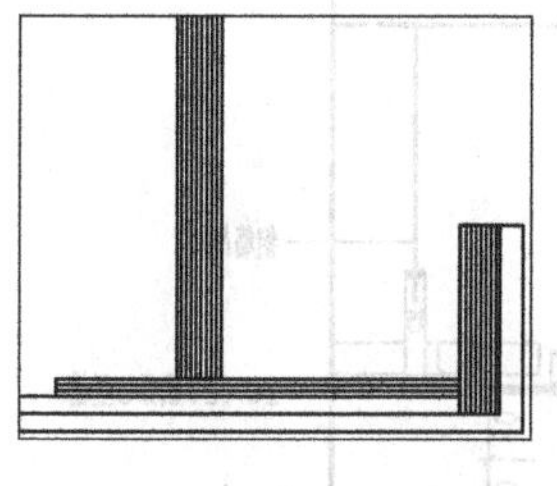

图 16-174　绘制线段

图 16-175　绘制 U 形槽

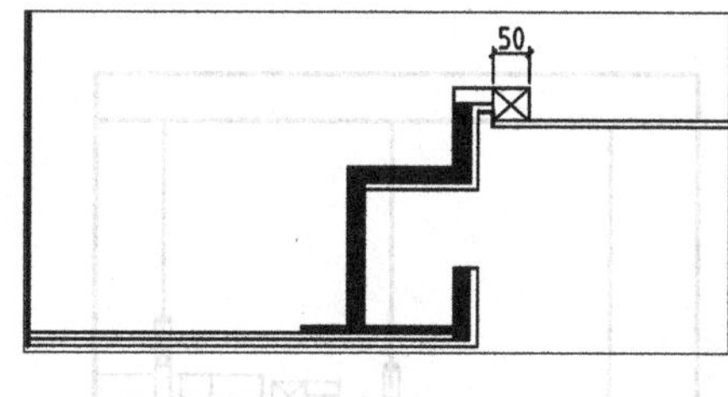

图 16-176　绘制木方

07 调用 RECTANG/REC 命令，绘制尺寸为 395mm×37.5mm 的矩形，并移动到相应的位置，如图 16-177 所示。

08 继续调用 RECTANG/REC 命令，绘制矩形，如图 16-178 所示。

09 调用 CIRCLE/C 命令和 COPY/O 命令，绘制图形，如图 16-179 所示。

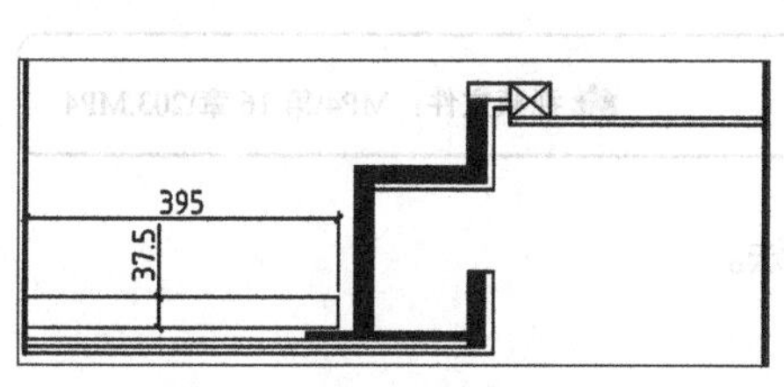

图 16-177　绘制矩形

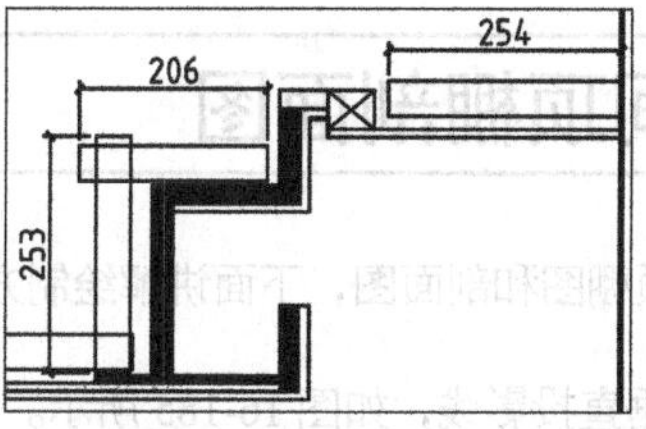

图 16-178　绘制矩形

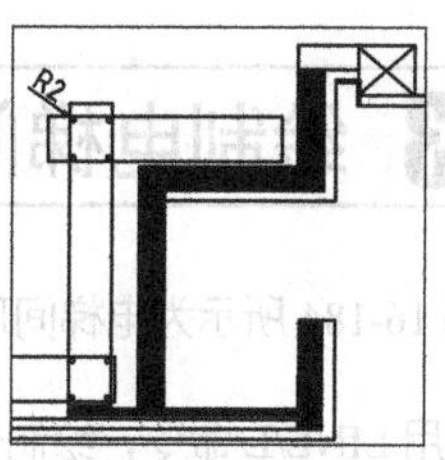

图 16-179　绘制图形

10 调用 LINE/L 命令，绘制线段，如图 16-180 所示。

11 从图库中调入钢筋吊杆、灯管和不锈钢干挂件图块，并对图块与图形相交的位置进行修剪，效果如图 16-181 示。

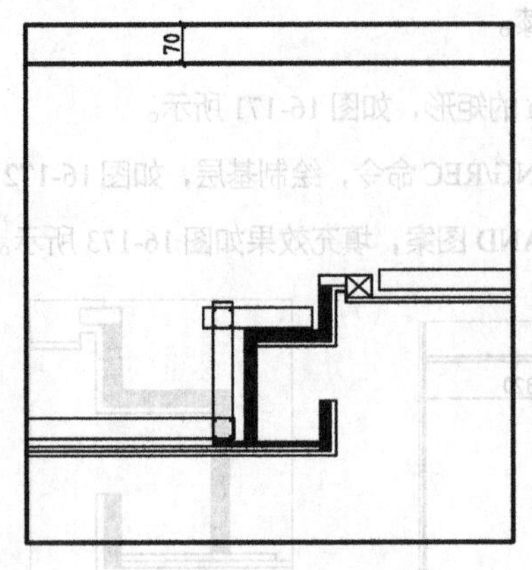

图 16-180　绘制线段

图 16-181　插入图块

12 标注尺寸和文字说明。调用 DIMLINEAR/DLI 命令，对剖面进行尺寸标注，如图 16-182 所示。

13 调用 MLEADER/MLD 命令，进行文字说明，如图 16-183 所示。

14 调用 INSERT/I 命令，插入“图名”图块和“剖切索引”图块，完成灯槽剖面图的绘制。

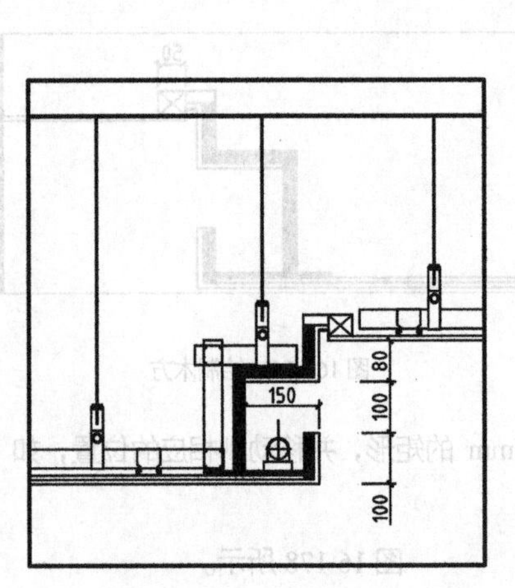

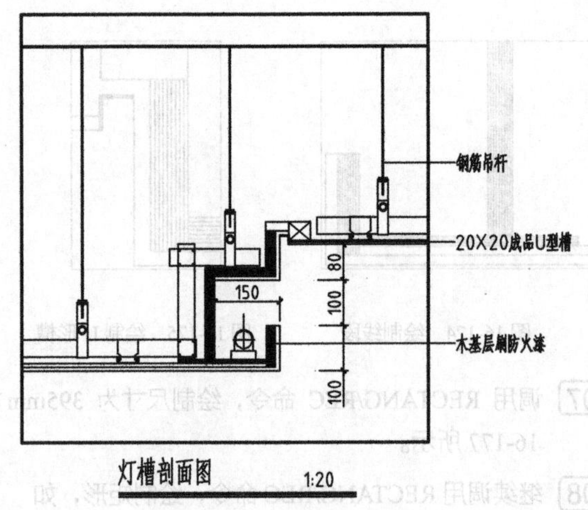

图 16-182　尺寸标注

图 16-183　文字说明

203 绘制电梯间顶棚剖面图

视频文件：MP4\第 16 章\203.MP4

图 16-184 所示为电梯间顶棚图和剖面图，下面讲解绘制方法。

01 调用 LINE/L 命令，绘制垂直投影线，如图 16-185 所示。

02 继续调用 LINE/L 命令，绘制一条水平线段，如图图 16-186 所示。

03 调用 OFFSET/O 命令，将线段向下偏移 336mm 和 77mm，如图 16-187 所示。

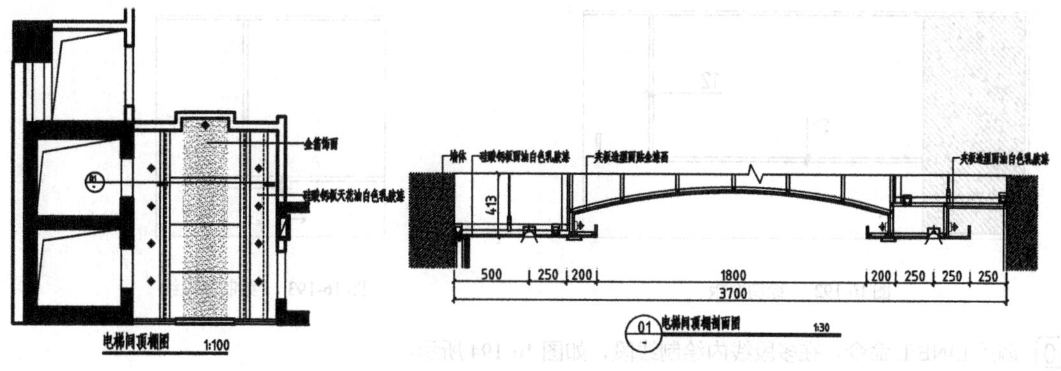

图 16-184　电梯间顶棚图和剖面图

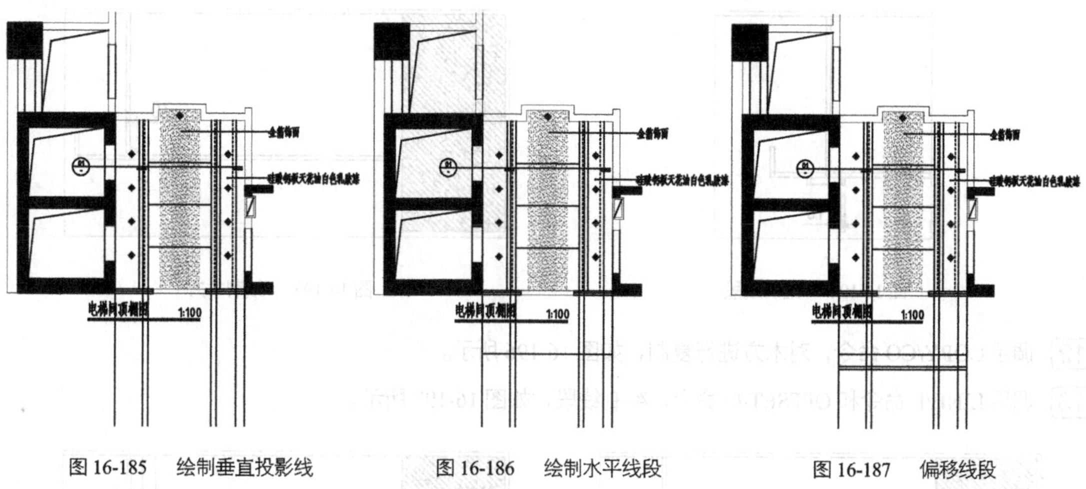

图 16-185　绘制垂直投影线　　图 16-186　绘制水平线段　　图 16-187　偏移线段

04 调用 TRIM/TR 命令，对线段进行修剪，得到剖面基本轮廓，如图 16-188 所示。

05 调用 PLINE/PL 命令和 TRIM/TR 命令，将最上方的线段修改为折断线，如图 16-189 所示。

图 16-188　修剪线段　　图 16-189　绘制折断线

06 绘制墙体。调用 RECTANG/REC 命令，绘制矩形表示墙体轮廓，如图 16-190 所示。

07 调用 HATCH/H 命令，在矩形内填充 AR-CONC 图案和 ANSI31 图案，然后删除矩形，填充效果如图 16-191 所示。

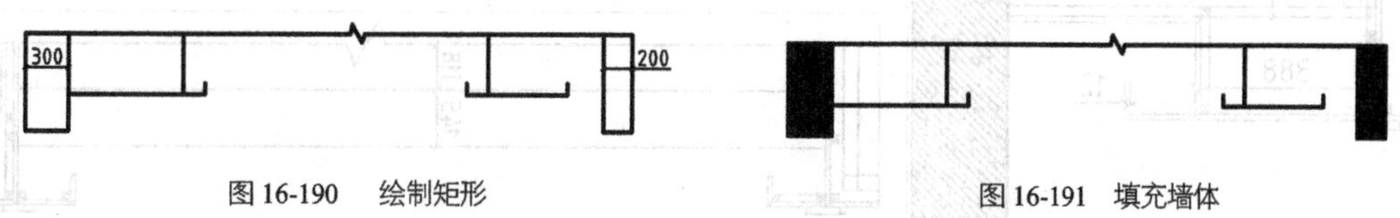

图 16-190　绘制矩形　　图 16-191　填充墙体

08 绘制面板。调用 LINE/L 命令和 OFFSET/O 命令，绘制线段表示面板，如图 16-192 所示。

09 调用 PLINE/PL 命令，绘制多段线，如图 16-193 所示。

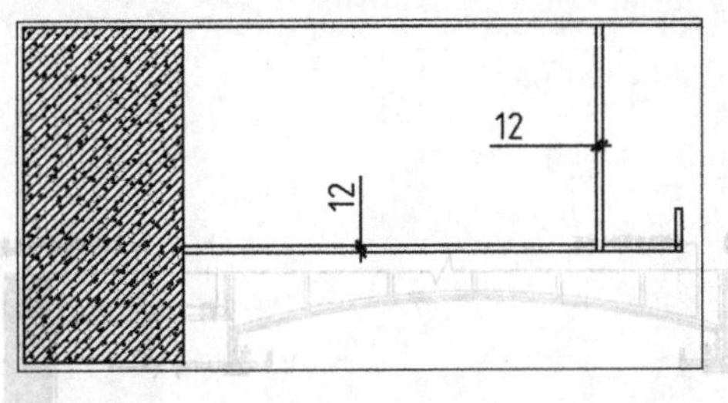

图 16-192　绘制面板

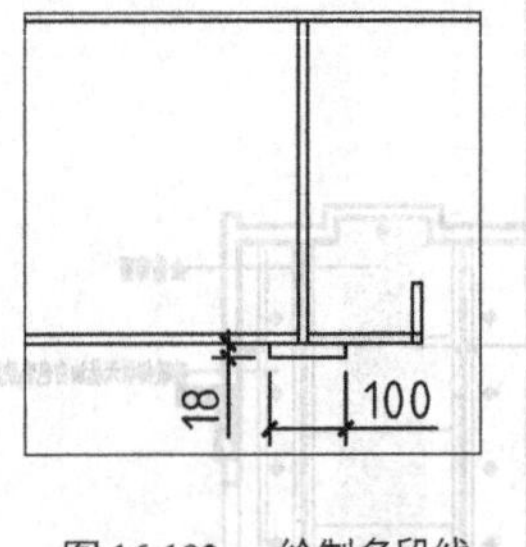

图 16-193　绘制多段线

10 调用 LINE/L 命令，在多段线内绘制线段，如图 16-194 所示。

11 绘制木方。调用 RECTANG/REC 命令和 LINE/L 命令，绘制木方，如图 16-195 所示。

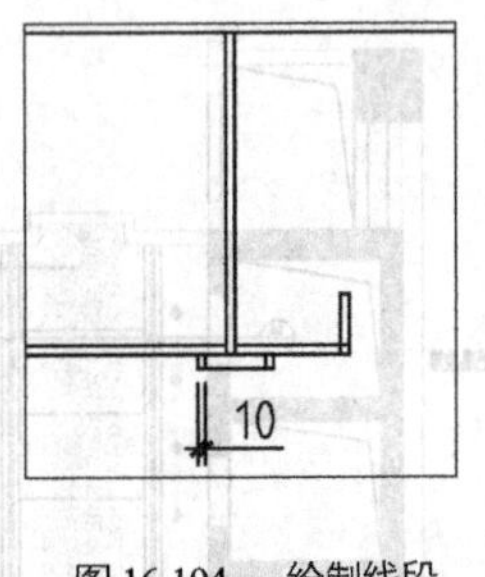

图 16-194　绘制线段

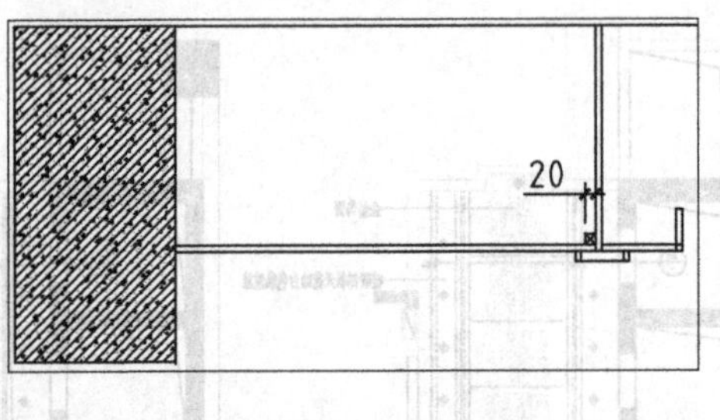

图 16-195　绘制木方

12 调用 COPY/CO 命令，对木方进行复制，如图 16-196 所示。

13 调用 LINE/L 命令和 OFFSET/O 命令，绘制线段，如图 16-197 所示。

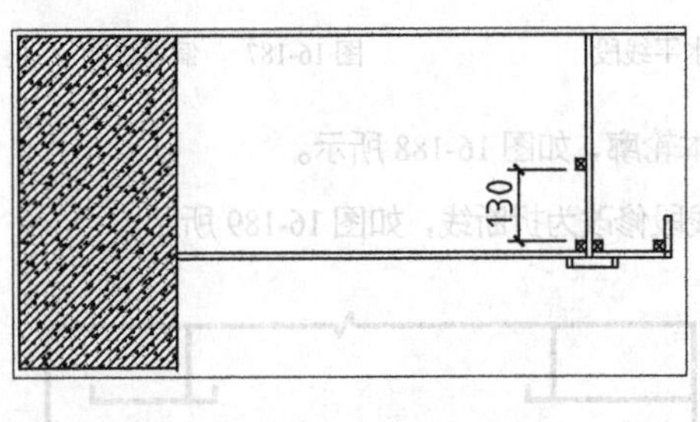

图 16-196　复制木方

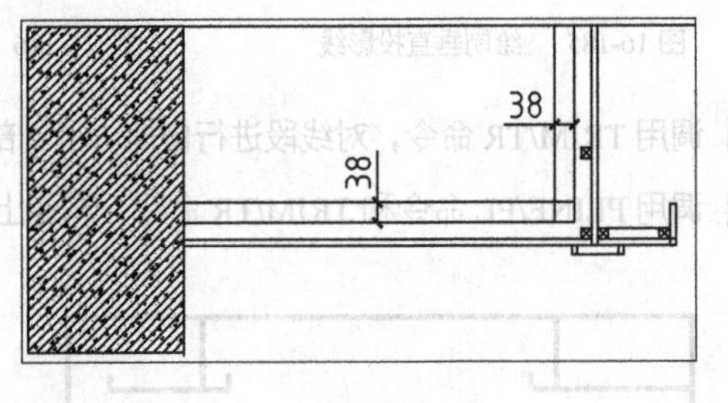

图 16-197　绘制线段

14 使用同样的方法绘制右侧同类型图形，如图 16-198 所示。

15 绘制弧形吊顶。调用 LINE/L 命令，绘制辅助线，如图 16-199 所示。

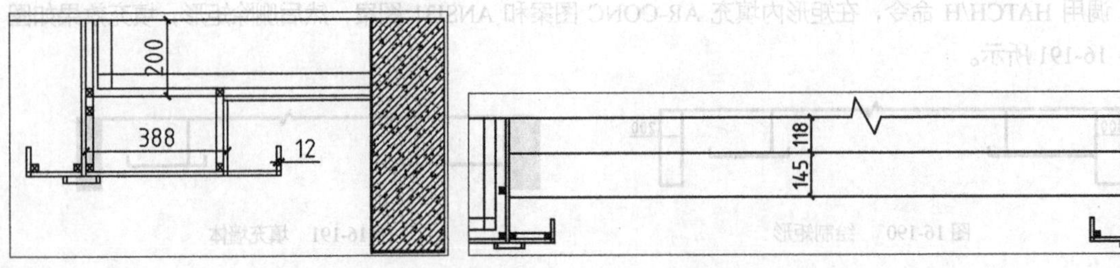

图 16-198　绘制同类型图形　　图 16-199　绘制辅助线

16 调用 ARC/A 命令，绘制圆弧，然后删除辅助线，如图 16-200 所示。

17 调用 OFFSET/O 命令，将圆弧向上偏移 5mm、12mm 和 20mm，并对圆弧进行调整，如图 16-201 所示。

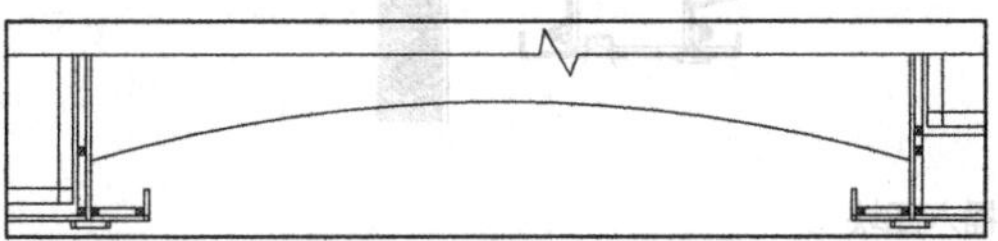

图 16-200　绘制圆弧

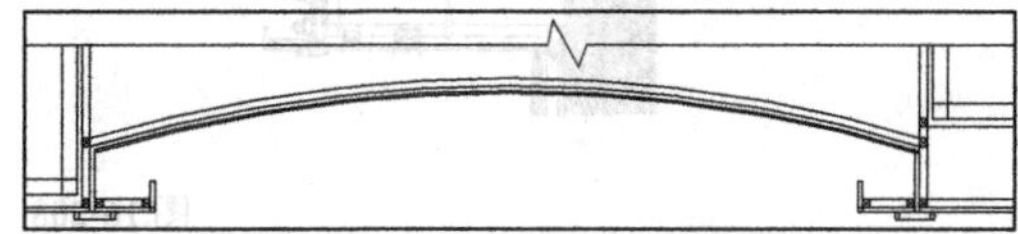

图 16-201　偏移圆弧

18 调用 LINE/L 命令绘制木方，如图 16-202 所示。

19 继续调用 LINE/L 命令，在木方两侧绘制线段，如图 16-203 所示。

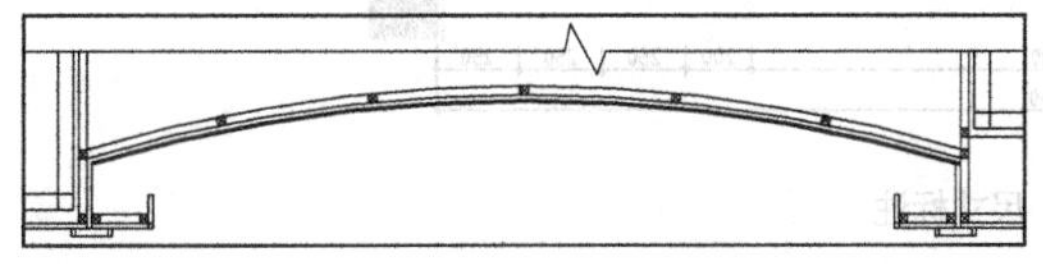

图 16-202　绘制木方

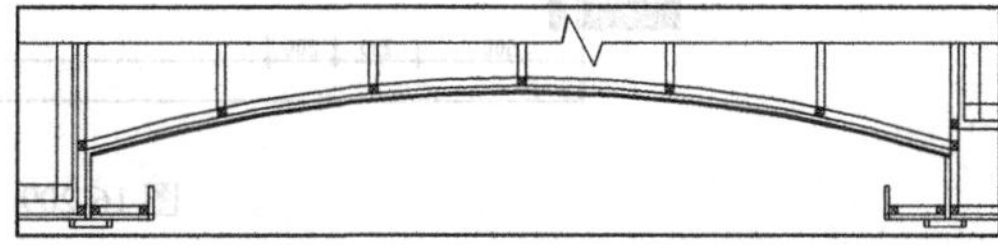

图 16-203　绘制线段

20 绘制其他顶棚造型。调用 PLINE/PL 命令，绘制多段线，如图 16-204 所示。

21 调用 LINE/L 命令，绘制线段，如图 16-205 所示。

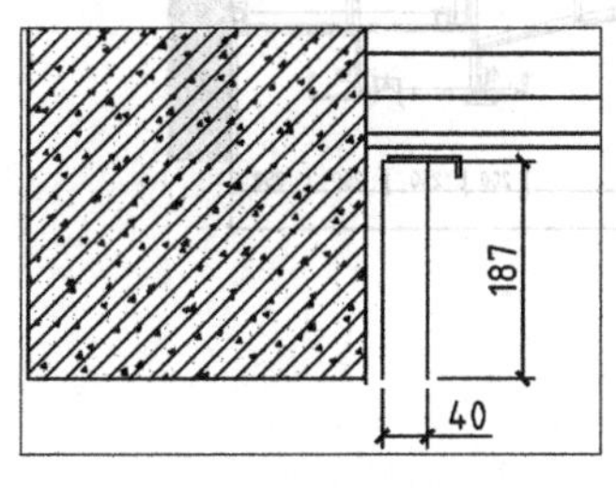

图 16-204　绘制多段线

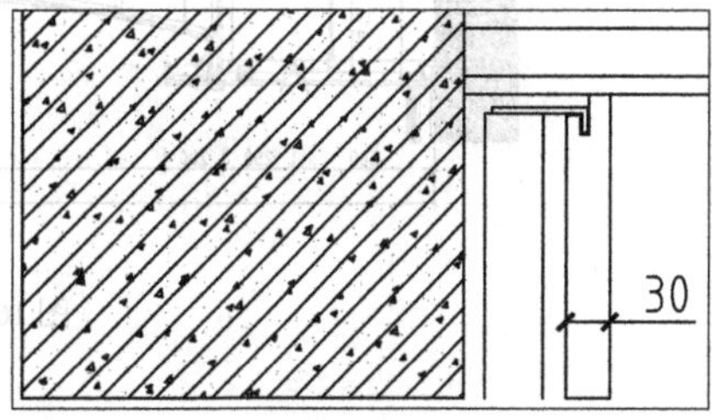

图 16-205　绘制线段

22 调用 HATCH/H 命令，再在命令行中输入 T 命令，在弹出的【图案填充和渐变色】对话框中设置参数，在线段内填充 ANSI36 图案，然后删除下端的线段，填充参数设置和结果如 图 16-206 所示。

23 调用 LINE/L 命令，绘制线段，如图 16-207 所示。

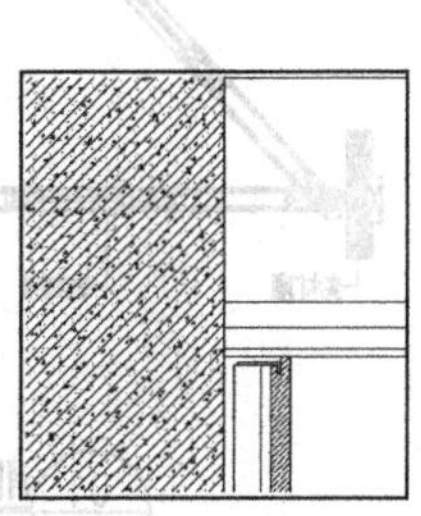

图 16-206　填充参数和效果

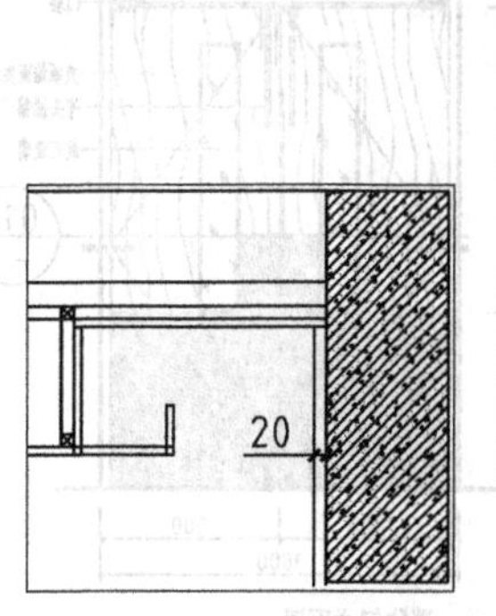

图 16-207　绘制线段

24 从图库中调入角钢、膨胀螺丝、不锈钢干挂件、射灯和灯管等图块到剖面图中，并对线段相交的位置进行修剪，如图 16-208 所示。

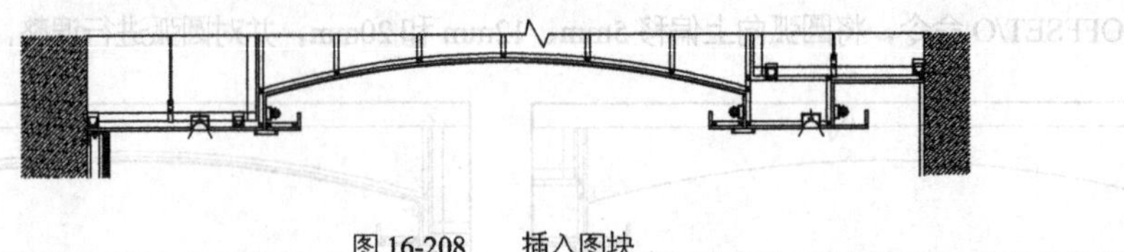

图 16-208　插入图块

25 标注尺寸和文字说明。调用 DIMLINEAR/DLI 命令，对剖面进行尺寸标注，如图 16-209 所示。

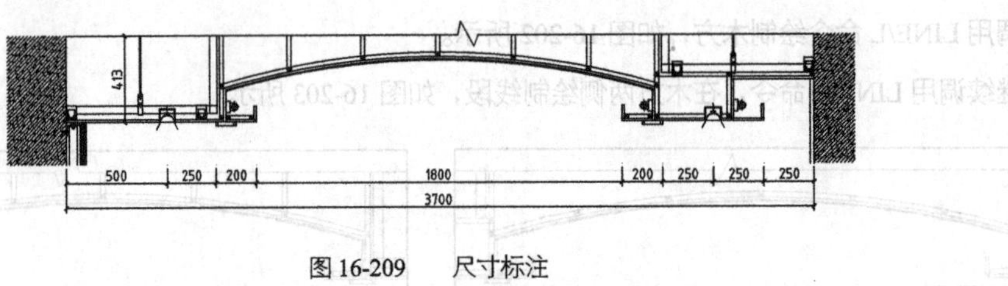

图 16-209　尺寸标注

26 调用 MLEADER/MLD 命令，进行文字说明，如图 16-210 所示。

27 调用 INSERT/I 命令，插入“图名”图块和“剖切索引”图块，完成电梯间顶棚剖面图的绘制。

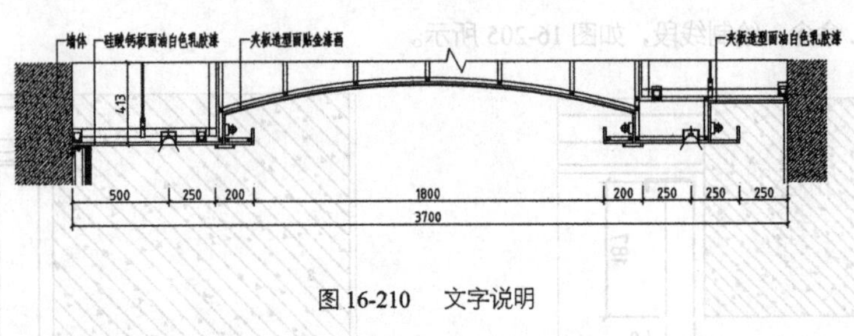

图 16-210　文字说明

204 绘制消防门剖面图

视频文件：MP4\第 16 章\204.MP4

如图 16-211 所示为消防门剖面图，消防门主要用于安全出口处。

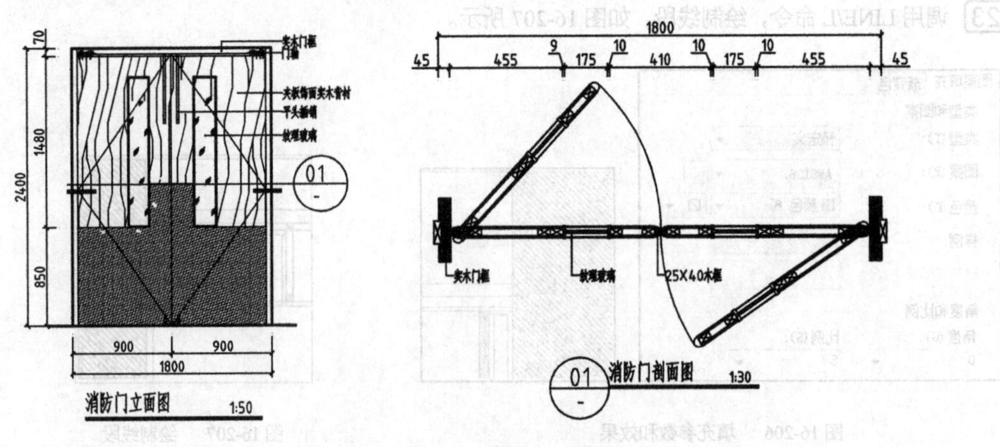

图 16-211　消防门立面图和剖面图

01 绘制门框。调用 RECTANG/REC 命令，绘制尺寸为 20mm×250mm 的矩形，如图 16-212 所示。

02 调用 RECTANG/REC 命令和 LINE/L 命令，绘制木方，并对线段相交的位置进行修剪，如图 16-213 所示。

03 调用 HATCH/H 命令，再在命令行中输入 T 命令，在弹出的【图案填充和渐变色】对话框中设置参数，在矩形中填充 TRANS 图案，填充参数设置和效果如图 16-214 所示。

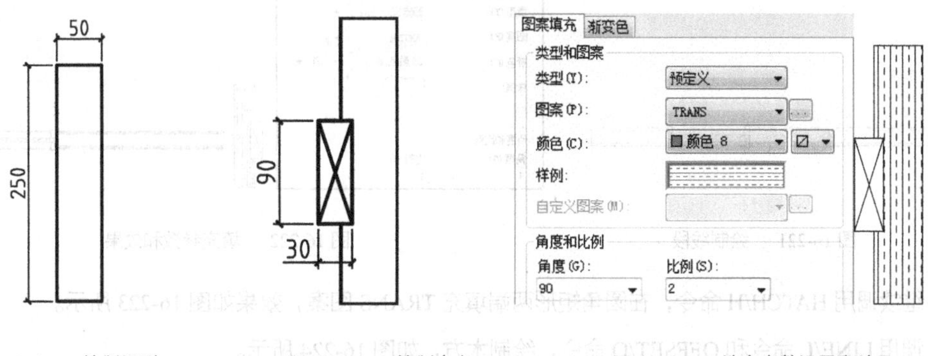

图 16-212　绘制矩形　　图 16-213　绘制木方　　图 16-214　填充参数设置和效果

04 绘制门面板。调用 RECTANG/REC 命令，绘制尺寸为 850mm×40mm，圆角半径为 20mm 的圆角矩形，如图 16-215 所示。

05 调用 PLINE/PL 命令，绘制多段线，如图 16-216 所示。

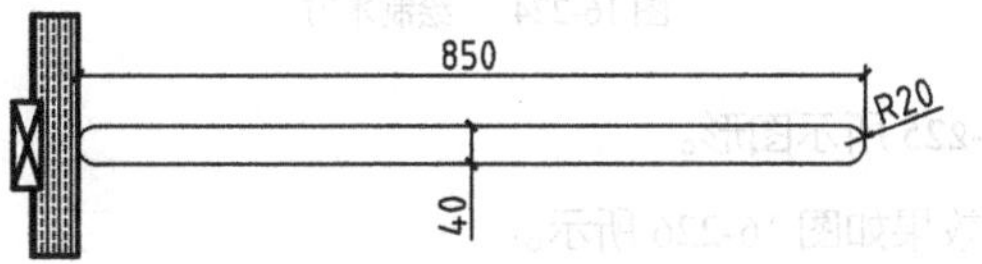

图 16-215　绘制圆角矩形

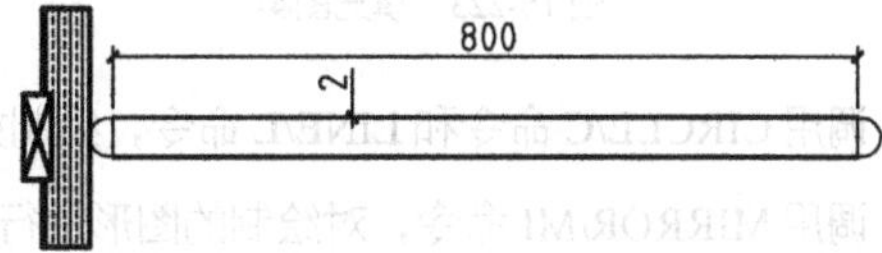

图 16-216　绘制多段线

06 调用 RECTANG/REC 命令、OFFSET/O 命令和 COPY/CO 命令，绘制如图 16-217 所示矩形。

07 调用 RECTANG/REC 命令和 OFFSET/O 命令，绘制图形，如图 16-218 所示。

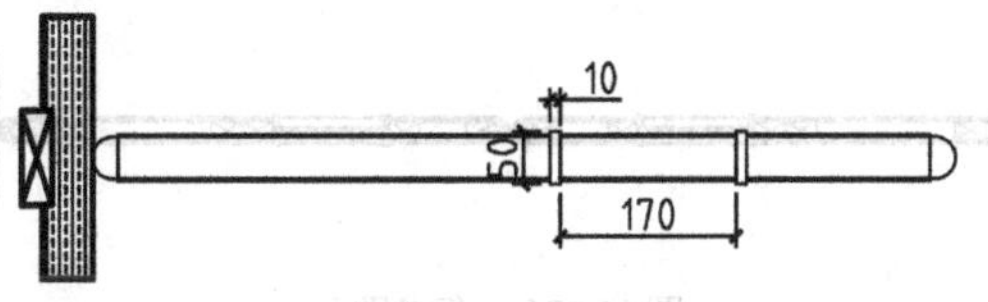

图 16-217　绘制矩形

图 16-218　绘制图形

08 调用 LINE/L 命令和 OFFSET/O 命令，绘制线段，并对线段相交的位置进行修剪，如图 16-219 所示。

09 调用 HATCH/H 命令，在线段中填充 ANSI37 图案，填充参数设置和效果如图 16-220 所示。

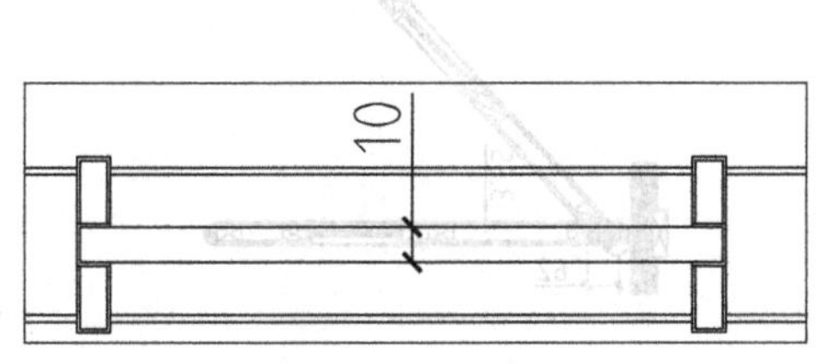

图 16-219　绘制线段

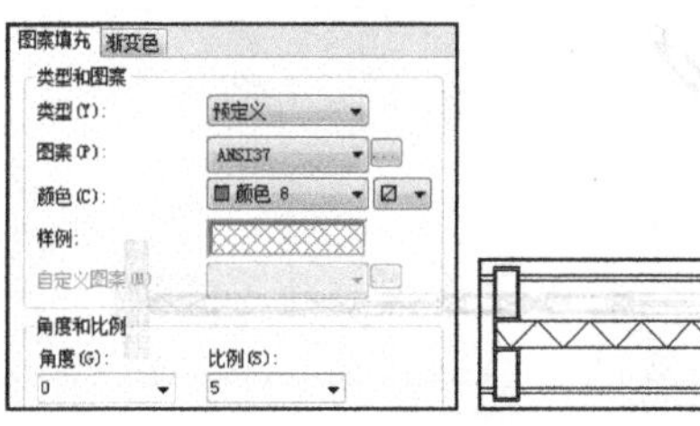

图 16-220　填充参数设置和效果

10 调用 LINE/L 命令，绘制线段，如图 16-221 所示。

11 调用 HATCH/H 命令，在线段上下方填充 ANSI31 图案，填充参数设置和效果如图 16-222 所示。

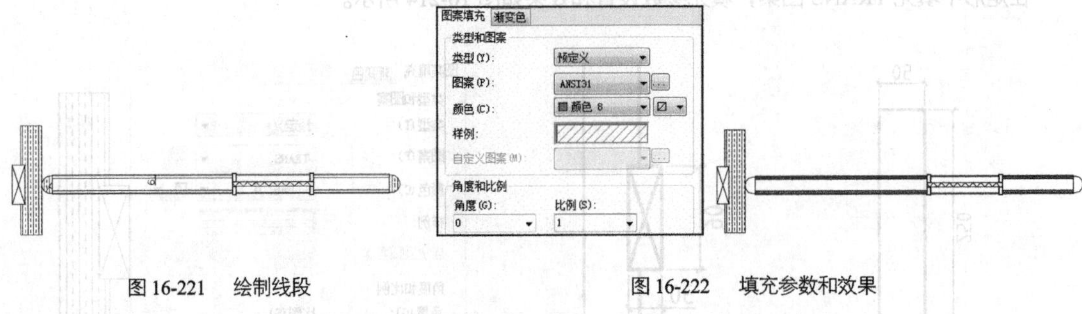

图 16-221　绘制线段　　图 16-222　填充参数和效果

12 继续调用 HATCH/H 命令，在圆角矩形两端填充 TRANS 图案，效果如图 16-223 所示。

13 调用 LINE/L 命令和 OFFSET/O 命令，绘制木方，如图 16-224 所示。

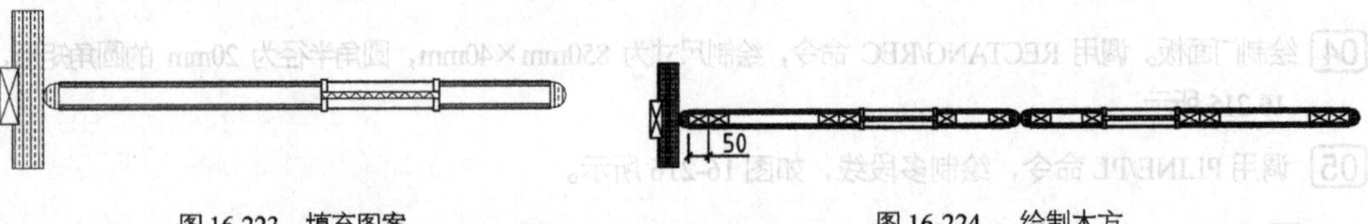

图 16-223　填充图案　　图 16-224　绘制木方

14 调用 CIRCLE/C 命令和 LINE/L 命令，绘制如图 16-225 所示图形。

15 调用 MIRROR/MI 命令，对绘制的图形进行镜像，效果如图 16-226 所示。

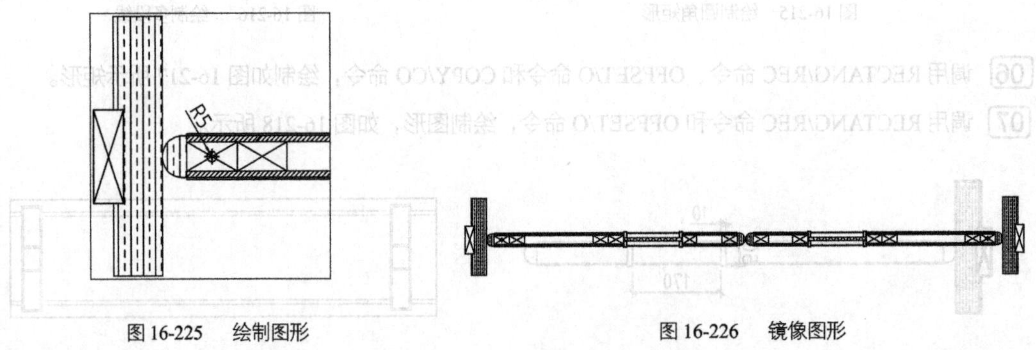

图 16-225　绘制图形　　图 16-226　镜像图形

16 使用同样的方法，绘制同类型图形，然后调用 ROTATE/RO 命令，对图形进行旋转，如图 16-227 所示。

17 调用 LINE/L 命令，绘制辅助线，如图 16-228 所示。

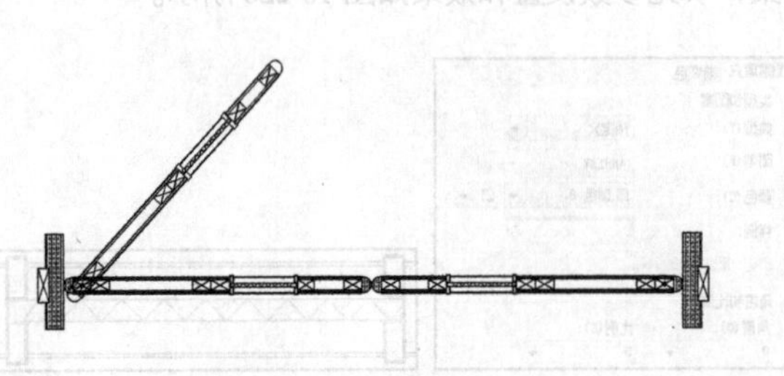

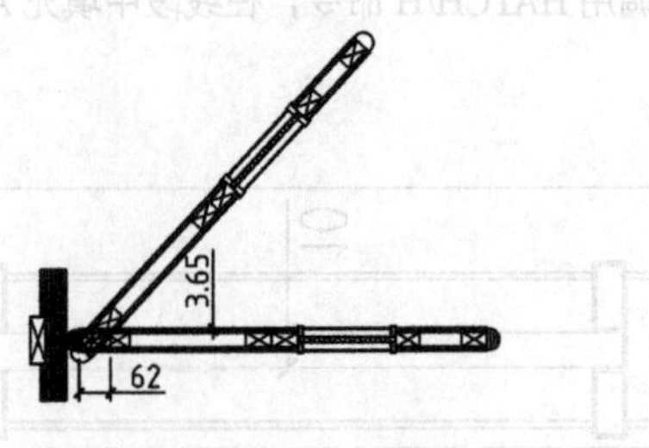

图 16-227　绘制同类型图形　　图 16-228　绘制辅助线

(18) 调用 CIRCLE/C 命令，以辅助线的交点为圆心绘制半径为 762mm 的圆，然后删除辅助线，如图 16-229 所示。

(19) 调用 TRIM/TR 命令，对圆进行修剪，如图 16-230 所示。

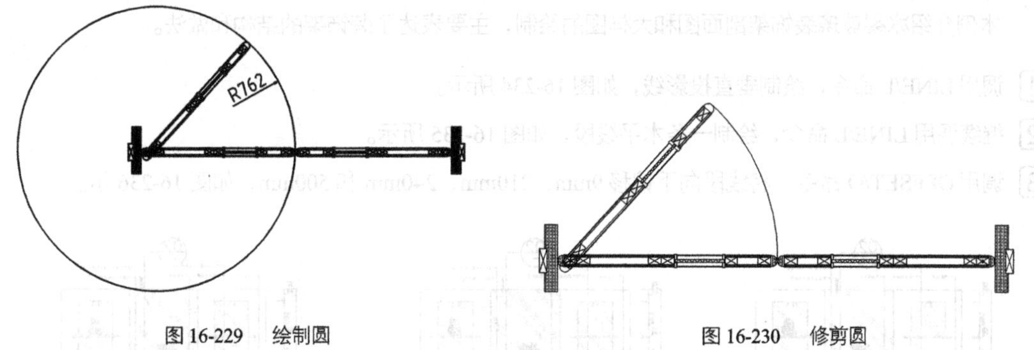

图 16-229　绘制圆　　　图 16-230　修剪圆

(20) 调用 MIRROR/MI 命令，对绘制的图形进行镜像，效果如图 16-231 所示。

(21) 标注尺寸和文字说明。调用 DIMLINEAR/DLI 命令，进行尺寸标注，如图 16-232 所示。

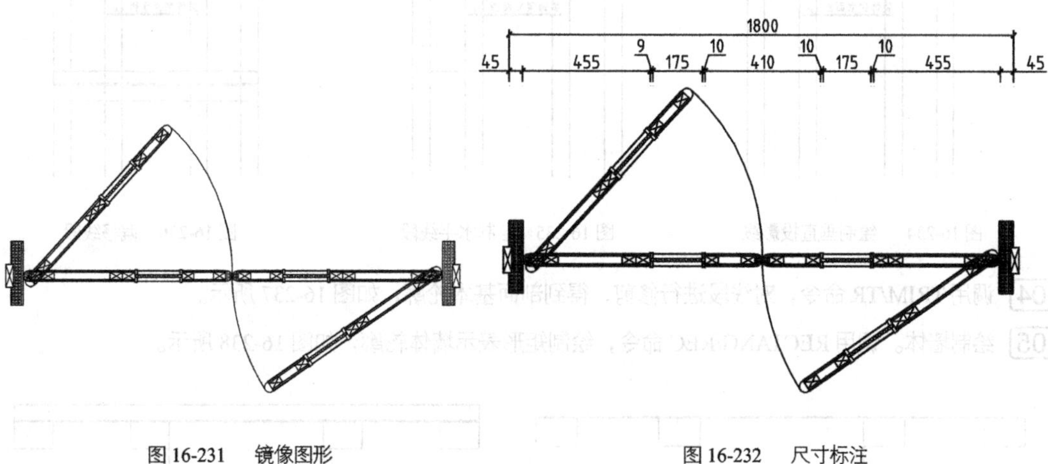

图 16-231　镜像图形　　　图 16-232　尺寸标注

(22) 调用 MLEADER/MLD 命令，进行文字说明，如图 16-233 所示。

(23) 调用 INSERT/I 命令，插入“图名”图块和“剖切索引”图块，完成消防门剖面图的绘制。

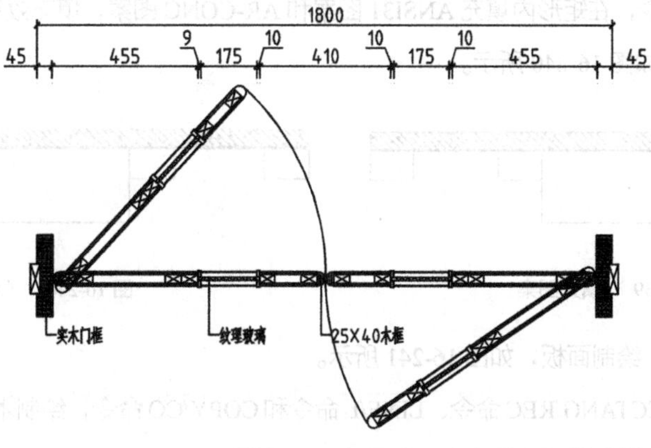

图 16-233　标注文字说明

205 绘制冰裂玻璃装饰架剖面图和大样图

视频文件：MP4\第 16 章\205.MP4

本例介绍冰裂玻璃装饰架剖面图和大样图的绘制，主要表达了装饰架的结构和做法。

01 调用 LINE/L 命令，绘制垂直投影线，如图 16-234 所示。

02 继续调用 LINE/L 命令，绘制一条水平线段，如图 16-235 所示。

03 调用 OFFSET/O 命令，将线段向下偏移 9mm、210mm、240mm 和 500mm，如图 16-236 示。

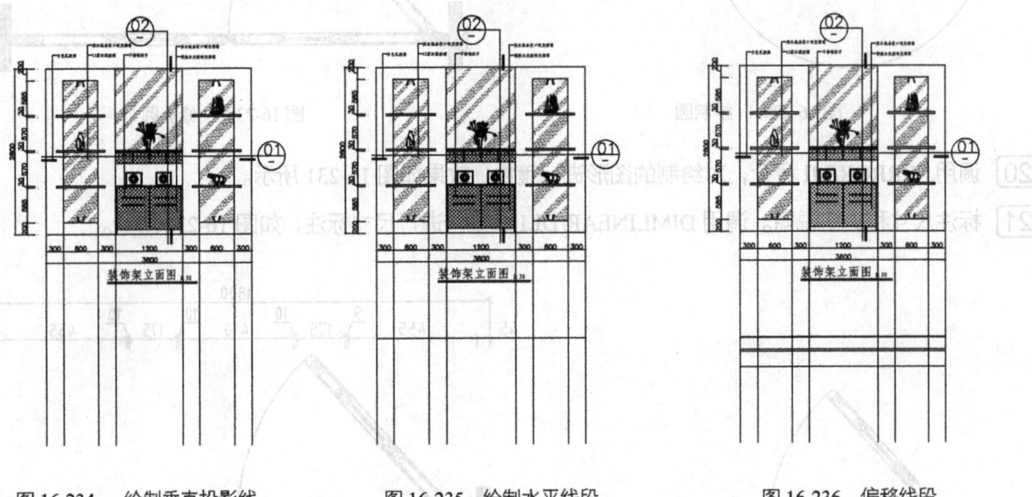

图 16-234 绘制垂直投影线　　图 16-235 绘制水平线段　　图 16-236 偏移线段

04 调用 TRIM/TR 命令，对线段进行修剪，得到剖面基本轮廓，如图 16-237 所示。

05 绘制墙体。调用 RECTANG/REC 命令，绘制矩形表示墙体轮廓，如图 16-238 所示。

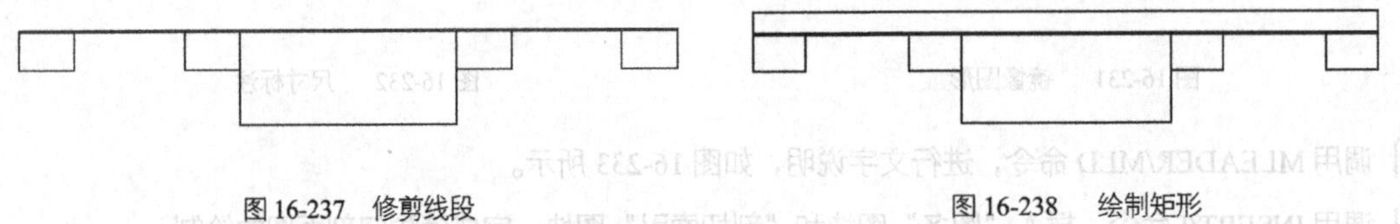

图 16-237 修剪线段　　图 16-238 绘制矩形

06 调用 HATCH/H 命令，在矩形内填充 ANSI31 图案和 AR-CONC 图案，填充效果如图 16-239 所示。

07 填充后删除矩形，如图 16-240 所示。

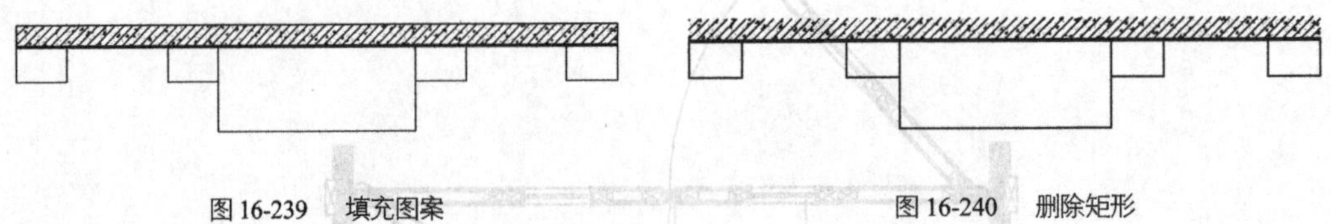

图 16-239 填充图案　　图 16-240 删除矩形

08 调用 LINE/L 命令，绘制面板，如图 16-241 所示。

09 绘制木方。调用 RECTANG/REC 命令、LINE/L 命令和 COPY/CO 命令，绘制木方，如图 16-242 所示。

10 调用 LINE/L 命令，绘制线段连接木方，如图 16-243 所示。

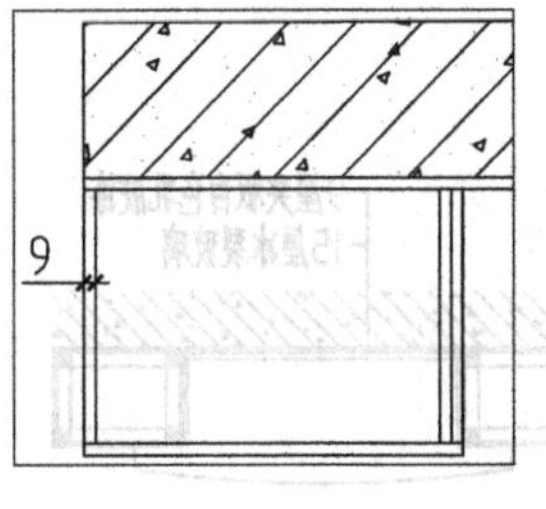

图 16-241　绘制面板

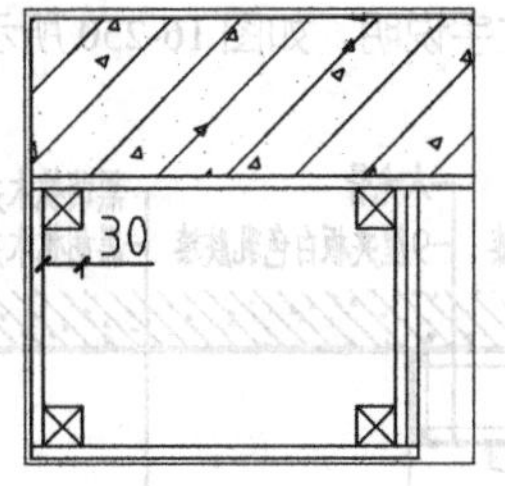

图 16-242　绘制木方

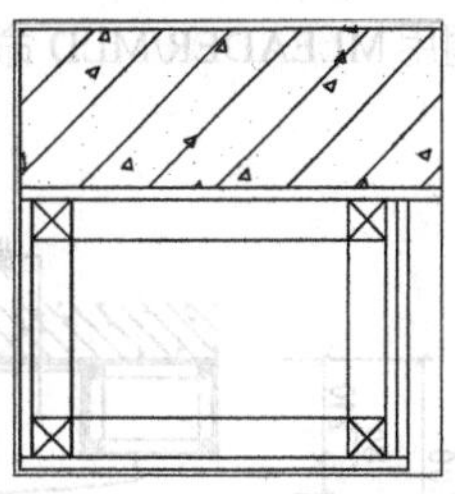

图 16-243　绘制线段

11 调用 COPY/CO 命令和 MIRROR/MI 命令，将图形复制和镜像到其他位置，如图 16-244 所示。

12 调用 LINE/L 命令，绘制线段，并对线段进行调整，如图 16-245 所示。

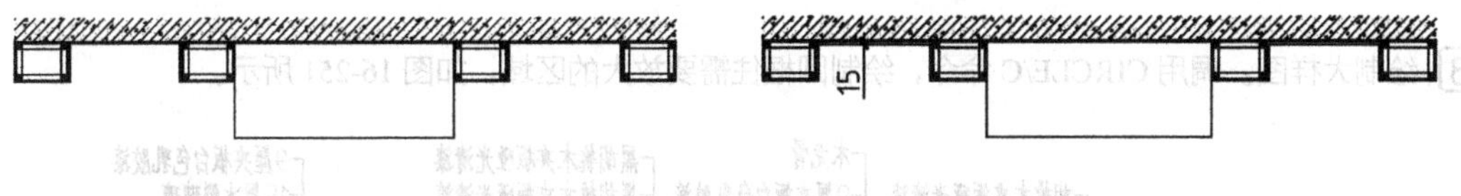

图 16-244　镜像图形　　图 16-245　绘制线段

13 调用 LINE/L 命令和 COPY/CO 命令，绘制线段，如图 16-246 所示。

14 调用 ARC/A 命令，绘制弧线连接线段，如图 16-247 所示。

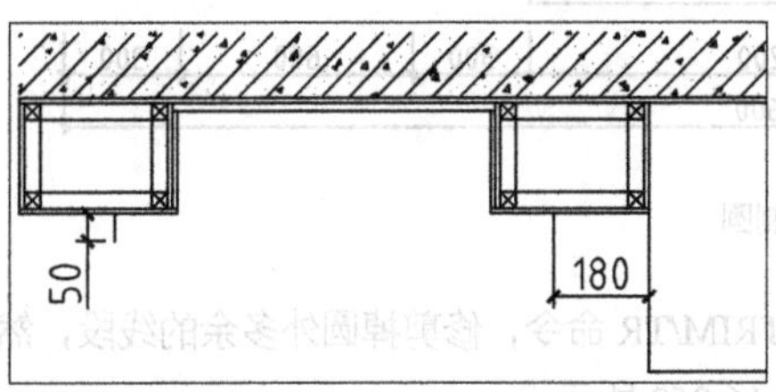

图 16-246　绘制线段

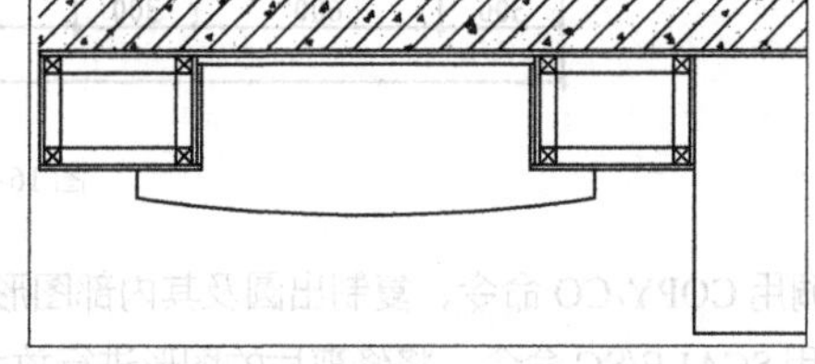

图 16-247　绘制弧线

15 调用 COPY/CO 命令，将图形复制到右侧，如图 16-248 所示。

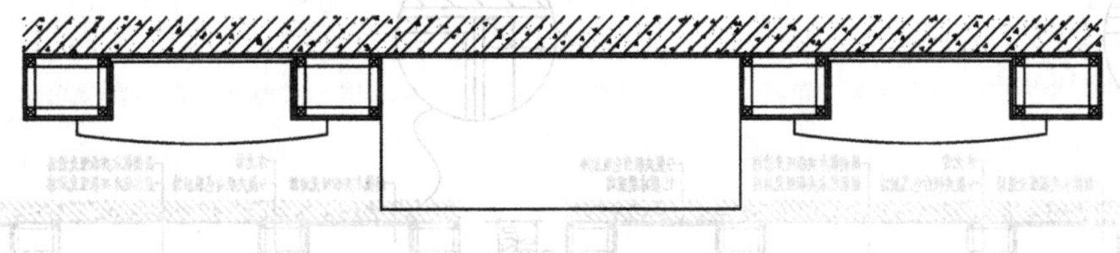

图 16-248　复制图形

16 标注尺寸和文字说明。调用 DIMLINEAR/DLI 命令，进行尺寸标注，如图 16-249 所示。

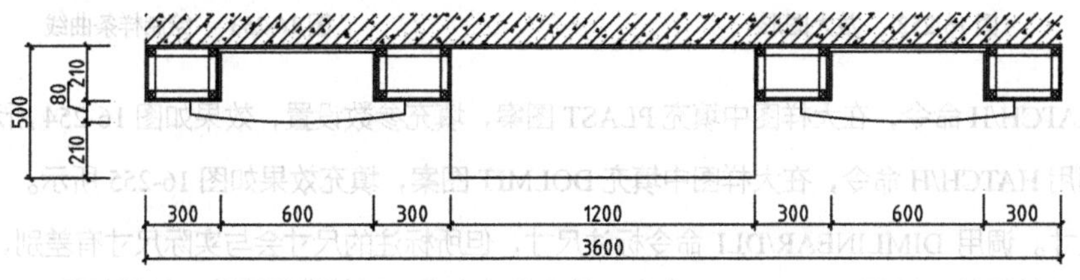

图 16-249　尺寸标注

17 调用 MLEADER/MLD 命令，进行文字说明，如图 16-250 所示。

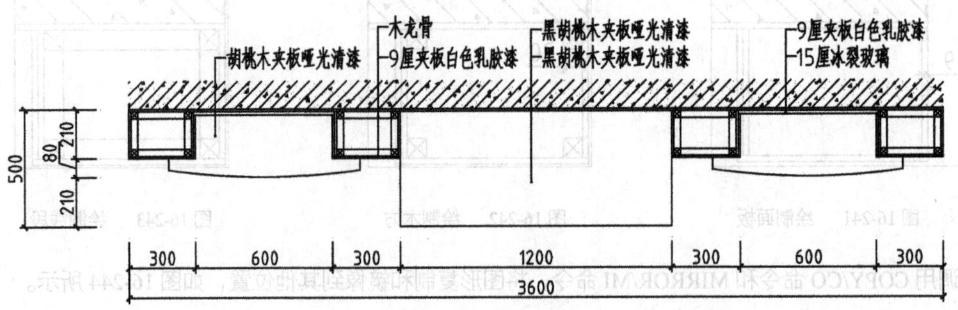

图 16-250　标注文字说明

18 绘制大样图。调用 CIRCLE/C 命令，绘制圆框住需要放大的区域，如图 16-251 所示。

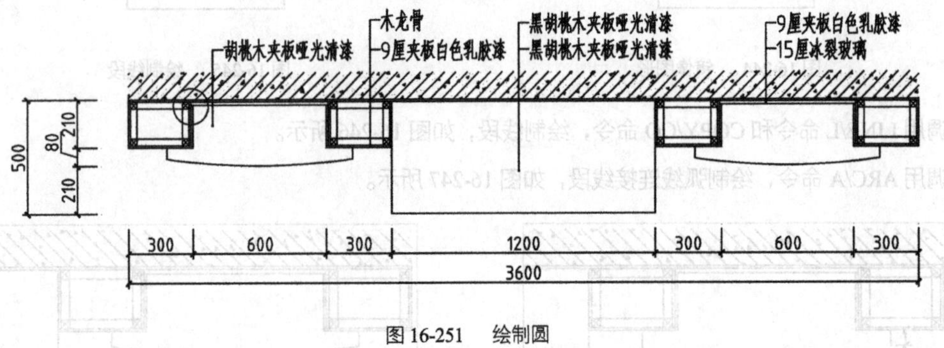

图 16-251　绘制圆

19 调用 COPY/CO 命令，复制出圆及其内部图形，调用 TRIM/TR 命令，修剪掉圆外多余的线段，然后调用 SCALE/SC 命令，将修剪后的图形进行放大，如图 16-252 所示。

20 调用 SPLINE/SPL 命令，绘制样条曲线连接两个圆，如图 16-253 所示。

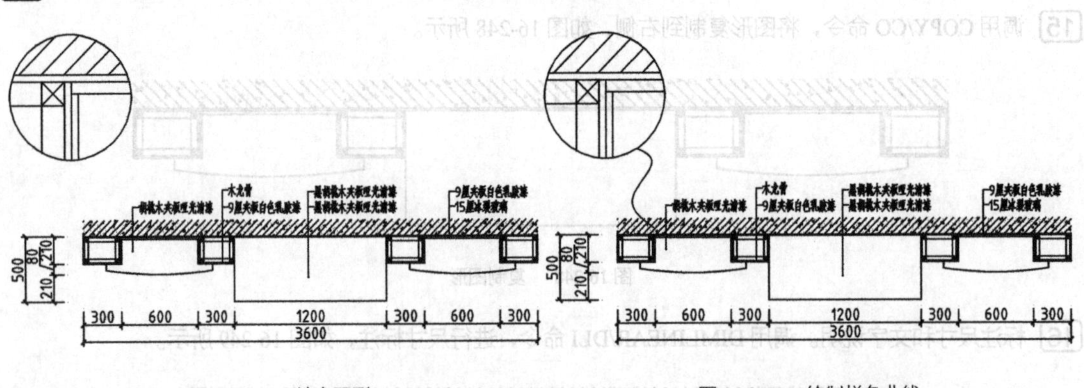

图 16-252　放大图形　　图 16-253　绘制样条曲线

21 调用 HATCH/H 命令，在大样图中填充 PLAST 图案，填充参数设置，效果如图 16-254 所示。

22 继续调用 HATCH/H 命令，在大样图中填充 DOLMIT 图案，填充效果如图 16-255 所示。

23 标注尺寸。调用 DIMLINEAR/DLI 命令标注尺寸，但所标注的尺寸会与实际尺寸有差别，这是因为图形被放大的缘故，调用 DDEDIT/ED 命令，单击尺寸文字，对其进行修改，结果如图 16-256 所示。

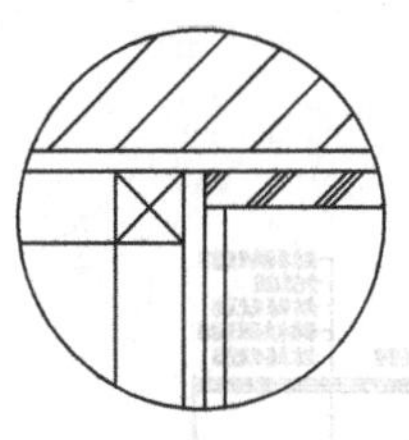
图 16-254　填充图案效果

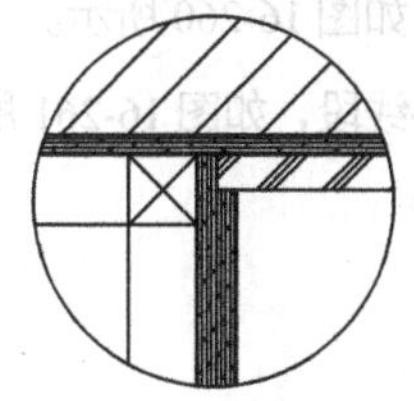
图 16-255　填充图案效果

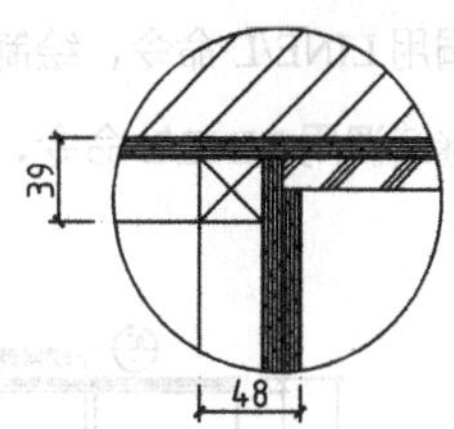

图 16-256　修改尺寸标注

24 绘制材料说明。调用 MLEADER/MLD 命令，标注文字说明，结果如图 16-257 所示。

25 调用 INSERT/I 命令，插入“图名”图块和“剖切索引”图块，完成冰裂玻璃装饰台剖面图和大样图的绘制如图 16-258 所示。

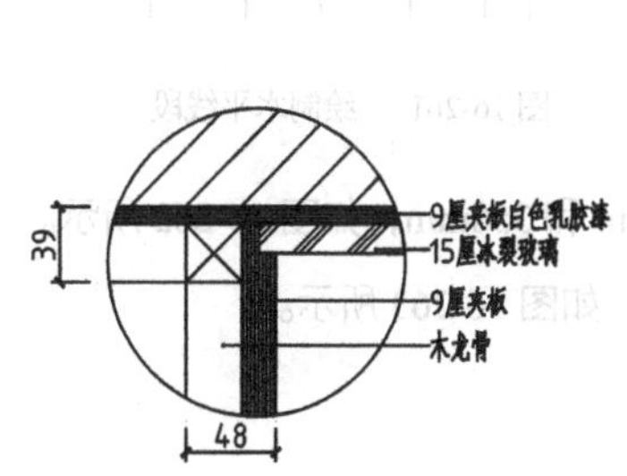

图 16-257　标注文字说明

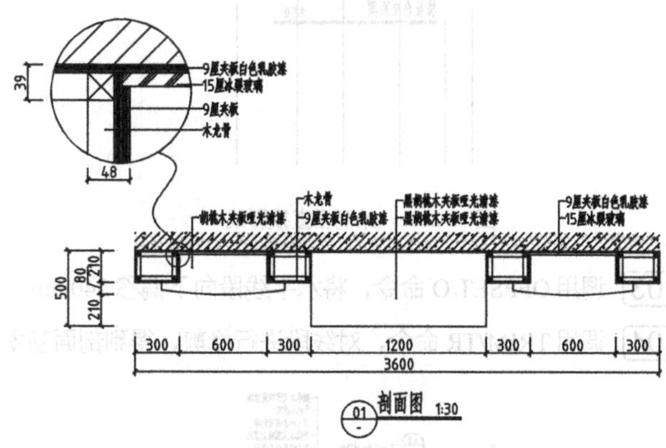

图 16-258　绘制完成的冰裂玻璃装饰台剖面图

206 绘制梳妆台剖面图和大样图

视频文件：MP4\第 16 章\206.MP4

图 16-259 所示为梳妆台立面图和剖面图，梳妆台使用的材料为樱桃木。

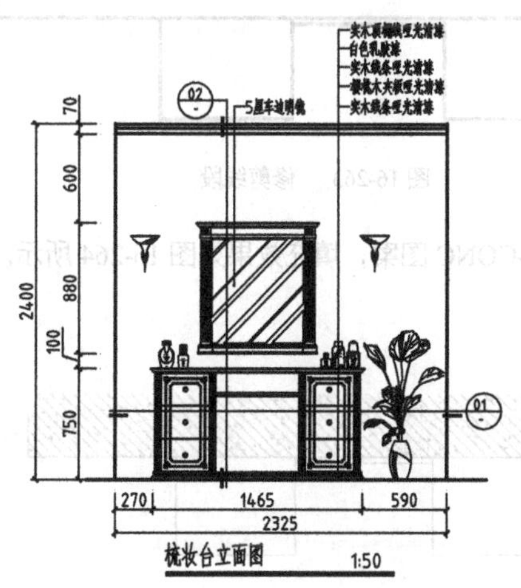

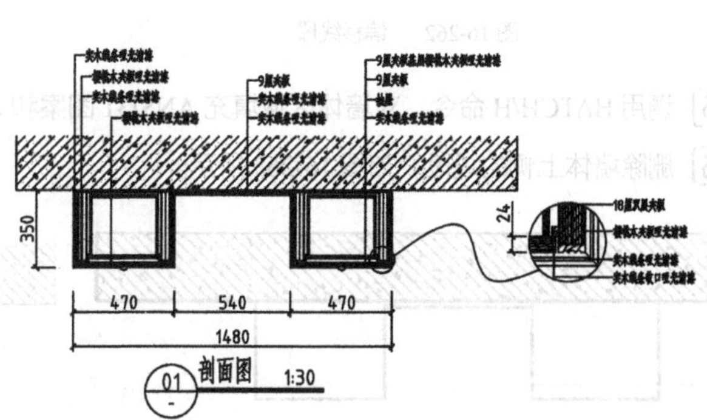

图 16-259　梳妆台立面图和剖面图

01 调用 LINE/L 命令，绘制垂直投影线，如图 16-260 所示。

02 继续调用 LINE/L 命令，绘制一条水平线段，如图 16-261 所示。

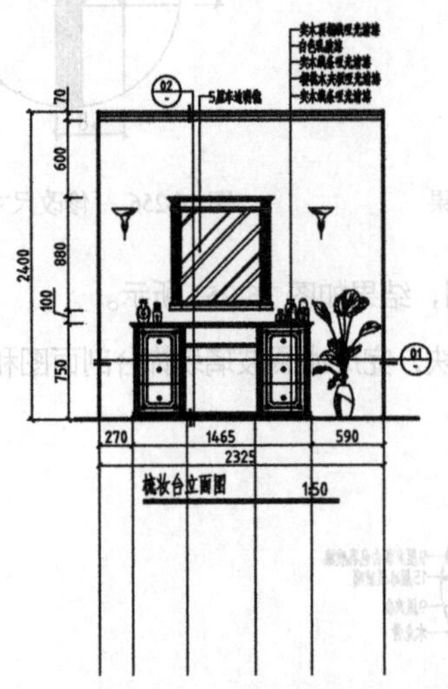

图 16-260 绘制垂直投影线

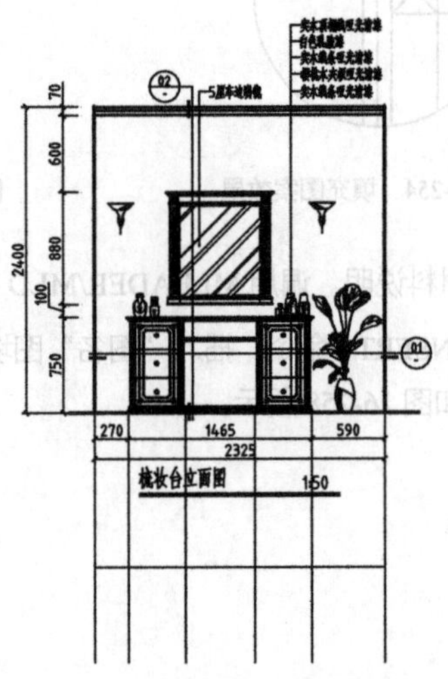

图 16-261 绘制水平线段

03 调用 OFFSET/O 命令，将水平线段向下偏移 240mm、21.5mm 和 350mm，如图 16-262 所示。

04 调用 TRIM/TR 命令，对线段进行修剪，得到剖面基本轮廓，如图 16-263 所示。

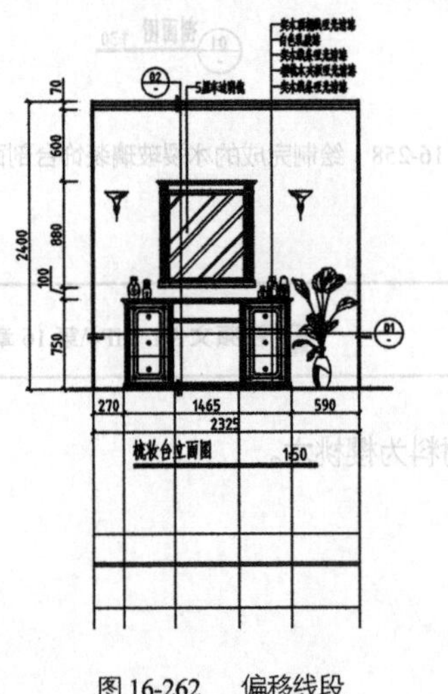

图 16-262 偏移线段

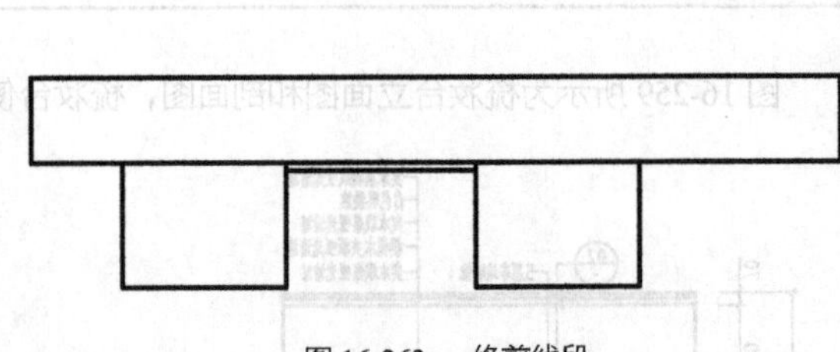

图 16-263 修剪线段

05 调用 HATCH/H 命令，对墙体区域填充 ANSI31 图案和 AR-CONC 图案，填充效果如图 16-264 所示。

06 删除墙体上侧的线段，如图 16-265 所示。

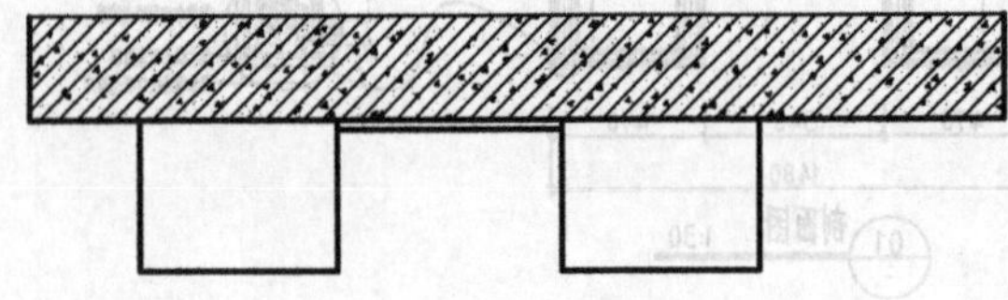

图 16-264 填充图案

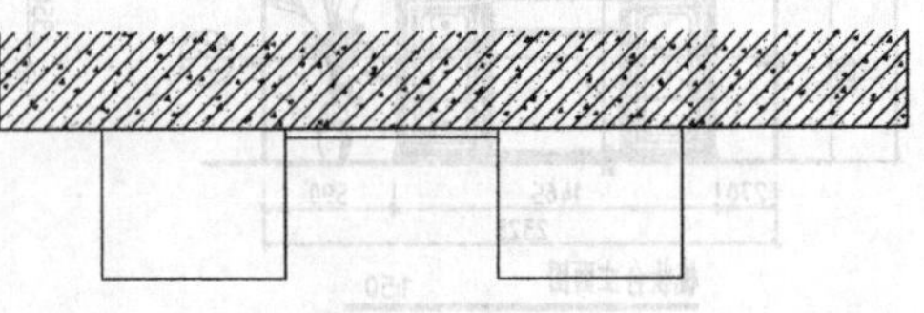

图 16-265 删除线段

07 绘制梳妆台。调用 RECTANG/REC 命令，绘制尺寸为 318mm×283mm，并移动到相应的位置，如图 16-266 所示。

08 调用 LINE/L 命令，在矩形中绘制线段，如图 16-267 所示。

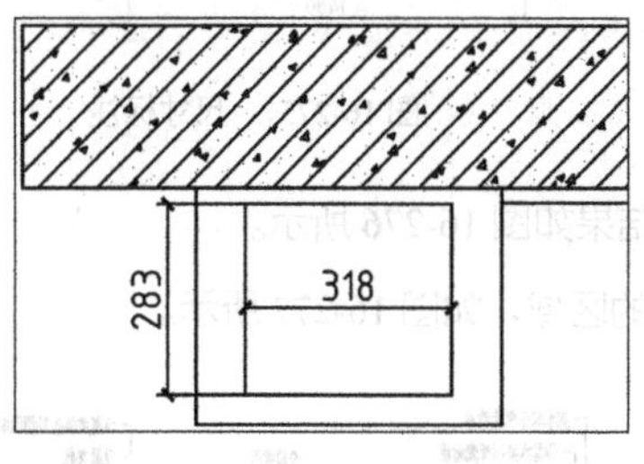

图 16-266　绘制矩形

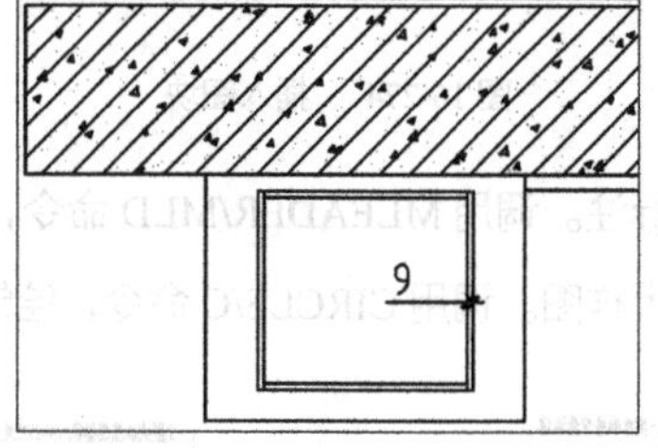

图 16-267　绘制线段

09 调用 RECTANG/REC 命令，在矩形的下方绘制一个长方形，尺寸为 338mm×24mm，如图 16-268 所示。

10 调用 LINE/L 命令，在矩形中绘制线段，如图 16-269 所示。

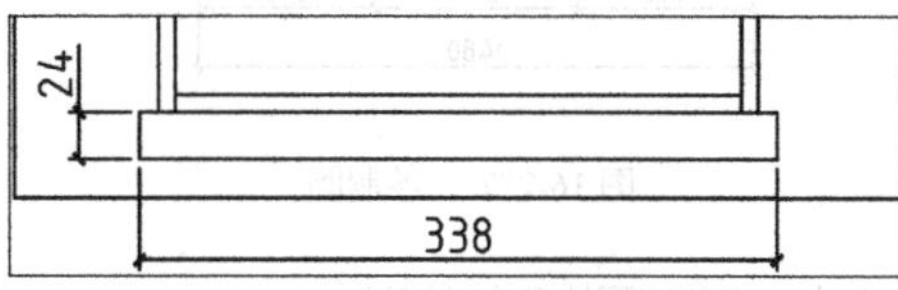

图 16-268　绘制矩形

图 16-269　绘制线段

11 调用 RECTANG/REC 命令，绘制尺寸为 10mm×15mm 的矩形，如图 16-270 所示。

12 调用 MIRROR/MI 命令，将矩形镜像到另一侧，如图 16-271 所示。

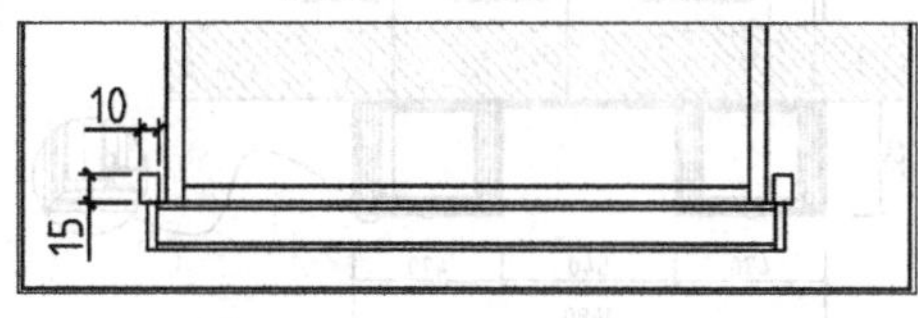

图 16-270　绘制矩形

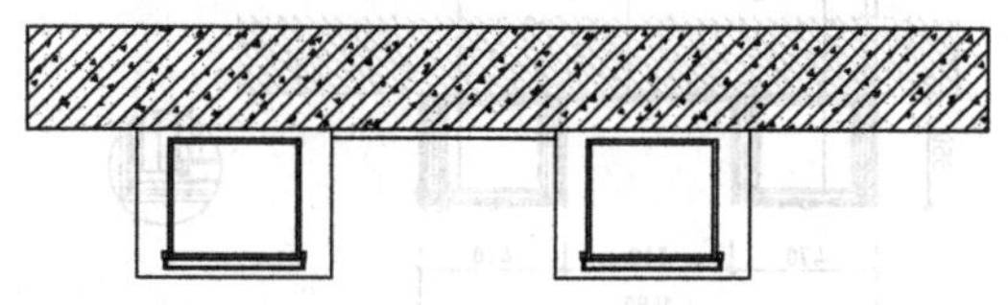

图 16-271　镜像图形

13 调用 LINE/L 命令、OFFSET/O 命令和 TRIM/TR 命令，绘制其他图形，如图 16-272 所示。

14 调用 LINE/L 命令，绘制线段连接线段的交角处，如图 16-273 所示。

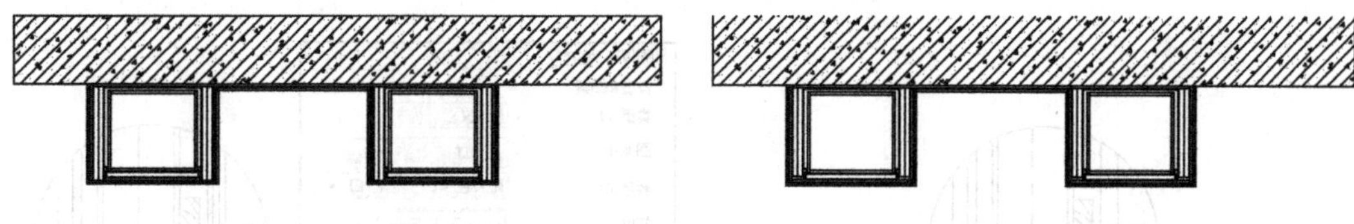

图 16-272　绘制其他图形

图 16-273　绘制线段

15 从图库中调入拉手图块到剖面图中，并对图形相交的位置进行修剪，如图 16-274 所示。

16 调用 DIMLINEAR/DLI 命令，对剖面进行尺寸标注，如图 16-275 所示。

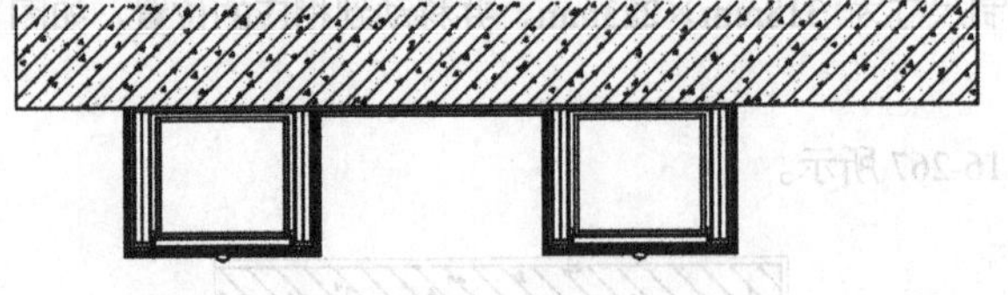

图 16-274　插入图块

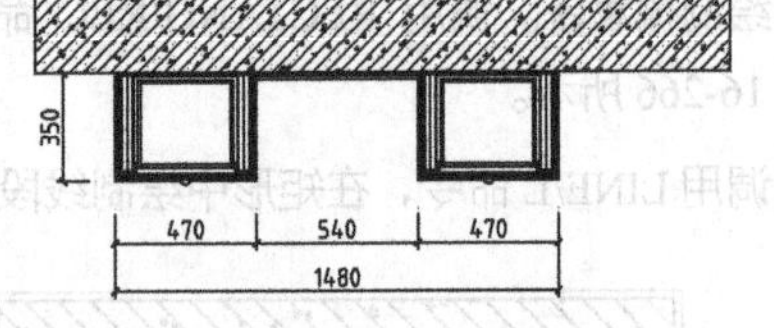

图 16-275　尺寸标注

17 材料标注。调用 MLEADER/MLD 命令，进行材料标注，结果如图 16-276 所示。

18 绘制大样图。调用 CIRCLE/C 命令，绘制圆框住需要放大的区域，如图 16-277 所示。

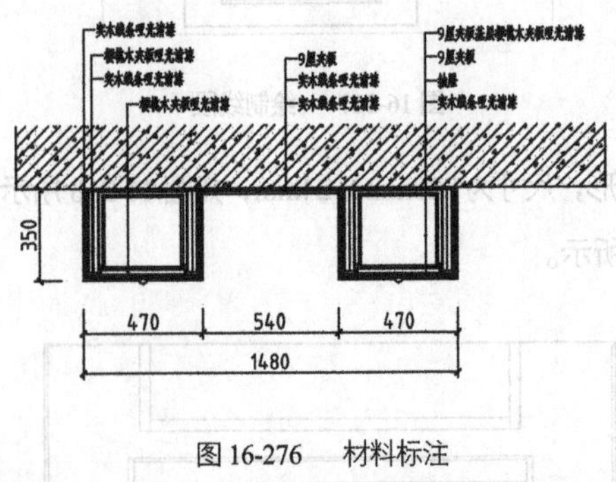

图 16-276　材料标注

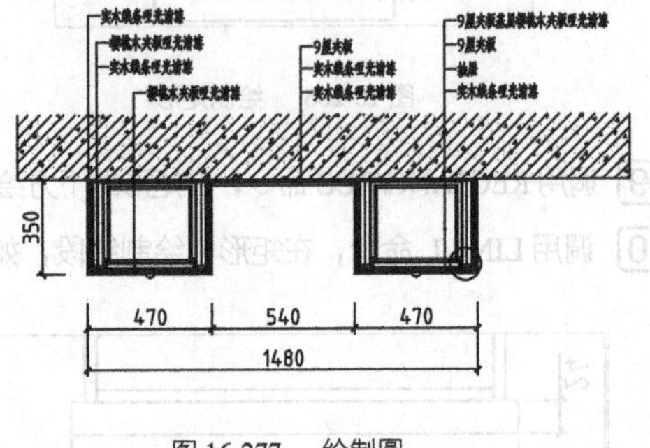

图 16-277　绘制圆

19 调用 COPY/CO 命令，复制出圆及其内部图形，调用 TRIM/TR 命令，修剪掉圆外多余的线段。

20 调用 SCALE/SC 命令，将修剪后的图形进行放大，如图 16-278 所示，并调用 SPLINE/SPL 命令，绘制样条曲线连接两个圆如图 16-279 所示。

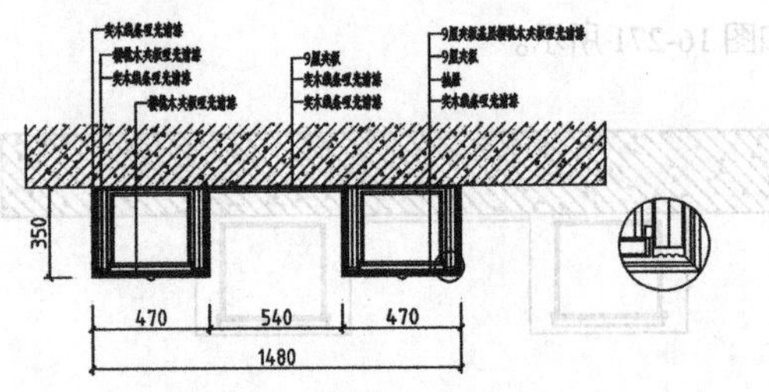

图 16-278　放大图形

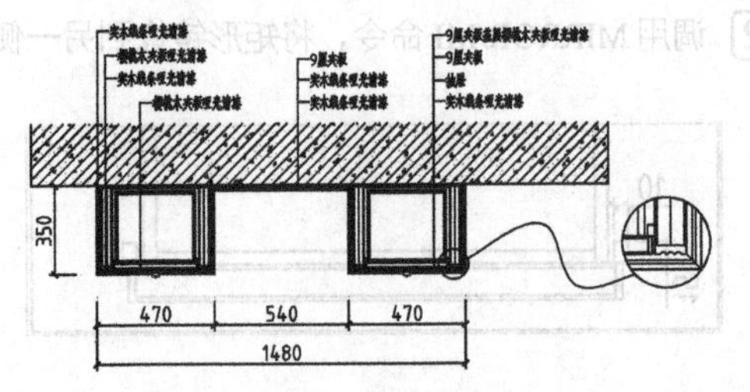

图 16-279　绘制样条曲线

21 从图库中调入实木线图块到大样图中，如图 16-280 所示。

22 调用 HATCH/H 命令，在线段内填充 DOLMIT 图案，填充参数设置和效果如图 16-281 所示。

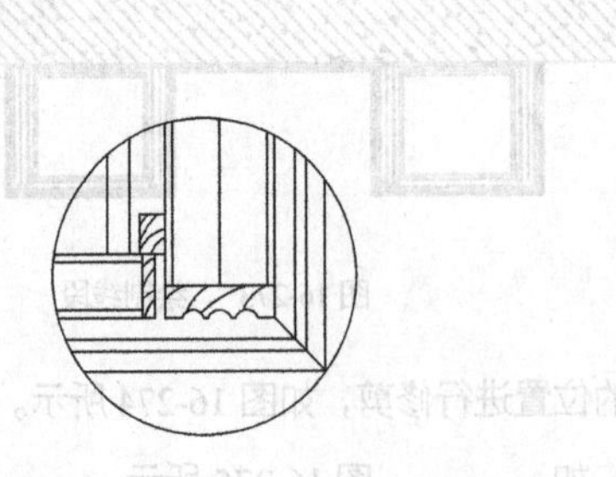

图 16-280　插入图块

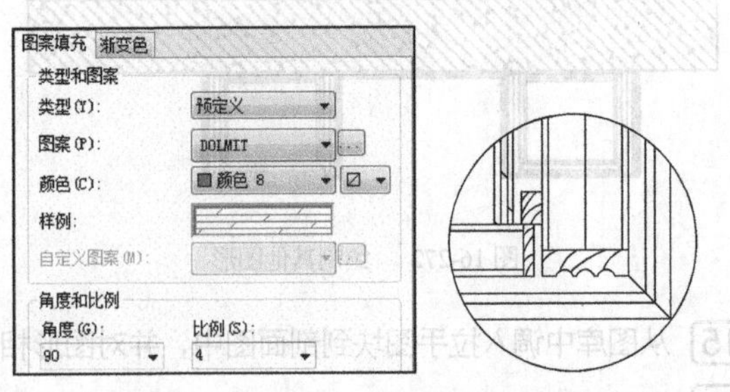

图 16-281　填充参数设置和效果

23 继续调用 HATCH/H 命令，在线段内填充 CORK 图案，填充效果如图 16-282 所示。

24 标注尺寸。调用 DIMLINEAR/DLI 命令标注尺寸，但所标注的尺寸会与实际尺寸有差别，这是因为图形被放大的缘故，调用 DDEDIT/DE 命令，单击尺寸文字，对其进行修改，结果如图 16-283 所示。

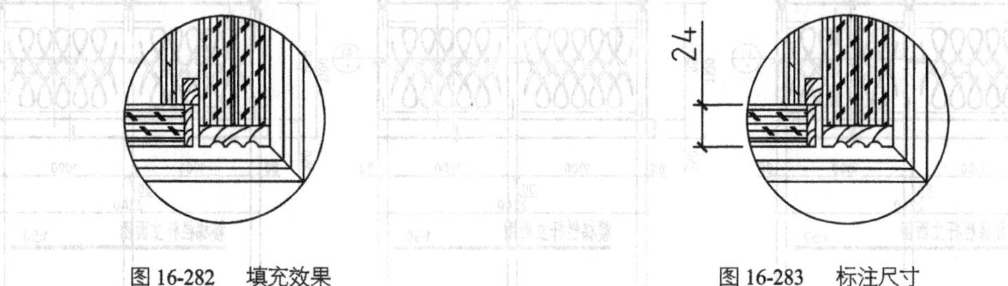

图 16-282 填充效果

图 16-283 标注尺寸

25 绘制材料说明。调用 MLEADER/MLD 命令，标注文字说明，结果如图 16-284 所示。

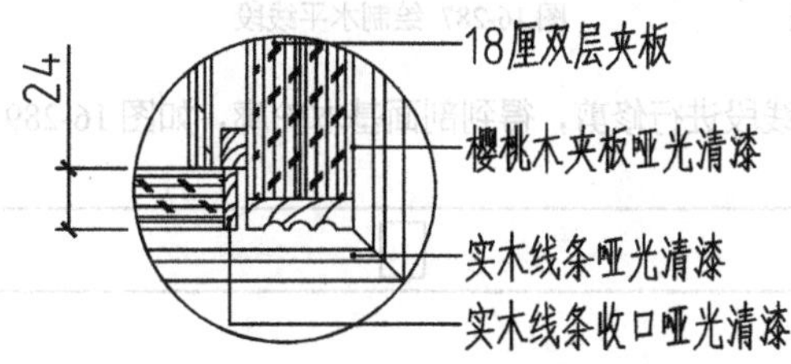

图 16-284 标注文字说明

26 调用 INSERT/I 命令，插入“图名”图块和“剖切索引”图块，梳妆台剖面图 01 和大样图绘制完成。

207 绘制楼梯栏杆剖面图和大样图

视频文件：MP4\第 16 章\207.MP4

图 16-285 所示为楼梯栏杆立面图和剖面图，栏杆采用的材料是镜钢和钢化白玻。

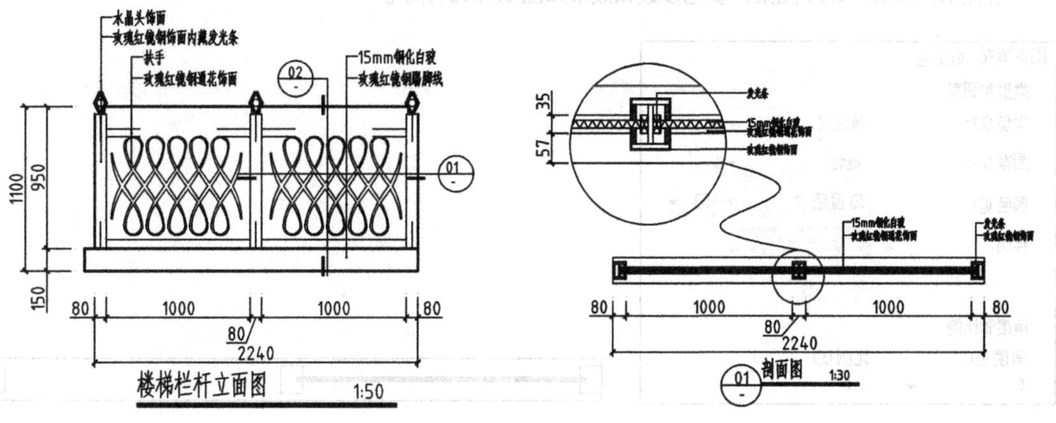

图 16-285 楼梯栏杆立面图和剖面图

01 调用 LINE/L 命令，绘制垂直投影线，如图 16-286 所示。

02 调用 LINE/L 命令，绘制一条水平线段，如图 16-287 所示。

03 调用 OFFSET/O 命令，将线段向下偏移 25mm、100mm 和 25mm，如图 16-288 所示。

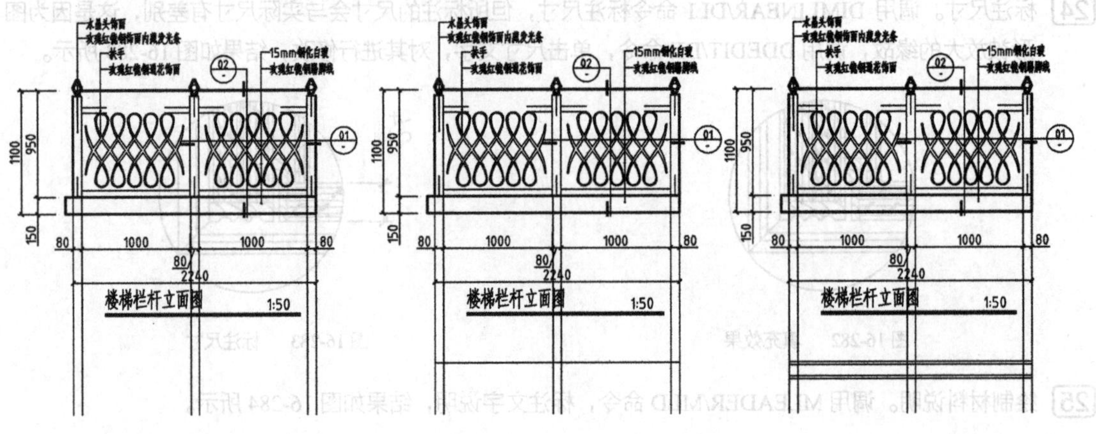

图 16-286 绘制垂直投影线　　图 16-287 绘制水平线段　　图 16-288 偏移线段

04 调用 TRIM/TR 命令，对线段进行修剪，得到剖面基本轮廓，如图 16-289 所示。

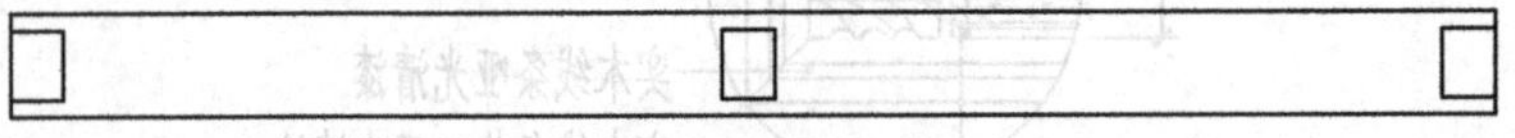

图 16-289 修剪线段

05 绘制白玻。调用 RECTANG/REC 命令，绘制尺寸为 1040mm×15mm 的矩形，如图 16-290 所示。

06 调用 TRIM/TR 命令，对矩形与线段相交的位置进行修剪，如图 16-291 所示。

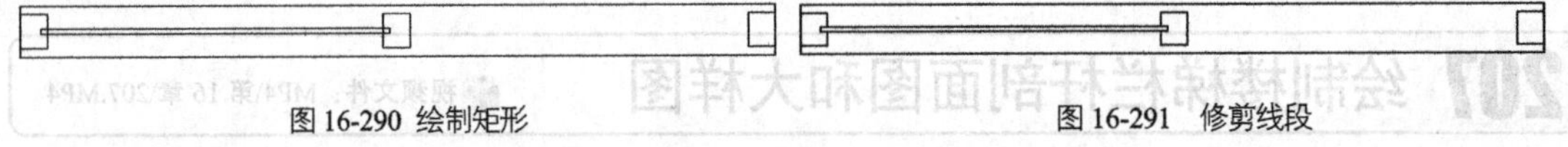

图 16-290 绘制矩形　　图 16-291 修剪线段

07 调用 HATCH/H 命令，再在命令行中输入 T 命令，在弹出的【图案填充和渐变色】对话框中设置参数，在矩形内填充 NET3 图案，填充参数和效果如图 16-292 所示。

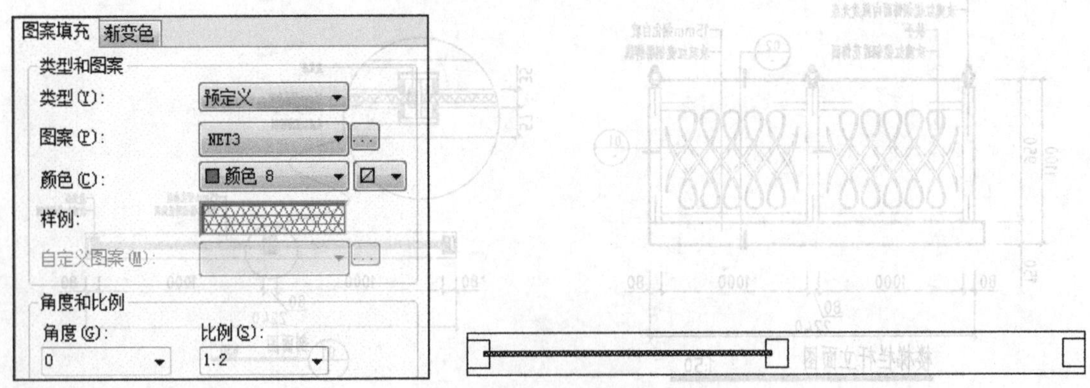

图 16-292 填充参数和效果

08 使用同样的方法绘制右侧的白玻，效果如图 16-293 所示。

09 绘制左侧扶手。调用 OFFSET/O 命令，对线段进行偏移，通过修剪后得到如图 16-294 所示效果。

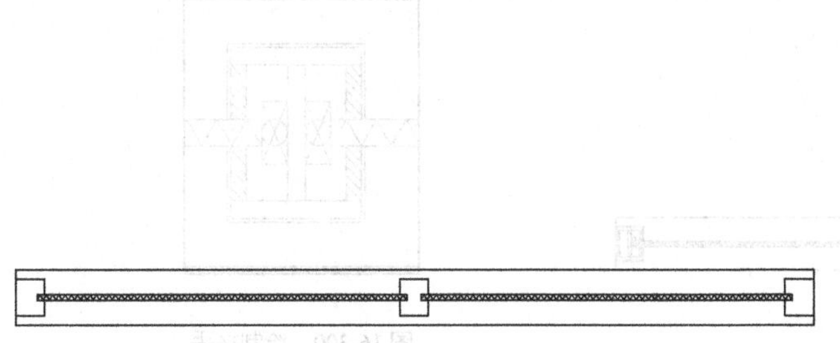

图 16-293　绘制白玻

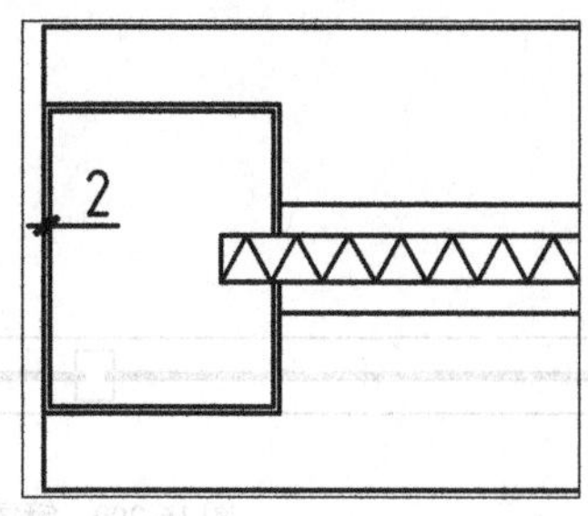

图 16-294 偏移线段

10 调用 LINE/L 命令和 OFFSET/O 命令，绘制线段，如图 16-295 所示。

11 调用 HATCH/H 命令，在线段内填充 ANSI31 图案，填充参数和效果如图 16-296 所示。

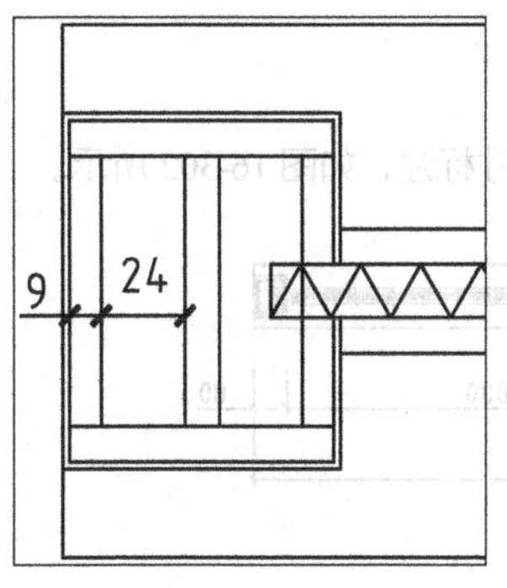

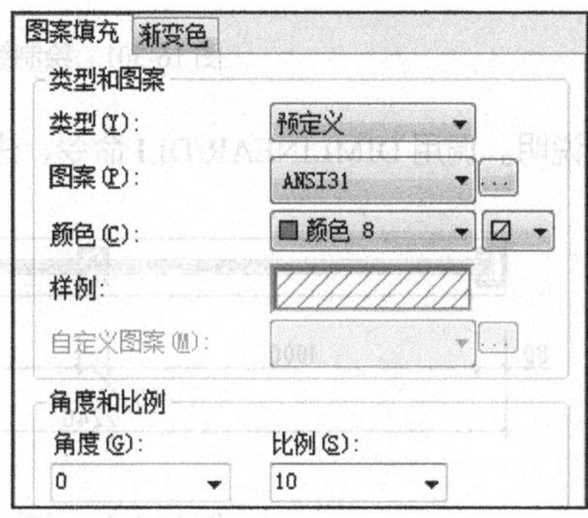

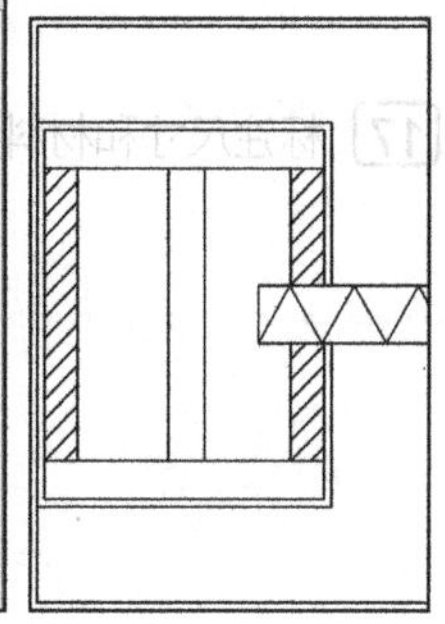

图 16-295　绘制线段

图 16-296 填充参数和效果

12 调用 RECTANG/REC 命令和 LINE/L 命令，绘制尺寸为 15mm×35mm 的矩形表示木方，如图 16-297 所示。

13 调用 CIRCLE/C 命令，绘制半径为 7.5mm 的圆表示发光条，如图 16-298 所示。

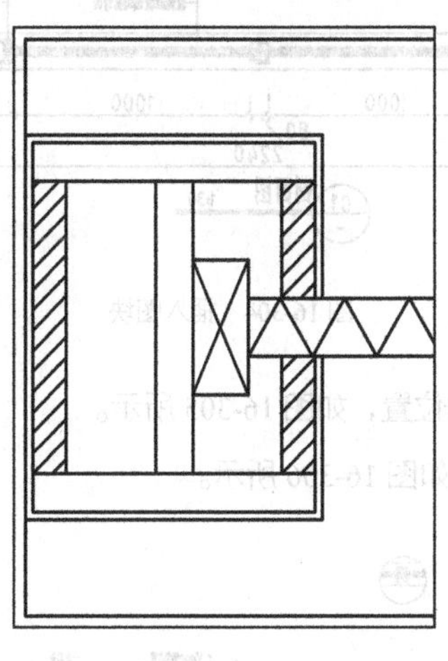

图 16-297　绘制木方

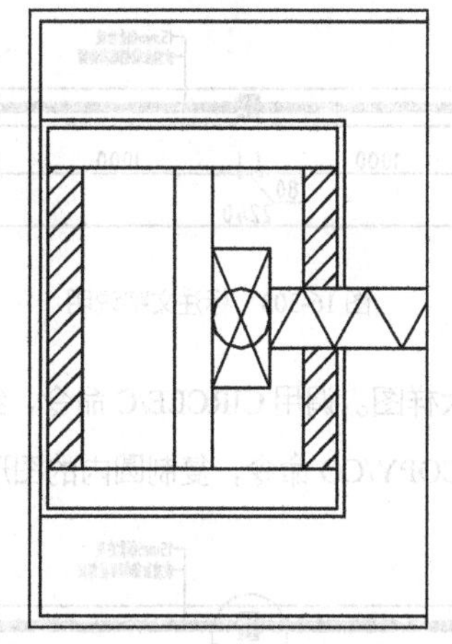

图 16-298　绘制圆

14 调用 MIRROR/MI 命令，将绘制的图形镜像到右侧，如图 16-299 所示。

15 调用 OFFSET/O 命令、TRIM/TR 命令、LINE/L 命令、HATCH/H 命令、RECTANG/REC 命令和 CIRCLE/C 命令，绘制扶手，结果如 图 16-300 所示。

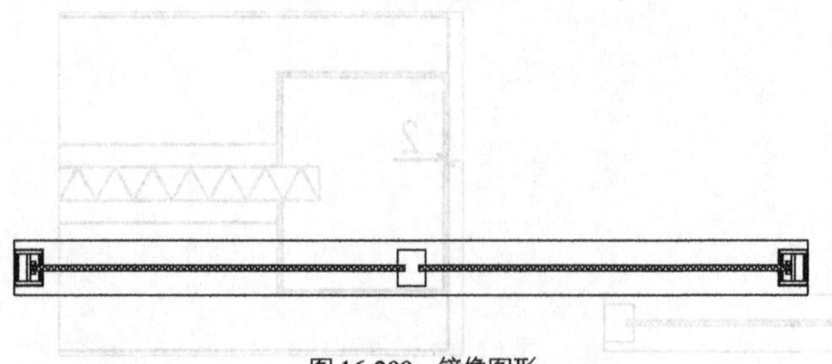
图 16-299　镜像图形

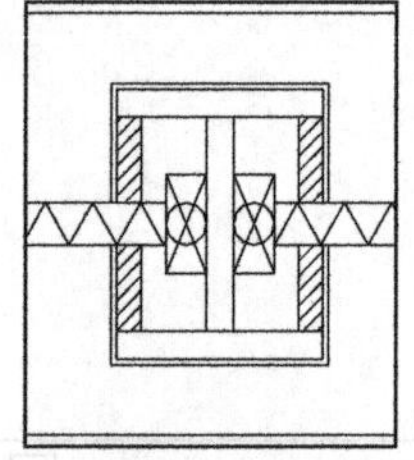
图 16-300　绘制扶手

16 调用 LINE/L 命令和 OFFSET/O 命令，绘制线段，如图 16-301 所示。

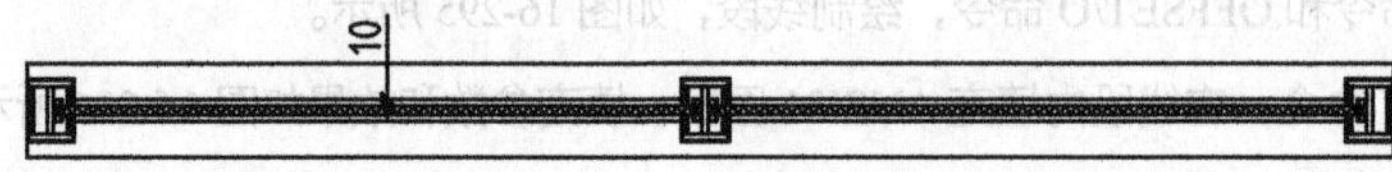

图 16-301　绘制线段

17 标注尺寸和材料说明。调用 DIMLINEAR/DLI 命令，进行尺寸标注，如图 16-302 所示。

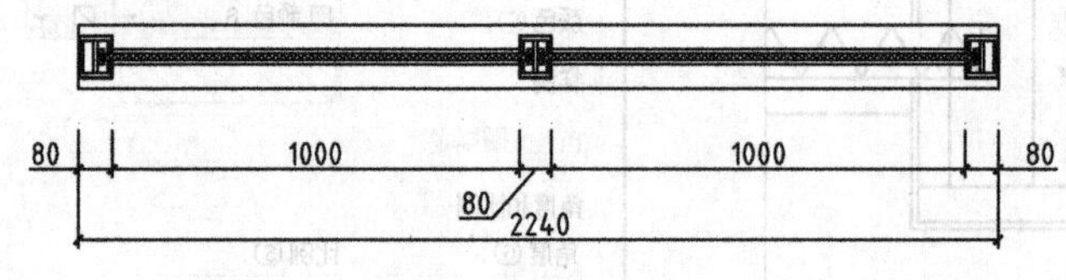

图 16-302　尺寸标注

18 调用 MLEADER/MLD 命令，进行文字说明，如图 16-303 所示。

19 调用 INSERT/I 命令，插入“图名”图块和“剖切索引”图块，如图 16-304 所示。

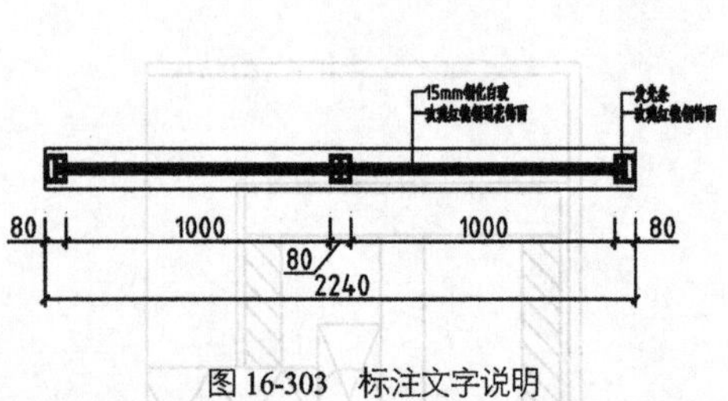

图 16-303　标注文字说明

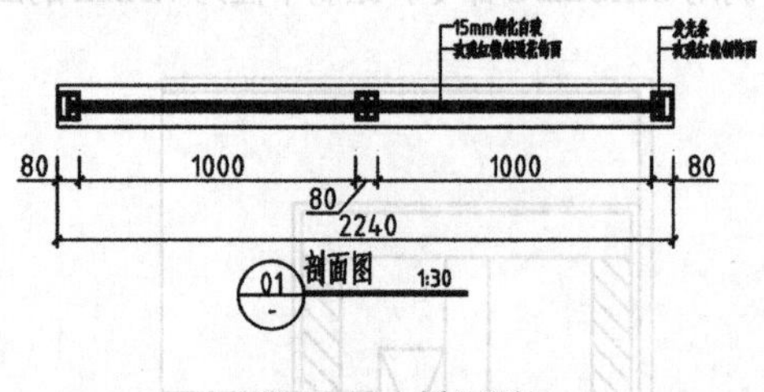

图 16-304　插入图块

20 绘制大样图。调用 CIRCLE/C 命令，绘制圆框住需要放大的位置，如图 16-305 所示。

21 调用 COPY/CO 命令，复制圆内的图形，删除圆外的图形，如图 16-306 所示。

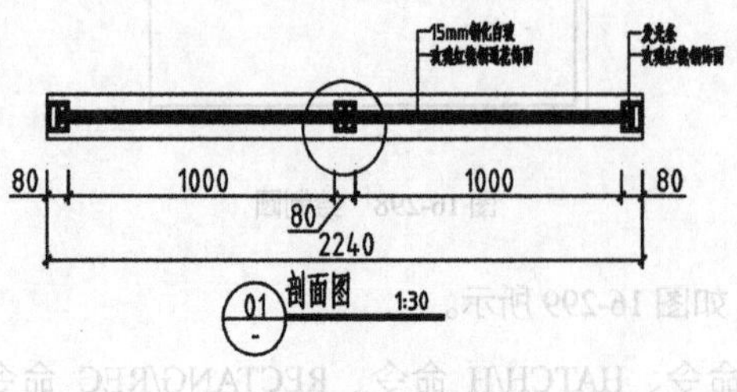

图 16-305　绘制圆

图 16-306　整理图形

22 调用 SCALE/SC 命令，将图形放大 3 倍，如图 16-307 所示。

23 调用 SPLINE/SPL 命令，绘制样条曲线连接两个圆，如图 16-308 所示。

24 调用 DIMLINEAR/DLI 命令，对大样图进行尺寸标注，如图 16-309 所示。

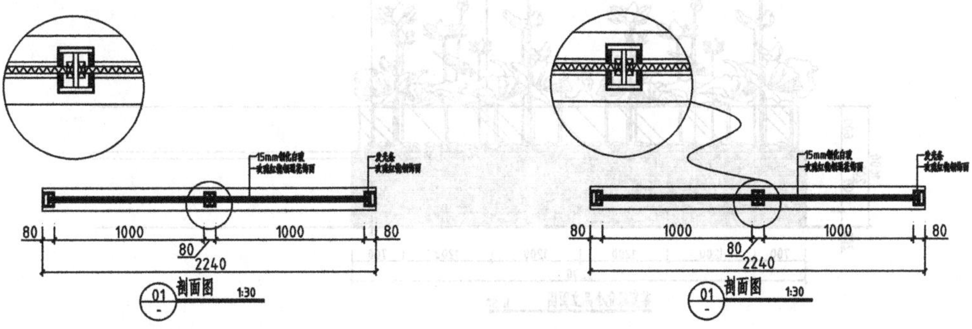

图 16-307 放大图形　　图 16-308 绘制样条曲线

25 由于图形被放大，标注的尺寸与实际尺寸不符，调用 DDEDIT/ED 命令，修改尺寸标注，效果如图 16-310 所示。调用 MLEADER/MLD 命令，标注大样图的材料，如图 16-311 所示。

26 调用 INSERT/I 命令，插入"图名"图块和"剖切索引"图块，完成楼梯栏杆剖面图和大样图的绘制。

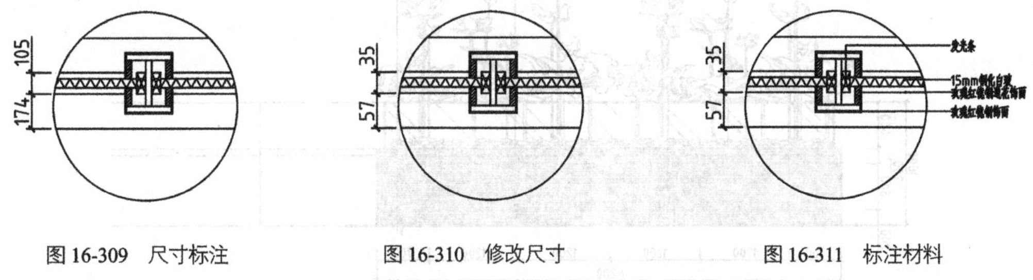

图 16-309 尺寸标注　　图 16-310 修改尺寸　　图 16-311 标注材料

208 绘制茶室绿化小品剖面图

视频文件：MP4\第 16 章\208.MP4

图 16-312 所示为茶室绿化小品剖面图，采用的材料是麦哥利和清玻。

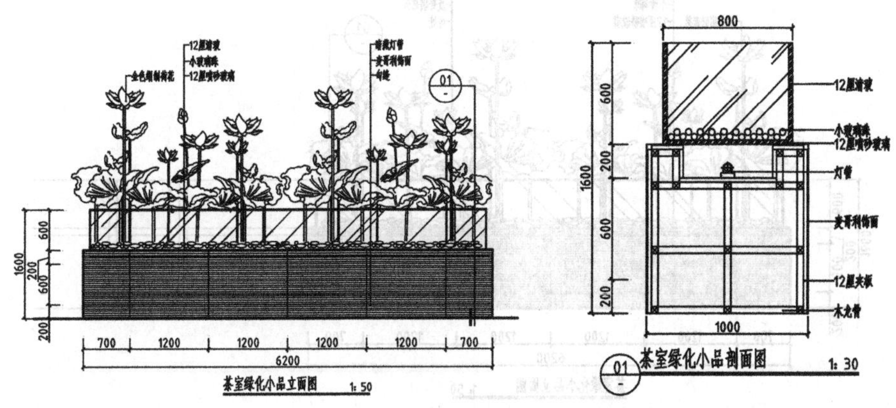

图 16-312 茶室绿化小品立面图和剖面图

01 调用 LINE/L 命令，绘制水平投影线，如图 16-313 所示。

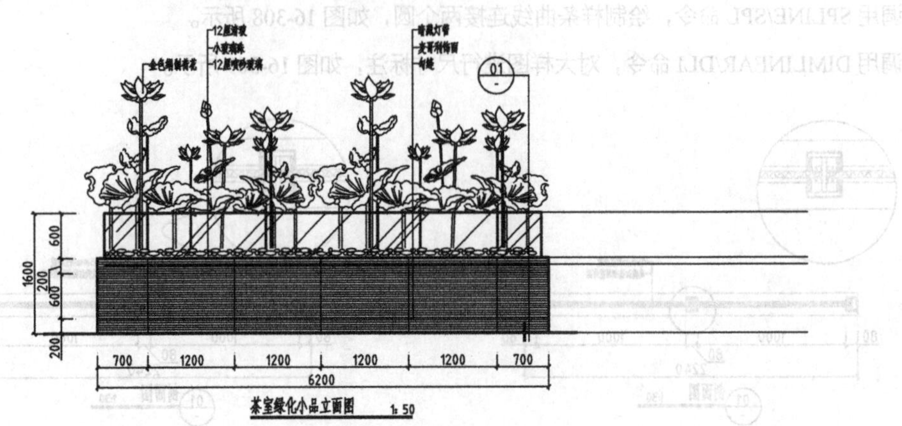

图 16-313　绘制水平投影线

02 继续调用 LINE/L 命令，绘制一条垂直线段，如图 16-314 所示。

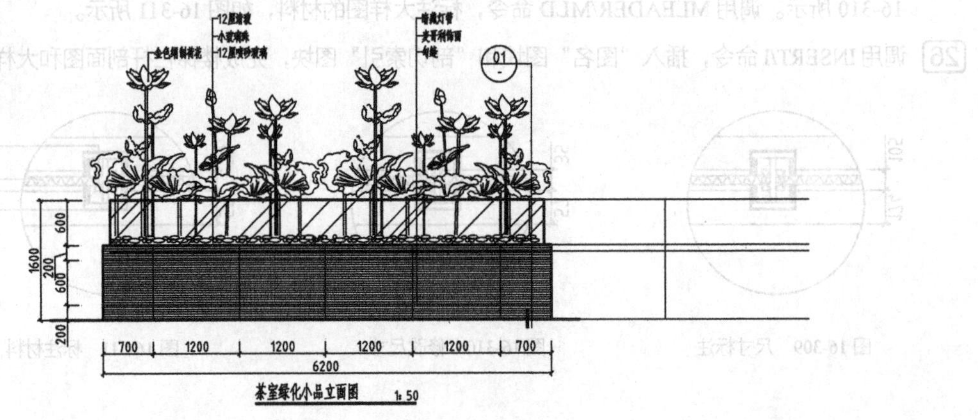

图 16-314　绘制垂直线段

03 调用 OFFSET/O 命令，将线段向右侧依次偏移（mm）100、124、552、124 和 100，如图 16-315 所示。

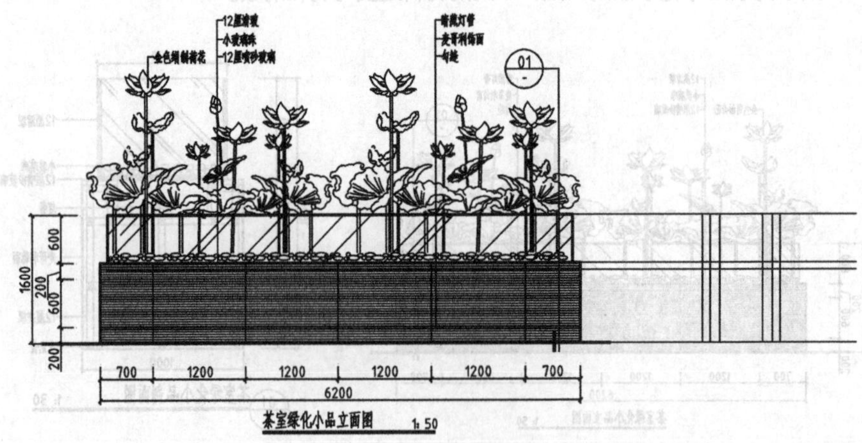

图 16-315　偏移线段

04 调用 TRIM/TR 命令，对线段进行修剪，得到剖面基本轮廓，如图 16-316 所示。

05 调用 LINE/L 命令，绘制线段，如图 16-317 所示。

06 调用 HATCH/H 命令，在线段内填充 ANSI34 图案，填充参数后效果如　　图 16-318 所示。

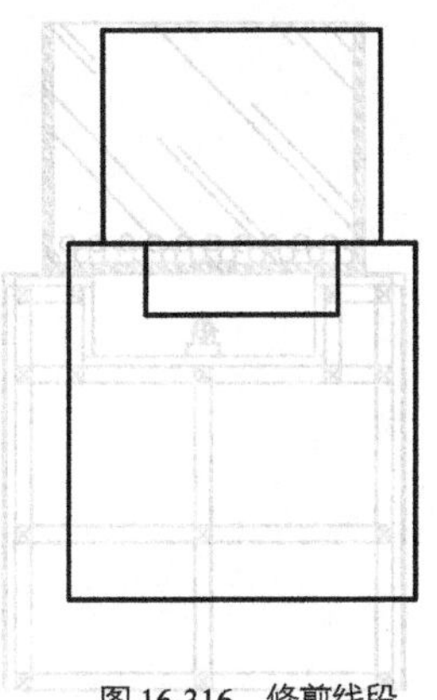
图 16-316　修剪线段

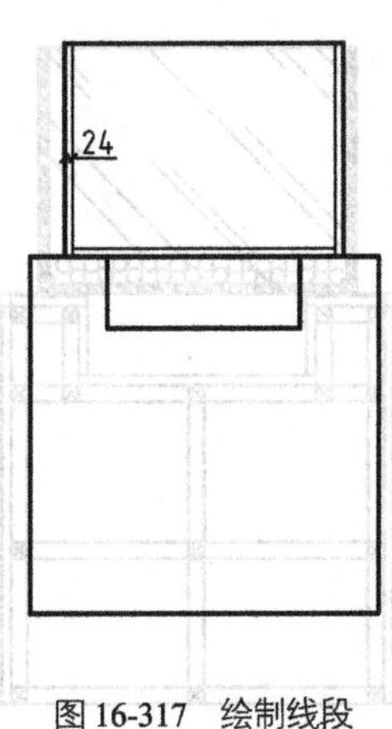

图 16-317　绘制线段

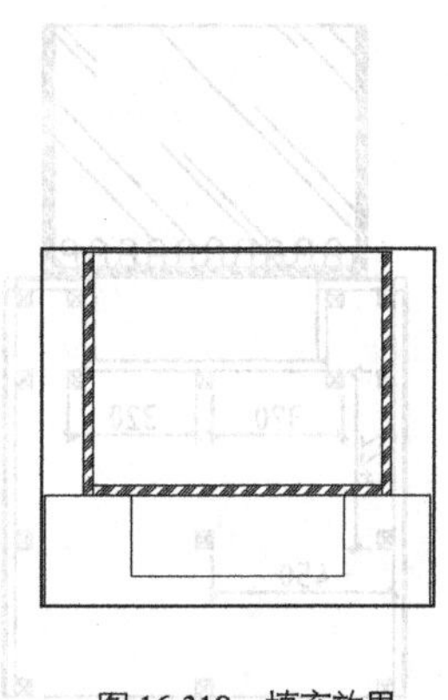
图 16-318　填充效果

07 绘制玻璃珠。调用 CIRCLE/C 命令，绘制半径为 18mm 的圆，如图 16-319 所示。

08 调用 COPY/CO 命令，对圆进行复制，如图 16-320 所示。

09 调用 HATCH/H 命令，在圆的上方 填充 AR-RROOF 图案，填充参数后效果如　　图 16-321 所示。

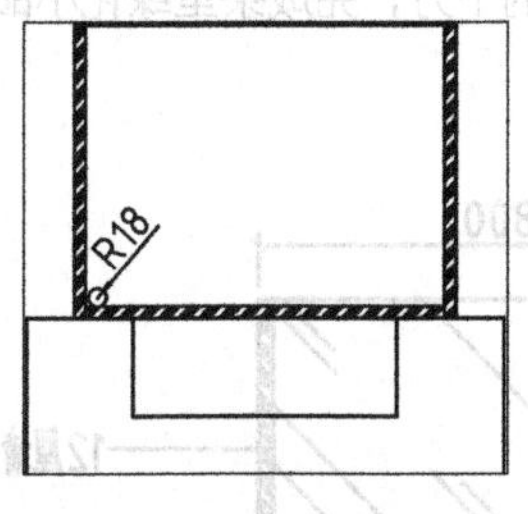

图 16-319　绘制圆

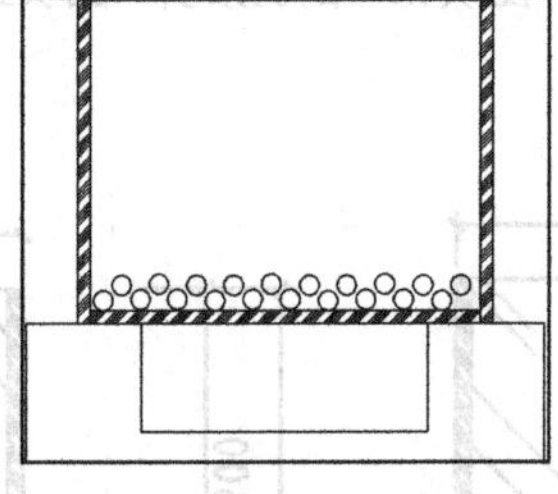
图 16-320　复制圆

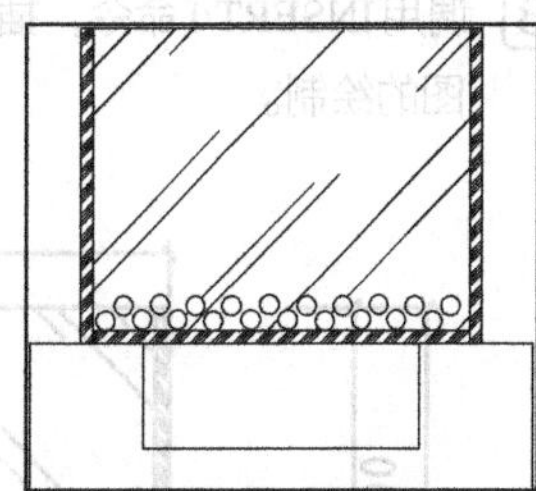
图 16-321　填充参数和效果

10 绘制面板。调用 LINE/L 命令，绘制线段，如图 16-322 所示。

11 调用 LINE/L 命令和 OFFSET/O 命令，绘制线段，如 图 16-323 所示。

12 调用 RECTANG/REC 命令和 LINE/L 命令，绘制木方，如图 16-324 所示。

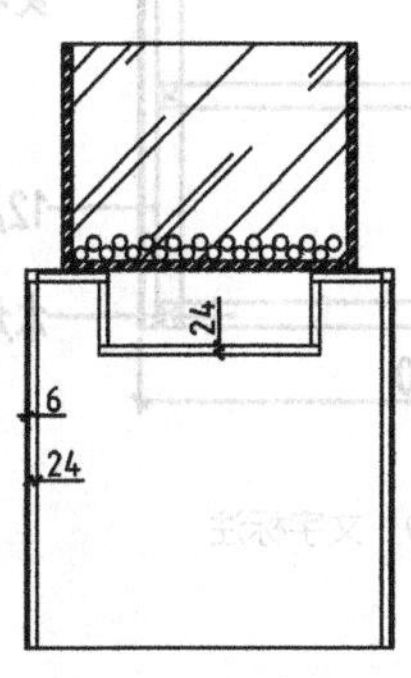

图 16-322　绘制面板

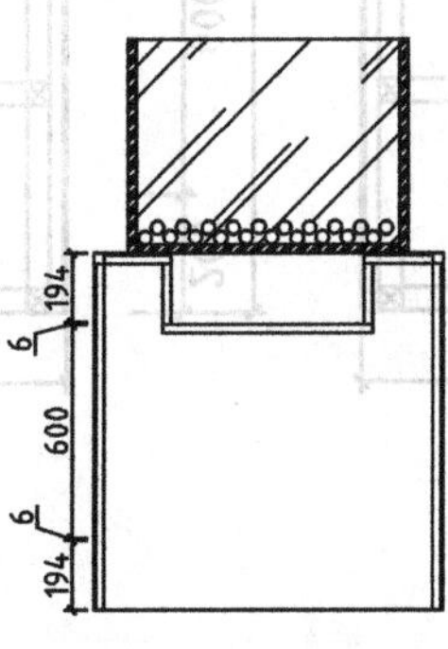

图 16-323　绘制线段

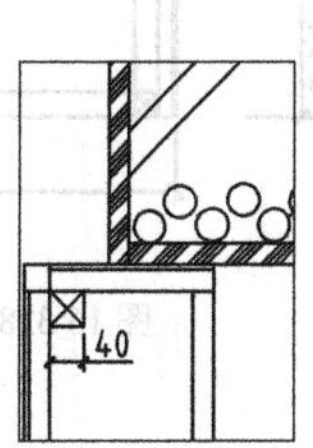

图 16-324　绘制木方

13 调用 COPY/CO 命令，复制木方，如图 16-325 所示。

14 调用 LINE/L 命令，绘制线段连接木方，如图 16-326 所示。

15 从图库中调入灯管图块到剖面图中，如　图 16-327 所示。

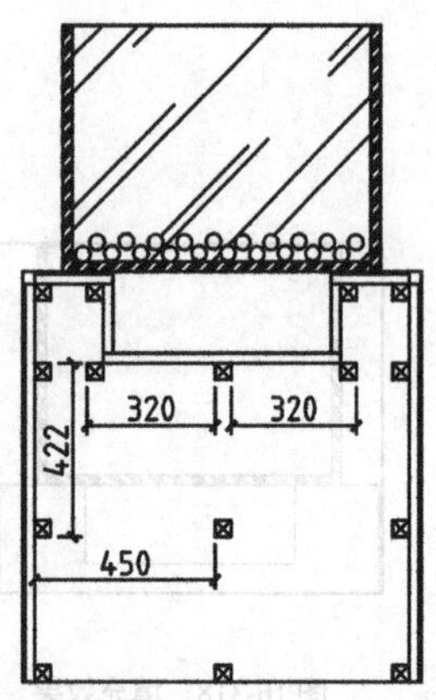

图 16-325　复制木方

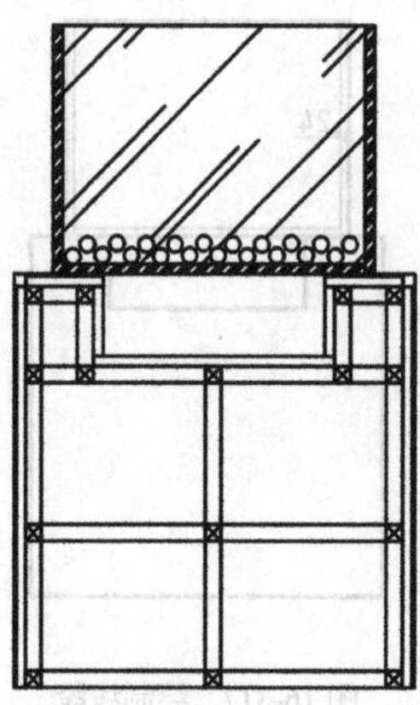

图 16-326　绘制线段

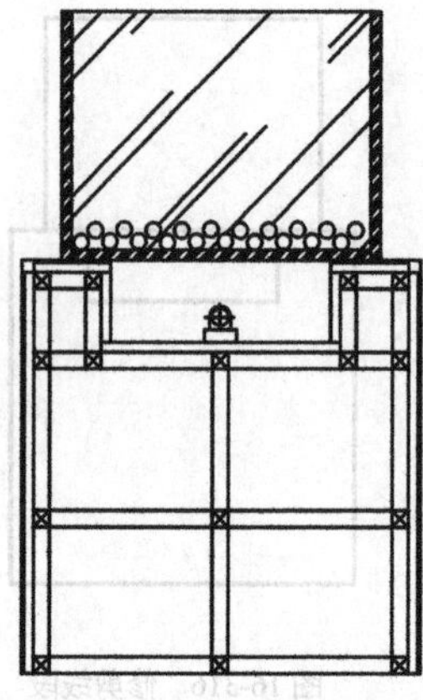

图 16-327　插入图块

16 设置“BZ_标注”图层为当前图层。调用 DIMLINEAR 命令进行尺寸标注，如图 16-328 所示。

17 调用 MLEADER/MLD 命令，对剖面进行文字标注，如图 16-329 所示。

18 调用 INSERT/I 命令，插入“图名”图块和“剖切索引”图块到剖面图的下方，完成茶室绿化小品剖面图的绘制。

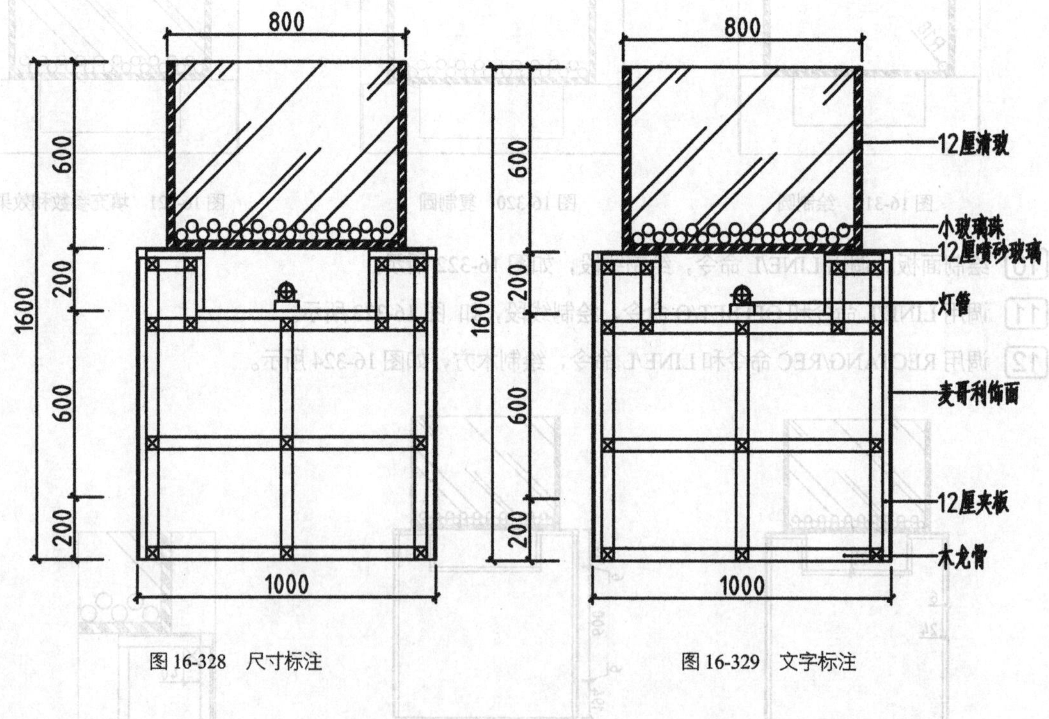

图 16-328　尺寸标注　　　图 16-329　文字标注

第 17 章 绘制室内施工图

天正建筑软件是一款在 AutoCAD 基础上二次开发的、用于施工绘图的专业软件。与 AutoCAD 相比较，天正更加智能化、人性化和规范化，可以缩短绘制施工图时间。本章通过绘制原始建筑图、平面布置图、地面布置图、顶面布置图、客厅电视背景墙等实例，介绍使用天正建筑 T20 软件绘制室内施工图的方法。

209 绘制原始建筑图

视频文件：MP4\第 17 章\209.MP4

本实例介绍调用天正建筑软件中的“绘制墙体”“绘制门窗”等命令，来绘制三居室原始建筑图。

01 绘制轴网。执行“轴网柱子”→“绘制轴网”命令，系统弹出“绘制轴网”对话框；选择“上开”选项，设置轴间距参数，如图 17-1 所示。

02 选择“下开”选项，设置轴间距参数，如图 17-2 所示。

图 17-1　设置上开参数

图 17-2　设置下开参数

03 选择“左进”选项，设置轴间距参数，如图 17-3 所示。

04 设置完参数后，在绘图区中点取轴网的插入位置，绘制轴网的结果如图 17-4 所示。

05 轴网标注。执行“轴网柱子”→“轴网标注”命令，弹出“轴网标注”对话框，设置参数如图 17-5 所示。

06 在绘图区中分别指定起始轴线和终止轴线，绘制轴网标注的结果如图 17-6 所示。

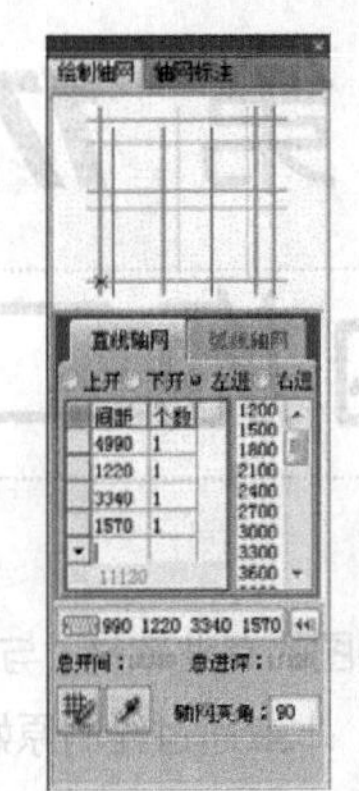

图 17-3　设置左进参数

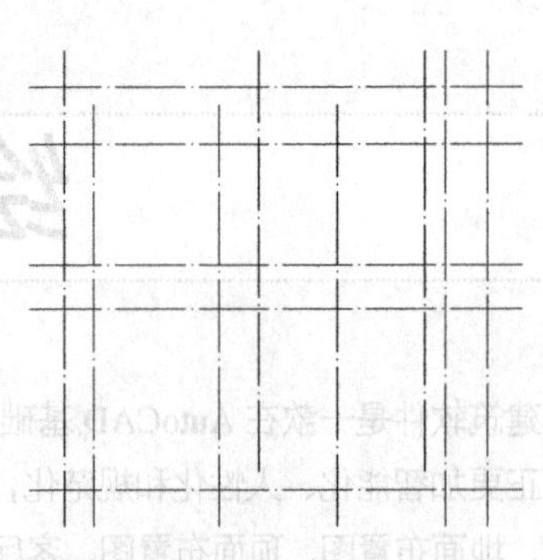

图 17-4　绘制轴网

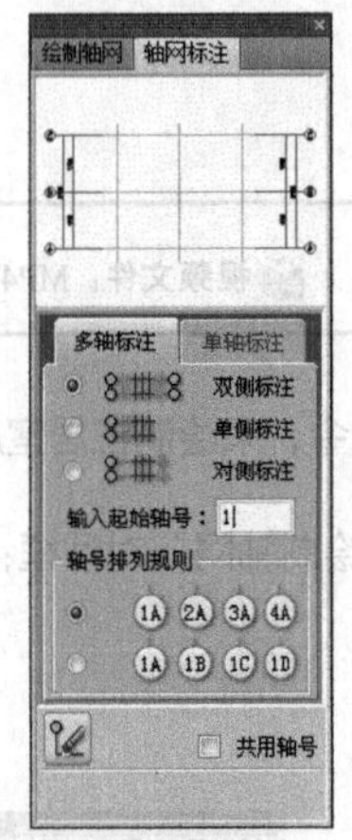

图 17-5 设置参数

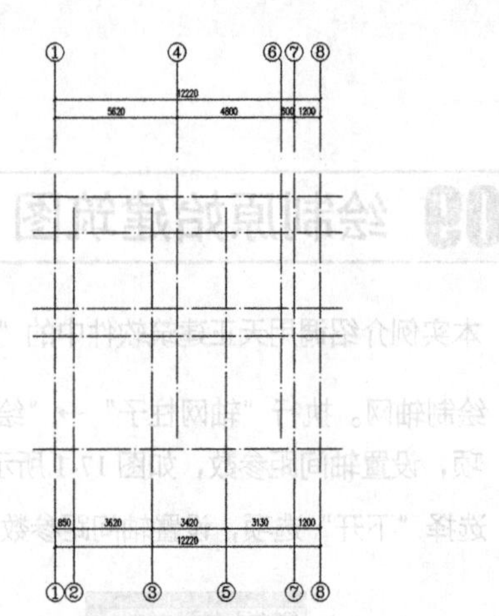

图 17-6　轴网标注

07 按 Enter 键，重复调用轴网标注命令，在弹出的“轴网标注”对话框中定义轴号参数，如图 17-7 所示。

08 根据命令行的提示，指定起始、终止轴线，绘制轴网标注的结果如图 17-8 所示。

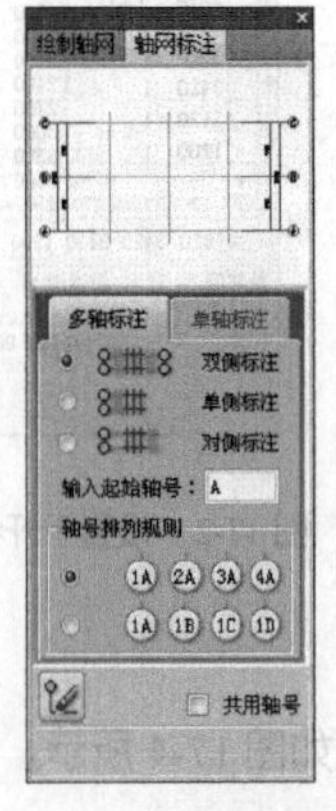

图 17-7　设置轴号参数

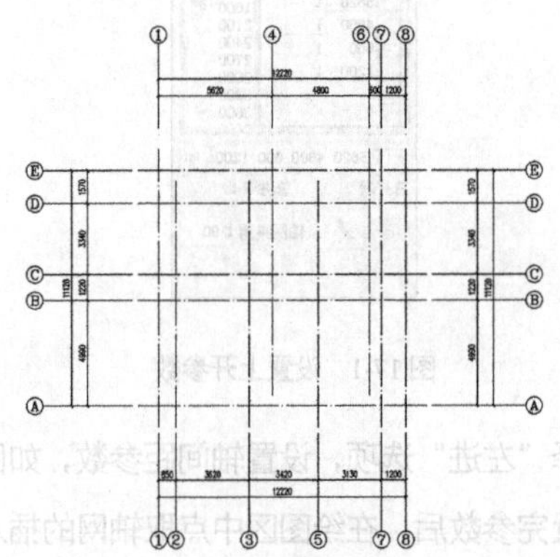

图 17-8　标注结果

09 轴线创建完成后，就可以绘制墙体了。执行“墙体”→“绘制墙体”命令，系统弹出“墙体”对话框，设置参数如图 17-9 所示。

10 在绘图区中分别点取墙体的起点和终点，绘制墙体的结果如图 17-10 所示。

图 17-9　“墙体”对话框

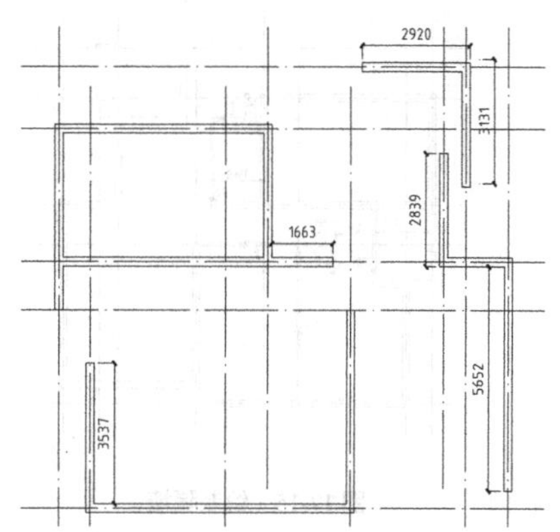

图 17-10　绘制墙体

11 重复“绘制墙体”命令，分别绘制宽度为 200mm 和 220mm 的墙体，结果如图 17-11 所示。

12 净距偏移。执行“墙体”|“净距偏移”命令，命令行提示如下：

```
T91_TOFFSET
输入偏移距离<3000>:2480                    //指定偏移距离;
请点取墙体一侧<退出>:                      //如图 17-12 所示。
```

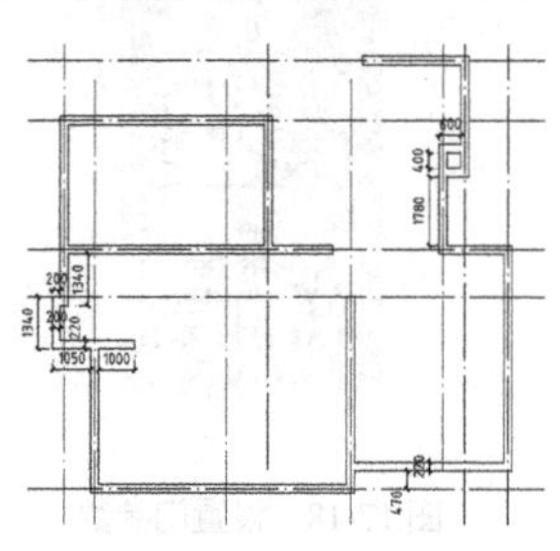

图 17-11　绘制结果

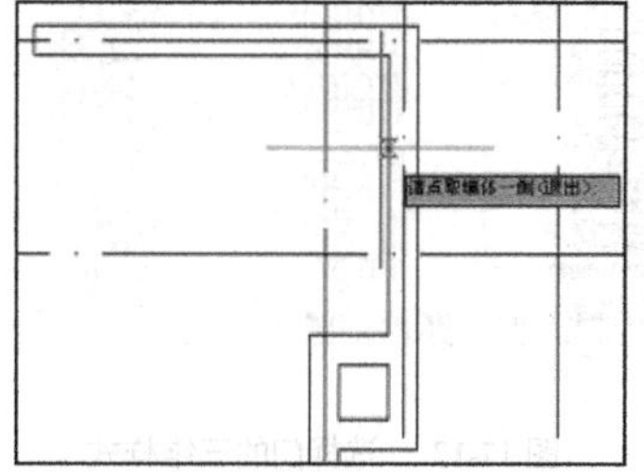

图 17-12　点取墙体一侧

13 偏移墙体的结果如图 17-13 所示。

14 选中箭头所指的墙体，延长墙体如图 17-14 所示。

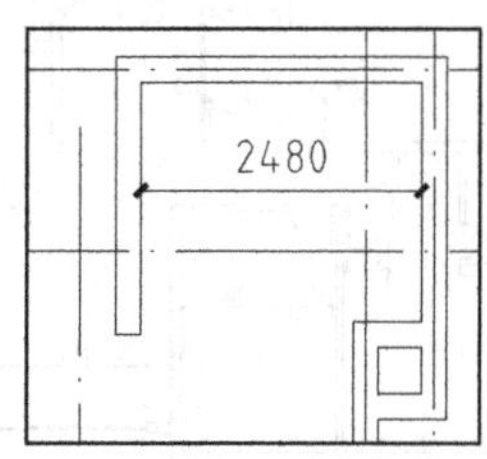

图 17-13　偏移墙体

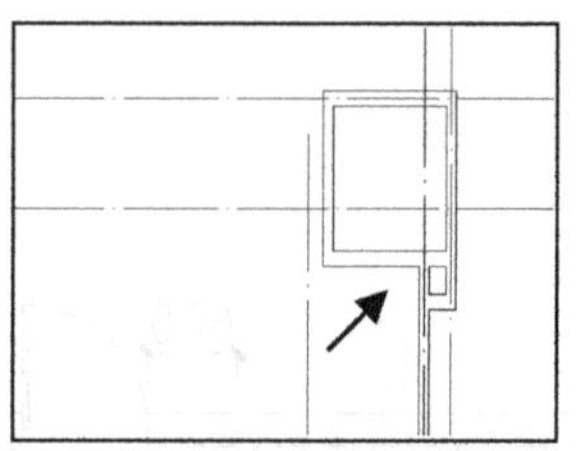

图 17-14　延长墙体

15 执行“墙体”|“绘制墙体”命令，绘制宽度分别为 120mm、90mm 的内墙，结果如图 17-15 所示。

16 绘制门。执行“门窗”|“新门”命令，弹出“门”对话框；单击对话框中门二维样式预览框，在弹出的“天正图库管理系统”对话框中选择门的二维样式，结果如图 17-16 所示。

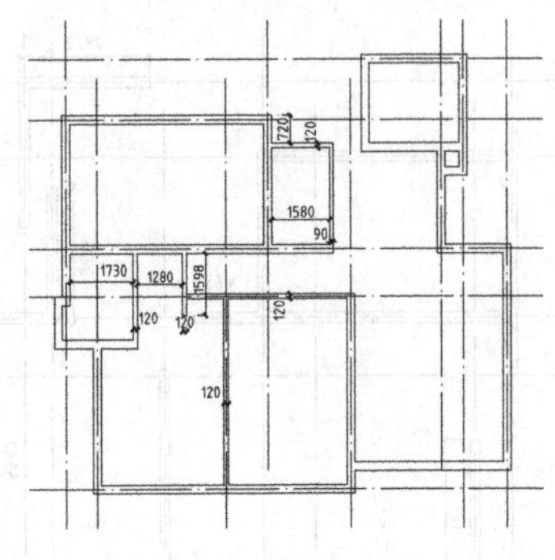

图 17-15 绘制隔墙

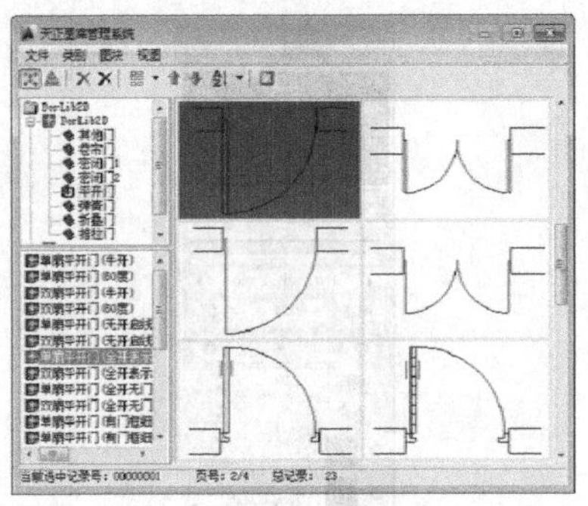

图 17-16 “天正图库管理系统”对话框

17 双击选定的门样式，返回“门”对话框；单击对话框上面门三维样式预览框，在弹出的“天正图库管理系统”对话框中选择门的三维样式，结果如图 17-17 所示。

18 双击选定的门样式，返回“门”对话框，设置门参数，结果如图 17-18 所示。

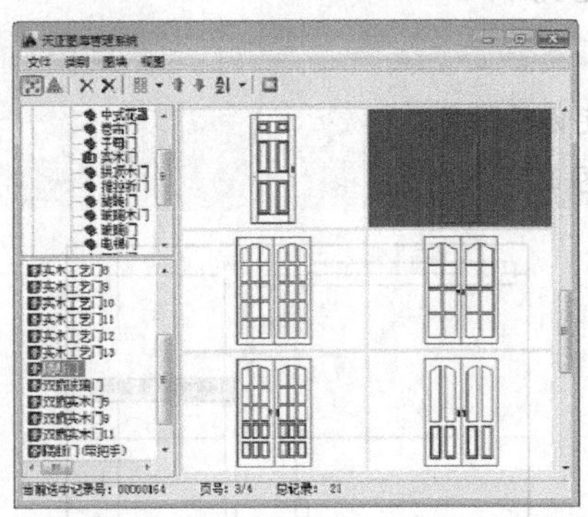

图 17-17 选择门的三维样式

图 17-18 设置门参数

19 根据命令行的提示，在对话框中点取门的插入点，绘制单扇平开门的结果如图 17-19 所示。

20 重复操作，分别选定门的样式及设定门的参数，绘制门图形的结果如图 17-20 所示。

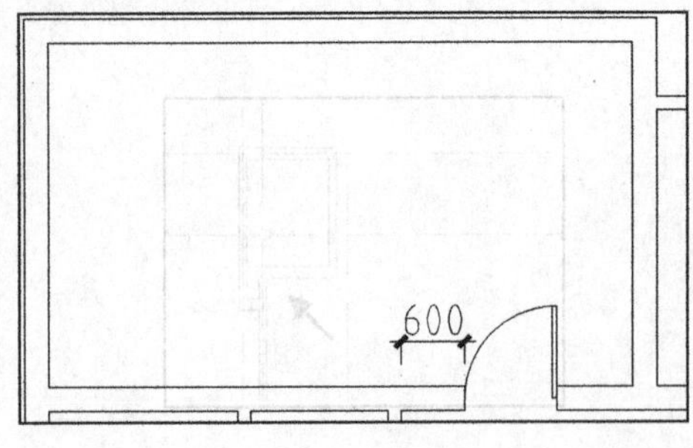

图 17-19 绘制门

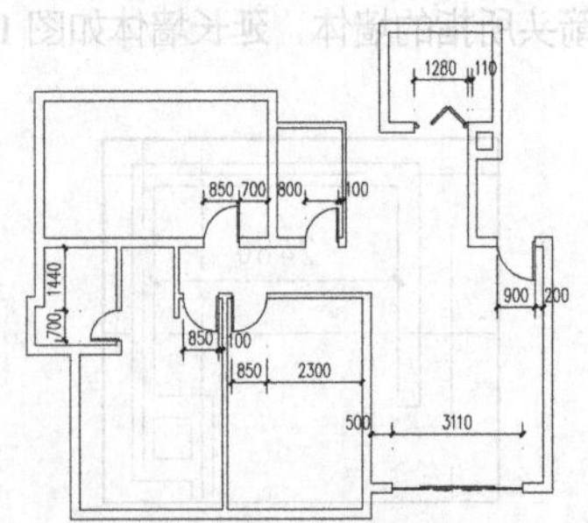

图 17-20 绘制结果

21 绘制窗。执行“门窗”→“旧门窗”命令，在弹出“门”对话框中单击“凸窗”按钮；在弹出的

“凸窗”对话框中设置凸窗参数，结果如图 17-21 所示

22 根据命令行的提示，在命令行中点取凸窗的插入点，绘制凸窗的结果如图 17-22 所示。

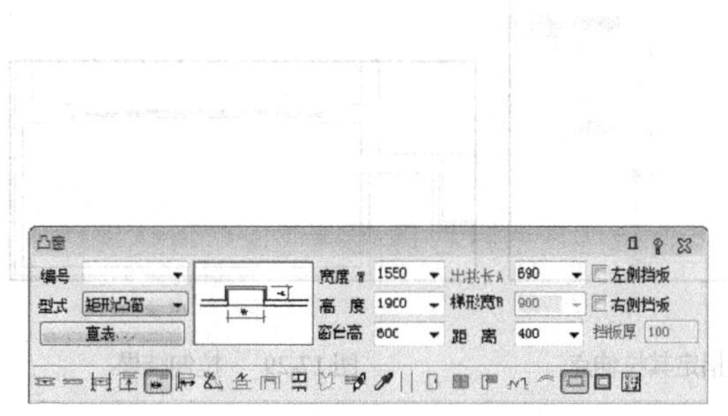

图 17-21　“凸窗”对话框

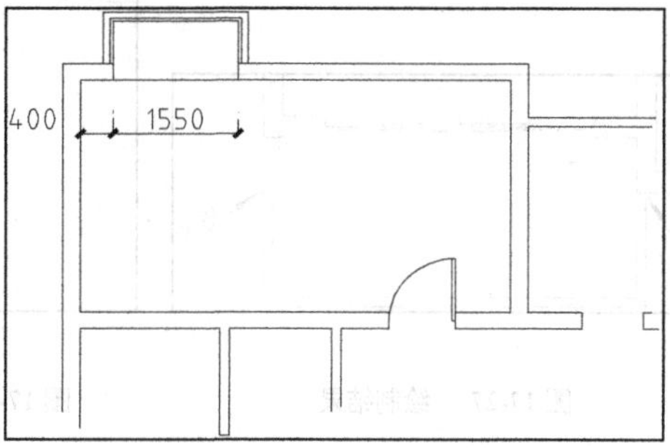

图 17-22　绘制凸窗

23 重复操作，绘制窗户的结果如图 17-23 所示。

24 绘制阳台。执行“楼梯其他”→“阳台”命令，弹出“绘制阳台”对话框，设置参数如图 17-24 所示。

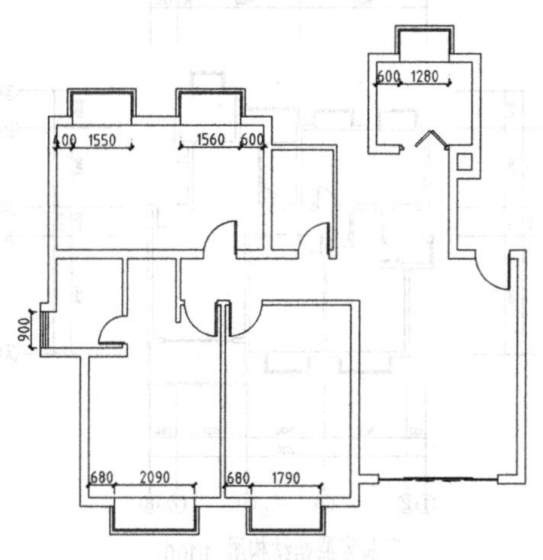

图 17-23　绘制窗户的结果

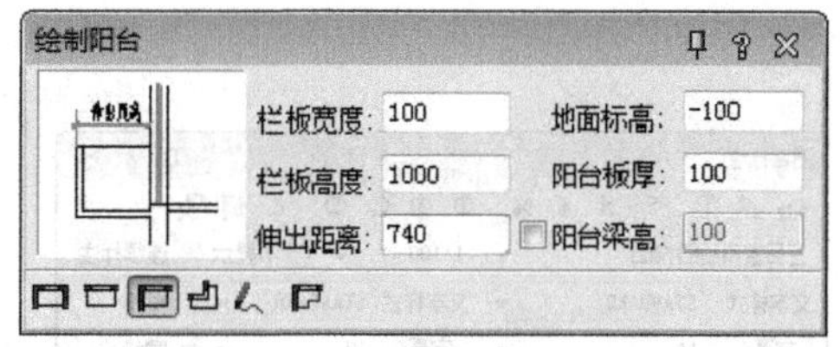

图 17-24　“绘制阳台”对话框

25 在绘图区中点取阳台的插入点，输入 F，将阳台翻转至另一侧，绘制阳台的结果如图 17-25 所示。

26 按下 Enter 键，调出“绘制阳台”对话框；单击“矩形三面阳台”按钮，定义参数如图 17-26 所示。

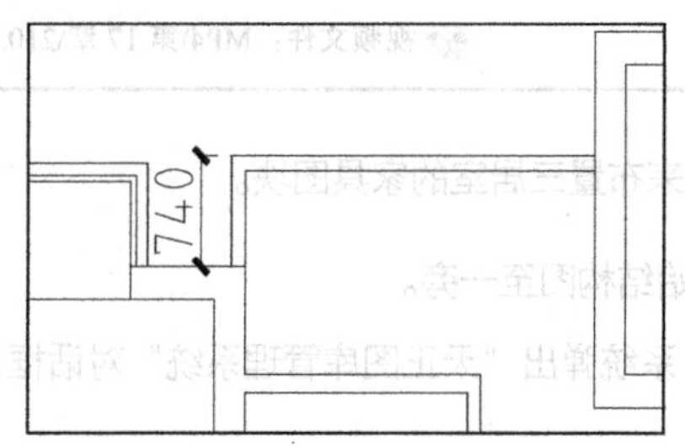

图 17-25　绘制阳台结果

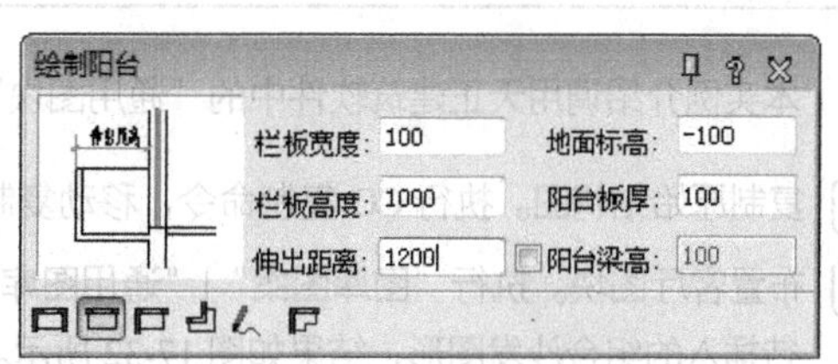

图 17-26　定义参数

27 分别指定阳台的起点和终点，输入 F，将阳台翻转至另一侧，绘制阳台的结果如图 17-27 所示。

28 选中阳台，指定其拉伸点进行拉伸，结果如图 17-28 所示。拉伸结果如图 17-29 所示。

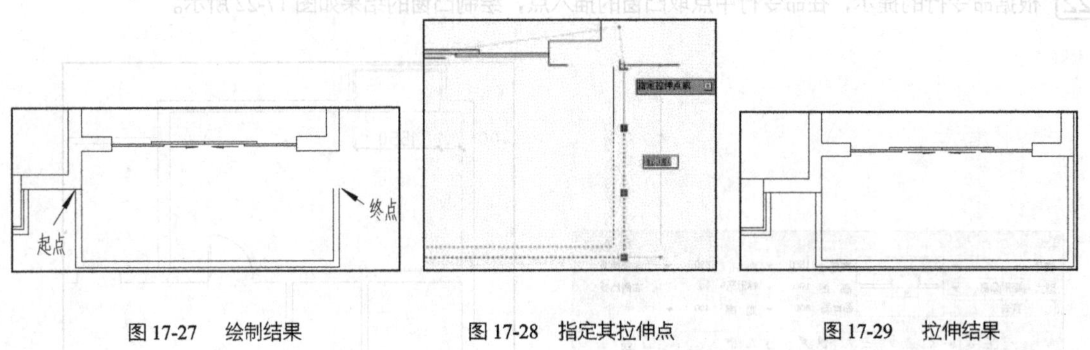

图 17-27　绘制结果　　图 17-28　指定其拉伸点　　图 17-29　拉伸结果

29 图名标注。执行“符号标注”→“图名标注”命令，弹出“图名标注”对话框，设置参数如图 17-30 所示。

30 在绘图区中点取图名标注的插入点，绘制图名标注的结果如图 17-31 所示。

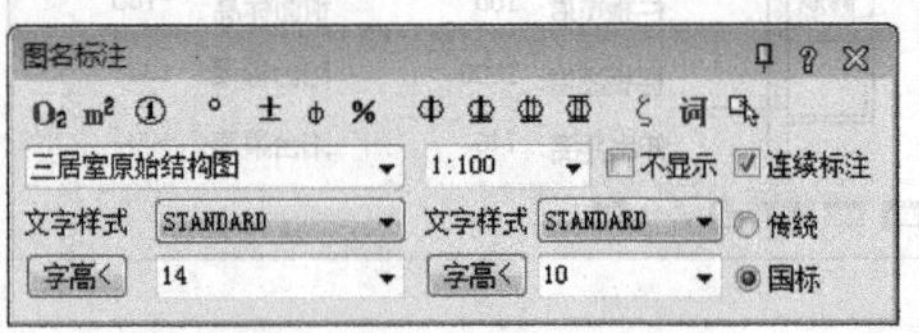

图 17-30　“图名标注”对话框

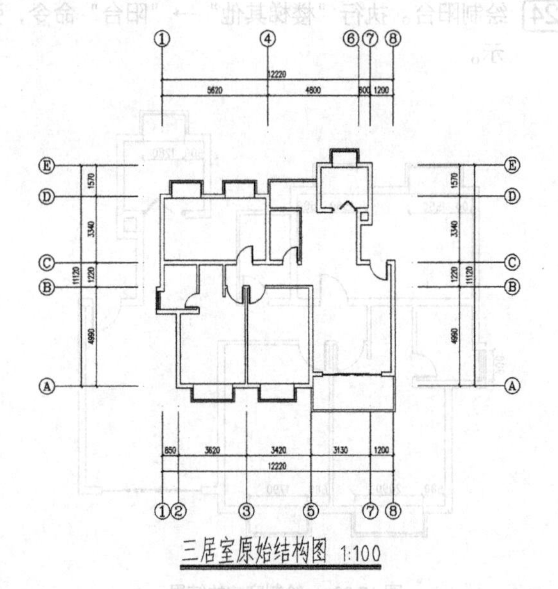

图 17-31　图名标注

210 绘制平面布置图

视频文件：MP4\第 17 章\210.MP4

本实例介绍调用天正建筑软件中的“通用图块”命令，来布置三居室的家具图块。

01 复制原始结构图。执行 CO 复制命令，移动复制一份原始结构图至一旁。

02 布置客厅图块。执行“图库图案”|“通用图库”命令，系统弹出“天正图库管理系统”对话框，选定待插入的组合沙发图形，结果如图 17-32 所示。

03 双击图块幻灯片，在绘图区中点取图块的插入点，结果如图 17-33 所示。

04 按 Enter 键，在弹出的“天正图库管理系统”对话框中选择电视柜图形，结果如图 17-34 所示。

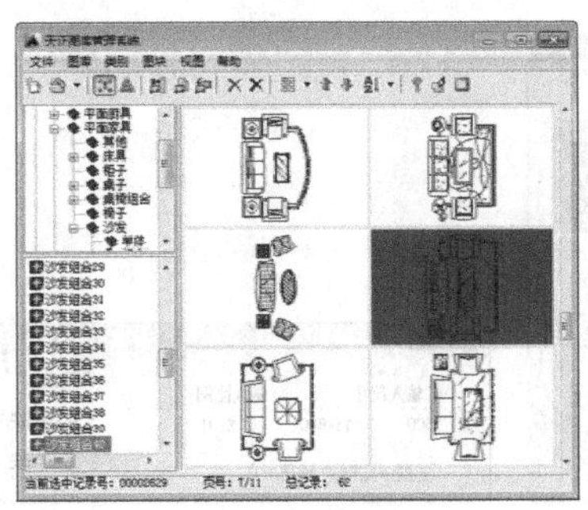

图 17-32　【天正图库管理系统】对话框

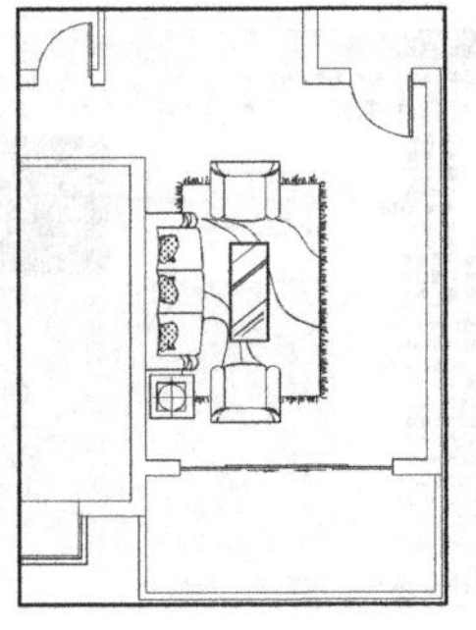

图 17-33　插入图块

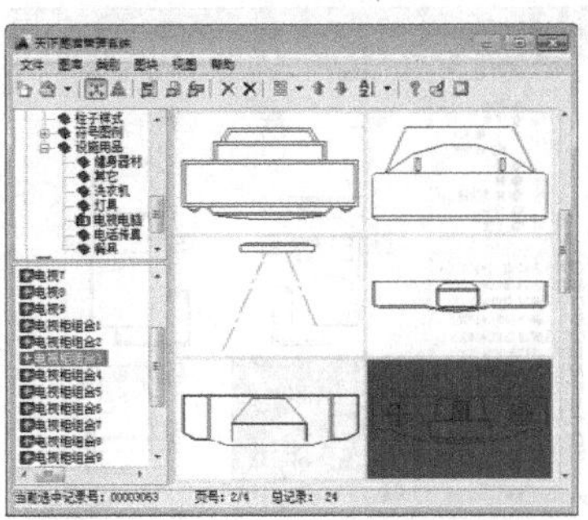

图 17-34　选择电视柜图形

05 双击图块幻灯片，在弹出的"图块编辑"对话框中选择"输入尺寸"选项；定义电视柜的尺寸，结果如图 17-35 所示。

06 在绘图区中点取电视柜的插入点，绘制结果如图 17-36 所示。

07 布置阳台家具。在"天正图库管理系统"对话框中选择植物图块和休闲桌椅图块，分别如图 17-37、图 17-38 所示。

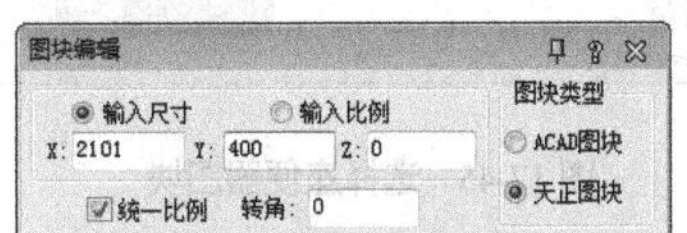

图 17-35　定义电视柜的尺寸

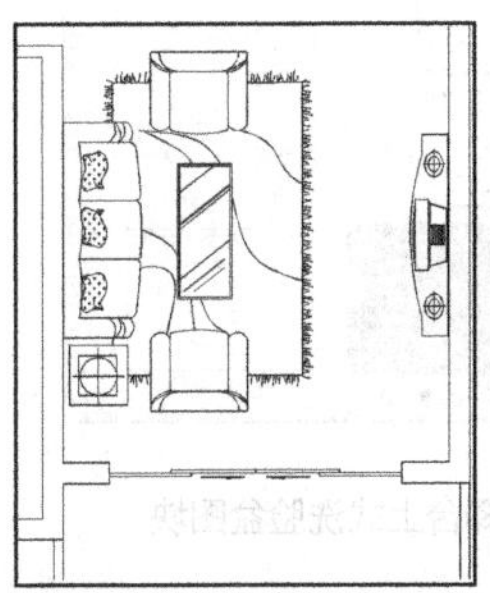

图 17-36　插入电视柜图形

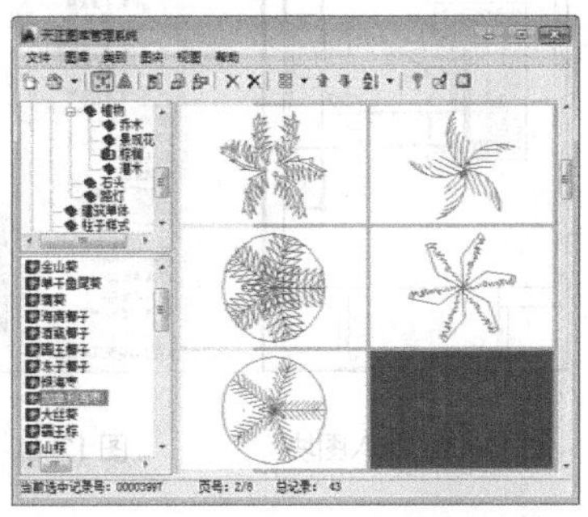

图 17-37　选择植物图块

08 在绘图区中点取图块的插入点，布置图块的结果如图 17-39 所示。

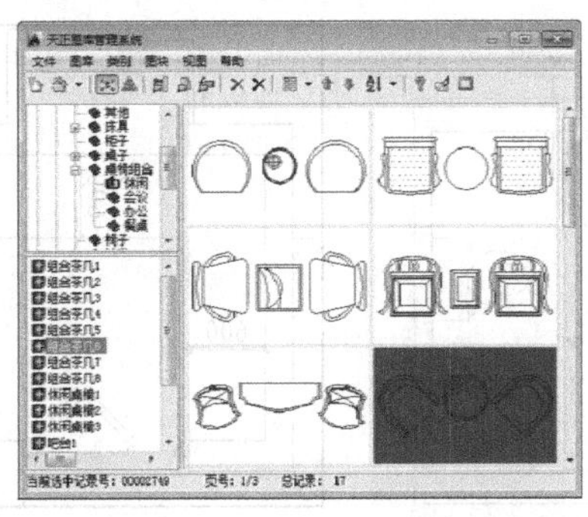

图 17-38　选择休闲桌椅图块

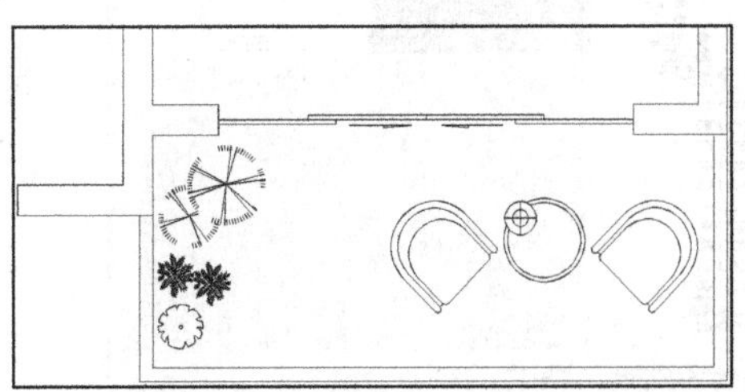

图 17-39　插入图块

09 布置卧室家具。在"天正图库管理系统"对话框中选择双人床图块和衣柜图块，分别如图 17-40、图 17-41 所示。

10 双击衣柜图块，在弹出的"图块编辑"对话框中设置衣柜参数，结果如图 17-42 所示。

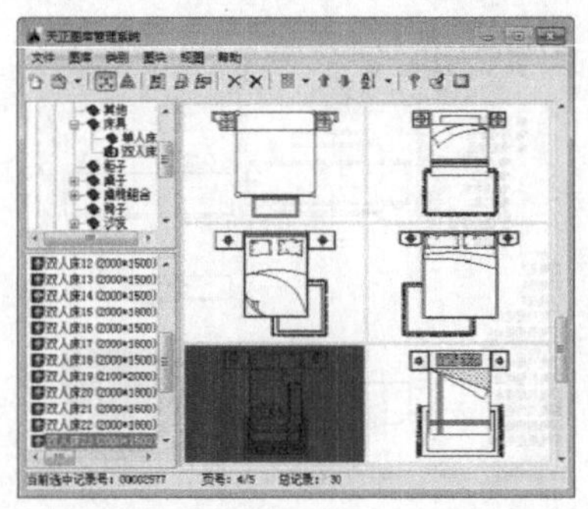

图 17-40　选择双人床图块

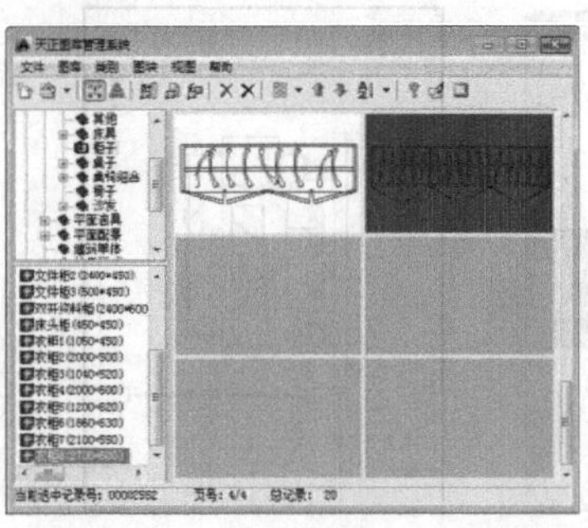

图 17-41　选择衣柜图块

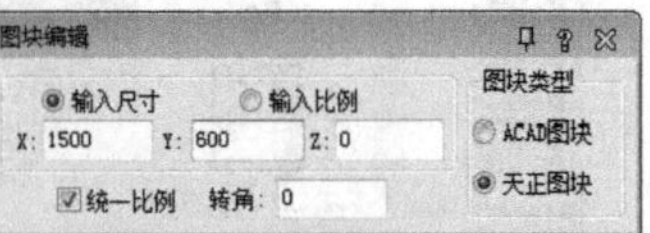

图 17-42　设置衣柜参数

11 布置图块的结果如图 17-43 所示。

12 布置卫生间家具。在“天正图库管理系统”对话框中选择台上式洗脸盆图块、坐便器图块以及成品淋浴房图块，分别如图 17-44 ~ 图 17-46 所示。

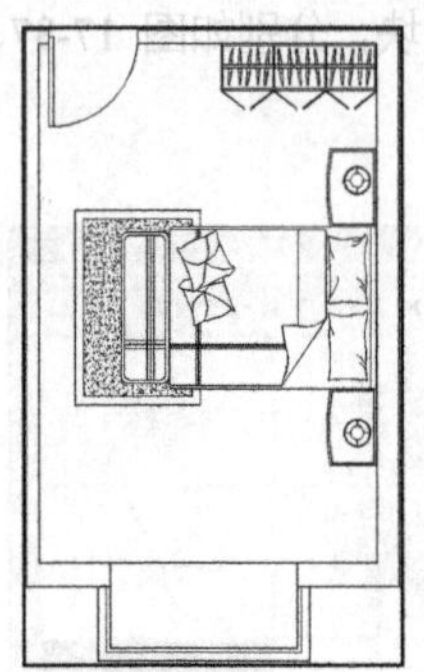

图 17-43　插入图块

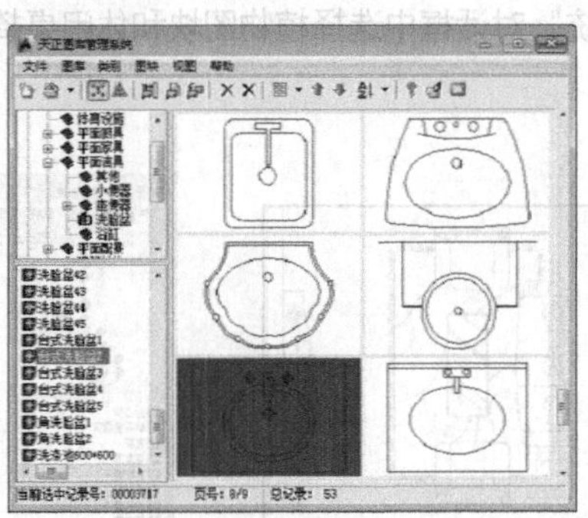

图 17-44　选择台上式洗脸盆图块

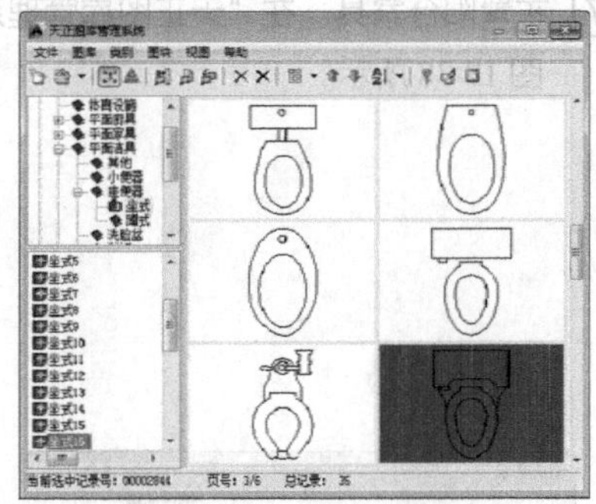

图 17-45　选择座便器图块

13 布置卫生间图块的结果如图 17-47 所示。

14 绘制平面橱柜轮廓线。调用 LINE/L 直线命令，绘制直线，结果如图 17-48 所示。

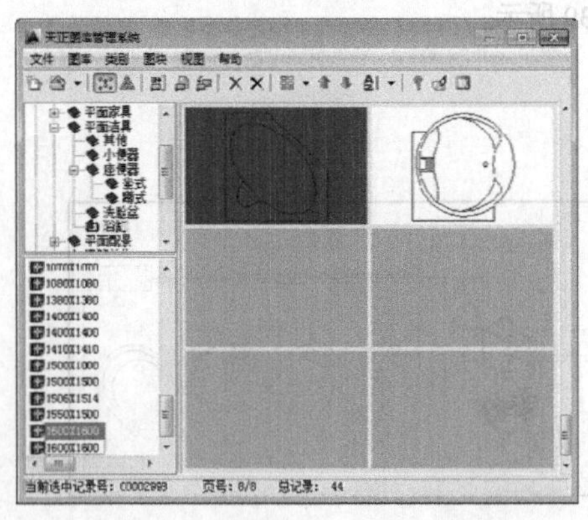

图 17-46　选择成品淋浴房图块

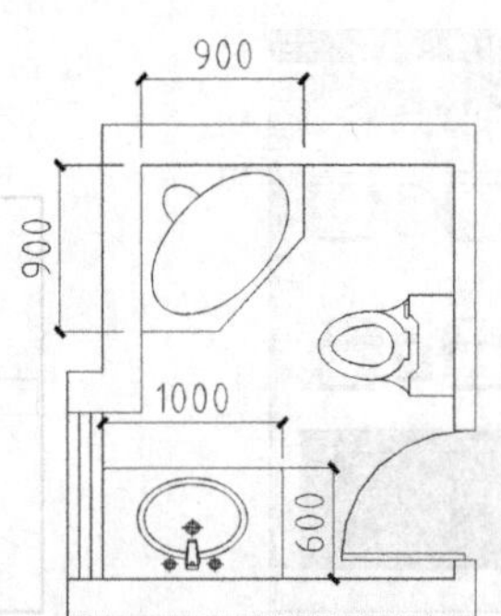

图 17-47　插入图块

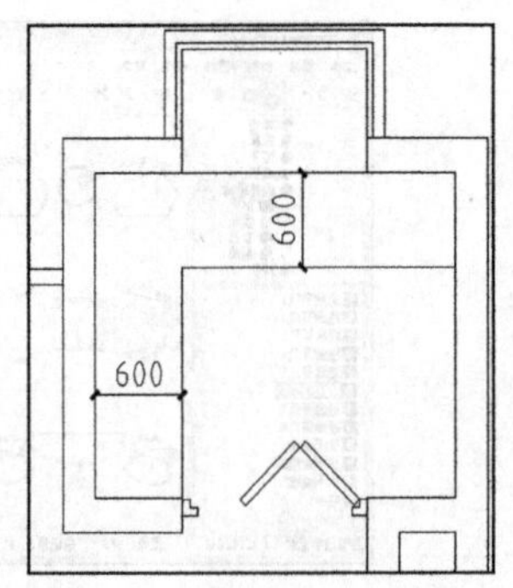

图 17-48　绘制平面橱柜轮廓线

15 布置厨房洁具。在“天正图库管理系统”对话框中选择双头灶图块、洗涤盆图块，分别如图 17-49、图 17-50 所示。

16 布置厨房图块的结果如图 17-51 所示。

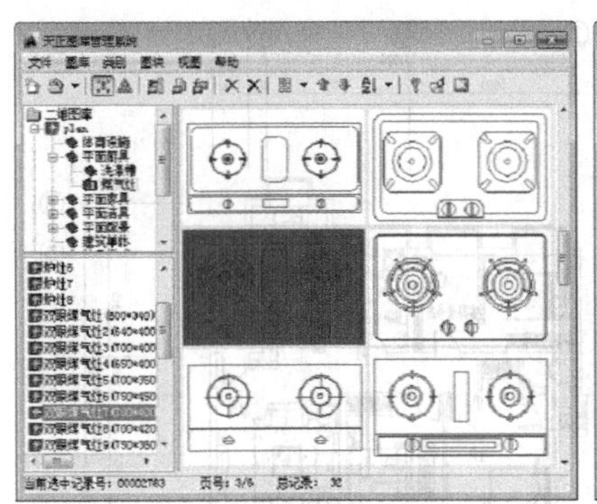

图 17-49　选择双头灶图块

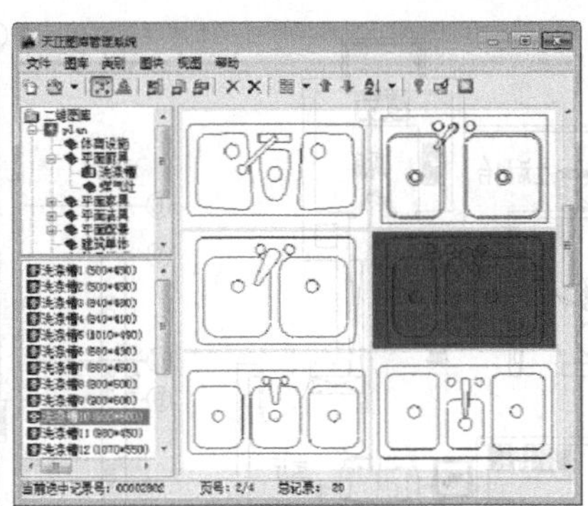

图 17-50　选择洗涤盆图块

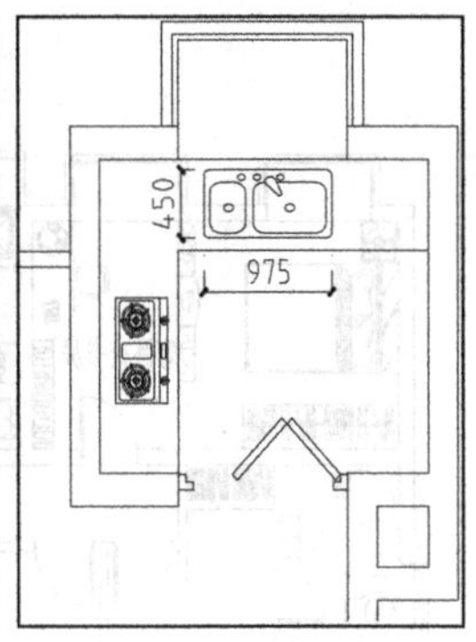

图 17-51　布置图块

17 重复执行上述操作，在绘制完成的原始结构图中布置家具图块，结果如图 17-52 所示。

18 单行文字标注。执行“文字表格”|“单行文字”命令，弹出“单行文字”对话框，设置参数如图 17-53 所示。

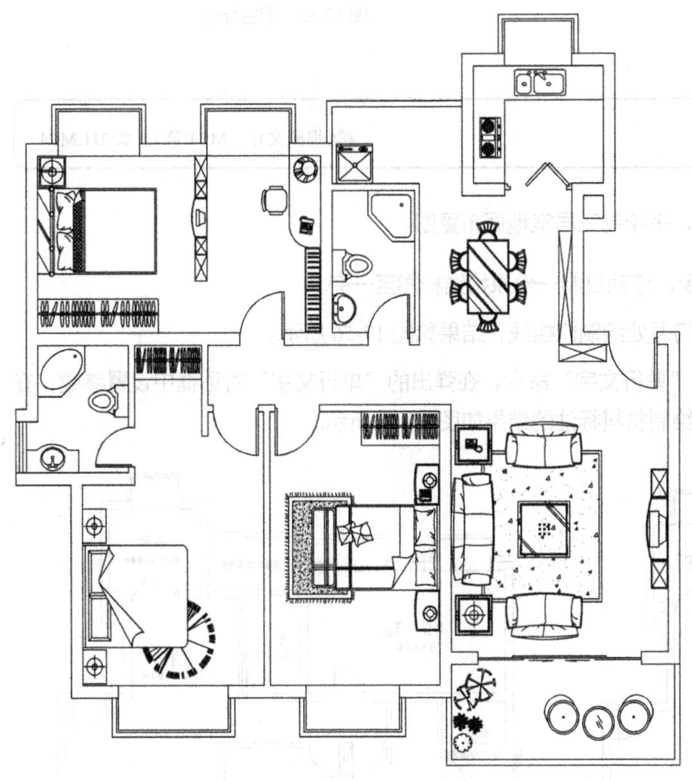

图 17-52　布置图块

单行文字
主卧
文字样式: Standard　转角< 0　背景屏蔽
对齐方式: 左下 (BL)　字高< 5　连续标注

图 17-53　“单行文字”对话框

19 在绘图区中点取文字标注的插入点，绘制文字标注的结果如图 17-54 所示。

20 图名标注。执行“符号标注”|“图名标注”命令，在弹出的“图名标注”对话框中设置参数；在绘图区中点取图名标注的插入点，绘制图名标注的结果如图 17-55 所示。

> **提示** 对于有些在图库中没有的图块，比如鞋柜图形，可以手动执行 AutoCAD 命令进行绘制。

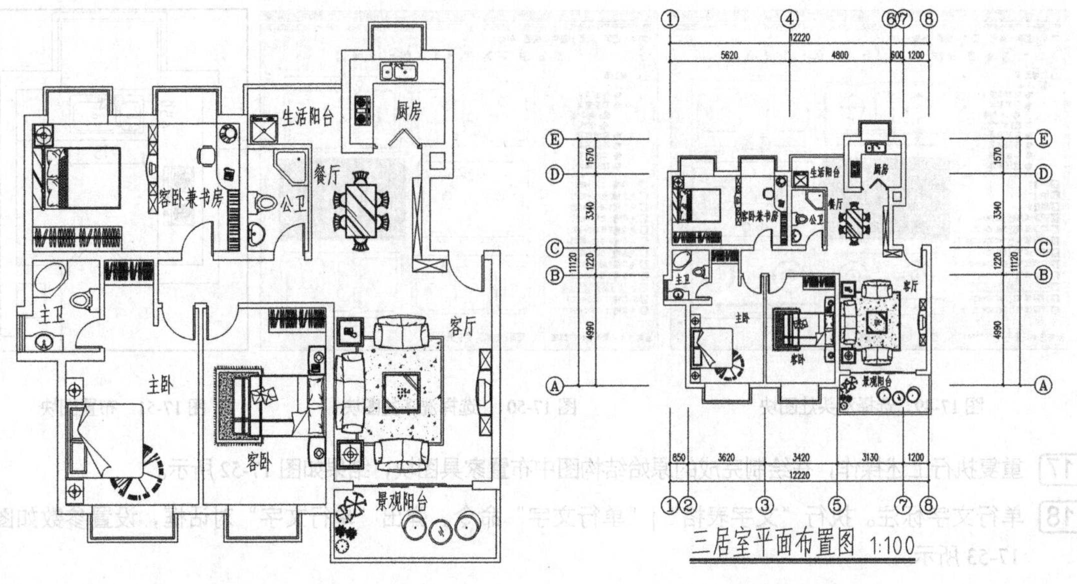

图 17-54　文字标注　　　　图 17-55　图名标注

211 绘制地面布置图

视频文件：MP4\第 17 章\211.MP4

本实例介绍调用“图案填充”命令，来绘制三居室地面布置图。

01 复制原始结构图。调用 CO 复制命令，移动复制一份原始结构图至一旁。

02 绘制门槛线。调用 L 直线命令，在门洞处绘制门槛线，结果如图 17-56 所示。

03 地面材料标注。执行“文字表格”|“单行文字”命令，在弹出的“单行文字”对话框中设置参数；在绘图区中点取文字标注的插入点，绘制材料标注的结果如图 17-57 所示。

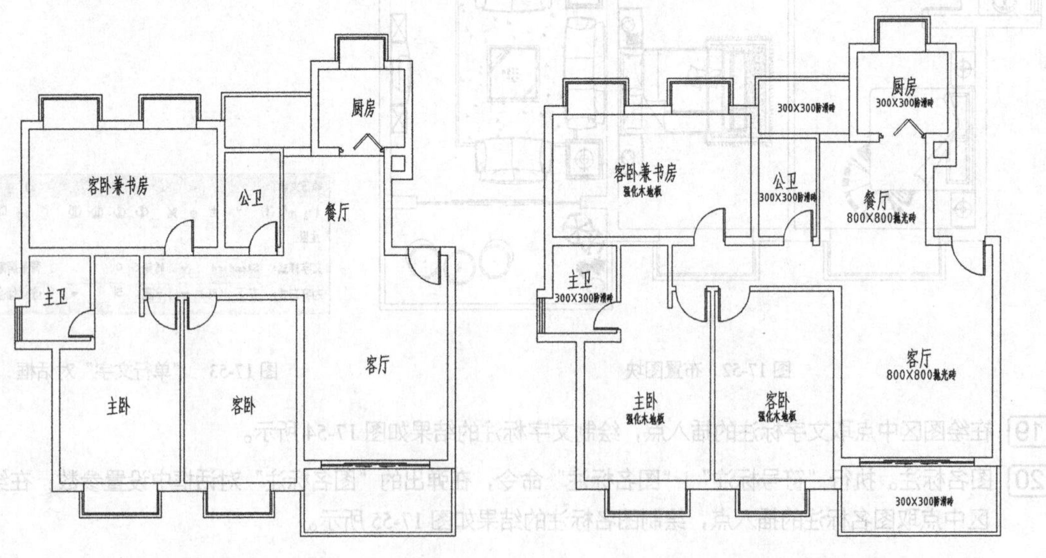

图 17-56　绘制门槛线　　　　图 17-57　地面材料标注

04 调用 H 图案填充命令，弹出“图案填充和渐变色”对话框；单击“样例”选项后的图案预览框，在弹出的“填充图案选项板”对话框中选择填充图案，结果如图 17-58 所示。

05 单击“确定”按钮，返回“图案填充和渐变色”对话框；设置图案填充参数，结果如图 17-59 所示。

06 在对话框中单击“添加：拾取点”按钮，在绘图区中点取填充区域；按 Enter 键返回“图案填充和渐变色”对话框，单击“确定”按钮，关闭对话框，即可完成图案填充操作，结果如图 17-60 所示。

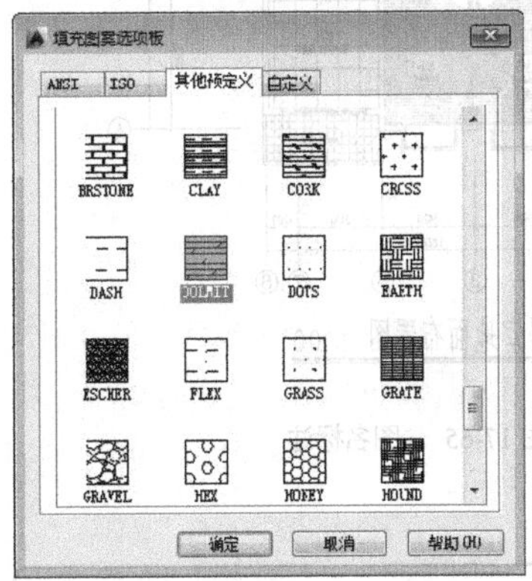

图 17-58　“填充图案选项板”对话框

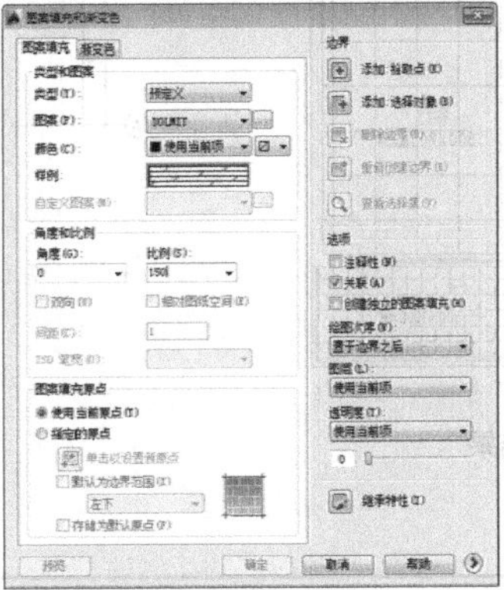

图 17-59　“图案填充和渐变色”对话框

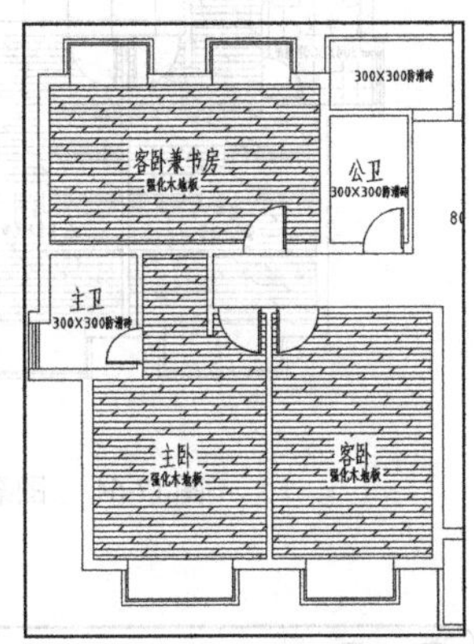

图 17-60　填充图案

07 按下 Enter 键，调出“图案填充和渐变色”对话框，定义客餐厅地面图案填充参数，如图 17-61 所示。

08 在对话框中单击“添加：拾取点”按钮，在绘图区中点取填充区域；按 Enter 键返回“图案填充和渐变色”对话框，单击“确定”按钮，关闭对话框，即可完成图案填充操作，结果如图 17-62 所示。

09 按下 Enter 键，调出“图案填充和渐变色”对话框，定义卫生间及阳台等的地面图案填充参数，如图 17-63 所示。

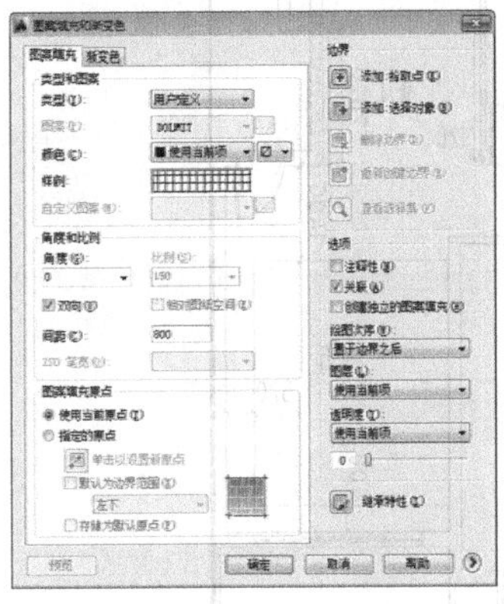

图 17-61　设置参数

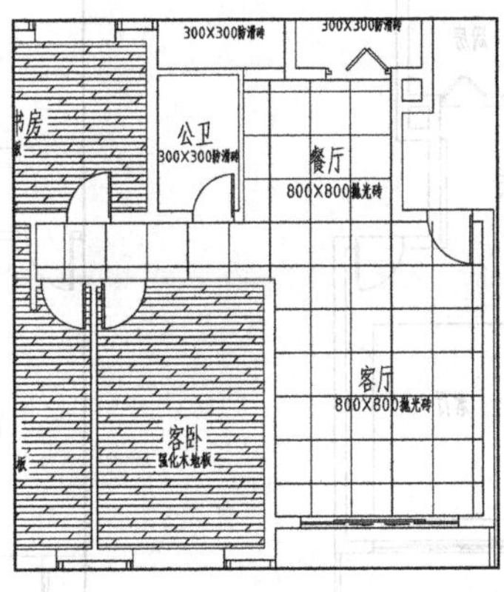

图 17-62　填充结果

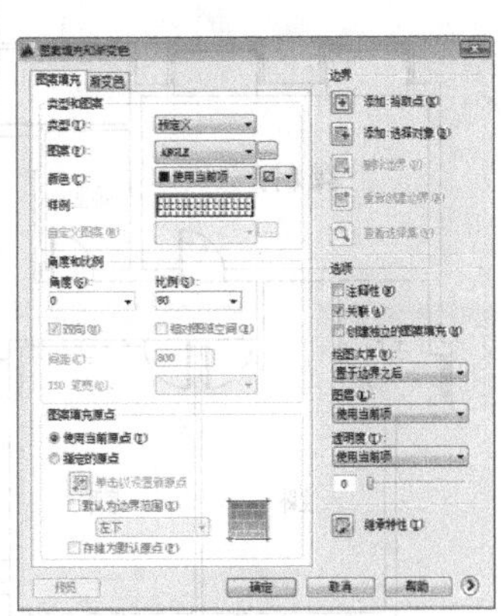

图 17-63　设置参数

10 在对话框中单击“添加：拾取点”按钮，在绘图区中点取填充区域；按 Enter 键返回“图案填充和渐变色”对话框，单击“确定”按钮，关闭对话框，即可完成图案填充操作，结果如图 17-64 所示。

11 图名标注。执行“符号标注”|“图名标注”命令，在弹出的“图名标注”对话框中设置参数；在绘图区中点取图名标注的插入点，绘制图名标注的结果如图 17-65 所示。

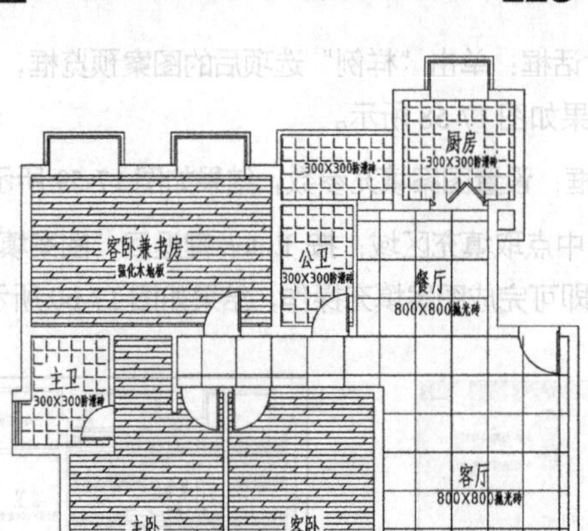

图 17-64　图案填充结果

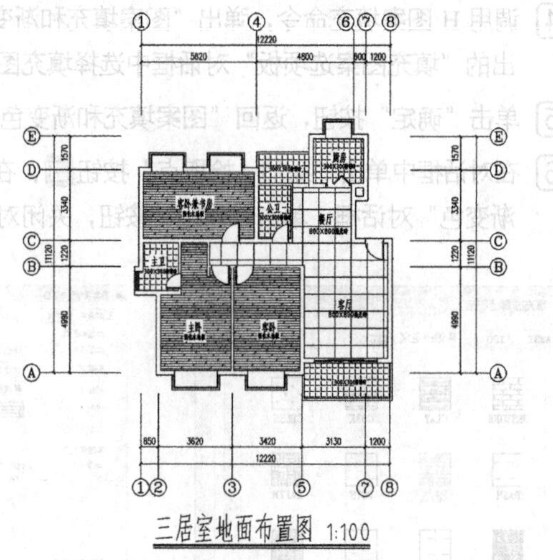

图 17-65　图名标注

212 绘制顶面布置图

视频文件：MP4\第 17 章\212.MP4

本实例介绍调用“通用图库”、“图案填充”等命令，来绘制三居室顶面布置图。

01 复制原始结构图。调用 CO“复制”命令，移动复制一份原始结构图至一旁。

02 绘制顶面界线。调用 L“直线”命令，在门洞处绘制门槛线，结果如图 17-66 所示。

03 绘制客餐厅吊顶。调用 L“直线”命令，绘制直线，结果如图 17-67 所示。

图 17-66　绘制顶面界线

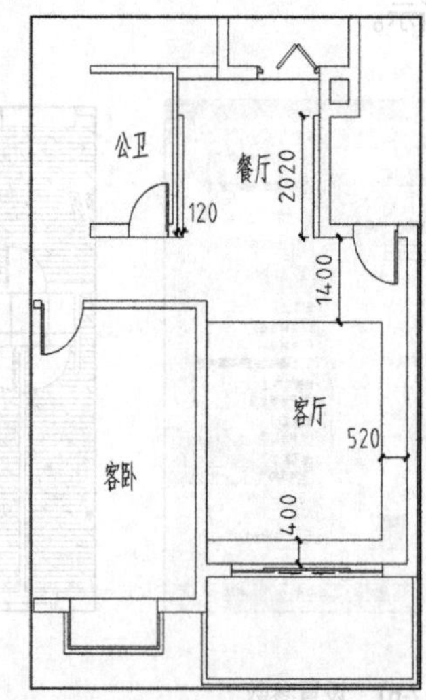

图 17-67　绘制直线

04 绘制灯带。调用 O 偏移命令，偏移直线；并将偏移得到的直线的线型更改为虚线，结果如图 17-68 所示。

05 重复操作，绘制其他区域的吊顶和灯带，结果如图 17-69 所示。

06 插入灯具图块，执行“图块图案”|“通用图库”命令，弹出“天正图库管理系统”对话框，在其中选择吊灯图块，结果如图 17-70 所示。

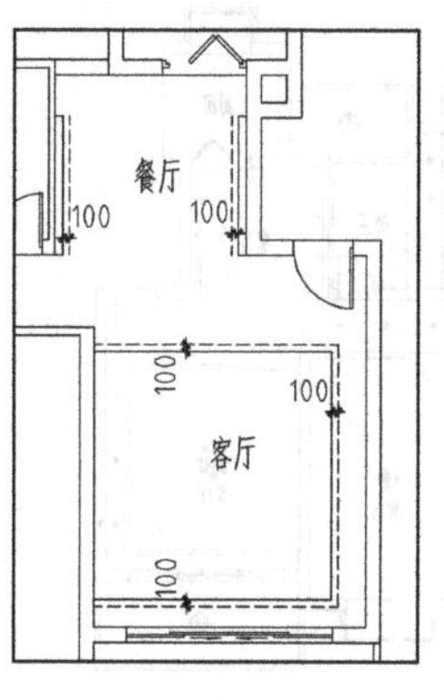

图 17-68 绘制灯带

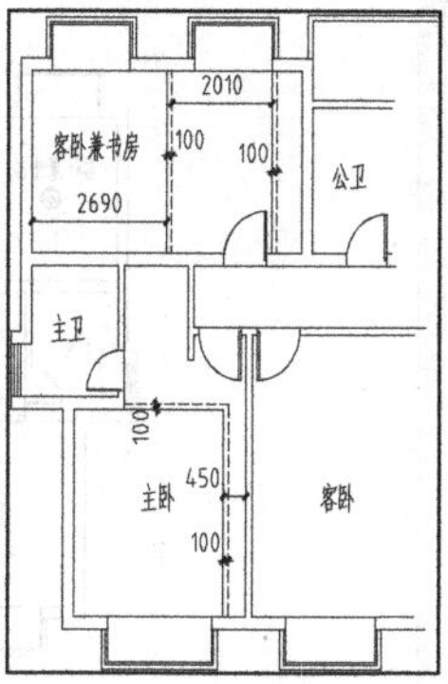

图 17-69 绘制结果

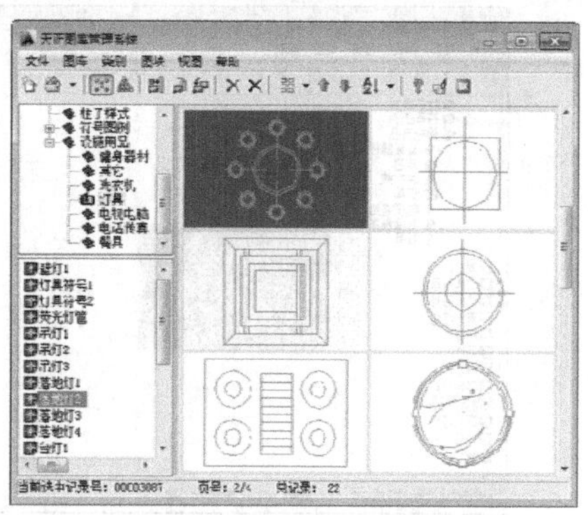

图 17-70 “天正图库管理系统”对话框

07 双击灯具幻灯片，系统弹出“图块编辑”对话框，设置吊灯参数，结果如图 17-71 所示。

08 在绘图区中点取图块的插入点，绘制客厅大吊灯的结果如图 17-72 所示。

09 按 Enter 键，在打开的“天正图库管理系统”对话框中选择吸顶灯图块，如图 17-73 所示。

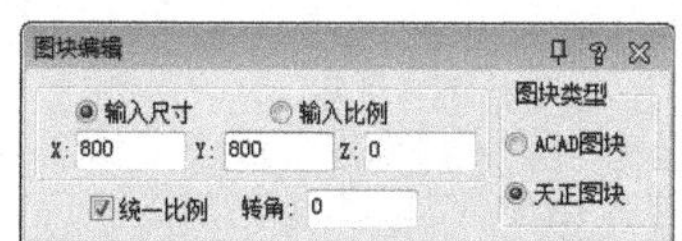

图 17-71 “图块编辑”对话框

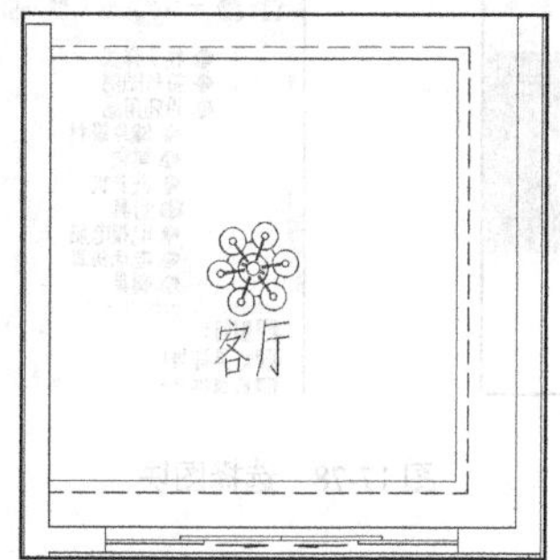

图 17-72 绘制客厅大吊灯

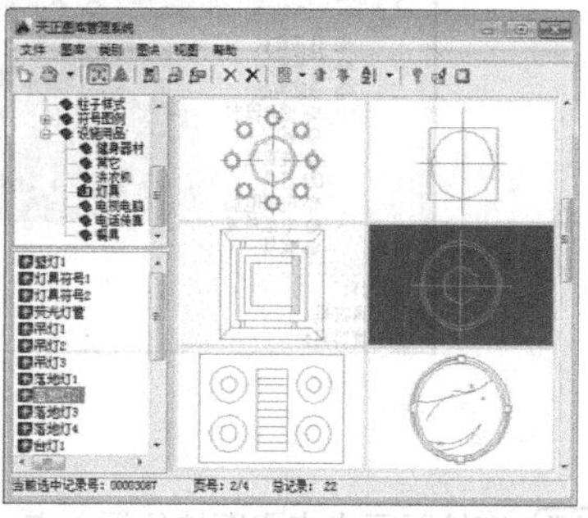

图 17-73 选择吸顶灯图块

10 双击灯具幻灯片，系统弹出“图块编辑”对话框，设置吸顶灯参数，结果如图 17-74 所示。

11 在绘图区中点取图块的插入点，绘制吸顶灯的结果如图 17-75 所示。

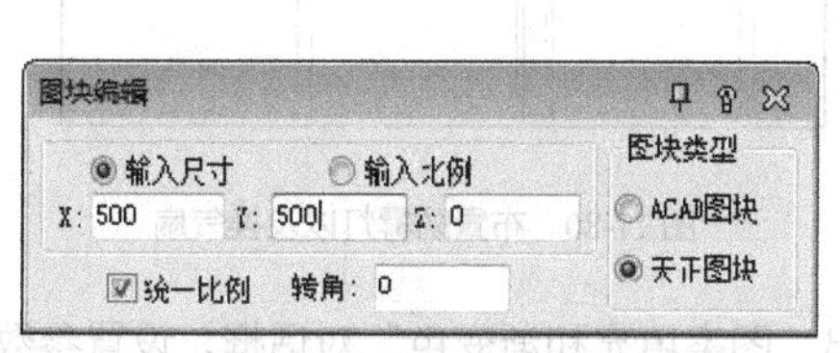

图 17-74 设置吸顶灯参数

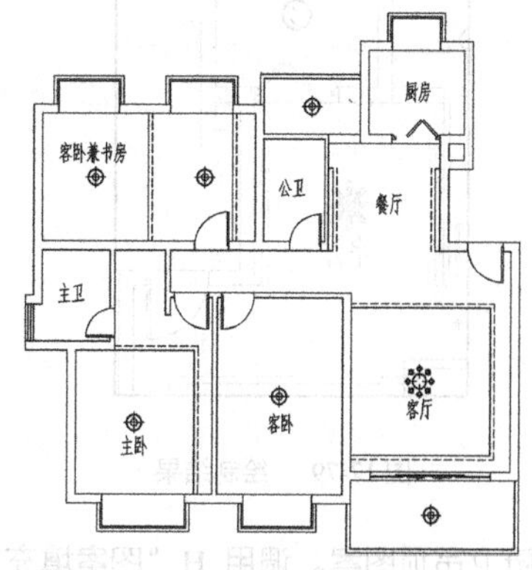

图 17-75 绘制吸顶灯

12 按 Enter 键，在打开的“天正图库管理系统”对话框中选择筒灯图块，如图 17-76 所示。

13 在绘图区中点取图块的插入点，绘制筒灯的结果如图 17-77 所示。

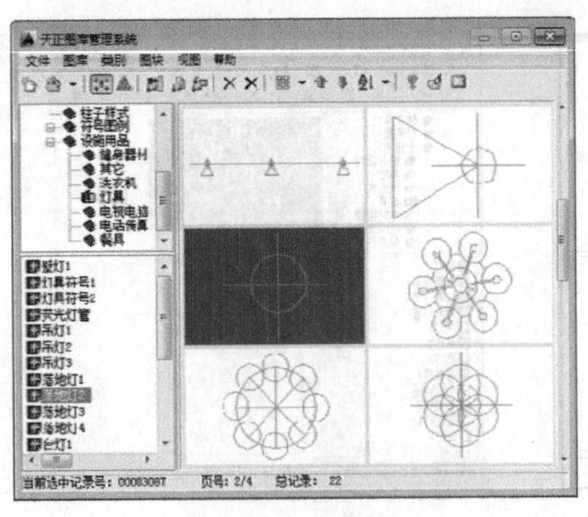
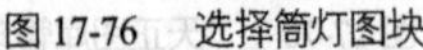

图 17-76　选择筒灯图块

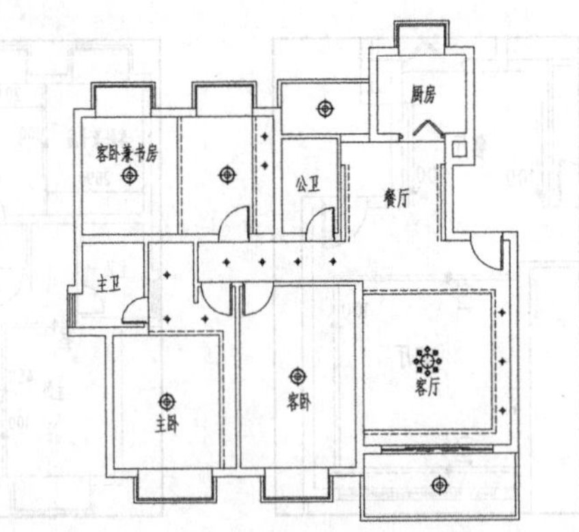

图 17-77　绘制筒灯

14 按 Enter 键，在打开的“天正图库管理系统”对话框中分别选择防雾灯、工艺吊灯图块，如图 17-78 所示。

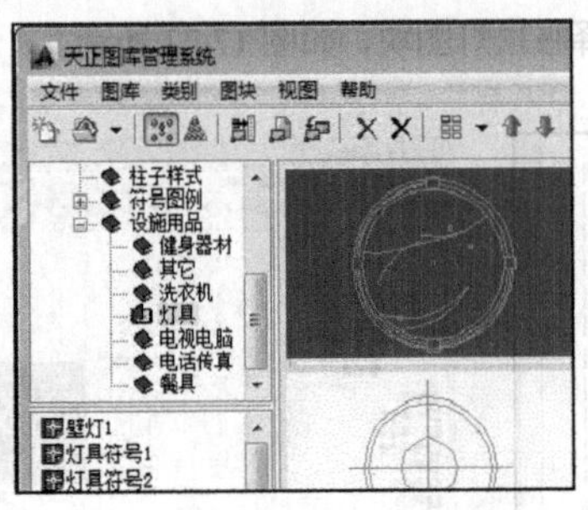
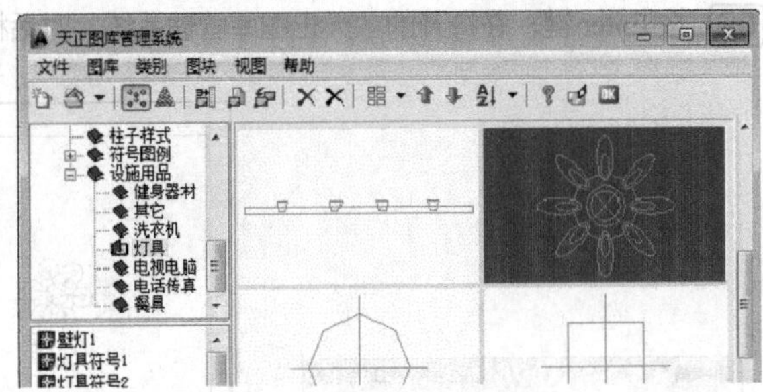

图 17-78　选择图块

15 在绘图区中点取图块的插入点，绘制防雾灯、工艺吊灯的结果如图 17-79 所示。

16 沿用上述操作，在卫生间顶面中布置防雾灯以及换气扇，结果如图 17-80 所示。

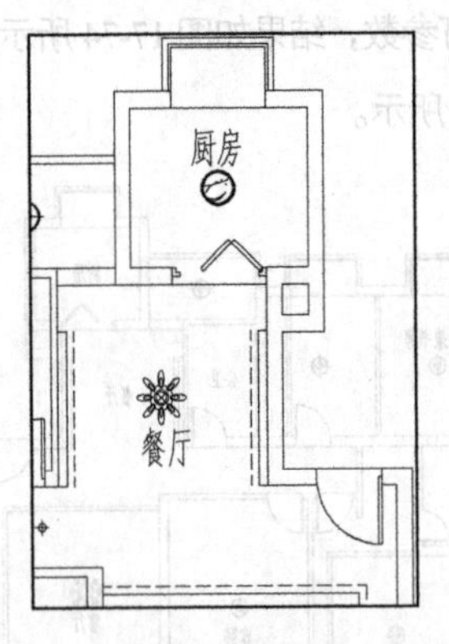

图 17-79　绘制结果

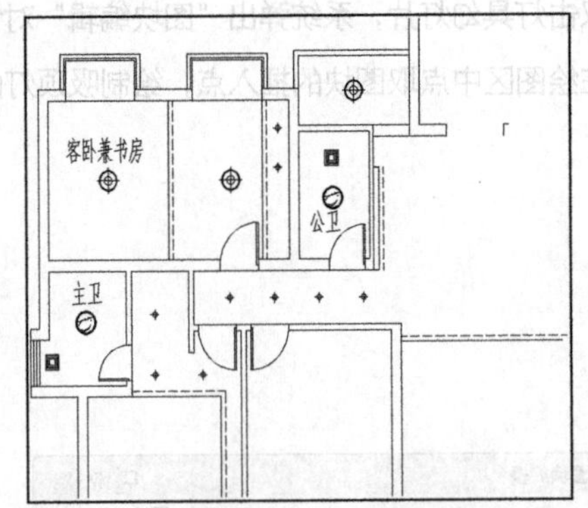

图 17-80　布置防雾灯以及换气扇

17 绘制厨卫吊顶图案。调用 H“图案填充”命令，弹出“图案填充和渐变色”对话框，设置参数如图 17-81 所示。

18 在对话框中单击“添加：拾取点”按钮，在绘图区中点取填充区域；按 Enter 键返回“图案填充和渐变色”对话框，单击“确定”按钮，关闭对话框，即可完成图案填充操作，结果如图 17-82 所示。

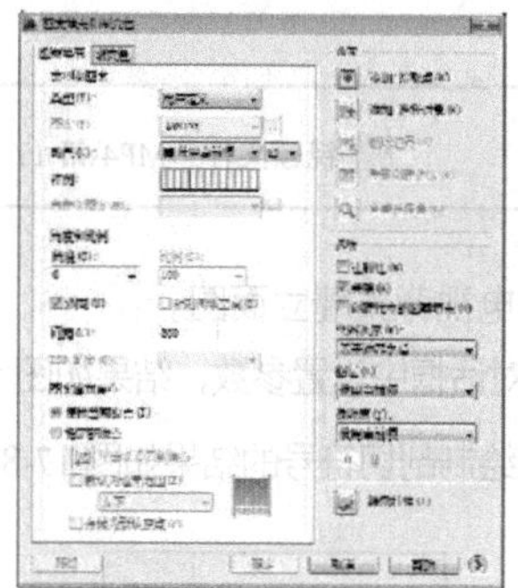

图 17-81　设置参数

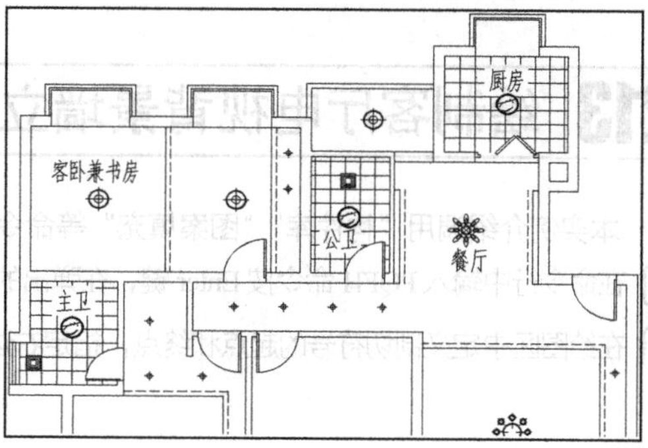

图 17-82　填充图案

19 标高标注。在命令行中输入 BGBZ 命令按 Enter 键，弹出“标高标注”对话框，设置参数如图 17-83 所示。

20 在绘图区中指定标高标注的各个点，绘制标高标注的结果如图 17-84 所示。

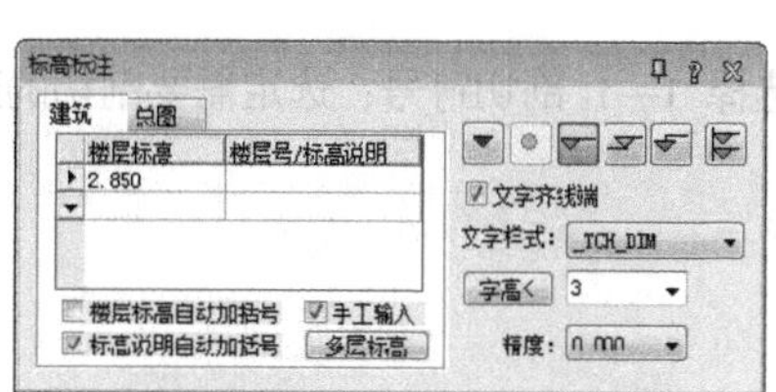

图 17-83　“标高标注”对话框

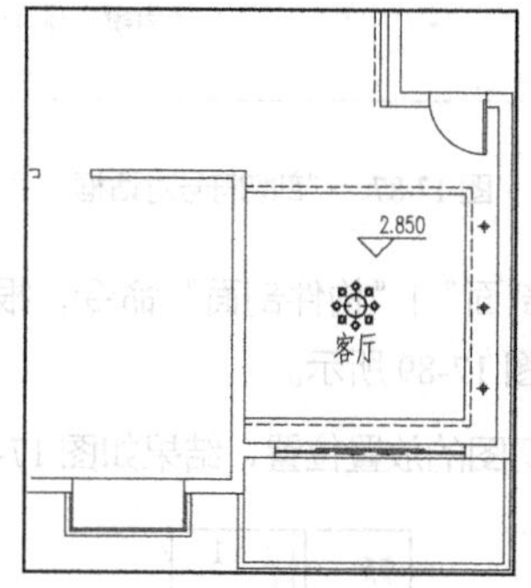

图 17-84　标高标注

21 按 Enter 键，重复执行“标高标注”命令，绘制标高标注的结果如图 17-85 所示。

22 图名标注。执行“符号标注”|“图名标注”命令，在弹出的“图名标注”对话框中设置参数；在绘图区中点取图名标注的插入点，绘制图名标注的结果如图 17-86 所示。

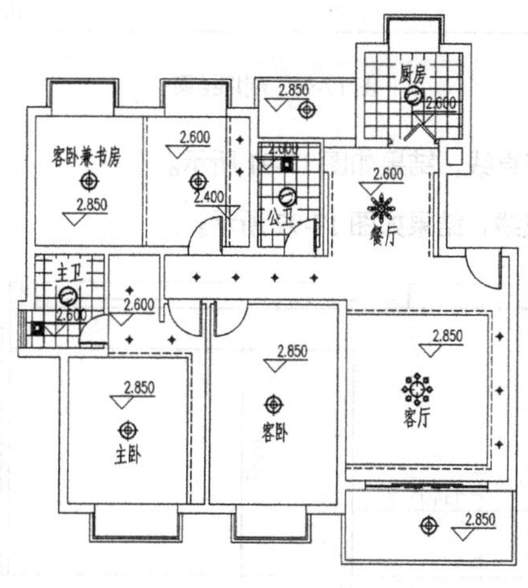

图 17-85　标注结果

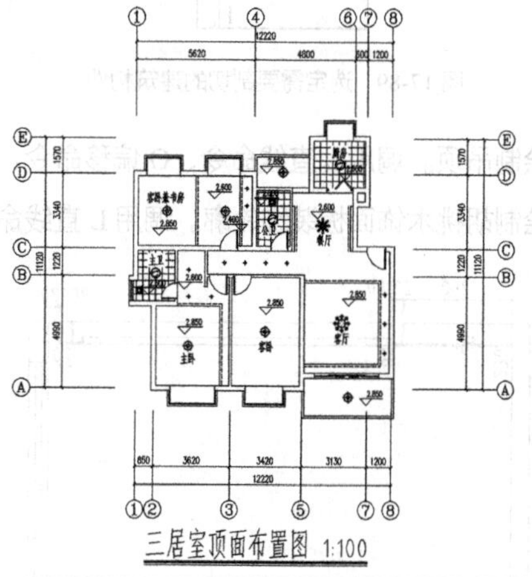

图 17-86　图名标注

213 绘制客厅电视背景墙立面图

视频文件：MP4\第 17 章\213.MP4

本实例介绍调用“构件库”“图案填充”等命令，来绘制客厅电视背景墙立面图。

01 在命令行中输入 PQFH 命令按 Enter 键，在弹出的“剖切符号”对话框中设置参数，结果如图 17-87 所示。

02 在绘图区中定义剖切符号的起点和终点，指定右边为剖切方向，绘制剖切符号的结果如图 17-88 所示。

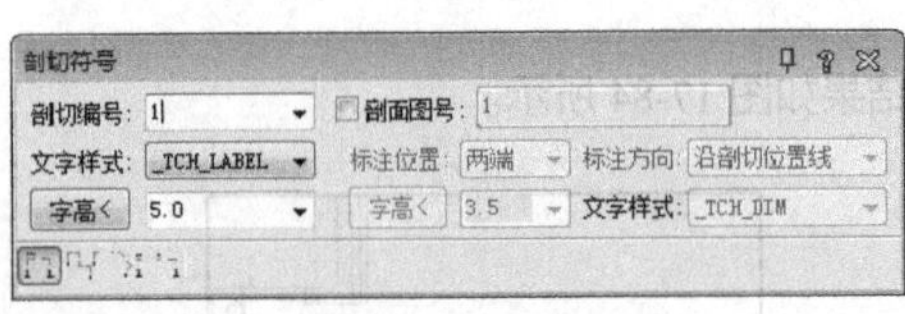

图 17-87 “剖切符号对话框

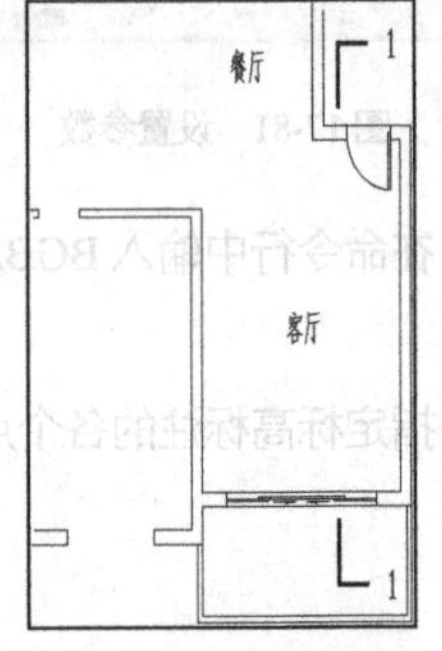

图 17-88 绘制结果

03 执行“剖面”|“构件剖面”命令，根据命令行的提示选择 1—1 剖切符号；选定需要剖切的建筑构件，如图 17-89 所示。

04 点取剖切图的放置位置，结果如图 17-90 所示。

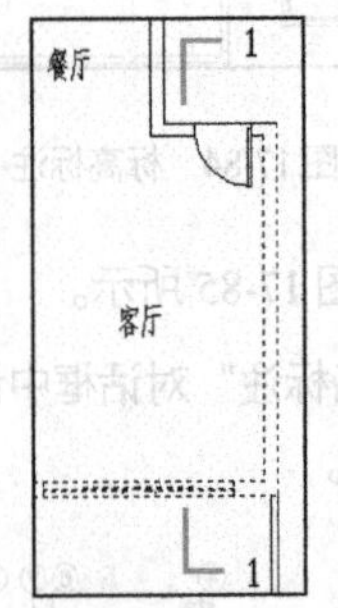

图 17-89 选定需要剖切的建筑构件

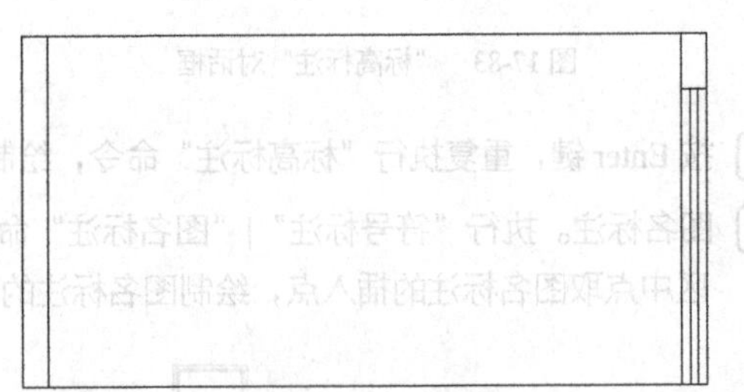

图 17-90 剖切结果

05 绘制吊顶。调用 L 直线命令、O 偏移命令，绘制并偏移直线，结果如图 17-91 所示。

06 绘制胡桃木饰面板装饰轮廓。调用 L 直线命令，绘制直线，结果如图 17-92 所示。

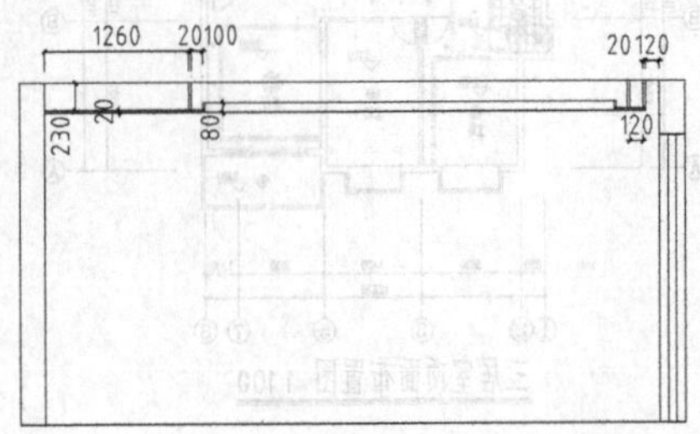

图 17-91 绘制吊顶

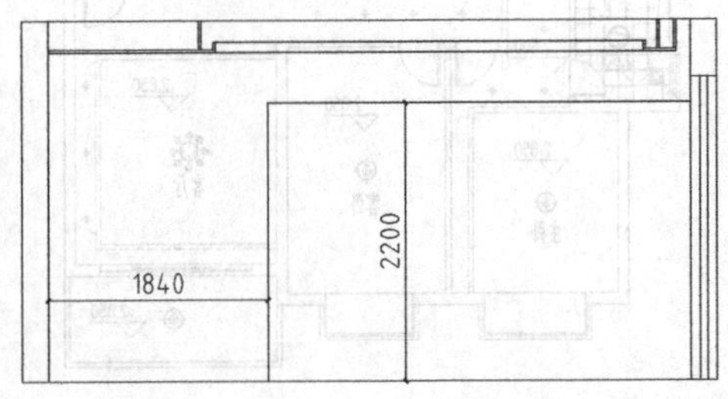

图 17-92 绘制胡桃木饰面板装饰轮廓

07 调用 O 偏移命令，偏移直线；调用 TR 修剪命令，修剪直线，结果如图 17-93 所示。

08 绘制踢脚线。调用 L 直线命令，绘制直线，结果如图 17-94 所示。

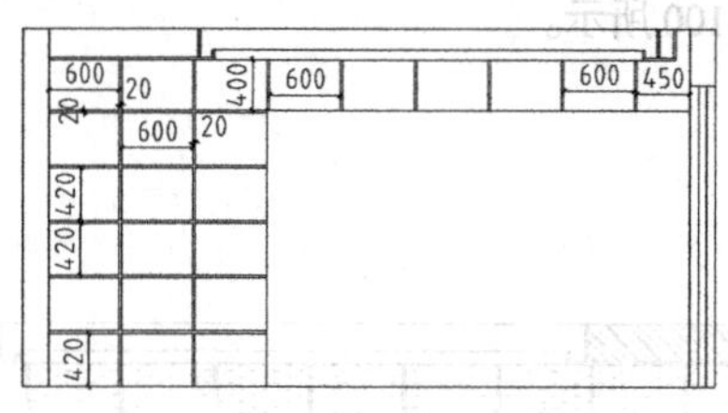

图 17-93 修剪直线

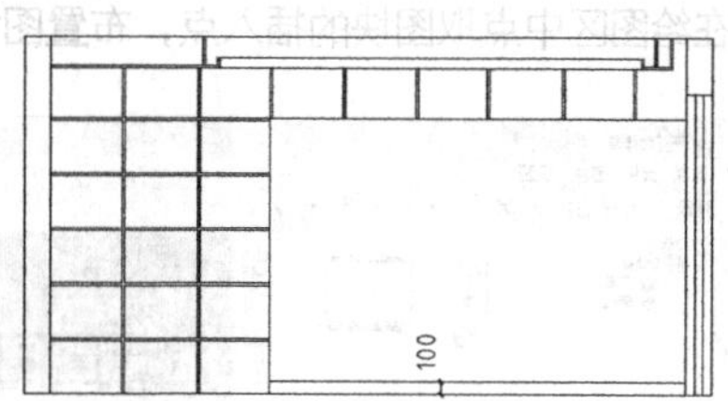

图 17-94 绘制踢脚线

09 填充背景墙装饰材料图案。调用 H 图案填充命令，弹出“图案填充和渐变色”对话框，设置参数如图 17-95 所示。

10 在对话框中单击“添加：拾取点”按钮，在绘图区中点取填充区域；按 Enter 键返回“图案填充和渐变色”对话框，单击“确定”按钮，关闭对话框，即可完成图案填充操作，结果如图 17-96 所示。

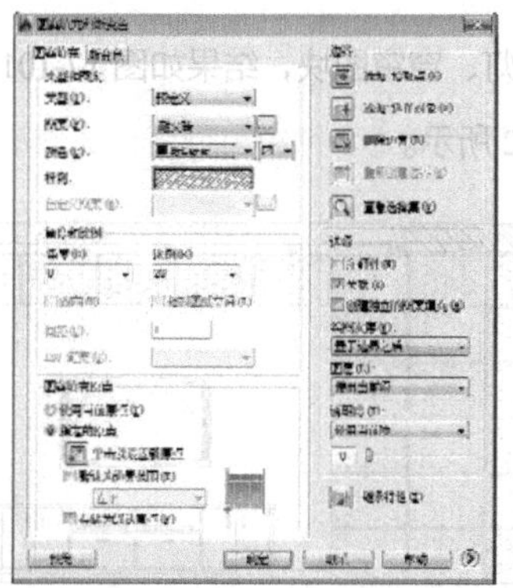

图 17-95 【图案填充和渐变色】对话框

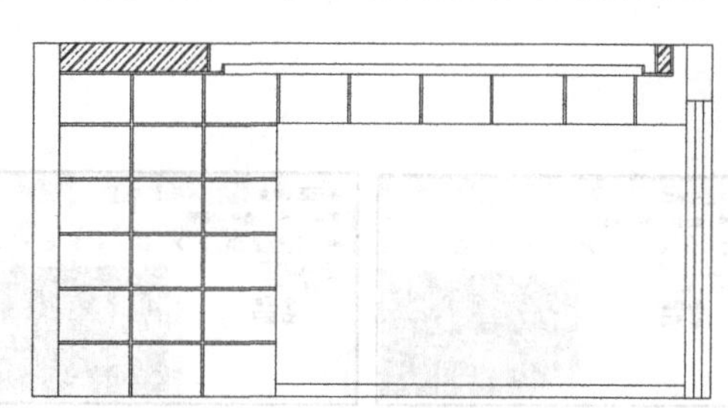

图 17-96 填充结果

11 按下 Enter 键，在弹出的“图案填充和渐变色”对话框中选择填充图案和设置填充参数，结果如图 17-97 所示。

12 在对话框中单击“添加：拾取点”按钮，在绘图区中点取填充区域；按 Enter 键返回“图案填充和渐变色”对话框，单击“确定”按钮，关闭对话框，即可完成图案填充操作，结果如图 17-98 所示。

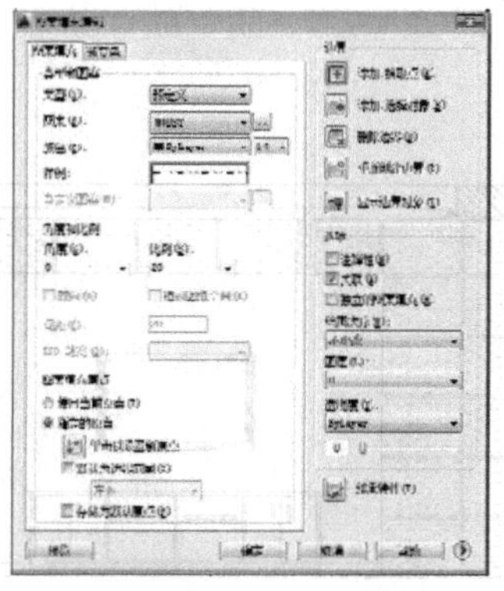

图 17-97 设置填充参数

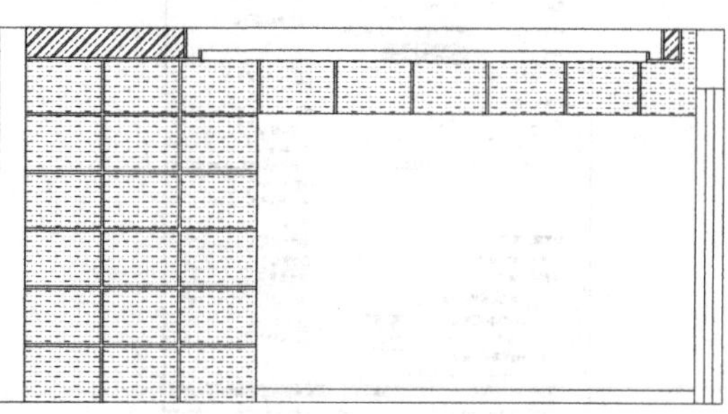

图 17-98 填充图案

13 执行“图块图案”|“构件库”命令，弹出“天正构件库”对话框，选定电视柜组合图形，结果如图 17-99 所示。

14 在绘图区中点取图块的插入点，布置图块的结果如图 17-100 所示。

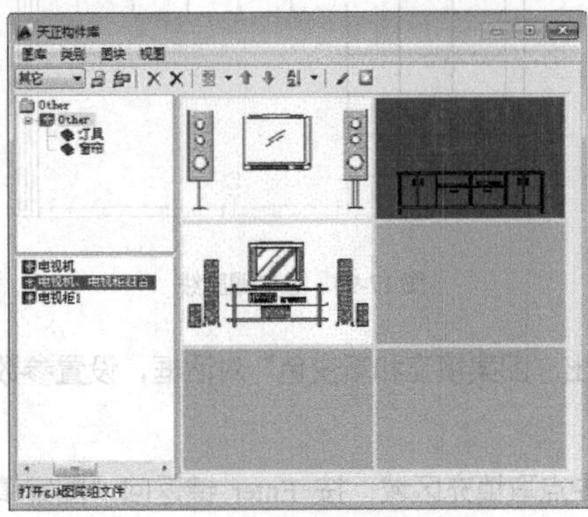

图 17-99 “天正构件库”对话框

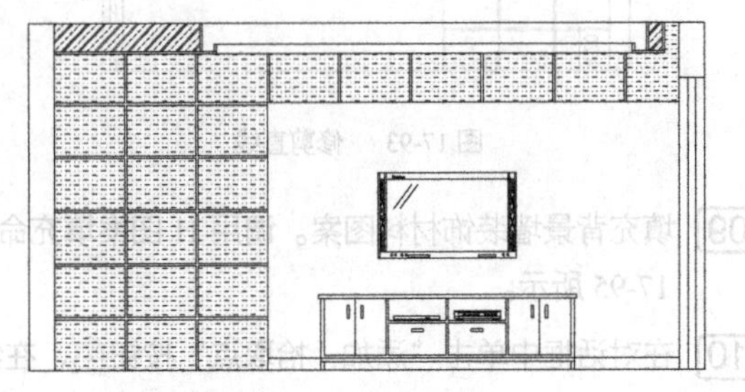

图 17-100 布置图块

15 按 Enter 键，在弹出的“天正构件库”对话框中分别选择射灯、窗帘图块，结果如图 17-101 所示。

16 在绘图区中点取图块的插入点，布置图块的结果如图 17-102 所示。

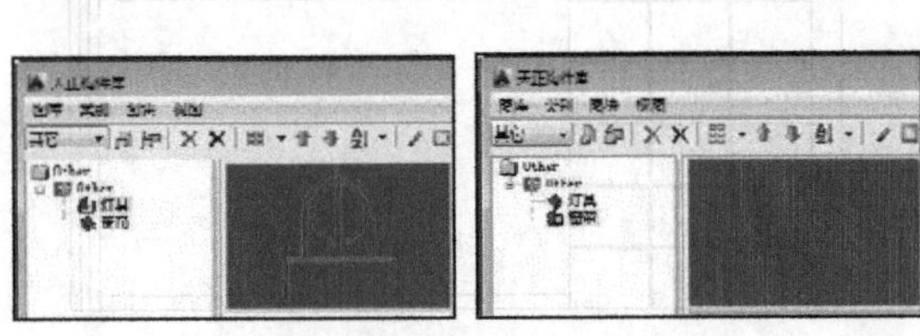

图 17-101 选择射灯、窗帘图块

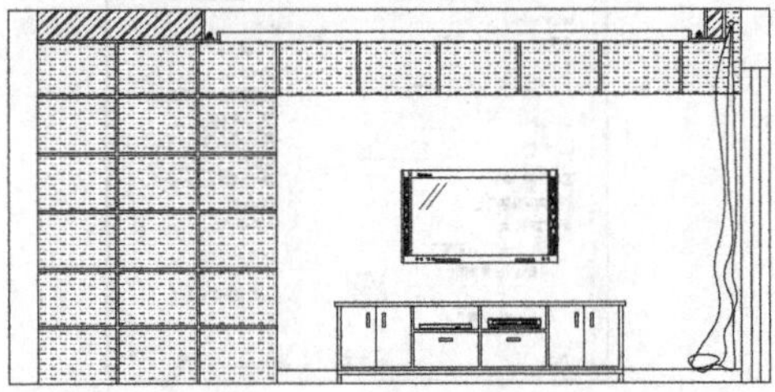

图 17-102 布置结果

17 填充艺术墙纸图案。调用 H“图案填充”命令，弹出“图案填充和渐变色”对话框，设置参数如图 17-103 所示。

18 在对话框中单击“添加：拾取点”按钮，在绘图区中点取填充区域；按 Enter 键返回“图案填充和渐变色”对话框，单击“确定”按钮，关闭对话框，即可完成图案填充操作，结果如图 17-104 所示。

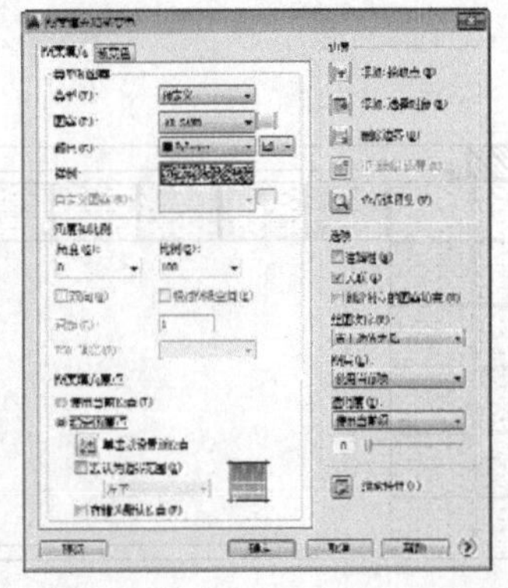

图 17-103 “图案填充和渐变色”对话框

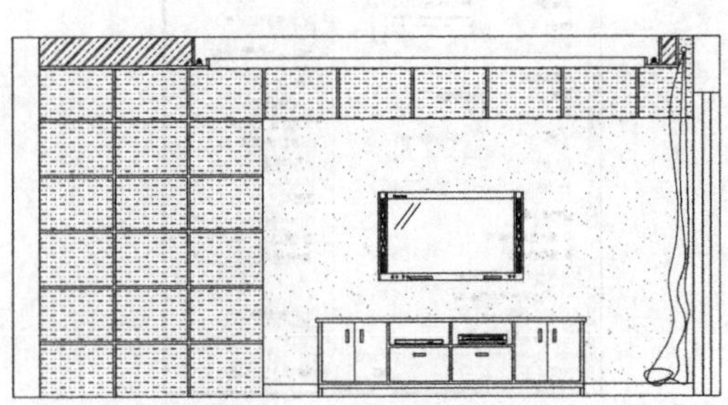

图 17-104 填充艺术墙纸图案

19 尺寸标注。在命令行中输入 ZDBZ 命令按 Enter 键，在绘图区中分别指定标注的起点和终点，绘制尺寸标注的结果如图 17-105 所示。

20 材料标注。执行 JTYZ 命令按 Enter 键，弹出“箭头引注”对话框，设置参数如图 17-106 所示。

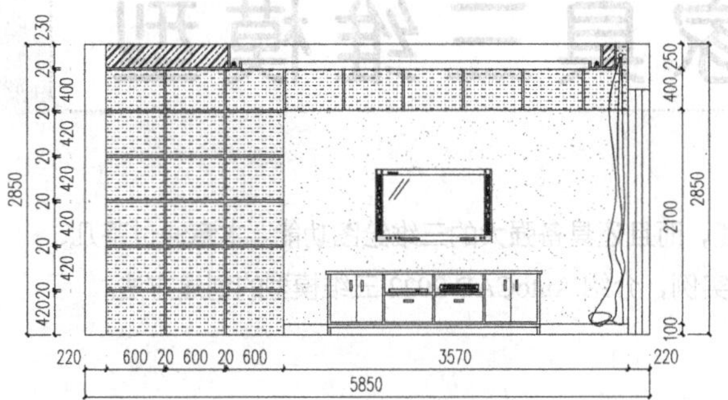

图 17-105　尺寸标注

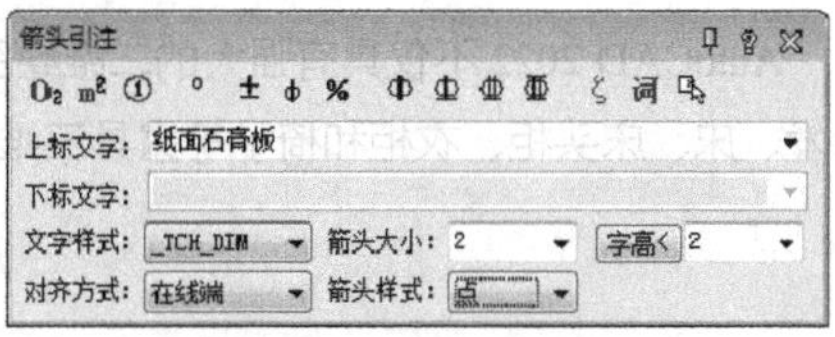

箭头引注

上标文字：纸面石膏板

下标文字：

文字样式：_TCH_DIM　箭头大小：2　字高<　2

对齐方式：在线端　箭头样式：点

图 17-106　“箭头引注”对话框

21 在绘图区中指定标注的各点，绘制箭头引注的结果如图 17-107 所示。

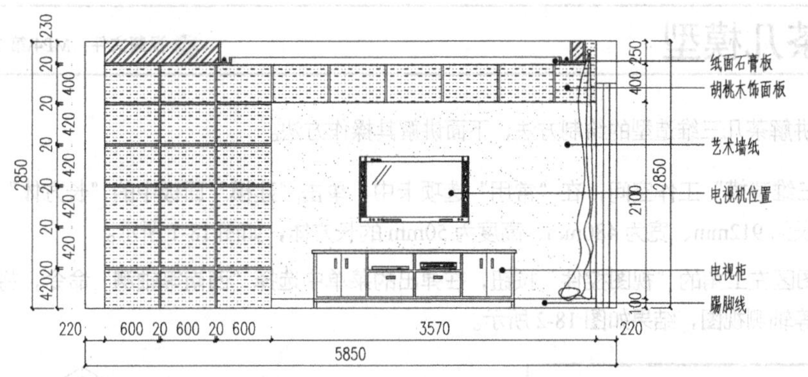

图 17-107　材料标注

22 图名标注。执行“符号标注”|“图名标注”命令，在弹出的“图名标注”对话框中设置参数；在绘图区中点取图名标注的插入点，绘制图名标注的结果如图 17-108 所示。

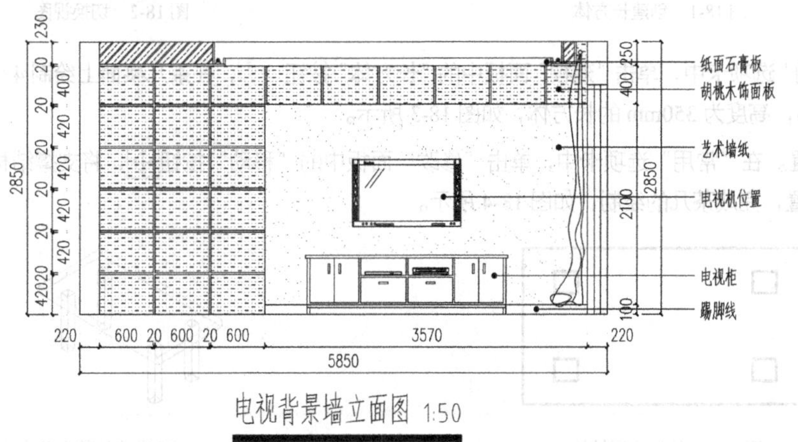

图 17-108　图名标注

第 18 章　绘制家具三维模型

AutoCAD 2022 不仅具有强大的二维绘图功能，而且还具备强大的三维绘图功能。本章通过茶几、沙发、床、床头柜、衣柜和椅子等家具三维模型实例，介绍 AutoCAD 2022 三维模型的创建方法。

214 茶几模型

视频文件：MP4\第 18 章\214.MP4

本实例讲解茶几三维造型的绘制方法，下面讲解其操作方法。

01 进入“三维建模”工作空间，在“常用”选项卡中，单击“建模”面板中的“长方体”按钮，创建一个长为 912mm、宽为 480mm、高度为 50mm 的长方体，如图 18-1 所示。

02 单击绘图区左上角的“视图控件”按钮，在弹出的菜单中选择“西南等轴测”命令，将当前视图切换为西南等轴测视图，结果如图 18-2 所示。

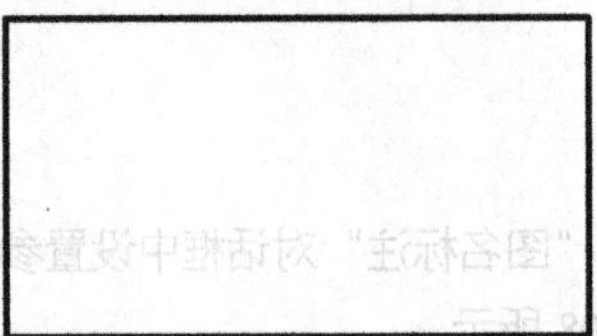

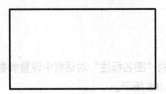

图 18-1　创建长方体

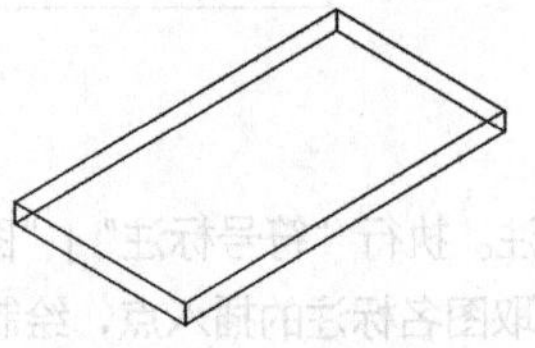

图 18-2　切换视图

03 在“常用”选项卡中，单击“建模”面板中的“长方体”按钮，在茶几桌面上绘制 4 个长度为 50mm×50mm，高度为 350mm 的长方体，如图 18-3 所示。

04 调整位置。在“常用”选项卡中，单击“修改”面板中的“移动”按钮，将支撑结构移动到桌面合适的位置，完成茶几的绘制，如图 18-4 所示。

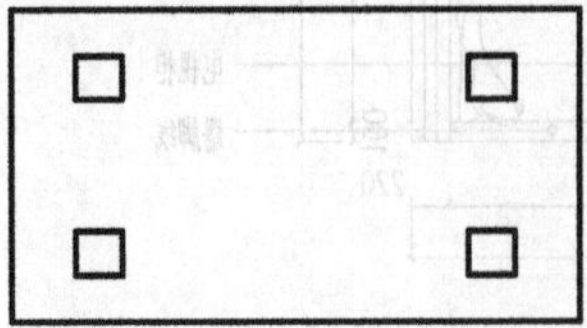

图 18-3　绘制支撑结构

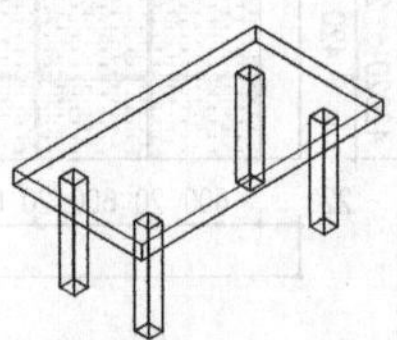

图 18-4　创建完成的茶几三维造型

215 沙发模型

视频文件：MP4\第 18 章\215.MP4

如图 18-5 所示为沙发侧视尺寸图和沙发模型创建完成效果。

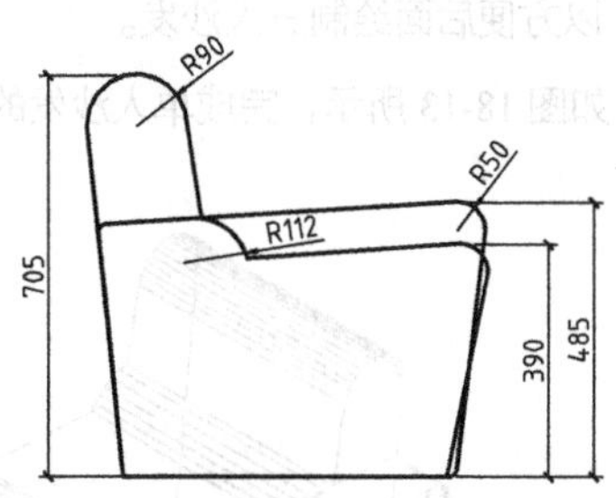

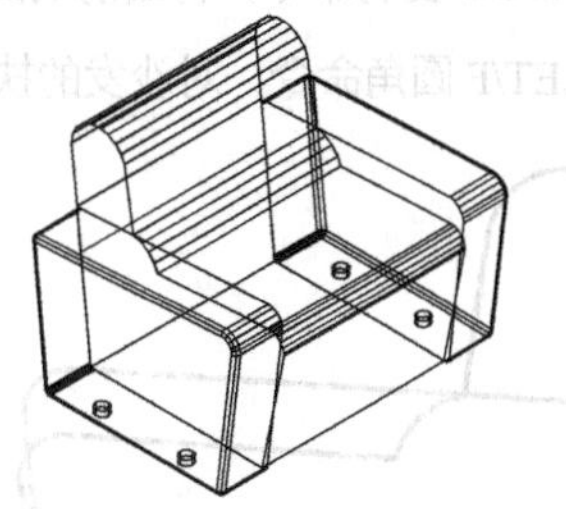

图 18-5　沙发侧视尺寸图和沙发模型

01 打开配套素材“第 17 章\沙发.dwg”文件。

02 调用 PLINE/PL 多段线命令，绘制多段线。

03 调用 BOUNDARY/BO 创建封闭边界命令，利用“拾取点”建立多段线的边界，产生新的多段线。

04 单击绘图区左上角的“视图控件”按钮，在弹出的菜单中选择“西南等轴测”命令，将当前视图切换为西南等轴测视图，结果如图 18-6 所示。

05 调用 EXTRUDE 拉伸命令，对沙发扶手进行拉伸，拉伸高度为 160mm，如图 18-7 所示。

06 继续调用 EXTRUDE 拉伸命令，对椅背进行拉伸，拉伸的高度为-620mm，如图 18-8 所示。

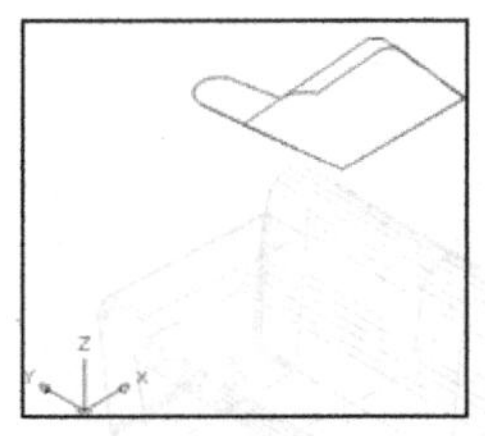

图 18-6　切换视图

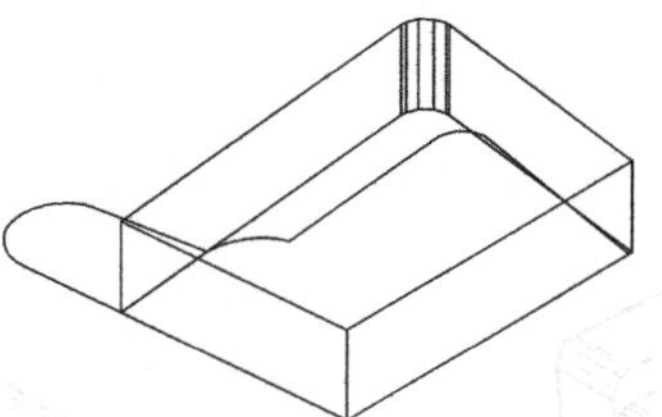

图 18-7　拉伸扶手

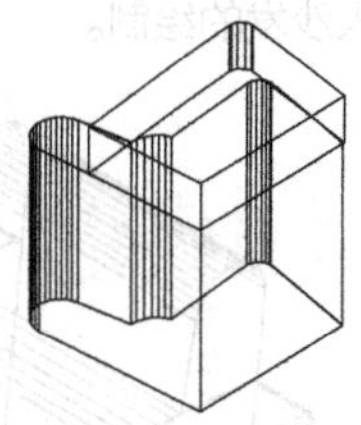

图 18-8　拉伸椅背

07 调用 ROTATE3D 三维命令，将绘制的图形旋转至正确位置，效果如图 18-9 所示。

08 调用 ROTATE/RO 旋转命令，再将图形旋转-90º，如图 18-10 所示。

09 调用 CYLINDER 圆柱体命令，绘制圆柱体，表示脚垫，并复制到其他位置，如图 18-11 所示。

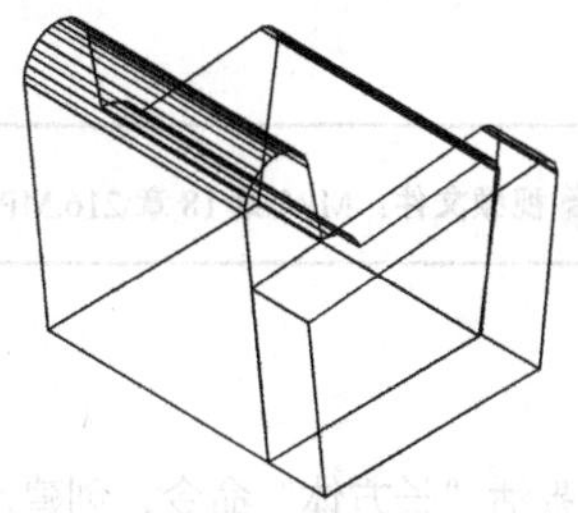

图 18-9　三维旋转

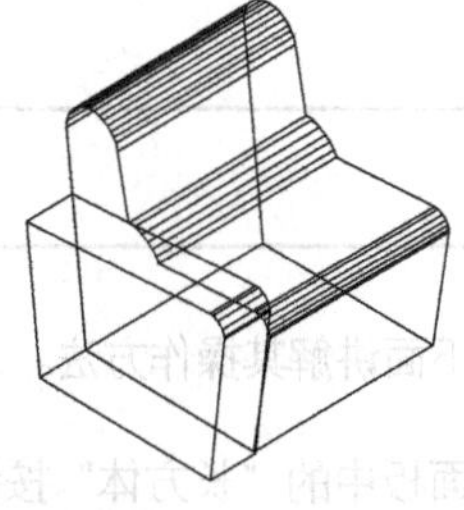

图 18-10　旋转

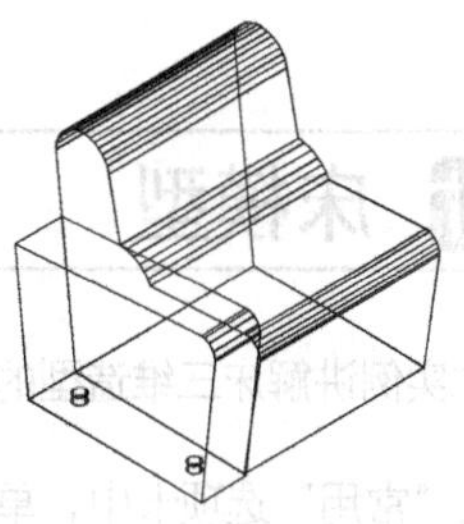

图 18-11　绘制脚垫

10 单击绘图区左上角的“视图控件”按钮，在弹出的菜单中选择“左视”命令，将当前视图切换为左视图，将脚垫移动到相应的位置，结果如图 18-12 所示。

11 单击绘图区左上角的“视图控件”按钮，在弹出的菜单中选择“西南等轴测”命令，将当前视图切换为西南等轴测视图。

12 调用 COPY/CO 复制命令，将当前的图形复制一份，以方便后面绘制三人沙发。

13 调用 FILLET/F 圆角命令，对沙发的扶手进行圆角，如图 18-13 所示，完成单人沙发的绘制。

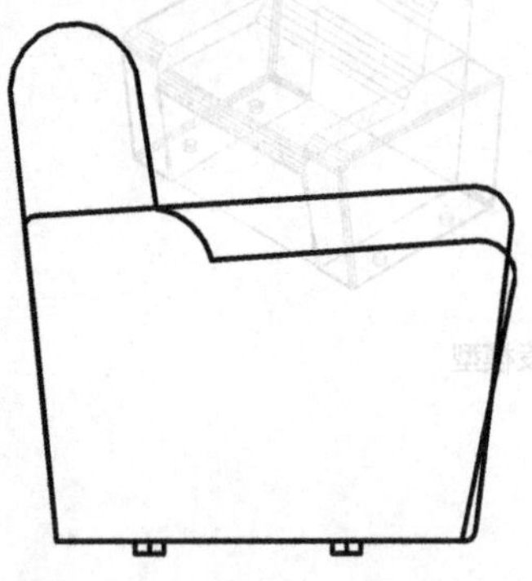

图 18-12　移动脚垫

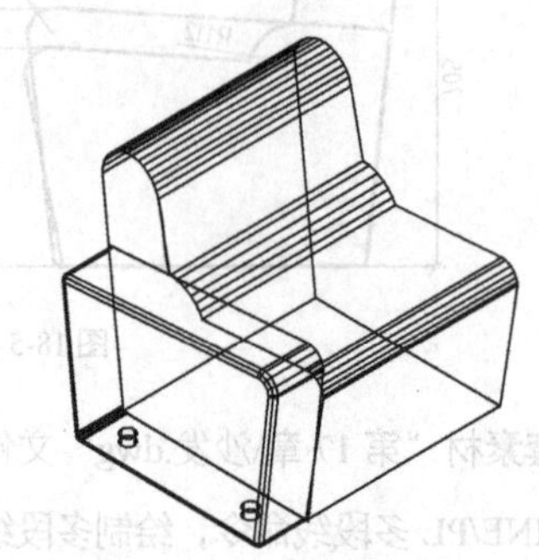

图 18-13　圆角

14 调用 MIRROR3D 三维镜像命令，将沙发的脚垫和扶手镜像到另一侧，效果如图 18-14 所示，完成单人沙发的绘制。

15 绘制三人沙发。单击绘图区左上角的“视图控件”按钮，在弹出的菜单中选择“仰视”命令，将当前视图切换为仰视图，对沙发进行复制，将扶手和脚垫移动到相应的位置，结果如图 18-15 所示，完成三人沙发的绘制。

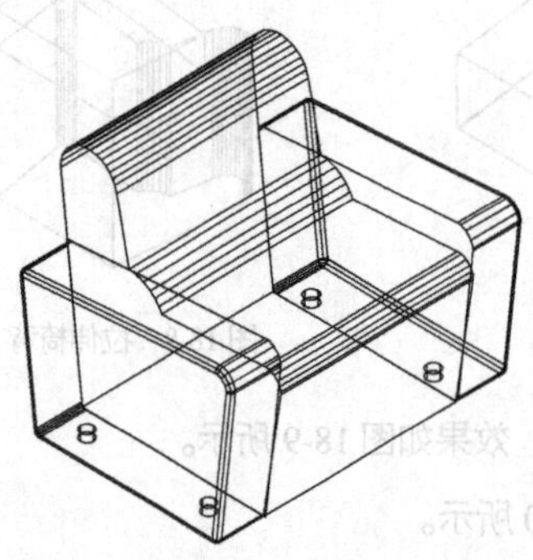

图 18-14　镜像脚垫和扶手

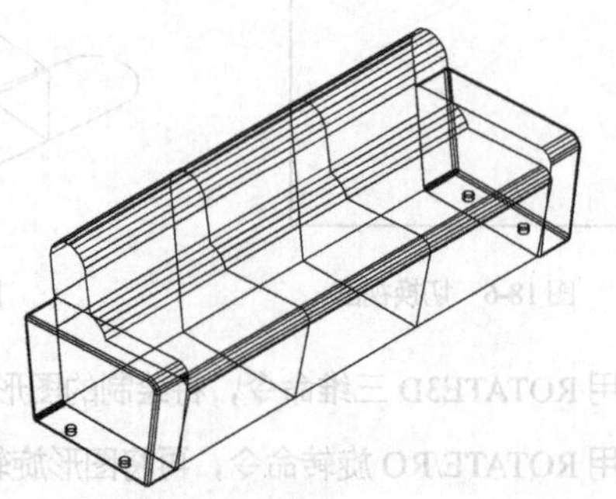

图 18-15　创建完成的三人沙发模型

216 床模型

视频文件：MP4\第 18 章\216.MP4

本实例讲解床三维造型的绘制方法，下面讲解其操作方法。

01 在“常用”选项卡中，单击“建模”面板中的“长方体”按钮，激活“长方体”命令，创建尺寸长为 1800mm、宽为 1500mm、高为 250mm 的长方体，如图 18-16 所示。

02 单击绘图区左上角的“视图控件”按钮，在弹出的菜单中选择“西南等轴测”命令，将当前视图切换为西南等轴测视图，结果如图 18-17 所示。

03 调用 COPY/CO 复制命令，将刚创建的长方体进行复制，结果如图 18-18 所示。

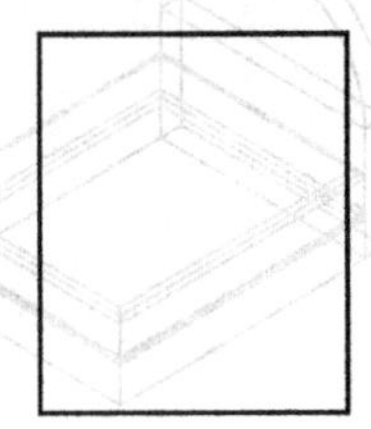

图 18-16 创建长方体

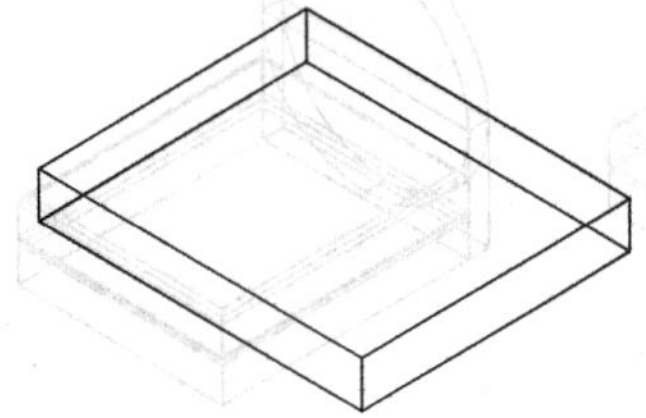

图 18-17 切换视图

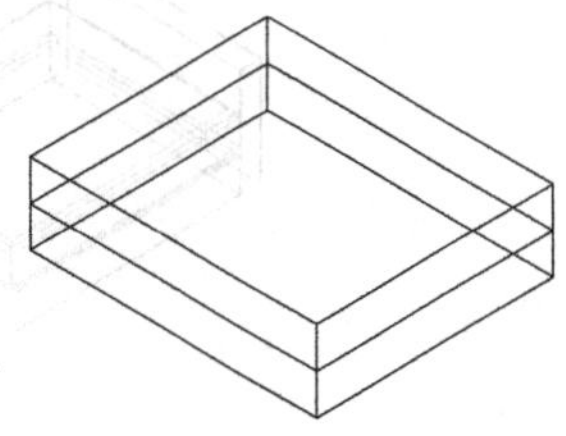

图 18-18 复制长方体

04 在无命令执行的前提下选择复制的长方体，使其呈现夹点显示，如图 18-19 所示。

05 单击最上侧的小三角夹点，进入夹点拉伸模式，然后垂直向下移动光标，输入“50”，按空格键，对其进行夹点拉伸，将长方体厚度减少 50mm，结果如图 18-20 所示。

06 调用 FILLET/F 圆角命令，对夹点拉伸后的长方体进行圆角处理，结果如图 18-21 所示。

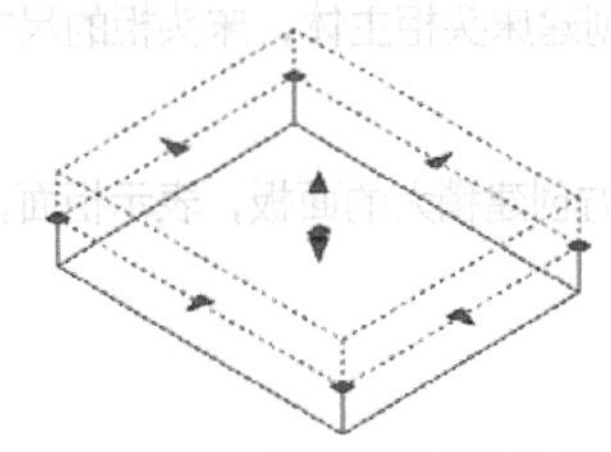

图 18-19 夹点显示

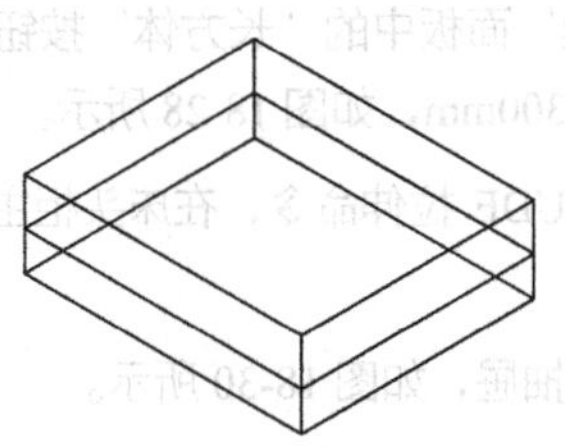

图 18-20 夹点拉伸

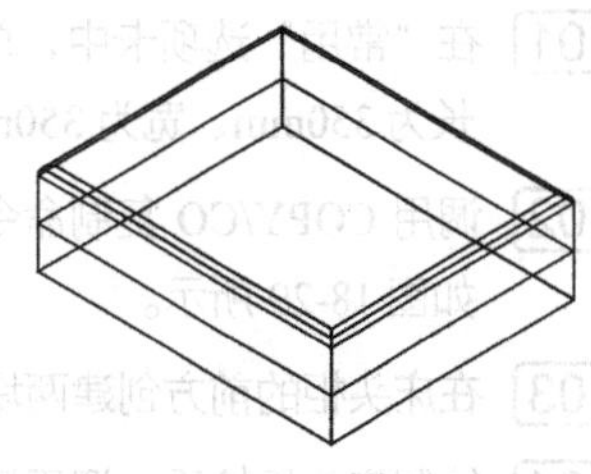

图 18-21 圆角结果

07 重复执行【圆角】命令，分别选择下底面的棱边，如图 18-22 所示。对其进行圆角操作，结果如图 18-23 所示。

08 在“常用”选项卡中，单击“建模”面板中的“长方体”按钮，配合端点捕捉功能，创建尺寸长为 1500mm、宽为 120mm、高为 800mm 的长方体，如图 18-24 所示。

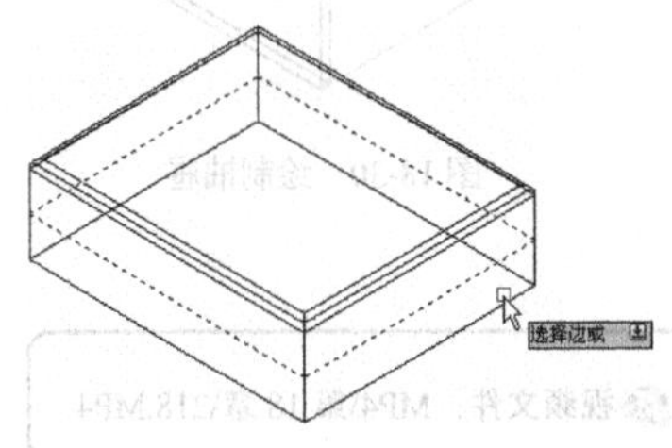

图 18-22 选择下底面的棱边

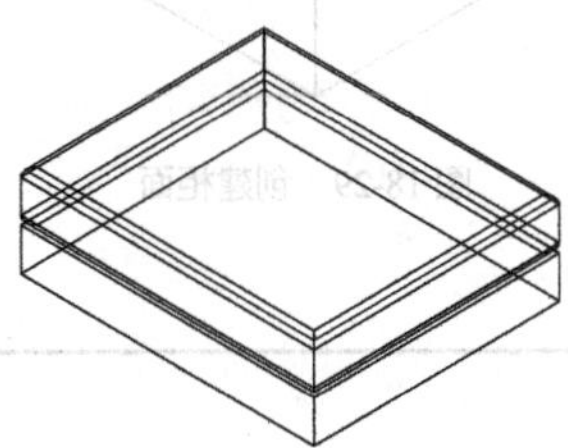

图 18-23 圆角结果

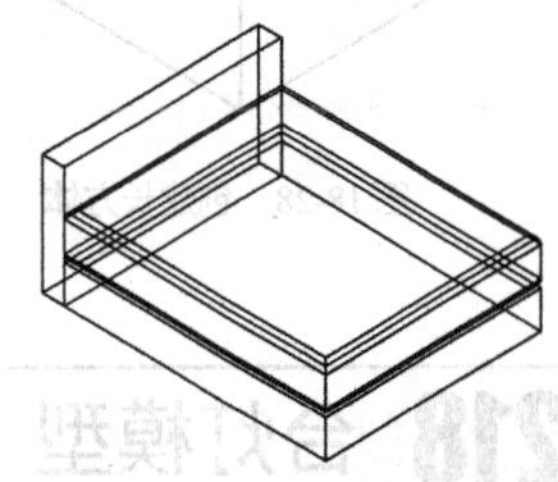

图 18-24 创建结果

09 在“常用”选项卡中，单击“坐标”面板中的 X 按钮，将当前坐标系统绕 X 轴旋转 90°，结果如图 18-25 所示，以方便创建下面的模型。

10 在“常用”选项卡中，单击“建模”面板中的“圆柱体”按钮，创建圆柱体造型，结果如图 18-26 所示。

11 在“常用”选项卡中，单击“实体编辑”面板中的“剖切”按钮，对刚才创建的圆柱体进行剖切，如图 18-27 所示。床模型创建完成。

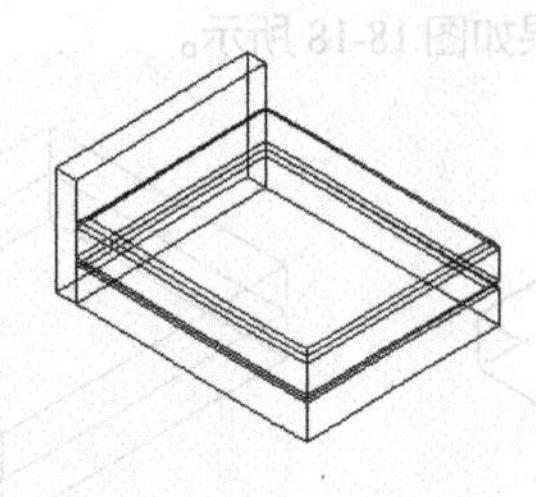

图 18-25 旋转坐标系

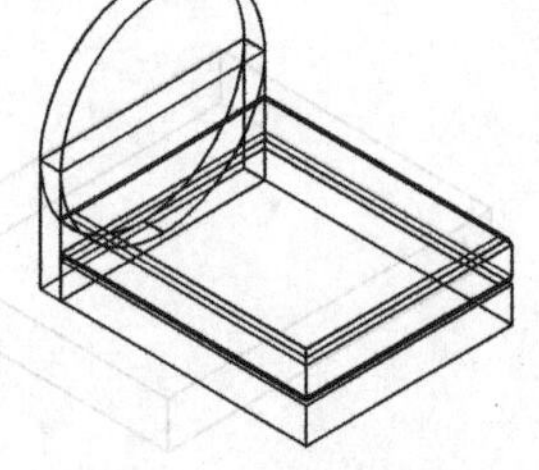

图 18-26 创建结果

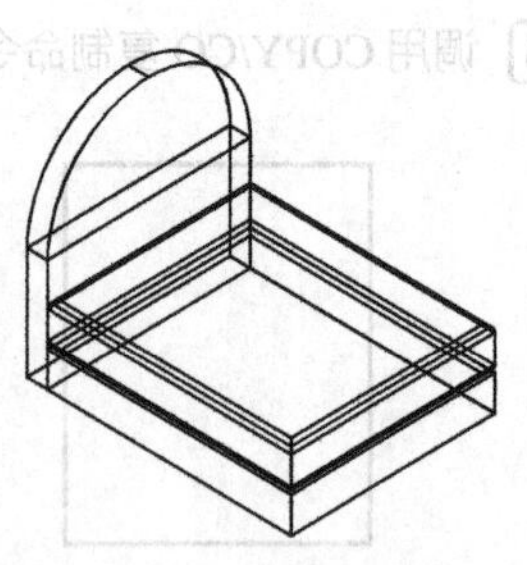

图 18-27 剖切结果

217 床头柜

视频文件：MP4\第 18 章\217.MP4

本实例讲解床头柜三维造型的绘制方法，下面讲解其操作方法。

01 在“常用”选项卡中，单击“建模”面板中的“长方体”按钮，创建床头柜主体，床头柜的尺寸长为 350mm、宽为 350mm、高为 300mm，如图 18-28 所示。

02 调用 COPY/CO 复制命令和 EXTRUDE 拉伸命令，在床头柜主体的上方创建稍大的面板，表示柜面，如图 18-29 所示。

03 在床头柜的前方创建两块面板表示抽屉，如图 18-30 所示。

04 绘制床头柜拉手。调用椭圆命令，绘制床头柜拉手并对椭圆进行拉伸，床头柜绘制完成。

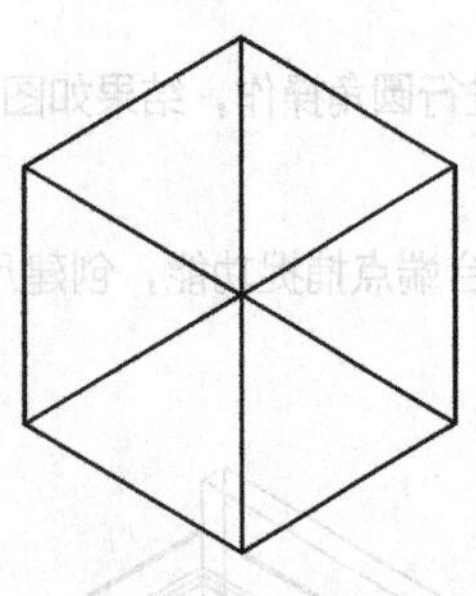

图 18-28 创建长方体

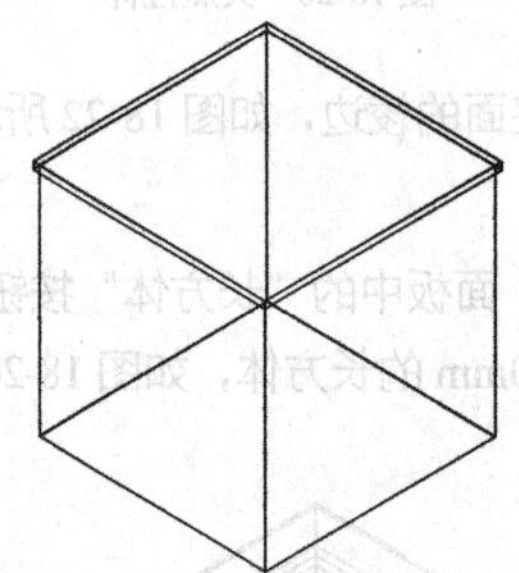

图 18-29 创建柜面

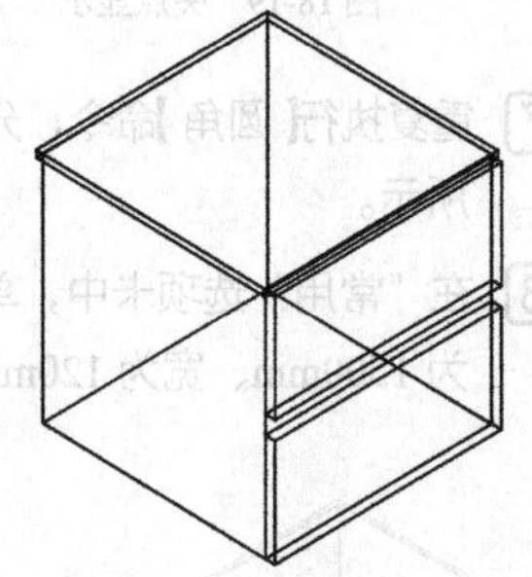

图 18-30 绘制抽屉

218 台灯模型

视频文件：MP4\第 18 章\218.MP4

本实例讲解台灯三维造型的绘制方法，下面讲解其操作方法。

01 按 Ctrl+O 快捷键，打开配套素材中“第 18 章\台灯.dwg”，如图 18-31 所示。在命令行中分别输入“Surftab1”和“Surftab2”，把当前的 Surftab 的值都设置为 45。

02 在“网格”选项卡中，单击“图元”面板中的“旋转曲面”按钮，分别选取轮廓线和旋转轴，设置旋转角度为 180°，创建如图 18-32 所示模型。

03 绘制两个半径分别为 120mm 和 60mm 的同心圆，并将大圆沿 Z 轴方向移动 150mm，如图 18-33 所示。

04 在“网格”选项卡中，单击“图元”面板中的“直纹曲面”按钮 ，创建灯罩模型。

05 对创建的图形进行移动，组合得到台灯模型，如图 18-34 所示。

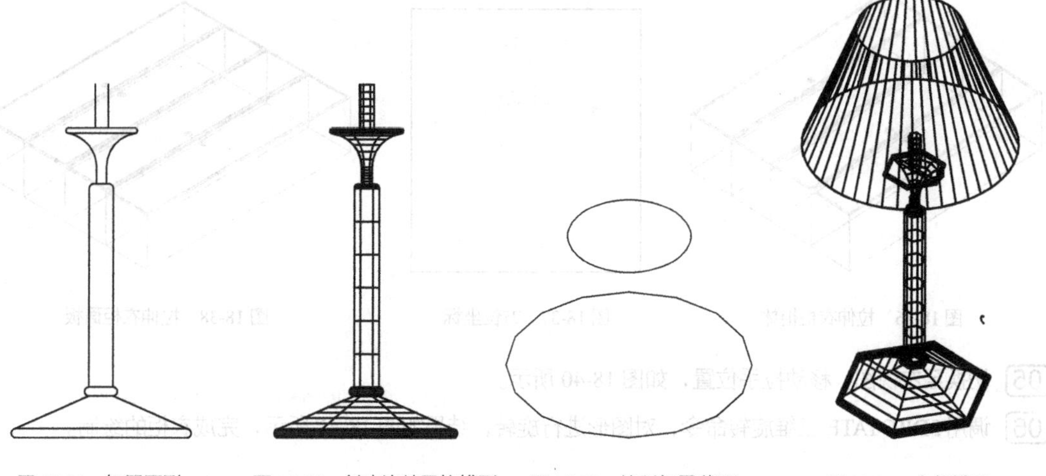

图 18-31　打开图形　　图 18-32　创建旋转网格模型　　图 18-33　绘制灯罩截面　　图 18-34　台灯模型

> **提示**　“Surftab1”和“Surftab2”控制着曲面模型的光滑程度，其值越大，所生成曲面模型的表面就越光滑，其值越小，所生成的曲面模型的表面就越粗糙。

219 衣柜模型

视频文件：MP4\第 18 章\219.MP4

衣柜立面图和创建的衣柜模型如图 18-35 所示。

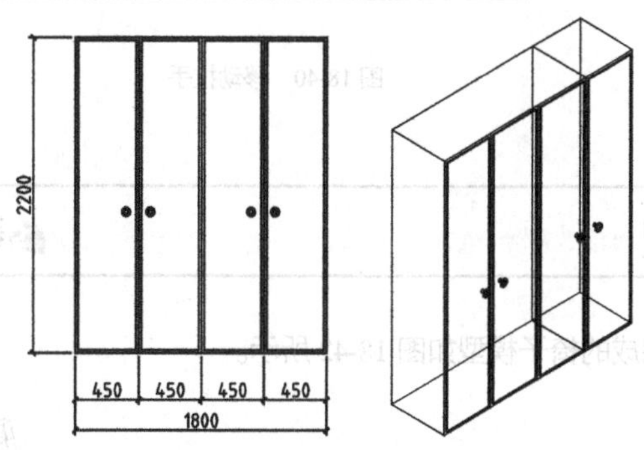

图 18-35　衣柜立面图和衣柜模型

01 按 Ctrl+O 快捷键，打开配套素材“第 18 章\衣柜.dwg”文件。

02 调用 EXTRUDE 拉伸命令，对衣柜柜体拉伸 500mm，单击绘图区左上角的“视图控件”按钮，在弹出的菜单中选择“西南等轴测”命令，将当前视图切换为西南等轴测视图，结果如图 18-36 所示。

> **提示**　除了选择菜单命令观察拉伸后的图形外，还可以使用 WCS 坐标直接观察。方法是按住 Alt 键，单击坐标，通过移动鼠标来观察，如图 18-37 所示。

03 继续调用 EXTRUDE 拉伸命令，对衣柜面板拉伸 10mm，如图 18-38 所示。

04 对衣柜拉手分别拉伸 25 和-35，效果如图 18-39 所示。

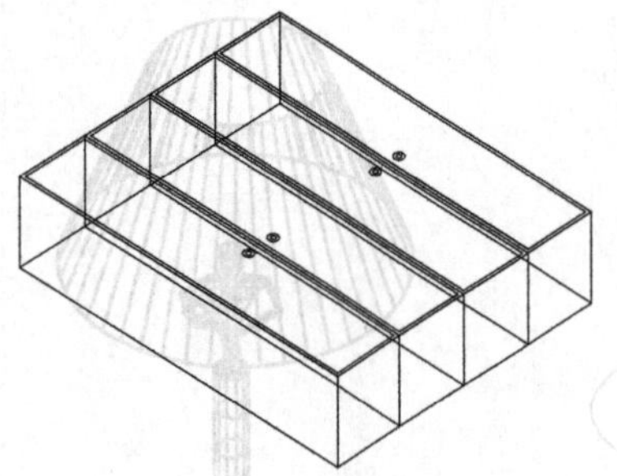

图 18-36　拉伸衣柜柜体

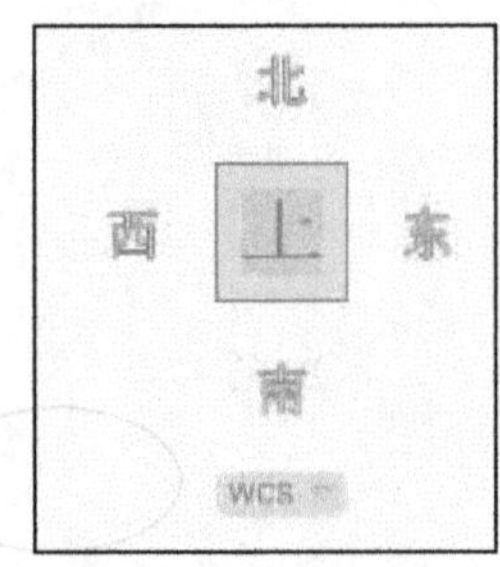

图 18-37　方位坐标

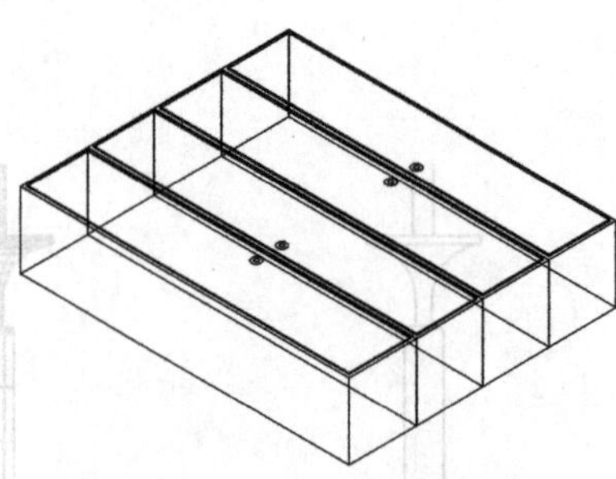

图 18-38　拉伸衣柜面板

05 切换至左视图，移动拉手位置，如图 18-40 所示。

06 调用 3DROTATE 三维旋转命令，对图形进行旋转，结果如图 18-41 所示，完成衣柜的绘制。

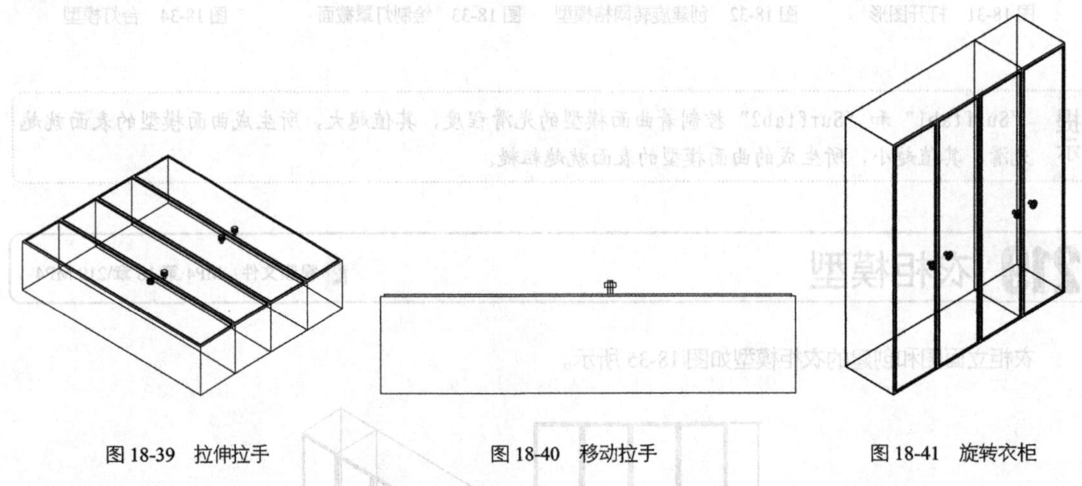

图 18-39　拉伸拉手　　图 18-40　移动拉手　　图 18-41　旋转衣柜

220 椅子模型

视频文件：MP4\第 18 章\220.MP4

椅子的侧视图和创建完成的椅子模型如图 18-42 所示。

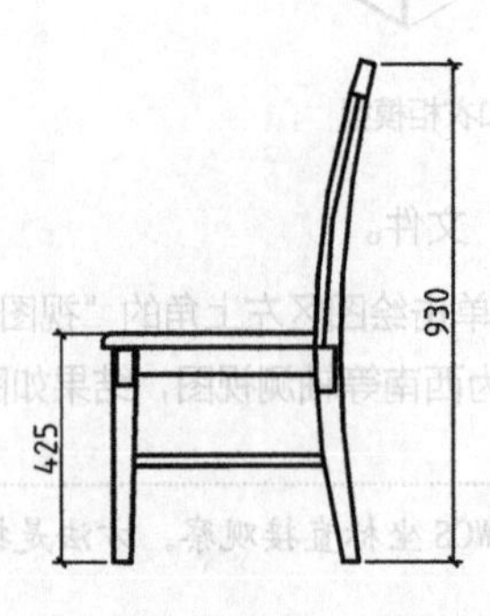

图 18-42　椅子的侧视图和椅子模型

01 打开配套素材“第18章\椅子.dwg”文件。

02 调用 BOUNDARY/BO 创建封闭边界命令，建立各对象的闭合区域。

03 单击绘图区左上角的“视图控件”按钮，在弹出的菜单中选择“西南等轴测”命令，将当前视图切换为西南等轴测视图，结果如图18-43所示。

04 调用 EXTRUDE 拉伸命令，拉伸椅脚和搁板，拉伸的高度为30mm，如图18-44所示。

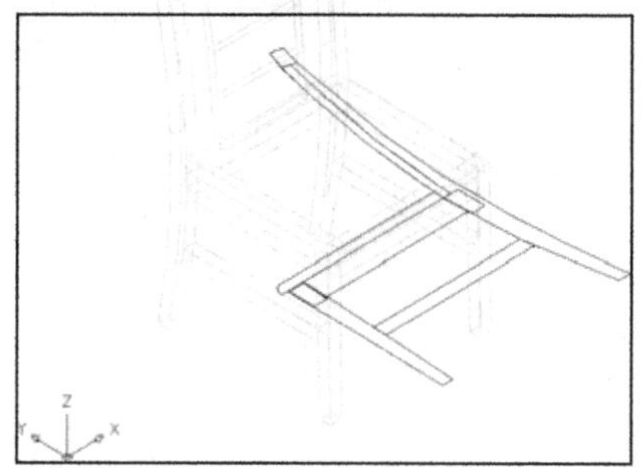

图18-43 切换视图

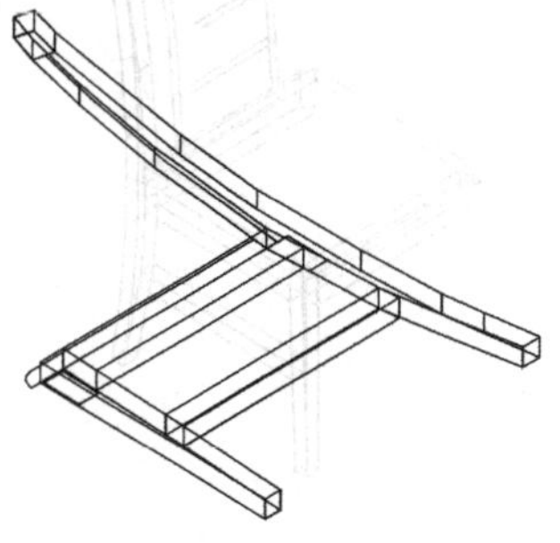

图18-44 拉伸椅脚和搁板

05 继续调用 EXTRUDE 拉伸命令，拉伸高度为-390mm，得到如图18-45所示效果。

06 拉伸椅背，拉伸的高度为-240mm，如图18-46所示。

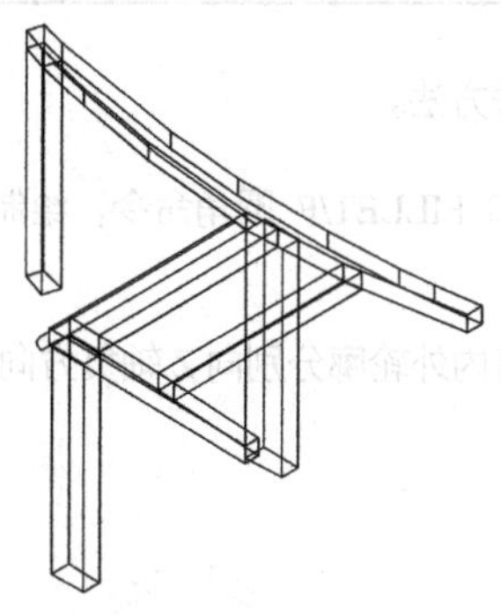

图18-45 拉伸

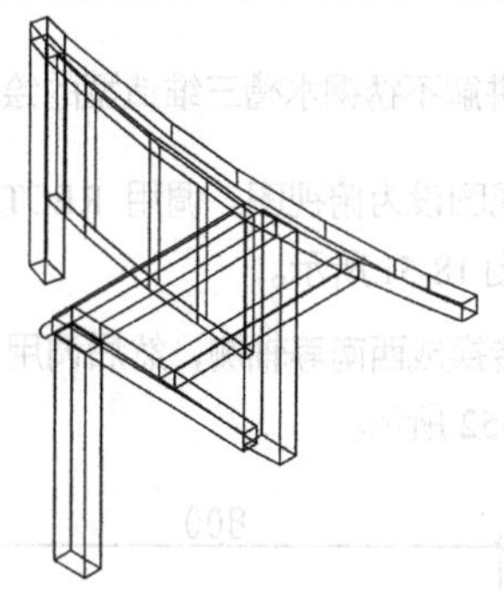

图18-46 拉伸椅背

07 调用 MOVE/M 移动命令，将椅背移动到中间的位置，如图18-47所示。

08 调用 EXTRUDE 拉伸命令，拉伸椅子的坐垫，拉伸高度为-390mm，如图18-48所示。

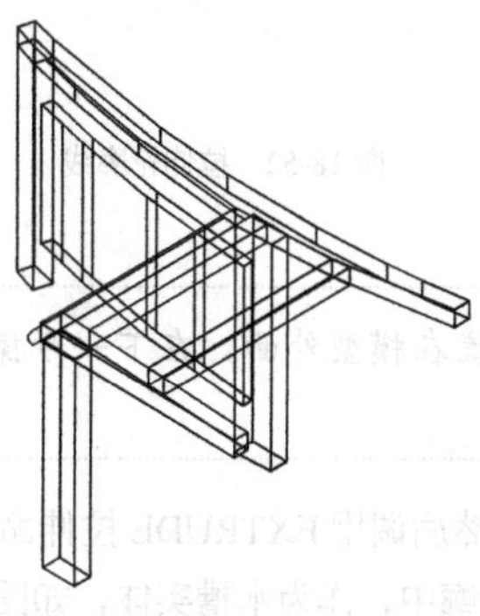

图18-47 移动椅背

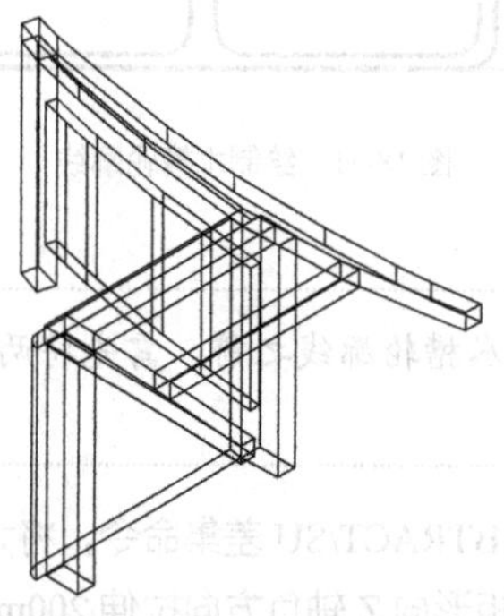

图18-48 拉伸坐垫

09 调用 3DROTATE 三维旋转命令，将椅子图形进行旋转，如图 18-49 所示。

10 调用 MIRROR/MI 镜像命令，对椅脚进行镜像，如图 18-50 所示，完成椅子的绘制。

图 18-49　旋转椅子

图 18-50　镜像椅脚

221 不锈钢水槽模型

视频文件：MP4\第 18 章\221.MP4

本实例讲解不锈钢水槽三维造型的绘制方法，下面讲解其操作方法。

01 将当前视图设为俯视图。调用 RECTANGLE/REC 矩形命令和 FILLET/F 圆角命令，绘制出水槽轮廓线，如图 18-51 所示。

02 将视图转换成西南等轴测，然后调用 EXTRUDE 拉伸命令，将内外轮廓分别向 Z 轴负方向拉伸 5mm，如图 18-52 所示。

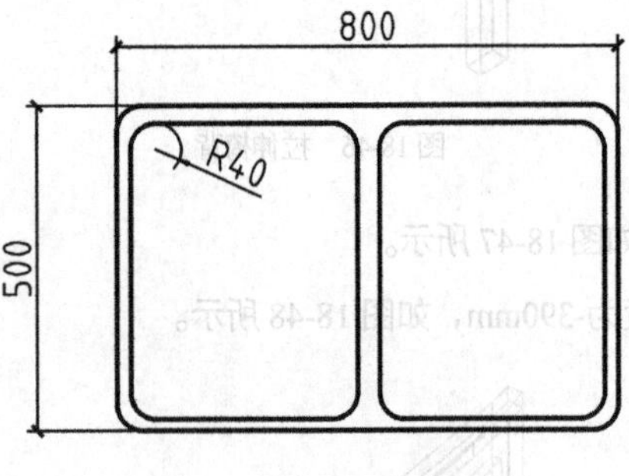

图 18-51　绘制水槽轮廓线

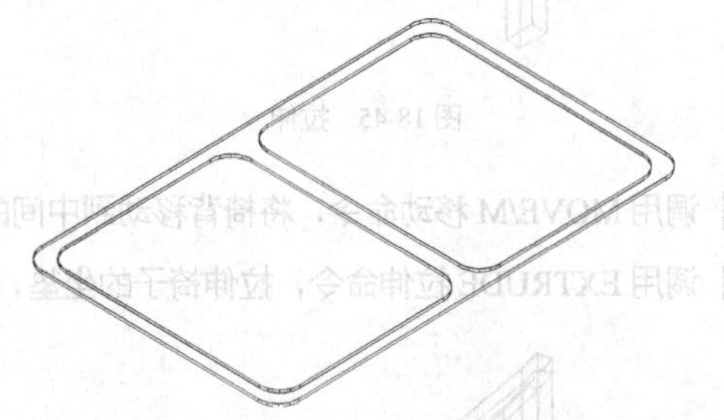

图 18-52　拉伸轮廓线

提示 在拉伸水槽轮廓线之前，需先将两个小矩形复制一份，放置在模型外面，在下一步操作中将会用到。

03 调用 SUBTRACT/SU 差集命令，将大轮廓减去两个小轮廓。然后调用 EXTRUDE 拉伸命令，将复制出的两个矩形向 Z 轴负方向拉伸 200mm，并将其移至到水槽轮廓中，作为水槽实体，如图 18-53 所示。

04 调用 SOLIDEDIT 抽壳命令，将水槽实体进行抽壳，抽壳偏移的距离为 5mm，如图 18-54 所示。

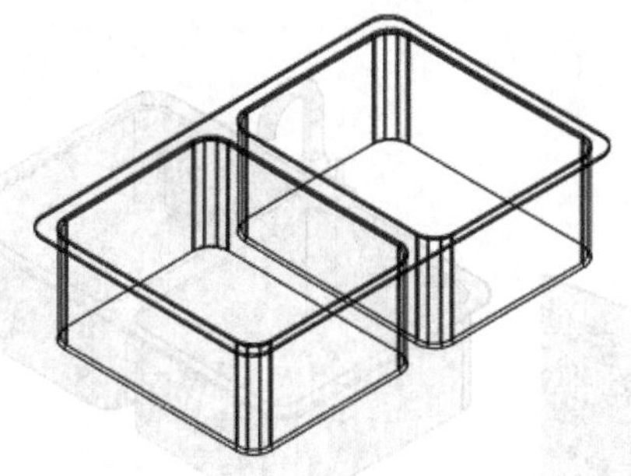

图 18-53　拉伸复制后的水槽实体

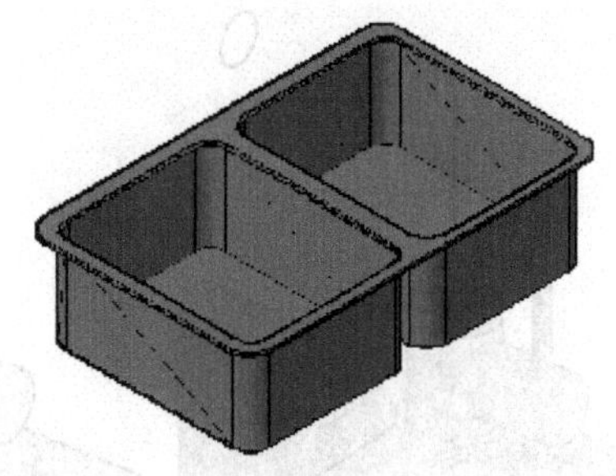

图 18-54 抽壳水槽实体

05 将视图设置为俯视图，执行“圆柱体”命令，绘制一个半径为 25mm，高为 60mm 的圆柱体，作为水龙头，如图 18-55 所示。

06 将视图设为左视图，继续执行“圆柱体”命令，绘制一个半径为 20mm，高为 60mm 的圆柱体，如图 18-56 所示。

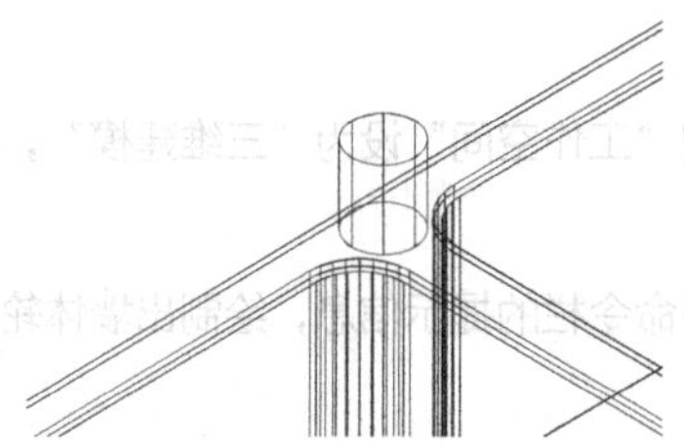

图 18-55　绘制水龙头

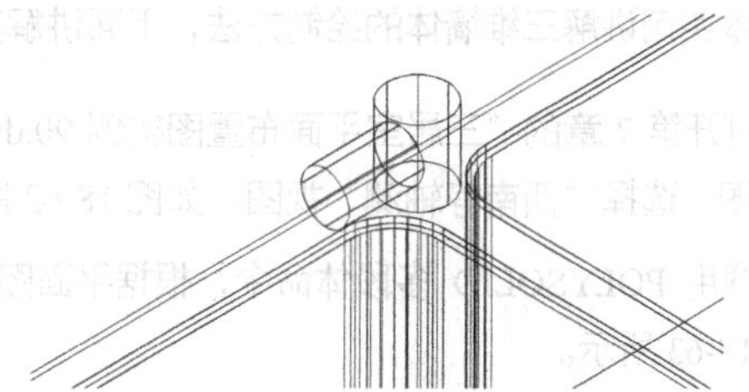

图 18-56　绘制水龙头轮廓

07 将视图转换成俯视图，然后继续执行“圆柱体”命令，绘制一个半径为 5mm，高为 50mm 的圆柱体，作为水龙头开关，如图 18-57 所示。

08 调用 CIRCLE/C 圆命令，在第一个圆柱体上绘制一个半径为 25mm 的圆。并调用 EXTRUDE 拉伸命令，将其倾斜 20º，拉伸高度为 20mm，如图 18-58 所示。

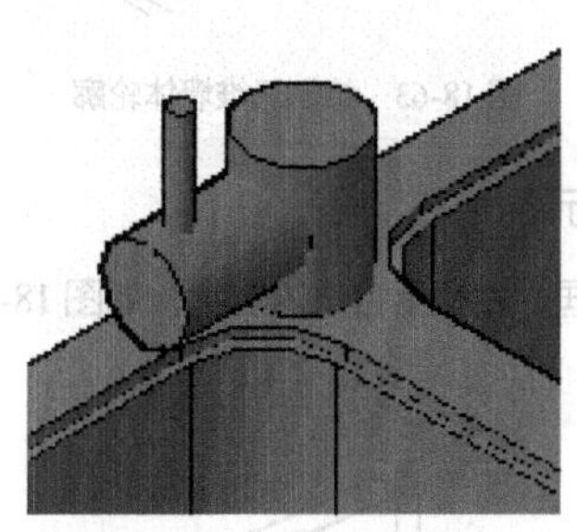

图 18-57 绘制水龙头开关

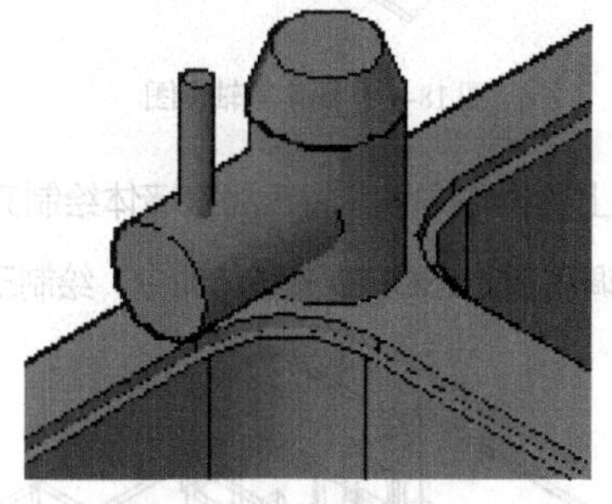

图 18-58　倾斜拉伸圆柱

09 将视图设为左视图，并调用 PLINE/PL 多段线命令，绘制水管轮廓线。然后将视图设为西南等轴测，并调用 CIRCLE/C 圆命令，绘制半径为 15mm 的圆，如图 18-59 所示。

10 调用 SWEEP 扫掠命令，将水管轮廓线转换为实体，如图 18-60 所示，不锈钢水槽模型绘制完毕，如图 18-61 所示。

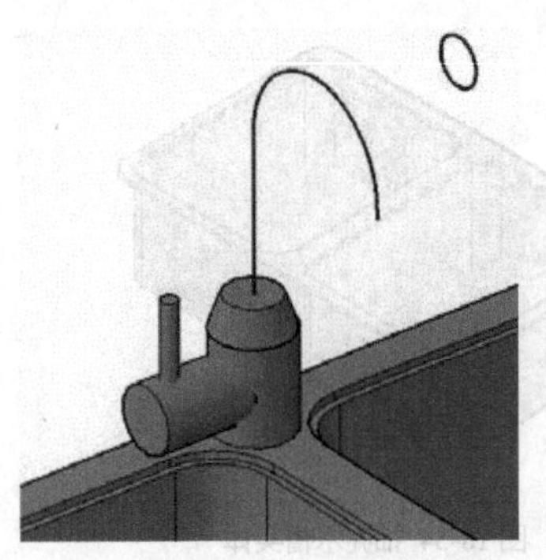
图 18-59　绘制水管轮廓线

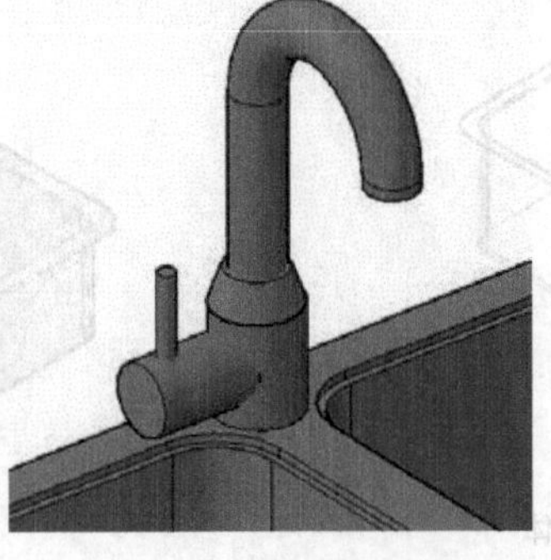
图 18-60　实体水管

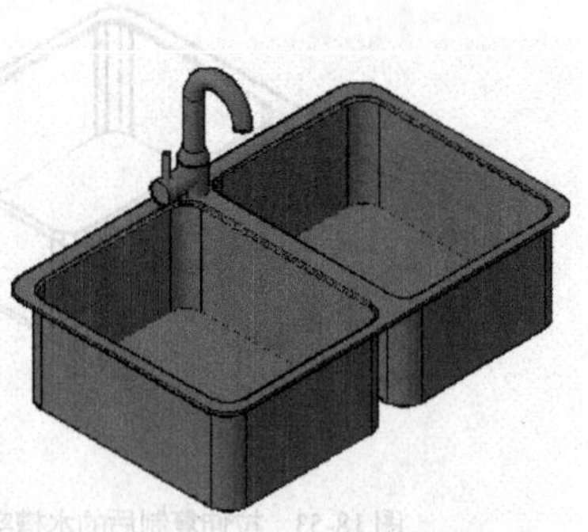
图 18-61　完成的不锈钢水槽

222 户型墙体

视频文件：MP4\第 18 章\222.MP4

本实例讲解三维墙体的绘制方法，下面讲解其操作方法。

01 打开第 7 章的“三居室平面布置图实例 90.dwg”文件，把“工作空间”设为“三维建模”，单击“视图”选择“西南等轴测”视图，如图 18-62 所示。

02 调用 POLYSOLID 多段体命令，根据平面图的尺寸并参照命令栏的提示信息，绘制出墙体轮廓，如图 18-63 所示。

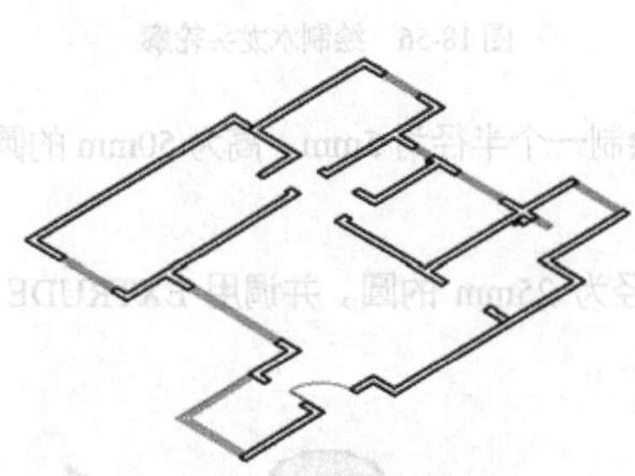
图 18-62　西南等轴测图

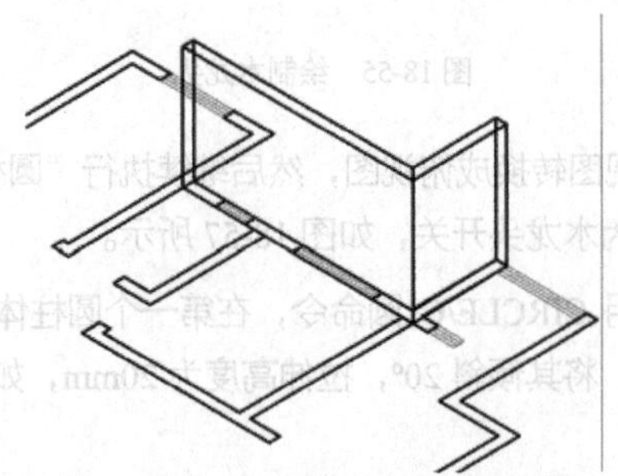
图 18-63　绘制三维墙体轮廓

03 按照上述操作方法，将三居室墙体绘制完整，如图 18-64 所示。

04 继续调用 POLYSOLID 多段体命令，绘制三居室平面图中的门框，并移至合适的位置，如图 18-65 所示。

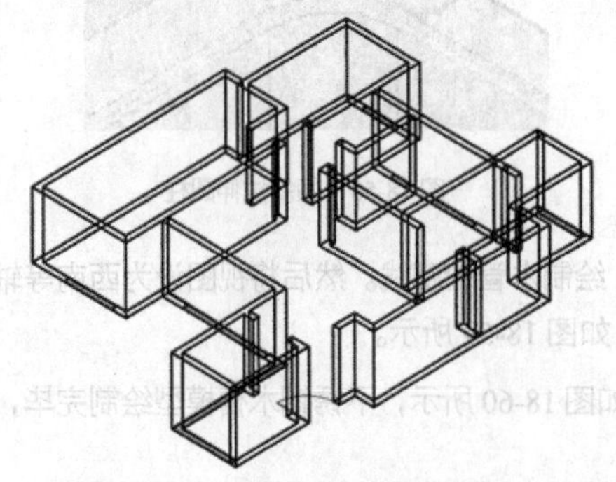
图 18-64　完成三居室外墙的绘制

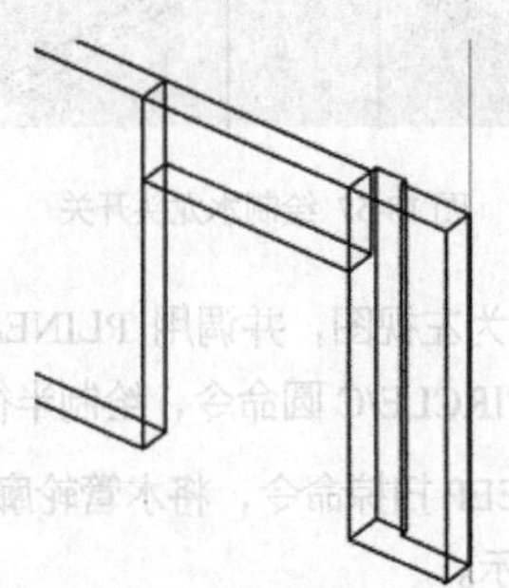
图 18-65　绘制门框

05 按照同样的方法，绘制所有的门框。并执行“并集”命令，将三维墙体和门框进行合并，如图 18-66

所示。

06 执行“长方体”命令，根据命令栏提示的信息，绘制一个长为 2310mm，宽为 270mm，高为 1500mm 的长方体，作为窗块，并移至合适的位置，如图 18-67 所示。

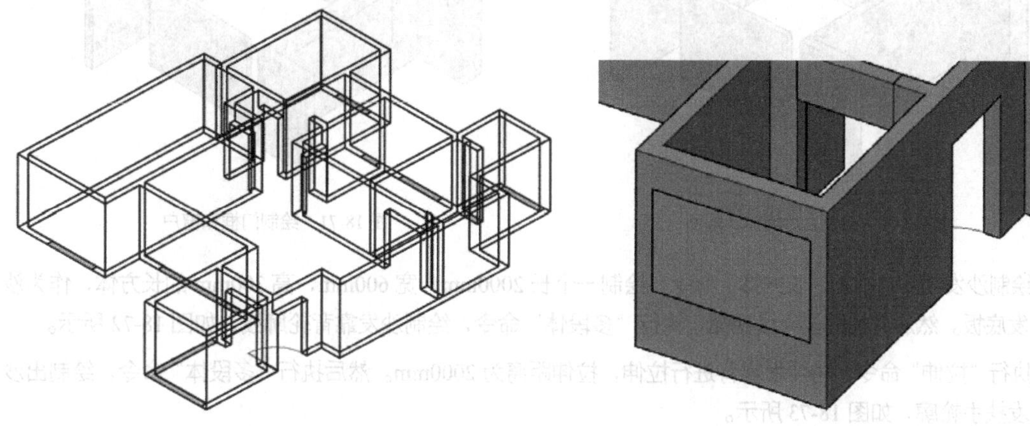

图 18-66 合并墙体和门框

图 18-67 绘制窗块

07 执行“差集”命令，将窗从墙体中减去，其结果如图 18-68 所示。

08 按照上述方法，完成房屋所有窗洞的绘制，三维墙体绘制完成，如图 18-69 所示。

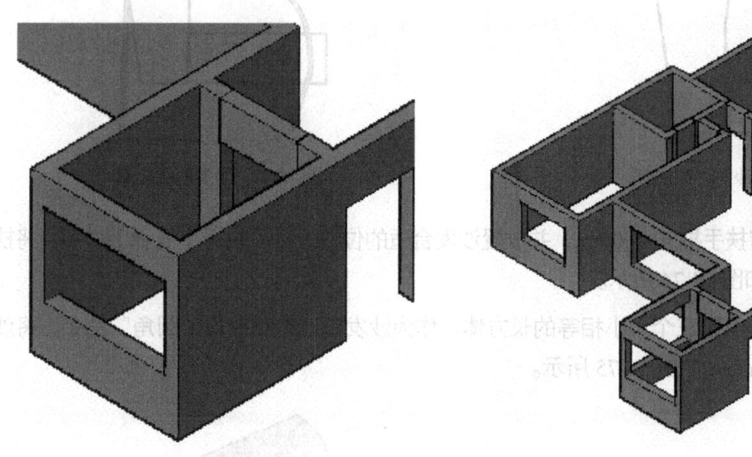

图 18-68 完成窗框

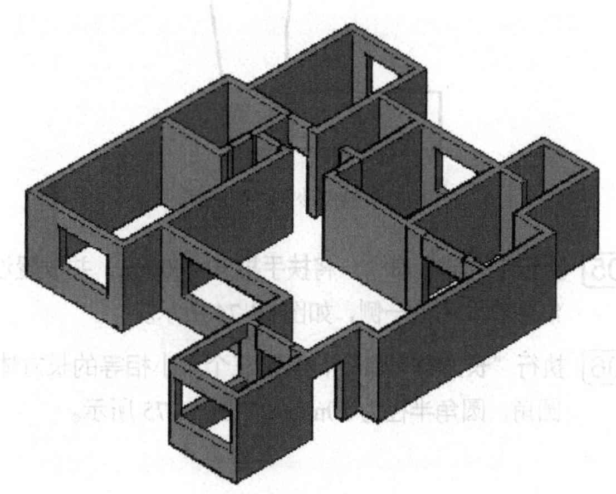

图 18-69 三维墙体绘制完成

223 三居室客厅沙发背景

视频文件：MP4\第 18 章\223.MP4

本实例讲解三维三居室客厅沙发背景的绘制方法，下面讲解其操作方法。

01 打开第 7 章的“三居室平面布置图实例 87.dwg”文件，将视图设为东南等轴测。执行“多段体”“长方体”命令，绘制客厅墙体及隔断，如图 18-70 所示。

02 执行“长方体”命令，绘制出客厅的门框和窗户，如图 18-71 所示。

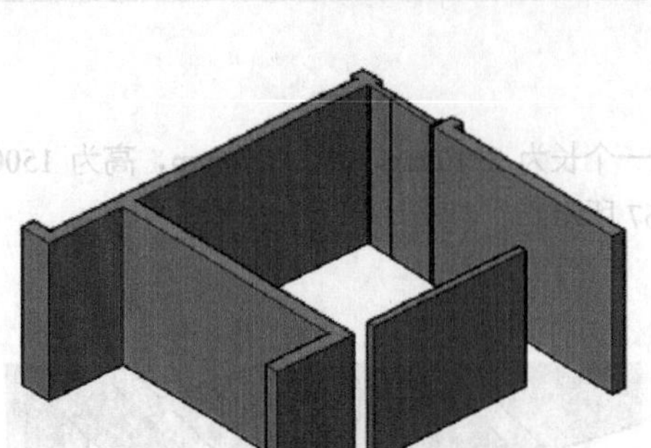
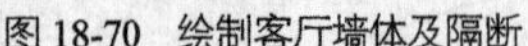
图 18-70　绘制客厅墙体及隔断

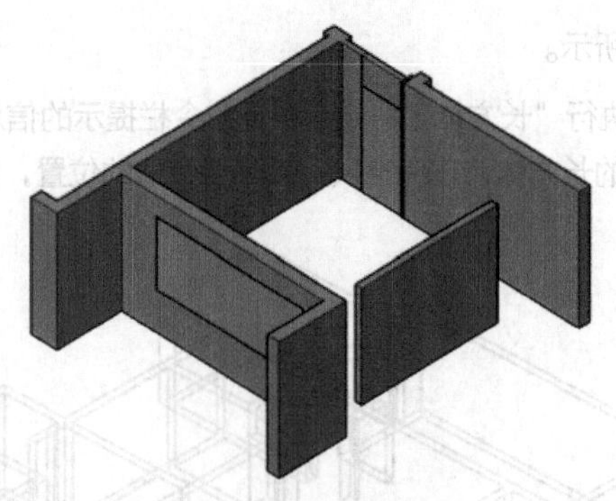
图 18-71　绘制门框和窗户

03 绘制沙发组合。执行“长方体”命令，绘制一个长 2000mm，宽 600mm，高 300mm 的长方体，作为沙发底板。然后将视图设为后视图，执行“多段体”命令，绘制沙发靠背轮廓线，如图 18-72 所示。

04 执行“拉伸”命令，将沙发靠背进行拉伸，拉伸距离为 2000mm。然后执行“多段体”命令，绘制出沙发扶手轮廓，如图 18-73 所示。

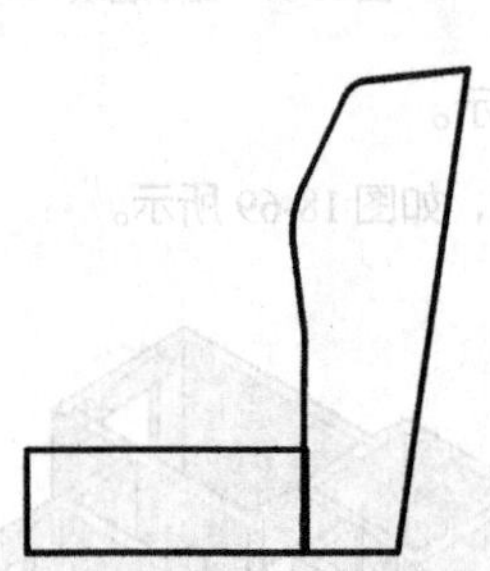
图 18-72　绘制沙发靠背轮廓

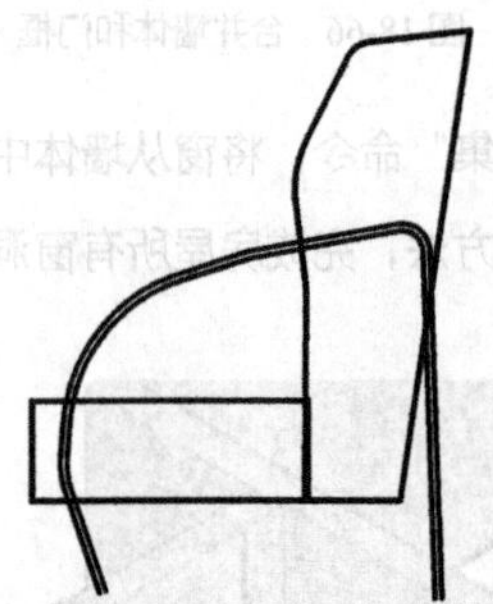
图 18-73　绘制扶手轮廓

05 执行【拉伸】命令，将扶手拉伸 100mm，并放置沙发合适的位置。然后执行【复制】命令，将扶手复制到沙发的另一侧，如图 18-74 所示。

06 执行“长方体”命令，绘制三个大小相等的长方体，作为沙发垫，然后执行“圆角”命令，将沙发垫圆角，圆角半径为 50mm，如图 18-75 所示。

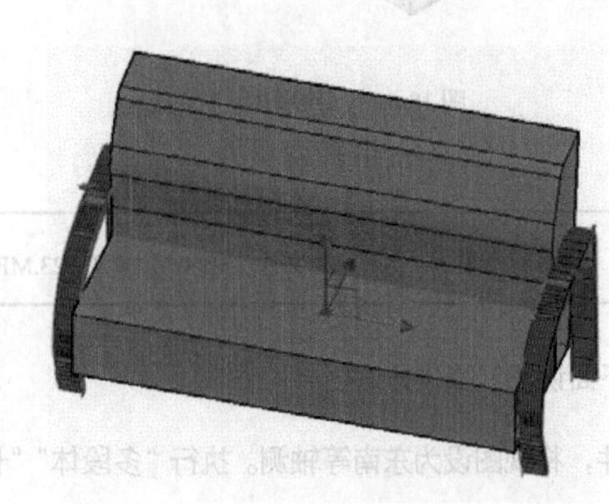
图 18-74　拉伸复制扶手

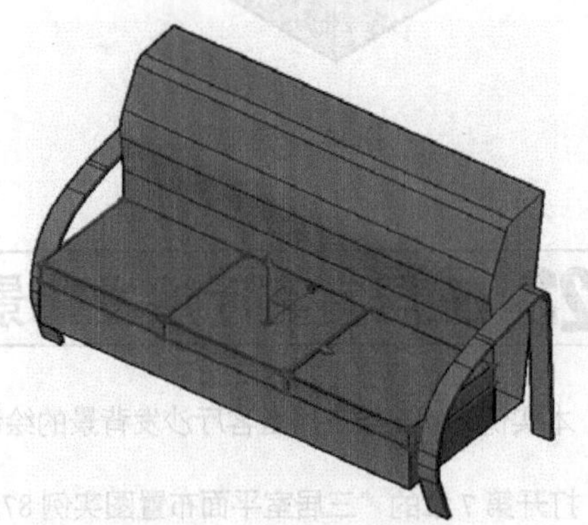
图 18-75　绘制沙发坐垫

07 按照上述绘制沙发的方法，再绘制一个单独的沙发，并放置合适的位置，如图 18-76 所示。

08 执行“三维旋转”命令，将一人沙发以 Z 轴旋转 90°，并放在合适的位置。然后执行“三维镜像”，其结果如图 18-77 所示。

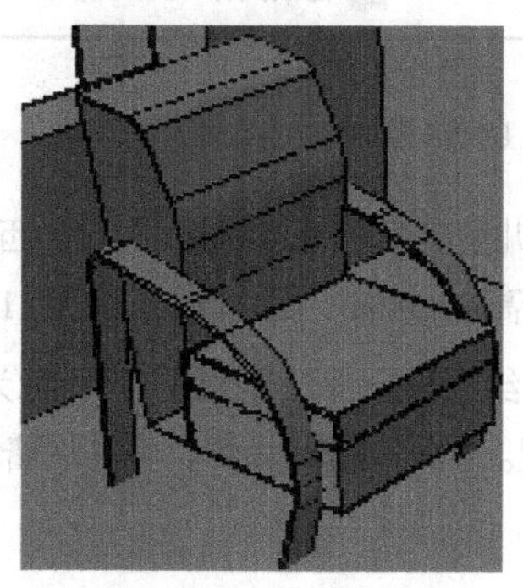

图 18-76 绘制一人沙发

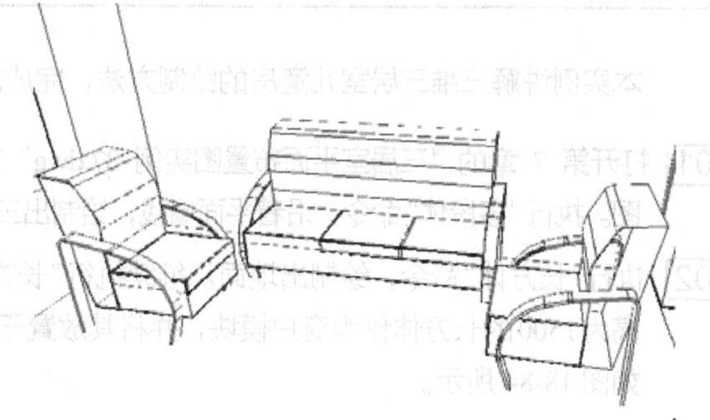

图 18-77　旋转、镜像沙发

09 执行“长方体”“并集”“差集”命令，绘制出茶几模型，如图 18-78 所示。

10 执行“长方体”命令，绘制地毯模型，并放置在客厅的适合位子，如图 18-79 所示。

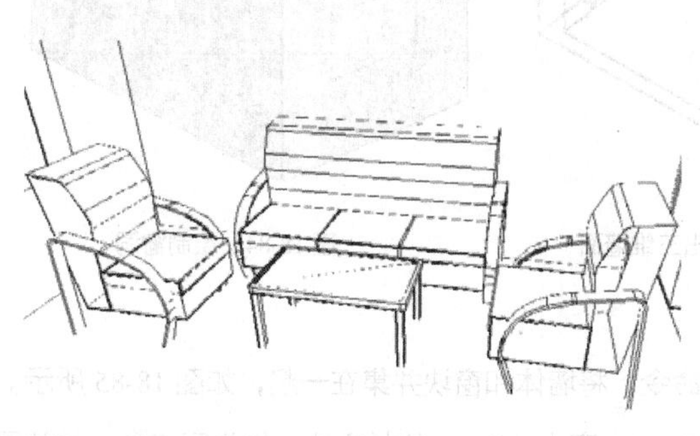

图 18-78 绘制茶几模型

图 18-79　绘制地毯模型

11 执行“长方体”和“圆角”命令，绘制出空调模型，并放置于沙发后侧，如图 18-80 所示。客厅绘制完成，如图 18-81 所示。

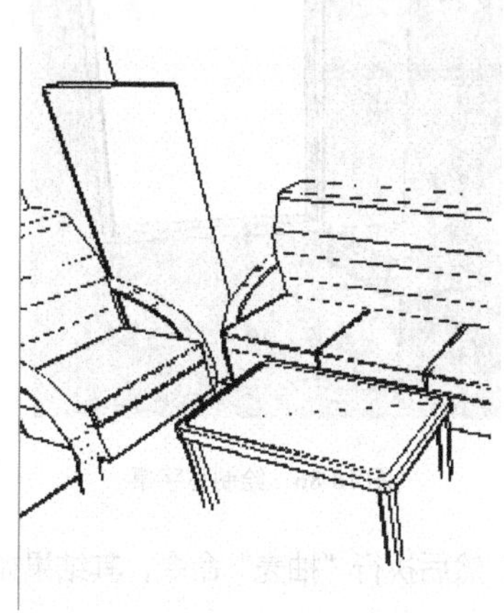

图 18-80　绘制空调

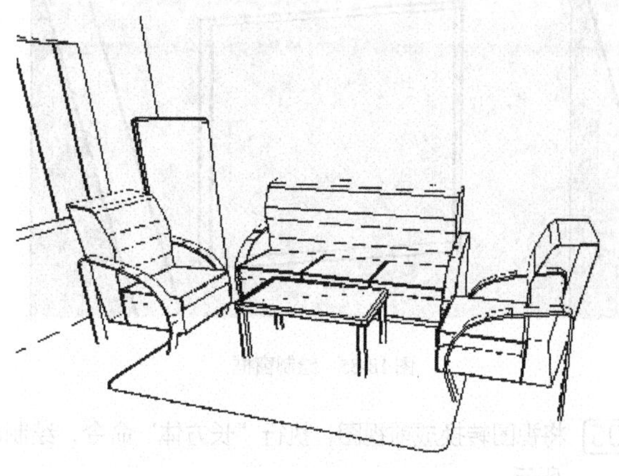

图 18-81　完成三居室客厅沙发背景绘制

224 三居室儿童房

视频文件：MP4\第 18 章\224.MP4

本实例讲解三维三居室儿童房的绘制方法，完成的效果如图 18-82 所示。

01 打开第 7 章的“三居室平面布置图实例 87.dwg”文件，调出儿童房平面图，并将视图设为西南等轴测视图。执行“多段体”命令，沿着平面墙线，绘制出三维墙体，墙高 2880mm，宽 240mm，如图 18-83 所示。

02 执行“长方体”命令，绘制出地面。继续执行“长方体”命令，绘制出一个长为 1430mm，宽为 240mm，高为 1500 的长方体作为窗户模块，并将其放置于合适的位置。执行“差集”命令，将其从墙体中减去，如图 18-84 所示。

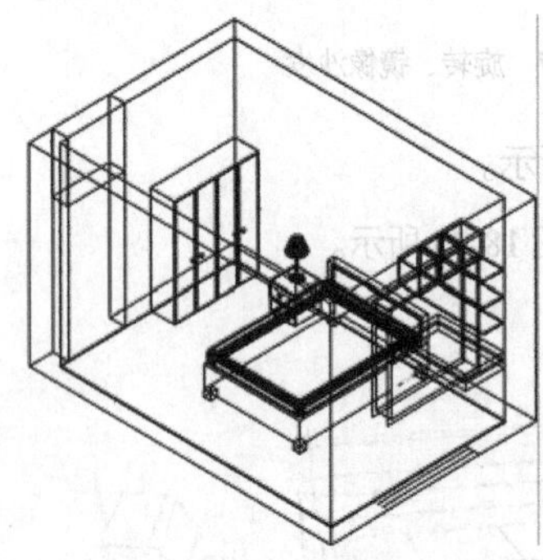

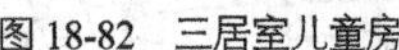

图 18-82　三居室儿童房

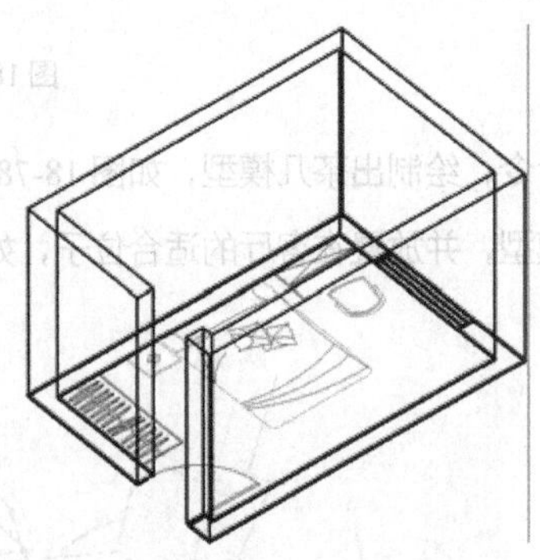

图 18-83　绘制出三维墙面

图 18-84　绘制窗洞

03 执行“长方体”命令，绘制窗框，然后执行“并集”命令，将墙体和窗块并集在一起，如图 18-85 所示。

04 执行“长方体”命令，绘制长为 1000mm，宽为 580mm，高为 660mm 的长方体，作为写字台，并放置于适当的位置，如图 18-86 所示。

图 18-85　绘制窗框

图 18-86　绘制写字桌

05 将视图转换成前视图，执行“长方体”命令，绘制出书柜。然后执行“抽壳”命令，其结果如图 18-87 所示。

06 执行“长方体”命令，绘制长为 2010mm，宽为 1440mm，高为 320mm 的长方体，作为床板。继续执行“长方体”命令，绘制出长、宽、高均为 100 的正方体，作为床腿，并调用“复制”命令，复制床腿，移至到床板的合适位置。然后执行“并集”命令，将床板和床腿模型进行合并，如图 18-88 所示。

图 18-87 绘制书架

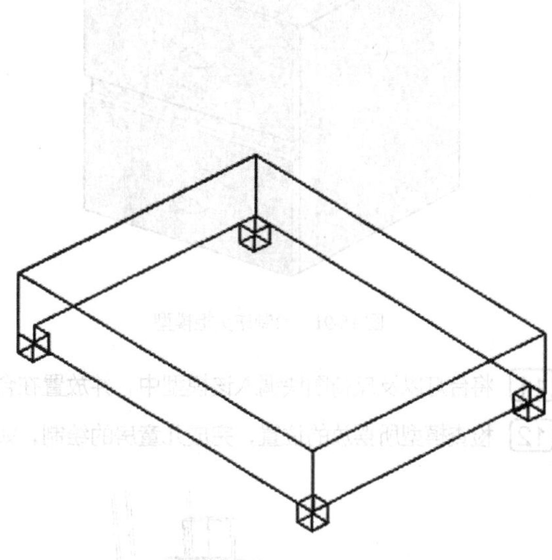

图 18-88　绘制床板

07 打开前视图，执行“长方体”命令，绘制床靠背。然后执行“抽壳”命令，对其进行抽壳，如图 18-89 所示。

08 执行“长方体”命令，绘制床垫。然后执行“圆角”命令，对其进行圆角，如图 18-90 所示。

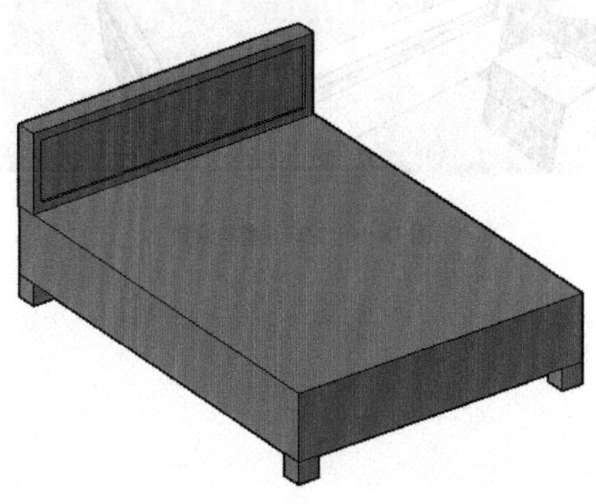

图 18-89 绘制床靠背

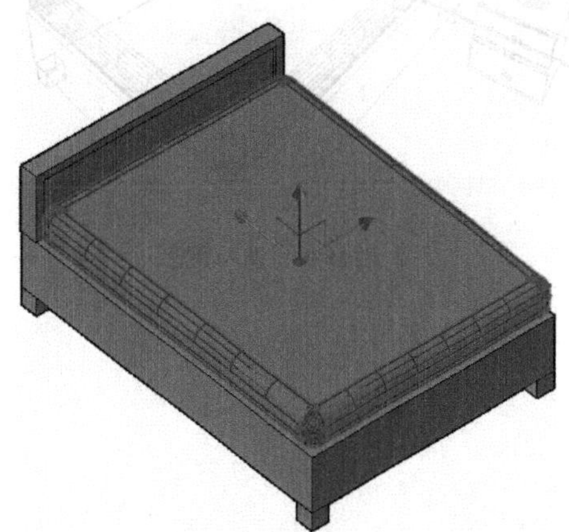

图 18-90　绘制床垫

09 执行“长方体”命令，绘制床头柜及抽屉面板，如图 18-91 所示。

10 执行“长方体”“偏移”“拉伸”“三维旋转”命令，绘制出衣柜，并放置于合适的位置，如图 18-92 所示。

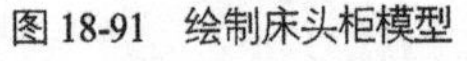

图 18-91　绘制床头柜模型

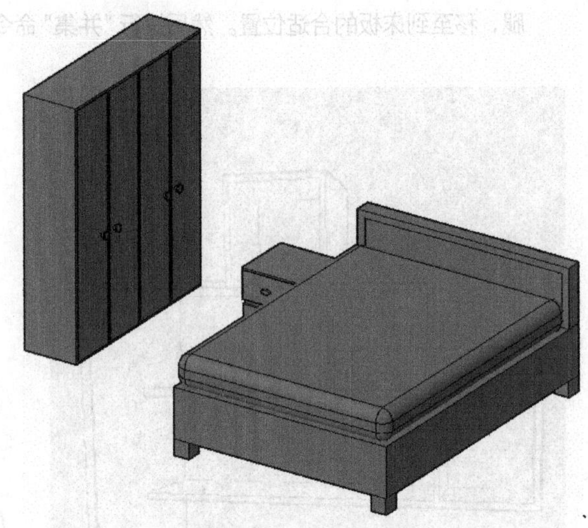

图 18-92　绘制衣柜

11　将台灯以及座椅图块调入该模型中，并放置在合适的位置，如图 18-93 所示。

12　检查模型所摆放的位置，完成儿童房的绘制，如图 18-94 所示。

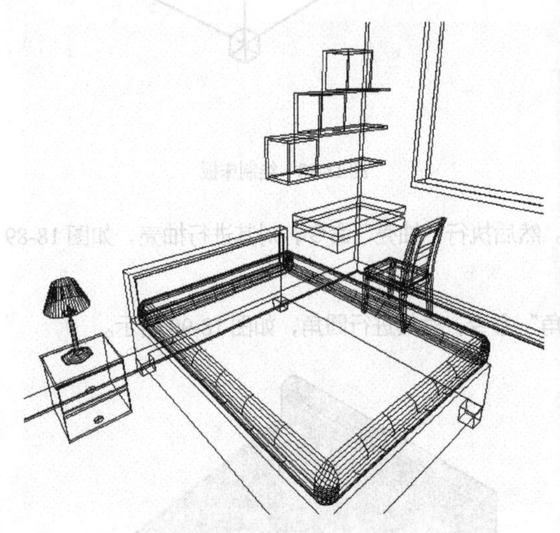

图 18-93　调入模型

图 18-94　完成儿童房绘制

第 19 章 施工图打印与输出

室内设计施工图一般采用 A3 图纸进行打印，也可根据需要选用其他大小的纸张。在打印时，需要设置纸张大小、输出比例以及打印线宽、颜色等相关内容。对于图形的打印线宽、颜色等属性，均可通过打印样式进行控制。

本章分别讲解模型打印、单比例打印、多比例打印和多视口打印相关设置与技巧。

225 模型打印

视频文件：MP4\第 19 章\225.MP4

本例将在模型空间内，将小户型平面布置图快速打印到 A3 图纸上，以学习模型打印的操作方法和操作技巧。本例打印效果如图 19-1 所示。

01 打开配套素材中的“第 19 章\模型打印”文件，如图 19-2 所示。

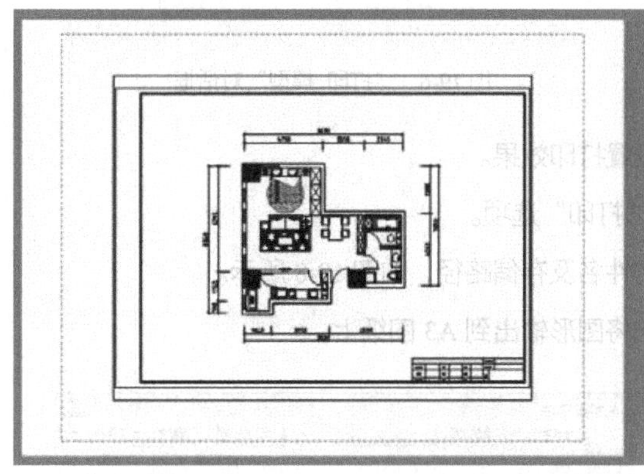

图 19-1　模型空间打印效果

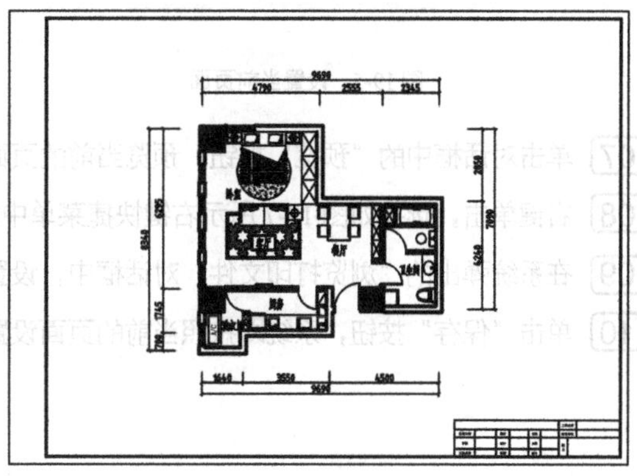

图 19-2　打开文件

02 右键单击状态栏左侧的“模型”标签按钮，在弹出的菜单中选择“页面设置管理器”选项，在打开的对话框中单击“新建”按钮，为新页面设置赋名，如图 19-3 所示。

03 单击“确定”按钮，打开“页面设置_模型打印”对话框，在此对话框中配合打印设备，并设置页面参数，如图 19-4 所示。

04 在“打印区域”选项组的右侧，单击“窗口”按钮，此时系统返回绘图区，在绘图窗口分别拾取图签图幅的两个对角点确定一个矩形范围，该范围即为打印范围。

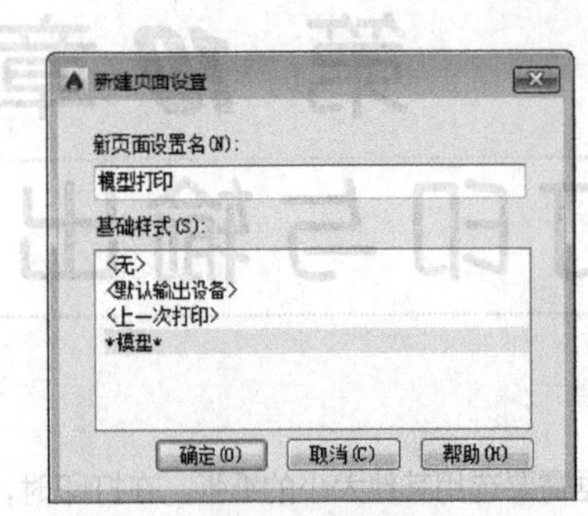

图 19-3　为新页面赋名

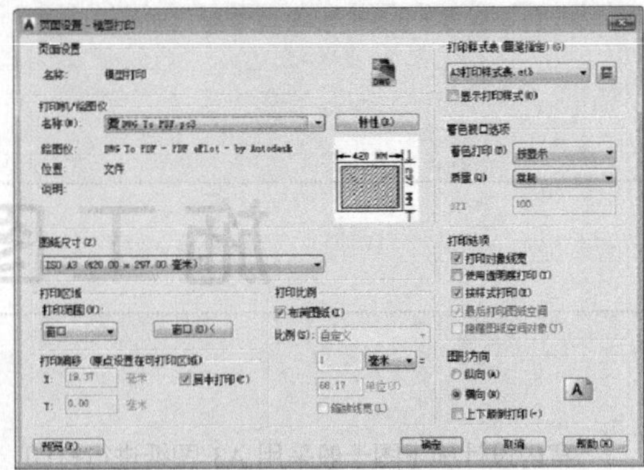

图 19-4　设置打印页面

05 单击“确定”按钮，返回“页面设置管理器”对话框，并将刚设置的“模型打印”设置为当前，如图 19-5 所示。单击“关闭”按钮，关闭“页面设置管理器”对话框。

06 单击快速访问工具栏中的“打印”按钮，打开如图 19-6 所示“打印_模型”对话框。

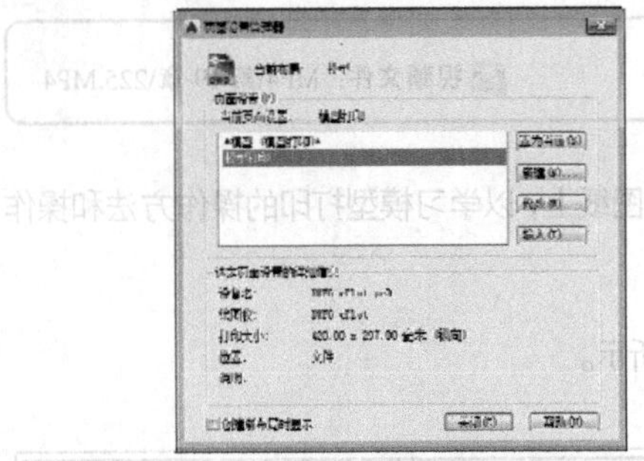

图 19-5　设置当前页面

图 19-6　“打印_模型”对话框

07 单击对话框中的“预览”按钮，预览当前的页面设置打印效果。

08 右键单击，选择如图 19-7 所示右键快捷菜单中的“打印”选项。

09 在系统弹出的“浏览打印文件”对话框中，设置文件名及存储路径，如图 19-8 所示。

10 单击“保存”按钮，系统即按照当前的页面设置，将图形输出到 A3 图纸上。

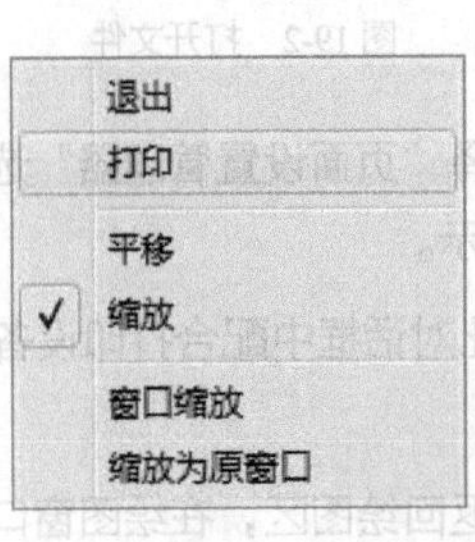

图 19-7　右键快捷菜单

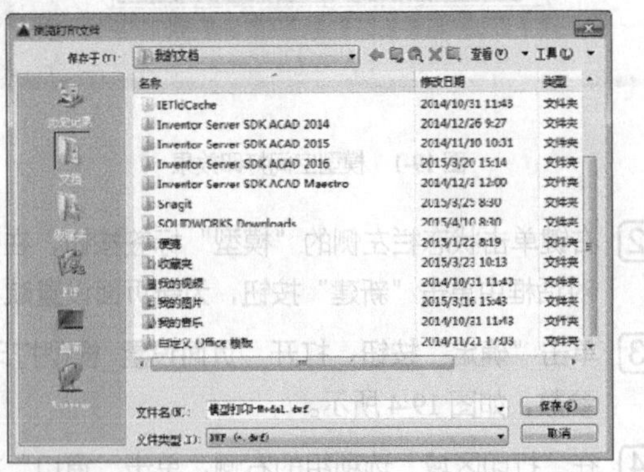

图 19-8　“浏览打印文件”对话框

226 单比例打印

视频文件：MP4\第 19 章\226.MP4

本例将在布局空间内按照 1：100 的精确出图比例，将两居室原始户型图打印到 A3 图纸上，学习单比例打印的操作方法和技巧。本例打印效果如图 19-9 所示。

01 打开配套素材中的“第 19 章\单比例打印”文件，如图 19-10 所示。

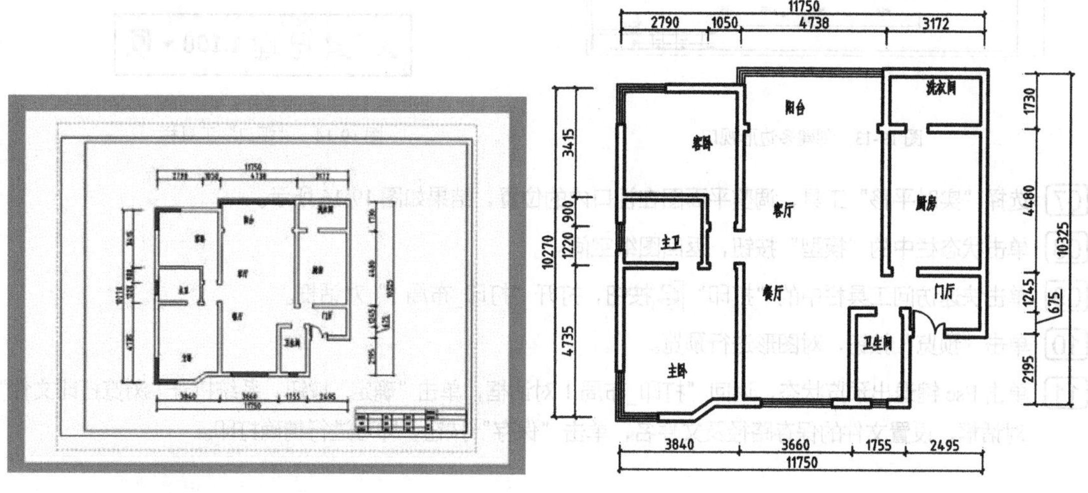

图 19-9　单比例打印效果　　　　图 19-10　打开文件

02 单击绘图区中的“布局”标签，进入“布局 1”操作空间，如图 19-11 所示。

03 调用 INSERT/I 插入命令，插入“A3 图签”图块，如图 19-12 所示。

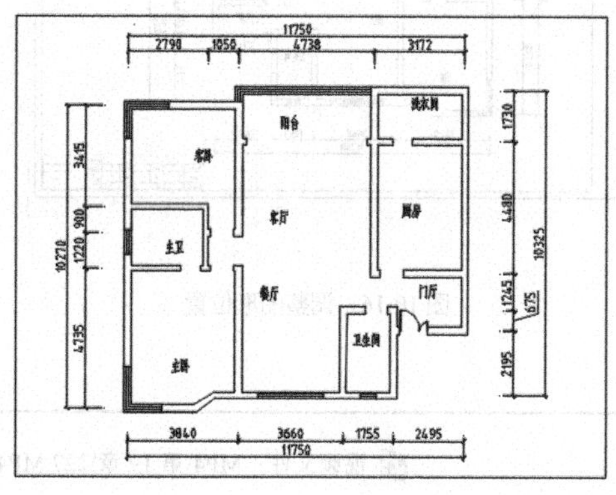

图 19-11　进入布局空间

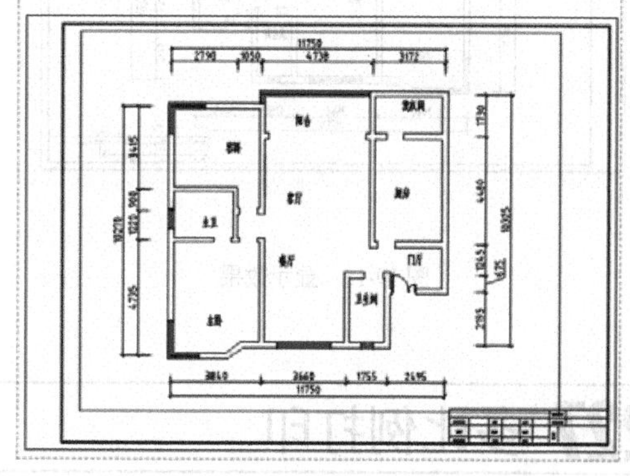

图 19-12　插入图签

04 删除系统默认视口，在“布局”选项卡中，单击“布局视口”面板中的“多边形视口”按钮，分别捕捉内框各角点，创建一个多边形视口，如图 19-13 所示。

05 在状态栏中单击“图纸”按钮，激活刚才创建的多边形视口，进入模型空间。

06 在状态栏中，调整出图比例为 1：100，如图 19-14 所示，图形的显示效果如图 19-15 所示。

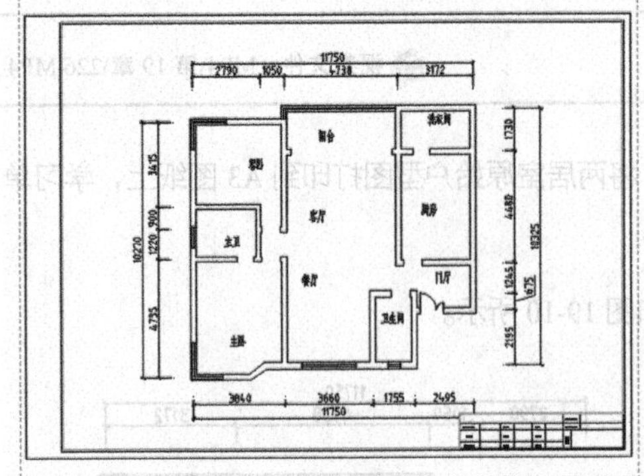

图 19-13　创建多边形视口

图 19-14　“视口”工具栏

07 选择“实时平移”工具，调整平面图在视口内的位置，结果如图 19-16 所示。

08 单击状态栏中的“模型”按钮，返回图纸空间。

09 单击快速访问工具栏中的“打印”按钮，打开“打印_布局 1”对话框。

10 单击“预览”按钮，对图形进行预览。

11 单击 Esc 键退出预览状态，返回“打印_布局 1 对话框，单击“确定”按钮，系统打开“浏览打印文件”对话框，设置文件的保存路径及文件名，单击“保存”按钮，即可进行精确打印。

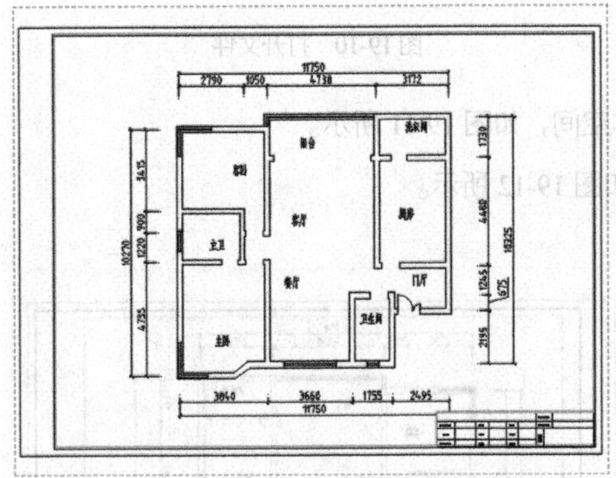

图 19-15　显示效果

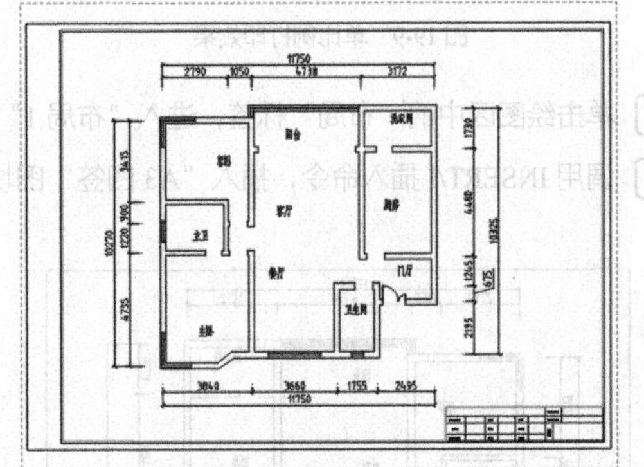

图 19-16　调整图形位置

227 多比例打印

视频文件：MP4\第 19 章\227.MP4

本例以多种比例打印三居室的平面布置图和立面图，学习多比例打印的操作方法和操作技巧。本例打印效果如图 19-17 所示。

01 打开配套素材中的“第 19 章\多比例打印”文件。

02 进入图纸空间，设置“0 图层”为当前图层，并在“图层特性管理器”中将其设置为不可打印。

03 调用 INSERT/I 插入命令，插入“A3 图签”图块到当前图形，如图 19-18 所示。

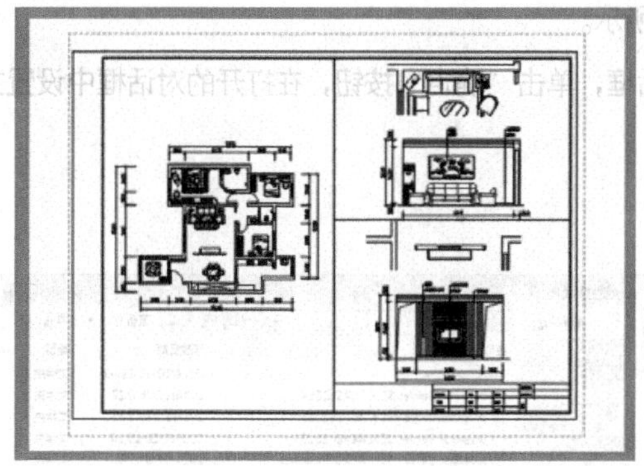

图 19-17　多比例打印效果

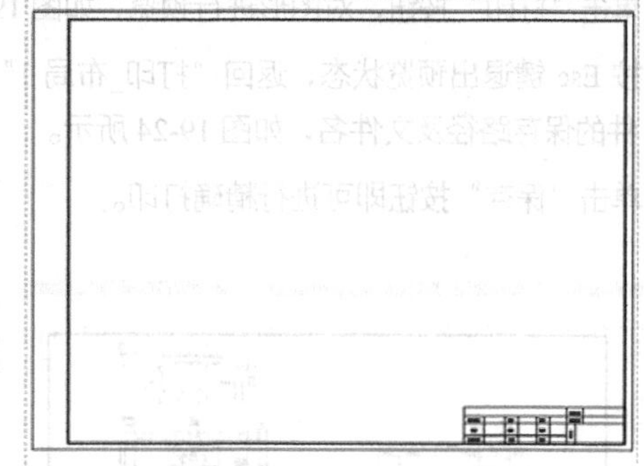

图 19-18　插入图签

04 调用 RECTANG/REC 矩形命令，配合捕捉和追踪功能，绘制三个矩形，如图 19-19 所示。

05 调用 VPORTS 命令，将三个矩形转化为三个视口，如图 19-20 所示。

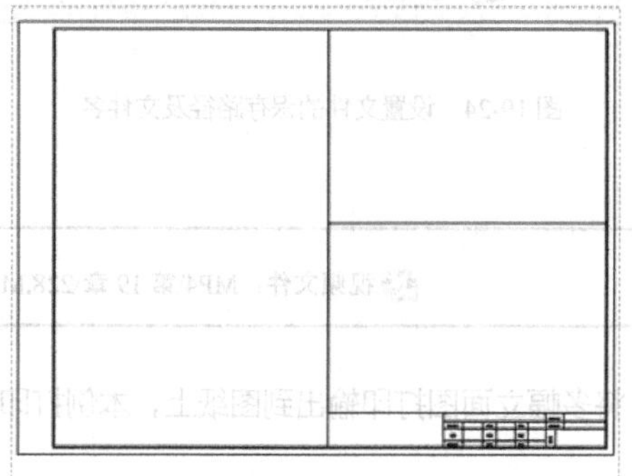

图 19-19　绘制矩形

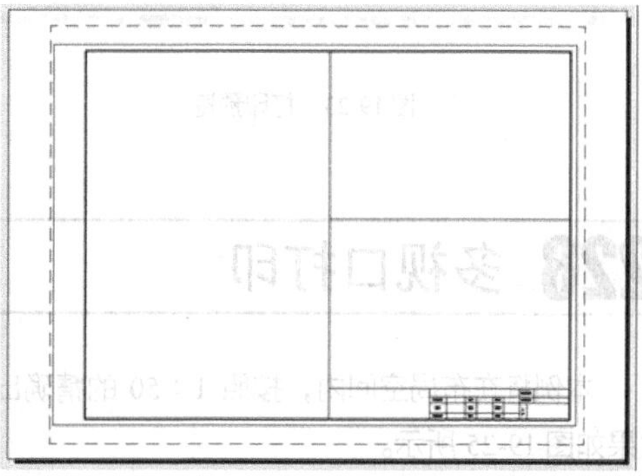

图 19-20　转换视口

06 单击“图纸”按钮，激活左侧视口，在状态栏中调整比例为 1：100。

07 使用“实时平移”工具调整平面布置图在视口内的位置，如图 19-21 所示。

08 激活右侧两个视口，调整出图比例为 1：50，并使用平移功能调整位置，如图 19-22 所示。

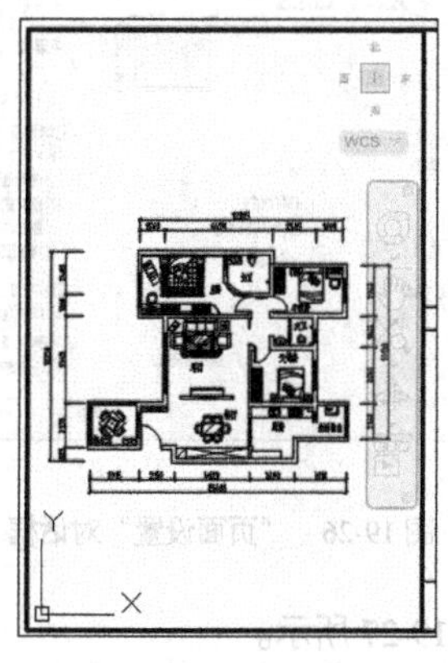

图 19-21　调整位置

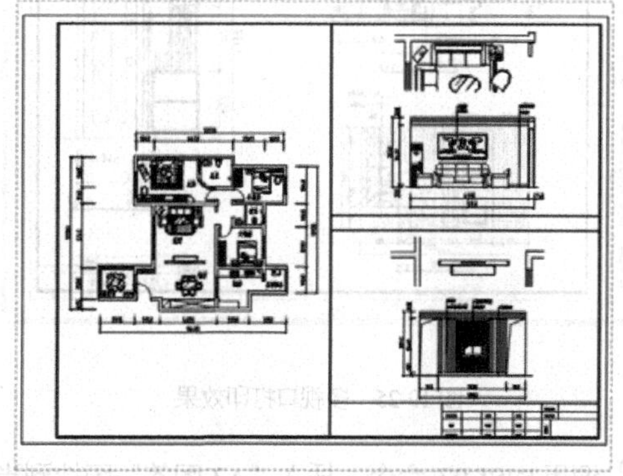

图 19-22　调整位置

09 单击“打印”按钮，对图形进行预览，如图 19-23 所示。

10 按 Esc 键退出预览状态，返回“打印_布局 1”对话框，单击“确定”按钮，在打开的对话框中设置文件的保存路径及文件名，如图 19-24 所示。

11 单击“保存”按钮即可进行精确打印。

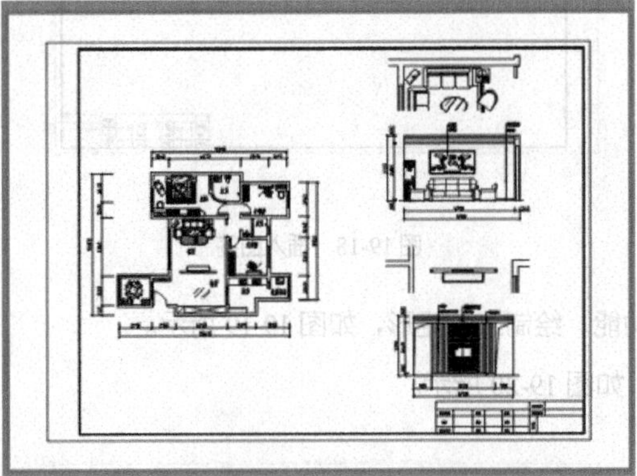

图 19-23 打印预览

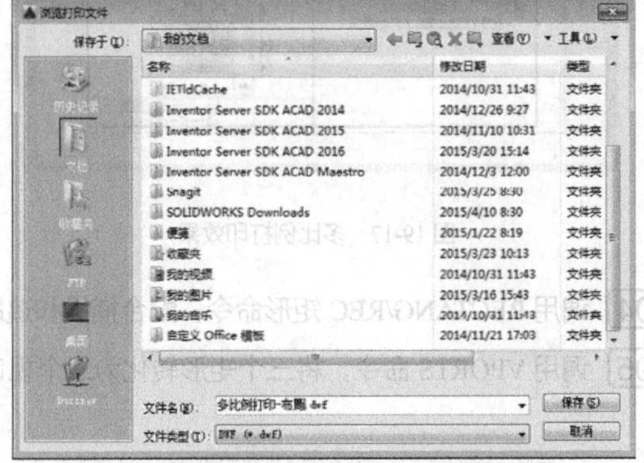

图 19-24 设置文件的保存路径及文件名

228 多视口打印

视频文件：MP4\第 19 章\228.MP4

本例将在布局空间内，按照 1∶50 的精确出图比例，将多幅立面图打印输出到图纸上，本例打印预览效果如图 19-25 所示。

01 打开配套素材中的第 19 章“多视口打印.dwg”文件。

02 使用“页面设置管理器”命令，配置打印设备，修改打印区域及打印页面，如图 19-26 所示。

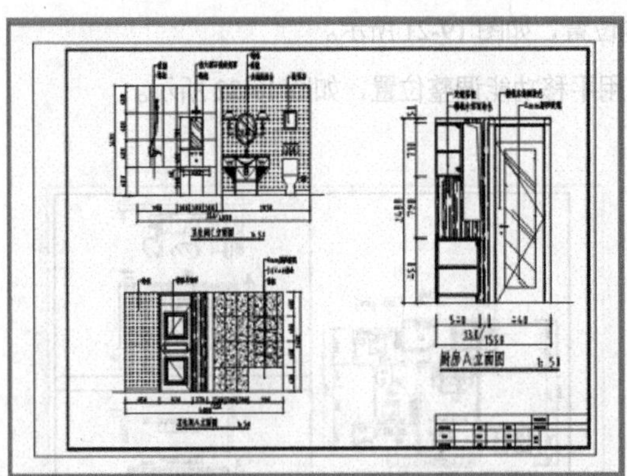

图 19-25 多视口打印效果

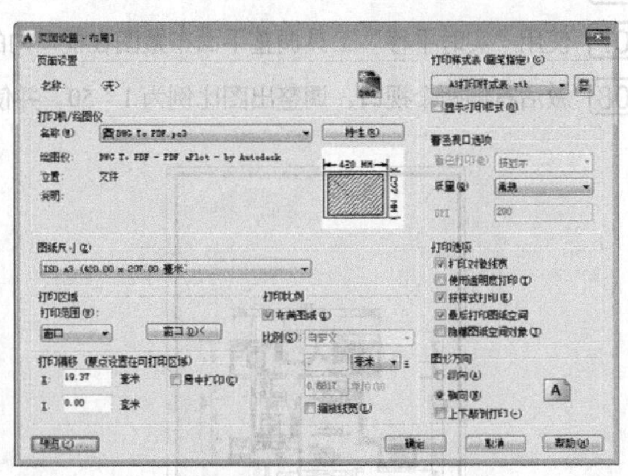

图 19-26 “页面设置”对话框

03 调用 INSERT 命令，插入“A3 图签”图块到当前图形，如图 19-27 所示。

04 调用 VOPRTS 命令，创建多个视口，如图 19-28 所示。

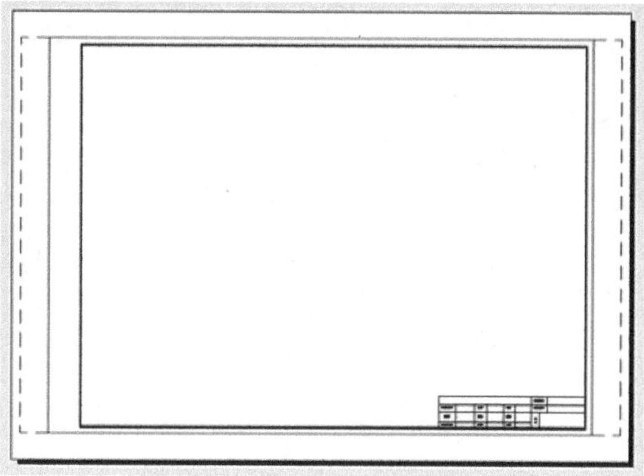

图 19-27　插入图块

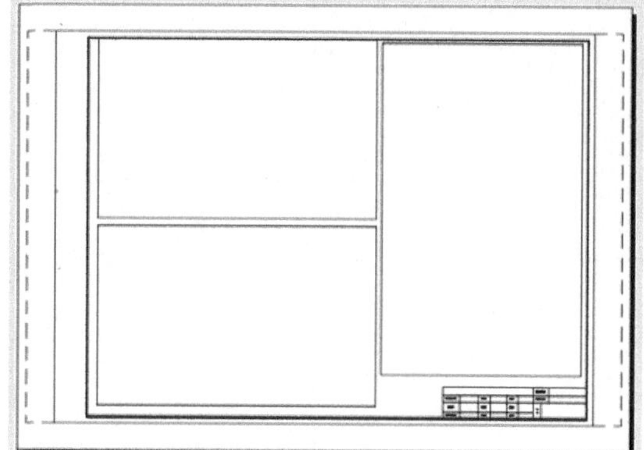

图 19-28　创建多个视口

05 使用“视图缩放”“视图平移”工具，调整出图比例及图形位置，如图 19-29 所示。

06 单击快速访问工具栏中的“打印”按钮，对图形进行预览和打印，如图 19-30 所示。

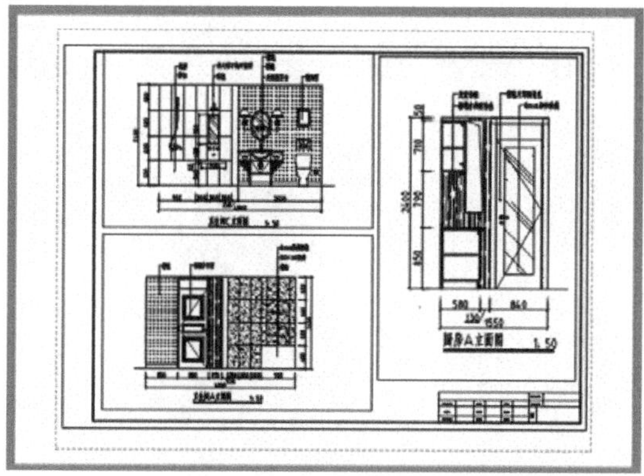

图 19-29　调整出图比例及图形位置

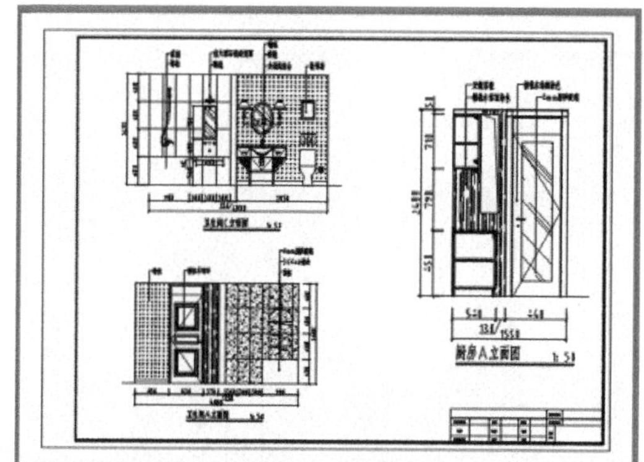

图 19-30　打印预览

图19-27 插入图块

图19-28 创建多个视口

05 使用"视图缩放""视图平移"工具，调整出图比例及图形位置，如图19-29所示。

06 单击快速访问工具栏中的"打印"按钮，对图形进行预览和打印，如图19-30所示。

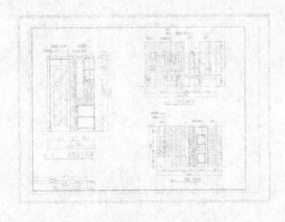

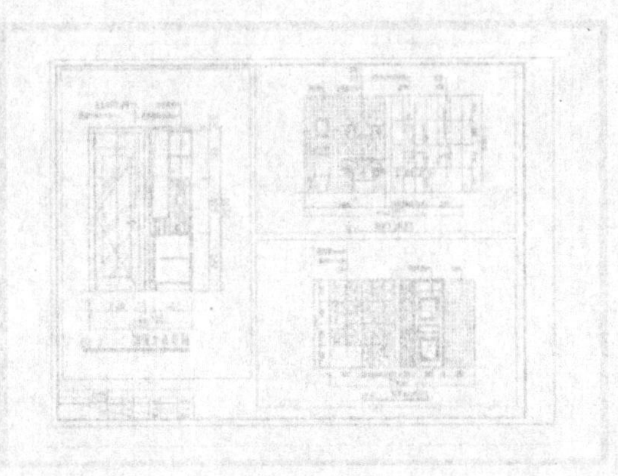

图19-29 调整出图比例及图形位置

图19-30 打印预览